普通高等教育“十一五”国家级规划教材

南开大学数学教学丛书

数学分析

（上册）

（第二版）

李成章　黄玉民　编

科学出版社

北京

内 容 简 介

本书是南开大学数学系老师在多年教学经验的基础上编写而成的，是一本大学数学系基础课程的教材.

本书分上、下两册，介绍了数学分析的基本内容. 上册内容主要包括实数与函数、极限、连续函数、导数及其应用、不定积分、定积分及其应用、数项级数、广义积分、函数项级数；下册内容主要包括多元函数的极限与连续、多元函数的微分学、参变量积分、重积分、曲线积分与曲面积分. 本书每章中都附有丰富的习题，供学生练习之用. 第二版在第一版的基础上作了修订，对部分题目作了解答，使本书更具适用性.

本书可供高等院校数学系学生用作教材，也可供数学教学和科研人员参考.

图书在版编目(CIP)数据

数学分析(上、下)/李成章，黄玉民编. —2 版. —北京：科学出版社，2007
(普通高等教育"十一五"国家级规划教材·南开大学数学教学丛书)
ISBN 978-7-03-018381-1

Ⅰ. 数…　Ⅱ. ①李…②黄…　Ⅲ. 数学分析—高等学校—教材
Ⅳ. O17

中国版本图书馆 CIP 数据核字(2006)第 159678 号

责任编辑：林　鹏　李鹏奇/责任校对：黄　玲
责任印制：张　伟/封面设计：黄华斌

科学出版社出版
北京东黄城根北街 16 号
邮政编码：100717
http://www.sciencep.com
北京建宏印刷有限公司印刷
科学出版社发行　各地新华书店经销
*
1999 年 5 月第　一　版　开本：B5 (720×1000)
2007 年 1 月第　二　版　印张：49 3/4
2022 年 1 月第十六次印刷　字数：958 000

定价：109.00 元 (上、下册)

(如有印装质量问题，我社负责调换)

丛书第二版序

《南开大学数学教学丛书》自 1998 年面世以来，事情有了许多变化. 有两个大变化使我们决心要修改并再版这套丛书.

正如我们的初衷一样，这期间得到了许多老师、同学、同行的帮助，使这套丛书相继列入了“中国科学院规划教材”，“全国十一五规划教材”. 同时，我们的教学与当初也不尽相同. 为了继续得到大家的帮助，与大家继续交流，对这些书做一些修改是很有必要的.

2004 年 12 月 3 日陈省身先生逝世. 1972 年陈省身先生回国后提出了中国在 21 世纪将会成为“数学大国”，并为此团结广大的数学界的力量而努力奋斗，终于实现了这个目标. 2002 年，第 24 届国际数学家大会于 8 月 20 日至 28 日在中国北京举行并取得圆满成功. 这是中国第一次主办国际数学家大会，也是发展中国家第一次主办这一大会. 在大会期间，陈省身先生曾说，中国已经成为“数学大国”. 陈省身先生还说：“21 世纪的数学的发展是很难预测的，它一定会超越 20 世纪，开辟出一片崭新的天地，希望中国未来的数学家能够成为开辟这片新天地的先锋.”

这套丛书的产生是与陈省身先生倡导和推动南开大学数学试点班的建立和教学改革密不可分的. 陈省身先生的逝世既使我们无比悲痛和深切怀念，也激发我们这些绝大多数过花甲近古稀的编著者们为中国的数学，数学教育继续尽一些微薄之力. 修改这套丛书是表达我们这种愿望的方式.

在数学已成为高科技的基础和现代文明标志的今天，我们不能满足于“中国数学的平等和独立”，即数学大国的地位，而是要成为开辟数学新天地的先锋，即要争取“数学强国”的地位. 为使今天的“数学大国”成为明天、后天以至永远的“数学强国”，当然要从多方面努力. 数学教育是不可或缺的重要方面. 我们既需要高质量的、稳定的数学教育，又需要不断推陈出新、不断发展的数学教育. 这是一个艰巨的任务. 这个任务历史地落在一代又一代的年青人的肩上.

在中国的数学教育上，也就是争取成为“数学强国”的过程中，我们如果能够“润物”，虽然“无声”也将心满意足. 因此我们既高兴看到《南开大学数学教学丛书》今天能够生存和发展，又更高兴地期待明天它被更新、更好的教材取而代之.

中国科学出版社以前支持我们出版了这套丛书，现在继续支持丛书的第二版，做了更多的工作. 我们致以深切的感谢，并希望以后合作得更好、更愉快. 当然，我们仍然殷切期望老师们、同学们及同行们的继续帮助.

全体编著者

2007 年 1 月

丛书第一版序

海内外炎黄子孙都盼望中国早日成为数学大国，也就是“实现中国数学的平等和独立”①. 平等和独立是由中国出类拔萃的数学家及其杰出的研究工作来体现的，要有出类拔萃的数学家就要培养一批优秀的研究生、大学生. 这批人不在多，而在精，要层次高. 也就是要求他们热爱数学、基础扎实、知识面广、能力强.

20 世纪 80 年代中期，国家采纳了陈省身先生的几个建议，建议之一是为培养高质量的数学专业的大学生，需要建立数学专业的试点班. 经过胡国定先生等的努力，1986 年南开大学建立了数学专业的试点班. 这些做法取得了成功，并在基础学科的教学中推广. 1990 年全国建立“国家理科基础学科研究和教学人才培养基地”，其后南开大学数学专业成为基地之一. 从 1986 年到现在的 10 余年中南开数学专业是有成绩的，例如他们四次参加全国大学生数学竞赛获三次团体第一，一次团体第三. 在全国和国际大学生数学建模比赛中多次获一等奖. 毕业生百分之八十继续攻读研究生，其中许多人取得了很好的成绩.

当然，取得这些成绩是与陈省身先生的指导、帮助分不开的，是与国内外同行们的支持与帮助分不开的. 如杨忠道、王叔平、许以超、虞言林、李克正等或参与教学计划、课程设置、课程内容的制订，或到南开任教等等. 有了他们的指导、帮助与支持，南开基础数学专业得以广泛吸收国内外先进的数学教学经验，并以此为基础对数学教学进行了许多改革、创新.

这套丛书是南开大学数学专业的部分教材，诸位编著者长期在南开数学专业任教，不断地把自己的心得体会融合到基础知识和基本理论的讲述中去，日积月累地形成了这套教材. 可以说这些教材不是“编”出来的，而是在长期教学中“教”出来的、“改”出来的，凝聚了我们的不少心血. 这些教材的共同点，也是我们教学所遵循的共同点是：首先要加强基础知识、基础理论和基本方法的教学；同时又要适当地开拓知识面，尤其注意反映学科前沿的成就、观点和方法；教学的目的是丰富学生的知识与提高学生的能力，因此配置的习题中多数是为了巩固知识和训练基本方法，也有一些习题是为了训练学生解题技巧与钻研数学的能力.

---

① 陈省身：在“二十一世纪中国数学展望”学术讨论会开幕式上的讲话.

我们要感谢科学出版社主动提出将这套教材出版.这对编著者是件大好事.编著者虽然尽了很大努力,但一则由于编著者的水平所限,二则数学的教育和所有学科的教育一样是在不断发展之中,因此这套教材中缺欠和不足肯定存在.我们诚挚希望各位同行不吝指正,从而使编著者更明确了解教材及教学中的短长,进而扬长避短,改进我们的教学.同时通过这套教材也可向同行们介绍南开的教学经验以供他们参考,或许有益于他们的工作.

我们再次感谢帮助过南开的前辈、同行们,同时也希望能继续得到他们的帮助.办好南开的数学专业,办好所有学校的数学专业,把中国数学搞上去,使中国成为数学大国是我们的共同愿望！这个愿望一定能实现！

全体编著者

1998 年 6 月于南开大学

目　　录

（上册）

第一章　实数与函数

数学分析研究的对象是实函数，即以实数为自变量且在实数中取值的函数. 极限、导数和积分的所有理论都是对这种函数建立的. 为了顺利地建立以后的各种理论，本章先较系统地介绍实数与实函数的有关知识.

§1.1　实　　数

所有自然数的集合，所有整数的集合，所有有理数的集合和所有实数的集合分别为 $\mathbf{N}$，$\mathbf{Z}$，$\mathbf{Q}$ 和 $\mathbf{R}$. 众所周知，$\mathbf{N}\subset\mathbf{Z}\subset\mathbf{Q}\subset\mathbf{R}$. 在中学数学中，已经较为全面地接触到实数及其运算性质、序性质等. 现在，我们把它们开列于下并不加证明地补充一些进一步的性质，以作为本书内容的出发点.

(i) 实数的四则运算封闭性. 任何两个实数之间可以进行加、减、乘、除(除数不为 0)四则运算，运算的结果和、差、积、商仍为实数.

(ii) 实数的序性.

a) 对于任何两个实数 a 和 b，下列三种关系：

$$a < b,\ a = b,\ a > b$$

恰有一个成立.

b) 对于任何实数 a,b,c，若 $a\leqslant b$，则 $a+c\leqslant b+c$；若 $a\leqslant b$，$c\geqslant 0$，则 $ac\leqslant bc$. 当条件为严格不等式时，结论也是严格不等式.

(iii) 有理数和无理数在实数系中的稠密性. 任何两个不同的实数之间既有有理数又有无理数.

(iv) 阿基米德(Archimedes)公理：若 a 和 b 是两个正实数且 $a<b$，则必存在 $n\in\mathbf{N}$，使得 $na>b$.

(v) 实数的连续性. 设 A 和 B 是 $\mathbf{R}$ 的两个子集，满足条件 $A\cup B=\mathbf{R}$，$A\cap B=\varnothing$，$A\neq\varnothing$，$B\neq\varnothing$ 且对任何 $a\in A$，$b\in B$，都有 $a<b$，则称 (A,B) 为 $\mathbf{R}$ 的一个分割. 对于 $\mathbf{R}$ 的任何分割，都存在惟一的 $x^*\in\mathbf{R}$，使对所有 $a\in A$ 和 $b\in B$，都有 $a\leqslant x^*\leqslant b$. 这个性质称为戴德金(Dedekind)连续性公理.

这条公理说的是“实数没有空隙”. 有理数不具备这种性质.

此外，关于实数系还有确界存在原理，将在下节给出. 还有单调收敛定理、柯西收敛原理、区间套定理、有限覆盖定理和致密性定理等重要性质，将在第二、三章中陆续加以介绍.

实数可以和一条直线上的点一一对应,后者通常称为实数直线或实数轴.今后将经常用实数轴上的点来代表实数并在各种讨论中不加区别地使用.

设 a 和 b 是两个实数且 $a<b$.将集合 $\{x\mid a<x<b\}$, $\{x\mid a\leqslant x<b\}$, $\{x\mid a<x\leqslant b\}$, $\{x\mid a\leqslant x\leqslant b\}$ 分别记为 (a,b), $[a,b)$, $(a,b]$, $[a,b]$ 并称之为区间.(a,b) 称为开区间,$[a,b]$ 称为闭区间,$[a,b)$ 和 $(a,b]$ 称为半开半闭区间.此外,引入记号 $-\infty$ 和 $+\infty$,分别表示负无穷大和正无穷大,简称为负无穷和正无穷.

对于任何 $x\in\mathbf{R}$,都有 $-\infty<x<+\infty$.注意,$-\infty$ 和 $+\infty$ 只是记号而不是实数.推广区间的概念,把 $(-\infty,b)$, $(-\infty,b]$, $(a,+\infty)$, $[a,+\infty)$ 和 $(-\infty,+\infty)$ 都称为无穷区间.$(-\infty,b)$ 和 $(a,+\infty)$ 是开区间,$(-\infty,b]$ 和 $[a,+\infty)$ 是闭区间,而 $(-\infty,+\infty)$ 是既开又闭的区间.

§1.2 有 界 集

首先,我们来介绍有界集和无界集的概念.

定义 1.2.1 设集 $X\subset\mathbf{R}$, $X\neq\varnothing$.

(i) 若存在 $M\in\mathbf{R}$,使对任何 $x\in X$,都有 $x\leqslant M$,则称集 X 是有上界的,并称 M 为 X 的一个上界;

(ii) 若存在 $m\in\mathbf{R}$,使对任何 $x\in X$,都有 $x\geqslant m$,则称集 X 是有下界的,并称 m 为 X 的一个下界;

(iii) 既有上界又有下界的集合称为有界集.

例如,无穷区间 $(-\infty,0)$ 是有上界的.每个非负数都是它的上界.自然数集 $\mathbf{N}$ 是有下界的,所有不超过 1 的实数都是它的下界.区间 $(0,1]$ 是有界集.0 是它的一个下界,而 1 是它的一个上界.

显然,如果集 X 有上(下)界,则它有无穷多个上(下)界.

一个不是有上(下)界的集称为无上(下)界集.对此,还可正面给出定义如下:

定义 1.2.2 设 $X\subset\mathbf{R}$.

(i) 若对任何 $M\in\mathbf{R}$,都存在 $x_M\in X$,使得 $x_M>M$,则称集 X 是无上界的;

(ii) 若对任何 $m\in\mathbf{R}$,都存在 $x_m\in X$,使得 $x_m<m$,则称集 X 是无下界的;

(iii) 无上界集和无下界集统称无界集.

例如,自然数集 $\mathbf{N}$ 是无上界集,$\mathbf{Z}$ 是既无上界又无下界的无界集.

其次,我们介绍两个今后经常用到的符号.如果集 X 中有最小元 m 或最

大元M，则它们可分别记为

$$m = \min X,\ M = \max X.$$

例如，$\min\{1,2,3\}=1$，$\max\{1,2,3\}=3$；$\min\mathbf{N}=1$；$\max(0,1]=1$ 等等. 但是 $\max\mathbf{N}$ 和 $\min(0,1]$没有意义，因为它们不存在. 所以 $\min X$ 有两层意义：一是表示 X 的最小元存在；二是表示这个最小元. $\max X$ 的意义也与此类似.

设 X 为有界集，于是存在下界 m_1 和上界 m_2 使对所有 $x\in X$，都有

$$m_1 \leqslant x \leqslant m_2.$$

令 $M=\max\{|m_1|,|m_2|\}$，则对所有 $x\in X$，都有

$$|x| \leqslant M.$$

反之，若存在 $M>0$，使对所有 $x\in X$，都有

$$|x| \leqslant M,$$

则 $-M\leqslant x\leqslant M$，即 $-M$ 为 X 的一个下界而 M 为 X 的一个上界，从而 X 为有界集. 这一点可以写成如下的定理.

定理 1.2.1 集 $X\subset\mathbf{R}$ 为有界集的充分必要条件是存在 $M>0$，使对所有 $x\in X$，都有 $|x|\leqslant M$.

当 X 为有限集时，X 中既有最小元又有最大元. 但当 X 为无限集时，就不一定有最小元和最大元了. 作为一个特例是无限集 $\mathbf{N}$ 中有最小元 1. 当然，$\mathbf{N}$ 的任何无限子集中也都有最小元. 这两条正是中学数学奥林匹克中常用的极端原理的理论基础.

下面，我们来考察另一种无限集，前面说过，一个有上界的集合 X 有无穷多个上界，这些上界所成的无限集称为 X 的上界集. 显然，这个集合是有下界而无上界的. 它当然没有最大元，问题在于它是否有最小元. 答案是肯定的.

定义 1.2.3 (i)如果集 X 的上界集中有最小元，则称之为集 X 的上确界，记为 $\sup X$；

(ii) 如果集 X 的下界集中有最大元，则称之为集 X 的下确界，记为 $\inf X$.

注意，集 X 的上确界和最大元有联系，但却不是一回事，下确界和最小元的关系也完全类似. 例如，区间$[0,1)$的上、下确界分别为 1,0，它的最大元不存在而最小元为 0，等于它的下确界. 这个例子的情形具有一般性，即当最小元和最大元存在时，就分别是该集的下确界和上确界. 但在最小元或最大元不存在时，只要集合是下方有界或上方有界的，它就总有下确界或上确界.

定理 1.2.2 任何有上界的非空集必有上确界.

证 设集 $X\subset\mathbf{R}$ 有上界 M，$X\neq\varnothing$. 设 B 为 X 的上界集，于是 $B\neq\varnothing$. 再令 $A=\mathbf{R}-B$，于是 $A\neq\varnothing$且(A,B)为 $\mathbf{R}$ 的一个分割. 从而由戴德金连续性公

理知有惟一的 x^*. 使对任何 $a\in A$ 和 $b\in B$,都有

$$a\leqslant x^*\leqslant b. \tag{1.2.1}$$

往证 x^* 为 X 的上界. 若不然,则存在 $x_0\in X$ 使得 $x^*<x_0$. 于是有

$$x^*<\frac{x^*+x_0}{2}<x_0. \tag{1.2.2}$$

按定义知 $\frac{x^*+x_0}{2}$ 不是 X 的上界,所以 $\frac{x^*+x_0}{2}\in A$. 由(1.2.1)式又有 $\frac{x^*+x_0}{2}\leqslant x^*$,此与(1.2.2)式矛盾. 从而 x^* 为 X 的上界,即有 $x^*\in B$.

因为 $x^*\in B$,且由(1.2.1)式知于任何 $b\in B$,都有 $x^*\leqslant b$,故 x^* 为 B 中的最小元,即 x^* 为 X 的上确界.

同样地可以证明以下定理.

定理 1.2.2′ 任何有下界的集必有下确界.

上面我们用戴德金连续性公理证明了定理 1.2.2. 事实上,若把定理 1.2.2 视为公理,则又可用它来证明戴德金连续性公理.

设 (A,B) 为 $\mathbf{R}$ 的任一分割,由定理 1.2.2 知 A 有上确界 x^*. 按定义知对于任何 $a\in A$,都有 $a\leqslant x^*$. 又按分割定义知对于任何 $b\in B$,b 都是 A 的上界,从而 $x^*\leqslant b$.

若还有 $x_0\in\mathbf{R}$,$x_0\neq x^*$,使对任何 $a\in A$ 和 $b\in B$,都有 $a\leqslant x_0\leqslant b$. 不妨设 $x_0>x^*$,于是

$$x^*<\frac{x^*+x_0}{2}<x_0.$$

从而 $\frac{x^*+x_0}{2}\in\mathbf{R}$ 既不能属于 A 也不能属于 B,矛盾. 这就证明了满足要求的 x^* 的惟一性.

这表明戴德金连续性公理和定理 1.2.2 是等价的. 实际上,许多书中就是不讲戴德金公理而直接把定理 1.2.2 作为公理的. 以后我们将定理 1.2.2 称为确界存在原理. 容易看出,这是前述的极端原理在包括连续无限集的情形的推广.

设 $M=\sup X$,即 M 是集 X 的上确界,这有两层意义:第一,M 是 X 的上界,即对所有 $x\in X$,都有 $x\leqslant M$;第二,M 是 X 的所有上界中最小的,即对任何 $\varepsilon>0$,$M-\varepsilon$ 都不再是 X 的上界,亦即对任何 $\varepsilon>0$,都存在 $x_\varepsilon\in X$,使得 $x_\varepsilon>M-\varepsilon$.

反之,如果 $M\in\mathbf{R}$ 满足上述两个条件,则 M 为 X 的最小上界,即上确界.

定理 1.2.3 M 为集 X 的上确界的充分必要条件是

(i) 对任何 $x\in X$,都有 $x\leqslant M$;

(ii) 对任何 $\varepsilon>0$,都存在 $x_\varepsilon\in X$,使得 $x_\varepsilon>M-\varepsilon$.

类似地,关于下确界有

定理 1.2.4 m 为集 X 的下确界的充分必要条件是

(i) 对任何 $x\in X$,都有 $x\geqslant m$;

(ii) 对任何 $\varepsilon>0$,都存在 $x_\varepsilon\in X$,使得 $x_\varepsilon<m+\varepsilon$.

此外,我们约定,分别用 $\sup X=+\infty$,$\inf X=-\infty$来表示集 X 无上界和无下界.这是一种借用,不能认为是上确界为 $+\infty$和下确界是 $-\infty$.

例 1.2.1 设 $X=\left\{\dfrac{x-1}{x}\cos x\,\middle|\,x\in(0,+\infty)\right\}$. 求证 $\sup X=1$, $\inf X=-\infty$.

证 因为

$$\frac{x-1}{x}\cos x\leqslant\begin{cases}0, & \text{当 } 0<x\leqslant 1,\\ 1, & \text{当 } 1<x<+\infty,\end{cases}$$

所以,1 是 X 的一个上界.

此外,对于任给的 $\varepsilon>0$,取 $n_0\in\mathbf{N}$,使得 $n_0>\dfrac{1}{2\pi\varepsilon}$,于是有

$$\frac{1}{2n_0\pi}<\varepsilon,\ 1-\frac{1}{2n_0\pi}>1-\varepsilon.$$

又因 $\cos 2n_0\pi=1$,故有

$$\frac{2n_0\pi-1}{2n_0\pi}\cos 2n_0\pi=1-\frac{1}{2n_0\pi}>1-\varepsilon.$$

令 $x_\varepsilon=2n_0\pi$,则上式表明

$$\frac{x_\varepsilon-1}{x_\varepsilon}\cos x_\varepsilon>1-\varepsilon.$$

由定理 1.2.3 知 1 是 X 的上确界,即有 $\sup X=1$.

另一方面,对于任何实数 $m\leqslant -1$,令 $x_m=-\dfrac{1}{4m}>0$,于是有 $x_m\leqslant\dfrac{1}{4}<\dfrac{\pi}{3}$.故有

$$\frac{x_m-1}{x_m}\cos x_m=\left(1-\frac{1}{x_m}\right)\cos x_m<\frac{1}{2}(4m+1)<m.$$

这表明 X 无下界,亦即有 $\inf X=-\infty$.

例 1.2.2 设 $X=\{n^{(-1)^n}\mid n\in\mathbf{N}\}$,求证 $\sup X=+\infty$, $\inf X=0$.

证 对于任给的 $M\in\mathbf{R}$,取正偶数 $n_0>M$,于是有

$$n_0^{(-1)^{n_0}} = n_0 > M.$$

按定义知集 X 无上界,亦即有 $\sup X = +\infty$.

另一方面,因为

$$n^{(-1)^n} > 0,\ n \in \mathbf{N},$$

所以,0 是集 X 的一个下界.

对于任给的 $\varepsilon>0$,取正奇数 $n_\varepsilon > \frac{1}{\varepsilon}$,于是有

$$n_\varepsilon^{(-1)^{n_\varepsilon}} = \frac{1}{n_\varepsilon} < \varepsilon = 0 + \varepsilon.$$

按定理 1.2.4 知 0 是集 X 的下确界,亦即有 $\inf X = 0$.

§1.3　函　　数

在中学数学中,我们所遇到的函数主要是下列六类函数以及由它们派生出来的一些较为复杂的函数.这常用的六类函数如下:

(i) 常数函数 $y = C$;

(ii) 幂函数 $y = x^\alpha$;

(iii) 指数函数 $y = a^x$;

(iv) 对数函数 $y = \log_a x$;

(v) 三角函数 $y = \sin x$, $y = \cos x$, $y = \tan x$, $y = \cot x$;

(vi) 反三角函数 $y = \arcsin x$, $y = \arccos x$, $y = \arctan x$, $y = \mathrm{arccot}\, x$.

这六类函数统称为基本初等函数.在本书中,它们仍将是我们研究的主要对象.

这些函数的定义域各不相同,变化规律也各不相同,图形曲线的形状也各不相同,但是它们却又有着共同的特点,即对它们各自定义域中的每个 x,都是通过某个一定的、统一的法则对应于一个 y 值,而且这个对应关系都可以写成一个统一的解析表达式.实际上,这正是函数概念出现以后相当长时间内人们对函数概念的认识.

"函数"一词是微积分的创始人之一莱布尼茨(Leibniz)最先使用的,并且把 x 的函数记为 $f(x)$, $\varphi(x)$ 等.但是,直到 19 世纪初,人们还是把函数理解为"变量和常数组成的解析表达式".直到 1834 年,狄利克雷(Dirichlet)指出,函数 y 与变量 x 的关系不但不必用统一的法则在全区间上给出,而且可以不用解析式来给出.至此,函数的概念才被赋予了单值对应的意义.

定义 1.3.1　设集 $X \subset \mathbf{R}$.如果有一个从 X 到 $\mathbf{R}$ 的对应法则 f,使对每个

$x\in X$,在对应法则 f 之下都有惟一的 $y\in\mathbf{R}$ 与 x 对应,则称这个对应法则 f 是 X 上的一个函数,并称 X 为函数 f 的定义域,称 $R(f)=\{y\mid y=f(x),x\in X\}$ 为函数 f 的值域.这时,$y=f(x)$ 称为 x 的像,而 x 称为 y 的原像.函数 $y=f(x)$ 的定义域记为 $D(f)$.x 是函数 $y=f(x)$ 的自变量,y 是函数的因变量.

简单地说,函数就是由定义域到它的值域的一个单值对应.如果两个函数的对应关系一致而定义域不同,则对应关系的适用范围也不同,从而两个函数是不同的.例如 $f(x)=x^2,D(f)=(-\infty,+\infty)$ 和 $g(x)=x^2,D(g)=[0,+\infty)$ 就是两个不同的函数.但显然二者之间又有着密切的联系,函数 $y=g(x)$ 称为 $y=f(x)$ 在 $[0,+\infty)$ 上的限制,而函数 $y=f(x)$ 称为 $y=g(x)$ 在 $(-\infty,+\infty)$ 上的延拓.一般地,若有 $y=F(x),D(F)=X_1,y=f(x),D(f)=X_2,X_2\subset X_1$ 且在 X_2 上,$F(x)\equiv f(x)$,则称 $F(x)$ 为 $f(x)$ 在 X_1 上的延拓,称 $f(x)$ 为 $F(x)$ 在 X_2 上的限制.

下面给出几个初等数学中未曾出现过的但在数学分析中颇为常用的函数的例子.

例 1.3.1 设集 $A\subset\mathbf{R}$,令

$$\chi_A(x)=\begin{cases}1, & \text{当 } x\in A,\\ 0, & \text{当 } x\notin A,\end{cases}$$

则得到一个函数 $y=\chi_A(x)$,它的定义域是 $\mathbf{R}$.而当 A 非空且又不是整个 $\mathbf{R}$ 时,它的值域是 $\{0,1\}$.

函数 $\chi_A(x)$ 称为集 A 的特征函数.特别地,当 $A=\mathbf{Q}$ 时,特征函数 $\chi_{\mathbf{Q}}(x)$ 称为狄利克雷函数,记为 $D(x)$.这时有

$$D(x)=\begin{cases}1, & \text{当 } x \text{ 为有理数},\\ 0, & \text{当 } x \text{ 为无理数}.\end{cases}$$

例 1.3.2 函数

$$\operatorname{sgn}x=\begin{cases}-1, & \text{当 } x<0,\\ 0, & \text{当 } x=0,\\ 1, & \text{当 } x>0\end{cases}$$

称为符号函数.显然,对任何 $x\in\mathbf{R}$,都有

$$x=|x|\operatorname{sgn}x.$$

如果令 $A_1=(-\infty,0),A_2=(0,+\infty)$,则有

$$\operatorname{sgn}x=\chi_{A_2}(x)-\chi_{A_1}(x),$$

即符号函数 $\operatorname{sgn}x$ 可以写成两个特征函数之差.

一般地,有限多个特征函数的线性组合

$$\lambda_1 \chi_{A_1}(x) + \lambda_2 \chi_{A_2}(x) + \cdots + \lambda_n \chi_{A_n}(x)$$

称为阶梯函数,其中 $\lambda_1, \lambda_2, \cdots, \lambda_n$ 都是实常数,$A_1, A_2, \cdots, A_n$ 是 $\mathbf{R}$ 的 n 个子集.特别地,当 $A_1, A_2, \cdots, A_n$ 恰为一个有限闭区间所划分成的 n 个小区间时,所表达的阶梯函数正是定积分中所常用的近似函数.

例 1.3.3　函数

$$R(x) = \begin{cases} \dfrac{1}{p}, & 当\ x = \dfrac{q}{p},\ q \in \mathbf{Z},\ p \in \mathbf{N}, (p, q) = 1, \\ 0, & 当\ x\ 为无理数 \end{cases}$$

称为黎曼(Riemann)函数.

$D(x)$和 $R(x)$都是画不出精确的函数图形的,但它们的单值对应关系是明确的,所以它们都是名符其实的函数.

例 1.3.4　函数

$$f(x) = \begin{cases} x^2 \sin \dfrac{1}{x}, & x \neq 0, \\ 0, & x = 0 \end{cases}$$

也是一个有用的函数,我们将在第四章中再遇到它.

例 1.3.5　函数

$$f(x) = \sqrt{\sin x}$$

仅当 $\sin x \geqslant 0$ 时才有意义,所以它的定义域是$[2n\pi, (2n+1)\pi]$, $n = 0, \pm 1, \pm 2, \cdots$,值域为$[0,1]$.

顺便指出,以后遇到的初等函数或更一般的由解析表达式给出的函数时,大多数都不指出定义域.这时就理解函数的定义域是使函数表达式有意义的所有 x 所组成的实数集,就像例 1.3.5 中那样.

注意,尽管我们所遇到的大量函数关系都是由公式表示的,但这只是形式,并非函数的实质.函数定义中只要求单值对应,而不管它的表现形式如何.例如,一昼夜的气温是随时间变化的,而且气象台的现代化仪器可以在记录纸上描绘出一条连续曲线来表达这种函数关系,但却写不出明确的表达式.气温当然是时间的函数.同样地,一个人身高和体重也都是时间的函数,因为二者都有确确实实的单值对应关系.

考察方程

$$e^y + y - x - \arctan x = 0, \tag{1.3.1}$$

当然还可以把它改写成

$$e^y + y = x + \arctan x. \tag{1.3.2}$$

显然,(1.3.2)式左端是 y 的严格递增函数而右端是 x 的严格递增函数且值域都是$(-\infty, +\infty)$. 因此,对于每个 $x \in \mathbf{R}$,都可求得惟一的 y 使(1.3.1)式成立. 这就建立了一个从 x 到 y 的单值对应. 按定义知,这就确定了一个函数 $y=f(x)$. 这个函数就称为由方程(1.3.1)确定的隐函数.

一般地,设有方程

$$F(x, y) = 0. \tag{1.3.3}$$

如果能够在实数集 X 上,在关于 y 的某些限制之下,使对每个 $x \in X$,都能惟一地确定一个 y 值使(1.3.3)式成立,则就令这个 y 与 x 对应. 从而确定了一个函数 $y=f(x)$,满足

$$F(x, f(x)) = 0.$$

于是就称函数 $y=f(x)$为由方程(1.3.3)所确定的隐函数. 相对地,以前由解析表达式给出的函数 $f(x)$则称为显函数.

对于隐函数,有时可以解出明显表达式而化成显函数,有时则无法解出. 例如,方程(1.3.1)所确定的隐函数就无法解出,而椭圆方程

$$\frac{x^2}{a^2} + \frac{y^2}{b^2} - 1 = 0 \tag{1.3.4}$$

在限制条件 $y \geqslant 0$ 和 $y \leqslant 0$ 之下可分别解出两个隐函数

$$y = \frac{b}{a}\sqrt{a^2 - x^2},\ y = -\frac{b}{a}\sqrt{a^2 - x^2}.$$

注意,方程(1.3.3)中的 x 和 y 同为未知数,并未规定哪个是自变量,哪个是因变量. 考虑隐函数时把二者分为自变量和因变量,是为适应函数定义而后加上的. 实际上,也可以把 y 视为自变量而把 x 视为因变量而得到隐函数. 例如方程(1.3.4)还可以在 $x \geqslant 0$ 和 $x \leqslant 0$ 的限制条件下分别解出两个隐函数.

$$x = \frac{a}{b}\sqrt{b^2 - y^2},\ x = -\frac{a}{b}\sqrt{b^2 - y^2}.$$

这里,我们只是给出了隐函数的定义并举例说明了它确实能存在. 但隐函数究竟在什么条件下存在则没有指出,也不可能指出. 关于这一点,将在多元函数微分学中做进一步的研究.

考察曲线的参数方程

$$x = \varphi(t),\ y = \psi(t),\ \alpha \leqslant t \leqslant \beta. \tag{1.3.5}$$

显然,对于每个 $t\in[\alpha,\beta]$,都有惟一的 x 和惟一的 y 与 t 对应.就令这个 x 与这个 y 对应.当然,一般来说这个对应不一定是单值的.但如果这个对应是单值的或加上某些条件后是单值的,则就又确定了一个从 x 到 y 的函数 $y=f(x)$,称函数 $y=f(x)$为由参数方程(1.3.5)定义的函数.

例如,椭圆的参数方程为

$$x = a\cos t,\ y = b\sin t,\ 0\leqslant t < 2\pi. \tag{1.3.6}$$

当 $0\leqslant t\leqslant\pi$ 时,由 $x=a\cos t$ 可得 $t=\arccos\frac{x}{a}$. 再将此代入方程(1.3.6)中第 2 式,得到显函数

$$y = b\sin t = b\sin\left(\arccos\frac{x}{a}\right) = b\sqrt{1-\cos^2\left(\arccos\frac{x}{a}\right)},$$

这一结果与前段作为隐函数解出的结果是一致的.

§1.4　各种常用函数类

在中学数学中,已经遇到过许多种类的函数,例如单调函数、奇函数和偶函数以及周期函数等.在数学分析中仍将不断地遇到它们,故此复述如下.

(i) **单调函数**　设函数 $f(x)$于某区间 I 上有定义.如果对于任何 $x_1,x_2\in I,x_1<x_2$,都有

$$f(x_1)\leqslant f(x_2)\quad (f(x_1)\geqslant f(x_2)), \tag{1.4.1}$$

则称函数 $y=f(x)$在区间 I 上是递增(递减)函数.如果(1.4.1)式中为严格不等号,则称函数 $y=f(x)$在区间 I 上是严格递增(严格递减)函数.

递增函数和递减函数统称单调函数,严格递增函数和严格递减函数统称为严格单调函数.

例如,$y=\sin x$ 是$\left[-\frac{\pi}{2},\frac{\pi}{2}\right]$上的严格递增函数,$y=x^2$ 是$(-\infty,0]$上的严格递减函数,符号函数 $y=\mathrm{sgn}x$ 是$(-\infty,+\infty)$上的递增函数.在本书的第五章,我们将使用微分学工具给出单调函数的判定方法.

(ii) **奇函数与偶函数**　如果函数 $f(x)$的定义域是关于原点对称的区间或关于原点对称的更一般的集 I(例如可为若干个区间之并),且对任何 $x\in I$,都有

$$f(-x)=-f(x)\quad (f(-x)=f(x)),$$

则称函数 $f(x)$为奇(偶)函数.易见,奇函数的图形关于原点中心对称,而偶函数的图形关于 y 轴对称.

对于 $n\in\mathbf{N}$，函数 $y=x^n$ 当 n 为奇数时是奇函数，当 n 为偶数时是偶函数. $y=\sin x$ 和 $y=\tan x$ 都是奇函数，$y=\mathrm{sgn}x$ 也是奇函数；$y=\cos x$，$y=D(x)$，$y=R(x)$都是偶函数.

(iii) **周期函数** 凡是能使等式

$$f(x+w)=f(x),\qquad w>0\text{ 为常数}$$

对所有 x 恒成立的函数 $f(x)$ 称为周期函数，其中的常数 w 称为函数 $f(x)$ 的周期.

正弦函数 $y=\sin x$ 和余弦函数 $y=\cos x$ 都是以 2π 为周期的周期函数. 显然，4π，6π 等也是它们的周期，但 2π 是它们的最小正周期. $y=\tan x$，$y=\cot x$ 也都是周期函数，它们的最小正周期为 π. $R(x)$ 也是周期函数，它的最小正周期为 1. 通常所说周期函数的周期就专指它的最小正周期. 但是，并不是每个周期函数都有最小正周期. 例如，对于狄利克雷函数 $D(x)$，每个有理数 r 都是它的周期，它当然没有最小正周期.

此外，在数学分析中经常用到的函数类还有有界函数，反函数和复合函数.

(iv) **有界函数与无界函数** 设函数 $f(x)$ 的定义域是 X，值域是 $R(f)=\{f(x)\mid x\in X\}$. 如果实数集 $R(f)$ 有上界(下界)，称函数 $f(x)$ 有上界(下界)；如果函数 $f(x)$ 的值域 $R(f)$ 是有界集，则称 $f(x)$ 为有界函数；如果 $R(f)$ 是无界集，则称 $f(x)$ 为无界函数.

由定理 1.2.1 知，函数 $f(x)$ 为 X 上的有界函数的充分必要条件是存在 $M>0$，使对所有 $x\in X$，都有 $|f(x)|\leqslant M$.

例如，正弦函数 $\sin x$ 和余弦函数 $\cos x$ 都是有界函数；函数 $y=x^2$ 在 $(-\infty,+\infty)$ 上是无界函数，但是它是有下界的函数；对数函数 $y=\log_a x\,(a>1)$ 是 $(0,+\infty)$ 上的无界函数. 此外，$D(x)$ 和 $R(x)$ 都是有界函数.

如果函数 $f(x)$ 在 X 上有上界，即 $R(f)$ 有上界，则由定理 1.2.2 知它有上确界 M，称为 $f(x)$ 在 X 上的上确界，记为

$$M=\sup\{f(x)\mid x\in X\}\text{ 或 }M=\sup_{x\in X}f(x).$$

类似地称 $R(f)$ 的下确界(如果存在)为函数 $f(x)$ 在 X 上的下确界，记为

$$m=\inf\{f(x)\mid x\in X\}=\inf_{x\in X}f(x).$$

如果函数 $f(x)$ 的值域 $R(f)$ 存在最大元或最小元，则分别称为函数 $f(x)$ 在 X 上的最大值和最小值，分别记为

$$\max\{f(x)\mid x\in X\}=\max_{x\in X}f(x),$$

$$\min\{f(x)\mid x\in X\}=\min_{x\in X}f(x).$$

为方便起见,有时也借用$\sup\limits_{x\in X}f(x)=+\infty$和$\inf\limits_{x\in X}f(x)=-\infty$来分别表示函数 $f(x)$于 X 上无上界和无下界.

(v) **反函数**　如果函数 $y=f(x)$是定义域 X 上的严格递增函数,则对任何 $y\in R(f)$,都恰有一个 $x\in X$,使得 $y=f(x)$. 当 $y=f(x)$为严格递减函数时,情况也是如此.

一般地,设函数 $f(x)$的定义域为 X,如果对于任何 $y\in R(f)$,都恰有一个 $x\in X$,使得 $y=f(x)$,则就确定了一个由 $y\in R(f)$到 $x\in X$ 的单值对应. 按定义,这就确定 x 为 y 的函数,称为函数 $f(x)$的反函数,记为 $x=f^{-1}(y)$. 但也可以按习惯把自变量写成 x 而因变量写成 y,即写成 $y=f^{-1}(x)$. 它的定义域是 $R(f)$而值域是 X. 于是有

$$(f\circ f^{-1})(x)=x,\ x\in R(f),$$

$$(f^{-1}\circ f)(x)=x,\ x\in X.$$

例如,考察定义在$\left(-\dfrac{\pi}{2},\dfrac{\pi}{2}\right)$中的函数 $y=\tan x$,它的反函数是 $y=\arctan x$. 这时有

$$\arctan(\tan x)=x,\ x\in\left(-\frac{\pi}{2},\frac{\pi}{2}\right),$$

$$\tan(\arctan x)=x,\ x\in(-\infty,+\infty).$$

当 $f(x)$为区间 I 上的严格单调函数时,它当然有反函数 f^{-1},但当 $f(x)$不是严格单调函数时,也可能有反函数. 例如函数

$$f(x)=\begin{cases}x, & \text{当 } x \text{ 为有理数},\\ -x, & \text{当 } x \text{ 为无理数},\end{cases}$$

它不但不是严格单调函数,而且它的图形也无法明确画出来. 但是,$f(x)$有反函数而且反函数就是它自身,即 $f^{-1}(x)=f(x)$.

关于反函数的存在性,我们有如下的定理.

定理 1.4.1　设函数 $y=f(x)$在区间 I 上严格递增(递减)且当以 I 为定义域时,函数 $f(x)$的值域是 Y,则必存在反函数 $x=f^{-1}(y)$,它在 Y 中有定义且也是严格递增(递减)的.

证　对于任何 $y\in Y$,因为 Y 为 $f(x)$的值域,故有 $x\in I$,使得 $y=f(x)$. 若还有 $x'\in I,x'\neq x$,使得 $f(x')=y$,则有 $f(x)=f(x')$,此与函数 $f(x)$的严格递增性矛盾. 故知满足条件 $y=f(x)$的 x 是惟一的,即对应 $y\to x$是单值的. 从而函数 $x=f^{-1}(y)$存在.

对于任何 $y_1,y_2\in Y,y_1<y_2$,记

$$x_1=f^{-1}(y_1),\ x_2=f^{-1}(y_2).$$

若 $x_1 \geqslant x_2$,则由函数 f 的严格递增性可得 $f(x_1) \geqslant f(x_2)$,即 $y_1 \geqslant y_2$,矛盾.故必有 $x_1 < x_2$,即反函数 f^{-1} 也是严格递增的.

(vi) **复合函数** 设函数 f 的定义域是 Y,函数 g 的定义域是 X.对于 $x \in X$,如果 $g(x) \in Y$,则可按如下的对应法则得到惟一的实数 $z \in R(f)$:

$$x \to y = g(x),\ y \to z = f(y) = f(g(x)).$$

这个对应法则所确定的函数就称为函数 f 与 g 的复合函数,记为 $f \circ g$.这时,$f \circ g$ 的定义域是 $\{x \mid x \in X \text{ 且 } g(x) \in Y\}$.当 x 属于这个定义域时,$(f \circ g)(x) = f(g(x))$.

可以看出,复合函数 $f \circ g$ 的定义域是 g 的定义域 X 的一个子集.当 $D(f \circ g)$ 非空时,复合函数 $f \circ g$ 才有意义.

这里,我们仅仅给出了两个函数的复合函数的定义,类似地可以定义 3 个乃至更多个函数的复合函数.

例 1.4.1 设 $f(x) = x^2 + 1$, $g(x) = \ln x$,则有

$$(f \circ g)(x) = \ln^2 x + 1,\ D(f \circ g) = (0, +\infty),$$

$$(g \circ f)(x) = \ln(x^2 + 1),\ D(g \circ f) = (-\infty, +\infty).$$

易见,复合函数 $f \circ g$ 与 $g \circ f$ 是两个不同的函数,这表明复合函数是不能交换次序的.

例 1.4.2 设 $f(x) = \dfrac{1}{1-x}$, $g(x) = 1 - \dfrac{1}{x}$,于是 $D(f) = (-\infty, 1) \cup (1, +\infty) = \mathbf{R} - \{1\}$, $D(g) = (-\infty, 0) \cup (0, +\infty) = \mathbf{R} - \{0\}$,按定义有

$$(f \circ g)(x) = f(g(x)) = \frac{1}{1 - \left(1 - \dfrac{1}{x}\right)} = x,$$

$$(g \circ f)(x) = g(f(x)) = 1 - \frac{1}{\dfrac{1}{1-x}} = x.$$

表面上看,这两个函数似乎是相同的,但是,它们的定义域不同,$D(f \circ g) = D(g)$ 而 $D(g \circ f) = D(f)$.这表明二者不是同一个函数.实际上,二者只不过是函数 $y = x$ 在不同子集上的限制而已.

例 1.4.3 设 $f(x) = \arcsin x$, $g(x) = \sqrt{x}$, $h(x) = \dfrac{x+1}{2}$.则有

$$(f \circ g \circ h)(x) = \arcsin\sqrt{\frac{x+1}{2}},\ D_1 = [-1, 1],$$

$$(f \circ h \circ g)(x) = \arcsin\frac{\sqrt{x}+1}{2},\ D_2 = [0, 1],$$

$$(g\circ f\circ h)(x)=\sqrt{\arcsin\frac{x+1}{2}},\ D_3=[-1,1],$$

$$(g\circ h\circ f)(x)=\sqrt{\frac{\arcsin x+1}{2}},\ D_4=[-\sin 1,1],$$

$$(h\circ f\circ g)(x)=\frac{1}{2}(\arcsin\sqrt{x}+1),\ D_5=[0,1],$$

$$(h\circ g\circ f)(x)=\frac{1}{2}(\sqrt{\arcsin x}+1),\ D_6=[0,1],$$

其中的 D_1,D_2,D_3,D_4,D_5,D_6 分别表示 6 个复合函数的定义域.

§1.5　初等函数

在§1.3 中已经指出,常数函数,幂函数,指数函数,对数函数,三角函数和反三角函数统称为基本初等函数. 从它们出发,经过有限多次加、减、乘、除和复合运算所能得到的所有函数统称为初等函数. 为了今后更好地研究初等函数的较为深刻的性质,本节就把基本初等函数的性质复习一下并介绍一些常用的初等函数.

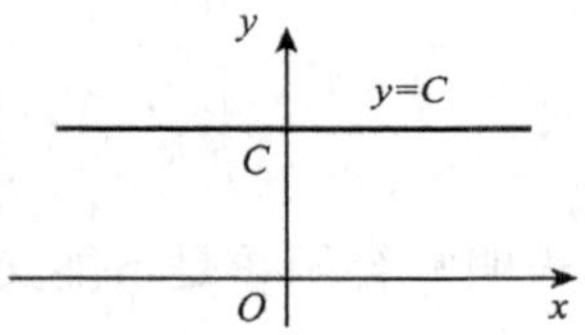

图 1.5.1

1. 常数函数 $y=C$,其中 C 为常数,定义域为$(-\infty,+\infty)$如图 1.5.1 所示,是一条过点$(0,C)$且平行于 x 轴的直线.

它具有许多优秀的性质:它在整个定义域上既是递增函数又是递减函数;它又是偶函数,有界函数,又是没有最小正周期的周期函数. 而且,随着本书内容的展开,读者还会了解它的深层次的优秀性质.

2. 幂函数 $y=x^{\alpha}(0<x<+\infty,\alpha\neq 0)$. 其图形都是一条单调变化的曲线,如图 1.5.2.

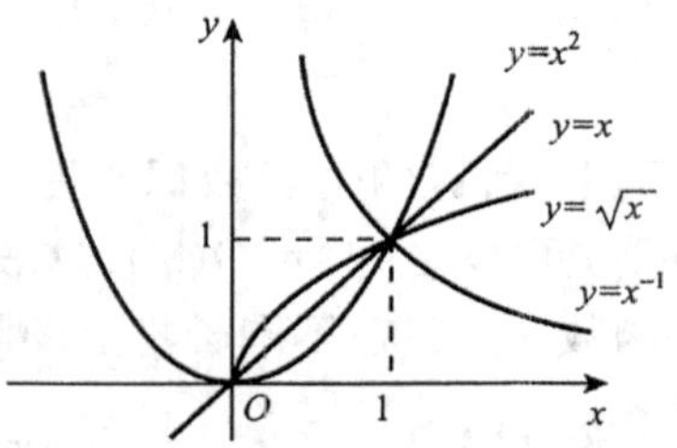

图 1.5.2

当 α 为正整数时,幂函数 $y=x^n$ 的定义域为$(-\infty,+\infty)$;当 α 为负整数时,幂函数 $y=x^{-n}$的定义域为$(-\infty,0)\cup(0,+\infty)$;当 $\alpha=0$ 时,$y=x^0=1$ 在点 $x=0$ 处没有意义,故不能用它来代替常数函数. 恰恰相反,正因为有了常数函数,所以在幂函数中不包括 $\alpha=0$ 的情形.

对于一般的 α,当 $\alpha>0$ 时,总认为 $y=x^{\alpha}$ 的定义域是$[0,+\infty)$;当 $\alpha<0$

时，$y=x^\alpha$ 的定义域为$(0,+\infty)$.

当 α 为奇数时，$y=x^\alpha$ 为奇函数；当 α 为偶数时，$y=x^\alpha$ 为偶函数. 当 $\alpha>0$ 时，$y=x^\alpha$为严格递增函数；当 $\alpha<0$ 时，$y=x^\alpha$ 为严格递减函数. 函数 $y=x^\alpha$ 与 $y=x^{\frac{1}{\alpha}}$互为反函数.

3. 指数函数 $y=a^x(a>0,\ a\neq1)$，其定义域为$(-\infty,+\infty)$且图形如图 1.5.3 所示.

当 $a>1$ 时，$y=a^x$ 为严格递增函数；当 $a<1$ 时，$y=a^x$ 为严格递减函数.

4. 对数函数 $y=\log_a x(a>0,\ a\neq1)$，其定义域为$(0,+\infty)$，其图形如图 1.5.4 所示.

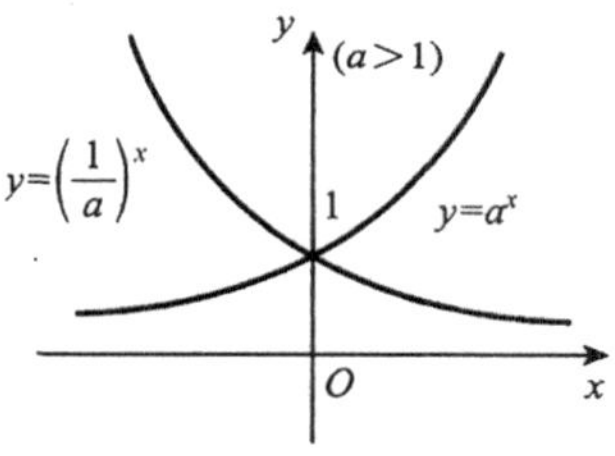

图 1.5.3

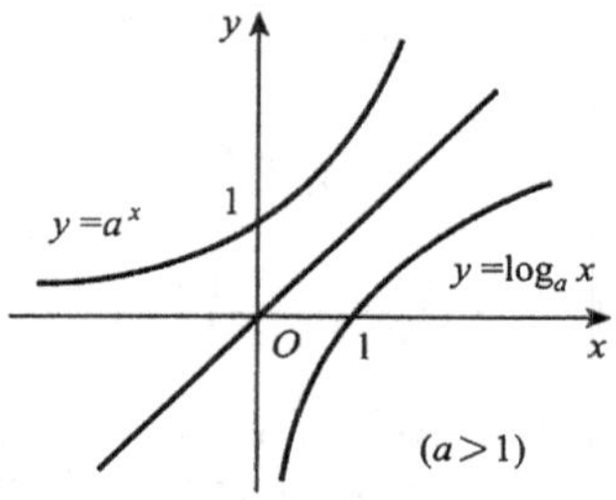

图 1.5.4

对数函数是指数函数的反函数，其单调性与指数函数相同. 当 $a>1$ 时，$y=\log_a x$严格递增；当 $a<1$ 时，$y=\log_a x$ 严格递减.

5. 三角函数 $y=\sin x$ 和 $y=\cos x$ 的定义域都是$(-\infty,+\infty)$，且二者都是以 2π 为周期的周期函数，都是有界函数且最大值都是 1，最小值都是 -1.

$y=\tan x$ 和 $y=\cot x$ 都是以 π 为周期的周期函数且有 $\tan x\cdot\cot x=1$. $y=\tan x$ 的定义域是 $\bigcup\limits_{k=-\infty}^{+\infty}\left(k\pi-\frac{\pi}{2},\ k\pi+\frac{\pi}{2}\right)$； $y=\cot x$ 的定义域是 $\bigcup\limits_{k=-\infty}^{+\infty}(k\pi,(k+1)\pi)$.

$y=\sec x=\dfrac{1}{\cos x}$和 $y=\csc x=\dfrac{1}{\sin x}$也都是以 2π 为周期的周期函数.

三角函数的图像是大家熟知的，这里不再重复. 三角函数之间有许多非常有用的公式，这里我们仅开列其中的一部分：

(i) $\cos x=\sin\left(x+\frac{\pi}{2}\right)$；　　(ii) $\sin x=\cos\left(x-\frac{\pi}{2}\right)$；

(iii) $\sin^2 x+\cos^2 x=1$；　　(iv) $\cos^2 x-\sin^2 x=\cos 2x$；

(v) $\sin 2x=2\sin x\cos x$；　　(vi) $\tan^2 x+1=\sec^2 x$；

(vii) $\cot^2 x+1=\csc^2 x$;

(viii) $\sin(x\pm y)=\sin x\cos y\pm\cos x\sin y$;

(ix) $\cos(x\pm y)=\cos x\cos y\mp\sin x\sin y$;

(x) $\sin x+\sin y=2\sin\frac{x+y}{2}\cos\frac{x-y}{2}$;

(xi) $\sin x-\sin y=2\cos\frac{x+y}{2}\sin\frac{x-y}{2}$;

(xii) $\cos x+\cos y=2\cos\frac{x+y}{2}\cos\frac{x-y}{2}$;

(xiii) $\cos x-\cos y=-2\sin\frac{x+y}{2}\sin\frac{x-y}{2}$;

(xiv) $\sin x\sin y=-\frac{1}{2}[\cos(x+y)-\cos(x-y)]$;

(xv) $\cos x\cos y=\frac{1}{2}[\cos(x+y)+\cos(x-y)]$;

(xvi) $\sin x\cos y=\frac{1}{2}[\sin(x+y)+\sin(x-y)]$.

6. 反三角函数 $y=\arcsin x$, $y=\arccos x$, $y=\arctan x$, $y=\operatorname{arccot} x$,其中反正弦函数与反余弦函数的定义域是$[-1,1]$,而反正切函数与反余切函数的定义域是$(-\infty,+\infty)$.

函数 $y=\arcsin x$ 和 $y=\arctan x$ 都是严格递增函数,而函数 $y=\arccos x$ 和 $y=\operatorname{arccot} x$ 都是严格递减函数.它们之间有如下公式:

$$\arcsin x+\arccos x=\frac{\pi}{2},\ \arctan x+\operatorname{arccot} x=\frac{\pi}{2}.$$

在初等函数中,特别值得一提的就是双曲函数,在第六章的换元积分法中,常常要用到它们.

双曲函数定义如下:

$$\operatorname{sh} x=\frac{e^x-e^{-x}}{2}\qquad \operatorname{ch} x=\frac{e^x+e^{-x}}{2},$$

$$\operatorname{th} x=\frac{\operatorname{sh} x}{\operatorname{ch} x}=\frac{e^x-e^{-x}}{e^x+e^{-x}},\ \operatorname{cth} x=\frac{\operatorname{ch} x}{\operatorname{sh} x}=\frac{e^x+e^{-x}}{e^x-e^{-x}}.$$

这 4 个函数分别称之为双曲正弦、双曲余弦、双曲正切和双曲余切.由定义直接看出,$\operatorname{sh} x$,$\operatorname{th} x$,$\operatorname{cth} x$ 都是奇函数而 $\operatorname{ch} x$ 是偶函数(如图 1.5.5).

从双曲函数的定义出发,可以导出许多类似于三角函数的恒等式.例如有

$$\operatorname{sh}(x\pm y)=\operatorname{sh} x\operatorname{ch} y\pm\operatorname{ch} x\operatorname{sh} y,$$

$$\operatorname{ch}(x\pm y)=\operatorname{ch} x\operatorname{ch} y\pm\operatorname{sh} x\operatorname{sh} y,$$

$$\mathrm{ch}^2 x - \mathrm{sh}^2 x = 1,$$
$$\mathrm{sh}2x = 2\mathrm{sh}x\mathrm{ch}x,$$
$$\mathrm{ch}2x = \mathrm{ch}^2 x + \mathrm{sh}^2 x.$$

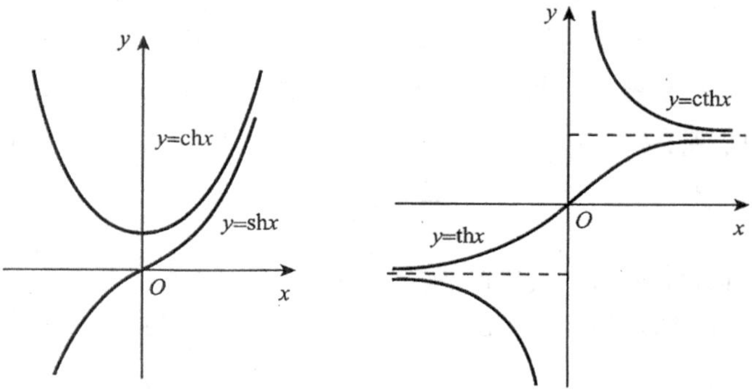

图 1.5.5

由定义直接看出，$\mathrm{sh}0=0$，$\mathrm{ch}0=1$，$\mathrm{sh}x$ 是$(-\infty,+\infty)$上的严格递增函数，而 $\mathrm{ch}x$ 的最小值是 1. 当 $x\geqslant 0, y>0$ 时，由上面公式有

$$\mathrm{ch}(x+y) = \mathrm{ch}x\mathrm{ch}y + \mathrm{sh}x\mathrm{sh}y > \mathrm{ch}x,$$

这表明 $\mathrm{ch}x$ 是$[0,+\infty)$上的严格递增函数. 再由 $\mathrm{ch}x$ 为偶函数知，$\mathrm{ch}x$ 是$(-\infty,0]$上的严格递减函数. 因此，$\mathrm{sh}x$ 有统一的反函数而 $\mathrm{ch}x$ 的反函数要分两部分来求.

令

$$\frac{\mathrm{e}^x \pm \mathrm{e}^{-x}}{2} = y. \tag{1.5.1}$$

于是得到关于 e^x 的一元二次方程

$$(\mathrm{e}^x)^2 - 2y\mathrm{e}^x \pm 1 = 0.$$

解得

$$\mathrm{e}^x = y \pm \sqrt{y^2 \mp 1}. \tag{1.5.2}$$

当 $y=\mathrm{sh}x$ 时，(1.5.1)式中的负号导致(1.5.2)式根号中的正号. 这时根号外面负号导致右端为负，舍去，于是得到 $y=\mathrm{sh}x$ 的反函数为

$$x = \ln\left(y + \sqrt{y^2+1}\right), \quad -\infty < y < +\infty.$$

当 $y=\mathrm{ch}x$ 时，(1.5.2)式根号中为负号，这时两个根都有意义. 恰导出两部分的反函数：

$$x_1 = \ln(y + \sqrt{y^2 - 1}) \geqslant 0,\ y \geqslant 1,$$
$$x_2 = \ln(y - \sqrt{y^2 - 1}) \leqslant 0,\ y \geqslant 1.$$

由于

$$x_1 + x_2 = \ln(y + \sqrt{y^2 - 1})(y - \sqrt{y^2 - 1}) = 0,$$

所以对于同一个 y 值，x_1 与 x_2 的值互为相反数. 由于 $y = \mathrm{ch}x$ 是偶函数，当然应有这样的结果.

习　题　1

1. 设 $a \geqslant 0$ 且对任何 $\varepsilon > 0$，都有 $a \leqslant \varepsilon$，求证 $a = 0$.

2. 设 X 是无限集，$a > 0$，且对任何 $x_1, x_2 \in X$，$x_1 \neq x_2$，都有 $|x_1 - x_2| \geqslant a$，求证集 X 是无界集.

3. 证明下列集合无界：

(i) $A = \left\{ \dfrac{n+1}{\sqrt{n} - 1} \,\middle|\, n \in \mathbf{N},\ n \geqslant 2 \right\}$；

(ii) $B = \left\{ \dfrac{x^2 + 1}{\sin x} \,\middle|\, x \in (-1, 0) \right\}$.

4. 证明下列数集有界：

(i) $A = \left\{ \dfrac{\sin n}{\sqrt{n}} + 1 \,\middle|\, n \in \mathbf{N} \right\}$；

(ii) $B = \left\{ \dfrac{x^2 - 1}{2x^2 + 1} \,\middle|\, x \in \mathbf{R} \right\}$.

5. 举例说明存在分别满足下列各种要求的集合：

(i) 有上确界无下确界的数集；

(ii) 上下确界都存在且含有上确界但不含有下确界的数集；

(iii) 既含有上确界又含有下确界的无穷集合；

(iv) 上下确界都存在但却都不在集内的集合.

6. 设 $X, Y \subset \mathbf{R}$ 且对任何 $x \in X$，都存在 $y \in Y$，使得 $x \leqslant y$，求证 $\sup X \leqslant \sup Y$.

7. 设 $X, Y \subset \mathbf{R}$ 且对任何 $x \in X$ 和 $y \in Y$，都有 $x \leqslant y$，求证 $\sup X \leqslant \inf Y$.

8. 设 $a > 0$，X 为有界集，定义 $aX = \{ax \mid x \in X\}$，求证 $\sup(aX) = a\sup X$，$\inf(aX) = a\inf X$.

9. 设集 A 和 B 的上下确界都存在且 $A \subset B$. 求证 $\inf A \geqslant \inf B$，$\sup A \leqslant \sup B$.

10. 设 X 和 Y 是两个有界集，定义 $Z = \{x + y \mid x \in X, y \in Y\}$，求证：

(i) $\inf Z = \inf X + \inf Y$；

(ii) $\sup Z = \sup X + \sup Y$.

11. 设 X 和 Y 是两个有界非负实数集，定义 $Z = \{xy \mid x \in X, y \in Y\}$，求证：

(i) $\inf Z = \inf X \cdot \inf Y$；

(ii) $\sup Z = \sup X \cdot \sup Y$.

12. 求下列各数集的上下确界：

(i) $A=\left\{\dfrac{n}{n+2}\,\middle|\, n\in\mathbf{N}\right\}$；

(ii) $B=\{\sin x+\cos x \mid x\in\mathbf{R}\}$.

13. 求证两个偶函数之积是偶函数，两个奇函数之积也是偶函数，一个奇函数与一个偶函数之积是奇函数.

14. 求证定义在$(-\infty,+\infty)$上的任何函数都可以表示成一个偶函数与一个奇函数之和.

15. 证明下列各函数在给定区间上有界：

(i) $f(x)=\dfrac{1+x^2}{1+x^4}$, $(-\infty,+\infty)$；

(ii) $f(x)=\dfrac{\ln x}{x}$, $\left[\dfrac{1}{2},1\right]$.

16. 求证函数 $f(x)=\dfrac{1}{x}\cos\dfrac{1}{x}$ 在任何形如$(0,a)$的开区间中都无界，其中 $a>0$.

17. 求下列各组函数的复合函数 $f\circ g$ 和 $g\circ f$，并指出它们的定义域：

(i) $f(x)=\dfrac{x}{x+2}$, $g(x)=\dfrac{x-1}{x}$；

(ii) $f(x)=|x|$, $g(x)=-x$；

(iii) $f(x)=\begin{cases}-x-1, & x\leqslant 0,\\ x, & x>0,\end{cases}$ $g(x)=\begin{cases}x, & x\leqslant 0,\\ -x^2, & x>0.\end{cases}$

18. 求下列各函数的定义域：

(i) $y=\sqrt{3x-x^3}$；(ii) $y=\sqrt{\cos x^2}$；

(iii) $y=\arcsin\dfrac{2x}{1-x^2}$；

(iv) $y=\ln[\cos(\ln x)]$；

(v) $y=\ln[\ln(\ln x)]$.

19. 求函数

$$y=\begin{cases}x, & -\infty<x<1,\\ x^2, & 1\leqslant x\leqslant 4,\\ 2^x, & 4<x<+\infty\end{cases}$$

的反函数.

20. 把函数 $y=\sin x$, $0\leqslant x<1$ 延拓到整个实轴上去，使之成为周期为 2 的偶函数.

第二章　极　　限

极限是贯串全书的基本理论.函数的连续性、导数、积分、级数、广义积分等都和极限密不可分.本章就集中讲述有关的极限理论.

§2.1　数列的极限

定义域为自然数集的函数称为数列.作为函数,当然可以把数列写成 $f(n)$,但通常是把数列记为$\{a_n\}$,$\{b_n\}$,$\{x_n\}$,$\{y_n\}$等,其中 n 是自变量,但这里称之为下标.

由于自然数是有序的,所以数列也可以用写出若干项的方法来表示.例如数列$\left\{(-1)^n\frac{1}{n}\right\}$又可以写成$-1,\frac{1}{2},-\frac{1}{3},\frac{1}{4},\cdots,(-1)^n\frac{1}{n},\cdots$.特别是对于不易求得或不存在通项公式的数列,只能用后一种方法来表示.例如所有质数排成的数列,就只能写成 2,3,5,7,11,13,$\cdots$.

当数列作为函数是有界函数、无界函数、单调函数、常函数或周期函数时,就分别称之为有界数列、无界数列、单调数列、常数列或周期数列.

将数列$\{x_n\}$的项抽出无穷多项来,按它们在原数列中的次序排成一列:

$$x_{n_1},x_{n_2},\cdots,x_{n_k},\cdots$$

又得到一个新的数列$\{x_{n_k}\}$,它称之为原数列$\{x_n\}$的子数列.

观察下面的三个数列:

$$1,\frac{1}{2},\frac{1}{3},\cdots,\frac{1}{n},\cdots$$

$$\frac{1}{2},-\frac{1}{4},\frac{1}{8},\cdots,(-1)^{n+1}2^{-n},\cdots$$

$$0.9,0.99,0.999,\cdots,0.\underbrace{99\cdots9}_{n\text{个}},\cdots$$

容易看出,当 n 越来越大时,前两个数列的项越来越接近于 0,而第三个数列的项越来越接近于 1.我们说,这三个数列都是有极限的,其极限分别为 0,0,1.

极限的定义,使用描述性的语言可以叙述如下:设$\{x_n\}$为一数列而 a 为一实数.如果下标 n 越来越大时,x_n 越来越接近于a,则称数列$\{x_n\}$以 a 为极限.

这个定义与上述例子相结合,很容易为人接受,并且给人以直观的印象.但是,它却不适于进行严格的推理论证.因此,有必要使用分析语言给出确切的定义.

定义 2.1.1 设$\{x_n\}$为一个数列而 a 为一个实数.如果对于任何 $\varepsilon>0$,都存在自然数 N,使当 $n>N$ 时,就有

$$|x_n-a|<\varepsilon, \tag{2.1.1}$$

则称数列$\{x_n\}$以 a 为极限,或称数列$\{x_n\}$收敛于 a,记为$\lim\limits_{n\to\infty}x_n=a$ 或记为 $x_n\to a(n\to\infty)$.

上面所举的三个数列都有极限,但并不是所有的数列都有极限.例如数列$\{n\}$和$\{(-1)^n\}$都没有极限.没有极限的数列或说不收敛的数列称为发散数列.

关于极限的定义,有两点需要加以说明.第一,正数 ε 是先要任意给定的,一旦给出,它就是固定的,然后再对这个固定的正数 ε 去找出能使(2.1.1)式成立的自然数 $N=N(\varepsilon)$,即 N 随着ε 的变化而不同.一般说来,ε 越小,相应的 N 就越大.第二,对于定义中的 N,我们关心的是它的存在性,而不在乎它的具体数值.显然,如果对于某个 $\varepsilon>0$,自然数 N 能使(2.1.1)式成立,则比 N 大的任何自然数都可以代替这个N.而在证明极限关系式时,关键在于给定 ε 之后选取N.这时应尽可能简捷地选取一个 N,而不必煞费苦心地去将 N 取得尽量小.

例 2.1.1 求证$\lim\limits_{n\to\infty}\dfrac{1}{n}=0$.

证 对于任给的 $\varepsilon>0$,取 $N=\left[\dfrac{1}{\varepsilon}\right]+1$,于是当 $n>N$ 时,就有

$$n>N=\left[\frac{1}{\varepsilon}\right]+1>\frac{1}{\varepsilon},$$

$$\left|\frac{1}{n}-0\right|=\frac{1}{n}<\varepsilon.$$

按定义知$\lim\limits_{n\to\infty}\dfrac{1}{n}=0$ 成立.

例 2.1.2 设$0<|q|<1$,求证$\lim\limits_{n\to\infty}q^n=0$.

分析 对于任给的 $\varepsilon>0$,要求

$$|q|^n<\varepsilon,$$

它等价于

$$n\lg|q|<\lg\varepsilon,$$

$$n>\frac{\lg\varepsilon}{\lg|q|}.$$

可见,只需取 N 是一个不小于$\left[\frac{\lg\varepsilon}{\lg|q|}\right]$的正整数就可以了.

证　对于任给的 $\varepsilon>0$,不妨设 $\varepsilon<1$,取 $N=\left[\frac{\lg\varepsilon}{\lg|q|}\right]+1$,于是当 $n>N$ 时,就有

$$n>N=\left[\frac{\lg\varepsilon}{\lg|q|}\right]+1>\frac{\lg\varepsilon}{\lg|q|},$$

$$n\lg|q|<\lg\varepsilon,$$

$$|q^n-0|=|q|^n<\varepsilon.$$

按定义知 $\lim\limits_{n\to\infty}q^n=0$ 成立.

例 2.1.3　求证 $\lim\limits_{n\to\infty}\frac{n^2-n+1}{2n^2+n-10}=\frac{1}{2}$.

分析　因为

$$\left|\frac{n^2-n+1}{2n^2+n-10}-\frac{1}{2}\right|=\left|\frac{2(n^2-n+1)-(2n^2+n-10)}{2(2n^2+n-10)}\right|$$

$$=\left|\frac{-3n+12}{2(2n^2+n-10)}\right|$$

$$=\left|\frac{3n-12}{2(2n^2+n-10)}\right|,$$

当 $n>3$ 时,$|3n-12|<3n$ 且 $n^2+n-10>0$,故有

$$\left|\frac{n^2-n+1}{2n^2+n-10}-\frac{1}{2}\right|<\left|\frac{3n}{2n^2}\right|<\frac{2}{n}.$$

可见,为使$\left|\frac{n^2-n+1}{2n^2+n-10}-\frac{1}{2}\right|<\varepsilon$,只需取 $N=\max\left\{3,\left[\frac{2}{\varepsilon}\right]\right\}$就可以了.

证　对于任给的 $\varepsilon>0$,取 $N=\max\left\{3,\left[\frac{2}{\varepsilon}\right]\right\}$,于是当 $n>N$ 时,就有

$$\left|\frac{n^2-n+1}{2n^2+n-10}-\frac{1}{2}\right|=\left|\frac{3n-12}{2(2n^2+n-10)}\right|<\frac{2}{n}<\varepsilon,$$

按定义知 $\lim\limits_{n\to\infty}\frac{n^2-n+1}{2n^2+n-10}=\frac{1}{2}$成立.

易见,本题证明中若取 $N=3+\left[\frac{2}{\varepsilon}\right]$也是可以的,且更简单一些.

从以上三个例题的证明过程可以看出,按定义证明极限的关键在于适当

地选取 N. 而选取 N 的前提是从函数与极限值之差的解析表达式中解出 n，随即可以得出 N 的选取方法.

例 2.1.4 设 $a>1$，求证 $\lim\limits_{n\to\infty}\sqrt[n]{a}=1$.

分析 1 令 $b_n=\sqrt[n]{a}$，于是 $b_n>1$. 因而有

$$\begin{aligned}a-1=b_n^n-1&=(b_n-1)(b_n^{n-1}+b_n^{n-2}+\cdots+b_n+1)\\&>n(b_n-1),\end{aligned}$$

$$0<\sqrt[n]{a}-1=b_n-1<\frac{a-1}{n}.$$

可见，为使上式右端小于 ε，只要取 $N=\left[\frac{a-1}{\varepsilon}\right]+1$.

分析 2 由均值不等式有

$$\sqrt[n]{a}=\sqrt[n]{a\cdot 1\cdot 1\cdot\cdots\cdot 1}\leqslant\frac{a+n-1}{n}=1+\frac{a-1}{n}.$$

因为 $a>1$，所以 $\sqrt[n]{a}>1$，故得

$$0<\sqrt[n]{a}-1\leqslant 1+\frac{a-1}{n}-1=\frac{a-1}{n}.$$

证 对于任给的 $\varepsilon>0$，取 $N=\left[\frac{a-1}{\varepsilon}\right]+1$，于是当 $n>N$ 时，就有

$$n>N=\left[\frac{a-1}{\varepsilon}\right]+1>\frac{a-1}{\varepsilon},$$

$$|\sqrt[n]{a}-1|=\sqrt[n]{a}-1\leqslant\frac{a-1}{n}<\varepsilon.$$

按定义知 $\lim\limits_{n\to\infty}\sqrt[n]{a}=1$ 成立.

例 2.1.5 求证 $\lim\limits_{n\to\infty}\frac{n}{2^n}=0$.

分析 由二项式展开定理有

$$2^n=(1+1)^n=C_n^0+C_n^1+C_n^2+\cdots+C_n^n.$$

于是当 $n\geqslant 2$ 时，就有

$$2^n>C_n^2=\frac{n(n-1)}{2}.$$

从而有

$$\frac{n}{2^n}<\frac{n}{\frac{n(n-1)}{2}}=\frac{2}{n-1}\leqslant\frac{2}{n-\frac{n}{2}}=\frac{4}{n}.$$

证　对于任给的 $\varepsilon>0$,取 $N=\left[\frac{4}{\varepsilon}\right]+1$,于是当 $n>N$ 时,就有

$$\left|\frac{n}{2^n}-0\right|=\frac{n}{2^n}<\frac{4}{n}<\varepsilon.$$

按定义知 $\lim\limits_{n\to\infty}\frac{n}{2^n}=0$ 成立.

在收敛数列中,极限为 0 的数列具有特别重要的意义.

定义 2.1.2　极限为 0 的数列称为无穷小数列,或称为无穷小量.

例如,数列 $\left\{\frac{1}{n}\right\}$, $\left\{\frac{(-1)^n}{n}\right\}$, $\left\{\frac{n}{2^n}\right\}$ 都是无穷小量.关于极限和无穷小量,有如下的等价关系.

定理 2.1.1　数列 $\{x_n\}$ 以 a 为极限的充分必要条件是数列 $\{x_n-a\}$ 为无穷小量.

在发散数列中,即不存在极限的数列中,也可以分出一类性质相对好一些的数列.例如 $\{(-1)^n\}$ 和 $\{n\}$ 都是发散数列,前者的值总在振动,没有任何固定的趋势而后者的值不断增大,有着固定的趋势.

定义 2.1.3　设 $\{x_n\}$ 是一个数列.

(i) 如果对于任何 $M>0$,都存在自然数 N,使当 $n>N$ 时,就有 $x_n>M$,则称 $\{x_n\}$ 为正无穷大量或称 $\{x_n\}$ 的极限值为 $+\infty$,记为 $\lim\limits_{n\to\infty}x_n=+\infty$;

(ii) 如果对于任何 $M>0$,都存在自然数 N,使当 $n>N$ 时,就有 $x_n<-M$,则称 $\{x_n\}$ 为负无穷大量或称 $\{x_n\}$ 的极限值为 $-\infty$,记为 $\lim\limits_{n\to\infty}x_n=-\infty$;

(iii) 如果对于任何 $M>0$,都存在自然数 N,使当 $n>N$ 时,就有 $|x_n|>M$,则称 $\{x_n\}$ 为中性无穷大量或称 $\{x_n\}$ 的极限值为 ∞,记为 $\lim\limits_{n\to\infty}x_n=\infty$.

上述三种数列统称为无穷大数列或无穷大量.注意,在记号 $\lim\limits_{n\to\infty}x_n=+\infty$, $\lim\limits_{n\to\infty}x_n=-\infty$ 和 $\lim\limits_{n\to\infty}x_n=\infty$ 中,只是借用了极限的符号,而这里的数列 $\{x_n\}$ 是没有极限的.

例 2.1.6　设 $a>1$,求证 $\lim\limits_{n\to\infty}\log_a n=+\infty$.

分析　对于任给的 $M>0$,为使

$$\log_a n>M,$$

只需

$$n>a^M.$$

证　对于任给的 $M>0$,取 $N=[a^M]+1$,于是当 $n>N$ 时,就有

$$n>N=[a^M]+1>a^M,$$

因为 $a>1$,两端取以 a 为底的对数,得到

$$\log_a n > M.$$

按定义知 $\lim\limits_{n\to\infty}\log_a n=+\infty$成立.

§2.2　数列极限的性质

本节介绍数列极限的一些重要性质,这都是我们今后掌握和熟练运用极限理论所必不可少的基础知识.

定理 2.2.1　若 $\lim\limits_{n\to\infty}x_n=a$, $\lim\limits_{n\to\infty}x_n=b$,则 $a=b$.

证　因为 $\lim\limits_{n\to\infty}x_n=a$, $\lim\limits_{n\to\infty}x_n=b$,故对于任给的 $\varepsilon>0$,存在 N_1 和 N_2,使得

$$|x_n-a|<\varepsilon,\text{当 } n>N_1, \tag{2.2.1}$$

$$|x_n-b|<\varepsilon,\text{当 } n>N_2. \tag{2.2.2}$$

令 $N=\max\{N_1,N_2\}$,于是当 $n>N$ 时,(2.2.1)和(2.2.2)两式都成立.因而有

$$|a-b|=|a-x_n+x_n-b|\leqslant|x_n-a|+|x_n-b|<2\varepsilon.$$

由 $\varepsilon>0$ 的任意性知 $a-b=0$,即 $a=b$.

定理 2.2.2　若 $\lim\limits_{n\to\infty}x_n=a$,则 $\lim\limits_{n\to\infty}|x_n|=|a|$.

这个结论可由不等式

$$||x_n|-|a||\leqslant|x_n-a|$$

直接得到.

定理 2.2.3　设 $\lim\limits_{n\to\infty}x_n=a$, $\lim\limits_{n\to\infty}y_n=b$.

(i) 若 $a>b$,则存在 N,使当 $n>N$ 时,就有 $x_n>y_n$;

(ii) 若存在 N,使当 $n>N$ 时,就有 $x_n\geqslant y_n$,则 $a\geqslant b$.

证　先证(i).取 $\varepsilon_0=\dfrac{a-b}{2}>0$.因为 $\lim\limits_{n\to\infty}x_n=a$, $\lim\limits_{n\to\infty}y_n=b$,故有 N_1 和 N_2 使得

$$|x_n-a|<\varepsilon_0,\text{当 } n>N_1, \tag{2.2.3}$$

$$|y_n-b|<\varepsilon_0,\text{当 } n>N_2. \tag{2.2.4}$$

令 $N=\max\{N_1,N_2\}$,于是当 $n>N$ 时,(2.2.3)和(2.2.4)两式都成立,亦即有

$$a-\varepsilon_0<x_n<a+\varepsilon_0,$$

$$b-\varepsilon_0<y_n<b+\varepsilon_0.$$

两式结合即知当 $n>N$ 时,有

$$x_n>a-\varepsilon_0=a-\frac{a-b}{2}=\frac{a+b}{2}=b+\frac{a-b}{2}=b+\varepsilon_0>y_n.$$

再用反证法证(ii).若 $a<b$,则由(i)知有 N',使当 $n>N'$ 时,就有 $x_n<y_n$.令 $N_1=\max\{N,N'\}$,于是当 $n>N_1$ 时,就既有 $x_n<y_n$,又有 $x_n\geqslant y_n$,矛盾.这就证明了 $a\geqslant b$.

推论　设 $\lim\limits_{n\to\infty}x_n=a$.

(i) 若 $a>b$(或 $a<b$),则存在 N,使当 $n>N$ 时,就有 $x_n>b$(或 $x_n<b$);

(ii) 若存在 N,使当 $n>N$ 时,就有 $x_n\geqslant b$($x_n\leqslant b$),则 $a\geqslant b$(或 $a\leqslant b$).

显然,这是定理 2.2.3 中 $y_n\equiv b$ 的特殊情形.

定理 2.2.4　收敛数列必有界.

证　设 $\lim\limits_{n\to\infty}x_n=a$.于是对 $\varepsilon_0=1$,存在 N,使当 $n>N$ 时,就有

$$|x_n-a|<\varepsilon_0=1,$$

$$|x_n|<|a|+1.$$

令 $M=\max\{|x_1|,\cdots,|x_N|,|a|+1\}$,于是有

$$|x_n|\leqslant M,n=1,2,\cdots$$

这就表明 $\{x_n\}$ 是有界的.

定理 2.2.5　设 $\lim\limits_{n\to\infty}x_n=a$, $\lim\limits_{n\to\infty}y_n=b$,则有:

(i) $\lim\limits_{n\to\infty}(x_n\pm y_n)=\lim\limits_{n\to\infty}x_n\pm\lim\limits_{n\to\infty}y_n$;　　(2.2.5)

(ii) $\lim\limits_{n\to\infty}x_n\cdot y_n=\lim\limits_{n\to\infty}x_n\cdot\lim\limits_{n\to\infty}y_n$;　　(2.2.6)

(iii) $\lim\limits_{n\to\infty}\dfrac{x_n}{y_n}=\dfrac{\lim\limits_{n\to\infty}x_n}{\lim\limits_{n\to\infty}y_n}$, $b\neq0$.　　(2.2.7)

证　(i) 对于任给的 $\varepsilon>0$,因为 $\lim\limits_{n\to\infty}x_n=a$ 和 $\lim\limits_{n\to\infty}y_n=b$,故有 N_1 和 N_2,使得

$$|x_n-a|<\frac{\varepsilon}{2},\text{当 } n>N_1,\tag{2.2.8}$$

$$|y_n-b|<\frac{\varepsilon}{2},\text{当 } n>N_2.\tag{2.2.9}$$

令 $N=\max\{N_1,N_2\}$,于是当 $n>N$ 时,由(2.2.8)式和(2.2.9)式就有

$$|(x_n \pm y_n) - (a \pm b)| \leqslant |x_n - a| + |y_n - b| < \frac{\varepsilon}{2} + \frac{\varepsilon}{2} = \varepsilon.$$

按定义知(2.2.5)式成立.

(ii) 我们写

$$\begin{aligned}|x_n y_n - ab| &= |x_n y_n - a y_n + a y_n - ab| \\ &\leqslant |y_n| \cdot |x_n - a| + |a| \cdot |y_n - b|.\end{aligned} \tag{2.2.10}$$

由定理 2.2.4 知数列$\{y_n\}$有界,即有 $M>0$,使得

$$|y_n| \leqslant M,\ n = 1,2,\cdots \tag{2.2.11}$$

对于任给的 $\varepsilon>0$,因为$\lim\limits_{n\to\infty} x_n = a$,$\lim\limits_{n\to\infty} y_n = b$,故有 N_1 和 N_2,使得

$$|x_n - a| < \frac{\varepsilon}{2M},\ \text{当}\ n > N_1, \tag{2.2.12}$$

$$|y_n - b| < \frac{\varepsilon}{2(|a|+1)},\ \text{当}\ n > N_2. \tag{2.2.13}$$

令 $N=\max\{N_1, N_2\}$,于是当 $n>N$ 时,由(2.2.10)~(2.2.13)式得到

$$|x_n y_n - ab| < \frac{\varepsilon}{2} + \frac{\varepsilon}{2} = \varepsilon.$$

按定义知(2.2.6)式成立.

(iii) 类似于(2.2.10)式,我们有

$$\left|\frac{x_n}{y_n} - \frac{a}{b}\right| = \frac{|bx_n - ay_n|}{|by_n|} \leqslant \frac{|b||x_n - a| + |a||y_n - b|}{|by_n|}. \tag{2.2.14}$$

因为$\lim\limits_{n\to\infty} y_n = b \neq 0$,所以由定理 2.2.2 知$\lim\limits_{n\to\infty}|y_n| = |b|$. 从而由定理 2.2.3 的推论(i)知有 N_1,使得

$$|y_n| > \frac{|b|}{2},\ \text{当}\ n > N_1.$$

由此及(2.2.14)式得到

$$\left|\frac{x_n}{y_n} - \frac{a}{b}\right| \leqslant \frac{2}{|b|}|x_n - a| + \frac{2|a|}{b^2}|y_n - b|. \tag{2.2.15}$$

对于任给的 $\varepsilon>0$,因为$\lim\limits_{n\to\infty} x_n = a$,$\lim\limits_{n\to\infty} y_n = b$,故有 N_2 和 N_3,使得

$$|x_n - a| < \frac{|b|\varepsilon}{4},\ \text{当}\ n > N_2, \tag{2.2.16}$$

$$|y_n - b| < \frac{b^2\varepsilon}{4(|a|+1)},\ \text{当}\ n > N_3. \tag{2.2.17}$$

令 $N=\max\{N_1,N_2,N_3\}$，于是当 $n>N$ 时，由(2.2.15)～(2.2.17)式得到

$$\left|\frac{x_n}{y_n}-\frac{a}{b}\right|<\varepsilon.$$

按定义知(2.2.7)式成立.

通常称定理 2.2.5 为极限的四则运算，它表明极限运算可以和加、减、乘、除四则运算交换次序进行. 惟一需要注意的是与除法运算换序时分母的极限不能为 0. 有了定理 2.2.5，求极限的运算就方便多了.

例 2.2.1 设 $k,m\in\mathbf{N}$ 且 $k\leqslant m$，a_i,b_i 都是与 n 无关的常数且 $a_0\neq 0$，$b_0\neq 0$. 令

$$x_n=\frac{a_0n^k+a_1n^{k-1}+\cdots+a_k}{b_0n^m+b_1n^{m-1}+\cdots+b_m},n=1,2,\cdots$$

求数列 $\{x_n\}$ 的极限.

解 改写

$$x_n=\frac{a_0n^k+a_1n^{k-1}+\cdots+a_k}{b_0n^m+b_1n^{m-1}+\cdots+b_m}=n^{k-m}\frac{a_0+\dfrac{a_1}{n}+\cdots+\dfrac{a_k}{n^k}}{b_0+\dfrac{b_1}{n}+\cdots+\dfrac{b_m}{n^m}}.$$

应用极限的和、差与商的运算，我们有

$$\lim_{n\to\infty}\frac{a_0+\dfrac{a_1}{n}+\cdots+\dfrac{a_k}{n^k}}{b_0+\dfrac{b_1}{n}+\cdots+\dfrac{b_m}{n^m}}=\frac{a_0}{b_0},$$

$$\lim_{n\to\infty}n^{k-m}=\begin{cases}0,\text{ 当 } k<m,\\1,\text{当 } k=m.\end{cases}$$

再由乘法运算即得

$$\lim_{n\to\infty}x_n=\begin{cases}0,\text{ 当 } k<m,\\\dfrac{a_0}{b_0},\text{当 } k=m.\end{cases}$$

例 2.2.2 设 $a_n=\sqrt{n}(\sqrt{n+1}-\sqrt{n})$，$n=1,2,\cdots$，求数列 $\{a_n\}$ 的极限.

解 改写

$$a_n=n\left(\sqrt{1+\frac{1}{n}}-1\right)=\frac{n\left(1+\dfrac{1}{n}-1\right)}{\sqrt{1+\dfrac{1}{n}}+1}=\frac{1}{1+\sqrt{1+\dfrac{1}{n}}}.\tag{2.2.18}$$

可见,为求$\{a_n\}$的极限,只需求$\left\{\sqrt{1+\frac{1}{n}}\right\}$的极限.由于$\lim\limits_{n\to\infty}\left(1+\frac{1}{n}\right)=1$,我们猜测$\left\{\sqrt{1+\frac{1}{n}}\right\}$的极限也是1,但是,开方不是四则运算,至少暂时还不能与极限换序.我们换个办法来证明这个猜测.

因为

$$0<\sqrt{1+\frac{1}{n}}-1<\left(1+\frac{1}{n}\right)-1=\frac{1}{n},$$

故对于任给的$\varepsilon>0$,取$N=\left[\frac{1}{\varepsilon}\right]+1$,于是当$n>N$时,就有

$$\left|\sqrt{1+\frac{1}{n}}-1\right|<\varepsilon,$$

故得$\lim\limits_{n\to\infty}\sqrt{1+\frac{1}{n}}=1$.将此代入(2.2.18)式即得$\lim\limits_{n\to\infty}a_n=\frac{1}{2}$.

定理 2.2.6 收敛数列的任何子列都收敛,而且其极限与原数列的极限相同.

证 设$\lim\limits_{n\to\infty}x_n=a$,$\{x_{n_k}\}$是$\{x_n\}$的一个子列,于是对于任给的$\varepsilon>0$,存在$N$,使当$n>N$时,就有

$$|x_n-a|<\varepsilon.$$

因为$\{x_{n_k}\}$是$\{x_n\}$的子列,故有$n_k\geqslant k$,所以当$k>N$时,$n_k>N$,从而有

$$|x_{n_k}-a|<\varepsilon.$$

按定义知$\lim\limits_{k\to\infty}x_{n_k}=a$,即子列$\{x_{n_k}\}$收敛且与$\{x_n\}$的极限相同.

这个定理经常被用来证明某些数列的发散性,即若某数列有两个收敛子列具有不同的极限,或者有某个子列没有极限,则它必是发散的.例如,数列$\{(-1)^n\}$的子列$\{(-1)^{2k-1}\}$的所有项都是-1当然收敛于-1,子列$\{(-1)^{2k}\}$收敛于1.因而数列$\{(-1)^n\}$发散.

由极限的上述性质,很容易推得无穷小量的如下性质.

定理 2.2.7 设$\{x_n\}$和$\{y_n\}$都是无穷小量,则

(i) 数列$\{|x_n|\}$是无穷小量;

(ii) 数列$\{x_n\pm y_n\}$,$\{x_ny_n\}$都是无穷小量;

(iii) 对任意常数c,数列$\{cx_n\}$都是无穷小量;

(iv) 若$\lim\limits_{n\to\infty}z_n=c\neq0$.则数列$\left\{\frac{x_n}{z_n}\right\}$是无穷小量.

进一步地,还有以下定理.

定理 2.2.8 若$\{x_n\}$是无穷小量,$\{y_n\}$是有界数列,则$\{x_ny_n\}$是无穷小量.

定理 2.2.9 设 $x_n\neq 0, n=1,2,\cdots$,则$\{x_n\}$是无穷大量的充分必要条件是$\left\{\dfrac{1}{x_n}\right\}$是无穷小量.

证 对于任给的 $\varepsilon>0, \dfrac{1}{\varepsilon}>0$. 因为$\{x_n\}$为无穷大量,故有 N,使当 $n>N$ 时,就有

$$|x_n|>\frac{1}{\varepsilon}.$$

从而当 $n>N$ 时,有

$$\left|\frac{1}{x_n}\right|<\varepsilon.$$

按定义知$\left\{\dfrac{1}{x_n}\right\}$的极限为 0,即$\left\{\dfrac{1}{x_n}\right\}$为无穷小量.

反之,设$\left\{\dfrac{1}{x_n}\right\}$为无穷小量. 对于任何 $M>0, \dfrac{1}{M}>0$,于是有 N,使当 $n>N$ 时,就有

$$\left|\frac{1}{x_n}\right|<\frac{1}{M}.$$

从而当 $n>N$ 时,有

$$|x_n|>M.$$

按定义知$\{x_n\}$为无穷大量.

§2.3 数列极限的判定定理

解决一个数列是否收敛的问题,只从定义出发往往是不够的,还需要建立一系列的理论结果. 本节先来介绍几个判定定理,下一节中将借助上下极限的有关知识,接着介绍两个判定定理.

定理 2.3.1(两边夹定理) 设$\{x_n\},\{y_n\},\{z_n\}$是三个数列,满足下列条件:

(i) 存在 N,使当 $n>N$ 时,总有 $x_n\leqslant y_n\leqslant z_n$;

(ii) $\lim\limits_{n\to\infty}x_n=a=\lim\limits_{n\to\infty}z_n$.

则$\{y_n\}$也收敛且$\lim\limits_{n\to\infty}y_n=a$.

证 对于任给的 $\varepsilon>0$,因为 $\lim\limits_{n\to\infty}x_n=a=\lim\limits_{n\to\infty}z_n$,故有 N_1 和 N_2,使得

$$|x_n-a|<\varepsilon,\text{当 } n>N_1,$$

$$|z_n-a|<\varepsilon,\text{当 } n>N_2,$$

亦即有

$$a-\varepsilon<x_n<a+\varepsilon,\text{当 } n>N_1,$$

$$a-\varepsilon<z_n<a+\varepsilon,\text{当 } n>N_2.$$

令 $N'=\max\{N,N_1,N_2\}$,于是当 $n>N'$时,就有

$$a-\varepsilon<x_n\leqslant y_n\leqslant z_n<a+\varepsilon,$$

$$|y_n-a|<\varepsilon.$$

按定义知 $\lim\limits_{n\to\infty}y_n=a$.

定理 2.3.2(单调收敛定理) 单调有界数列必收敛.具体地说

(i) 若数列$\{x_n\}$递增且有上界,则

$$\lim_{n\to\infty}x_n=\sup\{x_n\mid n\in\mathbf{N}\};$$

(ii) 若数列$\{x_n\}$递减且有下界,则

$$\lim_{n\to\infty}x_n=\inf\{x_n\mid n\in\mathbf{N}\}.$$

证 设数列$\{x_n\}$递增且有上界,则集合$\{x_n\mid n\in\mathbf{N}\}$有上界.从而由定理 1.2.2 知它有上确界.记 $a=\sup\{x_n\mid n\in\mathbf{N}\}$,于是有

$$x_n\leqslant a,\ n=1,2,\cdots \tag{2.3.1}$$

另一方面,对于任给的 $\varepsilon>0$,$a-\varepsilon$ 都不是$\{x_n\mid n\in\mathbf{N}\}$的上界,故有 N,使得 $x_N>a-\varepsilon$.由于$\{x_n\}$递增,所以当 $n>N$ 时,就有

$$x_n\geqslant x_N>a-\varepsilon. \tag{2.3.2}$$

将(2.3.1)式和(2.3.2)式结合起来,便知当 $n>N$ 时,有

$$a-\varepsilon<x_n\leqslant a<a+\varepsilon,$$

$$|x_n-a|<\varepsilon.$$

按定义知 $\lim\limits_{n\to\infty}x_n=a$.

(ii) 的证明是完全类似的,这里从略.

例 2.3.1 设 $a_i>0,\ i=1,\cdots,m$,求证

$$\lim_{n\to\infty}\sqrt[n]{a_1^n+a_2^n+\cdots+a_m^n}=\max\{a_1,a_2,\cdots,a_m\}. \tag{2.3.3}$$

证 不妨设 $a_1=\max\{a_1,a_2,\cdots,a_m\}$,于是对任意 $n\in\mathbf{N}$,都有

$$a_1=\sqrt[n]{a_1^n}<\sqrt[n]{a_1^n+a_2^n+\cdots+a_m^n}\leqslant a_1\sqrt[n]{m}.$$

因为$\lim\limits_{n\to\infty}\sqrt[n]{m}=1$,故上式两端的极限都是$a_1$,从而由定理 2.3.1 知(2.3.3)式成立.

例 2.3.2 设$0<\alpha<1$,求证$\lim\limits_{n\to\infty}[(n+1)^\alpha-n^\alpha]=0$.

证 因为

$$0<(n+1)^\alpha-n^\alpha=n^\alpha\left[\left(1+\frac{1}{n}\right)^\alpha-1\right]<n^\alpha\left[\left(1+\frac{1}{n}\right)-1\right]=\frac{1}{n^{1-\alpha}},$$

因为$1-\alpha>0$,故有$\lim\limits_{n\to\infty}\frac{1}{n^{1-\alpha}}=0$.于是由定理 2.3.1 即得$\lim\limits_{n\to\infty}[(n+1)^\alpha-n^\alpha]=0$.

例 2.3.3 设$a>0$, $x_1=\sqrt{a}$, $x_{n+1}=\sqrt{a+x_n}$, $n=1,2,\cdots$,求数列$\{x_n\}$的极限.

解 改写

$$x_{n+1}=\sqrt{a+\sqrt{a+\cdots+\sqrt{a+\sqrt{a}}}},$$

其中共有$n+1$重根号.若把右端最内层根号下的a改为0,则右端变小且恰变为x_n.所以$\{x_n\}$递增.将递推关系式平方得

$$x_n^2=a+x_{n-1}\leqslant a+x_n,$$

$$x_n\leqslant\frac{a}{x_n}+1.$$

因为$x_n\geqslant x_1=\sqrt{a}$,所以有

$$x_n\leqslant\sqrt{a}+1,\ n=1,2,\cdots$$

这表明$\{x_n\}$有上界.从而由定理 2.3.2 知$\{x_n\}$有极限.设$\lim\limits_{n\to\infty}x_n=A$,于是在等式$x_n^2=a+x_{n-1}$两端取极限即得

$$A^2=a+A.$$

解此方程得到

$$A=\frac{1\pm\sqrt{1+4a}}{2},$$

其中的负根不合题意,舍去,故得

$$\lim_{n\to\infty}x_n=\frac{1+\sqrt{1+4a}}{2}.$$

例 2.3.4 研究数列

$$x_n = \left(1+\frac{1}{n}\right)^n$$

的收敛性.

解 由二项式展开定理有

$$x_n = \left(1+\frac{1}{n}\right)^n = \sum_{k=0}^{n} C_n^k \left(\frac{1}{n}\right)^k = \sum_{k=0}^{n} \frac{n(n-1)\cdots(n-k+1)}{k!\,n^k}$$

$$= \sum_{k=0}^{n} \frac{1}{k!}\left(1-\frac{1}{n}\right)\left(1-\frac{2}{n}\right)\cdots\left(1-\frac{k-1}{n}\right), \tag{2.3.4}$$

$$x_{n+1} = \sum_{k=0}^{n+1} \frac{1}{k!}\left(1-\frac{1}{n+1}\right)\left(1-\frac{2}{n+1}\right)\cdots\left(1-\frac{k-1}{n+1}\right). \tag{2.3.5}$$

比较(2.3.4)与(2.3.5)两式的右端,发现(2.3.5)式右端多出 $k=n+1$ 的一项且每个括号中的因子都大于(2.3.4)式中的相应因子,所以有 $x_{n+1}>x_n$,即数列$\{x_n\}$严格递增.

将(2.3.4)式右端中所有括号表示的因子都放大为1,当 $n\geqslant 2$ 时,便有

$$x_n \leqslant \sum_{k=0}^{n}\frac{1}{k!} < 1+1+\frac{1}{1\cdot 2}+\frac{1}{2\cdot 3}+\cdots+\frac{1}{(n-1)n}$$

$$= 2+1-\frac{1}{2}+\frac{1}{2}-\frac{1}{3}+\cdots+\frac{1}{n-1}-\frac{1}{n} < 3. \tag{2.3.6}$$

这表明$\{x_n\}$有上界.从而由定理 2.3.2 知数列$\{x_n\}$收敛.记它的极限为 e.数 e 就是自然对数的底数,它在数学分析及高等数学中占有极为重要的地位.它是个无理数,前 15 位小数是

$$e = 2.718281828459045\cdots$$

例 2.3.5 求证 $\lim\limits_{n\to\infty}\sum\limits_{k=0}^{n}\frac{1}{k!}=e$.

证 记 $a_n=\sum\limits_{k=0}^{n}\frac{1}{k!}$. 显然,数列$\{a_n\}$严格递增且由(2.3.6)式知它还是有上界的.故由定理 2.3.2 知$\{a_n\}$收敛.

由(2.3.6)式有

$$a_n = \sum_{k=0}^{n}\frac{1}{k!} \geqslant \left(1+\frac{1}{n}\right)^n,$$

令 $n\to\infty$ 在两端同时取极限便得 $\lim\limits_{n\to\infty}a_n\geqslant e$.

另一方面,任意固定 m,则当 $n>m$ 时,由(2.3.4)式得到

$$\left(1+\frac{1}{n}\right)^n = \sum_{k=0}^{n}\frac{1}{k!}\left(1-\frac{1}{n}\right)\left(1-\frac{2}{n}\right)\cdots\left(1-\frac{k-1}{n}\right)$$

$$\geqslant \sum_{k=0}^{m} \frac{1}{k!}\left(1-\frac{1}{n}\right)\left(1-\frac{2}{n}\right)\cdots\left(1-\frac{k-1}{n}\right).$$

注意上式右端的 m 是固定的,故可令 $n\to\infty$ 在上式两端取极限而得到

$$\mathrm{e}\geqslant \sum_{k=0}^{m} \frac{1}{k!} = a_m. \tag{2.3.7}$$

又因 m 是任意固定的,故(2.3.7)式对所有 m 都成立.令 $m\to\infty$ 取极限即得 $\lim\limits_{m\to\infty} a_m \leqslant \mathrm{e}$. 故得 $\lim\limits_{n\to\infty} a_n = \mathrm{e}$.

定理 2.3.3(施笃兹,Stoltz)　设 $\{x_n\}$ 和 $\{y_n\}$ 是两个数列,满足下列条件

(i) 数列 $\left\{\dfrac{x_{n+1}-x_n}{y_{n+1}-y_n}\right\}$ 收敛(或趋向 $\pm\infty$);

(ii) 数列 $\{y_n\}$ 严格递增且趋向 $+\infty$;

则数列 $\left\{\dfrac{x_n}{y_n}\right\}$ 也收敛且有

$$\lim_{n\to\infty}\frac{x_n}{y_n} = \lim_{n\to\infty}\frac{x_{n+1}-x_n}{y_{n+1}-y_n}.$$

证　(i) 设 $\lim\limits_{n\to\infty}\dfrac{x_{n+1}-x_n}{y_{n+1}-y_n}=0$. 于是对于任给的 $\varepsilon>0$,有 N_1,使当 $n\geqslant N_1$ 时,就有

$$\left|\frac{x_{n+1}-x_n}{y_{n+1}-y_n}\right| < \frac{\varepsilon}{2}.$$

因此当 $n>N_1$ 时,有

$$\left|\frac{x_n-x_{N_1}}{y_n-y_{N_1}}\right| = \left|\frac{(x_n-x_{n-1})+(x_{n-1}-x_{n-2})+\cdots+(x_{N_1+1}-x_{N_1})}{(y_n-y_{n-1})+(y_{n-1}-y_{n-2})+\cdots+(y_{N_1+1}-y_{N_1})}\right|$$

$$\leqslant \max_{N_1\leqslant k\leqslant n-1}\left|\frac{x_{k+1}-x_k}{y_{k+1}-y_k}\right| < \frac{\varepsilon}{2}. \tag{2.3.8}$$

另一方面,又有

$$\left|\frac{x_n-x_{N_1}}{y_n-y_{N_1}}\right| = \frac{\left|\dfrac{x_n}{y_n}-\dfrac{x_{N_1}}{y_n}\right|}{1-\dfrac{y_{N_1}}{y_n}} \geqslant \left|\frac{x_n}{y_n}-\frac{x_{N_1}}{y_n}\right| \geqslant \left|\frac{x_n}{y_n}\right| - \left|\frac{x_{N_1}}{y_n}\right|.$$

由此及(2.3.8)式得到

$$\left|\frac{x_n}{y_n}\right| < \frac{\varepsilon}{2} + \left|\frac{x_{N_1}}{y_n}\right|,\ 当\ n>N_1. \tag{2.3.9}$$

由已知，$\lim\limits_{n\to\infty} y_n = +\infty$，故有 $\lim\limits_{n\to\infty}\dfrac{x_{N_1}}{y_n}=0$，从而对前述的 $\varepsilon>0$，又有 N_2，使当 $n>N_2$ 时，就有

$$\left|\frac{x_{N_1}}{y_n}\right|<\frac{\varepsilon}{2}. \tag{2.3.10}$$

令 $N=\max\{N_1,N_2\}$，于是当 $n>N$ 时，由(2.3.9)式和(2.3.10)式便得

$$\left|\frac{x_n}{y_n}\right|<\frac{\varepsilon}{2}+\frac{\varepsilon}{2}=\varepsilon.$$

所以 $\lim\limits_{n\to\infty}\dfrac{x_n}{y_n}=0$，即此时结论成立.

(ii) 设 $\lim\limits_{n\to\infty}\dfrac{x_{n+1}-x_n}{y_{n+1}-y_n}=a\neq0$. 令 $z_n=x_n-ay_n$，于是有

$$\frac{z_{n+1}-z_n}{y_{n+1}-y_n}=\frac{x_{n+1}-x_n}{y_{n+1}-y_n}-a\to0(n\to\infty).$$

由上段证明知 $\lim\limits_{n\to\infty}\dfrac{z_n}{y_n}=0$. 从而有 $\lim\limits_{n\to\infty}\dfrac{x_n}{y_n}=a$.

(iii) 设 $\lim\limits_{n\to\infty}\dfrac{x_{n+1}-x_n}{y_{n+1}-y_n}=+\infty$. 因为 $\{y_n\}$ 严格递增且 $\lim\limits_{n\to\infty}y_n=+\infty$，故有 N，使当 $n>N$ 时，就有

$$x_{n+1}-x_n>y_{n+1}-y_n>0.$$

故不妨设 $\{x_n\}$ 严格递增且 $\lim\limits_{n\to\infty}x_n=+\infty$. 又因这时有

$$\lim_{n\to\infty}\frac{y_{n+1}-y_n}{x_{n+1}-x_n}=0,$$

由(i)有 $\lim\limits_{n\to\infty}\dfrac{y_n}{x_n}=0$. 从而得到 $\lim\limits_{n\to\infty}\dfrac{x_n}{y_n}=+\infty$.

(iv) 设 $\lim\limits_{n\to\infty}\dfrac{x_{n+1}-x_n}{y_{n+1}-y_n}=-\infty$. 这时，只要令 $z_n=-x_n$ 即可由(iii)的结论得到证明.

例 2.3.6 设 $a>1$，求极限 $\lim\limits_{n\to\infty}\dfrac{a^n}{n}$.

解 因为

$$\frac{a^{n+1}-a^n}{(n+1)-n}=a^n(a-1)\to+\infty(n\to\infty),$$

故由定理 2.3.3 得到 $\lim\limits_{n\to\infty}\dfrac{a^n}{n}=+\infty$.

例 2.3.7 设$\lim\limits_{n\to\infty}a_n=a$,求证$\lim\limits_{n\to\infty}\dfrac{a_1+a_2+\cdots+a_n}{n}=a$.

证法 1 当 $a\neq0$ 时,只要令 $b_n=a_n-a$,即可化成极限为 0 的情形,故可设 $a=0$.

因为$\lim\limits_{n\to\infty}a_n=0$,故对任给的 $\varepsilon>0$,有 N_1,使当 $n>N_1$ 时,就有

$$|a_n|<\frac{\varepsilon}{2}. \tag{2.3.11}$$

因此,当 $n>N_1$ 时,由(2.3.11)式有

$$\begin{aligned}\left|\frac{1}{n}\sum_{i=1}^{n}a_i\right| &\leqslant \left|\frac{1}{n}\sum_{i=1}^{N_1}a_i\right|+\left|\frac{1}{n}\sum_{i=N_1+1}^{n}a_i\right| \\ &\leqslant \left|\frac{1}{n}\sum_{i=1}^{N_1}a_i\right|+\frac{1}{n}\sum_{i=N_1+1}^{n}|a_i| \\ &< \left|\frac{1}{n}\sum_{i=1}^{N_1}a_i\right|+\frac{\varepsilon}{2}.\end{aligned} \tag{2.3.12}$$

因为 $\sum\limits_{i=1}^{N_1}a_i$ 是个固定常数,故又有 N_2,使当 $n>N_2$ 时,就有

$$\left|\frac{1}{n}\sum_{i=1}^{N_1}a_i\right|<\frac{\varepsilon}{2}. \tag{2.3.13}$$

令 $N=\max\{N_1,N_2\}$,则当 $n>N$ 时,由(2.3.12)式和(2.3.13)式得到

$$\left|\frac{1}{n}\sum_{i=1}^{n}a_i\right|<\varepsilon.$$

按定义知$\lim\limits_{n\to\infty}\dfrac{1}{n}\sum\limits_{i=1}^{n}a_i=0$成立.

证法 2 因为

$$\frac{(a_1+a_2+\cdots+a_n+a_{n+1})-(a_1+a_2+\cdots+a_n)}{(n+1)-n}=a_{n+1}\to a(n\to\infty),$$

故由定理 2.3.3 得到

$$\lim_{n\to\infty}\frac{1}{n}\sum_{i=1}^{n}a_i=a.$$

显然,使用施笃兹定理的证法 2 比证法 1 要简单很多.但是,证法 1 中使用的分段估计的方法也具有重要的意义,它是我们处理较为复杂的情况时行之有效的方法.

需要指出的是,例 2.3.7 的逆命题不成立,定理 2.3.3 的逆命题也不成

立. 例如,当 $a_n=(-1)^n$ 时,$|a_1+a_2+\cdots+a_n|\leqslant 1$,故有 $\lim\limits_{n\to\infty}\frac{1}{n}\sum\limits_{i=1}^{n}a_i=0$. 但是数列 $\{a_n\}$ 却没有极限.

§2.4 上下极限与柯西收敛原理

上极限和下极限的概念是极限概念的延伸,与极限概念相比,当然处于次要的地位. 然而由于它们在正项级数敛散性的判别法中的重要作用,又成为数学分析中不能不讲的理论部分. 此外,由于上下极限的引入,使得极限多了一条判定定理,对于某些定理和题目的证明开通了一条全新的思路,都有着重要的意义.

下面来介绍关于上、下极限的知识. 设 $\{x_n\}$ 是一个有界数列. 对于每个 $n\in\mathbf{N}$,集合 $X_n=\{x_m\mid m\geqslant n\}$ 都是有界集合. 这个集合的上确界和下确界分别记为 $\sup\limits_{m\geqslant n}x_m$ 和 $\inf\limits_{m\geqslant n}x_m$,并令

$$\underline{x}_n=\inf_{m\geqslant n}x_m,\ \overline{x}_n=\sup_{m\geqslant n}x_m,$$

于是得到了两个新数列 $\{\underline{x}_n\}$ 和 $\{\overline{x}_n\}$. 由定义直接看出,对于每个正整数 n,均有

$$\underline{x}_n\leqslant x_n\leqslant\overline{x}_n,\ \underline{x}_n\leqslant\underline{x}_{n+1},\ \overline{x}_n\geqslant\overline{x}_{n+1}.$$

这表明数列 $\{\underline{x}_n\}$ 递增有界而数列 $\{\overline{x}_n\}$ 递减有界. 从而由定理 2.3.2 知这两个数列都收敛. 记

$$\underline{\lim_{n\to\infty}}x_n=\lim_{n\to\infty}\underline{x}_n,\ \overline{\lim_{n\to\infty}}x_n=\lim_{n\to\infty}\overline{x}_n,$$

并分别称为数列 $\{x_n\}$ 的下极限和上极限. 显然,对于任何有界数列 $\{x_n\}$,总有 $\underline{\lim\limits_{n\to\infty}}x_n\leqslant\overline{\lim\limits_{n\to\infty}}x_n$.

注意,有界数列的极限不一定存在,但是它的上极限和下极限却总是存在. 例如数列 $\{(-1)^n\}$ 的极限不存在,但是它的上极限为 1,下极限为 -1 都存在.

对于上下极限,极限性质的许多平行或类似的结果都成立.

定理 2.4.1 设数列 $\{x_n\}$ 和 $\{y_n\}$ 是两个有界数列且有 N,使当 $n>N$ 时,就有 $x_n\leqslant y_n$,则有

$$\underline{\lim_{n\to\infty}}x_n\leqslant\underline{\lim_{n\to\infty}}y_n,\ \overline{\lim_{n\to\infty}}x_n\leqslant\overline{\lim_{n\to\infty}}y_n.$$

证 因为

$$x_n\leqslant y_n,\ n>N,$$

所以

$$\underline{x}_n \leqslant \underline{y}_n,\ \bar{x}_n \leqslant \bar{y}_n,\ n > N.$$

按极限的保序性即得

$$\varliminf_{n\to\infty} x_n = \lim_{n\to\infty} \underline{x}_n \leqslant \lim_{n\to\infty} \underline{y}_n = \varliminf_{n\to\infty} y_n,$$
$$\varlimsup_{n\to\infty} x_n = \lim_{n\to\infty} \bar{x}_n \leqslant \lim_{n\to\infty} \bar{y}_n = \varlimsup_{n\to\infty} y_n.$$

在后面的习题中,还可见到一些关于上下极限运算的有用结论.

定理 2.4.2　设$\{x_n\}$是有界数列.

(i) $\varliminf\limits_{n\to\infty} x_n = a$ 的充分必要条件是对任何 $\varepsilon>0$,都存在 N,使当 $n\geqslant N$ 时,就有 $x_n>a-\varepsilon$ 且存在$\{x_n\}$的一个子列$\{x_{n_k}\}$,使得$|x_{n_k}-a|<\varepsilon, k=1, 2,\cdots$;

(ii) $\varlimsup\limits_{n\to\infty} x_n = a$ 的充分必要条件是对任何 $\varepsilon>0$,都存在 N,使当 $n\geqslant N$ 时,就有 $x_n<a+\varepsilon$ 且存在$\{x_n\}$的一个子列$\{x_{n_k}\}$,使得$|x_{n_k}-a|<\varepsilon, k=1, 2,\cdots$.

证　只证(i).必要性.按定义,

$$\lim_{n\to\infty} \underline{x}_n = \varliminf_{n\to\infty} x_n = a,$$

即对任何 $\varepsilon>0$,都存在 N,使当 $n\geqslant N$ 时,就有

$$|\underline{x}_n - a| < \varepsilon.$$

特别地有

$$|\underline{x}_N - a| < \varepsilon,\quad \underline{x}_N > a-\varepsilon,\quad x_n > a-\varepsilon,\quad n\geqslant N.$$

设对 $\varepsilon_0>0$,不存在$\{x_n\}$的子列$\{x_{n_k}\}$,使得$|x_{n_k}-a|<\varepsilon_0, k=1,2,\cdots$.这意味着能使$|x_n-a|<\varepsilon_0$ 的 x_n 至多有有限多项.设所有这样的项中的最大下标为 N_1.此外,由上段证明知有 N_2,使得

$$x_n > a-\varepsilon_0,\ n\geqslant N_2.$$

令 $N=\max\{N_1, N_2\}$,于是有

$$x_n \geqslant a+\varepsilon_0,\ n>N.$$

从而有$\varliminf\limits_{n\to\infty} x_n \geqslant a+\varepsilon_0$,此与$\varliminf\limits_{n\to\infty} x_n = a$ 矛盾.

充分性.对任何 $\varepsilon>0$,都存在 N,使得

$$x_n > a-\varepsilon, n\geqslant N.$$

于是按定义有

$$\underline{x}_n \geqslant a-\varepsilon,\ n\geqslant N. \tag{2.4.1}$$

另一方面,对此 $\varepsilon>0$,又存在$\{x_n\}$的子列$\{x_{n_k}\}$,使得

$$a-\varepsilon<x_{n_k}<a+\varepsilon,\ k=1,2,\cdots$$

所以

$$\underline{x}_n<a+\varepsilon,\ n=1,2,\cdots \tag{2.4.2}$$

将(2.4.1)与(2.4.2)两式结合起来,得到

$$a-\varepsilon\leqslant\underline{x}_n<a+\varepsilon,\ n\geqslant N.$$

由极限的保序性即得

$$a-\varepsilon\leqslant\varliminf_{n\to\infty}x_n=\lim_{n\to\infty}\underline{x}_n\leqslant a+\varepsilon.$$

再由 $\varepsilon>0$ 的任意性得到$\varliminf\limits_{n\to\infty}x_n=a$.

定理 2.4.3 设$\{x_n\}$是有界数列且有$\varliminf\limits_{n\to\infty}x_n=a$ 和$\varlimsup\limits_{n\to\infty}x_n=b$.

(i) 存在$\{x_n\}$的一个子列收敛于 a;

(ii) 存在$\{x_n\}$的一个子列收敛于 b;

(iii) 对于$\{x_n\}$的任一收敛子列,若其极限为 c,则有 $a\leqslant c\leqslant b$.

证 由定理 2.4.2 之(i)知,存在 n_1,满足

$$|x_{n_1}-a|<1.$$

再由定理 2.4.2 之(i)又知,存在 $n_2>n_1$,满足

$$|x_{n_2}-a|<\frac{1}{2}.$$

设 $n_1<n_2<\cdots<n_k$ 已选好且满足

$$|x_{n_j}-a|<\frac{1}{j},\ j=1,2,\cdots,k.$$

于是由定理 2.4.2 之(i)知,存在 $n_{k+1}>n_k$,使得

$$|x_{n_{k+1}}-a|<\frac{1}{k+1}.$$

由数学归纳法知,可选得$\{x_n\}$的子列$\{x_{n_k}\}$,满足

$$|x_{n_k}-a|<\frac{1}{k},\ k=1,2,\cdots$$

显然,$\lim\limits_{k\to\infty}x_{n_k}=a$.这就证明了(i)成立.同理可证(ii)成立.

设$\{x_{n_j}\}$为$\{x_n\}$的一个收敛子列且有$\lim\limits_{j\to\infty}x_{n_j}=c$. 于是在关系式

$$\underline{x}_{n_j}\leqslant x_{n_j}\leqslant\overline{x}_{n_j}$$

中令 $j\to\infty$ 取极限即得

$$a=\lim_{j\to\infty}\underline{x}_{n_j}\leqslant c\leqslant\lim_{j\to\infty}\overline{x}_{n_j}=b.$$

下面再来介绍数列极限的两个判定定理.

定理 2.4.4 有界数列收敛的充分必要条件是它的上极限和下极限相等.

证 必要性. 设 $\lim\limits_{n\to\infty}x_n=a$. 于是 $\{x_n\}$ 的任一子列都收敛于 a. 由定理 2.4.3 之(i)和(ii)知,存在 $\{x_n\}$ 的两个子列,其极限分别等于 $\{x_n\}$ 的下极限和上极限. 但既然 $\{x_n\}$ 的任一子列都收敛于 a,故知这两个子列的极限也都是 a,所以

$$\varliminf_{n\to\infty}x_n=a=\varlimsup_{n\to\infty}x_n.$$

充分性. 设 $\varliminf\limits_{n\to\infty}x_n=\varlimsup\limits_{n\to\infty}x_n=a$,于是由

$$\underline{x}_n\leqslant x_n\leqslant\overline{x}_n,\ n=1,2,\cdots$$

取极限,并由两边夹定理即得 $\lim\limits_{n\to\infty}x_n=a$.

对于无界数列 $\{x_n\}$,它的上下极限至少有一个不存在. 当 $\{x_n\}$ 无上界时,

$$\overline{x}_n=\sup_{m\geqslant n}x_m=+\infty,n=1,2,\cdots$$

可以认为它的上极限值为 $+\infty$,记为 $\varlimsup\limits_{n\to\infty}x_n=+\infty$;当 $\{x_n\}$ 无下界时,它的下极限值为 $-\infty$,记为 $\varliminf\limits_{n\to\infty}x_n=-\infty$. 但是,当数列单方有界时,却不能导出上下极限之一存在的结论. 例如数列 $\{n\}$ 下方有界上方无界,但它的上下极限值都是 $+\infty$.

设 $\{x_n\}$ 为无界数列. 对于无穷值的极限和上下极限,容易证明如下的结论:

(i) $\lim\limits_{n\to\infty}x_n=+\infty$ 的充分必要条件是 $\varliminf\limits_{n\to\infty}x_n=+\infty$;

(ii) $\lim\limits_{n\to\infty}x_n=-\infty$ 的充分必要条件是 $\varlimsup\limits_{n\to\infty}x_n=-\infty$.

因为这两个命题用处不大,这里就不把它们列为定理了. 但是,对于无界数列引入无穷值的上下极限,却是有必要的.

作为本节的结束,下面来介绍非常重要的柯西收敛原理.

设 $\{x_n\}$ 是一个数列. 如果对于任何 $\varepsilon>0$,都存在自然数 N,使当 $m>N$,$n>N$ 时,就有

$$|x_m-x_n|<\varepsilon,$$

则称 $\{x_n\}$ 为柯西数列或基本数列.

定理 2.4.5(柯西收敛原理) 数列收敛的充分必要条件是它是一个柯西数列.

证 必要性. 设 $\lim\limits_{n\to\infty} x_n = a$. 于是对于任给的 $\varepsilon>0$,都有 N,使当 $n>N$ 时,就有

$$|x_n - a| < \frac{\varepsilon}{2}.$$

于是当 $m>N, n>N$ 时,就有

$$|x_m - x_n| \leqslant |x_m - a| + |x_n - a| < \varepsilon,$$

即 $\{x_n\}$ 为柯西数列.

充分性. 设 $\{x_n\}$ 是柯西数列. 于是有 N,使当 $m>N, n>N$ 时,就有

$$|x_m - x_n| < 1.$$

特别地,当 $m = N+1$ 时,有

$$x_{N+1} - 1 < x_n < x_{N+1} + 1, \text{当 } n > N.$$

可见, $\{x_n\}$ 有界.

对于任给的 $\varepsilon>0$,存在 N',使当 $n>N'$ 时,就有

$$|x_n - x_{N'+1}| < \varepsilon,$$

$$x_{N'+1} - \varepsilon < x_n < x_{N'+1} + \varepsilon,\ n > N'.$$

在上式中分别取上、下极限,由定理 2.4.3 得到

$$x_{N'+1} - \varepsilon \leqslant \varliminf_{n\to\infty} x_n \leqslant \varlimsup_{n\to\infty} x_n \leqslant x_{N'+1} + \varepsilon.$$

因此有

$$0 \leqslant \varlimsup_{n\to\infty} x_n - \varliminf_{n\to\infty} x_n \leqslant 2\varepsilon.$$

由 $\varepsilon>0$ 的任意性即得 $\varliminf\limits_{n\to\infty} x_n = \varlimsup\limits_{n\to\infty} x_n$. 再由定理 2.4.4 即知 $\{x_n\}$ 收敛.

例 2.4.1 求证数列 $x_n = \sum\limits_{i=1}^{n} (-1)^{i-1}\frac{1}{i}$ 收敛.

证 当 $m>n$ 时,易得

$$|x_m - x_n| = \left|\frac{1}{n+1} - \frac{1}{n+2} + \cdots + (-1)^{m-n-1}\frac{1}{m}\right| \leqslant \frac{1}{n+1} < \frac{1}{n}.$$

对于任给的 $\varepsilon>0$,取 $N = \left[\frac{1}{\varepsilon}\right]+1$,于是当 $m>n>N$ 时,就有

$$|x_m - x_n| < \frac{1}{n} < \frac{1}{N} < \varepsilon,$$

即$\{x_n\}$为柯西数列，从而$\{x_n\}$收敛．

例 2.4.2　求证数列 $x_n=\sum_{i=1}^{n}\frac{1}{i}$发散．

证　对于 $\varepsilon_0=\frac{1}{3}$，不论 N 为何值，取 $n_0=N+1, m_0=2n_0$，则 $m_0>n_0>N$ 且有

$$\begin{aligned}|x_{m_0}-x_{n_0}|&=\frac{1}{n_0+1}+\frac{1}{n_0+2}+\cdots+\frac{1}{2n_0}\\&>n_0\cdot\frac{1}{2n_0}=\frac{1}{2}>\varepsilon_0.\end{aligned}$$

这表明$\{x_n\}$不是柯西数列，从而由定理 2.4.5 知数列$\{x_n\}$发散．

习　题　2.1

1．按定义证明下列各极限：

(i) $\lim\limits_{n\to\infty}\frac{n+5}{n^2+1}=0$;　　(ii) $\lim\limits_{n\to\infty}\frac{3n^2+n+1}{2n^2-1}=\frac{3}{2}$;

(iii) $\lim\limits_{n\to\infty}\frac{\sqrt{n^2+n}}{n}=1$;　　(iv) $\lim\limits_{n\to\infty}\arctan n=\frac{\pi}{2}$;

(v) $\lim\limits_{n\to\infty}(\ln(n+1)-\ln n)=0$.

2．求下列各极限：

(i) $\lim\limits_{n\to\infty}\frac{n^2+2n+3}{3n^2-n+1}$;　　(ii) $\lim\limits_{n\to\infty}\frac{(-2)^n+3^n}{(-2)^{n+1}+3^{n+1}}$;

(iii) $\lim\limits_{n\to\infty}\left(1-\frac{1}{\sqrt[n]{a}}\right)\sin n$, $a>0$;

(iv) $\lim\limits_{n\to\infty}(\sqrt{n+2}-2\sqrt{n+1}+\sqrt{n})\sqrt{n^3}$;

(v) $\lim\limits_{n\to\infty}\frac{\sqrt{n+1}-\sqrt{n}}{\sqrt{n+2}-\sqrt{n}}$;

(vi) $\lim\limits_{n\to\infty}\frac{1+a+a^2+\cdots+a^n}{1+b+b^2+\cdots+b^n}$, $|a|<1, |b|<1$;

(vii) $\lim\limits_{n\to\infty}\left(1-\frac{1}{2^2}\right)\left(1-\frac{1}{3^2}\right)\cdots\left(1-\frac{1}{n^2}\right)$;

(viii) $\lim\limits_{n\to\infty}\left(\frac{1}{n}-\frac{1}{2n}+\frac{1}{3n}-\cdots+(-1)^{n+1}\frac{1}{n^2}\right)$.

3．证明下列各极限：

(i) $\lim\limits_{n\to\infty}\frac{n^s}{a^n}=0$, $a>1$, $s\in\mathbf{R}$;

(ii) $\lim\limits_{n\to\infty}\frac{a^n}{n!}=0$, $a\in\mathbf{R}$;

(iii) $\lim\limits_{n\to\infty}\frac{n!}{n^n}=0$;　　(iv) $\lim\limits_{n\to\infty}\sqrt[n]{n}=1$;

(v) $\lim\limits_{n\to\infty}\frac{1}{\sqrt[n]{n!}}=0$;　　(vi) $\lim\limits_{n\to\infty}\sqrt[2n+1]{n^2+n}=1$;

(vii) $\lim\limits_{n\to\infty}\frac{\log_a n}{n}=0$, $a>0$, $a\neq1$;

(viii) $\lim\limits_{n\to\infty}\left(\frac{1}{\sqrt{n^2+1}}+\frac{1}{\sqrt{n^2+2}}+\cdots+\frac{1}{\sqrt{n^2+n}}\right)=1$;

(ix) $\lim\limits_{n\to\infty}\left(\frac{1}{n^2}+\frac{1}{(n+1)^2}+\cdots+\frac{1}{(2n)^2}\right)=0$;

(x) $\lim\limits_{n\to\infty}(a_0\sqrt{n}+a_1\sqrt{n+1}+\cdots+a_m\sqrt{n+m})=0$, $a_0+a_1+\cdots+a_m=0$.

4. 按定义证明下列各数列为无穷大量:

(i) $\left\{\frac{n^2-3}{2n+1}\right\}$;　　(ii) $\left\{1+\frac{1}{2}+\frac{1}{3}+\cdots+\frac{1}{n}\right\}$;

(iii) $\left\{\ln\frac{1}{n}\right\}$;　　(iv) $\{\sqrt{n}\arctan n\}$.

5. 设数列$\{x_n\}$收敛而$\{y_n\}$发散,问数列$\{x_n+y_n\}$和$\{x_ny_n\}$有怎样的敛散性?

6. 设数列$\{x_n\}$和$\{y_n\}$都发散,问数列$\{x_n+y_n\}$和$\{x_ny_n\}$是否必发散?

7. 设 $a\in\mathbf{R}$. 若数列$\{x_n\}$的任一子列中都必有一个收敛于 a 的子列,则$\{x_n\}$收敛于 a.

8. 设数列$\{x_n\}$收敛于 a,数列$\{x'_n\}$是将$\{x_n\}$的项重排所得的数列,求证$\{x'_n\}$也收敛于 a.

9. 设$\{a_n\}$为正数数列且$\lim\limits_{n\to\infty}\frac{a_n}{a_{n+1}+a_{n+2}}=0$,求证数列$\{a_n\}$无界.

10. 设$\lim\limits_{n\to\infty}x_n=a>0$,求证存在自然数 N,使当 $n>N$ 时,就有$\frac{a}{2}<x_n<\frac{3a}{2}$.

11. 利用单调收敛定理判定下列各数列的收敛性:

(i) $x_n=1+\frac{1}{2^2}+\frac{1}{3^2}+\cdots+\frac{1}{n^2}$;

(ii) $x_1=\sqrt{2},\cdots,x_n=\sqrt{2x_{n-1}},\cdots$;

(iii) $x_0=1$, $x_1=1+\frac{x_0}{1+x_0},\cdots,x_{n+1}=1+\frac{x_n}{1+x_n},\cdots$.

12. 设$\{x_n\}$为单调数列而$\{x_{n_k}\}$为它的一个子列. 已知$\lim\limits_{k\to\infty}x_{n_k}=a$,求证$\lim\limits_{n\to\infty}x_n=a$.

13. 设 $x_1=a>0,y_1=b>a$, $x_{n+1}=\sqrt{x_ny_n}$, $y_{n+1}=\frac{1}{2}(x_n+y_n)$, $n=1,2,\cdots$,求证数列$\{x_n\}$和$\{y_n\}$的极限都存在且相等.

14. 设 $a>0,x_1>\sqrt{a},x_{n+1}=\frac{1}{2}\left(x_n+\frac{a}{x_n}\right)$, $n=1,2,\cdots$,求证$\{x_n\}$递减且$\lim\limits_{n\to\infty}x_n=\sqrt{a}$.

15. 求证伯努利不等式

$$(1+\lambda)^n \geqslant 1+n\lambda, \lambda>-1.$$

16. 利用伯努利不等式或均值不等式证明数列 $\left\{a_n=\left(1+\frac{1}{n}\right)^n\right\}$ 严格递增而 $\left\{b_n=\left(1+\frac{1}{n}\right)^{n+1}\right\}$ 严格递减,进而证明两个数列都收敛且极限相等.

17. 利用上题的结果证明不等式

$$\frac{1}{n+1}<\ln\left(1+\frac{1}{n}\right)<\frac{1}{n}, \quad n=1,2,\cdots$$

18. 证明数列

$$a_n=1+\frac{1}{2}+\frac{1}{3}+\cdots+\frac{1}{n+1}-\ln n,$$

$$b_n=1+\frac{1}{2}+\frac{1}{3}+\cdots+\frac{1}{n-1}-\ln n$$

都收敛且极限相等.此极限值记为 c,称为欧拉常数且

$$c=0.5772156649\cdots$$

19. 利用极限 $\lim\limits_{n\to\infty}\left(1+\frac{1}{n}\right)^n=\mathrm{e}$,求下列各极限:

(i) $\lim\limits_{n\to\infty}\left(\frac{n}{n+1}\right)^n$;　(ii) $\lim\limits_{n\to\infty}\left(\frac{3n+1}{3n+2}\right)^n$;

(iii) $\lim\limits_{n\to\infty}\left(1+\frac{1}{n^2}\right)^n$;　(iv) $\lim\limits_{n\to\infty}\left(1+\frac{1}{n}+\frac{1}{n^2}\right)^n$.

20. 设 $\lim\limits_{n\to\infty}x_n=a$, $\lim\limits_{n\to\infty}y_n=b$,求证

$$\lim_{n\to\infty}\frac{1}{n}(x_1y_n+x_2y_{n-1}+\cdots+x_ny_1)=ab.$$

21. 设 $\lim\limits_{n\to\infty}x_n=+\infty$,求证

$$\lim_{n\to\infty}\frac{1}{n}(x_1+x_2+\cdots+x_n)=+\infty.$$

举例说明逆命题不真.

22. 设 $x_n>0, n=1,2,\cdots$ 且 $\lim\limits_{n\to\infty}x_n=a$,求证

$$\lim_{n\to\infty}\sqrt[n]{x_1x_2\cdots x_n}=a.$$

举例说明逆命题不真.

23. 设 $x_n>0$, $n=1,2,\cdots$ 且 $\lim\limits_{n\to\infty}\frac{x_{n+1}}{x_n}=a$,求证

$$\lim_{n\to\infty}\sqrt[n]{x_n}=a.$$

举例说明逆命题不真.

24. 利用上题结果求下列各极限:

(i) $\lim\limits_{n\to\infty}\sqrt[n]{n^5+n^4}$;　(ii) $\lim\limits_{n\to\infty}\frac{n}{\sqrt[n]{n!}}$.

25. 判定数列 $\{\sin n\}$ 的敛散性.

26. (i)设数列$\{x_n\}$定义如下：

$$x_0=1,\ x_{n+1}=\frac{1}{1+x_n},\ n=0,1,2,\cdots$$

求证$\lim\limits_{n\to\infty}x_n=\frac{\sqrt{5}-1}{2}$;

(ii) 设斐波那契数列$\{F_n\}$定义如下：

$$F_0=F_1=1,\ F_{n+1}=F_n+F_{n-1},\ n=1,2,\cdots$$

求证$\lim\limits_{n\to\infty}\frac{F_n}{F_{n+1}}=\frac{\sqrt{5}-1}{2}$.

27. 设 $p\in\mathbf{N}$,求证:

(i) $\lim\limits_{n\to\infty}\frac{1^p+2^p+\cdots+n^p}{n^{p+1}}=\frac{1}{p+1}$;

(ii) $\lim\limits_{n\to\infty}\frac{1^p+3^p+\cdots+(2n-1)^p}{n^{p+1}}=\frac{2^p}{p+1}$.

28. 设$0<x_1<1, x_{n+1}=x_n(1-x_n)$, $n=1,2,\cdots$,求证$\lim\limits_{n\to\infty}nx_n=1$.

29. 求下列各数列的上极限和下极限:

(i) $x_n=n^{(-1)^n}$; (ii) $x_n=(-1)^n+\sin\frac{n\pi}{4}$;

(iii) $x_n=\frac{(-1)^n}{n}+\frac{1-(-1)^n}{2}$; (iv) $x_n=\frac{n^2}{1+n^2}\cos\frac{n\pi}{2}$.

30. 设$\{x_n\}$和$\{y_n\}$都是有界数列,求证:

(i) $\overline{\lim\limits_{n\to\infty}}x_n+\underline{\lim\limits_{n\to\infty}}y_n\leqslant\overline{\lim\limits_{n\to\infty}}(x_n+y_n)\leqslant\overline{\lim\limits_{n\to\infty}}x_n+\overline{\lim\limits_{n\to\infty}}y_n$;

(ii) $\underline{\lim\limits_{n\to\infty}}x_n+\underline{\lim\limits_{n\to\infty}}y_n\leqslant\underline{\lim\limits_{n\to\infty}}(x_n+y_n)\leqslant\overline{\lim\limits_{n\to\infty}}x_n+\underline{\lim\limits_{n\to\infty}}y_n$.

31. 设$\{x_n\}$和$\{y_n\}$都是有界的非负数列,求证:

(i) $\underline{\lim\limits_{n\to\infty}}x_n\cdot\underline{\lim\limits_{n\to\infty}}y_n\leqslant\underline{\lim\limits_{n\to\infty}}(x_ny_n)\leqslant\underline{\lim\limits_{n\to\infty}}x_n\cdot\overline{\lim\limits_{n\to\infty}}y_n$;

(ii) $\underline{\lim\limits_{n\to\infty}}x_n\cdot\overline{\lim\limits_{n\to\infty}}y_n\leqslant\overline{\lim\limits_{n\to\infty}}(x_ny_n)\leqslant\overline{\lim\limits_{n\to\infty}}x_n\cdot\overline{\lim\limits_{n\to\infty}}y_n$.

32. 设数列$\{x_n\}$满足条件$\inf\limits_{n\geqslant1}x_n>0$.求证$\overline{\lim\limits_{n\to\infty}}\frac{x_{n+1}}{x_n}\geqslant1$.

33. 设 $x_n>0$, $n=1,2,\cdots$,且$\overline{\lim\limits_{n\to\infty}}x_n\cdot\overline{\lim\limits_{n\to\infty}}\frac{1}{x_n}=1$,求证数列$\{x_n\}$收敛.

34. 设 $a_n>0$, $n=1,2,\cdots$, $\alpha=\overline{\lim\limits_{n\to\infty}}\frac{\ln\ln a_n}{n}$,且

$$x_n=\sqrt{a_1+\sqrt{a_2+\sqrt{a_3+\cdots+\sqrt{a_n}}}},\ n=1,2,\cdots$$

求证数列$\{x_n\}$当 $\alpha<\ln2$ 时收敛而当 $\alpha>\ln2$ 时发散.

35. 用柯西收敛原理判定下列各数列的敛散性:

(i) $x_n=\frac{\sin1}{2}+\frac{\sin2}{2^2}+\cdots+\frac{\sin n}{2^n}$;

(ii) $x_n = 1 + \frac{1}{\sqrt{2}} + \cdots + \frac{1}{\sqrt{n}} - 2\sqrt{n}$;

(iii) $x_n = \begin{cases} 1 + \frac{1}{n}, & \text{当 } n \text{ 为偶数}, \\ \frac{1}{n^2}, & \text{当 } n \text{ 为奇数}. \end{cases}$

36. 设 $x_n > 0$, $n = 1,2,\cdots$,且 $\lim\limits_{n\to\infty} x_n = 0$,求证存在无限多个下标 n,使对所有 $k \in \mathbf{N}$,都有 $x_n > x_{n+k}$.

37. 设 $x_n > 0$, $n = 1,2,\cdots$,且 $\lim\limits_{n\to\infty} x_n = 0$,求证存在无限多个下标 n,使得 $x_n < x_k$, $k = 1,2,\cdots,n-1$.

38. 设 $\{x_n\}$ 是有界数列,求证

$$\varliminf_{n\to\infty} x_n \leqslant \varliminf_{n\to\infty} \frac{x_1 + x_2 + \cdots + x_n}{n} \leqslant \varlimsup_{n\to\infty} \frac{x_1 + x_2 + \cdots + x_n}{n} \leqslant \varlimsup_{n\to\infty} x_n.$$

并举例说明四个极限值可以都存在但互不相等.

39*. 设数列 $\{x_n\}$ 满足条件:对任何 $m, n \in \mathbf{N}$,都有 $0 \leqslant x_{m+n} \leqslant x_m + x_n$,求证极限 $\lim\limits_{n\to\infty} \frac{x_n}{n}$ 存在.

40*. 设 $a_n > 0$, $n = 1,2,\cdots$,求证 $\varlimsup\limits_{n\to\infty} \left(\frac{a_1 + a_{n+1}}{a_n} \right)^n \geqslant \mathrm{e}$.

§2.5　函数的极限

与数列极限不同且比数列极限更为重要的另一类极限是函数的极限. 在数列极限中. 自变量只有一种变化状态,而函数极限中的自变量却有六种不同的变化状态. 这导致函数极限的定义也各有不同.

一、函数在一点的极限

设 $x_0 \in \mathbf{R}$, $\delta > 0$,称开区间 $(x_0 - \delta, x_0 + \delta) = N(x_0, \delta)$ 为点 x_0 的一个 δ 邻域,而把点集 $(x_0 - \delta, x_0) \cup (x_0, x_0 + \delta) = N(x_0, \delta) - \{x_0\}$ 称为点 x_0 的一个空心 δ 邻域,或简称为空心邻域. 为了适应导数定义中的极限的需要,在讨论函数在一点的极限时,总是假设函数在该点的某个空心邻域中有定义.

定义 2.5.1　设函数 $f(x)$ 在点 x_0 的一个空心邻域中有定义, $A \in \mathbf{R}$. 如果对于任何 $\varepsilon > 0$,都存在 $\delta > 0$,使当 $0 < |x - x_0| < \delta$ 时,就有

$$|f(x) - A| < \varepsilon,$$

则称 $f(x)$ 在点 x_0 以 A 为极限,记为 $\lim\limits_{x\to x_0} f(x) = A$ 或者 $f(x) \to A\ (x \to x_0)$.

关于这个定义,有两点应加以说明. 第一,函数 $f(x)$ 在点 x_0 是否有极

限，与函数 $f(x)$ 在点 x_0 是否有定义没有关系，在 $f(x_0)$ 有意义时，与 $f(x_0)$ 的值也没有关系. 这是由于定义中将 $f(x_0)$ 的值排除在外所决定的. 第二，定义中的 δ 与数列极限中的 N 相当. 因此，δ 与 ε 的关系和数列极限中 N 与 ε 的关系是完全类似的.

例 2.5.1 求证 $\lim\limits_{x\to 0} x\sin\dfrac{1}{x}=0$.

证 对于任给的 $\varepsilon>0$，取 $\delta=\varepsilon$，于是当 $0<|x|<\delta$ 时，就有

$$\left|x\sin\frac{1}{x}\right|\leqslant|x|<\delta=\varepsilon.$$

按定义知 $\lim\limits_{x\to 0} x\sin\dfrac{1}{x}=0$ 成立.

例 2.5.2 求证 $\lim\limits_{x\to 1}\dfrac{x^2-1}{(x-1)(2-x)}=2$.

分析 当 $x\neq 1$ 时，$x-1\neq 0$，故有 $\dfrac{x^2-1}{(x-1)(2-x)}=\dfrac{x+1}{2-x}$. 于是有

$$\left|\frac{x^2-1}{(x-1)(2-x)}-2\right|=\left|\frac{x+1}{2-x}-2\right|=\left|\frac{3x-3}{2-x}\right|=\frac{3|x-1|}{|2-x|}.$$

取 $\delta_1=\dfrac{1}{2}$，于是当 $0<|x-1|<\delta_1$ 时，$\dfrac{1}{2}<x<\dfrac{3}{2}$，故有 $|2-x|>\dfrac{1}{2}$. 从而有

$$\left|\frac{x^2-1}{(x-1)(2-x)}-2\right|<6|x-1|.$$

为使上式右端小于 ε，只需再取 $\delta_2=\dfrac{\varepsilon}{6}$ 即可.

证 对于任给的 $\varepsilon>0$，取 $\delta=\min\left\{\dfrac{1}{2},\dfrac{\varepsilon}{6}\right\}$，于是当 $0<|x-1|<\delta$ 时，就有

$$\left|\frac{x^2-1}{(x-1)(2-x)}-2\right|<6|x-1|<\varepsilon.$$

按定义知 $\lim\limits_{x\to 1}\dfrac{x^2-1}{(x-1)(2-x)}=2$ 成立.

例 2.5.3 设 $a>1$，求证 $\lim\limits_{x\to 0}a^x=1$.

分析 将 $|a^x-1|<\varepsilon$ 变形，依次有

$$1-\varepsilon<a^x<1+\varepsilon,$$

$$\log_a(1-\varepsilon)<x<\log_a(1+\varepsilon).$$

因为 $a>1$，故有 $\log_a(1-\varepsilon)<0$，$\log_a(1+\varepsilon)>0$. 可见，只需取

$$\delta=\min\{-\log_a(1-\varepsilon),\log_a(1+\varepsilon)\},$$

则当 $0<|x|<\delta$ 时, x 就满足上式.

证 对于任给的 $\varepsilon>0$, 不妨设 $\varepsilon<1$, 取 $\delta=\min\{-\log_a(1-\varepsilon),\log_a(1+\varepsilon)\}$, 于是当 $0<|x|<\delta$ 时, 就有 $x\neq 0$, 且

$$\log_a(1-\varepsilon)\leqslant-\delta<x<\delta\leqslant\log_a(1+\varepsilon),$$

$$|a^x-1|<\varepsilon.$$

按定义知 $\lim\limits_{x\to 0}a^x=1$ 成立.

为了研究三角函数的极限, 下面先介绍两个常用的不等式.

引理 (i) 对任何 $x\neq 0$, 都有 $|\sin x|<|x|$;

(ii) 对任何 $x\in\left(0,\dfrac{\pi}{2}\right)$, 都有 $\sin x<x<\tan x$.

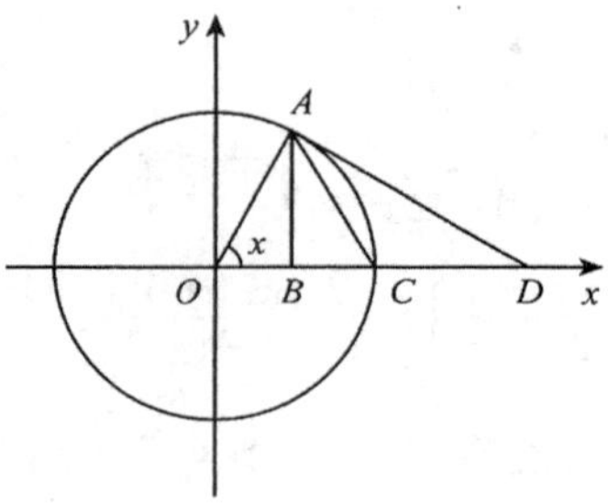

图 2.5.1

证 当 $|x|\geqslant\dfrac{\pi}{2}$ 时, (i) 显然成立. 又因 $|\sin x|$ 和 $|x|$ 都是偶函数, 故只需就 $x\in\left(0,\dfrac{\pi}{2}\right)$ 的情形给出证明. 图 2.5.1 中画出了坐标平面上的单位圆, A 为第一象限圆弧上的一点, $\angle AOC=x$, 过点 A 的切线交 x 轴于点 D.

由图可以看出

$$S_{\triangle AOC}<S_{扇形OCA}<S_{\triangle AOD}.$$

因为 $OA=OC=1$, 所以

$$S_{\triangle AOC}=\frac{1}{2}\sin x,\ S_{扇形OCA}=\frac{1}{2}x,$$

$$S_{\triangle AOD}=\frac{1}{2}\tan x.$$

故得

$$\sin x<x<\tan x,$$

这就同时完成了 (i) 和 (ii) 的证明.

例 2.5.4 求证 $\lim\limits_{x\to 0}\dfrac{\sin x}{x}=1$.

证 因为函数 $\dfrac{\sin x}{x}$ 是偶函数, 故只需考察 $x>0$ 的情形. 当 $x\in\left(0,\dfrac{\pi}{2}\right)$ 时, 由引理有

$$\sin x<x<\tan x,$$

$$1 < \frac{x}{\sin x} < \frac{1}{\cos x},$$

$$1 > \frac{\sin x}{x} > \cos x.$$

从而有

$$\left|\frac{\sin x}{x} - 1\right| < 1 - \cos x = 2\sin^2\frac{x}{2} < 2\sin\frac{x}{2}$$

$$< 2\cdot\frac{x}{2} = x.$$

对于任给的 $\varepsilon>0$,取 $\delta=\min\left\{\frac{\pi}{2},\varepsilon\right\}$,于是当 $0<|x|<\delta$ 时,就有

$$\left|\frac{\sin x}{x} - 1\right| < |x| < \delta \leqslant \varepsilon.$$

按定义知 $\lim\limits_{x\to 0}\frac{\sin x}{x}=1$ 成立.

从定义和上面的例题中可以看出,自变量 x 趋近定点 x_0 时是从左右两边同时趋近的.当定点 x_0 是函数 $f(x)$的定义区间的端点时,函数 $f(x)$只在点 x_0 的一边有定义而在另一边没有定义,当然无法按上面的定义来讨论函数在点 x_0 的极限.而只能讨论函数 $f(x)$在点 x_0 某一侧的变化趋势.还有时尽管函数在点 x_0 两侧都有定义,也有必要研究函数在点 x_0 的单侧变化趋势.为了适应这种情况,下面引入函数在定点的单侧极限,即左极限和右极限.

定义 2.5.2 (i) 设函数 $f(x)$在一个以 x_0 为右端点的开区间中有定义,$A\in\mathbf{R}$.如果对于任何 $\varepsilon>0$,都存在 $\delta>0$,使当 $0<x_0-x<\delta$ 时,就有

$$|f(x)-A|<\varepsilon,$$

则称 $f(x)$在点 x_0 以 A 为左极限,记为 $\lim\limits_{x\to x_0^-}f(x)=A$ 或者 $f(x)\to A(x\to x_0^-)$.

(ii) 设函数 $f(x)$在一个以 x_0 为左端点的开区间中有定义,$A\in\mathbf{R}$.如果对于任何 $\varepsilon>0$,都存在 $\delta>0$,使当 $0<x-x_0<\delta$ 时,就有

$$|f(x)-A|<\varepsilon,$$

则称 $f(x)$在点 x_0 以 A 为右极限,记为 $\lim\limits_{x\to x_0^+}f(x)=A$ 或者 $f(x)\to A(x\to x_0^+)$.

例 2.5.5 求证 $\lim\limits_{x\to 0^+}\sqrt{x}=0$.

证 对于任给的 $\varepsilon>0$,取 $\delta=\varepsilon^2$,于是当 $0<x<\delta$ 时,就有

$$|\sqrt{x}-0|=\sqrt{x}<\sqrt{\delta}=\sqrt{\varepsilon^2}=\varepsilon.$$

按定义知 $\lim\limits_{x\to 0^+}\sqrt{x}=0$ 成立.

例 2.5.6　求证 $\lim\limits_{x\to 0^-}\mathrm{e}^{\frac{1}{x}}=0$.

分析　对于任给的 $\varepsilon>0$，$\mathrm{e}^{\frac{1}{x}}<\varepsilon$ 等价于 $\frac{1}{x}<\ln\varepsilon$. 当 $\varepsilon<1$ 时，又有 $x>\frac{1}{\ln\varepsilon}$.

证　对于任给的 $\varepsilon>0$. 不妨设 $\varepsilon<1$，取 $\delta=-\frac{1}{\ln\varepsilon}$，于是当 $-\delta<x<0$ 时，就有

$$\frac{1}{\ln\varepsilon}<x<0,\ \frac{1}{x}<\ln\varepsilon,$$

$$|\mathrm{e}^{\frac{1}{x}}-0|=\mathrm{e}^{\frac{1}{x}}<\varepsilon.$$

按定义知 $\lim\limits_{x\to 0^-}\mathrm{e}^{\frac{1}{x}}=0$ 成立.

下面给出表明极限与两个单侧极限关系的定理.

定理 2.5.1　设函数 $f(x)$ 在点 x_0 的一个空心邻域中有定义，于是 $f(x)$ 在点 x_0 的极限存在的充分必要条件是 $f(x)$ 在点 x_0 的左极限和右极限都存在且相等.

证　必要性显然，只证充分性. 设 $\lim\limits_{x\to x_0^-}f(x)=\lim\limits_{x\to x_0^+}f(x)=A$. 于是对于任给的 $\varepsilon>0$，存在 $\delta_1>0$ 和 $\delta_2>0$，使得

$$|f(x)-A|<\varepsilon,\text{当 } 0<x_0-x<\delta_1,$$

$$|f(x)-A|<\varepsilon,\text{当 } 0<x-x_0<\delta_2.$$

令 $\delta=\min\{\delta_1,\delta_2\}$，于是当 $0<|x-x_0|<\delta$ 时，便有

$$|f(x)-A|<\varepsilon.$$

所以 $\lim\limits_{x\to x_0}f(x)=A$.

二、函数在无穷远处的极限

函数 $f(x)$ 在 $x\to+\infty$，$x\to-\infty$ 或 $x\to\infty$ 时的极限统称为函数在无穷远处的极限. 与函数在一点 x_0 的极限相比，前者与数列的极限更为类似.

定义 2.5.3　(i) 设函数 $f(x)$ 在一个形如 $(a,+\infty)$ 的区间中有定义，$A\in\mathbf{R}$. 如果对于任何 $\varepsilon>0$，都存在 $X>0$，使当 $x>X$ 时，就有

$$|f(x)-A|<\varepsilon,$$

则称 $f(x)$在$+\infty$处以 A 为极限,记为 $\lim\limits_{x\to+\infty}f(x)=A$ 或者 $f(x)\to A(x\to+\infty)$;

(ii) 设函数 $f(x)$在一个形如$(-\infty,a)$的区间中有定义,$A\in\mathbf{R}$. 如果对于任何 $\varepsilon>0$,都存在 $X>0$,使当 $x<-X$ 时,就有

$$|f(x)-A|<\varepsilon,$$

则称 $f(x)$在$-\infty$处以 A 为极限,记为 $\lim\limits_{x\to-\infty}f(x)=A$ 或者 $f(x)\to A(x\to-\infty)$;

(iii) 设函数 $f(x)$在一个形如$(-\infty,-a)\cup(a,+\infty)$的集合上有定义,$A\in\mathbf{R}$. 如果对于任何 $\varepsilon>0$,都存在 $X>0$,使当$|x|>X$ 时,就有

$$|f(x)-A|<\varepsilon,$$

则称 $f(x)$在∞处以 A 为极限,记为$\lim\limits_{x\to\infty}f(x)=A$ 或者 $f(x)\to A(x\to\infty)$.

注意,上述定义中自变量 x 趋向无穷远的过程有三种不同,必须加以区分. 所以 $x\to+\infty$和 $x\to-\infty$中的正负号不能省略,否则就变成了第三种情形. 这和数列极限中 $n\to+\infty$中的正号可以省略而写成 $n\to\infty$的情形是不同的.

例 2.5.7 求证$\lim\limits_{x\to\infty}\dfrac{\sin x}{x}=0$.

证 对于任给的 $\varepsilon>0$,取 $X=\dfrac{1}{\varepsilon}$,于是当$|x|>X$ 时,就有

$$\left|\frac{\sin x}{x}-0\right|=\left|\frac{\sin x}{x}\right|\leqslant\left|\frac{1}{x}\right|<\frac{1}{X}=\varepsilon.$$

按定义知$\lim\limits_{x\to\infty}\dfrac{\sin x}{x}=0$ 成立.

例 2.5.8 求证$\lim\limits_{x\to\infty}\dfrac{3x^2+2x-1}{x^2-2}=3$.

分析 变形得估计式

$$\left|\frac{3x^2+2x-1}{x^2-2}-3\right|=\left|\frac{3x^2+2x-1-3x^2+6}{x^2-2}\right|=\left|\frac{2x+5}{x^2-2}\right|$$

$$\leqslant\frac{2(|x|+3)}{|x^2-2|}.$$

当$|x|\geqslant3$ 时,又有

$$\left|\frac{3x^2+2x-1}{x^2-2}-3\right|\leqslant\frac{4|x|}{\frac{1}{2}x^2}=\frac{8}{|x|}.$$

证 对于任给的 $\varepsilon>0$,取 $X=\max\left\{3, \frac{8}{\varepsilon}\right\}$,于是当 $|x|>X$ 时,就有

$$\left|\frac{3x^2+2x-1}{x^2-2}-3\right| \leqslant \frac{2(|x|+3)}{|x^2-2|} \leqslant \frac{8}{|x|} < \varepsilon.$$

按定义知 $\lim\limits_{x\to\infty}\frac{3x^2+2x-1}{x^2-2}=3$ 成立.

例 2.5.9 求证 $\lim\limits_{x\to-\infty}\operatorname{arccot}x=\pi$.

分析 估计式

$$0<\pi-\operatorname{arccot}x<\varepsilon$$

依次等价于

$$\operatorname{arccot}x>\pi-\varepsilon,$$
$$x<\cot(\pi-\varepsilon)=-\cot\varepsilon.$$

证 对于任给的 $\varepsilon>0$,取 $X=\cot\varepsilon$,于是当 $x<-X$ 时,就有

$$x<-\cot\varepsilon=\cot(\pi-\varepsilon),$$
$$\operatorname{arccot}x>\pi-\varepsilon,$$
$$|\operatorname{arccot}x-\pi|=\pi-\operatorname{arccot}x<\varepsilon.$$

按定义知 $\lim\limits_{x\to-\infty}\operatorname{arccot}x=\pi$ 成立.

例 2.5.10 求证 $\lim\limits_{x\to+\infty}\left(1+\frac{1}{[x]}\right)^{[x]}=\mathrm{e}$.

证 由例 2.3.4 的论证可知,函数 $\left(1+\frac{1}{[x]}\right)^{[x]}$ 在 $[1,+\infty)$ 上是递增的且总有 $\left(1+\frac{1}{[x]}\right)^{[x]}<\mathrm{e}$.

对于任给的 $\varepsilon>0$,因为 $\lim\limits_{n\to\infty}(1+\frac{1}{n})^n=\mathrm{e}$,故有 $n_0\in\mathbf{N}$,使得

$$0<\mathrm{e}-\left(1+\frac{1}{n_0}\right)^{n_0}<\varepsilon.$$

于是当 $x>n_0$ 时,$[x]\geqslant n_0$ 从而有

$$\mathrm{e}-\varepsilon<\left(1+\frac{1}{n_0}\right)^{n_0}\leqslant\left(1+\frac{1}{[x]}\right)^{[x]}<\mathrm{e}<\mathrm{e}+\varepsilon,$$
$$\left|\left(1+\frac{1}{[x]}\right)^{[x]}-\mathrm{e}\right|<\varepsilon.$$

按定义知 $\lim\limits_{x\to+\infty}\left(1+\frac{1}{[x]}\right)^{[x]}=\mathrm{e}$ 成立.

三、函数极限型的无穷大量

在函数极限中,自变量的变化过程共有 6 种不同情形:$x\to x_0$, $x\to x_0^-$, $x\to x_0^+$, $x\to+\infty$, $x\to-\infty$, $x\to\infty$. 不管哪种情形,极限为 0 时,都称之为无穷小量. 但与数列情形不同的是,每次都要标明自变量的变化过程.

函数的极限值是无穷大有三种不同情形:$f(x)\to+\infty$, $f(x)\to-\infty$, $f(x)\to\infty$. 从而函数的极限值是无穷大,即无穷大量的定义有 18 种不同情形. 下面,我们举几种定义作为示范,其余情形请读者自行给出.

定义 2.5.4 (i) 设函数 $f(x)$ 在点 x_0 的一个空心邻域中有定义. 如果对于任何 $M>0$,都存在 $\delta>0$,使当 $0<|x-x_0|<\delta$ 时,就有

$$f(x)>M,$$

则称 $f(x)$ 在点 x_0 的极限值是 $+\infty$,或称 $f(x)$ 在点 x_0 是正无穷大量,记为 $\lim\limits_{x\to x_0}f(x)=+\infty$ 或者 $f(x)\to+\infty(x\to x_0)$;

(ii) 设函数 $f(x)$ 在一个以 x_0 为右端点的开区间中有定义. 如果对于任何 $M>0$,都存在 $\delta>0$,使当 $0<x_0-x<\delta$ 时,就有

$$f(x)<-M,$$

则称 $f(x)$ 在点 x_0 的左极限值是 $-\infty$,或称 $f(x)$ 在 $x\to x_0^-$ 时是负无穷大量,记为 $\lim\limits_{x\to x_0^-}f(x)=-\infty$ 或者 $f(x)\to-\infty(x\to x_0^-)$;

(iii) 设函数 $f(x)$ 在一个以 x_0 为左端点的开区间中有定义. 如果对于任何 $M>0$,都存在 $\delta>0$,使当 $0<x-x_0<\delta$ 时,就有

$$|f(x)|>M,$$

则称 $f(x)$ 在点 x_0 的右极限值是 ∞,或称 $f(x)$ 在 $x\to x_0^+$ 时是中性无穷大量,记为 $\lim\limits_{x\to x_0^+}f(x)=\infty$ 或者 $f(x)\to\infty(x\to x_0^+)$.

定义 2.5.5 (i) 设函数 $f(x)$ 在一个形如 $(a,+\infty)$ 的区间中有定义. 如果对于任何 $M>0$,都存在 $X>0$,使当 $x>X$ 时,就有

$$|f(x)|>M,$$

则称 $f(x)$ 在 $x\to+\infty$ 时的极限值是 ∞,或称 $f(x)$ 在 $x\to+\infty$ 时是中性无穷大量,记为 $\lim\limits_{x\to+\infty}f(x)=\infty$. 或者 $f(x)\to\infty(x\to+\infty)$;

(ii) 设函数 $f(x)$ 在一个形如 $(-\infty,b)$ 的区间中有定义. 如果对于任何 $M>0$,都存在 $X>0$,使当 $x<-X$ 时,就有

$$f(x)>M,$$

则称 $f(x)$在 $x\to-\infty$时的极限值是$+\infty$,或称 $f(x)$在 $x\to-\infty$时是正无穷大量,记为 $\lim\limits_{x\to-\infty}f(x)=+\infty$或者 $f(x)\to+\infty(x\to-\infty)$.

例 2.5.11 求证$\lim\limits_{x\to\frac{\pi}{2}}\tan x=\infty$.

分析 $|\tan x|>M$ 可分成两部分

$$\tan x>M,\ \tan x<-M,$$

$$x>\arctan M,x<\pi-\arctan M.$$

证 对于任给的 $M>0$,取 $\delta=\frac{\pi}{2}-\arctan M>0$,于是当 $0<|x-\frac{\pi}{2}|<\delta$ 时,就有

$$\frac{\pi}{2}-\delta<x<\frac{\pi}{2},\frac{\pi}{2}<x<\frac{\pi}{2}+\delta,$$

$$\arctan M<x<\frac{\pi}{2},\frac{\pi}{2}<x<\pi-\arctan M,$$

$$\tan x>M,\tan x<-M,$$

$$|\tan x|>M.$$

按定义知$\lim\limits_{x\to\frac{\pi}{2}}\tan x=\infty$成立.

例 2.5.12 求证 $\lim\limits_{x\to+\infty}\ln x=+\infty$.

证 对于任给的 $M>0$,取 $X=e^M$,于是当 $x>X$ 时,就有

$$x>X=e^M.$$

两边取对数即得

$$\ln x>M.$$

按定义知 $\lim\limits_{x\to+\infty}\ln x=+\infty$成立.

四、函数极限的否定定义

上面三部分中,分别给出了函数极限的不同情形的定义(包括极限值为无穷大的情形),共有 24 种.现在要分别给出它们的否定定义,即用“$\varepsilon-\delta$”,“$\varepsilon-X$”语言来叙述函数 $f(x)$在某种过程中不以 A 为极限或没有极限的分析定义.当然,我们也只能以几种情形为例给出定义并举例说明,其他情形请读者自行给出.

定义 2.5.6 (i) 设函数 $f(x)$在点 x_0 的一个空心邻域中有定义.$A\in\mathbf{R}$.如果存在 $\varepsilon_0>0$,使对任何 $\delta>0$,都存在 x_δ,使得 $0<|x_\delta-x_0|<\delta$ 且有

$$|f(x_\delta)-A|\geqslant\varepsilon_0,$$

则称 $f(x)$在点 x_0 不以 A 为极限,记为 $\lim\limits_{x\to x_0} f(x)\neq A$;

(ii) 设函数 $f(x)$在点 x_0 的一个空心邻域中有定义. 如果对于任何 $A\in\mathbf{R}$. 都存在 $\varepsilon_0>0$,使对任何 $\delta>0$,都存在 x_δ,使得 $0<|x_\delta-x_0|<\delta$ 且有

$$|f(x_\delta)-A|\geqslant\varepsilon_0,$$

则称 $f(x)$在点 x_0 没有极限.

例 2.5.13 求证函数 $f(x)=\sin\dfrac{1}{x}$在点 $x=0$ 没有极限.

证 对于任何 $A\in\mathbf{R}$,不妨设 $A\geqslant 0$. 取 $\varepsilon_0=\dfrac{1}{2}$,于是对任何 $\delta>0$,取 n_0 足够大,使得

$$x_\delta=\frac{1}{(2n_0+1)\pi+\dfrac{\pi}{2}}<\delta.$$

因而有

$$\left|\sin\frac{1}{x_\delta}-A\right|=\left|\sin\left[(2n_0+1)\pi+\frac{\pi}{2}\right]-A\right|=|-1-A|\geqslant 1>\varepsilon_0.$$

按定义知 $f(x)=\sin\dfrac{1}{x}$在点 $x=0$ 没有极限.

定义 2.5.7 (i) 设函数 $f(x)$在一个形如$(a,+\infty)$的区间中有定义. $A\in\mathbf{R}$. 如果存在 $\varepsilon_0>0$,使对任何 $X>0$,都存在 $x_0>X$,使得

$$|f(x_0)-A|\geqslant\varepsilon_0,$$

则称 $f(x)$在 $x\to+\infty$时不以 A 为极限,记为 $\lim\limits_{x\to+\infty} f(x)\neq A$;

(ii) 设函数 $f(x)$在一个形如$(a,+\infty)$的区间中有定义. 如果对于任何 $A\in\mathbf{R}$,都存在 $\varepsilon_0>0$,使对任何 $X>0$,都存在 $x_0>X$,使得

$$|f(x_0)-A|\geqslant\varepsilon_0,$$

则称 $f(x)$在 $x\to+\infty$时没有极限.

定义 2.5.8 设函数 $f(x)$在一个形如$(a,+\infty)$的区间上有定义. 如果存在 $M_0>0$,使对任何 $X>0$,都存在 $x_0>X$,使得

$$f(x_0)\leqslant M_0,$$

则称 $f(x)$在 $x\to+\infty$时的极限值不是$+\infty$.

例 2.5.14 求证:

(i) $\lim\limits_{x\to+\infty} x(2+\sin x)=+\infty$;

(ii) $\lim\limits_{x\to+\infty} x(1+\sin x)\neq+\infty$.

证 (i) 对于任给的 $M>0$,取 $X=M$,于是当 $x>X$ 时.就有

$$x(2+\sin x)\geqslant x>X=M.$$

按定义知 $\lim\limits_{x\to+\infty}x(2+\sin x)=+\infty$成立.

(ii) 取 $M_0=1$,对于任何 $X>0$,选取 n_0,使得 $x_0=(2n_0+1)\pi+\frac{\pi}{2}>X$,于是有

$$x_0(1+\sin x_0)=0<1=M_0.$$

按定义知 $\lim\limits_{x\to+\infty}x(1+\sin x)\neq+\infty$成立.

在使用反证法来证明极限关系式时,经常要用到极限的否定定义.为了全面深入地学好极限理论,必须能熟练叙述和运用极限的否定定义.

§2.6 函数极限的性质

函数极限的性质与数列极限的性质极为相似,而且证明过程也相当一致,为避免重复和节省篇幅,对于有些定理将只叙述而不证明.函数极限的自变量变化过程有 6 种不同情形,本节讲述函数极限的性质时将以 $x\to x_0$ 的过程为主.定理的陈述和证明都不难转换成其他变化过程的情形.

在 6 种极限都一致的陈述中,将用不带自变量变化过程的极限符号 lim 来表示极限,但我们约定,在同一定理中,所有极限符号都对应于自变量的同一变化过程.在本节的陈述与论证中,经常出现"点 x_0 的一个空心邻域"的字眼,这是对"$x\to x_0$"的过程而言.为了便于将这种极限过程换成其他的变化过程,我们约定 $x_0^-,x_0^+,+\infty,-\infty$和$\infty$的空心邻域指的分别是开区间$(x_0-\delta,x_0)$,$(x_0,x_0+\delta)$,$(a,+\infty)$,$(-\infty,-a)$和开区间之并集$(-\infty,-a)\cup(a,+\infty)$.

对于无穷大量的某些性质,本节也将附带提及.

定理 2.6.1 若 $\lim f(x)=a,\lim f(x)=b$,则 $a=b$.

定理 2.6.2 若 $\lim f(x)=a$,则 $\lim|f(x)|=|a|$.

定理 2.6.3 设 $\lim\limits_{x\to x_0}f(x)=a$, $\lim\limits_{x\to x_0}g(x)=b$.

(i) 若 $a>b$,则存在点 x_0 的一个空心邻域,使在此空心邻域中有$f(x)>g(x)$;

(ii) 若存在点 x_0 的一个空心邻域,使在此空心邻域中有 $f(x)\geqslant g(x)$,则 $a\geqslant b$.

推论 设 $\lim\limits_{x\to x_0}f(x)=a,b\in\mathbf{R}$.

(i) 若 $a>b$(或 $a<b$),则存在点 x_0 的一个空心邻域,使在此空心邻域中有 $f(x)>b$($f(x)<b$);

(ii) 若存在点 x_0 的一个空心邻域,使在此空心邻域中有 $f(x)\geqslant b$(或 $f(x)\leqslant b$),则 $a\geqslant b$($a\leqslant b$).

定理 2.6.4 若函数在一点有极限,则它在该点的某一空心邻域中有界.

证 设 $\lim\limits_{x\to x_0}f(x)=a$,于是对 $\varepsilon_0=1$,存在 $\delta>0$,使当 $0<|x-x_0|<\delta$ 时,就有

$$|f(x)-a|<1.$$

因此,当 $x\in N(x_0,\delta)-\{x_0\}$时,有

$$|f(x)|<|a|+1.$$

定理 2.6.5 设 $\lim f(x)=a$, $\lim g(x)=b$,则有

(i) $\lim[f(x)\pm g(x)]=\lim f(x)\pm\lim g(x)=a\pm b$;

(ii) $\lim f(x)g(x)=\lim f(x)\cdot\lim g(x)=ab$;

(iii) $\lim\dfrac{f(x)}{g(x)}=\dfrac{\lim f(x)}{\lim g(x)}=\dfrac{a}{b}$, $b\neq0$.

例 2.6.1 求极限$\lim\limits_{x\to3}\dfrac{5x-7}{2x^2-x+1}$.

解 因为$\lim\limits_{x\to3}(2x^2-x+1)=18-3+1=16\neq0$,故可分别取极限而得到

$$\lim_{x\to3}\frac{5x-7}{2x^2-x+1}=\frac{5\times3-7}{2\times9-3+1}=\frac{8}{16}=\frac{1}{2}.$$

例 2.6.2 求极限$\lim\limits_{x\to\infty}\dfrac{x^2+5x-7}{2x^2-x+1}$.

解 因为表达式中尚不是分子和分母的各项都有极限,故还不能直接按四则运算法则分别取极限.因此改写

$$\frac{x^2+5x-7}{2x^2-x+1}=\frac{1+\frac{5}{x}-\frac{7}{x^2}}{2-\frac{1}{x}+\frac{1}{x^2}}.$$

右端已是可以分别取极限的形式,故得

$$\lim_{x\to\infty}\frac{x^2+5x-7}{2x^2-x+1}=\frac{1}{2}.$$

定理 2.6.6 (i) 设 $\lim\limits_{x\to x_0}f(x)=\infty(+\infty,-\infty)$,且存在 $M>0$ 和 $\delta>0$,使当 $0<|x-x_0|<\delta$ 时,就有 $|g(x)|\leqslant M$,则 $\lim\limits_{x\to x_0}[f(x)\pm g(x)]=\infty(+\infty,-\infty)$;

(ii) 设 $f(x)$和 $g(x)$在点 x_0 的极限值都是 $+\infty(-\infty)$,则 $\lim\limits_{x\to x_0}[f(x)+g(x)]=+\infty(-\infty)$.

注意,(ii)中的两个极限值必须是同号无穷大.若为异号无穷大或同为中性无穷大,则结论不再成立.

定理 2.6.7 (i) 设 $\lim\limits_{x\to x_0}f(x)=\infty$,且存在 $M>0$ 和 $\delta>0$,使当 $0<|x-x_0|<\delta$ 时,就有 $|g(x)|\geqslant M$,则 $\lim\limits_{x\to x_0}f(x)g(x)=\infty$;

(ii) 设 $\lim\limits_{x\to x_0}f(x)=\infty$, $\lim\limits_{x\to x_0}g(x)=b\neq 0$,则 $\lim\limits_{x\to x_0}f(x)g(x)=\infty$.

这两个定理的证明都很简单,从略.

定理 2.6.8 设 $\lim\limits_{x\to x_0}f(x)=A$,则对任何 $x_n\to x_0(n\to\infty)$且 $x_n\neq x_0(n=1,2,\cdots)$的数列$\{x_n\}$,都有 $\lim\limits_{x\to\infty}f(x_n)=A$.

证 因 $\lim\limits_{x\to x_0}f(x)=A$,故对任何 $\varepsilon>0$,都存在 $\delta>0$,使当 $0<|x-x_0|<\delta$ 时,就有

$$|f(x)-A|<\varepsilon. \tag{2.6.1}$$

又因 $x_n\to x_0(n\to\infty)$,故对上述 $\delta>0$,有 N,使当 $n>N$ 时,就有 $|x_n-x_0|<\delta$.由已知又有 $x_n\neq x_0$,故当 $n>N$ 时,有

$$0<|x_n-x_0|<\delta. \tag{2.6.2}$$

由(2.6.1)式和(2.6.2)式即知,当 $n>N$ 时,就有

$$|f(x_n)-A|<\varepsilon.$$

故得 $\lim\limits_{n\to\infty}f(x_n)=A$.

定理 2.6.9 设 $\lim\limits_{x\to+\infty}f(x)=\infty$,则对任何趋向 $+\infty$ 的数列$\{x_n\}$,都有 $\lim\limits_{n\to\infty}f(x_n)=\infty$.

证 因 $\lim\limits_{x\to+\infty}f(x)=\infty$,故对任何 $M>0$,都存在 $X>0$,使当 $x>X$ 时,就有

$$|f(x)|>M. \tag{2.6.3}$$

又因 $x_n\to+\infty(n\to\infty)$,故对上述 $X>0$,有 N,使当 $n>N$ 时,有 $x_n>X$.从而由此及(2.6.3)式得到

$$|f(x_n)|>M.$$

故得 $\lim\limits_{n\to\infty}f(x_n)=\infty$.

对于函数极限的所有情形都有与定理 2.6.8 或 2.6.9 同样的结论.这些定理表明了函数极限与数列极限之间的关系.它们的逆定理也都成立,我们将

在下一节中来讲述.

§2.7 函数极限的判定定理

本节中的某些定理类似于数列的相应定理,其中证明过程基本相同的定理证明将被省略.

定理 2.7.1 设函数 $f(x)$,$g(x)$,$h(x)$满足下列条件:

(i) 在点 x_0 的某空心邻域上恒有 $f(x)\leqslant g(x)\leqslant h(x)$;

(ii) $\lim\limits_{x\to x_0}f(x)=\lim\limits_{x\to x_0}h(x)=A$.

则$\lim\limits_{x\to x_0}g(x)=A$.

定理 2.7.2 设$\lim\limits_{y\to y_0}f(y)=A$,$\lim\limits_{x\to x_0}g(x)=y_0$ 且当 $x\neq x_0$ 时,$g(x)\neq y_0$,则$\lim\limits_{x\to x_0}f(g(x))=A$.

证 因$\lim\limits_{y\to y_0}f(y)=A$,故对任何 $\varepsilon>0$,都存在 $\eta>0$,使当 $0<|y-y_0|<\eta$ 时,就有

$$|f(y)-A|<\varepsilon. \tag{2.7.1}$$

又因$\lim\limits_{x\to x_0}g(x)=y_0$,故对上述 $\eta>0$,存在 $\delta>0$,使当 $0<|x-x_0|<\delta$ 时,就有$|g(x)-y_0|<\eta$. 由已知,当 $x\neq x_0$ 时,$g(x)\neq y_0$,故当 $0<|x-x_0|<\delta$ 时,就有

$$0<|g(x)-y_0|<\eta. \tag{2.7.2}$$

由(2.7.1)式和(2.7.2)式知,当 $0<|x-x_0|<\delta$ 时,有

$$|f(g(x))-A|<\varepsilon.$$

故得$\lim\limits_{x\to x_0}f(g(x))=A$.

上面的定理 2.7.1 和定理 2.7.2 都是就点 x_0 的极限给出的. 对于其他类型的极限,相应的结果也都成立. 这里不再一一叙述. 读者自可在需要时加以运用.

例 2.7.1 求证$\lim\limits_{x\to\infty}\left(1+\dfrac{1}{x}\right)^x=\mathrm{e}$.

证 显然,只需分别证明$\lim\limits_{x\to+\infty}\left(1+\dfrac{1}{x}\right)^x=\lim\limits_{x\to-\infty}\left(1+\dfrac{1}{x}\right)^x=\mathrm{e}$.

当 $x\geqslant 1$ 时,我们有不等式

$$\frac{\left(1+\frac{1}{[x]+1}\right)^{[x]+1}}{\left(1+\frac{1}{[x]+1}\right)} = \left(1+\frac{1}{[x]+1}\right)^{[x]} \leqslant \left(1+\frac{1}{x}\right)^{x}$$

$$\leqslant \left(1+\frac{1}{[x]}\right)^{[x]+1}$$

$$= \left(1+\frac{1}{[x]}\right)^{[x]}\left(1+\frac{1}{[x]}\right). \tag{2.7.3}$$

由例 2.5.10 知 $\lim\limits_{x\to+\infty}\left(1+\frac{1}{[x]}\right)^{[x]}=\mathrm{e}$,故有

$$\lim_{x\to+\infty}\frac{\left(1+\frac{1}{[x]+1}\right)^{[x]+1}}{\left(1+\frac{1}{[x]+1}\right)} = \mathrm{e} = \lim_{x\to+\infty}\left(1+\frac{1}{[x]}\right)^{[x]}\left(1+\frac{1}{[x]}\right). \tag{2.7.4}$$

由(2.7.3)式,(2.7.4)式和定理 2.7.1 即得

$$\lim_{x\to+\infty}\left(1+\frac{1}{x}\right)^{x} = \mathrm{e} \tag{2.7.5}$$

另一方面,当 $x<-1$ 时,我们写

$$\left(1+\frac{1}{x}\right)^{x} = \left(\frac{x+1}{x}\right)^{x} = \left(\frac{x}{x+1}\right)^{-x} = \left(\frac{-x}{-x-1}\right)^{-x}$$

$$= \left(\frac{-x-1+1}{-x-1}\right)^{-x} = \left(1+\frac{1}{-x-1}\right)^{-x}$$

$$= \left(1+\frac{1}{-x-1}\right)^{-x-1}\left(1+\frac{1}{-x-1}\right). \tag{2.7.6}$$

由前段证明知

$$\lim_{x\to-\infty}\left(1+\frac{1}{-x-1}\right)^{-x-1} = \mathrm{e},$$

故由(2.7.6)式两端取极限得到

$$\lim_{x\to-\infty}\left(1+\frac{1}{x}\right)^{x} = \mathrm{e}. \tag{2.7.7}$$

由(2.7.5)式和(2.7.7)式即得所欲证.

例 2.7.2　求极限 $\lim\limits_{x\to 0}(1+x)^{\frac{1}{x}}$.

解　因为 $\lim\limits_{y\to\infty}\left(1+\frac{1}{y}\right)^{y}=\mathrm{e}$,而 $\lim\limits_{x\to 0}\frac{1}{x}=\infty$,故由定理 2.7.2 有

$$\lim_{x\to0}\left(1+\frac{1}{\frac{1}{x}}\right)^{\frac{1}{x}}=\mathrm{e},$$

亦即有$\lim\limits_{x\to0}(1+x)^{\frac{1}{x}}=\mathrm{e}$.

例 2.7.3　求证(i) $\lim\limits_{x\to0}\frac{\ln(1+x)}{x}=1$; (ii)$\lim\limits_{x\to0}\frac{\mathrm{e}^x-1}{x}=1$;(iii) $\lim\limits_{x\to0}\frac{a^x-1}{x}=\ln a\,(a>0)$.

证　因为不等式

$$-\varepsilon<\frac{\ln(1+x)}{x}-1<\varepsilon$$

等价于

$$\mathrm{e}^{1-\varepsilon}<(1+x)^{\frac{1}{x}}<\mathrm{e}^{1+\varepsilon},\tag{2.7.8}$$

又因$\lim\limits_{x\to0}(1+x)^{\frac{1}{x}}=\mathrm{e}$,故对任何 $\varepsilon>0$,都存在 $\delta>0$,使当$0<|x|<\delta$ 时,(2.7.8)式成立,从而有

$$\left|\frac{\ln(1+x)}{x}-1\right|<\varepsilon.$$

按定义知$\lim\limits_{x\to0}\frac{\ln(1+x)}{x}=1$,即(i)得证.

令 $x=\mathrm{e}^t-1$,于是$\lim\limits_{t\to0}(\mathrm{e}^t-1)=0$ 且当 $t\neq0$ 时,$\mathrm{e}^t-1\neq0$. 由定理 2.7.2 得到

$$\lim_{t\to0}\frac{t}{\mathrm{e}^t-1}=\lim_{x\to0}\frac{\ln(1+x)}{x}=1.$$

所以有$\lim\limits_{t\to0}\frac{\mathrm{e}^t-1}{t}=1$,即(ii)得证.

最后,利用(ii)的结果,由定理 2.7.2 有

$$\lim_{x\to0}\frac{a^x-1}{x}=\lim_{x\to0}\frac{\mathrm{e}^{x\ln a}-1}{x\ln a}\cdot\ln a=\ln a.$$

我们指出,例 2.5.4 和本节例 2.7.1～2.7.3 给出的极限都是相当重要的极限,在后面求导数以及求其他极限时,经常要把它们当作已知结果来运用.

现在,我们再来看函数极限和数列极限的关系,即建立定理 2.6.8 和 2.6.9 的逆定理.

定理 2.7.3　设函数 $f(x)$在点 x_0 的一个空心邻域中有定义,且对任何 $x_n\to x_0\,(n\to\infty)$且 $x_n\neq x_0\,(n=1,2,\cdots)$的数列$\{x_n\}$,数列$\{f(x_n)\}$都收敛,则

存在 $A\in\mathbf{R}$,使得

(i) 对任何上述的$\{x_n\}$,都有$\lim\limits_{n\to\infty}f(x_n)=A$;

(ii) $\lim\limits_{x\to x_0}f(x)=A$.

证　(i) 取定一个数列$\{\bar{x}_n\}$:$\bar{x}_n\to x_0(n\to\infty)$,且 $\bar{x}_n\neq x_0$, $n=1,2,\cdots$,于是由假设知数列$\{f(\bar{x}_n)\}$收敛. 记$\lim\limits_{n\to\infty}f(\bar{x}_n)=A$.

对于任何一个数列$\{x_n\}$:$x_n\to x_0(n\to\infty)$且 $x_n\neq x_0$, $n=1,2,\cdots$,令

$$y_n=\begin{cases}\bar{x}_k,当\ n=2k-1,\\ x_k,当\ n=2k,\end{cases}$$

则$\{y_n\}$满足条件:$y_n\to x_0(n\to\infty)$且 $y_n\neq x_0$. 从而由假设知$\{f(y_n)\}$收敛. 因为作为$\{f(y_n)\}$的子列的$\{f(\bar{x}_n)\}$收敛于 A,故有$\lim\limits_{n\to\infty}f(y_n)=A$. 因而$\{f(x_n)\}$作为$\{f(y_n)\}$的子列也收敛于 A,即(i)得证.

(ii) 若$\lim\limits_{x\to x_0}f(x)\neq A$,则由极限的否定定义知存在 $\varepsilon_0>0$,使对任何 $\delta>0$,都存在 x_δ,使得

$$0<|x_\delta-x_0|<\delta,\ |f(x_\delta)-A|\geqslant\varepsilon_0. \tag{2.7.9}$$

依次取 $\delta_n=\dfrac{1}{n}$, $n=1,2,\cdots$,由(2.7.9)式就有$\{x_n\}$,使得

$$0<|x_n-x_0|<\frac{1}{n},\ |f(x_n)-A|\geqslant\varepsilon_0.$$

这表明$\{x_n\}$满足条件 $x_n\to x_0(n\to\infty)$且 $x_n\neq x_0$, $n=1,2,\cdots$,但$\lim\limits_{n\to\infty}f(x_n)\neq A$,此与(i)的结果矛盾. 从而必有$\lim\limits_{x\to x_0}f(x)=A$.

推论　设有两个数列$\{x_n\}$和$\{x'_n\}$:$x_n\to x_0$, $x'_n\to x_0(n\to\infty)$, $x_n\neq x_0$, $x'_n\neq x_0$, $n=1,2,\cdots$,使得$\{f(x_n)\}$和$\{f(x'_n)\}$都收敛但极限不等,则 $f(x)$ 在点 x_0 没有极限.

将定理 2.6.8 和本节定理 2.7.3 结合起来,我们还有以下定理.

定理 2.7.4　函数 $f(x)$在点 x_0 有极限的充分必要条件是对任何$\{x_n\}$:$x_n\to x_0$ $(n\to\infty)$且 $x_n\neq x_0$, $n=1,2,\cdots$,数列$\{f(x_n)\}$都收敛.

当然,还可以把定理 2.7.4 换一种方式来叙述. 读者自会发现,两种叙述的侧重点不同.

定理 2.7.4′　$\lim\limits_{x\to x_0}f(x)=A$ 的充分必要条件是对任何$\{x_n\}$:$x_n\to x_0$ $(n\to\infty)$且 $x_n\neq x_0$, $n=1,2,\cdots$,都有$\lim\limits_{n\to\infty}f(x_n)=A$.

对于定理 2.6.9,也有相应的结果.

定理 2.7.5 $\lim\limits_{x\to+\infty}f(x)=\infty$的充分必要条件是对任何趋向$+\infty$的数列$\{x_n\}$，都有$\lim\limits_{n\to\infty}f(x_n)=\infty$.

例 2.7.4 试证狄利克雷函数$D(x)$在任何点x_0都没有极限.

证 对于任何$x_0\in\mathbf{R}$，由有理数和无理数在实数中的稠密性知可选取有理数的数列$\{x_n\}$和无理数的数列$\{x'_n\}$满足条件$x_n\to x_0$，$x'_n\to x_0(n\to\infty)$且$x_n\neq x_0$，$x'_n\neq x_0$，$n=1,2,\cdots$. 于是按$D(x)$的定义有

$$\lim_{n\to\infty}D(x_n)=1\neq 0=\lim_{n\to\infty}D(x'_n).$$

由定理 2.7.3 的推论知$D(x)$在点x_0的极限不存在.

定理 2.7.6(柯西收敛原理) 函数$f(x)$在点x_0有极限的充分必要条件是对任何$\varepsilon>0$，都存在$\delta>0$，使当$0<|x-x_0|<\delta$及$0<|x'-x_0|<\delta$时，就有

$$|f(x)-f(x')|<\varepsilon.$$

证 必要性. 设$\lim\limits_{x\to x_0}f(x)=A$，于是对于任给的$\varepsilon>0$，都存在$\delta>0$，使当$0<|x-x_0|<\delta$时，就有

$$|f(x)-A|<\frac{\varepsilon}{2}.$$

于是当$0<|x-x_0|<\delta$，$0<|x'-x_0|<\delta$时，有

$$\begin{aligned}|f(x)-f(x')|&\leqslant|f(x)-A|+|f(x')-A|\\&<\frac{\varepsilon}{2}+\frac{\varepsilon}{2}=\varepsilon.\end{aligned}$$

充分性. 设$\{x_n\}$是满足条件$x_n\to x_0(n\to\infty)$且$x_n\neq x_0(n=1,2,\cdots)$的任一数列. 对于任给的$\varepsilon>0$，按假设存在$\delta>0$，使当$0<|x-x_0|<\delta$及$0<|x'-x_0|<\delta$时，就有

$$|f(x)-f(x')|<\varepsilon. \tag{2.7.10}$$

对于上述的$\delta>0$，因为$x_n\to x_0(n\to\infty)$，故有N，使当$n>N$时，就有

$$|x_n-x_0|<\delta.$$

又因$x_n\neq x_0(n=1,2,\cdots)$，故当$m>N$，$n>N$时，就有

$$0<|x_m-x_0|<\delta,0<|x_n-x_0|<\delta. \tag{2.7.11}$$

由(2.7.10)式和(2.7.11)式得知，当$m>N$，$n>N$时，有

$$|f(x_m)-f(x_n)|<\varepsilon,$$

即$\{f(x_n)\}$为柯西数列，从而由数列极限的柯西收敛原理知$\{f(x_n)\}$收敛. 再

由定理 2.7.3 即知 $f(x)$在点 x_0 的极限存在.

注意,对于其他的极限过程,也都有相应的柯西收敛原理.例如在 $x\to+\infty$时,有如下的定理.

定理 2.7.6′　函数 $f(x)$在 $+\infty$处有极限的充分必要条件是对任何 $\varepsilon>0$,都存在 $X>0$,使当 $x>X,x'>X$ 时,就有

$$|f(x)-f(x')|<\varepsilon.$$

最后,再介绍一下函数极限型的上极限和下极限.

设 $f(x)$在点 x_0 的某空心邻域 $N(x_0,\eta)-\{x_0\}$中有界.对于 $0<\delta<\eta$,令

$$\overline{y}_\delta=\sup_{0<|x-x_0|\leqslant\delta}f(x),\ \underline{y}_\delta=\inf_{0<|x-x_0|\leqslant\delta}f(x),$$

于是,当 $0<|x-x_0|<\delta<\eta$ 时,有

$$\underline{y}_\delta\leqslant f(x)\leqslant\overline{y}_\delta$$

易见,在$(0,\eta)$中作为 δ 的函数,$\underline{y}_\delta$ 递减而$\overline{y}_\delta$ 递增且二者都有界.从而极限 $\lim\limits_{\delta\to0^+}\underline{y}_\delta$ 和 $\lim\limits_{\delta\to0^+}\overline{y}_\delta$ 都存在,并分别称之为函数 $f(x)$在点 x_0 的下极限和上极限,记之为

$$\varliminf_{x\to x_0}f(x)=\lim_{\delta\to0^+}\underline{y}_\delta=\lim_{\delta\to0^+}\inf_{0<|x-x_0|\leqslant\delta}f(x),$$

$$\varlimsup_{x\to x_0}f(x)=\lim_{\delta\to0^+}\overline{y}_\delta=\lim_{\delta\to0^+}\sup_{0<|x-x_0|\leqslant\delta}f(x).$$

像数列极限的情形一样,有:

定理 2.7.7　函数极限 $\lim\limits_{x\to x_0}f(x)$存在的充分必要条件是上下极限都存在且相等,亦即有

$$\varlimsup_{x\to x_0}f(x)=A=\varliminf_{x\to x_0}f(x).$$

对于函数极限的其他情形,照样可以定义上极限和下极限并有与定理 2.7.7 相应的定理成立,这里从略.

习　题　2.2

1. 按定义证明下列各极限:

(i) $\lim\limits_{x\to2}\dfrac{x}{2x^2-1}=\dfrac{2}{7}$;　(ii) $\lim\limits_{x\to1}\log_a x=0,\ a>1$;

(iii) $\lim\limits_{x\to1}\dfrac{x-1}{\sqrt{x}-1}=2$;　(iv) $\lim\limits_{x\to3}\dfrac{x^2-9}{x^2+x-12}=\dfrac{6}{7}$;

(v) $\lim\limits_{x\to0^-}\arctan\dfrac{1}{x}=-\dfrac{\pi}{2}$;　(vi) $\lim\limits_{x\to0^+}\log_a x=+\infty,\ 0<a<1$;

(vii) $\lim\limits_{x\to+\infty}\dfrac{x+1}{x-2}=1$;　(viii) $\lim\limits_{x\to+\infty}\mathrm{e}^{\frac{1}{x}}=1$;

(ix) $\lim\limits_{x\to-\infty}\dfrac{x^2+x}{x-1}=-\infty$; (x) $\lim\limits_{x\to\infty}\cot\dfrac{1}{x}=\infty$.

2. 设 $R(x)$ 为黎曼函数，求证对任意 $x_0\in\mathbf{R}$，均有 $\lim\limits_{x\to x_0}R(x)=0$.

3. 写出下列各式的分析定义并举出适当的例子：

(i) $\lim\limits_{x\to x_0}f(x)=-\infty$; (ii) $\lim\limits_{x\to x_0^+}f(x)=+\infty$;

(iii) $\lim\limits_{x\to x_0^-}f(x)=\infty$; (iv) $\lim\limits_{x\to+\infty}f(x)=+\infty$;

(v) $\lim\limits_{x\to-\infty}f(x)=\infty$; (vi) $\lim\limits_{x\to\infty}f(x)=-\infty$;

(vii) $\lim\limits_{x\to x_0}f(x)\neq+\infty$; (viii) $\lim\limits_{x\to x_0^+}f(x)\neq A$;

(ix) $\lim\limits_{x\to-\infty}f(x)\neq A$; (x) $\lim\limits_{x\to\infty}f(x)\neq A$;

(xi) $\lim\limits_{x\to+\infty}f(x)\neq-\infty$; (xii) $\lim\limits_{x\to\infty}f(x)\neq+\infty$.

4. 证明下列各极限：

(i) $\lim\limits_{x\to x_0}\ln x=\ln x_0$, $x_0>0$;

(ii) $\lim\limits_{x\to x_0}a^x=a^{x_0}$, $a>0$, $a\neq1$;

(iii) $\lim\limits_{x\to x_0}x^\alpha=x_0^\alpha$, $x_0>0$;

(iv) $\lim\limits_{x\to+\infty}x^{\frac{1}{x}}=1$;

(v) $\lim\limits_{x\to+\infty}q^x=0$, $0<q<1$.

5. 求下列各函数在给定点 x_0 的左右极限：

(i) $f(x)=\begin{cases}2+x^2, & x<0,\\ 1, & x=0,\ x_0=0,\\ x\sin\dfrac{1}{x}, & x>0;\end{cases}$

(ii) $f(x)=\dfrac{1}{x}-\left[\dfrac{1}{x}\right]$, $x_0=\dfrac{1}{n}$, $n\geqslant2$;

(iii) $f(x)=\operatorname{sgn}\tan x$, $x_0=\dfrac{\pi}{2}$.

6. 证明下列各极限：

(i) $\lim\limits_{x\to+\infty}\dfrac{x^s}{a^x}=0$, $a>1$, $s>0$;

(ii) $\lim\limits_{x\to+\infty}\dfrac{\log_a x}{x^\alpha}=0$, $a>1$, $\alpha>0$;

(iii) $\lim\limits_{x\to0^+}x^\alpha\log_a x=0$, $a>1$, $\alpha>0$.

7. 求下列各极限：

(i) $\lim\limits_{x\to1}\dfrac{x^m-1}{x^n-1}$, $m,n\in\mathbf{N}$;

(ii) $\lim\limits_{x\to0}\dfrac{\sqrt[n]{1+x}-1}{x}$, $n\in\mathbf{N}$;

(iii) $\lim\limits_{x\to-8}\dfrac{\sqrt{1-x}-3}{2+\sqrt[3]{x}}$;

(iv) $\lim\limits_{x\to0}\dfrac{\sqrt{1+x}-\sqrt{1-x}}{\sqrt[3]{1+x}-\sqrt[3]{1-x}}$;

(v) $\lim\limits_{x\to0}\dfrac{\sqrt[3]{1+\dfrac{x}{3}}-\sqrt[4]{1+\dfrac{x}{4}}}{1-\sqrt{1-\dfrac{x}{2}}}$;

(vi) $\lim\limits_{x\to0}\dfrac{\sqrt[m]{1+\alpha x}\sqrt[n]{1+\beta x}-1}{x}$, $m,n\in\mathbf{N}$;

(vii) $\lim\limits_{x\to1}\dfrac{\sqrt[m]{x}-1}{\sqrt[n]{x}-1}$, $m,n\in\mathbf{N}$;

(viii) $\lim\limits_{x\to+\infty}\left(\sqrt{x+\sqrt{x+\sqrt{x}}}-\sqrt{x}\right)$;

(ix) $\lim\limits_{x\to+\infty}\dfrac{\sqrt{x^2+1}+\sqrt{x}}{\sqrt[4]{x^3+x}-x}$;

(x) $\lim\limits_{x\to0^+}\left(\sqrt{\dfrac{1}{x}+\sqrt{\dfrac{1}{x}+\sqrt{\dfrac{1}{x}}}}-\sqrt{\dfrac{1}{x}-\sqrt{\dfrac{1}{x}+\sqrt{\dfrac{1}{x}}}}\right)$;

(xi) $\lim\limits_{x\to+\infty}\left[\sqrt[n]{(x+\alpha_1)\cdots(x+\alpha_n)}-x\right]$;

(xii) $\lim\limits_{x\to0}\dfrac{1-\cos x}{x^2}$;　　(xiii) $\lim\limits_{x\to1}(1-x)\tan\dfrac{\pi x}{2}$;

(xiv) $\lim\limits_{x\to\pi}\dfrac{\sin mx}{\sin nx}$, $m,n\in\mathbf{N}$;

(xv) $\lim\limits_{x\to\frac{\pi}{4}}\tan2x\tan\left(\dfrac{\pi}{4}-x\right)$;

(xvi) $\lim\limits_{x\to a}\dfrac{\tan x-\tan a}{x-a}$;　　(xvii) $\lim\limits_{x\to\frac{\pi}{3}}\dfrac{\sin\left(x-\dfrac{\pi}{3}\right)}{1-2\cos x}$;

(xviii) $\lim\limits_{x\to0}\dfrac{\cos(a+2x)-2\cos(a+x)+\cos a}{x^2}$;

(xix) $\lim\limits_{x\to0}\dfrac{\sqrt{\cos x}-\sqrt[3]{\cos x}}{\sin^2x}$;

(xx) $\lim\limits_{x\to+\infty}\left(\sin\sqrt{x+1}-\sin\sqrt{x}\right)$;

(xxi) $\lim\limits_{x\to a}\left(\dfrac{\sin x}{\sin a}\right)^{\frac{1}{x-a}}$;　　(xxii) $\lim\limits_{x\to0}(1+x^2)^{\cot^2x}$;

(xxiii) $\lim\limits_{x\to\frac{\pi}{2}}(\sin x)^{\tan x}$;　　(xxiv) $\lim\limits_{x\to\infty}\left(\sin\dfrac{1}{x}+\cos\dfrac{1}{x}\right)^x$;

(xxv) $\lim\limits_{x\to+\infty}x[\ln(x+1)-\ln x]$;

(xxvi) $\lim\limits_{x\to+\infty}\dfrac{\ln(2+e^{3x})}{\ln(3+e^{2x})}$;　　(xxvii) $\lim\limits_{x\to0}\dfrac{\ln\tan\left(\dfrac{\pi}{4}+ax\right)}{\sin bx}$;

(xxviii) $\lim\limits_{x\to a}\dfrac{a^x-x^a}{x-a}$, $a>0$;　(xxix) $\lim\limits_{x\to a}\dfrac{x^x-a^a}{x-a}$, $a>0$;

(xxx) $\lim\limits_{x\to 0}\left(\dfrac{a^x+b^x+c^x}{3}\right)^{\frac{1}{x}}$, $a>0,b>0,c>0$;

(xxxi) $\lim\limits_{x\to 0}\dfrac{a^{x^2}-b^{x^2}}{(a^x-b^x)^2}$, $a>0$, $b>0$;

(xxxii) $\lim\limits_{x\to\infty}x\left(\dfrac{\pi}{4}-\arctan\dfrac{x}{x+1}\right)$;

(xxxiii) $\lim\limits_{x\to+\infty}\arccos(\sqrt{x^2+x}-x)$;

(xxxiv) $\lim\limits_{x\to 0}\dfrac{\arctan(a+x)-\arctan a}{x}$;

(xxxv) $\lim\limits_{x\to 0}x\left[\dfrac{1}{x}\right]$;　(xxxvi) $\lim\limits_{x\to 0}\dfrac{(1+x)^\alpha-1}{x}$, $\alpha\neq 0$.

8. 已知$\lim\limits_{x\to 0}\left(\dfrac{x^2+1}{x+1}-ax-b\right)=0$,求 a 和 b.

9. 设 $\lim\limits_{x\to x_0}f(x)=+\infty$,求证 $\lim\limits_{x\to x_0}\dfrac{\ln f(x)}{f(x)}=0$.

10. 对于下列各极限,叙述并证明与 § 2.7 定理 2.7.4′相应的定理:

(i) $\lim\limits_{x\to x_0^+}f(x)=A$;　(ii) $\lim\limits_{x\to x_0}f(x)=+\infty$;

(iii) $\lim\limits_{x\to-\infty}f(x)=A$;　(iv) $\lim\limits_{x\to\infty}f(x)=-\infty$.

11. 对于下列各极限给出柯西收敛原理:

(i) $\lim\limits_{x\to x_0^-}f(x)$;　(ii) $\lim\limits_{x\to\infty}f(x)$.

12. 设函数 $f(x)$在$(0,+\infty)$中有定义,$\lim\limits_{x\to+\infty}f(x)=l$ 且对任何 $x>0$,都有 $f(2x)=f(x)$,求证 $f(x)\equiv l$.

13. 设函数 $f(x)$是$[a,b]$上的严格递增函数,又设对$\{x_n\}\subset[a,b]$有 $\lim\limits_{n\to\infty}f(x_n)=f(a)$,求证$\lim\limits_{n\to\infty}x_n=a$.

14. 设函数 $f(x)$在$(a,+\infty)$中有定义,且对任何 $b>a$,$f(x)$都在(a,b)上有界,求证:

(i) $\lim\limits_{x\to+\infty}\dfrac{f(x)}{x}=\lim\limits_{x\to+\infty}[f(x+1)-f(x)]$;

(ii) $\lim\limits_{x\to+\infty}[f(x)]^{\frac{1}{x}}=\lim\limits_{x\to+\infty}\dfrac{f(x+1)}{f(x)}$.

其中两个等式中都假设右端的极限存在.

15. 设函数 $f(x)$是从$[a,b]$到(a,b)的映射,且对任何 $x,y\in[a,b]$,都有

$$|f(x)-f(y)|<\alpha|x-y|,\ 0<\alpha<1.$$

求证存在惟一的 $\xi\in[a,b]$,使得 $f(\xi)=\xi$.

16. 设$\lim\limits_{x\to 0}f(x)=0$ 且$\lim\limits_{x\to 0}\dfrac{1}{x}\left[f(x)-f\left(\dfrac{x}{2}\right)\right]=0$,求证$\lim\limits_{x\to 0}\dfrac{f(x)}{x}=0$.

17. 设函数 $f(x)$在$(0,+\infty)$中有定义,且对任何 $\lambda\in(0,1)$,都有 $f(n\lambda)\to 0(n\to\infty)$,问是否必有 $\lim\limits_{x\to+\infty}f(x)=0$?

第三章　连续函数

连续函数是最重要的函数之一.尽管它比可微函数弱而又比可积函数强，但无论在微分学还是在积分学中,它都充当着重要的角色.

§3.1　连续和间断

在中学数学中,曾经出现过许多函数的图像.例如,一次函数的图像是一条直线,二次函数的图像是一条抛物线,正弦图像是一条周期变化的曲线,反比例函数的图像是双曲线,即为在 $x=0$ 断开的两条曲线,正切图像则在每个 $x_n=n\pi+\frac{\pi}{2}$处都断开一次.这些断开的点,就是该函数的间断点;而连续曲线所对应的 x 处,就是连续点.

在上一章中给出极限定义时,特别指出函数在点 x_0 的极限值与函数在该点的值是否存在,存在时是大是小都没有关系.然而,在讨论各种函数的极限时却经常发现,不少函数的极限都恰好等于该点的函数值.其实这并不是巧合,原因在于该函数在所论点是连续的.本节主要就讨论这类问题.

定义 3.1.1　(i) 若 $\lim\limits_{x\to x_0^-}f(x)=f(x_0)$,则称 $f(x)$在点 x_0 是左连续的;

(ii) 若 $\lim\limits_{x\to x_0^+}f(x)=f(x_0)$,则称 $f(x)$在点 x_0 是右连续的;

(iii) 若 $\lim\limits_{x\to x_0}f(x)=f(x_0)$,则称 $f(x)$在点 x_0 是连续的.

显然,函数 $f(x)$在点 x_0 连续的充分必要条件是 $f(x)$在点 x_0 既是左连续又是右连续.对于上述三种连续性,还可用 $\varepsilon-\delta$ 语言给出等价定义如下.

定义 3.1.2　(i) 设 $f(x)$在一个以点 x_0 为右端点的闭区间上有定义.如果对于任何 $\varepsilon>0$,都存在 $\delta>0$,使当 $0\leqslant x_0-x<\delta$ 时,就有

$$|f(x)-f(x_0)|<\varepsilon;$$

则称 $f(x)$在点 x_0 左连续;

(ii) 设 $f(x)$在一个以点 x_0 为左端点的闭区间上有定义.如果对于任何 $\varepsilon>0$,都存在 $\delta>0$,使当 $0\leqslant x-x_0<\delta$ 时,就有

$$|f(x)-f(x_0)|<\varepsilon,$$

则称 $f(x)$在点 x_0 右连续;

(iii) 设 $f(x)$在点 x_0 的一个邻域中有定义.如果对于任何 $\varepsilon>0$,都存在 $\delta>0$,使当$|x-x_0|<\delta$ 时,就有

$$|f(x)-f(x_0)|<\varepsilon,$$

则称 $f(x)$在点 x_0 连续且称点 x_0 是 $f(x)$的连续点.

由定义可见,函数 $f(x)$在点 x_0 连续意味着下列三点:(i)$f(x)$在点 x_0 有定义;(ii)$f(x)$在点 x_0 有极限;(iii)极限值等于 $f(x_0)$.如果至少有三条之一不成立,则称 $f(x)$在点 x_0 不连续,也称点 x_0 为 $f(x)$的不连续点或间断点.

定义 3.1.3 使 $f(x)$不连续的点称为 $f(x)$的不连续点或间断点,它分为以下三种情形:

(i) 若极限$\lim\limits_{x\to x_0}f(x)$存在,但它不等于 $f(x_0)$或 $f(x)$在点 x_0 没有定义,则称点 x_0 为 $f(x)$的可去间断点;

(ii) 若 $\lim\limits_{x\to x_0^-}f(x)$与 $\lim\limits_{x\to x_0^+}f(x)$都存在但不相等,则称点 x_0 为 $f(x)$的第一类间断点;

(iii) 若 $f(x)$在点 x_0 的左右极限至少有一个不存在,则称点 x_0 为 $f(x)$的第二类间断点.

例 3.1.1 求证 $\sin x$ 和 $\cos x$ 在所有点都连续.

证 对于任意的 $x_0\in\mathbf{R}$,我们有:

$$|\sin x-\sin x_0|=\left|2\sin\frac{x-x_0}{2}\cos\frac{x+x_0}{2}\right|\leqslant 2\left|\sin\frac{x-x_0}{2}\right|\leqslant|x-x_0|,$$

$$|\cos x-\cos x_0|=\left|2\sin\frac{x-x_0}{2}\sin\frac{x+x_0}{2}\right|\leqslant 2\left|\sin\frac{x-x_0}{2}\right|\leqslant|x-x_0|.$$

对于任给的 $\varepsilon>0$,取 $\delta=\varepsilon$,于是当$|x-x_0|<\delta$ 时,就有:

$$|\sin x-\sin x_0|\leqslant|x-x_0|<\delta=\varepsilon,$$

$$|\cos x-\cos x_0|\leqslant|x-x_0|<\delta=\varepsilon.$$

按定义知 $\sin x$ 和 $\cos x$ 都在点 x_0 连续.再由点 x_0 的任意性知 $\sin x$ 和 $\cos x$ 在所有点都连续

例 3.1.2 设 $a>0,a\neq 1$.求证指数函数 a^x 在所有点都连续.

证 当 $a>1$ 时,由例 2.5.3 有$\lim\limits_{x\to 0}a^x=1$. 当 $a<1$ 时,有$\lim\limits_{x\to 0}\left(\dfrac{1}{a}\right)^x=1$,从而也有$\lim\limits_{x\to 0}a^x=1$. 由此可得,对任何 $x_0\in\mathbf{R}$,均有

$$\lim_{x\to x_0}a^x=\lim_{x\to x_0}(a^x\cdot a^{-x_0}\cdot a^{x_0})=a^{x_0}\lim_{x\to x_0}a^{x-x_0}=a^{x_0}.$$

按定义知函数 a^x 在点 x_0 连续.

例 3.1.3　试指出狄利克雷函数 $D(x)$与黎曼函数 $R(x)$的连续点和间断点.

解　(i)在例 2.7.4 中证明了 $D(x)$在任何点 x_0 的极限都不存在,所以 $D(x)$在每点都不连续.类似地还可证明,$D(x)$在点 x_0 的左右极限都不存在,所以点 x_0 是第二类间断点,即所有点都是 $D(x)$的第二类间断点;

(ii) 按定义可以证明,对于任意 $x_0\in\mathbf{R}$,都有 $\lim\limits_{x\to x_0}R(x)=0$. 所以,所有无理点都是连续点,所有有理点都是间断点,而且都是可去间断点.

例 3.1.4　试指出整数部分函数$[x]$的连续点和间断点.

解　按定义,当 $n\leqslant x<n+1$ 时,$[x]=n$,即$[x]$在区间$[n,n+1)$上恒等于常数 n. 可见,当 x_0 不是整数点时,$[x]$在点 x_0 连续;当 $x_0=n\in\mathbf{Z}$ 时,$[x]$的左右极限都存在,

$$\lim_{x\to n^-}[x]=n-1,\ \lim_{x\to n^+}[x]=n=[n],$$

二者不等,所以当 x_0 为整数点时,$[x]$在点 x_0 不连续且为右连续但不是左连续,即整数点都是$[x]$的第一类间断点.

例 3.1.5　试指出函数 $f(x)=xD(x)$的连续点.

解　按 $D(x)$的定义有

$$f(x)=\begin{cases}x, & \text{当 } x \text{ 为有理数},\\ 0, & \text{当 } x \text{ 为无理数}.\end{cases}$$

对于任何 $x_0\in\mathbf{R}$,当取有理数的数列$\{x_n\}$:$x_n\to x_0(n\to\infty)$且 $x_n\neq x_0(n=1,2,\cdots)$时,有 $\lim\limits_{n\to\infty}f(x_n)=x_0$;当取无理数的数列$\{x'_n\}$:$x'_n\to x_0(n\to\infty)$且 $x'_n\neq x_0$ 时,又有 $\lim\limits_{n\to\infty}f(x'_n)=0$. 显然,当 $x_0\neq 0$ 时,$f(x)$在点 x_0 的极限不存在且左右极限也都不存在,所以点 $x_0\neq 0$ 是 $f(x)$的第二类间断点.

对于任何 x,我们有

$$-|x|\leqslant f(x)\leqslant|x|.$$

于是由两边夹定理有$\lim\limits_{x\to 0}f(x)=0=f(0)$. 可见,点 $x=0$ 是函数 $f(x)$的惟一连续点.

§3.2　连续函数及其性质

定义 3.2.1　如果函数 $f(x)$在区间 I 内部的所有点都连续且当 I 有左端点 a 时,$f(x)$在点 a 右连续;当 I 有右端点 b 时,$f(x)$在点 b 左连续,则称

函数 $f(x)$在区间 I 上连续.

例如,上节的例 3.1.1 和例 3.1.2 说明,函数 $\sin x,\cos x,a^x$ 都是$(-\infty,+\infty)$上的连续函数.函数 $y=\dfrac{1}{x}$是$(-\infty,0)$和$(0,+\infty)$上的连续函数,但不是$(-\infty,+\infty)$上的连续函数.

定理 3.2.1 设函数 $f(x)$和 $g(x)$都在点 x_0 连续,则函数 $f(x)\pm g(x)$,$f(x)g(x)$都在点 x_0 连续.如果还有 $g(x_0)\neq 0$,则$\dfrac{f(x)}{g(x)}$也在点 x_0 连续.

显然,这是函数极限的四则运算的直接推论.

例 3.2.1 试讨论函数 $\tan x$ 和 $\cot x$ 的连续性.

解 因为 $\sin x$ 和 $\cos x$ 都是$(-\infty,+\infty)$上的连续函数,所以 $\tan x$ 在 $\cos x\neq 0$ 的所有点都连续,$\cot x$ 在 $\sin x\neq 0$ 的所有点都连续.

因为当 $x_n=n\pi+\dfrac{\pi}{2}(n=0,\pm 1,\pm 2,\cdots)$时 $\cos x_n=0$,这时 $\tan x$ 无定义,所以 x_n 是 $\tan x$ 的间断点.综上可知,$\tan x$ 在它有定义的所有点处连续.同理,$\cot x$ 也在它有定义的所有点处都连续.

用反证法不难证明,一个连续函数与一个不连续函数的和与差函数是不连续函数.然而,一个连续函数与一个不连续函数的积和商函数就不一定了.同样地,两个不连续函数的和、差、积、商也都不一定.请读者自行举例验之.

定理 3.2.2 设 $f(x)$是开区间(a,b)中的严格递增的连续函数,值域为(α,β),则 $f(x)$的反函数 $f^{-1}(y)$是(α,β)中的严格递增的连续函数.

证 显然,只需证明 $f^{-1}(y)$的连续性.任取 $y_0\in(\alpha,\beta)$并设 $y_0=f(x_0)$.

对于任给的 $\varepsilon>0$,取 $\varepsilon_1<\varepsilon$,使得 $x_0-\varepsilon_1$ 和 $x_0+\varepsilon_1$ 都在定义域(a,b)之中,故不妨设 ε 本身就具有此性质.由 $f(x)$的严格递增性有

$$y_0=f(x_0)\in(f(x_0-\varepsilon),f(x_0+\varepsilon))\subset(\alpha,\beta). \tag{3.2.1}$$

取 $\delta=\min\{f(x_0)-f(x_0-\varepsilon),f(x_0+\varepsilon)-f(x_0)\}$.于是有

$$(f(x_0)-\delta,f(x_0)+\delta)\subset(f(x_0-\varepsilon),f(x_0+\varepsilon)). \tag{3.2.2}$$

因而当$|y-y_0|<\delta$时,由(3.2.1)式和(3.2.2)式就有

$$y\in(f(x_0-\varepsilon),f(x_0+\varepsilon))\subset(\alpha,\beta),$$
$$f(x_0-\varepsilon)<y<f(x_0+\varepsilon).$$

由反函数 $f^{-1}(y)$的严格递增性有

$$x_0-\varepsilon<f^{-1}(y)<x_0+\varepsilon.$$

由于 $x_0=f^{-1}(y_0)$,上式又可化为

$$f^{-1}(y_0)-\varepsilon<f^{-1}(y)<f^{-1}(y_0)+\varepsilon,$$
$$|f^{-1}(y)-f^{-1}(y_0)|<\varepsilon.$$

按定义知函数 $f^{-1}(y)$在点 y_0 连续,再由点 y_0 的任意性即知 $f^{-1}(y)$为(α,β)中的连续函数.

由定理 3.2.2 的证明过程可知,定理中函数 $f(x)$的定义域(a,b)可以换成任意的区间 I,定理的结论仍然成立. 当然,这时 $f(x)$的值域(α,β)也要作相应的变化. 此外,当将条件“严格递增”换成“严格递减”时,定理也仍然成立.

因为 $\sin x$ 的值域是$[-1,1]$,它在$\left[-\frac{\pi}{2},\frac{\pi}{2}\right]$上是严格递增的连续函数,由定理 3.2.2 知 $\arcsin x$ 是区间$[-1,1]$上的严格递增的连续函数. 同理,反三角函数都是各自定义域上的连续函数. 对数函数则是$(0,+\infty)$上的连续函数.

定理 3.2.3(复合函数的连续性)　设函数 $f(y)$在点 y_0 连续,函数 $g(x)$在点 x_0 连续且 $y_0=g(x_0)$,则复合函数 $f(g(x))$在点 x_0 连续.

证　对于任给的 $\varepsilon>0$,因为函数 $f(y)$在点 y_0 连续,故有 $\eta>0$,使当$|y-y_0|<\eta$ 时,就有

$$|f(y)-f(y_0)|<\varepsilon. \tag{3.2.3}$$

对于上述的 $\eta>0$,又因 $g(x)$在点 x_0 连续,故又有 $\delta>0$,使当$|x-x_0|<\delta$ 时,就有

$$|g(x)-g(x_0)|<\eta. \tag{3.2.4}$$

又因 $y_0=g(x_0)$,故由(3.2.3)式和(3.2.4)式得知,当$|x-x_0|<\delta$ 时,就有

$$|f(g(x))-f(g(x_0))|<\varepsilon.$$

按定义知复合函数 $f(g(x))$在点 x_0 连续.

例 3.2.2　设 $\alpha\in\mathbf{R}-\{0\}$,求证幂函数 x^α 在$(0,+\infty)$中连续.

证　改写

$$x^\alpha=\mathrm{e}^{\alpha\ln x},$$

令 $f(y)=\mathrm{e}^y$, $g(x)=\alpha\ln x$,则 $f(y)$是$(-\infty,+\infty)$上的连续函数而 $g(x)$是$(0,+\infty)$中的连续函数. 从而由定理 3.2.3 知 x^α 是$(0,+\infty)$中的连续函数.

至此,我们证明了所有基本初等函数在它们各自的定义域上都是连续的. 再利用本节的三个定理即得下面的定理.

定理 3.2.4　所有初等函数在它们各自的定义域上都是连续的.

例 3.2.3　求证函数

$$f(x)=\begin{cases}x\sin\dfrac{1}{x}, & \text{当 } x\neq 0,\\ 0, & \text{当 } x=0\end{cases}$$

是$(-\infty,+\infty)$上的连续函数.

证 由定理 3.2.4 知,初等函数 $x\sin\dfrac{1}{x}$在$(-\infty,0)\cup(0,+\infty)$上连续,故只需再证 $f(x)$在点 $x=0$ 连续.

因为当 $x\neq 0$ 时,有

$$0\leqslant\left|x\sin\frac{1}{x}\right|\leqslant|x|,$$

故由两边夹定理可得

$$\lim_{x\to 0}x\sin\frac{1}{x}=0=f(0).$$

按定义知 $f(x)$于 $x=0$ 连续.

函数极限的某些重要性质,也可推广到连续函数上来.

定理 3.2.5 设函数 $f(x)$在(a,b)中有定义且在点 $x_0\in(a,b)$连续,则 $f(x)$在点 x_0 的某一邻域上有界.

这个结果是定理 2.6.4 的直接推论.

定理 3.2.6 函数 $f(x)$在点 x_0 连续的充分必要条件是对于任何收敛于 x_0 的数列$\{x_n\}$,都有$\lim\limits_{n\to\infty}f(x_n)=f(x_0)$.

这个结果是定理 2.7.4 的直接推论.

§3.3 闭区间上连续函数的性质

本章前两节讲的是函数的连续性,所涉及的性质也都是连续与间断的性质.本节要讲的则是在函数于闭区间上连续的条件下所导出的函数的其他一些重要性质.这里所说的闭区间指的都是有限闭区间.

定理 3.3.1 闭区间上的连续函数必有界.

证 设函数 $f(x)$在$[a,b]$上连续.令

$$\xi=\sup\{t\mid f(x)\text{ 在}[a,t]\text{ 上有界}\},$$

则 $\xi\in(a,b]$.由于 $f(x)$在点 ξ 连续,由上节定理 3.2.5 知 $f(x)$在 ξ 的某邻域$(\xi-\delta,\xi+\delta)$与$[a,b]$之交上有界.由 ξ 定义知必有 $t_0\in(\xi-\delta,\xi]$,使得 $f(x)$在$[a,t_0]$上有界.从而 $f(x)$于$[a,\xi+\delta)\cap[a,b]$上有界.

若 $\xi<b$,不妨设 $\xi+\delta\leqslant b$,于是 $f(x)$在$[a,\xi+\delta)$上有界,此与 ξ 定义矛盾.故必有 $\xi=b$.从而$[a,\xi+\delta)\cap[a,b]=[a,b]$,即 $f(x)$在$[a,b]$上有界.

定理 3.3.2 闭区间上的连续函数必能取得最大值和最小值.

证法 1 设 $f(x)$在$[a,b]$上连续.由定理 3.3.1 知 $f(x)$在$[a,b]$上有

界，于是

$$M=\sup_{a\leqslant x\leqslant b} f(x)<+\infty.$$

若 $f(x)$ 不能取得最大值，则对任何 $x\in[a,b]$，均有 $f(x)<M$. 令

$$g(x)=\frac{1}{M-f(x)},$$

则 $g(x)$ 是 $[a,b]$ 上的连续函数. 由定理 3.3.1 知 $g(x)$ 于 $[a,b]$ 上有界. 设 $K>0$ 为 $g(x)$ 在 $[a,b]$ 上的一个上界，即有：

$$K\geqslant g(x)=\frac{1}{M-f(x)},\ a\leqslant x\leqslant b,$$

$$f(x)\leqslant M-\frac{1}{K},\ a\leqslant x\leqslant b.$$

这表明 $M-\frac{1}{K}$ 为 $f(x)$ 的一个上界，此与 M 为上确界矛盾. 从而证明了 $f(x)$ 必能取得最大值 M. 同理可证 $f(x)$ 必能取得最小值.

证法 2　设

$$M=\sup_{a\leqslant x\leqslant b} f(x)<+\infty,$$

且不妨设 $f(a)<M$. 令

$$\xi=\sup\left\{t\,\middle|\,\sup_{a\leqslant x\leqslant t} f(x)<M\right\},$$

则 $\xi\in(a,b]$ 且有 $f(\xi)=M$.

若不然，则 $f(\xi)=A<M$. 因为 $f(x)$ 在点 ξ 连续，故存在 $\delta>0$，使当 $|x-\xi|<\delta$ 且 $x\in[a,b]$ 时，就有

$$f(x)<\frac{1}{2}(A+M). \tag{3.3.1}$$

由 ξ 定义知可取得 $t_0\in(\xi-\delta,\xi]$，使得

$$\sup_{a\leqslant x\leqslant t_0} f(x)=K<M. \tag{3.3.2}$$

若 $\xi\in(a,b)$，不妨设 $\xi+\delta\in[a,b]$. 于是由(3.3.1)式和(3.3.2)式即得

$$\sup_{a\leqslant x\leqslant \xi+\delta} f(x)\leqslant \max\left\{K,\frac{1}{2}(A+M)\right\}<M,$$

此与 ξ 的定义矛盾.

若 $\xi=b$，则类似地有

$$\sup_{a\leqslant x\leqslant b} f(x)\leqslant \max\left\{K,\frac{1}{2}(A+M)\right\}<M,$$

此与 M 定义矛盾. 故得 $f(\xi)=M$.

定理 3.3.3(介值定理) 设函数 $f(x)$在$[a,b]$上连续且 $f(a)\neq f(b)$，则对介于 $f(a)$与 $f(b)$之间的任何实数 C，必存在 $\xi\in(a,b)$，使得 $f(\xi)=C$.

证 不妨设 $f(a)<C<f(b)$. 令

$$\xi = \sup\{t \mid f(x) < C, a \leqslant x \leqslant t\},$$

于是有 $\xi\in(a,b)$且 $f(\xi)\leqslant C$.

若 $f(\xi)<C$，则 $\varepsilon_0=\frac{1}{2}(C-f(\xi))>0$. 因为 $f(x)$在点 ξ 连续，故有 $\delta>0$，使当$|x-\xi|\leqslant\delta$ 时，就有

$$|f(x)-f(\xi)|<\varepsilon_0,$$

$$f(x) < f(\xi) + \varepsilon_0 = \frac{1}{2}(C + f(\xi)) < C. \tag{3.3.3}$$

又由 ξ 定义知有 $t_0\in(\xi-\delta,\xi]$，使得

$$f(x) < C, a \leqslant x \leqslant t_0. \tag{3.3.4}$$

将(3.3.3)式与(3.3.4)式结合起来即得

$$f(x) < C, a \leqslant x \leqslant \xi + \delta.$$

此与 ξ 定义矛盾. 这就证明了必有 $f(\xi)=C$.

推论 1 设 $f(x)$在$[a,b]$上连续且有 $f(a)f(b)<0$，则在(a,b)中必有方程 $f(x)=0$ 的根.

推论 2 设 $f(x)$在$[a,b]$上连续，M 和 m 分别是$f(x)$在$[a,b]$上的最大值和最小值，则 $f(x)$的值域是$[m,M]$.

有了定理 3.3.3，上节定理 3.2.2 中的条件"值域为(α,β)"可以去掉. 定理可以改述如下：

设 $f(x)$是闭区间$[a,b]$上的严格递增的连续函数且 $f(a)=\alpha$，$f(b)=\beta$，则 $f(x)$的反函数 $f^{-1}(y)$是$[\alpha,\beta]$上的严格递增的连续函数.

除了上述三个定理之外，闭区间上的连续函数还有一个极其重要的性质，就是一致连续性. 为此，我们先来给出函数的一致连续性的定义.

回忆函数 $f(x)$在点 x_0 连续的定义"对于任何 $\varepsilon>0$，都存在 $\delta>0$，使当$|x-x_0|<\delta$时，就有$|f(x)-f(x_0)|<\varepsilon$"，可以看出，是在指定了点 x_0 并给定了 $\varepsilon>0$ 之后，才确定 $\delta>0$ 的存在. 一般说来，$\delta=\delta(x_0,\varepsilon)$，即 δ 的值随着 x_0 和 ε 的不同而变化. 众所周知，不能要求 δ 与 ε 无关，但能否要求 δ 与 x_0 无关呢？答案是肯定的，这就是现在要介绍的一致连续性.

定义 3.3.1 设函数 $f(x)$在区间 I 上有定义，如果对于任何 $\varepsilon>0$，都存在 $\delta>0$，使当 $x,x'\in I$ 且$|x-x'|<\delta$ 时，就有

$$|f(x)-f(x')|<\varepsilon,$$

则称函数 $f(x)$在区间 I 上一致连续.

由定义直接可知,在区间 I 上一致连续的函数在区间 I 的每点都连续,但反之不然.

例 3.3.1　求证 $f(x)=\sin x$ 在$(-\infty,+\infty)$上一致连续.

证　对于任何 $\varepsilon>0$,取 $\delta=\min\{1,\varepsilon\}$,则对满足条件$|x-x'|<\delta$ 的任何 x 和 x',都有

$$\begin{aligned}|\sin x-\sin x'| &= 2\left|\sin\frac{x-x'}{2}\cos\frac{x+x'}{2}\right| \\ &\leqslant 2\left|\sin\frac{x-x'}{2}\right|\leqslant|x-x'|<\delta=\varepsilon.\end{aligned}$$

按定义知 $\sin x$ 在$(-\infty,+\infty)$上一致连续.

定义 3.3.2　设函数 $f(x)$在区间 I 上有定义,如果存在 $\varepsilon_0>0$,使对任何 $\delta>0$,都存在 $x_\delta,x'_\delta\in I$,$|x_\delta-x'_\delta|<\delta$,使得

$$|f(x_\delta)-f(x'_\delta)|\geqslant\varepsilon_0,$$

则称函数 $f(x)$在区间 I 上不一致连续.

例 3.3.2　求证函数$\frac{1}{x}$在$(0,1]$上不一致连续.

证　显然,$\frac{1}{x}$是$(0,1]$上的连续函数,对于 $\varepsilon_0=1$ 和任何 $\delta>0$,取 $n_0=\left[\frac{1}{\delta}\right]+2>\frac{1}{\delta}$, $x_1=\frac{1}{n_0}$,$x_2=\frac{1}{2n_0}$,于是有 $x_1,x_2\in(0,1)$且

$$|x_1-x_2|=\left|\frac{1}{n_0}-\frac{1}{2n_0}\right|<\frac{1}{n_0}<\delta,$$

但是

$$\left|\frac{1}{x_1}-\frac{1}{x_2}\right|=|n_0-2n_0|=n_0>1.$$

这就证明了$\frac{1}{x}$在$(0,1]$上不一致连续.

注意,定义在$(0,1]$上的函数 $f(x)=\frac{1}{x}$是本节的一个重要反例.只因它的定义域不是闭区间,它就既不是有界的,又不是一致连续的,由于它没有上确界,当然也谈不上取得最大值.

定理 3.3.4　闭区间上的连续函数必一致连续.

证　设 $f(x)$在$[a,b]$上连续,对于任给的 $\varepsilon>0$,如果存在 $\delta>0$,使当 $x_1,x_2\in[a,t]$且$|x_1-x_2|\leqslant\delta$ 时,就有

$$|f(x_1)-f(x_2)|<\varepsilon,$$

则称 $f(x)$ 在区间 $[a,t]$ 上具有性质 P_ε，记为 $f\in P_\varepsilon[a,t]$. 令

$$\xi=\sup\{t \mid f\in P_\varepsilon[a,t]\},$$

则 $\xi\in(a,b]$.

因为 $f(x)$ 在点 ξ 连续，故对此 $\varepsilon>0$，存在 δ_1，使当 $|x-\xi|\leqslant\delta_1$ 且 $x\in[a,b]$ 时，就有

$$|f(x)-f(\xi)|<\frac{\varepsilon}{2}.$$

因而当 $x_1,x_2\in[\xi-\delta_1,\xi+\delta_1]\cap[a,b]$ 时

$$|f(x_1)-f(x_2)|\leqslant|f(x_1)-f(\xi)|+|f(\xi)-f(x_2)|<\varepsilon. \tag{3.3.5}$$

由 ξ 定义知，存在 $t_0\in\left(\xi-\frac{\delta_1}{2},\ \xi\right]$，使 $f\in P_\varepsilon[a,t_0]$. 故又存在 $\delta_2>0$，使当 $x_1,x_2\in[a,t_0]$ 且 $|x_1-x_2|<\delta_2$ 时，就有

$$|f(x_1)-f(x_2)|<\varepsilon. \tag{3.3.6}$$

令 $\delta=\min\left\{\frac{\delta_1}{2},\delta_2\right\}$，于是当 $x_1,x_2\in[a,\xi+\delta_1]\cap[a,b]$ 且 $|x_1-x_2|<\delta$ 时，或者 $x_1,x_2\in[\xi-\delta_1,\ \xi+\delta_1]\cap[a,b]$ 或者 $x_1,x_2\in[a,t_0]$ 或者二者兼有之. 从而由(3.3.5)式和(3.3.6)式得到

$$|f(x_1)-f(x_2)|<\varepsilon, \tag{3.3.7}$$

即 $f\in P_\varepsilon[a,\xi']$，其中 $\xi'=\min\{b,\xi+\delta_1\}$.

若 $\xi<b$，则不妨设 $\xi+\delta_1\leqslant b$. 从而 $\xi'=\xi+\delta_1>\xi$. 这时 $f\in P_\varepsilon[a,\xi']$ 与 ξ 定义矛盾. 故必有 $\xi=b$. 这时有 $f\in P_\varepsilon[a,b]$，即存在 $\delta>0$，使当 $x_1,x_2\in[a,b]$ 且 $|x_1-x_2|<\delta$ 时，(3.3.7)式成立. 再由 $\varepsilon>0$ 的任意性即知 $f(x)$ 在 $[a,b]$ 上一致连续.

§3.4* 实数系的基本定理

上节中我们应用“确界存在原理”证明了闭区间上连续函数的四个重要性质. 鉴于许多书中都是应用实数系的其他几个基本定理证明的，我们仍然附带地介绍这几个定理和应用，并指出它们的等价性.

定理 3.4.1(区间套定理)　设 $\{[a_n,b_n]\}$ 是一个闭区间的序列，满足如下条件：

(i) $[a_{n+1}, b_{n+1}] \subset [a_n, b_n]$, $n=1,2,\cdots$;

(ii) $\lim\limits_{n\to\infty}(b_n - a_n)=0$.

则存在惟一的实数 ξ,使得 $\xi \in [a_n, b_n]$, $n=1,2,\cdots$,且有

$$\lim_{n\to\infty} a_n = \lim_{n\to\infty} b_n = \xi.$$

证 由条件(i)知,$\{a_n\}$递增且有上界,$\{b_n\}$递减且有下界,从而二者都有极限.设$\lim\limits_{n\to\infty} a_n = \xi$.因为$\lim\limits_{n\to\infty}(b_n - a_n)=0$,所以$\lim\limits_{n\to\infty} b_n = \xi$.再由数列$\{a_n\}$与$\{b_n\}$的递增和递减性知对任何 $n\in\mathbf{N}$,均有 $a_n \leqslant \xi \leqslant b_n$,即 $\xi\in[a_n, b_n]$.

若还有 ξ',使得 $\xi'\in[a_n, b_n]$, $n=1,2,\cdots$,则由

$$a_n \leqslant \xi' \leqslant b_n$$

取极限即得 $\xi'=\xi$,这就证明了满足要求的 ξ 的惟一性.

注意,当把定理条件中的有限闭区间的序列$\{[a_n, b_n]\}$换成开区间的序列$\{(a_n, b_n)\}$或无限闭区间的序列$\{[a_n, +\infty)\}$时,点 ξ 的存在性不一定成立.例如$\left\{\left(0,\dfrac{1}{n}\right)\right\}$和$\{[n, +\infty)\}$都会导致满足要求的点 ξ 不再存在.

下面来介绍有限覆盖定理.为此,先给出下面两个有关概念.

定义 3.4.1 设 $S\subset\mathbf{R}$, $\Lambda\subset\mathbf{R}$,对于每个 $\lambda\in\Lambda$,都对应一个开区间 I_λ,于是得到一个以开区间为元素的集合 $E=\{I_\lambda \mid \lambda\in\Lambda\}$,如果对任何 $a\in S$,都存在 $I_\lambda\in E$,使得 $a\in I_\lambda$,则称开区间族 E 是集合 S 的一个开覆盖.

定义 3.4.2 设 E 是 S 的一个开覆盖.如果 E 的子集 E_1 仍然是 S 的一个开覆盖,则称 E_1 为 E 中的子覆盖.如果 E_1 的元数$|E_1|<+\infty$,则称 E_1 为 E 中的有限子覆盖.

定理 3.4.2(有限覆盖定理) 有限闭区间的任何开覆盖中都存在着有限子覆盖.

证 设开区间族 $E=\{I_\lambda \mid \lambda\in\Lambda\}$覆盖闭区间$[a_1, b_1]$.若定理的结论不成立,则 E 的任何有限子族都不能覆盖$[a_1, b_1]$.

考察下列两个闭区间:

$$\left[a_1, \frac{a_1+b_1}{2}\right], \left[\frac{a_1+b_1}{2}, b_1\right],$$

其中至少有一个不能被 E 的任何有限子族所覆盖.否则将导致$[a_1, b_1]$也能被 E 的有限子族所覆盖.若为前者,则令 $a_2=a_1$, $b_2=\dfrac{a_1+b_1}{2}$;若为后者,则令 $a_2=\dfrac{a_1+b_1}{2}$, $b_2=b_1$.若两者均不能被 E 的任何有限子族所覆盖,则可任

选其中之一作为$[a_2,b_2]$.

再考察下列两个闭区间:

$$\left[a_2,\ \frac{a_2+b_2}{2}\right],\left[\frac{a_2+b_2}{2},\ b_2\right],$$

其中又至少有一个不能被 E 的任何有限子族所覆盖,与前一样地选这样的一个区间为$[a_3,b_3]$.

继续这个过程,我们得到闭区间的序列$\{[a_n,b_n]\}$,满足下列条件:

(i) $[a_{n+1},b_{n+1}]\subset[a_n,b_n]$, $n=1,2,\cdots$;

(ii) $(b_n-a_n)=\frac{1}{2}(b_{n-1}-a_{n-1})=\frac{1}{2^{n-1}}(b_1-a_1)\to 0(n\to\infty)$;

(iii) 每个$[a_n,b_n]$都不能被 E 的任何有限子族所覆盖.

(i)和(ii)表明$\{[a_n,b_n]\}$是满足区间套定理条件的区间套,故有惟一的 $\xi\in[a_n,b_n]$, $n=1,2,\cdots$,且有

$$\lim_{n\to\infty}a_n=\lim_{n\to\infty}b_n=\xi.$$

因为 E 覆盖$[a_1,b_1]$且 $\xi\in[a_1,b_1]$,故必有开区间$(c_\lambda,d_\lambda)=I_\lambda\in E$,使得 $\xi\in(c_\lambda,d_\lambda)$.令 $\varepsilon=\min\{\xi-c_\lambda,d_\lambda-\xi\}>0$,因为

$$\lim_{n\to\infty}a_n=\lim_{n\to\infty}b_n=\xi,$$

故有 N_1 和 N_2,使得

$$|a_n-\xi|<\varepsilon,\text{当 } n>N_1,$$
$$|b_n-\xi|<\varepsilon,\text{当 } n>N_2.$$

令 $N=\max\{N_1,N_2\}$,于是当 $n>N$ 时,就有

$$c_\lambda\leqslant\xi-\varepsilon<a_n\leqslant\xi\leqslant b_n<\xi+\varepsilon\leqslant d_\lambda,$$
$$[a_n,b_n]\subset(c_\lambda,d_\lambda),$$

这表明 E 的一个开区间就覆盖了$[a_n,b_n]$,此与(iii)矛盾,这就完成了定理的证明.

定理 3.4.3(致密性定理) 任何有界数列必有收敛的子数列.

证 设$\{x_n\}$为有界数列,a 是它的一个下界,b 是它的一个上界,于是下列两种情形之一成立:

(i) 存在 $\alpha\in[a,b]$,使在 α 的任何邻域中都有$\{x_n\}$的无穷多项;

(ii) 对任何 $x\in[a,b]$,都存在 x 的一个邻域$(x-\delta_x,x+\delta_x)$,使其中只含$\{x_n\}$的有限多项.

如果(ii)成立,则开区间族$\{(x-\delta_x,x+\delta_x)\mid x\in[a,b]\}$构成$[a,b]$的一

个开覆盖.于是由定理 3.4.2 知,其中必有有限子覆盖.由于每个开区间中都只含$\{x_n\}$的有限多项,故有限个开区间之并也只含$\{x_n\}$的有限多项.但另一方面又应该包含$\{x_n\}$的所有项,矛盾.这表明(ii)不能成立,即必是(i)成立.

考察 α 的邻域序列$\left\{\left(\alpha-\frac{1}{n},\alpha+\frac{1}{n}\right)\right\}$.由(i)知,每个邻域中都含有$\{x_n\}$的无穷多项.首先在区间$(\alpha-1,\alpha+1)$中取一项,记为 x_{n_1}.然后因$\left(\alpha-\frac{1}{2},\alpha+\frac{1}{2}\right)$中含$\{x_n\}$的无穷多项,故可在其中取得下标大于 n_1 的一项,记为 x_{n_2}.一般地,当 $x_{n_k}\in\left(\alpha-\frac{1}{k},\alpha+\frac{1}{k}\right)$取定之后,由于$\left(\alpha-\frac{1}{k+1},\alpha+\frac{1}{k+1}\right)$中含有$\{x_n\}$的无穷多项,故又可从中取出下标大于 n_k 的一项,记为 $x_{n_{k+1}}$.这样可以得到子列$\{x_{n_k}\}$,满足条件

$$|\alpha-x_{n_k}|<\frac{1}{k},\ k=1,2,\cdots$$

当然有$\lim\limits_{k\to\infty}x_{n_k}=\alpha$,即$\{x_{n_k}\}$为$\{x_n\}$的收敛子数列.

定理 3.4.3 是从数列的角度来得到的结果.这个事实还可以从点集的角度来考察,得到的情形称之为聚点定则.

定义 3.4.3 设点集 $S\subset\mathbf{R}$,$\alpha\in\mathbf{R}$,如果 α 的任何空心邻域中都含有点集 S 中的点,则称 α 为集 S 的聚点.

定理 3.4.3′ 有界无穷点集必有聚点.

证 设 S 为有界无穷点集.从 S 中依次取出互不相同的点 $x_1,x_2,\cdots,x_n,\cdots$排成一列,于是得到有界数列$\{x_n\}$.由定理 3.4.3 知其中必有收敛子列,不妨设数列$\{x_n\}$本身收敛于 α,亦即有$\lim\limits_{n\to\infty}x_n=\alpha$.

往证 α 即为 S 的聚点.因为$\lim\limits_{n\to\infty}x_n=\alpha$,故对任何 $\varepsilon>0$,都存在 N,使当 $n>N$时,就有

$$|x_n-\alpha|<\varepsilon,$$

亦即 $x_n\in(\alpha-\varepsilon,\alpha+\varepsilon)$.因为 x_n 互不相同,故知 α 为 S 的聚点.

这样,我们用定理 3.4.3 证明了定理 3.4.3′.反之,利用定理 3.4.3′也可以证明定理 3.4.3.

设$\{x_n\}$为有界数列.若有某数 α 在数列$\{x_n\}$中无穷次出现,亦即有无穷多项的值都是 α,则这些项就构成$\{x_n\}$的一个收敛子列.定理 3.4.3 当然成立.

否则,任何一个数在$\{x_n\}$中都至多出现有限多次,于是$\{x_n\}$有无穷多个

互不相同的项.从而相应的子集是有界无穷点集.由定理3.4.3′知这个点集必有聚点α.于是像定理3.4.3证明中最后一段那样又可找出收敛于α的子列.这就证明了定理3.4.3.

综上可知定理3.4.3与定理3.4.3′是等价的.

至此,关于实数系我们得到了7个命题:

(i) 戴德金连续性公理;

(ii) 确界存在原理;

(iii) 单调收敛定理;

(iv) 区间套定理;

(v) 有限覆盖定理;

(vi) 致密性定理——聚点定则;

(vii) 柯西收敛原理.

我们指出,这7个命题是互相等价的,换句话说,只要承认上述7个命题中的一个为真,则由它出发就可以证明另外6个命题也都成立.事实上,本书就是承认第一个命题为真——作为公理,然后证明了后面6个命题的.回忆这些命题的证明过程可以发现,以前的证明次序是(i)⇔(ii)⇒(iii)⇒(iv)⇒(v)⇒(vi)和(iii)⇒(vii).

可见,为证7个命题的等价性,只需再证(vi)⇒(vii)⇒(ii).

(vi)⇒(vii).设$\{x_n\}$为柯西数列,定理2.3.6的证明中已经证明柯西数列$\{x_n\}$是有界的.由致密性定理知$\{x_n\}$有收敛子列$\{x_{n_k}\}$,设它的极限为a.于是对任何$\varepsilon>0$,都有自然数K,使当$k>K$时,就有

$$|x_{n_k}-a|<\frac{\varepsilon}{2}. \tag{3.4.1}$$

又因$\{x_n\}$为柯西数列,故有N,使当$m>N,n>N$时,就有

$$|x_m-x_n|<\frac{\varepsilon}{2}. \tag{3.4.2}$$

因为当$k\to\infty$时,$n_k\to+\infty$,故可取得n_{k_0},使得$k_0>K$且$n_{k_0}>N$.从而当$n>N$时,由(3.4.1)式和(3.4.2)式有

$$|x_n-a|\leqslant|x_n-x_{n_{k_0}}|+|x_{n_{k_0}}-a|<\varepsilon.$$

按定义知$\lim\limits_{n\to\infty}x_n=a$.

(vii)⇒(ii).设S是一个有上界的集合.取实数b_1,使对所有$x\in S$,都有$x<b_1$.取$a_1\in S$并考察区间$[a_1,b_1]$的中点$\frac{a_1+b_1}{2}$.若$\frac{a_1+b_1}{2}$是S的上界,

则令 $a_2=a_1,b_2=\frac{a_1+b_1}{2}$；若$\frac{a_1+b_1}{2}$不是 S 的上界，则令 $a_2=\frac{a_1+b_1}{2},b_2=b_1$. 于是总可得到区间$[a_2,b_2]$，使得 b_2 是 S 的上界. $[a_2,b_2]$中有 S 的点且 $b_2-a_2=\frac{1}{2}(b_1-a_1)$.

再对闭区间$[a_2,b_2]$进行同样的处理，又可得到闭区间$[a_3,b_3]\subset[a_2,b_2]$，使得 b_3 是 S 的上界，$[a_3,b_3]$中有 S 的点且 $b_3-a_3=\frac{1}{2}(b_2-a_2)=\frac{1}{2^2}(b_1-a_1)$.

继续这个过程，可以得到一个闭区间的序列$\{[a_n,b_n]\}$，满足下列条件：

(i) $[a_{n+1},b_{n+1}]\subset[a_n,b_n]$, $n=1,2,\cdots$;

(ii) $b_n-a_n=\frac{1}{2^{n-1}}(b_1-a_1)$, $n=1,2,\cdots$;

(iii) 对每个 $n\in\mathbf{N}$, b_n 是S 的上界且$[a_n,b_n]\cap S\neq\varnothing$.

由(i)和(ii)知，当 $m>n$ 时，有

$$|b_m-b_n|=b_n-b_m<b_n-a_n=\frac{1}{2^{n-1}}(b_1-a_1).$$

可见，数列$\{b_n\}$为柯西列. 由柯西收敛原理知$\{b_n\}$收敛. 设$\lim\limits_{n\to\infty}b_n=M$.

对任何 $x\in S$ 和任何$n\in\mathbf{N}$，均有 $x\leqslant b_n$，所以有 $x\leqslant M$，即 M 为S 的上界.

另一方面，对任何 $\varepsilon>0$，由于$\lim\limits_{n\to\infty}(b_n-a_n)=0$，故有 n_0，使得 $b_{n_0}-a_{n_0}<\varepsilon$. 又因 $b_{n_0}\geqslant M$，故有

$$a_{n_0}>b_{n_0}-\varepsilon\geqslant M-\varepsilon.$$

由(iii)知$[a_{n_0},b_{n_0}]$中有 S 的点，这表明 $M-\varepsilon$ 不是S 的上界. 所以 M 是S 的上确界，这就证明了(ii)成立.

附带指出，有时也把有限覆盖定理称之为海涅-波雷尔(Heine-Borel)定理，把致密性定理称之为波尔查诺-韦尔斯特拉斯(Bolzano-Weierstrass)定理.

既然区间套定理、有限覆盖定理和致密性定理与确界存在原理都是等价的，自然想到用这几个定理去证明上节的 4 个定理即定理 3.3.1，定理 3.3.2，定理 3.3.3，定理 3.3.4.

首先，用区间套定理来证明定理 3.3.2 和定理 3.3.3.

定理 3.3.2 的证明 设

$$M=\sup_{a\leqslant x\leqslant b}f(x)<+\infty.$$

往证必有 $\xi\in[a,b]$,使得 $f(\xi)=M$.

考察两个闭区间

$$\left[a,\frac{a+b}{2}\right],\left[\frac{a+b}{2},b\right].$$

至少在其中一个区间上,$f(x)$的上确界仍然是 M.从两个区间中选取一个具有这样性质的区间记为$[a_1,b_1]$.再对闭区间$[a_1,b_1]$进行同样的处理,于是又可得到闭区间$[a_2,b_2]$,使得

$$\sup_{a_2\leqslant x\leqslant b_2}f(x)=M,[a_2,b_2]\subset[a_1,b_1],$$

$$b_2-a_2=\frac{1}{2}(b_1-a_1)=\frac{1}{2^2}(b-a).$$

继续这个过程.可以得到闭区间的序列$\{[a_n,b_n]\}$,满足下列条件:

(i) $[a_{n+1},b_{n+1}]\subset[a_n,b_n]$, $b_n-a_n=\dfrac{1}{2^n}(b-a)$, $n=1,2,\cdots$

(ii) $\sup\limits_{a_n\leqslant x\leqslant b_n}f(x)=M$, $n=1,2,\cdots$

据(i)由区间套定理知,存在 $\xi\in[a_n,b_n]$, $n=1,2,\cdots$,且

$$\lim_{n\to\infty}a_n=\lim_{n\to\infty}b_n=\xi.$$

再由(ii)又知存在 $x_n\in[a_n,b_n]$,使得 $f(x_n)>M-\dfrac{1}{n}$.从而有 $x_n\to\xi(n\to\infty)$.再由 $f(x)$在点 ξ 的连续性便得

$$M\geqslant f(\xi)=\lim_{n\to\infty}f(x_n)\geqslant\lim_{n\to\infty}\left(M-\frac{1}{n}\right)=M.$$

所以 $f(\xi)=M$.

定理 3.3.3 的证明 不妨设 $f(a)<C<f(b)$并设结论不成立.考察函数 $f(x)$在$[a,b]$中点的值 $f\left(\dfrac{a+b}{2}\right)$.若 $f\left(\dfrac{a+b}{2}\right)>C$,则令 $a_1=a$, $b_1=\dfrac{a+b}{2}$;若 $f\left(\dfrac{a+b}{2}\right)<C$,则令 $a_1=\dfrac{a+b}{2}$, $b_1=b$.于是得到区间$[a_1,b_1]\subset[a,b]$,使得 $b_1-a_1=\dfrac{1}{2}(b-a)$且 $f(a_1)<C<f(b_1)$.

同样地考察 $f(x)$在$[a_1,b_1]$中点的值 $f\left(\dfrac{a_1+b_1}{2}\right)$,又可得到区间$[a_2,b_2]\subset[a_1,b_1]$,使得 $b_2-a_2=\dfrac{1}{2}(b_1-a_1)$且 $f(a_2)<C<f(b_2)$.

继续这个过程,可以得到闭区间的序列$\{[a_n,b_n]\}$,满足下列条件:

(i) $[a_{n+1},b_{n+1}]\subset[a_n,b_n]\subset[a,b]$, $n=1,2,\cdots$;

(ii) $b_n - a_n = \frac{1}{2^n}(b-a)$, $n=1,2,\cdots$;

(iii) 对每个 $n\in\mathbf{N}$,均有 $f(a_n)<C<f(b_n)$.

据(i)和(ii)由区间套定理知有 $\xi\in[a,b]$,使得 $\xi\in[a_n,b_n](n=1,2,\cdots)$ 且

$$\lim_{n\to\infty} a_n = \lim_{n\to\infty} b_n = \xi.$$

因为 $f(x)$在点 ξ 连续,故由定理 3.2.6 有

$$C \geqslant \lim_{n\to\infty} f(a_n) = f(\xi) = \lim_{n\to\infty} f(b_n) \geqslant C.$$

所以 $f(\xi)=C$,矛盾.

其次,用致密性定理来证明定理 3.3.1 和定理 3.3.4.

定理 3.3.1 的证明 若不然,设函数 $f(x)$在闭区间$[a,b]$上连续但无界. 于是对每个 $n\in\mathbf{N}$,都有 $x_n\in[a,b]$,使得

$$|f(x_n)| > n. \tag{3.4.3}$$

这样,我们得到一个有界数列$\{x_n\}$,从而由致密性定理知$\{x_n\}$有收敛子列$\{x_{n_k}\}$. 记

$$\lim_{k\to\infty} x_{n_k} = \xi \in [a,b].$$

因为 $f(x)$在$[a,b]$上连续,当然在点 ξ 连续,所以有

$$\lim_{k\to\infty} f(x_{n_k}) = f(\xi). \tag{3.4.4}$$

由(3.4.4)式知$\{f(x_{n_k})\}$有界. 但由(3.4.3)式又知$\{f(x_{n_k})\}$无界,矛盾. 所以 $f(x)$必于$[a,b]$上有界.

定理 3.3.4 的证明 设 $f(x)$在$[a,b]$上连续. 若 $f(x)$在$[a,b]$上不一致连续,则存在 $\varepsilon_0>0$,使对任何 $n\in\mathbf{N}$,都有 $x_n, x'_n\in[a,b]$,使得$|x_n - x'_n| < \frac{1}{n}$,但是有

$$|f(x_n) - f(x'_n)| \geqslant \varepsilon_0. \tag{3.4.5}$$

这样,我们得到了两个有界数列$\{x_n\}$和$\{x'_n\}$. 由致密性定理知$\{x_n\}$中有收敛子列$\{x_{n_k}\}$收敛于 $\xi\in[a,b]$. 又因$\lim\limits_{k\to\infty}(x_{n_k} - x'_{n_k})=0$,故子列$\{x'_{n_k}\}$也收敛于 ξ. 由定理 3.2.6 知

$$\lim_{k\to\infty} f(x_{n_k}) = f(\xi) = \lim_{k\to\infty} f(x'_{n_k}),$$

$$\lim_{k\to\infty}(f(x_{n_k}) - f(x'_{n_k})) = 0,$$

此与(3.4.5)式矛盾. 从而证明了 $f(x)$在$[a,b]$上一致连续.

最后,用有限覆盖定理来证明定理 3.3.2 和定理 3.3.4.

定理 3.3.2 的证明　设 $M=\sup_{a\leqslant x\leqslant b}f(x)<+\infty$. 若定理的结论不成立,则对任何 $x\in[a,b]$,均有 $f(x)<M$. 令 $\varepsilon_x=\frac{1}{2}(M-f(x))>0$,因 $f(y)$ 在点 x 连续,故有 $\delta_x>0$,使当 $|y-x|<\delta_x$ 且 $y\in[a,b]$ 时就有

$$|f(y)-f(x)|<\varepsilon_x,$$

$$f(y)<f(x)+\varepsilon_x=\frac{1}{2}(M+f(x))<M. \tag{3.4.6}$$

记 $I_x=(x-\delta_x,x+\delta_x)$,则 $\{I_x\mid a\leqslant x\leqslant b\}$ 为闭区间 $[a,b]$ 的一个开覆盖. 由有限覆盖定理知存在有限子覆盖

$$I_{x_1},I_{x_2},\cdots,I_{x_m}.$$

令 $M'=\max\left\{\frac{1}{2}(M+f(x_i))\,\middle|\,i=1,2,\cdots,m\right\}$,于是由(3.4.6)式有

$$f(x)<M'<M,a\leqslant x\leqslant b.$$

此与 M 为 $f(x)$ 的上确界矛盾. 这就证明了必有一点 $\xi\in[a,b]$,使得 $f(\xi)=M$.

定理 3.3.4 的证明　设 $f(x)$ 在 $[a,b]$ 上连续. 对于任何 $\varepsilon>0$,对每个 $x\in[a,b]$,都存在 $\delta_x>0$,使当 $|x'-x|<\delta_x$, $|x''-x|<\delta_x$ 且 $x',x''\in[a,b]$ 时,就有

$$|f(x')-f(x'')|<\varepsilon. \tag{3.4.7}$$

于是得到一个开区间族 $\left\{\left(x-\frac{\delta_x}{2},x+\frac{\delta_x}{2}\right)\,\middle|\,a\leqslant x\leqslant b\right\}$,它是 $[a,b]$ 的开覆盖,从而由有限覆盖定理知其中必有有限子覆盖

$$\left(x_k-\frac{\delta_{x_k}}{2},\ x_k+\frac{\delta_{x_k}}{2}\right),k=1,\cdots,m.$$

令 $\delta=\min\left\{\frac{\delta_{x_k}}{2}\,\middle|\,k=1,\cdots,m\right\}$,于是当 $|x'-x''|<\delta$ 且 $x',x''\in[a,b]$ 时,存在 $k,1\leqslant k\leqslant m$,使得

$$x'\in\left(x_k-\frac{\delta_{x_k}}{2},\ x_k+\frac{\delta_{x_k}}{2}\right).$$

又因

$$|x''-x_k|\leqslant|x''-x'|+|x'-x_k|<\delta+\frac{\delta_{x_k}}{2}\leqslant\delta_{x_k},$$

所以有 $x', x'' \in (x_k - \delta_{x_k}, x_k + \delta_{x_k})$. 因而由(3.4.7)得到

$$|f(x') - f(x'')| < \varepsilon.$$

按定义知 $f(x)$在$[a,b]$上一致连续.

习 题 3

1. 判定下列各函数在给定点 x_0 的连续性:

(i) $f(x)=\begin{cases}\dfrac{\sin x}{|x|}, & x\neq 0,\\ 1, & x=0,\end{cases}$ $x_0=0$;

(ii) $f(x)=\begin{cases}\sin\dfrac{1}{x}, & x\neq 0,\\ 0, & x=0,\end{cases}$ $x_0=0$;

(iii) $f(x)=\begin{cases}\dfrac{1}{1+e^{\frac{1}{x-1}}}, & x\neq 1,\\ 1, & x=1,\end{cases}$ $x_0=1$;

(iv) $f(x)=\begin{cases}e^{-\frac{1}{x^2}}, & x\neq 0,\\ 0, & x=0,\end{cases}$ $x_0=0$.

2. 求下列各函数的间断点并指出间断点的类型:

(i) $f(x)=\dfrac{x^2-1}{x^2-3x+2}$; (ii) $f(x)=x\arctan\dfrac{1}{x}$;

(iii) $f(x)=\operatorname{sgn}\left(\sin\dfrac{\pi}{x}\right)$; (iv) $f(x)=x[x]$;

(v) $f(x)=x\cot x$; (vi) $f(x)=\dfrac{1}{\ln x}$;

(vii) $f(x)=\begin{cases}\sin\pi x, & x \text{ 为有理数},\\ 0, & x \text{ 为无理数};\end{cases}$

(viii) $f(x)=\begin{cases}\cos\dfrac{\pi x}{2}, & |x|\leqslant 1,\\ |x-1|, & |x|>1.\end{cases}$

3. 求作满足下列条件的各函数:

(i) 函数 $f(x)$只在点 $x=a$ 连续而在其余点都不连续;

(ii) 函数 $f(x)$在所有点都不连续但$|f(x)|$在所有点都连续;

(iii) 函数 $f(x)$在 $1, \dfrac{1}{2}, \cdots, \dfrac{1}{n}, \cdots$间断而在其余点都连续;

(iv) 函数 $f(x)$在 $1, \dfrac{1}{2}, \cdots, \dfrac{1}{n}, \cdots$和 0 间断而在其余点都连续;

(v) 函数 $f(x)$在 $1, \dfrac{1}{2}, \cdots, \dfrac{1}{n}, \cdots$有第二类间断点而在其余点都连续.

4. 判定函数 $f(x)+g(x)$与 $f(x)g(x)$在点 x_0 是否必不连续? 说明理由.

(i) 函数 $f(x)$在点 x_0 连续而 $g(x)$在点 x_0 不连续；

(ii) 函数 $f(x)$和 $g(x)$在点 x_0 都不连续；

(iii) 函数 $f(x)$以 x_0 为第一类间断点而函数 $g(x)$以 x_0 为第二类间断点.

5. 设函数 $f(x)$在点 x_0 连续且 $f(x_0)>0$,求证存在 $\delta>0$,使当 $|x-x_0|<\delta$ 时,就有 $f(x)\geqslant c>0$,其中 c 为常数.

6. 设对所有 $x\in[-1,1]$,均有 $|f(x)|\leqslant|x|$,求证 $f(x)$在点 0 连续.

7. 设函数 $f(x)$在点 0 连续且对任何 $x,y\in(-\infty,+\infty)$. 都有 $f(x+y)=f(x)+f(y)$,求证:

(i) $f(x)$是$(-\infty,+\infty)$上的连续函数;

(ii) 存在常数 a,使得 $f(x)=ax$.

8. 设 $w_a(\delta)=\sup\{|f(x')-f(x'')|\,|\,x',x''\in N(a,\delta)\}$,求证函数 $f(x)$在点 a 连续的充分必要条件是 $\lim\limits_{\delta\to 0^+}\omega_a(\delta)=0$.

9. 设单调函数 $f(x)$可以取到 $f(a)$与 $f(b)$之间的所有值. 求证 $f(x)$在$[a,b]$上连续.

10. 设 $f(x)$在$(0,+\infty)$上连续且对任何 $x>0$,都有 $f(x^2)=f(x)$,求证 $f(x)$恒等于常数.

11. 设 $f(x)$在$[a,b]$上连续且对任何 $x\in[a,b]$,都存在 $y\in[a,b]$,使得 $|f(y)|\leqslant\frac{1}{2}|f(x)|$,求证存在点 $\xi\in[a,b]$,使得 $f(\xi)=0$.

12. 试证任何实系数的奇次多项式至少有一个实零点.

13. 设函数 $f(x)$在$[0,1]$上连续,且对任意 $x\in[0,1]$,都有 $f(x)\in[0,1]$,求证存在 $x_0\in[0,1]$,使得 $f(x_0)=x_0$.

14. 设函数 $f(x)$和 $g(x)$都在$[a,b]$上连续且 $f(a)<g(a)$, $f(b)>g(b)$,求证存在 $x_0\in[a,b]$,使得 $f(x_0)=g(x_0)$.

15. 设函数 $f(x)$在$[0,1]$上连续且 $f(0)=f(1)$,求证对每个 $n\in\mathbf{N}$,都存在一个 $x_n\in[0,1]$,使得 $f(x_n)=f\left(x_n+\frac{1}{n}\right)$.

16. 设函数 $f(x)$在$[a,b]$上只有第一类间断点,求证 $f(x)$于$[a,b]$上有界.

17. 是否存在$(-\infty,+\infty)$上的连续函数 $f(x)$,使对任何 $c\in\mathbf{R}$,

(i) 方程 $f(x)=c$ 都恰有两个解?

(ii) 方程 $f(x)=c$ 都恰有 3 个解?

18. 设 $f(x)$在$[a,b]$上连续,$a<x_1<x_2<\cdots<x_n<b$,求证存在点 $\xi\in[x_1,x_n]$,使得

$$f(\xi)=\frac{1}{n}[f(x_1)+f(x_2)+\cdots+f(x_n)].$$

19. 设 $f(x)$在$(-\infty,+\infty)$上连续且$\lim\limits_{x\to\infty}f(f(x))=\infty$,求证$\lim\limits_{x\to\infty}f(x)=\infty$.

20. 设 $f(x)$在$(0,+\infty)$上连续有界而 $c>0$,求证存在数列$\{x_n\}$趋向$+\infty$,使得

$$\lim_{n\to\infty}\{f(x_n+c)-f(x_n)\}=0.$$

21．设 $f(x)$在(a,b)上有定义且没有第二类间断点，对于任意 $x,y\in(a,b)$，都有

$$f\left(\frac{x+y}{2}\right)\leqslant\frac{1}{2}[f(x)+f(y)],$$

求证 $f(x)$在(a,b)上连续.

22．设函数 $f(x)$在$[a,b]$上递增且 $f(a)\geqslant a$，$f(b)\leqslant b$，求证存在点$\xi\in[a,b]$，使得 $f(\xi)=\xi$.

23．判定下列各函数在指定区间上是否一致连续？说明理由：

(i) $f(x)=\sqrt[3]{x}$，$[0,1]$；

(ii) $f(x)=\sin\frac{\pi}{x}$，$(-\infty,+\infty)$；

(iii) $f(x)=x+\sin x$，$(-\infty,+\infty)$；

(iv) $f(x)=\sin x^2$，$(-\infty,+\infty)$.

24．设 $f(x)$在$(a,b]$，$[b,c)$上都一致连续，求证 $f(x)$在(a,c)中一致连续. 若将区间$(a,b]$改为(a,b)，其他条件都不动，结论又如何？说明理由.

25．设 $f(x)$于(a,b)中一致连续，求证 $f(x)$于(a,b)中有界.

26．设函数 $f(x)$在$[a,+\infty)$上连续且

$$\lim_{x\to+\infty}f(x)=A<+\infty,$$

求证 $f(x)$在$[a,+\infty)$上一致连续.

27．设 $a>0$，函数 $f(x)$在$[a,+\infty)$上满足利普希兹条件：对任意 $x,y\in[a,+\infty)$，都有

$$|f(x)-f(y)|\leqslant L|x-y|,$$

其中 L 为常数，求证函数$\dfrac{f(x)}{x}$在$[a,+\infty)$上一致连续.

28．设函数 $f(x)$在$[a,+\infty)$上一致连续且对任意 $x\geqslant a$，都有

$$\lim_{n\to\infty}f(x+n)=0,$$

求证

$$\lim_{x\to+\infty}f(x)=0.$$

若将条件“一致连续”改为“有界连续”，结论又如何？说明理由.

第四章　导　　数

已知物体的运动规律求速度是运动学的基本问题．已知曲线求它的切线和法线，是几何学的基本问题．这两个问题都化为求已知函数的导数问题．研究函数的微分，关键在于找出函数的微分与自变量的微分之比的变化规律，而这一比值或说比例系数恰好就是导数．因此，导数是微分学的核心．

§4.1　导数的概念

设函数 $y=f(x)$在点 x_0 的一个邻域中有定义．所谓导数问题就是如下的极限的存在和求值问题：

$$\lim_{\Delta x\to 0}\frac{f(x_0+\Delta x)-f(x_0)}{\Delta x},\tag{4.1.1}$$

其中 $\Delta x=x-x_0$ 称为自变量 x 的改变量，函数值的差 $f(x_0+\Delta x)-f(x_0)$ 称为函数 $f(x)$在点 x_0 相应于 Δx 的改变量，有时也简记为 Δy．Δx 的值可正可负，但 $\Delta x\neq 0$．这样，(4.1.1)式中的分式表达式的分母和分子分别为自变量的差和函数值的差，故习惯上将这个分式称为差商．所以，导数问题就是差商的极限问题．按第二章定义的极限类型来看，这种极限当然是函数在定点 0 的极限．注意，这里所说的函数极限不是函数 $f(x)$的极限而是把差商作为 Δx 的函数在 $\Delta x\to 0$ 时的极限．

定义 4.1.1　设函数 $f(x)$在点 x_0 的一个邻域中有定义．若极限(4.1.1)式存在，则称函数 $f(x)$在点 x_0 是可导的，并把(4.1.1)式的极限值称为$f(x)$在点 x_0 的导数，记为 $f'(x_0)$，即有

$$f'(x_0)=\lim_{\Delta x\to 0}\frac{f(x_0+\Delta x)-f(x_0)}{\Delta x}\tag{4.1.2}$$

$f'(x)$有时也记作 y'．作为差商的极限，有时也称之为微商，并记为$\dfrac{\mathrm{d}y}{\mathrm{d}x}$，$\dfrac{\mathrm{d}f(x)}{\mathrm{d}x}$．

我们说 $f(x)$在点 x_0 可导时，导数(4.1.2)式当然是有限值．若(4.1.2)式中的极限值是 $+\infty$或 $-\infty$，则称函数 $f(x)$在点 x_0 有无穷导数，记为 $f'(x_0)=\pm\infty$，但 $f(x)$在点 x_0 仍是不可导的．

利用左极限和右极限,还可引入左导数和右导数的概念.

定义 4.1.2　(i) 设函数 $f(x)$在一个以点 x_0 为右端点的闭区间上有定义. 若极限

$$\lim_{\Delta x \to 0^-} \frac{f(x_0 + \Delta x) - f(x_0)}{\Delta x}$$

存在,则称函数 $f(x)$在点 x_0 左可导,并称这个极限值为 $f(x)$在点 x_0 的左导数,记为 $f'_-(x_0)$;

(ii) 设函数 $f(x)$在一个以点 x_0 为左端点的闭区间上有定义. 若极限

$$\lim_{\Delta x \to 0^+} \frac{f(x_0 + \Delta x) - f(x_0)}{\Delta x}$$

存在,则称函数 $f(x)$在点 x_0 右可导,并称这个极限值为 $f(x)$在点 x_0 的右导数,记为 $f'_+(x_0)$.

显然,$f(x)$在点 x_0 可导的充分必要条件是 $f(x)$在点 x_0 既左可导又右可导且左右导数相等.

进一步地,如果函数 $f(x)$在开区间(a,b)中处处可导,则称 $f(x)$在(a,b)中可导;如果函数 $f(x)$在(a,b)中可导且在点 a 右可导,在点 b 左可导,则称 $f(x)$在$[a,b]$上可导. 类似地可定义函数在$[a,b)$和$(a,b]$上可导的情形.

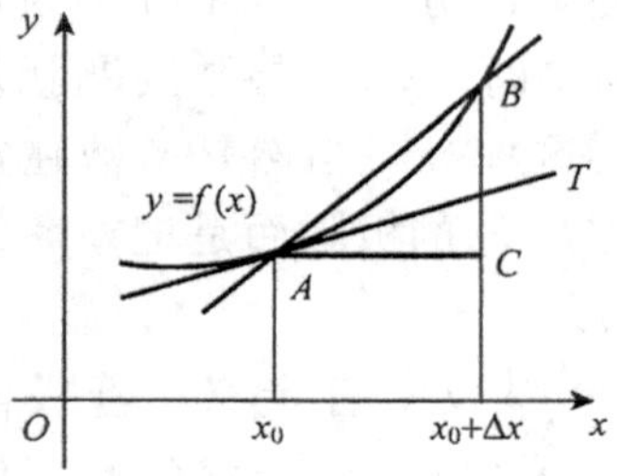

图 4.1.1

从几何上看,导数 $f'(x_0)$就是曲线 $y=f(x)$在点 x_0 的切线的斜率. 图 4.1.1 中点 $A(x_0,f(x_0))$为曲线 $y=f(x)$上一定点,$B(x_0+\Delta x,f(x_0+\Delta x))$为曲线 $y=f(x)$上一动点. 这时,线段 AC 的长度为 Δx,线段 BC 的长度为$f(x_0+\Delta x)-f(x_0)$,即函数 $f(x)$的改变量. 所以,(4.1.2)式右端的差商恰为

$$\frac{f(x_0 + \Delta x) - f(x_0)}{\Delta x} = \frac{BC}{AC} = \tan\angle BAC. \tag{4.1.3}$$

当 $\Delta x \to 0$ 时,点 B 沿曲线 $y=f(x)$趋于点 A,割线 AB 趋于曲线在点 A 的切线 AT. 割线 AB 的斜率 $\tan\angle BAC$ 就趋向于切线 AT 的斜率 $\tan\angle TAC$,但(4.1.3)式左端的极限为 $f'(x_0)$,所以,当函数 $f(x)$可导时,曲线 $y=f(x)$的切线存在且导数 $f'(x_0)$恰为曲线在点$(x_0,f(x_0))$的切线的斜率.

例 4.1.1　求函数 $f(x)=x^3$ 在点 x_0 的导数.

解 按定义

$$\begin{aligned} f'(x_0) &= \lim_{\Delta x \to 0} \frac{(x_0+\Delta x)^3 - x_0^3}{\Delta x} \\ &= \lim_{\Delta x \to 0} \frac{x_0^3 + 3x_0^2\Delta x + 3x_0\Delta x^2 + \Delta x^3 - x_0^3}{\Delta x} \\ &= \lim_{\Delta x \to 0}(3x_0^2 + 3x_0\Delta x + \Delta x^2) = 3x_0^2. \end{aligned}$$

例 4.1.2 求函数 $f(x)=|x|$ 在点 $x=0$ 的左导数和右导数.

解 按定义

$$f'_-(0) = \lim_{\Delta x \to 0^-} \frac{|0+\Delta x|-0}{\Delta x} = \lim_{\Delta x \to 0^-} \frac{-\Delta x}{\Delta x} = -1;$$

$$f'_+(0) = \lim_{\Delta x \to 0^+} \frac{|0+\Delta x|-0}{\Delta x} = \lim_{\Delta x \to 0^+} \frac{\Delta x}{\Delta x} = 1.$$

由此可见,$f(x)=|x|$ 在点 $x=0$ 不可导. 从几何上看,曲线 $f(x)=|x|$ 在点 $x=0$ 是尖点,当然不存在切线.

注意,函数 $f(x)=|x|$ 是 $(-\infty,+\infty)$ 上的连续函数,但它在点 $x=0$ 不可导,这表明函数的连续性不足以保证可导性. 然而,可导性却足以保证连续性.

定理 4.1.1 设函数 $f(x)$ 在点 x_0 可导,则它在点 x_0 必连续.

证 因为 $f(x)$ 在点 x_0 可导,故有

$$\lim_{\Delta x \to 0} \frac{f(x_0+\Delta x) - f(x_0)}{\Delta x} = f'(x_0).$$

又因为 $\lim\limits_{\Delta x \to 0}\Delta x = 0$,故由极限的乘法运算有

$$\begin{aligned} &\lim_{\Delta x \to 0}[f(x_0+\Delta x) - f(x_0)] \\ &= \lim_{\Delta x \to 0} \frac{f(x_0+\Delta x) - f(x_0)}{\Delta x} \lim_{\Delta x \to 0}\Delta x \\ &= f'(x_0)\cdot 0 = 0, \end{aligned}$$

亦即有

$$\lim_{\Delta x \to 0} f(x_0+\Delta x) = f(x_0).$$

按定义知 $f(x)$ 在点 x_0 连续.

例 4.1.3 已知函数

$$f(x) = \begin{cases} x^\alpha \sin\dfrac{1}{x}, & x \neq 0, \\ 0, & x = 0 \end{cases}$$

在点 $x=0$ 可导,求 α 的取值范围.

解　因为 $x_0=0$,故 $\Delta x=x$,所以

$$\lim_{\Delta x\to 0}\frac{f(\Delta x)-f(0)}{\Delta x}=\lim_{x\to 0}\frac{x^{\alpha}\sin\frac{1}{x}-0}{x}=\lim_{x\to 0}x^{\alpha-1}\sin\frac{1}{x}.$$

当 $\alpha<1$ 时,$\alpha-1<0$,函数 $x^{\alpha-1}\sin\frac{1}{x}$ 在 $x=0$ 的任何空心邻域中都无界,当然没有极限;当 $\alpha=1$ 时,函数 $\sin\frac{1}{x}$ 也没有极限;当 $\alpha>1$ 时,$x^{\alpha-1}$ 为无穷小量,$\sin\frac{1}{x}$ 有界,故有

$$\lim_{x\to 0}x^{\alpha-1}\sin\frac{1}{x}=0.$$

可见,α 的取值范围为 $(1,+\infty)$.

注意,例 4.1.3 中给出的这类函数是相当重要的函数例子,今后将多次遇到它.

函数 $f(x)$ 在区间 I 上可导时,对于每个 $x\in I$,都有导数 $f'(x)$ 与它对应,这就定义了区间 I 上的一个函数,称之为函数 $f(x)$ 在区间 I 上的导函数.

例 4.1.4　求三角函数 $y=\sin x$ 和 $y=\cos x$ 的导函数.

解　因为 $\cos x$ 连续且 $\lim\limits_{x\to 0}\frac{\sin x}{x}=1$,所以有

$$\begin{aligned}(\sin x)'&=\lim_{\Delta x\to 0}\frac{\sin(x+\Delta x)-\sin x}{\Delta x}\\&=\lim_{\Delta x\to 0}\frac{2\cos\left(x+\frac{\Delta x}{2}\right)\sin\frac{\Delta x}{2}}{\Delta x}\\&=\lim_{\Delta x\to 0}\cos\left(x+\frac{\Delta x}{2}\right)\frac{\sin\frac{\Delta x}{2}}{\frac{\Delta x}{2}}=\cos x.\end{aligned}$$

又因为 $\sin x$ 连续,所以又有

$$\begin{aligned}(\cos x)'&=\lim_{\Delta x\to 0}\frac{\cos(x+\Delta x)-\cos x}{\Delta x}\\&=\lim_{\Delta x\to 0}\frac{-2\sin\left(x+\frac{\Delta x}{2}\right)\sin\frac{\Delta x}{2}}{\Delta x}\end{aligned}$$

$$= -\lim_{\Delta x \to 0} \sin\left(x + \frac{\Delta x}{2}\right) \frac{\sin\frac{\Delta x}{2}}{\frac{\Delta x}{2}} = -\sin x.$$

例 4.1.5 求指数函数 $y = a^x (a > 0, a \neq 1)$ 和对数函数 $y = \log_a x (a > 0, a \neq 1, x > 0)$ 的导函数.

解 由例 2.7.3(iii) 知 $\lim\limits_{x \to 0} \frac{a^x - 1}{x} = \ln a$，所以有

$$(a^x)' = \lim_{\Delta x \to 0} \frac{a^{x+\Delta x} - a^x}{\Delta x} = a^x \lim_{\Delta x \to 0} \frac{a^{\Delta x} - 1}{\Delta x} = a^x \ln a.$$

特别地，当 $a = \mathrm{e}$ 时，$(\mathrm{e}^x)' = \mathrm{e}^x$. 这表明函数 e^x 在求导运算之下是不变的. 这也正是指数函数 $y = \mathrm{e}^x$ 比其他指数函数重要的原因所在.

由例 2.7.2 知 $\lim\limits_{x \to 0}(1 + x)^{\frac{1}{x}} = \mathrm{e}$，所以有

$$\begin{aligned}(\log_a x)' &= \lim_{\Delta x \to 0} \frac{\log_a(x + \Delta x) - \log_a x}{\Delta x} \\ &= \lim_{\Delta x \to 0} \frac{\log_a\left(1 + \frac{\Delta x}{x}\right)}{\Delta x} \\ &= \frac{1}{x} \lim_{\Delta x \to 0} \log_a\left(1 + \frac{\Delta x}{x}\right)^{\frac{x}{\Delta x}} \\ &= \frac{1}{x} \log_a \mathrm{e} = \frac{1}{x \ln a}.\end{aligned}$$

特别地，$a = \mathrm{e}$ 时，$(\ln x)' = \frac{1}{x}$. 将以 e 为底数的对数称为自然对数，原因也在于此.

§4.2 求导法则

与极限的情形一样，我们不能总是按定义来求函数的导数，特别对于较复杂的函数求导时就更是如此. 本节就来建立一系列的求导运算的法则.

定理 4.2.1(导数的四则运算) 设函数 $u(x)$ 和 $v(x)$ 都在点 x 可导，于是有

(i) $[Cu(x)]' = Cu'(x)$，其中 C 为常数；

(ii) $[u(x) \pm v(x)]' = u'(x) \pm v'(x)$；

(iii) $[u(x)v(x)]' = u'(x)v(x) + u(x)v'(x)$；

(iv) $\left[\frac{u(x)}{v(x)}\right]'=\frac{u'(x)v(x)-u(x)v'(x)}{v^2(x)}$, $v(x)\neq 0$.

证　由于(i)和(ii)的证明极为简单,故这里只证(iii)和(iv). 因为 $v(x)$ 在点 x 可导,故在点 x 连续.

(iii) 令 $y=u(x)v(x)$,于是

$$\begin{aligned}\Delta y&=u(x+\Delta x)v(x+\Delta x)-u(x)v(x)\\&=[u(x+\Delta x)-u(x)]v(x+\Delta x)+u(x)[v(x+\Delta x)-v(x)]\\&=\Delta u v(x+\Delta x)+u(x)\Delta v.\end{aligned}$$

所以按定义有

$$\begin{aligned}[u(x)v(x)]'&=\lim_{\Delta x\to 0}\left[\frac{\Delta u}{\Delta x}v(x+\Delta x)+u(x)\frac{\Delta v}{\Delta x}\right]\\&=u'(x)v(x)+u(x)v'(x).\end{aligned}$$

(iv) 令 $y=\frac{u(x)}{v(x)}$,于是

$$\begin{aligned}\Delta y&=\frac{u(x+\Delta x)}{v(x+\Delta x)}-\frac{u(x)}{v(x)}\\&=\frac{u(x+\Delta x)v(x)-u(x)v(x+\Delta x)}{v(x+\Delta x)v(x)}\\&=\frac{[u(x+\Delta x)-u(x)]v(x)-u(x)[v(x+\Delta x)-v(x)]}{v(x+\Delta x)v(x)}\\&=\frac{\Delta u v(x)-u(x)\Delta v}{v(x+\Delta x)v(x)}.\end{aligned}$$

按定义又有

$$\begin{aligned}\left[\frac{u(x)}{v(x)}\right]'&=\lim_{\Delta x\to 0}\frac{\Delta y}{\Delta x}=\lim_{\Delta x\to 0}\frac{\frac{\Delta u}{\Delta x}v(x)-u(x)\frac{\Delta v}{\Delta x}}{v(x+\Delta x)v(x)}\\&=\frac{u'(x)v(x)-u(x)v'(x)}{v^2}.\end{aligned}$$

例 4.2.1　求下列各三角函数的导数:

(i) $\tan x$;　　(ii) $\cot x$;

(iii) $\sec x$;　　(iv) $\csc x$.

解　(i) 当 $x\neq n\pi+\frac{\pi}{2}(n=0,\pm 1,\pm 2,\cdots)$时,$\cos x\neq 0$,由商的求导法则有

$$(\tan x)'=\left(\frac{\sin x}{\cos x}\right)'=\frac{\cos x\cdot\cos x-\sin x(-\sin x)}{\cos^2 x}=\sec^2 x.$$

(ii) 当 $x\neq n\pi(n=0,\pm1,\pm2,\cdots)$时,$\sin x\neq0$,由商的求导法则有

$$(\cot x)'=\left(\frac{\cos x}{\sin x}\right)'=\frac{-\sin x\cdot\sin x-\cos x\cdot\cos x}{\sin^2 x}=-\csc^2 x.$$

由于常数的导数为 0,故由商的求导法则知于 $\sec x,\csc x$ 有定义之处,分别有

$$(\sec x)'=\left(\frac{1}{\cos x}\right)'=-\frac{-\sin x}{\cos^2 x}=\tan x\sec x;$$

$$(\csc x)'=\left(\frac{1}{\sin x}\right)'=-\frac{\cos x}{\sin^2 x}=-\cot x\csc x.$$

例 4.2.2 求下列各双曲函数的导数:

(i) $\mathrm{sh}x$; (ii) $\mathrm{ch}x$;

(iii) $\mathrm{th}x$; (iv) $\mathrm{cth}x$.

解 按双曲函数定义及和差求导法则有

$$(\mathrm{sh}x)'=\left[\frac{1}{2}(\mathrm{e}^x-\mathrm{e}^{-x})\right]'=\frac{1}{2}(\mathrm{e}^x+\mathrm{e}^{-x})=\mathrm{ch}x;$$

$$(\mathrm{ch}x)'=\left[\frac{1}{2}(\mathrm{e}^x+\mathrm{e}^{-x})\right]'=\frac{1}{2}(\mathrm{e}^x-\mathrm{e}^{-x})=\mathrm{sh}x.$$

利用双曲函数公式 $\mathrm{ch}^2x-\mathrm{sh}^2x=1$,由商的求导公式有

$$(\mathrm{th}x)'=\left(\frac{\mathrm{sh}x}{\mathrm{ch}x}\right)'=\frac{\mathrm{ch}x\cdot\mathrm{ch}x-\mathrm{sh}x\cdot\mathrm{sh}x}{\mathrm{ch}^2x}=\frac{1}{\mathrm{ch}^2x}.$$

当 $x\neq0$ 时,$\mathrm{sh}x\neq0$,于是由商的求导法则有

$$(\mathrm{cth}x)'=\left(\frac{\mathrm{ch}x}{\mathrm{sh}x}\right)'=\frac{\mathrm{sh}x\cdot\mathrm{sh}x-\mathrm{ch}x\cdot\mathrm{ch}x}{\mathrm{sh}^2x}=-\frac{1}{\mathrm{sh}^2x}.$$

定理 4.2.2(反函数求导法) 设函数 $y=f(x)$在(a,b)中严格单调,在点 $x_0\in(a,b)$可导且 $f'(x_0)\neq0$, $y_0=f(x_0)$, $x=\varphi(y)$为 $y=f(x)$的反函数,则 $x=\varphi(y)$在点 y_0 可导且有

$$\varphi'(y_0)=\frac{1}{f'(x_0)}. \tag{4.2.1}$$

证 记 $\Delta x=\varphi(y_0+\Delta y)-\varphi(y_0)$,于是

$$\varphi(y_0+\Delta y)=x_0+\Delta x,\ \Delta y=f(x_0+\Delta x)-f(x_0).$$

由于函数 $f(x)$严格单调,故 $\Delta x\neq0$ 当且仅当 $\Delta y\neq0$. 又因 $f(x)$在点 x_0 可导当然连续,反函数 $\varphi(y)$也在 y_0 连续,所以 $\Delta x\to0$ 当且仅当 $\Delta y\to0$. 从而有

$$\lim_{\Delta y\to 0}\frac{\Delta x}{\Delta y}=\lim_{\Delta x\to 0}\frac{1}{\frac{\Delta y}{\Delta x}}=\frac{1}{\lim\limits_{\Delta x\to 0}\frac{\Delta y}{\Delta x}}=\frac{1}{f'(x_0)}.$$

按定义知(4.2.1)式成立.

例 4.2.3　求下列各反三角函数的导数:

(i) $\arcsin x$;　　(ii) $\arccos x$;

(iii) $\arctan x$;　　(iv) $\operatorname{arccot} x$.

解　因为 $y=\arcsin x(-1<x<1)$是 $x=\sin y$ 的反函数,故由定理 4.2.2 有

$$(\arcsin x)'=\frac{1}{(\sin y)'}=\frac{1}{\cos y}=\frac{1}{\sqrt{1-\sin^2 y}}$$

$$=\frac{1}{\sqrt{1-x^2}}\ (-1<x<1).$$

再于公式

$$\arcsin x+\arccos x=\frac{\pi}{2}$$

两端取导数即得

$$(\arccos x)'=-\frac{1}{\sqrt{1-x^2}}\ (-1<x<1).$$

因为 $y=\arctan x(-\infty<x<+\infty)$是 $x=\tan y\left(-\frac{\pi}{2},\frac{\pi}{2}\right)$的反函数,故由定理 4.2.2 有

$$(\arctan x)'=\frac{1}{(\tan y)'}=\frac{1}{\sec^2 y}=\frac{1}{1+\tan^2 y}=\frac{1}{1+x^2}.$$

再于公式

$$\arctan x+\operatorname{arccot} x=\frac{\pi}{2}$$

两端取导数即得

$$(\operatorname{arccot} x)'=-\frac{1}{1+x^2}\ (-\infty<x<+\infty).$$

定理 4.2.3(复合函数求导法)　设函数 $y=\varphi(x)$在点 x_0 可导且 $y_0=\varphi(x_0)$,函数 $z=f(y)$在点 y_0 可导,则复合函数 $z=f(\varphi(x))$在点 x_0 可导且有

$$\left.\frac{\mathrm{d}z}{\mathrm{d}x}\right|_{x=x_0}=f'(y_0)\varphi'(x_0).$$

证 记

$$\Delta y = \varphi(x_0 + \Delta x) - \varphi(x_0),$$

$$\Delta z = f(y_0 + \Delta y) - f(y_0) = f(\varphi(x_0 + \Delta x)) - f(\varphi(x_0)). \tag{4.2.2}$$

因为 $z = f(y)$在点 y_0 可导,故有

$$\lim_{\Delta y \to 0} \frac{\Delta z}{\Delta y} = f'(y_0). \tag{4.2.3}$$

令

$$\alpha(\Delta y) = \begin{cases} \dfrac{\Delta z}{\Delta y} - f'(y_0), & \Delta y \neq 0, \\ 0, & \Delta y = 0, \end{cases}$$

于是当 $\Delta y \neq 0$ 时就有

$$\Delta z = f'(y_0)\Delta y + \alpha(\Delta y)\Delta y \tag{4.2.4}$$

及

$$\lim_{\Delta y \to 0} \alpha(\Delta y) = 0. \tag{4.2.5}$$

由(4.2.2)式知当 $\Delta y = 0$ 时 $\Delta z = 0$,故(4.2.4)式于 $\Delta y = 0$ 时也成立. 又因为 $y = \varphi(x)$于点 x_0 可导当然连续,故当 $\Delta x \to 0$ 时有 $\Delta y \to 0$,从而(4.2.5)式又可化为

$$\lim_{\Delta x \to 0} \alpha(\Delta y) = 0. \tag{4.2.5'}$$

将(4.2.4)式两端同时除以 Δx 并令 $\Delta x \to 0$ 取极限,然后利用(4.2.5′)式即得所欲证.

例 4.2.4 求幂函数 $y = x^{\alpha}\ (\alpha \neq 0, x > 0)$的导数.

解 写

$$y = x^{\alpha} = e^{\alpha \ln x}$$

并把它视为 $y = e^u$ 和 $u = \alpha \ln x$ 的复合函数,于是由定理 4.2.3 有

$$y' = (x^{\alpha})' = (e^{\alpha \ln x})' = e^{\alpha \ln x} \cdot \frac{\alpha}{x} = \alpha x^{\alpha - 1}.$$

易见,上节例 4.1.1 是本例中 $\alpha = 3$ 的特殊情形. 当然,由于那时 $\alpha = 3$ 是正整数,函数定义域是$(-\infty, +\infty)$而现在 α 为任意非零实数,函数定义域只能统一限制为$(0, +\infty)$.

至此,基本初等函数的求导问题都解决了,而且还求出了双曲函数的导数. 这些结果都是今后求导运算的基本公式,分列如下:

1. $(C)' = 0$,其中 C 为常数;

2. $(x^{\alpha})'=\alpha x^{\alpha-1}, \alpha\neq 0$;
3. $(a^{x})'=a^{x}\ln a$, $(\mathrm{e}^{x})'=\mathrm{e}^{x}, a>0$;
4. $(\log_a|x|)'=\dfrac{1}{x\ln a}$, $(\ln|x|)'=\dfrac{1}{x}, a>0$;
5. $(\sin x)'=\cos x$;
6. $(\cos x)'=-\sin x$;
7. $(\tan x)'=\sec^2 x$;
8. $(\cot x)'=-\csc^2 x$;
9. $(\sec x)'=\tan x\sec x$;
10. $(\csc x)'=-\cot x\csc x$;
11. $(\arcsin x)'=\dfrac{1}{\sqrt{1-x^2}}$;
12. $(\arccos x)'=-\dfrac{1}{\sqrt{1-x^2}}$;
13. $(\arctan x)'=\dfrac{1}{1+x^2}$;
14. $(\mathrm{arccot}\, x)'=-\dfrac{1}{1+x^2}$;
15. $(\mathrm{sh}x)'=\mathrm{ch}x$;
16. $(\mathrm{ch}x)'=\mathrm{sh}x$;
17. $(\mathrm{th}x)'=\dfrac{1}{\mathrm{ch}^2 x}$;
18. $(\mathrm{cth}x)'=-\dfrac{1}{\mathrm{sh}^2 x}$.

利用本节的 3 个定理及上述公式,就可以求得所有初等函数的导数.

例 4.2.5　求函数

$$y=\arctan\sqrt{x^2-1}-\frac{\ln x}{\sqrt{x^2-1}}+\mathrm{e}^{x^2}\sin x$$

的导数.

解　按四则运算求导法与复合函数求导法有

$$y'=\frac{\dfrac{x}{\sqrt{x^2-1}}}{1+(x^2-1)}-\frac{\dfrac{1}{x}\sqrt{x^2-1}-\ln x\dfrac{x}{\sqrt{x^2-1}}}{x^2-1}$$

$$+\mathrm{e}^{x^2}2x\sin x+\mathrm{e}^{x^2}\cos x$$

$$=\frac{1}{x\sqrt{x^2-1}}-\frac{\dfrac{1}{x}(x^2-1)-x\ln x}{(x^2-1)\sqrt{x^2-1}}+\mathrm{e}^{x^2}(2x\sin x+\cos x)$$

$$= \frac{x\ln x}{(x^2-1)^{\frac{3}{2}}} + e^{x^2}(2x\sin x + \cos x),\ x > 1.$$

我们遇到的绝大多数函数都能像例 4.2.5 这样来求导，即视为若干个简单函数的四则运算及函数复合的结果. 某些较复杂的函数，表面上看无法写成两个以上简单函数的四则运算和复合，但往往稍加变化后仍能做到.

例 4.2.6 设 $u(x)>0$. 函数 $u(x)$，$v(x)$ 皆可导. 求函数

$$y = u(x)^{v(x)} \tag{4.2.6}$$

的导数.

解 改写

$$y = u(x)^{v(x)} = e^{v(x)\ln u(x)},$$

于是函数(4.2.6)式就可视为指数函数 e^t 和函数 $t = v(x)\cdot\ln u(x)$ 的复合函数，而 $\ln u(x)$ 又是对数函数与函数 $u(x)$ 的复合. 从而由定理 4.2.1 和定理 4.2.3 有

$$\begin{aligned} y' &= (e^{v(x)\ln u(x)})' = e^{v(x)\ln u(x)}(v(x)\ln u(x))' \\ &= u(x)^{v(x)}\left(v'(x)\ln u(x) + v(x)\frac{u'(x)}{u(x)}\right). \end{aligned} \tag{4.2.7}$$

我们指出，(4.2.7)式可作为求(4.2.6)型函数的公式来应用. 例如求 $y=\left(1+\frac{1}{x}\right)^x$ 的导数时，即可按(4.2.7)式得到

$$\begin{aligned} y' &= \left[\left(1+\frac{1}{x}\right)^x\right]' = \left(1+\frac{1}{x}\right)^x\left[\ln\left(1+\frac{1}{x}\right) + x\frac{-\frac{1}{x^2}}{1+\frac{1}{x}}\right] \\ &= \left(1+\frac{1}{x}\right)^x\left[\ln\left(1+\frac{1}{x}\right) - \frac{1}{1+x}\right]. \end{aligned}$$

§4.3 微　　分

在讲述微分概念之前，我们先来介绍无穷小量的阶的概念. 简单地说，无穷小量虽然都收敛于 0，但收敛于 0 的速度各不相同，有快有慢. 现在我们就要对无穷小量收敛于 0 的速度进行比较，并引入阶的概念来进行定量的研究.

众所周知，在各种极限过程中都有无穷小量. 但是，下面的陈述将不限定具体是哪种极限过程而只是约定，进行比较的两个无穷小量当然是同一极限过程中的.

设 y 和 z 是两个无穷小量.

(i) 若$\frac{y}{z}\to 0$或$\frac{z}{y}\to\infty$,则称 y 是比 z 高阶的无穷小量,z 是比 y 低阶的无穷小量,记为 $y=o(z)$;

(ii) 若$\frac{y}{z}\to a\neq 0$,则称 y 和 z 是同阶无穷小量,记为 $y=O^{\#}(z)$;

(iii) 若存在常数 $M>0$ 及极限过程的某个时刻,使在此时刻之后,总有$\left|\frac{y}{z}\right|\leqslant M$,则记为 $y=O(z)$. 显然,$o(z)$和 $O^{\#}(z)$都是 $O(z)$;

(iv) 若(ii)中的 $a=1$,则称 y 和 z 是等价无穷小量,记为 $y\sim z$;

(v) 若 $y=O^{\#}(x^n)$,其中 x 是自变量,$n\in\mathbf{N}$,则称 y 是n 阶无穷小量;若 $y=o(x^n)$,则称 y 是高于n 阶的无穷小量.

例如,当 $x\to 0$ 时,$\sin x$,$\tan x$,e^x-1 和 $\ln(1+x)$都是 1 阶无穷小量;$1-\cos x$ 是 2 阶无穷小量;对任何 $\alpha>0$,x^α 都是比$\frac{1}{\ln x}$高阶的无穷小量.

此外,还使用 $y=o(1)$表示 y 为无穷小量.

设函数 $y=f(x)$在点 x 可导,于是有

$$\lim_{\Delta x\to 0}\frac{\Delta y}{\Delta x}=f'(x).$$

使用无穷小量的记号,这又可以写成

$$\frac{\Delta y}{\Delta x}-f'(x)=o(1),$$

$$\Delta y=f'(x)\Delta x+o(1)\Delta x=f'(x)\Delta x+o(\Delta x). \tag{4.3.1}$$

(4.3.1)式表明,在使 $f(x)$可导的点 x 处,函数的改变量 Δy 可以分成两项:第 1 项是 Δx 的正比例函数,而导数 $f'(x)$为其比例系数;第 2 项是一个比 Δx 高阶的无穷小量. 显然,当 Δx 充分小时,可以将第 1 项即线性部分作为 Δy 的近似值,这时误差是比 Δx 高阶的无穷小量. 函数在一点的可微性说的就是这种情形.

定义 4.3.1 设函数 $y=f(x)$在点 x 的邻域中有定义. 如果对应于自变量在点 x 的改变量 Δx,函数的改变量 $\Delta y=f(x+\Delta x)-f(x)$可以表示为

$$\Delta y=A\Delta x+o(\Delta x), \tag{4.3.2}$$

其中 A 是一个与 Δx 无关的常数,则称函数 $y=f(x)$在点 x 可微,并称(4.3.2)式右端第 1 项 $A\Delta x$ 为$y=f(x)$在点 x 的微分,记为 dy 或 $df(x)$,亦即有

$$dy=A\Delta x. \tag{4.3.3}$$

注意,对于每个固定的点 x,函数的微分是 Δx 的线性函数,而 x 作为参

数可能在 A 中出现. 例如(4.3.1)式表明,当 $f(x)$ 在点 x 可导时,$A=f'(x)$,从而当 $f(x)$ 在点 x 可导时,也在点 x 可微. 反之亦然.

定理 4.3.1 函数 $y=f(x)$ 在点 x 可微的充分必要条件是 $f(x)$ 在点 x 可导.

证 显然,只需证明必要性. 因为 $y=f(x)$ 在点 x 可微,故有(4.3.2)式成立. 将(4.3.2)式两端同时除以 Δx 并令 $\Delta x\to 0$ 取极限,即得

$$f'(x) = \lim_{\Delta x\to 0}\frac{\Delta y}{\Delta x} = \lim_{\Delta x\to 0}\left(A+\frac{o(\Delta x)}{\Delta x}\right) = A,$$

即 $f(x)$ 在点 x 可导且导数 $f'(x)=A$.

这个定理表明,从不同角度导出的函数的可导性与可微性原来是一回事. 因此今后在表述函数的性质时,对可导与可微将不再区分.

特别地,当 $y=f(x)=x$ 时,$f'(x)=1$,按(4.3.3)式有 $\mathrm{d}x=\mathrm{d}y=1\cdot\Delta x=\Delta x$. 因此,以后我们将(4.3.3)式中的 Δx 写成 $\mathrm{d}x$,即有

$$\mathrm{d}y = f'(x)\mathrm{d}x. \tag{4.3.4}$$

显然,(4.3.4)式两端同除以 $\mathrm{d}x$,便得 $\frac{\mathrm{d}y}{\mathrm{d}x}=f'(x)$. 这就是我们有时把导数又称为微商并记为 $\frac{\mathrm{d}y}{\mathrm{d}x}$ 的原因. 只不过原来 $\frac{\mathrm{d}y}{\mathrm{d}x}$ 只具有统一的意义,即表示导数,而现在分子与分母都具有独立的意义了.

了解自然辩证法的读者可能会发现,这里定义的微分与哲学中定义的微分不一致. 这并不奇怪. 哲学中强调定义的辩证性,说微分既是 0 又不是 0,是特定的 0,这当然是对的. 可这个定义不适宜于运算,因此数学分析中不用这样的提法而采用本节前面给出的定义,这有利于进行运算. 其实,微分的关键在于微分系数 $A=f'(x)$,而这在两种定义中是一致的.

由(4.3.4)知求微分主要是求导数,所以计算微分的法则和公式都可由求导的法则和公式变化而来:

1. $\mathrm{d}[u(x)\pm v(x)]=\mathrm{d}u(x)\pm \mathrm{d}v(x)$;
2. $\mathrm{d}[u(x)v(x)]=v(x)\mathrm{d}u(x)+u(x)\mathrm{d}v(x)$;
3. $\mathrm{d}\left[\frac{u(x)}{v(x)}\right]=\frac{v(x)\mathrm{d}u(x)-u(x)\mathrm{d}v(x)}{v^2(x)},\ v(x)\neq 0$; (4.3.5)
4. $\mathrm{d}f(\varphi(x))=f'(\varphi(x))\varphi'(x)\mathrm{d}x$.

计算微分的公式与求导公式完全平行,这里不再一一列出.

设 $y=f(u)$, $u=\varphi(x)$,则上面公式(4.3.5)给出了复合函数的微分公式. 对两个函数分别求微分,又有

$$\mathrm{d}y = f'(u)\mathrm{d}u,\ \mathrm{d}u = \varphi'(x)\mathrm{d}x. \tag{4.3.6}$$

将(4.3.6)式中第2式代入(4.3.5)式之4,得到

$$dy = df(\varphi(x)) = f'(\varphi(x))\varphi'(x)dx = f'(u)du. \tag{4.3.7}$$

(4.3.7)式与(4.3.6)式中第1式的形式完全一样,但(4.3.6)式中的 du 表示自变量的微分而(4.3.7)式中的 du 则是中间变量作为函数的微分. 这个性质称为微分的形式不变性. 这使得我们在计算微分时不必顾及一个变量是自变量还是因变量,只要按照微分公式往下算就行了.

例 4.3.1　求函数 $y=e^{ax}\sin bx$ 的微分.

解　按公式有

$$\begin{aligned} dy &= \sin bx\, de^{ax} + e^{ax}\, d\sin bx \\ &= \sin bx \cdot a e^{ax}\, dx + e^{ax} b\cos bx\, dx \\ &= e^{ax}(a\sin bx + b\cos bx)\, dx. \end{aligned}$$

例 4.3.2　设 u 和 v 都是 x 的可微函数且 $v\neq 0$,求函数 $y=\arctan\dfrac{u}{v}$ 的微分.

解　按公式有

$$dy = \frac{d\left(\dfrac{u}{v}\right)}{1+\left(\dfrac{u}{v}\right)^2} = \frac{v^2}{u^2+v^2}\,\frac{v\,du-u\,dv}{v^2} = \frac{u'v-uv'}{u^2+v^2}dx.$$

§4.4　隐函数与由参数方程给出的函数的导数

前面对函数导数的各种讨论和研究都是在函数有着明显的 x 的解析表达式 $f(x)$ 的前提下进行的. 然而,表达函数的方法是多种多样的,并不只是用解析表达式 $f(x)$ 表达这一种. 本节将要对另两种形式表达的函数来讲述求导方法.

一、隐函数及其求导法

考察二元方程

$$F(x,y) = 0 \tag{4.4.1}$$

设有区间 I,使对每个 $x\in I$,方程(4.4.1)式作为 y 的一元方程有解 $y=f(x)$,且在关于 x 和 y 的某种限制下,解 $f(x)$ 还是惟一的. 于是可以让 x 对应于 y 从而得到一个区间 I 上的函数 $y=f(x)$. 这样确定的函数称为隐函数.

上面定义隐函数时,只是要求对于固定的 $x\in I$,方程(4.4.1)式作为 y

的一元方程在某些条件下有惟一解，这个惟一解能否以明显方式得到则是另一回事. 尽管这里仍然记之为 $y=f(x)$，但 $f(x)$ 却只是函数的记号而不一定是明显的解析表达式. 特别地，只在 $f(x)$ 没有明显的解析表达式时. 隐函数才真正超越了显函数的范围而成为函数的新的表现形式.

对于隐函数的存在性和可导性的深入研究将在以后的多元函数的微分学中进行，而现在由于工具不够还无法进行更多讨论. 这里，我们总是假定隐函数存在且可导，在此前提下来介绍如何求出隐函数的导数. 具体地说，就是介绍如何只利用方程(4.4.1)式，而不必把 $y=f(x)$ 解出的情形下来求导数的方法.

例 4.4.1 求方程 $x^2+y^2=r^2(r>0)$ 所确定的隐函数的导数.

显然，这个方程确定了两个隐函数：

$$y=\pm\sqrt{r^2-x^2},\ -r\leqslant x\leqslant r.$$

只要加上条件 $y\geqslant 0$ 或 $y\leqslant 0$，就可以在 $I=[-r,r]$ 上确定惟一的隐函数且这个函数可导. 于是可以求得导数：

$$y'_1=\left(\sqrt{r^2-x^2}\right)'=\frac{-x}{\sqrt{r^2-x^2}}=-\frac{x}{y_1},$$

$$y'_2=\left(-\sqrt{r^2-x^2}\right)'=\frac{x}{\sqrt{r^2-x^2}}=-\frac{x}{y_2}. \tag{4.4.2}$$

这里写出(4.4.2)式只是为了对照，下面介绍隐函数的求导法.

解 把 y 作为 x 的隐函数，在方程两端同时对 x 求导，得到

$$2x+2yy'=0.$$

由此解得 $y'=-\dfrac{x}{y}$. 可见，这与(4.4.2)式是完全一致的.

例 4.4.2 求由方程 $\mathrm{e}^x-\mathrm{e}^y-xy=0$ 所确定的隐函数 $y=y(x)$ 的导数.

解 将 y 视为 x 的函数，对方程两端同时求导，得到

$$\mathrm{e}^x-\mathrm{e}^y y'-y-xy'=0.$$

由此解得隐函数的导数为

$$y'=\frac{\mathrm{e}^x-y}{\mathrm{e}^y+x}. \tag{4.4.3}$$

二、由参数方程所给出的函数的求导法

设曲线由参数方程给出，即 x 和 y 都是第 3 个变量 t 的函数：

$$x=u(t),\quad y=v(t), \tag{4.4.4}$$

其中 t 称为参数. 对于每个固定的 t，都可由(4.4.4)式得到一组 (x,y) 的值.

令这里的 x 对应于 y，便建立了一个对应. 如果存在区间 I，使 $x=u(t)$ 在 I 上是严格单调的，则这个对应是单值的，所以它就确定了函数 $y=f(x)$，称之为由参数方程确定的函数. 这时由于 $x=u(t)$ 严格单调，故有反函数 $t=u^{-1}(x)$. 将 $t=u^{-1}(x)$ 代入(4.4.4)式中第二个关系式，即得

$$y=v(u^{-1}(x)). \tag{4.4.5}$$

这表明由参数方程给出的函数 $y=f(x)$ 就是 $y=v(t)$ 与 $x=u(t)$ 的反函数 $t=u^{-1}(x)$ 的复合函数. 于是在 $u(t)$ 和 $v(t)$ 都可导且 $x=u(t)$ 的反函数存在的前提下，由(4.4.5)式有

$$\frac{\mathrm{d}y}{\mathrm{d}x}=\frac{\mathrm{d}y}{\mathrm{d}t}\frac{\mathrm{d}t}{\mathrm{d}x}=\frac{\mathrm{d}y}{\mathrm{d}t}\cdot\frac{1}{\frac{\mathrm{d}x}{\mathrm{d}t}}=\frac{v'(t)}{u'(t)}. \tag{4.4.6}$$

例 4.4.3　求由参数方程

$$x=a\cos t,\ y=b\sin t,\ 0\leqslant t\leqslant\pi \tag{4.4.7}$$

所确定的函数的导数并求这条曲线过点 $\left(\frac{\sqrt{2}}{2}a,\frac{\sqrt{2}}{2}b\right)$ 的切线方程.

解　因为

$$\frac{\mathrm{d}x}{\mathrm{d}t}=-a\sin t,\ \frac{\mathrm{d}y}{\mathrm{d}t}=b\cos t,$$

故由公式(4.4.6)有

$$\frac{\mathrm{d}y}{\mathrm{d}x}=-\frac{b}{a}\cot t. \tag{4.4.8}$$

由(4.4.7)式知，点 $\left(\frac{\sqrt{2}}{2}a,\frac{\sqrt{2}}{2}b\right)$ 对应于参数值 $t_0=\frac{\pi}{4}$，所以由(4.4.8)式知曲线在这点的切线斜率为

$$\left.\frac{\mathrm{d}y}{\mathrm{d}x}\right|_{x=\frac{\sqrt{2}}{2}a}=\left.-\frac{b}{a}\cot t\right|_{t=\frac{\pi}{4}}=-\frac{b}{a}.$$

从而曲线过点 $\left(\frac{\sqrt{2}}{2}a,\frac{\sqrt{2}}{2}b\right)$ 的切线方程为

$$y-\frac{\sqrt{2}}{2}b=-\frac{b}{a}\left(x-\frac{\sqrt{2}}{2}a\right).$$

显然，这个参数方程所确定的曲线是上半椭圆. 利用隐函数求导或直接写成显函数再求导，与这里的结果是完全一致的.

§4.5　高阶导数

在§4.2中说过，如果函数 $y=f(x)$ 在区间 I 上处处可导，则当令 $x\in I$

对应于$f'(x)$时，就得到一个新的函数，称之为$y=f(x)$的导函数，就记为$f'(x)$. 导函数当然也是函数，如果它在点x可导，则称函数$y=f(x)$在点x两次可导，并把导函数的导数称为二阶导数，记为$f''(x)$. 如果$f''(x)$在区间I上处处有定义，则称之为$f(x)$的二阶导函数，就记为$f''(x)$. 当然，有时也使用y''，$\frac{d^2y}{dx^2}$或$\frac{d^2f}{dx^2}$来表示.

类似地，可以定义函数$y=f(x)$的三阶、四阶以至n阶导数. 三阶导数记为$f'''(x)$，四阶导数记为$f^{(4)}(x)$，n阶导数记为$f^{(n)}(x)$. 当然也可以分别记为y'''，$y^{(4)}$，$y^{(n)}$或$\frac{d^3y}{dx^3}$，$\frac{d^4y}{dx^4}$，$\frac{d^ny}{dx^n}$.

例 4.5.1　设$n\in\mathbf{N}$，求函数$y=x^n$的k阶导数.

解　按公式有

$$(x^n)'=nx^{n-1},$$
$$(x^n)''=n(n-1)x^{n-2}.$$

用数学归纳法容易证明，当$1\leqslant k\leqslant n$时，

$$(x^n)^{(k)}=n(n-1)\cdots(n-k+1)x^{n-k}.$$

特别当$k=n$时有

$$(x^n)^{(n)}=n!.$$

从而当$k>n$时，$(x^n)^{(k)}=0$.

例 4.5.2　求$\sin x$的n阶导数.

解　按求导公式和三角函数的诱导公式有

$$(\sin x)'=\cos x=\sin\left(x+\frac{\pi}{2}\right).$$

这表明对$\sin x$求导一次的结果是将自变量x加上$\frac{\pi}{2}$，从而有

$$(\sin x)^{(n)}=\sin\left(x+\frac{n\pi}{2}\right),\ n=1,2,\cdots \tag{4.5.1}$$

因此，对任意非负整数k，都有

$$(\sin x)^{(4k)}=\sin x,\ (\sin x)^{(4k+1)}=\cos x,$$
$$(\sin x)^{(4k+2)}=-\sin x,\ (\sin x)^{(4k+3)}=-\cos x.$$

对于一般的n阶导数，有如下的求导法则.

定理 4.5.1　设函数$u(x)$和$v(x)$都n次可导，则下列三个公式成立：

(i) $[Cu(x)]^{(n)}=Cu^{(n)}(x)$，其中$C$为常数；

(ii) $[u(x)\pm v(x)]^{(n)}=u^{(n)}(x)\pm v^{(n)}(x)$；

(iii) 莱布尼茨公式

$$[u(x)v(x)]^{(n)} = \sum_{k=0}^{n} C_n^k u^{(k)}(x) v^{(n-k)}(x). \qquad (4.5.2)$$

证 显然,只需证明(iii). 用数学归纳法. $n=1$ 时就是乘积求导公式,当然成立. 设当 $n=k$ 时(4.5.2)式成立,即有

$$[u(x)v(x)]^{(k)} = \sum_{j=0}^{k} C_k^j u^{(j)}(x) v^{(k-j)}(x).$$

在上式两端同时求导,得到

$$\begin{aligned}
[uv]^{(k+1)} &= \sum_{j=0}^{k} C_k^j [u^{(j+1)} v^{(k-j)} + u^{(j)} v^{(k-j+1)}] \\
&= \sum_{j=0}^{k} C_k^j u^{(j+1)} v^{(k-j)} + \sum_{j=0}^{k} C_k^j u^{(j)} v^{(k+1-j)} \\
&= \sum_{j=1}^{k+1} C_k^{j-1} u^{(j)} v^{(k+1-j)} + \sum_{j=0}^{k} C_k^j u^{(j)} v^{(k+1-j)} \\
&= C_k^k u^{(k+1)} v^{(0)} + \sum_{j=1}^{k} (C_k^{j-1} + C_k^j) u^{(j)} v^{(k+1-j)} + C_k^0 u^{(0)} v^{(k+1)} \\
&= \sum_{j=0}^{k+1} C_{k+1}^j u^{(j)} v^{(k+1-j)},
\end{aligned}$$

即当 $n=k+1$ 时(4.5.2)式成立. 这就完成了归纳证明.

例 4.5.3 设 $y=x^2\sin x$,求 $y^{(1998)}$.

解 按莱布尼茨公式有

$$\begin{aligned}
y^{(1998)} &= (x^2\sin x)^{(1998)} \\
&= x^2(\sin x)^{(1998)} + 3996x(\sin x)^{(1997)} + 3990006(\sin x)^{(1996)} \\
&= -x^2\sin x + 3996x\cos x + 3990006\sin x.
\end{aligned}$$

例 4.5.4 求函数 $y=\arctan x$ 在 $x=0$ 处的各阶导数的值.

解 按求导公式有

$$y' = \frac{1}{1+x^2},\ (1+x^2)y' = 1.$$

在上式两端同时取 n 阶导数,由莱布尼茨公式有

$$(1+x^2)y^{(n+1)} + 2nxy^{(n)} + n(n-1)y^{(n-1)} = 0.$$

用带有下标 0 的导数 $y_0^{(n)}$ 表示 n 阶导数在 $x=0$ 的值,在上式中令 $x=0$,便得递推关系式

$$y_0^{(n+1)} = -n(n-1)y_0^{(n-1)},\ n = 1,2,\cdots$$

由于 $y_0=0, y'_0=1$,故得

$$y_0^{(n+1)}=\begin{cases}0, & n\text{ 为奇数},\\(-1)^{\frac{n}{2}}n!, & n\text{ 为偶数}.\end{cases}$$

例 4.5.5 求由方程 $e^x-e^y-xy=0$ 所确定的隐函数 $y=y(x)$ 的二阶导数.

解 由例 4.4.2 有

$$y'=\frac{e^x-y}{e^y+x}. \tag{4.5.3}$$

对上式两端再求一次导数,得到

$$y''=\frac{(e^x-y')(e^y+x)-(e^x-y)(e^y y'+1)}{(e^y+x)^2} \tag{4.5.4}$$

将(4.5.3)式代入(4.5.4)式,即得

$$\begin{aligned}y''&=\frac{\left(e^x-\dfrac{e^x-y}{e^y+x}\right)(e^y+x)-(e^x-y)\left(e^y\dfrac{e^x-y}{e^y+x}+1\right)}{(e^y+x)^2}\\&=\frac{e^x(e^y+x)^2-2(e^x-y)(e^y+x)-e^y(e^x-y)^2}{(e^y+x)^3}.\end{aligned}$$

类似地,还可以求隐函数的更高阶的导数.

下面,再来看由参数方程给出的函数的高阶导数的求法. 由§4.4知,由参数方程

$$x=u(t),\ y=v(t)$$

给出的函数 $y=y(x)$,在 $u(t)$ 和 $v(t)$ 都可导且 $u(t)$ 严格单调的条件下,其导数为

$$y'(x)=\frac{dy}{dx}=\frac{\dfrac{dy}{dt}}{\dfrac{dx}{dt}}=\frac{v'(t)}{u'(t)}.$$

于是参数方程

$$x=u(t),\ \frac{dy}{dx}=\frac{v'(t)}{u'(t)}$$

又可确定 $\frac{dy}{dx}$ 是 x 的函数,从而当 $u(t)$ 和 $v(t)$ 都两次可导时,就有

$$y''(x)=\frac{d^2y}{dx^2}=\frac{d\left(\dfrac{dy}{dx}\right)}{dx}=\frac{\dfrac{d}{dt}\left(\dfrac{v'(t)}{u'(t)}\right)}{\dfrac{dx}{dt}}$$

$$= \frac{v''(t)u'(t) - v'(t)u''(t)}{[u'(t)]^3}. \tag{4.5.5}$$

类似地可以求出由参数方程给出的函数的更高阶的导数.

例 4.5.6　求由参数方程

$$x = a\cos t,\ y = b\sin t$$

给出的函数 $y=y(x)$的二阶导数.

解　因为

$$\frac{dx}{dt} = -a\sin t,\ \frac{dy}{dt} = b\cos t,\ \frac{d^2x}{dt^2} = -a\cos t,\ \frac{d^2y}{dt^2} = -b\sin t,$$

所以由公式(4.5.5)有

$$\frac{d^2y}{dx^2} = \frac{(-b\sin t)(-a\sin t) - (b\cos t)(-a\cos t)}{(-a\sin t)^3} = -\frac{b}{a^2\sin^3 t}.$$

例 4.5.7　问函数

$$f(x) = \begin{cases} x^5\sin\dfrac{1}{x}, & x \neq 0, \\ 0, & x = 0 \end{cases}$$

在点 0 最高有几阶导数？说明理由.

解　当 $x\neq 0$ 时,按求导公式有

$$\begin{aligned} f'(x) &= 5x^4\sin\frac{1}{x} + x^5\cos\frac{1}{x}\left(-\frac{1}{x^2}\right) \\ &= 5x^4\sin\frac{1}{x} - x^3\cos\frac{1}{x}. \end{aligned} \tag{4.5.6}$$

当 $x=0$ 时,按导数定义有

$$f'(0) = \lim_{x\to 0}\frac{f(x)-f(0)}{x} = \lim_{x\to 0}\frac{x^5\sin\dfrac{1}{x}}{x} = 0. \tag{4.5.7}$$

按导数定义,由(4.5.6)式和(4.5.7)式又有

$$\begin{aligned} f''(0) &= \lim_{x\to 0}\frac{f'(x)-f'(0)}{x} \\ &= \lim_{x\to 0}\left(5x^3\sin\frac{1}{x} - x^2\cos\frac{1}{x}\right) = 0. \end{aligned} \tag{4.5.8}$$

按求导公式由(4.5.6)式有

$$\begin{aligned} f''(x) = {} & 20x^3\sin\frac{1}{x} + 5x^4\cos\frac{1}{x}\left(-\frac{1}{x^2}\right) - 3x^2\cos\frac{1}{x} \\ & - x^3\left(-\sin\frac{1}{x}\right)\left(-\frac{1}{x^2}\right) \end{aligned}$$

$$= 20x^3\sin\frac{1}{x} - 8x^2\cos\frac{1}{x} - x\sin\frac{1}{x},\ x \neq 0. \tag{4.5.9}$$

由(4.5.8)式和(4.5.9)式有

$$\frac{f''(x)-f''(0)}{x} = 20x^2\sin\frac{1}{x} - 8x\cos\frac{1}{x} - \sin\frac{1}{x}. \tag{4.5.10}$$

当 $x\to 0$ 时,(4.5.10)式右端前两项的极限都是 0 而第 3 项的极限不存在,从而(4.5.10)式左端不存在极限. 按导数定义知函数 $f(x)$在点 0 不存在三阶导数. 从而 $f(x)$在点 0 最高有二阶导数.

下面,我们来介绍高阶微分的概念. 一般说来,函数 $f(x)$的微分

$$dy = f'(x)dx$$

还是 x 的函数,这里把 dx 视为常数. 如果它仍然可微,即 $f'(x)$是可微的,则它的微分就称为函数 $y=f(x)$的二阶微分,记为 $d(dy)=d^2y$. 于是有

$$d^2y = d(dy) = d(f'(x)dx) = df'(x)dx = f''(x)dx^2,$$

其中 $dx^2=(dx)^2$.

类似地可以定义三阶、四阶以至 n 阶微分,分别记为 d^3y、d^4y 和 d^ny 且有

$$d^ny = f^{(n)}(x)dx^n.$$

例 4.5.8 求函数 $y=x\sin x$ 的三阶微分.

解 按求微分的公式有

$$\begin{aligned}
dy &= \sin x dx + x\cos x dx = (\sin x + x\cos x)dx,\\
d^2y &= d(\sin x + x\cos x)dx\\
&= (\cos x dx + \cos x dx + x(-\sin x)dx)dx\\
&= (2\cos x - x\sin x)dx^2,\\
d^3y &= d(2\cos x - x\sin x)dx^2\\
&= (-2\sin x dx - \sin x dx - x\cos x dx)dx^2\\
&= (-3\sin x - x\cos x)dx^3.
\end{aligned}$$

对于一阶微分有形式不变性. 那么,对于高阶微分,情形又如何呢? 让我们来考察如下的简单例子:$y=2x,\ x=e^t$. 当 x 为自变量时,有

$$dy = 2dx,\ d^2y = 0.$$

当 x 为中间变量时,$y=2e^t$,于是有

$$d^2y = 2e^t dt^2 = 2e^{-t}(e^t dt)^2 = \frac{2}{x}dx^2.$$

可见,即使对于二阶微分,形式不变性也不再成立了.

最后,作为本节结束,介绍一个以后常用的术语“n 次连续可导”或“n 次连续可微”.

如果函数 $f(x)$的 n 阶导数在区间I 上连续,则称 $f(x)$在区间 I 上n 次连续可导或n 次连续可微. 特别地,当 $n=1$ 时,就说 $f(x)$在区间 I 上连续可导或连续可微. 如果函数 $f(x)$在区间 I 上有任意阶的导数,则称 $f(x)$在 I 上无穷次可导或无穷次可微.

例如,例 4.5.6 中给出的函数 $f(x)$在$(-\infty,+\infty)$上两次连续可导. 若将其中的幂指数 5 改为 4,则所得的函数在$(-\infty,+\infty)$上两次可导但却不是两次连续可导了,因为这时 $f''(x)$在点 0 不连续.

习　题　4

1. 按导数定义求下列各函数在给定点的导数:

(i) $f(x)=x^{-\frac{1}{2}}$, $x=3$;

(ii) $f(x)=\ln(1+x^2)$, $x=1$;

(iii) $f(x)=[x]$, $x=\dfrac{3}{2}$;

(iv) $f(x)=x^2\sin(x-2)$, $x=2$.

2. 设对任何收敛于 0 的有理数列$\{r_n\}$,极限

$$\lim_{n\to\infty}\frac{f(x+r_n)-f(x)}{r_n}$$

都存在,问函数 $f(x)$在点 0 是否必可导?

3. 设 $f(x)=x^2D(x)$,其中 $D(x)$是狄利克雷函数,求证 $f(x)$在点 0 可导.

4. 求证黎曼函数 $R(x)$处处不可导.

5. 设函数 $g(x)$在$(-\infty,+\infty)$上有定义且 $g(0)=g'(0)=0$,求函数

$$f(x)=\begin{cases}g(x)\sin\dfrac{1}{x}, & x\neq 0,\\ 0, & x=0\end{cases}$$

在点 0 的导数 $f'(0)$.

6. 设函数 $f(x)$在点 x_0 可导且 $f'(x_0)>0$,求证存在 $\delta>0$,使当 $x_0-\delta<x<x_0$ 时,$f(x)<f(x_0)$;当 $x_0<x<x_0+\delta$ 时,$f(x)>f(x_0)$.

7. 设 $f(x)$在点 x_0 可导且 $f(x_0)\neq 0$,求证$|f(x)|$在点 x_0 也可导. 当 $f(x_0)=0$ 时,同样的结论还成立吗?

8. 按导数定义证明偶函数的导函数为奇函数而奇函数的导函数为偶函数.

9. 已知对数曲线 $y=\log_a x$ 与直线$y=x$ 相切,求底数 a 的值和切点的坐标.

10. 设函数 $f(x)$在点 0 可导且

$$g(x)=\begin{cases}x^2\sin\dfrac{1}{x}, & x\neq 0,\\ 0, & x=0,\end{cases}$$

求证$\frac{d}{dx}[f(g(x))]|_{x=0}=0$.

11. 设函数 $f(x)$于$[a,b]$上连续且 $f(a)=f(b)=0$, $f'_+(a)\cdot f'_-(b)>0$,求证存在$\xi\in(a,b)$,使得 $f(\xi)=0$.

12. 求下列各函数的导数:

(i) $f(x)=2x^3+5x^2-1$;

(ii) $f(x)=x^4+\sin x-2\cos x$;

(iii) $f(x)=e^x-2x+7$;

(iv) $f(x)=2\ln x+x^2-1$;

(v) $f(x)=4\operatorname{sh}x-3\operatorname{ch}x+x^2$;

(vi) $f(x)=x\tan x+\cot x$;

(vii) $f(x)=(x+\sin x)\ln x$;

(viii) $f(x)=x^2\cos x+x\operatorname{ch}x$;

(ix) $f(x)=x^3e^x\sin x+x\cos x$;

(x) $f(x)=(x-1)(2x-3)(3x-2)$;

(xi) $f(x)=\frac{\ln x}{\sqrt{x}}$;　　(xii) $f(x)=\frac{2+\sin x+\cos x}{x}$;

(xiii) $f(x)=\frac{xe^x+1}{\sin x}$;　　(xiv) $f(x)=\frac{(1+x^2)\sin x}{2x}$.

13. 求下列各函数的导数:

(i) $f(x)=3e^{2x}+5x\cos 2x$;

(ii) $f(x)=\ln\sin x+x\operatorname{sh}2x$;

(iii) $f(x)=e^{-x}(\cos x+\sin 2x+1)$;

(iv) $f(x)=(x^2+1)^3e^{-2x}\sin 3x$;

(v) $f(x)=x\arcsin 2x+x^2\arccos x$;

(vi) $f(x)=2^{\sin x}+2^{\sin\frac{1}{x}}$;

(vii) $f(x)=e^{x^2\sin x}+\arcsin x^2$;

(viii) $f(x)=\ln\frac{1-x^2}{1+x^2}$;　　(ix) $f(x)=\frac{x}{\sqrt{a^2+x^2}}$;

(x) $f(x)=\frac{1}{2}\arctan\frac{2x}{1-x^2}$;

(xi) $f(x)=\ln\frac{\sqrt{ax+b}-\sqrt{b-ac}}{\sqrt{ax+b}+\sqrt{b-ac}}$;

(xii) $f(x)=\frac{x}{2}\sqrt{a^2-x^2}+\frac{a^2}{2}\arcsin\frac{x}{a}$;

(xiii) $f(x)=\frac{x}{2}[\sin(\ln ax)+\cos(\ln ax)]$;

(xiv) $f(x)=\ln[\sqrt{ax}+\sqrt{ax^2+b}]$;

(xv) $f(x)=x\sqrt{a^2-x^2}+\frac{x}{\sqrt{a^2-x^2}}$;

(xvi) $f(x)=\arcsin(\sin x\cdot\cos x)$.

14. 利用先取对数再求导的方法,求下列各函数的导数:

(i) $y=(x\sin x)^x$;　　(ii) $y=(\sin x)^{\cos x}$;

(iii) $y=x^{a^{x}}$;　　(iv) $y=x^{x^{a}}$;

(v) $y=a^{x^{x}}$;　　(vi) $y=x^{x^{x}}$;

(vii) $y=x\sqrt{\dfrac{1-x}{1+x}}$;　　(viii) $y=\dfrac{x^2}{1-x}\sqrt{\dfrac{x+1}{1+x+x^2}}$.

15. 设 $f(x)$可导,求 y':

(i) $y=f(x^2+2x)$;　　(ii) $y=f(e^x)e^{f(x)}$;

(iii) $y=f(f(f(x)))$;　　(iv) $y=\sin xf(\sin x)$.

16. 设 $u(x)$和 $v(x)$都可导,求 y':

(i) $y=\sqrt{u^2(x)+v^2(x)}$;

(ii) $y=\arctan\dfrac{u(x)}{v(x)}$, $v(x)\neq0$;

(iii) $y=\sqrt[u(x)]{v(x)}$, $v(x)>0$, $u(x)\neq0$;

(iv) $y=\log_{u(x)}v(x)$, $u(x)>0, v(x)>0$;

(v) $y=e^{u(x)v(x)}\cdot\sin u(x)$.

17. 设 $f(x)$在$[a,b]$上有定义,且在点 $x_0\in(a,b)$处有左右导数. 又设点列$\{a_n\}$,$\{b_n\}$满足条件:$a<a_n<x_0<b_n<b$, $\lim\limits_{n\to\infty}a_n=x_0=\lim\limits_{n\to\infty}b_n$. 求证存在非负实数 p 和 q, $p+q=1$ 与子列$\{a_{n_k}\}$及$\{b_{n_k}\}$,使得

$$\lim_{k\to\infty}\frac{f(b_{n_k})-f(a_{n_k})}{b_{n_k}-a_{n_k}}=pf'_+(x_0)+qf'_-(x_0).$$

18. 设 $f(x)$在点 0 连续, $f(0)=0$ 且

$$\lim_{x\to0}\frac{f(2x)-f(x)}{x}=m,$$

求证 $f'(0)=m$.

19. 是否存在实轴上的可微函数 $f(x)$满足条件 $f(f(x))=-x^3+x^2+1$? 说明理由.

20. 求证不存在$(-\infty,+\infty)$上的可微函数 $f(x)$,使得 $f(f(x))=x^2-3x+3$.

21. 设 $f(0)=0$, $f'(0)=a$,求数列

$$x_n=f\left(\frac{1}{n^2}\right)+f\left(\frac{2}{n^2}\right)+\cdots+f\left(\frac{n}{n^2}\right),\ n=1,2,\cdots$$

的极限.

22. 设 $f(x)$是区间(a,b)上的凸函数,求证对任意 $x\in(a,b)$,左右导数 $f'_-(x)$和 $f'_+(x)$都存在且有 $f'_-(x)\leqslant f'_+(x)$.

23. 设 $f(x)$在点 a 可导,求极限:

(i) $\lim\limits_{n\to\infty}\left[\dfrac{f\left(a+\dfrac{1}{n}\right)}{f(a)}\right]^n$;　(ii) $\lim\limits_{t\to0}\dfrac{f(a+\alpha t)-f(a+\beta t)}{t}$.

24. 设 $|f(x)|$ 在点 a 可导且 $f(a)=0$,求证 $f'(a)=0$.

25. 设函数 $f(x)$ 在 $[a,b]$ 上连续,导数 $f'(x)$ 在 (a,b) 中恒等于 0,求证 $f(x)$ 在 $[a,b]$ 上恒为常数.

26. 求下列各隐函数的导数 $\frac{dy}{dx}$:

(i) $x^2+xy+y^2=a^2$, $a>0$;

(ii) $\cos xy=x+y$;

(iii) $y^2\cos x=a^2\sin 3x$, $a>0$;

(iv) $y-\sin x-\cos(x-y)=0$;

(v) $\arctan\frac{y}{x}=\ln\sqrt{x^2+y^2}$;

(vi) $x^2y^2+y=1+xe^y$.

27. 求曲线 $x^{\frac{3}{2}}+y^{\frac{3}{2}}=16$ 在点 $(4,4)$ 的切线方程和法线方程.

28. 求下列各参数方程给出的函数的导数 $\frac{dy}{dx}$:

(i) $x=\sin^2 t$, $y=\cos^2 t$;

(ii) $x=e^{2t}\cos^2 t$, $y=e^{2t}\sin^2 t$;

(iii) $x=a\operatorname{ch}t$, $y=b\operatorname{sh}t$;

(iv) $x=\frac{a}{2}\left(t+\frac{1}{t}\right)$, $y=\frac{b}{2}\left(t-\frac{1}{t}\right)$;

(v) $x=a\left(\ln\tan\frac{t}{2}+\cos t\right)$, $y=a\sin t$, $a>0, 0<t<\pi$.

29. 求由参数方程

$$x=a\cos^3 t,\ y=a\sin^3 t$$

所给出的函数 $y(x)$ 的导数并求证此参数方程所表示的曲线的切线被坐标轴所截长度为一常数.

30. 求下列各函数在指定点的微分:

(i) $y=a_nx^n+a_{n-1}x^{n-1}+\cdots+a_1x+a_0$, $x=0,1$;

(ii) $y=\arcsin\frac{x}{2}$, $x=1$;

(iii) $y=x\ln x$, $x=e^2$;

(iv) $y=\frac{x}{2}\sqrt{x^2+a^2}+\frac{a^2}{2}\ln(x+\sqrt{x^2+a^2})$, $x=3a$.

31. 求下列各函数的微分:

(i) $y=(x^2+2x)(x+1)$;

(ii) $y=5^{\ln\tan x}$;

(iii) $y=\sqrt{\arcsin x}+(\arctan x)^2$;

(iv) $y=\frac{\ln x}{x^2}$; (v) $y=\frac{\sin x^2}{e^x-e^{-x}}$;

(vi) $y=\frac{x^3+1}{x^3-1}$; (vii) $y=\frac{1}{2a}\ln\left|\frac{x-a}{x+a}\right|$.

32. 设 $u(x)$, $v(x)$和 $w(x)$都可微,求下列各函数 y 的微分:

(i) $y=uvw+u^2$;　　　(ii) $y=\arctan\dfrac{u}{v}$;

(iii) $y=\ln\sqrt{u^2+v^2}$;　　　(iv) $y=e^{uv+w}$.

33. 求下列各复合函数 y 对自变量 x 的微分:

(i) $y=\sin^2 u$, $u=\ln(3x+1)$;

(ii) $y=e^{3u}$, $u=\dfrac{1}{2}\ln v$, $v=x^3-2x+5$;

(iii) $y=\arctan u$, $u=\ln^2 v$, $v=1+x^2-\cot x$;

(iv) $y=\ln\tan\dfrac{u}{2}$, $u=\arcsin v$, $v=\cos 2x$.

34. 求下列各函数的二阶导数:

(i) $y=x\sqrt{1+x^2}+x\sin x$;

(ii) $y=e^{-x^2}+e^{-\frac{1}{x^2}}$, $x\neq 0$;

(iii) $y=x^2\ln x+x\ln^2 x$;

(iv) $y=(1+x^2)\arctan x$.

35. 设 $f(x)=|x|^3$,求 $f'(x)$和 $f''(x)$并问 $f'''(x)$是否在$(-\infty,+\infty)$上处处存在?

36. 设

$$f(x)=\begin{cases}x^n, & x\geqslant 0,\\ 0, & x<0,\end{cases}\quad n\in\mathbf{N},$$

求证 $f^{(n-1)}(x)$在$(-\infty,+\infty)$上处处存在但 $f^{(n)}(0)$不存在.

37. 求证对任何 $n\in\mathbf{N}$,函数

$$f(x)=\begin{cases}e^{-\frac{1}{x^2}}, & x\neq 0,\\ 0, & x=0\end{cases}$$

在点 0 的 n 阶导数都为 0,即 $f^{(n)}(0)=0$.

38. 求下列各函数的高阶导数:

(i) $y=x^3\operatorname{sh}x$,求 $y^{(19)}$;

(ii) $y=x^3\cos x$,求 $y^{(98)}$;

(iii) $y=\dfrac{e^x}{x}+x^9+1$,求 $y^{(10)}$;

(iv) $y=\dfrac{1+x}{\sqrt{1-x}}$,求 $y^{(n)}$;

(v) $y=\dfrac{1}{x(1-x)}$,求 $y^{(n)}$.

39. 求函数 $y=\arcsin x$ 在点 0 的各阶导数.

40. 求函数 $y=\arctan x$ 的 n 阶导数.

41. 设 $f(x)$三次可导,求 y'', y''':

(i) $y=f(x^2)$;　　　(ii) $y=f\left(\dfrac{1}{x}\right)$;

(iii) $y=f(\mathrm{e}^{-x})$；　　　　(iv) $y=f(\ln x)$.

42. 设 $x=\varphi(y)$是 $y=f(x)$的反函数，试用 f'，f''和 f'''来表示 $\varphi'''(y)$.

43. 求下列由参数方程给出的各函数的二阶导数$\frac{\mathrm{d}^2 y}{\mathrm{d}x^2}$：

(i) $x=2t-t^2$，$y=3t-t^3$；

(ii) $x=\mathrm{e}^t\cos t$，$y=\mathrm{e}^t\sin t$；

(iii) $x=a(t-\sin t)$，$y=a(1-\cos t)$；

(iv) $x=f'(t)$，$y=tf'(t)-f(t)$，$f''(t)>0$ 且 $f'''(t)$存在.

44. 求下列各方程所确定的隐函数的二阶导数$\frac{\mathrm{d}^2 y}{\mathrm{d}x^2}$：

(i) $\mathrm{e}^{x+y}-xy=0$；

(ii) $y^2+2\ln y-x^4=0$；

(iii) $x^3+y^3-3axy=0$，其中 a 为常数.

45. 设 $f(x)$在$(-\infty,+\infty)$上两次连续可导且对任意 x，h，都有

$$f(x+h)-f(x)=hf'\left(x+\frac{h}{2}\right),$$

求证 $f(x)=ax^2+bx+c$，其中 a，b，c 都是常数.

46. 设 $f(x)$在$(-\infty,+\infty)$上无穷次可微，求证对 $x\neq 0$，总有

$$\frac{1}{x^{n+1}}f^{(n)}\left(\frac{1}{x}\right)=(-1)^n\frac{\mathrm{d}^n}{\mathrm{d}x^n}\left[x^{n-1}f\left(\frac{1}{x}\right)\right].$$

47. 利用函数变换 $y=\frac{z}{\sqrt{x}}$来化简微分方程

$$y''+\frac{1}{x}y'+\left(1-\frac{1}{4x^2}\right)y=0.$$

48. 设 $y=(x+\sqrt{1+x^2})^m$，求证

$$(1+x^2)y''+xy'=m^2y.$$

49. 是否存在函数 $f(x)$，它以$\left\{\frac{1}{n}\,\middle|\,n\in\mathbf{N}\right\}$为第 2 类间断点集而在$[-2,2]$上的其余所有点都可导？若将可导加强为两次可导而其他条件都不变，结论又如何？

50. 设函数 $f_1(x),\cdots,f_n(x)$都在(a,b)中 n 次可导，令

$$W_k(x)=\begin{vmatrix} f_1(x) & \cdots & f_k(x) \\ f'_1(x) & \cdots & f'_k(x) \\ \vdots & & \vdots \\ f_1^{(k-1)}(x) & \cdots & f_k^{(k-1)}(x) \end{vmatrix},\quad k=1,2,\cdots,n.$$

已知 $W_n(x)\equiv 0$ 而 $W_{n-1}(x)\neq 0$，求证 $f_1(x),\cdots,f_n(x)$线性相关，即存在不全为 0 的常数 $C_1,C_2,\cdots,C_n$，使得

$$C_1f_1(x)+C_2f_2(x)+\cdots+C_nf_n(x)\equiv 0.$$

第五章　导数的应用

导数是研究函数性质的一个强有力的工具,它在各方面有着许多重要的应用.

§5.1　微分中值定理

微分中值定理是反映函数与导数之间联系的重要定理,共有三个定理,但其中最主要的,也是用得最多的定理是拉格朗日中值定理,即本节定理5.1.3.在讲述中值定理之前,先给出一个预备定理.

定理 5.1.1(费马,Fermat)　设函数 $f(x)$在点 x_0 的邻域 $N(x_0,\delta)$中有定义,在点 x_0 可导且有

$$f(x) \leqslant f(x_0)\ (f(x) \geqslant f(x_0)),\ x \in N(x_0,\ \delta),$$

则 $f'(x_0)=0$.

证　因为$f(x)$在点 x_0 可导,故在点 x_0 的左右导数都存在且相等. 又因为

$$f'_-(x_0) = \lim_{x \to x_0^-} \frac{f(x) - f(x_0)}{x - x_0} \geqslant 0,$$

$$f'_+(x_0) = \lim_{x \to x_0^+} \frac{f(x) - f(x_0)}{x - x_0} \leqslant 0,$$

所以 $f'(x_0)=f'_-(x_0)=f'_+(x_0)=0$.

定理 5.1.2(罗尔,Rolle)　设 $f(x)$在$[a,b]$上连续,在(a,b)中可导,且$f(a)=f(b)$,则存在 $\xi\in(a,b)$,使得$f'(\xi)=0$.

证　若 $f(x)$在$[a,b]$上恒为常数,则结论显然成立. 当 $f(x)$在$[a,b]$上不恒为常数时,其最大值大于最小值. 又因 $f(a)=f(b)$,所以 $f(x)$的最大值和最小值至少有一个在区间(a,b)内取得,不妨设有 $\xi\in(a,b)$,使得$f(\xi)$为 $f(x)$在$[a,b]$上的最大值. 于是由定理 5.1.1 知 $f'(\xi)=0$.

从几何上看,这个定理说的是若连结光滑曲线上两点的弦$\overline{AB}$平行于 x 轴,则两点之间的曲线上必有另一点,使曲线过这点的切线平行于 x 轴,当然也平行于弦$\overline{AB}$. 当弦$\overline{AB}$不平行于 x 轴时,类似的结果照样成立,这就是下面的拉格朗日(Lagrange)中值定理.

定理 5.1.3 设 $f(x)$在$[a,b]$上连续,在(a,b)中可导,则存在 $\xi\in(a,b)$,使得

$$f'(\xi)=\frac{f(b)-f(a)}{b-a}.\tag{5.1.1}$$

证 令

$$F(x)=f(x)-\frac{f(b)-f(a)}{b-a}(x-a),$$

于是 $F(x)$在$[a,b]$上连续,在(a,b)中可导且 $F(a)=f(a)=F(b)$. 从而由罗尔定理知存在 $\xi\in(a,b)$,使得 $F'(\xi)=0$,又因

$$F'(x)=f'(x)-\frac{f(b)-f(a)}{b-a},\ x\in(a,b).$$

所以

$$f'(\xi)=\frac{f(b)-f(a)}{b-a}.$$

当然可以考虑定理 5.1.3 的逆命题:设 $f(x)$在$[a,b]$上连续,在(a,b)中可导,试问对任意 $\xi\in(a,b)$,是否必有 $x_1,x_2\in[a,b]$,$x_1<\xi<x_2$,使得

$$f(x_2)-f(x_1)=(x_2-x_1)f'(\xi)?$$

显然,答案是否定的. 例如 $f(x)=x^3$,$\xi=0$. 这时 $f'(\xi)=f'(0)=0$,而函数 $f(x)$严格递增,对于任何 $x_1<0<x_2$,都不可能有 $f(x_2)-f(x_1)=0$.

这表明定理 5.1.3 的逆定理不成立.

定理 5.1.4(柯西,Cauchy) 设 $f(x)$和 $g(x)$都在$[a,b]$上连续,在(a,b)中可导且当 $x\in(a,b)$时,$g'(x)\neq0$,则存在 $\xi\in(a,b)$,使得

$$\frac{f'(\xi)}{g'(\xi)}=\frac{f(b)-f(a)}{g(b)-g(a)}.\tag{5.1.2}$$

证 若 $g(a)=g(b)$,则由罗尔定理知存在 $\xi\in(a,b)$,使得 $g'(\xi)=0$,此与已知矛盾,故知 $g(b)-g(a)\neq0$,即(5.1.2)式右端有意义.

令

$$H(x)=f(x)-\frac{f(b)-f(a)}{g(b)-g(a)}[g(x)-g(a)],$$

于是 $H(x)$在$[a,b]$上连续,在(a,b)中可导且 $H(a)=f(a)=H(b)$. 从而由罗尔定理知存在 $\xi\in(a,b)$,使得 $H'(\xi)=0$. 又因

$$H'(x)=f'(x)-\frac{f(b)-f(a)}{g(b)-g(a)}g'(x),\ x\in(a,b)$$

且 $g'(x)\neq0$,所以对此 ξ 有(5.1.2)式成立.

若把 a 和 b 分别写成 x 和 $x+\Delta x$,则 $b-a=\Delta x$ 且 $\xi=x+\theta\Delta x$,其中

$0<\theta<1$,于是(5.1.1)式又可写成

$$f(x+\Delta x)=f(x)+f'(x+\theta\Delta x)\Delta x. \qquad (5.1.1')$$

中值定理的这个关系式今后经常用到.

作为微分中值定理的一个应用,我们介绍下面的重要结果.

定理 5.1.5　若 $f(x)$在(a,b)中的导数 $f'(x)\equiv 0$,则 $f(x)$在(a,b)中恒为一个常数.

证　若不然,则存在 $x_1,x_2\in(a,b)$,使得 $x_1<x_2$ 且 $f(x_1)\neq f(x_2)$. 但由拉格朗日中值定理又知存在 $\xi\in(x_1,x_2)$,使得

$$f(x_2)-f(x_1)=f'(\xi)(x_2-x_1)=0,$$

矛盾. 所以 $f(x)$在(a,b)中必恒为常数.

定理 5.1.6(达布,Darboux)　设函数 $f(x)$在区间$[a,b]$上可导而 $\eta\in\mathbf{R}$ 介于 $f'_+(a)$与 $f'_-(b)$之间,则必存在 $\xi\in(a,b)$,使得 $f'(\xi)=\eta$.

证　设 $f'_+(a)$与 $f'_-(b)$异号,先证必存在 $\xi\in(a,b)$,使得 $f'(\xi)=0$. 不妨设 $f'_+(a)>0$, $f'_-(b)<0$.

因为

$$\lim_{x\to a^+}\frac{f(x)-f(a)}{x-a}=f'_+(a)>0,$$

故有 $\delta_1>0$,使当 $a<x<a+\delta_1$ 时,就有

$$\frac{f(x)-f(a)}{x-a}>0,$$

因 $x-a>0$,所以 $f(x)-f(a)>0$,即当 $a<x<a+\delta$ 时,$f(x)>f(a)$,从而 $f(a)$不是 $f(x)$在$[a,b]$上的最大值. 类似地可以证明,$f(b)$也不是$f(x)$的最大值. 又因 $f(x)$在$[a,b]$上可导当然连续,故 $f(x)$必在某点 $\xi\in(a,b)$ 取得最大值. 由定理 5.1.1 知 $f'(\xi)=0$.

回到一般情形,不妨设 $f'_+(a)<\eta<f'_-(b)$,令

$$F(x)=f(x)-\eta x,$$

于是 $F(x)$在$[a,b]$上可导且 $F'_+(a)=f'_+(a)-\eta<0$, $F'_-(b)=f'_-(b)-\eta>0$. 由前段证明知存在 $\xi\in(a,b)$,使得 $F'(\xi)=0$. 这表明 $f'(\xi)-\eta=F'(\xi)=0$,即有 $f'(\xi)=\eta$.

注意,这个定理不能用连续函数的介值定理来证明,因为定理的条件推不出 $f'(x)$的连续性.

例 5.1.1　设函数 $f(x)$在(a,b)上的导函数 $f'(x)$有界,求证 $f(x)$在(a,b)上一致连续,并问逆命题是否成立?

证　设有常数 $M>0$,使得

$$|f'(x)|\leqslant M,\ a<x<b.$$

于是对任何 $a<x_1<x_2<b$，由拉格朗日中值定理知，存在 $\xi\in(x_1,x_2)$，使得

$$|f(x_2)-f(x_1)|=(x_2-x_1)|f'(\xi)|\leqslant M|x_2-x_1|.$$

由此立即得到 $f(x)$ 在 (a,b) 上的一致连续性.

另一方面，考察如下的函数

$$g(x)=\begin{cases}x^{\frac{3}{2}}\sin\dfrac{1}{x}, & \text{当 } x\neq 0,\\ 0, & \text{当 } x=0,\end{cases}$$

则 $g(x)$ 在 $[0,1]$ 上连续且可导，作为闭区间 $[0,1]$ 上的连续函数当然一致连续. 但是，当 $x\neq 0$ 时，

$$\begin{aligned}g'(x)&=\frac{3}{2}x^{\frac{1}{2}}\sin\frac{1}{x}+x^{\frac{3}{2}}\cos\frac{1}{x}\left(-\frac{1}{x^2}\right)\\&=\frac{3}{2}x^{\frac{1}{2}}\sin\frac{1}{x}-x^{-\frac{1}{2}}\cos\frac{1}{x}\end{aligned}$$

在 $(0,1)$ 上无界. 这表明逆命题不成立.

§5.2 洛必达法则

在建立求导法则和求导公式的过程中，极限理论和一些具体的极限结果起着决定性的作用. 而有了导数理论和求导公式之后，它又可以反作用于极限理论. 具体地说，就是能够以导数为工具，来研究某些以前难求的极限的求法，其中最主要的当属求“未定式”极限的洛必达(L'Hospital)法则.

众所周知，如果 $f(x)\to 0$, $g(x)\to 0$ 或者 $f(x)\to\infty$, $g(x)\to\infty$，则比值 $\dfrac{f(x)}{g(x)}$ 的极限状态极为复杂，没有一般的求解方法. 我们就把这种极限称为未定式，并分别称两种情形为 $\dfrac{0}{0}$ 和 $\dfrac{\infty}{\infty}$ 型的未定式. 此外还有另 5 种未定式：$\infty-\infty$, $0\cdot\infty$, 0^0, 1^∞, ∞^0 型. 稍后我们将指出，这 5 种未定式都可以化为前两种未定式来解决.

定理 5.2.1(洛必达) 设函数 $f(x)$ 和 $g(x)$ 都在点 a 的一个空心邻域中可导且 $g'(x)\neq 0$，

$$\lim_{x\to a}\frac{f'(x)}{g'(x)}=A\ (A\in\mathbf{R}\text{ 或 }A=\pm\infty).\tag{5.2.1}$$

(i) 若 $\lim\limits_{x\to a}f(x)=\lim\limits_{x\to a}g(x)=0$，则

$$\lim_{x\to a}\frac{f(x)}{g(x)}=A; \tag{5.2.2}$$

(ii) 若$\lim\limits_{x\to a}g(x)=\infty$,则也有(5.2.2)式成立.

证　(i) 补充定义 $f(a)=g(a)=0$,于是 $f(x)$和 $g(x)$都在 $N(a,\delta)$上连续. 当 $x<a$ 时,由柯西中值定理知存在 $\xi\in(x,a)$,使得

$$\lim_{x\to a^-}\frac{f(x)}{g(x)}=\lim_{x\to a^-}\frac{f(a)-f(x)}{g(a)-g(x)}=\lim_{x\to a^-}\frac{f'(\xi)}{g'(\xi)}. \tag{5.2.3}$$

因为 $x\to a^-$时,也有 $\xi\to a^-$,故由(5.2.1)式知(5.2.3)式右端的极限为 A. 从而由(5.2.3)式有

$$\lim_{x\to a^-}\frac{f(x)}{g(x)}=A. \tag{5.2.4}$$

同理可证

$$\lim_{x\to a^+}\frac{f(x)}{g(x)}=A. \tag{5.2.5}$$

将(5.2.4)式和(5.2.5)式结合起来即得(5.2.2)式.

(ii) 先证(5.2.4)式. 设 $A\in\mathbf{R}$,于是由(5.2.1)式知对任给的 $\varepsilon>0$,都存在 $\delta>0$,使当 $0<|x-a|\leqslant\delta$ 时,就有

$$\left|\frac{f'(x)}{g'(x)}-A\right|<\varepsilon. \tag{5.2.6}$$

当 $x\in(a-\delta,a)$时,由柯西中值定理知存在 $\xi\in(a-\delta,x)$使得

$$\begin{aligned}\frac{f(x)}{g(x)}&=\frac{f(x)-f(a-\delta)}{g(x)-g(a-\delta)}\,\frac{g(x)-g(a-\delta)}{g(x)}+\frac{f(a-\delta)}{g(x)}\\&=\frac{f'(\xi)}{g'(\xi)}\,\frac{g(x)-g(a-\delta)}{g(x)}+\frac{f(a-\delta)}{g(x)}.\end{aligned} \tag{5.2.7}$$

由于 $g'(x)\neq0$ 且 $g(x)\to\infty(x\to a)$,故可设 $g(x)>0,g'(x)>0$ 且 $g(x)\to+\infty(x\to a^-)$. 于是(5.2.7)式右端第 1 项的第 2 个因式为正. 从而由(5.2.7)式和(5.2.6)式得到

$$\frac{f(x)}{g(x)}\leqslant(A+\varepsilon)\frac{g(x)-g(a-\delta)}{g(x)}+\frac{f(a-\delta)}{g(x)}.$$

令 $x\to a^-$取上极限,即得

$$\overline{\lim_{x\to a^-}}\frac{f(x)}{g(x)}\leqslant A+\varepsilon. \tag{5.2.8}$$

同理可证

$$\underline{\lim_{x\to a^-}}\frac{f(x)}{g(x)}\geqslant A-\varepsilon. \tag{5.2.9}$$

将(5.2.8)式和(5.2.9)式结合起来,得到

$$A-\varepsilon \leqslant \varliminf_{x\to a^-}\frac{f(x)}{g(x)} \leqslant \varlimsup_{x\to a^-}\frac{f(x)}{g(x)} \leqslant A+\varepsilon.$$

再由 ε 的任意性即得(5.2.4)式. 同理可证(5.2.5)式成立,从而知(5.2.2)式于 $A\in\mathbf{R}$ 时成立.

当 $A=\pm\infty$时,用类似的方法可以证明(5.2.2)式也成立. 有兴趣的读者可自行补证.

例 5.2.1 求极限 $\lim\limits_{x\to 0^+}\dfrac{\sqrt{x}}{1-e^{2\sqrt{x}}}$.

解 这是$\dfrac{0}{0}$型,按洛必达法则有

$$\lim_{x\to 0^+}\frac{\sqrt{x}}{1-e^{2\sqrt{x}}}=\lim_{x\to 0^+}\frac{\dfrac{1}{2\sqrt{x}}}{-e^{2\sqrt{x}}\dfrac{1}{\sqrt{x}}}=\lim_{x\to 0^+}\frac{1}{-2e^{2\sqrt{x}}}=-\frac{1}{2}.$$

例 5.2.2 求极限 $\lim\limits_{x\to\frac{\pi}{2}}\dfrac{\ln\left(x-\dfrac{\pi}{2}\right)^2}{\tan x}$.

解 这是$\dfrac{\infty}{\infty}$型,按洛必达法则有

$$\begin{aligned}\lim_{x\to\frac{\pi}{2}}\frac{\ln\left(x-\dfrac{\pi}{2}\right)^2}{\tan x}&=\lim_{x\to\frac{\pi}{2}}\frac{\dfrac{2}{x-\dfrac{\pi}{2}}}{\sec^2 x}=\lim_{x\to\frac{\pi}{2}}\frac{2\cos^2 x}{x-\dfrac{\pi}{2}}\\&=\lim_{x\to\frac{\pi}{2}}\frac{-4\cos x\sin x}{1}\\&=-4\lim_{x\to\frac{\pi}{2}}\cos x\sin x=0.\end{aligned}$$

对于 $x\to\infty$的情形,也有类似的洛必达法则.

定理 5.2.2(洛必达) 设 $f(x)$和 $g(x)$都在$|x|>a>0$ 时可导且 $g'(x)\neq 0$,

$$\lim_{x\to\infty}\frac{f'(x)}{g'(x)}=A\ (A\in\mathbf{R}\text{ 或 }A=\pm\infty). \tag{5.2.10}$$

(i) 若$\lim\limits_{x\to\infty}f(x)=\lim\limits_{x\to\infty}g(x)=0$,则

$$\lim_{x\to\infty}\frac{f(x)}{g(x)}=A; \tag{5.2.11}$$

(ii) 若 $\lim\limits_{x\to\infty} g(x)=\infty$,则也有(5.2.11)式成立.

证　令 $F(t)=f\left(\frac{1}{t}\right)$,$G(t)=g\left(\frac{1}{t}\right)$,于是 $F(t)$和 $G(t)$都在点 0 的一个空心邻域中可导且

$$G'(t)=g'\left(\frac{1}{t}\right)\left(-\frac{1}{t^2}\right)\neq 0,$$

$$\lim_{t\to 0}\frac{F'(t)}{G'(t)}=\lim_{t\to 0}\frac{f'\left(\frac{1}{t}\right)\left(-\frac{1}{t^2}\right)}{g'\left(\frac{1}{t}\right)\left(-\frac{1}{t^2}\right)}=\lim_{x\to\infty}\frac{f'(x)}{g'(x)}=A.$$

从而由定理 5.2.1 即知定理 5.2.2 成立.

易见,若把极限过程“$x\to\infty$”换成“$x\to+\infty$”或“$x\to-\infty$”,则定理 5.2.2 的结论照样成立.

例 5.2.3　求极限 $\lim\limits_{x\to+\infty}\frac{e^x}{x^n}$,$n\in\mathbf{N}$.

解　这是$\frac{\infty}{\infty}$型,用数学归纳法证明

$$\lim_{x\to+\infty}\frac{e^x}{x^n}=+\infty,\ n=1,2,\cdots \tag{5.2.12}$$

当 $n=1$ 时,由洛必达法则有

$$\lim_{x\to+\infty}\frac{e^x}{x}=\lim_{x\to+\infty}\frac{e^x}{1}=+\infty.$$

即(5.2.12)式成立. 设 $n=k$ 时,(5.2.12)式成立,当 $n=k+1$ 时,由洛必达法则又有

$$\lim_{x\to+\infty}\frac{e^x}{x^{k+1}}=\lim_{x\to+\infty}\frac{e^x}{(k+1)x^k}=\frac{1}{k+1}\lim_{x\to+\infty}\frac{e^x}{x^k}=+\infty,$$

即$(5.2.12)_{k+1}$成立. 从而(5.2.12)式对所有 n 都成立.

例 5.2.4　求极限 $\lim\limits_{x\to+\infty}\frac{\ln x}{x^\alpha}$, $\alpha>0$.

解　这是$\frac{\infty}{\infty}$型,按洛必达法则有

$$\lim_{x\to+\infty}\frac{\ln x}{x^\alpha}=\lim_{x\to+\infty}\frac{x^{-1}}{\alpha x^{\alpha-1}}=\frac{1}{\alpha}\lim_{x\to+\infty}\frac{1}{x^\alpha}=0.$$

例 5.2.5　求极限 $\lim\limits_{x\to0^+}x^\alpha\ln x$,$\alpha>0$.

解　这是 $0\cdot\infty$型,但稍加变化即可化为$\frac{\infty}{\infty}$型,从而按洛必达法则有

$$\lim_{x\to0^+}x^\alpha\ln x=\lim_{x\to0^+}\frac{\ln x}{\frac{1}{x^\alpha}}=\lim_{x\to0^+}\frac{\frac{1}{x}}{-\frac{\alpha}{x^{\alpha+1}}}$$

$$=\lim_{x\to0^+}\left(-\frac{x^\alpha}{\alpha}\right)=0.$$

例 5.2.6　求极限$\lim\limits_{x\to0}\left(\cot x-\dfrac{1}{x}\right)$.

解　这是$\infty-\infty$型,将它改写

$$\cot x-\frac{1}{x}=\frac{x\cos x-\sin x}{x\sin x},$$

就化成了$\dfrac{0}{0}$型. 于是有

$$\lim_{x\to0}\left(\cot x-\frac{1}{x}\right)=\lim_{x\to0}\frac{x\cos x-\sin x}{x\sin x}$$

$$=\lim_{x\to0}\frac{\cos x-x\sin x-\cos x}{\sin x+x\cos x}$$

$$=\lim_{x\to0}\frac{-\sin x}{\frac{\sin x}{x}+\cos x}=0.$$

例 5.2.7　求极限$\lim\limits_{x\to+\infty}x^{\frac{1}{x}}$.

解　这是∞^0型,改写

$$x^{\frac{1}{x}}=e^{\frac{1}{x}\ln x},$$

就化成了$\dfrac{\infty}{\infty}$型,利用例 5.2.4 的结果,得到

$$\lim_{x\to+\infty}x^{\frac{1}{x}}=\lim_{x\to+\infty}e^{\frac{1}{x}\ln x}=e^{\lim\limits_{x\to+\infty}\frac{1}{x}\ln x}=e^0=1.$$

例 5.2.8　求极限$\lim\limits_{x\to0^+}x^x$.

解　这是0^0型,改写

$$x^x=e^{x\ln x},$$

就化成了例 5.2.5 的情形,从而有

$$\lim_{x\to0^+}x^x=\lim_{x\to0^+}e^{x\ln x}=e^{\lim\limits_{x\to0^+}x\ln x}=e^0=1.$$

例 5.2.9　求极限$\lim\limits_{x\to\frac{\pi}{4}}\tan x^{\tan2x}$.

解 由于 $\tan x\to1,\tan2x\to\infty\left(x\to\frac{\pi}{4}\right)$,所以这是 1^{∞} 型,改写

$$\tan x^{\tan2x}=\mathrm{e}^{\tan2x\ln(\tan x)}=\mathrm{e}^{\frac{\ln(\tan x)}{\cot2x}}$$

就化成了 $\frac{0}{0}$ 型,按洛必达法则有

$$\lim_{x\to\frac{\pi}{4}}\frac{\ln(\tan x)}{\cot2x}=\lim_{x\to\frac{\pi}{4}}\frac{\cot x\cdot\sec^2x}{-2\csc^2 2x}$$

$$=\lim_{x\to\frac{\pi}{4}}\frac{-\sin^2 2x}{2\tan x\cos^2x}=-\frac{1}{2\times1\times\frac{1}{2}}=-1.$$

所以,

$$\lim_{x\to\frac{\pi}{4}}\tan x^{\tan2x}=\frac{1}{\mathrm{e}}.$$

例 5.2.10 求极限 $\lim\limits_{x\to+\infty}\frac{x-\sin x}{x+\sin x}$.

解 这是 $\frac{\infty}{\infty}$ 型,但是极限

$$\lim_{x\to+\infty}\frac{(x-\sin x)'}{(x+\sin x)'}=\lim_{x\to+\infty}\frac{1-\cos x}{1+\cos x}$$

不存在,所以不能应用洛必达法则. 若不去验证洛必达定理的条件就冒然应用洛必达法则,就会得到

$$\lim_{x\to+\infty}\frac{x-\sin x}{x+\sin x}=\lim_{x\to+\infty}\frac{1-\cos x}{1+\cos x}=\lim_{x\to+\infty}\frac{\sin x}{-\sin x}=-1,$$

这当然是错误的结果. 正确的解法是

$$\lim_{x\to+\infty}\frac{x-\sin x}{x+\sin x}=\lim_{x\to+\infty}\frac{x+\sin x-2\sin x}{x+\sin x}$$

$$=1-2\lim_{x\to+\infty}\frac{\sin x}{x+\sin x}=1.$$

这个例子给予我们两点启示:第一,再好的方法也总有它的局限性,洛必达法则也是如此;第二,在使用洛必达法则求极限之前或求解运算中,一定要认真检验其条件是否都已被满足,只有在确认条件都已满足之后才能应用或继续运算.

例 5.2.11 设 $f(x)$ 在 $(a,+\infty)$ 中可微且 $\lim\limits_{x\to+\infty}[f(x)+f'(x)]=0$,求证 $\lim\limits_{x\to+\infty}f(x)=0$.

证 因为 $\mathrm{e}^{x}\to\infty(x\to+\infty)$,故由洛必达法则有

$$\lim_{x\to+\infty} f(x) = \lim_{x\to+\infty} \frac{e^x f(x)}{e^x} = \lim_{x\to+\infty} \frac{(e^x f(x))'}{(e^x)'}$$

$$= \lim_{x\to+\infty} \frac{e^x f(x) + e^x f'(x)}{e^x}$$

$$= \lim_{x\to+\infty} [f(x) + f'(x)] = 0.$$

§5.3 泰勒公式

设函数 $f(x)$在点 x_0 可导，于是按定义有：

$$f(x) - f(x_0) = f'(x_0)(x - x_0) + o((x - x_0)),$$

$$f(x) = f(x_0) + f'(x_0)(x - x_0) + o((x - x_0)). \qquad (5.3.1)$$

这表明在点 x_0 附近，可用一次多项式近似表达 $f(x)$，而误差是高于一阶的无穷小量. 从几何上看，这就是用曲线的过点 x_0 的切线来近似曲线. 从指导思想上看，这种逼近就是使在点 x_0，函数值与一阶导数值都与原函数的相应值相等. 无论是理论证明还是实际计算中，许多情况下使用这种逼近是不够的. 这就需要寻求并建立更准确的逼近. 自然想到用高次多项式去逼近并使多项式在点 x_0 的函数及直到 n 阶导数的值都与原来函数的对应值相等. 这正是本节所要介绍的泰勒(Taylor)公式.

设

$$f(x) = \sum_{k=0}^{n} \frac{f^{(k)}(x_0)}{k!}(x - x_0)^k + R_n(x - x_0), \qquad (5.3.2)$$

其中的 $R_n(x - x_0)$称为余项，它表示用 n 次多项式逼近 $f(x)$时的误差. 因此，下面的问题就是对 $R_n(x - x_0)$进行估计.

(5.3.2)式中出现了 $f(x)$在点 x_0 的直到 n 阶的导数，当然应该要求函数 $f(x)$在点 x_0 处 n 次可导且在点 x_0 的某邻域 $N(x_0,\delta)$中 $n-1$ 次可导. 从而 $f(x)$在 $N(x_0,\delta)$中 $n-2$ 次连续可导且有

$$R_n^{(k)}(0) = \left[f^{(k)}(x) - \sum_{m=k}^{n} \frac{f^{(m)}(x_0)}{(m-k)!}(x - x_0)^{m-k} \right]\Bigg|_{x=x_0}$$

$$= f^{(k)}(x_0) - f^{(k)}(x_0) = 0,\ k = 0,1,\cdots,n-1.$$

于是连续应用 $n-1$ 次洛必达法则有

$$\lim_{x\to x_0} \frac{R_n(x - x_0)}{(x - x_0)^n} = \lim_{x\to x_0} \frac{R'_n(x - x_0)}{n(x - x_0)^{n-1}} = \cdots =$$

$$= \lim_{x \to x_0} \frac{R_n^{(n-1)}(x - x_0)}{n!(x - x_0)}$$

$$= \frac{1}{n!} \lim_{x \to x_0} \left[\frac{f^{(n-1)}(x) - f^{(n-1)}(x_0)}{x - x_0} - f^{(n)}(x_0) \right]$$

$$= 0.$$

这就证明了

$$R_n(x - x_0) = o((x - x_0)^n). \tag{5.3.3}$$

从而有如下的定理.

定理 5.3.1　设函数 $f(x)$在点 x_0 n 次可导,则存在 $\delta>0$,使在 $N(x_0, \delta)$中有(5.3.2)式和(5.3.3)式成立.

以后,我们称(5.3.2)式为函数 $f(x)$在点 x_0 的泰勒公式,当其中的余项由(5.3.3)式给出时,称之为带有皮亚诺(Peano)余项的泰勒公式. 然而,皮亚诺余项只是对余项的定性估计,即当 $x \to x_0$ 时,它是高于 n 阶的无穷小量. 但这不能满足精确估计的需要. 因而还需要建立对余项的定量表达.

定理 5.3.2　设 $f(x)$在$[a,b]$上 n 次连续可导且在(a,b)中 $n+1$ 次可导,则对任何 $x, x_0 \in [a,b]$,都有(5.3.2)式成立,且

$$R_n(x - x_0) = \frac{f^{(n+1)}(\xi)}{(n+1)!}(x - x_0)^{n+1}, \tag{5.3.4}$$

其中 ξ 介于x 和x_0 之间.

证　作辅助函数

$$\varphi(t) = f(x) - \sum_{k=0}^{n} \frac{f^{(k)}(t)}{k!}(x - t)^k, \tag{5.3.5}$$

于是 $\varphi(t)$在$[x_0, x]$或$[x, x_0]$上连续,在(x_0, x)或(x, x_0)中可导且有 $\varphi(x_0) = R_n(x - x_0)$, $\varphi(x) = 0$,

$$\varphi'(t) = -f'(t) - \sum_{k=1}^{n} \frac{1}{k!}[f^{(k+1)}(t)(x - t)^k - f^{(k)}(t)k(x - t)^{k-1}]$$

$$= -\sum_{k=0}^{n} \frac{f^{(k+1)}(t)}{k!}(x - t)^k + \sum_{k=1}^{n} \frac{f^{(k)}(t)}{(k-1)!}(x - t)^{k-1}$$

$$= -\frac{f^{(n+1)}(t)}{n!}(x - t)^n. \tag{5.3.6}$$

为利用柯西中值定理,将(5.3.6)式与(5.3.4)式对照,再令

$$\psi(t) = (x - t)^{n+1},$$

于是 $\psi(x_0) = (x - x_0)^{n+1}$, $\psi(x) = 0$. 从而由柯西中值定理知存在 ξ 介于 x

和 x_0 之间,使得

$$\frac{R_n(x-x_0)}{(x-x_0)^{n+1}}=\frac{\varphi(x_0)-\varphi(x)}{\psi(x_0)-\psi(x)}=\frac{\varphi'(\xi)}{\psi'(\xi)}$$

$$=\frac{-\frac{1}{n!}f^{(n+1)}(\xi)(x-\xi)^n}{-(n+1)(x-\xi)^n}=\frac{f^{(n+1)}(\xi)}{(n+1)!}.$$

由此即得(5.3.4)式.

公式(5.3.4)所表示的 $R_n(x-x_0)$称为拉格朗日余项,当(5.3.2)式中的 $R_n(x-x_0)$由(5.3.4)式表示时,称为带拉格朗日余项的泰勒公式. 本章就介绍这两种余项,到第八章讲述定积分应用时,还要介绍其他类型的余项.

特别地,当 $x_0=0$ 时,定理 5.3.1 和定理 5.3.2 的结论,即两种余项的泰勒公式分别化为

$$f(x)=\sum_{k=0}^{n}\frac{f^{(k)}(0)}{k!}x^k+o(x^n),$$

$$f(x)=\sum_{k=0}^{n}\frac{f^{(k)}(0)}{k!}x^k+\frac{f^{(n+1)}(\theta x)}{(n+1)!}x^{n+1},\ 0<\theta<1.$$

这种在点 $x_0=0$ 展开的泰勒公式确切地称之为麦克劳林公式.

例 5.3.1 求下列各函数的麦克劳林公式:

(i) $f(x)=e^x$; (ii) $f(x)=\ln(1+x)$;

(iii) $f(x)=\sin x$; (iv) $f(x)=\cos x$;

(v) $f(x)=(1+x)^\alpha$, $\alpha\in\mathbf{R}-\mathbf{N}_0$, $\mathbf{N}_0$ 为所有非负整数的集合.

解 (i) 因为当 $x\in(-\infty,+\infty)$时有

$$f^{(k)}(x)=e^x,\ k=0,1,2,\cdots$$

所以在$(-\infty,+\infty)$上有

$$e^x=\sum_{k=0}^{n}\frac{x^k}{k!}+\frac{e^{\theta x}}{(n+1)!}x^{n+1},\ 0<\theta<1. \tag{5.3.7}$$

(ii) 因为当 $x\in(-1,+\infty)$时有

$$f^{(k)}(x)=(-1)^{k-1}\frac{(k-1)!}{(1+x)^k},\ k=1,2,\cdots$$

所以由定理 5.3.2 知,当 $x\in(-1,+\infty)$时,

$$\ln(1+x)=\sum_{k=1}^{n}(-1)^{k-1}\frac{x^k}{k}+(-1)^n\frac{x^{n+1}}{(n+1)(1+\theta x)^{n+1}},$$

$$0<\theta<1. \tag{5.3.8}$$

(iii) 因为在$(-\infty,+\infty)$上有

$$(\sin x)^{(n)} = \sin\left(x + \frac{n\pi}{2}\right),\ n = 0,1,2,\cdots$$

所以有

$$f^{(n)}(x) = \begin{cases} (-1)^k \sin x,\ n = 2k, \\ (-1)^k \cos x,\ n = 2k+1. \end{cases}$$

从而由定理 5.3.2 知于$(-\infty, +\infty)$上有

$$\sin x = \sum_{k=0}^{n} \frac{(-1)^k}{(2k+1)!} x^{2k+1} + (-1)^{n+1} \frac{\cos\theta x}{(2n+3)!} x^{2n+3}, \quad (5.3.9)$$

其中 $0<\theta<1$.

(iv) 因为$(\cos x)^{(n)} = (\sin x)^{(n+1)}$,所以有

$$f^{(n)}(x) = \begin{cases} (-1)^k \sin x,\ n = 2k-1, \\ (-1)^k \cos x,\ n = 2k. \end{cases}$$

从而由定理 5.3.2 知于$(-\infty, +\infty)$上有

$$\cos x = \sum_{k=0}^{n} \frac{(-1)^k}{(2k)!} x^{2k} + (-1)^{n+1} \frac{\cos\theta x}{(2n+2)!} x^{2n+2},$$

$$0 < \theta < 1. \quad (5.3.10)$$

(v) 因为 $f^{(k)}(x) = \alpha(\alpha-1)\cdots(\alpha-k+1)(1+x)^{\alpha-k}$,所以由定理 5.3.2 知于$(-1, +\infty)$上有

$$(1+x)^\alpha = 1 + \sum_{k=1}^{n} \frac{\alpha(\alpha-1)\cdots(\alpha-k+1)}{k!} x^k$$

$$+ \frac{\alpha(\alpha-1)\cdots(\alpha-n)(1+\theta x)^{\alpha-n-1}}{(n+1)!} x^{n+1}, \quad (5.3.11)$$

其中 $0<\theta<1$.

(5.3.7)~(5.3.11)式这五个麦克劳林展开式都是常用的公式,应该记住. 当然,有时可根据需要把余项写成皮亚诺余项.

定理 5.3.1 和 5.3.2 给出了泰勒展开式的存在性. 我们指出,泰勒展开式还是惟一的,而且其证明要容易得多.

定理 5.3.3　设函数 $f(x)$在 $N(x_0, \delta)$上可以写成

$$f(x) = a_0 + a_1(x-x_0) + \cdots + a_n(x-x_0)^n + o((x-x_0)^n),$$

$$f(x) = b_0 + b_1(x-x_0) + \cdots + b_n(x-x_0)^n + o((x-x_0)^n),$$

$$(5.3.12)$$

则 $a_k = b_k$, $k = 0,1,\cdots,n$.

证明　按已知,(5.3.12)式中两式右端相等. 令 $x \to x_0$ 取极限,便得

$a_0=b_0$. 消去 a_0 和 b_0,然后两端同除以 $x-x_0$,得到

$$\begin{aligned}&a_1+a_2(x-x_0)+\cdots+a_n(x-x_0)^{n-1}+o((x-x_0)^{n-1})\\=&b_1+b_2(x-x_0)+\cdots+b_n(x-x_0)^{n-1}+o((x-x_0)^{n-1}).\end{aligned}$$

再令 $x\to x_0$ 取极限,又得 $a_1=b_1$. 继续这个过程,便可依次得到 $a_k=b_k$, $k=2,\cdots,n$.

定理 5.3.3 说的就是形如(5.3.12)的泰勒公式的惟一性,即无论形如(5.3.12)的公式是怎样得来的,只要它形如(5.3.12)式. 它就是 $f(x)$ 的泰勒公式.

例 5.3.2 求函数 $e^{\sin x}$ 的麦克劳林展式(到 x^3 项).

解 由公式(5.3.7)和(5.3.9)有

$$e^x=1+x+\frac{1}{2}x^2+\frac{1}{6}x^3+o(x^3),$$

$$\sin x=x-\frac{1}{6}x^3+o(x^3).$$

从而有

$$\begin{aligned}e^{\sin x}&=1+\sin x+\frac{1}{2}\sin^2x+\frac{1}{6}\sin^3x+o(\sin^3x)\\&=1+\left(x-\frac{1}{6}x^3+o(x^3)\right)+\frac{1}{2}(x+O(x^3))^2\\&\quad+\frac{1}{6}(x+O(x^3))^3+o(x^3)\\&=1+x+\frac{1}{2}x^2+o(x^3).\end{aligned}\tag{5.3.13}$$

按定理 5.3.3 知,(5.3.13)式就是所求的麦克劳林展开式.

例 5.3.3 求极限 $\lim\limits_{x\to0}\dfrac{\cos x-e^{-\frac{x^2}{2}}}{x^4}$.

解 利用泰勒公式

$$\cos x=1-\frac{x^2}{2}+\frac{x^4}{24}+o(x^4),$$

$$e^{-\frac{x^2}{2}}=1-\frac{x^2}{2}+\frac{x^4}{8}+o(x^4),$$

可得

$$\cos x-e^{-\frac{x^2}{2}}=-\frac{x^4}{12}+o(x^4).$$

从而有

$$\lim_{x\to 0}\frac{\cos x - e^{-\frac{x^2}{2}}}{x^4} = \lim_{x\to 0}\frac{-\frac{x^4}{12} + o(x^4)}{x^4} = -\frac{1}{12}.$$

例 5.3.4　求常数 a 和 b，使得

$$\lim_{x\to+\infty}(\sqrt{2x^2+4x-1} - ax - b) = 0.$$

解　按麦克劳林公式(5.3.11)有

$$\sqrt{2x^2+4x-1} = \sqrt{2}x\sqrt{1+\left(\frac{2}{x}-\frac{1}{2x^2}\right)} = \sqrt{2}x + \sqrt{2} - \frac{\sqrt{2}}{4x} + o(1).$$

于是

$$\sqrt{2x^2+4x-1} - ax - b = (\sqrt{2}-a)x + (\sqrt{2}-b) - \frac{\sqrt{2}}{4x} + o(1).$$

按已知有

$$\begin{aligned} 0 &= \lim_{x\to+\infty}(\sqrt{2x^2+4x-1} - ax - b) \\ &= \lim_{x\to+\infty}[(\sqrt{2}-a)x + (\sqrt{2}-b)]. \end{aligned}$$

易见，上式成立当且仅当 $a=\sqrt{2}, b=\sqrt{2}$.

例 5.3.5　计算 $\sin 1^\circ$的近似值(精确到小数点后第 7 位).

解　因为

$$1^\circ = \frac{\pi}{180} = 0.017453292\cdots,$$

所以有

$$0.01745329 < \frac{\pi}{180} < 0.01745330,$$

$$0.00000088 < \frac{1}{3!}\left(\frac{\pi}{180}\right)^3 < 0.00000089,$$

$$\frac{1}{5!}\left(\frac{\pi}{180}\right)^5 < 10^{-2}\left(\frac{3.6}{180}\right)^5 < 10^{-2}(0.02)^5 = 32\times10^{-12} < 10^{-10}.$$

可见，为使结果精确到小数点后第 7 位，应在例 5.3.1 公式(5.3.9)中取 $n=1$，这时

$$\left|R_4\left(\frac{\pi}{180}\right)\right| \leqslant \frac{1}{5!}\left(\frac{\pi}{180}\right)^5 < 10^{-10}.$$

$$0.01745240 < \frac{\pi}{180} - \frac{1}{3!}\left(\frac{\pi}{180}\right)^3 < 0.01745242.$$

所以 $\sin 1^\circ \approx 0.0174524$.

§5.4　函数的增减和极值

从几何上看，导数是曲线的切线斜率. 因此，若光滑曲线在某区间上递增，则切线斜率非负，即导数在该区间上非负. 现在我们要证明这个关系的逆命题也是对的.

定理 5.4.1　设函数 $f(x)$ 在 $[a,b]$ 上连续，在 (a,b) 中可微.

(i) $f(x)$ 在 $[a,b]$ 上递增的充分必要条件是在 (a,b) 中有 $f'(x)\geqslant 0$；

(ii) $f(x)$ 在 $[a,b]$ 上递减的充分必要条件是在 (a,b) 中有 $f'(x)\leqslant 0$.

证　显然，只需证(i).

必要性. 任取 $x\in(a,b)$，$\Delta x>0$. 因为 $f(x)$ 递增，所以 $f(x+\Delta x)-f(x)\geqslant 0$. 又因为 $f(x)$ 在点 x 可导，故有

$$f'(x)=f'_+(x)=\lim_{\Delta x\to 0^+}\frac{f(x+\Delta x)-f(x)}{\Delta x}\geqslant 0.$$

再由 $x\in(a,b)$ 的任意性即知必要性成立.

充分性. 任取 $x_1,x_2\in[a,b]$ 且 $x_1<x_2$，则由拉格朗日中值定理有

$$f(x_2)-f(x_1)=f'(\xi)(x_2-x_1)\geqslant 0,\xi\in(x_1,x_2).$$

由 $x_1,x_2\in[a,b]$ 的任意性即知函数 $f(x)$ 在 $[a,b]$ 上递增.

定理 5.4.2　设 $f(x)$ 在 $[a,b]$ 上连续，在 (a,b) 中可微，则 $f(x)$ 在 $[a,b]$ 上严格递增(递减)的充分必要条件是：

(i) $f'(x)$ 在 (a,b) 中非负(正)；

(ii) 对任何 $(c,d)\subset(a,b)$，都存在 $\xi\in(c,d)$，使得 $f'(\xi)>0$ ($f'(\xi)<0$).

证　必要性. 由定理 5.4.1 知(i)成立. 对任何 $(c,d)\subset(a,b)$，因为 $f(x)$ 严格递增，故有 $f(c)<f(d)$. 从而由拉格朗日中值定理知存在 $\xi\in(c,d)$，使得

$$f'(\xi)=\frac{f(d)-f(c)}{d-c}>0,$$

即(ii)成立.

充分性. 因 $f'(x)$ 在 (a,b) 中非负，故由定理 5.4.1 知 $f(x)$ 于 $[a,b]$ 上递增. 若 $f(x)$ 在 $[a,b]$ 上不是严格递增，则必存在 $x_1,x_2\in[a,b]$，$x_1<x_2$，使得 $f(x_1)=f(x_2)$. 由于 $f(x)$ 在 $[a,b]$ 上递增，故 $f(x)$ 在 $[x_1,x_2]$ 上恒为常数. 从而 $f'(x)$ 在 (x_1,x_2) 中恒等于 0，此与(ii)矛盾. 所以 $f(x)$ 于 $[a,b]$ 上严格递增.

例 5.4.1　求函数 $f(x)=x^4-2x^2$ 的递增和递减区间.

解　由于

$$f'(x) = 4x^3 - 4x = 4x(x+1)(x-1),$$

故知在区间 $(-\infty,-1)$ 和 $(0,1)$ 中 $f'(x)<0$；在区间 $(-1,0)$ 和 $(1,+\infty)$ 中 $f'(x)>0$. 从而由定理 5.4.2 知 $f(x)$ 在区间 $(-\infty,-1]$ 和 $[0,1]$ 上严格递减而在区间 $[-1,0]$ 和 $[1,+\infty)$ 上严格递增.

例 5.4.2　设 $x\neq 0$，求证 $e^x>1+x$.

解　令 $f(x)=e^x-x-1$，于是 $f'(x)=e^x-1$. 可见，在区间 $(-\infty,0)$ 中 $f'(x)<0$；在区间 $(0,+\infty)$ 中 $f'(x)>0$. 故由定理 5.4.2 知 $f(x)$ 在区间 $(-\infty,0]$ 上严格递减而在区间 $[0,+\infty)$ 上严格递增. 又因 $f(0)=0$，所以当 $x\neq 0$ 时，$f(x)>0$，亦即有 $e^x>1+x$.

定义 5.4.1　若存在点 x_0 的一个邻域 $N(x_0,\delta)$，使在 $N(x_0,\delta)$ 上有

$$f(x)\geqslant f(x_0)\quad (f(x)\leqslant f(x_0)),$$

则称点 x_0 为 $f(x)$ 的一个极小点(极大点)，$f(x_0)$ 为 $f(x)$ 的一个极小值(极大值). 极小点和极大点统称为极值点，极小值和极大值统称为极值.

注意，函数的极值和最值(最小值和最大值的统称)是既有关联又不同的两个概念. 二者最根本的区别在于最值是整体的而极值是局部的. 在所论区间上最大值和最小值都至多一个，但极大值和极小值却可以有多个. 特别有趣的是，极大值可能小于某个极小值，这在最值中是不可能的. 例如图 5.4.1 中 $f(x_1)$，$f(x_3)$，$f(x_5)$ 和 $f(x_7)$ 都是极小值，而 $f(x_2)$，$f(x_4)$ 和 $f(x_6)$ 都是极大值，其中极大值 $f(x_2)$ 小于极小值 $f(x_5)$. $f(x)$ 在 $[a,b]$ 上的最小值是 $f(x_1)$ 而最大值是 $f(a)$

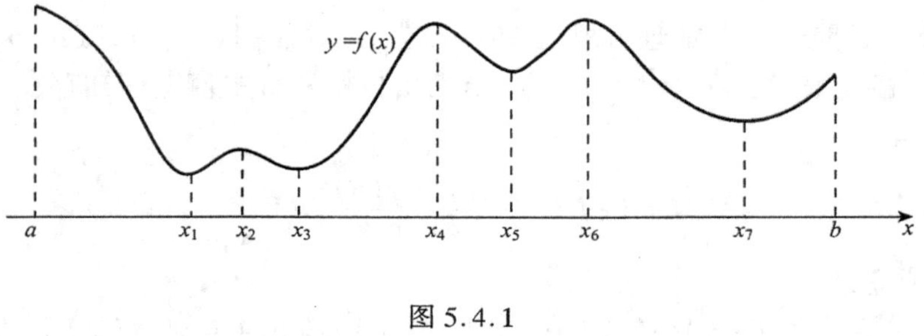

图 5.4.1

§5.1 的费马定理表明，函数在极值点的导数为 0，但逆命题不成立. 例如函数 $f(x)=x^3$ 在点 0 的导数为 0，却不在此点取极值. 尽管如此，求极值点时，我们总是先求出所有的使导数为 0 的点. 这种点称为函数的稳定点. 当

然,这只是就可导点而言,如果函数还有不可导点,则要另加注意.

定理 5.4.3(一阶导数判别法) 设函数 $f(x)$在点 x_0 的某邻域 $N(x_0,\delta)$中连续,在空心邻域 $N(x_0,\delta)-\{x_0\}$中可导.

(i) 若在$(x_0-\delta,x_0)$中 $f'(x)\geqslant 0$,在$(x_0,x_0+\delta)$中 $f'(x)\leqslant 0$,则 x_0 为 $f(x)$的极大点;

(ii) 若在$(x_0-\delta,x_0)$中 $f'(x)\leqslant 0$,在$(x_0,x_0+\delta)$中 $f'(x)\geqslant 0$,则 x_0 为 $f(x)$的极小点.

证 显然,只需证(i). 因为函数 $f(x)$在区间$(x_0-\delta,x_0]$中连续且 $f'(x)$在$(x_0-\delta,x_0)$中非负,故由定理 5.4.1 知 $f(x)$在$(x_0-\delta,x_0]$上递增,从而有

$$f(x)\leqslant f(x_0),\ x\in(x_0-\delta,x_0]. \tag{5.4.1}$$

同理可证 $f(x)$在$[x_0,x_0+\delta)$上递减,从而又有

$$f(x)\leqslant f(x_0),\ x\in[x_0,x_0-\delta]. \tag{5.4.2}$$

按定义,由(5.4.1)式和(5.4.2)式即知点 x_0 为 $f(x)$的极大点.

定理 5.4.4(二阶导数判别法) 设函数 $f(x)$在点 x_0 两次可导且 $f'(x_0)=0$.

(i) 若 $f''(x_0)<0$,则 x_0 为 $f(x)$的极大点;

(ii) 若 $f''(x_0)>0$,则 x_0 为 $f(x)$的极小点.

证 (i) 因为 $f''(x_0)<0$,按定义有

$$\lim_{x\to x_0}\frac{f'(x)-f'(x_0)}{x-x_0}<0.$$

从而有 $\delta>0$,使当 $0<|x-x_0|<\delta$ 时,就有

$$\frac{f'(x)-f'(x_0)}{x-x_0}<0.$$

这意味着 $f'(x)-f'(x_0)$与 $x-x_0$ 反号,即当 $x\in(x_0-\delta,x_0)$时,$f'(x)>f'(x_0)=0$,当 $x\in(x_0,x_0+\delta)$时,$f'(x)<0$. 按定理 5.4.1 之(i)知 x_0 为 $f(x)$的极大点.

同理可证(ii)成立.

例 5.4.3 求函数 $f(x)=x^4-2x^2$ 的所有极值点.

解 因为

$$f'(x)=4x(x+1)(x-1).$$

所以 $f(x)$共有 3 个稳定点:$x_1=-1$, $x_2=0$, $x_3=1$. 又因

$$f''(x) = 4(3x^2 - 1)$$

所以 $f''(-1)>0, f''(0)<0,\ f''(1)>0$. 由定理 5.4.4 知, $f(x)$共有 3 个极值点,其中 -1 和 1 是两个极小点而 0 是极大点.

例 5.4.4　设 $f(x)$在$[a,b]$上两次可导且在$[a,b]$上, $f(x)$与 $f''(x)$同号,又设 $f(x)$在任何子区间上都不恒为 0,求证方程 $f(x)=0$ 和 $f'(x)=0$ 在区间(a,b)中都至多有一个根.

证　(i) 设 $f(x)=0$ 有两个根 $x_1<x_2$. 因为 $f(x)$在$[x_1,x_2]$上不恒为 0,所以或有正的最大值或有负的最小值. 不妨设为前者,设 $f(x)$在 $\xi\in(x_1, x_2)$取得正的最大值,从而由定理 5.4.2 知 $f''(\xi)\leqslant 0$,与 $f(\xi)>0$ 不同号,矛盾.

(ii) 设 $f'(x)=0$ 有两个根 x_3, x_4,由拉格朗日中值定理知有 $\eta\in(x_3, x_4)$,使得 $f''(\eta)=0$. 从而有 $f(\eta)=0$. 由前段证明知 $f(x)=0$ 在(a,b)中至多一个根,故 $f(x)$在$[x_3,\eta)$和$(\eta,x_4]$上都不变号. 不妨设 $f(x)$在$[x_3,\eta)$上恒正,于是 $f''(x)$也在$[x_3,\eta)$上恒正,从而 $f'(x)$在$[x_3,\eta)$上严格递增. 又因 $f'(x_3)=0$,故 $f'(x)$在(x_3,η)中恒正. 再由定理 5.4.2 知 $f(x)$在$[x_3, \eta]$严格递增,从而 $f(\eta)>0$,矛盾.

作为本节结束,最后讲一下最大值和最小值的求法.

设 $f(x)$在$[a,b]$上连续,于是 $f(x)$必能取得最大值和最小值. $f(x)$在$[a,b]$上的最大值可能在(a,b)中某点 x_0 取得,也可能在端点处取得. 例如前面图 5.4.1 中所示的函数的最大值就在端点 a 取得. 若最大值在点 $x_0\in(a,b)$取得,则 x_0 必为极大点. 因此,为求 $f(x)$在$[a,b]$上的最大值,只需将 $f(x)$在(a,b)中的所有极大值与 $f(a), f(b)$相比较,其中最大者即为$f(x)$在$[a,b]$上的最大值.

例 5.4.5　求 $f(x)=x^5-5x^4+5x^3+1$ 在区间$[-1,2]$上的最大值和最小值.

解　因为

$$f'(x) = 5x^4 - 20x^3 + 15x^2 = 5x^2(x-1)(x-3),$$

故知 $f(x)$的稳定点为 $x_1=0, x_2=1,\ x_3=3$. 由于 $x_3=3$ 不在所论区间内,故不予考虑. $f'(x)$在 $N\left(0,\frac{1}{2}\right)$中除点 0 之外皆为正,故 $f(x)$在$N\left(0,\frac{1}{2}\right)$中严格递增,所以 $x_1=0$ 不是 $f(x)$的极值点. 因为

$$f''(1) = (20x^3 - 60x^2 + 30x)\big|_{x=1} = -10 < 0,$$

所以 $x_2=1$ 是 $f(x)$的极大点,极大值 $f(1)=2$.

又因 $f(-1)=-10$, $f(2)=-7$,所以 $f(x)$在$[-1,2]$上的最大值为 $f(1)=2$,最小值为 $f(-1)=-10$.

§5.5 函数的凸性、拐点及函数作图

一、函数的凸性

函数图形的曲线升降是其基本属性之一,描述它的就是上节所讲的函数的单调性.曲线的弯曲方向也是基本属性之一,描述它的就是本节要讲的函数的凸性.

定义 5.5.1 设函数 $f(x)$在区间 I 上有定义.

(i) 若对任何 $x_0,x_1\in I$, $x_0<x_1$,任何 $t\in(0,1)$,都有

$$f((1-t)x_0+tx_1)\leqslant(1-t)f(x_0)+tf(x_1), \tag{5.5.1}$$

则称$f(x)$在区间 I 上是下凸的;若(5.5.1)式中的不等号是严格的,则称 $f(x)$在 I 上是严格下凸的;

(ii) 若把(5.5.1)式中的不等号反过来,则分别称 $f(x)$在区间 I 上是上凸的和严格上凸的.

图 5.5.1(a)中画的是下凸函数,(b)中是上凸函数.当用 A,B 来记两点 $(x_0,f(x_0))$,$(x_1,f(x_1))$时,参数方程

$$x=(1-t)x_0+tx_1,\ y=(1-t)f(x_0)+tf(x_1),\ 0\leqslant t\leqslant1$$

所代表的恰为弦 AB.

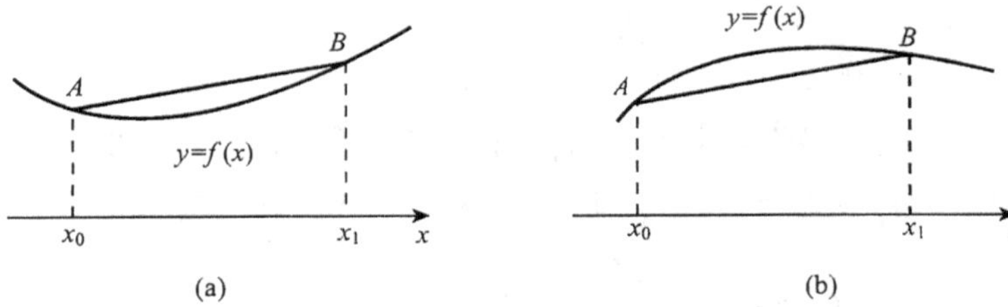

图 5.5.1

从图中可以看出,连结下凸曲线上任何两点的弦都在曲线的上方;连结上凸曲线上任何两点的弦都在曲线的下方,这是由定义决定的.不难看出,凸性还可以用曲线与切线的关系来刻画.当然,我们更注重的是从微分学的角度来刻画.

定理 5.5.1 设 $f(x)$在$[a,b]$上连续,在(a,b)中可导,则下列 3 个命题

等价:

(i) $f(x)$在$[a,b]$上是下凸(上凸)的;

(ii) $f'(x)$在(a,b)中递增(递减);

(iii) 对任何 $u\in(a,b)$,曲线 $f(x)$在点$(u, f(u))$的切线位于曲线的下方(上方),亦即对任何 $x\in[a,b]$,都有

$$f(x)\geqslant(\leqslant)f'(u)(x-u)+f(u).$$

证　设 $a<x_0<x_1<b$, $0<t<1$,记 $x_t=(1-t)x_0+tx_1$,于是

$$\begin{cases}x_t-x_0=t(x_1-x_0)>0,\\ x_t-x_1=(1-t)(x_0-x_1)<0.\end{cases}\tag{5.5.2}$$

我们用轮换法按(i)⇒(ii)⇒(iii)⇒(i)的次序来证明.

(i)⇒(ii). 设 $f(x)$在$[a,b]$上是下凸函数,于是对任何 $a<x_0<x_1<b$, $0<t<1$,都有

$$f(x_t)\leqslant(1-t)f(x_0)+tf(x_1).\tag{5.5.3}$$

由(5.5.2)式和(5.5.3)式有

$$\frac{f(x_t)-f(x_0)}{x_t-x_0}\leqslant\frac{(1-t)f(x_0)+tf(x_1)-f(x_0)}{x_t-x_0}=\frac{f(x_1)-f(x_0)}{x_1-x_0},\tag{5.5.4}$$

$$\frac{f(x_t)-f(x_1)}{x_t-x_1}\geqslant\frac{(1-t)f(x_0)+tf(x_1)-f(x_1)}{x_t-x_1}=\frac{f(x_1)-f(x_0)}{x_1-x_0},\tag{5.5.5}$$

因为 $f(x)$在(a,b)中可导,特别在 x_0 和 x_1 都可导,故当分别在(5.5.4)式和(5.5.5)式中令 $x_t\to x_0^+$, $x_t\to x_1^-$,即令 $t\to0^+$, $t\to1^-$ 时,得到

$$f'(x_0)\leqslant\frac{f(x_1)-f(x_0)}{x_1-x_0}\leqslant f'(x_1).$$

再由 $a<x_0<x_1<b$ 的任意性即知$f'(x)$在(a,b)中递增.

(ii)⇒(iii). 设 $f'(x)$在(a,b)中递增. 任取 $u\in(a,b)$,于是对任何 $x\neq u$,若 $u<x\leqslant b$,则由拉格朗日中值定理知有 $\xi\in(u,x)$,使得

$$\frac{f(x)-f(u)}{x-u}=f'(\xi)\geqslant f'(u).$$

从而得到

$$f(x)\geqslant f'(u)(x-u)+f(u),\ u<x\leqslant b.\tag{5.5.6}$$

若 $a \leqslant x < u$，则由拉格朗日中值定理知有 $\eta \in (x, u)$，使得

$$\frac{f(x) - f(u)}{x - u} = f'(\eta) \leqslant f'(u).$$

因这时 $x - u < 0$，故得

$$f(x) \geqslant f'(u)(x - u) + f(u), \ a \leqslant x < u. \qquad (5.5.7)$$

将(5.5.6)式和(5.5.7)式结合起来即得证(iii).

(iii)⇒(i). 设对任何 $u \in (a, b)$，当 $x \in [a, b]$时都有

$$f(x) \geqslant f'(u)(x - u) + f(u). \qquad (5.5.8)$$

在(5.5.8)式中分别令 $x = x_0, x = x_1$ 和 $u = x_t$，便得

$$f(x_0) \geqslant f'(x_t)(x_0 - x_t) + f(x_t), \qquad (5.5.8')$$

$$f(x_1) \geqslant f'(x_t)(x_1 - x_t) + f(x_t), \qquad (5.5.8'')$$

将(5.5.8′)式乘以$(1-t)$，将(5.5.8″)式乘以 t 然后相加并利用(5.5.2)式，即得

$$\begin{aligned} &(1 - t)f(x_0) + tf(x_1) \\ \geqslant &(1 - t)f'(x_t)t(x_0 - x_1) + (1 - t)f(x_t) \\ &+ tf'(x_t)(1 - t)(x_1 - x_0) + tf(x_t) = f(x_t), \end{aligned}$$

即 $f(x)$在$[a, b]$上是下凸函数.

推论 1 若将定理 5.5.1 的(i)中的下凸，(ii)中的递增和(iii)中的不等式同时加强为严格的，则 3 条命题仍然等价.

推论 2 设 $f(x)$在$[a, b]$上连续，在(a, b)中两次可导.

(i) 若在(a, b)中 $f''(x)$非负(恒正)，则 $f(x)$是$[a, b]$上的下凸(严格下凸)函数；

(ii) 若在(a, b)中 $f''(x)$非正(恒负)，则 $f(x)$是$[a, b]$上的上凸(严格上凸)函数.

显然，e^x 在$(-\infty, +\infty)$上是严格下凸函数而 $\ln x$ 是$(0, +\infty)$上的严格上凸函数，$\sin x$ 在$[0, \pi]$上是严格上凸的而在$[\pi, 2\pi]$上是严格下凸的.

例 5.5.1 研究函数 $f(x) = x^4 - 2x^2$ 的凸性.

解 因为

$$f'(x) = 4x^3 - 4x,$$

$$f''(x) = 12x^2 - 4 = 4(3x^2 - 1)\begin{cases} > 0, & |x| > \dfrac{1}{\sqrt{3}}, \\ < 0, & |x| < \dfrac{1}{\sqrt{3}}. \end{cases}$$

所以由推论 2 知，$f(x)$在$\left(-\infty,-\frac{1}{\sqrt{3}}\right]$和$\left[\frac{1}{\sqrt{3}},+\infty\right)$上是严格下凸的而在$\left[-\frac{1}{\sqrt{3}},\frac{1}{\sqrt{3}}\right]$上是严格上凸的.

附带说明一点，还有的书上把凸性称为凹凸性，并把下凸函数和上凸函数分别称之为凸函数和凹函数.

喜欢看参考书的读者可能注意到，有些书上给出的凸函数的定义与本书的定义不尽相同，似乎更弱一些. 其实，在连续函数的情形中，两个定义是等价的. 对此，我们把它写成下面的例题.

例 5.5.2　设函数 $f(x)$在$[a,b]$上连续且对任意 $x_1,x_2\in[a,b]$，都有

$$f\left(\frac{x_1+x_2}{2}\right)\leqslant\frac{1}{2}[f(x_1)+f(x_2)],\tag{5.5.9}$$

求证对任何 $x\in(x_1,x_2)\subset[a,b]$，都有

$$f(x)\leqslant(1-\theta)f(x_1)+\theta f(x_2),\ \theta=\frac{x-x_1}{x_2-x_1}.\tag{5.5.10}$$

且当(5.5.9)式为严格不等式时，(5.5.10)式也是严格不等式.

证　不妨设 $x_1=0,x_2=1$. 由(5.5.9)式有

$$f\left(\frac{1}{2}\right)\leqslant\frac{1}{2}f(x_1)+\frac{1}{2}f(x_2)=\frac{1}{2}f(0)+\frac{1}{2}f(1),$$

$$f\left(\frac{1}{4}\right)\leqslant\frac{1}{2}f(0)+\frac{1}{2}f\left(\frac{1}{2}\right)\leqslant\frac{3}{4}f(0)+\frac{1}{4}f(1),$$

$$f\left(\frac{3}{4}\right)\leqslant\frac{1}{2}f\left(\frac{1}{2}\right)+\frac{1}{2}f(1)\leqslant\frac{1}{4}f(0)+\frac{3}{4}f(1).$$

由数学归纳法易证. 对于任何 $1\leqslant k\leqslant 2^n-1$，都有

$$f\left(\frac{k}{2^n}\right)\leqslant\left(1-\frac{k}{2^n}\right)f(0)+\frac{k}{2^n}f(1).\tag{5.5.11}$$

对任何 $x\in[0,1]$和任意 $n\in\mathbf{N}$，总有 $0\leqslant k_n\leqslant 2^n-1$，使得$\frac{k_n}{2^n}\leqslant x<\frac{k_n+1}{2^n}$. 显然，$\lim\limits_{n\to\infty}\frac{k_n}{2^n}=x$. 于是由(5.5.11)式有

$$f\left(\frac{k_n}{2^n}\right)\leqslant\left(1-\frac{k_n}{2^n}\right)f(0)+\frac{k_n}{2^n}f(1).$$

在上式中令 $n\to\infty$取极限. 由 $f(x)$的连续性即得

$$f(x)\leqslant(1-x)f(0)+xf(1),\tag{5.5.12}$$

即(5.5.10)式成立.

当(5.5.9)式为严格不等式时,(5.5.11)式也为严格的不等式. 对任何 $x\in(0,1)$,或者 $x\in\left(0,\frac{1}{2}\right]$,或者 $x\in\left(\frac{1}{2},1\right)$,不妨设为前者,于是由(5.5.12)式有

$$\begin{aligned} f(x) &\leqslant (1-2x)f(0)+2xf\left(\frac{1}{2}\right) \\ &< (1-2x)f(0)+2x\cdot\frac{1}{2}[f(0)+f(1)] \\ &= (1-x)f(0)+xf(1). \end{aligned}$$

这就证明了(5.5.10)式也是严格的不等式.

二、拐点

定义 5.5.2 若存在点 x_0 的邻域 $N(x_0,\delta)$,使得函数 $f(x)$ 在 $[x_0-\delta,x_0]$ 和 $[x_0,x_0+\delta]$ 上具有相反的凸性,则称点 x_0 为 $f(x)$ 的一个拐点.

显然,从几何上看,拐点是曲线的上凸部分与下凸部分的分界点.

定理 5.5.2 设点 x_0 为 $f(x)$ 的拐点且 $f''(x_0)$ 存在,则 $f''(x_0)=0$.

证 因为 $f''(x_0)$ 存在,故 $f'(x)$ 在点 x_0 的某邻域 $N(x_0,\delta)$ 中有定义. 又因 x_0 为 $f(x)$ 的拐点,按定义知 $f(x)$ 在 $(x_0-\delta,x_0]$ 和 $[x_0,x_0+\delta)$ 上有相反的凸性. 再由定理 5.5.1 知 $f'(x)$ 在 $(x_0-\delta,x_0]$ 和 $[x_0,x_0+\delta)$ 上有相反的单调性,从而 x_0 为 $f'(x)$ 的极值点. 由费马定理知 $f''(x_0)=0$.

定理 5.5.3 设 $f(x)$ 在点 x_0 的某邻域 $N(x_0,\delta)$ 中两次可导,且 $f''(x)(x-x_0)$ 在 $N(x_0,\delta)$ 中不变号(可以为 0),则 x_0 为 $f(x)$ 的拐点.

证 因为 $f''(x)(x-x_0)$ 在 $N(x_0,\delta)$ 中不变号,故 $f''(x)$ 在点 x_0 两侧异号. 从而由定理 5.5.1 的推论 2 知 $f(x)$ 在点 x_0 两侧具有相反的凸性. 按定义知点 x_0 为 $f(x)$ 的拐点.

推论 若 $f(x)$ 在点 x_0 三次可导且 $f''(x_0)=0$, $f'''(x_0)\neq0$,则 x_0 为 $f(x)$ 的拐点.

例如,$x=\pm\frac{\sqrt{3}}{3}$ 都是例 5.5.1 中的函数 $f(x)=x^4-2x^2$ 的拐点;$x=n\pi(n=0,\pm1,\pm2,\cdots)$ 都是 $\sin x$ 的拐点.

三、函数作图

这里所说的函数作图,是指画出函数的较为精细的草图,即在各种特殊点的值及各区间上的单调性和凸性都较为准确的情况下画出函数的图形,其主

要步骤如下：

(i) 确定函数 $f(x)$的定义域；

(ii) 判定 $f(x)$是否具有奇偶性，周期性及其他对称性；

(iii) 确定函数的增减区间及极值点；

(iv) 确定函数的上凸与下凸区间及拐点；

(v) 求出函数在各特殊点的值，其中包括 $f(x)$与两条坐标轴的交点的函数值；

(vi) 确定 $f(x)$是否有渐近线并求出所有的渐近线；

(vii) 依据上述各条信息，较为准确地作出函数图形.

在作图之前，我们介绍一下函数的各种类型的渐近线.

定义 5.5.3 (i) 若有 $\lim\limits_{x\to+\infty} f(x)=a$ 或有 $\lim\limits_{x\to-\infty} f(x)=b$，则称直线 $y=a$ 或 $y=b$ 为 $f(x)$的水平渐近线；

(ii) 若有 $\lim\limits_{x\to x_0^+} f(x)=\pm\infty$或 $\lim\limits_{x\to x_0^-} f(x)=\pm\infty$，则称直线 $x=x_0$ 为 $f(x)$ 的竖直渐近线；

(iii) 若有 $a\neq 0$，使 $\lim\limits_{x\to+\infty}[f(x)-(ax+b)]=0$ 或 $\lim\limits_{x\to-\infty}[f(x)-(ax+b)]=0$，则称直线 $y=ax+b$ 为 $f(x)$的斜渐近线.

显然，函数的水平渐近线和竖直渐近线均易求出. 下面介绍斜渐近线的求法. 设直线 $y=ax+b$ 是函数$f(x)$的渐近线，于是有

$$\lim_{x\to+\infty}[f(x)-(ax+b)]=0. \tag{5.5.13}$$

由此可得

$$\lim_{x\to+\infty}\left[\frac{f(x)}{x}-a-\frac{b}{x}\right]=\lim_{x\to+\infty}\frac{f(x)-ax-b}{x}=0.$$

因为 a 和 b 都是常数，所以

$$a=\lim_{x\to+\infty}\frac{f(x)}{x}. \tag{5.5.14}$$

将(5.5.14)式代入(5.5.13)式，即得

$$b=\lim_{x\to+\infty}f(x)-ax. \tag{5.5.15}$$

这样就求得了斜渐近线. 同理可知 $x\to-\infty$时是否有渐近线并在存在时求出渐近线.

例 5.5.3 求函数 $y=2x+\arctan x+1$ 的渐近线.

解 因为 y 在$(-\infty,+\infty)$上连续，所以没有竖直渐近线. 又因为$\lim\limits_{x\to\infty} y=\infty$，故也没有水平渐近线.

下面求斜渐近线. 由于

$$\lim_{x\to+\infty}\frac{2x+\arctan x+1}{x}=2+\lim_{x\to+\infty}\frac{\arctan x+1}{x}=2,$$

$$\lim_{x\to-\infty}\frac{2x+\arctan x+1}{x}=2,$$

$$\lim_{x\to+\infty}(2x+\arctan x+1-2x)=\lim_{x\to+\infty}(\arctan x+1)=\frac{\pi}{2}+1,$$

$$\lim_{x\to-\infty}(2x+\arctan x+1-2x)=\lim_{x\to-\infty}(\arctan x+1)=-\frac{\pi}{2}+1,$$

所以函数 $y=2x+\arctan x+1$ 有两条斜渐近线：当 $x\to+\infty$ 时有渐近线 $y=2x+\frac{\pi}{2}+1$；当 $x\to-\infty$ 时有渐近线 $y=2x-\frac{\pi}{2}+1$.

例 5.5.4 求作函数 $f(x)=x^4-2x^2$ 的图形.

解 易见，函数 $f(x)$ 在 $(-\infty,+\infty)$ 上有定义且为偶函数，没有渐近线. $f(\pm\sqrt{2})=0$，即函数图形与 x 轴有两个交点 $(-\sqrt{2},0)$ 和 $(\sqrt{2},0)$，利用上节例 5.4.3 和本节例 5.5.1 的结果，列表如下：

表 5.5.1

<table>
<tr><td>x</td><td>0</td><td>$\left(0,\frac{\sqrt{3}}{3}\right)$</td><td>$\frac{\sqrt{3}}{3}$</td><td>$\left(\frac{\sqrt{3}}{3},1\right)$</td><td>1</td><td>$(1,+\infty)$</td></tr>
<tr><td>$f'(x)$</td><td>0</td><td>$-$</td><td>$-$</td><td>$-$</td><td>0</td><td>$+$</td></tr>
<tr><td>$f''(x)$</td><td>$-$</td><td>$-$</td><td>0</td><td>$+$</td><td>$+$</td><td>$+$</td></tr>
<tr><td rowspan="2">$f(x)$</td><td>0，极大</td><td colspan="3">↘</td><td>-1，极小</td><td>↗</td></tr>
<tr><td colspan="2">上凸</td><td>$-\frac{5}{9}$，拐</td><td colspan="3">下凸</td></tr>
</table>

依据表中的信息，即可画出所论函数 $f(x)$ 的图形如图 5.5.1 所示.

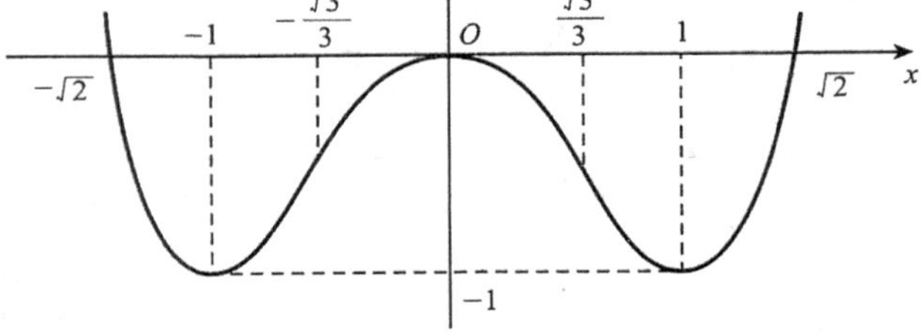

图 5.5.1

例 5.5.5　求作函数 $y=\dfrac{(1+x)^2}{4(1-x)}$的图形.

解　函数 $f(x)=\dfrac{(1+x)^2}{4(1-x)}$的定义域是$(-\infty,1)\cup(1,+\infty)$，$f(-1)=0$，$f(0)=\dfrac{1}{4}$. 由于

$$f'(x)=\frac{(3-x)(1+x)}{4(1-x)^2},\ f''(x)=\frac{2}{(1-x)^3},$$

故有两个稳定点 $x=-1,x=3$. 又因 $f''(-1)=\dfrac{1}{4}>0$，$f''(3)=-\dfrac{1}{4}<0$，所以 -1 是极小点，3 是极大点. $f''(x)$在$(-\infty,1)$中为正，在$(1,+\infty)$中为负，所以 $f(x)$在$(-\infty,1)$中为下凸，在$(1,+\infty)$中为上凸.

因为

$$\lim_{x\to1}\frac{(1+x)^2}{4(1-x)}=\infty,$$

所以直线 $x=1$ 是 $f(x)$的竖直渐近线. 易见 $f(x)$没有水平渐近线. 再求 $f(x)$的斜渐近线. 由于

$$\lim_{x\to\infty}\frac{f(x)}{x}=\lim_{x\to\infty}\frac{(1+x)^2}{4(1-x)x}=-\frac{1}{4}.$$

$$\lim_{x\to\infty}\left[f(x)+\frac{x}{4}\right]=\lim_{x\to\infty}\left[\frac{(1+x)^2}{4(1-x)}+\frac{x}{4}\right]$$

$$=\lim_{x\to\infty}\frac{1+3x}{4(1-x)}=-\frac{3}{4},$$

故知当 $x\to\pm\infty$时，$f(x)$都以直线 $y=-\dfrac{1}{4}(x+3)$为渐近线，将以上结果列表如下：

表 5.5.2

x	$(-\infty,-1)$	-1	$(-1,1)$	$(1,3)$	3	$(3,+\infty)$
$f'(x)$	$-$	0	$+$	$+$	0	$-$
$f''(x)$	$+$	$+$	$+$	$-$	$-$	$-$
$f(x)$	↘	0	↗	↗	-2	↘
	下凸			上凸		

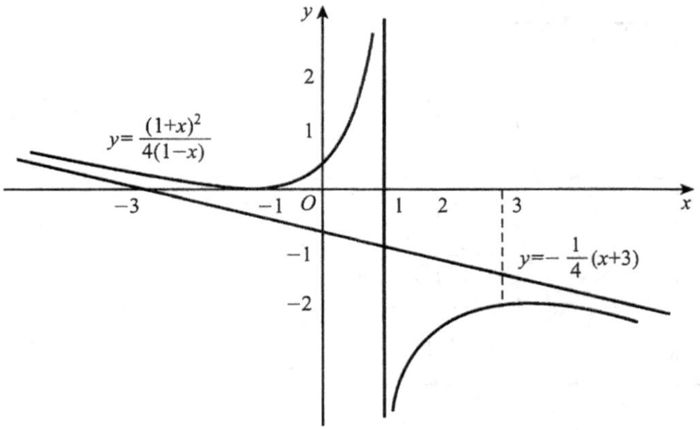

图 5.5.2

易见,这个函数的图形分成两部分,且这两部分关于点(1,-1)中心对称.如果能事先看出这一点,则可使作图过程更为简单.

例 5.5.6 求作函数 $y=\frac{1-2x}{x^2}+1(x>0)$的图形.

解 函数 $f(x)=\frac{1-2x}{x^2}+1$ 的定义域为$(0,+\infty)$,由于

$$f'(x)=\frac{2(x-1)}{x^3},$$

故知 $f(x)$只有一个稳定点 $x=1$. 又因

$$f''(x)=\frac{2(3-2x)}{x^4},$$

$$f''\left(\frac{3}{2}\right)=0,\ f''(1)=2>0,$$

所以 1 是极小点,$\frac{3}{2}$是拐点.

由于

$$\lim_{x\to0^+}\left[\frac{1-2x}{x^2}+1\right]=+\infty,$$

$$\lim_{x\to\infty}\left[\frac{1-2x}{x^2}+1\right]=1,$$

所以 y 轴是$f(x)$的竖直渐近线而 $y=1$ 是 $f(x)$的水平渐近线. 这些结果可列表如下:

表 5.5.3

<table>
<tr><td>x</td><td>$(0,1)$</td><td>1</td><td>$\left(1,\frac{3}{2}\right)$</td><td>$\frac{3}{2}$</td><td>$\left(\frac{3}{2},+\infty\right)$</td></tr>
<tr><td>$f'(x)$</td><td>$-$</td><td>0</td><td>$+$</td><td>$+$</td><td>$+$</td></tr>
<tr><td>$f''(x)$</td><td>$+$</td><td>$+$</td><td>$+$</td><td>0</td><td>$-$</td></tr>
<tr><td rowspan="2">$f(x)$</td><td>↘</td><td>0,极小</td><td colspan="3">↗</td></tr>
<tr><td colspan="3">下凸</td><td>$\frac{1}{9}$,拐</td><td>上凸</td></tr>
</table>

依据这些信息,可作图如下:

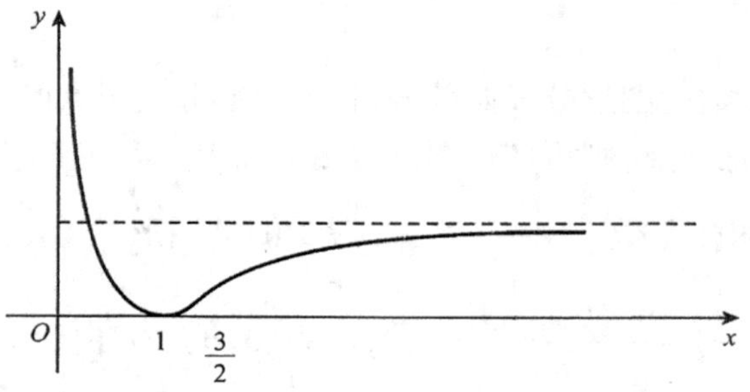

图 5.5.3

§5.6　解方程的牛顿法

除了少数特殊情形之外,一般的方程的根是很难求出的,甚至是无法求出的. 这时只好退而求其次,即求出方程的近似解. 在实际问题中,常常只要求出具有一定精确度的解,并不需要真正的精确解. 有时即使有精确解,由于求法繁杂,也是不适用的,宁可要近似解. 所以,如果对于给定的精确度,总能求出满足要求的解,也就认为方程的求解问题是解决了. 本节就来介绍求方程近似解的一种方法——牛顿法.

设 $y=f(x)$在$[a,b]$上的图像如图5.6.1所示,其中 $f(\xi)=0$,即 ξ 是方程$f(x)=0$ 的解. 为近似地求出 ξ 的值,首先在(ξ,b)中任取 x_0,称之为初始值. 于是得到曲线上的点 $A_0(x_0,f(x_0))$,过点 A_0 作曲线的切线,其方程为

$$y = f'(x_0)(x - x_0) + f(x_0).$$

设此切线交 x 轴于点$x_1\in(\xi,b)$,于是有

$$x_1 = x_0 - \frac{f(x_0)}{f'(x_0)}.$$

由 x_1 又得到曲线上的点 $A_1(x_1, f(x_1))$. 过点 A_1 作曲线的切线,其方程为

$$y = f'(x_1)(x - x_1) + f(x_1).$$

设此切线交 x 轴于点 x_2,于是有

$$x_2 = x_1 - \frac{f(x_1)}{f'(x_1)}.$$

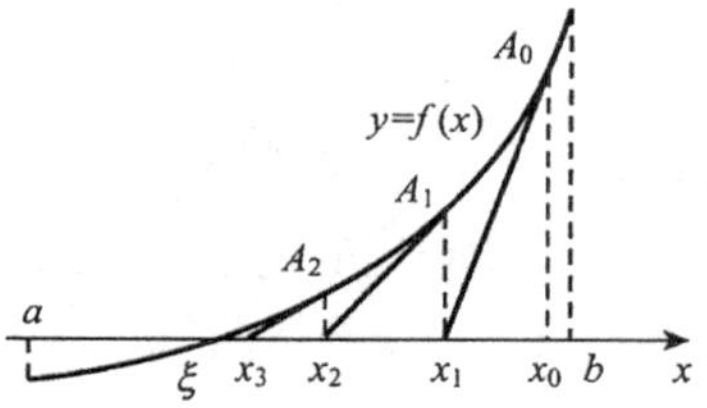

图 5.6.1

继续这个过程,可以得到点列$\{x_n\}$:

$$x_{n+1} = x_n - \frac{f(x_n)}{f'(x_n)},\ n = 0,1,2,\cdots \tag{5.6.1}$$

从图中看出,可以期望 $x_n \to \xi (n \to \infty)$,于是问题在于 $f(x)$满足什么条件时可以保证$\{x_n\}$收敛于 ξ.

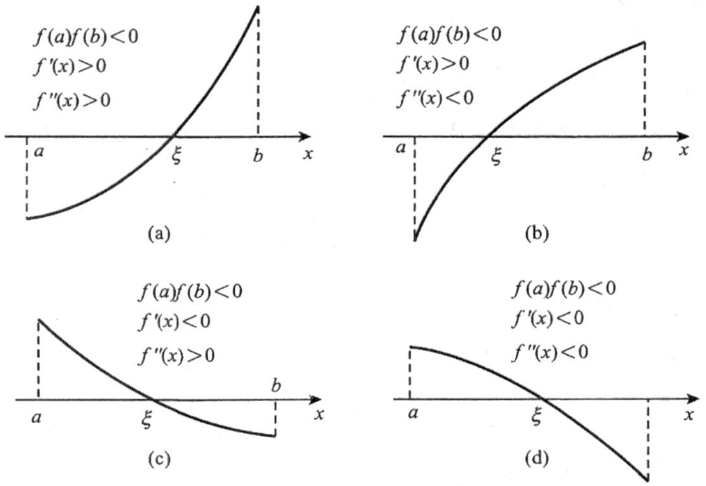

图 5.6.2

从图中可以看出,若在(a)、(d)中取 $x_0 = b$,在(b)、(c)中取 $x_0 = a$,则可以期望由公式(5.6.1)所给出的数列$\{x_n\}$收敛于 ξ. 下面以情形(a)为例给出定理,另外三种情形的结果是类似的.

定理 5.6.1 设 $f(x)$在$[a,b]$上两次可导且满足:

(i) $f(a)<0, f(b)>0$;

(ii) $f'(x)>0, x\in[a,b]$;

(iii) $f''(x)>0, x\in[a,b]$.

则方程 $f(x)=0$ 在 $[a,b]$ 上有惟一解 ξ，且当取 $x_0=b$ 时，由递推公式(5.6.1)给出的数列 $\{x_n\}$ 收敛于 ξ.

证　由(i)和(ii)知方程 $f(x)=0$ 在 $[a,b]$ 上有惟一解 ξ，当然 $a<\xi<b$. 取 $x_0=b$，于是曲线 $y=f(x)$ 在点 $(x_0,f(x_0))$ 的切线方程是

$$F(x)=f'(x_0)(x-x_0)+f(x_0). \tag{5.6.2}$$

由(iii)知 $f(x)$ 在 $[a,b]$ 上严格下凸，故由定理 5.5.1 知

$$f(\xi)>F(\xi)=f'(x_0)(\xi-x_0)+f(x_0).$$

又因 $f(\xi)=0$，故 $F(\xi)<0, F(x_0)=f(x_0)>0$，所以存在 $x_1\in(\xi,x_0)$，使得

$$f'(x_0)(x_1-x_0)+f(x_0)=F(x_1)=0.$$

亦即有

$$x_1=x_0-\frac{f(x_0)}{f'(x_0)},\ \xi<x_1<x_0.$$

完全平行地可以得到

$$x_{n+1}=x_n-\frac{f(x_n)}{f'(x_n)},\ \xi<x_{n+1}<x_n. \tag{5.6.3}$$

由此可见，数列 $\{x_n\}$ 严格递减且有下界 ξ. 所以 $\{x_n\}$ 收敛，记其极限为 ξ'，于是 $\xi\leqslant\xi'<b$. 在(5.6.3)式两端令 $n\to\infty$ 取极限，得到

$$\xi'=\xi'-\frac{f(\xi')}{f'(\xi')}.$$

从而得到 $f(\xi')=0$. 由 $f(x)=0$ 在 $[a,b]$ 上的解的惟一性即得 $\xi'=\xi$，亦即 $x_n\to\xi(n\to\infty)$.

习　题　5

1. 利用拉格朗日中值定理证明下列各不等式：

(i) $|\sin x-\sin y|\leqslant|x-y|$;

(ii) $\frac{x}{1+x}<\ln(1+x)<x,\ x>0$;

(iii) $|\arctan x-\arctan y|\leqslant|x-y|$.

2. 设函数 $f(x)$ 在 $[a,b]$ 上可导，问 $f'(x)$ 在 $[a,b]$ 上是否必有界？说明理由.

3. 设函数 $f(x)$ 在 $[a,b]$ 上连续，在 (a,b) 中可导，又设 $f(x)$ 不是线性函数且 $f(a)<f(b)$，求证存在点 $\xi\in(a,b)$，使得

$$f'(\xi)>\frac{f(b)-f(a)}{b-a}.$$

4. 设 $f(x)$ 在 (a,b) 中可导，求证 $f'(x)$ 不可能有第一类间断点.

5. 设 $f(x)$具有二阶连续导数且 $f(0)=0$. 定义

$$g(x)=\begin{cases} f'(0), & x=0, \\ \dfrac{f(x)}{x}, & x\neq 0. \end{cases}$$

求证 $g(x)$具有一阶连续导数.

6. 已知 $f'(x)\equiv k$(常数),求证 $f(x)=kx+b$,其中 b 为常数.

7. 设(a,b)为任一开区间,a 可为 $-\infty$,b 可以为 $+\infty$,$f(x)$在(a,b)中可导且 $\lim\limits_{x\to a^+}f(x)=\lim\limits_{x\to b^-}f(x)$,证明存在 $\xi\in(a,b)$,使得 $f'(\xi)=0$.

8. 试证对任何常数 c,方程 $x^2-3x+c=0$ 在$[0,1]$上都不可能有两个不等的实根.

9. 设 $f(x)$在$(0,a]$上可导且 $\lim\limits_{x\to 0^+}\sqrt{x}f'(x)$存在,求证 $f(x)$在$(0,a]$上一致连续.

10. 设 $f(x)$在$(-\infty,+\infty)$上有定义且对任何 $a,b\in(-\infty,+\infty)$,都满足

$$|f(b)-f(a)|\leqslant M|b-a|^{\alpha},\alpha>1,$$

求证 $f(x)$恒等于常数.

11. 设 $f(x)$在有限开区间(a,b)上可导但无界,求证 $f'(x)$在(a,b)上也无界.

12. (i) 设 $f'(x)$在无穷区间 I 上有界,问 $f(x)$在 I 上是否一定有界?

(ii) 设 $f(x)$在无穷区间 I 上有界且可导,问 $f'(x)$在 I 上是否一定有界?

13. 设 $f(x)$在(a,b)中可导且 $f'(x)$在(a,b)中单调,求证 $f'(x)$在(a,b)中连续.

14. 设 $f(x)$在$(a,+\infty)$上可导且 $f'(x)\to 0(x\to+\infty)$,求证 $\lim\limits_{x\to+\infty}\dfrac{f(x)}{x}=0$.

15. (i) 设 $f(x)$在$[a,a+\delta]$上连续,在$(a,a+\delta)$中可导,求证若 $\lim\limits_{x\to a^+}f'(x)$存在,则 $\lim\limits_{x\to a^+}f'(x)=f'_+(a)$.

(ii) 在一般情况下,(i)中的结论成立吗? 试研究函数

$$f(x)=\begin{cases} \arctan\dfrac{1+x}{1-x}, & x\neq 1, \\ 0, & x=1, \end{cases}$$

并证明$\lim\limits_{x\to 1}f'(x)$存在但 $f'_-(1)$和 $f'_+(1)$都不存在.

16. 设 $f(x)$在$[a,+\infty)$上有定义.

(i) 设 $\lim\limits_{x\to+\infty}f(x)$和 $\lim\limits_{x\to+\infty}f'(x)$都存在,求证

$$\lim_{x\to+\infty}f'(x)=0.$$

(ii) 设 $\lim\limits_{x\to+\infty}f(x)$和 $\lim\limits_{x\to+\infty}f''(x)$都存在,求证

$$\lim_{x\to+\infty}f'(x)=\lim_{x\to+\infty}f''(x)=0.$$

17. 利用洛必达法则求下列各极限:

(i) $\lim\limits_{x\to 0}\dfrac{\tan x-x}{x-\sin x}$; (ii) $\lim\limits_{x\to 0}\dfrac{x\cot x-1}{x^2}$;

(iii) $\lim\limits_{x\to 0}\dfrac{x(e^x+1)-2(e^x-1)}{x^3}$;

(iv) $\lim\limits_{x\to 0}\dfrac{a^x-a^{\sin x}}{x^3}$;　　(v) $\lim\limits_{x\to+\infty}\dfrac{x^n}{a^x}$, $a>1$, $n\in\mathbf{N}$;

(vi) $\lim\limits_{x\to 0}\dfrac{e^{-\frac{1}{x^2}}}{x}$;　　(vii) $\lim\limits_{x\to 0}\dfrac{(1+x)^{\frac{1}{x}}-e}{x}$;

(viii) $\lim\limits_{x\to\infty}\left(\tan\dfrac{\pi x}{2x+1}\right)^{\frac{1}{x}}$;

(ix) $\lim\limits_{x\to+\infty}\left(\dfrac{2}{\pi}\arctan x\right)^x$;

(x) $\lim\limits_{x\to 1^+}\left(\dfrac{1}{\ln x}-\dfrac{1}{x-1}\right)$;

(xi) $\lim\limits_{x\to 0}\dfrac{\cos(\sin x)-\cos x}{x^4}$;

(xii) $\lim\limits_{x\to 0}\left(\dfrac{1}{x}-\dfrac{1}{e^x-1}\right)$;　　(xiii) $\lim\limits_{x\to 0}\left(\cot x-\dfrac{1}{x}\right)$;

(xiv) $\lim\limits_{x\to 0}\left[\dfrac{\ln(1+x)}{x}\right]^{\frac{1}{x}}$;　　(xv) $\lim\limits_{x\to 0}\left[\dfrac{(1+x)^{\frac{1}{x}}}{e}\right]^{\frac{1}{x}}$.

18. 设 $f(x)$在区间$[0,+\infty)$上可导且 $0\leqslant f(x)\leqslant\dfrac{x}{1+x^2}$,求证:存在 $\xi>0$,使 $f'(\xi)=\dfrac{1-\xi^2}{(1+\xi^2)^2}$.

19. 设 $a^2-3b<0$,求证函数 $f(x)=x^3+ax^2+bx+c$ 在$(-\infty,+\infty)$上恰有一个实根.

20. 求下列各函数的麦克劳林公式:

(i) $\cos x^2$;　　(ii) $\sin^3 x$;

(iii) $\ln(1-x^2)$;　　(iv) $\dfrac{1}{(1+x)^2}$.

21. 写出下列各函数的麦克劳林公式到指定的项:

(i) $\tan x$　(x^3);　　(ii) $e^x\cos x$　(x^4);

(iii) $\ln(x+\sqrt{x^2+1})$　(x^3);

(iv) $\ln(1+x+x^2+x^3)$　(x^6).

22. 求下列各极限:

(i) $\lim\limits_{x\to 0}\left(\dfrac{1}{x}-\dfrac{1}{\sin x}\right)$;

(ii) $\lim\limits_{x\to+\infty}\left[\sqrt[3]{x^3+3x}-\sqrt{x^2-2x}\right]$;

(iii) $\lim\limits_{x\to+\infty}\left[x-x^2\ln\left(1+\dfrac{1}{x}\right)\right]$;

(iv) $\lim\limits_{x\to 0}\dfrac{\ln(1+3^x)}{\ln(1+2^x)}$;

(v) $\lim\limits_{x\to 0}\dfrac{e^x\sin x-x(1+x)}{x^3}$.

23. 设 $f(x)$在点 x_0 的某邻域中 $n+1$ 次连续可导且 $f^{(n+1)}(x_0)\neq 0$,其泰勒公式为

$$f(x_0+h)=f(x_0)+hf'(x_0)+\cdots+\frac{h^n}{n!}f^{(n)}(x_0+\theta h),$$

其中$0<\theta<1$,求证$\lim\limits_{h\to 0}\theta=\dfrac{1}{n+1}$.

24. 设$f(x)$在点x_0两次可导,求证

$$\lim_{h\to 0}\frac{f(x_0+h)+f(x_0-h)-2f(x_0)}{h^2}=f''(x_0).$$

25. 设$f(x)$在$[a,b]$上两次可导且$f'(a)=f'(b)=0$,求证存在$\xi\in(a,b)$,使得

$$|f''(\xi)|\geqslant\frac{4}{(b-a)^2}|f(b)-f(a)|.$$

26. 设$f(x)$在点0的某邻域中连续可导且$f'(0)=0$,$f''(0)$存在,求证

$$\lim_{x\to 0}\frac{f(x)-f(\ln(1+x))}{x^3}=\frac{1}{2}f''(0).$$

27. 设$f(x)$在$(-\infty,+\infty)$上两次可导且对所有$x\in(-\infty,+\infty)$,有

$$|f(x)|\leqslant M_0,\ |f''(x)|\leqslant M_2,$$

其中M_0和M_2都是常数. 令

$$M_1=\sup_{-\infty<x<+\infty}|f'(x)|,$$

求证:(i) 存在与M_0、M_2无关的常数C,使得$M_1\leqslant CM_0^{\frac{1}{2}}M_2^{\frac{1}{2}}$;

(ii) (i)中的常数C可以取为$\sqrt{2}$.

28. 设$f(x)$在(a,b)中无穷次可导,对任何$x\in(a,b)$和任何$n\in\mathbf{N}$,$f^{(n)}(x)\geqslant 0$且$|f(x)|\leqslant M$.求证对任何$x\in(a,b)$和$r>0$,$x+r\in(a,b)$,都有

$$f^{(n)}(x)\leqslant\frac{2Mn!}{r^n},\ n=1,2,\cdots$$

29. 设$f(x)$在$[a,b]$上连续,在(a,b)中两次可导,求证存在$\xi\in(a,b)$,使得

$$f(b)-2f\left(\frac{a+b}{2}\right)+f(a)=\frac{1}{4}(b-a)^2f''(\xi).$$

30. 设$f(x)$在$(-\infty,+\infty)$上无穷次可导且满足:

(i) $|f^{(n)}(x)|\leqslant M$, $-\infty<x<+\infty$, $n=0,1,2,\cdots$;

(ii) $f\left(\dfrac{1}{m}\right)=0$, $m=1,2,\cdots$.

求证$f(x)\equiv 0$.

31. 设$f(0)=0$, $f'(x)$严格递增,求证函数$g(x)=\dfrac{f(x)}{x}$在$(0,+\infty)$上严格递增.

32. 求下列各函数的单调区间:

(i) $y=3x-x^3$; (ii) $y=\dfrac{x^2}{2^x}$;

(iii) $y=(1+x)^{\frac{1}{x}}$, $x>0$;

(iv) $y=x+|\sin 2x|$;

(v) $y=x^ne^{-x}$, $n\in\mathbf{N}$, $x\geqslant 0$.

33. 设 $p(x)$为多项式,即 $p(x)=a_nx^n+a_{n-1}x^{n-1}+\cdots+a_1x+a_0$,求证:

(i) 存在 $x_0>0$,使 $p(x)$分别在$(-\infty,-x_0]$和$[x_0,+\infty)$上严格单调;

(ii) 若 n 为偶数,则当 $a_n>0$ 时,$p(x)$必有最小值;当 $a_n<0$ 时,$p(x)$必有最大值.

34. 求证下列各不等式:

(i) $x>\sin x>\frac{2}{\pi}x,\ 0<x<\frac{\pi}{2}$;

(ii) $x-\frac{x^3}{6}>\sin x>x,\ x<0$;

(iii) $\tan x>x+\frac{x^3}{3},\ 0<x<\frac{\pi}{2}$.

35. 设 $f(x)$在(a,b)中有定义,在点 $x_0\in(a,b)$可导且 $f'(x_0)>0$,问是否存在 $\delta>0$,使 $f(x)$在邻域 $N(x_0,\delta)$中递增?说明理由.

36. 设点 x_0 是连续函数 $f(x)$的极小点,问是否必存在 $\delta>0$,使 $f(x)$在$(x_0-\delta,x_0)$中递减而在$(x_0,x_0+\delta)$中递增?说明理由.

37. 求函数 $xD(x)$和 $R(x)$的全部极值点.

38. 设 $f(x)$是两次可微的偶函数,$f''(x)\neq0$,求证 $f(0)$是极值.

39. 设函数 $f(x)$在区间 I 上可导且在 I 上只有惟一的稳定点 x_0,若 $f(x_0)$为极大值,求证 $f(x_0)$为 $f(x)$在 I 上的最大值.

40. 对任意 $x,y>0,0<\alpha<\beta$,求证

$$(x^\beta+y^\beta)^{\frac{1}{\beta}}<(x^\alpha+y^\alpha)^{\frac{1}{\alpha}}.$$

41*. 试证对任何 $n\in\mathbf{N}$,都有

$$\frac{e}{2n+2}<e-\left(1+\frac{1}{n}\right)^n<\frac{e}{2n+1}.$$

42. 设 $f(x)$在$(-\infty,+\infty)$上两次可导且有界,求证存在一点 x_0,使 $f''(x_0)=0$.

43*. 设 $f(x)$于$(-\infty,+\infty)$上两次可导且满足

$$f^2(x)\leqslant a,\ [f'(x)]^2+[f''(x)]^2\leqslant b,$$

其中 a 和 b 都是常数,求证

$$[f(x)]^2+[f'(x)]^2\leqslant\max\{a,b\},\ -\infty<x<+\infty.$$

44. 设 $f(x)$在$[0,a]$上两次可导且$|f''(x)|\leqslant M,\ 0\leqslant x\leqslant a$,又设 $f(x)$在 $x_0\in(0,a)$取得最大值,求证$|f'(0)|+|f'(a)|\leqslant Ma$.

45. 设 $f(x)$在$[-1,1]$上恒正连续可导且 $f(0)=1$,求证

$$\lim_{x\to0}[f(x)]^{\frac{1}{x}}=e^{f'(0)}.$$

46. 设函数 $f(x)$和 $g(x)$都下凸且 $f(x)$递增,求证复合函数 $f\circ g$ 也是下凸函数.

47. 设 $p_i\geqslant0,i=1,\cdots,n$ 且 $\sum_{i=1}^n p_i=1$,$f(x)$ 下凸,求证琴生不等式

$$f\left(\sum_{i=1}^n p_ix_i\right)\leqslant\sum_{i=1}^n p_if(x_i).$$

48. 设 $f(x)$在区间 I 上是下凸的,求证对任何 $x_1,x_2,x_3\in I,x_1<x_2<x_3$,都有

$$\frac{f(x_2)-f(x_1)}{x_2-x_1}\leqslant\frac{f(x_3)-f(x_1)}{x_3-x_1}\leqslant\frac{f(x_3)-f(x_2)}{x_3-x_2}.$$

49．求下列各函数的凸性区间和拐点：

(i) $y=3x^2-x^3$； (ii) $y=\dfrac{1}{1+x^2}$；

(iii) $y=(x-1)\sqrt[3]{x^2}$； (iv) $y=\sqrt{1+x^2}$.

50．求下列各函数的极值：

(i) $y=x^3-6x^2+8x-4$;

(ii) $y=(x+1)^{10}\mathrm{e}^{-x}$；

(iii) $y=x+\dfrac{1}{x}$；

(iv) $y=\sin^3 x+\cos^3 x$.

51．作出下列各函数的图像：

(i) $y=\dfrac{2x}{1+x^2}$； (ii) $y=\dfrac{x^2}{1+x}$；

(iii) $y=\sqrt{\dfrac{x^3}{x-1}}$； (iv) $y=\dfrac{(x+1)^3}{(x-1)^2}$.

第六章　不定积分

像初等数学一样，每讲述一种运算之后，总要研究它的逆运算，而且逆运算往往包含更为丰富的内容和更为新颖的结果. 求导运算的逆运算就是求不定积分，它是下一章中定积分计算的预备知识.

§6.1　不定积分的概念

设 I 是一个区间，函数 $F(x)$ 和 $f(x)$ 都在区间 I 上有定义.

定义 6.1.1　如果在区间 I 上总有 $F'(x)=f(x)$，则称 $F(x)$ 是 $f(x)$ 在区间 I 上的一个原函数.

由于

$$(x^2)'=2x,\ (\sin x)'=\cos x,\ (\arcsin x)'=\frac{1}{\sqrt{1-x^2}},$$

所以按定义知，x^2 是 $f(x)=2x$ 在 $(-\infty,+\infty)$ 上的一个原函数；$\sin x$ 是 $\cos x$ 在 $(-\infty,+\infty)$ 上的一个原函数；$\arcsin x$ 是 $\frac{1}{\sqrt{1-x^2}}$ 在 $(-1,1)$ 上的一个原函数. 易见，如果函数 $f(x)$ 在区间 I 上有一个原函数 $F(x)$，则它的原函数不止一个. 对此，我们有如下的定理.

定理 6.1.1　设 $F(x)$ 是 $f(x)$ 在区间 I 上的原函数，则 $G(x)$ 是 $f(x)$ 在区间 I 上的原函数的充分必要条件是 $G(x)=F(x)+C$，其中 C 为任意常数.

证　设 $G(x)=F(x)+C$，因为常数 C 的导数为 0，故有

$$G'(x)=(F(x)+C)'=F'(x)=f(x),$$

所以 $G(x)$ 也是 $f(x)$ 在区间 I 上的一个原函数. 充分性得证.

反之，设 $G(x)$ 也是 $f(x)$ 在区间 I 上的原函数，于是有

$$(G(x)-F(x))'=G'(x)-F'(x)=f(x)-f(x)=0.$$

所以在区间 I 上有 $G(x)-F(x)\equiv C$，其中 C 为常数，即在区间 I 上有 $G(x)=F(x)+C$，必要性得证.

定义 6.1.2　设函数 $f(x)$ 在区间 I 上有原函数，则 $f(x)$ 在 I 上的原函数全体称为 $f(x)$ 在 I 上的不定积分，记为 $\int f(x)\mathrm{d}x$. 这里，"$\int$"称为积分号，读作"积分"，$f(x)$ 称为被积函数而 $f(x)\mathrm{d}x$ 称为被积表达式，x 称为积分变

量.

这里所说的 $f(x)$ 在区间 I 上的不定积分指的不是$f(x)$ 的一个原函数，而是 $f(x)$ 的全体原函数. 这时,若 $F(x)$ 是 $f(x)$ 在区间 I 上的一个原函数，则由定理 6.1.1 知

$$\int f(x)\mathrm{d}x = \{F(x) + C \mid C \in \mathbf{R}\}.$$

习惯上,上式右端并不写成这样的集合形式,而是简写如下

$$\int f(x)\mathrm{d}x = F(x) + C,$$

其中 C 是任意常数. 但这里的 C 更多地理解成所有实数C,从而体现右端所示是 $f(x)$的所有原函数. 例如

$$\int 2x\mathrm{d}x = x^2 + C, \int \cos x\mathrm{d}x = \sin x + C.$$

还有一点需要指出的是,在原函数和不定积分的定义中,所论的实数集合都是区间 I. 这样做的目的在于使讨论既简单明了又不失严密性,而绝不是说以后对每个函数求不定积分都要限制在某个区间上. 恰恰相反,以后论及的许多不定积分都不是在一个区间上,而是在不止一个甚至无穷多个互相隔开的区间之并集上进行的. 这时,原函数和不定积分的定义都不必修改. 但定理 6.1.1 的结果则需加以改动. 其中的 $G(x) = F(x) + C$ 应改为$F(x)$在不同的区间上分别加上既可相同又可不同的常数 C_i. 由于这种写法比较复杂而道理又非常简单,所以习惯上仍然写成 $G(x) = F(x) + C$,只是这时要把所加的任意常数 C 理解为可以在不同区间上取不同的值. 这样一来,函数在较一般的实数集上的不定积分与函数在一个区间上的不定积分在写法上就完全一致了.

例如,由求导公式知

$$(\ln|x|)' = \frac{1}{x}, \ x \in (-\infty,0) \cup (0, +\infty),$$

$$(\tan x)' = \sec^2 x, \ x \in \bigcup_{n=-\infty}^{+\infty}\left(n\pi - \frac{\pi}{2}, n\pi + \frac{\pi}{2}\right),$$

所以有

$$\int \frac{1}{x}\mathrm{d}x = \ln|x| + C, \ x \in (-\infty,0) \cup (0, +\infty),$$

$$\int \sec^2 x\mathrm{d}x = \tan x + C, \ x \in \bigcup_{n=-\infty}^{+\infty}\left(n\pi - \frac{\pi}{2}, n\pi + \frac{\pi}{2}\right).$$

而且由于 $x = 0$ 时被积函数$\frac{1}{x}$没有定义,$x = n\pi + \frac{\pi}{2}$时 $\sec x$ 也没有定义,所以

积分式后加的自变量 x 的变化范围不加也不会导致误解，习惯上也正是这样处理的.

第四章在进行求导运算时，我们曾经主要针对基本初等函数列出一个导数表，给导数运算带来许多方便. 现在我们则要就不定积分列一个类似的表，而它和上述的导数表恰好是互逆的.

(i) $\int 0\mathrm{d}x = C$;

(ii) $\int x^{\alpha}\mathrm{d}x = \dfrac{x^{\alpha+1}}{\alpha+1} + C,\ \alpha \neq -1$;

(iii) $\int \dfrac{1}{x}\mathrm{d}x = \ln|x| + C$;

(iv) $\int a^{x}\mathrm{d}x = \dfrac{a^{x}}{\ln a} + C,\ a > 0,\ a \neq 1$;

(v) $\int \mathrm{e}^{x}\mathrm{d}x = \mathrm{e}^{x} + C$;

(vi) $\int \sin x\mathrm{d}x = -\cos x + C$;

(vii) $\int \cos x\mathrm{d}x = \sin x + C$;

(viii) $\int \sec^{2}x\mathrm{d}x = \tan x + C$;

(ix) $\int \csc^{2}x\mathrm{d}x = -\cot x + C$;

(x) $\int \dfrac{\mathrm{d}x}{\sqrt{1-x^{2}}} = \begin{cases} \arcsin x + C, \\ -\arccos x + C; \end{cases}$

(xi) $\int \dfrac{\mathrm{d}x}{1+x^{2}} = \begin{cases} \arctan x + C, \\ -\mathrm{arccot}\, x + C; \end{cases}$

(xii) $\int \mathrm{sh}x\mathrm{d}x = \mathrm{ch}x + C$;

(xiii) $\int \mathrm{ch}x\mathrm{d}x = \mathrm{sh}x + C$;

(xiv) $\int \dfrac{\mathrm{d}x}{\mathrm{sh}^{2}x} = -\mathrm{cth}x + C$;

(xv) $\int \dfrac{\mathrm{d}x}{\mathrm{ch}^{2}x} = \mathrm{th}x + C$.

由于求导运算和线性运算可以换序，所以作为逆运算的不定积分与线性运算也可以换序. 这是不定积分的一个性质.

定理 6.1.2　设 $F(x)$ 和 $G(x)$ 分别是 $f(x)$ 和 $g(x)$ 在实数集 X 上的任一原函数，则有

(i) $\int kf(x)\mathrm{d}x = kF(x) + C$,其中 k 为常数;

(ii) $\int [f(x) \pm g(x)]\mathrm{d}x = F(x) \pm G(x) + C$.

例 6.1.1 求不定积分$\int (x^2 + \sin x - \cos x)\mathrm{d}x$.

解 因为$\int x^2\mathrm{d}x = \frac{x^3}{3} + C$,$\int \sin x\mathrm{d}x = -\cos x + C$, $\int \cos x\mathrm{d}x = \sin x + C$, 所以

$$\int (x^2 + \sin x - \cos x)\mathrm{d}x = \frac{x^3}{3} - \cos x - \sin x + C.$$

例 6.1.2 求不定积分 $\int \frac{x^2}{1 + x^2}\mathrm{d}x$.

解 由于

$$\frac{x^2}{1 + x^2} = 1 - \frac{1}{1 + x^2},$$

所以由定理 6.1.2 有

$$\int \frac{x^2}{1 + x^2}\mathrm{d}x = \int 1\mathrm{d}x - \int \frac{\mathrm{d}x}{1 + x^2} = x - \arctan x + C.$$

最后,我们指出,求导和求不定积分互为逆运算的具体体现是:

$$\frac{\mathrm{d}}{\mathrm{d}x}\int f(x)\mathrm{d}x = f(x),$$

$$\mathrm{d}\int f(x)\mathrm{d}x = f(x)\mathrm{d}x,$$

$$\int \mathrm{d}f(x) = \int f'(x)\mathrm{d}x = f(x) + C.$$

前两个式子表明先积分后微分时,微分和积分恰好互相抵消. 第三个式子表明先微分后积分时,可能差一个任意常数 C. 但是,当把微分号下的函数 $f(x)$也加上常数 C 时,就恰好是互相抵消了,即当把等式两端的函数都理解为带有任意常数 C 的函数族时,积分恰为微分的逆运算.

不定积分作为求导的逆运算,它的运算法则都是从求导法则逆向推导而来. 除了定理 6.1.2 之外,还有两个重要法则:一个是从复合函数求导法变化而来的换元积分法;一个是从乘积微分法变化而来的分部积分法. 我们将在下面两节分别讲述它们.

§6.2 换元积分法

设 $F(x)$是 $f(x)$在区间 I 上的一个原函数,于是有

$$\int f(x)\mathrm{d}x = F(x) + C. \tag{6.2.1}$$

又设函数 $x=\varphi(t)$是区间 J 上的可导函数,其值域含在区间 I 中,于是作为复合函数有

$$\mathrm{d}F(\varphi(t)) = F'(\varphi(t))\varphi'(t)\mathrm{d}t. \tag{6.2.2}$$

从而又有

$$F(\varphi(t)) + C = \int f(\varphi(t))\varphi'(t)\mathrm{d}t. \tag{6.2.3}$$

由(6.2.1)式和(6.2.3)式得到

$$\int f(x)\mathrm{d}x = \int f(\varphi(t))\varphi'(t)\mathrm{d}t. \tag{6.2.4}$$

由(6.2.4)式可知,若其中的两个积分有一个可以求得,则另一个立即可以得到,这就是换元积分法的理论根据.

(一) 如果要求(6.2.4)式右端的不定积分,而(6.2.4)式左端的不定积分是可以求得的,这时就可以将右端的不定积分通过(6.2.4)式化为左端来求.这种方法就称之为第一换元积分法.

由于(6.2.4)式右端的积分是先给的,按照习惯,把它的积分变量写成 x.设 $g(x)=f(\varphi(x))\varphi'(x)$, $t=\varphi(x)$,于是由(6.2.4)式有

$$\int g(x)\mathrm{d}x = \int f(\varphi(x))\varphi'(x)\mathrm{d}x = \int f(t)\mathrm{d}t. \tag{6.2.5}$$

若 $F(t)$是 $f(t)$的一个原函数,则有

$$\int g(x)\mathrm{d}x = \int f(t)\mathrm{d}t = F(t) + C = F(\varphi(x)) + C. \tag{6.2.6}$$

这就是第一换元积分法的公式.

例 6.2.1　求不定积分$\int \frac{x}{1+x^4}\mathrm{d}x$.

解　因为

$$\frac{x}{1+x^4} = \frac{1}{2}\frac{(x^2)'}{1+(x^2)^2},$$

所以当令 $t=x^2$ 时,由(6.2.5)式,(6.2.6)式有

$$\begin{aligned}\int \frac{x}{1+x^4}\mathrm{d}x &= \int \frac{1}{2}\frac{\mathrm{d}(x^2)}{1+(x^2)^2} = \frac{1}{2}\int \frac{\mathrm{d}t}{1+t^2} \\ &= \frac{1}{2}\arctan t + C = \frac{1}{2}\arctan x^2 + C.\end{aligned}$$

例 6.2.2　求不定积分$\int \tan x\mathrm{d}x$.

解 令 $t=\cos x$，于是有

$$\int \tan x\mathrm{d}x=\int \frac{\sin x}{\cos x}\mathrm{d}x=-\int \frac{(\cos x)'}{\cos x}\mathrm{d}x=-\int \frac{\mathrm{d}t}{t}$$
$$=-\ln|t|+C=-\ln|\cos x|+C.$$

例 6.2.3 求 $\int \frac{\mathrm{d}x}{a^2-x^2}$，$a>0$.

解 由于

$$\frac{1}{a^2-x^2}=\frac{1}{2a}\left(\frac{1}{a-x}+\frac{1}{a+x}\right),$$

而且

$$\int \frac{\mathrm{d}x}{a-x}=-\int \frac{\mathrm{d}(a-x)}{a-x}=-\int \frac{\mathrm{d}t}{t}=-\ln|t|+C=-\ln|a-x|+C$$
$$\int \frac{\mathrm{d}x}{a+x}=\int \frac{\mathrm{d}(a+x)}{a+x}=\ln|a+x|+C,$$

所以

$$\int \frac{\mathrm{d}x}{a^2-x^2}=\frac{1}{2a}\left(\int \frac{\mathrm{d}x}{a-x}+\int \frac{\mathrm{d}x}{a+x}\right)$$
$$=\frac{1}{2a}(-\ln|a-x|+\ln|a+x|+C)$$
$$=\frac{1}{2a}\ln\left|\frac{a+x}{a-x}\right|+C.$$

例 6.2.4 求 $\int \sec x\mathrm{d}x$.

解法 1 参看例 6.2.3 的结果，我们有

$$\int \sec x\mathrm{d}x=\int \frac{\cos x}{\cos^2 x}\mathrm{d}x=\int \frac{\mathrm{d}\sin x}{1-\sin^2 x}=\int \frac{\mathrm{d}t}{1-t^2}$$
$$=\frac{1}{2}\ln\left|\frac{1+\sin x}{1-\sin x}\right|+C=\frac{1}{2}\ln\left|\frac{1+\sin x}{\cos x}\right|^2+C$$
$$=\ln|\sec x+\tan x|+C.$$

解法 2 令 $t=\tan\frac{x}{2}$，于是有

$$\int \sec x\mathrm{d}x=\int \frac{\mathrm{d}x}{\cos^2\frac{x}{2}-\sin^2\frac{x}{2}}=\int \frac{\mathrm{d}x}{\cos^2\frac{x}{2}\left(1-\tan^2\frac{x}{2}\right)}$$

$$=2\int \frac{\mathrm{d}\tan\frac{x}{2}}{1-\tan^2\frac{x}{2}}=2\int \frac{\mathrm{d}t}{1-t^2}$$

$$= \ln\left|\frac{1+\tan\frac{x}{2}}{1-\tan\frac{x}{2}}\right| + C = \ln\left|\tan\left(\frac{x}{2}+\frac{\pi}{4}\right)\right| + C.$$

例 6.2.4 中的两种方法导致两个形式不同的结果,这没有关系. 通常我们不去把一个化为另一个,而是通过求导法则来验证每个结果的正确性.

例 6.2.5　求 $\int \frac{\mathrm{d}x}{\sqrt{a^2-x^2}}$, $a>0$.

解　令 $t=\frac{x}{a}$,于是有

$$\int \frac{\mathrm{d}x}{\sqrt{a^2-x^2}} = \int \frac{\mathrm{d}\left(\frac{x}{a}\right)}{\sqrt{1-\left(\frac{x}{a}\right)^2}} = \int \frac{\mathrm{d}t}{\sqrt{1-t^2}} = \arcsin t + C$$

$$= \arcsin\frac{x}{a} + C.$$

例 6.2.6　求 $\int \frac{\mathrm{d}x}{\sqrt{x(1-x)}}$.

解法 1　令 $t=2x-1$,于是有

$$\int \frac{\mathrm{d}x}{\sqrt{x(1-x)}} = \int \frac{\mathrm{d}x}{\sqrt{x-x^2-\frac{1}{4}+\frac{1}{4}}} = \int \frac{\mathrm{d}x}{\sqrt{\frac{1}{4}-\left(x-\frac{1}{2}\right)^2}}$$

$$= \int \frac{\mathrm{d}(2x-1)}{\sqrt{1-(2x-1)^2}} = \int \frac{\mathrm{d}t}{\sqrt{1-t^2}}$$

$$= \arcsin t + C = \arcsin(2x-1) + C.$$

解法 2　令 $t=\sqrt{x}$,于是有

$$\int \frac{\mathrm{d}x}{\sqrt{x(1-x)}} = 2\int \frac{\mathrm{d}x}{2\sqrt{x}\sqrt{1-x}} = 2\int \frac{\mathrm{d}\sqrt{x}}{\sqrt{1-(\sqrt{x})^2}} = 2\int \frac{\mathrm{d}t}{\sqrt{1-t^2}}$$

$$= 2\arcsin t + C = 2\arcsin\sqrt{x} + C.$$

例 6.2.7　求 $\int \tan^n x\,\mathrm{d}x$, 其中 $n\in\mathbf{N}$.

解　利用三角公式和第一换元积分法,我们有

$$I_n = \int \tan^n x\,\mathrm{d}x = \int \tan^{n-2}x\,\frac{\sin^2 x}{\cos^2 x}\mathrm{d}x = \int \tan^{n-2}x\,\frac{1-\cos^2 x}{\cos^2 x}\mathrm{d}x$$

$$= \int \tan^{n-2}x\,\mathrm{d}\tan x - \int \tan^{n-2}x\,\mathrm{d}x = \int t^{n-2}\mathrm{d}t - I_{n-2}$$

$$= \frac{1}{n-1}t^{n-1} - I_{n-2} = \frac{1}{n-1}\tan^{n-1}x - I_{n-2}. \qquad (6.2.7)$$

上式中因 I_{n-2} 还是一个不定积分,其结果中含有任意常数 C,所以计算前一个积分 $\int t^{n-2}\mathrm{d}t$ 时只要写出一个原函数而不必再写任意常数 C.

显然,(6.2.7)式是个递推公式. 由此可知,按奇偶性的不同,最后化归 I_1 和 I_0 的计算. 对此,我们有

$$I_1 = \int \tan x\mathrm{d}x = -\ln|\cos x| + C,\ I_0 = \int \mathrm{d}x = x + C. \qquad (6.2.8)$$

由(6.2.7)式和(6.2.8)式得到

$$I_n = \sum_{i=1}^{\left[\frac{n}{2}\right]} \frac{(-1)^{i-1}}{n-(2i-1)}\tan^{n-(2i-1)}x + (-1)^{\left[\frac{n}{2}\right]} I_{n-2\left[\frac{n}{2}\right]}$$

$$= \sum_{i=1}^{\left[\frac{n}{2}\right]} \frac{(-1)^{i-1}}{n-(2i-1)}\tan^{n-(2i-1)}x + \begin{cases} (-1)^{\left[\frac{n}{2}\right]}x + C, & n = 2k, \\ (-1)^{\left[\frac{n}{2}\right]+1}\ln|\cos x| + C, & n = 2k-1. \end{cases}$$

利用这个公式,易得

$$I_4 = \int \tan^4 x\mathrm{d}x = \frac{1}{3}\tan^3 x - \tan x + x + C;$$

$$I_5 = \int \tan^5 x\mathrm{d}x = \frac{1}{4}\tan^4 x - \frac{1}{2}\tan^2 x - \ln|\cos x| + C.$$

(二)如果要求的是(6.2.4)式左端的积分,而(6.2.4)式右端的积分是可以积出的,则可通过(6.2.4)式将左端的积分化为右端的积分来作. 这就是第二换元积分法. 这时,设 $g(t)=f(\varphi(t))\varphi'(t)$,$G(t)$ 是 $g(t)$ 的一个原函数,于是有

$$\int f(x)\mathrm{d}x = \int f(\varphi(t))\varphi'(t)\mathrm{d}t = \int g(t)\mathrm{d}t = G(t) + C.$$

设 $x=\varphi(t)$ 的反函数为 $t=\varphi^{-1}(x)$,最后得到

$$\int f(x)\mathrm{d}x = \int g(t)\mathrm{d}t = G(t) + C = G(\varphi^{-1}(x)) + C. \qquad (6.2.9)$$

这就是第二换元积分法的公式.

例 6.2.8 求 $\int \frac{\mathrm{d}x}{\sqrt{x^2+a^2}}$, $a > 0$.

计算这个无理函数积分的关键在于通过换元去掉根号.

解法 1 令 $x = a\tan t$, $-\frac{\pi}{2} < t < \frac{\pi}{2}$,于是有

$$\int \frac{\mathrm{d}x}{\sqrt{x^2+a^2}} = \int \frac{\mathrm{d}(a\tan t)}{\sqrt{a^2\tan^2 t + a^2}} = \int \frac{a\sec^2 t}{a\sec t}\mathrm{d}t = \int \sec t\,\mathrm{d}t,$$

由例 6.2.4 的结果得到

$$\int \frac{\mathrm{d}x}{\sqrt{x^2+a^2}} = \ln|\sec t + \tan t| + C.$$

因为 $x = a\tan t$,所以

$$\tan t = \frac{x}{a},\ \sec t = \sqrt{\tan^2 t + 1} = \frac{\sqrt{x^2+a^2}}{a},$$

于是

$$\int \frac{\mathrm{d}x}{\sqrt{x^2+a^2}} = \ln\left|\frac{\sqrt{x^2+a^2}}{a} + \frac{x}{a}\right| + C = \ln(\sqrt{x^2+a^2} + x) + C - \ln a.$$

因为 C 为任意常数,所以 $C-\ln a$ 仍然是任意常数,从而可仍然把它记为 C,于是得到

$$\int \frac{\mathrm{d}x}{\sqrt{x^2+a^2}} = \ln(\sqrt{x^2+a^2} + x) + C.$$

解法 2 令 $x = a\,\mathrm{sh}t$,于是 $\mathrm{d}x = a\,\mathrm{ch}t\,\mathrm{d}t$,于是有

$$\int \frac{\mathrm{d}x}{\sqrt{x^2+a^2}} = \int \frac{a\,\mathrm{ch}t}{a\,\mathrm{ch}t}\mathrm{d}t = \int \mathrm{d}t = t + C.$$

因为双曲正弦 $\frac{x}{a} = \mathrm{sh}t$ 的反函数为 $t = \ln\frac{x+\sqrt{x^2+a^2}}{a}$,所以有

$$\begin{aligned}\int \frac{\mathrm{d}x}{\sqrt{x^2+a^2}} &= t + C = \ln\frac{x+\sqrt{x^2+a^2}}{a} + C \\ &= \ln(x+\sqrt{x^2+a^2}) + C.\end{aligned}$$

比较解法 1 和解法 2 并注意解法 1 中用到了例 6.2.4 的现成结果,易见,即使加上求双曲正弦反函数的过程,解法 2 也还是比解法 1 来得简单. 这也正是数学分析中总要使用双曲函数的主要原因.

例 6.2.9 求 $\int\sqrt{a^2-x^2}\,\mathrm{d}x, a>0$.

解 注意,被积函数的定义域为 $[-a,a]$. 令 $x = a\sin t$, $t\in\left[-\frac{\pi}{2},\frac{\pi}{2}\right]$, 于是 $\mathrm{d}x = a\cos t\,\mathrm{d}t$, $\sqrt{a^2-x^2} = a\cos t$. 从而有

$$\int\sqrt{a^2-x^2}\,\mathrm{d}x = a^2\int\cos^2 t\,\mathrm{d}t = \frac{a^2}{2}\int(1+\cos 2t)\,\mathrm{d}t$$

$$= \frac{a^2}{2}t + \frac{a^2}{4}\sin 2t + C$$

$$= \frac{a^2}{2}\arcsin\frac{x}{a} + \frac{1}{2}x\sqrt{a^2 - x^2} + C.$$

例 6.2.10 求 $\int \frac{\mathrm{d}x}{\sqrt{x^2 - a^2}}$, $a > 0$, $|x| > a$.

解法 1 令 $x = a\sec t$, $t \in \left(0, \frac{\pi}{2}\right) \cup \left(\frac{\pi}{2}, \pi\right)$,于是 $\mathrm{d}x = a\sec t\tan t\mathrm{d}t$, $\sqrt{x^2 - a^2} = a\sqrt{\tan^2 t} = \pm a\tan t$,其中当 $t \in \left(0, \frac{\pi}{2}\right)$时取正号,当 $t \in \left(\frac{\pi}{2}, \pi\right)$时取负号. 从而由例 6.2.4 的结果有

$$\int \frac{\mathrm{d}x}{\sqrt{x^2 - a^2}} = \int \frac{a\sec t\tan t}{\pm a\tan t}\mathrm{d}t = \pm\int \sec t\mathrm{d}t = \pm \ln|\sec t + \tan t| + C$$

$$= \begin{cases} \ln\left|\frac{x}{a} + \frac{\sqrt{x^2 - a^2}}{a}\right| + C \\ -\ln\left|\frac{x}{a} - \frac{\sqrt{x^2 - a^2}}{a}\right| + C \end{cases}$$

$$= \begin{cases} \ln|x + \sqrt{x^2 - a^2}| + C, & x > a, \\ -\ln|x - \sqrt{x^2 - a^2}| + C, & x < -a. \end{cases}$$

又因当 $x < -a$ 时,有

$$-\ln|x - \sqrt{x^2 - a^2}| = -\ln(\sqrt{x^2 - a^2} - x)$$

$$= -\ln\frac{(x^2 - a^2) - x^2}{x + \sqrt{x^2 - a^2}}$$

$$= -\ln\frac{a^2}{|x + \sqrt{x^2 - a^2}|}$$

$$= \ln|x + \sqrt{x^2 - a^2}| - \ln a^2.$$

所以对所有$|x| > a$,均有

$$\int \frac{\mathrm{d}x}{\sqrt{x^2 - a^2}} = \ln|x + \sqrt{x^2 - a^2}| + C.$$

像例 6.2.8 一样,本题也可利用双曲变换来解.

解法 2 令 $x = \pm a\operatorname{ch}t$, $t > 0$,其中当 $x > a$ 时取正号,当 $x < -a$ 时取负号,于是 $\mathrm{d}x = \pm a\operatorname{sh}t\mathrm{d}t$, $\sqrt{x^2 - a^2} = a\operatorname{sh}t$. 从而有

$$\int \frac{dx}{\sqrt{x^2-a^2}} = \pm \int \frac{a \operatorname{sh} t}{a \operatorname{sh} t} dt = \pm \int dt = \pm t + C.$$

由双曲余弦的反函数知

$$t = \begin{cases} \ln(x + \sqrt{x^2-a^2}) - \ln a, & x > a, \\ \ln(-x + \sqrt{x^2-a^2}) - \ln a, & x < -a, \end{cases} \tag{6.2.10}$$

代入上式,并经由像解法 1 中一样的变化即得

$$\int \frac{dx}{\sqrt{x^2-a^2}} = \ln|x + \sqrt{x^2-a^2}| + C.$$

例 6.2.11　求$\int \frac{dx}{x\sqrt{x^2-1}}, x > 1.$

解法 1　令 $t=\sqrt{x^2-1}$,于是 $x=\sqrt{t^2+1}$,$dx=\frac{t\,dt}{\sqrt{t^2+1}}$,从而有

$$\int \frac{dx}{x\sqrt{x^2-1}} = \int \frac{dt}{t^2+1} = \arctan t + C = \arctan\sqrt{x^2-1} + C.$$

解法 2　令 $t=\frac{1}{x}$,于是

$$\int \frac{dx}{x\sqrt{x^2-1}} = \int \frac{dx}{x^2\sqrt{1-\frac{1}{x^2}}} = -\int \frac{d\left(\frac{1}{x}\right)}{\sqrt{1-\frac{1}{x^2}}} = -\int \frac{dt}{\sqrt{1-t^2}}$$

$$= -\arcsin t + C = -\arcsin\frac{1}{x} + C.$$

解法 3　令 $x=\csc t$, $t\in\left(0,\frac{\pi}{2}\right)$,于是 $dx=-\csc t\cdot\cot t\,dt$,$\sqrt{x^2-1}=\cot t$. 从而有

$$\int \frac{dx}{x\sqrt{x^2-1}} = -\int \frac{\csc t\cot t}{\csc t\cot t} dt = -\int dt = -t + C,$$

因$\frac{1}{x}=\sin t$,故得 $t=\arcsin\frac{1}{x}$. 代入上式便得与解法 2 同样的结果.

解法 4　令 $x=\operatorname{ch} t$, $t>0$,于是 $dx=\operatorname{sh} t\,dt$,$\sqrt{x^2-1}=\operatorname{sh} t$. 从而有

$$\int \frac{dx}{x\sqrt{x^2-1}} = \int \frac{dt}{\operatorname{ch} t} = \int \frac{\operatorname{ch} t}{\operatorname{ch}^2 t} dt = \int \frac{d\operatorname{sh} t}{1+\operatorname{sh}^2 t} = \arctan(\operatorname{sh} t) + C$$

$$= \arctan\sqrt{\operatorname{ch}^2 t - 1} + C = \arctan\sqrt{x^2-1} + C.$$

解法 5　作与解法 4 同样的变换 $x=\operatorname{ch} t$, $t>0$,但改变解法 4 中的运算,

又得

$$\int \frac{\mathrm{d}x}{x\sqrt{x^2-1}} = \int \frac{\mathrm{d}t}{\mathrm{ch}t} = 2\int \frac{\mathrm{d}t}{\mathrm{e}^t+\mathrm{e}^{-t}} = 2\int \frac{\mathrm{d}\mathrm{e}^t}{\mathrm{e}^{2t}+1} = 2\arctan\mathrm{e}^t + C.$$

按双曲函数定义有

$$\mathrm{e}^t = \mathrm{ch}t + \mathrm{sh}t = \mathrm{ch}t + \sqrt{\mathrm{ch}^2 t - 1} = x + \sqrt{x^2-1}.$$

代入上式即得

$$\int \frac{\mathrm{d}x}{x\sqrt{x^2-1}} = 2\arctan(x+\sqrt{x^2-1}) + C.$$

解法 6 令$\sqrt{x^2-1}=x-t$，于是

$$t = x-\sqrt{x^2-1},\ x^2-1 = x^2-2xt+t^2,\ x = \frac{t^2+1}{2t},$$

$$\mathrm{d}x = \frac{t^2-1}{2t^2}\mathrm{d}t,\ \sqrt{x^2-1} = \frac{t^2+1}{2t} - t = \frac{1-t^2}{2t}.$$

从而有

$$\int \frac{\mathrm{d}x}{x\sqrt{x^2-1}} = \int \frac{2t\cdot 2t(t^2-1)}{(t^2+1)(1-t^2)2t^2}\mathrm{d}t = -2\int \frac{\mathrm{d}t}{1+t^2}$$

$$= -2\arctan t + C = 2\arctan(-t) + C$$

$$= 2\arctan(\sqrt{x^2-1}-x) + C.$$

解法 7 令$\sqrt{x^2-1}=t(x-1)$，于是

$$t = \frac{\sqrt{x^2-1}}{x-1},\ x = \frac{t^2+1}{t^2-1},\ \mathrm{d}x = -\frac{4t\mathrm{d}t}{(t^2-1)^2},$$

$$\sqrt{x^2-1} = t\left(\frac{t^2+1}{t^2-1}-1\right) = \frac{2t}{t^2-1}.$$

从而有

$$\int \frac{\mathrm{d}x}{x\sqrt{x^2-1}} = \int \frac{(t^2-1)(t^2-1)(-4t)}{(t^2+1)2t(t^2-1)^2}\mathrm{d}t = -2\int \frac{\mathrm{d}t}{1+t^2}$$

$$= -2\arctan t + C = -2\arctan\frac{\sqrt{x^2-1}}{x-1} + C.$$

后两种解法中所用的变换称之为解无理函数积分的欧拉变换．适用于根号中为二次三项式的各种情形．由于它具有一般性，在解一些具体题目时，尽管是可行的，但常常不是最简单的．

§6.3　分部积分法

设 $F(x)$是 $f(x)$在区间 I 上的一个原函数,$g(x)$在区间 I 上可导,于是有

$$[F(x)g(x)]' = F'(x)g(x) + F(x)g'(x)$$
$$= f(x)g(x) + F(x)g'(x),$$
$$f(x)g(x) = [F(x)g(x)]' - F(x)g'(x).$$

两端同时积分,得到

$$\int f(x)g(x)\mathrm{d}x = \int [F(x)g(x)]'\mathrm{d}x - \int F(x)g'(x)\mathrm{d}x$$
$$= F(x)g(x) - \int F(x)g'(x)\mathrm{d}x.$$

这就是分部积分的公式. 它使左端的积分化归为右端的积分. 如果右端的积分可以直接求得或经某些变化后求得,则左端的积分也就解决了.

例 6.3.1　求 $\int \ln x\mathrm{d}x$.

解　按分部积分公式,有

$$\int \ln x\mathrm{d}x = \int 1 \cdot \ln x\mathrm{d}x = x\ln x - \int x \cdot \frac{1}{x}\mathrm{d}x$$
$$= x\ln x - \int \mathrm{d}x = x\ln x - x + C$$
$$= x(\ln x - 1) + C.$$

例 6.3.2　求 $\int x\sin x\mathrm{d}x$.

解　按分部积分公式,有

$$\int x\sin x\mathrm{d}x = (-\cos x)x - \int (-\cos x)\mathrm{d}x$$
$$= -x\cos x + \int \cos x\mathrm{d}x = -x\cos x + \sin x + C.$$

例 6.3.3　求 $\int \mathrm{e}^{ax}\cos bx\mathrm{d}x$.

解　分部积分两次,有

$$\int \mathrm{e}^{ax}\cos bx\mathrm{d}x = \frac{1}{a}\mathrm{e}^{ax}\cos bx + \frac{b}{a}\int \mathrm{e}^{ax}\sin bx\mathrm{d}x$$
$$= \frac{1}{a}\mathrm{e}^{ax}\cos bx + \frac{b}{a^2}\mathrm{e}^{ax}\sin bx - \frac{b^2}{a^2}\int \mathrm{e}^{ax}\cos bx\mathrm{d}x.$$

注意,上式右端的积分与左端的相同,移项并整理,得到

$$\int e^{ax}\cos bx\,dx = \frac{e^{ax}}{a^2+b^2}(a\cos bx + b\sin bx) + C,$$

移项之后,右端没有积分项,不要忘了加上任意常数 C.

在两次分部积分中,我们都是把 e^{ax} 作为公式中的 $f(x)$. 其实,若两次都把 e^{ax} 作为公式中的 $g(x)$,而把三角函数作为 $f(x)$,所得的结果是完全一致的. 然而,却不能一次把 e^{ax} 作为 $f(x)$,另一次又把它作为 $g(x)$. 如果这样的话,两次分部积分之后得到平凡的恒等式,等于什么也没有进行.

例 6.3.4 求 $\int\sqrt{x^2-a^2}\,dx, a>0$.

解法 1 分部积分,得到

$$\begin{aligned}\int\sqrt{x^2-a^2}\,dx &= x\sqrt{x^2-a^2} - \int x\cdot\frac{x}{\sqrt{x^2-a^2}}dx\\ &= x\sqrt{x^2-a^2} - \int\frac{x^2-a^2+a^2}{\sqrt{x^2-a^2}}dx\\ &= x\sqrt{x^2-a^2} - \int\sqrt{x^2-a^2}\,dx - a^2\int\frac{dx}{\sqrt{x^2-a^2}}.\end{aligned}$$

注意,右端第二项的积分与左端的完全一致而第三项中的积分是我们在例 6.2.10 中算过的,所以有

$$\begin{aligned}\int\sqrt{x^2-a^2}\,dx &= \frac{1}{2}x\sqrt{x^2-a^2} - \frac{a^2}{2}\int\frac{dx}{\sqrt{x^2-a^2}}\\ &= \frac{1}{2}x\sqrt{x^2-a^2} - \frac{a^2}{2}\ln|x+\sqrt{x^2-a^2}| + C.\end{aligned}$$

这种解法看起来简单明了,在写书和讲课时用起来很方便,但在单独遇到这个积分需要计算时就不方便了. 所以,这种题中套题的解法不值得推广. 下面,我们用换元积分法来直接计算它.

解法 2 令 $x=\pm a\,\mathrm{ch}t$, $t>0$,其中 $x\geqslant a$ 时取正号,当 $x\leqslant a$ 时取负号,于是 $dx=\pm a\,\mathrm{sh}t\,dt$, $\sqrt{x^2-a^2}=a\,\mathrm{sh}t$. 从而有

$$\begin{aligned}\int\sqrt{x^2-a^2}\,dx &= \pm\int a\,\mathrm{sh}t\cdot a\,\mathrm{sh}t\,dt = \pm a^2\int\mathrm{sh}^2t\,dt\\ &= \pm\frac{a^2}{2}\int(\mathrm{ch}2t-1)dt\\ &= \pm\frac{a^2}{2}\left(\frac{1}{2}\mathrm{sh}2t - t\right) + C\end{aligned}$$

$$=\frac{1}{2}(\pm a\operatorname{ch}t\cdot a\operatorname{sh}t-a^2(\pm t))+C.$$

再利用例 6.2.10 中的(6.2.10)式所给出的双曲余弦反函数表达式，即得

$$\int\sqrt{x^2-a^2}\,\mathrm{d}x=\frac{1}{2}x\sqrt{x^2-a^2}-\frac{a^2}{2}\ln|x+\sqrt{x^2-a^2}|+C.$$

例 6.3.5　求不定积分 $I_n=\int\frac{\mathrm{d}x}{(x^2+a^2)^n}$, $n\in\mathbf{N}$.

解　改写后利用分部积分，得到

$$\begin{aligned}I_n&=\frac{1}{a^2}\int\frac{x^2+a^2-x^2}{(x^2+a^2)^n}\mathrm{d}x\\&=\frac{1}{a^2}I_{n-1}-\frac{1}{a^2}\int\frac{x^2}{(x^2+a^2)^n}\mathrm{d}x\\&=\frac{1}{a^2}I_{n-1}+\frac{1}{2(n-1)a^2}\int x\left[\frac{1}{(x^2+a^2)^{n-1}}\right]'\mathrm{d}x\\&=\frac{1}{a^2}I_{n-1}+\frac{1}{2(n-1)a^2}\left[\frac{x}{(x^2+a^2)^{n-1}}-\int\frac{\mathrm{d}x}{(x^2+a^2)^{n-1}}\right]\\&=\frac{2n-3}{2(n-1)a^2}I_{n-1}+\frac{x}{2(n-1)a^2(x^2+a^2)^{n-1}}.\end{aligned}$$

易见，这是 I_n 的一个递推公式.

当 $n=1$ 时，利用简单的换元积分可得

$$I_1=\int\frac{\mathrm{d}x}{x^2+a^2}=\frac{1}{a}\int\frac{\mathrm{d}\left(\frac{x}{a}\right)}{1+\left(\frac{x}{a}\right)^2}=\frac{1}{a}\arctan\frac{x}{a}+C.$$

再由递推公式即可依次求得 $I_2, I_3, \cdots$. 例如

$$\begin{aligned}I_2&=\frac{1}{2a^2}I_1+\frac{x}{2a^2(x^2+a^2)}\\&=\frac{x}{2a^2(x^2+a^2)}+\frac{1}{2a^3}\arctan\frac{x}{a}+C;\\I_3&=\frac{3}{4a^2}I_2+\frac{x}{4a^2(x^2+a^2)^2}\\&=\frac{x}{4a^2(x^2+a^2)^2}+\frac{3x}{8a^4(x^2+a^2)}+\frac{3}{8a^5}\arctan\frac{x}{a}+C.\end{aligned}$$

在上一节与本节例题中所得的一些结果也是基本结果，今后也可作为公式来用. 作为§6.1 积分表的补充，我们将这些结果分列如下：

(i) $\int\frac{\mathrm{d}x}{a^2+x^2}=\frac{1}{a}\arctan\frac{x}{a}+C$, $a\neq0$;

(ii) $\int \frac{\mathrm{d}x}{a^2 - x^2} = \frac{1}{2a}\ln\left|\frac{a+x}{a-x}\right| + C,\ a \neq 0;$

(iii) $\int \frac{\mathrm{d}x}{\sqrt{a^2 - x^2}} = \arcsin\frac{x}{a} + C,\ a > 0;$

(iv) $\int \frac{\mathrm{d}x}{\sqrt{x^2 \pm a^2}} = \ln | x + \sqrt{x^2 \pm a^2} | + C;$

(v) $\int \sqrt{a^2 - x^2}\,\mathrm{d}x = \frac{x}{2}\sqrt{a^2 - x^2} + \frac{a^2}{2}\arcsin\frac{x}{a} + C,\ a > 0;$

(vi) $\int \sqrt{x^2 \pm a^2}\,\mathrm{d}x = \frac{x}{2}\sqrt{x^2 \pm a^2} \pm \frac{a^2}{2}\ln | x + \sqrt{x^2 \pm a^2} | + C.$

§6.4 有理函数积分法

我们称形如

$$R(x) = \frac{F(x)}{G(x)}$$

的函数为有理函数，其中 $F(x)$和 $G(x)$都是多项式而且 $G(x)$的次数不小于 1. 如果 $F(x)$的次数不小于 $G(x)$的次数，则称 $R(x)$为假分式，否则称为真分式. 对于一般的有理分式，按多项式除法可以写成

$$\frac{F(x)}{G(x)} = h(x) + \frac{f(x)}{g(x)}.$$

其中 $f(x)$, $g(x)$和 $h(x)$都是多项式，$f(x)$与 $g(x)$是既约的，$f(x)$的次数小于 $g(x)$的次数，$g(x)$的最高次项的系数为 1. 因为多项式 $h(x)$的积分容易按公式求得，所以一般有理函数的积分总可以化为真分式的积分.

首先，我们指出，真分式形的有理函数的积分，都可以化为下列四种简单分式的积分的代数和：

(i) $\frac{a}{x-\alpha}$;

(ii) $\frac{a}{(x-\alpha)^n}$, $n=2,3,\cdots$;

(iii) $\frac{ax+b}{x^2+px+q}$, $p^2-4q<0$;

(iv) $\frac{ax+b}{(x^2+px+q)^n}$, $p^2-4q<0$, $n=2,3,\cdots$.

显然，(i)和(ii)都是容易积出的. 对于(iii)，将它改写成

$$\frac{ax+b}{x^2+px+q} = \frac{a}{2}\cdot\frac{2x+p}{x^2+px+q} + \left(b - \frac{ap}{2}\right)\cdot\frac{1}{x^2+px+q}. \tag{6.4.1}$$

因为

$$\int \frac{2x+p}{x^2+px+q}\mathrm{d}x = \ln|x^2+px+q| + C, \tag{6.4.2}$$

又因 $p^2-4q<0$，由上节最后的积分公式(i)得到

$$\int \frac{\mathrm{d}x}{x^2+px+q} = \int \frac{\mathrm{d}x}{\left(x+\frac{p}{2}\right)^2+\left(\frac{\sqrt{4q-p^2}}{2}\right)^2}$$

$$= \frac{2}{\sqrt{4q-p^2}}\arctan\frac{2x+p}{\sqrt{4q-p^2}} + C, \tag{6.4.3}$$

所以由(6.4.1)式～(6.4.3)式得到

$$\int \frac{ax+b}{x^2+px+q}\mathrm{d}x = \frac{a}{2}\ln|x^2+px+q| + \frac{2b-ap}{\sqrt{4q-p^2}}\arctan\frac{2x+p}{\sqrt{4q-p^2}} + C.$$

至于(iv)，与(6.4.1)式类似地有分解式

$$\frac{ax+b}{(x^2+px+q)^n} = \frac{a}{2}\cdot\frac{2x+p}{(x^2+px+q)^n} + \left(b-\frac{ap}{2}\right)\frac{1}{(x^2+px+q)^n}. \tag{6.4.4}$$

由于 $n\geqslant 2$，所以对(6.4.4)式右端第 1 项有

$$\int \frac{2x+p}{(x^2+px+q)^n}\mathrm{d}x = \frac{-1}{(n-1)(x^2+px+q)^{n-1}} + C.$$

对于(6.4.4)式右端第 2 项，令 $t=x+\frac{p}{2}$，$d=\frac{1}{2}\sqrt{4q-p^2}$，类似于(6.4.3)式可得

$$\int \frac{\mathrm{d}x}{(x^2+px+q)^n} = \int \frac{\mathrm{d}t}{(t^2+d^2)^n}. \tag{6.4.5}$$

(6.4.5)式右端的积分恰为上节例 6.3.5 中计算过的积分，所以(iv)的积分问题也就解决了.

设真分式的分母多项式 $g(x)$ 可以分解成

$$g(x) = \prod_{i=1}^{s}(x-\alpha_i)^{n_i}\prod_{j=1}^{t}(x^2+p_jx+q_j)^{m_j},\ p_j^2-4q_j<0. \tag{6.4.6}$$

这表明 $g(x)$ 有 s 个不同的实零点，其中第 i 个零点 α_i 的重数为 n_i，$g(x)$ 还有 t 对复零点，第 j 对复零点的重数为 m_j. 当 $g(x)$ 次数为 n 时，我们有

$$\sum_{i=1}^{s} n_i + 2\sum_{j=1}^{t} m_j = n.$$

按照代数理论,有理真分式$\dfrac{f(x)}{g(x)}$可以分解如下:

$$\begin{aligned}\frac{f(x)}{g(x)} &= \sum_{i=1}^{s}\left[\frac{a_{i1}}{x-\alpha_i} + \frac{a_{i2}}{(x-\alpha_i)^2} + \cdots + \frac{a_{in_i}}{(x-\alpha_i)^{n_i}}\right] \\ &\quad + \sum_{j=1}^{t}\left[\frac{b_{j1}x + c_{j1}}{x^2 + p_jx + q_j} + \frac{b_{j2}x + c_{j2}}{(x^2 + p_jx + q_j)^2} + \cdots \right. \\ &\quad \left. + \frac{b_{jm_j}x + c_{jm_j}}{(x^2 + p_jx + q_j)^{m_j}}\right],\end{aligned} \tag{6.4.7}$$

其中 a_{ik}, b_{jk}, c_{jk} 都是待定的实系数,其总个数恰好是 n,它们可以通过取 x 的特殊值或对比多项式系数而得到 n 个方程式的方程组来解得. 易见,(6.4.7)式右端恰是本节前面所列举的四种简单分式的代数和. 由于它们的积分都可以求得,所以左端的积分也可以求得.

例 6.4.1 把真分式

$$\frac{x+3}{x^3-3x^2+4}$$

分解成简单分式之和.

解法 1 因为 $x^3-3x^2+4=(x+1)(x^2-4x+4)=(x+1)(x-2)^2$. 所以有

$$\frac{x+3}{x^3-3x^2+4} = \frac{x+3}{(x+1)(x-2)^2} = \frac{a}{x+1} + \frac{b}{x-2} + \frac{c}{(x-2)^2}. \tag{6.4.8}$$

将右端通分并消去分母,注意,由于两端的分子都是多项式,所以在分母为 0 从而分式无定义之处分子也相等,故得

$$x+3 = a(x-2)^2 + b(x+1)(x-2) + c(x+1). \tag{6.4.9}$$

比较(6.4.9)式两端 x^2, x 的系数和常数项,得到以 a, b, c 为未知数的方程组

$$\begin{cases} a + b = 0, \\ -4a - b + c = 1 \\ 4a - 2b + c = 3. \end{cases}$$

由此解得

$$a = \frac{2}{9},\ b = -\frac{2}{9},\ c = \frac{5}{3}.$$

将此代入(6.4.8)式即得所要求的分解式.

解法 2　注意,(6.4.9)式关于所有 x 值是恒等式. 令 $x=-1$,由(6.4.9)式得到

$$2=9a,\ a=\frac{2}{9}.$$

再于(6.4.9)式中令 $x=2$,又得

$$5=3c,\ c=\frac{5}{3}.$$

对(6.4.9)式求导一次,得到

$$1=2a(x-2)+b(x-2)+b(x+1)+c.$$

令 $x=2$,又得

$$1=3b+c,\ b=\frac{1-c}{3}=-\frac{2}{9}.$$

将 a,b,c 之值代入(6.4.8)式即得所要求的分解式.

不难看出,在解法 2 中为求 b 的值,不对(6.4.9)式求导而直接令 $x=0$ 或 1 亦可以. 究竟使用哪种方法,可因题制宜地加以选用.

例 6.4.2　求 $\int\frac{x^3+1}{x^3-5x^2+6x}\mathrm{d}x$.

解　首先,按多项式除法有

$$\frac{x^3+1}{x^3-5x^2+6x}=1+\frac{5x^2-6x+1}{x^3-5x^2+6x}.\tag{6.4.10}$$

又因 $x^3-5x^2+6x=x(x-2)(x-3)$,故可设

$$\frac{5x^2-6x+1}{x^3-5x^2+6x}=\frac{a}{x}+\frac{b}{x-2}+\frac{c}{x-3}.\tag{6.4.11}$$

将(6.4.11)式右端通分并去掉分母,得到

$$5x^2-6x+1=a(x-2)(x-3)+bx(x-3)+cx(x-2).\tag{6.4.12}$$

在(6.4.12)式中分别令 $x=0,2,3$,即可得到

$$a=\frac{1}{6},\ b=-\frac{9}{2},\ c=\frac{28}{3}.$$

将此代入(6.4.11)式,得到

$$\frac{5x^2-6x+1}{x^3-5x^2+6x}=\frac{1}{6x}-\frac{9}{2(x-2)}+\frac{28}{3(x-3)}.\tag{6.4.13}$$

由(6.4.10)式和(6.4.13)式,得到

$$\int \frac{x^3+1}{x^3-5x^2+6x}\mathrm{d}x = x+\frac{1}{6}\ln|x|-\frac{9}{2}\ln|x-2|+\frac{28}{3}\ln|x-3|+C.$$

例 6.4.3 求 $\int \frac{x^6+x^4-4x^2-2}{x^3(x^2+1)^2}\mathrm{d}x$.

解法 1 设有分解式

$$\frac{x^6+x^4-4x^2-2}{x^3(x^2+1)^2} = \frac{a_1}{x}+\frac{a_2}{x^2}+\frac{a_3}{x^3}+\frac{b_1x+c_1}{x^2+1}+\frac{b_2x+c_2}{(x^2+1)^2}. \tag{6.4.14}$$

通分并去掉分母,得到

$$\begin{aligned}&x^6+x^4-4x^2-2\\ &= a_1x^2(x^2+1)^2+a_2x(x^2+1)^2+a_3(x^2+1)^2\\ &\quad+(b_1x+c_1)x^3(x^2+1)+(b_2x+c_2)x^3\\ &=(a_1+b_1)x^6+(a_2+c_1)x^5+(2a_1+a_3+b_1+b_2)x^4\\ &\quad+(2a_2+c_1+c_2)x^3+(a_1+2a_3)x^2+a_2x+a_3.\end{aligned} \tag{6.4.15}$$

比较(6.4.15)式两端同次项系数,得到

$$a_1+b_1=1,\ a_2+c_1=0,\ 2a_1+a_3+b_1+b_2=1,$$
$$2a_2+c_1+c_2=0,\ a_1+2a_3=-4,\ a_2=0,\ a_3=-2.$$

由此解得

$$a_1=0,\ a_2=0,\ a_3=-2,\ b_1=1,\ b_2=2, c_1=0,\ c_2=0.$$

代入(6.4.14)式,得到

$$\frac{x^6+x^4-4x^2-2}{x^3(x^2+1)^2} = \frac{-2}{x^3}+\frac{x}{x^2+1}+\frac{2x}{(x^2+1)^2}.$$

从而

$$\int \frac{x^6+x^4-4x^2-2}{x^3(x^2+1)^2}\mathrm{d}x = \frac{1}{x^2}+\frac{1}{2}\ln|x^2+1|-\frac{1}{x^2+1}+C.$$

当然,本题也可以先进行换元,再进行有理式分解,应该更简单些.

解法 2 令 $t=x^2$,于是 $\mathrm{d}t=2x\mathrm{d}x$.

$$\begin{aligned}&\int \frac{x^6+x^4-4x^2-2}{x^3(x^2+1)^2}\mathrm{d}x\\ &=\frac{1}{2}\int \frac{t^3+t^2-4t-2}{t^2(t+1)^2}\mathrm{d}t\\ &=\frac{1}{2}\int\left(\frac{1}{t+1}-\frac{4t+2}{t^2(t+1)^2}\right)\mathrm{d}t.\end{aligned}$$

因为

$$\frac{2t+1}{t^2(t+1)^2}=\frac{1}{t^2}-\frac{1}{(t+1)^2},$$

所以

$$\begin{aligned}&\int\frac{x^6+x^4-4x^2-2}{x^3(x^2+1)^2}\mathrm{d}x\\&=\frac{1}{2}\int\left(\frac{1}{t^2}-\frac{1}{(t+1)^2}\right)dt\\&=\frac{1}{2}ln\mid t+1\mid+\frac{1}{t}-\frac{1}{t+1}+C\\&=\frac{1}{2}ln(1+x^2)+\frac{1}{x^2}-\frac{1}{x^2+1}+C.\end{aligned}$$

这样,我们就可以说有理函数的积分问题全部解决了. 当然,如果无法对 $g(x)$写出形如(6.4.6)式的分解,积分还是求不出来. 但那是代数问题未解决,并不是积分的问题未解决.

§6.5　无理函数的积分

无理函数的积分,除了少数几个可以直接化为应用公式的情形之外,绝大多数的解法都是通过换元去掉根号而化为有理函数或其他基本初等函数的积分,这一点在§6.2 的某些例题中已经见到过了.

例 6.5.1　求

$$\int\frac{\mathrm{d}x}{1+\sqrt{x}+\sqrt{1+x}}.$$

被积函数中有两个不同的根号,作变换时应考虑将两个根号同时去掉或变成其他可积出来的情形.

解法 1　令

$$x=\left(\frac{t^2-1}{2t}\right)^2,$$

于是

$$1+x=\left(\frac{t^2+1}{2t}\right)^2,\ \mathrm{d}x=\frac{t^2-1}{t}\cdot\frac{2t^2-t^2+1}{2t^2}\mathrm{d}t=\frac{t^4-1}{2t^3}\mathrm{d}t.$$

从而有

$$\int\frac{\mathrm{d}x}{1+\sqrt{x}+\sqrt{1+x}}$$

$$= \int \frac{1}{1 + \frac{t^2 - 1}{2t} + \frac{t^2 + 1}{2t}} \cdot \frac{t^4 - 1}{2t^3} \mathrm{d}t$$

$$= \int \frac{2t}{2t + 2t^2} \cdot \frac{t^4 - 1}{2t^3} \mathrm{d}t$$

$$= \int \frac{(t - 1)(t^2 + 1)}{2t^3} \mathrm{d}t$$

$$= \frac{1}{2} \int \left(1 - \frac{1}{t} + \frac{1}{t^2} - \frac{1}{t^3}\right) \mathrm{d}t$$

$$= \frac{1}{2}\left(t - \ln|t| - \frac{1}{t} + \frac{1}{2t^2}\right) + C.$$

因为

$$\sqrt{x} = \frac{t^2 - 1}{2t}, \sqrt{1 + x} = \frac{t^2 + 1}{2t},$$

所以

$$\sqrt{x} + \sqrt{1 + x} = t.$$

故得

$$\int \frac{\mathrm{d}x}{1 + \sqrt{x} + \sqrt{1 + x}}$$

$$= \frac{1}{2}\left\{\sqrt{x} + \sqrt{1 + x} - \ln(\sqrt{x} + \sqrt{1 + x})\right.$$

$$\left. - \frac{1}{\sqrt{x} + \sqrt{1 + x}} + \frac{1}{2} \frac{1}{(\sqrt{x} + \sqrt{1 + x})^2}\right\} + C$$

$$= \frac{x}{2} + \sqrt{x} - \frac{1}{2}\ln(\sqrt{x} + \sqrt{1 + x}) - \frac{1}{2}\sqrt{x(1 + x)} + C.$$

解法 2 先作恒等变形有

$$\int \frac{\mathrm{d}x}{1 + \sqrt{x} + \sqrt{1 + x}} = \int \frac{1 + \sqrt{x} - \sqrt{1 + x}}{(1 + \sqrt{x})^2 - (\sqrt{1 + x})^2} \mathrm{d}x$$

$$= \int \frac{1 + \sqrt{x} - \sqrt{1 + x}}{2\sqrt{x}} \mathrm{d}x$$

$$= \int \left(\frac{1}{2\sqrt{x}} + \frac{1}{2} - \frac{1}{2}\sqrt{\frac{1 + x}{x}}\right) \mathrm{d}x$$

$$= \sqrt{x} + \frac{x}{2} - \frac{1}{2}\int \sqrt{\frac{1 + x}{x}} \mathrm{d}x. \qquad (6.5.1)$$

令 $t=\sqrt{\dfrac{1+x}{x}}$,于是 $xt^2=1+x$, $x=\dfrac{1}{t^2-1}$, $\mathrm{d}x=-\dfrac{2t}{(t^2-1)^2}\mathrm{d}t$. 从而有

$$\begin{aligned}\int\sqrt{\frac{1+x}{x}}\mathrm{d}x&=\int\frac{-2t^2}{(t^2-1)^2}\mathrm{d}t=-2\int\frac{\mathrm{d}t}{t^2-1}-2\int\frac{\mathrm{d}t}{(t^2-1)^2}\\&=-\ln\left|\frac{t-1}{t+1}\right|-\frac{1}{2}\int\left(\frac{1}{t-1}-\frac{1}{t+1}\right)^2\mathrm{d}t\\&=-\ln\left|\frac{t-1}{t+1}\right|-\frac{1}{2}\int\frac{\mathrm{d}t}{(t-1)^2}+\int\frac{\mathrm{d}t}{t^2-1}-\frac{1}{2}\int\frac{\mathrm{d}t}{(t+1)^2}\\&=\frac{1}{2}\ln\left|\frac{t+1}{t-1}\right|+\frac{1}{2}\left(\frac{1}{t-1}+\frac{1}{t+1}\right)+C\\&=\frac{1}{2}\ln\left|\frac{\sqrt{1+x}+\sqrt{x}}{\sqrt{1+x}-\sqrt{x}}\right|+\frac{1}{2}\left[\frac{1}{\sqrt{\frac{1+x}{x}}-1}+\frac{1}{\sqrt{\frac{1+x}{x}}+1}\right]+C\\&=\ln(\sqrt{1+x}+\sqrt{x})+\sqrt{x(1+x)}+C.\end{aligned}\tag{6.5.2}$$

将(6.5.2)式代入(6.5.1)式,得到

$$\begin{aligned}&\int\frac{\mathrm{d}x}{1+\sqrt{x}+\sqrt{1+x}}\\&=\sqrt{x}+\frac{x}{2}-\frac{1}{2}\ln(\sqrt{x}+\sqrt{1+x})-\frac{1}{2}\sqrt{x(1+x)}+C.\end{aligned}$$

解法 3 令 $x=\mathrm{sh}^2t$, 于是$\sqrt{x}=\mathrm{sh}t$, $\sqrt{1+x}=\mathrm{ch}t$, $t\geqslant 0$, $\mathrm{d}x=2\mathrm{sh}t\,\mathrm{ch}t\,\mathrm{d}t$. 从而有

$$\begin{aligned}&\int\frac{\mathrm{d}x}{1+\sqrt{x}+\sqrt{1+x}}\\&=\int\frac{\mathrm{sh}2t}{1+\mathrm{sh}t+\mathrm{ch}t}\mathrm{d}t=\int\frac{\mathrm{e}^{2t}-\mathrm{e}^{-2t}}{2(1+\mathrm{e}^t)}\mathrm{d}t\\&=\int\frac{\mathrm{e}^{2t}-1+1-\mathrm{e}^{-2t}}{2(1+\mathrm{e}^t)}\mathrm{d}t=\frac{1}{2}\int(\mathrm{e}^t-1)\mathrm{d}t+\frac{1}{2}\int\frac{\mathrm{e}^t-1}{\mathrm{e}^{2t}}\mathrm{d}t\\&=\frac{1}{2}\left(\mathrm{e}^t-t-\mathrm{e}^{-t}+\frac{1}{2}\mathrm{e}^{-2t}\right)+C=\mathrm{sh}t-\frac{t}{2}+\frac{1}{4}\mathrm{e}^{-2t}+C.\end{aligned}$$

因为 $\mathrm{e}^t=\mathrm{sh}t+\mathrm{ch}t=\sqrt{x}+\sqrt{1+x}$, $\mathrm{e}^{-t}=\mathrm{ch}t-\mathrm{sh}t=\sqrt{1+x}-\sqrt{x}$,所以 $t=\ln(\sqrt{x}+\sqrt{1+x})$. 故得

$$\begin{aligned}&\int\frac{\mathrm{d}x}{1+\sqrt{x}+\sqrt{1+x}}\\&=\sqrt{x}-\frac{1}{2}\ln(\sqrt{x}+\sqrt{1+x})+\frac{1}{4}(\sqrt{1+x}-\sqrt{x})^2+C\end{aligned}$$

$$= \sqrt{x} + \frac{x}{2} - \frac{1}{2}\ln(\sqrt{x} + \sqrt{1+x}) - \frac{1}{2}\sqrt{x(1+x)} + C.$$

易见,若令 $x = \tan^2 t$,则$\sqrt{x} = \tan t$, $\sqrt{1+x} = \sec t$,也可以将两个根号同时消去而得到一个三角函数有理式的积分. 然后通过万能变换可以化成有理函数的积分,也可得到同样的结果,但相比之下运算量要大得多,这里就不详细介绍了. 对于像例 6.5.1 这样的无理函数的积分,解题的方法是临时选定的. 但也有一些类型的无理函数的积分具有通用的方法. 为叙述简便,以下总设 $R(u, v)$是二元有理函数. 不但本节要使用这个记号,而且下节仍将用到这个记号.

一、$\int R\left(x, \sqrt[m]{\frac{ax+b}{cx+d}}\right)dx$ 型积分(其中 $m \in \mathbf{N}$, $ad - bc \neq 0$)

对于这种类型的无理函数积分,总可作变换 $t = \sqrt[m]{\frac{ax+b}{cx+d}}$而使被积函数有理化.

例 6.5.2 求 $\int \frac{1-\sqrt{x+1}}{(x+1)(1+\sqrt[3]{x+1})}dx$.

解 令 $t = \sqrt[6]{x+1}$,于是 $x = t^6 - 1$, $dx = 6t^5 dt$. 从而有

$$\int \frac{1-\sqrt{x+1}}{(x+1)(1+\sqrt[3]{x+1})}dx$$

$$= \int \frac{(1-t^3)6t^5}{t^6(1+t^2)}dt = 6\int \frac{1-t^3}{t(1+t^2)}dt$$

$$= 6\int \frac{1+t^2-t^2+t-t-t^3}{t(1+t^2)}dt = 6\int \left[\frac{1}{t} - \frac{t-1}{1+t^2} - 1\right]dt$$

$$= 6\left[\ln|t| - \frac{1}{2}\ln(1+t^2) + \arctan t - t\right] + C$$

$$= 3\ln\frac{\sqrt[3]{x+1}}{1+\sqrt[3]{x+1}} + 6\arctan\sqrt[6]{x+1} - 6\sqrt[6]{x+1} + C.$$

例 6.5.3 求 $\int \frac{dx}{\sqrt[4]{x^3(1+x)}}$.

解 注意,被积函数的定义域为$(-\infty, -1) \cup (0, +\infty)$. 我们改写

$$\int \frac{dx}{\sqrt[4]{x^3(1+x)}} = \int \frac{dx}{|x|\sqrt[4]{\frac{1+x}{x}}}.$$

令 $t = \sqrt[4]{\frac{1+x}{x}}$,于是 $x = \frac{1}{t^4-1}$, $dx = (t^4-1)^{-2}(-4t^3)dt$. 从而有

$$\begin{aligned}
&\int \frac{\mathrm{d}x}{\sqrt[4]{x^3(1+x)}} \\
&= \pm \int \frac{(t^4-1)^{-2}(-4t^3)}{(t^4-1)^{-1}t}\mathrm{d}t = \mp \int \frac{4t^2}{t^4-1}\mathrm{d}t \\
&= \pm 2\int \left(\frac{1}{1-t^2} - \frac{1}{1+t^2}\right)\mathrm{d}t = \pm \left(\ln\left|\frac{1+t}{1-t}\right| - 2\arctan t\right) + C \\
&= \pm \left[\ln\left|\frac{1+\sqrt[4]{\frac{1+x}{x}}}{1-\sqrt[4]{\frac{1+x}{x}}}\right| - 2\arctan\sqrt[4]{\frac{1+x}{x}}\right] + C,
\end{aligned}$$

其中当 $x>0$ 时取正号,当 $x<-1$ 时取负号.

二、$\int R(x, \sqrt{ax^2+bx+c})\mathrm{d}x$ 型积分

对于这种类型的无理函数积分,有如下三种欧拉变换可以使用. 虽然总可以使这种积分有理化,但往往较为复杂. 所以对于具体题目,只是在想不出较好方法时再加以使用.

第一种欧拉变换　设 $a>0$. 令

$$\sqrt{ax^2+bx+c} = t - \sqrt{a}x,$$

便可将 x 和根式$\sqrt{ax^2+bx+c}$同时表为 t 的有理函数.

第二种欧拉变换　设 $c>0$. 令

$$\sqrt{ax^2+bx+c} = xt \pm \sqrt{c},$$

便可将 x 和根式$\sqrt{ax^2+bx+c}$同时表为 t 的有理函数.

第三种欧拉变换　设二次三项式 ax^2+bx+c 有两个不同实根 λ 与 μ. 令

$$\sqrt{ax^2+bx+c} = t(x-\lambda)$$

即可.

例 6.5.4　求 $\int \frac{x+2}{\sqrt{x^2+2x+2}}\mathrm{d}x$.

解　分成两项并按公式即得

$$\begin{aligned}
&\int \frac{x+2}{\sqrt{x^2+2x+2}}\mathrm{d}x \\
&= \int \left[\frac{x+1}{\sqrt{(x+1)^2+1}} + \frac{1}{\sqrt{(x+1)^2+1}}\right]\mathrm{d}x
\end{aligned}$$

$$= \int \frac{\mathrm{d}((x+1)^2+1)}{2\sqrt{(x+1)^2+1}} + \int \frac{\mathrm{d}(x+1)}{\sqrt{(x+1)^2+1}}$$

$$= \sqrt{x^2+2x+2} + \ln(x+1+\sqrt{x^2+2x+2}) + C.$$

例 6.5.5 求 $\int \frac{\mathrm{d}x}{x+\sqrt{x^2-x+1}}$.

解法 1 用第一种欧拉变换. 令 $\sqrt{x^2-x+1}=t-x$,于是

$$x^2-x+1 = t^2-2tx+x^2,\ x=\frac{t^2-1}{2t-1},\ \mathrm{d}x=\frac{2(t^2-t+1)}{(2t-1)^2}\mathrm{d}t$$

从而有

$$\int \frac{\mathrm{d}x}{x+\sqrt{x^2-x+1}}$$

$$= \int \frac{2t^2-2t+2}{t(2t-1)^2}\mathrm{d}t = \int\left[\frac{2}{t}-\frac{3}{2t-1}+\frac{3}{(2t-1)^2}\right]\mathrm{d}t$$

$$= 2\ln|t| - \frac{3}{2}\ln|2t-1| - \frac{3}{2(2t-1)} + C$$

$$= 2\ln|x+\sqrt{x^2-x+1}| - \frac{3}{2}\ln|2x+2\sqrt{x^2-x+1}-1|$$

$$- \frac{3}{2(2x+2\sqrt{x^2-x+1}-1)} + C.$$

解法 2 用第二种欧拉变换. 令 $\sqrt{x^2-x+1}=tx-1$,于是

$$x^2-x+1 = t^2x^2-2tx+1,\ x-1=t^2x-2t,\ x=\frac{2t-1}{t^2-1},$$

$$\mathrm{d}x = -2\frac{t^2-t+1}{(t^2-1)^2}\mathrm{d}t, \sqrt{x^2-x+1} = \frac{t(2t-1)}{t^2-1}-1 = \frac{t^2-t+1}{t^2-1},$$

$$x+\sqrt{x^2-x+1} = (1+t)x-1 = \frac{2t-1}{t-1}-1 = \frac{t}{t-1}.$$

从而有

$$\int \frac{\mathrm{d}x}{x+\sqrt{x^2-x+1}}$$

$$= \int \frac{-2t^2+2t-2}{t(t+1)^2(t-1)}\mathrm{d}t$$

$$= \int\left[\frac{2}{t}-\frac{1}{2(t-1)}-\frac{3}{2(t+1)}-\frac{3}{(t+1)^2}\right]\mathrm{d}t$$

$$= 2\ln|t| - \frac{1}{2}\ln|t-1| - \frac{3}{2}\ln|t+1| + \frac{3}{t+1} + C$$

$$= 2\ln\left|\frac{\sqrt{x^2-x+1}+1}{x}\right| - \frac{1}{2}\ln\left|\frac{\sqrt{x^2-x+1}+1}{x}-1\right|$$

$$-\frac{3}{2}\ln\left|\frac{\sqrt{x^2-x+1}+1}{x}+1\right| + \frac{3x}{\sqrt{x^2-x+1}+1+x} + C$$

$$= 2\ln|\sqrt{x^2-x+1}+1| - \frac{1}{2}\ln|\sqrt{x^2-x+1}-x+1|$$

$$-\frac{3}{2}\ln|\sqrt{x^2-x+1}+x+1| + \frac{3x}{\sqrt{x^2-x+1}+x+1} + C.$$

三、二项式微分式积分 $\int x^m(a+bx^n)^p\mathrm{d}x$ (其中 a,b 为常数, m,n,p 为有理数)

首先,令 $t=x^n$,于是 $x=t^{\frac{1}{n}}$, $\mathrm{d}x=\frac{1}{n}t^{\frac{1}{n}-1}\mathrm{d}t$. 从而积分变为

$$\int x^m(a+bx^n)^p\mathrm{d}x = \int t^{\frac{m}{n}}(a+bt)^p\,\frac{1}{n}t^{\frac{1}{n}-1}\mathrm{d}t$$

$$= \frac{1}{n}\int t^{\frac{m+1}{n}-1}(a+bt)^p\mathrm{d}t$$

$$= \frac{1}{n}\int t^{\frac{m+1}{n}+p-1}\left(\frac{a+bt}{t}\right)^p\mathrm{d}t.$$

若记 $q=\frac{m+1}{n}-1$,则又有

$$\int x^m(a+bx^n)^p\mathrm{d}x = \frac{1}{n}\int t^q(a+bt)^p\mathrm{d}t$$

$$= \frac{1}{n}\int t^{p+q}\left(\frac{a+bt}{t}\right)^p\mathrm{d}t.$$

当 p 为整数时,只有 t^q 可能是根式,所以能有理化;

当 q 为整数时,只有 $(a+bt)^p$ 可能是根式,也可以进行有理化;

当 $p+q$ 为整数时,只有 $\left(\frac{a+bt}{t}\right)^p$ 可能是根式,也可以进行有理化.

切比雪夫证明了这种类型的积分除上述三种情形之外都积不出来,即其原函数都不能是初等函数.

例 6.5.6　求 $\int\frac{\sqrt[3]{1+\sqrt[4]{x}}}{\sqrt{x}}\mathrm{d}x$.

解　在这个积分中, $m=-\frac{1}{2}$, $n=\frac{1}{4}$, $p=\frac{1}{3}$,因而有 $q=\frac{m+1}{n}-1=$

$4\left(-\frac{1}{2}+1\right)-1=1$. 所以这是第二种可积情形.

令 $t=\sqrt[3]{1+\sqrt[4]{x}}$,于是 $x=(t^3-1)^4$, $\mathrm{d}x=12t^2(t^3-1)^3\mathrm{d}t$. 从而有

$$\int\frac{\sqrt[3]{1+\sqrt[4]{x}}}{\sqrt{x}}\mathrm{d}x=12\int t^3(t^3-1)\mathrm{d}t=\frac{12}{7}t^7-3t^4+C$$

$$=\frac{12}{7}(1+x^{\frac{1}{4}})^{\frac{7}{3}}-3(1+x^{\frac{1}{4}})^{\frac{4}{3}}+C.$$

例 6.5.7 求 $\int\frac{\mathrm{d}x}{\sqrt[4]{1+x^4}}$.

解 在这个积分中, $m=0$, $n=4$, $p=-\frac{1}{4}$,因而有 $q=\frac{m+1}{n}-1=\frac{1}{4}-1=-\frac{3}{4}$, $p+q=-1$. 所以这是第三种可积情形.

令 $t=\sqrt[4]{\frac{1+x^4}{x^4}}$,于是 $|x|=(t^4-1)^{-\frac{1}{4}}$, $\sqrt[4]{1+x^4}=t|x|=t(t^4-1)^{-\frac{1}{4}}$, $\mathrm{d}x=\mp t^3(t^4-1)^{-\frac{5}{4}}\mathrm{d}t$. 从而有

$$\int\frac{\mathrm{d}x}{\sqrt[4]{1+x^4}}=\mp\int\frac{t^2\mathrm{d}t}{t^4-1}=\pm\left[\frac{1}{4}\int\left(\frac{1}{t+1}-\frac{1}{t-1}\right)\mathrm{d}t-\frac{1}{2}\int\frac{\mathrm{d}t}{t^2+1}\right]$$

$$=\pm\left[\frac{1}{4}\ln\left|\frac{t+1}{t-1}\right|-\frac{1}{2}\arctan t\right]+C$$

$$=\pm\left[\frac{1}{4}\ln\left|\frac{\sqrt[4]{1+x^4}+|x|}{\sqrt[4]{1+x^4}-|x|}\right|-\frac{1}{2}\arctan\sqrt[4]{\frac{1+x^4}{x^4}}\right]+C,$$

$$=\frac{1}{4}\ln\left|\frac{\sqrt[4]{1+x^4}+x}{\sqrt[4]{1+x^4}-x}\right|-\frac{1}{2}\arctan\frac{\sqrt[4]{1+x^4}}{x}+C.$$

§6.6 三角函数积分法

首先,我们指出,三角有理函数 $R(\sin x, \cos x)$总是可以积出的.

令 $t=\tan\frac{x}{2}$,于是 $x=2\arctan t$, $\mathrm{d}x=\frac{2\mathrm{d}t}{1+t^2}$,且有

$$\sin x=2\sin\frac{x}{2}\cos\frac{x}{2}=\frac{2\tan\frac{x}{2}}{1+\tan^2\frac{x}{2}}=\frac{2t}{1+t^2},$$

$$\cos x = \cos^2\frac{x}{2} - \sin^2\frac{x}{2} = \frac{1 - \tan^2\frac{x}{2}}{1 + \tan^2\frac{x}{2}} = \frac{1 - t^2}{1 + t^2},$$

从而有

$$\int R(\sin x, \cos x)\mathrm{d}x = \int R\left(\frac{2t}{1 + t^2}, \frac{1 - t^2}{1 + t^2}\right)\frac{2\mathrm{d}t}{1 + t^2}.$$

这就把三角函数有理式的积分化成了有理函数的积分. 因此,通常把这个变换称为“万能变换”. 然而,也正由于这个变换是万能的,通用的,在解决具体题目时不一定是最简单的. 所以在解具体问题时,还是要先想想有没有好方法,想不出好方法时,再来采用万能变换.

例 6.6.1 求 $\int \frac{\mathrm{d}x}{1 + \sin x + \cos x}$.

解 令 $t = \tan\frac{x}{2}$,于是

$$x = 2\arctan t, \mathrm{d}x = \frac{2\mathrm{d}t}{1 + t^2}, \sin x = \frac{2t}{1 + t^2}, \cos x = \frac{1 - t^2}{1 + t^2}.$$

从而有

$$\int \frac{\mathrm{d}x}{1 + \sin x + \cos x} = \int \frac{\frac{2}{1 + t^2}\mathrm{d}t}{1 + \frac{2t}{1 + t^2} + \frac{1 - t^2}{1 + t^2}} = \int \frac{\mathrm{d}t}{1 + t}$$

$$= \ln|1 + t| + C = \ln\left|1 + \tan\frac{x}{2}\right| + C.$$

除了万能变换之外,对于三角函数有理式的积分,在某些条件下还可选用如下三种变换:

(i) 若 $R(-u, v) = -R(u, v)$,即 R 关于变量 u 为奇函数,可作变换 $t = \cos x$;

(ii) 若 $R(u, -v) = -R(u, v)$,即 R 关于变量 v 为奇函数,可作变换 $t = \sin x$;

(iii) 若 $R(-u, -v) = R(u, v)$,即 R 关于两个变量为偶函数,则可令 $t = \tan x$.

例 6.6.2 求

$$\int \frac{\sin 2x}{\sin^2 x + 2\cos x}\mathrm{d}x.$$

解 改写

$$\int \frac{\sin 2x}{\sin^2 x + 2\cos x}\mathrm{d}x = 2\int \frac{\sin x\cos x}{1 - \cos^2 x + 2\cos x}\mathrm{d}x,$$

易见右端被积函数满足 $R(-u, v) = -R(u, v)$. 令 $t = \cos x$，于是 $\mathrm{d}t = -\sin x\mathrm{d}x$. 从而有

$$\begin{aligned}
&\int \frac{\sin 2x}{\sin^2 x + 2\cos x}\mathrm{d}x \\
&= 2\int \frac{-t\mathrm{d}t}{1 + 2t - t^2} = \int \frac{-2t + 2 - 2}{1 + 2t - t^2}\mathrm{d}t \\
&= \int \frac{\mathrm{d}(1 + 2t - t^2)}{1 + 2t - t^2} - \int \frac{2\mathrm{d}t}{2 - (t - 1)^2} \\
&= \ln|1 + 2t - t^2| + \frac{1}{\sqrt{2}}\ln\left|\frac{\sqrt{2} + 1 - t}{\sqrt{2} - 1 + t}\right| + C \\
&= \ln|1 + 2\cos x - \cos^2 x| + \frac{1}{\sqrt{2}}\ln\left|\frac{\sqrt{2} + 1 - \cos x}{\sqrt{2} - 1 + \cos x}\right| + C \\
&= \ln|\sin^2 x + 2\cos x| + \frac{1}{\sqrt{2}}\ln\left|\frac{\sqrt{2} + 1 - \cos x}{\sqrt{2} - 1 + \cos x}\right| + C.
\end{aligned}$$

例 6.6.3 求 $\int \frac{\mathrm{d}x}{a^2\sin^2 x + b^2\cos^2 x}$, $ab \neq 0$.

解 显然，这个积分的被积函数满足条件 $R(-u, -v) = R(u, v)$. 令 $t = \tan x$，于是有 $\mathrm{d}t = \sec^2 x\mathrm{d}x$. 从而有

$$\begin{aligned}
\int \frac{\mathrm{d}x}{a^2\sin^2 x + b^2\cos^2 x} &= \frac{1}{b^2}\int \frac{\sec^2 x\mathrm{d}x}{\left(\frac{a}{b}\right)^2\tan^2 x + 1} = \frac{1}{b^2}\int \frac{\mathrm{d}t}{\left(\frac{a}{b}t\right)^2 + 1} \\
&= \frac{1}{ab}\int \frac{\mathrm{d}\left(\frac{at}{b}\right)}{\left(\frac{at}{b}\right)^2 + 1} = \frac{1}{ab}\arctan\frac{a\tan x}{b} + C.
\end{aligned}$$

例 6.6.4 求 $\int \sin^4 x\mathrm{d}x$.

解法 1 分部积分，得到

$$\begin{aligned}
\int \sin^4 x\mathrm{d}x = \int \sin^3 x\sin x\mathrm{d}x &= -\cos x\sin^3 x + 3\int \sin^2 x\cos^2 x\mathrm{d}x \\
&= -\sin^3 x\cos x + 3\int \sin^2 x\mathrm{d}x - 3\int \sin^4 x\mathrm{d}x.
\end{aligned}$$

变号移项并整理，得到

$$\int \sin^4 x\mathrm{d}x = -\frac{1}{4}\sin^3 x\cos x + \frac{3}{4}\int \sin^2 x\mathrm{d}x$$

$$= -\frac{1}{4}\sin^3 x\cos x + \frac{3}{8}\int(1-\cos 2x)\mathrm{d}x$$

$$= -\frac{1}{4}\sin^3 x\cos x + \frac{3}{8}x - \frac{3}{16}\sin 2x + C.$$

解法 2　按三角公式有

$$\int\sin^4 x\mathrm{d}x = \int\sin^2 x(1-\cos^2 x)\mathrm{d}x = \int\sin^2 x\mathrm{d}x - \int\sin^2 x\cos^2 x\mathrm{d}x$$

$$= \frac{1}{2}\int(1-\cos 2x)\mathrm{d}x - \frac{1}{8}\int(1-\cos 4x)\mathrm{d}x$$

$$= \frac{3}{8}x - \frac{1}{4}\sin 2x + \frac{1}{32}\sin 4x + C.$$

上面我们讲述了各种各样函数的积分法,见到了大量的例题和习题,可能给人留下了除了个别的无理函数积分无法积出之外,其他函数都是可以积出的印象. 如果那样,则完全是错觉. 其实,许多相当简单的函数都是无法积出的,即不能用初等函数来表示它们的原函数. 例如下列积分都是这样的积分:

$$\int e^{-x^2}\mathrm{d}x,\ \int\sin x^2\mathrm{d}x,\ \int\cos x^2\mathrm{d}x,$$

$$\int\frac{\sin x}{x}\mathrm{d}x,\ \int\frac{\cos x}{x}\mathrm{d}x,\ \int\frac{\mathrm{d}x}{\ln x}.$$

这样一来,这些积分所表示的函数,就是我们从未见过的新函数,这正像加法的逆运算减法导致负数,乘法的逆运算除法导致分数,乘方的逆运算开方导致虚数一样.

习　题　6

1. 求下列函数在指定区间上的原函数:

(i) $e^{-|x|}$, $-\infty<x<+\infty$;

(ii) $|\ln x|$, $0<x<+\infty$;

(iii) $\max\{1,x^2\}$, $-\infty<x<+\infty$;

(iv) $f'(2x)$, $a<x<b$.

2. 已知 $f(x)$满足给定条件,求 $f(x)$:

(i) 设 $f'(\sin^2 x)=\cos^2 x$, $f(0)=0$;

(ii) 设 $f'(\ln x)=\begin{cases}1, & 0<x\leqslant 1,\\ x, & 1<x<+\infty,\end{cases}$ $f(0)=0$;

(iii) $f'(x)=\frac{1}{4}x$, $f(2)=\frac{5}{2}$;

(iv) $f(x)f'(x)=1(x>0)$.

3. 求下列各不定积分:

(i) $\int x^2(2-x)^3\mathrm{d}x$;　(ii) $\int\left(\frac{1-x}{x}\right)^2\mathrm{d}x$;

(iii) $\int\frac{x^2+3}{x^2-1}\mathrm{d}x$;　(iv) $\int\left(1-\frac{1}{x^2}\right)\sqrt{x\sqrt{x}}\,\mathrm{d}x$;

(v) $\int\frac{x+1}{\sqrt{x}}\mathrm{d}x$;　(vi) $\int\left(\sqrt{\frac{1+x}{1-x}}+\sqrt{\frac{1-x}{1+x}}\right)\mathrm{d}x$;

(vii) $\int\frac{\mathrm{e}^{3x}+1}{\mathrm{e}^x+1}\mathrm{d}x$;　(viii) $\int\frac{2^{x+1}-5^{x-1}}{10^x}\mathrm{d}x$;

(ix) $\int\cot^2x\,\mathrm{d}x$;　(x) $\int\sqrt{1-\sin 2x}\,\mathrm{d}x$;

4. 求下列各不定积分:

(i) $\int(2x-3)^{10}\mathrm{d}x$;　(ii) $\int\frac{\mathrm{d}x}{\sqrt{2-5x}}$;

(iii) $\int\frac{\mathrm{d}x}{2+3x^2}$;　(iv) $\int\frac{\mathrm{d}x}{2-3x^2}$;

(v) $\int\csc x\,\mathrm{d}x$;　(vi) $\int\frac{x^3}{x^8-2}\mathrm{d}x$;

(vii) $\int\frac{1}{x^2}\sin\frac{1}{x}\mathrm{d}x$;　(viii) $\int\frac{\mathrm{d}x}{x\sqrt{x^2+1}}$;

(ix) $\int\frac{\mathrm{d}x}{\sqrt{x}(1+x)}$;　(x) $\int\frac{\mathrm{d}x}{\sqrt{x(1+x)}}$;

(xi) $\int x\mathrm{e}^{-x^2}\mathrm{d}x$;　(xii) $\int\frac{\mathrm{e}^x}{2+\mathrm{e}^x}\mathrm{d}x$;

(xiii) $\int\frac{\mathrm{d}x}{\mathrm{e}^x+\mathrm{e}^{-x}}$;　(xiv) $\int\frac{\mathrm{d}x}{\sqrt{1+\mathrm{e}^{2x}}}$;

(xv) $\int\frac{1}{x}\ln^2x\,\mathrm{d}x$;　(xvi) $\int\frac{\mathrm{d}x}{x\ln x\ln(\ln x)}$;

(xvii) $\int\frac{\sin x+\cos x}{\sqrt[3]{\sin x-\cos x}}\mathrm{d}x$;　(xviii) $\int\frac{\arctan x}{1+x^2}\mathrm{d}x$;

(xix) $\int\frac{\sin x\cos x}{\sqrt{a^2\sin^2x+b^2\cos^2x}}\mathrm{d}x$, $|a|\neq|b|$;

(xx) $\int\sqrt{\frac{\ln(x+\sqrt{1+x^2})}{1+x^2}}\mathrm{d}x$;

(xxi) $\int\frac{x^2+1}{x^4+1}\mathrm{d}x$;　(xxii) $\int\frac{x^2-1}{x^4+1}\mathrm{d}x$;

(xxiii) $\int\frac{\mathrm{d}x}{x^4+1}$;　(xxiv) $\int\frac{x^{14}\mathrm{d}x}{(x^5+1)^4}$;

(xxv) $\int\frac{1}{1-x^2}\ln\frac{1+x}{1-x}\mathrm{d}x$;　(xxvi) $\int\frac{\cos x}{\sqrt{2+\cos^2x}}\mathrm{d}x$;

(xxvii) $\int\frac{2^x\cdot3^x}{9^x-4^x}\mathrm{d}x$;　(xxviii) $\int\frac{x\mathrm{d}x}{\sqrt{1+x^2+\sqrt{(1+x^2)^3}}}$;

(xxix) $\int \frac{\ln\ln x}{x\ln x}dx$;

(xxx) $\int x\sqrt{2-5x}\,dx$;

(xxxi) $\int x^3\sqrt[3]{1+x^2}\,dx$;

(xxxii) $\int \frac{dx}{(x^2-2)(x^2+3)}$;

(xxxiii) $\int \sin^3 x\,dx$;

(xxxiv) $\int \cos^4 x\,dx$;

(xxxv) $\int \frac{dx}{\sin^2 x\cos^2 x}$;

(xxxvi) $\int \frac{\sin x\cos^3 x}{1+\cos^2 x}dx$;

(xxxvii) $\int \frac{\sin^2 x}{\cos^6 x}dx$;

(xxxviii) $\int \frac{dx}{\sin x\cos^4 x}$;

(xxxix) $\int \frac{dx}{(1-x)^{\frac{3}{2}}}$;

(xl) $\int \sqrt{\frac{x-a}{x+a}}dx$, $a>0$.

5. 求下列各不定积分:

(i) $\int \sqrt{x^2+a^2}\,dx$;

(ii) $\int x^2\sqrt{x^2+a^2}\,dx$;

(iii) $\int \frac{x^2dx}{\sqrt{x^2+a^2}}$;

(iv) $\int \frac{dx}{\sqrt{(x+a)(x+b)}}$;

(v) $\int x^2e^{-2x}dx$;

(vi) $\int \frac{x\ln(x+\sqrt{1+x^2})}{\sqrt{1+x^2}}dx$;

(vii) $\int x^3e^{-x^2}dx$;

(viii) $\int e^{\sqrt{x}}dx$;

(ix) $\int \left(\frac{\ln x}{x}\right)^2dx$;

(x) $\int x^n\ln x\,dx$, $n\neq -1$;

(xi) $\int \sqrt{x}\ln^2 x\,dx$;

(xii) $\int x^2\sin 2x\,dx$;

(xiii) $\int e^{2x}\sin^2 x\,dx$;

(xiv) $\int \arctan x\,dx$;

(xv) $\int x\arctan x\,dx$;

(xvi) $\int \frac{\arcsin x}{x^2}dx$;

(xvii) $\int x(\arctan x)^2dx$;

(xviii) $\int (\arcsin x)^2dx$;

(xix) $\int x^2\arccos x\,dx$;

(xx) $\int \sin x\ln(\tan x)dx$;

(xxi) $\int \ln(x+\sqrt{1+x^2})dx$;

(xxii) $\int x\ln\frac{1+x}{1-x}dx$;

(xxiii) $\int \sin(\ln x)dx$;

(xxiv) $\int \frac{x\,dx}{\cos^2 x}$;

(xxv) $\int \frac{xe^{\arctan x}}{(1+x^2)^{\frac{3}{2}}}dx$;

(xxvi) $\int \frac{\ln(\sin x)}{\sin^2 x}dx$;

(xxvii) $\int \frac{x^2}{\sqrt{x^2-2}}dx$;

(xxviii) $\int \frac{xe^x}{(x+1)^2}dx$;

(xxix) $\int xe^x\cos x\,dx$;

(xxx) $\int x^ne^{-x}dx$.

6. 求下列各不定积分:

(i) $\int \frac{x+1}{x^2+x+1}dx$;　(ii) $\int \frac{dx}{a+bx^2}$, $ab \neq 0$;

(iii) $\int \frac{x-1}{(x^2+2x+3)^2}dx$;　(iv) $\int \frac{x-5}{(x+1)(x-2)^2}dx$;

(v) $\int \frac{dx}{(x-2)^2(x+3)^2}$;　(vi) $\int \frac{dx}{x(1+x)(1+x+x^2)}$;

(vii) $\int \frac{x^5 dx}{x^6-x^3-2}$;

(viii) $\int \frac{x dx}{x^2-2x\cos\alpha+1}$, $0<\alpha<\frac{\pi}{2}$;

(ix) $\int \frac{x^3+1}{x(x-1)^3}dx$;　(x) $\int \frac{x^{3n-1}}{x^n+1}dx$.

7. 求下列各不定积分:

(i) $\int \frac{dx}{x(1+2\sqrt{x}+\sqrt[3]{x})}$;　(ii) $\int \frac{x\sqrt[3]{x+2}}{x+\sqrt[3]{x+2}}dx$;

(iii) $\int \frac{\sqrt{x+1}-\sqrt{x-1}}{\sqrt{x+1}+\sqrt{x-1}}dx$;　(iv) $\int \frac{dx}{x\sqrt{x^2+x+1}}$;

(v) $\int \frac{dx}{\sqrt[3]{(x+1)^2(x-1)^4}}$;　(vi) $\int \frac{dx}{(1+x^2)\sqrt{1-x^2}}$;

(vii) $\int \frac{dx}{(1+x^2)\sqrt{x^2-1}}$;　(viii) $\int \frac{dx}{x^3\sqrt{x^2+1}}$;

(ix) $\int \frac{dx}{x^3\sqrt{x^2-1}}$;　(x) $\int \frac{x dx}{\sqrt[4]{x^3(a-x)}}$, $a>0$;

(xi) $\int \sqrt{x^2+\frac{1}{x^2}}dx$;　(xii) $\int \frac{x dx}{\sqrt{1+\sqrt[3]{x^2}}}$.

8. 求下列各不定积分:

(i) $\int \cos^6 x dx$;　(ii) $\int \sin^4 x\cos^5 x dx$;

(iii) $\int \frac{dx}{\sin^3 x}$;　(iv) $\int \frac{dx}{\sin^4 x\cos^4 x}$;

(v) $\int \tan^5 x dx$;　(vi) $\int \frac{dx}{\sqrt{\tan x}}$;

(vii) $\int \frac{dx}{\sqrt{\sin^3 x\cos^5 x}}$;　(viii) $\int \sin 5x\cos 3x dx$;

(ix) $\int \cos x\cos 2x\cos 3x dx$;　(x) $\int \frac{dx}{\sin x-\sin a}$, $\cos a \neq 0$;

(xi) $\int \frac{dx}{\sin(x+a)\sin(x+b)}$, $\sin(a-b)\neq 0$;

(xii) $\int \frac{dx}{(2+\cos x)\sin x}$;　(xiii) $\int \frac{dx}{2\sin x-\cos x+5}$;

(xiv) $\int \frac{dx}{1+\varepsilon\cos x}$, (i) $0<\varepsilon<1$, (ii) $\varepsilon>1$;

(xv) $\int \frac{\sin x\cos x}{1+\sin^4 x}dx$;　　(xvi) $\int \frac{dx}{a\sin x+b\cos x}$.

9. 导出下列不定积分的递推公式:

(i) $I_n=\int \sin^n x dx$;　　(ii) $J_n=\int \cos^n x dx$;

(iii) $K_n=\int \frac{dx}{\sin^n x}$;　　(iv) $L_n=\int \frac{dx}{\cos^n x}$.

10. 设 $a^2+b^2\neq 0$,求证

$$\int \frac{a_1\sin x+b_1\cos x}{a\sin x+b\cos x}dx=Ax+B\ln|a\sin x+b\cos x|+C,$$

其中 A 和 B 为常数,C 为任意常数.

11. 设 $P(x)$ 为 n 次多项式,求证:

(i) $\int e^{ax}P(x)dx=e^{ax}\left[\frac{P(x)}{a}-\frac{P'(x)}{a^2}+\cdots+(-1)^n\frac{P^{(n)}(x)}{a^{n+1}}\right]+C$;

(ii) $\int P(x)\sin ax dx$

$$=-\frac{\cos ax}{a}\left[P(x)-\frac{P''(x)}{a^2}+\frac{P^{(4)}(x)}{a^4}-\cdots\right]$$
$$+\frac{\sin ax}{a^2}\left[P'(x)-\frac{P'''(x)}{a^2}+\frac{P^{(5)}(x)}{a^4}-\cdots\right]+C.$$

12. 求下列各组不定积分:

(i) $\int \frac{dx}{1+x^3}$, $\int \frac{x dx}{1+x^3}$;

(ii) $\int \frac{dx}{1+x^4}$, $\int \frac{x^2 dx}{1+x^4}$;

(iii) $\int \frac{\sin x dx}{a\cos x+b\sin x}$, $\int \frac{\cos x dx}{a\cos x+b\sin x}$, $ab\neq 0$.

13. 求下列各不定积分:

(i) $\int x^5\sin 5x dx$;　　(ii) $\int (\cos\sqrt{x})^2 dx$;

(iii) $\int \frac{\ln(x+\sqrt{1+x^2})}{(1+x^2)^{\frac{3}{2}}}dx$;　　(iv) $\int \sqrt{\frac{e^x-1}{e^x+1}}dx$;

(v) $\int \frac{dx}{\sqrt{1+e^x}+\sqrt{1-e^x}}$;　　(vi) $\int \sqrt{\frac{x}{1-x\sqrt{x}}}dx$;

(vii) $\int \frac{1+\sin x}{1+\cos x}e^x dx$;　　(viii) $\int \frac{\arcsin e^x}{e^x}dx$;

(ix) $\int \mathrm{sh}x\,\mathrm{sh}2x\,\mathrm{sh}3x dx$;　　(x) $\int \frac{dx}{\mathrm{sh}x+2\mathrm{ch}x}$.

第七章　定　积　分

许多实际问题，例如计算曲线所围成的平面图形的面积，曲面围成的几何体的体积，已知变速运动的速度求路程，计算变力所做的功等等，最后都化为积分问题.这样的积分就是本章要讨论的定积分.

§7.1　定积分的概念

设函数 $f(x)$在区间$[a,b]$上非负连续.由曲线 $y=f(x)$和直线 $x=a$，$x=b$，$y=0$ 所围成的图形称为一个曲边梯形.我们的任务是求这个曲边梯形的面积.

由于我们只会计算直边图形的面积而尚不会计算曲边图形的面积，我们用如下方法计算曲边梯形的面积 S.先把区间$[a,b]$用分点

$$a = x_0 < x_1 < \cdots < x_k < \cdots < x_n = b$$

分成 n 个小区间$[x_{k-1},x_k]$，$k=1,\cdots,n$.过每个分点作 y 轴的平行线与曲线 $y=f(x)$相交，于是将曲边梯形分成了 n 个小曲边梯形.与整个曲边梯形相比较，每个小曲边梯形的曲边的高度变化较小，因此可以近似地把它们都看成矩形.在每个小区间$[x_{k-1},x_k]$上任取一点 ξ_k，并把 $f(\xi_k)$当作第 k 个小矩形的高.记 $\Delta x_k = x_k - x_{k-1}$，于是第 k 个小矩形的面积为 $S_k = f(\xi_k)\Delta x_k$.再对 S_k 从 1 到 n 求和，得到

$$\sum_{k=1}^{n} S_k = \sum_{k=1}^{n} f(\xi_k)\Delta x_k . \tag{7.1.1}$$

我们就把这个和数作为曲边梯形面积 S 的近似值(如图 7.1.1).

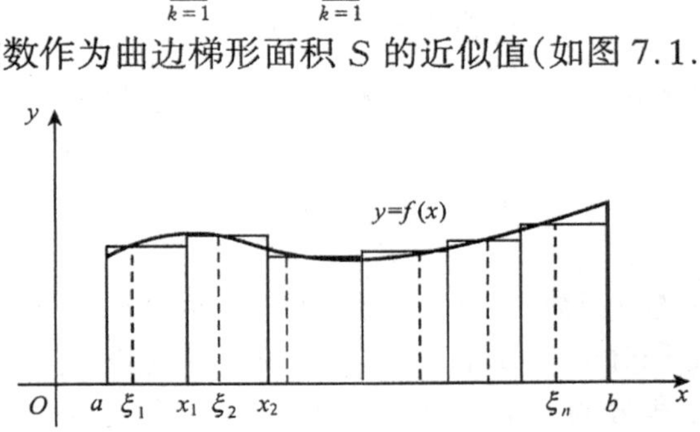

图 7.1.1

从图中可以看出,分点愈多,相邻分点的距离愈小,则由(7.1.1)式所给出的和数就愈接近于面积 S 的值.而且可以预料,这样无限变化下去的极限就是曲边梯形的面积 S.

如果已知变速运动的速度函数 $v(t)$,而要计算从时刻 a 到 b 这段时间内物体所走过的路程,则当把 $v(t)$ 视为上述面积问题中的函数 $f(x)$ 时,将出现完全平行的描述过程.这种描述过程不是别的,正是定积分的原始思路和来源.当然,这还只是对定积分概念的最初的形象表达.

形象的陈述很容易为人接受,特别是被缺乏全面训练的人所接受.但是,形象的描述往往不够深刻,也无法用来进行理论推导和论证.因此,必须将定积分的概念上升到理论的高度来表达.在微积分发展的历史上也正是这样来进行的.下面,我们就来给出定积分的分析定义.

在区间 $[a,b]$ 上给出 $n+1$ 个分点,满足条件

$$a = x_0 < x_1 < x_2 < \cdots < x_{n-1} < x_n = b.$$

记 $T=\{x_k \mid k=0,1,\cdots,n\}$ 并称之为区间 $[a,b]$ 上的一个网或区间 $[a,b]$ 的一个分划.这些分点将区间 $[a,b]$ 分成 n 个小区间 $[x_{k-1},x_k]$, $k=1,\cdots,n$.这些小区间称之为网孔.第 k 个小区间的长度为 $\Delta x_k = x_k - x_{k-1}$.令

$$\| T \| = \max\{\Delta x_k \mid k = 1,\cdots,n\}$$

并称之为网 T 的直径.

设函数 $f(x)$ 在 $[a,b]$ 上有定义, T 是 $[a,b]$ 上的一个网.任取 $\xi_k \in [x_{k-1},x_k]$, $k=1,\cdots,n$,则可以组成一个和式(7.1.1).这样的和式称为函数 $f(x)$ 对应于网 T 的一个积分和,或简称为积分和.易见,即使对于同一个函数 f 和同一个网 T,由于 ξ_k 的选法不同,和式(7.1.1)的值也可能是不同的.

定义 7.1.1　设函数 $f(x)$ 在 $[a,b]$ 上有定义.如果存在实数 I,使对任何 $\varepsilon>0$,都存在 $\delta>0$,只要 $\| T \| <\delta$,无论 $\{\xi_k\}$ 怎样选取,都有

$$\left| \sum_{k=1}^{n} f(\xi_k)\Delta x_k - I \right| < \varepsilon, \tag{7.1.2}$$

则称函数 $f(x)$ 在区间 $[a,b]$ 上可积并称 I 是 $f(x)$ 在区间 $[a,b]$ 上的定积分,记为

$$I = \int_a^b f(x)\mathrm{d}x,$$

其中的 $f(x)$ 称为被积函数, $f(x)\mathrm{d}x$ 称为被积表达式, x 称为积分变量而 a 和 b 分别称为此定积分的下限和上限,表示积分变量的变化范围.

定积分与不定积分的一个主要区别在于,不定积分的结果是一族函数而定积分的结果是一个数.

定理 7.1.1 函数 $f(x)$ 在区间 $[a,b]$ 上可积的必要条件是 $f(x)$ 在 $[a,b]$ 上有界.

证 因为 $f(x)$ 在 $[a,b]$ 上可积,故存在实数 I,使对 $\varepsilon_0=1$,存在 $\delta>0$,只要 $\|T\|<\delta$,无论怎样选取 $\xi_k\in[x_{k-1},x_k]$, $k=1,\cdots,n$,都有

$$\left|\sum_{k=1}^{n} f(\xi_k)\Delta x_k - I\right| < 1. \tag{7.1.3}$$

取 n 足够大,使 $\frac{b-a}{n}<\delta$. 将区间 $[a,b]$ 均分成 n 等分并记相应的网为 $T=\{x_i\}$. 对任意 j, $1\leqslant j\leqslant n$,取 $\xi_k=x_k$, $k\neq j$. 于是由(7.1.3)式有

$$\left|\sum_{k\neq j} f(x_k)\Delta x_k + f(\xi_j)\Delta x_j - I\right| < 1,$$

$$|f(\xi_j)\Delta x_j| < |I| + 1 + \sum_{k\neq j}|f(x_k)\Delta x_k|,$$

$$|f(\xi_j)| < \frac{n(|I|+1)}{b-a} + \sum_{k\neq j}|f(x_k)| \tag{7.1.4}$$

由于(7.1.4)式右端为常数而左端的 ξ_j 可在 $[x_{j-1},x_j]$ 上任取,故知 $f(x)$ 在 $[x_{j-1},x_j]$ 上有界. 再由 j 的任意性知 $f(x)$ 在 $[a,b]$ 上有界.

此外,从定积分的定义可以看出,定积分的值与积分变量无关,即有

$$\int_a^b f(x)\mathrm{d}x = \int_a^b f(t)\mathrm{d}t.$$

因此,在进行运算或论证时,可随时根据需要而改换积分变量.

在定义中我们总假定 $a<b$,即下限小于上限. 但在以后运算中,也会遇到下限不小于上限的情形. 但由定义可直接看出:

$$\int_a^b f(x)\mathrm{d}x = -\int_b^a f(x)\mathrm{d}x, \int_a^a f(x)\mathrm{d}x = 0.$$

定积分的这种概念是由黎曼首先引入,所以,当有必要与其他的可积性相区别时,我们将把这种积分称之为黎曼积分.

§7.2 可积的充分必要条件

设函数 $f(x)$ 在区间 $[a,b]$ 上有界,网 $T=\{x_k\}$ 把 $[a,b]$ 分成 n 个小区间 $[x_{k-1},x_k]$, $k=1,\cdots,n$. 令

$$M_k = \sup\{f(x) \mid x\in[x_{k-1},x_k]\},$$
$$m_k = \inf\{f(x) \mid x\in[x_{k-1},x_k]\}, \quad k=1,\cdots,n,$$
$$\Delta x_k = x_k - x_{k-1},$$

作和式

$$S=\sum_{k=1}^{n}M_k\Delta x_k\ ,s=\sum_{k=1}^{n}m_k\Delta x_k\ ,$$

并分别称之为函数 $f(x)$的对应于网 T 的达布上和与达布下和,统称为达布和.由定义可知,函数 $f(x)$对应于同一个网 T 的积分和有无穷多个,但达布上和与达布下和却都只是各有一个.当 $f(x)$不是连续函数时,达布和不一定是积分和,但它们都与积分和有着密切的联系.易见,对于同一网 T,有

$$s(T)\leqslant\sum_{k=1}^{n}f(\xi_k)\Delta x_k\leqslant S(T).$$

定理 7.2.1　当在网 T 中加入新的分点时,上和不增而下和不减,亦即当把加入新的分点后的网记为 T'时,总有 $s(T)\leqslant s(T')\leqslant S(T')\leqslant S(T)$.

证　设网 T 为

$$a=x_0<x_1<x_2<\cdots<x_n=b.$$

不妨设网 T'只比网 T 多 1 个分点 $x'\in(x_{j-1},x_j)$.令

$$M_{j1}=\sup\{f(x)\mid x\in[x_{j-1},x']\},$$

$$M_{j2}=\sup\{f(x)\mid x\in[x',x_j]\},$$

于是有 $M_{j1}\leqslant M_j,M_{j2}\leqslant M_j$,所以

$$M_{j1}(x'-x_{j-1})+M_{j2}(x_j-x')\leqslant M_j\Delta x_j.$$

由于 $S(T)$与 $S(T')$中的其余各项对应相同,故得

$$S(T')\leqslant S(T).$$

同理可证 $s(T')\geqslant s(T)$.

定理 7.2.2　设 T_1 和 T_2 是$[a,b]$上的任意两个网,则有 $s(T_1)\leqslant S(T_2)$.换句话说,任一下和都不大于任一上和.

证　令 $T=T_1\cup T_2$,于是由定理 7.2.1 知

$$s(T_1)\leqslant s(T)\leqslant S(T)\leqslant S(T_2).$$

定理 7.2.2 表明,一切下和的集合$\{s\}$有上界,从而必有上确界,记为 $\underline{I}$;一切上和的集合$\{S\}$有下界,从而必有下确界,记为 $\overline{I}$.显然有 $\underline{I}\leqslant\overline{I}$.$\underline{I}$ 和 $\overline{I}$ 分别称为$f(x)$在区间$[a,b]$上的下积分与上积分.

定理 7.2.3(可积的第一充分必要条件)　有界函数 $f(x)$在区间$[a,b]$上可积的充分必要条件是 $\lim\limits_{\|T\|\to0}(S(T)-s(T))=0$,即对任何 $\varepsilon>0$,都存在 $\delta>0$,使当 $\|T\|<\delta$ 时,就有

$$0\leqslant S(T)-s(T)<\varepsilon.$$

证 必要性. 设函数 $f(x)$ 在区间 $[a,b]$ 上可积, 其定积分为 I. 于是按定义知, 对任何 $\varepsilon>0$, 都存在 $\delta>0$, 使对 $[a,b]$ 上的任何网 $T=\{x_k\}_{0\leqslant k\leqslant n}$, 只要 $\|T\|<\delta$, 就有

$$\left|\sum_{k=1}^{n} f(\xi_k)\Delta x_k - I\right| < \frac{\varepsilon}{4}, \tag{7.2.1}$$

其中的 $\xi_k\in[x_{k-1},x_k]$ $(k=1,\cdots,n)$ 可以任意选取.

在 (7.2.1) 式中分别对 ξ_k 在 $[x_{k-1},x_k]$ 上取下确界和上确界, $k=1,\cdots,n$, 得到

$$|s(T)-I|\leqslant\frac{\varepsilon}{4},\ |S(T)-I|\leqslant\frac{\varepsilon}{4}.$$

由此即得

$$0\leqslant S(T)-s(T)\leqslant\frac{\varepsilon}{2}<\varepsilon.$$

充分性. 由充分性条件知, 对于任给的 $\varepsilon>0$, 都存在 $\delta>0$, 使对 $[a,b]$ 上的任何网 $T=\{x_k\}_{0\leqslant k\leqslant n}$, 只要 $\|T\|<\delta$, 就有

$$0\leqslant S(T)-s(T)<\varepsilon. \tag{7.2.2}$$

按上下积分的定义有

$$0\leqslant\overline{I}-\underline{I}\leqslant S(T)-s(T)<\varepsilon,$$

再由 $\varepsilon>0$ 的任意性, 得到 $\overline{I}=\underline{I}$. 记 $I=\overline{I}=\underline{I}$. 于是当 $\|T\|<\delta$ 时, 由 (7.2.2) 有

$$0\leqslant S(T)-I\leqslant S(T)-s(T)<\varepsilon.$$
$$0\leqslant I-s(T)\leqslant S(T)-s(T)<\varepsilon.$$

从而有

$$S(T)<I+\varepsilon, s(T)>I-\varepsilon,$$

故得

$$I-\varepsilon<s(T)\leqslant\sum_{k=1}^{n} f(\xi_k)\Delta x_k\leqslant S(T)<I+\varepsilon,$$

亦即有

$$\left|\sum_{k=1}^{n} f(\xi_k)\Delta x_k - I\right|<\varepsilon, \text{当 } \|T\|<\delta.$$

按定义知 $f(x)$ 在 $[a,b]$ 上可积且其定积分为 I.

对于区间 $[a,b]$ 上的任一网 $T=\{x_k\}_{0\leqslant k\leqslant n}$, 我们令 $\omega_k=M_k-m_k\geqslant0$, 并称之为 $f(x)$ 在区间 $[x_{k-1},x_k]$ 上的振幅. 利用这个记号, 定理 7.2.3 中的充分

必要条件可叙述为

$$\lim_{\|T\|\to 0}\sum_{k=1}^{n}\omega_k\Delta x_k = 0, \tag{7.2.3}$$

这种形式用起来很方便.

不难看出,为使(7.2.3)式成立,或者当 $\|T\|$ 充分小时,所有的 ω_k 都很小,或者大多数 ω_k 都很小而某些 ω_k 不能很小,但与之相应的 Δx_k 之和很小.从后一种思路出发,我们有如下的定理.

定理 7.2.4(可积的第二充分必要条件)　有界函数 $f(x)$ 在区间$[a,b]$上可积的充分必要条件是对于任何 $\eta>0$ 和 $\sigma>0$,都存在 $\delta>0$,使当 $\|T\|<\delta$ 时,对应于振幅 $\omega_{k'}>\eta$ 的那些网孔的长度之和 $\sum\limits_{k'}\Delta x_{k'}<\sigma$.

证　必要性.对于任给的 $\eta>0$ 和 $\sigma>0$,令 $\varepsilon=\eta\sigma$.由于 $f(x)$在$[a,b]$上可积,故有 $\delta>0$,使当 $\|T\|<\delta$ 时,就有

$$\sum_{k=1}^{n}\omega_k\Delta x_k<\varepsilon=\eta\sigma.$$

于是有

$$\eta\sigma>\sum_{k=1}^{n}\omega_k\Delta x_k\geqslant\sum_{k'}\omega_{k'}\Delta x_{k'}>\eta\sum_{k'}\Delta x_{k'},$$

所以

$$\sum_{k'}\Delta x_{k'}<\sigma,$$

其中 $\omega_{k'}>\eta$ 而 $\sum\limits_{k'}$ 表示对振幅 $\omega_{k'}>\eta$ 的那些项求和.

充分性.对于任给的 $\varepsilon>0$,取 $\eta=\dfrac{\varepsilon}{2(b-a)}$,$\sigma=\dfrac{\varepsilon}{2(\Omega+1)}$,其中 Ω 表示 $f(x)$ 在$[a,b]$上的振幅.设 $\omega_{k''}\leqslant\eta$ 而 $\sum\limits_{k''}$ 表示对振幅 $\omega_{k''}\leqslant\eta$ 的那些项求和.按充分性条件有 $\delta>0$,使当 $\|T\|<\delta$ 时,就有

$$\sum_{k'}\Delta x_{k'}<\sigma.$$

从而有

$$\begin{aligned}\sum_{k=1}^{n}\omega_k\Delta x_k&=\sum_{k'}\omega_{k'}\Delta x_{k'}+\sum_{k''}\omega_{k''}\Delta x_{k''}\\&<\Omega\sum_{k'}\Delta x_{k'}+\eta\sum_{k''}\Delta x_{k''}\\&<\Omega\sigma+\eta(b-a)\leqslant\frac{\varepsilon}{2}+\frac{\varepsilon}{2}=\varepsilon.\end{aligned}$$

从而由定理 7.2.3 知 $f(x)$在$[a,b]$上可积.

利用定理 7.2.3 和定理 7.2.4,可以证明如下的结果.

定理 7.2.5 下列三类函数都是可积的:

(i) 区间$[a,b]$上的连续函数;

(ii) 在$[a,b]$上只有有限多个间断点的有界函数;

(iii) $[a,b]$上的单调函数.

证 (i) 设函数 $f(x)$在$[a,b]$上连续.对于任给的 $\varepsilon>0$,因为 $f(x)$在$[a,b]$上一致连续,故有 $\delta>0$.使当 $x_1,x_2\in[a,b]$且$|x_1-x_2|<\delta$ 时,就有

$$|f(x_1)-f(x_2)|<\frac{\varepsilon}{b-a}. \tag{7.2.4}$$

对于满足 $\|T\|<\delta$ 的任意网 $T=\{x_k\}_{0\leqslant k\leqslant n}$,由(7.2.4)式可得

$$\omega_k=M_k-m_k<\frac{\varepsilon}{b-a},k=1,\cdots,n, \tag{7.2.5}$$

其中 M_k,m_k 分别为$f(x)$在$[x_{k-1},x_k]$上的上确界和下确界.由(7.2.5)式即得

$$\sum_{k=1}^{n}\omega_k\Delta x_k<\frac{\varepsilon}{b-a}\sum_{k=1}^{n}\Delta x_k=\varepsilon.$$

由定理 7.2.3 知 $f(x)$在$[a,b]$上可积.

(ii) 设函数 $f(x)$在$[a,b]$上共有 h 个间断点:$x'_1,x'_2,\cdots,x'_h$,不妨设 $a=x'_0<x'_1<x'_2<\cdots<x'_h<x'_{h+1}=b$.记

$$\delta'=\min\{x'_j-x'_{j-1}\mid j=1,2,\cdots,h+1\}.$$

对于任给的 $\eta>0$ 和 $\sigma>0$,取

$$\delta_1=\min\left\{\frac{\sigma}{4h},\frac{\delta'}{4}\right\}. \tag{7.2.6}$$

对每个 $j\in\{1,2,\cdots,h\}$,取点$(x'_j-\delta_1,f(x'_j-\delta_1))$和$(x'_j+\delta_1,f(x'_j+\delta_1))$并在两点间连结一条直线段.记以这条直线段为图形的函数为 $y=g_j(x)$.令

$$F(x)=\begin{cases}g_j(x) & x\in\Delta j,j=1,\cdots,h,\\ f(x), & \text{其他处},\end{cases} \tag{7.2.7}$$

其中 $\Delta_j=(x'_j-\delta_1,x'_j+\delta_1)$.于是 $F(x)$在$[a,b]$上连续,从而一致连续.因此有 $\delta_2>0$,使当 $x_1,x_2\in[a,b]$且$|x_1-x_2|<\delta_2$ 时,就有

$$|F(x_1)-F(x_2)|<\eta. \tag{7.2.8}$$

令 $\delta=\min\{\delta_1,\delta_2\}$,于是当 $\|T\|<\delta$ 时,由(7.2.7)式和(7.2.8)式知,$f(x)$在凡是与诸 Δ_k 都不相交的网孔上的振幅都小于η.所以,能使 $\omega_{k'}>\eta$ 的所有小区间的长度之和

$$\sum_{k'} \Delta x_{k'} < \sum_{j=1}^{h} (x'_j + \delta_1 - x'_j + \delta_1) + 2h\delta \leqslant 4h\delta_1 \leqslant \sigma.$$

由定理 7.2.4 知 $f(x)$在$[a,b]$上可积.

(iii) 不妨设 $f(x)$在$[a,b]$上递增. 若 $f(a)=f(b)$,则 $f(x)$在$[a,b]$上恒为常数,当然可积,故不妨设 $f(a)<f(b)$.

由于 $f(x)$递增,所以对于$[a,b]$上的任何网 $T=\{x_k\}_{0\leqslant k\leqslant n}$,都有 $\omega_k = f(x_k)-f(x_{k-1})$.

对于任给的 $\varepsilon>0$,取 $\delta=\dfrac{\varepsilon}{f(b)-f(a)}$,于是当 $\|T\|<\delta$ 时,就有

$$\sum_{k=1}^{n} \omega_k \Delta x_k < \delta \sum_{k=1}^{n} [f(x_k) - f(x_{k-1})]$$

$$= \frac{\varepsilon}{f(b)-f(a)}[f(b) - f(a)] = \varepsilon.$$

由定理 7.2.3 知 $f(x)$在$[a,b]$上可积.

例 7.2.1　求证黎曼函数 $R(x)$在$[0,1]$上可积.

证　黎曼函数定义如下:

$$R(x) = \begin{cases} \dfrac{1}{q}, \text{当 } x = \dfrac{p}{q}, p \in \mathbf{Z}, q \in \mathbf{N}, (p,q) = 1, \\ 0, \text{当 } x \text{ 为无理数}. \end{cases}$$

在第二章中我们已经证明过,对于任意 $x_0\in[0,1]$,都有 $\lim\limits_{x\to x_0} R(x)=0$. 从而所有无理点都是连续点,所有有理点都是间断点.

对任何 $\eta>0$ 和 $\sigma>0$,当且仅当 $q<\dfrac{1}{\eta}$时才有

$$R\left(\frac{p}{q}\right) \geqslant \frac{1}{q} > \eta. \tag{7.2.9}$$

由于满足 $q<\dfrac{1}{\eta}$的自然数q 只有有限多个,且由$\dfrac{p}{q}\in[0,1]$又知 $0\leqslant p\leqslant q$,所以使(7.2.9)式成立的点$\dfrac{p}{q}$只有有限多个,设共有 h 个:$x'_1,\cdots,x'_h$.

取 $\delta=\dfrac{\sigma}{2h}$,于是当 $\|T\|<\delta$ 时,使 $\omega_{k'}>\eta$ 的网孔不超过 $2h$ 个. 所以其长度之和

$$\sum_{k'} \Delta x_{k'} < 2h\delta = \sigma.$$

由定理 7.2.4 知 $R(x)$在$[0,1]$上可积.

同理可证,黎曼函数 $R(x)$在任何有限区间$[a,b]$上都可积. 由于 $R(x)$

的达布下和 $s=0$. 故有

$$\int_a^b R(x)\mathrm{d}x = 0.$$

§7.3 定积分的性质

本节集中介绍定积分的各种性质,它们对于计算积分和证明与积分有关的题目是非常有用的.

定理 7.3.1 设函数 $f(x)$ 和 $g(x)$ 都在 $[a,b]$ 上可积,λ 为一常数,则 $\lambda f(x)$,$f(x)\pm g(x)$ 也都在 $[a,b]$ 上可积,且有:

(i) $\int_a^b \lambda f(x)\mathrm{d}x = \lambda\int_a^b f(x)\mathrm{d}x$;

(ii) $\int_a^b [f(x)\pm g(x)]\mathrm{d}x = \int_a^b f(x)\mathrm{d}x \pm \int_a^b g(x)\mathrm{d}x$.

证 (i) 比较简单,这里只证(ii). 记

$$I_f = \int_a^b f(x)\mathrm{d}x,\quad I_g = \int_a^b g(x)\mathrm{d}x,$$

对于任给的 $\varepsilon>0$,按定义有 $\delta>0$,使当 $\|T\|<\delta$ 时,无论怎样选取 $\xi_k\in[x_{k-1},x_k]$. $k=1,\cdots,n$,都有

$$\left|\sum_{k=1}^n f(\xi_k)\Delta_k - I_f\right| < \frac{\varepsilon}{2},\left|\sum_{k=1}^n g(\xi_k)\Delta_k - I_g\right| < \frac{\varepsilon}{2}.$$

从而当 $\|T\|<\delta$ 时,就有

$$\left|\sum_{k=1}^n [f(\xi_k)+g(\xi_k)]\Delta x_k - (I_f \pm I_g)\right| < \varepsilon,$$

按定义知 $f(x)\pm g(x)$ 都在 $[a,b]$ 上可积且有(ii)成立.

定理 7.3.2 设 $a<c<b$.

(i) 若 $f(x)$ 在 $[a,b]$ 上可积,则 $f(x)$ 在 $[a,c]$ 和 $[c,b]$ 上都可积,且有

$$\int_a^b f(x)\mathrm{d}x = \int_a^c f(x)\mathrm{d}x + \int_c^b f(x)\mathrm{d}x; \tag{7.3.1}$$

(ii) 若 $f(x)$ 在 $[a,c]$ 和 $[c,b]$ 上都可积,则 $f(x)$ 在 $[a,b]$ 上也可积且(7.3.1)式成立.

证 (i) 对于任给的 $\varepsilon>0$,因为 $f(x)$ 在 $[a,b]$ 上可积,故存在 $\delta>0$,使对 $[a,b]$ 上的任意网 $T=\{x_k\}_{0\leqslant k\leqslant n}$,只要 $\|T\|<\delta$,就有

$$\sum_{k=1}^n \omega_k\Delta x_k < \varepsilon. \tag{7.3.2}$$

对于$[a,c]$上的任一网 T_1 和$[c,b]$上的任一网 T_2，$T=T_1\cup T_2$ 便是$[a,b]$上的一个网.当 $\|T_1\|<\delta$，$\|T_2\|<\delta$ 时，有 $\|T\|<\delta$.设 c 为网 T 的 $n+1$ 个分点中的第 h 个分点，于是由(7.3.2)式得到

$$\sum_{k=1}^{h}\omega_k\Delta x_k \leqslant \sum_{k=1}^{n}\omega_k\Delta x_k < \varepsilon,$$

$$\sum_{k=h+1}^{n}\omega_k\Delta x_k \leqslant \sum_{k=1}^{n}\omega_k\Delta x_k < \varepsilon.$$

由上节定理 7.2.3 知 $f(x)$在$[a,c]$和$[c,b]$上都可积.

对于区间$[a,b]$上的任一网 T，令 $T'=T\cup\{c\}$，$T_1=T'\cap[a,c]$，$T_2=T'\cap[c,b]$，于是 T_1 和 T_2 分别是$[a,c]$和$[c,b]$上的一个网.因为 $f(x)$在$[a,c]$和$[c,b]$上都可积，若记

$$I_1=\int_a^c f(x)\mathrm{d}x,\quad I_2=\int_c^b f(x)\mathrm{d}x,$$

则有

$$\begin{aligned}s(T)\leqslant s(T')&=s(T_1)+s(T_2)\leqslant I_1+I_2 \\ &\leqslant S(T_1)+S(T_2)=S(T')\leqslant S(T).\end{aligned}\tag{7.3.3}$$

又因 $f(x)$在$[a,b]$上可积，故有

$$\lim_{\|T\|\to 0}s(T)=\lim_{\|T\|\to 0}S(T).\tag{7.3.4}$$

由(7.3.3)式和(7.3.4)式便得

$$\int_a^b f(x)\mathrm{d}x=I_1+I_2=\int_a^c f(x)\mathrm{d}x+\int_c^b f(x)\mathrm{d}x.$$

(ii) 对于任给的 $\eta>0$ 和 $\sigma>0$，因为 $f(x)$在$[a,c]$和$[c,b]$上都可积，故有 $\delta_1>0$ 和 $\delta_2>0$，使对$[a,c]$上的任意网 $T_1=\{x'_k\}$和$[c,b]$上的任意网 $T_2=\{x''_k\}$，只要 $\|T_1\|<\delta_1$，$\|T_2\|<\delta_2$，其中振幅大于 η 的网孔的长度之和便有

$$(T_1)\sum_{k'}\Delta x'_{k'}<\frac{\sigma}{3},\quad (T_2)\sum_{k'}\Delta x''_{k'}<\frac{\sigma}{3}.$$

令 $\delta=\min\{\delta_1,\delta_2,\frac{\sigma}{3}\}$.对于区间$[a,b]$上的任一网 T，令 $T'=T\cup\{c\}$，$T_1=T'\cap[a,c]$，$T_2=T'\cap[c,b]$，于是 T_1 和 T_2 分别是$[a,c]$和$[c,b]$上的一个网.当 $\|T\|<\delta$ 时，$\|T_1\|<\delta\leqslant\delta_1$，$\|T_2\|<\delta\leqslant\delta_2$.网 T 的网孔中，除了含点 c 的一个外，其他网孔或为 T_1 的网孔，或为 T_2 的网孔.所以，网 T 的振幅大于 η 的网孔的长度之和满足估计式

$$(T)\sum_{k'}\Delta x_{k'} \leqslant (T_1)\sum_{k'}\Delta x_{k'} + (T_2)\sum_{k'}\Delta x''_{k} + \delta < \sigma.$$

按定理 7.2.4 知 $f(x)$于$[a,b]$上可积.由(i)知(7.3.1)成立.

此外,我们指出,当(7.3.1)式中的三个积分都存在时,对任意的 a,b,c,(7.3.1)式都成立,即不必要求 $a<c<b$.

定理 7.3.3 若 $f(x)$和 $g(x)$都在$[a,b]$上可积,则 $f(x)g(x)$也在$[a,b]$上可积.

证 因为 $f(x)$和 $g(x)$都在$[a,b]$上可积,故都在$[a,b]$上有界,即有常数 M,使得$|f(x)|\leqslant M$, $|g(x)|\leqslant M$.任取两点 $x',x''\in[x_{k-1},x_k]$,于是有

$$\begin{aligned}&|f(x'')g(x'')-f(x')g(x')|\\ &=|[f(x'')-f(x')]g(x'')+f(x')[g(x'')-g(x')]| \\ &\leqslant M(|f(x'')-f(x')|+|g(x'')-g(x')|)\end{aligned} \tag{7.3.5}$$

用 $\omega_k(f)$, $\omega_k(g)$, $\omega_k(fg)$分别表示 $f(x)$, $g(x)$, $f(x)g(x)$在$[x_{k-1},x_k]$上的振幅,于是由(7.3.5)式得到

$$\omega_k(fg)\leqslant M[\omega_k(f)+\omega_k(g)]. \tag{7.3.6}$$

对于$[a,b]$上的任何网 $T=\{x_k\}_{0\leqslant k\leqslant n}$,由(7.3.6)式求和得到

$$\sum_{k=1}^{n}\omega_k(fg)\Delta x_k \leqslant M\Big(\sum_{k=1}^{n}\omega_k(f)\Delta x_k + \sum_{k=1}^{n}\omega_k(g)\Delta x_k\Big)$$

因为 $f(x)$和 $g(x)$都在$[a,b]$上可积,故有

$$\lim_{\|T\|\to 0}\sum_{k}\omega_k(f)\Delta x_k = 0,\ \lim_{\|T\|\to 0}\sum_{k}\omega_k(g)\Delta x_k = 0.$$

从而有

$$\lim_{\|T\|\to 0}\sum_{k}\omega_k(fg)\Delta x_k = 0,$$

由上节定理 7.2.3 知 $f(x)g(x)$在$[a,b]$上可积.

定理 7.3.4 若 $f(x)$在$[a,b]$上可积,则$|f(x)|$也在$[a,b]$上可积.

证 设函数 $f(x)$在区间$[x_{k-1},x_k]$上的上确界和下确界分别为 M_k 和 m_k.易见,当 M_k 与 m_k 同号时,$\omega_k(f)=\omega_k(|f|)$;当 M_k 与 m_k 异号时,$\omega_k(f)>\omega_k(|f|)$.因而总有 $\omega_k(f)\geqslant\omega_k(|f|)$.从而对于$[a,b]$上的任何网 $T=\{x_k\}_{0\leqslant k\leqslant n}$,都有

$$\sum_{k=1}^{n}\omega_k(|f|)\Delta x_k \leqslant \sum_{k=1}^{n}\omega_k(f)\Delta x_k$$

由上节定理 7.3.3 知$|f(x)|$在$[a,b]$上可积.

注意,这个定理的逆定理不成立.例如函数

$$f(x) = 2D(x) - 1 = \begin{cases} 1, & x\text{ 为有理数}, \\ -1, & x\text{ 为无理数} \end{cases}$$

时，$|f(x)| \equiv 1$ 当然在$[0,1]$上可积，但 $f(x)$在$[0,1]$上不可积.

定理 7.3.5　若非负函数 $f(x)$在$[a,b]$上可积，则

$$\int_a^b f(x)\mathrm{d}x \geqslant 0.$$

这可由积分作为积分和的极限的定义直接推得.

推论 1　设 $f(x)$和 $g(x)$都在$[a,b]$上可积且 $f(x) \leqslant g(x)$，则

$$\int_a^b f(x)\mathrm{d}x \leqslant \int_a^b g(x)\mathrm{d}x.$$

推论 2　设 $f(x)$在$[a,b]$上可积，则

$$\left|\int_a^b f(x)\mathrm{d}x\right| \leqslant \int_a^b |f(x)|\mathrm{d}x.$$

证　由定理 7.3.4 知$|f(x)|$在$[a,b]$上可积.又因

$$-|f(x)| \leqslant f(x) \leqslant |f(x)|,$$

从而由定理 7.3.5 的推论 1 有

$$-\int_a^b |f(x)|\mathrm{d}x \leqslant \int_a^b f(x)\mathrm{d}x \leqslant \int_a^b |f(x)|\mathrm{d}x.$$

所以

$$\left|\int_a^b f(x)\mathrm{d}x\right| \leqslant \int_a^b |f(x)|\mathrm{d}x.$$

推论 3　设 $f(x)$在$[a,b]$上可积，M 和 m 分别是$f(x)$在$[a,b]$上的任一上界和下界，则

$$m(b-a) \leqslant \int_a^b f(x)\mathrm{d}x \leqslant M(b-a).$$

定理 7.3.5 及其推论是定积分的重要性质，不定积分没有类似的性质.

定理 7.3.6(积分第一中值定理)　设 $f(x)$在$[a,b]$上连续，$g(x)$在$[a,b]$上可积且不变号，则存在 $\xi \in [a,b]$，使得

$$\int_a^b f(x)g(x)\mathrm{d}x = f(\xi)\int_a^b g(x)\mathrm{d}x. \tag{7.3.7}$$

证　不妨设 $g(x) \geqslant 0$.因为 $f(x)$在$[a,b]$上连续，故有最大值 M 和最小值 m.于是在$[a,b]$上有

$$mg(x) \leqslant f(x)g(x) \leqslant Mg(x).$$

由定理 7.3.3 知 $f(x)g(x)$可积，同时在$[a,b]$上取积分并由定理 7.3.5 的

推论 1 得到

$$m\int_a^b g(x)\mathrm{d}x \leqslant \int_a^b f(x)g(x)\mathrm{d}x \leqslant M\int_a^b g(x)\mathrm{d}x. \tag{7.3.8}$$

若$\int_a^b g(x)\mathrm{d}x=0$，则由(7.3.8)式知$\int_a^b f(x)g(x)\mathrm{d}x=0$. 于是(7.3.7)式对任何 $\xi\in[a,b]$ 都成立. 当$\int_a^b g(x)\mathrm{d}x>0$ 时，又有

$$m\leqslant \frac{\int_a^b f(x)g(x)\mathrm{d}x}{\int_a^b g(x)\mathrm{d}x}\leqslant M.$$

由连续函数的介值定理知有 $\xi\in[a,b]$，使得

$$f(\xi)=\frac{\int_a^b f(x)g(x)\mathrm{d}x}{\int_a^b g(x)\mathrm{d}x}.$$

由此即得(7.3.7)式.

特别地，当 $g(x)\equiv 1$ 时，(7.3.7)式变为

$$\int_a^b f(x)\mathrm{d}x=f(\xi)(b-a). \tag{7.3.7$'$}$$

在(7.3.7′)式中，左端是曲边梯形的面积而右端是以$[a,b]$为底，以 $f(\xi)$ 为高的矩形的面积. 可见，(7.3.7′)式的几何意义就是左端积分所表示的曲边梯形的面积等于以$[a,b]$为底，以某点 $\xi\in[a,b]$的函数值 $f(\xi)$为高的矩形的面积(见图 7.3.1).

进一步地，(7.3.7′)式又可写成

$$f(\xi)=\frac{1}{b-a}\int_a^b f(x)\mathrm{d}x.$$

这是算术均值在连续情形下的推广. 通常称之为函数 $f(x)$在$[a,b]$上的积分均值.

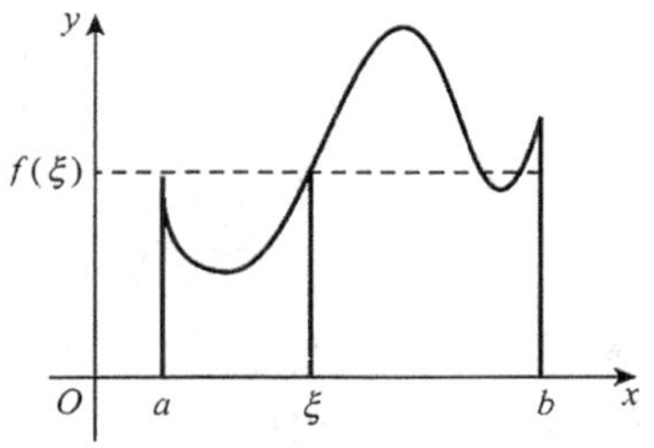

图 7.3.1

定理 7.3.7　设 $f(x)$ 在$[a,b]$ 上有定义，$G(x)=\int_a^x f(t)\mathrm{d}t$.

(i) 若 $f(x)$在$[a,b]$上可积，则 $G(x)$ 在$[a,b]$上连续；

(ii) 若 $f(x)$在$[a,b]$上可积且在点 $x_0\in[a,b]$连续，则 $G(x)$在点 x_0 可导且 $G'(x_0)=f(x_0)$.

证　(i) 因为 $f(x)$在$[a,b]$上可积，所以 $G(x)$在$[a,b]$上有定义且

$f(x)$在$[a,b]$上有界,即有常数$M>0$,使得$|f(x)|\leqslant M$. 按定理 7.3.2 和定理 7.3.5 有

$$|G(x+\Delta x)-G(x)| = \left|\int_a^{x+\Delta x} f(t)\mathrm{d}t - \int_a^x f(t)\mathrm{d}t\right| = \left|\int_x^{x+\Delta x} f(t)\mathrm{d}t\right| \leqslant \left|\int_x^{x+\Delta x} |f(t)|\mathrm{d}t\right| \leqslant M|\Delta x|.$$

因而当$\Delta x\to 0$时,有$|G(x+\Delta x)-G(x)|\to 0$. 这就证明$G(x)$在点$x\in[a,b]$连续. 再由$x$的任意性即知$G(x)$在$[a,b]$上连续.

(ii) 按$G(x)$定义有

$$\frac{G(x_0+\Delta x)-G(x_0)}{\Delta x}-f(x_0) = \frac{1}{\Delta x}\int_{x_0}^{x_0+\Delta x} f(t)\mathrm{d}t - f(x_0) \qquad (7.3.9)$$
$$= \frac{1}{\Delta x}\int_{x_0}^{x_0+\Delta x} [f(t)-f(x_0)]\mathrm{d}t.$$

因为$f(x)$在点x_0连续,故对任给的$\varepsilon>0$,都有$\delta>0$,使当$|t-x_0|<\delta$时,就有

$$|f(t)-f(x_0)|<\varepsilon. \qquad (7.3.10)$$

从而当$|\Delta x|<\delta$时,由(7.3.9)式和(7.3.10)式得到

$$\left|\frac{G(x_0+\Delta x)-G(x_0)}{\Delta x}-f(x_0)\right| \leqslant \frac{1}{|\Delta x|}\left|\int_{x_0}^{x_0+\Delta x} |f(t)-f(x_0)|\mathrm{d}t\right| < \frac{\varepsilon}{|\Delta x|}\left|\int_{x_0}^{x_0+\Delta x}\mathrm{d}x\right| = \varepsilon.$$

这表明$G(x)$在点x_0可导且$G'(x_0)=f(x_0)$.

推论　任一区间上的连续函数都有原函数.

证　设$f(x)$在$[a,b]$上连续,它当然在$[a,b]$上可积,于是由定理 7.3.7 知$G(x)=\int_a^x f(t)\mathrm{d}t$在$[a,b]$上可导且有$G'(x)=f(x)$. 按定义知$G(x)$是$f(x)$的一个原函数.

§7.4 基本公式和计算

前面我们讲到定积分的定义和性质,尚未涉及计算.按定义,定积分是积分和的极限.我们确实可以从积分和出发求极限而得到定积分.然而,这样作积分较为繁琐,有时还未必能算出极限.所以,不突破这一点,定积分就无法得到广泛应用.而微积分方法的大发展正是由于突破这一关而获得的.这一突破就集中体现在下面的微积分基本定理的建立.

定理 7.4.1 设 $f(x)$在$[a,b]$上连续,$F(x)$是 $f(x)$在$[a,b]$上的任一原函数,则有

$$\int_a^b f(x)\mathrm{d}x = F(b) - F(a). \tag{7.4.1}$$

证 令 $G(x) = \int_a^x f(t)\mathrm{d}t$,由上节定理7.3.7知 $G(x)$ 是 $f(x)$ 的一个原函数且

$$\int_a^b f(x)\mathrm{d}x = G(b) = G(b) - G(a), \tag{7.4.2}$$

其中 $G(a) = \int_a^a f(t)\mathrm{d}t = 0$.

因为 $F(x)$和 $G(x)$都是 $f(x)$的原函数,故存在常数 C,使得

$$G(x) = F(x) + C.$$

从而由(7.4.2)式得到

$$\begin{aligned}\int_a^b f(x)\mathrm{d}x &= G(b) - G(a)\\ &= [F(b) + C] - [F(a) + C]\\ &= F(b) - F(a).\end{aligned}$$

通常用记号 $F(x)\Big|_a^b$ 来表示$F(b)-F(a)$,于是(7.4.1)式又可写成

$$\int_a^b f(x)\mathrm{d}x = F(x)\Big|_a^b. \tag{7.4.1$'$}$$

这个公式是定积分的基本公式,也称之为牛顿-莱布尼茨(Newton-Leibniz)公式.

这个公式把计算作为积分和极限的定积分问题化为求被积函数的一个原函数的问题,极大地简化了定积分的计算并为许多关于积分的论证带来了方便.

例 7.4.1 求$\int_0^1 x^2\mathrm{d}x$.

解　因为$\frac{1}{3}x^3$是x^2的一个原函数,所以

$$\int_0^1 x^2 \mathrm{d}x = \frac{1}{3}x^3 \Big|_0^1 = \frac{1}{3}.$$

例 7.4.2　求$\int_0^{\frac{\pi}{2}} \cos x \mathrm{d}x$.

解　因为$\sin x$是$\cos x$的一个原函数,所以

$$\int_0^{\frac{\pi}{2}} \cos x \mathrm{d}x = \sin x \Big|_0^{\frac{\pi}{2}} = 1.$$

例 7.4.3　求$\int_0^2 \frac{x}{\sqrt{1+x^2}} \mathrm{d}x$.

解　先求不定积分

$$\int \frac{x}{\sqrt{1+x^2}} \mathrm{d}x = \frac{1}{2}\int \frac{\mathrm{d}(1+x^2)}{\sqrt{1+x^2}} \mathrm{d}x = \frac{1}{2} \times 2(1+x^2)^{\frac{1}{2}} + C$$

$$= (1+x^2)^{\frac{1}{2}} + C.$$

可见,$(1+x^2)^{\frac{1}{2}}$是被积函数$x(1+x^2)^{-\frac{1}{2}}$的一个原函数,所以

$$\int_0^2 \frac{x}{\sqrt{1+x^2}} \mathrm{d}x = (1+x^2)^{\frac{1}{2}} \Big|_0^2 = \sqrt{5} - 1.$$

如果我们不去求不定积分从而得到原函数,而是作变换$t = 1 + x^2$且同时按变换关系将上下限 2 和 0 换为 5 和 1,则有

$$\int_0^2 \frac{x}{\sqrt{1+x^2}} \mathrm{d}x = \frac{1}{2}\int_0^2 \frac{\mathrm{d}(1+x^2)}{\sqrt{1+x^2}} = \frac{1}{2}\int_1^5 \frac{\mathrm{d}t}{\sqrt{t}} = \sqrt{t}\Big|_1^5$$

$$= \sqrt{5} - 1.$$

可见,这种解法的结果与前一种解法相同但运算过程较简单.我们指出,结果相同并不是巧合而是因为运算是合理的,这正是我们将要介绍的定积分的换元积分法.

定理 7.4.2　设函数$f(x)$在$[a,b]$上连续,变换$x=\varphi(t)$在$[\alpha,\beta]$上连续可导且$a \leqslant \varphi(t) \leqslant b$,$\varphi(\alpha)=a$,$\varphi(\beta)=b$则

$$\int_a^b f(x)\mathrm{d}x = \int_\alpha^\beta f(\varphi(t))\varphi'(t)\mathrm{d}t. \tag{7.4.3}$$

证　因为函数$f(x)$连续,故它的原函数存在.设$F(x)$是$f(x)$在$[a,b]$上的一个原函数,则由复合函数求导法则知$F(\varphi(t))$是$f(\varphi(t))\varphi'(t)$在$[\alpha,\beta]$上的一个原函数.由定理 7.4.1 得到

$$\int_a^b f(x)\mathrm{d}x = F(b) - F(a).$$

$$\int_\alpha^\beta f(\varphi(t))\varphi'(t)\mathrm{d}t = F(\varphi(\beta)) - F(\varphi(\alpha))$$
$$= F(b) - F(a).$$

可见,(7.4.3)式成立.

例 7.4.4　求$\int_0^r \sqrt{r^2 - x^2}\mathrm{d}x, r > 0$.

解　令 $x = r\sin t, 0 \leqslant t \leqslant \frac{\pi}{2}$,于是 $\mathrm{d}x = r\cos t\mathrm{d}t, \sqrt{r^2 - x^2} = r\cos t$.从而有

$$\int_0^r \sqrt{r^2 - x^2}\mathrm{d}x = \int_0^{\frac{\pi}{2}} r^2\cos^2 t\mathrm{d}t = \frac{r^2}{2}\int_0^{\frac{\pi}{2}}(1 + \cos 2t)\mathrm{d}t$$
$$= \frac{r^2}{2}\left(t + \frac{1}{2}\sin 2t\right)\Big|_0^{\frac{\pi}{2}} = \frac{\pi r^2}{4}.$$

注意,这个积分恰好是以原点为心,r 为半径的圆的函数在第一象限部分的积分.其结果当然是圆面积的$\frac{1}{4}$.

例 7.4.5　求$\int_a^{2a} \frac{\sqrt{x^2 - a^2}}{x^4}\mathrm{d}x, a > 0$.

解法 1　令 $x = a\sec t$,于是 $\mathrm{d}x = a\sec t\tan t\mathrm{d}t$,且当 t 从 0 变到$\frac{\pi}{3}$时,x 从 a 变到 $2a$,这时还有$\sqrt{x^2 - a^2} = a\tan t$.从而有

$$\int_a^{2a} \frac{\sqrt{x^2 - a^2}}{x^4}\mathrm{d}x = \int_0^{\frac{\pi}{3}} \frac{a^2\tan^2 t\sec t}{a^4\sec^4 t}\mathrm{d}t = \frac{1}{a^2}\int_0^{\frac{\pi}{3}} \sin^2 t\cos t\mathrm{d}t$$
$$= \frac{1}{a^2}\int_0^{\frac{\pi}{3}} \sin^2 t\mathrm{d}\sin t = \frac{1}{a^2}\int_0^{\frac{\sqrt{3}}{2}} s^2\mathrm{d}s$$
$$= \frac{1}{3a^2}s^3\Big|_0^{\frac{\sqrt{3}}{2}} = \frac{\sqrt{3}}{8a^2}.$$

解法 2　令 $x = a\operatorname{ch}t$,于是 $\mathrm{d}x = a\operatorname{sh}t\mathrm{d}t, \sqrt{x^2 - a^2} = a\operatorname{sh}t$.当 $t = 0$ 时,$x = a$,但 $x = 2a$ 对应于 $2 = \operatorname{ch}t_0$ 却不能简单写出 t_0 的值.但仍有

$$\int_a^{2a} \frac{\sqrt{x^2 - a^2}}{x^4}\mathrm{d}x = \int_0^{t_0} \frac{a^2\operatorname{sh}^2 t}{a^4\operatorname{ch}^4 t}\mathrm{d}t = \frac{1}{a^2}\Big|_0^{t_0}\operatorname{th}^2 t\mathrm{d}\operatorname{th}t$$
$$= \frac{1}{3a^2}\operatorname{th}^3 t\Big|_0^{t_0}.$$

因为 $\mathrm{ch}t_0=2$，故 $\mathrm{sh}t_0=\sqrt{3}$，所以 $\mathrm{th}t_0=\frac{\sqrt{3}}{2}$. 代入上式得到

$$\int_a^{2a}\frac{\sqrt{x^2-a^2}}{x^4}\mathrm{d}x=\frac{1}{3a^2}\mathrm{th}^3 t_0=\frac{\sqrt{3}}{8a^2}.$$

对比两种解法可见，若计算的是不定积分，则两种解法相差无几. 但对现在的定积分，由于解法 2 的积分上限不易求出，还是解法 1 的方法为好.

例 7.4.6　求 $\int_0^1\frac{\ln(1+x)}{1+x^2}\mathrm{d}x$.

解法 1　令 $x=\tan t$，于是 $\mathrm{d}x=\sec^2 t\mathrm{d}t$. 从而有

$$\begin{aligned}\int_0^1\frac{\ln(1+x)}{1+x^2}\mathrm{d}x&=\int_0^{\frac{\pi}{4}}\ln(1+\tan t)\mathrm{d}t\\&=\int_0^{\frac{\pi}{4}}\ln\frac{\cos t+\sin t}{\cos t}\mathrm{d}t=\int_0^{\frac{\pi}{4}}\ln\frac{\sqrt{2}\cos(\frac{\pi}{4}-t)}{\cos t}\mathrm{d}t\qquad(7.4.4)\\&=\frac{\pi}{8}\ln 2+\int_0^{\frac{\pi}{4}}\ln\cos(\frac{\pi}{4}-t)\mathrm{d}t-\int_0^{\frac{\pi}{4}}\ln\cos t\mathrm{d}t.\end{aligned}$$

令 $u=\frac{\pi}{4}-t$，于是 $t=\frac{\pi}{4}-u$，$\mathrm{d}t=-\mathrm{d}u$. 从而有

$$\begin{aligned}\int_0^{\frac{\pi}{4}}\ln\cos(\frac{\pi}{4}-t)\mathrm{d}t&=-\int_{\frac{\pi}{4}}^0\ln\cos u\mathrm{d}u\\&=\int_0^{\frac{\pi}{4}}\ln\cos u\mathrm{d}u=\int_0^{\frac{\pi}{4}}\ln\cos t\mathrm{d}t.\qquad(7.4.5)\end{aligned}$$

(7.4.5)式表明(7.4.4)式右端后两项积分相等，故得

$$\int_0^1\frac{\ln(1+x)}{1+x^2}\mathrm{d}x=\frac{\pi}{8}\ln 2.$$

解法 2　令 $x=\frac{1-t}{1+t}$，于是 $1+x=\frac{2}{1+t}$，$\mathrm{d}x=-\frac{2\mathrm{d}t}{(1+t)^2}$，$1+x^2=1+\left(\frac{1-t}{1+t}\right)^2=\frac{2(1+t^2)}{(1+t)^2}$. 从而有

$$\begin{aligned}\int_0^1\frac{\ln(1+x)}{1+x^2}\mathrm{d}x&=\int_0^1\ln\frac{2}{1+t}\cdot\frac{(1+t)^2}{2(1+t^2)}\cdot\frac{2\mathrm{d}t}{(1+t)^2}\\&=\ln 2\int_0^1\frac{\mathrm{d}t}{1+t^2}-\int_0^1\frac{\ln(1+t)}{1+t^2}\mathrm{d}t.\qquad(7.4.6)\end{aligned}$$

由(7.4.6)式移项便得

$$\int_0^1\frac{\ln(1+x)}{1+x^2}\mathrm{d}x=\frac{1}{2}\ln 2\int_0^1\frac{\mathrm{d}t}{1+t^2}=\frac{\pi}{8}\ln 2.$$

这是一道较难的定积分计算题.解法 1 中通过换元导出(7.4.4)式,其中右端后两项积分可互相消去;解法 2 中通过换元导出(7.4.6)式,其中右端第 2 项的积分与左端的积分相同而符号相反,可以移项合并而得到结论.在不定积分中已经见过后一种情形但未见过前一种情形.类似的情况今后还会遇到而且在广义积分中也会遇到.这是计算定积分的一种技巧.

与不定积分类似,定积分也有分部积分公式.设 $F(x)$和 $g(x)$都在$[a,b]$上连续可导且 $F'(x)=f(x)$,即 $F(x)$为 $f(x)$在$[a,b]$上的一个原函数.由乘积求导法则有

$$f(x)g(x) = [F(x)g(x)]' - F(x)g'(x).$$

在$[a,b]$上取定积分,得到

$$\int_a^b f(x)g(x)\mathrm{d}x = [F(x)g(x)]\Big|_a^b - \int_a^b F(x)g'(x)\mathrm{d}x. \tag{7.4.7}$$

这就是定积分的分部积分公式.

定理 7.4.3 设 $f(x)$在$[a,b]$上连续而 $g(x)$在$[a,b]$上连续可导,$F(x)$为$f(x)$在$[a,b]$上的一个原函数,则(7.4.7)式成立.

例 7.4.7 求$\int_0^1 x\ln^2 x\mathrm{d}x$.

解 补充定义被积函数在点 0 的值为 0,则被积函数在[0,1]上连续.按分部积分公式,有

$$\begin{aligned}\int_0^1 x\ln^2 x\mathrm{d}x &= \frac{1}{2}x^2\ln^2 x\Big|_0^1 - \frac{1}{2}\int_0^1 x^2 \cdot 2\ln x \cdot \frac{1}{x}\mathrm{d}x \\ &= -\int_0^1 x\ln x\mathrm{d}x \\ &= -\frac{1}{2}x^2\ln x\Big|_0^1 + \frac{1}{2}\int_0^1 x^2 \cdot \frac{1}{x}\mathrm{d}x \\ &= \frac{1}{2}\int_0^1 x\mathrm{d}x = \frac{1}{4}x^2\Big|_0^1 = \frac{1}{4}.\end{aligned}$$

例 7.4.8 求 $I_n = \int_0^{\frac{\pi}{2}} \sin^n x\mathrm{d}x, n \geqslant 2$.

解 分部积分,有

$$\begin{aligned}I_n &= \int_0^{\frac{\pi}{2}} \sin^n x\mathrm{d}x = \int_0^{\frac{\pi}{2}} \sin^{n-1} x \cdot \sin x\mathrm{d}x \\ &= -\sin^{n-1} x\cos x\Big|_0^{\frac{\pi}{2}} + \int_0^{\frac{\pi}{2}} \cos x \cdot (n-1)\sin^{n-2} x \cdot \cos x\mathrm{d}x\end{aligned}$$

$$= (n-1)\int_0^{\frac{\pi}{2}} \sin^{n-2} x\cos^2 x\,\mathrm{d}x$$

$$= (n-1)I_{n-2} - (n-1)I_n.$$

由此可得递推公式

$$I_n = \frac{n-1}{n} I_{n-2}.$$

由于 $I_0 = \frac{\pi}{2}$, $I_1 = 1$,由递推公式得到

$$I_n = \begin{cases} \dfrac{n-1}{n}\dfrac{n-3}{n-2}\cdots\dfrac{3}{4}\dfrac{1}{2}I_0 = \dfrac{(n-1)!!}{n!!}\dfrac{\pi}{2}, & n \text{ 为偶数}, \\ \dfrac{n-1}{n}\dfrac{n-3}{n-2}\cdots\dfrac{4}{5}\dfrac{2}{3}I_1 = \dfrac{(n-1)!!}{n!!}, & n \text{ 为奇数}, \end{cases}$$

其中 $(2m)!! = 2m\cdot 2(m-1)\cdots 4\cdot 2$, $(2m+1)!! = (2m+1)(2m-1)\cdots 3\cdot 1$,并称之为双阶乘.

§7.5 例题选讲

本章中,我们第一次有机会同时接触极限,微分和积分.与前几章相比,内容丰富了,方法丰富了,习题也丰富了.习题的繁度和难度也随之增加了.本节就通过例题来介绍分析方法的灵活性和严密性,并显示解题方法对题目条件的依赖性.后者是中学数学中从未遇到过的新情况.要想随机应变地处理好这类问题,必须牢记定理的条件和理解定理的证明过程,像中学那样光是记住定理的结论是不够的.

例 7.5.1 求极限 $\lim\limits_{n\to\infty}\left(\frac{1}{n+1}+\frac{1}{n+2}+\cdots+\frac{1}{2n}\right)$.

解 改写

$$\frac{1}{n+1}+\frac{1}{n+2}+\cdots+\frac{1}{2n} = \sum_{k=1}^{n}\frac{1}{n+k} = \sum_{k=1}^{n}\frac{1}{1+\frac{k}{n}}\frac{1}{n}.$$

易见,这是连续函数 $f(x) = \frac{1}{1+x}$ 在区间 $[0,1]$ 均分成 n 等分的网上的一个积分和.所以有

$$\lim_{n\to\infty}\left(\frac{1}{n+1}+\frac{1}{n+2}+\cdots+\frac{1}{2n}\right)$$

$$= \int_0^1 \frac{\mathrm{d}x}{1+x} = \ln(1+x)\Big|_0^1 = \ln 2.$$

例 7.5.2 设函数 $f(x)$ 连续，求导数$\frac{d}{dx}\int_{x^3}^{x^2} f(t)dt$.

解 因为函数 $f(x)$ 连续，故 $F(x)=\int_a^x f(t)dt$ 是$f(x)$ 的一个原函数，即有 $F'(x)=f(x)$. 从而有

$$\frac{d}{dx}\int_{x^3}^{x^2} f(t)dt=\frac{d}{dx}[F(x^2)-F(x^3)]=2xf(x^2)-3x^2f(x^3).$$

例 7.5.3 设函数 $f(x)$在$[0,1]$上可导且$0\leqslant f'(x)\leqslant 1, f(0)=0$,求证

$$\left[\int_0^1 f(x)dx\right]^2\geqslant\int_0^1 f^3(x)dx. \tag{7.5.1}$$

证 令

$$F(t)=\left[\int_0^t f(x)dx\right]^2-\int_0^t f^3(x)dx, \tag{7.5.2}$$

于是 $F(0)=0$, $F(t)$在$[0,1]$上两次可导且有

$$F'(t)=2f(t)\int_0^t f(x)dx-f^3(t)=f(t)G(t), \tag{7.5.3}$$

其中 $G(t)=2\int_0^t f(x)dx-f^2(t)$ 在$[0,1]$上有定义，满足条件 $G(0)=0$ 且有

$$G'(t)=2f(t)-2f(t)f'(t)=2f(t)(1-f'(t))\geqslant 0.$$

可见 $G(t)$为$[0,1]$上的递增函数，故有 $G(t)\geqslant 0$.

因为 $f(0)=0$ 且 $f'(t)\geqslant 0$, 故在$[0,1]$上有 $f(t)\geqslant 0$. 由(7.5.3)式知 $F'(t)\geqslant 0$. 又因为 $F(0)=0$, 所以在$[0,1]$上有 $F(t)\geqslant 0$, 特别地有 $F(1)\geqslant 0$. 由此即得(7.5.1)式.

例 7.5.4 求证：

(i) $\lim\limits_{n\to\infty}\int_0^{\frac{\pi}{2}}\sin^n x dx=0$;

(ii) $\lim\limits_{n\to\infty}\left\{\int_0^{\frac{\pi}{2}}\sin^n x dx\right\}^{\frac{1}{n}}=1$.

证 (i) 对于任给的 $\varepsilon>0$. 我们有

$$\begin{aligned}0\leqslant\int_0^{\frac{\pi}{2}}\sin^n x dx&=\int_{\frac{\pi}{2}-\frac{\varepsilon}{2}}^{\frac{\pi}{2}}\sin^n x dx+\int_0^{\frac{\pi-\varepsilon}{2}}\sin^n x dx\\&\leqslant\frac{\varepsilon}{2}+\frac{\pi}{2}\sin^n\frac{\pi-\varepsilon}{2}<\frac{\varepsilon}{2}+2\sin^n\frac{\pi-\varepsilon}{2}.\end{aligned} \tag{7.5.4}$$

因为 $\sin\frac{\pi-\varepsilon}{2}<1$, 故有$\lim\limits_{n\to\infty}\sin^n\frac{\pi-\varepsilon}{2}=0$, 所以存在 N, 使当 $n>N$ 时，就有

$$\sin^n \frac{\pi - \varepsilon}{2} < \frac{\varepsilon}{4}. \tag{7.5.5}$$

将(7.5.4)式和(7.5.5)式结合起来,得到

$$0 \leqslant \int_0^{\frac{\pi}{2}} \sin^n x \mathrm{d}x < \varepsilon, \quad 当\ n > N.$$

按定义知极限(i)成立.

(ii) 首先,因为当 $x \in \left[0, \frac{\pi}{2}\right]$时,$0 \leqslant \sin x \leqslant 1$.故有

$$\left\{\int_0^{\frac{\pi}{2}} \sin^n x \mathrm{d}x\right\}^{\frac{1}{n}} \leqslant \left\{\int_0^{\frac{\pi}{2}} \sin x \mathrm{d}x\right\}^{\frac{1}{n}} = 1. \tag{7.5.6}$$

其次,因为 $\sin x$ 连续,故对任给的 $\varepsilon > 0$,存在 $\delta > 0$,使当$\frac{\pi}{2} - \delta \leqslant x \leqslant \frac{\pi}{2}$时,$1 - \varepsilon \leqslant \sin x \leqslant 1$.于是有

$$\left\{\int_0^{\frac{\pi}{2}} \sin^n x \mathrm{d}x\right\}^{\frac{1}{n}} \geqslant \left\{\int_{\frac{\pi}{2}-\delta}^{\frac{\pi}{2}} \sin^n x \mathrm{d}x\right\}^{\frac{1}{n}} > (1 - \varepsilon)\delta^{\frac{1}{n}}, \tag{7.5.7}$$

在(7.5.6)式和(7.5.7)式中分别取上、下极限,得到

$$1 - \varepsilon \leqslant \varliminf_{n \to \infty} \left\{\int_0^{\frac{\pi}{2}} \sin^n x \mathrm{d}x\right\}^{\frac{1}{n}} \leqslant \varlimsup_{n \to \infty} \left\{\int_0^{\frac{\pi}{2}} \sin^n x \mathrm{d}x\right\}^{\frac{1}{n}} \leqslant 1.$$

由 $\varepsilon > 0$ 的任意性知上、下极限相等,从而极限(ii)成立.

例 7.5.5　设 $f(x)$在$[0, +\infty)$上有定义且 $\lim\limits_{x \to +\infty} f(x) = a$.

(i) 设 $f(x)$在$[0, +\infty)$上连续,求证

$$\lim_{x \to +\infty} \frac{1}{x} \int_0^x f(t) \mathrm{d}t = a; \tag{7.5.8}$$

(ii) 设 $f(t)$在任何区间$[0, x]$上都可积,求证(7.5.8)式仍然成立.

证　(i) 因为 $f(x)$ 在$[0, +\infty)$ 上连续,所以函数$\int_0^x f(t)\mathrm{d}t$ 在$[0, +\infty)$上可导.于是由洛必达法则有

$$\lim_{x \to +\infty} \frac{1}{x} \int_0^x f(t) \mathrm{d}t = \lim_{x \to +\infty} f(x) = a.$$

(ii) 这时不能再用洛必达法则,我们改用分段估计.不妨设 $a = 0$,否则可考虑 $f(x) - a$.于是对任何 $\varepsilon > 0$,都存在 $X_1 > 0$,使当 $x \geqslant X_1$ 时,就有

$$|f(x)| < \frac{\varepsilon}{2}. \tag{7.5.9}$$

利用上述的 X_1,改写

$$\frac{1}{x}\int_0^x f(t)\mathrm{d}t = \frac{1}{x}\int_0^{X_1} f(t)\mathrm{d}t + \frac{1}{x}\int_{X_1}^x f(t)\mathrm{d}t, \tag{7.5.10}$$

对于(7.5.10)式右端第1项,因定积分是定值,故有 X_2,使当 $x>X_2$ 时,就有

$$\left|\frac{1}{x}\int_0^{X_1} f(t)\mathrm{d}t\right| < \frac{\varepsilon}{2}. \tag{7.5.11}$$

对于(7.5.10)式右端第2项,由(7.5.9)式可得

$$\left|\frac{1}{x}\int_{X_1}^{x} f(t)\mathrm{d}t\right| < \frac{\varepsilon}{2}. \tag{7.5.12}$$

令 $X=\max\{X_1,X_2\}$,于是当 $x\geqslant X$ 时,由(7.5.10)~(7.5.12)式得到

$$\left|\frac{1}{x}\int_0^{x} f(t)\mathrm{d}t\right| < \varepsilon.$$

按定义知(7.5.8)式中的极限成立.

例 7.5.6 (i) 设 $f(x)$在$[a,b]$上连续可导,求证

$$\lim_{n\to\infty}\int_a^b f(x)\sin nx\,\mathrm{d}x = 0; \tag{7.5.13}$$

(ii) 设 $f(x)$在$[a,b]$上可积,求证(7.5.13)式仍然成立.

证 (i) 分部积分,有

$$\int_a^b f(x)\sin nx\,\mathrm{d}x = -\frac{1}{n}f(x)\cos nx\Big|_a^b + \frac{1}{n}\int_a^b f'(x)\cos nx\,\mathrm{d}x. \tag{7.5.14}$$

因为 $f(x)$在$[a,b]$上连续可导,故存在常数 $M>0$,使在$[a,b]$上有$|f(x)|\leqslant M$,$|f'(x)|\leqslant M$.从而(7.5.14)式右端两项的极限都是0,所以左端的极限也是0,即(7.5.13)式成立.

(ii) 不妨设$[a,b]=[0,2\pi]$,否则可取 $m,k\in\mathbf{Z}$,使得$[a,b]\subset[2m\pi,2k\pi]$,然后补充定义在$[a,b]$之外有 $f(x)=0$.最后将$[2m\pi,2k\pi]$均分成 $k-m$ 个长为 2π 的区间分别处理即可.

改写

$$\begin{aligned}\int_0^{2\pi} f(x)\sin nx\,\mathrm{d}x &= \sum_{k=1}^{n}\int_{\frac{(2k-2)\pi}{n}}^{\frac{2k\pi}{n}} f(x)\sin nx\,\mathrm{d}x \\ &= \sum_{k=1}^{n}\left\{\int_{\frac{(2k-2)\pi}{n}}^{\frac{(2k-1)\pi}{n}} f(x)\sin nx\,\mathrm{d}x + \int_{\frac{(2k-1)\pi}{n}}^{\frac{2k\pi}{n}} f(x)\sin nx\,\mathrm{d}x\right\}. \end{aligned}\tag{7.5.15}$$

在上式右端的两个积分中,$\sin nx$ 都不变号.若记

$\Delta_k = \left[\frac{(2k-2)\pi}{n},\frac{2k\pi}{n}\right]$,$m_k = \inf\limits_{x\in\Delta_k} f(x)$,$M_k = \sup\limits_{x\in\Delta_k} f(x)$,则由积分

第一中值定理的证明过程知有 $\lambda_k,\mu_k,m_k\leqslant\lambda_k,\mu_k\leqslant M_k$，使得

$$\int_{\frac{(2k-2)\pi}{n}}^{\frac{(2k-1)\pi}{n}} f(x)\sin nx\,\mathrm{d}x = \lambda_k\int_{\frac{(2k-2)\pi}{n}}^{\frac{(2k-1)\pi}{n}}\sin nx\,\mathrm{d}x = \frac{2}{n}\lambda_k,$$

$$\int_{\frac{(2k-1)\pi}{n}}^{\frac{2k\pi}{n}} f(x)\sin nx\,\mathrm{d}x = -\frac{2}{n}\mu_k,$$

其中 $k=1,2,\cdots,n$. 从而由(7.5.15)有

$$\int_0^{2\pi} f(x)\sin nx\,\mathrm{d}x = \frac{1}{\pi}\left\{\sum_{k=1}^n \lambda_k\cdot\frac{2\pi}{n} - \sum_{k=1}^n \mu_k\cdot\frac{2\pi}{n}\right\}. \tag{7.5.16}$$

由于不知道 $f(x)$ 连续，无法保证(7.5.16)式右端的两个和数都是 $f(x)$ 在 $[0,2\pi]$ 上的积分和数. 但由于 $m_k\leqslant\lambda_k,\mu_k\leqslant M_k$，若记将 $[0,2\pi]$ 均分成 n 个小区间的网为 T_n，则这两个和数都不大于对应于 T_n 的达布上和且不小于对应于 T_n 的达布下和. 因为 $f(x)$ 在 $[0,2\pi]$ 上可积，故有

$$\lim_{n\to\infty}\sum_{k=1}^n \lambda_k\cdot\frac{2\pi}{n} = \int_0^{2\pi} f(x)\,\mathrm{d}x = \lim_{n\to\infty}\sum_{k=1}^n \mu_k\cdot\frac{2\pi}{n}. \tag{7.5.17}$$

在(7.5.16)式中令 $n\to\infty$ 取极限并利用(7.5.17)式即得所欲证.

从例 7.5.5 和例 7.5.6 可以看出，即使对于同样的结论，条件的不同导致证法的完全不同.

习　题　7

1. 按定义证明狄利克雷函数 $D(x)$ 在任何区间 $[a,b]$ 上都不可积.

2. 设函数 $C(x)$ 在区间 $[a,b]$ 上有定义. 如果存在网 $T=\{x_k\}_{0\leqslant k\leqslant n}$，使 $C(x)$ 在每个区间 $[x_{k-1},x_k)$ 中都是常数，则称 $C(x)$ 为阶梯函数. 求证 $[a,b]$ 上的阶梯函数都可积.

3. (i) 设 $|f(x)|$ 在 $[a,b]$ 上可积，问函数 $f(x)$ 在 $[a,b]$ 上是否必可积?

(ii) 设 $f^2(x)$ 在 $[a,b]$ 上可积，问函数 $f(x)$ 在 $[a,b]$ 上是否必可积?

(iii) 设 $f^3(x)$ 在 $[a,b]$ 上可积，问函数 $f(x)$ 在 $[a,b]$ 上是否必可积?

4. 试证 $f(x)$ 在 $[a,b]$ 上可积的充分必要条件是对任何 $\varepsilon>0$，都存在阶梯函数 $C_1(x)$ 和 $C_2(x)$ 使得

(i) 对所有 $x\in[a,b]$，都有 $C_1(x)\leqslant f(x)\leqslant C_2(x)$;

(ii) $0\leqslant\int_a^b C_2(x)\,\mathrm{d}x-\int_a^b C_1(x)\,\mathrm{d}x<\varepsilon$.

5. 设函数 $f(x)$ 在 $[a,b]$ 上可积，求证存在连续函数序列 $\{\varphi_n(x)\}$，使得

$$\lim_{n\to\infty}\int_a^b|\varphi_n(x)-f(x)|\,\mathrm{d}x=0.$$

6. 设 $a<b<c<d$，函数 $f(x)$ 在 $[a,d]$ 上可积，求证

$$\lim_{h\to 0}\int_b^c|f(x+h)-f(x)|\,\mathrm{d}x=0.$$

7. 设 $f(x)$ 在$[a,b]$上连续且$\int_a^b f^2(x)\mathrm{d}x=0$,求证在$[a,b]$上 $f(x)\equiv 0$.

8. 设 $f(x)$ 在$[a,b]$上可积且$\int_a^b f(x)\mathrm{d}x\neq 0$,求证存在 $\xi\in(a,b)$,使$\int_a^{\xi} f(x)\mathrm{d}x=\int_{\xi}^b f(x)\mathrm{d}x$. 若去掉条件$\int_a^b f(x)\mathrm{d}x\neq 0$,问结论是否仍然成立?

9. 设函数 $f(x)$和 $g(x)$都在$[a,b]$上可积,求证许瓦尔兹不等式

$$\left[\int_a^b f(x)g(x)\mathrm{d}x\right]^2\leqslant\left[\int_a^b f^2(x)\mathrm{d}x\right]\left[\int_a^b g^2(x)\mathrm{d}x\right].$$

10. 设 $f(x)$和 $g(x)$都在$[a,b]$上可积,求证

$$\left[\int_a^b [f(x)+g(x)]^2\mathrm{d}x\right]^{\frac{1}{2}}\leqslant\left[\int_a^b f^2(x)\mathrm{d}x\right]^{\frac{1}{2}}+\left[\int_a^b g^2(x)\mathrm{d}x\right]^{\frac{1}{2}}.$$

11. 设 $f(x)$ 在$[a,b]$上非负可积,且$\int_a^b f(x)\mathrm{d}x=1$,求证

$$\left[\int_a^b f(x)\cos kx\mathrm{d}x\right]^2+\left[\int_a^b f(x)\sin kx\mathrm{d}x\right]^2\leqslant 1.$$

12. 设 $f(x)$在$[a,b]$上非负连续,求证

$$\lim_{n\to\infty}\left[\int_a^b f^n(x)\mathrm{d}x\right]^{\frac{1}{n}}=\max_{a\leqslant x\leqslant b}f(x).$$

13. 设 $f(x)$在$[0,2\pi]$上可积,求证

$$\lim_{n\to\infty}\int_0^{2\pi} f(x)\mid\sin nx\mid\mathrm{d}x=\frac{2}{\pi}\int_0^{2\pi} f(x)\mathrm{d}x.$$

14. 设 $f(x)$在$[a,b]$上连续,求证对一切 $x\in(a,b)$都有

$$\lim_{h\to 0^+}\frac{1}{h}\int_a^x[f(t+h)-f(t)]\mathrm{d}t=f(x)-f(a).$$

15. 设 $f(x)$在$[0,+\infty)$上是周期为 T 的连续函数,求证

$$\lim_{x\to+\infty}\frac{1}{x}\int_0^x f(t)\mathrm{d}t=\frac{1}{T}\int_0^T f(x)\mathrm{d}x.$$

16. 设 $a,b>0$,$f(x)$ 在$[-a,b]$上非负可积且有$\int_{-a}^b xf(x)\mathrm{d}x=0$,求证

$$\int_{-a}^b x^2 f(x)\mathrm{d}x\leqslant ab\int_{-a}^b f(x)\mathrm{d}x.$$

17. 设 $f(x)$在$[a,b]$上递增且连续,求证

$$(a+b)\int_a^b f(x)\mathrm{d}x\leqslant 2\int_a^b xf(x)\mathrm{d}x.$$

18. 设 $f(x)$在$[0,+\infty)$上连续且 $\lim\limits_{x\to+\infty}f(x)=A$,求证

$$\lim_{n\to\infty}\int_0^1 f(nx)\mathrm{d}x=A.$$

19. 设 $f(x)$ 在$[-1,1]$上连续,$\lambda_n=2\int_0^1(1-t^2)^n\mathrm{d}t$,求证

$$\lim_{n\to\infty}\frac{1}{\lambda_n}\int_{-1}^1(1-t^2)^n f(t)\mathrm{d}t=f(0).$$

20. 设 $a>0,b>0$,函数 $y=\varphi(x)$在$[0,a]$上连续且严格递增,$\varphi(0)=0$,$x=\psi(y)$是它的反函数,求证

$$\int_0^a\varphi(x)\mathrm{d}x+\int_0^b\psi(y)\mathrm{d}y\geqslant ab.$$

21. 设 $f(x)$在$(-\infty,+\infty)$上连续可导且 $f(0)=0$,$|f'(x)|\leqslant A|f(x)|$,其中 A 为常数.求证 $f(x)\equiv0$.

22. 设 $f(x)$在$[0,1]$上连续递增,求证

$$\frac{\int_0^1 xf^3(x)\mathrm{d}x}{\int_0^1 xf^2(x)\mathrm{d}x}\geqslant\frac{\int_0^1 f^3(x)\mathrm{d}x}{\int_0^1 f^2(x)\mathrm{d}x}.$$

23. 设 $f(x)$在$[a,b]$上连续且对于任何满足条件$\int_a^b\varphi(x)\mathrm{d}x=0$的连续函数 $\varphi(x)$都有

$$\int_a^b f(x)\varphi(x)\mathrm{d}x=0.$$

求证 $f(x)$在$[a,b]$上恒等于常数.

24. 设 $f(x)$在$[0,1]$上连续,且恒为正数,求证

$$\ln\int_0^1 f(x)\mathrm{d}x\geqslant\int_0^1\ln f(x)\mathrm{d}x.$$

25. 设 $f(x)$在区间$[0,\pi]$上连续且满足

$$\int_0^\pi f(x)\cos x\mathrm{d}x=0=\int_0^\pi f(x)\sin x\mathrm{d}x,$$

求证 $f(x)$在$(0,\pi)$中至少有两个零点.

26. 设 $f(x)$在$[a,b]$上连续且不恒为 0,已知它的前 n 个矩量均为 0,即有

$$\int_a^b x^k f(x)\mathrm{d}x=0,\quad k=0,1,\cdots,n-1.$$

求证 $f(x)$在(a,b)中至少改变 n 次符号.

27. 设 $f(x)$在$[0,1]$上连续可微且 $f(0)=f(1)=0$,求证对所有 $t\in[0,1]$,都有

$$f^2(t)\leqslant\frac{1}{4}\int_0^1[f'(x)]^2\mathrm{d}x.$$

28. 设 $f(x)$在$[a,b]$上两次连续可微且 $f\left(\frac{a+b}{2}\right)=0$,求证

$$\left|\int_a^b f(x)\mathrm{d}x\right|\leqslant\frac{1}{24}M(b-a)^3,$$

其中 $M=\sup\limits_{a\leqslant x\leqslant b}|f''(x)|$.

29. 设 $f(x)$在$[a,b]$上连续可微,求证

$$\max_{a\leqslant x\leqslant b}|f(x)|\leqslant\frac{1}{b-a}\left|\int_a^b f(x)\mathrm{d}x\right|+\int_a^b|f'(x)|\mathrm{d}x.$$

30. 设 $f(x)$在$[a,b]$上连续可微且 $f(a)=f(b)=0$,求证

$$\max_{a\leqslant x\leqslant b}|f'(x)|\geqslant\frac{4}{(b-a)^2}\int_a^b|f(x)|\mathrm{d}x.$$

31*. 设 $f(x)$在$[0,1]$上连续可微,定义

$$\varepsilon_n = \int_0^1 f(x)\mathrm{d}x - \frac{1}{n}\sum_{i=1}^{n} f\left(\frac{i}{n}\right),$$

求极限 $\lim\limits_{n\to\infty} n\varepsilon_n$.

32*. 设 $f(x)$在$(-\infty,+\infty)$上连续可导且

$$\sup_{-\infty<x<+\infty} | \mathrm{e}^{-x^2} f'(x) | = M < +\infty,$$

求证

$$\sup_{-\infty<x<+\infty} | x\mathrm{e}^{-x^2} f(x) | < +\infty.$$

33. 设 $n\in\mathbf{N}$,求证

$$\frac{3n+1}{2n+2} < \left(\frac{1}{n}\right)^n + \left(\frac{2}{n}\right)^n + \cdots + \left(\frac{n}{n}\right)^n < 2.$$

34. 设 $n \in \mathbf{N}$ 且 $n \geqslant 2, I_n = \int_0^{\frac{\pi}{4}} \tan^n x\mathrm{d}x$,求证

$$\frac{1}{2(n+1)} < I_n < \frac{1}{2(n-1)}.$$

35. 求证下列各极限:

(i) $\lim\limits_{n\to\infty}\int_0^1 \frac{x^n}{1+x}\mathrm{d}x = 0$;

(ii) $\lim\limits_{n\to\infty}\int_n^{n+p} \frac{\sin x}{x}\mathrm{d}x = 0,\quad p\in\mathbf{N}$;

(iii) $\lim\limits_{n\to\infty} \dfrac{\int_\delta^1 (1-t^2)^n \mathrm{d}t}{\int_0^1 (1-t^2)^n \mathrm{d}t} = 0,\quad \delta\in(0,1)$.

36. 求下列各导数;

(i) $\dfrac{\mathrm{d}}{\mathrm{d}x}\int_0^{x^2} \sqrt{1+t^2}\,\mathrm{d}t$; (ii) $\dfrac{\mathrm{d}}{\mathrm{d}x}\int_{x^2}^{x^4} \dfrac{\mathrm{d}t}{\sqrt{1+t^4}}$;

(iii) $\dfrac{\mathrm{d}}{\mathrm{d}x}\int_{\sin x}^{\cos x} \cos(\pi t^2)\mathrm{d}t$.

37. 求下列各积分:

(i) $\int_1^{\sqrt{3}} \dfrac{\mathrm{d}x}{1+x^2}$; (ii) $\int_0^2 |1-x|\,\mathrm{d}x$;

(iii) $\int_{-1}^1 \dfrac{\mathrm{d}x}{x^2-2x\cos\alpha+1}, 0<\alpha<\pi$.

38. 求下列各极限:

(i) $\lim\limits_{n\to\infty}\left(\dfrac{1}{n^2}+\dfrac{2}{n^2}+\cdots+\dfrac{n-1}{n^2}\right)$;

(ii) $\lim\limits_{n\to\infty}\dfrac{1^p+2^p+\cdots+n^p}{n^{p+1}},\quad p\in\mathbf{N}$;

(iii) $\lim\limits_{n\to\infty}\dfrac{1}{n}\left(\sqrt{1+\dfrac{1}{n}}+\sqrt{1+\dfrac{2}{n}}+\cdots+\sqrt{1+\dfrac{n-1}{n}}\right)$;

(iv) $\lim\limits_{n\to\infty}\frac{1}{n}\left(\sin\frac{\pi}{n}+\sin\frac{2\pi}{n}+\cdots+\sin\frac{(n-1)\pi}{n}\right)$;

(v) $\lim\limits_{n\to\infty}\frac{\sqrt[n]{n!}}{n}$;

(vi) $\lim\limits_{n\to\infty}\left[\left(1+\frac{1}{n}\right)\sin\frac{\pi}{n^2}+\left(1+\frac{2}{n}\right)\sin\frac{2\pi}{n^2}+\cdots+\left(1+\frac{n-1}{n}\right)\sin\frac{(n-1)\pi}{n^2}\right]$.

39. 设 $f(x)$ 在 $[0,1]$ 上连续,求证:

(i) $\int_0^{\frac{\pi}{2}} f(\sin x)\mathrm{d}x=\int_0^{\frac{\pi}{2}} f(\cos x)\mathrm{d}x$;

(ii) $\int_0^{\pi} xf(\sin x)\mathrm{d}x=\frac{\pi}{2}\int_0^{\pi} f(\sin x)\mathrm{d}x$.

40. 设 $m,n\in\mathbf{N}$,求证:

(i) $\int_{-\pi}^{\pi}\sin^2 mx\mathrm{d}x=\pi$;　(ii) $\int_{-\pi}^{\pi}\cos^2 mx\mathrm{d}x=\pi$;

(iii) $\int_{-\pi}^{\pi}\cos mx\cos nx\mathrm{d}x=0,\quad m\neq n$;

(iv) $\int_{-\pi}^{\pi}\sin mx\sin nx\mathrm{d}x=0,\quad m\neq n$;

(v) $\int_{-\pi}^{\pi}\sin mx\cos nx\mathrm{d}x=0$.

41. 求下列各积分:

(i) $\int_1^2\frac{(x+1)(x^2-3)}{3x^2}\mathrm{d}x$;

(ii) $\int_0^1\left(\frac{x-1}{x+1}\right)^4\mathrm{d}x$;

(iii) $\int_0^1\frac{x^2+1}{x^4+1}\mathrm{d}x$;

(iv) $\int_0^1 x^2(2-3x^2)^2\mathrm{d}x$;

(v) $\int_0^{2\pi}x^2\cos x\mathrm{d}x$;

(vi) $\int_0^{\ln 2}x\mathrm{e}^{-x}\mathrm{d}x$;

(vii) $\int_0^1\arccos x\mathrm{d}x$;

(viii) $\int_0^1\frac{x\mathrm{d}x}{1+\sqrt{1+x}}$;

(ix) $\int_0^{\pi}(x\sin x)^2\mathrm{d}x$;

(x) $\int_1^{\mathrm{e}}(x\ln x)^3\mathrm{d}x$;

(xi) $\int_0^3\arcsin\frac{x}{1+x}\mathrm{d}x$;

(xii) $\int_0^{\pi}\mathrm{e}^x\cos^2 x\mathrm{d}x$;

(xiii) $\int_0^{2\pi}\frac{\mathrm{d}x}{(2+\cos x)(3+\cos x)}$;

(xiv) $I_n=\int_0^1(1-x^2)^n\mathrm{d}x,\quad n\in\mathbf{N}$;

(xv) $I_n=\int_0^1\frac{x^n\mathrm{d}x}{\sqrt{1-x^2}},\quad n\in\mathbf{N}$;

(xvi) $I_n=\int_0^{\pi}\frac{\sin nx}{\sin x}\mathrm{d}x,\quad n\in\mathbf{N}$.

第八章　定积分的应用

定积分在各门学科中的应用极为广泛.限于知识层次和篇幅,本章只能对它在几何、数论及物理中的某些应用作一些简单的介绍.读者自会在进一步的学习中陆续见到定积分的各种应用.

§8.1　在几何中的各种应用

一、平面图形的面积

众所周知,定积分的两个来源之一就是计算曲边梯形的面积.因此,计算平面图形的面积应该说是定积分的本职工作.

设 $f(x)$ 在 $[a,b]$ 上非负连续,则由 §7.1 知道,由曲线 $y=f(x)$ 和直线 $x=a, x=b, y=0$ 所围成的曲边梯形的面积就是定积分 $\int_a^b f(x)\mathrm{d}x$.如果在 $[a,b]$ 上总有 $f(x)\leqslant 0$,则所论曲边梯形的面积就是

$$A=\int_a^b |f(x)|\mathrm{d}x. \tag{8.1.1}$$

一般地,如果 $f(x)$ 是 $[a,b]$ 上的变号连续函数,则(8.1.1)式所表示的就是图 8.1.1(a)中阴影所示图形的面积.如果 $f(x)$ 和 $g(x)$ 都是 $[a,b]$ 上的连续函数,并且 $f(x)\geqslant g(x)$,则由曲线 $y=f(x)$, $y=g(x)$ 和直线 $x=a$, $x=b$ 所围成的平面图形(见图 8.1.1(b))的面积就是

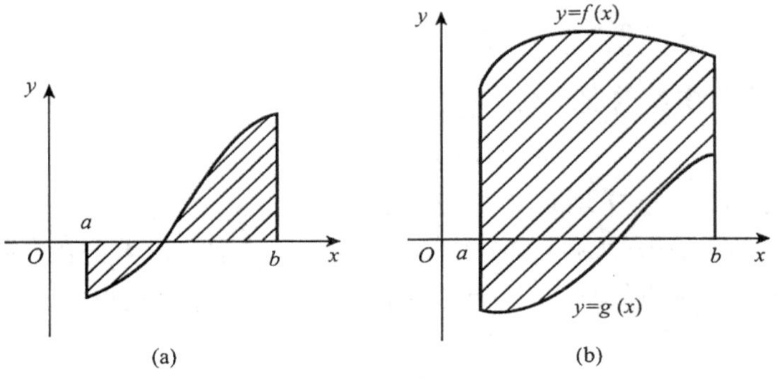

图 8.1.1

$$A = \int_a^b [f(x) - g(x)]\mathrm{d}x. \tag{8.1.2}$$

对于更一般的平面图形,只要能把它分成有限多块,使得每块都是上述的图形,于是可按公式(8.1.1)或(8.1.2)求得其面积,相加即得所论的平面图形的面积.

例 8.1.1　求由抛物线 $y^2=x$ 和 $x^2=8y$ 所围成的图形的面积.

解　易见,两条抛物线除原点之外的另一个交点是(4,2)且在区间[0,4]上.$\sqrt{x}\geqslant\frac{1}{8}x^2$ 故有

$$A = \int_0^4\left(\sqrt{x} - \frac{x^2}{8}\right)\mathrm{d}x = \left(\frac{2}{3}x^{\frac{3}{2}} - \frac{1}{24}x^3\right)\Bigg|_0^4$$
$$= \frac{16}{3} - \frac{64}{24} = 2\,\frac{2}{3}.$$

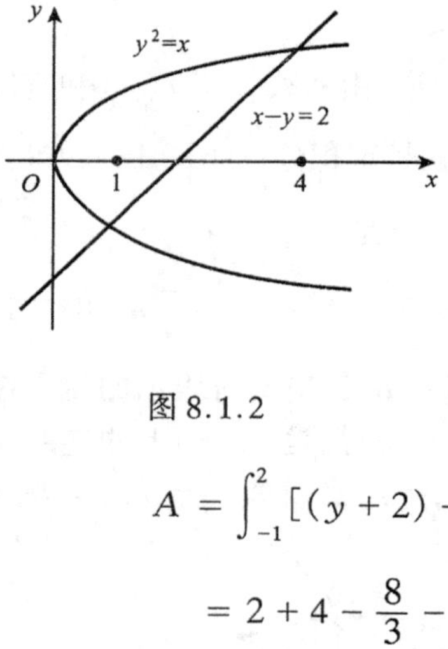

图 8.1.2

例 8.1.2　求由抛物线 $y^2=x$ 和直线 $x-y=2$ 所围成的图形的面积.

解　如图 8.1.2,抛物线 $y^2=x$ 和直线 $x-y=4$ 有两个交点(1,−1)和(4,2).易见,$x=1$ 并不是所围成的图形上的点的横坐标的最小值,所以对 x 积分时需将所论图形分成两块来求面积.但是,若把 x 视为 y 的函数且对 y 积分,则只需一次积分就可以了.因此,我们采用后一条路子.

$$A = \int_{-1}^2[(y+2) - y^2]\mathrm{d}y = \left(\frac{1}{2}y^2 + 2y - \frac{1}{3}y^3\right)\Bigg|_{-1}^2$$
$$= 2 + 4 - \frac{8}{3} - \frac{1}{2} + 2 - \frac{1}{3} = 4\,\frac{1}{2}.$$

设曲线方程由参数形式给出:

$$x = x(t), y = y(t),$$

其中 $x(t)$在$[\alpha,\beta]$上递增且连续可导,$y(t)$在$[\alpha,\beta]$上连续且 $x(\alpha)=a$,$x(\beta)=b$.这时,由公式(8.1.1)作代换 $x=x(t)$便知,由曲线 $x=x(t)$,$y=y(t)$,x 轴以及直线$x=a$,$x=b$ 所围成的图形的面积公式为

$$A = \int_\alpha^\beta |y(t)|x'(t)\mathrm{d}t. \tag{8.1.3}$$

如果 $x(t)$递减,则 $x'(t)\leqslant 0$.但这时 $b=x(\beta)\leqslant x(\alpha)=a$,于是公式(8.1.3)化为

$$A=\int_{\beta}^{\alpha}|y(t)|x'(t)\mathrm{d}t. \tag{8.1.3'}$$

(8.1.3)式和(8.1.3′)式可统一写成

$$A=\int_{\alpha}^{\beta}|y(t)x'(t)|\mathrm{d}t. \tag{8.1.3''}$$

例 8.1.3　求椭圆

$$x=a\cos t, y=b\sin t,\quad a>0, b>0, 0\leqslant t\leqslant 2\pi$$

的面积.

解　由对称性知,只需计算椭圆在第一象限中的面积. 因为 $x'(t)=-a\sin t$,故有

$$A=4\int_0^{\frac{\pi}{2}}b\sin t\cdot a\sin t\mathrm{d}t=4ab\int_0^{\frac{\pi}{2}}\sin^2 t\mathrm{d}t$$

$$=2ab\int_0^{\frac{\pi}{2}}(1-\cos 2t)\mathrm{d}t=\pi ab.$$

设曲线方程由极坐标形式给出:

$$r=r(\theta),$$

其中 $r(\theta)$在$[\alpha,\beta]$上连续且 $r(\theta)\geqslant 0$. 要求的是由曲线 $r=r(\theta)$和射线 $\theta=\alpha,\theta=\beta$ 所围成的图形的面积(见图 8.1.3). 显然,这种图形与前两种情形不同,所以我们直接从定积分定义出发来推导相应的公式.

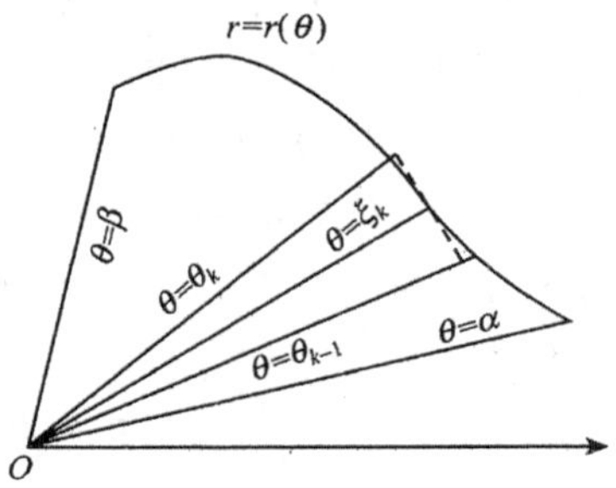

图 8.1.3

对于区间$[\alpha,\beta]$的任一网 T:

$$\alpha=\theta_0<\theta_1<\theta_2<\cdots<\theta_n=\beta,$$

在每个区间$[\theta_{k-1},\theta_k]$上取一点 ξ_k,并用以 $r(\xi_k)$为半径,顶角为 $\theta_k-\theta_{k-1}$ 的扇形的面积作为所论图形介于 θ_{k-1}和 θ_k 之间部分的面积A_k 的近似值:

$$A_k\approx\frac{1}{2}r^2(\xi_k)\Delta\theta_k.$$

将上式对 k 从 1 到 n 求和,得到近似值

$$A\approx\frac{1}{2}\sum_{k=1}^{n}r^2(\xi_k)\Delta\theta_k.$$

注意,这恰好是函数$\frac{1}{2}r^2(\theta)$对应于$[\alpha,\beta]$上的网 T 的积分和. 由于 $r(\theta)$连续,故有

$$A = \frac{1}{2}\int_{\alpha}^{\beta} r^2(\theta)\mathrm{d}\theta. \tag{8.1.4}$$

这就是极坐标之下的面积公式.

例 8.1.4 求心脏线 $r = a(1+\cos\theta)$所围成的图形的面积.

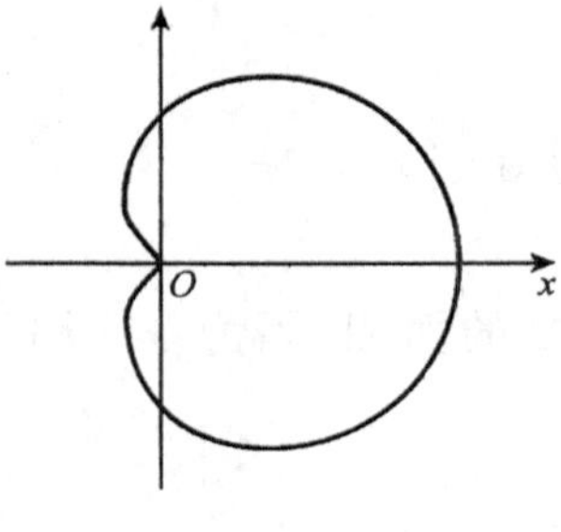

图 8.1.4

解 图 8.1.4 画出了心脏线的图形. 由对称性知

$$\begin{aligned} A &= \int_0^{\pi} a^2(1+\cos\theta)^2\mathrm{d}\theta \\ &= a^2\int_0^{\pi}(1+2\cos\theta+\cos^2\theta)\mathrm{d}\theta \\ &= a^2\int_0^{\pi}\left[1+\frac{1}{2}(1+\cos 2\theta)\right]\mathrm{d}\theta \\ &= \frac{3}{2}\pi a^2. \end{aligned}$$

二、平面曲线的弧长

直线段的长度可按两点间的距离公式来计算,但曲线段的长度却无法类似地进行. 现在我们就来介绍用定积分来计算曲线弧长的方法.

设曲线 l 由参数方程给出: $x = x(t), y = y(t), \alpha \leqslant t \leqslant \beta$,其中 $x(t)$和$y(t)$都在$[\alpha,\beta]$上连续可导. 对于区间$[\alpha,\beta]$上的任一网 $T: \alpha = t_0 < t_1 < t_2 < \cdots < t_n = \beta$,相应地有曲线段 l 的一组分点:

$$M_k(x(t_k), y(t_k)), k = 0,1,\cdots,n.$$

依次连结线段 $M_{k-1}M_k, k = 1,\cdots,n$,得到一条折线 $M_0M_1M_2\cdots M_n$(见图 8.1.5). 我们就用这条折线的长度来作为曲线弧 l 长度的近似值:

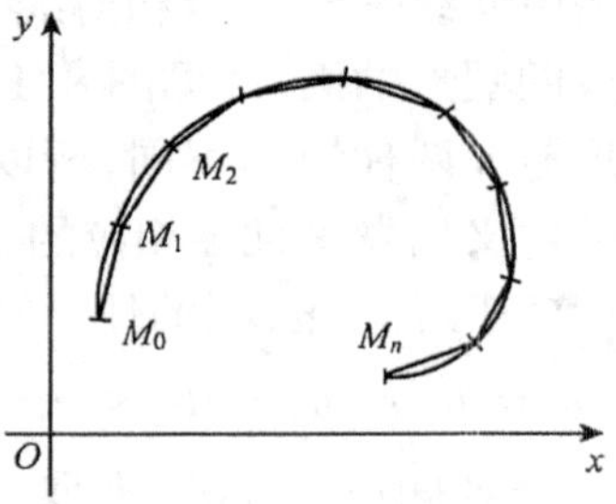

图 8.1.5

$$s \approx \sum_{k=1}^{n}\sqrt{[x(t_k) - x(t_{k-1})]^2 + [y(t_k) - y(t_{k-1})]^2}. \tag{8.1.5}$$

如果网 T 的直径趋于零时,(8.1.5)式右端的极限存在,则这个极限就定义为曲线弧 l 的长度,这时称曲线弧 l 是可求长的.

由于 $x(t)$和 $y(t)$都在$[\alpha,\beta]$上连续可导,故由(8.1.5)式按拉格朗日中值定理可得

$$\sum_{k=1}^{n}\sqrt{[x(t_k)-x(t_{k-1})]^2+[y(t_k)-y(t_{k-1})]^2}$$

$$=\sum_{k=1}^{n}\sqrt{[x'(\xi_k)]^2+[y'(\eta_k)]^2}\Delta t_k,\tag{8.1.5'}$$

其中 $\xi_k,\eta_k\in(t_{k-1},t_k),k=1,\cdots,n$. 如果 $\xi_k=\eta_k$,则(8.1.5′)式右端的和数就是对应于网 T 的积分和,从而按定积分定义立即得到

$$s=\int_{\alpha}^{\beta}\sqrt{[x'(t)]^2+[y'(t)]^2}\,\mathrm{d}t.\tag{8.1.6}$$

然而由于无法保证 $\xi_k=\eta_k$,所以(8.1.5′)式右端的和数不是积分和. 尽管如此,我们仍然要证明(8.1.6)式成立.

改写

$$\sum_{k=1}^{n}\sqrt{[x'(\xi_k)]^2+[y'(\eta_k)]^2}\Delta t_k$$

$$=\sum_{k=1}^{n}\sqrt{[x'(\xi_k)]^2+[y'(\xi_k)]^2}\Delta t_k$$

$$+\sum_{k=1}^{n}\left\{\sqrt{[x'(\xi_k)]^2+[y'(\eta_k)]^2}-\sqrt{[x'(\xi_k)]^2+[y'(\xi_k)]^2}\right\}\Delta t_k.$$

显然,为证(8.1.6)式,只须证明

$$\lim_{\|T\|\to 0}\sum_{k=1}^{n}\left\{\sqrt{[x'(\xi_k)]^2+[y'(\eta_k)]^2}-\sqrt{[x'(\xi_k)]^2+[y'(\xi_k)]^2}\right\}\Delta t_k=0.\tag{8.1.7}$$

因为 $y'(t)$ 在 $[\alpha,\beta]$ 上连续,当然是一致连续,故对任给的 $\varepsilon>0$,存在 $\delta>0$,使当 $t',t''\in[\alpha,\beta]$ 且 $|t'-t''|<\delta$ 时,就有

$$|y'(t')-y'(t'')|<\frac{\varepsilon}{\beta-\alpha},$$

从而当 $\|T\|<\delta$ 时,由于三角形中两边之差小于第三边,故得

$$\left|\sqrt{[x'(\xi_k)]^2+[y'(\eta_k)]^2}-\sqrt{[x'(\xi_k)]^2+[y'(\xi_k)]^2}\right|$$

$$\leqslant|y'(\eta_k)-y'(\xi_k)|<\frac{\varepsilon}{\beta-\alpha}.\tag{8.1.8}$$

将(8.1.8)式对 k 从 1 到 n 求和,得到

$$\left|\sum_{k=1}^{n}\left\{\sqrt{[x'(\xi_k)]^2+[y'(\eta_k)]^2}-\sqrt{[x'(\xi_k)]^2+[y'(\xi_k)]^2}\right\}\Delta t_k\right|$$

$$<\sum_{k=1}^{n}\frac{\varepsilon}{\beta-\alpha}\Delta t_k=\varepsilon,$$

这就证明了(8.1.7)式成立,进而(8.1.6)式成立.

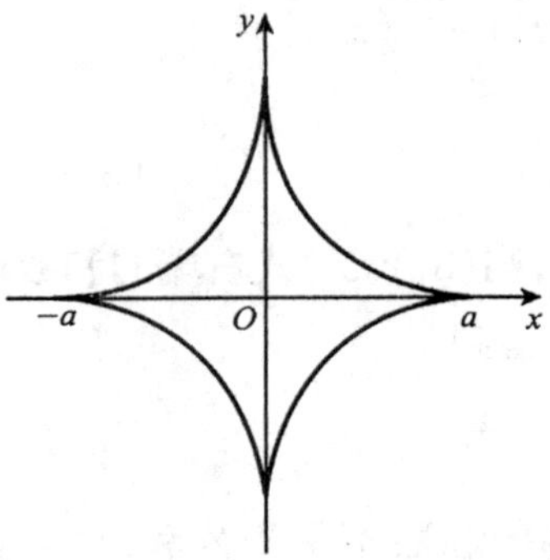

图 8.1.6

例 8.1.5　求星形线

$$x = a\cos^3 t, y = a\sin^3 t, 0 \leqslant t \leqslant 2\pi$$

的周长(如图 8.1.6 所示).

解　因为

$$x'(t) = -3a\cos^2 t\sin t,$$
$$y'(t) = 3a\sin^2 t\cos t,$$

故由公式(8.1.6)有

$$s = 4\int_0^{\frac{\pi}{2}} \sqrt{[x'(t)]^2 + [y'(t)]^2}\,dt$$

$$= 4\int_0^{\frac{\pi}{2}} \sqrt{(-3a\cos^2 t\sin t)^2 + (3a\sin^2 t\cos t)^2}\,dt$$

$$= 12a\int_0^{\frac{\pi}{2}} \sin t\cos t\,dt = 6a\int_0^{\frac{\pi}{2}} \sin 2t\,dt$$

$$= 3a\int_0^{\pi} \sin u\,du = 6a.$$

考察曲线段是由 $y=f(x)(a\leqslant x\leqslant b)$给出的情形.设 $f(x)$连续可导.这时可以把 x 视为参数,于是曲线的参数方程就是

$$x = x, y = f(x), a \leqslant x \leqslant b.$$

因而公式(8.1.6)化为

$$s = \int_a^b \sqrt{1 + [f'(x)]^2}\,dx. \tag{8.1.9}$$

再考察曲线段由极坐标方程 $r=r(\theta)(\alpha\leqslant\theta\leqslant\beta)$给出的情形.设 $r(\theta)$在$[\alpha,\beta]$上连续可导.这时,把 θ 视为参数,于是曲线的参数方程就是

$$x = r(\theta)\cos\theta, y = r(\theta)\sin\theta, \alpha \leqslant \theta \leqslant \beta.$$

因而公式(8.1.6)化为

$$s = \int_\alpha^\beta \sqrt{[r'(\theta)]^2 + [r(\theta)]^2}\,d\theta. \tag{8.1.10}$$

例 8.1.6　求心脏线 $r=a(1+\cos\theta)$的周长.

解　因为 $r'(\theta)=-a\sin\theta$,所以有

$$[r'(\theta)]^2 + [r(\theta)]^2 = a^2\sin^2\theta + a^2(1+\cos\theta)^2$$
$$= 2a^2(1+\cos\theta) = 4a^2\cos^2\frac{\theta}{2}.$$

按公式(8.1.10)知心脏线的周长为

$$s = 2\int_0^{\pi}\sqrt{[r'(\theta)]^2+[r(\theta)]^2}\,\mathrm{d}\theta = 4a\int_0^{\pi}\cos\frac{\theta}{2}\,\mathrm{d}\theta$$

$$= 8a\int_0^{\frac{\pi}{2}}\cos t\,\mathrm{d}t = 8a.$$

从公式(8.1.6),(8.1.9)和(8.1.10)的推导过程可知,不论一条曲线是由什么形式给出,只要要求相应的函数连续可导,则这条曲线就是可求长的.以后我们称这样的曲线为光滑曲线.显然,如果一条连续曲线是由有限多条光滑曲线首尾相接而成,则它也是可求长的.这样的曲线称为逐段光滑曲线.以后论及曲线时,很多地方都作这样的假设.弧长公式(8.1.6),(8.1.9),(8.1.10)还可以写成变动上限的形式:

$$s(t) = \int_{\alpha}^{t}\sqrt{[x'(\tau)]^2+[y'(\tau)]^2}\,\mathrm{d}\tau,$$

$$s(x) = \int_{a}^{x}\sqrt{1+[f'(t)]^2}\,\mathrm{d}t,$$

$$s(\theta) = \int_{\alpha}^{\theta}\sqrt{[r'(\varphi)]^2+[r(\varphi)]^2}\,\mathrm{d}\varphi.$$

这样一来,弧长就可分别表示为自变量 t,x,θ 的函数.由此即可得到弧长的微分公式:

$$\begin{aligned} \mathrm{d}s &= \sqrt{[x'(t)]^2+[y'(t)]^2}\,\mathrm{d}t,\\ \mathrm{d}s &= \sqrt{1+[f'(x)]^2}\,\mathrm{d}x, \qquad (8.1.11)\\ \mathrm{d}s &= \sqrt{[r'(\theta)]^2+[r(\theta)]^2}\,\mathrm{d}\theta. \end{aligned}$$

有了弧长的微分公式之后,我们就可以介绍一个描述曲线弯曲程度的量——曲率.这是以后微分几何中的基本概念之一.

如图 8.1.7 所示.设 A 和 B 是光滑曲线 l 上的两个点,A 和 B 之间的这段曲线的弧长记为 Δs,曲线 l 在点 A 和 B 处的切线的夹角为 $\Delta\alpha$,则称 $\left|\frac{\Delta\alpha}{\Delta s}\right|$ 为曲线 l 的弧段 AB 的平均曲率.令点 B 沿着曲线向 A 运动且无限接近 A,即使 $\Delta s\to 0$,这时把极限

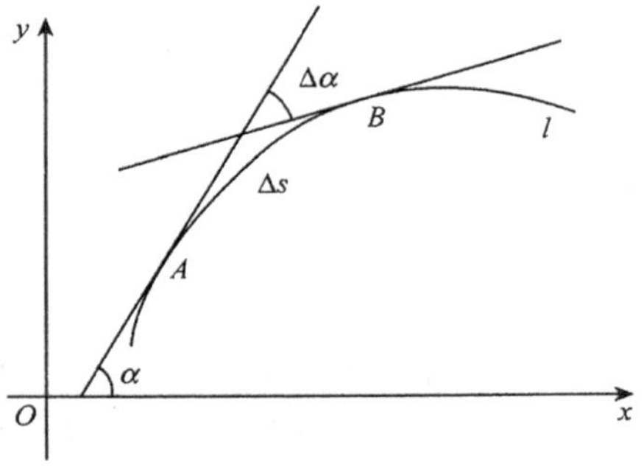

图 8.1.7

$$\lim_{\Delta s\to 0}\left|\frac{\Delta\alpha}{\Delta s}\right| = k_A$$

称为曲线 l 在点 A 的曲率.

设曲线 l 的参数方程为

$$x = x(t), y = y(t), \quad \alpha \leqslant t \leqslant \beta,$$

并且 A 和 B 的坐标分别为 $(x(t), y(t)), (x(t+\Delta t), y(t+\Delta t))$，于是由参数方程的求导公式有

$$\tan\alpha = \frac{\mathrm{d}y}{\mathrm{d}x} = \frac{y'(t)}{x'(t)},$$

其中 α 是曲线 l 在点 A 的切线与 x 轴的夹角. 从而有

$$\mathrm{d}\alpha = \mathrm{d}\left(\arctan\frac{y'(t)}{x'(t)}\right) = \frac{\dfrac{y''x' - y'x''}{(x')^2}}{1 + \left(\dfrac{y'}{x'}\right)^2}\mathrm{d}t$$

$$= \frac{y''x' - y'x''}{(x')^2 + (y')^2}\mathrm{d}t.$$

再由(8.1.11)中之第1式即知曲线 l 在点 A 的曲率为

$$k = \left|\frac{\mathrm{d}\alpha}{\mathrm{d}s}\right| = \frac{|y''x' - y'x''|}{[(x')^2 + (y')^2]^{\frac{3}{2}}}. \tag{8.1.12}$$

当曲线方程为 $y = f(x)$ 时，公式(8.1.12)化为

$$k = \frac{|f''(x)|}{[1 + (f'(x))^2]^{\frac{3}{2}}}. \tag{8.1.13}$$

例 8.1.7　求圆 $x^2 + y^2 = r^2$ 上的点的曲率.

解　圆的参数方程为 $x = r\cos t, y = r\sin t$. 于是有

$$\begin{aligned}
&x' = -r\sin t, x'' = -r\cos t,\\
&y' = r\cos t, y'' = -r\sin t,\\
&(x')^2 + (y')^2 = r^2(\sin^2 t + \cos^2 t) = r^2,\\
&y''x' - y'x'' = r^2(\sin^2 t + \cos^2 t) = r^2.
\end{aligned}$$

按公式(8.1.12)得到

$$k = \frac{1}{r}.$$

这表明，圆的曲率等于它的半径的倒数. 一般地，我们把曲线上一点的曲率 k 的倒数称为曲线在该点的曲率半径，记为

$$\rho = \frac{1}{k}.$$

三、空间区域的体积

考察已知截面积的空间区域. 如图 8.1.8 所示. 设用横坐标为 x 的平面去截一个空间区域的截面的面积为 $A(x)$, $a\leqslant x\leqslant b$, 求该区域介于平面 $x=a$ 和 $x=b$ 之间的部分的体积 V.

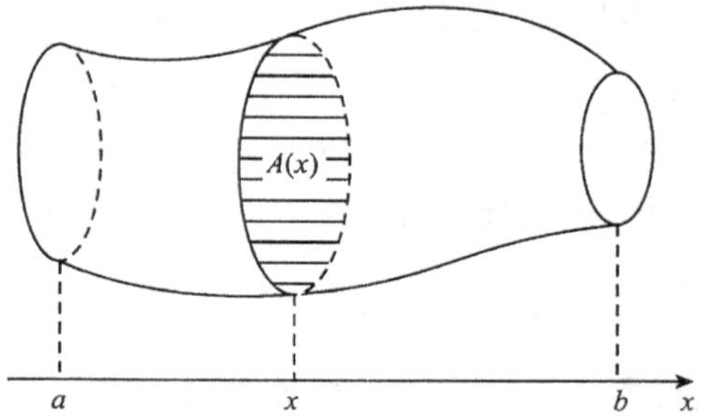

图 8.1.8

对于区间 $[a,b]$ 上的任一网 $T=\{x_k\}$:

$$a=x_0<x_1<x_2<\cdots<x_n=b,$$

将空间区域介于平面 $x=x_{k-1}$ 和 $x=x_k$ 之间的部分的体积记为 V_k. 任取 $\xi_k\in[x_{k-1},x_k]$, 则有

$$V_k\approx A(\xi_k)\Delta x_k, k=1,2,\cdots,n.$$

对 k 求和, 得到体积 V 的近似值为

$$V\approx\sum_{k=1}^{n}A(\xi_k)\Delta x_k.$$

显然, 假设作为截面积的函数 $A(x)$ 在 $[a,b]$ 上可积是合理的, 故有

$$V=\int_a^b A(x)\mathrm{d}x. \quad (8.1.14)$$

例 8.1.8 求圆柱面 $x^2+y^2=a^2$ 和 $x^2+z^2=a^2$ 相交所围区域的体积(见图 8.1.9).

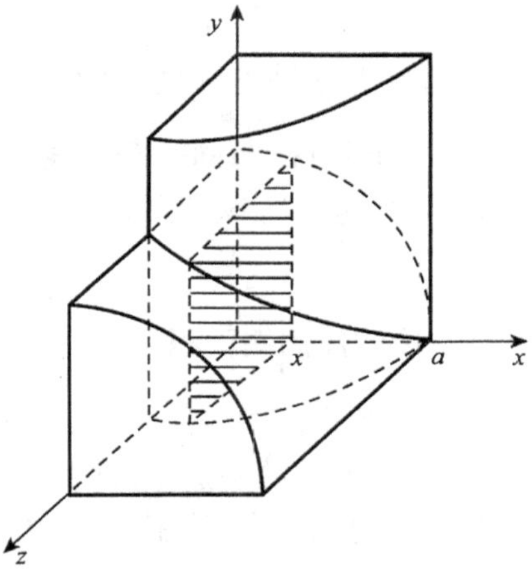

图 8.1.9

解 由对称性知, 所论区域的体积是它在第 1 卦限中的体积的 8 倍, 故只须计算后者的体积.

当 $0\leqslant x\leqslant a$ 时, 横坐标为 x 的平面

截所论区域的截面的图形是边长为$\sqrt{a^2-x^2}$的正方形,其面积为 $A(x)=a^2-x^2$.所以,由公式(8.1.14)知所求的体积为

$$V=8\int_0^a A(x)\mathrm{d}x=8\int_0^a(a^2-x^2)\mathrm{d}x=\frac{16}{3}a^3.$$

再来考察旋转体的体积.设有一条连续曲线 $y=f(x)(a\leqslant x\leqslant b,f(x)\geqslant 0)$绕 x 轴旋转得到一个旋转体.显然,当 $a\leqslant x\leqslant b$ 时,横坐标为 x 的平面与此旋转体的截面积为

$$A(x)=\pi f^2(x).$$

因此由公式(8.1.14)可得旋转体的体积为

$$V=\pi\int_a^b f^2(x)\mathrm{d}x=\pi\int_a^b y^2\mathrm{d}x. \tag{8.1.15}$$

例 8.1.9　求直线段 $y=kx(0\leqslant x\leqslant h)$绕 x 轴旋转所得的旋转体的体积.

解　按公式(8.1.15)有

$$V=\pi\int_0^h(kx)^2\mathrm{d}x=\frac{1}{3}\pi k^2h^3.$$

这就证明了中学课本中圆锥体积公式的正确性.

例 8.1.10　求椭圆$\dfrac{x^2}{a^2}+\dfrac{y^2}{b^2}=1$绕 x 轴旋转所得的旋转椭球的体积.

解　这时有 $y^2=b^2\left(1-\dfrac{x^2}{a^2}\right)$,由公式(8.1.15)及对称性有

$$V=2\pi\int_0^a y^2\mathrm{d}x=2\pi b^2\int_0^a\left(1-\frac{x^2}{a^2}\right)\mathrm{d}x=\frac{4}{3}\pi ab^2.$$

当椭圆绕 y 轴旋转时,所得的旋转椭球的体积为 $V'=\dfrac{4}{3}\pi a^2b$.显然有 $V\neq V'$.一般地说,当同一条曲线绕不同的直线旋转时,所得的旋转体的体积也不同.当然也有特殊情形,比如圆绕任何一条直径旋转都得到体积相同的球.

四、旋转体的侧面积

设有一条光滑曲线 $y=f(x)(a\leqslant x\leqslant b,f(x)\geqslant 0)$绕 x 轴旋转得到一个旋转体,现在要求的是这个旋转体的侧面积.

对于区间$[a,b]$上的任一网 $T=\{x_k\}$:

$$a=x_0<x_1<x_2<\cdots<x_n=b,$$

将所论旋转体介于平面 $x=x_{k-1}$和 $x=x_k$ 之间的部分的侧面积记为 S_k.易

见,S_k 近似等于上下底半径分别为$f(x_{k-1})$和 $f(x_k)$的圆台的侧面积.按中学熟知的圆台侧面积公式有

$$\begin{aligned} S_k &\approx \pi[f(x_{k-1}) + f(x_k)]\sqrt{\Delta x_k^2 + [f(x_k) - f(x_{k-1})]^2} \\ &= \pi[f(x_{k-1}) + f(x_k)]\sqrt{1 + [f'(\xi_k)]^2}\Delta x_k . \end{aligned}$$

对 k 从 1 到 n 求和,得到侧面积 S 的近似值

$$S \approx \pi\sum_{k=1}^{n}[f(x_{k-1}) + f(x_k)]\sqrt{1 + [f'(\xi_k)]^2}\Delta x_k, \qquad (8.1.16)$$

其中 $\xi_k\in(x_{k-1},x_k)$,$k=1,2,\cdots,n$.(8.1.16)式与(8.1.5′)式相似,若 x_{k-1},x_k 和 ξ_k 是同一个值,则(8.1.16)式右端的和数就是对应于网 T 的积分和.尽管(8.1.16)式不是积分和,但我们可像证明(8.1.6)式完全一样地证明

$$S = 2\pi\int_a^b f(x)\sqrt{1 + [f'(x)]^2}\,\mathrm{d}x. \qquad (8.1.17)$$

注意,上式中的被积表达式是 y 与 $\mathrm{d}s$ 的乘积,从而又可得到参数方程和极坐标方程的侧面积公式为

$$\begin{aligned} S &= 2\pi\int_\alpha^\beta y(t)\sqrt{[x'(t)]^2 + [y'(t)]^2}\,\mathrm{d}t, \\ S &= 2\pi\int_\alpha^\beta r(\theta)\sin\theta\sqrt{[r(\theta)]^2 + [r'(\theta)]^2}\,\mathrm{d}\theta. \end{aligned} \qquad (8.1.17')$$

例 8.1.11 求半径为 r 的球面的面积.

解 显然,球面的面积就是函数 $y=\sqrt{r^2-x^2}$绕 x 轴旋转所得的旋转体的侧面积.这时有

$$y' = \frac{-x}{\sqrt{r^2 - x^2}},\sqrt{1 + (y')^2} = \frac{r}{\sqrt{r^2 - x^2}}.$$

于是由公式(8.1.17)有

$$S = 4\pi\int_0^r \sqrt{r^2 - x^2}\,\frac{r}{\sqrt{r^2 - x^2}}\mathrm{d}x = 4\pi\int_0^r r\,\mathrm{d}x = 4\pi r^2,$$

这正是中学中熟知的球面积公式.只不过当时是只知其然,不知其所以然.而现在知道其所以然了.

例 8.1.12 求将椭圆$\dfrac{x^2}{a^2}+\dfrac{y^2}{b^2}=1(a>b)$绕 x 轴旋转所得的椭球面的面积.

解 将上半椭圆写成参数方程:

$$x = a\cos t, y = b\sin t, \quad 0\leqslant t\leqslant \pi,$$

令 $c^2=a^2-b^2$，$e=\dfrac{c}{a}$ 为离心率，于是由公式(8.1.17′)有

$$\begin{aligned}
S &= 2\pi\int_0^{\pi} b\sin t\sqrt{a^2\sin^2 t+b^2\cos^2 t}\,\mathrm{d}t\\
&= 4\pi b\int_0^{\frac{\pi}{2}} \sin t\sqrt{a^2-(a^2-b^2)\cos^2 t}\,\mathrm{d}t\\
&= -4\pi b\int_0^{\frac{\pi}{2}} \sqrt{a^2-(a^2-b^2)\cos^2 t}\,\mathrm{d}(\cos t)\\
&= 4\pi ab\int_0^1 \sqrt{1-e^2u^2}\,\mathrm{d}u\\
&= 4\pi ab\left(\frac{1}{2}u\sqrt{1-e^2u^2}+\frac{1}{2e}\arcsin eu\right)\Bigg|_0^1\\
&= 2\pi ab\left(\frac{b}{a}+\frac{a}{c}\arcsin\frac{c}{a}\right)\\
&= 2\pi b\left[b+\frac{a^2}{\sqrt{a^2-b^2}}\arcsin\frac{\sqrt{a^2-b^2}}{a}\right],
\end{aligned}\tag{8.1.18}$$

注意，当 $a\to b^+$ 时，

$$\lim_{a\to b^+}\frac{a}{\sqrt{a^2-b^2}}\arcsin\frac{\sqrt{a^2-b^2}}{a}=1,$$

在上式中令 $a\to b^+$ 并记 $b=r$，即得到例 8.1.11 中的结果.

此外，我们指出，若按公式(8.1.6)计算椭圆的周长，则导致如下的椭圆积分

$$S=4\int_0^{\frac{\pi}{2}}\sqrt{a^2\sin^2 t+b^2\cos^2 t}\,\mathrm{d}t,$$

这是一个积不出来的积分. 确切地说，就是一个无法用有限形式表示其原函数的积分. 因此，我们没有与圆的周长公式相应的椭圆周长公式. 然而，例 8.1.12 的结果说明，存在着与球面的面积公式相应的旋转椭球面的面积公式.

例 8.1.13 求心脏线 $r=a(1+\cos\theta)$ 绕极轴旋转所得曲面的面积.

解 按公式(8.1.17′)有

$$\begin{aligned}
S &= 2\pi\int_0^{\pi} r\sin\theta\sqrt{r^2+(r')^2}\,\mathrm{d}\theta\\
&= 2\pi\int_0^{\pi} a(1+\cos\theta)\sin\theta\sqrt{a^2(1+\cos\theta)^2+a^2\sin^2\theta}\,\mathrm{d}\theta\\
&= 2\pi a^2\int_0^{\pi}(1+\cos\theta)\sin\theta\, 2\cos\frac{\theta}{2}\,\mathrm{d}\theta
\end{aligned}$$

$$= 16\pi a^2\int_0^{\pi}\cos^4\frac{\theta}{2}\sin\frac{\theta}{2}\mathrm{d}\theta$$

$$= 32\pi a^2\int_0^{\frac{\pi}{2}}\cos^4 t\sin t\,\mathrm{d}t$$

$$= 32\pi a^2\int_0^1 u^4\mathrm{d}u = \frac{32}{5}\pi a^2.$$

§8.2 在物理中的应用举例

定积分在物理中的应用相当广泛,数学系的大学生将在普通物理课程中不断遇到.本节中,我们只以质量、质心、平均值为例略加介绍.

一、密度、质量和质心

设由以弧长为参数的方程

$$x = x(s), y = y(s), \quad 0\leqslant s\leqslant l.$$

给出的光滑曲线上分布有质量,其中 s 表示从曲线一个端点 A_0 算起的弧长,并把曲线上对应于 s 的点记为 A_s.设已知曲线从 A_0 到 A_s 的弧段的质量为 $m(s)$,于是称比值

$$\frac{m(s+\Delta s)-m(s)}{\Delta s}$$

为曲线上从 A_s 到 $A_{s+\Delta s}$ 的弧段的平均密度.如果极限

$$\rho(s) = \frac{\mathrm{d}m}{\mathrm{d}s} = \lim_{\Delta s\to 0}\frac{m(s+\Delta s)-m(s)}{\Delta s} \tag{8.2.1}$$

存在,则称之为曲线在点 A_s 的密度(线密度).按定义知,密度就是质量关于弧长的导数.反之,质量函数就是密度 $\rho(s)$的一个原函数,由(8.2.1)式有

$$m(s) = \int_0^s\rho(t)\mathrm{d}t. \tag{8.2.2}$$

中学物理中讲过有限多个质点的质心的求法.设在平面上有 n 个质点,质量分别为 $m_1, m_2, \cdots, m_n$,坐标依次为$(x_1, y_1), (x_2, y_2), \cdots, (x_n, y_n)$.则这 n 个质点系的质心坐标为

$$\bar{x} = \frac{\sum_{k=1}^{n}m_k x_k}{\sum_{k=1}^{n}m_k}, \qquad \bar{y} = \frac{\sum_{k=1}^{n}m_k y_k}{\sum_{k=1}^{n}m_k}. \tag{8.2.3}$$

现在将这个问题加以推广,利用定积分代替上式中的求和来求一条光滑

曲线 l 的质心.当密度 $\rho(s)$为常数时,质心的位置只与 l 的形状有关,这时称质心为形心.

设平面上有一条长为 l 的光滑曲线,其以弧长 s 为参数的方程为

$$x = x(s), y = y(s), \quad 0 \leqslant s \leqslant l.$$

曲线上分布有质量,其密度函数为 $\rho(s)$.为求这条曲线的质心,在$[0,l]$上取网 $T:0=s_0<s_1<s_2<\cdots<s_n=l$.取 $\xi_k\in[s_{k-1},s_k]$,并记曲线上对应于 s_k 的点为A_k,则从 A_{k-1}到 A_k 的弧段的质量近似等于$\rho(\xi_k)\Delta s_k$, $k=1,2,\cdots,n$.将整条曲线近似地视为由 n 个质点组成的质点系,n 个质点的质量和位置分别为

$$\rho(\xi_k)\Delta s_k, \qquad (x(\xi_k), \qquad y(\xi_k)), k = 1,2,\cdots,n.$$

于是按公式(8.2.3)知

$$x(T) = \frac{\sum_{k=1}^{n}\rho(\xi_k)x(\xi_k)\Delta s_k}{\sum_{k=1}^{n}\rho(\xi_k)\Delta s_k}, \qquad y(T) = \frac{\sum_{k=1}^{n}\rho(\xi_k)y(\xi_k)\Delta s_k}{\sum_{k=1}^{n}\rho(\xi_k)\Delta s_k}.$$

就是曲线质心坐标的近似值.不难看出,只要假设 $\rho(s)$连续,则当 $\|T\|\to 0$ 时,近似程度越来越好.按定积分定义可知,质心的坐标为

$$\bar{x} = \frac{\int_0^l\rho(s)x(s)\mathrm{d}s}{\int_0^l\rho(s)\mathrm{d}s}, \qquad \bar{y} = \frac{\int_0^l\rho(s)y(s)\mathrm{d}s}{\int_0^l\rho(s)\mathrm{d}s}. \tag{8.2.4}$$

当密度 $\rho(s)$为常数时,(8.2.4)式化为

$$\bar{x} = \frac{1}{l}\int_0^l x(s)\mathrm{d}s, \qquad \bar{y} = \frac{1}{l}\int_0^l y(s)\mathrm{d}s. \tag{8.2.5}$$

这是形心的坐标公式.注意,由公式(8.1.17′)知,曲线绕 x 轴旋转所得的旋转体的侧面积为

$$S = 2\pi\int_0^l y(s)\mathrm{d}s = 2\pi\bar{y}\cdot l.$$

这表明曲线绕 x 轴旋转所得的旋转体的侧面积等于半径为形心的纵坐标$\bar{y}$,高为弧长 l 的圆柱面的面积.

如果光滑曲线的参数方程是一般的参数方程

$$x = x(t), \qquad y = y(t), \qquad \alpha \leqslant t \leqslant \beta.$$

而对应于参数 t 的点的密度是$\rho(t)$时,由上节公式(8.1.11)有

$$\bar{x}=\frac{\int_\alpha^\beta \rho(t)x(t)\sqrt{[x'(t)]^2+[y'(t)]^2}\,\mathrm{d}t}{\int_\alpha^\beta \rho(t)\sqrt{[x'(t)]^2+[y'(t)]^2}\,\mathrm{d}t},$$

$$\bar{y}=\frac{\int_\alpha^\beta \rho(t)y(t)\sqrt{[x'(t)]^2+[y'(t)]^2}\,\mathrm{d}t}{\int_\alpha^\beta \rho(t)\sqrt{[x'(t)]^2+[y'(t)]^2}\,\mathrm{d}t}. \tag{8.2.6}$$

显然,当光滑曲线是由直角坐标或极坐标函数给出时,也可以利用(8.1.11)式导出类似的公式.这里不再列举.

例 8.2.1 求圆弧 $x=r\cos t, y=r\sin t(|t|\leqslant\alpha\leqslant\pi)$的形心.

解 如图 8.2.1 所示.由对称性知形心位于 x 轴上,故有 $\bar{y}=0$.只须再求 $\bar{x}$,按公式(8.2.6)有

$$\bar{x}=\frac{\int_{-\alpha}^{\alpha} r\cos t\sqrt{(-r\sin t)^2+(r\cos t)^2}\,\mathrm{d}t}{\int_{-\alpha}^{\alpha}\sqrt{(-r\sin t)^2+(r\cos t)^2}\,\mathrm{d}t}$$

$$=\frac{2r^2\sin\alpha}{2r\alpha}=\frac{r\sin\alpha}{\alpha}.$$

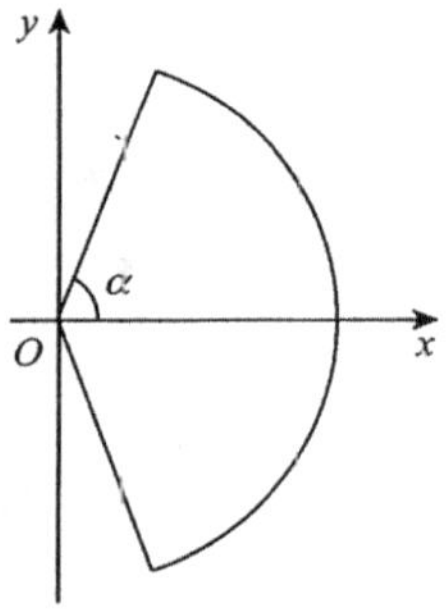

图 8.2.1

例 8.2.2 求心脏线 $r=a(1+\cos\theta)(0\leqslant\theta\leqslant2\pi)$的形心.

解 由对称性知,形心位于极轴的正向上.于是 $\bar{y}=0$.由上节例 8.1.6 知,心脏线的周长为 $8a$.从而由公式(8.2.5)知形心的横坐标为

$$\bar{x}=\frac{1}{8a}\int_0^{8a}x(s)\,\mathrm{d}s=\frac{1}{8a}\int_0^{2\pi}r\cos\theta\sqrt{r^2+(r')^2}\,\mathrm{d}\theta$$

$$=\frac{1}{8}\int_0^{2\pi}(1+\cos\theta)\cos\theta\sqrt{a^2(1+\cos\theta)^2+a^2(-\sin\theta)^2}\,\mathrm{d}\theta$$

$$=\frac{a}{8}\int_0^{2\pi}(1+\cos\theta)\cos\theta\sqrt{2(1+\cos\theta)}\,\mathrm{d}\theta$$

$$=\frac{a}{4}\int_0^{2\pi}(1+\cos\theta)\cos\theta\left|\cos\frac{\theta}{2}\right|\mathrm{d}\theta$$

$$=a\int_0^{\pi}\left(2-2\sin^2\frac{\theta}{2}\right)\left(1-2\sin^2\frac{\theta}{2}\right)\mathrm{d}\left(\sin\frac{\theta}{2}\right)$$

$$=2a\int_0^1(1-t^2)(1-2t^2)\,\mathrm{d}t=\frac{4}{5}a.$$

二、平均值

在物理和工程等实际问题中，有时需要求出某个函数 $y=f(x)$在某个区间中连续变化时的平均值，例如求平均速度，平均压强，平均功率等等.

考察连续函数 $y=f(x)$在区间$[a,b]$上的平均值，对于区间$[a,b]$上的任一网 T：

$$a = x_0 < x_1 < x_2 < \cdots < x_n = b,$$

取 $\xi_k \in [x_{k-1}, x_k]$，$k=1,2,\cdots,n$，并用 $f(\xi_1), f(\xi_2), \cdots, f(\xi_n)$的加权平均值

$$\bar{y}(T) = \frac{\sum_{k=1}^{n} f(\xi_k)\Delta x_k}{\sum_{k=1}^{n} \Delta x_k} = \frac{1}{b-a}\sum_{k=1}^{n} f(\xi_k)\Delta x_k$$

来作为 $f(x)$在$[a,b]$上的平均值的近似值. 令 $\|T\| \to 0$ 取极限，即得 $f(x)$在$[a,b]$上的平均值

$$\bar{y} = \frac{1}{b-a}\int_a^b f(x)\mathrm{d}x, \tag{8.2.7}$$

这恰好是上一章中提到过的积分平均值.

例 8.2.3　求交流电 $I(t)=I_0\sin\omega t$ 的平均功率，其中 I_0 表示电流的最大值.

解　显然，只须计算在一个周期上的平均功率. 这时，周期 $T=\frac{2\pi}{\omega}$，功率 $P(t)=I^2R=I_0^2R\sin^2\omega t$，其中 R 是用电器的电阻. 于是由公式(8.2.7)有

$$\begin{aligned}\bar{P} &= \frac{1}{T}\int_0^T P(t)\mathrm{d}t = \frac{I_0^2R\omega}{2\pi}\int_0^{\frac{2\pi}{\omega}} \sin^2\omega t\,\mathrm{d}t \\ &= \frac{I_0^2R}{2\pi}\int_0^{2\pi}\sin^2 t\,\mathrm{d}t = \frac{I_0^2R}{2\pi}\int_0^{2\pi}\frac{1}{2}(1-\cos 2t)\mathrm{d}t \\ &= \frac{1}{2}I_0^2R.\end{aligned}$$

这表明平均功率恰为最大功率的一半.

三、变力做功问题

设物体在变力 $F=f(x)$的作用下从点 A 移动到点B 且力的方向和运动方向一致. 将直线 AB 取为x 轴，从 A 指向B 的方向为x 轴的正向，点 A 和B 在 x 轴上的坐标分别为a 和b. 对于区间$[a,b]$上的任一网 T：

$$a = x_0 < x_1 < x_2 < \cdots < x_n = b,$$

任取 $\xi_k \in [x_{k-1}, x_k]$并认为力 $f(x)$在区间$[x_{k-1}, x_k]$上是不变的,取值为 $f(\xi_k)$.于是物体从点 x_{k-1}移动到 x_k 时,力 $f(x)$所做的功为

$$W_k \approx f(\xi_k)\Delta x_k, \quad k = 1,2,\cdots,n.$$

对 k 从 1 到 n 求和,便得力 $f(x)$从 a 到 b 所做的功的近似值为

$$W \approx \sum_{k=1}^{n} f(\xi_k)\Delta x_k.$$

上式右端恰为积分和,故有

$$W = \int_a^b f(x)\mathrm{d}x. \tag{8.2.8}$$

例 8.2.4 求为使地面上质量为 m 的物体竖直升高 h 米所需克服地球引力所做的功 W,并问为使物体飞离地球引力范围,物体的初速度 v_0 至少应为多少?

解 设地球中心为点 O,半径为 R,并把地球质量 M 看成集中在球心 O.质量为 m 的物体在地面上点 A.取点 O 为原点,射线 OA 为正半 x 轴.由万有引力定律知,与点 O 相距 x 且质量为 m 的物体所受的地球引力为

$$F(x) = -\frac{kMm}{x^2}, \tag{8.2.9}$$

其中 k 为万有引力常数.于是由公式(8.2.8)知,为使质量为 m 的物体从地面上升到高 h 米处需克服地球引力所做的功为

$$W = \int_R^{R+h} \frac{kMm}{x^2}\mathrm{d}x = kMm\left(\frac{1}{R} - \frac{1}{R+h}\right).$$

使物体飞离地球引力范围,就是使物体飞向无穷远.从而有

$$W^* = \lim_{h\to+\infty} kMm\left(\frac{1}{R} - \frac{1}{R+h}\right) = \frac{kMm}{R}.$$

设物体在地球表面是以初速度 v_0 垂直向上发射的.由能量转化与守恒定律知发射时的动能至少要等于 W^* 才能飞出地球引力范围,即应有

$$\frac{1}{2}mv_0^2 = \frac{kMm}{R}.$$

$$v_0 = \sqrt{\frac{2kM}{R}}. \tag{8.2.10}$$

设地球表面的重力加速度为 g,由(8.2.9)式有

$$-\frac{kMm}{R^2} = -mg.$$

由此可得

$$kM = gR^2.$$

代入(8.2.10)式即得

$$v_0 = \sqrt{2gR} \approx 11.2\text{ 千米 / 秒}.$$

这表明为使物体飞离地球引力范围，物体的初速度至少应为 11.2 千米/秒. 这个速度称为第二宇宙速度.

§8.3　其他应用举例

除了前两节已经介绍的各种应用之外. 定积分还有许许多多的应用，本节仅介绍两个应用.

*一、数 e 的超越性

一个复数，如果它是某个整系数代数方程的根，则称之为代数数，否则就称之为超越数. 显然，所有有理数和用有理数开方表示的无理数都是代数数. 然而，指出一个数是超越数的事就没有这么简单. 1873 年，厄尔米特证明了自然对数的底数 e 是超越数. 随后在 1882 年，林德曼证明了圆周率 π 的超越性. 现在我们就来证明 e 的超越性.

若不然，设 e 是整系数方程

$$c_0 + c_1 x + c_2 x^2 + \cdots + c_m x^m = 0, \quad c_0 \neq 0,\ c_m \neq 0 \tag{8.3.1}$$

的根. 设 $f(x)$ 是任一 n 次多项式，于是有 $f^{(n+1)}(x)=0$. 从而由分部积分公式可得

$$\int_0^b f(x)\mathrm{e}^{-x}\mathrm{d}x = -\mathrm{e}^{-x}\left[f(x) + f'(x) + \cdots + f^{(n)}(x)\right]\Big|_0^b.$$

令 $F(x)=f(x)+f'(x)+\cdots+f^{(n)}(x)$，由上式可得

$$\mathrm{e}^b F(0) = F(b) + \mathrm{e}^b \int_0^b f(x)\mathrm{e}^{-x}\mathrm{d}x. \tag{8.3.2}$$

在(8.3.2)式中依次取 $b=0,1,2,\cdots,m$，并用(8.3.1)式中的系数 $c_0, c_1, \cdots, c_m$ 分别乘所得的等式然后相加，得到

$$0 = c_0 F(0) + c_1 F(1) + \cdots + c_m F(m) + \sum_{k=0}^{m} c_k \mathrm{e}^k \int_0^k f(x)\mathrm{e}^{-x}\mathrm{d}x. \tag{8.3.3}$$

注意，(8.3.3)式对于任何多项式 $f(x)$ 都成立. 下面我们要构造多项式 $f(x)$，使得(8.3.3)式不成立，从而导出矛盾.

令

$$f(x)=\frac{1}{(p-1)!}x^{p-1}(x-1)^p(x-2)^p\cdots(x-m)^p,\qquad(8.3.4)$$

其中 p 为大于 m 和 $|c_0|$ 的任一质数. 由于当 $q\geqslant p$ 为整数时,有

$$(x^q)^{(p)}=q(q-1)\cdots(q-p+1)x^{q-p}=C_q^p\cdot p!x^{q-p},$$

所以,多项式 $f(x)$ 的 p 阶及 p 阶以上的导数都是整系数多项式且系数都能被 p 整除. 因此当 x 取整数值时,所有这样导数的值都是整数且能被 p 整除. 由 $f(x)$ 定义式(8.3.4)又知,当 $x=1,2,\cdots,m$ 时,$f(x)$ 与它的直到 $p-1$ 阶导数都为 0,所以 $F(1),F(2),\cdots,F(m)$ 都能被 p 整除.

然而,$F(0)$ 却是另一种情形. 当 $x=0$ 时,$f(0),f'(0),\cdots,f^{(p-2)}(0)$ 都是 0,于是有

$$F(0)=f^{(p-1)}(0)+f^{(p)}(0)+\cdots+f^{(n)}(0).\qquad(8.3.5)$$

在(8.3.5)式右端的各项中,除第 1 项之外,其他各项都能被 p 整除. 但是第 1 项

$$f^{(p-1)}(0)=[(-1)^m m!]^p.$$

由于 $p>m$,故 p 不能整除 $f^{(p-1)}(0)$. 从而由(8.3.5)式知 p 不能整除 $F(0)$. 又因 $p>|c_0|$,所以 $p\nmid|c_0|$. 从而(8.3.3)式右端前 $m+1$ 项之和不能被 p 整除当然不等于 0.

再考察(8.3.3)式右端最后的和数. 在区间 $[0,m]$ 上,由定义式(8.3.4)有

$$|f(x)|<\frac{1}{(p-1)!}m^{p-1}m^pm^p\cdots m^p=\frac{m^{(m+1)p-1}}{(p-1)!}.$$

因而有

$$\left|\int_0^k f(x)\mathrm{e}^{-x}\mathrm{d}x\right|<\frac{m^{(m+1)p-1}}{(p-1)!}\int_0^k\mathrm{e}^{-x}\mathrm{d}x<\frac{m^{(m+1)p-1}}{(p-1)!}.\qquad(8.3.6)$$

令 $c=|c_0|+|c_1|+\cdots+|c_m|$,于是由估计式(8.3.6)有

$$\begin{aligned}\left|\sum_{k=0}^m c_k\mathrm{e}^k\int_0^k f(x)\mathrm{e}^{-x}\mathrm{d}x\right|&<c\mathrm{e}^m\frac{m^{(m+1)p-1}}{(p-1)!}\\&=c\mathrm{e}^m m^m\frac{(m^{m+1})^{p-1}}{(p-1)!}.\qquad(8.3.7)\end{aligned}$$

注意,(8.3.4)式中的质数 p 可以是大于 m 和 $|c_0|$ 的任一质数且估计式(8.3.7)中的 p 也可以是大于 m 和 $|c_0|$ 的任一质数. 令 p 沿着质数趋向 $+\infty$,我们有

$$\lim_{p\to+\infty}\frac{(m^{m+1})^{p-1}}{(p-1)!}=0.$$

故可取得足够大的质数 p_0,使得在(8.3.4)式中令 $p=p_0$ 时相应的 $f_0(x)$满足

$$\left|\sum_{k=0}^{m} c_k \mathrm{e}^k \int_0^k f_0(x)\mathrm{e}^{-x}\mathrm{d}x\right| \leqslant \frac{1}{2}.$$

这样一来,(8.3.3)式右端前 $m+1$ 项之和是个非零整数而最后的和数绝对值不超过$\frac{1}{2}$.所以右端不能为0,矛盾.这就完成了证明.

二、泰勒公式的积分余项

在第五章中讲到过泰勒公式,其中的余项有拉格朗日余项和皮亚诺余项.现在我们要介绍用定积分表述的积分余项.

设 $f(x)$在区间(x_0-r,x_0+r)中 $n+1$ 次连续可导,令

$$S_n(x) = \sum_{k=0}^{n} \frac{f^{(k)}(x_0)}{k!}(x-x_0)^k,$$
$$R_n(x) = f(x) - S_n(x).$$

易见

$$R_n^{(k)}(x_0) = 0, k = 0,\cdots,n, R_n^{(n+1)}(x) = f^{(n+1)}(x).$$

连续应用分部积分公式,有

$$\begin{aligned} R_n(x) &= \int_{x_0}^{x} R'_n(t)\mathrm{d}t = (t-x)R'_n(t)\Big|_{x_0}^{x} - \int_{x_0}^{x}(t-x)R''_n(t)\mathrm{d}t \\ &= \int_{x_0}^{x}(x-t)R''_n(t)\mathrm{d}t = \frac{1}{2}\int_{x_0}^{x}(x-t)^2 R'''_n(t)\mathrm{d}t \\ &= \cdots = \frac{1}{n!}\int_{x_0}^{x} R_n^{(n+1)}(t)(x-t)^n\mathrm{d}t \\ &= \frac{1}{n!}\int_{x_0}^{x} f^{(n+1)}(t)(x-t)^n\mathrm{d}t. \qquad (8.3.8) \end{aligned}$$

这就是泰勒公式的积分余项.

注意,在公式(8.3.8)右端的积分中,$f^{(n+1)}(t)$连续且$(x-t)^n$ 不变号.故由积分第一中值定理知,存在 ξ 在x_0 与 x 之间,使得

$$\begin{aligned} &\int_{x_0}^{x} f^{(n+1)}(t)(x-t)^n\mathrm{d}t = f^{(n+1)}(\xi)\int_{x_0}^{x}(x-t)^n\mathrm{d}t \\ &= -\frac{1}{n+1}f^{(n+1)}(\xi)(x-t)^{n+1}\Big|_{x_0}^{x} = \frac{1}{n+1}f^{(n+1)}(\xi)(x-x_0)^{n+1}. \end{aligned}$$

将此代入(8.3.8)式,我们又得到拉格朗日余项

$$R_n(x)=\frac{1}{(n+1)!}f^{(n+1)}(\xi)(x-x_0)^{n+1}.$$

此外,在(8.3.8)式右端的积分中,把被积函数视为 $f^{(n+1)}(t)(x-t)^n$ 和 1 的乘积,由积分第一中值定理又知,在 x_0 与 x 之间存在 ξ,使得

$$R_n(x)=\frac{1}{n!}f^{(n+1)}(\xi)(x-\xi)^n\int_{x_0}^{x}\mathrm{d}t$$

$$=\frac{1}{n!}f^{(n+1)}(\xi)(x-\xi)^n(x-x_0).$$

将 ξ 写成 $\xi=x_0+\theta(x-x_0)$, $0\leqslant\theta\leqslant1$,上式化为

$$R_n(x)=\frac{1}{n!}f^{(n+1)}(x_0+\theta(x-x_0))(1-\theta)^n(x-x_0)^{n+1}.\quad(8.3.9)$$

(8.3.9)式所表达的余项 $R_n(x)$ 称为柯西余项.

比较这三种形式的余项可见,拉格朗日余项和柯西余项中分别含有不定因素 ξ 和 θ,而积分余项中则不含类似的因素,它是完全确定的.这正是积分余项的优点.因此,在许多较为精确的估计式中,经常使用带有积分余项的泰勒公式.

习 题 8

1. 求由下列各曲线所围成的图形的面积:

(i) $y^2=4(x+1)$, $y^2=4(1-x)$;

(ii) $y=|\ln x|$, $y=0$, $x=0.1$, $x=10$;

(iii) $y^2=x^2(a^2-x^2)$;

(iv) $y=x$, $y=x+\sin^2 x$, $0\leqslant x\leqslant\pi$;

(v) 旋轮线 $x=a(t-\sin t)$, $y=a(1-\cos t)$ 和 $y=0$, $0\leqslant t\leqslant 2\pi$;

(vi) 星形线 $x=a\cos^3 t$, $y=a\sin^3 t$, $0\leqslant t\leqslant 2\pi$;

(vii) $x=2t-t^2$, $y=2t^2-t^3$;

(viii) 三叶线 $r=a\sin 3\theta$, $0\leqslant\theta\leqslant\pi$;

(ix) $r=3\cos\theta$, $r=1+\cos\theta$;

(x) 阿基米德螺线 $r=a\theta$ 的矢径由 $\theta=0$ 开始旋转一周所扫过的面积.

2. 求曲线 $Ax^2+2Bxy+Cy^2=1$ $(AC-B^2>0, C>0)$ 所围图形的面积.

3. 直线 $y=x$ 把椭圆 $x^2+3y^2=6y$ 分成两部分,求这两部分的面积之比.

4. 求下列各曲线的弧长:

(i) $y=\ln x$ 从 $x_1=\sqrt{3}$ 到 $x_2=\sqrt{8}$ 的一段;

(ii) $y=x^{\frac{3}{2}}$ 在 $0\leqslant x\leqslant 4$ 上的一段;

(iii) $x=\frac{1}{4}y^2-\frac{1}{2}\ln y, 1\leqslant y\leqslant \mathrm{e}$;

(iv) 星形线 $x^{\frac{2}{3}}+y^{\frac{2}{3}}=a^{\frac{2}{3}}, a>0$;

(v) $x=a(t-\sin t), y=a(1-\cos t), 0\leqslant t\leqslant 2\pi$;

(vi) 圆的渐开线 $x=a(\cos t+t\sin t), y=a(\sin t-t\cos t), 0\leqslant t\leqslant 2\pi$;

(vii) $r=a\theta, 0\leqslant\theta\leqslant 2\pi$;

(viii) $\theta=\frac{1}{2}\left(r+\frac{1}{2}\right), 1\leqslant r\leqslant 3$.

5. 求下列各曲面所围成的立体的体积:

(i) $\frac{x^2}{a^2}+\frac{y^2}{b^2}+\frac{z^2}{c^2}=1$;

(ii) $x^2+y^2+z^2=a^2, x^2+y^2=ax, a>0$,求较小的一块;

(iii) $x^2+y^2+z^2=3, 2z=x^2+y^2$;

(iv) $\frac{x^2}{a^2}+\frac{y^2}{b^2}-\frac{z^2}{c^2}=1, z=\pm c$.

6. 求下列各旋转体的体积:

(i) $y=\sin x(0\leqslant x\leqslant\pi)$绕 x 轴旋转;

(ii) $y=x^2(0\leqslant x\leqslant h)$绕 y 轴旋转;

(iii) $x=a(t-\sin t), y=a(1-\cos t)(0\leqslant t\leqslant 2\pi)$绕 x 轴旋转;

(iv) $r=a(1+\cos\theta)(0\leqslant\theta\leqslant 2\pi, a>0)$绕极轴旋转;

(v) $x=a\sin^3 t, y=b\cos^3 t(0\leqslant\theta\leqslant 2\pi)$绕 y 轴旋转.

7. 求下列各旋转曲面的面积:

(i) $x^2+(y-b)^2=a^2(b\geqslant a)$绕 x 轴旋转;

(ii) $x^{\frac{2}{3}}+y^{\frac{2}{3}}=a^{\frac{2}{3}}$绕 x 轴旋转;

(iii) $y^2=2px+a, 0\leqslant y\leqslant a(a>1)$绕 y 轴旋转;

(iv) 双纽线 $r^2=a^2\cos 2\theta$ 绕轴 $\theta=\frac{\pi}{4}$旋转;

(v) $x=a(t-\sin t), y=a(1-\cos t), 0\leqslant t\leqslant 2\pi$ 绕直线 $y=2a$ 旋转.

8. 求下列各曲线段的质心(形心)坐标:

(i) 对数螺线 $r=a\mathrm{e}^{k\theta}(a>0, k>0)$上从点$(0,a)$到点$(\theta,r)$的均匀弧段;

(ii) 以 $A(0,0), B(0,1), C(2,1)$和 $D(2,0)$为顶点的矩形周界,曲线上任一点的密度等于该点到原点距离的 2 倍;

(iii) $x=a(t-\sin t), y=a(1-\cos t), 0\leqslant t\leqslant 2\pi(a>0)$;

(iv) $y=1-x^2, -1\leqslant x\leqslant 1$.

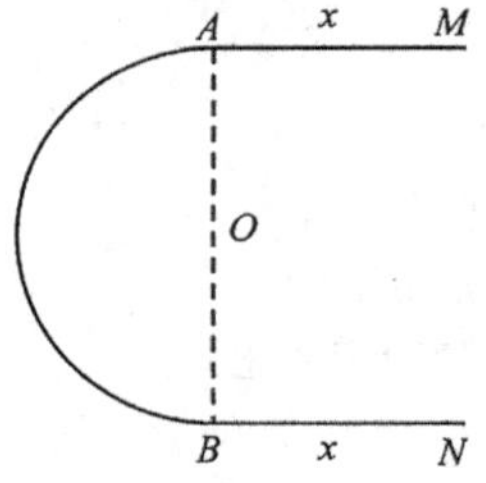

9 题图

9. 用一根密度均匀的金属丝弯成半径为 a 的半圆弧,在两端用同样的金属丝接上等长为 x 的两条切线(如图). 为使曲线 $MABN$ 的形心恰位于圆的圆心 O,切线长 x 应为多少?

10. 已知 10 牛顿的力能使弹簧伸长 1 厘米. 现在要使弹簧伸长 10 厘米,求克服弹力所应做的功.

11. 直径为 20 厘米，长为 80 厘米的圆柱形气缸被压强为 100 牛/厘米^2 的蒸汽充满着. 假定气体的温度不变，要使气体的体积减少一半，须做多少功？

12. 根据托里拆利定律，液体从容器中流出的速度为 $V=\mu\sqrt{2gh}$，其中 μ 和 g 都是常数，h 为液面到孔的高度. 现在水槽壁上开一个长方形孔（如图），求每秒的流量 Q.

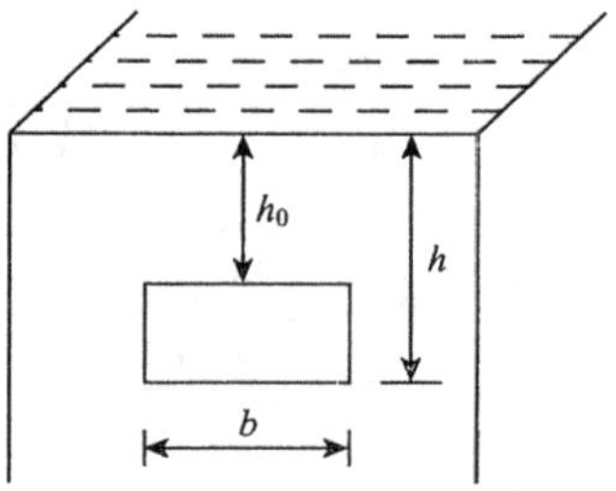

12 题图

第九章　数项级数

前几章中讲述了微分和积分的运算,研究的对象都是连续变化的函数.现在我们要来看离散对象的运算的推广.无穷多项相加的表达式

$$\sum_{n=1}^{\infty} u_n = u_1 + u_2 + \cdots + u_n + \cdots$$

称为一个无穷级数或简称为级数.本书中凡说到级数都是指无穷级数.

有限多项相加的代数和是中学中最为熟悉的运算.第一,经过若干次运算总可得到惟一确定的和数;第二,运算过程中可以随意地使用结合律和交换律.我们自然要问,对于无穷多项相加的级数,这两点是否仍然成立?以级数 $\sum_{n=1}^{\infty}(-1)^{n+1}$ 为例进行讨论就会发现两个问题的答案都是否定的.由于两个问题都是分析中的重要问题,所以简单的否定不能解决问题,科学的态度是研究在什么条件下,才能使这些结论和性质仍然成立.这正是本章的研究课题.

§9.1　基本概念和性质

设 $\sum_{n=1}^{\infty} u_n$ 是一个级数,令

$$S_n = \sum_{k=1}^{n} u_k = u_1 + u_2 + \cdots + u_n, \quad n = 1,2,\cdots$$

并称之为级数 $\sum_{n=1}^{\infty} u_n$ 的第 n 个部分和,称 $\{S_n\}$ 为级数 $\sum_{n=1}^{\infty} u_n$ 的部分和数列.

定义 9.1.1　如果级数 $\sum_{n=1}^{\infty} u_n$ 的相应的部分和数列 $\{S_n\}$ 收敛,则称级数 $\sum_{n=1}^{\infty} u_n$ 是收敛级数,并把极限 $\lim_{n\to\infty} S_n = S$ 称为级数的和,记为

$$\sum_{n=1}^{\infty} u_n = \lim_{n\to\infty} S_n = S;$$

如果数列 $\{S_n\}$ 不收敛,则称级数 $\sum_{n=1}^{\infty} u_n$ 是发散级数.

发散级数 $\sum_{n=1}^{\infty} u_n$ 仅仅是一个形式上的记号.并不代表任何实数.但是,当

数列$\{S_n\}$发散时,可能有$\lim\limits_{n\to\infty}S_n=\pm\infty$,这时像极限中一样,我们也记之为$\sum\limits_{n=1}^{\infty}u_n=\pm\infty$,并称之为发散到正无穷或负无穷.

对于级数$\sum\limits_{n=1}^{\infty}u_n$,把$u_n$称为级数的通项,把级数$\sum\limits_{k=n+1}^{\infty}u_k$称为级数的余级数,它恰为原级数与部分和$S_n$的差.

一个尚未确定其是否收敛的级数,只有形式上的意义,通常可称之为形式级数.只有判定它是收敛时,它才具有数值意义.

按级数收敛性的定义知,级数的敛散性就是一种特殊形式的数列——部分和数列的敛散性.因此,数列极限的某些性质很容易推广到级数上来.

定理 9.1.1 设C为任一常数,若级数$\sum\limits_{n=1}^{\infty}u_n$和$\sum\limits_{n=1}^{\infty}v_n$都收敛,则级数$\sum\limits_{n=1}^{\infty}Cu_n$和$\sum\limits_{n=1}^{\infty}(u_n\pm v_n)$也收敛,且有:

(i) $\sum\limits_{n=1}^{\infty}Cu_n=C\sum\limits_{n=1}^{\infty}u_n$;

(ii) $\sum\limits_{n=1}^{\infty}(u_n\pm v_n)=\sum\limits_{n=1}^{\infty}u_n\pm\sum\limits_{n=1}^{\infty}v_n$.

定理 9.1.2(级数收敛的必要条件) 若级数$\sum\limits_{n=1}^{\infty}u_n$收敛,则其通项$u_n$收敛于0,即有$\lim\limits_{n\to\infty}u_n=0$.

证 因级数$\sum\limits_{n=1}^{\infty}u_n$收敛,故有实数$S$,使得$\lim\limits_{n\to\infty}S_n=S$.从而有

$$\lim_{n\to\infty}u_n=\lim_{n\to\infty}(S_n-S_{n-1})=S-S=0.$$

定理 9.1.3(柯西收敛原理) 级数$\sum\limits_{n=1}^{\infty}u_n$收敛的充分必要条件是对任何$\varepsilon>0$,都存在自然数$N$,使对一切$n>N$及任何自然数$p$,都有

$$|S_{n+p}-S_n|=|u_{n+1}+u_{n+2}+\cdots+u_{n+p}|<\varepsilon. \tag{9.1.1}$$

例 9.1.1 设$a\neq0$.讨论几何级数$\sum\limits_{n=1}^{\infty}aq^{n-1}$的敛散性.

解 当$|q|\geqslant1$时,$aq^{n-1}\not\to0(n\to\infty)$,故由定理 9.1.2 知此时级数发散.

当$|q|<1$时,有

$$S_n=\sum_{k=1}^{n}aq^{n-1}=\frac{a(1-q^n)}{1-q}\to\frac{a}{1-q}(n\to\infty).$$

按定义知此时级数收敛且有

$$\sum_{n=1}^{\infty} aq^{n-1} = \frac{a}{1-q}.$$

例 9.1.2　求证调和级数 $\sum_{n=1}^{\infty} \frac{1}{n}$ 发散.

证　取 $\varepsilon_0 = \frac{1}{2}$,对任何自然数 N,取 $p = n > N$,于是有

$$| S_{n+p} - S_n | = \frac{1}{n+1} + \frac{1}{n+2} + \cdots + \frac{1}{2n} > \frac{n}{2n} = \frac{1}{2} = \varepsilon_0,$$

由柯西收敛原理知调和级数发散.

例 9.1.3　求证级数 $\sum_{n=1}^{\infty} \frac{1}{n^2}$ 收敛.

证　对于任给的 $\varepsilon > 0$,取 $N = \left[\frac{1}{\varepsilon}\right] + 1$,于是当 $n > N$ 时,对任何自然数 p,都有

$$\begin{aligned} | S_{n+p} - S_n | &= \frac{1}{(n+1)^2} + \frac{1}{(n+2)^2} + \cdots + \frac{1}{(n+p)^2} \\ &< \frac{1}{n(n+1)} + \frac{1}{(n+1)(n+2)} + \cdots + \frac{1}{(n+p-1)(n+p)} \\ &= \frac{1}{n} - \frac{1}{n+1} + \frac{1}{n+1} - \frac{1}{n+2} + \cdots + \frac{1}{n+p-1} - \frac{1}{n+p} \\ &= \frac{1}{n} - \frac{1}{n+p} < \frac{1}{n} < \frac{1}{N} < \varepsilon. \end{aligned}$$

由柯西原理知级数 $\sum_{n=1}^{\infty} \frac{1}{n^2}$ 收敛.

按定义知收敛级数存在着和数.然而,能否顺利求出这个和数则是另一回事.例 9.1.1 中的几何级数于 $|q| < 1$ 时收敛,在证明中顺便就求出了它的和数;例 9.1.3 中的级数 $\sum_{n=1}^{\infty} \frac{1}{n^2}$ 也收敛,但却不易求出它的和数,这个问题要等到讲了傅里叶级数后才能解决.实际上,求收敛级数的和的问题是个很难很复杂的问题,无法一概而论,今后讲到有关内容时,我们将陆续介绍一些关于级数求和的方法.

此外,通项 u_n 趋于零只是级数收敛的必要条件,不是充分条件,例 9.1.2 中的调和级数是发散的但它的通项却趋于零,就恰好说明了这一点.

定理 9.1.4　若两个级数中只有有限多项不同,或者是一个级数比另一个级数多了有限多项,则这两个级数同时敛散.

显然,这可以按柯西收敛原理直接给出证明.

推论　级数和它的任一余级数同时敛散.

把一个级数 $\sum_{n=1}^{\infty} u_n$ 的项保序地分成无穷多组，并将每组项写在一个括号中，这样得到一个新级数 $\sum_{k=1}^{\infty} v_k$，其中

$$v_k = u_{n_{k-1}+1} + u_{n_{k-1}+2} + \cdots + u_{n_k}, \quad k = 1,2,\cdots$$
$$0 = n_0 < n_1 < \cdots < n_{k-1} < n_k < \cdots, \tag{9.1.2}$$

这个新级数 $\sum_{k=1}^{\infty} v_k$ 称为原级数 $\sum_{n=1}^{\infty} u_n$ 的组合级数.

定理 9.1.5　收敛级数的任一组合级数都收敛，且与原级数有相同的和.

证　设级数 $\sum_{n=1}^{\infty} u_n$ 收敛而级数 $\sum_{k=1}^{\infty} v_k$ 是它的一个组合级数，其中 v_k 由 (9.1.2) 式给出. 把级数 $\sum_{n=1}^{\infty} u_n$ 和 $\sum_{k=1}^{\infty} v_k$ 的部分和分别记为 S_n 和 S'_n 于是按定义有

$$S'_m = \sum_{k=1}^{m} v_k = \sum_{n=1}^{n_m} u_n = S_{n_m}, \quad m = 1,2,\cdots$$

由此可见，组合级数的部分和数列 $\{S'_m\}$ 是原级数的部分和数列 $\{S_n\}$ 的一个子数列 $\{S_{n_m}\}$.

由于级数 $\sum_{n=1}^{\infty} u_n$ 收敛，故数列 $\{S_n\}$ 收敛，从而它的子列也收敛且与它有相同的极限. 按定义知组合级数收敛且与原级数有相同的和.

定理 9.1.5 表明，对于收敛级数，结合律成立，后面我们将看到，级数的收敛性不足以保证交换律成立.

最后，我们指出，柯西收敛原理给出的是级数收敛的充分必要条件，这当然是很好的，在证明定理和解题时，在许多场合都要用到它，特别在证明一个级数发散时，用得更多一些，这都是事实. 然而，对于某些级数，要验证(9.1.1)式相当困难，使用柯西原理很不方便，这使我们去寻找其他的判别法. 随后两节我们就来做这件事情.

§9.2　正项级数

所有项都非负的级数称为正项级数. 显然，它的部分和数列是递增的，故由数列的单调收敛定理知有如下定理.

定理 9.2.1　正项级数收敛的充分必要条件是它的部分和数列有界.

从定理 9.2.1 出发，容易证明如下的定理.

定理 9.2.2(比较判别法)　设$\sum u_n$和$\sum v_n$是两个正项级数且存在自然数N,使当$n > N$时总有$u_n \leqslant v_n$.

(i) 若级数$\sum v_n$收敛,则级数$\sum u_n$也收敛;

(ii) 若级数$\sum u_n$发散,则级数$\sum v_n$也发散.

在实际应用时,下面的极限形式往往是方便的.

定理 9.2.2′(比较判别法的极限形式)　设$\sum u_n$和$\sum v_n$是两个正项级数且有

$$\lim_{n\to\infty}\frac{u_n}{v_n} = l, \tag{9.2.1}$$

(i) 若$0 < l < +\infty$,则两个级数同时敛散;

(ii) 若$l = 0$,级数$\sum v_n$收敛,则级数$\sum u_n$也收敛;

(iii) 若$l = +\infty$,级数$\sum v_n$发散,则级数$\sum u_n$也发散.

当$0<l<+\infty$时,取$\varepsilon_0 = \frac{l}{2}>0$,由条件(9.2.1)式知存在自然数$N$,使当$n>N$时,就有

$$\left|\frac{u_n}{v_n} - l\right| < \varepsilon_0 = \frac{l}{2}.$$

这等价于

$$\frac{l}{2}v_n < u_n < \frac{3l}{2}v_n, \quad n > N.$$

再由定理 9.2.2 即知所论的两个级数同时敛散.(ii)和(iii)的证明是类似的.

定理 9.2.3(达朗贝尔判别法也称比值判别法,d'Alembert)　设$\sum u_n$是一个正项级数并记$D_n = \frac{u_{n+1}}{u_n}$,则有:

(i) 若存在$0 < q < 1$及自然数N,使当$n \geqslant N$时有$D_n \leqslant q$,则级数$\sum u_n$收敛;

(ii) 若存在自然数N,使当$n \geqslant N$时有$D_n \geqslant 1$,则级数$\sum u_n$发散.

证　(i) 按已知,当$n \geqslant N$时,$D_n \leqslant q$,故有

$$\frac{u_n}{u_N} = D_{n-1}D_{n-2}\cdots D_N \leqslant q^{n-N} = \frac{q^n}{q^N},$$

$$u_n \leqslant \frac{u_N}{q^N}q^n, \quad n \geqslant N.$$

因为 $0<q<1$ 时几何级数 $\sum q^n$ 收敛，故由比较判别法知级数 $\sum u_n$ 收敛.

(ii) 因为当 $n\geqslant N$ 时 $D_n\geqslant 1$，故当 $n>N$ 时有

$$u_n\geqslant u_{n-1}\geqslant\cdots\geqslant u_N>0,$$

所以不可能有 $u_n\to 0(n\to\infty)$，由上节定理 9.1.2 知级数 $\sum u_n$ 发散.

定理 9.2.3′（比值判别法的极限形式）　设 $\sum u_n$ 是一个正项级数，

(i) 若 $\overline{\lim\limits_{n\to\infty}}D_n=r<1$，则级数 $\sum u_n$ 收敛；

(ii) 若 $\underline{\lim\limits_{n\to\infty}}D_n=r>1$，则级数 $\sum u_n$ 发散.

取 $\varepsilon_0=\dfrac{1-r}{2}>0$，因为 $\overline{\lim\limits_{n\to\infty}}D_n=r$，故有 N，使当 $n>N$ 时，就有

$$\frac{u_{n+1}}{u_n}=D_n<r+\varepsilon_0=\frac{1+r}{2}<1.$$

由定理 9.2.3 之(i) 知级数 $\sum u_n$ 收敛，即(i) 成立. 类似可证(ii) 成立.

定理 9.2.4（柯西判别法也称为根式判别法）　设 $\sum u_n$ 是一个正项级数并记 $C_n=\sqrt[n]{u_n}$，则有：

(i) 若存在 $0<q<1$ 及自然数 N，使当 $n\geqslant N$ 时有 $C_n\leqslant q$，则级数 $\sum u_n$ 收敛；

(ii) 若存在自然数列的子列 $\{n_i\}$，使得 $C_{n_i}\geqslant 1$，则级数 $\sum u_n$ 发散.

证　先证(ii). 当 $C_{n_i}\geqslant 1$ 时有 $u_{n_i}\geqslant 1$，故这时级数的通项不能趋于零，级数 $\sum u_n$ 当然是发散的.

再证(i). 按已知有 N，当 $n\geqslant N$ 时有

$$\sqrt[n]{u_n}=C_n\leqslant q<1,$$

所以有

$$u_n\leqslant q^n,\quad n\geqslant N.$$

因几何级数 $\sum q^n$ 收敛，故由比较判别法知级数 $\sum u_n$ 收敛.

定理 9.2.4′（根式判别法的极限形式）　设 $\sum u_n$ 是一个正项级数，

(i) 若 $\overline{\lim\limits_{n\to\infty}}C_n=r<1$，则级数 $\sum u_n$ 收敛；

(ii) 若 $\overline{\lim\limits_{n\to\infty}}C_n=r>1$，则级数 $\sum u_n$ 发散.

按上极限定义和性质再利用定理 9.2.4 即可证明(i) 和(ii)，这里从略.

注意,在比值判别法和根式判别法的极限形式中,对 $r=1$ 的情形都未论及.实际上,当 $\lim\limits_{n\to\infty}D_n=1$ 或 $\lim\limits_{n\to\infty}C_n=1$ 时,无法使用这两个判别法来判别敛散性.例如上节例 9.1.2 和例 9.1.3 中的两个级数 $\sum\frac{1}{n}$ 和 $\sum\frac{1}{n^2}$,都有:

$$\lim_{n\to\infty}\frac{\frac{1}{n+1}}{\frac{1}{n}}=\lim_{n\to\infty}\frac{n}{n+1}=1,$$

$$\lim_{n\to\infty}\frac{\frac{1}{(n+1)^2}}{\frac{1}{n^2}}=\lim_{n\to\infty}\left(\frac{n}{n+1}\right)^2=1,$$

$$\lim_{n\to\infty}\sqrt[n]{\frac{1}{n}}=1,\quad \lim_{n\to\infty}\sqrt[n]{\frac{1}{n^2}}=1.$$

但前者发散而后者收敛.

此外,定理 9.2.2 和定理 9.2.3 中关于收敛的条件 $D_n\leqslant q<1$ 和 $C_n\leqslant q<1$ 也不能放宽成 $D_n<1, C_n<1$.例如,对于调和级数 $\sum\frac{1}{n}$,有

$$D_n=\frac{n}{n+1}<1,\quad C_n=\sqrt[n]{\frac{1}{n}}<1,$$

但级数却是发散的.

例 9.2.1　讨论级数 $\sum\limits_{n=1}^{\infty}\frac{1}{n^p}\quad(p>0)$ 的敛散性.

解　由上节例 9.1.2 和例 9.1.3 知所论级数于 $p=1$ 时发散而于 $p=2$ 时收敛.从而由比较判别法知于 $0<p\leqslant1$ 时级数发散而于 $p\geqslant2$ 时收敛.于是只须再讨论 $1<p<2$ 时所论级数的敛散性.

当 $p>1$ 时,我们有

$$\begin{aligned}S_n&=\sum_{k=1}^{n}\frac{1}{k^p}=1+\sum_{k=2}^{n}\frac{1}{k^p}<1+\sum_{k=2}^{n}\int_{k-1}^{k}\frac{\mathrm{d}x}{x^p}\\&=1+\int_1^n\frac{\mathrm{d}x}{x^p}=1-\frac{1}{(p-1)x^{p-1}}\bigg|_1^n\\&=1-\frac{1}{(p-1)n^{p-1}}+\frac{1}{p-1}\\&<1+\frac{1}{p-1}=\frac{p}{p-1},\quad n=1,2,\cdots\end{aligned}$$

即 $\{S_n\}$ 有界.由定理 9.2.1 知所论级数于 $p>1$ 时收敛.

综上可知,所论级数当 $0<p\leqslant 1$ 时发散,当 $p>1$ 时收敛.

例 9.2.2 讨论级数 $\sum_{n=1}^{\infty}\sin\frac{1}{n^p}\quad(p>0)$ 的敛散性.

解 当 $p>0$ 时,$\frac{1}{n^p}\to 0\quad(n\to\infty)$,所以有

$$\sin\frac{1}{n^p}\sim\frac{1}{n^p},\quad n\to\infty.$$

故由比较判别法及例 9.2.1 的结果知所论级数于 $0<p\leqslant 1$ 时发散而于 $p>1$ 时收敛.

例 9.2.3 试判定级数 $\sum_{n=1}^{\infty}\frac{1}{2^n-n}$ 的敛散性.

解法 1 由二项式展开定理有

$$2^{n-1}=(1+1)^{n-1}\geqslant 1+C_{n-1}^1=n.$$

从而有

$$\frac{1}{2^n-n}\leqslant\frac{1}{2^n-2^{n-1}}=\frac{1}{2^{n-1}}=\left(\frac{1}{2}\right)^{n-1}.$$

因为几何级数 $\sum\left(\frac{1}{2}\right)^{n-1}$ 收敛,故由比较判别法知级数 $\sum_{n=1}^{\infty}\frac{1}{2^n-n}$ 收敛.

解法 2 因为

$$\lim_{n\to\infty}\frac{\frac{1}{2^n-n}}{\frac{1}{2^n}}=\lim_{n\to\infty}\frac{1}{1-\frac{n}{2^n}}=1,$$

而几何级数 $\sum\frac{1}{2^n}$ 收敛,故由比较判别法知级数 $\sum_{n=1}^{\infty}\frac{1}{2^n-n}$ 收敛.

例 9.2.4 判定级数 $\sum_{n=1}^{\infty}\frac{n^p}{2^n}$ 的敛散性.

解法 1 因为

$$D_n=\frac{(n+1)^p}{2^{n+1}}\cdot\frac{2^n}{n^p}=\frac{1}{2}\left(\frac{n+1}{n}\right)^p\to\frac{1}{2}\quad(n\to\infty),$$

故由比值判别法知级数 $\sum_{n=1}^{\infty}\frac{n^p}{2^n}$ 收敛.

解法 2 因为

$$C_n=\sqrt[n]{\frac{n^p}{2^n}}=\frac{1}{2}(\sqrt[n]{n})^p\to\frac{1}{2}\quad(n\to\infty),$$

故由根式判别法知级数$\sum_{n=1}^{\infty}\frac{n^p}{2^n}$收敛.

例 9.2.5　讨论级数$\sum_{n=1}^{\infty}\frac{x^n}{(1+x)(1+x^2)\cdots(1+x^n)}$　$(x>0)$的敛散性.

解法 1　当$0<x<1$时,因为

$$\frac{x^n}{(1+x)(1+x^2)\cdots(1+x^n)}<x^n,$$

而级数$\sum x^n$收敛,故由比较判别法知所论级数收敛.

当$x\geqslant1$时,又因

$$\frac{x^n}{(1+x)(1+x^2)\cdots(1+x^n)}<\frac{1}{(1+x)(1+x^2)\cdots(1+x^{n-1})}\leqslant\frac{1}{2^{n-1}},$$

而级数$\sum\frac{1}{2^{n-1}}$收敛,于是由比较判别法知所论级数收敛.

综上所述,所论级数对所有$x>0$都收敛.

解法 2　因为

$$D_n=\frac{u_{n+1}}{u_n}=\frac{x}{1+x^{n+1}}\to\begin{cases}x, & 0<x<1,\\ \frac{1}{2}, & x=1,\\ 0, & x>1,\end{cases}$$

即对所有$x>0$,均有$D_n\to q_x<1$,故由比值判别法知所论级数对所有$x>0$都收敛.

例 9.2.6　判定级数$\sum u_n$和$\sum v_n$的敛散性,其中:

$$u_n=\begin{cases}\frac{1}{n^2}, & n\text{ 为奇数},\\ \frac{1}{n}, & n\text{ 为偶数};\end{cases}\qquad v_n=\begin{cases}2^{-n}, & n\text{ 为奇数},\\ 3^{-n}, & n\text{ 为偶数}.\end{cases}$$

解　由于$\lim\limits_{n\to\infty}\sqrt[n]{u_n}=1,\overline{\lim\limits_{n\to\infty}}\frac{u_{n+1}}{u_n}=+\infty,\underline{\lim\limits_{n\to\infty}}\frac{u_{n+1}}{u_n}=0$,所以用根式判别法和比值判别法都不能判定级数$\sum u_n$的敛散性.

分别用S_n,S'_n来表示级数$\sum u_n$和调和级数$\sum\frac{1}{n}$的部分和,于是有

$$S_{2n} = \left\{1 + \frac{1}{3^2} + \frac{1}{5^2} + \cdots + \frac{1}{(2n-1)^2}\right\}$$
$$+ \left\{\frac{1}{2} + \frac{1}{4} + \frac{1}{6} + \cdots + \frac{1}{2n}\right\}$$
$$> \frac{1}{2}\left(1 + \frac{1}{2} + \frac{1}{3} + \cdots + \frac{1}{n}\right)$$
$$= \frac{1}{2}S'_n \to +\infty \quad (n \to \infty).$$

从而由定理 9.2.1 知级数 $\sum u_n$ 发散.

由于 $\varliminf\limits_{n\to\infty} \frac{v_{n+1}}{v_n} = 0$, $\varlimsup\limits_{n\to\infty} \frac{v_{n+1}}{v_n} = +\infty$,故无法用比值判别法来判定级数 $\sum v_n$ 的敛散性. 但因 $\varlimsup\limits_{n\to\infty} \sqrt[n]{v_n} = \frac{1}{2}$,故由根式判别法知级数 $\sum v_n$ 收敛. 此外,由于 $v_n \leqslant 2^{-n}$, $n = 1,2,\cdots$,故由比较判别法知级数 $\sum v_n$ 收敛.

我们在例 9.2.1 中所使用的将级数的部分和化为积分来处理的方法,具有一般性,这就是如下的定理.

定理 9.2.5(积分判别法) 设函数 $f(x)$ 在区间 $(0,+\infty)$ 上恒正且递减, $A_n = \int_1^n f(x)\mathrm{d}x$, $n = 1,2,\cdots$,则级数 $\sum\limits_{n=1}^{\infty} f(n)$ 与数列 $\{A_n\}$ 同时敛散.

证 按已知和定积分性质有

$$f(k) \leqslant \int_{k-1}^{k} f(x)\mathrm{d}x \leqslant f(k-1),$$

对 k 从 2 到 n 求和,得到

$$\sum_{k=2}^{n} f(k) \leqslant \int_1^n f(x)\mathrm{d}x \leqslant \sum_{k=2}^{n} f(k-1),$$

若记级数 $\sum\limits_{n=1}^{\infty} f(n)$ 的部分和为 S_n,则上式化为

$$S_n - f(1) \leqslant A_n \leqslant S_{n-1}.$$

按定义知级数 $\sum f(n)$ 与数列 $\{A_n\}$ 同时敛散.

作为一个重要的例子,例 9.2.1 不但证明方法具有典型性,它的结论也是相当重要的,我们在使用比较判别法时,经常要与例 9.2.1 中的级数来进行比较. 因此,我们把有关结果写成一个判别法.

定理 9.2.6(阶的估计法) 设 $\sum u_n$ 为正项级数且 $u_n = o(1)$.

(i) 若 $u_n = O(n^{-p})(n \to \infty)$, $p > 1$,则级数 $\sum u_n$ 收敛;

(ii) 若 $u_n = O^{\#}(n^{-p})(n \to \infty), p \leqslant 1$,则级数 $\sum u_n$ 发散.

例 9.2.7　讨论级数 $\sum_{n=2}^{\infty} \frac{1}{n(\ln n)^p}$　$(p > 0)$ 的敛散性.

解　当 $p=1$ 时,因为

$$\lim_{n\to\infty}\int_2^n \frac{\mathrm{d}x}{x\ln x} = \lim_{n\to\infty}\{\ln\ln n - \ln\ln 2\} = +\infty,$$

故由积分判别法知所论级数发散. 再由比较判别法知所论级数于 $p \leqslant 1$ 时发散.

当 $p>1$ 时,因为

$$\begin{aligned}
&\lim_{n\to\infty}\int_2^n \frac{\mathrm{d}x}{x(\ln x)^p}\\
&= \lim_{n\to\infty}\int_{\ln 2}^{\ln n} \frac{\mathrm{d}t}{t^p}\\
&= \lim_{n\to\infty}\frac{1}{1-p}\{(\ln n)^{1-p} - (\ln 2)^{1-p}\}\\
&= \frac{1}{p-1}(\ln 2)^{1-p},
\end{aligned}$$

所以由积分判别法知所论级数收敛.

综上可知,级数 $\sum_{n=2}^{\infty} \frac{1}{n(\ln n)^p}$ 于 $p > 1$ 时收敛,而于 $0 < p \leqslant 1$ 时发散.

例 9.2.8　判定下列级数的敛散性:

(i) $\sum_{n=1}^{\infty} \sin\frac{1}{n}$;　　(ii) $\sum_{n=1}^{\infty} \frac{1}{n}\tan\frac{1}{n}$.

解　(i) 因为

$$\sin\frac{1}{n} \sim \frac{1}{n} \quad (n \to \infty),$$

故由阶的估计法知级数 $\sum \sin\frac{1}{n}$ 发散.

(ii) 因为

$$\frac{1}{n}\tan\frac{1}{n} \sim \frac{1}{n^2} \quad (n \to \infty),$$

故由阶的估计法知级数 $\sum \frac{1}{n}\tan\frac{1}{n}$ 收敛.

定理 9.2.7*(比值比较判别法)　设级数 $\sum u_n$ 和 $\sum v_n$ 都是正项级数且存在自然数 N,使当 $n \geqslant N$ 时有

$$\frac{u_{n+1}}{u_n} \leqslant \frac{v_{n+1}}{v_n},$$

则有

(i) 若$\sum v_n$收敛,则$\sum u_n$也收敛;

(ii) 若$\sum u_n$发散,则$\sum v_n$也发散.

证 当$n \geqslant N$时,由已知有

$$\frac{u_n}{u_N} = \frac{u_{N+1}}{u_N}\frac{u_{N+2}}{u_{N+1}}\cdots\frac{u_n}{u_{n-1}} \leqslant \frac{v_{N+1}}{v_N}\frac{v_{N+2}}{v_{N+1}}\cdots\frac{v_n}{v_{n-1}} = \frac{v_n}{v_N}.$$

由此可得

$$u_n \leqslant \frac{u_N}{v_N}v_n, \quad \frac{v_N}{u_N}u_n \leqslant v_n.$$

再由比较判别法即知定理结论成立.

定理 9.2.8[*](拉阿贝判别法,Raabe) 设$\sum u_n$是正项级数并记$R_n = n\left(\frac{u_n}{u_{n+1}} - 1\right)$,

(i) 若存在$q > 1$及自然数N,使当$n \geqslant N$时有$R_n \geqslant q$,则级数$\sum u_n$收敛;

(ii) 若存在自然数N,使当$n \geqslant N$时有$R_n \leqslant 1$,则级数$\sum u_n$发散.

证 (i) 由已知有自然数N,使当$n \geqslant N$时有$R_n \geqslant q$,从而有

$$\frac{u_n}{u_{n+1}} \geqslant 1 + \frac{q}{n}, \quad n \geqslant N. \tag{9.2.2}$$

因为$q > 1$,故可取$\sigma > 0$,使得$1+\sigma < q$,由泰勒公式有

$$\left(1 + \frac{1}{n}\right)^{1+\sigma} = 1 + \frac{1+\sigma}{n} + o\left(\frac{1}{n}\right),$$

故有

$$1 + \frac{q}{n} - \left(1 + \frac{1}{n}\right)^{1+\sigma} = \frac{q - (1+\sigma)}{n} + o\left(\frac{1}{n}\right).$$

于是有N',使当$n \geqslant N'$时,就有

$$1 + \frac{q}{n} - \left(1 + \frac{1}{n}\right)^{1+\sigma} > 0. \tag{9.2.3}$$

令$N_1 = \max\{N, N'\}$,当$n \geqslant N_1$时,由(9.2.2)式和(9.2.3)式得到

$$\frac{u_n}{u_{n+1}} > \left(1 + \frac{1}{n}\right)^{1+\sigma},$$

$$\frac{u_{n+1}}{u_n} < \left(\frac{n}{n+1}\right)^{1+\sigma} = \frac{(n+1)^{-(1+\sigma)}}{n^{-(1+\sigma)}}.$$

因为级数$\sum n^{-(1+\sigma)}$收敛,故由定理 9.2.7 知$\sum u_n$收敛.

(ii) 由已知有 N,使当 $n \geqslant N$ 时,就有 $R_n \leqslant 1$,于是有

$$\frac{u_n}{u_{n+1}} \leqslant 1 + \frac{1}{n} = \frac{n+1}{n},$$

$$\frac{u_{n+1}}{u_n} \geqslant \frac{n}{n+1} = \frac{\frac{1}{n+1}}{\frac{1}{n}}.$$

由定理 9.2.7 知级数$\sum u_n$发散.

定理 9.2.8′(拉阿贝判别法的极限形式)　设$\sum u_n$是正项级数且有 $\lim\limits_{n \to \infty} R_n = r$,

(i) 若 $r > 1$,则级数$\sum u_n$收敛;

(ii) 若 $r < 1$,则级数$\sum u_n$发散.

例 9.2.9　判定级数$\sum\limits_{n=2}^{\infty} \frac{(2n-1)!!}{(2n)!!} \cdot \frac{1}{2n+1}$的敛散性.

解法 1　容易验证,对于这个级数有 $D_n \to 1, C_n \to 1 (n \to \infty)$,故不能用比值判别法和根式判别法.但是,可以用拉阿贝判别法.这时,

$$R_n = n\left(\frac{u_n}{u_{n+1}} - 1\right) = n\left\{\frac{(2n+2)(2n+3)}{(2n+1)^2} - 1\right\}$$

$$= \frac{(6n+5)n}{(2n+1)^2} \to \frac{3}{2},$$

故由拉阿贝判别法知级数收敛.

解法 2　因为$\frac{2k-1}{2k} < \frac{2k}{2k+1}$,所以有

$$\frac{(2n-1)!!}{(2n)!!}\,\frac{(2n-1)!!}{(2n)!!} < \frac{(2n-1)!!}{(2n)!!}\,\frac{(2n)!!}{(2n+1)!!} = \frac{1}{2n+1},$$

$$\frac{(2n-1)!!}{(2n)!!} < \frac{1}{\sqrt{2n+1}}.$$

从而有

$$u_n = \frac{(2n-1)!!}{(2n)!!}\frac{1}{2n+1} = O(n^{-\frac{3}{2}}).$$

由阶的估计法知级数收敛.

定理 9.2.9[*]（高斯判别法） 设$\sum u_n$是正项级数且满足

$$\frac{u_n}{u_{n+1}} = \lambda + \frac{\mu}{n} + \frac{\nu}{n\ln n} + o\left(\frac{1}{n\ln n}\right), \tag{9.2.4}$$

则有

(i) 若$\lambda > 1$或者$\lambda = 1, \mu > 1$或者$\lambda = \mu = 1, \nu > 1$，则级数$\sum u_n$收敛；

(ii) 若$\lambda < 1$或者$\lambda = 1, \mu < 1$或者$\lambda = \mu = 1, \nu < 1$，则级数$\sum u_n$发散.

证 由比值判别法知于$\lambda > 1$时级数$\sum u_n$收敛而于$\lambda < 1$时级数发散. 由拉阿贝判别法又知级数于$\lambda = 1, \mu > 1$时收敛而于$\lambda = 1, \mu < 1$时发散.

当$\lambda = \mu = 1, \nu > 1$时，取$p$，使得$1 < p < \nu$. 由例 9.2.7 知级数$\sum v_n = \sum \frac{1}{n(\ln n)^p}$收敛. 由于

$$\begin{aligned}\frac{v_n}{v_{n+1}} &= \frac{(n+1)(\ln(n+1))^p}{n(\ln n)^p} \\ &= \left(1+\frac{1}{n}\right)\left\{\frac{\ln n + \ln\left(1+\frac{1}{n}\right)}{\ln n}\right\}^p \\ &= \left(1+\frac{1}{n}\right)\left[1 + \frac{\ln\left(1+\frac{1}{n}\right)}{\ln n}\right]^p \\ &= \left(1+\frac{1}{n}\right)\left\{1 + \frac{1}{n\ln n} + o\left(\frac{1}{n\ln n}\right)\right\}^p \\ &= 1 + \frac{1}{n} + \frac{p}{n\ln n} + o\left(\frac{1}{n\ln n}\right),\end{aligned} \tag{9.2.5}$$

与(9.2.4)式比较可知，存在N，使当$n \geqslant N$时有

$$\frac{u_n}{u_{n+1}} \geqslant \frac{v_n}{v_{n+1}}$$

由定理 9.2.7 知级数$\sum u_n$收敛.

当 $\lambda=\mu=1,\nu<1$ 时,级数 $\sum w_n=\sum\frac{1}{n\ln n}$ 发散.在(9.2.5)式中令 $p=1$,得到

$$\frac{w_n}{w_{n+1}}=1+\frac{1}{n}+\frac{1}{n\ln n}+o\left(\frac{1}{n\ln n}\right).$$

与(9.2.4)式比较可知,存在 N,使当 $n\geqslant N$ 时有

$$\frac{u_n}{u_{n+1}}\leqslant\frac{w_n}{w_{n+1}}.$$

由定理 9.2.7 知级数 $\sum u_n$ 发散.

推论 设 $\sum u_n$ 是正项级数且满足

$$\frac{u_n}{u_{n+1}}=\lambda+\frac{\mu}{n}+O\left(\frac{1}{n^2}\right),$$

则有:

(i) 若 $\lambda>1$ 或 $\lambda=1,\mu>1$,则级数 $\sum u_n$ 收敛;

(ii) 若 $\lambda<1$ 或 $\lambda=1,\mu\leqslant1$,则级数 $\sum u_n$ 发散.

显然,这相当于定理 9.2.9 的条件(9.2.4)式中 $\nu=0$ 的情形.这个判别法也称为高斯判别法.

例 9.2.10 设 $x>0$,讨论级数

$$\sum_{n=1}^{\infty}(2-x)(2-x^{\frac{1}{2}})(2-x^{\frac{1}{3}})\cdots(2-x^{\frac{1}{n}})$$

的敛散性.

解 因为

$$\begin{aligned}R_n&=n\left(\frac{u_n}{u_{n+1}}-1\right)\\&=n\left(\frac{1}{2-x^{\frac{1}{n+1}}}-1\right)\\&=\frac{n}{2-x^{\frac{1}{n+1}}}\left(e^{\frac{1}{n+1}\ln x}-1\right)\\&=\frac{\ln x}{2-x^{\frac{1}{n+1}}}\frac{n}{n+1}\frac{e^{\frac{1}{n+1}\ln x}-1}{\frac{1}{n+1}\ln x}\to\ln x\quad(n\to\infty),\end{aligned}$$

故由拉阿贝判别法知所论级数于 $x>e$ 时收敛而于 $x<e$ 时发散.

当 $x=e$ 时,我们有

$$\frac{u_n}{u_{n+1}}=\frac{1}{2-\mathrm{e}^{\frac{1}{n+1}}}=\frac{1}{1-(\mathrm{e}^{\frac{1}{n+1}}-1)}=\{1-(\mathrm{e}^{\frac{1}{n+1}}-1)\}^{-1}$$
$$=1+(\mathrm{e}^{\frac{1}{n+1}}-1)+O((\mathrm{e}^{\frac{1}{n+1}}-1)^2)$$
$$=1+\frac{1}{n+1}+O\left(\frac{1}{(n+1)^2}\right)=1+\frac{1}{n}+O\left(\frac{1}{n^2}\right).$$

由高斯判别法知所论级数发散.

综上可知,所论级数于 $x>\mathrm{e}$ 时收敛而于 $x\leqslant\mathrm{e}$ 时发散.

若级数 $\sum u_n$ 的所有项都是非正的,则乘一个负号后就化为正项级数.若级数中除有限多项之外全是非负的或全是非正的,则由 §9.1 定理 9.1.4 知它的敛散性可作为正项级数来处理.这些情形不再特别加以讨论.

§9.3 变号级数

本节讨论既有无穷多个正项又有无穷多个负项的级数的敛散性.这样的级数称为变号级数.

对于级数 $\sum u_n$,若级数 $\sum |u_n|$ 收敛,则称级数 $\sum u_n$ 绝对收敛;若级数 $\sum u_n$ 收敛而级数 $\sum |u_n|$ 不收敛,则称级数 $\sum u_n$ 条件收敛.由柯西收敛原理易知,绝对收敛的级数当然是收敛的.

正项和负项交错排列的级数称为交错级数.按首项为正项或负项的不同,交错级数可分别写成 $\sum\limits_{n=1}^{\infty}(-1)^{n+1}u_n$ 或 $\sum\limits_{n=1}^{\infty}(-1)^n u_n$,其中 $u_n\geqslant 0, n=1,2,\cdots$.关于交错 级数的收敛性,我们有如下简单而易用的判别法.

定理 9.3.1(莱布尼茨判别法) 设数列 $\{u_n\}$ 递减且收敛于 0,则交错级数 $\sum\limits_{n=1}^{\infty}(-1)^{n+1}u_n$ 收敛.

证 因为 $\lim\limits_{n\to\infty}u_n=0$,故对任给的 $\varepsilon>0$,都存在自然数 N,使当 $n>N$ 时,就有

$$0\leqslant u_n<\varepsilon. \tag{9.3.1}$$

又因数列 $\{u_n\}$ 递减,所以对任何 n,当 p 为偶数时,有

$$\left|\sum_{k=n+1}^{n+p}(-1)^{k+1}u_k\right|=u_{n+1}-u_{n+2}+u_{n+3}-\cdots+u_{n+p-1}-u_{n+p}$$
$$=u_{n+1}-(u_{n+2}-u_{n+3})-(u_{n+4}-u_{n+5})$$
$$\cdots-(u_{n+p-2}-u_{n+p-1})-u_{n+p}$$

$$\leqslant u_{n+1}; \tag{9.3.2}$$

当 p 为奇数时,又有

$$\begin{aligned}\left|\sum_{k=n+1}^{n+p}(-1)^{k+1}u_k\right| &= u_{n+1}-u_{n+2}+u_{n+3}-u_{n+4}+\cdots+u_{n+p}\\ &= u_{n+1}-(u_{n+2}-u_{n+3})-(u_{n+4}-u_{n+5})\\ &\quad\cdots-(u_{n+p-1}-u_{n+p})\\ &\leqslant u_{n+1};\end{aligned} \tag{9.3.3}$$

于是当 $n>N$ 时,对任何自然数 p,由(9.3.1),(9.3.2)和(9.3.3)式都有

$$\left|\sum_{k=n+1}^{n+p}(-1)^{k+1}u_k\right|\leqslant u_{n+1}<\varepsilon.$$

由柯西收敛原理知交错级数 $\sum\limits_{n=1}^{\infty}(-1)^{n+1}u_n$ 收敛.

显然,在定理 9.3.1 的条件下,交错级数 $\sum\limits_{n=1}^{\infty}(-1)^n u_n$ 也收敛.此外,定理中关于数列 $\{u_n\}$ 递减的要求,可弱化为要求数列 $\{u_n\}$ 从某项 u_N 后开始递减.后面的定理中也会出现类似情形,不再一一加以说明.

例 9.3.1　讨论级数 $\sum\limits_{n=1}^{\infty}(-1)^{n+1}\dfrac{1}{n^p}$ 的绝对收敛性和条件收敛性.

解　因为当 $p>0$ 时,数列 $\left\{\dfrac{1}{n^p}\right\}$ 递减且趋于0,所以由莱布尼茨判别法知交错级数 $\sum\limits_{n=1}^{\infty}(-1)^{n+1}\dfrac{1}{n^p}$ 收敛.又因正项级数 $\sum\limits_{n=1}^{\infty}\dfrac{1}{n^p}$ 于 $p>1$ 时收敛而于 $p\leqslant 1$ 时发散,故知级数 $\sum\limits_{n=1}^{\infty}(-1)^{n+1}\dfrac{1}{n^p}$ 于 $p>1$ 时绝对收敛而于 $0<p\leqslant 1$ 时条件收敛.

下面来介绍适用于一般变号级数的判别法.为此我们先来介绍阿贝尔求和法和阿贝尔引理.

关于有限项乘积之和

$$S=\sum_{k=1}^{m}a_k b_k, \tag{9.3.4}$$

阿贝尔给出了一个类似于分部积分法的初等求和法.令

$$B_j=\sum_{k=1}^{j}b_k\quad j=1,2,\cdots,m,$$

于是 $b_1=B_1$ 且

$$b_k=B_k-B_{k-1},\quad k=2,3,\cdots,m. \tag{9.3.5}$$

若记 $B_0=0$,则(9.3.5)式对 $k=1$ 也成立.将(9.3.5)式代入(9.3.4)式,得到

$$\begin{aligned} S &= \sum_{k=1}^{m} a_k b_k = \sum_{k=1}^{m} a_k (B_k - B_{k-1}) \\ &= \sum_{k=1}^{m} a_k B_k - \sum_{k=2}^{m} a_k B_{k-1} \\ &= a_m B_m + \sum_{k=1}^{m-1} a_k B_k - \sum_{k=1}^{m-1} a_{k+1} B_k \\ &= a_m B_m + \sum_{k=1}^{m-1} (a_k - a_{k+1}) B_k . \end{aligned} \tag{9.3.6}$$

(9.3.6)式称为阿贝尔求和法或阿贝尔求和公式.由此可得和数 S 的估计式.

阿贝尔引理 如果有限数列$\{a_1,a_2,\cdots,a_m\}$和$\{b_1,b_2,\cdots,b_m\}$满足下列条件:

(i) $\{a_k\}$单调;

(ii) $\{B_k\}$有界,即存在 $M>0$,使得

$$|B_k| \leqslant M, \quad k=1,2,\cdots,m,$$

则有估计式

$$|S| = \left|\sum_{k=1}^{m} a_k b_k\right| \leqslant M(|a_1|+2|a_m|).$$

证 由阿贝尔求和公式(9.3.6)有

$$\begin{aligned} |S| &\leqslant \sum_{k=1}^{m-1} |a_k - a_{k+1}| |B_k| + |a_m B_m| \\ &\leqslant M\left\{\sum_{k=1}^{m-1} |a_k - a_{k+1}| + |a_m|\right\}. \end{aligned}$$

因为$\{a_k\}$单调,故所有$(a_k-a_{k+1})(k=1,2,\cdots,m-1)$都同号,所以有

$$\begin{aligned} |S| &\leqslant M\left\{\sum_{k=1}^{m-1} |a_k - a_{k+1}| + |a_m|\right\}. \\ &= M\{|a_1-a_m|+|a_m|\} \leqslant M(|a_1|+2|a_m|). \end{aligned}$$

定理 9.3.2(阿贝尔判别法) 设级数$\sum a_n b_n$ 满足下列条件:

(i) 级数$\sum b_n$ 收敛;

(ii) 数列$\{a_n\}$ 单调有界.

则级数$\sum a_n b_n$ 收敛.

证 由条件(ii)知有 $M>0$,使得 $|a_n| \leqslant M, n=1,2,\cdots$.又因级数$\sum b_n$ 收敛,故对任何 $\varepsilon>0$, 都存在 N.使当 $n>N$ 时,对任何自然数 p,都有

$$\left|\sum_{k=n+1}^{n+p} b_k\right| < \varepsilon.$$

由(ii)知$\{a_n\}$单调,从而由阿贝尔引理知于 $n>N$ 时,有

$$\left|\sum_{k=n+1}^{n+p} a_k b_k\right| \leqslant \varepsilon(|a_{n+1}|+2|a_{n+p}|) \leqslant 3M\varepsilon.$$

由柯西收敛原理知级数$\sum a_n b_n$ 收敛.

定理 9.3.3(狄利克雷判别法)　设级数$\sum a_n b_n$ 满足下列条件:

(i) 级数$\sum b_n$ 的部分和数列$\{B_n\}$有界;

(ii) 数列$\{a_n\}$单调趋于 0.

则级数$\sum a_n b_n$ 收敛.

证　因$\{B_n\}$有界,设其界为 M,故对任何自然数 n 和 p,都有

$$|b_{n+1}+b_{n+2}+\cdots+b_{n+p}| = |B_{n+p}-B_n| \leqslant 2M.$$

又因$\{a_n\}$趋于 0,故对任给的 $\varepsilon>0$,都有 N,使当 $n>N$ 时,就有

$$|a_n| < \varepsilon.$$

由(ii)知$\{a_n\}$单调,从而由阿贝尔引理知于 $n>N$ 时,有

$$\left|\sum_{k=n+1}^{n+p} a_k b_k\right| \leqslant 2M(|a_{n+1}|+2|a_{n+p}|) \leqslant 6M\varepsilon.$$

由柯西收敛原理知级数$\sum a_n b_n$ 收敛.

至此,对于变号级数,共建立了三个判别法.显然,莱布尼茨判别法是狄利克雷判别法的特殊情形,它可由后者直接导出.不仅如此,阿贝尔判别法也可由狄利克雷判别法导出.实际上,由定理 9.3.2 的条件(ii) 知数列$\{a_n\}$收敛.设有$\lim\limits_{n\to\infty} a_n = a$ 并令 $a'_n = a_n - a, n = 1,2,\cdots$,于是数列$\{a'_n\}$单调趋于 0,满足定理 9.3.3 的条件(ii).从而由定理 9.3.3 知级数$\sum a'_n b_n$ 收敛.又因级数$\sum b_n$ 收敛,所以级数

$$\sum a_n b_n = \sum a'_n b_n + a\sum b_n$$

作为两个收敛级数之和也收敛.

例 9.3.2　判定级数$\sum\limits_{n=1}^{\infty}(-1)^{n+1}\dfrac{1}{\sqrt{n}}\left(1+\dfrac{1}{n}\right)^n(3-\arctan n)$ 的敛散性.

解　由莱布尼茨判别法知级数$\sum(-1)^{n+1}\dfrac{1}{\sqrt{n}}$收敛.因为$\left\{\left(1+\dfrac{1}{n}\right)^n\right\}$

递增有界,故由阿贝尔判别法知级数 $\sum(-1)^{n+1}\frac{1}{\sqrt{n}}\left(1+\frac{1}{n}\right)^n$ 收敛. 又因 $\{3-\arctan n\}$ 递减有界,再由阿贝尔判别法知所论级数收敛.

例 9.3.3 讨论级数 $\sum_{n=1}^{\infty}\frac{\sin nx}{n^p}(0<x<\pi,p>0)$ 的绝对收敛性和条件收敛性.

解 首先,当 $p>1$ 时,因为

$$\left|\frac{\sin nx}{n^p}\right|\leqslant\frac{1}{n^p},$$

而级数 $\sum\frac{1}{n^p}$ 收敛,所以所论级数绝对收敛.

其次,当 $0<p\leqslant 1$ 时,数列 $\{\frac{1}{n^p}\}$ 递减且趋于 0. 对任何 $x\in(0,\pi)$,由三角公式有

$$\begin{aligned}\left|\sum_{k=1}^{n}\sin kx\right| &= \left|\frac{1}{\sin\frac{x}{2}}\sum_{k=1}^{n}\sin kx\sin\frac{x}{2}\right| \\ &= \left|\frac{1}{\sin\frac{x}{2}}\sum_{k=1}^{n}\frac{1}{2}\left(\cos\left(k-\frac{1}{2}\right)x-\cos\left(k+\frac{1}{2}\right)x\right)\right| \\ &= \left|\frac{\cos\frac{x}{2}-\cos\left(n+\frac{1}{2}\right)x}{2\sin\frac{x}{2}}\right|\leqslant\frac{1}{\left|\sin\frac{x}{2}\right|},\end{aligned}$$

即对任何 $x\in(0,\pi)$,级数 $\sum\sin nx$ 的部分和数列有界. 从而由狄利克雷判别法知所论级数收敛.

最后,由于 $|\sin kx|\leqslant 1$,故由三角公式有

$$\frac{|\sin nx|}{n^p}\geqslant\frac{\sin^2 nx}{n^p}=\frac{1-\cos 2nx}{2n^p}=\frac{1}{2n^p}-\frac{\cos 2nx}{2n^p}.$$

像上段一样地可以证明级数 $\sum\frac{\cos 2nx}{n^p}$ 收敛. 因为级数 $\sum\frac{1}{n^p}$ 于 $0<p\leqslant 1$ 时发散,所以正项级数 $\sum\frac{1-\cos 2nx}{2n^p}$ 发散. 从而由比较判别法知 $\sum\frac{|\sin nx|}{n^p}$ 也发散.

综上可知,所论级数于 $p>1$ 时绝对收敛,于 $0<p\leqslant 1$ 时条件收敛.

§9.4　收敛级数的性质

本节来研究绝对收敛级数和条件收敛级数的一些进一步的性质. 为此先引进级数的正部和负部的概念. 对于级数 $\sum u_n$，令

$$u_n^+ = \begin{cases} u_n, & u_n \geqslant 0, \\ 0, & u_n < 0, \end{cases} \qquad u_n^- = \begin{cases} 0, & u_n \geqslant 0, \\ -u_n, & u_n < 0, \end{cases}$$

显然有 $u_n^+ \geqslant 0, u_n^- \geqslant 0$ 且 $u_n^+ + u_n^- = |u_n|, u_n^+ - u_n^- = u_n$. 这样一来，由级数 $\sum u_n$ 就可以得到两个正项级数 $\sum u_n^+$ 和 $\sum u_n^-$，二者分别称为级数 $\sum u_n$ 的正部和负部.

定理 9.4.1　(i) 级数 $\sum u_n$ 绝对收敛的充分必要条件是它的正部 $\sum u_n^+$ 和负部 $\sum u_n^-$ 都收敛；

(ii) 级数 $\sum u_n$ 条件收敛的必要条件是它的正部 $\sum u_n^+$ 和负部 $\sum u_n^-$ 都发散.

证　(i) 级数 $\sum u_n$ 绝对收敛，即正项级数 $\sum |u_n|$ 收敛. 因为

$$0 \leqslant u_n^+ \leqslant |u_n|, \quad 0 \leqslant u_n^- \leqslant |u_n|, \quad n = 1,2,\cdots$$

故由比较判别法知级数 $\sum u_n^+$ 和 $\sum u_n^-$ 都收敛.

反之，设级数 $\sum u_n^+$ 和 $\sum u_n^-$ 都收敛，于是由 $|u_n| = u_n^+ + u_n^-$ 知级数 $\sum |u_n|$ 收敛，即级数 $\sum u_n$ 绝对收敛.

(ii) 设级数 $\sum u_n$ 条件收敛. 若级数 $\sum u_n^+$ 和 $\sum u_n^-$ 至少有一个收敛，不妨设 $\sum u_n^+$ 收敛，则由 $u_n^- = u_n^+ - u_n$ 知级数

$$\sum u_n^- = \sum u_n^+ - \sum u_n$$

也收敛，于是 $\sum u_n^+$ 和 $\sum u_n^-$ 都收敛，从而由(i)知级数 $\sum u_n$ 绝对收敛，矛盾. 这就证明了级数 $\sum u_n$ 的正部和负部都发散.

在本章开头曾提到过作为无穷多项相加的级数的加法结合律和交换律的问题. 随后定理 9.1.5 指出，对于收敛级数结合律成立. 现在我们指出，对于绝对收敛级数，交换律成立. 只不过现在不用交换律的字眼，而是从另一个角度来提出并解决这一问题.

将级数 $\sum u_n$ 的所有项按另一个次序重新排列，可以得到一个新的级数

$\sum v_n$,称之为级数 $\sum u_n$ 的重排级数.

定理 9.4.2 若级数 $\sum u_n$ 绝对收敛,则它的任何重排级数 $\sum v_n$ 都绝对收敛,并且二者的和数相同.

证 (i) 设 $\sum u_n$ 为正项级数.将 $\sum u_n$ 和它的重排级数 $\sum v_n$ 的部分和分别记为 U_n 和 V_n.对任何 $n \in \mathbf{N}$,由于 $\sum v_n$ 是 $\sum u_n$ 的重排,设 $v_1, v_2, \cdots, v_n$ 在 $\sum u_n$ 中的最大下标是 N_n,于是有

$$V_n \leqslant U_{N_n}, \quad n = 1,2,\cdots$$

令 $n \to \infty$ 取极限,即得

$$\sum_{k=1}^{\infty} v_k = \lim_{n\to\infty} V_n \leqslant \lim_{n\to\infty} U_{N_n} = \sum_{k=1}^{\infty} u_k .$$

反之,$\sum u_n$ 也是 $\sum v_n$ 的重排级数,故可类似地得到 $\sum\limits_{n=1}^{\infty} u_n \leqslant \sum\limits_{n=1}^{\infty} v_n$.从而得到 $\sum\limits_{n=1}^{\infty} v_n = \sum\limits_{n=1}^{\infty} u_n$.

(ii) 设 $\sum u_n$ 是一般的绝对收敛级数.于是它的正部 $\sum u_n^+$ 和负部 $\sum u_n^-$ 都收敛.当 $\sum v_n$ 为 $\sum u_n$ 的任一重排时,$\sum v_n^+$ 和 $\sum v_n^-$ 分别是 $\sum u_n^+$ 和 $\sum u_n^-$ 的重排级数.因而由(i)知 $\sum v_n^+$ 和 $\sum v_n^-$ 都收敛且有

$$\sum_{n=1}^{\infty} u_n^+ = \sum_{n=1}^{\infty} v_n^+, \quad \sum_{n=1}^{\infty} u_n^- = \sum_{n=1}^{\infty} v_n^- .$$

从而由定理 9.4.1 知重排级数 $\sum v_n$ 绝对收敛且

$$\sum_{n=1}^{\infty} v_n = \sum_{n=1}^{\infty} v_n^+ - \sum_{n=1}^{\infty} v_n^- = \sum_{n=1}^{\infty} u_n^+ - \sum_{n=1}^{\infty} u_n^- = \sum_{n=1}^{\infty} u_n ,$$

这就完成了定理的证明.

对于条件收敛级数,这一定理的结论不再成立.我们不去直接证明这一点,而是介绍一个相当有趣的结果——黎曼定理.

定理 9.4.3 设级数 $\sum u_n$ 条件收敛,于是对任何实数 α(α 也可以取值 $\pm\infty$),都存在 $\sum u_n$ 的一个重排级数 $\sum v_n$,使得 $\sum v_n = \alpha$.

为证定理 9.4.3,我们先给出一个引理.这个引理实际上是 §9.1 定理 9.1.5 的弱化的逆定理,即在加上某种条件后,定理 9.1.5 的逆定理成立.

引理 设级数 $\sum u_n$ 的组合级数 $\sum v_n$ 收敛,且 $\sum v_n$ 为交错级数,其中

$$v_k = u_{n_{k-1}+1} + u_{n_{k-1}+2} + \cdots + u_{n_k}, \quad k = 1,2,\cdots$$

且 $u_{n_{k-1}+1}, u_{n_{k-1}+2}, \cdots, u_{n_k}$ 同号，则级数 $\sum u_n$ 收敛且与 $\sum v_n$ 和数相同.

证 将 $\sum u_n$ 和 $\sum v_n$ 的部分和分别记为 U_n 和 V_n. 不妨设 $v_1 \geqslant 0$，于是由已知条件有

$$v_1 + v_2 \leqslant U_n \leqslant v_1, \quad n_1 \leqslant n \leqslant n_2,$$

$$v_1 + v_2 \leqslant U_n \leqslant v_1 + v_2 + v_3, \quad n_2 \leqslant n \leqslant n_3,$$

一般地，当 $n_k \leqslant n \leqslant n_{k+1}$ 时，U_n 在 V_k 与 V_{k+1} 之间. 由于组合级数 $\sum v_n$ 收敛，即 $\{V_n\}$ 收敛，故由两边夹定理即得

$$\sum u_n = \lim_{n\to\infty} U_n = \lim_{n\to\infty} V_n = \sum v_n.$$

定理 9.4.3 的证明 不妨设 α 为非负实数，将数列 $\{u_n\}$ 的所有非负项取出来按原序排成的子数列记为 $\{u'_n\}$，将 $\{u_n\}$ 的所有负项取出来按原序排成的子数列记为 $\{u''_n\}$. 因为 $\sum u_n$ 条件收敛，故由定理 9.4.1 知

$$\sum u'_n = \sum u_n^+ = +\infty, \sum u''_n = -\sum u_n^- = -\infty. \quad (9.4.1)$$

构造 $\sum u_n$ 的重排级数 $\sum v_n$ 如下，先取 $\{u'_n\}$ 中前 n_1 项按原序排列记为 $v_1, v_2, \cdots, v_{n_1}$，使得

$$v_1 + v_2 + \cdots + v_{n_1-1} \leqslant \alpha, \quad v_1 + v_2 + \cdots + v_{n_1} > \alpha.$$

由(9.4.1)式知这是可以做到的. 然后取 $\{u''_n\}$ 中前 $n_2 - n_1$ 项按原序排列记为 $v_{n_1+1}, v_{n_1+2}, \cdots, v_{n_2}$，使得

$$v_1 + v_2 + \cdots + v_{n_2-1} \geqslant \alpha, \quad v_1 + v_2 + \cdots + v_{n_2} < \alpha.$$

继续这个过程，当进行 $2k$ 次之后，有

$$v_1 + v_2 + \cdots + v_{n_{2k}-1} \geqslant \alpha, \quad v_1 + v_2 + \cdots + v_{n_{2k}} < \alpha.$$

接着再取 $\{u'_n\}$ 中尚未排进的前 $n_{2k+1} - n_{2k}$ 项按原序排列记为 $v_{n_{2k}+1}, v_{n_{2k}+2}, \cdots, v_{n_{2k+1}}$，使得

$$v_1 + v_2 + \cdots + v_{n_{2k+1}-1} \leqslant \alpha, \quad v_1 + v_2 + \cdots + v_{n_{2k+1}} > \alpha. \quad (9.4.2)$$

然后再取 $\{u''_n\}$ 中尚未排进的前 $n_{2k+2} - n_{2k+1}$ 项按原序排列记为 $v_{n_{2k+1}+1}, v_{n_{2k+1}+2}, \cdots, v_{n_{2k+2}}$，使得

$$v_1 + v_2 + \cdots + v_{n_{2k+2}-1} \geqslant \alpha, \quad v_1 + v_2 + \cdots + v_{n_{2k+2}} < \alpha. \quad (9.4.3)$$

由于每次交换正负项时至少排1项,故当一直进行下去时,所有 u_n 都可以排进数列 $\{v_n\}$ 中.于是级数 $\sum v_n$ 是 $\sum u_n$ 的重排级数.

由引理知,为证定理9.4.3,只须再证 $\sum v_n$ 收敛.令

$$w_k = v_{n_{k-1}+1} + v_{n_{k-1}+2} + \cdots + v_{n_k}, \quad k = 1,2,\cdots$$

且记 $n_0 = 0$,则级数 $\sum w_n$ 是 $\sum v_n$ 的组合级数,且为交错级数.将 $\sum w_k$ 和 $\sum v_k$ 的部分和分别记为 W_k 和 V_k,由(9.4.2)式和(9.4.3)式有

$$|W_k - \alpha| = |V_{n_k} - \alpha| \leqslant |V_{n_k} - V_{n_k-1}| = |v_{n_k}|. \tag{9.4.4}$$

因为级数 $\sum u_n$ 收敛,故有 $u_n \to 0(n\to\infty)$,从而又有 $u'_n \to 0(n\to\infty)$,$u''_n \to 0(n\to\infty)$.所以有 $v_{n_k} \to 0(k\to\infty)$.按定义由(9.4.4)式知级数 $\sum w_k$ 收敛且和数为 α.进而由引理知 $\sum v_n = \alpha$.

至于 $\alpha = \pm\infty$ 的情形,将上面证明过程稍加改动即可,不再赘述.

例 9.4.1 求证存在一个发散级数,使对任何 $a\in\mathbf{R}$,都可以在这个级数中添加括号,使所得的组合级数收敛于 a.

证 将数列 $\left\{\frac{1}{n}\right\}$ 的每项之前都适当地加上正负号然后相加,所得的级数记为 $\sum u_n$,添加正负号原则如下:前两项为正号,于是 $S_2 > 1$.记 $n_1 = 2$.在随后的 $n_2 - n_1$ 项前加负号,使得 $S_{n_2} < -2$.然后再加上正号直到 n_3 项,使得 $S_{n_3} > 3$,再加负号直到 n_4 项,使得 $S_{n_4} < -4$.继续进行下去,使对所有 $k\in\mathbf{N}$,$u_{n_{2k+1}},\cdots,u_{n_{2k+1}}$ 为正项,$u_{n_{2k+1}+1},\cdots,u_{n_{2k+2}}$ 为负项且满足 $S_{n_{2k+1}} > 2k+1$,$S_{n_{2k+2}} < -(2k+2)$.不难验证,上面构造的级数 $\sum u_n$ 发散且满足题中的要求.

例 9.4.2 已知级数 $\sum_{n=1}^{\infty} u_n^2$ 收敛,问级数 $\sum_{n=1}^{\infty}(-1)^{n+1}u_n$,$\sum_{n=1}^{\infty}u_n$ 和 $\sum_{n=1}^{\infty}u_n^3$ 是否必收敛?前二者之中是否至少有一个收敛?

解 前两个级数可以都不收敛.例如当

$$u_n = \begin{cases} -\dfrac{1}{n}, & \text{当 } 4 \nmid n, \\ \dfrac{1}{n}, & \text{当 } 4 \mid n \end{cases}$$

时,前两个级数都不收敛.

级数$\sum_{n=1}^{\infty} u_n^3$必收敛.因为级数$\sum_{n=1}^{\infty} u_n^2$收敛,故有$u_n^2 \to 0(n \to \infty)$.所以有自然数$N$,使得

$$|u_n| \leqslant 1, \quad 当 n > N.$$

从而有

$$|u_n^3| \leqslant u_n^2, \quad 当 n > N.$$

由正项级数收敛的比较判别法知$\sum_{n=1}^{\infty} u_n^3$绝对收敛.

§9.5* 无穷乘积

设$\{u_n\}$为实数列,无穷多个因数相乘的表达式

$$\prod_{n=1}^{\infty} u_n = u_1 u_2 \cdots u_n \cdots \tag{9.5.1}$$

称为一个无穷乘积.由于它的重要性远不如级数,所以我们只是从它与级数的联系入手略微加以介绍.

像级数一样,将

$$P_n = \prod_{k=1}^{n} u_k, \quad n = 1,2,\cdots \tag{9.5.2}$$

称为无穷乘积(9.5.1)式的部分乘积.

定义 9.5.1 如果无穷乘积$\prod_{n=1}^{\infty} u_n$的部分乘积数列$\{P_n\}$收敛且极限不为0,则称无穷乘积$\prod_{n=1}^{\infty} u_n$收敛,并把极限$\lim_{n\to\infty} P_n = P$称为无穷乘积的积,记为

$$\prod_{n=1}^{\infty} u_n = \lim_{n\to\infty} P_n = P.$$

如果数列$\{P_n\}$发散或收敛于0,则称无穷乘积$\prod_{n=1}^{\infty} u_n$发散,特别地,当数列$\{P_n\}$收敛于0时,称无穷乘积$\prod_{n=1}^{\infty} u_n$发散于0.

例 9.5.1 判定无穷乘积$\prod_{n=1}^{\infty}\left(1+(-1)^{n+1}\frac{1}{n+1}\right)$的敛散性.

解 因为

$$u_n = 1 + (-1)^{n+1}\frac{1}{n+1} = \begin{cases} \dfrac{n+2}{n+1}, & n \text{ 为奇数}, \\ \dfrac{n}{n+1}, & n \text{ 为偶数}, \end{cases}$$

所以有

$$u_{2k-1}u_{2k} = 1, \quad k = 1,2,\cdots$$

从而有 $P_{2n} = \prod_{k=1}^{2n} u_k = 1, \lim_{n\to\infty} P_{2n} = 1$. 又因为

$$\lim_{n\to\infty} P_{2n+1} = \lim_{n\to\infty} P_{2n}\left(1 + \frac{1}{2n+2}\right) = 1,$$

所以有

$$\lim_{n\to\infty} P_n = 1.$$

按定义知无穷乘积 $\prod_{n=1}^{\infty}\left(1 + (-1)^{n+1}\frac{1}{n+1}\right)$ 收敛.

例 9.5.2 求证华利斯(Wallis)公式

$$\frac{\pi}{2} = \lim_{n\to\infty}\frac{2\cdot 2\cdot 4\cdot 4\cdots 2n\cdot 2n}{1\cdot 3\cdot 3\cdot 5\cdots(2n-1)(2n+1)}.$$

证 由例 7.4.8 有

$$I_{2n} = \int_0^{\frac{\pi}{2}} \sin^{2n} x\,\mathrm{d}x = \frac{(2n-1)!!}{(2n)!!}\cdot\frac{\pi}{2},$$

$$I_{2n+1} = \int_0^{\frac{\pi}{2}} \sin^{2n+1} x\,\mathrm{d}x = \frac{(2n)!!}{(2n+1)!!}. \tag{9.5.3}$$

由此可得

$$\frac{\pi}{2} = \frac{[(2n)!!]^2}{[(2n-1)!!]^2}\cdot\frac{1}{2n+1}\cdot\frac{I_{2n}}{I_{2n+1}}. \tag{9.5.4}$$

因为当 $0 \leqslant x \leqslant \frac{\pi}{2}$ 时,有

$$\sin^{2n+1} x \leqslant \sin^{2n} x \leqslant \sin^{2n-1} x,$$

故有

$$I_{2n+1} \leqslant I_{2n} \leqslant I_{2n-1}.$$

所以由此及(9.5.3)式有

$$1 \leqslant \frac{I_{2n}}{I_{2n+1}} \leqslant \frac{I_{2n-1}}{I_{2n+1}} = \frac{\dfrac{(2n-2)!!}{(2n-1)!!}}{\dfrac{(2n)!!}{(2n+1)!!}} = \frac{2n+1}{2n}. \tag{9.5.5}$$

由两边夹定理得到

$$\lim_{n\to\infty}\frac{I_{2n}}{I_{2n+1}} = 1. \tag{9.5.6}$$

在(9.5.4)式两端令 $n\to\infty$取极限,由(9.5.6)式即得所欲证.

易见,华利斯公式还可以写成无穷乘积的形式:

$$\prod_{n=1}^{\infty}\left[1-\frac{1}{(2n+1)^2}\right]=\frac{\pi}{4},\quad \prod_{n=1}^{\infty}\left[1-\frac{1}{4n^2}\right]=\frac{2}{\pi}.$$

例 9.5.3　求证

$$\frac{2}{\pi}=\sqrt{\frac{1}{2}}\cdot\sqrt{\frac{1}{2}+\frac{1}{2}\sqrt{\frac{1}{2}}}\cdot\sqrt{\frac{1}{2}+\frac{1}{2}\sqrt{\frac{1}{2}+\frac{1}{2}\sqrt{\frac{1}{2}}}}\cdots$$

证　容易证明,当 $x\neq 0$ 时,有

$$\lim_{n\to\infty}\cos\frac{x}{2}\cdot\cos\frac{x}{2^2}\cdots\cos\frac{x}{2^n}=\frac{\sin x}{x},$$

亦即有

$$\prod_{n=1}^{\infty}\cos\frac{x}{2^n}=\frac{\sin x}{x}.$$

在上式中令 $x=\frac{\pi}{2}$,便得

$$\prod_{n=1}^{\infty}\cos\frac{\pi}{2^{n+1}}=\frac{2}{\pi}. \tag{9.5.7}$$

由三角公式有

$$\cos\frac{\pi}{4}=\sqrt{\frac{1}{2}},\quad \cos\frac{\alpha}{2}=\sqrt{\frac{1}{2}+\frac{1}{2}\cos\alpha}, \tag{9.5.8}$$

将(9.5.8)式代入(9.5.7)式即得所欲证.

例 9.5.2 和例 9.5.3 中给出的两个无穷乘积,是分析史上最早出现的两个有意义的无穷乘积.

定理 9.5.1　若无穷乘积 $\prod_{n=1}^{\infty}u_n$ 收敛,则:

(i) 对任何 $n\in\mathbf{N}$,都有 $u_n\neq 0$;

(ii) $\lim_{n\to\infty}u_n = 1$;

(iii) $\lim_{n\to\infty}\prod_{k=n+1}^{\infty}u_k = 1$.

证　按定义知(i) 成立. 因无穷乘积 $\prod_{n=1}^{\infty}u_n$ 收敛,记 $\prod_{n=1}^{\infty}u_n = P\neq 0$,于是

有

$$\lim_{n\to\infty} u_n = \lim_{n\to\infty} \frac{P_n}{P_{n-1}} = \frac{P}{P} = 1,$$

$$\lim_{n\to\infty} \prod_{k=n+1}^{\infty} u_k = \lim_{n\to\infty} \frac{P}{P_n} = \frac{P}{P} = 1.$$

定理9.5.1之(ii)表明存在自然数N,使当$n \geqslant N$时,总有$u_n > 0$.因此以后讨论无穷乘积$\prod\limits_{n=1}^{\infty} u_n$时,假定所有$u_n$都大于0.

定理 9.5.2 无穷乘积$\prod\limits_{n=1}^{\infty} u_n$收敛的充分必要条件是级数$\sum\limits_{n=1}^{\infty} \ln u_n$收敛,且当二者之一收敛时,就有$\sum\limits_{n=1}^{\infty} \ln u_n = \ln \prod\limits_{n=1}^{\infty} u_n$.

证 对任何$n \in \mathbf{N}$,都有

$$\sum_{k=1}^{n} \ln u_k = \ln \prod_{k=1}^{n} u_k.$$

令$n \to \infty$取极限即得所欲证.

易见,当$\prod\limits_{n=1}^{\infty} u_n = 0$时,$\sum\limits_{n=1}^{\infty} \ln u_n = -\infty$,二者都是发散的.定义中将$\prod\limits_{n=1}^{\infty} u_n = 0$定义为发散于0的原因就在于此.

令$\alpha_n = u_n - 1$,于是$u_n = 1 + \alpha_n$.当$n \to \infty$时,$u_n \to 1$当且仅当$\alpha_n \to 0$.由定理9.5.1知,无穷乘积$\prod\limits_{n=1}^{\infty}(1+\alpha_n)$收敛的必要条件是$\lim\limits_{n\to\infty} \alpha_n = 0$.以下总假定$\alpha_n > -1$, $n = 1,2,\cdots$.

定理 9.5.3 设$\alpha_n \geqslant 0$, $n = 1,2,\cdots$,则无穷乘积$\prod\limits_{n=1}^{\infty}(1+\alpha_n)$收敛的充分必要条件是$\sum\limits_{n=1}^{\infty} \alpha_n$收敛.

证 因为$\prod\limits_{n=1}^{\infty}(1+\alpha_n)$和$\sum\limits_{n=1}^{\infty} \alpha_n$二者之一收敛时便有$\alpha_n \to 0 (n \to \infty)$,故可设$\alpha_n \to 0$且不妨设$\alpha_n > 0$, $n = 1,2,\cdots$,由定理9.5.2知无穷乘积$\prod\limits_{n=1}^{\infty}(1+\alpha_n)$与级数$\sum\limits_{n=1}^{\infty} \ln(1+\alpha_n)$同时敛散.由于$\sum\limits_{n=1}^{\infty} \ln(1+\alpha_n)$为正项级数且有

$$\lim_{n\to\infty} \frac{\ln(1+\alpha_n)}{\alpha_n} = 1.$$

故由比较判别法知级数$\sum\limits_{n=1}^{\infty} \ln(1+\alpha_n)$与$\sum\limits_{n=1}^{\infty} \alpha_n$同时敛散.从而无穷乘积

$\prod\limits_{n=1}^{\infty}(1+\alpha_n)$ 与级数 $\sum\limits_{n=1}^{\infty}\alpha_n$ 同时敛散.

定理 9.5.4　设级数 $\sum\limits_{n=1}^{\infty}\alpha_n$ 收敛,则级数 $\sum\limits_{n=1}^{\infty}\alpha_n^2$ 与无穷乘积 $\prod\limits_{n=1}^{\infty}(1+\alpha_n)$ 同时敛散.

证　因为级数 $\sum\limits_{n=1}^{\infty}\alpha_n$ 收敛,故有 $\alpha_n \to 0(n\to\infty)$ 由对数函数的泰勒公式有

$$\ln(1+\alpha_n)=\alpha_n-\frac{1}{2}\alpha_n^2+o(\alpha_n^2).$$

于是有

$$\lim_{n\to\infty}\frac{\alpha_n-\ln(1+\alpha_n)}{\alpha_n^2}=\frac{1}{2}.$$

由正项级数的比较判别法知级数 $\sum\limits_{n=1}^{\infty}\{\alpha_n-\ln(1+\alpha_n)\}$ 与级数 $\sum\limits_{n=1}^{\infty}\alpha_n^2$ 同时敛散. 又因 $\sum\limits_{n=1}^{\infty}\alpha_n$ 收敛,故级数 $\sum\limits_{n=1}^{\infty}\ln(1+\alpha_n)$ 与 $\sum\limits_{n=1}^{\infty}\alpha_n^2$ 同时敛散. 再由定理 9.5.2 知级数 $\sum\limits_{n=1}^{\infty}\alpha_n^2$ 与无穷乘积 $\prod\limits_{n=1}^{\infty}(1+\alpha_n)$ 同时敛散.

定理 9.5.5　若 $\prod\limits_{n=1}^{\infty}(1+|\alpha_n|)$ 收敛,则 $\prod\limits_{n=1}^{\infty}(1+\alpha_n)$ 也收敛.

证　当 $\prod\limits_{n=1}^{\infty}(1+|\alpha_n|)$ 收敛时,由定理 9.5.3 知 $\sum\limits_{n=1}^{\infty}|\alpha_n|$ 也收敛. 从而 $\sum\limits_{n=1}^{\infty}\alpha_n$ 和 $\sum\limits_{n=1}^{\infty}\alpha_n^2$ 都收敛. 由定理 9.5.4 知无穷乘积 $\prod\limits_{n=1}^{\infty}(1+\alpha_n)$ 收敛.

例 9.5.4　设 $p>0$,讨论无穷乘积 $\prod\limits_{n=1}^{\infty}(1+\frac{1}{n^p})$ 和 $\prod\limits_{n=1}^{\infty}\{1+(-1)^{n+1}\frac{1}{n^p}\}$ 的敛散性.

解　(i) 由定理 9.5.3 知,当 $p>1$ 时,$\prod\limits_{n=1}^{\infty}(1+\frac{1}{n^p})$ 收敛;当 $0<p\leqslant 1$ 时,$\prod\limits_{n=1}^{\infty}(1+\frac{1}{n^p})$ 发散.

(ii) 由莱布尼茨判别法知级数 $\sum\limits_{n=1}^{\infty}(-1)^{n+1}\frac{1}{n^p}$ 收敛. 又因级数 $\sum\limits_{n=1}^{\infty}\frac{1}{n^{2p}}$ 于 $p>\frac{1}{2}$ 时收敛而于 $0<p\leqslant\frac{1}{2}$ 时发散,故由定理 9.5.4 知无穷乘积 $\prod\limits_{n=1}^{\infty}\{1+(-1)^{n+1}\frac{1}{n^p}\}$ 于 $p>\frac{1}{2}$ 时收敛而于 $0<p\leqslant\frac{1}{2}$ 时发散.

习 题 9

1. 求下列各级数的和:

(i) $\sum_{n=1}^{\infty} \frac{1}{(5n-4)(5n+1)}$; (ii) $\sum_{n=1}^{\infty} \frac{n}{(n+1)(n+2)(n+3)}$;

(iii) $\sum_{n=1}^{\infty} \frac{2n-1}{2^n}$; (iv) $\sum_{n=1}^{\infty} (\sqrt{n+2} - 2\sqrt{n+1} + \sqrt{n})$.

2. 判定下列各级数的敛散性:

(i) $\sum_{n=1}^{\infty} \frac{\sin^2 n\theta}{n^2+1}$; (ii) $\sum_{n=2}^{\infty} \frac{1}{\sqrt[3]{n^2-1}}$;

(iii) $\sum_{n=1}^{\infty} \frac{3n^3+1}{2^n}$; (iv) $\sum_{n=1}^{\infty} \left(\frac{n+1}{2n+1}\right)^n$;

(v) $\sum_{n=1}^{\infty} \sin^2 \frac{1}{n}$; (vi) $\sum_{n=2}^{\infty} \frac{1}{(\ln n)^k}$;

(vii) $\sum_{n=2}^{\infty} \frac{1}{(\ln n)^n}$; (viii) $\sum_{n=2}^{\infty} \frac{\ln n}{n^2}$;

(ix) $\sum_{n=1}^{\infty} \frac{2 \cdot 5 \cdot 8 \cdots (3n-1)}{1 \cdot 5 \cdot 9 \cdots (4n-3)}$; (x) $\sum_{n=1}^{\infty} \frac{1}{n\sqrt[n]{n}}$;

(xi) $\sum_{n=1}^{\infty} \frac{3^n n!}{(n^n)!}$; (xii) $\sum_{n=1}^{\infty} \frac{1000^n}{n!}$;

(xiii) $\sum_{n=1}^{\infty} \frac{(n!)^2}{(2n)!}$; (xiv) $\sum_{n=1}^{\infty} \frac{n^{n+\frac{1}{n}}}{\left(n+\frac{1}{n}\right)^n}$;

(xv) $\sum_{n=1}^{\infty} \left(1 - \cos\frac{x}{n}\right)$; (xvi) $\sum_{n=1}^{\infty} \left(\frac{1}{n} - \ln\frac{n+1}{n}\right)$;

(xvii) $\sum_{n=1}^{\infty} \frac{n^3[\sqrt{2}+(-1)^n]^n}{3^n}$; (xviii) $\sum_{n=1}^{\infty} \frac{n^{n-1}}{(2n^2+n+1)^{\frac{n-1}{2}}}$;

(xix) $\sum_{n=1}^{\infty} 2^n \sin\frac{x}{3^n}$; (xx) $\sum_{n=3}^{\infty} \frac{1}{n \ln n \ln \ln n}$.

3. 讨论下列各级数的敛散性:

(i) $\sum_{n=1}^{\infty} \frac{x^n}{n^s}, (x>0, s>0)$; (ii) $\sum_{n=1}^{\infty} n!\left(\frac{x}{n}\right)^n, (x>0)$;

(iii) $\sum_{n=3}^{\infty} \frac{1}{n(\ln n)^p(\ln \ln n)^q}, (p>0, q>0)$;

(iv) $\sum_{n=1}^{\infty} \left\{\frac{(2n-1)!!}{(2n)!!}\right\}^p, (p>0)$;

(v) $\sum_{n=0}^{\infty} \frac{a(a+d)(a+2d)\cdots(a+nd)}{b(b+d)(b+2d)\cdots(b+nd)} \quad (a>0, b>0, d>0)$.

4. 求证级数 $\sum_{n=2}^{\infty} \frac{1}{(\ln n)^{\ln n}}$ 收敛,级数 $\sum_{n=3}^{\infty} \frac{1}{(\ln n)^{\ln \ln n}}$ 发散,并问级数 $\sum_{n=3}^{\infty} \frac{1}{(\ln \ln n)^{\ln n}}$ 是否收敛?

5. 设正项级数$\sum_{n=1}^{\infty}a_n$收敛,求证对任何$r>1$,级数$\sum_{n=1}^{\infty}a_n^r$都收敛.逆命题是否成立?

6. 设$a_n\leqslant c_n\leqslant b_n, n=1,2,\cdots$,级数$\sum a_n$和$\sum b_n$都收敛,求证级数$\sum c_n$也收敛.

7. 设$a_n>0, n=1,2,\cdots$且$1\leqslant n_1<n_2<\cdots<n_k<n_{k+1}<\cdots, A_k=a_{n_{k-1}+1}+\cdots+a_{n_k}, k=1,2,\cdots$,求证当级数$\sum A_k$收敛时,级数$\sum a_n$也收敛.

8. 设$\{a_n\}$是正项等差数列,求证级数$\sum_{n=1}^{\infty}\frac{1}{a_n}$发散.

9. 设级数$\sum a_n^2$和$\sum b_n^2$都收敛,求证下列各级数也收敛:

(i) $\sum|a_nb_n|$; (ii) $\sum(a_n+b_n)^2$; (iii) $\sum\frac{|a_n|}{n}$.

10. 设$\{a_n\}$递减且级数$\sum a_n$收敛,求证$\lim\limits_{n\to\infty}na_n=0$.

11. 设级数$\sum_{n=1}^{\infty}a_n$发散且$\{a_n\}$递减趋于0,求证

$$\lim_{n\to\infty}\frac{a_1+a_3+\cdots+a_{2n-1}}{a_2+a_4+\cdots+a_{2n}}=1.$$

12. 设$\{a_n\}$递减且$a_n\geqslant0, n=1,2,\cdots$,求证级数$\sum a_n$与$\sum 2^ka_{2^k}$同时敛散.

13. 设正项级数$\sum_{n=1}^{\infty}a_n$发散,$S_k=a_1+a_2+\cdots+a_k$,求证级数$\sum_{n=1}^{\infty}\frac{a_n}{S_n}$发散而级数$\sum_{n=1}^{\infty}\frac{a_n}{S_n^2}$收 敛,又设$\sigma>0$,问级数$\sum_{n=1}^{\infty}\frac{a_n}{S_n^{1+\sigma}}$有怎样的敛散性?

14. 设$0<a_1\leqslant a_2\leqslant\cdots\leqslant a_n\leqslant\cdots$,求证级数$\sum_{n=1}^{\infty}\left(1-\frac{a_n}{a_{n+1}}\right)$于$\{a_n\}$有界时收敛而于$\{a_n\}$无界时发散.

15. 设$\{a_n\}$递减趋于0且级数$\sum_{n=1}^{\infty}a_n$收敛,求证级数$\sum_{n=1}^{\infty}n(a_n-a_{n+1})$收敛.

16. 设正项级数$\sum a_n$发散,求证

$$\sum_{n=1}^{\infty}\frac{a_n}{(1+a_1)(1+a_2)\cdots(1+a_n)}=1.$$

17. 设正项级数$\sum a_n$满足条件:

(i) $\sum_{k=1}^{n}(a_k-a_n)$关于n有界; (ii) 数列$\{a_n\}$递减趋于0.

求证级数$\sum a_n$收敛.

18. 设$p>1$,求证

$$\sum_{n=1}^{\infty}\frac{1}{(n+1)n^{\frac{1}{p}}}<p.$$

19. 弃掉调和级数$\sum\frac{1}{n}$中分母含有数字9的所有项,例如$\frac{1}{19},\frac{1}{1998}$等项都去掉,求证余下的项所成的级数收敛.

20. 设 $n\in\mathbf{N}$, $f(n)$ 表示 n 的十进表示中数字 0 的个数，例如 $f(1000)=3$, $f(10098)=2$. 问当 $a>0$ 取何值时，级数 $\sum\limits_{n=1}^{\infty}\frac{a^{f(n)}}{n^2}$ 收敛？

21. 设 $a_k>0, b_k>0, k=1,2,\cdots, p>0, q>0, \frac{1}{p}+\frac{1}{q}=1$，求证：

(i) $\sum\limits_{k=1}^{\infty}a_kb_k\leqslant\left(\sum\limits_{k=1}^{\infty}a_k^p\right)^{\frac{1}{p}}\left(\sum\limits_{k=1}^{\infty}b_k^q\right)^{\frac{1}{q}}$；

(ii) $\left\{\sum\limits_{k=1}^{\infty}(a_k+b_k)^p\right\}^{\frac{1}{p}}\leqslant\left\{\sum\limits_{k=1}^{\infty}a_k^p\right\}^{\frac{1}{p}}+\left\{\sum\limits_{k=1}^{\infty}b_k^p\right\}^{\frac{1}{p}}$.

22. 判定下列各级数的敛散性，当级数收敛时，判定是绝对收敛还是条件收敛：

(i) $1-\frac{1}{2}+\frac{1}{3!}-\frac{1}{4}+\frac{1}{5!}-\frac{1}{6}+\cdots$；

(ii) $\sum\limits_{n=1}^{\infty}(-1)^n\frac{n}{n+1}\cdot\frac{1}{\sqrt[4]{n}}$；

(iii) $\sum\limits_{n=1}^{\infty}(-1)^n\sin\frac{x}{n}\arctan n$, $(x\neq 0)$；

(iv) $\sum\limits_{n=1}^{\infty}(-1)^{\frac{n(n-1)}{2}}\frac{n^2}{2^n}$；　　(v) $\sum\limits_{n=1}^{\infty}\frac{\sin\frac{n\pi}{12}}{\ln n}$；

(vi)* $\sum\limits_{n=1}^{\infty}\frac{\sin n\sin n^2}{n}$；　　(vii) $\sum\limits_{n=1}^{\infty}\sin n^2$；

(viii) $\sum\limits_{n=1}^{\infty}\frac{(-1)^{[\ln n]}}{n}$；　　(ix) $\sum\limits_{n=1}^{\infty}(-1)^{n+1}\frac{(2n-1)!!}{(2n)!!}$；

(x) $\sum\limits_{n=1}^{\infty}(-1)^{n+1}\frac{\ln n}{\sqrt{n}}$.

23. 讨论下列各级数的敛散性，绝对收敛性和条件收敛性：

(i) $\sum\limits_{n=1}^{\infty}\ln\left(1+\frac{(-1)^n}{n^p}\right)$, $(p>0)$；

(ii) $\sum\limits_{n=1}^{\infty}\frac{\cos nx}{n^p}$, $(0<x<\pi, p>0)$；

(iii) $\sum\limits_{n=1}^{\infty}\left(1+\frac{1}{2}+\cdots+\frac{1}{n}\right)\frac{\sin nx}{n^\alpha}$, $(\alpha>0)$；

(iv) $\sum\limits_{n=1}^{\infty}\frac{(-1)^{[\sqrt{n}]}}{n^p}$, $(p>0)$；

(v) $\sum\limits_{n=1}^{\infty}(-1)^na_n$，其中当 n 为奇数，$a_n=n^{-p}$，当 n 为偶数时，$a_n=n^{-q}$ $(p>0, q>0)$.

24. 设 $\sum\limits_{n=1}^{\infty}a_n=a$, $S_n=\sum\limits_{k=1}^{n}a_k$，求证

$$\lim_{n\to\infty}\frac{1}{n}(S_1+S_2+\cdots+S_n)=a.$$

25. 设级数 $\sum\limits_{n=1}^{\infty}a_n$ 条件收敛，求证

$$\lim_{n\to\infty}\frac{\sum_{k=1}^{n}a_k^+}{\sum_{k=1}^{n}a_k^-}=1.$$

26. 设级数 $\sum a_n$ 绝对收敛，数列 $\{b_n\}$ 有界，求证级数 $\sum a_nb_n$ 绝对收敛.

27. 设级数 $\sum(a_{2n-1}+a_{2n})$ 收敛且 $\lim\limits_{n\to\infty}a_n=0$，求证级数 $\sum a_n$ 收敛. 若将条件和结论中的"收敛"换成"绝对收敛"，结论是否仍然成立？

28. 设级数 $\sum n(a_n-a_{n-1})$ 收敛且数列 $\{na_n\}$ 收敛，求证级数 $\sum a_n$ 也收敛.

29. 设级数 $\sum(a_n-a_{n-1})$ 绝对收敛，级数 $\sum b_n$ 收敛，求证级数 $\sum a_nb_n$ 也收敛.

30. 设级数 $\sum u_n$ 收敛，将其各项重排，使得每一项离开原来的位置都不超过 m 个位置（m 为常数）. 问重排级数有怎样的敛散性？

31. 设 $0<x_1<\pi$，$x_{n+1}=\sin x_n$，$n=1,2,\cdots$，$p>0$. 讨论级数 $\sum x_n^p$ 的敛散性.

32. 设对任何 $p\in\mathbf{N}$，都有 $\lim\limits_{n\to\infty}(a_{n+1}+a_{n+2}+\cdots+a_{n+p})=0$，问级数 $\sum a_n$ 是否一定收敛？

33. 设对任何 $p\in\mathbf{N}$，都有 $\lim\limits_{n\to\infty}(a_{n+1}+a_{n+2}+\cdots+a_{pn})=0$，问级数 $\sum a_n$ 是否一定收敛？

34. 设级数 $\sum a_n$ 收敛，问级数 $\sum a_n^2$ 和 $\sum a_n^3$ 是否一定收敛？

35. 设 $\sum a_n$ 和 $\sum b_n$ 都是正项级数，$\sum a_n$ 发散且 $\overline{\lim\limits_{n\to\infty}}\dfrac{b_n}{a_n}=1$，问级数 $\sum b_n$ 是否一定发散？

36. 设级数 $\sum a_n$ 与 $\sum b_n$ 都收敛，问级数 $\sum a_nb_n$ 和 $\sum(-1)^na_nb_n$ 是否一定收敛？二者是否至少有一个收敛？

37. 设级数 $\sum a_n$ 收敛，数列 $\{b_n\}$ 有界且恒正，问级数 $\sum a_nb_n$ 是否一定收敛？

38. 设级数 $\sum a_n$ 收敛且 $\lim\limits_{n\to\infty}\dfrac{b_n}{a_n}=1$，问级数 $\sum b_n$ 是否一定收敛？

39. 设 $a_n>0$，$n=1,2,\cdots$ 且 $\lim\limits_{n\to\infty}n\left(\dfrac{a_n}{a_{n+1}}-1\right)>0$，求证级数 $\sum(-1)^{n+1}a_n$ 收敛.

40*. 设 $S_n=\sum\limits_{k=1}^{n}a_k$，$\sigma_n=\sum\limits_{k=1}^{n}\left(1-\dfrac{k}{n+1}\right)a_k$. 已知对某 $\alpha>0$，级数 $\sum|S_n-\sigma_n|^\alpha$ 收敛，求证级数 $\sum a_n$ 收敛.

41*. 设数列 $\{b_n\}$ 递减趋于 0，级数 $\sum a_nb_n$ 收敛，$S_n=\sum\limits_{k=1}^{n}a_k$，求证：

(i) $\lim\limits_{n\to\infty}b_nS_n=0$；

(ii) 级数 $\sum S_n(b_n-b_{n+1})$ 收敛且 $\sum\limits_{n=1}^{\infty}a_nb_n=\sum\limits_{n=1}^{\infty}S_n(b_n-b_{n+1})$.

第十章　广 义 积 分

在第七章中研究定积分时，总假定积分区间是有限的，而且函数可积的必要条件是函数在积分区间中有界，无界函数被定义为不可积的．然而，无论从理论发展还是实际应用上，都要求去掉这两个限制，而在更广的范围上去研究各种积分问题．这就是本章要讲述的广义积分．具体说来，广义积分分为两种：无限区间上有界函数的积分和有限区间上无界函数的积分．

§10.1　无限区间上的广义积分

我们以区间$[a,+\infty)$上的广义积分为例来阐述广义积分的定义，其他情形可参照这种情形加以理解．

定义 10.1.1　设函数 $f(x)$在区间$[a,+\infty)$上有定义且对任何实数 $A>a$ 都在$[a,A]$上可积．如果函数极限

$$\lim_{A\to+\infty}\int_a^A f(x)\mathrm{d}x = I$$

存在(有限)，则称 $f(x)$在$[a,+\infty)$上的广义积分存在或收敛，并称实数 I 为此广义积分的值．记为

$$\int_a^{+\infty} f(x)\mathrm{d}x = \lim_{A\to+\infty}\int_a^A f(x)\mathrm{d}x = I.$$

否则就称 $f(x)$ 在$[a,+\infty)$ 上的广义积分$\int_a^{+\infty} f(x)\mathrm{d}x$ 发散．

当广义积分$\int_a^{+\infty} f(x)\mathrm{d}x$ 发散但有 $\lim\limits_{A\to+\infty}\int_a^A f(x)\mathrm{d}x=\pm\infty$ 时，称广义积分$\int_a^{+\infty} f(x)\mathrm{d}x$ 发散到 $\pm\infty$，记为

$$\int_a^{+\infty} f(x)\mathrm{d}x=\pm\infty.$$

既然广义积分定义为函数极限，而极限中的函数又是由定积分定义的，所以函数极限和定积分的某些性质很容易推广到广义积分上来．

定理 10.1.1　如果广义积分$\int_a^{+\infty} f(x)\mathrm{d}x$ 和$\int_a^{+\infty} g(x)\mathrm{d}x$ 都收敛，$\lambda,\mu\in\mathbf{R}$，则广义积分$\int_a^{+\infty}\{\lambda f(x)+\mu g(x)\}\mathrm{d}x$ 也收敛，且有

$$\int_a^{+\infty}\{\lambda f(x)+\mu g(x)\}\mathrm{d}x=\lambda\int_a^{+\infty}f(x)\mathrm{d}x+\mu\int_a^{+\infty}g(x)\mathrm{d}x.$$

定理 10.1.2　设实数 $a<b$,则广义积分 $\int_a^{+\infty}f(x)\mathrm{d}x$ 与 $\int_b^{+\infty}f(x)\mathrm{d}x$ 同时敛散,当收敛时还有

$$\int_a^{+\infty}f(x)\mathrm{d}x=\int_a^b f(x)\mathrm{d}x+\int_b^{+\infty}f(x)\mathrm{d}x.$$

如果 $F(+\infty)=\lim\limits_{x\to+\infty}F(x)$,则对于广义积分也有相应的微积分基本公式和分部积分公式成立.

定理 10.1.3　设 $f(x)$在$[a,+\infty)$上连续且 $F(x)$是它的一个原函数,则有

$$\int_a^{+\infty}f(x)\mathrm{d}x=F(x)\Big|_a^{+\infty}=F(+\infty)-F(a).$$

定理 10.1.4　设 $F(x)$和 $g(x)$都在$[a,+\infty)$上连续可导且 $F'(x)=f(x)$.如果下面的等式中有两项存在,则第三项也存在,且有

$$\int_a^{+\infty}f(x)g(x)\mathrm{d}x=[F(x)g(x)]\Big|_a^{+\infty}-\int_a^{+\infty}F(x)g'(x)\mathrm{d}x.$$

定理 10.1.5(柯西收敛原理)　广义积分 $\int_a^{+\infty}f(x)\mathrm{d}x$ 收敛的充分必要条件是对任何 $\varepsilon>0$,都存在 $A>a$,使当 $A_2>A_1>A$ 时,就有

$$\left|\int_{A_1}^{A_2}f(x)\mathrm{d}x\right|<\varepsilon.$$

类似地可定义函数 $f(x)$ 在区间$(-\infty,a]$上的广义积分.对于区间$(-\infty,+\infty)$上的广义积分可定义如下:如果存在实数 a,使得广义积分 $\int_{-\infty}^a f(x)\mathrm{d}x$ 和 $\int_a^{+\infty}f(x)\mathrm{d}x$ 都收敛,则称广义积分 $\int_{-\infty}^{+\infty}f(x)\mathrm{d}x$ 收敛,且有

$$\int_{-\infty}^{+\infty}f(x)\mathrm{d}x=\int_{-\infty}^a f(x)\mathrm{d}x+\int_a^{+\infty}f(x)\mathrm{d}x.\qquad(10.1.1)$$

否则,即当(10.1.1)式右端的两个广义积分中至少一个发散时,就称广义积分 $\int_{-\infty}^{+\infty}f(x)\mathrm{d}x$ 发散.

由定理 10.1.2 知,广义积分 $\int_{-\infty}^{+\infty}f(x)\mathrm{d}x$ 的敛散性及收敛时的积分值都与实数 a 的选取无关.若把广义积分 $\int_{-\infty}^{+\infty}f(x)\mathrm{d}x$ 写成极限的形式,则有

$$\int_{-\infty}^{+\infty}f(x)\mathrm{d}x=\lim_{\substack{A\to+\infty\\A'\to-\infty}}\int_{A'}^{A}f(x)\mathrm{d}x,\qquad(10.1.2)$$

其中 $A\to+\infty$ 与 $A'\to-\infty$ 的过程是相互独立的. 当上式右端极限存在时,称左端的广义积分收敛;否则就称左端的广义积分发散. 此外,对于广义积分 $\int_{-\infty}^{a}f(x)\mathrm{d}x$ 和 $\int_{-\infty}^{+\infty}f(x)\mathrm{d}x$,定理 10.1.1 ~ 10.1.5 照样成立.

例 10.1.1 讨论广义积分 $\int_{1}^{+\infty}\frac{\mathrm{d}x}{x^p}(p>0)$ 的敛散性.

解 因为当 $A>1$ 时有

$$\int_1^A\frac{\mathrm{d}x}{x^p}=\begin{cases}\ln A, & 当\ p=1,\\ \dfrac{1}{1-p}(A^{1-p}-1), & 当\ p\neq1,\end{cases}$$

所以

$$\int_1^{+\infty}\frac{\mathrm{d}x}{x^p}=\lim_{A\to+\infty}\int_1^A\frac{\mathrm{d}x}{x^p}=\begin{cases}\dfrac{1}{p-1}, & 当\ p>1,\\ +\infty, & 当\ p\leqslant1.\end{cases}$$

按定义知广义积分 $\int_1^{+\infty}\frac{\mathrm{d}x}{x^p}$ 于 $p>1$ 时收敛而于 $p\leqslant1$ 时发散.

例 10.1.2 判定下列各积分的敛散性:

(i) $\int_0^{+\infty}\mathrm{e}^{-x}\mathrm{d}x$; (ii) $\int_0^{+\infty}x\mathrm{e}^{-x}\mathrm{d}x$.

解 (i) 按微积分基本公式有

$$\int_0^{+\infty}\mathrm{e}^{-x}\mathrm{d}x=-\mathrm{e}^{-x}\Big|_0^{+\infty}=1.$$

按定义知广义积分 $\int_0^{+\infty}\mathrm{e}^{-x}\mathrm{d}x$ 收敛.

(ii) 按定理 10.1.4 中的分部积分公式有

$$\int_0^{+\infty}x\mathrm{e}^{-x}\mathrm{d}x=-x\mathrm{e}^{-x}\Big|_0^{+\infty}+\int_0^{+\infty}\mathrm{e}^{-x}\mathrm{d}x.$$

上式中右端两项都存在,从而由定理 10.1.4 知左端的广义积分也存在,即广义积分 $\int_0^{+\infty}x\mathrm{e}^{-x}\mathrm{d}x$ 收敛.

例 10.1.3 求证广义积分 $\int_0^{+\infty}\cos x\mathrm{d}x$ 发散.

证 因为

$$\int_0^A\cos x\mathrm{d}x=\sin A-\sin0=\sin A,$$

所以极限

$$\lim_{A\to+\infty}\int_0^A \cos x\,\mathrm{d}x = \lim_{A\to+\infty}\sin A$$

不存在.按定义知广义积分$\int_0^{+\infty}\cos x\,\mathrm{d}x$ 发散.

例 10.1.4　求证广义积分$\int_0^{+\infty}\frac{\sin x}{x}\mathrm{d}x$ 收敛,其中被积函数在 $x=0$ 的值定义为 1.

证　对任何 $A_2>A_1>0$,按分部积分公式有

$$\int_{A_1}^{A_2}\frac{\sin x}{x}\mathrm{d}x = -\left.\frac{\cos x}{x}\right|_{A_1}^{A_2} - \int_{A_1}^{A_2}\frac{\cos x}{x^2}\mathrm{d}x.$$

从而有

$$\left|\int_{A_1}^{A_2}\frac{\sin x}{x}\mathrm{d}x\right| \leqslant \frac{1}{A_1}+\frac{1}{A_2}+\int_{A_1}^{A_2}\frac{\mathrm{d}x}{x^2} = \frac{2}{A_1}.$$

对于任给的 $\varepsilon>0$,取 $A=\frac{2}{\varepsilon}$,于是当 $A_2>A_1>A$ 时,就有

$$\left|\int_{A_1}^{A_2}\frac{\sin x}{x}\mathrm{d}x\right| \leqslant \frac{2}{A_1} < \frac{2}{A} = \varepsilon.$$

由柯西收敛原理知广义积分$\int_0^{+\infty}\frac{\sin x}{x}\mathrm{d}x$ 收敛.

像级数一样,对于广义积分,也有各种各样的判别法.先介绍被积函数非负的广义积分的判别法.

定理 10.1.6(比较判别法)　设当 $x\geqslant b\geqslant a$ 时,$g(x)\geqslant f(x)\geqslant 0$,且对于任何 $A>a$,函数 $f(x)$ 和 $g(x)$ 都在$[a,A]$上可积,于是有

(i) 若$\int_a^{+\infty}g(x)\mathrm{d}x$ 收敛,则$\int_a^{+\infty}f(x)\mathrm{d}x$ 也收敛;

(ii) 若$\int_a^{+\infty}f(x)\mathrm{d}x$ 发散,则$\int_a^{+\infty}g(x)\mathrm{d}x$ 也发散.

证　(i) 对任给的 $\varepsilon>0$.由于$\int_a^{+\infty}g(x)\mathrm{d}x$ 收敛,故有 $A'>a$,使得 $A_2>A_1>A'$ 时,就有

$$\left|\int_{A_1}^{A_2}g(x)\mathrm{d}x\right| < \varepsilon.$$

又因为当 $x\geqslant b$ 时,$g(x)\geqslant f(x)\geqslant 0$,故当 $A_2>A_1>A=\max\{A',b\}$时,就有

$$\left|\int_{A_1}^{A_2}f(x)\mathrm{d}x\right| = \int_{A_1}^{A_2}f(x)\mathrm{d}x \leqslant \int_{A_1}^{A_2}g(x)\mathrm{d}x$$

$$= \left|\int_{A_1}^{A_2} g(x)\mathrm{d}x\right| < \varepsilon.$$

由柯西收敛原理知广义积分$\int_a^{+\infty} f(x)\mathrm{d}x$ 收敛.

(ii) 若广义积分$\int_a^{+\infty} g(x)\mathrm{d}x$ 收敛,则由(i) 知$\int_a^{+\infty} f(x)\mathrm{d}x$ 也收敛,此与已知$\int_a^{+\infty} f(x)\mathrm{d}x$ 发散矛盾.故知广义积分$\int_a^{+\infty} g(x)\mathrm{d}x$ 发散.

定理 10.1.6′(比较判别法的极限形式) 设当 $x \geqslant b \geqslant a$ 时,$f(x) \geqslant 0$,$g(x) \geqslant 0$,对任何 $A > a$,$f(x)$和 $g(x)$都在$[a, A]$上可积且有

$$\lim_{x\to+\infty} \frac{f(x)}{g(x)} = l.$$

于是有:

(i) 若 $0 < l < +\infty$,则广义积分$\int_a^{+\infty} f(x)\mathrm{d}x$ 与$\int_a^{+\infty} g(x)\mathrm{d}x$ 同时敛散;

(ii) 若 $l = 0$,则当$\int_a^{+\infty} g(x)\mathrm{d}x$ 收敛时,$\int_a^{+\infty} f(x)\mathrm{d}x$ 也收敛;

(iii) 若 $l = +\infty$,则当$\int_a^{+\infty} g(x)\mathrm{d}x$ 发散时,$\int_a^{+\infty} f(x)\mathrm{d}x$ 也发散.

证明很容易从定理 10.1.5 导出,这里从略.

把例 10.1.1 中的函数 $g(x) = \frac{C}{x^p}(C > 0)$ 作为比较函数,可以得到一个相当有用的判别法.

定理 10.1.7(柯西判别法) 设函数 $f(x)$ 于$[a, +\infty)$ 上非负且对任何 $A > a$,$f(x)$ 在$[a, A]$ 上可积,于是有:

(i) 若对某 $p > 1, C > 0$,在$[a, +\infty)$ 上有 $0 \leqslant f(x) \leqslant \frac{C}{x^p}$,则广义积分$\int_a^{+\infty} f(x)\mathrm{d}x$ 收敛;

(ii) 若对某 $p \leqslant 1$,在$[a, +\infty)$ 上有 $0 \leqslant \frac{C}{x^p} \leqslant f(x)$,则广义积分$\int_a^{+\infty} f(x)\mathrm{d}x$ 发散.

定理 10.1.7′(柯西判别法的极限形式) 设函数 $f(x)$ 于$[a, +\infty)$ 上非负且对任何 $A > a$,在$[a, A]$ 上可积,又设

$$\lim_{x\to+\infty} x^p f(x) = l.$$

于是有:

(i) 若 $p>1$ 且 $0\leqslant l<+\infty$,则$\int_a^{+\infty}f(x)\mathrm{d}x$ 收敛;

(ii) 若 $p\leqslant 1$ 且 $0<l\leqslant+\infty$,则$\int_a^{+\infty}f(x)\mathrm{d}x$ 发散.

柯西判别法稍加变化还可以写成阶的估计法:在定理 10.1.7 的条件下有:

(i) 若 $p>1$ 且 $f(x)=O(x^{-p})(x\to+\infty)$,则$\int_a^{+\infty}f(x)\mathrm{d}x$ 收敛;

(ii) 若 $p\leqslant 1$ 且 $f(x)=O^{\#}(x^{-p})(x\to+\infty)$,则$\int_a^{+\infty}f(x)\mathrm{d}x$ 发散.

例 10.1.5　判定下列各积分的敛散性:

(i) $\int_0^{+\infty}\frac{\mathrm{d}x}{\mathrm{e}^x+1}$;　　(ii) $\int_0^{+\infty}\frac{\mathrm{d}x}{\sqrt[3]{x^3+x+1}}$;

(iii) $\int_1^{+\infty}\frac{\mathrm{d}x}{x(1+\ln x)}$; (iv) $\int_0^{+\infty}\frac{\arctan x}{1+x^2}\mathrm{d}x$.

解　(i) 因为

$$\frac{1}{\mathrm{e}^x+1}<\frac{1}{\mathrm{e}^x},$$

而由例10.1.2之(i)知$\int_0^{+\infty}\frac{\mathrm{d}x}{\mathrm{e}^x}$收敛,故由比较判别法知广义积分$\int_0^{+\infty}\frac{\mathrm{d}x}{\mathrm{e}^x+1}$收敛.

(ii) 因为

$$\lim_{x\to+\infty}\frac{x}{\sqrt[3]{x^3+x+1}}=1,$$

故由阶的估计法知广义积分$\int_0^{+\infty}\frac{\mathrm{d}x}{\sqrt[3]{x^3+x+1}}$发散.

(iii) 因为对任何 $A>\mathrm{e}$,都有

$$\begin{aligned}\int_{\mathrm{e}}^{A}\frac{\mathrm{d}x}{x\ln x}&=\int_1^{\ln A}\frac{\mathrm{d}t}{t}=\ln t\Big|_1^{\ln A}\\&=\ln\ln A\to+\infty(A\to+\infty),\end{aligned}$$

所以广义积分$\int_{\mathrm{e}}^{+\infty}\frac{\mathrm{d}x}{x\ln x}$发散.又因

$$\lim_{x\to+\infty}\frac{x\ln x}{x(1+\ln x)}=1,$$

故由比较判别法知广义积分$\int_{\mathrm{e}}^{+\infty}\frac{\mathrm{d}x}{x(1+\ln x)}$发散,从而广义积分

$\int_1^{+\infty} \frac{\mathrm{d}x}{x(1+\ln x)}$ 也发散.

(iv) 因为

$$\frac{\arctan x}{1+x^2} = O(x^{-2}),$$

所以由阶的估计法知广义积分$\int_0^{+\infty} \frac{\arctan x}{1+x^2}\mathrm{d}x$ 收敛.

和级数相仿,广义积分也有绝对收敛和条件收敛的概念.

定义 10.1.2 设函数 $f(x)$ 对任何 $A > a$,都在$[a,A]$上可积.

(i) 若广义积分$\int_a^{+\infty} |f(x)| \mathrm{d}x$ 收敛,则称广义积分$\int_a^{+\infty} f(x)\mathrm{d}x$ 绝对收敛;

(ii) 若广义积分$\int_a^{+\infty} f(x)\mathrm{d}x$ 收敛而广义积分$\int_a^{+\infty} |f(x)| \mathrm{d}x$ 发散,则称$\int_a^{+\infty} f(x)\mathrm{d}x$ 条件收敛.

用柯西收敛原理容易推得,绝对收敛的广义积分一定收敛.

显然,前面的比较判别法,柯西判别法和阶的估计法都只能判定广义积分的绝对收敛性.对于条件收敛的广义积分,无法用它们来判定敛散性.这时,要用到与级数判别法同名的阿贝尔判别法和狄利克雷判别法.为此,首先给出与阿贝尔求和公式作用相同的积分第二中值定理.

定理 10.1.8 设 $f(x)$在$[a,b]$上可积,

(i) 若 $g(x)$在$[a,b]$上非负递增,则存在 $\xi\in[a,b]$,使得

$$\int_a^b f(x)g(x)\mathrm{d}x = g(b)\int_\xi^b f(x)\mathrm{d}x; \tag{10.1.3}$$

(ii) 若 $g(x)$在$[a,b]$上非负递减,则存在 $\xi\in[a,b]$,使得

$$\int_a^b f(x)g(x)\mathrm{d}x = g(a)\int_a^\xi f(x)\mathrm{d}x; \tag{10.1.4}$$

(iii) 若 $g(x)$在$[a,b]$上单调,则存在 $\xi\in[a,b]$,使得

$$\int_a^b f(x)g(x)\mathrm{d}x = g(a)\int_a^\xi f(x)\mathrm{d}x + g(b)\int_\xi^b f(x)\mathrm{d}x. \tag{10.1.5}$$

证 按已知,$f(x)$和 $g(x)$都在$[a,b]$上可积,所以 $f(x)g(x)$也在$[a,b]$上可积.先证(i),然后再由它推出(ii)和(iii).

(i) 对于$[a,b]$上的任一网 $T: a=x_0<x_1<\cdots<x_n=b$,用 ω_i 表示$g(x)$在$[x_{i-1},x_i]$上的振幅,L 表示$|f(x)|$在$[a,b]$上的上界,于是可以改写

$$\int_a^b f(x)g(x)\mathrm{d}x = \sum_{k=1}^{n}\int_{x_{k-1}}^{x_k} f(x)g(x)\mathrm{d}x$$
$$= \sum_{k=1}^{n} g(x_k)\int_{x_{k-1}}^{x_k} f(x)\mathrm{d}x$$
$$+ \sum_{k=1}^{n}\int_{x_{k-1}}^{x_k} f(x)[g(x) - g(x_k)]\mathrm{d}x. \quad (10.1.6)$$

将(10.1.6)式右端第 1 项记为 $\sigma(T)$,第 2 项记为 $\rho(T)$. 对于 $\rho(T)$,我们有估计式

$$|\rho(T)| = \left|\sum_{k=1}^{n}\int_{x_{k-1}}^{x_k} f(x)[g(x) - g(x_k)]\mathrm{d}x\right|$$
$$\leqslant \sum_{k=1}^{n}\int_{x_{k-1}}^{x_k} |f(x)||g(x) - g(x_k)|\mathrm{d}x$$
$$\leqslant L\sum_{k=1}^{n}\omega_k\Delta x_k.$$

因为 $g(x)$ 可积,故有 $\sum_{k=1}^{n}\omega_k\Delta x_k \to 0$, $(\|T\| \to 0)$ 所以有 $\rho(T) \to 0(\|T\| \to 0)$.

在(10.1.6)式中令 $\|T\| \to 0$ 取极限,得到

$$\int_a^b f(x)g(x)\mathrm{d}x = \lim_{\|T\|\to 0}\sigma(T)$$
$$= \lim_{\|T\|\to 0}\sum_{k=1}^{n} g(x_k)\int_{x_{k-1}}^{x_k} f(x)\mathrm{d}x. \quad (10.1.7)$$

令 $F(x) = \int_x^b f(t)\mathrm{d}t$,于是 $F(x)$ 为 $[a,b]$ 上的连续函数,从而有最大值 M 和最小值 m. 按 $F(x)$ 定义有 $\int_{x_{k-1}}^{x_k} f(x)\mathrm{d}x = F(x_{k-1}) - F(x_k)$, $F(x_n) = F(b) = 0$. 因而有

$$\sigma(T) = \sum_{k=1}^{n} g(x_k)[F(x_{k-1}) - F(x_k)]$$
$$= \sum_{k=1}^{n} g(x_k)F(x_{k-1}) - \sum_{k=1}^{n} g(x_k)F(x_k)$$
$$= g(x_1)F(x_0) + \sum_{k=2}^{n} g(x_k)F(x_{k-1}) - \sum_{k=1}^{n-1} g(x_k)F(x_k)$$
$$= g(x_1)F(x_0) + \sum_{k=1}^{n-1}[g(x_{k+1}) - g(x_k)]F(x_k).$$

因为 $g(x)$ 非负递增,故有 $g(x_1)\geqslant 0, g(x_{k+1})-g(x_k)\geqslant 0, k=1,2,\cdots,n-1$,所以

$$\sigma(T)\leqslant M\left\{g(x_1)+\sum_{k=1}^{n-1}[g(x_{k+1})-g(x_k)]\right\}=Mg(b),$$

$$\sigma(T)\geqslant m\left\{g(x_1)+\sum_{k=1}^{n-1}[g(x_{k+1})-g(x_k)]\right\}=mg(b),$$

即对任何 T,都有

$$mg(b)\leqslant\sigma(T)\leqslant Mg(b).$$

由(10.1.7)式知 $\lim\limits_{\|T\|\to 0}\sigma(T)$ 存在,故由上式取极限得到

$$mg(b)\leqslant\lim_{\|T\|\to 0}\sigma(T)\leqslant Mg(b).$$

由 $F(x)$ 在 $[a,b]$ 上的连续性知存在 $\xi\in[a,b]$,使得

$$\int_a^b f(x)g(x)\mathrm{d}x=\lim_{\|T\|\to 0}\sigma(T)=F(\xi)g(b)=g(b)\int_\xi^b f(x)\mathrm{d}x,$$

(10.1.3)式得证.

(ii) 令 $x=a+b-t$,于是 $t=a+b-x,\mathrm{d}x=-\mathrm{d}t$.再令 $F(t)=f(a+b-t),G(t)=g(a+b-t)$,于是有

$$\int_a^b f(x)g(x)\mathrm{d}t=\int_a^b f(a+b-t)g(a+b-t)\mathrm{d}t$$

$$=\int_a^b F(t)G(t)\mathrm{d}t.\tag{10.1.8}$$

因为 $g(x)$ 在 $[a,b]$ 上非负递减,所以 $G(t)$ 在 $[a,b]$ 上非负递增,满足(i)中的条件.于是由(i)知存在 $\xi'\in[a,b]$,使得

$$\int_a^b F(t)G(t)\mathrm{d}t=G(b)\int_{\xi'}^b F(t)\mathrm{d}t=g(a)\int_{\xi'}^b f(a+b-t)\mathrm{d}t.$$

令 $\xi=a+b-\xi'$,因 $\xi'\in[a,b]$,故 $\xi\in[a,b]$ 且有

$$\int_a^b F(t)G(t)\mathrm{d}t=g(a)\int_{\xi'}^b f(a+b-t)\mathrm{d}t$$

$$=g(a)\int_a^\xi f(x)\mathrm{d}x.\tag{10.1.9}$$

由(10.1.8)式和(10.1.9)式即得(10.1.4)式.

(iii) 先设 $g(x)$ 在 $[a,b]$ 上递增.令 $\varphi(x)=g(x)-g(a)$,于是 $\varphi(x)$ 在 $[a,b]$ 上非负递增,满足(i)中的条件,故有 $\xi\in[a,b]$,使得

$$\int_a^b f(x)[g(x)-g(a)]\mathrm{d}x=\int_a^b f(x)\varphi(x)\mathrm{d}x=\varphi(b)\int_\xi^b f(x)\mathrm{d}x$$

$$= [g(b) - g(a)]\int_{\xi}^{b} f(x)\mathrm{d}x,$$

移项即得

$$\int_a^b f(x)g(x)\mathrm{d}x = g(b)\int_{\xi}^{b} f(x)\mathrm{d}x + g(a)\int_a^{\xi} f(x)\mathrm{d}x.$$

若 $g(x)$在$[a,b]$上递减,令 $\psi(x)=g(x)-g(b)$,于是 $\psi(x)$在$[a,b]$上非负递减,满足(ii)中的条件,类似地可得(10.1.5)式.

定理 10.1.9(阿贝尔判别法)　若广义积分$\int_a^{+\infty} f(x)\mathrm{d}x$ 收敛,函数 $g(x)$ 在$[a,+\infty)$ 上单调有界,则广义积分$\int_a^{+\infty} f(x)g(x)\mathrm{d}x$ 收敛.

证　对任何 $A_2>A_1\geqslant a$,由积分第二中值定理有

$$\int_{A_1}^{A_2} f(x)g(x)\mathrm{d}x = g(A_1)\int_{A_1}^{\xi} f(x)\mathrm{d}x + g(A_2)\int_{\xi}^{A_2} f(x)\mathrm{d}x. \tag{10.1.10}$$

因为 $g(x)$有界,故有 M,使得

$$|g(x)|\leqslant M,\quad a\leqslant x<+\infty. \tag{10.1.11}$$

又因广义积分$\int_a^{+\infty} f(x)\mathrm{d}x$ 收敛,由柯西收敛原理知于任何 $\varepsilon>0$,都存在 $X>a$,使当 $A_2>A_1>X$ 时,就有

$$\left|\int_{A_1}^{A_2} f(x)\mathrm{d}x\right|<\varepsilon. \tag{10.1.12}$$

因此当 $A_2>A_1>X$ 时,由(10.1.10)~(10.1.12)式便得

$$\left|\int_{A_1}^{A_2} f(x)g(x)\mathrm{d}x\right|\leqslant |g(A_1)|\left|\int_{A_1}^{\xi} f(x)\mathrm{d}x\right|+|g(A_2)|\left|\int_{\xi}^{A_2} f(x)\mathrm{d}x\right|$$
$$<2M\varepsilon.$$

再由柯西收敛原理知广义积分$\int_a^{+\infty} f(x)g(x)\mathrm{d}x$ 收敛.

定理 10.1.10(狄利克雷判别法)　若 $F(A)=\int_a^A f(x)\mathrm{d}x$ 在$[a,+\infty)$上有界,函数 $g(x)$ 在$[a,+\infty)$ 上单调且 $\lim\limits_{x\to+\infty} g(x)=0$,则广义积分 $\int_a^{+\infty} f(x)g(x)\mathrm{d}x$ 收敛.

证　因为 $\lim\limits_{x\to+\infty} g(x)=0$,故对任给的 $\varepsilon>0$,都有 $X>a$,使当 $x>X$ 时,就有

$$|g(x)| < \varepsilon. \tag{10.1.13}$$

又因 $F(A)$有界,故有 $M>0$,使得$|F(A)|\leqslant M$ 对所有$A>a$ 都成立.所以有

$$\left|\int_{A_1}^{A_2} f(x)\mathrm{d}x\right| = |F(A_2) - F(A_1)| \leqslant 2M. \tag{10.1.14}$$

于是当 $A_2>A_1>X$ 时,由(10.1.10),(10.1.13)和(10.1.14)式有

$$\left|\int_{A_1}^{A_2} f(x)g(x)\mathrm{d}x\right| \leqslant |g(A_1)| \left|\int_{A_1}^{\xi} f(x)\mathrm{d}x\right| + |g(A_2)| \left|\int_{\xi}^{A_2} f(x)\mathrm{d}x\right|$$
$$< 4M\varepsilon.$$

由柯西收敛原理知广义积分$\int_a^{+\infty} f(x)g(x)\mathrm{d}x$ 收敛.

例 10.1.6 讨论广义积分$\int_1^{+\infty} \frac{\sin x}{x^p}\mathrm{d}x \quad (p>0)$的绝对收敛性和条件收敛性.

解 (i) 当 $p>1$ 时,$\frac{|\sin x|}{x^p} \leqslant \frac{1}{x^p}$,而广义积分$\int_1^{+\infty}\frac{\mathrm{d}x}{x^p}$ 收敛,故由比较判别法知$\int_1^{+\infty}\frac{\sin x}{x^p}\mathrm{d}x$ 绝对收敛.

(ii) 因为对任何 $A>1$,都有$\left|\int_1^A \sin x\mathrm{d}x\right| \leqslant 2$,且对 $p>0$,x^{-p} 单调且$\lim\limits_{x\to+\infty} x^{-p} = 0$,所以由狄利克雷判别法知广义积分$\int_1^{+\infty}\frac{\sin x}{x^p}\mathrm{d}x$ 收敛.

(iii) 当$0<p\leqslant 1$ 时,我们有

$$\frac{|\sin x|}{x^p} \geqslant \frac{|\sin x|}{x} \geqslant \frac{\sin^2 x}{x} = \frac{1-\cos 2x}{2x} = \frac{1}{2x} - \frac{\cos 2x}{2x}.$$

像(ii)中一样地可以证明广义积分$\int_1^{+\infty}\frac{\cos 2x}{2x}\mathrm{d}x$ 收敛.因为$\int_1^{+\infty}\frac{\mathrm{d}x}{2x}$ 发散,所以$\int_1^{+\infty}\frac{\sin^2 x}{x}\mathrm{d}x$ 发散.再由比较判别法即知$\int_1^{+\infty}\frac{|\sin x|}{x^p}\mathrm{d}x$ 发散.

综上可知,所论广义积分于 $p>1$ 时绝对收敛而于 $0<p\leqslant 1$ 时条件收敛.

上一章中讲到正项级数时,有积分判别法,它体现了离散的级数和连续的积分之间的联系.实际上,在级数的积分判别法中用到的积分,恰好就是现在所说的广义积分.我们自然要问,级数和广义积分之间的联系是否也可以导致广义积分敛散性的级数判别法呢?答案是肯定的.

设 $F(A)=\int_a^A f(x)\mathrm{d}x$,按定义知极限 $\lim\limits_{A\to+\infty}F(A)$存在与否就决定了广义

积分$\int_a^{+\infty} f(x)\mathrm{d}x$ 收敛与否. 由函数极限与数列极限的关系又知, $\lim\limits_{A\to+\infty} F(A)$ 存在的充分必要条件是对任何数列$\{A_n\}$: $A_n > a$. $A_n \to +\infty$, 数列$\{F(A_n)\}$ 都收敛且有同一极限值. 特别地, 当 $f(x)$ 在$[a, +\infty)$ 上非负时, $F(A)$ 在$[a, +\infty)$ 上递增. 这时, 只要有一个数列$\{F(A_n)\}$ 收敛或发散就可以断定极限 $\lim\limits_{A\to+\infty} F(A)$ 存在与否, 从而就可以判定广义积分$\int_a^{+\infty} f(x)\mathrm{d}x$ 的敛散性.

定理 10.1.11(级数判别法) 设函数 $f(x)$在$[a, +\infty)$上非负且对任何 $A>a$, $f(x)$都在$[a, A]$上可积. 又设有严格递增数列$\{A_n\}$: $A_0 = a$, $A_n\to +\infty (n\to\infty)$. 令

$$u_n = \int_{A_{n-1}}^{A_n} f(x)\mathrm{d}x, \quad n = 1,2,\cdots$$

则正项级数$\sum u_n$ 与广义积分$\int_a^{+\infty} f(x)\mathrm{d}x$ 同时敛散.

证 按定义, 级数$\sum u_n$ 的部分和

$$S_n = \sum_{k=1}^{n} u_k = \int_a^{A_n} f(x)\mathrm{d}x = F(A_n).$$

由此可知正项级数$\sum u_n$ 收敛当且仅当数列$\{F(A_n)\}$ 收敛. 这又当且仅当函数极限 $\lim\limits_{A\to+\infty} F(A)$ 存在, 即当且仅当广义积分$\int_a^{+\infty} f(x)\mathrm{d}x$ 收敛.

例 10.1.7 讨论广义积分$\int_0^{+\infty} x^p e^{-x^8\sin^2 x}dx \quad (p>0)$ 的敛散性.

解 将所论积分写成级数:

$$\begin{aligned}\int_0^{+\infty} x^p \mathrm{e}^{-x^8\sin^2 x}\mathrm{d}x &= \sum_{k=0}^{\infty}\int_{k\pi}^{(k+1)\pi} x^p \mathrm{e}^{-x^8\sin^2 x}\mathrm{d}x \\ &= \sum_{k=0}^{\infty}\left\{\int_0^{\frac{\pi}{2}} (k\pi+t)^p \mathrm{e}^{-(k\pi+t)^8\sin^2 t}\mathrm{d}t\right. \\ &\quad \left. + \int_0^{\frac{\pi}{2}} [(k+1)\pi - t]^p \mathrm{e}^{-[(k+1)\pi-t]^8\sin^2 t}\mathrm{d}t\right\}.\end{aligned}$$

令

$$\begin{aligned} u_k &= \int_0^{\frac{\pi}{2}} (k\pi+t)^p \mathrm{e}^{-(k\pi+t)^8\sin^2 t}\mathrm{d}t, \\ v_k &= \int_0^{\frac{\pi}{2}} [(k+1)\pi - t]^p \mathrm{e}^{-[(k+1)\pi-t]^8\sin^2 t}\mathrm{d}t, \end{aligned} \qquad (10.1.15)$$

于是有

$$\int_0^{+\infty} x^p \mathrm{e}^{-x^8 \sin^2 x} \mathrm{d}x = \sum_{k=0}^{\infty} u_k + \sum_{k=0}^{\infty} v_k. \tag{10.1.16}$$

考察级数 $\sum u_k$ 的敛散性. 因为在 $0 \leqslant t \leqslant \frac{\pi}{2}$ 时有 $\frac{2}{\pi} t \leqslant \sin t \leqslant t$，故有

$$\begin{aligned}(k\pi)^p \mathrm{e}^{-[(k+1)\pi]^8 t^2} &\leqslant (k\pi + t)^p \mathrm{e}^{-(k\pi+t)^8 \sin^2 t} \\ &\leqslant [(k+1)\pi]^p \mathrm{e}^{-(k\pi)^8 (\frac{2t}{\pi})^2}.\end{aligned} \tag{10.1.17}$$

因为

$$\begin{aligned}(k\pi)^p \int_0^{\frac{\pi}{2}} e^{-[(k+1)\pi]^8 t^2} \mathrm{d}t &= \frac{(k\pi)^p}{[(k+1)\pi]^4} \int_0^{[(k+1)\pi]^4 \frac{\pi}{2}} \mathrm{e}^{-s^2} \mathrm{d}s \\ &= O^{\#}(k^{p-4}),\end{aligned}$$

$$[(k+1)\pi]^p \int_0^{\frac{\pi}{2}} \mathrm{e}^{-(k\pi)^8 (\frac{2t}{\pi})^2} \mathrm{d}t = O^{\#}(k^{p-4}),$$

故由阶的估计法知两个级数

$$\sum (k\pi)^p \int_0^{\frac{\pi}{2}} \mathrm{e}^{-[(k+1)\pi]^8 t^2} \mathrm{d}t,$$

$$\sum [(k+1)\pi]^p \int_0^{\frac{\pi}{2}} \mathrm{e}^{-(k\pi)^8 (\frac{2t}{\pi})^2} \mathrm{d}t$$

都于 $p < 3$ 时收敛而于 $p \geqslant 3$ 时发散. 据(10.1.17)式由比较判别法知级数 $\sum u_k$ 于 $p < 3$ 时收敛而于 $p \geqslant 3$ 时发散. 同理可证级数 $\sum v_k$ 也是如此. 从而由级数判别法知所论广义积分于 $p < 3$ 时收敛而于 $p \geqslant 3$ 时发散.

§10.2　无界函数的广义积分

本节来介绍无界函数的广义积分. 设 $f(x)$ 在 $[a,b]$(或 (a,b))上无界. 如果对于点 $x_0 \in [a,b]$ 的任何邻域 $N(x_0,\varepsilon)$，$f(x)$ 都在 $N(x_0,\varepsilon)$ 中无界，则称点 x_0 为 $f(x)$ 的一个奇点. 我们以端点 b 为 $f(x)$ 惟一奇点的情形为代表来阐述无界函数的广义积分的定义和各种性质.

定义 10.2.1　设函数 $f(x)$ 在区间 $[a,b)$ 上有定义，b 是 $f(x)$ 的惟一奇点且对任何 $\delta > 0$，$f(x)$ 都在 $[a, b-\delta]$ 上可积. 如果函数极限

$$\lim_{\delta \to 0^+} \int_a^{b-\delta} f(x) \mathrm{d}x = I \tag{10.2.1}$$

存在，则称 $f(x)$ 在 $[a,b)$ 上的广义积分存在或收敛，并称实数 I 为此广义积分的值，记为

$$\int_a^b f(x)\mathrm{d}x = \lim_{\delta\to 0^+}\int_a^{b-\delta} f(x)\mathrm{d}x = I.$$

否则就称 $f(x)$ 在 $[a,b)$ 上的广义积分 $\int_a^b f(x)\mathrm{d}x$ 发散.

当 $\lim\limits_{\delta\to 0^+}\int_a^{b-\delta} f(x)\mathrm{d}x = \pm\infty$ 时,称广义积分 $\int_a^b f(x)\mathrm{d}x$ 发散到 $\pm\infty$,记为 $\int_a^b f(x)\mathrm{d}x = \pm\infty$.

像 §10.1 中一样,由定义立即可得一系列的性质和判定定理.

定理 10.2.1　设函数 $f(x)$ 和 $g(x)$ 都在 $[a,b)$ 上有定义且都以 b 为惟一奇点,广义积分 $\int_a^b f(x)\mathrm{d}x$ 和 $\int_a^b g(x)\mathrm{d}x$ 都收敛,$\lambda,\mu\in\mathbf{R}$,则广义积分 $\int_a^b \{\lambda f(x)+\mu g(x)\}\mathrm{d}x$ 也收敛,且有

$$\int_a^b \{\lambda f(x)+\mu g(x)\}\mathrm{d}x = \lambda\int_a^b f(x)\mathrm{d}x + \mu\int_a^b g(x)\mathrm{d}x.$$

定理 10.2.2　设 b 为 $f(x)$ 在 $[a,b]$ 上的惟一奇点,$c\in(a,b)$,则广义积分 $\int_a^b f(x)\mathrm{d}x$ 与 $\int_c^b f(x)\mathrm{d}x$ 同时敛散,当收敛时还有

$$\int_a^b f(x)\mathrm{d}x = \int_a^c f(x)\mathrm{d}x + \int_c^b f(x)\mathrm{d}x.$$

定理 10.2.3　设 $F(x)$ 和 $g(x)$ 都在 $[a,b)$ 上连续可导且 $F'(x)=f(x)$. 如果下面的等式中有两项存在,则第 3 项也存在,且有

$$\int_a^b f(x)g(x)\mathrm{d}x = [F(x)g(x)]\Big|_a^b - \int_a^b F(x)g'(x)\mathrm{d}x,$$

其中右端第一项在点 b 的取值理解为 $x\to b^-$ 的极限值. 易见,这个公式与定积分的分部积分公式完全一样.

定理 10.2.4　设 $f(x)$ 在 $[a,b)$ 上连续,b 是 $f(x)$ 的惟一奇点或 $b=+\infty$,$x=\varphi(t)$ 在 $[\alpha,\beta)$ 上递增且连续可导,$\varphi(\alpha)=a$,$\lim\limits_{t\to\beta^-}\varphi(t)=b$,于是广义积分 $\int_a^b f(x)\mathrm{d}x$ 与 $\int_\alpha^\beta f(\varphi(t))\varphi'(t)\mathrm{d}t$ 同时敛散且有

$$\int_a^b f(x)\mathrm{d}x = \int_\alpha^\beta f(\varphi(t))\varphi'(t)\mathrm{d}t.$$

注意,上式中的后一个积分可能是通常的定积分. 定理 10.2.3 和定理 10.2.4 只是就一种情形给出了分部积分和换元积分的公式. 对于其他情形,相应的公式也都成立.

定理 10.2.5(柯西收敛原理)　设 b 为 $f(x)$ 的惟一奇点且对任何 $a < c < b$,$f(x)$ 都在$[a,c]$上可积,于是广义积分$\int_a^b f(x)\mathrm{d}x$ 收敛的充分必要条件是对任何 $\varepsilon > 0$,都存在 $\delta > 0$,使当 $c_1, c_2 \in (b-\delta, b)$ 时,就有

$$\left|\int_{c_1}^{c_2} f(x)\mathrm{d}x\right| < \varepsilon.$$

对于左端点 a 为惟一奇点的情形,可类似地定义

$$\int_a^b f(x)\mathrm{d}x = \lim_{\delta\to 0^+}\int_{a+\delta}^b f(x)\mathrm{d}x.$$

若 $c\in[a,b]$为 $f(x)$在所论区间上的惟一奇点,则定义

$$\int_a^b f(x)\mathrm{d}x = \int_a^c f(x)\mathrm{d}x + \int_c^b f(x)\mathrm{d}x. \tag{10.2.2}$$

当右端的两个积分(其中至少有一个是广义积分)都收敛时,左端的积分收敛;否则左端的广义积分发散.

一般地,当 $f(x)$在$[a,b]$上有多于一个但为有限个奇点时,我们可以像(10.2.2)式一样地把所论积分区间分成若干段,使 $f(x)$在每段上恰有一个奇点在端点.然后分别考察每段上的广义积分,当且仅当这些小段上的所有广义积分都收敛时,称所论的广义积分收敛.

例 10.2.1　讨论广义积分$\int_a^b \frac{\mathrm{d}x}{(b-x)^p}(a<b, p>0)$ 的敛散性.

解　显然,b 是惟一奇点.由于

$$\int_a^{b-\delta}\frac{\mathrm{d}x}{(b-x)^p} = \begin{cases}\ln\dfrac{b-a}{\delta}, & p=1,\\[2mm] \dfrac{1}{1-p}\{(b-a)^{1-p}-\delta^{1-p}\}, & p\neq 1,\end{cases}$$

故有

$$\lim_{\delta\to 0^+}\int_a^{b-\delta}\frac{\mathrm{d}x}{(b-x)^p} = \begin{cases}+\infty, & p\geqslant 1,\\[2mm] \dfrac{1}{1-p}(b-a)^{1-p}, & 0<p<1.\end{cases}$$

按定义知所论积分于 $p\geqslant 1$ 时发散而于 $0<p<1$ 时收敛.

例 10.2.2　求积分$\int_0^1 \ln x\mathrm{d}x$.

解　显然,0 是惟一奇点.由定理 10.2.3 中的分部积分公式有

$$\int_0^1 \ln x\mathrm{d}x = x\ln x\Big|_0^1 - \int_0^1 \mathrm{d}x = -\int_0^1\mathrm{d}x = -1.$$

例 10.2.3　求$\int_0^{+\infty}\frac{\ln x}{1+x^2}\mathrm{d}x$.

解　显然,这个积分既是无界函数的广义积分又是无限区间上的广义积分.改写

$$\int_0^{+\infty}\frac{\ln x}{1+x^2}\mathrm{d}x=\int_0^1\frac{\ln x}{1+x^2}\mathrm{d}x+\int_1^{+\infty}\frac{\ln x}{1+x^2}\mathrm{d}x. \tag{10.2.3}$$

容易判定,上式右端的两个广义积分都收敛,从而左端的广义积分也收敛.

在(10.2.3)式右端第二项的广义积分中令$x=\frac{1}{t}$,由定理 10.2.4 的换元积分公式有

$$\int_1^{+\infty}\frac{\ln x}{1+x^2}\mathrm{d}x=\int_1^0\frac{\ln t}{1+t^2}\mathrm{d}t=-\int_0^1\frac{\ln x}{1+x^2}\mathrm{d}x. \tag{10.2.4}$$

将(10.2.4)式代入(10.2.3)式,即得

$$\int_0^{+\infty}\frac{\ln x}{1+x^2}\mathrm{d}x=0.$$

像§10.1 中一样,对于无界函数的广义积分也有同名的判别法.由于证明极其相似,这里从略.

定理 10.2.6(比较判别法)　设当$a\leqslant x<b$时,$g(x)\geqslant f(x)\geqslant 0$,且对任何$\delta>0$,$f(x)$和$g(x)$都在$[a,b-\delta]$上可积,$b$为$f(x)$和$g(x)$的惟一奇点,于是有:

(i) 若$\int_a^b g(x)\mathrm{d}x$收敛,则$\int_a^b f(x)\mathrm{d}x$也收敛;

(ii) 若$\int_a^b f(x)\mathrm{d}x$发散,则$\int_a^b g(x)\mathrm{d}x$也发散.

比较判别法的极限形式:设当$a\leqslant x<b$时,$f(x)\geqslant 0$,$g(x)\geqslant 0$,且对任何$\delta>0$,$f(x)$和$g(x)$都在$[a,b-\delta]$上可积,b为$f(x)$和$g(x)$的惟一奇点.又设

$$\lim_{x\to b^-}\frac{f(x)}{g(x)}=l.$$

于是有:

(i) 若$0<l<+\infty$,则广义积分$\int_a^b f(x)\mathrm{d}x$和$\int_a^b g(x)\mathrm{d}x$同时敛散;

(ii) 若$l=0$,则当$\int_a^b g(x)\mathrm{d}x$收敛时,$\int_a^b f(x)\mathrm{d}x$也收敛;

(iii) 若$l=+\infty$,则当$\int_a^b g(x)\mathrm{d}x$发散时,$\int_a^b f(x)\mathrm{d}x$也发散.

定理 10.2.7(柯西判别法)　设$f(x)$在$[a,b)$上非负且对任何$\delta>0$,

$f(x)$ 都在$[a, b-\delta]$上可积,b 是$f(x)$ 的惟一奇点.于是有

(i) 若对某 $0<p<1, C>0$,在$[a,b)$ 上有 $0 \leqslant f(x) \leqslant \dfrac{C}{(b-x)^p}$,则广义积分$\int_a^b f(x)\mathrm{d}x$ 收敛;

(ii) 若对某 $p \geqslant 1, C>0$,在$[a,b)$ 上有 $f(x) \geqslant \dfrac{C}{(b-x)^p}$,则广义积分$\int_a^b f(x)\mathrm{d}x$ 发散.

柯西判别法也有极限形式,也可改写成阶的估计法,这里不再赘述.

定理 10.2.8(阿贝尔判别法) 设 b 为 $f(x)$ 的惟一奇点,广义积分$\int_a^b f(x)\mathrm{d}x$ 收敛,函数 $g(x)$ 在$[a,b)$ 上单调有界,则广义积分$\int_a^b f(x)g(x)\mathrm{d}x$ 收敛.

定理 10.2.9(狄利克雷判别法) 设 b 为$f(x)$ 的惟一奇点,函数 $F(c)=\int_a^c f(x)\mathrm{d}x$ 在$[a,b)$上有界,函数 $g(x)$ 在$[a,b)$ 上单调且 $\lim\limits_{x\to b^-} g(x)=0$,则广义积分$\int_a^b f(x)g(x)\mathrm{d}x$ 收敛.

对于无界函数的广义积分,也有绝对收敛与条件收敛的概念.

定义 10.2.2 设 b 是$f(x)$ 的惟一奇点且对任何 $\delta>0, f(x)$ 都在$[a, b-\delta]$上可积.

(i) 若广义积分$\int_a^b |f(x)|\mathrm{d}x$ 收敛,则称广义积分$\int_a^b f(x)\mathrm{d}x$ 绝对收敛;

(ii) 若广义积分$\int_a^b |f(x)|\mathrm{d}x$ 发散而广义积分$\int_a^b f(x)\mathrm{d}x$ 收敛,则称广义积分$\int_a^b f(x)\mathrm{d}x$ 条件收敛.

对于无界函数的广义积分的其他类型,上述判别法和定义都相应地成立.这里不再一一开列,证题时可自由地运用.

例 10.2.4 判定广义积分$\int_0^1 \dfrac{1}{x}\sin\dfrac{1}{x}\mathrm{d}x$ 的绝对收敛性和条件收敛性.

解 显然,0 是惟一奇点.令 $x=\dfrac{1}{t}$,于是 $\mathrm{d}x=-\dfrac{1}{t^2}\mathrm{d}t$.由定理 10.2.4 有

$$\int_0^1 \frac{1}{x}\sin\frac{1}{x}\mathrm{d}x=\int_1^{+\infty} t\sin t\cdot\frac{1}{t^2}\mathrm{d}t=\int_1^{+\infty}\frac{\sin t}{t}\mathrm{d}t.$$

因为$\int_1^{+\infty}\dfrac{\sin t}{t}\mathrm{d}t$ 条件收敛,故所论广义积分也条件收敛.

例 10.2.5 求积分$\int_0^{\frac{\pi}{2}}\ln\sin x\mathrm{d}x$.

解 容易判定这个广义积分收敛.令 $x=2t$,于是 $\ln\sin x=\ln\sin 2t=\ln 2+\ln\sin t+\ln\cos t$.因此有

$$\begin{aligned}\int_0^{\frac{\pi}{2}}\ln\sin x\mathrm{d}x &= 2\int_0^{\frac{\pi}{4}}(\ln 2+\ln\sin t+\ln\cos t)\mathrm{d}t\\ &= \frac{\pi}{2}\ln 2+2\int_0^{\frac{\pi}{4}}\ln\sin t\mathrm{d}t+2\int_0^{\frac{\pi}{4}}\ln\cos t\mathrm{d}t.\end{aligned} \tag{10.2.5}$$

在(10.2.5)式右端最后一项的积分中,令 $t=\frac{\pi}{2}-u$,有

$$\int_0^{\frac{\pi}{4}}\ln\cos t\mathrm{d}t=\int_{\frac{\pi}{4}}^{\frac{\pi}{2}}\ln\sin u\mathrm{d}u=\int_{\frac{\pi}{4}}^{\frac{\pi}{2}}\ln\sin t\mathrm{d}t. \tag{10.2.6}$$

将(10.2.6)式代入(10.2.5)式即得

$$\int_0^{\frac{\pi}{2}}\ln\sin x\mathrm{d}x=\frac{\pi}{2}\ln 2+2\int_0^{\frac{\pi}{2}}\ln\sin t\mathrm{d}t,$$

$$\int_0^{\frac{\pi}{2}}\ln\sin x\mathrm{d}x=-\frac{\pi}{2}\ln 2.$$

例 10.2.6 讨论广义积分$\int_0^{+\infty}\frac{x^p\sin x}{1+x^q}\mathrm{d}x\quad(q\geqslant 0)$的敛散性,绝对收敛性和条件收敛性.

解 不难看出,当 $p<-1$ 时,0 为惟一奇点,这时我们来考察广义积分$\int_0^1\frac{x^p\sin x}{1+x^q}\mathrm{d}x$.因为

$$\lim_{x\to 0^+}x^{-p-1}\cdot\frac{x^p\sin x}{1+x^q}=1,$$

所以当 $-p-1<1$,即当 $p>-2$ 时,广义积分$\int_0^1\frac{x^p\sin x}{1+x^q}\mathrm{d}x$ 收敛,当然绝对收敛;当 $p\leqslant -2$ 时,$\int_0^1\frac{x^p\sin x}{1+x^q}\mathrm{d}x$ 发散.

再考察广义积分$\int_1^{+\infty}\frac{x^p\sin x}{1+x^q}\mathrm{d}x$,分三种情形进行讨论.

(i) 当 $p\geqslant q\geqslant 0$ 时,由于 $x\geqslant 1$,故有 $x^p\geqslant x^q\geqslant 1$,所以$\frac{x^p}{1+x^q}\geqslant\frac{1}{2}$,从而有

$$\int_{2n\pi}^{(2n+1)\pi}\frac{x^p\sin x}{1+x^q}\mathrm{d}x\geqslant\frac{1}{2}\int_{2n\pi}^{(2n+1)\pi}\sin x\mathrm{d}x=1.$$

由柯西收敛原理知广义积分$\int_1^{+\infty}\frac{x^p\sin x}{1+x^q}\mathrm{d}x$ 发散.

(ii) 当 $q-p>1$ 时,由于

$$\left|\frac{x^p\sin x}{1+x^q}\right|\leqslant\left|\frac{\sin x}{x^{q-p}}\right|\leqslant\frac{1}{x^{q-p}},$$

而广义积分$\int_1^{+\infty}\frac{\mathrm{d}x}{x^{q-p}}$收敛,所以由比较判别法知广义积分$\int_1^{+\infty}\frac{x^p\sin x}{1+x^q}\mathrm{d}x$ 绝对收敛.

(iii) 当 $0<q-p\leqslant 1$ 时,改写

$$\int_1^{+\infty}\frac{x^p\sin x}{1+x^q}\mathrm{d}x=\int_1^{+\infty}\frac{\sin x}{x^{q-p}}\frac{x^q}{1+x^q}\mathrm{d}x,$$

由于$\int_1^{+\infty}\frac{\sin x}{x^{q-p}}\mathrm{d}x$ 收敛而函数$\frac{x^q}{1+x^q}$ 单调有界,故由阿贝尔判别法知这时广义积分$\int_1^{+\infty}\frac{x^p\sin x}{1+x^q}\mathrm{d}x$ 收敛.

另一方面,又因

$$\left|\frac{x^p\sin x}{1+x^q}\right|\geqslant\frac{x^p\,|\sin x|}{2x^q}=\frac{1}{2}\,\frac{|\sin x|}{x^{q-p}},$$

而广义积分$\int_1^{+\infty}\frac{|\sin x|}{x^{q-p}}\mathrm{d}x$ 发散,所以$\int_1^{+\infty}\frac{x^p\sin x}{1+x^q}\mathrm{d}x$ 条件收敛.

综上可知,所论积分于 $p\leqslant -2$ 或 $q-p\leqslant 0$ 时发散,于 $p>-2, q-p>1$ 时绝对收敛,于 $p>-2, 0<q-p\leqslant 1$ 时条件收敛.

最后,简单介绍广义积分的柯西主值的概念. 设 $f(x)$在区间$[a,b]$上有定义,$c\in(a,b)$是 $f(x)$的惟一奇点且对任何 $\delta>0$, $f(x)$都在$[a,c-\delta]$和$[c+\delta,b]$上可积. 如果极限

$$\lim_{\delta\to 0^+}\left[\int_a^{c-\delta}f(x)\mathrm{d}x+\int_{c+\delta}^b f(x)\mathrm{d}x\right]$$

存在,则称其值为广义积分$\int_a^b f(x)\mathrm{d}x$ 的柯西主值,记为

$$P.V.\int_a^b f(x)\mathrm{d}x=\lim_{\delta\to 0^+}\left[\int_a^{c-\delta}f(x)\mathrm{d}x+\int_{c+\delta}^b f(x)\mathrm{d}x\right].$$

类似地定义

$$P.V.\int_{-\infty}^{+\infty}f(x)\mathrm{d}x=\lim_{A\to+\infty}\int_{-A}^{+A}f(x)\mathrm{d}x.$$

易见,当广义积分收敛时,其柯西主值就等于广义积分的值. 这时的柯西主值没什么意义. 但当广义积分发散时,其柯西主值就具有全新的意义了. 这

种思想,正是广义函数最早的思想之一.

例如,广义积分$\int_{-\infty}^{+\infty}\sin x\,\mathrm{d}x$ 和$\int_{-1}^{1}\frac{1}{x}\mathrm{d}x$ 都发散,但其柯西主值都是 0,而$\int_{-\infty}^{+\infty}\cos x\,\mathrm{d}x$ 则不存在柯西主值.

习　题　10

1. 计算下列各积分:

(i) $\int_0^{+\infty}\frac{\mathrm{d}x}{1+x^3}$;　　(ii) $\int_{-\infty}^{+\infty}\frac{\mathrm{d}x}{x^2+4}$;

(iii) $\int_{e^2}^{+\infty}\frac{\mathrm{d}x}{x\ln x\ln^2(\ln x)}$;　　(iv) $\int_0^{+\infty}\mathrm{e}^{-ax}\sin x\,\mathrm{d}x$;

(v) $\int_0^{+\infty}\frac{1+x^2}{1+x^4}\mathrm{d}x$;　　(vi) $\int_0^{+\infty}\frac{\sqrt{x}}{1+x^2}\mathrm{d}x$.

2. 判断下列各积分的敛散性:

(i) $\int_0^{+\infty}\frac{\ln(1+x)}{\sqrt[3]{1+x^4}}\mathrm{d}x$;　　(ii) $\int_1^{+\infty}\frac{\mathrm{d}x}{\sqrt{1+x^2}\ln^2(1+x)}$;

(iii) $\int_0^{+\infty}\frac{\mathrm{d}x}{1+x|\sin x|}$;　　(iv) $\int_1^{+\infty}\frac{\mathrm{d}x}{\sqrt{x}\ln^2 x}$;

(v) $\int_{-\infty}^{+\infty}x^2\mathrm{e}^{-x^2}\mathrm{d}x$;　　(vi) $\int_1^{+\infty}\frac{\frac{\pi}{2}-\arctan x}{x}\mathrm{d}x$;

(vii) $\int_1^{+\infty}\left[\ln\left(1+\frac{1}{x}\right)-\frac{1}{x+1}\right]\mathrm{d}x$;

(viii) $\int_1^{+\infty}\ln\left(\cos\frac{1}{x}+\sin\frac{1}{x}\right)\mathrm{d}x$;

(ix) $\int_0^{+\infty}\frac{x}{1+x^2\sin^2 x}\mathrm{d}x$;　　(x) $\int_{-\infty}^{+\infty}\frac{x}{\mathrm{e}^x+x^4}\mathrm{d}x$;

(xi) $\int_2^{+\infty}\left[\cos\left(\frac{\mathrm{e}^{-\frac{1}{x}}}{x}\right)-\cos\left(\frac{\mathrm{e}^{\frac{1}{x}}}{x}\right)\right]\mathrm{d}x$.

3. 讨论下列各积分的敛散性:

(i) $\int_1^{+\infty}x^{-p}\ln x\,\mathrm{d}x\quad(p>0)$;

(ii) $\int_0^{+\infty}\frac{x^p}{1+x^q}\mathrm{d}x\quad(p>0,q>0)$;

(iii) $\int_0^{+\infty}\frac{\mathrm{d}x}{1+x^p|\sin x|^q}\quad(p>0,q>0)$.

4. 判定下列各积分的绝对收敛性和条件收敛性:

(i) $\int_0^{+\infty}\frac{x\cos x}{1+x^2}\mathrm{d}x$;　　(ii) $\int_1^{+\infty}\frac{\sin x}{\ln x}\mathrm{d}x$;

(iii) $\int_1^{+\infty}\frac{\sin\frac{1}{x}}{x}\mathrm{d}x$;　　(iv) $\int_0^{+\infty}x\cos x^4\,\mathrm{d}x$;

(v) $\int_0^{+\infty}\frac{\sin(\sin x)\cos x}{x}\mathrm{d}x$;

(vi) $\int_1^{+\infty}\sin\frac{1}{x^2}\mathrm{d}x$;　　(vii) $\int_e^{+\infty}\frac{\ln\ln x}{\ln x}\sin x\mathrm{d}x$;

(viii) $\int_0^{+\infty}\mathrm{e}^{\cos x}\sin(\sin x)\frac{\mathrm{d}x}{x}$;

(ix) $\int_0^{+\infty}\mathrm{e}^{\sin x}\sin(\sin x)\frac{\mathrm{d}x}{x}$;

(x) $\int_0^{+\infty}\frac{\sin x}{x+\frac{\pi}{2}\sin x}\mathrm{d}x$.

5. 设 $f(x)$ 在 $[a,+\infty)$ 上一致连续且广义积分 $\int_a^{+\infty}f(x)\mathrm{d}x$ 收敛,求证 $\lim\limits_{x\to+\infty}f(x)=0$.

6. 设 $f(x)$ 在 $[a,+\infty)$ 上连续可导,广义积分 $\int_a^{+\infty}f(x)\mathrm{d}x$ 和 $\int_a^{+\infty}f'(x)\mathrm{d}x$ 都收敛,求证 $\lim\limits_{x\to+\infty}f(x)=0$.

7. 设 $f(x)$ 在 $[a,+\infty)$ 上连续且广义积分 $\int_a^{+\infty}f(x)\mathrm{d}x$ 收敛,问是否必有 $\lim\limits_{x\to+\infty}f(x)=0$?若再加上 $f(x)>0$ 的条件,结论又如何?说明理由.

8. 设 $f(x)$ 在 $[a,+\infty)$ 上单调且广义积分 $\int_a^{+\infty}f(x)\mathrm{d}x$ 收敛,求证 $\lim\limits_{x\to+\infty}xf(x)=0$.

9. 设 $f'(x)$ 在 $[a,+\infty)$ 上连续且非正,广义积分 $\int_a^{+\infty}f(x)\mathrm{d}x$ 收敛,求证广义积分 $\int_a^{+\infty}xf'(x)\mathrm{d}x$ 也收敛.

10. 设 $f(x)$ 于 $[0,+\infty)$ 上连续且 $\lim\limits_{x\to+\infty}f(x)=A\in\mathbf{R}$,求证

$$\lim_{\alpha\to0^+}\left(\alpha\int_0^{+\infty}\mathrm{e}^{-\alpha x}f(x)\mathrm{d}x\right)=A.$$

11. 设 $\int_a^{+\infty}f(x)\mathrm{d}x$ 收敛且 $g(x)$ 连续有界,问广义积分 $\int_a^{+\infty}f(x)g(x)\mathrm{d}x$ 是否必收敛?说明理由.

12. 设 $f(x)$ 和 $g(x)$ 都在 $[a,+\infty)$ 上连续且有 $\lim\limits_{x\to+\infty}\frac{g(x)}{f(x)}=1$,$\int_a^{+\infty}f(x)\mathrm{d}x$ 收敛,问 $\int_a^{+\infty}g(x)\mathrm{d}x$ 是否必收敛?说明理由.

13. 设 $f(x)$ 在 $[a,+\infty)$ 上连续且 $\int_a^{+\infty}f(x)\mathrm{d}x$ 收敛,问广义积分 $\int_a^{+\infty}f^3(x)\mathrm{d}x$ 是否必收敛?说明理由.

14. 设函数 $f(x)$ 在 $(-\infty,+\infty)$ 上非负,在任意有限区间上可积且满足条件:

$$\int_{-\infty}^{+\infty}f(x)\mathrm{d}x=\int_{-\infty}^{+\infty}x^2f(x)\mathrm{d}x=1,\int_{-\infty}^{+\infty}xf(x)\mathrm{d}x=0,$$

求证对任何 $\alpha\leqslant0$,都有

$$\int_{-\infty}^{\alpha}f(x)\mathrm{d}x\leqslant\frac{1}{1+\alpha^2}.$$

15. 设 $f(x)$ 在 $[a,+\infty)$ 上递减且连续可导，$\lim\limits_{x\to+\infty}f(x)=0$，求证广义积分 $\int_a^{+\infty}f'(x)\sin^2 x\mathrm{d}x$ 收敛.

16. 设 $f(x)$ 在 $(-\infty,+\infty)$ 上连续且 $\int_{-\infty}^{+\infty}|f(x)|\mathrm{d}x$ 收敛，求证

$$\lim_{h\to0^+}\int_{-\infty}^{+\infty}\frac{h}{h^2+x^2}f(x)\mathrm{d}x=\pi f(0),$$

若将条件 $\int_{-\infty}^{+\infty}|f(x)|\mathrm{d}x$ 收敛改为 $f(x)$ 在 $(-\infty,+\infty)$ 上有界，问结论是否仍然成立？

17. 计算下列各积分：

(i) $\int_{-1}^{1}\frac{\mathrm{d}x}{\sqrt{1-x^2}}$；　　(ii) $\int_0^1\frac{\mathrm{d}x}{(2-x)\sqrt{1-x}}$；

(iii) $\int_0^1 x\ln^2 x\mathrm{d}x$；　　(iv) $\int_0^1\frac{\arcsin x}{x}\mathrm{d}x$.

18. 判定下列各积分的敛散性：

(i) $\int_0^1\frac{\mathrm{d}x}{\ln x}$；　　(ii) $\int_0^1\frac{\ln x}{1-x}\mathrm{d}x$；

(iii) $\int_0^{\pi}\frac{\mathrm{d}x}{\sqrt{\sin x}}$；　　(iv) $\int_0^1\ln x\ln(1-x)\mathrm{d}x$；

(v) $\int_0^{\frac{\pi}{2}}\frac{\ln\sin x}{\sqrt{x}}\mathrm{d}x$.

19. 讨论下列各积分的敛散性：

(i) $\int_0^{\frac{\pi}{2}}\frac{x^p}{\sin^q x}\mathrm{d}x\quad(p>0,q>0)$；

(ii) $\int_0^1\frac{x^{\alpha-1}+x^{-\alpha}}{1+x}\mathrm{d}x\quad(\alpha\in\mathbf{R})$；

(iii) $\int_0^1\frac{x^p}{\ln^q(1+x)}\mathrm{d}x\quad(p>0,q>0)$；

(iv) $\int_0^{+\infty}\frac{\mathrm{e}^x-1}{x^p}\mathrm{d}x\quad(p>0)$；

(v) $\int_0^{+\infty}\frac{x^p}{1+x+x^2}\mathrm{d}x\quad(p\in\mathbf{R})$；

(vi) $\int_0^{+\infty}\frac{\mathrm{d}x}{x^p(1+x^q)}\quad(p>0,q>0)$；

(vii) $\int_0^{\frac{\pi}{2}}\frac{\mathrm{d}x}{\sin^p x\cos^q x}\quad(p>0,q>0)$；

(viii) $\int_0^{+\infty}x^{p-1}\mathrm{e}^{-x}\mathrm{d}x\quad(p\in\mathbf{R})$；

(ix) $\int_1^{+\infty}\frac{\mathrm{d}x}{x^p\ln^q x}\quad(p>0,q>0)$.

20. 讨论下列各广义积分的绝对收敛性和条件收敛性：

(i) $\int_0^{+\infty}x^p\sin(x^q)\mathrm{d}x\quad(p,q\in\mathbf{R},q\neq0)$；

(ii) $\int_0^{+\infty} \frac{\sin x(1-\cos x)}{x^p}\mathrm{d}x \quad (p>0)$;

(iii) $\int_0^{+\infty} \frac{\mathrm{e}^{\sin x}\sin 2x}{x^p}\mathrm{d}x \quad (p>0)$;

(iv) $\int_0^{+\infty} \frac{\sin\left(x+\frac{1}{x}\right)}{x^p}\mathrm{d}x \quad (p\in\mathbf{R})$.

21. 判定下列各广义积分的敛散性:

(i) $\int_0^{-\infty} \frac{\sin x}{x^2}\mathrm{e}^{-x}\mathrm{d}x$;　　(ii) $\int_0^{+\infty} \frac{\sin x\cos\frac{1}{x}}{x}\mathrm{d}x$;

(iii) $\int_0^1 (1+x)^{\frac{1}{x}}\cos\frac{1}{x^2}\mathrm{d}x$;

(iv) $\int_0^{+\infty} \frac{\cos x\sin\frac{1}{x}}{x}\mathrm{d}x$;　　(v) $\int_\pi^{+\infty} \frac{\mathrm{d}x}{x^2(\sin x)^{\frac{2}{3}}}$.

22. 设 $f(x)$ 在区间$(0,\alpha)$中单调且$\int_0^\alpha x^p f(x)\mathrm{d}x$ 收敛,求证 $\lim\limits_{x\to0^+} x^{p+1}f(x)=0$.

23. 设函数 $f(x)$在$[0,1]$上两次连续可导且 $f(0)=f(1)=0$,当 $0<x<1$ 时,$f(x)\neq 0$,求证

$$\int_0^1\left|\frac{f''(x)}{f(x)}\right|\mathrm{d}x\geqslant 4.$$

24. (福如兰尼积分公式)设 $f(x)$于$[0,+\infty)$上连续且 $f(\infty)=\lim\limits_{x\to+\infty}f(x)$存在,则有

$$\int_0^{+\infty}\frac{f(ax)-f(bx)}{x}\mathrm{d}x=[f(0)-f(\infty)]\ln\frac{b}{a}.$$

若将 $f(\infty)$ 存在改为积分$\int_A^{+\infty}\frac{f(x)}{x}\mathrm{d}x$ 收敛,则又有

$$\int_0^{+\infty}\frac{f(ax)-f(bx)}{x}\mathrm{d}x=f(0)\ln\frac{b}{a}.$$

若 $f(x)$ 于 $x=0$ 不连续,但积分$\int_0^A\frac{f(x)}{x}\mathrm{d}x$ 收敛,则有

$$\int_0^{+\infty}\frac{f(ax)-f(bx)}{x}\mathrm{d}x=f(\infty)\ln\frac{a}{b}.$$

第十一章　函数项级数

本章研究无穷多个函数的相加问题,即形如

$$\sum_{n=1}^{\infty} u_n(x) = u_1(x) + u_2(x) + \cdots + u_n(x) + \cdots$$

的函数项级数的各种问题.比数项级数复杂的是,函数级数具有双重运算:就函数而言是连续变化的,有极限、连续、求导、求积分等运算;就级数而言又是离散变化的,有敛散性的问题.两种截然不同的运算集于函数级数一身,当然要产生许多有意义的新问题,并引导我们进入分析学的新领域.本章的中心是一致收敛问题,其他问题大都是围绕着它展开的.由于函数级数的部分和序列是个函数序列,所以本章中许多研究都是以函数列为对象进行的.最后两节将分别讨论两种特殊的函数级数——幂级数和傅里叶级数(Fourier),这两节的内容无论从知识而言还是从数学思想而言,对我们都是非常有益的.

§11.1　一致收敛性

设$\{u_n(x)\}$是定义在集 $X\subset \mathbf{R}$ 上的一列函数,我们称

$$\sum_{n=1}^{\infty} u_n(x) = u_1(x) + u_2(x) + \cdots + u_n(x) + \cdots \qquad (11.1.1)$$

为函数项级数或简称为函数级数.像在数项级数中一样,称级数(11.1.1)的前 n 项之和

$$S_n(x) = \sum_{k=1}^{n} u_k(x)$$

为级数(11.1.1) 的第 n 个部分和.显然,它们组成一个部分和序列$\{S_n(x)\}$.

对于点 $x_0 \in X$,如果数项级数 $\sum\limits_{n=1}^{\infty} u_n(x_0)$ 收敛,则称函数级数(11.1.1) 在点 x_0 收敛.否则就称函数级数(11.1.1) 式在点 x_0 发散.集 X 中使级数(11.1.1) 收敛的全体 x 所成的集合,称为级数(11.1.1) 的收敛区域.若级数(11.1.1) 在集 $A\subset \mathbf{R}$ 上的每点 x 都收敛,则称级数(11.1.1) 在 A 上收敛,或更确切地称级数(11.1.1) 在 A 上逐点收敛.这时,级数(11.1.1) 在它的收敛区域上定义了它的和函数 $S(x) = \sum\limits_{n=1}^{\infty} u_n(x)$.

例 11.1.1　求函数级数 $\sum_{n=0}^{\infty} x^n$ 的收敛区域与和函数.

解　因为当 $x \neq 1$ 时有

$$S_n(x) = \sum_{k=0}^{n-1} x^k = \frac{1-x^n}{1-x},$$

所以当 $|x|<1$ 时,得到

$$S(x) = \lim_{n\to\infty} S_n(x) = \lim_{n\to\infty} \frac{1-x^n}{1-x} = \frac{1}{1-x},$$

当 $|x| \geqslant 1$ 时,级数的通项不趋于0,当然发散.从而知级数 $\sum_{n=0}^{\infty} x^n$ 的收敛区域为$(-1,1)$,而和函数 $S(x) = \frac{1}{1-x}, (-1 < x < 1)$.

注意,尽管函数$\frac{1}{1-x}$的定义域为$(-\infty,1)\cup(1,+\infty)$,但和函数 $S(x)$的定义域仅为$(-1,1)$.所以,在不求收敛区域而只求和函数时,也要注明和函数的定义域.

在例 11.1.1 中,我们轻而易举地按定义求出了所论函数级数的和函数的初等表示,但这并不说明所有函数级数都能顺利求出用初等函数表示的和函数.恰恰相反,有些函数级数的和函数是很难求出的,而另一些则是无法求出其初等函数表示的.这时,函数级数本身就是其和函数的解析表达式,函数级数的收敛区域就是和函数的定义域.和函数是完全确定的函数,它与我们熟悉的初等函数的区别仅仅在于后者是有限项相加,而前者是无限项相加.我们不能以为这种用函数级数表示即无限表示的和函数是不完全或不确定的,而要认识到这正是函数表示的又一种新形式.承认了这一点,我们自然要问,这种用无限形式表达的函数的连续性、可导性和可积性如何?在可导或可积的情况下,运算的结果如何,与函数级数中诸项的相同运算结果有何关系?事实上,这就是连续性,可导性和可积性能否与级数运算换序?在什么情况下才能换序?这是分析学研究中的新事物,新课题.这些问题统称为极限换序问题.

例 11.1.2　设

$$u_1(x) = x, u_n(x) = x^n - x^{n-1}, n = 2,3,\cdots$$

考察函数级数 $\sum_{n=1}^{\infty} u_n(x)$ 在$[0,1]$上 的连续性和可导性.这时,

$$S_n(x) = \sum_{k=1}^{n} u_k(x) = x^n, n = 1,2,\cdots$$

所以有

$$S(x)=\begin{cases}0, & \text{当 } 0\leqslant x<1,\\ 1, & \text{当 } x=1.\end{cases}$$

由此可见，尽管所有 $u_n(x)$都在$[0,1]$上连续且可导，但和函数 $S(x)$在 $x=1$ 处不连续，当然更不可导.

例 11.1.3　设函数级数$\sum_{n=1}^{\infty}u_n(x)$ 在$[0,\pi]$ 上有定义，其部分和序列为

$$S_n(x)=\begin{cases}n\sin nx, & \text{当 } 0\leqslant x<\dfrac{\pi}{n},\\ 0, & \text{当}\dfrac{\pi}{n}\leqslant x<\pi.\end{cases}$$

于是所有 $S_n(x)$都是$[0,\pi]$上的连续函数，从而所有 $u_n(x)=S_n(x)-S_{n-1}(x)$也都是$[0,\pi]$上的连续函数，且对每个 $n\in\mathbf{N}$，都有

$$\int_0^{\pi}S_n(x)\mathrm{d}x=\int_0^{\frac{\pi}{n}}n\sin nx\mathrm{d}x=\int_0^{\pi}\sin x\mathrm{d}x=2.$$

所以

$$\lim_{n\to\infty}\int_0^{\pi}S_n(x)\mathrm{d}x=2.$$

另一方面，易见

$$S(x)=\lim_{n\to\infty}S_n(x)\equiv 0,$$

所以

$$\int_0^{\pi}S(x)\mathrm{d}x=0\neq 2=\lim_{n\to\infty}\int_0^{\pi}S_n(x)\mathrm{d}x.$$

这两个例子的结果表明，对于函数级数，连续、求导和求积分的运算都不能随便与级数运算换序. 那么，在怎样的条件下才能换序呢？这就导致本节要讲的一致收敛性.

设函数级数$\sum_{n=1}^{\infty}u_n(x)$ 或函数序列$\{S_n(x)\}$ 在集 X 上逐点收敛于$S(x)$，即对每个 $x\in X$ 和任何$\varepsilon>0$，都存在自然数 N，使当 $n>N$ 时，就有

$$|S_n(x)-S(x)|<\varepsilon. \tag{11.1.2}$$

这定义中的自然数 N，是在指定 $x\in X$ 和给定ε 之后决定的，一般来说，$N=N(x,\varepsilon)$既与 x 有关又与ε 有关. 而且，从学习极限定理开头，我们就知道不能要求 N 与ε 无关. 现在的问题是能否要求 N 与 x 无关. 粗糙地说，若对任何 $\varepsilon>0$ 都能找到与 x 无关的N，使当 $n>N$ 时(11.1.2)式对所有 $x\in X$ 都成立，则称这种收敛为一致收敛.

注意,这并不是第一次接触"一致".在第三章讲述连续函数性质时,曾讲过一致连续性.由于连续性也是一种极限,所以一致连续性也是一种"一致收敛性".将下面将要讲述的一致收敛性与前面的一致连续性相对照,会使一致收敛性变得容易理解.

定义 11.1.1 设函数列$\{S_n(x)\}$(函数级数 $\sum\limits_{n=1}^{\infty} u_n(x)$)与函数 $S(x)$都在 X 上有定义.若对任何 $\varepsilon>0$,都存在自然数 N,使当 $n>N$ 时,对所有 $x\in X$都有

$$|S_n(x)-S(x)|<\varepsilon$$

$$\left(|R_n(x)|=\left|\sum_{k=n+1}^{\infty} u_k(x)\right|<\varepsilon\right).$$

则称函数列$\{S_n(x)\}$(函数级数$\sum\limits_{n=1}^{\infty} u_n(x)$)在 X 上一致收敛于函数$S(x)$,记为 $S_n(x)\rightrightarrows S(x)(n\to\infty)$.

这个定义还可以换一种方式来表达.

定义 11.1.2 设函数列$\{S_n(x)\}$与函数 $S(x)$都在 X 上有定义.令

$$\|S_n(x)-S(x)\| = \sup\left\{|S_n(x)-S(x)|\,\Big|\, x\in X\right\}.$$

如果

$$\lim_{n\to\infty}\|S_n(x)-S(x)\|=0,$$

则称$\{S_n(x)\}$在 X 上一致收敛于 $S(x)$.当把 $S_n(x)$ 理解为函数级数 $\sum\limits_{n=1}^{\infty} u_n(x)$ 的部分和时,则称$\sum\limits_{n=1}^{\infty} u_n(x)$ 在 X 上一致收敛于和函数$S(x)$.

例 11.1.4 求证函数列

$$S_n(x)=\frac{x}{1+n^2x^2},\quad n=1,2\cdots$$

在$(-\infty,+\infty)$上一致收敛.

证 显然,对任意 $x\in(-\infty,+\infty)$,都有

$$S(x)=\lim_{n\to\infty}S_n(x)=0.$$

因为

$$|S_n(x)-S(x)|=\frac{|x|}{1+n^2x^2}=\frac{1}{2n}\frac{2n|x|}{1+n^2x^2}\leqslant\frac{1}{2n}<\frac{1}{n},$$

故有

$$\| S_n(x) - S(x) \| \leqslant \frac{1}{n} \to 0(n \to \infty).$$

按定义 11.1.2 知函数列 $\{S_n(x)\}$ 在 $(-\infty, +\infty)$ 上一致收敛于 0.

例 11.1.5　问函数列

$$S_n(x) = \frac{nx}{1 + n^2 x^2}, \quad n = 1,2,\cdots$$

在区间 $X_1 = [0,1]$ 和 $X_2 = [1,2]$ 上是否一致收敛？说明理由.

解　易见，对所有 $x \in [0,2]$，均有

$$S(x) = \lim_{n \to \infty} S_n(x) = 0.$$

又因 $S_n\left(\frac{1}{n}\right) = \frac{1}{2}$，所以在 $[0,1]$ 上有

$$\| S_n(x) - S(x) \| \geqslant \frac{1}{2}, \quad n = 1,2,\cdots$$

由定义 11.1.2 知函数列 $\{S_n(x)\}$ 在 $[0,1]$ 上非一致收敛.

在区间 $[1,2]$ 上，我们有

$$|S_n(x) - S(x)| = \frac{nx}{1 + n^2 x^2} < \frac{1}{nx} \leqslant \frac{1}{n}.$$

所以

$$\| S_n(x) - S(x) \| \leqslant \frac{1}{n} \to 0(n \to \infty).$$

由定义 11.1.2 知函数列 $\{S_n(x)\}$ 在 $[1,2]$ 上一致收敛.

例 11.1.6　求证函数级数 $\sum_{n=1}^{\infty} \frac{(-1)^{n-1} x^2}{(1 + x^2)^n}$ 在 $(-\infty, +\infty)$ 上一致收敛.

证　因为对任何 $x \neq 0$，都有

$$S_n(x) = x^2 \sum_{k=1}^{n} \frac{(-1)^{k-1}}{(1 + x^2)^k} = \frac{x^2}{1 + x^2} \cdot \frac{1 - \left(\frac{-1}{1 + x^2}\right)^n}{1 + \frac{1}{1 + x^2}}$$

$$= \frac{x^2}{2 + x^2}\left[1 - \left(\frac{-1}{1 + x^2}\right)^n\right] \to \frac{x^2}{2 + x^2} \quad (n \to \infty),$$

故知函数级数 $\sum_{n=1}^{\infty} \frac{(-1)^{n-1} x^2}{(1 + x^2)^n}$ 在 $(-\infty, +\infty)$ 上逐点收敛于和函数 $S(x) = \frac{x^2}{2 + x^2}$.

又因当 $x \in (-\infty, +\infty)$ 时有估计式

$$|S_n(x) - S(x)| = \frac{x^2}{(2+x^2)(1+x^2)^n} < \frac{x^2}{(1+x^2)^n}$$
$$\leqslant \frac{x^2}{1+nx^2} < \frac{1}{n},$$

故有

$$\lim_{n\to\infty} \| S_n(x) - S(x) \| = 0.$$

由定义 11.1.2 知所论级数在$(-\infty, +\infty)$上一致收敛.

像数项级数的情形一样,为了更顺利地判定函数级数和函数序列的一致收敛性,需要建立一系列的判别法.

定理 11.1.1(柯西原理) 函数序列$\{f_n(x)\}$在集 X 上一致收敛的充分必要条件是对任给的$\varepsilon>0$,都存在自然数 N,使当 $n>N$ 时,对所有 $p\in\mathbf{N}$ 和所有$x\in X$都有

$$|f_{n+p}(x) - f_n(x)| < \varepsilon.$$

证 必要性.设$\{f_n(x)\}$在 X 上一致收敛于$f(x)$.于是对任给的 $\varepsilon>0$,存在自然数 N,使当 $n>N$ 时,对所有 $x\in X$ 都有

$$|f_n(x) - f(x)| < \frac{\varepsilon}{2}.$$

从而当 $n>N$ 时,对所有 $p\in\mathbf{N}$ 和所有 $x\in X$ 都有

$$|f_{n+p}(x) - f_n(x)| \leqslant |f_{n+p}(x) - f(x)| + |f(x) - f_n(x)| < \varepsilon.$$

必要性成立.

充分性.按已知,对每个 $x\in X$,$\{f_n(x)\}$都是柯西数列.于是由数列的柯西收敛原理知函数序列$\{f_n(x)\}$逐点收敛,记其极限函数为 $f(x)$.

对于任给的 $\varepsilon>0$,存在自然数 N,使当 $n>N$ 时,对所有 $p\in\mathbf{N}$ 和所有 $x\in X$ 都有

$$|f_{n+p}(x) - f_n(x)| < \frac{\varepsilon}{2}.$$

在上式中固定 n 并令$p\to\infty$取极限,得到

$$|f(x) - f_n(x)| \leqslant \frac{\varepsilon}{2} < \varepsilon$$

按定义 11.1.1 知函数序列$\{f_n(x)\}$在 X 上一致收敛.充分性成立.

定理 11.1.1′(柯西原理) 函数级数$\sum\limits_{n=1}^{\infty} u_n(x)$在集 X 上一致收敛的充分必要条件是对任给的$\varepsilon > 0$,都存在自然数 N,使当 $n > N$ 时,对所有 $p \in \mathbf{N}$ 和所有 $x \in X$ 都有

$$|S_{n+p}(x)-S_n(x)|=\left|\sum_{k=n+1}^{n+p}u_k(x)\right|<\varepsilon.$$

定理 11.1.2(魏尔斯特拉斯判别法,Weierstrass)设正项级数 $\sum\limits_{n=1}^{\infty}M_n$ 收敛,且有

$$|u_n(x)|\leqslant M_n,\quad x\in X,\quad n=1,2,\cdots$$

则函数级数 $\sum\limits_{n=1}^{\infty}u_n(x)$ 在 X 上一致收敛.

证　对于任给的 $\varepsilon>0$,因为级数 $\sum M_n$ 收敛,故存在 N,使当 $n>N$ 时,对所有 $p\in\mathbf{N}$ 都有

$$\sum_{k=n+1}^{n+p}M_k<\varepsilon.$$

从而当 $n>N$ 时,对所有 $p\in\mathbf{N}$ 和所有 $x\in X$ 都有

$$\left|\sum_{k=n+1}^{n+p}u_k(x)\right|\leqslant\sum_{k=n+1}^{n+p}|u_k(x)|\leqslant\sum_{k=n+1}^{n+p}M_k<\varepsilon$$

由柯西原理知函数级数 $\sum\limits_{n=1}^{\infty}u_n(x)$ 在 X 上一致收敛.

魏尔斯特拉斯判别法也称为优势判别法或 M－判别法.这种“优势”的思想以后还会多次用到.其实,在正项级数和广义积分中的比较判别法,也是这种“优势”思想的体现.

定理 11.1.3(狄尼,Dini)　设连续函数序列$\{f_n(x)\}$在有限区间$[a,b]$上逐点收敛于连续函数 $f(x)$,且对任何 $x\in[a,b]$,数列$\{f_n(x)\}$都是单调数列,则$\{f_n(x)\}$于$[a,b]$上一致收敛于 $f(x)$.

证　若不然,则$\{f_n(x)\}$于$[a,b]$上非一致收敛.于是存在 $\varepsilon_0>0$,自然数列的子列$\{n_k\}$和$[a,b]$上的点列$\{x_k\}$,使得

$$|f_{n_k}(x_k)-f(x_k)|\geqslant\varepsilon_0,\quad k=1,2,\cdots\tag{11.1.3}$$

由致密性定理知$\{x_k\}$必有收敛子列,故不妨设$\{x_k\}$本身收敛于 $x_0\in[a,b]$.

由于$\{f_n(x_0)\}$收敛于 $f(x_0)$,故对 $\varepsilon_0>0$,存在 N,使得

$$|f_N(x_0)-f(x_0)|<\varepsilon_0.$$

又因函数 $f_N(x)-f(x)$在点 x_0 连续而 x_k 收敛于点 x_0,故有

$$\lim_{k\to\infty}|f_N(x_k)-f(x_k)|=|f_N(x_0)-f(x_0)|<\varepsilon_0.$$

从而存在自然数 K,使当 $k>K$ 时,就有

$$|f_N(x_k)-f(x_k)|<\varepsilon_0.\tag{11.1.4}$$

因为对每个 $x\in[a,b]$，数列 $\{f_n(x)\}$ 单调，故当 $k>K$，$n_k>N$ 时，由(11.1.4)式得到

$$|f_{n_k}(x_k)-f(x_k)|\leqslant|f_N(x_k)-f(x_k)|<\varepsilon_0,$$

此与(11.1.3)式矛盾.

这个定理也可以改写为级数的形式.

定理 11.1.3′ 设函数级数 $\sum\limits_{n=1}^{\infty}u_n(x)$ 在有限区间 $[a,b]$ 上逐点收敛于和函数 $S(x)$，级数的所有项 $u_n(x)$ 及和函数 $S(x)$ 都在 $[a,b]$ 上连续，且对每个 $x\in[a,b]$，数列 $\{u_n(x)\}$ 的所有项同号，则函数级数 $\sum\limits_{n=1}^{\infty}u_n(x)$ 在 $[a,b]$ 上一致收敛于 $S(x)$.

例 11.1.7 判定函数级数 $\sum\limits_{n=1}^{\infty}(1-x)x^n$ 在区间 $[0,1]$ 和 $[0,a]$ $(a<1)$ 上是否一致收敛?

解 对任何 $n\in\mathbf{N}$，都有

$$\sum_{k=n+1}^{2n+1}(1-x)x^k=x^{n+1}\sum_{k=0}^{n}(1-x)x^k=x^{n+1}(1-x^{n+1}).$$

当 $x_0=\left(\frac{1}{2}\right)^{\frac{1}{n+1}}<1$ 时，由上式即得

$$\sum_{k=n+1}^{2n+1}(1-x_0)x_0^k=\frac{1}{4}.$$

由此可知，函数级数 $\sum\limits_{n=1}^{\infty}(1-x)x^n$ 在 $[0,1]$ 上非一致收敛.

当 $x\in[0,a]$ 时，有

$$|(1-x)x^n|\leqslant a^n,n=1,2,\cdots$$

因为 $a<1$，所以正项级数 $\sum a^n$ 收敛. 从而由 M－判别法知函数级数 $\sum\limits_{n=1}^{\infty}(1-x)x^n$ 在 $[0,a]$ 上一致收敛.

例 11.1.8 设 $f(x)$ 在 $[0,1]$ 上连续且 $f(1)=0$，求证函数序列

$$g_n(x)=f(x)x^n,\quad n=1,2,\cdots$$

在 $[0,1]$ 上一致收敛.

证法 1 因为 $f(x)$ 在 $[0,1]$ 上连续且 $f(1)=0$，故对任给的 $\varepsilon>0$，存在 $\delta>0$，使当 $1-\delta\leqslant x\leqslant1$ 时就有 $|f(x)|<\varepsilon$. 从而有

$$|g_n(x)|=|f(x)x^n|\leqslant|f(x)|<\varepsilon,x\in[1-\delta,1]. \tag{11.1.5}$$

又因 $f(x)$在$[0,1]$上连续,故有界,即有 $M>0$,使得

$$|f(x)|\leqslant M,\quad 0\leqslant x\leqslant 1.$$

从而当 $x\in[0,1-\delta]$时,就有

$$|g_n(x)|=|f(x)x^n|\leqslant M(1-\delta)^n. \tag{11.1.6}$$

因为$\lim\limits_{n\to\infty}M(1-\delta)^n=0$,故对上述 $\varepsilon>0$,又有 N,使当 $n>N$ 时,有

$$M(1-\delta)^n<\varepsilon. \tag{11.1.7}$$

将(11.1.6)式和(11.1.7)式结合起来,得到

$$|g_n(x)|<\varepsilon,0\leqslant x\leqslant 1-\delta. \tag{11.1.8}$$

将(11.1.5)式和(11.1.8)式结合起来,即知当 $n>N$ 时有

$$|g_n(x)|<\varepsilon,0\leqslant x\leqslant 1.$$

按定义 11.1.1 知$\{g_n(x)\}$在$[0,1]$上一致收敛于 0.

证法 2 因为 $f(1)=0$ 而

$$\lim_{n\to\infty}x^n=\begin{cases}0, & 0\leqslant x<1,\\ 1, & x=1,\end{cases}$$

所以

$$g(x)=\lim_{n\to\infty}g_n(x)\equiv 0.$$

显然,所有 $g_n(x)$和 $g(x)$都是$[0,1]$上的连续函数,且对每个 $x\in[0,1]$,数列$\{x^n\}$单调.从而数列$\{g_n(x)\}$也单调.由狄尼定理知函数序列$\{g_n(x)\}$在$[0,1]$上一致收敛.

定理 11.1.4(阿贝尔判别法) 设

(i) 函数级数$\sum\limits_{n=1}^{\infty}a_n(x)$在集 X 上一致收敛;

(ii) 对每个 $x\in X$,数列$\{b_n(x)\}$单调;

(iii) 函数序列$\{b_n(x)\}$在 X 上一致有界,即存在 $M>0$,使对所有 $n\in\mathbf{N}$ 和所有 $x\in X$ 都有 $|b_n(x)|\leqslant M$.

则函数级数$\sum\limits_{n=1}^{\infty}a_n(x)b_n(x)$在 X 上一致收敛.

证 由(i)知于任给的 $\varepsilon>0$,存在 N,使当 $n>N$ 时,对所有 $p\in\mathbf{N}$ 和所有 $x\in X$ 都有

$$\left|\sum_{k=n+1}^{n+p}a_k(x)\right|<\frac{\varepsilon}{3M}.$$

又因对每个 $x\in X$,$\{b_k(x)\}$单调,故由阿贝尔引理和条件(iii)知,当 $n>N$

时，对所有 $p\in\mathbf{N}$ 和所有 $x\in X$ 都有

$$\left|\sum_{k=n+1}^{n+p}a_k(x)b_k(x)\right|<\frac{\varepsilon}{3M}(|b_{n+1}(x)|+2|b_{n+p}(x)|)$$
$$\leqslant\frac{\varepsilon}{3M}(M+2M)=\varepsilon.$$

由柯西原理知函数级数 $\sum_{n=1}^{\infty}a_n(x)b_n(x)$ 在 X 上一致收敛.

定理 11.1.5(狄利克雷判别法) 设

(i) 函数级数 $\sum_{n=1}^{\infty}a_n(x)$ 的部分和序列

$$A_n(x)=\sum_{k=1}^{n}a_k(x),n=1,2,\cdots$$

在 X 上一致有界，即存在 $M>0$，使对所有 $n\in\mathbf{N}$ 和所有 $x\in X$，都有 $|A_n(x)|\leqslant M$；

(ii) 对每个 $x\in X$，数列 $\{b_n(x)\}$ 都单调；

(iii) 函数序列 $\{b_n(x)\}$ 在 X 上一致收敛于 0.

则函数级数 $\sum_{n=1}^{\infty}a_n(x)b_n(x)$ 在 X 上一致收敛.

证 由(i)知于任何 $n\in\mathbf{N}$, $p\in\mathbf{N}$ 和 $x\in X$ 都有

$$\left|\sum_{k=n+1}^{n+p}a_k(x)\right|=|A_{n+p}(x)-A_n(x)|\leqslant 2M. \tag{11.1.9}$$

又由(iii)知于任给的 $\varepsilon>0$，存在 N，使当 $n>N$ 时，对所有 $x\in X$ 都有

$$|b_n(x)|<\frac{\varepsilon}{6M}. \tag{11.1.10}$$

又因(ii)，由阿贝尔引理和(11.1.9)式，(11.1.10)式知，当 $n>N$ 时，对所有 $p\in\mathbf{N}$ 和所有 $x\in X$ 都有

$$\left|\sum_{k=n+1}^{n+p}a_k(x)b_k(x)\right|\leqslant 2M(|b_{n+1}(x)|+2|b_{n+p}(x)|)$$
$$<2M\left(\frac{\varepsilon}{6M}+\frac{2\varepsilon}{6M}\right)=\varepsilon.$$

由柯西原理知函数级数 $\sum_{n=1}^{\infty}a_n(x)b_n(x)$ 在 X 上一致收敛.

例 11.1.9 求证函数级数 $\sum_{n=1}^{\infty}\frac{\sin nx}{n}$ 在$[0,2\pi]$上非一致收敛而在$[\delta,2\pi-\delta]$上一致收敛，其中 $0<\delta<\pi$.

证 当 $x\in[\delta,2\pi-\delta]$时，我们有

$$\left|\sum_{k=1}^{n}\sin kx\right|\leqslant\frac{1}{\left|\sin\frac{x}{2}\right|}\leqslant\frac{1}{\sin\frac{\delta}{2}}.$$

即级数$\sum\sin nx$的部分和序列一致有界. 又因$\frac{1}{n}$递减趋于0. 因它与x无关, 对x当然是一致的, 故由狄利克雷判别法知所论级数在$[\delta,2\pi-\delta]$上一致收敛.

对任何$n\in\mathbf{N}$, 取$x_n=\frac{\pi}{4n}$, 于是有

$$\sum_{k=n+1}^{2n}\frac{\sin kx_n}{k}\geqslant\sum_{k=n+1}^{2n}\frac{\sin\frac{\pi}{4}}{2n}=\frac{\sqrt{2}}{4}.$$

由柯西原理知所论级数在$[0,2\pi]$上非一致收敛.

例 11.1.10　求证函数级数$\sum_{n=1}^{\infty}\frac{(-1)^n}{\sqrt{n}}\frac{2+x^n}{1+x^n}\arctan nx$在$[0,+\infty)$上一致收敛.

证　由莱布尼茨判别法知交错级数$\sum\frac{(-1)^n}{\sqrt{n}}$收敛. 因它与$x$无关, 当然是一致收敛. 又因对每个$x\in[0,1]$数列$\left\{\frac{2+x^n}{1+x^n}\right\}$递增; 对每个$x\in(1,+\infty)$, 数列$\left\{\frac{2+x^n}{1+x^n}\right\}$递减, 且有

$$\frac{2+x^n}{1+x^n}\leqslant\frac{2+2x^n}{1+x^n}=2,n\in\mathbf{N},x\in[0,+\infty),$$

故由阿贝尔判别法知函数级数$\sum_{n=1}^{\infty}\frac{(-1)^n}{\sqrt{n}}\frac{2+x^n}{1+x^n}$在$[0,+\infty)$上一致收敛.

由于对每个$x\in[0,+\infty)$, 数列$\{\arctan nx\}$都是递增的且对所有$x\in[0,+\infty)$和所有$n\in\mathbf{N}$, 都有

$$0\leqslant\arctan nx<\frac{\pi}{2}.$$

再由阿贝尔判别法即知所论函数级数在$[0,+\infty)$上一致收敛.

下面, 我们来介绍弱化了的一致收敛, 即广义一致收敛的概念.

定义 11.1.3　设函数级数$\sum u_n(x)$(函数序列$\{S_n(x)\}$)在区间I上有定义, 如果对于任何有限闭区间$[a,b]\subset I$, $\sum u_n(x)$($\{S_n(x)\}$)都在$[a,b]$上一致收敛, 则称$\sum u_n(x)$($\{S_n(x)\}$)在I上广义一致收敛.

显然,当区间 I 为有限闭区间时,广义一致收敛就是一致收敛;当区间 I 不是有限闭区间时,广义一致收敛弱于一致收敛.

例 11.1.11　求证函数序列

$$f_n(x) = e^{\frac{x}{n}}, n = 1,2,\cdots$$

在$[0,+\infty)$上非一致收敛却是广义一致收敛.

证　易见,极限函数

$$f(x) = \lim_{n\to\infty} e^{\frac{x}{n}} = 1, 0 \leqslant x < +\infty.$$

当 $x_n = n$ 时,有

$$|f_n(x_n) - f(x_n)| = e - 1 > 1, n = 1,2,\cdots$$

按定义知$\{f_n(x)\}$在$[0,+\infty)$上非一致收敛.

对于任何$[a,b]\subset[0,+\infty)$,我们有

$$|f_n(x) - f(x)| = |e^{\frac{x}{n}} - 1| \leqslant e^{\frac{b}{n}} - 1.$$

因为$\lim\limits_{n\to\infty} e^{\frac{b}{n}} = 1$,故对任给的 $\varepsilon>0$,存在 N,使当 $n>N$ 时,就有

$$0 < e^{\frac{b}{n}} - 1 < \varepsilon.$$

从而当 $n>N$ 时,对所有 $x\in[a,b]$都有

$$|f_n(x) - f(x)| < \varepsilon.$$

按定义 11.1.1 知$\{f_n(x)\}$在$[a,b]$上一致收敛.再由$[a,b]\subset[0,+\infty)$的任意性即知$\{f_n(x)\}$在$[0,+\infty)$上广义一致收敛.

作为本节的结束,我们附带地提到绝对一致收敛的概念.如果函数级数 $\sum\limits_{n=1}^{\infty} | u_n(x) |$ 在集 X 上一致收敛,则称级数 $\sum\limits_{n=1}^{\infty} u_n(x)$ 在 X 上绝对一致收敛.值得注意的是绝对一致收敛并不等于说级数既是绝对收敛又是一致收敛.

例 11.1.12　求证函数级数 $\sum\limits_{n=1}^{\infty}(-1)^n(1-x)x^n$ 在$[0,1]$上既是绝对收敛又是一致收敛,但却不是绝对一致收敛.

证　首先,易证级数 $\sum(1-x)x^n$ 在$[0,1]$上逐点收敛,即所论级数逐点绝对收敛.

其次,记 $b_n(x)=(1-x)x^n, n=1,2,\cdots$.于是有 $b_n(0)=b_n(1)=0$,且

$$b'_n(x) = [(1-x)x^n]' = -x^n + (1-x)nx^{n-1} = nx^{n-1} - (n+1)x^n.$$

由此可知,$b_n(x)$于 $x_n = \dfrac{n}{n+1}$取得最大值

$$b_n(x_n)=\left(1-\frac{n}{n+1}\right)\left(\frac{n}{n+1}\right)^n<\frac{1}{n+1}.$$

从而知$\{b_n(x)\}$在$[0,1]$上一致趋于0.又因对每个$x\in[0,1]$,$\{b_n(x)\}$递减,故由狄利克雷判别法知所论函数级数在$[0,1]$上一致收敛.

最后,在例11.1.7中已经证明了级数$\sum(1-x)x^n$在$[0,1]$上非一致收敛,故知所论级数在$[0,1]$上不是绝对一致收敛的.

§11.2 一致收敛与极限换序

上节中的例11.1.2和例11.1.3分别给出了连续性与可积性不能与级数运算换序的例子.容易验证,其中给出的两个函数级数在所论区间上都不是一致收敛的.本节将证明,一致收敛性是这两种换序的充分条件.

定理11.2.1 设函数序列$\{f_n(x)\}$在区间I上一致收敛于函数$f(x)$且所有$f_n(x)$都在I上连续,则$f(x)$也在I上连续.

证 对于任给的$\varepsilon>0$,因为$\{f_n(x)\}$在I上一致收敛于$f(x)$,故有N,使对所有$x\in I$都有

$$|f_N(x)-f(x)|<\frac{\varepsilon}{3}. \tag{11.2.1}$$

任取$x_0\in I$,由于$f_N(x)$在点x_0连续,故有$\delta>0$,使当$x\in I$且$|x-x_0|<\delta$时,就有

$$|f_N(x)-f_N(x_0)|<\frac{\varepsilon}{3}. \tag{11.2.2}$$

从而当$x\in I$且$|x-x_0|<\delta$时,由(11.2.1)和(11.2.2)式即得

$$\begin{aligned}|f(x)-f(x_0)|&\leqslant|f(x)-f_N(x)|+|f_N(x)-f_N(x_0)|\\&\quad+|f_N(x_0)-f(x_0)|\\&<\frac{\varepsilon}{3}+\frac{\varepsilon}{3}+\frac{\varepsilon}{3}=\varepsilon.\end{aligned}$$

可见$f(x)$在点x_0连续.再由$x_0\in I$的任意性即知$f(x)$在区间I上连续.

定理11.2.1′ 设函数级数$\sum\limits_{n=1}^{\infty}u_n(x)$在区间$I$上一致收敛于和函数$S(x)$且所有$u_n(x)$都在$I$上连续,则和函数$S(x)$也在$I$上连续.

推论 定理11.2.1和11.2.1′中的条件"一致收敛"改为"广义一致收敛"时,两个定理的结论照样成立.

证 只证级数的情形.对任何$x\in I$,都可以取得有限闭区间$[a,b]\subset$

I,使得 $x\in[a,b]$,且当 x 不是 I 的端点时,还可以使 $x\in(a,b)$. 于是由广义一致收敛的定义知函数级数 $\sum_{n=1}^{\infty}u_n(x)$ 在 $[a,b]$ 上一致收敛. 从而由定理 11.2.1′ 知和函数 $S(x)$ 在 $[a,b]$ 上连续,特别在点 x 连续. 再由点 $x\in I$ 的任意性即知 $S(x)$ 在 I 上连续.

当然,我们常常用定理 11.2.1 或 11.2.1′ 来判定函数序列的极限函数或函数级数的和函数的连续性. 然而,当极限函数不连续时,利用这个定理来反证非一致收敛则更具特色.

例 11.2.1 考察函数序列

$$f_n(x)=x^n,n=1,2,\cdots$$

易见,所有 $f_n(x)$ 都在 $[0,1]$ 上连续. 因为它的极限函数

$$f(x)=\begin{cases}0, & 0\leqslant x<1,\\ 1, & x=1.\end{cases}$$

在 $[0,1]$ 上不连续,由定理 11.2.1 知函数序列 $\{f_n(x)\}$ 在 $[0,1]$ 上非一致收敛.

定理 11.2.2 设函数序列 $\{f_n(x)\}$ 在 $[a,b]$ 上一致收敛于 $f(x)$ 且所有 $f_n(x)$ 都在 $[a,b]$ 上连续,则有

$$\int_a^b f(x)\mathrm{d}x=\lim_{n\to\infty}\int_a^b f_n(x)\mathrm{d}x. \tag{11.2.3}$$

证 由定理 11.2.1 知 $f(x)$ 在 $[a,b]$ 上连续,故(11.2.3)式左端有意义.

因为 $\{f_n(x)\}$ 在 $[a,b]$ 上一致收敛于 $f(x)$,故对任给的 $\varepsilon>0$,存在 N,使当 $n>N$ 时,对所有 $x\in[a,b]$ 都有

$$|f_n(x)-f(x)|<\frac{\varepsilon}{b-a}.$$

由此可知当 $n>N$ 时,有

$$\begin{aligned}\left|\int_a^b f(x)\mathrm{d}x-\int_a^b f_n(x)\mathrm{d}x\right| &\leqslant\int_a^b |f(x)-f_n(x)|\,\mathrm{d}x\\ &<\int_a^b\frac{\varepsilon}{b-a}\mathrm{d}x=\varepsilon,\end{aligned}$$

可见(11.2.3)式成立.

定理 11.2.2′ 设函数序列 $\{f_n(x)\}$ 在 $[a,b]$ 上一致收敛于 $f(x)$ 且所有 $f_n(x)$ 都在 $[a,b]$ 上可积,则函数 $f(x)$ 也在 $[a,b]$ 上可积且(11.2.3)式仍然成立.

证 由定理 11.2.2 的证明知,只须证明 $f(x)$ 在 $[a,b]$ 上可积.

因为函数序列 $\{f_n(x)\}$ 在 $[a,b]$ 上一致收敛于 $f(x)$,故对任给的 $\varepsilon>0$,

存在 N,使对所有 $x\in[a,b]$都有

$$|f_N(x)-f(x)|<\frac{\varepsilon}{4(b-a)}. \tag{11.2.4}$$

对于$[a,b]$上的任一网 $T:a=x_0<x_1<\cdots<x_m=b$,用 $\omega_k(f)$来记函数$f(x)$在小区间$[x_{k-1},x_k]$上的振幅. 于是由(11.2.4)式知于任何 $x',x''\in[x_{k-1},x_k]$,都有

$$\begin{aligned}|f(x')-f(x'')|&\leqslant|f(x')-f_N(x')|+|f_N(x')-f_N(x'')|\\&\quad+|f_N(x'')-f(x'')|<|f_N(x')-f_N(x'')|+\frac{\varepsilon}{2(b-a)}.\end{aligned}$$

在两端取上确界即得

$$\omega_k(f)\leqslant\omega_k(f_N)+\frac{\varepsilon}{2(b-a)},k=1,2,\cdots,m.$$

乘以 Δx_k 并对k 从 1 到 m 求和,得到

$$\sum_{k=1}^{m}\omega_k(f)\Delta x_k\leqslant\sum_{k=1}^{m}\omega_k(f_N)\Delta x_k+\frac{\varepsilon}{2}. \tag{11.2.5}$$

因为 $f_N(x)$在$[a,b]$上可积,故有 $\delta>0$,使当$\|T\|<\delta$ 时,就有

$$\sum_{k=1}^{m}\omega_k(f_N)\Delta x_k<\frac{\varepsilon}{2}. \tag{11.2.6}$$

从而当$\|T\|<\delta$ 时,将(11.2.6)式代入(11.2.5)式即得

$$\sum_{k=1}^{m}\omega_k(f)\Delta x_k<\varepsilon.$$

由此可知 $f(x)$在$[a,b]$上可积.

定理 11.2.2″ 设函数级数$\sum\limits_{n=1}^{\infty}u_n(x)$在$[a,b]$上一致收敛于$S(x)$且所有 $u_n(x)$都在$[a,b]$上可积,则 $S(x)$也在$[a,b]$上可积,且可逐项积分,即有

$$\int_a^b S(x)\mathrm{d}x=\int_a^b\Big(\sum_{n=1}^{\infty}u_n(x)\Big)\mathrm{d}x=\sum_{n=1}^{\infty}\int_a^b u_n(x)\mathrm{d}x.$$

定理 11.2.3 设函数序列$\{f_n(x)\}$在区间 I 上逐点收敛于$f(x)$且所有$f_n(x)$都在 I 上连续可导,函数序列$\{f'_n(x)\}$在 I 上广义一致收敛,则极限函数$f(x)$也在 I 上连续可导,且有

$$f'(x)=\lim_{n\to\infty}f'_n(x).$$

证 任取 $x_0\in I$,于是可取$[a,b]\subset I$,使得 $x_0\in[a,b]$,且当 x_0 不是 I 的端点时,它也不是$[a,b]$的端点. 由牛顿-莱布尼茨公式知于任何 $x\in[a,b]$

都有

$$\int_a^x f'_n(t)\mathrm{d}t = f_n(x) - f_n(a).$$

令 $n\to\infty$ 取极限,得到

$$\lim_{n\to\infty}\int_a^x f_n'(t)\mathrm{d}t = f(x) - f(a). \tag{11.2.7}$$

另一方面,设函数序列 $\{f_n'(x)\}$ 在 I 上广义一致收敛于函数 $g(x)$. 按定义,$\{f'_n(t)\}$ 在 $[a,x]$ 上一致收敛于 $g(t)$. 又因所有 $f'_n(x)$ 都在 I 上连续,所以 $g(x)$ 也在 I 上连续. 于是由定理 11.2.2 和(11.2.7)式有

$$f(x) - f(a) = \lim_{n\to\infty}\int_a^x f'_n(t)\mathrm{d}t = \int_a^x \lim_{n\to\infty} f'_n(t)\mathrm{d}t = \int_a^x g(t)\mathrm{d}t.$$

由于 $g(t)$ 在 $[a,b]$ 上连续,故在上式两端同时求导即得

$$f'(x) = g(x) = \lim_{n\to\infty} f'_n(x). \tag{11.2.8}$$

特别地,(11.2.8)式于点 x_0 成立. 再由点 $x_0\in I$ 的任意性即知(11.2.8)式于所有 $x\in I$ 都成立. 由于 $g(x)$ 在 I 上连续,所以 $f'(x)$ 在 I 上连续,即 $f(x)$ 在 I 上连续可导.

定理 11.2.3′　设函数级数 $\sum\limits_{n=1}^{\infty} u_n(x)$ 在区间 I 上逐点收敛于 $S(x)$,且所有 $u_n(x)$ 都在 I 上连续可导,函数级数 $\sum\limits_{n=1}^{\infty} u'_n(x)$ 在 I 上广义一致收敛,则和函数 $S(x)$ 也在 I 上连续可导,且可逐项求导,即有

$$S'(x) = \Big(\sum_{n=1}^{\infty} u_n(x)\Big)' = \sum_{n=1}^{\infty} u'_n(x).$$

例 11.2.2　求证黎曼 ζ 函数

$$\zeta(x) = \sum_{n=1}^{\infty}\frac{1}{n^x} \tag{11.2.9}$$

在 $(1,+\infty)$ 中连续可导.

证　记

$$u_n(x) = \frac{1}{n^x},\ n = 1,2,\cdots$$

于是

$$u_n'(x) = -\frac{\ln n}{n^x},\ n = 1,2,\cdots \tag{11.2.10}$$

由正项级数阶的估计法知级数$\sum \frac{1}{n^x}$在$(1, +\infty)$中逐点收敛. 由(11.2.10)式知所有$u'_n(x)$都在$(1, +\infty)$中连续.

任取$[a,b]\subset(1,+\infty)$,于是$a>1$,对所有$x\in[a,b]$,由(11.2.10)式有

$$|u'_n(x)| = \frac{\ln n}{n^x} \leqslant \frac{\ln n}{n^a}, n = 1,2,\cdots$$

由于$a>1$故知级数$\sum \frac{\ln n}{n^a}$收敛. 于是由M－判别法知函数级数$\sum u'_n(x)$在$[a,b]$上一致收敛. 再由$[a,b]\subset(1, +\infty)$的任意性知$\sum u'_n(x)$在$(1, +\infty)$中广义一致收敛,由定理11.2.3′知$\zeta(x)$在$(1, +\infty)$中连续可导.

例 11.2.3　试证存在一个函数在$(-\infty,+\infty)$上处处连续,且处处不可导.

证　用构造法来证明题中所要求的函数的存在性.

令$f_0(x)$表示x到与它最近的整数的距离,即

$$f_0(x) = \begin{cases} x-[x], & \text{当 } x-[x]\leqslant \frac{1}{2}, \\ [x]+1-x, & \text{当 } x-[x] > \frac{1}{2}. \end{cases}$$

显然,$f_0(x)$是一个周期为1的连续函数,且在每个形如$\left[\frac{s-1}{2},\frac{s}{2}\right]$的区间上为线性函数,斜率为$\pm1$,其中$s\in\mathbf{Z}$. 再令

$$f_n(x) = 4^{-n}f_0(4^n x), \quad n = 1,2,\cdots$$

则$f_n(x)$是周期为4^{-n}的连续函数,在每个形如$\left[\frac{s-1}{2\cdot4^n},\frac{s}{2\cdot4^n}\right]$的区间上为线性函数,斜率为$\pm1$,且有$|f_n(x)|\leqslant4^{-n}$. 图11.2.1中画出了$f_0(x)$与$f_1(x)$的图形.

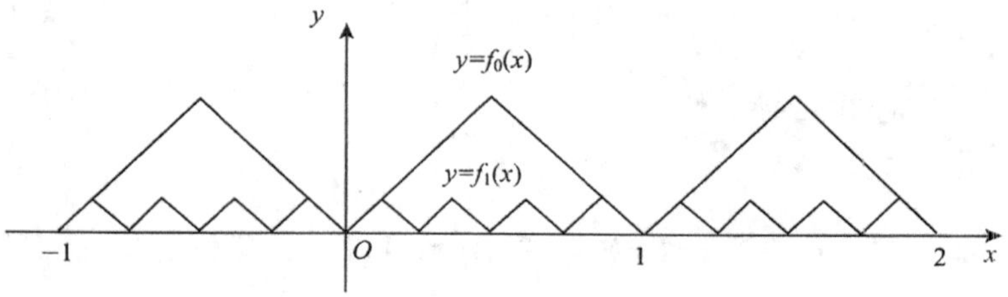

图 11.2.1

令

$$f(x)=\sum_{n=0}^{\infty}f_n(x),\qquad(11.2.11)$$

由于$|f_n(x)|\leqslant 4^{-n}$，故由 M－判别法知(11.2.11)式右端的函数级数在$(-\infty,+\infty)$上一致收敛.再由定理11.2.1′知$f(x)$在$(-\infty,+\infty)$上连续.

再证 $f(x)$在$(-\infty,+\infty)$上处处不可导.任取 $x_0\in(-\infty,+\infty)$，于是总能取得一个区间序列

$$\Delta_n=\left[\frac{s_n-1}{2\cdot 4^n},\frac{s_n}{2\cdot 4^n}\right],s_n\in\mathbf{Z},n=1,2,\cdots$$

使得

$$x_0\in\Delta_{n+1}\subset\Delta_n,\quad n=1,2,\cdots$$

由于 Δ_n 的长度为$2\cdot 4^{-(n+1)}$，故在 Δ_n 上必可取得一点$x_n\in\Delta_n$，使得

$$|x_n-x_0|=4^{-(n+1)},\quad n=1,2,\cdots\qquad(11.2.12)$$

这样一来，当 $k>n$ 时，$f_k(x)$的周期为4^{-k}，而$4^{-(n+1)}$为4^{-k}的整数倍，故由(11.2.12)式知 $f_k(x_n)=f_k(x_0)$.从而有

$$\frac{f_k(x_n)-f_k(x_0)}{x_n-x_0}=0,\quad k>n.\qquad(11.2.13)$$

当 $k\leqslant n$ 时，由于 $x_0,x_n\in\Delta_n\subset\Delta_k$，而 $f_k(x)$在 Δ_k 上为线性函数且斜率为±1，故有

$$\frac{f_k(x_n)-f_k(x_0)}{x_n-x_0}=\pm1,\quad k\leqslant n.\qquad(11.2.14)$$

由(11.2.13)和(11.2.14)式得到

$$\frac{f(x_n)-f(x_0)}{x_n-x_0}=\sum_{k=0}^{\infty}\frac{f_k(x_n)-f_k(x_0)}{x_n-x_0}$$
$$=\sum_{k=0}^{n}(\pm1)=\begin{cases}\text{偶数}, & \text{当 } n \text{ 为奇数},\\ \text{奇数}, & \text{当 } n \text{ 为偶数}.\end{cases}$$

由此可知，极限$\lim\limits_{n\to\infty}\dfrac{f(x_n)-f(x_0)}{x_n-x_0}$不存在.又因为当 $n\to\infty$时，$x_n\to x_0$，所以函数 $f(x)$在点 x_0 不可导.再由点 $x_0\in(-\infty,+\infty)$的任意性即知 $f(x)$在$(-\infty,+\infty)$上处处不可导.

习　题　11.1

1. 求下列各函数级数的收敛区域:

(i) $\sum_{n=1}^{\infty}\frac{(-1)^n}{2n-1}\left(\frac{1-x}{1+x}\right)^n$；　(ii) $\sum_{n=1}^{\infty}\frac{n}{n+1}\left(\frac{x}{2x+1}\right)^n$；

(iii) $\sum_{n=1}^{\infty}\frac{2^n\sin^n x}{n^2}$；　(iv) $\sum_{n=1}^{\infty}\frac{x^n}{1-x^n}$；

(v) $\sum_{n=1}^{\infty}\left(\frac{x(x+n)}{n}\right)^n$；　(vi) $\sum_{n=1}^{\infty}n\mathrm{e}^{-nx}$；

(vii) $\sum_{n=1}^{\infty}\frac{x^n}{(1+x)(1+x^2)\cdots(1+x^n)}$；

(viii) $\sum_{n=1}^{\infty}(2-x)(2-x^{\frac{1}{2}})(2-x^{\frac{1}{3}})\cdots(2-x^{\frac{1}{n}})$.

2. 判定下列各函数序列在指定区间上的一致收敛性：

(i) $f_n(x)=\sin\frac{x}{n}$,　$-\infty<x<+\infty$；

(ii) $f_n(x)=x^n-x^{n+1}$,　$0\leqslant x\leqslant 1$；

(iii) $f_n(x)=\frac{x^n}{1+x^n}$,

(a) $0\leqslant x\leqslant 1-\delta$,　(b) $1-\delta\leqslant x\leqslant 1+\delta$,

(c) $1+\delta\leqslant x<+\infty$,其中 $0<\delta<1$；

(iv) $f_n(x)=nx\mathrm{e}^{-nx}$,

(a) $0\leqslant x<+\infty$,　(b) $0<\delta\leqslant x<+\infty$；

(v) $f_n(x)=\arctan nx$,

(a) $-1\leqslant x\leqslant 1$,　(b) $0<\delta\leqslant x<+\infty$；

(vi) $f_n(x)=\frac{x}{n}\ln\frac{x}{n}$,　$0<x<1$.

3. 判定下列各函数级数在指定区间上的一致收敛性：

(i) $\sum_{n=1}^{\infty}\frac{(-1)^n}{x+2^n}$,　$-2<x<+\infty$；

(ii) $\sum_{n=1}^{\infty}\frac{x}{1+n^4x^2}$,　$0\leqslant x<+\infty$；

(iii) $\sum_{n=1}^{\infty}\frac{\sin nx}{\sqrt[3]{n^4+x^4}}$,　$-\infty<x<+\infty$；

(iv) $\sum_{n=2}^{\infty}\ln\left(1+\frac{x}{n\ln^2 n}\right)$,　$0\leqslant x\leqslant a<+\infty$；

(v) $\sum_{n=1}^{\infty}x^2\mathrm{e}^{-nx}$,　$0\leqslant x<+\infty$；

(vi) $\sum_{n=1}^{\infty}2^n\sin\frac{1}{3^n x}$,　$0<x<+\infty$；

(vii) $\sum_{n=1}^{\infty}\frac{\sin x\sin nx}{\sqrt{n+x}}$,　$0\leqslant x<+\infty$；

(viii) $\sum_{n=1}^{\infty}\left(\frac{1}{n}-\frac{1}{x^2+n}\right)$,

(a) $|x| \leqslant 1$, (b) $-\infty < x < +\infty$;

(ix) $\sum\limits_{n=1}^{\infty} \arctan \dfrac{2x}{x^2 + n^3}$, $-\infty < x < +\infty$;

(x) $\sum\limits_{n=1}^{\infty} \dfrac{(-1)^{n-1}(1-x)x^n}{1-x^{2n}}$, $0 \leqslant x < +\infty$;

(xi) $\sum\limits_{n=1}^{\infty} \dfrac{nx}{(1+x)(1+2x)\cdots(1+nx)}$, $0 \leqslant x \leqslant 1$.

4. 判别下列两个级数在$(0,1]$上是否一致收敛：

(i) $\sum\limits_{n=0}^{\infty} x^n \ln x$, (ii) $\sum\limits_{n=0}^{\infty} x^n \ln^2 x$.

5. 设函数级数

$$\sum_{n=1}^{\infty} \frac{x}{n^p + n^q x^2}$$

在$(-\infty, +\infty)$上一致收敛，求 p 和 q 的取值范围并说明理由.

6. 设 $f(x)$在区间(a,b)中有连续导数 $f'(x)$，求证函数序列

$$f_n(x) = n\left[f\left(x + \frac{1}{n}\right) - f(x)\right], n = 1,2,\cdots$$

在$[\alpha,\beta]$上一致收敛于 $f'(x)$，其中 $a<\alpha<\beta<b$.

7. 设 $f_0(x)$在$[a,b]$上连续，求证函数序列

$$f_n(x) = \int_a^x f_{n-1}(t)\mathrm{d}t, n = 1,2,\cdots$$

在$[a,b]$上一致收敛于 0.

8. 设$\{f_n(x)\}$满足条件：

$$|f_n(x) - f_n(y)| \leqslant K|x - y|, x,y \in [a,b], n = 1,2,\cdots$$

且在$[a,b]$上$\{f_n(x)\}$逐点收敛于 $f(x)$，求证$\{f_n(x)\}$在$[a,b]$上一致收敛于 $f(x)$.

9. 设 $f(x)$在$[a,b]$上满足条件：

$$|f(x) - f(y)| \leqslant K|x - y|, \quad 0 < K < 1$$

且 $a \leqslant \min\limits_{a\leqslant x\leqslant b} f(x) \leqslant \max\limits_{a\leqslant x\leqslant b} f(x) \leqslant b$，定义

$$f_1(x) = f(x), f_{n+1}(x) = f(f_n(x)), \quad n = 1,2,\cdots$$

求证存在常数 C，使当 $n\to\infty$时 $f_n(x) \rightrightarrows C$，$a \leqslant x \leqslant b$.

10. 设$\{f_n(x)\}$是$[a,b]$上的连续函数列，且一致收敛于 $f(x)$，又设$\{x_n\} \subset [a,b]$且 $\lim\limits_{n\to\infty} x_n = x_0$，求证 $\lim\limits_{n\to\infty} f_n(x_n) = f(x_0)$.

11. 设$\{f_n(x)\}$在$[a,b]$上一致有界且一致收敛于 $f(x)$，求证 $\lim\limits_{n\to\infty} \sup\limits_{a\leqslant x\leqslant b} f_n(x) = \sup\limits_{a\leqslant x\leqslant b} f(x)$.

12. 设 $f(x)$在$(-\infty, +\infty)$上连续，求证函数序列

$$f_n(x) = \sum_{k=0}^{n-1} \frac{1}{n} f\left(x + \frac{k}{n}\right), \quad n = 1,2,\cdots$$

在$(-\infty,+\infty)$上广义一致收敛.

13. 设函数序列$\{f_n(x)\}$在$[a,b]$上逐点收敛于连续函数$f(x)$,且对每个n,$f_n(x)$都是$[a,b]$上的单调函数,求证$\{f_n(x)\}$在$[a,b]$上一致收敛于$f(x)$.

14. 设$\{f_n(x)\}$在$[a,b]$上同等连续,即对任何$\varepsilon>0$,都存在$\delta>0$,使当$x,y\in[a,b]$,$|x-y|<\delta$时,对所有$n\in\mathbf{N}$都有

$$|f_n(x)-f_n(y)|<\varepsilon.$$

又设$\{f_n(x)\}$在$[a,b]$上逐点收敛,求证$\{f_n(x)\}$在$[a,b]$上一致收敛.

15. 设多项式序列$\{p_n(x)\}$在$(-\infty,+\infty)$上一致收敛于$f(x)$,求证$f(x)$也是一个多项式.

16. 设$\sum\limits_{n=1}^{\infty}u_n(x)$在$x_0\in[a,b]$收敛而$\sum\limits_{n=1}^{\infty}u'_n(x)$在$[a,b]$上一致收敛,求证$\sum u_n(x)$在$[a,b]$上一致收敛.

17. 设$\sum\limits_{n=1}^{\infty}u_n(x)$在$(a,b)$中逐点收敛且对所有$m\in\mathbf{N}$和所有$x\in(a,b)$,都有

$$\left|\sum_{n=1}^{m}u'_n(x)\right|\leqslant M,$$

其中M为常数,求证$\sum u_n(x)$在(a,b)中一致收敛.

18*. 设b_n单调递减且$b_n\to0(n\to\infty)$,求证函数级数$\sum b_n\sin nx$在任何区间上都一致收敛的充分必要条件是$nb_n\to0(n\to\infty)$.

19. 试证函数级数$\sum\limits_{n=1}^{\infty}(-1)^{n+1}\dfrac{1}{n+x^2}$在$(-\infty,+\infty)$上一致收敛,但对任何$x\in(-\infty,+\infty)$,级数都不绝对收敛.

20. 设$\sum u_n(x)$的各项都在$[a,b]$上单调且级数在端点a和b都绝对收敛,求证$\sum u_n(x)$在$[a,b]$上绝对一致收敛.

21. 试证$S(x)=\sum\limits_{n=1}^{\infty}\dfrac{\sin nx}{n^3}$在$(-\infty,+\infty)$上有连续的导函数.

22. 设函数序列

$$f_n(x)=nx\mathrm{e}^{-nx^2},\qquad n=1,2,\cdots$$

在$[0,1]$上逐点收敛于$f(x)$,求证:

(i) $\{f_n(x)\}$在$[0,1]$上非一致收敛;

(ii) $\int_0^1 f(x)\mathrm{d}x\neq\lim\limits_{n\to\infty}\int_0^1 f_n(x)\mathrm{d}x$.

23. 试证函数序列

$$f_n(x)=nx(1-x)^n,\quad n=1,2,\cdots$$

在$[0,1]$上逐点收敛但非一致收敛,可是却有

$$\lim_{n\to\infty}\int_0^1 f_n(x)\mathrm{d}x = \int_0^1 [\lim_{n\to\infty} f_n(x)]\mathrm{d}x.$$

24. 试证函数级数 $\sum \frac{x}{[(n-1)x+1][nx+1]}$ 在[0,1]上非一致收敛但可逐项积分.

25. 问参数 α 取什么值时,函数序列

$$f_n(x) = n^\alpha x\mathrm{e}^{-nx}, \quad n = 1,2,\cdots$$

在[0,1]上

(i) 收敛;　　(ii) 一致收敛;

(iii) 可以在积分号下取极限,即有

$$\lim_{n\to\infty}\int_0^1 f_n(x)\mathrm{d}x = \int_0^1 [\lim_{n\to\infty} f_n(x)]\mathrm{d}x.$$

26. 设 $f(x)$在$(-\infty,+\infty)$上无限次可导,函数序列

$$F_n(x) = f^{(n)}(x), \quad n = 1,2,\cdots$$

在$(-\infty,+\infty)$上广义一致收敛于 $\varphi(x)$,求证 $\varphi(x)=C\mathrm{e}^x$,其中 C 为常数.

27. 试证函数序列

$$f_n(x) = \frac{1}{n}\arctan x^n, \quad n = 1,2,\cdots$$

在$(-\infty,+\infty)$上一致收敛,但是

$$[\lim_{n\to\infty} f_n(x)]'\Big|_{x=1} \neq \lim_{n\to\infty} f'_n(1).$$

28. 试证函数序列

$$f_n(x) = x^2 + \frac{1}{n}\sin n\left(x+\frac{\pi}{2}\right), \quad n = 1,2,\cdots$$

在$(-\infty,+\infty)$上一致收敛,但是

$$[\lim_{n\to\infty} f_n(x)]' \neq \lim_{n\to\infty} f'_n(x).$$

29. 设函数序列

$$f_n(x) = \frac{1}{n}\mathrm{e}^{-n^2x^2}, \quad n = 1,2,\cdots$$

在$(-\infty,+\infty)$上逐点收敛于 $f(x)$,求证:

(i) $\{f_n(x)\}$在$(-\infty,+\infty)$上一致收敛;

(ii) $\{f'_n(x)\}$在任何包含 0 的区间上都不一致收敛;

(iii) $\lim\limits_{n\to\infty} f'_n(x) = f'(x)$.

30. 设$|x|<\pi$,求证

$$\sum_{n=1}^{\infty}\frac{1}{2^n}\tan\frac{x}{2^n} = \frac{1}{x} - \cot x.$$

§11.3 幂 级 数

形如

$$\sum_{n=0}^{\infty} a_n (x - x_0)^n = a_0 + a_1 (x - x_0) + \cdots + a_n (x - x_0)^n + \cdots \tag{11.3.1}$$

的函数级数称为幂级数,其中诸 a_n 都是常数,称为幂级数(11.3.1)的系数,通项 $a_n(x-x_0)^n$ 是幂函数的倍数而部分和是多项式.所以,幂级数是多项式的推广,是次数为无穷的"多项式".幂级数是既简单又规整的函数级数,因此它具有一系列较为独特的性质.

首先考察幂级数(11.3.1)的收敛区域.对于一般的函数级数,其收敛区域可能较简单,也可能很复杂,没有什么规律可言,但幂级数(11.3.1)的收敛区域却很规整,它总是一个以 x_0 为中心的区间,仅有的区别是端点可能属于这个区间,也可能不属于这个区间.

对于幂级数(11.3.1),令

$$r = \overline{\lim_{n\to\infty}} \sqrt[n]{|a_n|},$$

则 r 为非负实数或为 $+\infty$.再令

$$R = \begin{cases} +\infty, & 当 r = 0, \\ \dfrac{1}{r}, & 当 0 < r < +\infty, \\ 0, & 当 r = +\infty. \end{cases} \tag{11.3.2}$$

下面将利用 R 来研究幂级数的收敛区域.

定理 11.3.1　设 $\sum_{n=0}^{\infty} a_n (x - x_0)^n$ 为一个幂级数.

(i) 若 $R=+\infty$,则所论幂级数在 $(-\infty,+\infty)$ 上收敛;

(ii) 若 $0<R<+\infty$,则所论幂级数在 $|x-x_0|<R$ 处收敛,在 $|x-x_0|>R$ 处发散;

(iii) 若 $R=0$,则幂级数只在点 x_0 收敛,在其他处都发散.

证　按正项级数柯西判别法的判别式,我们有

$$\overline{\lim_{n\to\infty}} \sqrt[n]{|a_n (x - x_0)^n|} = |x - x_0| \overline{\lim_{n\to\infty}} \sqrt[n]{|a_n|} = r |x - x_0|. \tag{11.3.3}$$

(i) 当 $R=+\infty$时，$r=0$，由(11.3.3)式知于任何 $x\in(-\infty,+\infty)$，都有

$$\overline{\lim_{n\to\infty}}\sqrt[n]{|a_n(x-x_0)^n|}=0.$$

由柯西判别法的极限形式知所论幂级数在$(-\infty,+\infty)$上绝对收敛.

(ii) 当$0<R<+\infty$时，由(11.3.3)式有

$$\overline{\lim_{n\to\infty}}\sqrt[n]{|a_n(x-x_0)^n|}=\frac{|x-x_0|}{R}\begin{cases}<1, & \text{当 } |x-x_0|<R,\\ >1, & \text{当 } |x-x_0|>R.\end{cases}$$

由柯西判别法知所论级数于$|x-x_0|<R$ 时收敛而于$|x-x_0|>R$ 时发散.

(iii) 当 $R=0$ 时，$r=+\infty$，由(11.3.3)式知于任何 $x\neq x_0$，都有

$$\overline{\lim_{n\to\infty}}\sqrt[n]{|a_n(x-x_0)^n|}=+\infty.$$

由柯西判别法知所论级数于所有 $x\neq x_0$ 都发散. 当 $x=x_0$ 时，所论幂级数当然收敛.

今后，我们把由(11.3.2)式给出的 R 称为幂级数的收敛半径. 定理11.3.1表明，幂级数在区间(x_0-R,x_0+R)中总是收敛的，在$(-\infty,x_0-R)\cup(x_0+R,+\infty)$中总是发散的. 但对端点 x_0-R 和 x_0+R，定理 11.3.1 没有涉及，原因在于这时没有规律可言，什么情况都可能发生. 例如下列三个幂级数

$$\sum_{n=0}^{\infty}x^n,\sum_{n=1}^{\infty}\frac{x^n}{n},\sum_{n=0}^{\infty}\frac{x^n}{n^2}$$

的收敛半径都是 1，但第 1 个级数在两个端点都发散，第 3 个级数在两个端点都收敛，第 2 个级数则在端点 $x=-1$ 收敛而在 $x=1$ 发散.

定理 11.3.2 对于幂级数(11.3.1)，如果极限

$$\lim_{n\to\infty}\left|\frac{a_n}{a_{n+1}}\right|=R,\quad 0\leqslant R\leqslant+\infty \tag{11.3.4}$$

存在，则 R 就是幂级数(11.3.1)的收敛半径.

证 按正项级数比值判别法的判别式，我们有

$$\lim_{n\to\infty}\left|\frac{a_{n+1}(x-x_0)^{n+1}}{a_n(x-x_0)^n}\right|=\frac{|x-x_0|}{\lim\limits_{n\to\infty}\left|\dfrac{a_n}{a_{n+1}}\right|}=\frac{x-x_0}{R}.$$

将定理 11.3.1 证明中的柯西根式判别法换成比值判别法，则完全平行地可以证明定理 11.3.1 的 3 条结论对(11.3.4)式给出的 R 成立，所以，(11.3.4)式给出的 R 也是幂级数(11.3.1)的收敛半径.

进一步地，可以证明

$$\varliminf_{n\to\infty}\left|\frac{a_{n+1}}{a_n}\right|\leqslant\varliminf_{n\to\infty}\sqrt[n]{|a_n|}\leqslant\varlimsup_{n\to\infty}\sqrt[n]{|a_n|}\leqslant\varlimsup_{n\to\infty}\left|\frac{a_{n+1}}{a_n}\right|.$$

因此,当(11.3.4)式定义的 R 存在时,(11.3.2)式定义的 R 也存在且二者相等.这样,我们在计算幂级数的收敛半径时,可根据题目中系数的特点来决定用(11.3.2)式还是(11.3.4)式来计算.

例 11.3.1　求下列各幂级数的收敛半径和收敛区间:

(i) $\sum_{n=1}^{\infty} n^n x^n$;　　(ii) $\sum_{n=1}^{\infty}\frac{x^n}{n!}$;

(iii) $\sum_{n=1}^{\infty}(\sqrt{n+1}-\sqrt{n})x^n$.

解　(i) 按定理 11.3.1 有

$$R=\frac{1}{\varlimsup_{n\to\infty}\sqrt[n]{n^n}}=\frac{1}{\lim_{n\to\infty} n}=0.$$

所以,$\sum_{n=1}^{\infty} n^n x^n$ 的收敛半径 $R=0$ 而收敛区间退化为一点$\{0\}$.

(ii) 按定理 11.3.2 有

$$R=\lim_{n\to\infty}\frac{\dfrac{1}{n!}}{\dfrac{1}{(n+1)!}}=\lim_{n\to\infty}(n+1)=+\infty.$$

所以,$\sum_{n=0}^{\infty}\frac{x^n}{n!}$的收敛半径 $R=+\infty$而收敛区间为$(-\infty,+\infty)$.

(iii) 按定理 11.3.2 有

$$R=\lim_{n\to\infty}\frac{\sqrt{n+1}-\sqrt{n}}{\sqrt{n+2}-\sqrt{n+1}}=\lim_{n\to\infty}\frac{\sqrt{n+2}+\sqrt{n+1}}{\sqrt{n+1}+\sqrt{n}}=1.$$

此外,当 $x=1$ 时,由于

$$\sqrt{n+1}-\sqrt{n}=\frac{1}{\sqrt{n+1}+\sqrt{n}}=O^{\#}(n^{-\frac{1}{2}}),$$

故由阶的估计法知幂级数于 $x=1$ 时发散,当 $x=-1$ 时,又有

$$\sum_{n=1}^{\infty}(-1)^n(\sqrt{n+1}-\sqrt{n})=\sum_{n=1}^{\infty}\frac{(-1)^n}{\sqrt{n+1}+\sqrt{n}}.$$

由莱布尼茨判别法知幂级数于 $x=-1$ 时收敛.所以,幂级数(iii)的收敛半径为 1 而收敛区间为$[-1,1)$.

作为函数级数,幂级数的和函数的连续性、可积性和可微性当然是需要讨论的重点问题.为此,首先研究幂级数的一致收敛性.

定理 11.3.3 设幂级数 $\sum\limits_{n=0}^{\infty} a_n(x-x_0)^n$ 的收敛区间 $I \neq \{x_0\}$，则 $\sum\limits_{n=0}^{\infty} a_n(x-x_0)^n$ 在 I 上广义一致收敛.

证 任取有限闭区间 $[a,b]\subset I$，不妨设 $a<x_0<b$，往证 $\sum\limits_{n=0}^{\infty} a_n(x-x_0)^n$ 在 $[x_0,b]$ 上一致收敛. 这时，改写

$$\sum_{n=0}^{\infty} a_n(x-x_0)^n = \sum_{n=0}^{\infty} a_n(b-x_0)^n\left(\frac{x-x_0}{b-x_0}\right)^n.$$

按已知，$\sum\limits_{n=0}^{\infty} a_n(b-x_0)^n$ 收敛. 由于它与 x 无关，当然在 $[x_0,b]$ 上一致收敛. 对于每个固定的 $x\in[x_0,b]$，数列 $\left\{\left(\dfrac{x-x_0}{b-x_0}\right)^n\right\}$ 单调且对所有 $x\in[x_0,b]$ 和所有 $n\in\mathbf{N}$，都有

$$0\leqslant\left(\frac{x-x_0}{b-x_0}\right)^n\leqslant 1,$$

这表明函数列 $\left\{\left(\dfrac{x-x_0}{b-x_0}\right)^n\right\}$ 在 $[x_0,b]$ 上一致有界. 于是由阿贝尔判别法知幂级数 $\sum\limits_{n=0}^{\infty} a_n(x-x_0)^n$ 在 $[x_0,b]$ 上一致收敛. 同理可证此幂级数在 $[a,x_0]$ 上也是一致收敛. 从而它在区间 $[a,b]$ 上一致收敛. 再由 $[a,b]\subset I$ 的任意性知幂级数 $\sum\limits_{n=0}^{\infty} a_n(x-x_0)^n$ 在它自己的收敛区间 I 上广义一致收敛.

从定理 11.3.3 出发，容易得到下列三个定理.

定理 11.3.4 设幂级数 $\sum\limits_{n=0}^{\infty} a_n(x-x_0)^n$ 的收敛区间为 I，则它的和函数 $S(x)$ 在 I 上连续.

证 因为幂级数的每项 $a_n(x-x_0)^n$ 都在 I 上连续，而由定理 11.3.3 知 $\sum\limits_{n=0}^{\infty} a_n(x-x_0)^n$ 在 I 上广义一致收敛，故由定理 11.2.1′ 的推论知和函数 $S(x)$ 在 I 上连续.

定理 11.3.5 设幂级数 $\sum\limits_{n=0}^{\infty} a_n(x-x_0)^n$ 的收敛区间为 I，则它的和函数 $S(x)$ 在 I 的任何有限闭子区间 $[a,b]$ 上都可积，且有

$$\int_a^b S(x)\mathrm{d}x = \int_a^b \sum_{n=0}^{\infty} a_n(x-x_0)^n\mathrm{d}x = \sum_{n=0}^{\infty}\int_a^b a_n(x-x_0)^n\mathrm{d}x. \tag{11.3.5}$$

特别地，当 $a=x_0, b=x\in I$ 时，有

$$\int_{x_0}^{x} S(t)\mathrm{d}t = \int_{x_0}^{x}\sum_{n=0}^{\infty} a_n (t-x_0)^n \mathrm{d}t = \sum_{n=0}^{\infty} a_n \int_{x_0}^{x}(t-x_0)^n \mathrm{d}t$$
$$= \sum_{n=0}^{\infty}\frac{a_n}{n+1}(x-x_0)^{n+1}. \qquad (11.3.5')$$

证　由定理 11.3.4 知和函数 $S(x)$ 在 I 上连续，所以它在 I 的任何有限闭子区间 $[a,b]$ 上都可积. 又因幂级数 $\sum\limits_{n=0}^{\infty} a_n (x-x_0)^n$ 在 I 上广义一致收敛，所以它在 $[a,b]$ 上一致收敛. 于是由定理 11.2.2″ 知此幂级数可在 $[a,b]$ 上逐项积分，即有(11.3.5) 和(11.3.5′) 式成立.

我们称(11.3.5′) 式右端的幂级数为幂级数 $\sum\limits_{n=0}^{\infty} a_n (x-x_0)^n$ 逐项积分所得的幂级数. (11.3.5′) 式本身就表明这一幂级数的收敛区间包含原级数的收敛区间. 因为

$$\overline{\lim_{n\to\infty}}\sqrt[n]{\frac{|a_n|}{n+1}} = \frac{\overline{\lim\limits_{n\to\infty}}\sqrt[n]{|a_n|}}{\lim\limits_{n\to\infty}\sqrt[n]{n+1}} = \overline{\lim_{n\to\infty}}\sqrt[n]{|a_n|},$$

所以逐项积分所得的幂级数的收敛半径与原级数的收敛半径相同. 然而，收敛区间却不一定相同，即端点可能发生变化. 例如

$$\int_0^x \sum_{n=0}^{\infty}\frac{t^n}{n+1}\mathrm{d}t = \sum_{n=0}^{\infty}\frac{x^{n+1}}{(n+1)^2}.$$

上式右端逐项积分后的幂级数的收敛区间为 $[-1,1]$，而左端原级数的收敛区间为 $[-1,1)$. 易见，在对幂级数进行逐项求导时，则会发生反向的变化.

定理 11.3.6　设幂级数 $\sum\limits_{n=0}^{\infty} a_n (x-x_0)^n$ 的收敛半径 $R>0$，收敛区间为 I，和函数为 $S(x)$，它的逐项求导所得的级数 $\sum\limits_{n=1}^{\infty} n a_n (x-x_0)^{n-1}$ 的收敛区间为 I'，则和函数 $S(x)$ 在 I' 上连续可导，且可逐项求导，即当 $x\in I'$ 时有

$$S'(x) = \Big(\sum_{n=0}^{\infty} a_n (x-x_0)^n\Big)' = \sum_{n=1}^{\infty} n a_n (x-x_0)^{n-1}. \quad (11.3.6)$$

证　由定理 11.3.5 知，$I\supset I'\supset (x_0-R, x_0+R)$，故和函数在 I' 上有定义. 由定理 11.3.3 知，幂级数 $\sum\limits_{n=1}^{\infty} n a_n (x-x_0)^{n-1}$ 在 I' 上广义一致收敛. 从而由定理 11.2.3′ 知和函数 $S(x)$ 在 I' 上连续可导，且可逐项求导，即在 I' 上有(11.3.6) 式成立.

推论 设幂级数 $\sum_{n=0}^{\infty} a_n (x - x_0)^n$ 的收敛半径为 R，则其和函数 $S(x)$ 在 $(x_0 - R, x_0 + R)$ 中任意次可导且对任意 $k \in \mathbf{N}$，都有

$$S^{(k)}(x) = \sum_{n=k}^{\infty} n(n-1)\cdots(n-k+1)a_n(x-x_0)^{n-k},$$

且所得的幂级数的收敛半径也为 R.

例 11.3.2 求下列两个幂级数的和函数：

(i) $\sum_{n=1}^{\infty} \frac{(-1)^{n-1}}{n} x^n$;

(ii) $\sum_{n=0}^{\infty} \frac{(-1)^n}{2n+1} x^{2n+1}$.

解 分别记幂级数(i)和(ii)的和函数为 $S_1(x)$和 $S_2(x)$，于是由定理 11.3.6 有

$$S'_1(x) = \sum_{n=1}^{\infty}(-1)^{n-1}x^{n-1} = \sum_{n=0}^{\infty}(-1)^n x^n = \frac{1}{1+x}, \quad x \in (-1,1), \tag{11.3.7}$$

$$S'_2(x) = \sum_{n=0}^{\infty}(-1)^n x^{2n} = \sum_{n=0}^{\infty}(-x^2)^n = \frac{1}{1+x^2}, x \in (-1,1). \tag{11.3.8}$$

由于 $S_1(0)=0, S_2(0)=0$，故有

$$\sum_{n=1}^{\infty} \frac{(-1)^{n-1}}{n} x^n = S_1(x) = \int_0^x \frac{\mathrm{d}t}{1+t} = \ln(1+x), \tag{11.3.9}$$

$$\sum_{n=0}^{\infty} \frac{(-1)^n}{2n+1} x^{2n+1} = S_2(x) = \int_0^x \frac{\mathrm{d}t}{1+t^2} = \arctan x. \tag{11.3.10}$$

尽管(11.3.7)和(11.3.8)式的成立区间都是$(-1,1)$，积分后得到的(11.3.9)式和(11.3.10)式也只能在$(-1,1)$中成立，但由定理 11.3.4 知 $S_1(x)$在$(-1,1]$上连续而 $S_2(x)$在$[-1,1]$上连续，而 $\ln(1+x)$和 $\arctan x$ 也都连续，所以(11.3.9)式在$(-1,1]$上成立而(11.3.10)式在$[-1,1]$上成立，即都在幂级数(i)和(ii)各自的收敛区间上成立.

例 11.3.3 求级数$\sum_{n=1}^{\infty} \frac{n^2+n-1}{2^n}$ 的和.

解 改写

$$\sum_{n=1}^{\infty} \frac{n^2+n-1}{2^n} = \sum_{n=1}^{\infty} n(n+1)\left(\frac{1}{2}\right)^n - \sum_{n=1}^{\infty}\left(\frac{1}{2}\right)^n$$

$$= \frac{1}{2}\sum_{n=1}^{\infty} n(n+1)\left(\frac{1}{2}\right)^{n-1} - 1. \qquad (11.3.11)$$

可见,只须求(11.3.11)式右端级数的和.为此,考察幂级数

$$\sum_{n=1}^{\infty} x^{n+1} = x^2\sum_{n=1}^{\infty} x^{n-1} = x^2\sum_{n=0}^{\infty} x^n = \frac{x^2}{1-x}. \qquad (11.3.12)$$

由定理 11.3.6 知,将(11.3.12)式两端同时求导两次,得到

$$\sum_{n=1}^{\infty}(n+1)x^n = \left(\frac{x^2}{1-x}\right)' = \frac{2x(1-x)+x^2}{(1-x)^2} = \frac{2x-x^2}{(1-x)^2},$$

$$\begin{aligned}\sum_{n=1}^{\infty} n(n+1)x^{n-1} &= \left(\frac{2x-x^2}{(1-x)^2}\right)' \\ &= \frac{(2-2x)(1-x)^2+(2x-x^2)2(1-x)}{(1-x)^4} \\ &= \frac{2}{(1-x)^3}, \quad x \in (-1,1). \end{aligned} \qquad (11.3.13)$$

在(11.3.13)式中令 $x = \frac{1}{2}$,得到

$$\sum_{n=1}^{\infty} n(n+1)\left(\frac{1}{2}\right)^{n-1} = 16.$$

将此代入(11.3.11)式,即得

$$\sum_{n=1}^{\infty}\frac{n^2+n-1}{2^n} = \frac{1}{2}\times 16 - 1 = 7.$$

例 11.3.4　求证幂级数 $y = \sum_{n=0}^{\infty}\frac{x^n}{(n!)^2}$ 满足微分方程

$$xy'' + y' - y = 0. \qquad (11.3.14)$$

证　因为

$$\lim_{n\to\infty}\frac{\frac{1}{(n!)^2}}{\frac{1}{[(n+1)!]^2}} = \lim_{n\to\infty}(n+1)^2 = +\infty,$$

故知所论的幂级数的收敛半径 $R = +\infty$.于是由定理 11.3.6 的推论知它在 $(-\infty,+\infty)$ 上无穷次可导且可逐项求导,故有

$$y' = \sum_{n=1}^{\infty}\frac{nx^{n-1}}{(n!)^2}, \qquad y'' = \sum_{n=2}^{\infty}\frac{n(n-1)x^{n-2}}{(n!)^2}.$$

从而有

$$xy'' + y' - y$$

$$= \sum_{n=2}^{\infty} \frac{n(n-1)x^{n-1}}{(n!)^2} + \sum_{n=1}^{\infty} \frac{nx^{n-1}}{(n!)^2} - \sum_{n=0}^{\infty} \frac{x^n}{(n!)^2}$$

$$= \sum_{n=2}^{\infty} \frac{n(n-1)x^{n-1}}{(n!)^2} + \left(1 + \sum_{n=2}^{\infty} \frac{nx^{n-1}}{(n!)^2}\right) - \left(1 + \sum_{n=2}^{\infty} \frac{n^2 x^{n-1}}{(n!)^2}\right)$$

$$= 0.$$

像(11.3.14)式这样含有未知函数的导数的方程称为微分方程.使用幂级数去解微分方程的方法是求解微分方程的重要方法之一.

§11.4　泰勒级数

上节中我们看到,幂级数有很多优良的性质.这使我们想到,若能把函数表示成幂级数,定会给各方面的讨论和研究带来方便.由第五章讲过的泰勒公式,特别是由上节例 11.3.2 可知,这种愿望在某些情况下是可以变成现实的.

设函数 $f(x)$在某点 x_0 的某个邻域 $N(x_0,\delta)=(x_0-\delta,x_0+\delta)$中可以表示成幂级数,亦即当 $x\in N(x_0,\delta)$时有

$$f(x) = \sum_{n=0}^{\infty} a_n (x-x_0)^n.$$

于是由定理 11.3.6 的推论知 $f(x)$在 $N(x_0,\delta)$中无穷次可导且对所有 $k\in$ **N**,均有

$$f^{(k)}(x) = \sum_{n=k}^{\infty} n(n-1)\cdots(n-k+1)a_n(x-x_0)^{n-k}.$$

在上式中令 $x=x_0$,得到

$$a_n = \frac{f^{(n)}(x_0)}{n!}, \quad n = 0,1,2,\cdots$$

从而得到

$$f(x) = \sum_{n=0}^{\infty} \frac{f^{(n)}(x_0)}{n!}(x-x_0)^n. \qquad (11.4.1)$$

注意,(11.4.1)式是在假设 $f(x)$可以表示为幂级数的前提下得到的.现在我们要问,如果去掉这个前提而仅仅假设 $f(x)$在点 x_0 的某邻域 $N(x_0,\delta)$中无穷次可导,(11.4.1)式是否仍然成立?答案是否定的.

考察函数

$$f(x) = \begin{cases} e^{-\frac{1}{x^2}}, & x \neq 0. \\ 0, & x = 0. \end{cases} \qquad (11.4.2)$$

容易验证,$f(x)$在任何形如$(-R,R)$的区间中无穷次可导且有

$$f^{(n)}(0)=0,\quad n=1,2,\cdots$$

若(11.4.1)式成立，则有

$$f(x)\equiv 0,\quad x\in(-R,R).$$

但由定义式(11.4.2)知当 $x\neq 0$ 时，$f(x)\neq 0$，矛盾. 这表明为使(11.4.1)式成立，还需要对 $f(x)$ 提出进一步的要求.

按级数收敛的定义，为使(11.4.1)式成立，右端幂级数的部分和 $S_n(x)$ 应收敛于 $f(x)$，亦即应有

$$\lim_{n\to\infty}R_n(x)=\lim_{n\to\infty}(f(x)-S_n(x))=0.$$

这里的 $R_n(x)$ 不是别的，正是泰勒公式中的余项. 换句话说，当 $f(x)$ 相应的泰勒公式的余项 $R_n(x)$ 于 $n\to\infty$ 时趋于 0 时，(11.4.1)式成立. 这时称(11.4.1)式右端的幂级数为函数 $f(x)$ 的幂级数展开式，或称为函数 $f(x)$ 的泰勒级数.

在怎样的条件下才能保证 $R_n(x)$ 在 $N(x_0,\delta)$ 上趋于 0 呢？对此，我们给出一个充分条件.

定理 11.4.1　设函数 $f(x)$ 的导函数列 $\{f^{(n)}(x)\}$ 在点 x_0 的邻域 $N(x_0,\delta)$ 中一致有界，则 $f(x)$ 在 $N(x_0,\delta)$ 中可展开为泰勒级数.

证　由于 $\{f^{(n)}(x)\}$ 在 $N(x_0,\delta)$ 中一致有界，故存在常数 $M>0$，使对所有非负整数 n 和所有 x，均有

$$|f^{(n)}(x)|\leqslant M.$$

于是由拉格朗日余项有

$$|R_n(x)|=\left|\frac{f^{(n+1)}(\xi)}{(n+1)!}(x-x_0)^{n+1}\right|\leqslant M\frac{\delta^{n+1}}{(n+1)!}\to 0\quad(n\to\infty).$$

所以 $f(x)$ 在 $N(x_0,\delta)$ 中可以展开为泰勒级数.

下面讨论一些基本初等函数的泰勒展开式.

(i) 指数函数 $f(x)=\mathrm{e}^x$. 因为

$$f^{(n)}(x)=\mathrm{e}^x,f^{(n)}(0)=1,\quad n=0,1,2,\cdots$$

故对任何 $r>0$，在 $(-r,r)$ 中都有

$$|f^{(n)}(x)|=\mathrm{e}^x\leqslant\mathrm{e}^r,\quad n=0,1,2,\cdots$$

由定理 11.4.1 及 $r>0$ 的任意性知 e^x 可在 $(-\infty,+\infty)$ 上展开为泰勒级数：

$$\mathrm{e}^x=\sum_{n=0}^{\infty}\frac{x^n}{n!}.$$

(ii) 三角函数 $f(x)=\sin x$ 和 $g(x)=\cos x$. 因为

$$|f^{(n)}(x)| = \left|\sin\left(x + \frac{n\pi}{2}\right)\right| \leqslant 1, \quad x \in (-\infty, +\infty), n = 0,1,2,\cdots$$

$$f^{(n)}(0) = \sin\frac{n\pi}{2} = \begin{cases} 0, & \text{当 } n \text{ 为偶数}, \\ (-1)^{\frac{n-1}{2}}, & \text{当 } n \text{ 为奇数}. \end{cases}$$

由定理 11.4.1 知 $\sin x$ 可在 $(-\infty, +\infty)$ 上展开为泰勒级数,同理可证 $\cos x$ 亦然. 这时有

$$\sin x = \sum_{n=0}^{\infty} \frac{(-1)^n}{(2n+1)!} x^{2n+1}, \quad \cos x = \sum_{n=0}^{\infty} \frac{(-1)^n}{(2n)!} x^{2n}.$$

(iii) 二项式函数 $f(x) = (1+x)^\alpha$,其中 $\alpha \in \mathbf{R} - \mathbf{N}_0$,即 α 为不是非负整数的任意实数. 这时,$f(x)$ 的泰勒公式的柯西余项为

$$\begin{aligned} R_n(x) &= \frac{f^{(n+1)}(\theta x)(1-\theta)^n}{n!} x^{n+1} \\ &= \frac{\alpha(\alpha-1)\cdots(\alpha-n)(1+\theta x)^{\alpha-n-1}}{n!}(1-\theta)^n x^{n+1} \\ &= \frac{\alpha(\alpha-1)\cdots(\alpha-n)x^{n+1}}{n!}(1+\theta x)^{\alpha-1}\left(\frac{1-\theta}{1+\theta x}\right)^n, \end{aligned} \tag{11.4.3}$$

其中 $0<\theta<1$. 为证 $R_n(x)$ 趋于 0,考察幂级数

$$\sum_{n=0}^{\infty} \frac{\alpha(\alpha-1)\cdots(\alpha-n)}{n!} x^{n+1}. \tag{11.4.4}$$

因为

$$\lim_{n\to\infty} \left| \frac{\dfrac{\alpha(\alpha-1)\cdots(\alpha-n)}{n!}}{\dfrac{\alpha(\alpha-1)\cdots(\alpha-n)(\alpha-n-1)}{(n+1)!}} \right| = \lim_{n\to\infty} \left| \frac{n+1}{\alpha-n-1} \right| = 1,$$

故知幂级数(11.4.4)的收敛半径为 1,即幂级数(11.4.4)在 $(-1,1)$ 中收敛. 由收敛的必要条件知,当 $|x|<1$ 时,

$$\lim_{n\to\infty} \frac{\alpha(\alpha-1)\cdots(\alpha-n)}{n!} x^{n+1} = 0. \tag{11.4.5}$$

对于(11.4.3)式右端第 2 个因式 $(1+\theta x)^{\alpha-1}$,虽然其中的 θ 与 n 有关,但由于 $0<\theta<1$,故有

$$0 < 1 - |x| \leqslant |1 + \theta x| \leqslant 1 + |x| < 2.$$

令 $M(x) = \max\{(1-|x|)^{\alpha-1}, 2^{\alpha-1}\}$,于是有

$$|1 + \theta x|^{\alpha-1} \leqslant M(x). \tag{11.4.6}$$

这表明当固定 $x \in (-1,1)$ 时,第 2 个因式 $(1+\theta x)^{\alpha-1}$ 对 n 来说是有界数列.

对于(11.4.3)式右端第 3 个因式$\left(\frac{1-\theta}{1+\theta x}\right)^n$，由于$0<\theta<1$，故当$|x|<1$时，$0<1-\theta<1+\theta x$，从而有

$$0<\left(\frac{1-\theta}{1+\theta x}\right)^n<1. \tag{11.4.7}$$

这表明第 3 个因式关于 n 也是有界的.

将(11.4.3)，(11.4.5)，(11.4.6)和(11.4.7)式结合起来即得

$$\lim_{n\to\infty}R_n(x)=0,\quad |x|<1.$$

从而知函数$(1+x)^\alpha$ 在$(-1,1)$中可展开为泰勒级数.

因为

$$f^{(n)}(x)=\alpha(\alpha-1)\cdots(\alpha-n+1)(1+x)^{\alpha-n},\quad n=0,1,2,\cdots$$

$$f^{(n)}(0)=\alpha(\alpha-1)\cdots(\alpha-n+1),\quad n=0,1,2,\cdots$$

所以有

$$(1+x)^\alpha=\sum_{n=0}^{\infty}\frac{\alpha(\alpha-1)\cdots(\alpha-n+1)}{n!}x^n,\quad |x|<1.$$

附带指出，二项式函数在收敛区间端点±1的敛散性较为复杂，这里不再加以讨论.

除了上述四个泰勒级数之外，还有两个重要的泰勒级数就是上节例 11.3.2所给出的两个展开式：

$$\text{(iv)}\quad \ln(1+x)=\sum_{n=1}^{\infty}\frac{(-1)^{n-1}}{n}x^n,\quad x\in(-1,1];$$

$$\text{(v)}\quad \arctan x=\sum_{n=0}^{\infty}\frac{(-1)^n}{2n+1}x^{2n+1},\quad x\in[-1,1].$$

以上六个展开式是常用的，应该记住.

有些书上将函数在点 0 的展开式称为麦克劳林级数或麦克劳林展开，而把在点 x_0 的展开称为泰勒展开. 本书为简单起见，一律称之为泰勒展开或泰勒级数.

例 11.4.1　求下列两个函数在点 0 的泰勒展开式：

(i) $\cos^2 x$；　　(ii) $\ln(1-x-2x^2)$.

解　(i) 按三角公式和 $\cos x$ 的泰勒展开式有

$$\cos^2 x=\frac{1+\cos 2x}{2}=\frac{1}{2}+\frac{1}{2}\sum_{n=0}^{\infty}\frac{(-1)^n}{(2n)!}(2x)^{2n}$$

$$=1+\sum_{n=1}^{\infty}\frac{(-1)^n2^{2n-1}}{(2n)!}x^{2n},\quad x\in(-\infty,+\infty).$$

(ii) 改写

$$\ln(1-x-2x^2)=\ln[(1-2x)(1+x)]=\ln(1-2x)+\ln(1+x).$$

按对数函数 $\ln(1+x)$的展开式有

$$\ln(1+x)=\sum_{n=1}^{\infty}\frac{(-1)^{n-1}}{n}x^n,\quad x\in(-1,1];$$

$$\ln(1-2x)=-\sum_{n=1}^{\infty}\frac{(2x)^n}{n},\quad x\in\left[-\frac{1}{2},\frac{1}{2}\right).$$

从而得到

$$\begin{aligned}\ln(1-x-2x^2)&=-\sum_{n=1}^{\infty}\frac{2^n}{n}x^n-\sum_{n=1}^{\infty}\frac{(-1)^n}{n}x^n\\&=-\sum_{n=1}^{\infty}\frac{2^n+(-1)^n}{n}x^n,\quad x\in\left[-\frac{1}{2},\frac{1}{2}\right).\end{aligned}$$

下面我们利用 $\ln(1+x)$的展开式导出一个分析中的重要公式——司特林(Stirling)公式.

由 $\ln(1+x)$和 $\ln(1-x)$的展开式可得

$$\ln\frac{1+x}{1-x}=2x\sum_{m=0}^{\infty}\frac{x^{2m}}{2m+1},\quad x\in(-1,1).\tag{11.4.8}$$

令 $x=\frac{1}{2n+1}$,于是

$$\frac{1+x}{1-x}=\frac{1+\frac{1}{2n+1}}{1-\frac{1}{2n+1}}=\frac{n+1}{n}.$$

从而由(11.4.8)式得到展开式

$$\ln\frac{n+1}{n}=\frac{2}{2n+1}\sum_{m=0}^{\infty}\frac{1}{2m+1}\frac{1}{(2n+1)^{2m}}.$$

由此可得

$$\left(n+\frac{1}{2}\right)\ln\left(1+\frac{1}{n}\right)=\sum_{m=0}^{\infty}\frac{1}{2m+1}\frac{1}{(2n+1)^{2m}}.\tag{11.4.9}$$

因为(11.4.9)式右端的正项级数的首项为 1,故有

$$\begin{aligned}1&<\sum_{m=0}^{\infty}\frac{1}{2m+1}\frac{1}{(2n+1)^{2m}}\\&<1+\frac{1}{3}\sum_{m=1}^{\infty}\frac{1}{(2n+1)^{2m}}\\&=1+\frac{1}{12n(n+1)}.\end{aligned}$$

再由(11.4.9)式得到估计式

$$1<\left(n+\frac{1}{2}\right)\ln\left(1+\frac{1}{n}\right)<1+\frac{1}{12n(n+1)}.$$

同时取指数,得到

$$\mathrm{e}<\left(1+\frac{1}{n}\right)^{n+\frac{1}{2}}<\mathrm{e}^{1+\frac{1}{12n(n+1)}},$$

$$1<\frac{\left(1+\frac{1}{n}\right)^{n+\frac{1}{2}}}{\mathrm{e}}<\mathrm{e}^{\frac{1}{12n(n+1)}}=\mathrm{e}^{\frac{1}{12}\left(\frac{1}{n}-\frac{1}{n+1}\right)}. \tag{11.4.10}$$

注意

$$\frac{\left(1+\frac{1}{n}\right)^{n+\frac{1}{2}}}{\mathrm{e}}=\frac{(n+1)^{n+\frac{1}{2}}\mathrm{e}^{n}}{n^{n+\frac{1}{2}}\mathrm{e}^{n+1}}=\frac{(n+1)^{n+1+\frac{1}{2}}\mathrm{e}^{n}}{(n+1)n^{n+\frac{1}{2}}\mathrm{e}^{n+1}}$$

$$=\frac{\dfrac{n!\mathrm{e}^{n}}{n^{n+\frac{1}{2}}}}{\dfrac{(n+1)!\mathrm{e}^{n+1}}{(n+1)^{n+1+\frac{1}{2}}}}. \tag{11.4.11}$$

令 $a_n=\dfrac{n!\mathrm{e}^n}{n^{n+\frac{1}{2}}}$,于是由(11.4.10)式和(11.4.11)式得到估计式

$$1<\frac{a_n}{a_{n+1}}<\mathrm{e}^{\frac{1}{12}\left(\frac{1}{n}-\frac{1}{n+1}\right)}=\frac{\mathrm{e}^{\frac{1}{12n}}}{\mathrm{e}^{\frac{1}{12(n+1)}}}. \tag{11.4.12}$$

由(11.4.12)式可知,数列$\{a_n\}$严格递减而数列$\{a_n\mathrm{e}^{-\frac{1}{12n}}\}$严格递增. 又因 $\mathrm{e}^{-\frac{1}{12n}}\to1(n\to\infty)$,所以这两个数列具有相同的极限,记其值为 a,于是有

$$a_n\mathrm{e}^{-\frac{1}{12n}}<a<a_n,\quad n=1,2,\cdots$$

对每个固定的 n,由连续函数的介值定理知存在 θ,$0<\theta<1$,使得

$$a=a_n\mathrm{e}^{-\frac{\theta}{12n}},\quad a_n=a\mathrm{e}^{\frac{\theta}{12n}}.$$

因此由 a_n 的定义有

$$n!=a_n\mathrm{e}^{-n}n^{n+\frac{1}{2}}=a\sqrt{n}\left(\frac{n}{\mathrm{e}}\right)^n\mathrm{e}^{\frac{\theta}{12n}},\quad 0<\theta<1. \tag{11.4.13}$$

显然,只须再定出常数 a 的值. 为此,利用例 7.4.8 的结果可得华利斯公式

$$\frac{\pi}{2}=\lim_{n\to\infty}\frac{1}{2n+1}\left[\frac{(2n)!!}{(2n-1)!!}\right]^2.$$

将上式方括号中的表达式加以变形,可得

$$\frac{(2n)!!}{(2n-1)!!}=\frac{[(2n)!!]^2}{(2n)!}=\frac{2^{2n}(n!)^2}{(2n)!}. \qquad (11.4.14)$$

由(11.4.13)式有

$$(2n)!=a\sqrt{2n}\left(\frac{2n}{\mathrm{e}}\right)^{2n}\mathrm{e}^{\frac{\theta'}{24n}},\quad 0<\theta'<1. \qquad (11.4.13')$$

将(11.4.13)式和(11.4.13′)式代入(11.4.14)式,得到

$$\frac{(2n)!!}{(2n-1)!!}=a\sqrt{\frac{n}{2}}\mathrm{e}^{\frac{4\theta-\theta'}{24n}}.$$

再将此式代入华利斯公式,得到

$$\frac{\pi}{2}=\lim_{n\to\infty}\frac{1}{2n+1}a^2\ \frac{n}{2}\mathrm{e}^{\frac{4\theta-\theta'}{12n}}=\frac{a^2}{4}.$$

由此解得 $a=\sqrt{2\pi}$. 将此代入(11.4.13)式,即得司特林公式

$$n!=\sqrt{2\pi n}\left(\frac{n}{\mathrm{e}}\right)^n\mathrm{e}^{\frac{\theta}{12n}},\quad 0<\theta<1. \qquad (11.4.15)$$

例 11.4.2 求幂级数 $\sum\limits_{n=1}^{\infty}\frac{(n!)^2}{(2n)!}x^n$ 的收敛区间.

解 按公式知收敛半径为

$$R=\lim_{n\to\infty}\frac{a_n}{a_{n+1}}=\lim_{n\to\infty}\frac{(n!)^2[2(n+1)]!}{(2n)![(n+1)!]^2}$$

$$=\lim_{n\to\infty}\frac{2(n+1)(2n+1)}{(n+1)^2}=4.$$

当 $x=\pm4$ 时,由司特林公式有

$$\left|\frac{(n!)^2(\pm4)^n}{(2n)!}\right|\sim\frac{\left[\sqrt{2\pi n}\left(\frac{n}{\mathrm{e}}\right)^n\right]^2 4^n}{\sqrt{4\pi n}\left(\frac{2n}{\mathrm{e}}\right)^{2n}}=\sqrt{\pi n}\to+\infty.$$

故知当 $x=\pm4$ 时所论幂级数发散. 所以收敛区间为$(-4,4)$.

§11.5 逼近定理

从前面几节可以看出,如果一个函数 $f(x)$能在某区间上展开成泰勒级数,则可借助于幂级数的有关性质来研究函数 $f(x)$的性质. 特别是幂级数的部分和都是多项式,幂级数在收敛区间上广义一致收敛于 $f(x)$,就意味着存在一个多项式序列,在收敛区间上广义一致收敛于 $f(x)$,也就是这个多项式

序列在收敛区间的任何有限闭子区间上都一致逼近函数 $f(x)$.

然而,不但不是无穷次可导的函数不能展开成泰勒级数,而且无穷次可导的函数也不是都能展开成泰勒级数.那么,这些不能展开为幂级数的函数能否具有类似但较弱的性质呢？由于多项式序列的一致极限必连续,我们自然要问,在区间$[a,b]$上连续的函数是否一定能是某个多项式序列的一致极限？答案是肯定的.回答这个问题的就是我们现在要讲述的魏尔斯特拉斯定理.

定理 11.5.1　设函数 $f(x)$在有限闭区间$[a,b]$上连续,则存在多项式序列$\{p_n(x)\}$,使$\{p_n(x)\}$在$[a,b]$上一致收敛于 $f(x)$.

证　不妨设$[a,b]=[0,1]$.令

$$B_n(x)=\sum_{k=0}^{n}f\left(\frac{k}{n}\right)C_n^kx^k(1-x)^{n-k},\quad n=1,2,\cdots$$

易见,$B_n(x)$的次数为 n,称之为 $f(x)$的 n 阶伯恩斯坦(Bernstein)多项式.下面我们将证明多项式序列$\{B_n(x)\}$在$[0,1]$上一致收敛于 $f(x)$.

对任何 $x\in[0,1]$由于

$$f(x)=\sum_{k=0}^{n}f(x)C_n^kx^k(1-x)^{n-k},$$

故有

$$B_n(x)-f(x)=\sum_{k=0}^{n}\left[f\left(\frac{k}{n}\right)-f(x)\right]C_n^kx^k(1-x)^{n-k}.\quad(11.5.1)$$

因为 $f(x)$在$[0,1]$上连续,当然是一致连续,故对任给的 $\varepsilon>0$,存在 $\delta>0$,使当 $x,x'\in[0,1]$且$|x-x'|<\delta$ 时,就有

$$|f(x)-f(x')|<\frac{\varepsilon}{2}.\quad(11.5.2)$$

令

$$A=\left\{k\,\middle|\,\left|\frac{k}{n}-x\right|<\delta,0\leqslant k\leqslant n\right\},\quad B=\{0,1,\cdots,n\}-A,$$

并将(11.5.1)式右端的求和分成两部分分别对 $k\in A$ 和$k\in B$ 求和,于是有

$$|B_n(x)-f(x)|\leqslant\sum_{k\in A}\left|f(x)-f\left(\frac{k}{n}\right)\right|C_n^kx^k(1-x)^{n-k}$$
$$+\sum_{k\in B}\left|f(x)-f\left(\frac{k}{n}\right)\right|C_n^kx^k(1-x)^{n-k}.$$
$$(11.5.3)$$

对于(11.5.3)式右端第 1 个和式,由(11.5.2)式有

$$\sum_{k\in A}\left|f(x)-f\left(\frac{k}{n}\right)\right|C_n^kx^k(1-x)^{n-k}$$

$$< \frac{\varepsilon}{2}\sum_{k\in A}C_n^k x^k(1-x)^{n-k} \leqslant \frac{\varepsilon}{2}\sum_{k=0}^{n}C_n^k x^k(1-x)^{n-k} = \frac{\varepsilon}{2}. \quad (11.5.4)$$

为了证明(11.5.3)式右端第 2 个和式于 n 足够大时也可以小于$\frac{\varepsilon}{2}$，我们先建立一个有用的恒等式.

引理 当$0\leqslant x\leqslant 1$时，成立恒等式

$$\sum_{k=0}^{n}C_n^k(k-nx)^2x^k(1-x)^{n-k} = nx(1-x). \quad (11.5.5)$$

证 在牛顿二项式

$$\sum_{k=0}^{n}C_n^k u^k v^{n-k} = (u+v)^n \quad (11.5.6)$$

中固定 v 并对 u 求导，然后再乘以 u，得到

$$\sum_{k=0}^{n}C_n^k k u^k v^{n-k} = nu(u+v)^{n-1}. \quad (11.5.7)$$

在(11.5.7)式中固定 v 并对 u 求导，然后乘以 u，又得到

$$\sum_{k=0}^{n}C_n^k k^2 u^k v^{n-k} = nu(nu+v)(u+v)^{n-2}. \quad (11.5.8)$$

注意，(11.5.6)，(11.5.7)和(11.5.8)都是对任意 u,v 都成立的恒等式. 在(11.5.6)，(11.5.7)，(11.5.8)式中令 $u=x, v=1-x$，并分别乘以 n^2x^2，$-2nx$和 1，得到

$$\sum_{k=0}^{n}C_n^k n^2x^2\cdot x^k(1-x)^{n-k} = n^2x^2, \quad (11.5.6')$$

$$\sum_{k=0}^{n}C_n^k(-2nxk)x^k(1-x)^{n-k} = -2n^2x^2, \quad (11.5.7')$$

$$\sum_{k=0}^{n}C_n^k k^2x^k(1-x)^{n-k} = n^2x^2+nx(1-x). \quad (11.5.8')$$

将(11.5.6′)，(11.5.7′)和(11.5.8′)式相加即得(11.5.5)式. 引理证毕.

回到定理的证明，来估计(11.5.3)式右端的第 2 个和式，当 $k\in B$ 时，$\left|\frac{k}{n}-x\right|\geqslant\delta$，亦即有$\frac{(k-nx)^2}{n^2\delta^2}\geqslant 1$. 又因 $f(x)$在$[0,1]$上连续，当然有界，即有 $M>0$，使$|f(x)|\leqslant M$. 从而由引理有

$$\sum_{k\in B}\left|f(x)-f\left(\frac{k}{n}\right)\right|C_n^k x^k(1-x)^{n-k}$$

$$\leqslant 2M\sum_{k\in B}C_n^k x^k(1-x)^{n-k}$$

$$\leqslant \frac{2M}{n^2\delta^2}\sum_{k=0}^{n} C_n^k(k-nx)^2 x^k(1-x)^{n-k}$$

$$= \frac{2Mx(1-x)}{n\delta^2} \leqslant \frac{M}{2n\delta^2}. \tag{11.5.9}$$

取自然数 $N \geqslant \frac{M}{\varepsilon\delta^2}$，于是当 $n > N$ 时，由(11.5.9)式得到

$$\sum_{k\in B}\left| f(x) - f\left(\frac{k}{n}\right)\right| C_n^k x^k(1-x)^{n-k} < \frac{\varepsilon}{2}. \tag{11.5.10}$$

将(11.5.3)，(11.5.4)与(11.5.10)式结合起来知，当 $n > N$ 时，就有

$$|B_n(x) - f(x)| < \varepsilon, x \in [0,1].$$

按定义知多项式序列 $\{B_n(x)\}$ 在 $[0,1]$ 上一致收敛于 $f(x)$.

例 11.5.1　(黎曼引理)设函数 $f(x)$ 在 $[a,b]$ 上可积，则有

$$\lim_{\lambda\to+\infty}\int_a^b f(x)\sin\lambda x\,\mathrm{d}x = 0, \quad \lim_{\lambda\to+\infty}\int_a^b f(x)\cos\lambda x\,\mathrm{d}x = 0.$$

证　因为 $f(x)$ 在 $[a,b]$ 上可积，故由第七章的习题(请读者自己证明)知于任给的 $\varepsilon > 0$，都存在 $[a,b]$ 上的连续函数 $g(x)$，使得

$$\int_a^b |f(x) - g(x)|\,\mathrm{d}x < \frac{\varepsilon}{3}. \tag{11.5.11}$$

又因 $g(x)$ 在 $[a,b]$ 上连续，故由魏尔斯特拉斯逼近定理知有多项式 $p(x)$，使得

$$|g(x) - p(x)| < \frac{\varepsilon}{3(b-a)}, \quad x \in [a,b].$$

从而又有

$$\int_a^b |g(x) - p(x)|\,\mathrm{d}x < \frac{\varepsilon}{3}. \tag{11.5.12}$$

因为 $p(x)$ 和 $p'(x)$ 都是多项式，当然在 $[a,b]$ 上连续，故有 $M > 0$，使在 $[a,b]$ 上有 $|p(x)| \leqslant M$，$|p'(x)| \leqslant M$. 于是有

$$\left|\int_a^b p(x)\sin\lambda x\,\mathrm{d}x\right| = \left|\frac{\cos\lambda x}{\lambda}p(x)\Big|_a^b - \frac{1}{\lambda}\int_a^b p'(x)\cos\lambda x\,\mathrm{d}x\right|$$

$$\leqslant \frac{2M}{\lambda} + \frac{M(b-a)}{\lambda} \to 0 \quad (\lambda \to +\infty).$$

故有 $\Lambda > 0$，使当 $\lambda > \Lambda$ 时，就有

$$\left|\int_a^b p(x)\sin\lambda x\,\mathrm{d}x\right| < \frac{\varepsilon}{3}. \tag{11.5.13}$$

将(11.5.11),(11.5.12)和(11.5.13)式结合起来便知,当 $\lambda>\Lambda$ 时,有

$$\begin{aligned}&\left|\int_a^b f(x)\sin\lambda x\mathrm{d}x\right|\\ \leqslant&\left|\int_a^b[f(x)-g(x)]\sin\lambda x\mathrm{d}x\right|\\ &+\left|\int_a^b[g(x)-p(x)]\sin\lambda x\mathrm{d}x\right|+\left|\int_a^b p(x)\sin\lambda x\mathrm{d}x\right|\\ \leqslant&\int_a^b|f(x)-g(x)|\mathrm{d}x+\int_a^b|g(x)-p(x)|\mathrm{d}x+\frac{\varepsilon}{3}\\ <&\frac{\varepsilon}{3}+\frac{\varepsilon}{3}+\frac{\varepsilon}{3}=\varepsilon.\end{aligned}$$

按定义即得

$$\lim_{\lambda\to+\infty}\int_a^b f(x)\sin\lambda x\mathrm{d}x=0.$$

同理可证 $\lim\limits_{\lambda\to+\infty}\int_a^b f(x)\cos\lambda x\mathrm{d}x=0$ 成立.

从这个例题的证明过程可见,由于 $p(x)$ 作为多项式当然连续可导,所以仅仅通过一次分部积分就建立了估计式(11.5.13).对于 $f(x)$ 要建立同样的估计式就无法使用分部积分了,推导过程当然要复杂得多.黎曼引理的这种证法恰好表现出逼近定理的重要作用.无论逼近定理的结论还是它的思想方法,今后都将不止一次地用到.

§11.6 傅里叶级数

除了幂级数,还有一种常用的函数级数就是三角级数

$$a_0+\sum_{n=1}^{\infty}(a_n\cos nx+b_n\sin nx),\tag{11.6.1}$$

其中 $a_0,a_1,a_2\cdots;,b_1,b_2\cdots$ 都是与 x 无关的常数,称为三角级数(11.6.1)的系数.

利用熟知的三角公式

$$a\cos x+b\sin x=A\sin(x+\varphi),$$

其中 $A=\sqrt{a^2+b^2}$, $\varphi=\arcsin\frac{a}{A}$,(11.6.1)式可以改写成

$$a_0+\sum_{n=1}^{\infty}A_n\sin(nx+\varphi_n).\tag{11.6.1'}$$

由于(11.6.1′)式中的通项 $A_n\sin(nx+\varphi_n)$ 恰好表示以 A_n 为振幅,φ_n 为初位

相,以$\frac{2\pi}{n}$为周期的简谐振动,所以(11.6.1′)式表明,三角级数实际上是无穷多个简谐波的叠加.这也正是傅里叶级数的原始来源.

三角级数(11.6.1)的部分和

$$S_n(x) = a_0 + \sum_{k=1}^{n}(a_k\cos kx + b_k\sin kx)$$

称为 n 阶三角多项式.显然,三角级数(11.6.1)的和函数 $S(x)$存在时,是一个周期为 2π 的函数.与幂级数不同的是,$S(x)$不但不是无穷次可微的,甚至不是连续函数.这非但不是缺点,反而正是它的优点.这使我们可以指望将较差的函数展开成形如(11.6.1)式的三角级数.

这个问题是在十九世纪初,由当时还称不上数学家的法国人傅里叶(Fourier)最先解决的.所以后人把这种从函数展开而得到的三角级数称为傅里叶级数.

当时,傅里叶在研究数学物理方程中的热传导方程时注意和发现了如下四点:

(i) 周期为 T 的函数可以通过变量代换而化成周期为 2π 的函数;

(ii) 非周期函数可以通过取它在区间$[a,b]$上的限制后进行周期延拓而化成周期为 $b-a$ 的周期函数;

(iii) 周期为 2π 的函数在某些条件下可以展开成形如(11.6.1)式的三角级数;

(iv) 热传导方程的某些定解问题可以通过分离变量和将已知函数展开成三角级数的方法来解决,这就是后人所说的傅里叶方法.

然而,傅里叶方法中的关键的第 3 点的证明不够严格.他利用不严格的证明建立了在当时数学界看来不可思议的结果——用周期函数项的级数表达非周期函数,进而用这个尚显靠不住的结果解决了重要的热传导方程的求解问题,以致遭到当时数学界中许多名人,包括一些权威人士的怀疑和否定.直到多年以后,这一开创性的成果才被逐渐醒悟过来的数学界所接受,学习,研究和发展并一发不可收拾.直到形成一门独立的学科——调和分析,而且直到今天,这一理论还在蔓延和发展.

傅里叶本人与他的级数同时功成名就.傅里叶得以名垂数学史册而傅里叶级数则成为分析学中不可缺少的重要组成部分,特别是在偏微分方程的研究和求解过程中得到了极为广泛的应用.

一、傅里叶级数的引入

线性代数中讲过 n 维欧氏空间,其中的元素是 n 维向量,两个向量的内积

定义为 n 对相应分量的乘积之和. n 维当然是有限维,分析学中自然想到把 n 维推广到无限维的情形,并进一步地将离散表达的内积发展到连续表达的情形,即用积分$\int_a^b f(x)g(x)\mathrm{d}x$ 来表示两个函数$f(x)$ 和 $g(x)$ 的内积. 使这种内积有意义的函数组成一个函数空间. 傅里叶级数正是在这种意义下对函数进行讨论的. 至于对这种函数空间的进一步讨论,已超出本书的范围,将在以后的实变函数和泛函分析中继续进行.

在级数(11.6.1)中出现的函数 1 和所有的三角函数所组成的集合

$$\{1,\cos x,\sin x,\cos 2x,\sin 2x,\cdots,\cos nx,\sin nx,\cdots\} \tag{11.6.2}$$

称为三角函数系,它相当于向量空间中的一个基底.

定义 11.6.1 设 $f(x)$和 $g(x)$是$[a,b]$上的两个可积函数,如果

$$\int_a^b f(x)g(x)\mathrm{d}x = 0,$$

则称函数 $f(x)$与 $g(x)$在$[a,b]$上正交. 如果函数系$\{f_n(x)\}$中的任何两个函数都正交,则称这个函数系为正交函数系.

定理 11.6.1 三角函数系是$[-\pi,\pi]$上的一个正交函数系.

证 首先有

$$\int_{-\pi}^{\pi}\cos nx\mathrm{d}x = 0, \quad \int_{-\pi}^{\pi}\sin nx\mathrm{d}x = 0, \quad n = 1,2,\cdots$$

这表明 1 与所有 $\cos nx$, $\sin nx$ 都正交.

其次,由积化和差的三角公式可得

$$\int_{-\pi}^{\pi}\sin mx\cdot\sin nx\mathrm{d}x = 0, \quad m\neq n,$$

$$\int_{-\pi}^{\pi}\cos mx\cdot\cos nx\mathrm{d}x = 0, \quad m\neq n,$$

$$\int_{-\pi}^{\pi}\cos mx\cdot\sin nx\mathrm{d}x = 0.$$

这就表明了三角函数系(11.6.2)式是$[-\pi,\pi]$上的正交函数系.

类似地可以证明,三角函数系在$[0,2\pi]$上以及任何长为 2π 的区间$[a,a+2\pi]$上都是正交函数系. 设周期为 2π 的函数 $f(x)$可以展开为一致收敛的三角级数,即有

$$f(x) = \frac{a_0}{2} + \sum_{n=1}^{\infty}(a_n\cos nx + b_n\sin nx). \tag{11.6.3}$$

将(11.6.3)式在$[-\pi,\pi]$上积分,得到

$$a_0 = \frac{1}{\pi}\int_{-\pi}^{\pi}f(x)\mathrm{d}x. \tag{11.6.4′}$$

再将(11.6.3)式两端同乘以 $\cos mx$，然后在$[-\pi,\pi]$上积分并利用三角函数系的正交性，得到

$$a_m = \frac{1}{\pi}\int_{-\pi}^{\pi} f(x)\cos mx\,\mathrm{d}x,\quad m = 1,2,\cdots \tag{11.6.4''}$$

类似地可得

$$b_m = \frac{1}{\pi}\int_{-\pi}^{\pi} f(x)\sin mx\,\mathrm{d}x,\quad m = 1,2,\cdots \tag{11.6.5}$$

这样，我们就求得了三角级数(11.6.3)中的所有系数，且(11.6.4′)和(11.6.4″)式可以统一写成

$$a_m = \frac{1}{\pi}\int_{-\pi}^{\pi} f(x)\cos mx\,\mathrm{d}x,\quad m = 0,1,2,\cdots \tag{11.6.4}$$

注意，(11.6.4)和(11.6.5)式是在假定 $f(x)$可以展开为一致收敛的三角级数的前提下得到的. 然而，为了从公式(11.6.4)和(11.6.5)算出系数$\{a_n\}$和$\{b_n\}$，却只要假定 $f(x)$在$[-\pi,\pi]$上可积就可以了.

设以 2π 为周期的函数 $f(x)$在$[-\pi,\pi]$上可积，于是由公式(11.6.4)和(11.6.5)可以算出$\{a_n\}$和$\{b_n\}$，以它们为系数就可以写出三角级数(11.6.3)式，并称之为函数 $f(x)$的傅里叶级数，记为

$$f(x) \sim \frac{a_0}{2} + \sum_{n=1}^{\infty}(a_n\cos nx + b_n\sin nx), \tag{11.6.6}$$

其中的$\{a_n\}$和$\{b_n\}$称为函数 $f(x)$的傅里叶系数. 这时(11.6.6)式右端的级数是个形式级数，我们既不知道它是否收敛，也不知道它收敛时是否收敛到 $f(x)$. 因此，(11.6.6)式中不是等号，波浪号"～"仅仅表示从属关系，即右端的级数是由 $f(x)$导出的傅里叶级数.

由(11.6.4)和(11.6.5)式可知，当 $f(x)$为奇函数时，$a_n=0, n=0,1,2,\cdots$；当$f(x)$为偶函数时，$b_n=0, n=1,2,\cdots$.

例 11.6.1　求下列两个周期为 2π 的函数的傅里叶级数：

(i) $f_1(x)=x,\qquad -\pi\leqslant x<\pi$;

(ii) $f_2(x)=|x|,\quad -\pi\leqslant x<\pi$.

解　(i)　因为 $f_1(x)$为奇函数，故有 $a_n=0, n=0,1,2,\cdots$，又由(11.6.5)式有

$$\begin{aligned} b_n &= \frac{1}{\pi}\int_{-\pi}^{\pi} x\sin nx\,\mathrm{d}x \\ &= \frac{1}{\pi}\left[-\frac{x\cos nx}{n}\bigg|_{-\pi}^{\pi} + \frac{1}{n}\int_{-\pi}^{\pi}\cos nx\,\mathrm{d}x\right] \end{aligned}$$

$$= -\frac{2\pi\cos n\pi}{n\pi} = (-1)^{n+1}\frac{2}{n}, \quad n = 1,2,\cdots$$

故得

$$x \sim 2\sum_{n=1}^{\infty}\frac{(-1)^{n+1}}{n}\sin nx, \quad x \in [-\pi,\pi).$$

(ii) 因为 $f_2(x)$为偶函数,故有 $b_n=0, n=1,2,\cdots$,又由(11.6.4)式有

$$\begin{aligned}
a_n &= \frac{1}{\pi}\int_{-\pi}^{\pi}|x|\cos nx\,\mathrm{d}x = \frac{2}{\pi}\int_0^{\pi}x\cos nx\,\mathrm{d}x \\
&= \frac{2}{\pi}\left[\frac{x\sin nx}{n}\bigg|_0^{\pi} - \frac{1}{n}\int_0^{\pi}\sin nx\,\mathrm{d}x\right] \\
&= \frac{2}{n^2\pi}\cos nx\bigg|_0^{\pi} = \frac{2}{n^2\pi}[(-1)^n - 1] \\
&= \begin{cases} 0, & \text{当 } n \text{ 为偶数}, n > 0, \\ -\dfrac{4}{n^2\pi}, & \text{当 } n \text{ 为奇数}, \end{cases}
\end{aligned}$$

$$a_0 = \frac{2}{\pi}\int_0^{\pi}x\,\mathrm{d}x = \frac{2}{\pi}\cdot\frac{1}{2}x^2\bigg|_0^{\pi} = \pi.$$

故得

$$|x| \sim \frac{\pi}{2} - \frac{4}{\pi}\sum_{n=1}^{\infty}\frac{\cos(2n-1)x}{(2n-1)^2}, \quad x \in [-\pi,\pi).$$

二、傅里叶级数的收敛性

本段讨论函数 $f(x)$的傅里叶级数的收敛性,先导出傅里叶级数的部分和的极限的表达式,然后再给出几个关于收敛性的定理.

设周期为 2π 的函数 $f(x)$在$[-\pi,\pi]$上可积,其傅里叶级数如(11.6.6)式所示,其中的系数如(11.6.4)和(11.6.5)式所示,设 x 为任一固定点,于是有

$$\begin{aligned}
S_n(x) &= \frac{a_0}{2} + \sum_{k=1}^{n}(a_k\cos kx + b_k\sin kx) \\
&= \frac{1}{\pi}\int_{-\pi}^{\pi}f(t)\left[\frac{1}{2} + \sum_{k=1}^{n}(\cos kt\cos kx + \sin kt\sin kx)\right]\mathrm{d}t \\
&= \frac{1}{\pi}\int_{-\pi}^{\pi}f(t)\left[\frac{1}{2} + \sum_{k=1}^{n}\cos k(t-x)\right]\mathrm{d}t \qquad (11.6.7)
\end{aligned}$$

由三角函数的积化和差公式有

$$2\sin\frac{\alpha}{2}\left(\frac{1}{2} + \sum_{k=1}^{n}\cos k\alpha\right)$$

$$= \sin\frac{\alpha}{2} + \sum_{k=1}^{n}\left(\sin\frac{2k+1}{2}\alpha - \sin\frac{2k-1}{2}\alpha\right)$$

$$= \sin\frac{2n+1}{2}\alpha.$$

当 $\sin\frac{\alpha}{2}\neq 0$ 时,由此可得

$$\frac{1}{2} + \sum_{k=1}^{n}\cos k\alpha = \frac{\sin\frac{2n+1}{2}\alpha}{2\sin\frac{\alpha}{2}}. \tag{11.6.8}$$

当 $\sin\frac{\alpha}{2}=0$ 时,将(11.6.8)式右端理解为极限值,则这时(11.6.8)式仍然成立.将(11.6.8)式代入(11.6.7)式,得到

$$S_n(x) = \frac{1}{\pi}\int_{-\pi}^{\pi} f(t)\frac{\sin\frac{2n+1}{2}(t-x)}{2\sin\frac{t-x}{2}}\mathrm{d}t. \tag{11.6.9}$$

令 $u=t-x$,于是 $t=u+x$,$\mathrm{d}t=\mathrm{d}u$.注意到(11.6.9)式中的被积函数以 2π 为周期,故(11.6.9)式可以化为

$$S_n(x) = \frac{1}{\pi}\int_{-\pi-x}^{\pi-x} f(u+x)\frac{\sin\frac{2n+1}{2}u}{2\sin\frac{u}{2}}\mathrm{d}u$$

$$= \frac{1}{\pi}\int_{-\pi}^{\pi} f(u+x)\frac{\sin\frac{2n+1}{2}u}{2\sin\frac{u}{2}}\mathrm{d}u$$

$$= \frac{1}{\pi}\left[\int_{0}^{\pi} + \int_{-\pi}^{0}\right] f(u+x)\frac{\sin\frac{2n+1}{2}u}{2\sin\frac{u}{2}}\mathrm{d}u$$

$$= \frac{1}{\pi}\int_{0}^{\pi}[f(x+u)+f(x-u)]\frac{\sin\frac{2n+1}{2}u}{2\sin\frac{u}{2}}\mathrm{d}u. \tag{11.6.10}$$

注意,(11.6.10)式对于任何周期为 2π 且在 $[-\pi,\pi]$ 上可积的函数 $f(x)$ 都成立.特别当 $f(x)\equiv 1$ 时,$S_n(x)=1$,故得

$$\frac{1}{\pi}\int_0^{\pi}\frac{\sin\frac{2n+1}{2}u}{\sin\frac{u}{2}}\mathrm{d}u = 1. \tag{11.6.11}$$

将 $f(u)$在点 x 的左右极限分别记为$f(x-0)$和 $f(x+0)$. 令 $S=\frac{1}{2}[f(x+0)+f(x-0)]$,由(11.6.10)和(11.6.11)式可得

$$S_n(x) - S = \frac{1}{\pi}\int_0^{\pi}\varphi(u)\frac{\sin\frac{2n+1}{2}u}{2\sin\frac{u}{2}}\mathrm{d}u, \tag{11.6.12}$$

其中

$$\varphi(u) = f(x+u) + f(x-u) - f(x+0) - f(x-0).$$

至此,我们证明了如下引理.

引理 1 设周期为 2π 的函数 $f(x)$在$[-\pi,\pi]$上可积且在点 x 的左右极限$f(x-0)$与 $f(x+0)$都存在,则部分和序列$\{S_n(x)\}$在点 x 的值所成的数列收敛于$S=\frac{1}{2}[f(x-0)+f(x+0)]$的充分必要条件是

$$\lim_{n\to\infty}\int_0^{\pi}\varphi(u)\frac{\sin\frac{2n+1}{2}u}{\sin\frac{u}{2}}\mathrm{d}u = 0. \tag{11.6.13}$$

因为当 $x\to0^+$ 时,

$$\frac{1}{\sin x} - \frac{1}{x} = \frac{x-\sin x}{x\sin x} = \frac{\frac{x^3}{6}+o(x^3)}{x\sin x}\to 0,$$

所以函数 $\varphi(u)\left(\frac{1}{\sin\frac{u}{2}}-\frac{1}{\frac{u}{2}}\right)$在$[0,\pi]$上可积,故由黎曼引理(上节例题)知

$$\lim_{n\to\infty}\int_0^{\pi}\varphi(u)\left(\frac{1}{\sin\frac{u}{2}}-\frac{1}{\frac{u}{2}}\right)\sin\frac{2n+1}{2}u\,\mathrm{d}u = 0.$$

由此可得

引理 2 在引理 1 的条件下,(11.6.13)式成立的充分必要条件是

$$\lim_{n\to\infty}\int_0^{\pi}\varphi(u)\frac{\sin\frac{2n+1}{2}u}{u}\mathrm{d}u = 0. \tag{11.6.14}$$

又因对任何 $\delta>0$,函数$\frac{\varphi(u)}{u}$在$[\delta,\pi]$上可积,故由黎曼引理又有

$$\lim_{n\to\infty}\int_{\delta}^{\pi}\varphi(u)\frac{\sin\frac{2n+1}{2}u}{u}\mathrm{d}u=0.$$

由此又可得到

引理 3　在引理 1 的条件下，

(i) 若(11.6.14)式成立，则对任何 $0<\delta\leqslant\pi$，都有

$$\lim_{n\to\infty}\int_{0}^{\delta}\varphi(u)\frac{\sin\frac{2n+1}{2}u}{u}\mathrm{d}u=0;\tag{11.6.15}$$

(ii) 若对某 $\delta>0$ 有(11.6.15)式成立，则(11.6.14)式成立.

将引理 1～3 结合起来，得到以下定理.

定理 11.6.2(局部化定理)　函数 $f(x)$的傅里叶级数在点 x 的敛散状态，只和 $f(x)$在点 x 的充分小邻域$N(x,\delta)$上的取值有关，且在引理 1 的条件下，数列$\{S_n(x)\}$收敛于 $S=\frac{1}{2}[f(x-0)+f(x+0)]$的充分必要条件是对某 $\delta>0$ 有(11.6.15)式成立.

这个定理表明，函数 $f(x)$的傅里叶级数在一点 x 的敛散性，只与某个可以充分小的邻域中的取值有关而与此邻域之外的取值没有关系，即当两个函数 $f(x)$和 $g(x)$都满足引理 1 的条件，且在 x 的某邻域$N(x,\delta)$中取值相同时，尽管由于在 $N(x,\delta)$之外取值可以不同而导致二者的傅里叶系数不同，从而二者的傅里叶级数也不同. 但二者的傅里叶级数在 $N(x,\delta)$中的敛散性却是相同的，且在收敛时还有相同的和数.

由定理 11.6.2 可知，为了寻求使傅里叶级数在点 x 收敛的条件，只须找出使(11.6.15)式成立的条件就可以了.

定理 11.6.3(利普希茨(Lipschitz)判别法)　设周期为 2π 的函数 $f(t)$在$[-\pi,\pi]$上可积且在点 x 的左右极限$f(x-0)$和 $f(x+0)$都存在. 又设存在常数 $L>0$ 及 $\delta_0>0$，使当$0<u<\delta_0$ 时有

$$|f(x\pm u)-f(x\pm 0)|\leqslant Lu,\tag{11.6.16}$$

则 $f(x)$的傅里叶级数在点 x 收敛，且有

$$\lim_{n\to\infty}S_n(x)=\frac{1}{2}[f(x+0)+f(x-0)].\tag{11.6.17}$$

为证定理 11.6.3，先证如下的引理.

引理 4　设函数 $f(x)$在$[a,b]$上有界且对任何 $0<\eta<b-a$，都在$[a+\eta,b]$上可积，则函数 $f(x)$在$[a,b]$上可积.

证　对任何 $\varepsilon>0$ 和 $\sigma>0$，取 $\eta=\min\left\{\frac{\sigma}{3},\frac{b-a}{2}\right\}$. 按已知，$f(x)$在$[a+$

$\eta,b]$上可积. 于是由定理 7.2.4 知,对于 $\varepsilon>0$ 和$\frac{\sigma}{3}>0$,存在 $\delta'>0$,使对区间$[a+\eta,b]$上的任何网 T',只要$||T'||<\delta'$,就有

$$\sum_{k'}{}'\Delta x_{k'}<\frac{\sigma}{3}, \tag{11.6.18}$$

其中$\sum\limits_{k'}{}'$表示对所有使$\omega_{k'}\geqslant\varepsilon$ 的下标k'求和.

令 $\delta=\min\left\{\delta',\frac{\sigma}{3}\right\}$,对于$[a,b]$上的任一满足 $\|T\|<\delta$ 的网 $T:a=x_0<x_1<x_2<\cdots<x_n=b$,存在下标 $l:1\leqslant l\leqslant n-1$,使得 $x_{l-1}\leqslant a+\eta<x_l$. 令

$$x'_{l-1}=a+\eta,x'_k=x_k,k=l,l+1,\cdots,n, \tag{11.6.19}$$

于是(11.6.19)式给出$[a+\eta,b]$上的一个网 T',且 $\|T'\|<\delta\leqslant\delta'$. 用$\sum\limits_{k'}$表示在网 T 之下,对所有使 $\omega_{k'}\geqslant\varepsilon$ 的下标 k' 求和. 由 η 和 δ 的选法及(11.6.18)式便得

$$\sum_{k'}\Delta x_{k'}\leqslant\sum_{k'}{}'\Delta x_{k'}+\delta+\eta<\frac{\sigma}{3}+\frac{\sigma}{3}+\frac{\sigma}{3}=\sigma.$$

再由定理 7.2.4 便知 $f(x)$在$[a,b]$上可积.

定理 11.6.3 的证明 由(11.6.16)式知函数

$$\frac{f(x+u)-f(x+0)}{u},\quad\frac{f(x-u)-f(x-0)}{u}$$

都是$[0,\delta_0]$上的有界函数,从而由引理 4 知二者都在$[0,\delta_0]$上可积,所以二者之和$\frac{\varphi(u)}{u}$也在$[0,\delta_0]$上可积. 再由黎曼引理即知(11.6.15)式对 $\delta=\delta_0$ 成立. 于是由定理 11.6.2 便知本定理结论成立.

推论 设周期为 2π 的函数 $f(x)$在$[-\pi,\pi]$上可积,当 $f(x)$在点 x 可导或左右导数都存在时,便有$\lim\limits_{n\to\infty}S_n(x)=f(x)$.

定理 11.6.4 设周期为 2π 的函数 $f(t)$在$[-\pi,\pi]$上可积且存在 $\eta>0$,使 $f(t)$在$[x-\eta,x]$和$[x,x+\eta]$上都单调,则(11.6.17)式成立.

证 由定理 11.6.2 知只须证明对某 $\delta>0$,(11.6.15)式成立. 令 $\varphi_1(u)=f(x+u)-f(x+0),\varphi_2(u)=f(x-u)-f(x-0),\lambda=\frac{1}{2}(2n+1)$,于是为证(11.6.15)式又只须证明

$$\lim_{\lambda\to+\infty}\int_0^\eta\varphi_i(u)\frac{\sin\lambda u}{u}\mathrm{d}u=0,\quad i=1,2. \tag{11.6.20$_i$}$$

不妨设 $f(t)$在$[x,x+\eta]$上递增,否则可考虑 $-f(t)$,于是 $\varphi_1(u)$在$(0,\eta]$上非负递增,且 $\varphi_1(0+0)=0$. 由于改变 $f(t)$在点 x 一点的值对积分和极限都没有影响,故不妨设 $f(x)=f(x+0)$. 于是 $\varphi_1(u)$在$[0,\eta]$上非负递增,$\varphi_1(0)=0$ 且 $\varphi(u)$在点 0 右连续.

因为广义积分$\int_0^{\infty}\frac{\sin x}{x}\mathrm{d}x$ 收敛,故存在 $M>0$,使对所有 $A\geqslant 0$,都有

$$\left|\int_0^A\frac{\sin x}{x}\mathrm{d}x\right|\leqslant M.$$

对于任给的 $\varepsilon>0$,由于 $\varphi_1(0)=0$ 且 $\varphi_1(u)$在点 0 右连续,故有 $0<\delta<\eta$,使当 $0\leqslant u\leqslant\delta$ 时有

$$0\leqslant\varphi_1(u)\leqslant\frac{\varepsilon}{4M}.$$

因为 $\varphi_1(u)$在$[0,\delta]$上非负递增,函数$\frac{\sin\lambda u}{u}$在$[0,\delta]$上可积,故由积分第二中值定理知,存在 $\xi\in[0,\delta]$使得

$$\begin{aligned}\left|\int_0^{\delta}\varphi_1(u)\frac{\sin\lambda u}{u}\mathrm{d}u\right| &= \varphi_1(\delta)\left|\int_{\xi}^{\delta}\frac{\sin\lambda u}{u}\mathrm{d}u\right| \\ &= \varphi_1(\delta)\left|\int_{\lambda\xi}^{\lambda\delta}\frac{\sin v}{v}\mathrm{d}v\right| \\ &\leqslant\frac{\varepsilon}{4M}\cdot 2M=\frac{\varepsilon}{2}.\end{aligned}\tag{11.6.21}$$

另一方面,因为$\frac{\varphi_1(u)}{u}$在$[\delta,\eta]$上可积,故由黎曼引理知存在 $\Lambda>0$,使当 $\lambda>\Lambda$ 时有

$$\left|\int_{\delta}^{\eta}\varphi_1(u)\frac{\sin\lambda u}{u}\mathrm{d}u\right|<\frac{\varepsilon}{2}.\tag{11.6.22}$$

将(11.6.21)与(11.6.22)式结合起来即知$(11.6.20)_1$ 式成立. 同理可证$(11.6.20)_2$式也成立.

例 11.6.2 将下列两个函数展开为傅里叶级数并求它们在$[-\pi,\pi)$上的和函数:

(i) $f_1(x)=\begin{cases}c_1, & -\pi\leqslant x<0,\\ c_2, & 0\leqslant x<\pi;\end{cases}$

(ii) $f_2(x)=x^2, 0\leqslant x<2\pi$.

解 (i) 按公式(11.6.4)和(11.6.5)有

$$a_0=\frac{1}{\pi}\int_{-\pi}^{\pi}f_1(x)\mathrm{d}x=\frac{1}{\pi}\left(\int_{-\pi}^{0}c_1\mathrm{d}x+\int_0^{\pi}c_2\mathrm{d}x\right)=c_1+c_2,$$

$$a_n=\frac{1}{\pi}\left(\int_{-\pi}^{0}c_1\cos nx\mathrm{d}x+\int_{0}^{\pi}c_2\cos nx\mathrm{d}x\right)=0.$$

$$\begin{aligned}b_n&=\frac{1}{\pi}\left(\int_{-\pi}^{0}c_1\sin nx\mathrm{d}x+\int_{0}^{\pi}c_2\sin nx\mathrm{d}x\right)\\&=\frac{c_2-c_1}{\pi}\int_0^{\pi}\sin nx\mathrm{d}x\\&=\frac{c_2-c_1}{n\pi}(-\cos nx)\Big|_0^{\pi}=\begin{cases}0, & \text{当 } n \text{ 为偶数},\\ \dfrac{2(c_2-c_1)}{n\pi}, & \text{当 } n \text{ 为奇数}.\end{cases}\end{aligned}$$

所以

$$\begin{aligned}f_1(x)&\sim\frac{c_1+c_2}{2}+\frac{2(c_2-c_1)}{\pi}\sum_{k=1}^{\infty}\frac{\sin(2k-1)x}{2k-1}\\&=S(x)=\begin{cases}c_1, & -\pi<x<0,\\ c_2, & 0<x<\pi,\\ \dfrac{c_1+c_2}{2}, & x=-\pi,0.\end{cases}\end{aligned}$$

(ii) 按公式(11.6.4)和(11.6.5)有

$$a_0=\frac{1}{\pi}\int_0^{2\pi}x^2\mathrm{d}x=\frac{8}{3}\pi^2,$$

$$a_n=\frac{1}{\pi}\int_0^{2\pi}x^2\cos nx\mathrm{d}x=\frac{4}{n^2},$$

$$b_n=\frac{1}{\pi}\int_0^{2\pi}x^2\sin nx\mathrm{d}x=-\frac{4\pi}{n}.$$

所以

$$\begin{aligned}f_2(x)&\sim\frac{4}{3}\pi^2+4\sum_{n=1}^{\infty}\left(\frac{\cos nx}{n^2}-\frac{\pi\sin nx}{n}\right)\\&=S(x)=\begin{cases}x^2, & 0<x<2\pi,\\ 2\pi^2, & x=0.\end{cases}\end{aligned}$$

前面已经指出过,对于奇函数,所有的 a_n 都是 0,于是它的展开式中只有正弦项,称之为正弦级数;对于偶函数,所有的 b_n 都是 0,它的傅里叶展开式中只有余弦项,称之为余弦级数.如果仅仅给定函数 $f(x)$在半个周期$[0,\pi)$上的值,则既可作奇延拓又可作偶延拓,使之成为以 2π 为周期的函数,从而对函数 $f(x)$在$[0,\pi]$上既可作正弦展开又可作余弦展开.例如,例 11.6.1 中的(i)和(ii)在$[0,\pi)$上就分别是 $f(x)=x$ 的正弦展开和余弦展开.

例 11.6.3 将 $f(x)=x^2$ 在$[0,\pi)$上展开为正弦级数.

解　令

$$f(x)=-x^2,\quad -\pi<x<0.$$

于是 $f(x)$在$(-\pi,\pi)$中为奇函数.从而有

$$a_n=0,\quad n=0,1,2,\cdots$$

$$b_n=\frac{2}{\pi}\int_0^{\pi}x^2\sin nx\,\mathrm{d}x$$

$$=\begin{cases}-\dfrac{\pi}{k}, & n=2k,\\ \dfrac{2\pi}{2k-1}-\dfrac{8}{\pi(2k-1)^3}, & n=2k-1.\end{cases}$$

所以在$[0,\pi)$上有

$$x^2=\sum_{k=1}^{\infty}\left[\left(\frac{2\pi}{2k-1}-\frac{8}{\pi(2k-1)^3}\right)\sin(2k-1)x-\frac{\pi}{k}\sin 2kx\right].$$

以上讨论总是假定 $f(x)$是以 2π 为周期的且在$[-\pi,\pi]$上可积的函数.如果 $f(x)$的周期不是 2π,而是 $2l$,并且在$[-l,l]$上可积,则可令 $x=\frac{lt}{\pi}$,于是$f\left(\frac{lt}{\pi}\right)$就是以 2π 为周期,且在$[-\pi,\pi]$上可积的函数.按(11.6.4)式～(11.6.6)式有

$$a_n=\frac{1}{\pi}\int_{-\pi}^{\pi}f\left(\frac{l}{\pi}t\right)\cos nt\,\mathrm{d}t=\frac{1}{l}\int_{-l}^{l}f(x)\cos\frac{n\pi}{l}x\,\mathrm{d}x,$$

$$n=0,1,2,\cdots$$

$$b_n=\frac{1}{\pi}\int_{-\pi}^{\pi}f\left(\frac{l}{\pi}t\right)\sin nt\,\mathrm{d}t=\frac{1}{l}\int_{-l}^{l}f(x)\sin\frac{n\pi}{l}x\,\mathrm{d}x,$$

$$n=1,2,\cdots$$

$$f(x)=f\left(\frac{l}{\pi}t\right)\sim\frac{a_0}{2}+\sum_{n=1}^{\infty}(a_n\cos nt+b_n\sin nt)$$

$$=\frac{a_0}{2}+\sum_{n=1}^{\infty}\left(a_n\cos\frac{n\pi}{l}x+b_n\sin\frac{n\pi}{l}x\right).$$

显然,对于周期为 2π 的函数的傅里叶级数的收敛性定理对于周期为 $2l$ 的函数也都成立.

例 11.6.4　将函数

$$f(x)=\begin{cases}\cos\dfrac{\pi}{l}x, & 0\leqslant x\leqslant\dfrac{l}{2},\\ 0, & \dfrac{l}{2}<x<l\end{cases}$$

展开为余弦级数.

解 按公式有

$$a_0 = \frac{2}{l}\int_0^l f(x)\mathrm{d}x = \frac{2}{l}\int_0^{\frac{l}{2}}\cos\frac{\pi}{l}x\mathrm{d}x = \frac{2}{\pi}\int_0^{\frac{\pi}{2}}\cos t\mathrm{d}t = \frac{2}{\pi},$$

$$\begin{aligned} a_1 &= \frac{2}{\pi}\int_0^{\pi} f\left(\frac{l}{\pi}t\right)\cos t\mathrm{d}t = \frac{2}{\pi}\int_0^{\frac{\pi}{2}}\cos^2 t\mathrm{d}t \\ &= \frac{1}{\pi}\int_0^{\frac{\pi}{2}}(1+\cos 2t)\mathrm{d}t = \frac{1}{2}. \end{aligned}$$

当 $n \geqslant 2$ 时,又有

$$\begin{aligned} a_n &= \frac{2}{\pi}\int_0^{\frac{\pi}{2}}\cos t\cos nt\mathrm{d}t \\ &= \frac{1}{\pi}\int_0^{\frac{\pi}{2}}[\cos(n+1)t + \cos(n-1)t]\mathrm{d}t \\ &= \frac{1}{\pi}\left[\frac{\sin(n+1)t}{n+1}\bigg|_0^{\frac{\pi}{2}} + \frac{\sin(n-1)t}{n-1}\bigg|_0^{\frac{\pi}{2}}\right] \\ &= \begin{cases} 0, & n = 2k-1, \quad k = 2,3,\cdots \\ \dfrac{2(-1)^{k+1}}{\pi(4k^2-1)}, & n = 2k, \quad k = 1,2,\cdots \end{cases} \end{aligned}$$

因为当将函数 $f(x)$ 延拓为以 $2l$ 为周期的偶函数时是连续的,且分段单调,故由定理 11.6.4 知于 $[0,l]$ 上有

$$f(x) = \frac{1}{\pi} + \frac{1}{2}\cos\frac{\pi}{l}x + \frac{2}{\pi}\sum_{k=1}^{\infty}\frac{(-1)^{k+1}}{4k^2-1}\cos\frac{2k\pi}{l}x.$$

三、傅里叶级数的逐项积分和逐项求导

在§11.2 中我们看到,在研究一般的函数级数的逐项积分和逐项求导时,一致收敛性起着决定性的作用.在研究幂级数的相应性质时也是如此.然而,研究傅里叶级数的逐项积分和逐项求导时,却可以完全不涉及一致收敛性,这正是傅里叶级数的一大优点.

定义 11.6.2 (i) 如果存在区间 $[a,b]$ 上的一个网 $T: a = x_0 < x_1 < \cdots < x_n = b$. 使得函数 $f(x)$ 在 (x_{k-1}, x_k) 中连续, $k = 1,2,\cdots,n$ 且 $f(x)$ 在 $[a,b]$ 上没有第二类不连续点,则称 $f(x)$ 在 $[a,b]$ 上分段连续;

(ii) 如果函数 $f(x)$ 在 $[a,b]$ 上连续,且 $f'(x)$ 在 $[a,b]$ 上分段连续,则称 $f(x)$ 在 $[a,b]$ 上分段光滑或分段连续可导.

引理 5 设 $f(x)$ 在 $[a,b]$ 上分段光滑,则关于 $f'(x)$ 在 $[a,b]$ 上的积分的牛顿-莱布尼茨公式成立,即有

$$\int_a^b f'(x)\mathrm{d}x = f(b) - f(a).$$

证　因为 $f(x)$ 在 $[a,b]$ 上分段光滑，故 $f'(x)$ 在 $[a,b]$ 上分段连续，即存在 $[a,b]$ 上的网 $T: a = x_0 < x_1 < \cdots < x_n = b$，使得 $f'(x)$ 在每个 (x_{k-1}, x_k) 中都连续，且在端点的左右极限都存在. 从而在每个小区间上牛顿-莱布尼茨公式都成立. 所以

$$\int_a^b f'(x)\mathrm{d}x = \sum_{k=1}^n \int_{x_{k-1}}^{x_k} f'(x)\mathrm{d}x = \sum_{k=1}^n [f(x_k) - f(x_{k-1})]$$
$$= f(b) - f(a).$$

引理 6　设 $f(x)$ 在 $[a,b]$ 上分段光滑，$g(x)$ 在 $[a,b]$ 上连续且 $G(x)$ 为 $g(x)$ 的一个原函数，则分部积分公式成立，即有

$$\int_a^b g(x)f(x)\mathrm{d}x = G(x)f(x)\Big|_a^b - \int_a^b G(x)f'(x)\mathrm{d}x.$$

证　因为 $f(x)$ 在 $[a,b]$ 上分段光滑而 $g(x)$ 在 $[a,b]$ 上连续，故当使用引理 5 证明中的记号时，对于每个积分

$$\int_{x_{k-1}}^{x_k} f(x)g(x)\mathrm{d}x,$$

分部积分公式都成立. 从而有

$$\int_a^b g(x)f(x)\mathrm{d}x = \sum_{k=1}^n \int_{x_{k-1}}^{x_k} f(x)g(x)\mathrm{d}x$$
$$= \sum_{k=1}^n \left[G(x)f(x)\Big|_{x_{k-1}}^{x_k} - \int_{x_{k-1}}^{x_k} G(x)f'(x)\mathrm{d}x \right]$$
$$= G(x)f(x)\Big|_a^b - \int_a^b G(x)f'(x)\mathrm{d}x.$$

定理 11.6.5　设周期为 2π 的函数 $f(x)$ 在 $[-\pi,\pi]$ 上分段连续，其傅里叶级数为

$$f(x) \sim \frac{a_0}{2} + \sum_{n=1}^{\infty}(a_n \cos nx + b_n \sin nx),$$

则对任何 $x \in (-\infty, +\infty)$ 都有

$$\int_0^x f(t)\mathrm{d}t = \frac{a_0 x}{2} + \sum_{n=1}^{\infty}\int_0^x (a_n \cos nt + b_n \sin nt)\mathrm{d}t. \tag{11.6.23}$$

注意，定理中的(11.6.6)式只表示右端的傅里叶级数从属于 $f(x)$，而并未假定(11.6.6)式右端的级数收敛，也未假定(11.6.6)式两端相等，但却有逐项积分公式(11.6.23)成立，这当然是个非常强的结果.

证　令

$$F(x)=\int_0^x\left[f(t)-\frac{a_0}{2}\right]\mathrm{d}t,\quad x\in(-\infty,+\infty).\tag{11.6.24}$$

因为 $f(x)$ 以 2π 为周期且在 $[-\pi,\pi]$ 上分段连续，所以 $F(x)$ 也是一个以 2π 为周期的函数，且在 $[-\pi,\pi]$ 上分段光滑. 从而由定理 11.6.3 的推论知 $F(x)$ 可展开为傅里叶级数，即有

$$F(x)=\frac{A_0}{2}+\sum_{n=1}^{\infty}(A_n\cos nx+B_n\sin nx),\tag{11.6.25}$$

其中

$$A_n=\frac{1}{\pi}\int_{-\pi}^{\pi}F(x)\cos nx\mathrm{d}x,\quad B_n=\frac{1}{\pi}\int_{-\pi}^{\pi}F(x)\sin nx\mathrm{d}x.$$

由于 $F(x)$ 在 $[-\pi,\pi]$ 上分段光滑且以 2π 为周期，故由引理 6 有

$$\begin{aligned}A_n&=\frac{1}{\pi}\int_{-\pi}^{\pi}F(x)\cos nx\mathrm{d}x\\&=\frac{\sin nx}{n\pi}F(x)\Big|_{-\pi}^{\pi}-\frac{1}{n\pi}\int_{-\pi}^{\pi}\left[f(x)-\frac{a_0}{2}\right]\sin nx\mathrm{d}x\\&=-\frac{1}{n\pi}\int_{-\pi}^{\pi}f(x)\sin nx\mathrm{d}x=-\frac{b_n}{n},n=1,2,\cdots\end{aligned}\tag{11.6.26}$$

$$\begin{aligned}B_n&=\frac{1}{\pi}\int_{-\pi}^{\pi}F(x)\sin nx\mathrm{d}x\\&=-\frac{\cos nx}{n\pi}F(x)\Big|_{-\pi}^{\pi}+\frac{1}{n\pi}\int_{-\pi}^{\pi}\left[f(x)-\frac{a_0}{2}\right]\cos nx\mathrm{d}x\\&=\frac{1}{n\pi}\int_{-\pi}^{\pi}f(x)\cos nx\mathrm{d}x=\frac{a_n}{n},n=1,2,\cdots\end{aligned}\tag{11.6.27}$$

为求 A_0，在(11.6.25)式中令 $x=0$，得到

$$0=F(0)=\frac{A_0}{2}+\sum_{n=1}^{\infty}A_n,$$

$$\frac{A_0}{2}=-\sum_{n=1}^{\infty}A_n=\sum_{n=1}^{\infty}\frac{b_n}{n}.\tag{11.6.28}$$

将(11.6.26)～(11.6.28)式代入(11.6.25)式，得到

$$\begin{aligned}F(x)&=\sum_{n=1}^{\infty}\left[\frac{b_n(1-\cos nx)}{n}+\frac{a_n\sin nx}{n}\right]\\&=\sum_{n=1}^{\infty}\int_0^x(a_n\cos nt+b_n\sin nt)\mathrm{d}t.\end{aligned}$$

由此及 $F(x)$ 的定义即得(11.6.23)式.

定理 11.6.6　设 $f(x)$是周期为 2π 的连续函数且在$[-\pi,\pi]$上分段光滑,则 $f'(x)$的傅里叶级数可由 $f(x)$的傅里叶级数逐项求导而得到.

证　设 $f(x)$的傅里叶级数由(11.6.6)式给出而 $f'(x)$的傅里叶级数为

$$f'(x) \sim \frac{a'_0}{2} + \sum_{n=1}^{\infty}(a'_n \cos nx + b'_n \sin nx). \qquad (11.6.29)$$

因为 $f(x)$在$[-\pi,\pi]$上分段光滑且 $f(-\pi)=f(\pi)$,故由引理 5 有

$$a'_0 = \frac{1}{\pi}\int_{-\pi}^{\pi} f'(x)\mathrm{d}x = \frac{1}{\pi}[f(\pi) - f(-\pi)] = 0. \qquad (11.6.30)$$

由引理 6 又有

$$\begin{aligned} a_n &= \frac{1}{\pi}\int_{-\pi}^{\pi} f(x)\cos nx\mathrm{d}x \\ &= \frac{\sin nx}{n\pi}f(x)\Big|_{-\pi}^{\pi} - \frac{1}{n\pi}\int_{-\pi}^{\pi} f'(x)\sin nx\mathrm{d}x = -\frac{b'_n}{n}, \\ b_n &= \frac{1}{\pi}\int_{-\pi}^{\pi} f(x)\sin nx\mathrm{d}x \\ &= -\frac{\cos nx}{n\pi}f(x)\Big|_{-\pi}^{\pi} + \frac{1}{n\pi}\int_{-\pi}^{\pi} f'(x)\cos nx\mathrm{d}x = \frac{a'_n}{n}. \end{aligned}$$

由此即得

$$a'_n = nb_n, b'_n = -na_n, n = 1,2,\cdots \qquad (11.6.31)$$

将(11.6.30)和(11.6.31)式代入(11.6.29)式,得到

$$\begin{aligned} f'(x) &\sim \sum_{n=1}^{\infty}(nb_n\cos nx - na_n\sin nx) \\ &= \sum_{n=1}^{\infty}(a_n\cos nx + b_n\sin nx)', \end{aligned} \qquad (11.6.32)$$

显然,(11.6.32)式右端表达式恰为 $f(x)$的傅里叶级数逐项求导所得的表达式.

借助于定理 11.6.6 的证明,还可以给出一个关于傅里叶级数一致收敛性的判定定理.为此,还要用到一个关于傅里叶级数的重要不等式——贝塞尔(Bessel)不等式.

定理 11.6.7　设周期为 2π 的函数 $f(x)$在$[-\pi,\pi]$上可积,其傅里叶系数$\{a_n\}$,$\{b_n\}$由(11.6.4)和(11.6.5)式给出,则成立不等式

$$\frac{a_0^2}{2} + \sum_{n=1}^{\infty}(a_n^2 + b_n^2) \leqslant \frac{1}{\pi}\int_{-\pi}^{\pi} f^2(x)\mathrm{d}x. \qquad (11.6.33)$$

证　设 $f(x)$的傅里叶级数的部分和为

$$S_n(x) = \frac{a_0}{2} + \sum_{k=1}^{n}(a_k\cos kx + b_k\sin kx).$$

于是由三角函数的正交性有

$$\begin{aligned}0&\leqslant\frac{1}{\pi}\int_{-\pi}^{\pi}[f(x)-S_n(x)]^2\mathrm{d}x\\&=\frac{1}{\pi}\int_{-\pi}^{\pi}\left[f(x)-\frac{a_0}{2}-\sum_{k=1}^{n}(a_k\cos kx+b_k\sin kx)\right]^2\mathrm{d}x\\&=\frac{1}{\pi}\int_{-\pi}^{\pi}f^2(x)\mathrm{d}x+\frac{a_0^2}{2}+\frac{1}{\pi}\int_{-\pi}^{\pi}\left[\sum_{k=1}^{n}(a_k\cos kx+b_k\sin kx)\right]^2\mathrm{d}x\\&\quad-\frac{a_0}{\pi}\int_{-\pi}^{\pi}f(x)\mathrm{d}x-\frac{2}{\pi}\sum_{k=1}^{n}\int_{-\pi}^{\pi}f(x)(a_k\cos kx+b_k\sin kx)\mathrm{d}x\\&=\frac{1}{\pi}\int_{-\pi}^{\pi}f^2(x)\mathrm{d}x-\frac{a_0^2}{2}-\sum_{k=1}^{n}(a_k^2+b_k^2).\end{aligned}$$

由此立即得到

$$\frac{a_0^2}{2}+\sum_{k=1}^{n}(a_k^2+b_k^2)\leqslant\frac{1}{\pi}\int_{-\pi}^{\pi}f^2(x)\mathrm{d}x,$$

再令 $n\to\infty$ 即得所欲证.

推论 三角级数 $\frac{a_0}{2}+\sum_{n=1}^{\infty}(a_n\cos nx+b_n\sin nx)$ 是满足定理11.6.7条件的某函数 $f(x)$ 的傅里叶级数的必要条件是级数 $\sum a_n^2$ 和 $\sum b_n^2$ 都收敛.

在研究函数 $f(x)$ 的傅里叶级数的过程中，当然存在一个反问题：形如

$$\frac{a_0}{2}+\sum_{n=1}^{\infty}(a_n\cos nx+b_n\sin nx)$$

的收敛三角级数是否都是某函数 $f(x)$ 的傅里叶级数？定理11.6.7的推论为解决这个问题开通了思路. 例如下列两个三角级数

$$\sum_{n=1}^{\infty}\frac{\sin nx}{\sqrt{n}},\ \sum_{n=2}^{\infty}\frac{\sin nx}{\ln n}$$

都在 $[-\pi,\pi]$ 上逐点收敛. 但是级数 $\sum\frac{1}{n}$ 和 $\sum\frac{1}{\ln^2 n}$ 都发散，故由定理11.6.7的推论知二者都不能是某个函数的傅里叶级数.

定理 11.6.8 设 $f(x)$ 是周期为 2π 的连续函数且在 $[-\pi,\pi]$ 上分段光滑，则 $f(x)$ 的傅里叶级数一致收敛于 $f(x)$.

证 由定理11.6.3的推论知

$$f(x)=\frac{a_0}{2}+\sum_{n=1}^{\infty}(a_n\cos nx+b_n\sin nx),\tag{11.6.34}$$

由定理11.6.6证明中的(11.6.31)式又有

$$a_n=-\frac{b'_n}{n},b_n=\frac{a'_n}{n},n=1,2,\cdots\tag{11.6.35}$$

将(11.6.35)式代入(11.6.34)式,得到

$$f(x)=\frac{a_0}{2}+\sum_{n=1}^{\infty}\left(-\frac{b'_n}{n}\cos nx+\frac{a'_n}{n}\sin nx\right),\qquad(11.6.36)$$

其中诸 a'_n 与 b'_n 是 $f'(x)$ 的傅里叶系数. 因为 $f'(x)$ 以 2π 为周期,且在 $[-\pi,\pi]$ 上分段连续,故由定理 11.6.7 有

$$\sum_{n=1}^{\infty}(a'^2_k+b'^2_k)\leqslant\frac{1}{\pi}\int_{-\pi}^{\pi}[f'(x)]^2\mathrm{d}x$$

这表明级数 $\sum\limits_{n=1}^{\infty}(a'^2_k+b'^2_k)$ 收敛. 又因

$$\left|-\frac{b'_n}{n}\cos nx+\frac{a'_n}{n}\sin nx\right|\leqslant\frac{|b'_n|}{n}+\frac{|a'_n|}{n}\leqslant\frac{1}{n^2}+b'^2_n+a'^2_n,$$

而级数 $\sum\left(\frac{1}{n^2}+b'^2_n+a'^2_n\right)$ 收敛,故由优势判别法知(11.6.36)式右端的级数在 $(-\infty,+\infty)$ 上一致收敛.

最后我们指出,定理 11.6.5 和定理 11.6.6 的条件都可以减弱.

定理 11.6.5′　设周期为 2π 的函数 $f(x)$ 在 $[-\pi,\pi]$ 上可积,其傅里叶级数由(11.6.6)式给出,则定理 11.6.5 的结论仍然成立.

定理 11.6.6′　设 $f(x)$ 是周期为 2π 的连续函数且 $f'(x)$ 在 $[-\pi,\pi]$ 上除有限个点外都存在且可积,则定理 11.6.6 的结论仍然成立.

限于篇幅,这两个定理的证明从略,有兴趣的读者可利用习题中第 27 和 28 题的结果自行补证.

作为本节的结束,最后介绍一下傅里叶级数的指数形式. 设周期为 2π 的函数 $f(x)$ 在 $[-\pi,\pi]$ 上可积,于是 $f(x)$ 的傅里叶级数如(11.6.6)式所示:

$$f(x)\sim\frac{a_0}{2}+\sum_{n=1}^{\infty}(a_n\cos nx+b_n\sin nx),$$

由复数的欧拉公式 $\mathrm{e}^{\mathrm{i}x}=\cos x+\mathrm{i}\sin x$ 易得

$$\cos nx=\frac{1}{2}(\mathrm{e}^{\mathrm{i}nx}+\mathrm{e}^{-\mathrm{i}nx}),\ \sin nx=\frac{1}{2\mathrm{i}}(\mathrm{e}^{\mathrm{i}nx}-\mathrm{e}^{-\mathrm{i}nx}),$$

其中 i 为虚数单位. 将此代入(11.6.6)式即得

$$\begin{aligned}&\frac{a_0}{2}+\sum_{n=1}^{\infty}(a_n\cos nx+b_n\sin nx)\\&=\frac{a_0}{2}+\sum_{n=1}^{\infty}\left(\frac{a_n-\mathrm{i}b_n}{2}\mathrm{e}^{\mathrm{i}nx}+\frac{a_n+\mathrm{i}b_n}{2}\mathrm{e}^{-\mathrm{i}nx}\right)\\&=\frac{a_0}{2}+\sum_{n=1}^{\infty}\frac{a_n-\mathrm{i}b_n}{2}\mathrm{e}^{\mathrm{i}nx}+\sum_{n=1}^{\infty}\frac{a_n+\mathrm{i}b_n}{2}\mathrm{e}^{-\mathrm{i}nx}\end{aligned}$$

$$= \frac{a_0}{2} + \sum_{n=1}^{\infty} c_n e^{inx} + \sum_{n=1}^{\infty} c_{-n} e^{-inx}$$
$$= \sum_{n=-\infty}^{+\infty} c_n e^{inx}. \tag{11.6.37}$$

其中

$$c_n = \frac{1}{2}(a_n - ib_n), c_{-n} = \frac{1}{2}(a_n + ib_n) = \overline{c_n}, \quad c_0 = \frac{a_0}{2}.$$

(11.6.37)式右端的级数就称为 $f(x)$ 的指数形式的傅里叶级数,其中的函数和系数都是复的,故有时也称为复数形式.易知,(11.6.37)式中的傅里叶系数 c_n 的计算公式为

$$c_n = \frac{1}{2\pi}\int_{-\pi}^{\pi} f(x) e^{-inx} dx, n \in \mathbf{Z}.$$

习 题 11.2

1. 求下列各幂级数的收敛区间:

(i) $\sum_{n=1}^{\infty} \frac{(2x)^n}{n!}$; (ii) $\sum_{n=1}^{\infty} \frac{x^n}{a^n + b^n}, a, b > 0$;

(iii) $\sum_{n=1}^{\infty} \frac{x^n}{n\ln(1+n)}$; (iv) $\sum_{n=1}^{\infty} \left(1 + \frac{1}{n}\right)^{n^2} x^n$;

(v) $\sum_{n=1}^{\infty} \left(1 + \frac{1}{2} + \cdots + \frac{1}{n}\right) x^n$; (vi) $\sum_{n=1}^{\infty} \frac{[3 + (-1)^n]^n}{n} x^n$.

2. 用逐项求导或逐项积分法求下列各级数的和:

(i) $\sum_{n=1}^{\infty} nx^n$; (ii) $\sum_{n=1}^{\infty} n^2 x^n$;

(iii) $\sum_{n=0}^{\infty} \frac{x^{2n+1}}{2n+1}$; (iv) $\sum_{n=2}^{\infty} \frac{x^n}{n(n-1)}$.

3. 设幂级数 $\sum a_n x^n$ 的收敛半径 $R < +\infty$,且在开区间 $(-R, +R)$ 上一致收敛,求证它在 $[-R, +R]$ 上也一致收敛.

4. 设幂级数 $\sum a_n x^n$ 的收敛区间为 $(-R, +R)$ 而和函数为 $S(x)$,存在 $\{x_m\} \subset (-R, +R)$ 且 $x_m \to 0 (m \to \infty)$ 使 $S(x_m) = 0, m = 1, 2, \cdots$,求证 $a_n = 0, n = 0, 1, 2, \cdots$.

5. 设 $a_n > 0, A_n = \sum_{k=0}^{n} a_k, n = 1, 2, \cdots$ 且满足

$$\lim_{n\to\infty} A_n = +\infty, \quad \lim_{n\to\infty} \frac{a_n}{A_n} = 0.$$

求证 $\sum a_n x^n$ 的收敛半径 $R = 1$.

6. 设 $f(x)$ 在 $(-\infty, +\infty)$ 上无穷次可导且满足

(i) 存在常数 $L>0$,使对所有 $x \in (-\infty, +\infty)$ 和所有 $n \in \mathbf{N}$,都有 $|f^{(n)}(x)| \leqslant L$;

(ii) $f\left(\frac{1}{n}\right)=0, n=1,2,\cdots$.

求证 $f(x)\equiv 0$.

7. 设 $f(x)$在$[a,b]$上连续且对所有非负整数 n,都有

$$\int_a^b x^n f(x)\mathrm{d}x = 0,$$

求证 $f(x)\equiv 0$.

8. 将下列各函数展开为 x 的幂级数:

(i) $a^x, a>0$;　　(ii) e^{-x^2};

(iii) $\mathrm{sh}x$;　　(iv) $(1+x)\ln(1+x)$;

(v) $\arcsin x$;　　(vi) $\arctan\frac{2x}{2-x^2}$;

(vii) $\ln(x+\sqrt{1+x^2})$;　　(viii) $\frac{1}{1-3x+2x^2}$.

9. 求下列各级数之和:

(i) $\sum_{n=1}^{\infty}\frac{(-1)^{n-1}}{2n-1}$;　　(ii) $\sum_{n=1}^{\infty}\frac{(-1)^n}{3n+1}$;

(iii) $\sum_{n=1}^{\infty}\frac{(-1)^n}{n(2n-1)}$;　　(iv) $\sum_{n=1}^{\infty}\frac{(-1)^{n-1}n}{(n+1)(n+2)}$;

(v) $\sum_{n=1}^{\infty}(-1)^{\frac{1}{2}n(n-1)}\frac{1}{n}$.

10. 计算下列积分:

(i) $\int_0^1 x^{-x}\mathrm{d}x$;　　(ii) $\int_0^1 x^{p-1}\ln(1-x^q)\mathrm{d}x, p,q>0$.

11. 计算积分

$$\int_0^{\pi}\frac{\ln(1+a\cos x)}{\cos x}\mathrm{d}x,\quad |a|<1,$$

其中当 $x=\frac{\pi}{2}$时,被积函数的值理解为 $x\to\frac{\pi}{2}$时的极限值.

12. 设 $f(x)$在$[-\pi,\pi]$上可积,试求三角多项式

$$T_n(x)=\frac{A_0}{2}+\sum_{k=1}^{n}(A_k\cos kx+B_k\sin kx)$$

的诸系数 A_k, B_k,使得

$$I=\int_{-\pi}^{\pi}[f(x)-T_n(x)]^2\mathrm{d}x$$

取最小值.

13. 设 $f(x)$的傅里叶级数在$[-\pi,\pi]$上一致收敛于 $f(x)$,求证巴塞瓦等式成立:

$$\frac{1}{\pi}\int_{-\pi}^{\pi}f^2(x)\mathrm{d}x=\frac{a_0^2}{2}+\sum_{n=1}^{\infty}(a_n^2+b_n^2).$$

14. 利用黎曼引理求下列极限:

(i) $\lim\limits_{\lambda\to+\infty}\int_{-\pi}^{\pi}\sin^2\lambda x\,\mathrm{d}x$;

(ii) $\lim\limits_{\lambda\to+\infty}\int_{0}^{a}\dfrac{\cos^2\lambda x}{1+x}\mathrm{d}x,\quad a>0.$

15. 写出下列各函数的傅里叶级数并求其和函数:

(i) $f(x)=\begin{cases}0, & -\pi\leqslant x<0,\\ x, & 0\leqslant x<\pi;\end{cases}$

(ii) $f(x)=\begin{cases}x, & -\pi\leqslant x<0,\\ x^2, & 0\leqslant x<\pi;\end{cases}$

(iii) $f(x)=\sin\alpha x,\quad -\pi\leqslant x<\pi,\alpha\notin\mathbf{Z}$;

(iv) $f(x)=\mathrm{e}^x,-\pi\leqslant x<\pi$;

(v) $f(x)=\begin{cases}0, & -\pi\leqslant x<0,\\ \cos x, & 0\leqslant x<\pi;\end{cases}$

(vi) $f(x)=\begin{cases}1, & -\pi\leqslant x<0,\\ \mathrm{e}^x, & 0\leqslant x<\pi;\end{cases}$

(vii) $f(x)=\max\{2-|x|,0\},\quad -\pi\leqslant x<\pi$;

(viii) $f(x)=\operatorname{sgn}(\cos x),\quad -\pi\leqslant x<\pi.$

16. 利用适当的傅里叶展开式,求下列各级数的和:

(i) $\sum\limits_{n=1}^{\infty}\dfrac{1}{n^2}$; (ii) $\sum\limits_{n=1}^{\infty}\dfrac{(-1)^{n+1}}{n^2}$;

(iii) $\sum\limits_{n=1}^{\infty}\dfrac{1}{(2n-1)^2}$; (iv) $\sum\limits_{n=1}^{\infty}\dfrac{1}{n^4}$;

(v) $\sum\limits_{n=1}^{\infty}\dfrac{(-1)^{n+1}}{n^4}$; (vi) $\sum\limits_{n=1}^{\infty}\dfrac{1}{(2n-1)^4}$;

(vii) $\sum\limits_{n=1}^{\infty}\dfrac{1}{1+n^2}$; (viii) $\sum\limits_{n=1}^{\infty}\dfrac{(-1)^{n+1}}{1+n^2}$.

17. 求证恒等式

$$\sum_{n=1}^{\infty}\frac{\cos nx}{n^2}=\begin{cases}\dfrac{1}{12}(2\pi^2+6\pi x+3x^2), & -\pi\leqslant x<0,\\[2mm] \dfrac{1}{12}(2\pi^2-6\pi x+3x^2), & 0\leqslant x\leqslant\pi.\end{cases}$$

18. 设 $f(x)$为奇函数且在$(0,\pi)$非负可积,求证$|b_n|\leqslant nb_1$,其中 b_k 为$f(x)$的傅里叶系数.

19. 设 $f(x)$在$[-\pi,\pi]$上可积且周期为 π,求证 $f(x)$的傅里叶系数满足 $a_{2n-1}=0$, $b_{2n-1}=0,n=1,2$.

20. 设 $f(x)$在$[-\pi,\pi]$上可积且 $f(x+\pi)=-f(x)$,求证 $f(x)$的傅里叶系数满足 $a_{2n}=0,b_{2n}=0,n=1,2,\cdots$.

21. 在$[0,\pi]$上分别将 $f(x)=\pi-x$ 展开为正弦级数和余弦级数.

22. 设 $f(x)$在$[-\pi,\pi]$上分段光滑,求证:

$$\lim_{k\to\infty} ka_k = 0, \quad \lim_{k\to\infty}(-1)^k kb_k = \frac{1}{\pi}[f(-\pi) - f(\pi)],$$

其中 a_k, b_k 为 $f(x)$ 的傅里叶系数.

23. 如何把给定在区间 $\left(0, \frac{\pi}{2}\right)$ 中的可积函数 $f(x)$ 延拓到 $(-\pi, \pi)$ 中,使得它的傅里叶级数分别形如:

(i) $f(x) \sim \sum_{n=1}^{\infty} a_n \cos(2n-1)x$;

(ii) $f(x) \sim \sum_{n=1}^{\infty} b_n \sin(2n-1)x$.

24. 设 $f(x)$ 是周期为 2π 的连续函数, $S_n(x)$ 为 $f(x)$ 的傅里叶级数的部分和且

$$\sigma_n(x) = \frac{1}{n}[S_0(x) + S_1(x) + \cdots + S_{n-1}(x)].$$

求证 $\sigma_n(x)$ 在 $(-\infty, +\infty)$ 上一致收敛于 $f(x)$.

25. 设 $f(x)$ 在 $[-\pi, \pi]$ 上连续且它的所有傅里叶系数均为 0,求证 $f(x) \equiv 0$.

26. 设 $f(x)$ 在 $(0, 2\pi)$ 上的导数 $f'(x)$ 递增且有界,求证 $a_n \geqslant 0, n = 1, 2, \cdots$.

27. 设 $f(x)$ 在 $[a, b]$ 上连续, $f'(x)$ 在 $[a, b]$ 上除有限多个点外都存在且在 $[a, b]$ 上可积,则牛顿-莱布尼茨公式成立,即有

$$\int_a^b f'(x)\mathrm{d}x = f(b) - f(a).$$

28. 设 $f(x)$ 在 $[-\pi, \pi]$ 上可积, $a_0 = \frac{1}{\pi}\int_{-\pi}^{\pi} f(x)\mathrm{d}x$, $F(x) = \int_0^x \left[f(t) - \frac{a_0}{2}\right]\mathrm{d}t$,求证对任何 $n \in \mathbf{N}$,都有:

(i) $\int_{-\pi}^{\pi} F(x)\cos nx\mathrm{d}x = -\frac{1}{n}\int_{-\pi}^{\pi} f(x)\sin nx\mathrm{d}x$;

(ii) $\int_{-\pi}^{\pi} F(x)\sin nx\mathrm{d}x = \frac{1}{n}\int_{-\pi}^{\pi} f(x)\cos nx\mathrm{d}x$.

29. 设 $f(x)$ 在 $[-\pi, \pi]$ 上有界且分段单调,求证当 $n \to \infty$ 时, $a_n = O\left(\frac{1}{n}\right)$, $b_n = O\left(\frac{1}{n}\right)$.

30. 设周期为 2π 的函数 $f(x)$ 满足条件

$$|f(x) - f(y)| \leqslant L|x - y|^{\alpha}, \quad 0 < \alpha \leqslant 1,$$

其中 L 为常数,求证当 $n \to \infty$ 时, $a_n = O\left(\frac{1}{n^{\alpha}}\right)$, $b_n = O\left(\frac{1}{n^{\alpha}}\right)$.

31. 设 $f(x)$ 在 $[0,1]$ 上连续可导且 $f(0) = f(1) = 0$,

(i) 求证存在常数 $M > 0$,使得

$$\int_0^1 f^2(x)\mathrm{d}x \leqslant M\int_0^1 [f'(x)]^2\mathrm{d}x;$$

(ii) 求证(i)中常数 M 的最小值是 $\frac{1}{\pi^2}$.

附录　上册部分习题解答

本附录中对全书习题中 10 多道难题给出了详细解答，供授课教师参考．对于阅读本书的学生，应尽量独立地完成这些题目的解答．务请不要第一次做不出来就急于翻看这些答案，以免失去锻炼自己深层次思维的机会，只有到学完全书之后仍未解决时，才可以阅读这些答案，以便对一元微积分的学习完整地告一段落．

1．（习题 2.1，39 题）设数列 $\{x_n\}$ 满足条件

$$0 \leqslant x_{m+n} \leqslant x_m + x_n, \quad m, n \in \mathbf{N}, \tag{1}$$

求证极限 $\lim\limits_{n\to\infty}\dfrac{x_n}{n}$ 存在．

证　由(1)式有

$$0 \leqslant \frac{x_n}{n} \leqslant x_1, \quad n \in \mathbf{N},$$

可见，数列 $\left\{\dfrac{x_n}{n}\right\}$ 有界，记

$$a = \varliminf_{n\to\infty}\frac{x_n}{n},$$

于是 $0 \leqslant a < +\infty$．按下极限定义知，对于任给的 $\varepsilon > 0$，有 $n_0 \in \mathbf{N}$，使得

$$\frac{x_{n_0}}{n_0} < a + \frac{\varepsilon}{2}. \tag{2}$$

当 $n \geqslant n_0$ 时，写 $n = kn_0 + p$，其中 k 为正整数且 $0 \leqslant p < n_0$．由(1)式有

$$x_n \leqslant kx_{n_0} + x_p \leqslant kx_{n_0} + px_1.$$

$$\frac{x_n}{n} \leqslant \frac{kx_{n_0} + px_1}{kn_0 + p} \leqslant \frac{kx_{n_0} + px_1}{kn_0} \leqslant \frac{x_{n_0}}{n_0} + \frac{x_1}{k} \tag{3}$$

因为 x_1 为定值，故对上述的 $\varepsilon > 0$，存在正整数 K，使当 $k \geqslant K$ 时，就有

$$\frac{x_1}{k} < \frac{\varepsilon}{2}. \tag{4}$$

将(2)式和(4)式代入(3)式，得到

$$\frac{x_n}{n} \leqslant a + \varepsilon, \quad 当\ n \geqslant Kn_0. \tag{5}$$

由(5)式即得

$$\varlimsup_{n\to\infty}\frac{x_n}{n}\leqslant a+\varepsilon.$$

再由 $\varepsilon>0$ 的任意性得到

$$\varlimsup_{n\to\infty}\frac{x_n}{n}\leqslant a=\varliminf_{n\to\infty}\frac{x_n}{n}.$$

所以 $\lim\limits_{n\to\infty}\frac{x_n}{n}=a$.

2.(习题 2.1,40 题)设 $a_n>0, n=1,2,\cdots$,求证

$$\varlimsup_{n\to\infty}\left(\frac{a_1+a_{n+1}}{a_n}\right)^n\geqslant \mathrm{e}.$$

证　不妨设 $a_1=1$. 由于

$$\begin{aligned}\varlimsup_{n\to\infty}\left(\frac{1+a_{n+1}}{a_n}\right)^n&=\varlimsup_{n\to\infty}\left[\left(\frac{\frac{1+a_{n+1}}{n+1}}{\frac{a_n}{n}}\right)\left(\frac{n+1}{n}\right)\right]^n\\&\geqslant\varlimsup_{n\to\infty}\left(\frac{\frac{1+a_{n+1}}{n+1}}{\frac{a_n}{n}}\right)^n\lim_{n\to\infty}\left(\frac{n+1}{n}\right)^n\\&=\mathrm{e}\cdot\varlimsup_{n\to\infty}\left(\frac{\frac{1+a_{n+1}}{n+1}}{\frac{a_n}{n}}\right)^n,\end{aligned}$$

故为证本题结论,只须证明上式右端之上极限值不小于 1.

若不然,则有

$$\varlimsup_{n\to\infty}\left(\frac{\frac{1+a_{n+1}}{n+1}}{\frac{a_n}{n}}\right)^n<1.$$

于是存在自然数 N,使当 $n\geqslant N$ 时,就有

$$\frac{1+a_{n+1}}{n+1}<\frac{a_n}{n},$$

$$\frac{a_{n+1}}{n+1}<\frac{a_n}{n}-\frac{1}{n+1}.$$

由此递推可得

$$\frac{a_{N+k}}{N+k}<\frac{a_{N+k-1}}{N+k-1}-\frac{1}{N+k}$$
$$<\frac{a_{N+k-2}}{N+k-2}-\frac{1}{N+k}-\frac{1}{N+k-1}$$
$$<\cdots<\frac{a_N}{N}-\frac{1}{N+k}-\frac{1}{N+k-1}$$
$$-\cdots-\frac{1}{N+1},$$

其中 $k=1,2,\cdots$. 因为调和级数 $\sum\limits_{n=1}^{\infty}\frac{1}{n}$ 发散到 $+\infty$，故当 k 充分大时，上式右端小于 0，矛盾.

3.（习题 5,41 题）设 n 为正整数，求证

$$\frac{\mathrm{e}}{2n+2}<\mathrm{e}-\left(1+\frac{1}{n}\right)^n<\frac{\mathrm{e}}{2n+1}. \tag{1}$$

证　(1)中前一个不等式等价于

$$\left(1+\frac{1}{n}\right)^n<\mathrm{e}\left(1-\frac{1}{2n+2}\right)=\mathrm{e}\,\frac{2n+1}{2n+2},$$
$$\left(1+\frac{1}{n}\right)^{n+1}<\mathrm{e}\,\frac{2n+1}{2n+2}\,\frac{n+1}{n}=\mathrm{e}\,\frac{2n+1}{2n}=\mathrm{e}\left(1+\frac{1}{2n}\right),$$
$$\left[\mathrm{e}\left(1+\frac{1}{2n}\right)\right]^{\frac{1}{n}}>\left(1+\frac{1}{n}\right)^{\frac{n+1}{n}},$$
$$\frac{1}{n}\left[1+\ln\left(1+\frac{1}{2n}\right)\right]>\left(1+\frac{1}{n}\right)\ln\left(1+\frac{1}{n}\right),$$
$$\frac{1}{n}\left[1+\ln\left(1+\frac{1}{2n}\right)\right]-\left(1+\frac{1}{n}\right)\ln\left(1+\frac{1}{n}\right)>0. \tag{2}$$

将 $\left\{\frac{1}{n}\right\}$ 视为连续变量 x 的一系列特殊状态，并将上述离散问题化为连续变量的问题使用微分学的工具来解决. 这样一来，为证(2)式，只须证明

$$x+x\ln\left(1+\frac{x}{2}\right)-(1+x)\ln(1+x)>0,\ x>0. \tag{2$'$}$$

将(2′)式右端的函数记为 $f(x)$，于是又只须证明

$$f(x)>0,\quad x>0. \tag{2$''$}$$

因为 $f(0)=0$ 且有

$$f'(x)=1+\ln\left(1+\frac{x}{2}\right)+\frac{x}{2+x}-\ln(1+x)-1$$
$$=\frac{x}{2+x}-\ln\left(1+\frac{x}{2+x}\right)>0,$$

所以函数 $f(x)$ 于 $[0,+\infty)$ 上严格递增，从而(2″)式成立．即(2′)式成立，所以(1)式中前一个不等式成立．

为证(1)式中后一个不等式，考虑函数

$$g(x)=\ln(1+x)+x\ln\left(1+\frac{x}{2}\right)-x. \tag{3}$$

因为

$$\begin{aligned}g'(x)&=\frac{1}{1+x}+\ln\left(1+\frac{x}{2}\right)+\frac{x}{2+x}-1\\&=\ln\left(1+\frac{x}{2}\right)-\frac{x}{(1+x)(2+x)}\\&\geqslant\frac{x}{2}-\frac{x^2}{8}-\frac{x}{2+3x+x^2}=\frac{x^2(10+x-x^2)}{8(2+3x+x^2)},\end{aligned}$$

所以有

$$g'(x)>0,\quad 0<x<1.$$

又因 $g(0)=0$，所以

$$g(x)>0,\quad 0<x\leqslant 1. \tag{4}$$

由(4)式和(3)式得到

$$x<\ln(1+x)+x\ln\left(1+\frac{x}{2}\right)=\ln\left[(1+x)\left(1+\frac{x}{2}\right)^x\right],$$

$$e^x<(1+x)\left(1+\frac{x}{2}\right)^x,0<x\leqslant 1.$$

在上式中令 $x=\frac{1}{n}$，即得

$$e^{\frac{1}{n}}<\left(1+\frac{1}{n}\right)\left(1+\frac{1}{2n}\right)^{\frac{1}{n}},n=1,2,\cdots$$

$$e<\left(1+\frac{1}{n}\right)^n\left(1+\frac{1}{2n}\right),$$

$$\frac{2n}{2n+1}e<\left(1+\frac{1}{n}\right)^n$$

$$e-\left(1+\frac{1}{n}\right)^n<e-\frac{2n}{2n+1}e=\frac{e}{2n+1}. \tag{5}$$

这就完成了(1)式中后一个不等式的证明．

4．(习题 5,43 题)设 $f(x)$ 在 $(-\infty,+\infty)$ 上两次可导且满足

$$f^2(x)\leqslant a,[f'(x)]^2+[f''(x)]^2\leqslant b,-\infty<x<+\infty, \tag{1}$$

其中 a 和 b 都是常数，求证

$$f^2(x)+[f'(x)]^2\leqslant\max\{a,b\},\ -\infty<x<+\infty. \tag{2}$$

证　令

$$g(x)=f^2(x)+[f'(x)]^2,$$

于是只须证明

$$g(x)\leqslant\max\{a,b\},\ -\infty<x<+\infty. \tag{2'}$$

对 $g(x)$ 求导得到

$$g'(x)=2f'(x)[f(x)+f''(x)]. \tag{3}$$

考查 $g(x)$ 的任一稳定点 x_0,即有 $g'(x_0)=0$ 的点 x_0. 这意味着或者 $f'(x_0)=0$,或者 $f(x_0)+f''(x_0)=0$. 若 $f'(x_0)=0$,则由(1)式有

$$g(x_0)=f^2(x_0)\leqslant a. \tag{4}$$

若 $f(x_0)+f''(x_0)=0$,则 $f^2(x_0)=[f''(x_0)]^2$. 再由(1)式中第 2 式又有

$$g(x_0)=f^2(x_0)+[f'(x_0)]^2=[f''(x_0)]^2+[f'(x_0)]^2\leqslant b. \tag{5}$$

由(4)式和(5)式即得

$$g(x_0)\leqslant\max\{a,b\}. \tag{6}$$

下面来证明(2′)式对所有 $x\in(-\infty,+\infty)$ 都成立. 设 $\xi\in(-\infty,+\infty)$ 不是稳定点.

(i) 若有 $g(x)$ 的两个稳定点 x_1 和 x_2,使得 $x_1<\xi<x_2$,则因 $g(x)$ 在 $[x_1,x_2]$ 上可导,故必于某点 $\eta\in[x_1,x_2]$ 处取得最大值. 显然,无论 η 是否为 $[x_1,x_2]$ 的端点,η 都必为 $g(x)$ 的稳定点. 所以由(6)式有

$$g(\xi)\leqslant g(\eta)\leqslant\max\{a,b\}. \tag{7}$$

(ii) 设 $g(x)$ 只在 ξ 的一方有稳定点而另一方没有. 不妨设 $x_1<\xi$ 为 $g(x)$ 的稳定点而在 $[\xi,+\infty)$ 上没有 $g(x)$ 的稳定点. 于是由(3)式知 $f'(x)$ 于 $[\xi,+\infty)$ 上恒不为 0,不妨设恒大于 0. 从而 $f(x)$ 于 $[\xi,+\infty)$ 上严格递增. 由(1)式知 $f(x)$ 有界,从而当 $x\to+\infty$ 时函数 $f(x)$ 有极限. 记为 $\lim\limits_{x\to+\infty}f(x)=c$,于是由(1)式知 $|c|\leqslant\sqrt{a}$.

令 $h(x)=f(x)-c$,于是 $h'(x)=f'(x)$,$h''(x)=f''(x)$ 且有 $\lim\limits_{x\to+\infty}h(x)=0$.

引理　设 $h(x)$ 在 $[A,+\infty)$ 上两次可导,$|f''(x)|\leqslant M$ 且有 $\lim\limits_{x\to+\infty}h(x)=0$,则 $\lim\limits_{x\to+\infty}h'(x)=0$.

引理之证　因为 $\lim\limits_{x\to+\infty}h(x)=0$,故对任给的 $\varepsilon>0$,都存在 $X\geqslant A$,使得

$$|h(x)|<\varepsilon,\text{当 } x>X.$$

当 $x>X$ 时,对任何 $\delta>0$,由泰勒公式有

$$f(x+\delta)=f(x)+f'(x)\delta+\frac{1}{2}f''(x+\theta\delta)\delta^2,0<\theta<1,$$

$$h(x+\delta)=h(x)+h'(x)\delta+\frac{1}{2}h''(x+\theta\delta)\delta^2,0<\theta<1,$$

$$h'(x)=\frac{h(x+\delta)-h(x)}{\delta}-\frac{1}{2}h''(x+\theta\delta)\delta.$$

两端同时取绝对值,得到

$$|h'(x)|\leqslant\frac{2\varepsilon}{\delta}+\frac{M\delta}{2}.$$

在上式中取 $\delta=2\sqrt{\frac{\varepsilon}{M}}$,便得

$$|h'(x)|\leqslant 2\sqrt{M\varepsilon},x>X.$$

按定义知 $\lim\limits_{x\to+\infty}h'(x)=0$.

回到原题的证明. 由引理知, $\lim\limits_{x\to+\infty}h'(x)=0$,从而有 $\lim\limits_{x\to+\infty}f'(x)=0$. 由此立即得到

$$\lim_{x\to+\infty}g(x)=\lim_{x\to+\infty}f^2(x)\leqslant a.$$

由此及(6)式即又可证得(7)式.

(iii) 当 $g(x)$在$(-\infty,+\infty)$上没有稳定点时,类似于(ii)的论证可以证明(7)式也成立.

综上可知(2′)式成立,从而(2)式成立.

5.(习题 7,31 题)设 $f(x)$在$[0,1]$上连续可导,定义

$$\varepsilon_n=\int_0^1 f(x)\mathrm{d}x-\frac{1}{n}\sum_{i=1}^n f\left(\frac{i}{n}\right).$$

求极限 $\lim\limits_{n\to\infty}n\varepsilon_n$.

解　改写

$$\varepsilon_n=\sum_{i=1}^n\int_{\frac{i-1}{n}}^{\frac{i}{n}}\left[f(x)-f\left(\frac{i}{n}\right)\right]\mathrm{d}x.$$

当 $x\in\left[\frac{i-1}{n},\frac{i}{n}\right)$时,由拉格朗日中值公式有

$$f(x)-f\left(\frac{i}{n}\right)=f'(\xi_i(x))\left(x-\frac{i}{n}\right),$$

其中 $\xi_i(x)\in\left(x,\frac{i}{n}\right)$. 因为 $x-\frac{i}{n}$ 和 $f(x)$ 都连续, 故 $f'(\xi_i(x))$ 也在

$\left[\frac{i-1}{n},\frac{i}{n}\right)$上连续. 又因 $f(x)$在$[0,1]$上连续可导,且当 $x\to\frac{i}{n}$时,$\xi_i(x)\to\frac{i}{n}$,所以有

$$\lim_{x\to\frac{i-}{n}}f'(\xi_i(x)) = f'\left(\frac{i}{n}\right).$$

由此可见,只要补充定义

$$f'\left(\xi_i\left(\frac{i}{n}\right)\right)= f'\left(\frac{i}{n}\right),$$

$f'(\xi_i(x))$就成为$\left[\frac{i-1}{n},\frac{i}{n}\right]$上的连续函数. 于是由积分中值定理有

$$\begin{aligned}\varepsilon_n &= \sum_{i=1}^{n}f'(\xi_i)\int_{\frac{i-1}{n}}^{\frac{i}{n}}\left(x-\frac{i}{n}\right)\mathrm{d}x\\ &=-\sum_{i=1}^{n}f'(\xi_i)\cdot\frac{1}{2}\left(\frac{1}{n}\right)^2=-\frac{1}{2n^2}\sum_{i=1}^{n}f'(\xi_i),\end{aligned}$$

其中 $\xi_i\in\left[\frac{i-1}{n},\frac{i}{n}\right]$. 从而有

$$\begin{aligned}\lim_{n\to\infty}n\varepsilon_n &= \lim_{n\to\infty}\left[-\frac{1}{2}\sum_{i=1}^{n}f'(\xi_i)\frac{1}{n}\right]=-\frac{1}{2}\int_0^1 f'(x)\mathrm{d}x\\ &=\frac{1}{2}[f(0)-f(1)].\end{aligned}$$

6.(习题 7,32 题)设 $f(x)$在$(-\infty,+\infty)$上连续可导且

$$\sup_{-\infty<x<+\infty}\left|\mathrm{e}^{-x^2}f'(x)\right| = M<+\infty,$$

求证

$$\sup_{-\infty<x<+\infty}\left|x\mathrm{e}^{-x^2}f(x)\right|<+\infty.$$

证　因为 $f(x)$连续可导,故有

$$f(x)=\int_0^x f'(t)\mathrm{d}t+f(0).$$

因此,对任意 $x\neq0$,均有

$$\begin{aligned}|x\mathrm{e}^{-x^2}f(x)| &= \left|x\mathrm{e}^{-x^2}\left(\int_0^x f'(t)\mathrm{d}t+f(0)\right)\right|\\ &\leqslant\left|x\mathrm{e}^{-x^2}\int_0^x\mathrm{e}^{t^2}\mathrm{e}^{-t^2}f'(t)\mathrm{d}t\right|+|x\mathrm{e}^{-x^2}f(0)|\\ &\leqslant M\left|x\right|\mathrm{e}^{-x^2}\int_0^{|x|}\mathrm{e}^{t^2}\mathrm{d}t+\left|f(0)\right|\end{aligned}$$

$$\begin{aligned}&\leqslant M\mid x\mid e^{-x^2}\int_0^{|x|}e^{|x|t}dt+\mid f(0)\mid\\&=Me^{-x^2}\int_0^{x^2}e^s ds+\mid f(0)\mid\\&=Me^{-x^2}(e^{x^2}-1)+\mid f(0)\mid\\&<M+\mid f(0)\mid.\end{aligned}$$

故有

$$\sup_{-\infty<x<+\infty}\mid xe^{-x^2}f(x)\mid\leqslant M+\mid f(0)\mid<+\infty.$$

7.(习题9,20题) 设 $n\in\mathbf{N}$, $f(n)$ 表示 n 的十进表示中数字0的个数.例如 $f(1000)=3$, $f(10098)=2$. 问当 $a>0$ 为何值时,级数 $\sum_{n=1}^{\infty}\frac{a^{f(n)}}{n^2}$ 收敛?

解　将位数相同的 n 且使 $f(n)=k$ 的 n 放在一起来考察.令

$$A_{m+1}^k=\left\{n=\overline{b_0b_1\cdots b_m}\,\middle|\,b_0\neq 0,f(n)=k\right\},\tag{1}$$

其中 $0\leqslant k\leqslant m$, $m=0,1,2,\cdots$. 再令

$$A_{m+1}=\bigcup_{k=0}^{m}A_{m+1}^k,$$

于是有

$$A_{m+1}=\{n\mid 10^m\leqslant n<10^{m+1}\}.\tag{2}$$

不难看出

$$\left|A_{m+1}^k\right|=C_m^k 9^{m+1-k}.\tag{3}$$

对每个 $n\in A_{m+1}$,由(2)式有

$$10^{-2(m+1)}<\frac{1}{n^2}\leqslant 10^{-2m}.\tag{4}$$

由(1)~(4)式有

$$\begin{aligned}\sum_{n\in A_{m+1}}\frac{a^{f(n)}}{n^2}&=\sum_{k=0}^{m}\sum_{n\in A_{m+1}^k}\frac{a^{f(n)}}{n^2}\leqslant\frac{1}{10^{2m}}\sum_{k=0}^{m}\sum_{n\in A_{m+1}^k}a^k\\&=\frac{1}{10^{2m}}\sum_{k=0}^{m}C_m^k 9^{m+1-k}a^k=\frac{9}{10^{2m}}(9+a)^m\\&=9\left(\frac{9+a}{100}\right)^m.\end{aligned}\tag{5}$$

类似地可证

$$\sum_{n\in A_{m+1}}\frac{a^{f(n)}}{n^2}>\frac{9}{100}\left(\frac{9+a}{100}\right)^m.\tag{6}$$

由(5)式和(6)式可见，当且仅当 $0<a<91$ 时，级数

$$\sum_{m=0}^{\infty}\sum_{n\in A_{m+1}}\frac{a^{f(n)}}{n^2}$$

收敛. 从而由正项级数性质知，当且仅当 $0<a<91$ 时，题中所论级数收敛.

8.（习题 9,22(vi)题）判定级数

$$\sum_{n=1}^{\infty}\frac{\sin n\cdot\sin n^2}{n}$$

的绝对收敛与条件收敛性.

解　因为

$$\left|\sum_{k=1}^{n}\sin k\cdot\sin k^2\right|=\frac{1}{2}\left|\sum_{k=1}^{n}(\cos k(k-1)-\cos k(k+1))\right|$$
$$=\frac{1}{2}\mid\cos 0-\cos n(n+1)\mid\leqslant 1,$$

故由狄利克雷判别法知所论级数收敛.

下面证明此级数不是绝对收敛的. 若对某自然数 n，存在自然数 m，使得

$$\mid n-m\pi\mid<\frac{7}{100},$$

则有

$$1-\frac{7}{100}<(n+1)-m\pi<1+\frac{7}{100},$$

$$2-\frac{7}{100}<(n+2)-m\pi<2+\frac{7}{100},$$

$$3-\frac{7}{100}<(n+3)-m\pi<3+\frac{7}{100},$$

$$\mid(n+3)-(m+1)\pi\mid>\frac{7}{100}.$$

故有

$$\mid\sin(n+j)\mid>\sin\frac{7}{100},\quad j=1,2,3. \tag{1}$$

这表明，在任何连续 6 个自然数中，总有 3 个连续自然数使(1)式成立.

另一方面，若对某个自然数 n，存在自然数 m_1 和 m_2，使得

$$\left|n^2-m_1\pi\right|<\frac{1}{8},\left|(n+1)^2-m_2\pi\right|<\frac{1}{8},$$

则有

$$\left|(2n+1)-(m_2-m_1)\pi\right|\leqslant\left|(n+1)^2-m_2\pi\right|+\left|n^2-m_1\pi\right|$$

$$< \frac{1}{4}.$$

由于$(n+2)^2=(n+1)^2+(2n+1)+2$，故有

$$\begin{aligned}&|(n+2)^2-(2m_2-m_1)\pi|\\ \leqslant &|(n+1)^2-m_2\pi|+|(2n+1)-(m_2-m_1)\pi|+2\\ <& 2+\frac{1}{8}+\frac{1}{4}=2\frac{3}{8},\end{aligned}$$

$$|(n+2)^2-(2m_2-m_1)\pi|\geqslant 2-\frac{1}{8}-\frac{1}{4}=1\frac{5}{8}.$$

从而可得估计式

$$|\sin(n+2)^2|>\sin\frac{1}{2}.$$

这又表明，在任何 3 个连续自然数中，至少有一个自然数 n，使得

$$|\sin n^2|>\sin\frac{1}{8}. \tag{2}$$

这样一来，在任何 6 个连续自然数中，必有 3 个连续自然数使(1)式成立. 而对这 3 个连续自然数，其中必有一个使(2)式成立，于是任何 6 个连续自然数中必有一个 n，使得

$$|\sin n\cdot\sin n^2|>\sin\frac{7}{100}\sin\frac{1}{8}.$$

从而有

$$\begin{aligned}\sum_{k=1}^{6n}\frac{|\sin k\cdot\sin k^2|}{k}&\geqslant\sum_{k=1}^{n}\frac{\sin\frac{7}{100}\sin\frac{1}{8}}{6k}\\ &=\frac{1}{6}\sin\frac{7}{100}\sin\frac{1}{8}\sum_{k=1}^{n}\frac{1}{k}\\ &\to+\infty(n\to\infty).\end{aligned}$$

这就证明了所论级数不是绝对收敛的.

综上可知，所论的级数条件收敛.

9.(习题9,40题) 设 $S_n=\sum\limits_{k=1}^{n}a_k$，$\sigma_n=\sum\limits_{k=1}^{n}\left(1-\frac{k}{n+1}\right)a_k$. 已知对某 $\alpha>0$，级数 $\sum|S_n-\sigma_n|^\alpha$ 收敛，求证级数 $\sum a_n$ 收敛.

证　按定义有

$$\sigma_{n+1}-\sigma_n=\sum_{k=1}^{n+1}\left(1-\frac{k}{n+2}\right)a_k-\sum_{k=1}^{n}\left(1-\frac{k}{n+1}\right)a_k$$

$$= \frac{1}{(n+1)(n+2)}\sum_{k=1}^{n} ka_k + \frac{1}{n+2}a_{n+1}$$
$$= \frac{1}{(n+1)(n+2)}\sum_{k=1}^{n+1} ka_k = \frac{S_{n+1}-\sigma_{n+1}}{n+1}.$$

因此

$$\sigma_n = \sum_{k=1}^{n-1}(\sigma_{k+1}-\sigma_k)+\sigma_1 = \sum_{k=1}^{n-1}\frac{S_{k+1}-\sigma_{k+1}}{k+1}+\sigma_1. \tag{1}$$

若 $\alpha \leqslant 1$，则由级数 $\sum|S_n-\sigma_n|^\alpha$ 收敛知当 $\beta > \alpha$ 时，级数 $\sum|S_n-\sigma_n|^\beta$ 也收敛.故不妨设 $\alpha > 1$.取 $\alpha' > 1$,使得$\frac{1}{\alpha}+\frac{1}{\alpha'}=1$.于是由 Hölder 不等式有

$$\sum_{k=1}^{n}\frac{|S_k-\sigma_k|}{k} \leqslant \left(\sum_{k=1}^{n}|S_k-\sigma_k|^\alpha\right)^{\frac{1}{\alpha}}\left(\sum_{k=1}^{n}\frac{1}{k^{\alpha'}}\right)^{\frac{1}{\alpha'}}$$
$$< \left(\sum_{k=1}^{\infty}|S_k-\sigma_k|^\alpha\right)^{\frac{1}{\alpha}}\left(\sum_{k=1}^{\infty}\frac{1}{k^{\alpha'}}\right)^{\frac{1}{\alpha'}} < +\infty.$$

可见,级数 $\sum\frac{|S_k-\sigma_k|}{k}$ 收敛.于是由(1)式知

$$\lim_{n\to\infty}\sigma_n = A < +\infty. \tag{2}$$

又因级数 $\sum|S_n-\sigma_n|^\alpha$ 收敛,所以有

$$\lim_{n\to\infty}(S_n-\sigma_n)=0. \tag{3}$$

由(2)式和(3)式即得 $\lim\limits_{n\to\infty}S_n = A$,即级数 $\sum a_n$ 收敛.

10.（习题 9,41 题）设数列 $\{b_n\}$ 递减趋于 0，级数 $\sum a_nb_n$ 收敛，$S_n = \sum\limits_{k=1}^{n}a_k$,求证:

(i) $\lim\limits_{n\to\infty}b_nS_n=0$;

(ii) 级数 $\sum S_n(b_n-b_{n+1})$ 收敛且有

$$\sum_{n=1}^{\infty}a_nb_n = \sum_{n=1}^{\infty}S_n(b_n-b_{n+1}).$$

证　对于 $n>N$,我们写

$$S_nb_n = b_n\sum_{k=1}^{n}a_k = b_n\sum_{k=1}^{N}a_k + b_n\sum_{k=N+1}^{n}a_k. \tag{1}$$

记 $T_k = \sum\limits_{j=N+1}^{k} a_j b_j$，由阿贝尔求和公式有

$$\begin{aligned}\sum_{k=N+1}^{n} a_k &= \sum_{k=N+1}^{n} a_k b_k \cdot \frac{1}{b_k} \\ &= T_n \frac{1}{b_n} - \sum_{k=N+1}^{n-1} T_k \left(\frac{1}{b_{k+1}} - \frac{1}{b_k}\right).\end{aligned} \tag{2}$$

将(2)式代入(1)式，有

$$\begin{aligned}|S_n b_n| &\leqslant \left| b_n \sum_{k=1}^{N} a_k \right| + |T_n| + \left| b_n \sum_{k=N+1}^{n-1} T_k \left(\frac{1}{b_{k+1}} - \frac{1}{b_k}\right)\right| \\ &\leqslant |b_n S_N| + |T_n| + b_n \sum_{k=N+1}^{n-1} |T_k| \left(\frac{1}{b_{k+1}} - \frac{1}{b_k}\right).\end{aligned} \tag{3}$$

因为级数 $\sum a_n b_n$ 收敛，故对任何 $\varepsilon > 0$，都有 N_1，使得

$$|T_k| < \varepsilon, \quad k \geqslant N_1. \tag{4}$$

对此 N_1，因为 $b_n \to 0 (n \to \infty)$，故又有 N_2，使得

$$\left| b_n S_{N_1} \right| < \varepsilon, \quad n \geqslant N_2. \tag{5}$$

对于(3)式右端第 3 项，由(4)式有

$$\begin{aligned}\sum_{k=N_1+1}^{n-1} |T_k| \left(\frac{1}{b_{k+1}} - \frac{1}{b_k}\right) &\leqslant \varepsilon \sum_{k=N_1+1}^{n-1} \left(\frac{1}{b_{k+1}} - \frac{1}{b_k}\right) \\ &= \varepsilon \left(\frac{1}{b_n} - \frac{1}{b_{N_1+1}}\right).\end{aligned}$$

所以有

$$b_n \sum_{k=N_1+1}^{n-1} |T_k| \left(\frac{1}{b_{k+1}} - \frac{1}{b_k}\right) \leqslant \varepsilon \left[1 - \frac{b_n}{b_{N_1+1}}\right] < \varepsilon. \tag{6}$$

于是当 $n \geqslant N = \max\{N_1, N_2\}$ 时，由(3)式～(6)式即得

$$|S_n b_n| < 4\varepsilon.$$

按定义知 $\lim\limits_{n\to\infty} S_n b_n = 0$.

又因

$$\begin{aligned}\sum_{k=1}^{n} S_k (b_k - b_{k+1}) &= \sum_{k=1}^{n} S_k b_k - \sum_{k=2}^{n+1} S_{k-1} b_k \\ &= \sum_{k=1}^{n+1} a_k b_k - S_{n+1} b_{n+1},\end{aligned}$$

在上式两端取极限即得

$$\sum_{n=1}^{\infty} S_n(b_n - b_{n+1}) = \sum_{n=1}^{\infty} a_n b_n .$$

11.(习题 10,3(iii))讨论广义积分

$$\int_0^{+\infty} \frac{\mathrm{d}x}{1 + x^p \mid \sin x \mid^q}, \quad p > 0, q > 0$$

的敛散性.

解　(i) 当 $p \leqslant 1$ 时,因为

$$\frac{1}{1 + x^p \mid \sin x \mid^q} \geqslant \frac{1}{1 + x^p},$$

所以积分发散.

(ii) 当 $p \leqslant q$ 时,我们写

$$\begin{aligned} \int_0^{+\infty} \frac{\mathrm{d}x}{1 + x^p \mid \sin x \mid^q} &= \sum_{k=0}^{\infty} \int_{k\pi}^{(k+1)\pi} \frac{\mathrm{d}x}{1 + x^p \mid \sin x \mid^q} \\ &= \sum_{k=0}^{\infty} \int_0^{\pi} \frac{\mathrm{d}t}{1 + (k\pi + t)^p \mid \sin t \mid^q} \\ &\geqslant \sum_{k=0}^{\infty} \int_0^{\frac{1}{(k+1)\pi}} \frac{\mathrm{d}t}{1 + (k\pi + t)^p \mid \sin t \mid^q} \end{aligned} \tag{1}$$

注意,当 $0 \leqslant t \leqslant \frac{1}{(k+1)\pi}$ 时,有

$$(k\pi + t)^p \sin^q t \leqslant [(k+1)\pi]^p t^q \leqslant [(k+1)\pi]^{p-q} \leqslant 1. \tag{2}$$

由(1)式和(2)式得到

$$\begin{aligned} \int_0^{+\infty} \frac{\mathrm{d}x}{1 + x^p \mid \sin x \mid^q} &\geqslant \sum_{k=0}^{\infty} \int_0^{\frac{1}{(k+1)\pi}} \frac{\mathrm{d}t}{1 + (k\pi + t)^p \mid \sin t \mid^q} \\ &\geqslant \frac{1}{2\pi} \sum_{k=0}^{\infty} \frac{1}{k+1} = +\infty, \end{aligned}$$

即此时所论积分也发散.

(iii) 设 $p > q > 1$.将(1)式中第 3 式的级数改写成

$$\begin{aligned} &\sum_{k=0}^{\infty} \int_0^{\pi} \frac{\mathrm{d}t}{1 + (k\pi + t)^p \mid \sin t \mid^q} \\ &= \sum_{k=0}^{\infty} \left\{ \int_0^{\frac{\pi}{2}} \frac{\mathrm{d}t}{1 + (k\pi + t)^p \mid \sin t \mid^q} \right. \\ &\quad \left. + \int_0^{\frac{\pi}{2}} \frac{\mathrm{d}t}{1 + [(k+1)\pi - t]^p \sin^q t} \right\}. \end{aligned} \tag{3}$$

当 $0 \leqslant t \leqslant \frac{\pi}{2}$, $k \geqslant 1$ 时,有

$$(k\pi+t)^p\sin^q t \geqslant (k\pi)^p\left(\frac{2}{\pi}t\right)^q = 2^q\pi^{p-q}k^pt^q$$
$$= C^qk^pt^q, \tag{4}$$

其中 $C^q=2^q\pi^{p-q}$. 于是有

$$\int_0^{\frac{\pi}{2}}\frac{\mathrm{d}t}{1+C^qk^pt^q}=\frac{1}{Ck^{p/q}}\int_0^{\frac{C\pi}{2}k^{\frac{p}{q}}}\frac{\mathrm{d}s}{1+s^q}\leqslant\frac{C^*}{k^{p/q}},$$

其中 $C^*=\dfrac{1}{C}\displaystyle\int_0^{+\infty}\frac{\mathrm{d}t}{1+t^q}$. 因为 $p>q$, 所以(3) 式右端第 1 个级数收敛. 同理可证(3) 式右端第 2 个级数也收敛.

(iv) 当 $q\leqslant1<p$ 时, 取 $q'>q$, 使得 $p>q'>1$. 当用 q' 代替原积分中的 q 时, 被积函数变大且变化后的积分收敛, 从而原积分也收敛.

综上可知, 当 $p>\max\{1,q\}$ 时积分收敛, 否则发散.

12. (习题 10, 23 题) 设函数 $f(x)$ 在 $[0,1]$ 上两次连续可导且 $f(0)=f(1)=0$, 当 $0<x<1$ 时, $f(x)\neq0$, 求证

$$\int_0^1\left|\frac{f''(x)}{f(x)}\right|\mathrm{d}x\geqslant4.$$

证法 1　不妨设 $f(x)>0$, $0<x<1$. 设 $f(x)$ 于点 $x_0\in(0,1)$ 取得最大值, 于是 $f'(x_0)=0$.

注意 $f(1)=0$, 由拉格朗日中值公式和微积分基本公式有

$$f(x_0)=f(x_0)-f(1)=(1-x_0)\,|f'(\xi)|$$
$$=(1-x_0)\left|\int_{x_0}^{\xi}f''(x)\mathrm{d}x\right|,$$

其中 $x_0<\xi<1$.

$$f(x_0)\leqslant(1-x_0)\int_{x_0}^{\xi}|f''(x)|\,\mathrm{d}x\leqslant(1-x_0)\int_{x_0}^{1}|f''(x)|\,\mathrm{d}x. \tag{1}$$

同理可得

$$f(x_0)=f(x_0)-f(0)\leqslant x_0\int_0^{x_0}|f''(x)|\,\mathrm{d}x. \tag{2}$$

将(1)式和(2)式相乘, 然后利用均值不等式, 得到

$$f^2(x_0)\leqslant x_0(1-x_0)\int_0^{x_0}|f''(x)|\,\mathrm{d}x\int_{x_0}^1|f''(x)|\,\mathrm{d}x$$
$$=x_0(1-x_0)\int_0^{x_0}|f''(x)|\,\mathrm{d}x\left(\int_0^1|f''(x)|\,\mathrm{d}x-\int_0^{x_0}|f''(x)|\,\mathrm{d}x\right)$$
$$\leqslant\frac{1}{16}\left(\int_0^1|f''(x)|\,\mathrm{d}x\right)^2.$$

从而有

$$\int_0^1 |f''(x)|\,\mathrm{d}x \geqslant 4f(x_0).$$

由于 $f(x_0)$为 $f(x)$在$[0,1]$上的最大值,故有

$$\int_0^1 \left|\frac{f''(x)}{f(x)}\right|\mathrm{d}x \geqslant \frac{1}{f(x_0)}\int_0^1 |f''(x)|\,\mathrm{d}x \geqslant 4.$$

证法 2　因 $f(0)=0$,故有

$$\begin{aligned} f(x) &= \int_0^x f'(t)\mathrm{d}t = xf'(x) - \int_0^x tf''(t)\mathrm{d}t \\ &= x\left(\int_0^x f''(t)\mathrm{d}t + f'(0)\right) - \int_0^x tf''(t)\mathrm{d}t \\ &= xf'(0) + \int_0^x (x-t)f''(t)\mathrm{d}t. \end{aligned} \tag{3}$$

在(3)式中令 $x=1$,并注意 $f(1)=0$. 得到

$$f'(0) = -\int_0^1 (1-t)f''(t)\mathrm{d}t = \int_0^1 (t-1)f''(t)\mathrm{d}t. \tag{4}$$

将(4)式代入(3)式,得到

$$\begin{aligned} f(x) &= \int_0^1 x(t-1)f''(t)\mathrm{d}t + \int_0^x (x-t)f''(t)\mathrm{d}t \\ &= \int_0^x t(x-1)f''(t)\mathrm{d}t + \int_x^1 x(t-1)f''(t)\mathrm{d}t. \end{aligned}$$

由此可得

$$\begin{aligned} |f(x)| &\leqslant x(1-x)\int_0^x |f''(t)|\,\mathrm{d}t + x(1-x)\int_x^1 |f''(t)|\,\mathrm{d}t \\ &= x(1-x)\int_0^1 |f''(t)|\,\mathrm{d}t \leqslant \frac{1}{4}\int_0^1 |f''(t)|\,\mathrm{d}t. \end{aligned}$$

所以

$$\int_0^1 \left|\frac{f''(x)}{f(x)}\right|\mathrm{d}x \geqslant \int_0^1 \frac{|f''(x)|}{\frac{1}{4}\int_0^1 |f''(t)|\,\mathrm{d}t}\mathrm{d}x = 4.$$

13.(习题 11.1,18 题) 设 b_n 单调递减且 $b_n \to 0(n\to\infty)$. 求证函数级数 $\sum b_n \sin nx$ 在任何区间上都一致收敛的充分必要条件是 $nb_n \to 0(n\to\infty)$.

证　必要性. 取 $x=\dfrac{\pi}{4p}$,于是有

$$b_p \sin px + b_{p+1}\sin(p+1)x + \cdots + b_{2p}\sin 2px$$

$$\geqslant b_{2p}(\sin px + \sin(p+1)x + \cdots + \sin 2px)$$

$$\geqslant b_{2p} \cdot p\sin\frac{\pi}{4}.$$

因为级数$\sum b_n \sin nx$在$\left[0,\frac{\pi}{2}\right]$上一致收敛,故当$p\to\infty$时,上式左端的表达式一致趋于0.故必有

$$\lim_{p\to\infty} 2pb_{2p} = 0. \tag{1}$$

又因$(2p+1)b_{2p+1}\leqslant 2pb_{2p}+b_{2p+1}$,所以有

$$\lim_{p\to\infty}(2p+1)b_{2p+1} = 0. \tag{2}$$

将(1)式与(2)式结合起来,即得

$$\lim_{n\to\infty} nb_n = 0.$$

充分性.由于所论级数的每一项都是以2π为周期的奇函数,故只须证明所论级数在$[0,\pi]$上一致收敛.现在考察和式

$$S_{np} = b_n \sin nx + b_{n+1}\sin(n+1)x + \cdots + b_p \sin px,$$

其中下标n与p相互独立且$n<p$.令

$$\mu_n = \max\{mb_m \mid m \geqslant n\},$$

于是由$\lim\limits_{n\to\infty} nb_n=0$知$\lim\limits_{n\to\infty}\mu_n=0$.

当$x\geqslant\frac{\pi}{n}$时,对于n和所有$r>n$,都有

$$|\sin nx + \sin(n+1)x + \cdots + \sin rx| \leqslant \frac{1}{\sin\frac{x}{2}}.$$

由于$\frac{x}{2}\in\left(0,\frac{\pi}{2}\right]$,所以$\sin\frac{x}{2}\geqslant\frac{x}{\pi}$.代入上式得到

$$|\sin nx + \cdots + \sin rx| \leqslant \frac{\pi}{x}.$$

于是由阿贝尔引理知

$$|S_{np}| \leqslant \frac{b_n\pi}{x} \leqslant nb_n \leqslant \mu_n. \tag{3}$$

当$x\leqslant\frac{\pi}{p}$时,因为$\sin x\leqslant x$,故有

$$|S_{np}| \leqslant b_n \cdot nx + \cdots + b_p \cdot px \leqslant p\mu_n x \leqslant \pi\mu_n. \tag{4}$$

当$\frac{\pi}{p}<x<\frac{\pi}{n}$时,取$k=\left[\frac{\pi}{x}\right]$并写出

$$|S_{np}|\leqslant|S_{nk}|+|S_{k+1p}|.$$

对上式右端两个和数分别应用前面两种方法进行估计,得到

$$|S_{np}|\leqslant k\mu_n x+b_{k+1}\frac{\pi}{x}\leqslant\mu_n\left(kx+\frac{\pi}{(k+1)x}\right)$$
$$\leqslant(\pi+1)\mu_n. \tag{5}$$

由(3)~(5)式可知,对一切 $x\in[0,\pi]$,均有

$$|S_{np}|\leqslant(\pi+1)\mu_n.$$

因为 $\lim\limits_{n\to\infty}\mu_n=0$,所以函数级数 $\sum b_n\sin nx$ 在 $[0,\pi]$ 上一致收敛,从而在任何区间上都一致收敛.

14. (习题 11.2,28 题)设 $f(x)$ 在 $[-\pi,\pi]$ 上可积,

$$a_0=\frac{1}{\pi}\int_{-\pi}^{\pi}f(x)\mathrm{d}x,F(x)=\int_0^x[f(t)-\frac{a_0}{2}]\mathrm{d}t,$$

求证对任何 $m\in\mathbf{N}$,都有:

(i) $\int_{-\pi}^{\pi}F(x)\cos mx\mathrm{d}x=-\frac{1}{m}\int_{-\pi}^{\pi}f(x)\sin mx\mathrm{d}x$;

(ii) $\int_{-\pi}^{\pi}F(x)\sin mx\mathrm{d}x=\frac{1}{m}\int_{-\pi}^{\pi}f(x)\cos mx\mathrm{d}x$.

证　因为(i)和(ii)的证明类似,故这里只证(i).

令

$$x_j=\frac{2j\pi}{n}-\pi,\quad j=0,1,\cdots,n.$$

先来证明

$$\lim_{n\to\infty}\sum_{k=1}^{n}F(x_k)\int_{x_{k-1}}^{x_k}\cos mx\mathrm{d}x=\int_{-\pi}^{\pi}F(x)\cos mx\mathrm{d}x. \tag{1}$$

为此,我们写

$$\left|\sum_{k=1}^{n}F(x_k)\int_{x_{k-1}}^{x_k}\cos mx\mathrm{d}x-\int_{-\pi}^{\pi}F(x)\cos mx\mathrm{d}x\right|$$
$$=\left|\sum_{k=1}^{n}\int_{x_{k-1}}^{x_k}(F(x_k)-F(x))\cos mx\mathrm{d}x\right|$$
$$\leqslant\sum_{k=1}^{n}\int_{x_{k-1}}^{x_k}|F(x_k)-F(x)|\mathrm{d}x. \tag{2}$$

因为 $f(x)$ 在 $[-\pi,\pi]$ 上可积,故 $F(x)$ 在 $[-\pi,\pi]$ 上连续,当然是一致连续.于是对任给的 $\varepsilon>0$,存在 $\delta>0$,使当 $x,x'\in[-\pi,\pi]$ 且 $|x-x'|<\delta$ 时,就有

$$|F(x)-F(x')|<\frac{\varepsilon}{2\pi}. \tag{3}$$

而对此 $\delta>0$,有自然数 N,使当 $n>N$ 时,$\frac{2\pi}{n}<\delta$,从而当 $n>N$ 时,由(3)式和(2)式得到

$$\left|\sum_{k=1}^{n}F(x_k)\int_{x_{k-1}}^{x_k}\cos mx\mathrm{d}x-\int_{-\pi}^{\pi}F(x)\cos mx\mathrm{d}x\right|<\varepsilon.$$

按定义即知(1)式成立.

再证

$$\lim_{n\to\infty}\sum_{k=1}^{n}F(x_k)\int_{x_{k-1}}^{x_k}\cos mx\mathrm{d}x=-\frac{1}{m}\int_{-\pi}^{\pi}f(x)\sin mx\mathrm{d}x. \tag{4}$$

因为 $x_0=-\pi,x_n=\pi$,所以 $\sin mx_0=\sin mx_n=0$. 故有

$$\begin{aligned}\sum_{k=1}^{n}F(x_k)\int_{x_{k-1}}^{x_k}\cos mx\mathrm{d}x&=\sum_{k=1}^{n}F(x_k)\left[\frac{\sin mx_k}{m}-\frac{\sin mx_{k-1}}{m}\right]\\&=\sum_{k=1}^{n}F(x_k)\frac{\sin mx_k}{m}-\sum_{k=1}^{n}F(x_k)\frac{\sin mx_{k-1}}{m}\\&=\sum_{k=1}^{n}F(x_{k-1})\frac{\sin mx_{k-1}}{m}-\sum_{k=1}^{n}F(x_k)\frac{\sin mx_{k-1}}{m}\\&=-\sum_{k=1}^{n}[F(x_k)-F(x_{k-1})]\frac{\sin mx_{k-1}}{m}\\&=-\frac{1}{m}\sum_{k=1}^{n}\int_{x_{k-1}}^{x_k}\left[f(x)-\frac{a_0}{2}\right]\sin mx_{k-1}\mathrm{d}x.\end{aligned}$$

由此可见,为证(4)式,只须证明

$$\begin{aligned}&\lim_{n\to\infty}\sum_{k=1}^{n}\int_{x_{k-1}}^{x_k}[f(x)-\frac{a_0}{2}]\sin mx_{k-1}\mathrm{d}x\\&=\int_{-\pi}^{\pi}f(x)\sin mx\mathrm{d}x=\int_{-\pi}^{\pi}[f(x)-\frac{a_0}{2}]\sin mx\mathrm{d}x.\end{aligned} \tag{5}$$

因为 $f(x)$在$[-\pi,\pi]$上可积,故有界 M. 于是有

$$\begin{aligned}&\left|\sum_{k=1}^{n}\int_{x_{k-1}}^{x_k}[f(x)-\frac{a_0}{2}]\sin mx_{k-1}\mathrm{d}x-\int_{-\pi}^{\pi}[f(x)-\frac{a_0}{2}]\sin mx\mathrm{d}x\right|\\&=\left|\sum_{k=1}^{n}\int_{x_{k-1}}^{x_k}[f(x)-\frac{a_0}{2}](\sin mx_{k-1}-\sin mx)\mathrm{d}x\right|\\&\leqslant 3M\sum_{k=1}^{n}\int_{x_{k-1}}^{x_k}|\sin mx_{k-1}-\sin mx|\mathrm{d}x.\end{aligned} \tag{6}$$

因为 $\sin mx$ 在$[-\pi,\pi]$上一致连续,故对任给的 $\varepsilon>0$,存在 $\delta'>0$,使当 $x,x'\in[-\pi,\pi]$且$|x-x'|<\delta'$时,就有

$$|\sin mx-\sin mx'|<\frac{\varepsilon}{6\pi M}. \tag{7}$$

对此 $\delta'>0$,存在自然数 N',使当 $n>N'$时,$\frac{2\pi}{n}<\delta'$.从而当 $n>N'$时,由(6)式和(7)式就有

$$\left|\sum_{k=1}^{n}\int_{x_{k-1}}^{x_k}\left[f(x)-\frac{a_0}{2}\right]\sin mx_{k-1}\mathrm{d}x-\int_{-\pi}^{\pi}\left[f(x)-\frac{a_0}{2}\right]\sin mx\mathrm{d}x\right|<\varepsilon.$$

按定义知(5)式成立,从而(4)式成立.将(1)式和(4)式结合起来即知(i)成立.

普通高等教育"十一五"国家级规划教材

南开大学数学教学丛书

数学分析

(下册)

(第二版)

黄玉民　李成章　编

科学出版社

北京

内 容 简 介

本书是南开大学数学系老师在多年教学经验的基础上编写而成的，是一本大学数学系基础课程的教材.

本书分上、下两册，介绍了数学分析的基本内容，上册内容主要包括实数与函数、极限、连续函数、导数及其应用、不定积分、定积分及其应用、数项级数、广义积分、函数项级数；下册内容主要包括多元函数的极限与连续、多元函数的微分学、参变量积分、重积分、曲线积分与曲面积分. 本书每章中都附有丰富的习题，供学生练习之用. 第二版在第一版的基础上作了修订，对部分题目作了解答，使本书更具适用性.

本书可供高等院校数学系学生用作教材，也可供数学教学和科研人员参考.

图书在版编目(CIP)数据

数学分析(上、下)/黄玉民，李成章编. - 2 版. —北京：科学出版社，2007
(普通高等教育"十一五"国家级规划教材 · 南开大学数学教学丛书)
ISBN 978-7-03-018381-1

Ⅰ. 数… Ⅱ. ①黄…②李… Ⅲ. 数学分析-高等学校-教材
Ⅳ. O17

中国版本图书馆 CIP 数据核字(2006)第 159678 号

责任编辑：林 鹏 李鹏奇/责任校对：宋玲玲
责任印制：张 伟/封面设计：黄华斌

科学出版社出版
北京东黄城根北街 16 号
邮政编码：100717
http://www.sciencep.com
北京建宏印刷有限公司印刷
科学出版社发行 各地新华书店经销
*
1999 年 5 月第 一 版 开本：B5 (720×1000)
2007 年 1 月第 二 版 印张：49 3/4
2022 年 1 月第十六次印刷 字数：958 000

定价：109.00 元 (上、下册)

目　　录

（下册）

第十二章　多元函数的极限与连续

在此之前我们主要讨论一元函数微积分，把关于一元函数的主要概念、运算和定理推广到多元函数在理论和实际应用上都是至关重要的. 一元函数微积分与多元函数微积分有相同的理论基础，即实数理论和极限. 但是由于多元函数的定义域和多元极限的复杂性，这就给讨论多元函数的问题带来新的困难. 因此在我们学习多元函数微积分时，既要注意到它与一元函数微积分的联系，又要注意到它们之间的区别. 本章主要有两部分，第一部分是多元函数定义的空间，即 n 维欧氏空间的基本拓扑概念，这一部分不仅对于本课程，而且对于许多后继课程来说都是必不可少的基础知识. 第二部分主要讨论多元函数的极限与连续，以及连续函数的重要性质.

§12.1　n 维欧氏空间

一、n 维欧氏空间的定义与结构

众所周知，实数轴上的点与全体实数一一对应. 在确定的坐标系下平面上的点与所有有序实数对 (x, y) 一一对应，空间中点与所有有序三元实数组 (x, y, z) 一一对应. 一般来说，定义所有有序 n 元实数组 $(x_1, x_2, \cdots, x_n)$ 所组成的集合为 n 维欧几里得(Euclid)空间，简称 n 维欧氏空间，记为 $\mathbf{R}^n$，即

$$\mathbf{R}^n = \{(x_1, x_2, \cdots, x_n) \mid x_1, x_2, \cdots, x_n \text{ 为实数}\}$$

全体实数的集合 $\mathbf{R} = \mathbf{R}^1$，实平面上的所有点的集合等同于 $\mathbf{R}^2$，通常现实空间中所有点的集合等同于 $\mathbf{R}^3$.

$\mathbf{R}^n$ 中一个点 $(x_1, x_2, \cdots, x_n)$ 常常简单记为

$$x = (x_1, x_2, \cdots, x_n),$$

其中 $x_i (i = 1, 2, \cdots, n)$ 称为 x 的第 i 个分量. 任取 $x \in \mathbf{R}^n$，我们既把它看作 $\mathbf{R}^n$ 中的一个点，又把它看作以 $O = (0, 0, \cdots, 0)$ 为始点，x 为终点的一个向量，我们按以下法则定义向量的加法和数乘：

(i) 对于任意 $x = (x_1, x_2, \cdots, x_n), y = (y_1, y_2, \cdots, y_n) \in \mathbf{R}^n$，定义

$$x + y = (x_1 + y_1, x_2 + y_2, \cdots, x_n + y_n);$$

(ii) 对于任意 $x = (x_1, x_2, \cdots, x_n) \in \mathbf{R}^n$ 和实数 λ，定义

$$\lambda x = (\lambda x_1, \lambda x_2, \cdots, \lambda x_n).$$

按上述加法和数乘,易证 $\mathbf{R}^n$ 成为一个 n 维实线性空间,$O=(0,0,\cdots,0)$为其零元素,这就是 $\mathbf{R}^n$ 上的代数结构.

除代数结构,$\mathbf{R}^n$ 上还有距离结构,对任意 $\mathbf{R}^n$ 中的两点 $x=(x_1,x_2,\cdots,x_n)$和 $y=(y_1,y_2,\cdots,y_n)$,定义 x 与 y 之间的欧氏距离(以下简称距离)为

$$\rho(x,y) = \left(\sum_{i=1}^{n} |x_i - y_i|^2\right)^{\frac{1}{2}}.$$

$\rho(x,0)$记为$|x|$称为向量 x 的欧氏长度或欧氏范数(简称长度或范数).可以证明 $\mathbf{R}^n$ 上的距离满足所谓距离公理:

(i) 正定性: $\rho(x,y)\geqslant 0$ 且 $\rho(x,y)=0$ 的充要条件是 $x=y$, $\forall x,y\in \mathbf{R}^n$;

(ii) 对称性: $\rho(x,y)=\rho(y,x)$, $\forall x,y\in\mathbf{R}^n$;

(iii) 三角形不等式:

$$\rho(x,z) \leqslant \rho(x,y) + \rho(y,z), \forall x,y,z \in \mathbf{R}^n.$$

(i)和(ii)显然成立,只需证(iii).为此,先介绍所谓柯西(柯西)不等式:

设 $a_1,a_2,\cdots,a_n$ 和$b_1,b_2,\cdots,b_n$ 均为实数,则

$$\sum_{i=1}^{n} a_i b_i \leqslant \left(\sum_{i=1}^{n} |a_i|^2\right)^{\frac{1}{2}}\left(\sum_{i=1}^{n} |b_i|^2\right)^{\frac{1}{2}},$$

柯西不等式的证明留给读者.现证三角形不等式.

设 $x=(x_1,x_2,\cdots,x_n)$, $y=(y_1,y_2,\cdots,y_n)$, $z=(z_1,z_2,\cdots,z_n)$,则

$$\begin{aligned}\rho(x,z)^2 &= \sum_{i=1}^{n} |x_i - z_i|^2 = \sum_{i=1}^{n} |(x_i - y_i) + (y_i - z_i)||x_i - z_i| \\ &\leqslant \sum_{i=1}^{n} |x_i - y_i||x_i - z_i| + \sum_{i=1}^{n} |y_i - z_i||x_i - z_i|.\end{aligned}$$

由柯西不等式可得

$$\sum_{i=1}^{n} |x_i - y_i||x_i - z_i| \leqslant \left(\sum_{i=1}^{n} |x_i - y_i|^2\right)^{\frac{1}{2}}\left(\sum_{i=1}^{n} |x_i - z_i|^2\right)^{\frac{1}{2}},$$

$$\sum_{i=1}^{n} |y_i - z_i||x_i - z_i| \leqslant \left(\sum_{i=1}^{n} |y_i - z_i|^2\right)^{\frac{1}{2}}\left(\sum_{i=1}^{n} |x_i - z_i|^2\right)^{\frac{1}{2}},$$

从而 $\rho(x,z)^2\leqslant\rho(x,y)\rho(x,z)+\rho(y,z)\rho(x,z)$.由此立即可得三角形不等式成立.

以后为简单起见,经常用向量长度或范数的记号代替距离记号,即

$$\rho(x,y) = |x - y|, \forall x,y \in \mathbf{R}^n.$$

二、$\mathbf{R}^n$ 中的点收敛及完备性

定义 12.1.1 设$\{x^m\}_{m=1,2,\cdots}$是 $\mathbf{R}^n$ 中的点列(如无声明,所说点列总是无穷点列),$x^0\in\mathbf{R}^n$,称点列$\{x^m\}$收敛于 x^0 或 x^0 是点列$\{x^m\}$的极限,记为 $\lim\limits_{m\to\infty}x^m=x^0$,如果

$$\lim_{m\to\infty}|x^m-x^0|=0,$$

即任给 $\varepsilon>0$,存在正整数 M 使得当 $m>M$ 时总有

$$|x^m-x^0|<\varepsilon.$$

对于任意实数 $r>0$ 和 $a\in\mathbf{R}^n$,形象地称集合

$$\{x\in\mathbf{R}^n\mid|x-a|<r\}$$

为 $\mathbf{R}^n$ 中以 a 为中心 r 为半径的开球体,经常记为 $B(a,r)$. 点列$\{x^m\}$收敛于 x^0 直观地可叙述为:对于任意的 $\varepsilon>0$,存在正整数 M,使得$\{x^m\}$中第 M 点以后的点全部进入以 x^0 为中心 ε 为半径的开球内. 类似于数列极限的性质,容易证明 $\mathbf{R}^n$ 中点列收敛的一些简单性质,例如:

性质 12.1.1 极限的惟一性,即 $\mathbf{R}^n$ 中收敛点列的极限只能有一个.

证 设 $a,b\in\mathbf{R}^n$ 都是 $\mathbf{R}^n$ 中收敛点列$\{x^m\}$的极限,则由三角形不等式可得

$$|a-b|\leqslant|a-x^m|+|x^m-b|,m=1,2,\cdots$$

由于

$$\lim_{m\to\infty}|a-x^m|=\lim_{m\to\infty}|x^m-a|=0,\lim_{m\to\infty}|x^m-b|=0,$$

所以

$$|a-b|=0.$$

由此可知 $a=b$.

性质 12.1.2 在 $\mathbf{R}^n$ 中,设 $\lim\limits_{m\to\infty}x^m=x^0$, $\lim\limits_{m\to\infty}y^m=y^0$,$\alpha$ 和 β 是两个任意实数,则点列$\{\alpha x^m+\beta y^m\}$收敛,且

$$\lim_{m\to\infty}(\alpha x^m+\beta y^m)=\alpha x^0+\beta y^0.$$

证 由三角形不等式

$$\begin{aligned}|(\alpha x^m+\beta y^m)-(\alpha x^0+\beta y^0)|&=|\alpha(x^m-x^0)+\beta(y^m-y^0)|\\&\leqslant|\alpha(x^m-x^0)|+|\beta(y^m-y^0)|.\end{aligned}$$

根据数乘与距离的定义可知

$$|\alpha(x^m-x^0)|=|\alpha||x^m-x^0|,$$

$$|\beta(y^m - y^0)| = |\beta||y^m - y^0|.$$

从而有

$$|(\alpha x^m + \beta y^m) - (\alpha x^0 + \beta y^0)| \leqslant |\alpha||x^m - x^0| + |\beta||y^m - y^0|.$$

再由假设 $\lim\limits_{m\to\infty}|x^m - x^0| = \lim\limits_{m\to\infty}|y^m - y^0| = 0$,所以

$$\lim_{m\to\infty}|(\alpha x^m + \beta y^m) - (\alpha x^0 + \beta y^0)| = 0,$$

即点列 $\{\alpha x^m + \beta y^m\}$ 收敛于 $\alpha x^0 + \beta y^0$.

有关 $\mathbf{R}^n$ 中点列极限的其他一些简单性质不再一一赘述.下面给一个定理说明 $\mathbf{R}^n$ 中点列的收敛与实数列的收敛之间的关系.

定理 12.1.1　设 $\mathbf{R}^n$ 中的点列

$$x^m = (x_1^m, x_2^m, \cdots, x_n^m), m = 1,2,3,\cdots$$

则 $\{x^m\}$ 收敛的充分必要条件是 x^m 的每一个分量数列都收敛,即对于每一个 $i(i=1,2,\cdots,n)$,数列 $\{x_i^m\}$, $m=1,2,3,\cdots$ 收敛.

证　必要性.设 $\lim\limits_{m\to\infty}x^m = x^0 = (x_1^0, x_2^0, \cdots, x_n^0)$.对于每一个 $i\in\{1,2,\cdots,n\}$,由于

$$|x_i^m - x_i^0| \leqslant \left(\sum_{k=1}^n |x_k^m - x_k^0|^2\right)^{\frac{1}{2}} = |x^m - x^0|,$$

又 $\lim\limits_{m\to\infty}|x^m - x^0| = 0$,所以 $\lim\limits_{m\to\infty}|x_i^m - x_i^0| = 0$,即

$$\lim_{m\to\infty}x_i^m = x_i^0, i = 1,2,\cdots,n.$$

充分性.设 $\lim\limits_{m\to\infty}x_i^m = x_i^0$, $i=1,2,\cdots,n$.显然有

$$\lim_{m\to\infty}|x^m - x^0| = \lim_{m\to\infty}\left(\sum_{i=1}^n |x_i^m - x_i^0|^2\right)^{\frac{1}{2}} = 0,$$

其中 $x^0 = (x_1^0, x_2^0, \cdots, x_n^0)$.于是 $\lim\limits_{m\to\infty}x^m = x^0$.

以上我们用 $\mathbf{R}^n$ 中的欧氏距离定义出点列的收敛概念.一般来说,若一个集合的每一对元素均可惟一确定一个实数,使得三条距离公理(正定性,对称性,三角形不等式)成立,则该实数就可称为这对元素之间的距离.一个集合连同其上定义的距离称为一个距离空间.同一个集合可以有不同的距离,因此作为距离空间是不同的.例如 $\mathbf{R}^n$ 上除去欧氏距离,还可以定义其他类型的距离,常用的有

$$|x - y|_1 = \sum_{i=1}^n |x_i - y_i|,$$

$$|x - y|_\infty = \max_{1\leqslant i\leqslant n}|x_i - y_i|,$$

其中 $x=(x_1,x_2,\cdots,x_n), y=(y_1,y_2,\cdots,y_n)\in\mathbf{R}^n$. 请读者验证以上两种均满足距离公理. 较一般的还有取定 $1\leqslant p<+\infty$, 记

$$|x-y|_p=\left(\sum_{i=1}^n|x_i-y_i|^p\right)^{\frac{1}{p}}.$$

显然当 $p=2$ 时对应的是欧氏距离. 对于一般的 p 可以证明 $|x-y|_p$ 也满足距离公理. 事实上, 正定性和对称性显然, 只需证三角形不等式, 不妨设 $1<p<+\infty$. 先证明两个著名的不等式.

赫尔德(Hölder)赫尔德不等式: 设 $1<p<+\infty, 1<q<+\infty$ 且 $\frac{1}{p}+\frac{1}{q}=1$, 对于任意实数 $a_1,a_2,\cdots,a_n$ 和 $b_1,b_2,\cdots,b_n$ 有

$$\sum_{i=1}^n a_ib_i\leqslant\left(\sum_{i=1}^n|a_i|^p\right)^{\frac{1}{p}}\left(\sum_{i=1}^n|b_i|^q\right)^{\frac{1}{q}}.$$

证 考虑函数 $f(x)=x^{\frac{1}{p}}-\frac{x}{p}-\frac{1}{q}(0\leqslant x\leqslant 1)$. 当 $0<x<1$ 时 $f'(x)=\frac{1}{p}(x^{\frac{1}{p}-1}-1)>0$, 又 $f(1)=0$, 所以

$$f(x)<0, \forall x\in(0-1),$$

任取实数 $0<a\leqslant b$, 令 $x=\frac{a}{b}$, 则

$$\left(\frac{a}{b}\right)^{\frac{1}{p}}\leqslant\frac{1}{p}\frac{a}{b}+\frac{1}{q}.$$

经整理得

$$a^{\frac{1}{p}}b^{\frac{1}{q}}\leqslant\frac{a}{p}+\frac{b}{q},$$

即

$$ab\leqslant\frac{|a|^p}{p}+\frac{|b|^q}{q}. \tag{12.1.1}$$

显然(12.1.1)式对于任意实数 a,b 成立.

不妨设 $\sum_{i=1}^n|a_i|^p>0, \sum_{i=1}^n|b_i|^q>0$. 对于任意正数 t 由(12.1.1)式可得

$$a_ib_i=(ta_i)\left(\frac{b_i}{t}\right)\leqslant\frac{t^p|a_i|^p}{p}+\frac{|b_i|^q}{t^qq}.$$

从而

$$\sum_{i=1}^n a_ib_i\leqslant\frac{t^p}{p}\sum_{i=1}^n|a_i|^p+\frac{1}{t^qq}\sum_{i=1}^n|b_i|^q.$$

取

$$t=\left(\sum_{i=1}^{n}|b_i|^q\right)^{\frac{1}{pq}}\left(\sum_{i=1}^{n}|a_i|^p\right)^{-\frac{1}{pq}},$$

则

$$\sum_{i=1}^{n}a_ib_i\leqslant\frac{1}{p}\left(\sum_{i=1}^{n}|a_i|^p\right)^{1-\frac{1}{q}}\left(\sum_{i=1}^{n}|b_i|^q\right)^{\frac{1}{q}}+$$
$$\frac{1}{q}\left(\sum_{i=1}^{n}|a_i|^p\right)^{\frac{1}{p}}\left(\sum_{i=1}^{n}|b_i|^q\right)^{1-\frac{1}{p}}$$

再由$\frac{1}{p}+\frac{1}{q}=1$，可知赫尔德不等式成立．

闵可夫斯基（Minkovski）不等式：设 $p\geqslant1$ 对于任意实数 $a_i,b_i(i=1,2,\cdots,n)$，则

$$\left(\sum_{i=1}^{n}|a_i+b_i|^p\right)^{\frac{1}{p}}\leqslant\left(\sum_{i=1}^{n}|a_i|^p\right)^{\frac{1}{p}}+\left(\sum_{i=1}^{n}|b_i|^p\right)^{\frac{1}{p}}.$$

证　$p=1$ 不等式显然成立；设 $p>1$．易知

$$\sum_{i=1}^{n}|a_i+b_i|^p\leqslant\sum_{i=1}^{n}|a_i||a_i+b_i|^{p-1}+\sum_{i=1}^{n}|b_i||a_i+b_i|^{p-1}.$$

取 $q>1$ 使得$\frac{1}{p}+\frac{1}{q}=1$，即 $q=\frac{p}{p-1}$．利用赫尔德不等式可得

$$\sum_{i=1}^{n}|a_i+b_i|^p\leqslant\left[\left(\sum_{i=1}^{n}|a_i|^p\right)^{\frac{1}{p}}+\left(\sum_{i=1}^{n}|b_i|^p\right)^{\frac{1}{p}}\right]\left[\sum_{i=1}^{n}|a_i+b_i|^p\right]^{\frac{1}{q}}.$$

由此立即可知闵可夫斯基不等式成立．

利用闵可夫斯基不等式可直接推出：当 $1\leqslant p<+\infty$ 时，$|x-y|_p$ 满足三角形不等式．综上所述，对于任何 $1\leqslant p\leqslant\infty$，$|x-y|_p$ 都可以定义为 $\mathbf{R}^n$ 上的距离，称之为 $\mathbf{R}^n$ 上的 p 距离．这些距离与欧氏距离有如下关系：

命题 12.1.1　对于任意 $x,y\in\mathbf{R}^n$ 有

$$\frac{1}{\sqrt{n}}|x-y|\leqslant|x-y|_\infty\leqslant|x-y|,\tag{12.1.2}$$

$$\frac{1}{\sqrt{n}}|x-y|\leqslant|x-y|_p\leqslant n^{\frac{1}{p}}|x-y|,\tag{12.1.3}$$

其中 $1\leqslant p<+\infty$（注意 $|x-y|=|x-y|_2$ 表示 x,y 之间的欧氏距离）．

证　设 $x=(x_1,x_2,\cdots,x_n)$，$y=(y_1,y_2,\cdots,y_n)$．由于

$$|x-y|_\infty=\max\{|x_1-y_1|,|x_2-y_2|,\cdots,|x_n-y_n|\},$$

从而

$$|x-y|_\infty \leqslant \left(\sum_{i=1}^{n}|x_i-y_i|^p\right)^{\frac{1}{p}} \leqslant n^{\frac{1}{p}}|x-y|_\infty,$$

其中 $1\leqslant p<+\infty$,即

$$|x-y|_\infty \leqslant |x-y|_p \leqslant n^{\frac{1}{p}}|x-y|_\infty. \tag{12.1.4}$$

在(12.1.4)式中取 $p=2$ 即得(12.1.2)式.对任意 $1\leqslant p<+\infty$,由(12.1.4)式得

$$|x-y|_p \leqslant n^{\frac{1}{p}}|x-y|_\infty \leqslant n^{\frac{1}{p}}|x-y|,$$

$$|x-y|_p \geqslant |x-y|_\infty \geqslant \frac{1}{\sqrt{n}}|x-y|.$$

从而(12.1.3)式成立.

推论　设 $\{x^m\}$ 是 $\mathbf{R}^n$ 中的点列,x^0 是 $\mathbf{R}^n$ 中一点,对于任意 $1\leqslant p\leqslant\infty$,$\{x^m\}$ 在 p 距离意义下收敛于 x^0 等价于 $\{x^m\}$ 在欧氏距离意义下收敛于 x^0,即

$$|x^m-x^0|_p \to 0 \Leftrightarrow |x^m-x^0| \to 0. \tag{12.1.5}$$

证　由(12.1.2)式和(12.1.3)式可直接推出(12.1.5)式.

注　此推论的结论可简单叙述为 $\mathbf{R}^n$ 上所有 p 距离都与欧氏距离等价. $\mathbf{R}^n$ 上并非任意距离都与欧氏距离等价.例如

$$\delta(x,y)=\begin{cases}0, & x=y,\\ 1, & x\neq y,\end{cases}\quad \forall x,y\in\mathbf{R}^n.$$

易证 $\delta(x,y)$ 满足距离公理.由 δ 所得到的 $\mathbf{R}^n$ 上的距离称为离散距离.在离散距离意义下点列 $\{x^m\}$ 收敛于 x^0,即 $\lim\limits_{m\to\infty}\delta(x^m,x^0)=0$,充分必要条件是存在自然数 M,当 $m\geqslant M$ 时 $x^m=x^0$.显然在离散距离意义下的收敛性不等价于在欧氏距离下的收敛性.如无声明,本课程所提到的 $\mathbf{R}^n$ 中点列的收敛性都是按欧氏距离意义下的收敛性.

关于实数列的柯西收敛原理可以推广到 $\mathbf{R}^n$ 中的点列,首先给出一个定义:

$\mathbf{R}^n$ 中的点列 $\{x^m\}$ 称为基本列或柯西列,如果任给 $\varepsilon>0$,存在 M,使得只要 $m,l>M$ 就有

$$|x^m-x^l|<\varepsilon.$$

定理 12.1.2.(柯西收敛原理)　$\mathbf{R}^n$ 中点列 $\{x^m\}$ 是收敛的充分必要条件是 $\{x^m\}$ 为基本列.

证　设 $x^m=(x_1^m,x_2^m,\cdots,x_n^m)$,$m=1,2,3,\cdots$.首先证必要性.如果 $\lim\limits_{m\to\infty}x^m=x^0=(x_1^0,x_2^0,\cdots,x_n^0)$,由定理 12.1.1 可知

$$\lim_{m\to\infty} x_i^m = x_i^0, i = 1,2,\cdots,n.$$

利用实数的柯西收敛原理可得,对于任给的 $\varepsilon>0$,存在 M,使得只要 $m,l>M$,就有

$$|x_i^m - x_i^l| < \frac{1}{\sqrt{n}}\varepsilon, i = 1,2,\cdots,n.$$

从而当 $m,l>M$ 时

$$|x^m - x^l| = \left(\sum_{i=1}^{n} |x_i^m - x_i^l|^2\right)^{\frac{1}{2}} < \varepsilon,$$

即 $\{x^m\}$ 是 $\mathbf{R}^n$ 中的基本列. 再证充分性. 设 $\{x^m\}$ 是 $\mathbf{R}^n$ 中的基本列,任给 $\varepsilon>0$,存在 M,只要 $m,l>M$ 时,就有

$$|x^m - x^l| < \varepsilon.$$

从而

$$|x_i^m - x_i^l| \leqslant \left(\sum_{k=1}^{n} |x_k^m - x_k^l|^2\right)^{\frac{1}{2}} = |x^m - x^l| < \varepsilon,$$

其中 $i=1,2,\cdots,n$. 由此可知 $\{x_i^m\}$ 是实数的基本列. 再用实数的柯西收敛原理可知存在 x_i^0,使得

$$\lim_{m\to\infty} x_i^m = x_i^0, i = 1,2,\cdots,n.$$

由定理 12.1.1 得 $\lim\limits_{m\to\infty} x^m = x^0 = (x_1^0, x_2^0, \cdots, x_n^0)$.

此定理说明 $\mathbf{R}^n$ 是完备的,从证明可以看出 $\mathbf{R}^n$ 的完备性是从实数的完备性推出的.

三、邻域、开集、闭集

邻域、开集、闭集都是最基本的拓扑概念,我们从距离诱导出这些概念.

设 $x^0\in\mathbf{R}^n$,U 是 $\mathbf{R}^n$ 的子集,称 U 是 x^0 的一个邻域,如果存在 $r>0$,使得

$$U \supseteq B(x^0, r) = \{x \in \mathbf{R}^n \mid |x - x^0| < r\}.$$

设 $A\subseteq\mathbf{R}^n$,如果 $x\in A\Rightarrow$存在 x 的邻域 $U\subseteq A$,则称 A 为开集. 如果 A 的余集(记为 A^c 或者 $\mathbf{R}^n\setminus A$)是开集,则称 A 为闭集. 显然 $\mathbf{R}^n$ 是开集,所以空集 $\varnothing$ 是闭集,约定 $\varnothing$ 也是开集,从而 $\mathbf{R}^n$ 也是闭集.

定理 12.1.3　有限多个开集的交是开集,任意多个开集的并是开集.

证　设 $A_1, A_2, \cdots, A_m$ 都是 $\mathbf{R}^n$ 中的开集,令

$$A = \bigcap_{i=1}^{m} A_i.$$

如果 $x\in A$,则 $x\in A_i$, $i=1,2,\cdots,m$.由于 A_i 是开集,从而存在 $r_i>0$,使得

$$B(x,r_i)\subseteq A_i,\ i=1,2,\cdots,m.$$

取 $r=\min\{r_1,r_2,\cdots,r_m\}>0$,显然

$$B(x,r)\subseteq B(x,r_i)\subseteq A_i,\ i=1,2,\cdots,m.$$

从而

$$B(x,r)\subseteq\bigcap_{i=1}^{m}A_i=A,$$

即 A 是开集.设

$$A=\bigcup_{i\in I}A_i,$$

其中 I 是任意指标集(有限集或无穷集),且 $\forall\, i\in I$, A_i 是开集.如果 $x\in A$,则存在 $i\in I$ 使得 $x\in A_i$,再由 A_i 是开集,从而存在 $r>0$,使得

$$B(x,r)\subseteq A_i\subseteq A,$$

于是 A 为开集.

定理 12.1.4 有限多个闭集的并是闭集,任意多个闭集的交是闭集.

证 设 $A_1,A_2,\cdots,A_m$ 均是 $\mathbf{R}^n$ 中的闭集,令

$$A=\bigcup_{i=1}^{m}A_i.$$

由于

$$A^c=\bigcap_{i=1}^{m}A_i^c,$$

A_i^c 是开集($i=1,2,\cdots,m$),利用定理 12.1.3 可知 A^c 为开集,所以 A 是闭集.同理可证任意多个闭集的交是闭集.

下面给一个判断 $\mathbf{R}^n$ 中的集合是否为闭集的常用准则.

定理 12.1.5 设 $A\subseteq\mathbf{R}^n$,A 为闭集的充要条件是:对于 A 中任意点列 $\{x^m\}$,如果 $\lim\limits_{m\to\infty}x^m=x^0$,则 $x^0\in A$.

证 必要性.用反证法,设 A 是闭集,且存在 A 中的点列 $\{x^m\}$,使得 $\lim\limits_{m\to\infty}x^m=x^0$,但 $x^0\notin A$,即 x^0 属于 A 的余集 A^c.由于 A 是闭集,则 A^c 是开集,从而存在 x^0 的邻域 U 使得 $U\subseteq A^c$.由此可知存在 $r>0$,使得当 $|x-x^0|<r$ 时,$x\notin A$.这与 $x^m\in A(m=1,2,3,\cdots)$,且 $x^m\to x^0$ 矛盾!

充分性.设 A 中收敛点列的极限均属于 A.任取 $x\in A^c$,则存在 $r>0$,使得 $B(x,r)\subseteq A^c$,事实上,否则取正数列 $\{r_m\}$ 满足 $r_m\to 0$, $B(x,r_m)\cap A\neq\varnothing$,于是可选取 A 中的点列 $\{x^m\}$,使得

$$|x^m-x|<r_m\to 0,$$

即 $\lim\limits_{m\to\infty} x^m = x$. 由假设得 $x\in A$,矛盾！于是 A^c 为开集,即 A 为闭集.

注　若 A 中收敛点列的极限均属于 A,则通常称 A 为列闭. 定理 12.1.5 说明在 $\mathbf{R}^n$ 中闭与列闭等价,这一结论对一般距离空间都成立.

设 $A\subseteq\mathbf{R}^n$, $x\in\mathbf{R}^n$,现给出以下定义:

如果 A 包含 x 的一个邻域. 则称 x 为 A 的内点. 若 A^c 包含 x 的一个邻域,则称 x 为 A 的外点,如果 x 既不是 A 的内点,也不是 A 的外点,即对于 x 的任意邻域 U 均有 $U\cap A\neq\varnothing$, $U\cap A^c\neq\varnothing$,则称 x 是 A 的边界点. 如果 x 的任一邻域都含有 A 中的点,则称 x 是 A 的触点. 如果 x 的任一邻域都含有 A 中异于 x 的点,则称 x 是 A 的聚点.

A 的所有内点组成的集合称为 A 的内部,记为 A^0, A 的所有外点组成的集合称为 A 的外部. A 的所有边界点组成的集合称为 A 的边界,记为 ∂A. A 的所有触点组成的集合称为 A 的闭包,记为 $\overline{A}$. A 的所有聚点组成的集合称为 A 的导集,记为 A'. 显然有以下关系:

(i) $A^0\subseteq A\subseteq\overline{A}$, $A^0\subseteq A'\subseteq\overline{A}$;

(ii) $\overline{A}=A\cup\partial A=A'\cup\partial A=A^0\cup\partial A$;

(iii) $A^0=A\setminus\partial A=A'\setminus\partial A=\overline{A}\setminus\partial A$;

(iv) $(A^c)^0$ 是 A 的外部且 $((A^c)^0)^c=\overline{A}$, $(\overline{A^c})^c=A^0$.

这些关系的证明留给读者. 若 $x\in A\setminus A'$,则存在 x 的邻域,使得该邻域内属于 A 的点仅为 x,这样的点称为 A 的孤立点. 此外,易证以下性质:

(a) $A\subseteq B\Rightarrow A^0\subseteq B^0$, $\overline{A}\subseteq\overline{B}$;

(b) $\overline{A\cup B}=\overline{A}\cup\overline{B}$, $\overline{A\cap B}\subseteq\overline{A}\cap\overline{B}$;

(c) $(A\cap B)^0=A^0\cap B^0$, $(A\cup B)^0\supseteq A^0\cup B^0$.

证　(a)显然成立,现证(b). 若 $x\in\overline{A\cup B}$,则 x 的每一个邻域都含有 $A\cup B$ 中的点. 故

$$B\left(x,\frac{1}{m}\right)\cap(A\cup B)\neq\varnothing,\ m=1,2,3,\cdots$$

易知存在 $\left\{\frac{1}{m}\right\}$ 的子序列 $\left\{\frac{1}{m_k}\right\}$ 使得或者

$$B\left(x,\frac{1}{m_k}\right)\cap A\neq\varnothing,\ k=1,2,3,\cdots \tag{12.1.6}$$

或者

$$B\left(x,\frac{1}{m_k}\right)\cap B\neq\varnothing,\ k=1,2,3,\cdots \tag{12.1.7}$$

不妨设(12.1.6)式成立. 对于 x 的任一邻域 U,存在 $r>0$,使得 $B(x,r)\subseteq$

U.由于存在自然数 k,使得 $m_k>\frac{1}{r}$,所以 $B\left(x,\frac{1}{m_k}\right)\subseteq B(x,r)\subseteq U$.于是

$$U\cap A\neq\varnothing.$$

由此可知 $x\in\bar{A}\subseteq\bar{A}\cup\bar{B}$.因此$\overline{A\cup B}\subseteq\bar{A}\cup\bar{B}$.反之由于 $A\subseteq A\cup B$,从性质(a)得 $\bar{A}\subseteq\overline{A\cup B}$,同理得 $\bar{B}\subseteq\overline{A\cup B}$.于是有 $\bar{A}\cup\bar{B}\subseteq\overline{A\cup B}$.综合两个方面得$\overline{A\cup B}=\bar{A}\cup\bar{B}$.由于 $A\cap B\subseteq A$,所以$\overline{A\cap B}\subseteq\bar{A}$,同理$\overline{A\cap B}\subseteq\bar{B}$.从而$\overline{A\cap B}\subseteq\bar{A}\cap\bar{B}$.至此已证(b)成立.仿照性质(b)的证明,利用集合内部的定义及性质(a),可证性质(c).我们也可用关系(iv)及集合运算,从(b)推出(c).事实上,由关系(iv)得

$$(A\cap B)^0=\left(\overline{(A\cap B)^c}\right)^c=\left(\overline{A^c\cup B^c}\right)^c.$$

再用性质(b)及关系(iv)得

$$\begin{aligned}(A\cap B)^0&=\left(\overline{A^c\cup B^c}\right)^c=\left(\overline{A^c}\cup\overline{B^c}\right)^c\\&=(\overline{A^c})^c\cap(\overline{B^c})^c=A^0\cap B^0.\end{aligned}$$

同样有

$$(A\cup B)^0=\left(\overline{(A\cup B)^c}\right)^c=\left(\overline{A^c\cap B^c}\right)^c.$$

由性质(b)可知$\overline{A^c\cap B^c}\subseteq\overline{A^c}\cap\overline{B^c}$,从而

$$(A\cup B)^0=\left(\overline{A^c\cap B^c}\right)^c\supseteq(\overline{A^c}\cap\overline{B^c})^c=(\overline{A^c})^c\cup(\overline{B^c})^c.$$

利用关系(iv)即得

$$(A\cup B)^0\supseteq A^0\cup B^0.$$

于是性质(c)成立.用同样的方法也可以从(c)推出(b).

定理 12.1.6 设 $A\subseteq\mathbf{R}^n$,则

(i) A 是闭集的充要条件是$A=\bar{A}$;

(ii) A 是开集的充要条件是$A=A^0$.

证 设 A 是闭集,则 A 的余集 A^c 是开集.若 $x\notin A$,则 $x\in A^c$.利用 A^c 的开集性质可知,存在 x 的邻域 U,使得 $U\subseteq A^c$.故 U 与 A 的交为空集,从而 $x\notin\bar{A}$,由此得 $\bar{A}\subseteq A$.再由已知的结果 $A\subseteq\bar{A}$ 可得$A=\bar{A}$.反之,设 $A=\bar{A}$.若 $x\in A^c$,由于 $A=\bar{A}$,所以 $x\notin\bar{A}$,即存在 x 的邻域U,使得 $U\cap A=\varnothing$.故 $U\subseteq A^c$.由此可知 A^c 是开集,从而 A 是闭集.于是(i)成立.

若 $A=A^0$,由于 $A^0=(\overline{A^c})^c$,从而

$$(\overline{A^c})^c=A.$$

等式两端取余集得$\overline{A^c}=A^c$,由本定理中的(i)可知 A^c 是闭集,从而 A 是开集.反之,若 A 是开集,上述证明倒推上去得 $A=A^0$.

由定理 12.1.6,立即可推出 $\bar{A}$ 是闭集,A^0 是开集.进一步,若 B 为闭集且 $A\subseteq B$.两边取闭包再用定理 12.1.6 可得 $\bar{A}\subseteq\bar{B}=B$.由此可知 $\bar{A}$ 是所有包含 A 的闭集之交集.同样,若 B 为开集且 $B\subseteq A$(注意,这样的非空 B 未必存在,如果不存在,则 $A^0=\varnothing$),则 $B^0\subseteq A^0$.再由定理 12.1.6 得

$$B=B^0\subseteq A^0,$$

即 A^0 为包含于 A 的一切开集之并集.

四、$\mathbf{R}^n$ 中有界闭集的列紧性与紧性

设 $A\subseteq\mathbf{R}^n$,如果存在 $r>0$,使得 A 包含于以 O 点为中心、r 为半径的球内,则称 A 为有界集.显然 A 为有界集的充要条件是存在 $M>0$,使得任意 $x=(x_1,x_2,\cdots,x_n)\in A$ 均有

$$|x_i|\leqslant M,i=1,2,\cdots,n.$$

Bolzano-Weierstrass 引理 设$\{x^m\}$是 $\mathbf{R}^n$ 中的有界序列,则它必有收敛的子序列.

证 记 $x^m=(x_1^m,x_2^m,\cdots,x_n^m),m=1,2,3,\cdots$.由于$\{x^m\}$是 $\mathbf{R}^n$ 中的有界序列,从而$\{x_1^m\}$是有界实数列.根据实数集的 Bolzano-Weierstrass 定理可知$\{x_1^m\}$有收敛子列$\{x_1^{m_{1,k}}\}$, $k=1,2,3,\cdots$.显然$\{x_2^{m_{1,k}}\}$也是有界实数列,从而它也存在收敛子序列$\{x_2^{m_{2,k}}\},k=1,2,3,\cdots$.此时$\{x_1^{m_{2,k}}\},\{x_2^{m_{2,k}}\}$均为收敛的实数列.依此类推,用归纳法易知存在$\{m\}$的子序列$\{m_{n,k}\},k=1,2,3,\cdots$使得$\{x_i^{m_{n,k}}\},k=1,2,3,\cdots$为收敛的实数列,其中 $i=1,2,\cdots,n$.再用本节中的定理 12.1.1 可知$\{x^{m_{n,k}}\}$是 $\mathbf{R}^n$ 中的收敛点列.

设 $A\subseteq\mathbf{R}^n$,如果 A 中任意点列,都有收敛于 A 中的点的子序列,则称 A 是列紧集.

定理 12.1.7 A 是 $\mathbf{R}^n$ 中的列紧集的充要条件是 A 为有界闭集.

证 充分性.设 A 是有界闭集.任取 A 中的点列$\{x^m\}$,由 Bolzano-Weierstrass 引理可知$\{x^m\}$有在 $\mathbf{R}^n$ 中收敛的子序列$\{x^{m_k}\}$,记 $x^0=\lim\limits_{k\to\infty}x^{m_k}$.由于 A 是闭集,$x^{m_k}\in A,k=1,2,3,\cdots$,根据定理 12.1.5 可知 $x^0\in A$.

必要性.如果 A 不是有界集,任取 $x^1\in A$.利用 A 的无界性可知,存在 $x^2\in A$,使得

$$|x^2-x^1|\geqslant 1.$$

再由 A 的无界性可知,存在 x^3,使得

$$|x^3-x^2|\geqslant 1,\ |x^3-x^1|\geqslant 1.$$

依此类推,用归纳法易证,存在 A 中的点列$\{x^m\},m=1,2,3,\cdots$,使得对于任

意 $i\neq j$ 均有

$$|x^i-x^j|\geqslant 1.$$

显然$\{x^m\}$的任何子序列都不是 $\mathbf{R}^n$ 中的基本列.由柯西收敛原理可知$\{x^m\}$不存在收敛的子序列.

如果 A 是有界集,但不是闭集,则存在 $x\in\bar{A}$,但 $x\notin A$.取正数列$\{r_m\}$,使得 $r_m\to 0(m\to\infty)$.由 $x\in\bar{A}$,从而 $B(x,r_m)\cap A\neq\varnothing$,取

$$x^m\in B(x,r_m)\cap A,m=1,2,3,\cdots$$

显然$\{x^m\}$是 A 中的点列,而且 $\lim\limits_{m\to\infty}x^m=x\notin A$.于是$\{x^m\}$也不存在收敛于 A 中点的子序列.

综上两种情况可知,若 A 不是有界闭集,则 A 不是列紧集.必要性得证.

设 $A\subseteq\mathbf{R}^n$,I 是任意指标集$\{O_i\}_{i\in I}$称为A 的开覆盖,如果每一个 $i\in I$,O_i 是 $\mathbf{R}^n$ 中的开集,而且

$$A\subseteq\bigcup_{i\in I}O_i.$$

如果 J 是 I 的子集,且$\{O_i\}_{i\in J}$也是 A 的开覆盖,则称$\{O_i\}_{i\in J}$是开覆盖$\{O_i\}_{i\in I}$的子覆盖,在此情况下,当 J 是I 的有限子集时,$\{O_i\}_{i\in J}$称为$\{O_i\}_{i\in I}$的有限子覆盖.如果 A 的任一开覆盖都存在有限子覆盖,则称 A 是紧集.

命题 12.1.2 对于 $r>0$,记

$$S_n^r=\{(x_1,x_2,\cdots,x_n)\in\mathbf{R}^n\mid -r\leqslant x_i\leqslant r,i=1,2,\cdots,n\},$$

则 S_n^r 是 $\mathbf{R}^n$ 中的紧集.

证 记 $I_{x_i}=\{x_i\in\mathbf{R}\mid -r\leqslant x_i\leqslant r\}$.$S_n^r$ 可表示为

$$S_n^r=I_{x_1}\times I_{x_2}\times\cdots\times I_{x_n}=S_{n-1}^r\times I_{x_n}.$$

用归纳法,当 $n=1$ 时,此命题为闭区间上的 Heine-Borel 定理,因此显然成立.设命题对 $n-1$ 成立($n\geqslant 2$)即 S_{n-1}^r是 $\mathbf{R}^{n-1}$中的紧集.现证 S_n^r 是 $\mathbf{R}^n$ 中的紧集.任取 S_n^r 的开覆盖$\{O_i\}_{i\in J}$,其中 J 是指标集.对任意 $t\in[-r,r]$,记

$$S_{n-1}^r\times\{t\}=\{(x_1,\cdots,x_{n-1},t)\in\mathbf{R}^n\mid(x_1,\cdots,x_{n-1})\in S_{n-1}^r\}.$$

显然 $S_{n-1}^r\times\{t\}\subseteq S_n^r$.取 J 的子集$J_1(t)$使得

$$i\in J_1(t)\Leftrightarrow O_i\cap S_{n-1}^r\times\{t\}\neq\varnothing.$$

由于$\{O_i\}_{i\in J}$是S_n^r 的开覆盖,从而$\{O_i\}_{i\in J_1(t)}$是 $S_{n-1}^r\times\{t\}$的开覆盖,对每一个 $i\in J_1(t)$,令

$$U_i=\{(x_1,\cdots,x_{n-1})\in\mathbf{R}^{n-1}\mid(x_1,\cdots,x_{n-1},t)\in O_i\}.$$

由于 O_i 是 $\mathbf{R}^n$ 中的开集,显然 U_i 是 $\mathbf{R}^{n-1}$中的开集.再由$\{O_i\}_{i\in J_1(t)}$是$S_{n-1}^r\times$

$\{t\}$的开覆盖可推出$\{U_i\}_{i\in J_1(t)}$是 S^r_{n-1} 的开覆盖. 由归纳假设可知 S^r_{n-1} 是 $\mathbf{R}^{n-1}$中的紧集,因此存在$J_1(t)$的有限子集 $F(t)$,使得$\{U_i\}_{i\in F(t)}$是 S^r_{n-1}的有限开覆盖. 从而$\{O_i\}_{i\in F(t)}$是 $S^r_{n-1}\times\{t\}$的有限开覆盖. 由于 O_i 是 $\mathbf{R}^n$ 中的开集,$F(t)$是有限集,从而存在包含 t 在内的开区间$D(t)$使得$\{O_i\}_{i\in F(t)}$是$S^r_{n-1}\times D(t)$的开覆盖,其中

$$S^r_{n-1}\times D(t)=\{(x_1,\cdots,x_{n-1},x_n)\in\mathbf{R}^n\mid(x_1,\cdots,x_{n-1})\in S^r_{n-1},x_n\in D(t)\}.$$

由于$\{D(t)\}_{t\in I_{x_n}}$ 是I_{x_n} 的开覆盖,由闭区间上的 Heine-Borel 定理可知存在 t_1, $t_2,\cdots,t_m\in I_{x_n}$,使得$\{D(t_i)\}_{i=1,2,\cdots,m}$是$I_{x_n}$ 的开覆盖. 记

$$F=\bigcup_{i=1}^{m}F(t_i),$$

显然 F 是J 的有限子集且$\{O_i\}_{i\in F}$是$S^r_{n-1}\times I_{x_n}=S^r_n$ 的有限开覆盖. 于是 S^r_n 是 $\mathbf{R}^n$ 中的紧集,这就完成了归纳证明.

定理 12.1.8(Heine-Borel)　设 $A\subseteq\mathbf{R}^n$,则 A 是紧的充要条件是A 为有界闭集.

证　设 A 是紧集,可以证明 A 是列紧集,否则存在 A 中的点列$\{x^m\}$,使得它没有收敛于 A 中点的子序列. 于是对于每一个 $x\in A$,存在 x 的一个开邻域$U(x)$和自然数 $l(x)$,使得当 $m>l(x)$时,

$$x^m\notin U(x).$$

显然$\{U(x)\}_{x\in A}$是A 的开覆盖,由 A 的紧性可知存在A 中有限个点y^1,y^2, $\cdots,y^k$,使得

$$A\subseteq\bigcup_{i=1}^{k}U(y^i).$$

令 $l=\max\{l(y^1),l(y^2),\cdots,l(y^k)\}$,则当 $m>l$ 时

$$x^m\notin A,$$

这与$\{x^m\}$是 A 中的无穷点列矛盾! 从而 A 是列紧集,由定理 12.1.7 可知 A 是有界闭集.

反之,设 A 是有界闭集. 易知存在 $r>0$,使得 $A\subseteq S^r_n$,其中 S^r_n 如命题 12.1.2 中所述. 设$\{O_i\}_{i\in I}$是A 的开覆盖. 由于 A 为闭集,从而 $O_i\cup A^c$ 是 $\mathbf{R}^n$ 中的开集. 显然$\{O_i\cup A^c\}_{i\in I}$是S^r_n 的开覆盖. 由 S^r_n 的紧性可知存在I 的有限子集F,使得$\{O_i\cup A^c\}_{i\in F}$是S^r_n 的开覆盖. 于是$\{O_i\}_{i\in F}$是A 的开覆盖,所以 A 是紧集.

由定理 12.1.7 和定理 12.1.8 可知:在 $\mathbf{R}^n$ 中有界闭,列紧,紧三者等价. 对于一般的距离空间,我们可以证明紧与列紧是等价的,但是有界闭集未必是

紧集.

$\mathbf{R}^n$ 中有界闭集的列紧性与紧性是十分重要的,下面给出一个命题的证明说明列紧性与紧性的应用,同时该命题的结论也是很有用的.

命题 12.1.3 设 A 是 $\mathbf{R}^n$ 中的有界闭集,$\{O_i\}_{i\in I}$是A 的开覆盖.则存在 $\delta>0$,使得 $\mathbf{R}^n$ 中的集合B 只要满足

$$B \cap A \neq \varnothing, \operatorname{diam} B = \sup_{x,y\in B} |x-y| < \delta,$$

就存在 $i\in I$ 使得$B\subseteq O_i$.

证法 1 用 A 的列紧性证.用反证法.设所说的 δ 不存在,则存在 $\mathbf{R}^n$ 的子集列

$$B_1, B_2, \cdots, B_m, \cdots$$

使得

$$B_m \cap A \neq \varnothing, \operatorname{diam} B_m < \frac{1}{m},$$

但是对任意 $i\in I$,$B_m \nsubseteq O_i$.取

$$x^m \in B_m \cap A, m = 1,2,3,\cdots$$

则$\{x^m\}$是 A 中的点列.由 A 的列紧性可知存在收敛于A 中点 x^0 的子序列 $\{x^{m_k}\}$.由于$\{O_i\}_{i\in I}$是A 的开覆盖.所以存在 $i\in I$,使得 $x^0\in O_i$.由 O_i 是开集,可知存在 $r>0$ 使得

$$B(x^0, r) \subseteq O_i.$$

因为$\lim\limits_{k\to\infty} x^{m_k} = x^0$,所以存在自然数 k,满足

$$|x^{m_k} - x^0| < \frac{r}{2}, \frac{1}{m_k} < \frac{r}{2},$$

由此易得 $B_{m_k}\subseteq B(x^0,r)\subseteq O_i$,矛盾!

证法 2 用 A 的紧性.由于$\{O_i\}_{i\in I}$是A 的开覆盖,从而对于每一个 $x\in A$,存在 $i\in I$ 使得$x\in O_i$,又 O_i 是开集,所以存在 $r_x>0$ 使得

$$B(x, r_x) \subseteq O_i. \tag{12.1.8}$$

显然$\left\{B\left(x, \frac{1}{2}r_x\right)\right\}_{x\in A}$是$A$ 的开覆盖.由 A 的紧性可得$x_1, x_2, \cdots, x_l$,使得 $\left\{B\left(x_i, \frac{1}{2}r_{x_i}\right)\right\}_{i=1,2,\cdots,l}$是$A$ 的开覆盖.取

$$\delta = \min\left\{\frac{1}{2}r_{x_1}, \frac{1}{2}r_{x_2}, \cdots, \frac{1}{2}r_{x_l}\right\} > 0.$$

如果 $\mathbf{R}^n$ 的子集B 满足

$$B \cap A \neq \varnothing, \mathrm{diam} B < \delta,$$

取 $x \in B \cap A$，则存在 $i \in \{1,2,\cdots,l\}$，使得

$$x \in B\left(x_i, \frac{1}{2} r_{x_i}\right).$$

由于 x 又属于 B 且 $\mathrm{diam} B < \delta \leqslant \frac{1}{2} r_{x_i}$，所以

$$B \subseteq B(x_i, r_{x_i}).$$

由(12.1.8)式可知，存在 $i \in I$，使得

$$B \subseteq O_i.$$

注　命题中所说的 δ 称为开覆盖 $\{O_i\}_{i \in I}$ 的勒贝格(Lebesgue)数. 通常还称

$$\mathrm{diam} B = \sup_{x, y \in B} |x - y|$$

为 B 的直径.

五、连通性

设 $x^0 = (x_1^0, x_2^0, \cdots, x_n^0)$，$y^0 = (y_1^0, y_2^0, \cdots, y_n^0) \in R^n$. 称

$$l = \{(1-t)x^0 + ty^0 \mid t \in [0,1]\}$$

为 $\mathbf{R}^n$ 中连结 x^0 点和 y^0 点的直线段. 一般地，若定义在闭区间 $I = [0,1]$ 上的连续函数组

$$x_i = x_i(t), i = 1,2,\cdots,n.$$

满足

$$x_i(0) = x_i^0, x_i(1) = y_i^0, i = 1,2,\cdots,n,$$

则称 $\sigma(t) = (x_1(t), x_2(t), \cdots, x_n(t))$，$t \in [0,1]$，为 $\mathbf{R}^n$ 上连结 x^0 和 y^0 的连续曲线，或者连结 x^0 和 y^0 的道路. 设 $A \subseteq \mathbf{R}^n$，如果 A 中的任意两点 x^0 和 y^0，存在 A 中连结 x^0 和 y^0 的道路 $\sigma(t)$，即 $\sigma(t)$ 是 $\mathbf{R}^n$ 中连结 x^0 和 y^0 的道路且 $x(t) \in A$，$\forall t \in I$，则称 A 是道路连通集. 显然 $\mathbf{R}^n$ 本身是道路连通的.

下面介绍连通的概念. 众所周知，$\mathbf{R}^n$ 和 $\varnothing$ 都是既开又闭的集合. 可以证明，在 $\mathbf{R}^n$ 的所有子集中，仅有这两个既开又闭的集. 事实上，否则存在 $A \subseteq \mathbf{R}^n$，A 既是开集又是闭集，且 $A \neq \varnothing$，$A \neq \mathbf{R}^n$. 故 A 的余集 A^c 也是既开又闭的集合，且 $A^c \neq \varnothing$，$A^c \neq \mathbf{R}^n$. 取 $x^0 \in A$，$y^0 \in A^c$，令

$$\sigma(t) = (1-t)x^0 + ty^0, t \in [0,1],$$

$$E_1 = \{t \in [0,1] \mid \sigma(t) \in A\},$$

$$E_2 = \{t \in [0,1] \mid \sigma(t) \in A^c\}.$$

显然 $E_1 \neq \varnothing, E_2 \neq \varnothing, E_1 \cap E_2 = \varnothing, E_1 \cup E_2 = [0,1]$. 定义

$$f(t) = \begin{cases} 1, & t \in E_1, \\ 0, & t \in E_2. \end{cases}$$

任取 $t \in [0,1]$，若 $t \in E_1$，即 $\sigma(t) \in A$. 由于 A 是 $\mathbf{R}^n$ 中的开集，易知存在 $\delta > 0$，使得当 $s \in (t-\delta, t+\delta) \cap [0,1]$ 时，$\sigma(s) \in A$，即当 $|s-t| < \delta$ 且 $s \in [0,1]$ 时，$s \in E_1$，从而 $f(s) = 1$. 于是 f 在 t 点连续. 同理当 $t \in E_2$ 时，利用 A^c 是开集也可证明 f 在 t 点的连续性. 于是 $f(t)$ 是 $[0,1]$ 上的连续函数，这与闭区间上连续函数取中介值的性质矛盾！$\mathbf{R}^n$ 的这一性质说明 $\mathbf{R}^n$ 不可能是两个非空不交开集之并.

一般地，设 $A \subseteq \mathbf{R}^n$，如果不存在开集 O_1 和 O_2，使得 $A \subseteq O_1 \cup O_2$ 且

$$A \cap O_1 \neq \varnothing, A \cap O_2 \neq \varnothing, \text{但 } A \cap O_1 \cap O_2 = \varnothing,$$

则称 A 是 $\mathbf{R}^n$ 中的连通集. 连通开集称为开区域，开区域的闭包称为闭区域. 以上我们证明了 $\mathbf{R}^n$ 是连通的.

命题 12.1.4 $A \subseteq \mathbf{R}^n$，若 A 是道路连通集，则 A 是连通集.

证 类似于 $\mathbf{R}^n$ 的情况，细节留作练习.

一般来说，连通集未必是道路连通集. 例如设 $G = \left\{(x,y) \in \mathbf{R}^2 \mid 0 < x \leqslant 1, y = \sin\dfrac{1}{x}\right\}$，$L = \{(0,y) \in \mathbf{R}^2 \mid -1 \leqslant y \leqslant 1\}$，$X = G \cup L$. 显然 G 是道路连通的，从而是连通的，$\overline{G} = X$. 易知 X 不是道路连通的，事实上，不难证明 X 上的点 $(0,0)$ 和 $(1, \sin 1)$ 不可能用 X 上的道路连接. 余下证明 X 是连通集. 为此证明一个一般的命题.

命题 12.1.5 连通集的闭包是连通集.

证 设 $A \subseteq \mathbf{R}^n$ 是连通集. 若 $\overline{A}$ 不是连通集，则存在开集 O_1 和 O_2，使得 $\overline{A} \subseteq O_1 \cup O_2$ 且

$$\overline{A} \cap O_1 \neq \varnothing, \overline{A} \cap O_2 \neq \varnothing, \text{但 } \overline{A} \cap O_1 \cap O_2 = \varnothing.$$

显然 $A \subseteq O_1 \cup O_2$，$A \cap O_1 \cap O_2 = \varnothing$. 由 $\overline{A} \cap O_1 \neq \varnothing$，则可取 $x \in \overline{A} \cap O_1$. 因为 O_1 是开集，所以 O_1 是 x 的邻域，又 x 是 A 的触点，从而 O_1 内必有属于 A 的点，于是 $A \cap O_1 \neq \varnothing$. 同理 $A \cap O_2 \neq \varnothing$. 故 A 不是连通集，矛盾！则 $\overline{A}$ 必是连通集.

以上例子说明 G 是连通且道路连通，但 $\overline{G}$ 是连通，不是道路连通. $\mathbf{R}^n$ 中的连通开集即开区域可以证明是道路连通的（证明留给读者）.

§12.2　多元函数的极限与连续

设 $D\subseteq\mathbf{R}^n$,对于每一个 $x\in D$ 有惟一的实数 $f(x)$ 与其对应,则称 $f(x)$ 是定义在 D 上的 n 元函数,D 为其定义域. $f(x)$ 也可以写为分量形式.

$$f(x_1,x_2,\cdots,x_n),(x_1,x_2,\cdots,x_n)\in D.$$

通常二元函数写为 $f(x,y)$,三元函数写为 $f(x,y,z)$. 设 $D\subseteq\mathbf{R}^2$,二元函数 $z=f(x,y)$ 的图像被定义为 $\mathbf{R}^3$ 中的集合

$$\{(x,y,z)\in\mathbf{R}^3\mid(x,y)\in D,z=f(x,y)\}.$$

一般来说,一个二元函数的图像是 $\mathbf{R}^3$ 中的一个曲面.

一、多元函数的极限

设 $f(x)$ 是 n 元函数,D 为其定义域,x^0 是 D 的聚点,对于实数 l,如果任给 $\varepsilon>0$,存在 $\delta>0$,使得当 $x\in D$ 且 $0<|x-x^0|<\delta$ 时,就有

$$|f(x)-l|<\varepsilon,$$

则称 l 是 $x\to x^0$ 时 $f(x)$ 的极限,记为 $\lim\limits_{x\to x^0}f(x)=l$.

以下命题给出多元函数极限的等价定义.

命题 12.2.1　设 x^0 是函数 $f(x)$ 定义域 D 的聚点,则 $\lim\limits_{x\to x^0}f(x)=l$ 的充要条件是:对于 D 中任意收敛于 x^0 的点列 $\{x^m\}$ 均有

$$\lim_{m\to\infty}f(x^m)=l.\tag{12.2.1}$$

证　必要性显然,现证充分性. 设(12.2.1)式对于 D 中任意收敛于 x^0 的点列成立. 反设

$$\lim_{m\to x^0}f(x)\neq l,$$

则存在 $\varepsilon_0>0$ 和 D 中的点列 $\{x^m\}$,使得

$$|x^m-x^0|<\frac{1}{m},m=1,2,3,\cdots$$

$$|f(x^m)-l|>\varepsilon_0.$$

与(12.2.1)式矛盾.

对于多元函数极限也有柯西收敛原理:设 n 元函数 $f(x)$ 的定义域是 D, x^0 是 D 的聚点. 则 $\lim\limits_{x\to x^0}f(x)$ 收敛(即存在且有限)的充要条件是:任给 $\varepsilon>0$,存在 $\delta>0$,当 $x,y\in D$ 且 $0<|x-x^0|<\delta,0<|y-y^0|<\delta$ 时,有

$$|f(x)-f(y)|<\varepsilon.$$

证明与一元函数极限的柯西收敛原理相同,故略去.

以上有关多元函数极限的概念和性质与一元函数的情况是相同的,特别用了简单记号 $x=(x_1,x_2,\cdots,x_n)$后,写法也无区别.下面,我们以二元函数为例,说明多元函数极限的复杂性.

设 $f(x,y)$定义在(x_0,y_0)邻近.当(x,y)沿自(x_0,y_0)出发的一条射线趋于(x_0,y_0)时,如果 $f(x,y)$有极限,则称此极限为 $f(x,y)$沿该射线趋于(x_0,y_0)的方向极限.对于一元函数来说,每一内点只有左、右两个方向,一个一元函数在该点有极限的充要条件是左、右极限存在且相等.但是对于二元函数,若 $\lim\limits_{(x,y)\to(x_0,y_0)} f(x,y)$(也可记为 $\lim\limits_{\substack{x\to x_0\\ y\to y_0}} f(x,y)$)收敛,则当$(x,y)\to(x_0,y_0)$时所有的方向极限都存在且等于二元极限 $\lim\limits_{\substack{x\to x_0\\ y\to y_0}} f(x,y)$.反之,所有方向极限存在且相等,二元极限未必存在.原因是(x,y)趋于(x_0,y_0)可以沿任意曲线.由命题 12.2.1 可知,二元极限存在的充要条件是,当(x,y)沿任意曲线趋于(x_0,y_0)时,$f(x,y)$的极限都存在且相等.

例 12.2.1 $f(x,y)=\dfrac{x^2y}{x^4+y^2}$,显然 $f(x,y)$在 $R^2\setminus\{(0,0)\}$内有定义.当(x,y)沿 x 轴的正负两个方向趋于(0,0)时,$f(x,y)\to 0$,当(x,y)沿 y 轴的正负两方向趋于(0,0)时,也有 $f(x,y)\to 0$.当(x,y)沿直线 $y=\lambda x$ $(\lambda\neq 0)$的两个方向趋于(0,0)时,$f(x,y)=\dfrac{\lambda x^3}{x^4+\lambda^2x^2}$.由于 $x\neq 0$,所以 $f(x,y)=\dfrac{\lambda x}{\lambda^2+x^2}\to 0$ $(x\to 0)$.因此,$f(x,y)$在(0,0)点的方向极限都为 0.但是,当(x,y)沿抛物线 $y=x^2$ 趋于(0,0)时

$$f(x,y)=\frac{x^2y}{x^4+y^2}=\frac{1}{2}\to\frac{1}{2}.$$

故 $\lim\limits_{\substack{x\to 0\\ y\to 0}} f(x,y)$不存在.

设 $k>1$,记 $\Omega=\left\{(x,y);x>0,y>0,\dfrac{1}{k}x\leqslant y\leqslant kx\right\}$,显然$(0,0)\notin\Omega$,但它是 Ω 的聚点.如果将 $f(x,y)=\dfrac{x^2y}{x^4+y^2}$看作定义于 Ω 的函数.由于当$(x,y)\in\Omega$ 时

$$|f(x,y)|=\frac{x^2y}{x^4+y^2}\leqslant\frac{kx^3}{x^4+\dfrac{1}{k^2}x^2}=\frac{k^3x}{k^2x^2+1}\to 0(x\to 0).$$

此时 $\lim\limits_{\Omega\ni(x,y)\to(0,0)} f(x,y)=0$.

对于定义在(x_0,y_0)邻近的函数 $f(x,y)$,除了二元极限,还有所谓累次极限.如果对于任意 $y\neq y_0$, $\lim\limits_{x\to x_0} f(x,y)=\varphi(y)$,进一步若 $\lim\limits_{y\to y_0}\varphi(y)$存在,则称它为先 $x\to x_0$,后 $y\to y_0$ 的累次极限,记为

$$\lim_{y\to y_0}\lim_{x\to x_0} f(x,y)=\lim_{y\to y_0}\varphi(y).$$

同样可以定义先 $y\to y_0$,后 $x\to x_0$ 时,$f(x,y)$的累次极限 $\lim\limits_{x\to x_0}\lim\limits_{y\to y_0} f(x,y)$. 两个累次极限中一个存在不能保证另一个存在,两个都存在不能保证其值相等,即极限次序未必可交换.两个都存在相等也不能保证二元极限存在.

例 12.2.2　(i)若

$$f(x,y)=\begin{cases} x\sin\dfrac{1}{y}, & y\neq 0,\\ 0, & y=0,\end{cases}$$

则$\lim\limits_{y\to 0}\lim\limits_{x\to 0} f(x,y)=0$,但$\lim\limits_{x\to 0}\lim\limits_{y\to 0} f(x,y)$不存在.

(ii)若

$$f(x,y)=\frac{x^2-y^2}{x^2+y^2},$$

则$\lim\limits_{x\to 0}\lim\limits_{y\to 0} f(x,y)=1$,但$\lim\limits_{y\to 0}\lim\limits_{x\to 0} f(x,y)=-1$.

(iii)若

$$f(x,y)=\frac{x^2y}{x^4+y^2},$$

则$\lim\limits_{x\to 0}\lim\limits_{y\to 0} f(x,y)=\lim\limits_{y\to 0}\lim\limits_{x\to 0} f(x,y)=0$.但是$\lim\limits_{\substack{x\to 0\\ y\to 0}} f(x,y)$不存在.

对于累次极限与二元极限的关系有:

定理 12.2.1　设 $f(x,y)$定义在(x_0,y_0)的一个邻域,且

$$\lim_{\substack{x\to x_0\\ y\to y_0}} f(x,y)=l.$$

如果对于任意 $y\neq y_0$, $\lim\limits_{x\to x_0} f(x,y)=\varphi(y)$,则 $\lim\limits_{y\to y_0}\varphi(y)$存在,且等于 l,即 $\lim\limits_{y\to y_0}\lim\limits_{x\to x_0} f(x,y)$存在,且等于 l.

证　由于 $\lim\limits_{\substack{x\to x_0\\ y\to y_0}} f(x,y)=l$,所以对任给的 $\varepsilon>0$,存在 $\delta>0$,当 $0<|x-x_0|<\delta$, $0<|y-y_0|<\delta$ 时,有

$$|f(x,y)-l|<\varepsilon.$$

在此不等式中令 $x\to x_0$,则

$$|\varphi(y)-l|\leqslant\varepsilon,\forall 0<|y-y_0|<\delta.$$

即 $\lim\limits_{y\to y_0}\varphi(y)=l$.

注 若 $\lim\limits_{\substack{x\to x_0\\y\to y_0}}f(x,y)=l$,且对任意 $x\neq x_0$ 有

$$\lim_{y\to 0}f(x,y)=\psi(x),$$

则同样可以证明 $\lim\limits_{x\to x_0}\psi(x)=l$.

推论 如果 $\lim\limits_{\substack{x\to x_0\\y\to y_0}}f(x,y)$存在,对于 $x\neq x_0$, $\lim\limits_{y\to y_0}f(x,y)$存在,对于 $y\neq y_0$, $\lim\limits_{x\to x_0}f(x,y)$存在,则两个累次极限存在,且相等,即

$$\lim_{x\to x_0}\lim_{y\to y_0}f(x,y)=\lim_{y\to y_0}\lim_{x\to x_0}f(x,y).$$

证 由定理 12.2.1 及其注,显然两个累次极限存在,且都等于二元极限.一般来说二元极限存在不能保证累次极限存在.

例 12.2.3 若

$$f(x,y)=\begin{cases}(x+y)\sin\dfrac{1}{x}\sin\dfrac{1}{y}, & xy\neq 0,\\ 0, & xy=0.\end{cases}$$

显然$\lim\limits_{x\to 0}\lim\limits_{y\to 0}f(x,y)$,$\lim\limits_{y\to 0}\lim\limits_{x\to 0}f(x,y)$均不存在.但是由于

$$|f(x,y)|\leqslant|x+y|,$$

显然$\lim\limits_{\substack{x\to 0\\y\to 0}}f(x,y)=0$.

多元函数极限的性质与运算和一元函数极限的情形类似.请读者自己列举并证明.

二、多元函数的连续性

设 $D\subseteq\mathbf{R}^n$,且 D 是函数 $f(x)$的定义域.对于 $x^0\in D$,称 $f(x)$在 x^0 连续,如果任给 $\varepsilon>0$,存在 $\delta>0$,使得当 $x\in D$ 且$|x-x^0|<\delta$ 时

$$|f(x)-f(x^0)|<\varepsilon.$$

易知当 x^0 是 D 的孤立点时,$f(x)$必在 x^0 连续.当 x^0 是 D 的聚点时,$f(x)$在 x^0 连续的充分必要条件是 $\lim\limits_{x\to x^0}f(x)=f(x^0)$.

显然如果 $f(x)$, $g(x)$都在 x^0 连续,则 $f(x)\pm g(x)$, $f(x)g(x)$在 x^0 连续,当 $g(x^0)\neq 0$ 时,$\dfrac{f(x)}{g(x)}$也在 x^0 连续.关于复合函数的连续性有以下定

理.

定理 12.2.2　设 $f(x_1,x_2,\cdots,x_n)$的定义域是 $D\subseteq\mathbf{R}^n$ 且 f 在 $x^0=(x_1^0,\cdots,x_n^0)$连续. $g_1(y_1,\cdots,y_m),\cdots,g_n(y_1,\cdots,y_m)$的定义域均为 $\Omega\subseteq R^m$,且都在 $y^0=(y_1^0,\cdots,y_m^0)$连续.进一步设 $g_i(y_1^0,\cdots,y_m^0)=x_i^0,i=1,2,\cdots,n$,且

$$\{(g_1(y_1,\cdots,y_m),\cdots,g_n(y_1,\cdots,y_m))\mid(y_1,\cdots,y_m)\subseteq\Omega\}\subseteq D,$$

则复合函数 $h(y_1,\cdots,y_m)=f(g_1(y_1,\cdots,y_m),\cdots,g_n(y_1,\cdots,y_m))$在 y^0 也连续.

证　为简单起见,分别用 x,y 表示 $\mathbf{R}^n,\mathbf{R}^m$ 中的点.由于 $f(x)$在 x^0 连续,所以任给 $\varepsilon>0$,存在 $\delta>0$,当 $x\in D$,且$|x-x^0|<\delta$ 时有

$$|f(x)-f(x^0)|<\varepsilon.$$

由于 $g_i(y)$在 y^0 连续($i=1,2,\cdots,n$),从而存在 $\eta>0$,使得当 $y\in\Omega$ 且$|y-y^0|<\eta$ 时,有

$$|g_i(y)-g_i(y^0)|<\frac{1}{\sqrt{n}}\delta,$$

即

$$|g_i(y)-x_i^0|<\frac{1}{\sqrt{n}}\delta,\quad i=1,2,\cdots,n.$$

由于当 $y\in\Omega$ 时,$(g_1(y),\cdots,g_n(y))\in D$,且当$|y-y^0|<\eta$ 时

$$\left(\sum_{i=1}^{n}|g_i(y)-x_i^0|^2\right)^{\frac{1}{2}}<\delta,$$

从而

$$|f(g_1(y),\cdots,g_n(y))-f(x_1^0,\cdots,x_n^0)|<\varepsilon,$$

即 $h(y)$在 y^0 连续.

设 $D\subseteq\mathbf{R}^n$,函数 $f(x)$在 D 上有定义,如果 $f(x)$在 D 上任一点都连续,则称 $f(x)$在 D 上连续.与一元函数相同多元函数也有一致连续的概念.若对于任给的 $\varepsilon>0$ 存在 $\delta>0$,使得当 $x,y\in D$ 且$|x-y|<\delta$ 时,有

$$|f(x)-f(y)|<\varepsilon,$$

则称 $f(x)$在 D 上一致连续.若存在常数 $M>0$,使得

$$|f(x)-f(y)|\leqslant M|x-y|,\ \forall x,y\in D,$$

则称 $f(x)$在 D 上 Lipschitz 连续.显然,$f(x)$在 D 上连续,未必一致连续,但若 $f(x)$在 D 上 Lipschitz 连续,则必在 D 上一致连续.

例 12.2.4　设 $D=B\setminus L$,其中 B 为平面上以原点为中心,半径是 1 的单位圆,即 $B=\{(x,y)\mid x^2+y^2<1\}$,$L$ 是一线段$\{(x,y),0\leqslant x<1,y=0\}$.

显然 D 是平面上的开区域.任取 $P=(x,y)\in D$,从 x 轴正向到$\overrightarrow{OP}$的角记为 θ,则 $0<\theta<2\pi$,定义 $f(x,y)=\theta$,易知 $f(x,y)$在 D 内有界、连续,但不一致连续.

例 12.2.5 设 A 是 $\mathbf{R}^n$ 的非空子集,对于任何 $P\in\mathbf{R}^n$,令 $f(P)=\mathrm{dis}(P,A)$,其中 $\mathrm{dis}(P,A)$表示点 P 到集合 A 的距离,即

$$\mathrm{dis}(P,A)=\inf_{Q\in A}|P-Q|,$$

则 $f(P)$在 $\mathbf{R}^n$ 上 Lipschitz 连续.

证 任取 $P_1,P_2\in\mathbf{R}^n$,对于任意的 $\varepsilon>0$,由 $f(P_1)$的定义可知,存在 $Q\in A$,使得

$$|P_1-Q|<f(P_1)+\varepsilon.$$

由于 $f(P_2)=\mathrm{dis}(P_2,A)\leqslant|P_2-Q|$,所以

$$f(P_2)-f(P_1)\leqslant|P_2-Q|-f(P_1).$$

由三角形不等式

$$|P_2-Q|\leqslant|P_2-P_1|+|P_1-Q|,$$

从而

$$f(P_2)-f(P_1)\leqslant|P_2-P_1|+|P_1-Q|-f(P_1)<|P_2-P_1|+\varepsilon.$$

由 ε 之任意性可得

$$f(P_2)-f(P_1)\leqslant|P_2-P_1|.$$

于是有

$$f(P_1)-f(P_2)\leqslant|P_1-P_2|.$$

由以上二式得到

$$|f(P_1)-f(P_2)|\leqslant|P_1-P_2|,$$

即 f 在 $\mathbf{R}^n$ 上 Lipschitz 连续.

例 12.2.6 设 $f(x)$是定义在 $\mathbf{R}^n$ 上的函数,若

$$f(\lambda x+(1-\lambda)y)\leqslant\lambda f(x)+(1-\lambda)f(y),\ \forall x,y\in\mathbf{R}^n,\lambda\in[0,1],$$

则称 $f(x)$是 $\mathbf{R}^n$ 上的凸函数.求证 $\mathbf{R}^n$ 上的凸函数必在 $\mathbf{R}^n$ 上连续.

证 设 $f(x)$是 $\mathbf{R}^n$ 上的凸函数.首先可以证明 $f(x)$在 $\mathbf{R}^n$ 的任何有界子集上是有界的.事实上,对任意 $r>0$,记

$$\Omega(r)=\{x=(x_1,\cdots,x_n)\in\mathbf{R}^n\mid|x_i|\leqslant r\}.$$

$\Omega(r)$是 $\mathbf{R}^n$ 中的正方体,它有 2^n 个顶点

$$P_{\varepsilon_1,\cdots,\varepsilon_n}=(\varepsilon_1 r,\cdots,\varepsilon_n r),$$

其中 $\varepsilon_i\in\{-1,1\}, i=1,2,\cdots,n$. 由于 $\forall x,y\in\mathbf{R}^n,\lambda\in[0,1]$ 有

$$f(\lambda x+(1-\lambda)y)\leqslant \lambda f(x)+(1-\lambda)f(y)\leqslant \max\{f(x),f(y)\}.$$

从而 $\forall x\in\Omega(r)$ 有

$$f(x)\leqslant \max_{\substack{\varepsilon_i\in\{-1,1\}\\ i=1,\cdots,n}}\{f(P_{\varepsilon_1\cdots\varepsilon_n})\},$$

即 $f(x)$ 在 $\Omega(r)$ 有上界. 由 r 之任意性可知 $f(x)$ 在任意有界集上都有上界. 现证 $f(x)$ 在 $\Omega(r)$ 也有下界. 若不然, 则存在 $\{x^m\}\subseteq\Omega(r)$, 使得 $f(x^m)\to-\infty(m\to+\infty)$. 由 $\Omega(r)$ 的列紧性, 不妨设 $x^m\to x^0\in\Omega(r)$. 由 $f(x)$ 的凸性可得

$$f(x^0)\leqslant\frac{1}{2}f(x^m)+\frac{1}{2}f(2x^0-x^m).$$

由于 $\{2x^0-x^m\}$ 是有界序列, 从而 $\{f(2x^0-x^m)\}$ 是有上界数列. 于是令 $m\to+\infty$ 可得 $f(x^0)=-\infty$, 矛盾! 综上可得 $f(x)$ 在 $\Omega(r)$ 上是有界的.

以下证 $f(x)$ 连续. 任取 $r>0$, 记 $B_r=\{x\in\mathbf{R}^n, |x|\leqslant r\}$, $B_{2r}=\{x\in\mathbf{R}^n; |x|\leqslant 2r\}$. $\forall x,y\in B_r$ 连结 x,y 延长得 $z=y+\lambda(x-y)$ (如图 12.2.1), 其中 $\lambda>1$, $|z|=2r$. 易知 $\lambda|x-y|=|z-y|\geqslant r$. 由于

$$x=\frac{1}{\lambda}z+\left(1-\frac{1}{\lambda}\right)y,$$

所以

$$f(x)\leqslant\frac{1}{\lambda}f(z)+\left(1-\frac{1}{\lambda}\right)f(y).$$

从而

$$f(x)-f(y)\leqslant\frac{1}{\lambda}(f(z)-f(y))\leqslant\frac{2M}{\lambda}.$$

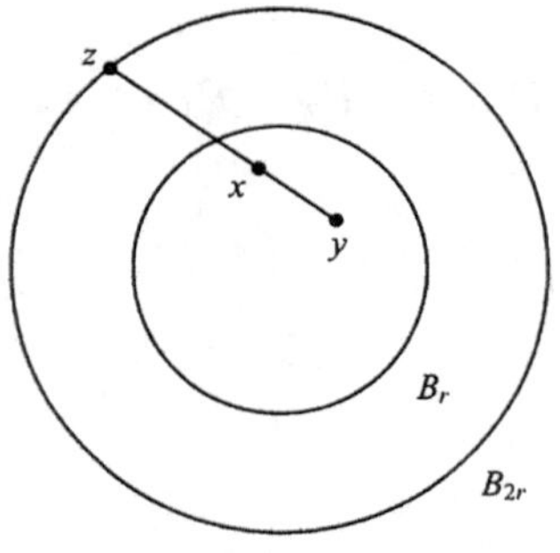

图 12.2.1

其中

$$M=\sup_{P\in B_{2r}}|f(P)|.$$

再由 $\frac{1}{\lambda}\leqslant\frac{|x-y|}{r}$ 可得

$$f(x)-f(y)\leqslant\frac{2M}{r}|x-y|.$$

由 x,y 之任意性得

$$|f(x)-f(y)|\leqslant\frac{2M}{r}|x-y|, \forall x,y\in B_r,$$

即 $f(x)$在 B_r 上 Lipschitz 连续. 由 r 之任意性可知$f(x)$在 $\mathbf{R}^n$ 的任何有界区域上都是 Lipschitz 连续的. 具有这种性质的函数称为 $\mathbf{R}^n$ 上局部 Lipschitz 连续函数.

§12.3 连续函数的重要性质

大家知道有界闭区间上的一元连续函数有 4 个重要性质,即有界性;取最大值和最小值,一致连续性,取中介值. 这些性质都是在实数基本性质的基础上建立起来的. 前 3 个性质基于有界闭区间的列紧性或紧性,第 4 个性质基于有界闭区间的连通性. 本节中我们将上述性质推广到多元函数.

一、有界闭集上连续函数的性质

$\mathbf{R}^n$ 上的有界闭集是列紧集,也是紧集. 以下性质的证明既可以从列紧性出发,也可以从紧性出发. 为节省篇幅,每个性质我们仅用列紧性质证明,用紧性性质的证明留作练习.

定理 12.3.1 设 $f(x)$是 $\mathbf{R}^n$ 的有界闭子集D 上的连续函数,则 $f(x)$在 D 上有界.

证 用反证法,设 $f(x)$在 D 上无界,则存在 D 上的点列$\{x^m\}_{m=1,2,3,\cdots}$,使得$|f(x^m)|\to+\infty\,(m\to\infty)$. 由于 D 是列紧集,从而存在子点列$\{x^{m_k}\}_{k=1,2,3,\cdots}$和 $x^0\in D$,使得

$$\lim_{k\to\infty}x^{m_k}=x^0.$$

由 $f(x)$的连续性可知

$$|f(x^0)|=\lim_{k\to\infty}|f(x^{m_k})|=+\infty,$$

矛盾!

定理 12.3.2 设 $f(x)$是 $\mathbf{R}^n$ 的有界闭子集D 上的连续函数,则 $f(x)$在 D 上有最大值和最小值.

证 由定理 12.3.1$f(x)$在 D 上有界,令

$$M=\sup_D f(x),\ m=\inf_D f(x).$$

由上确界的定义可知,存在 D 上点列$\{x^m\}$,使得$\lim\limits_{m\to\infty}f(x^m)=M$. 由于 D 是列紧集,所以存在子点列$\{x^{m_k}\}$和 $x^0\in D$,使得

$$\lim_{k\to\infty}x^{m_k}=x^0.$$

再由 $f(x)$的连续性可知 $f(x^0)=M$. 同理可证存在 $y^0\in D$,使得 $f(y^0)=m$.

定理 12.3.3　$\mathbf{R}^n$ 上有界闭集D上的连续函数$f(x)$必在D上一致连续，即任给 $\varepsilon>0$，存在 $\delta>0$，使得当 $x^1, x^2\in D$ 且 $|x^1-x^2|<\delta$ 时，有

$$|f(x^1)-f(x^2)|<\varepsilon.$$

证　用反证法，设 $f(x)$在 D 上不一致连续，则存在 $\varepsilon>0$，使得对任何自然数 m，存在 $x^m, y^m\in D$，满足

$$|x^m-y^m|<\frac{1}{m},\ |f(x^m)-f(y^m)|\geqslant\varepsilon.$$

由 D 的列紧性可知存在$\{x^m\}$的子点列$\{x^{m_k}\}$和 $x\in D$，使得

$$\lim_{k\to\infty}x^{m_k}=x.$$

由于$\lim\limits_{k\to\infty}|x^{m_k}-y^{m_k}|=0$，所以

$$\lim_{k\to\infty}y^{m_k}=x.$$

由 f 的连续性可得

$$\lim_{k\to\infty}f(x^{m_k})=\lim_{k\to\infty}f(y^{m_k})=f(x).$$

由此可知

$$\lim_{k\to\infty}|f(x^{m_k})-f(y^{m_k})|=0,$$

与$|f(x^{m_k})-f(y^{m_k})|\geqslant\varepsilon, k=1,2,\cdots$矛盾！

二、连通集上连续函数的性质

定理 12.3.4　设 $f(x)$是 $\mathbf{R}^n$ 的连通子集D上的连续函数，如果 $x^1, x^2\in D$ 且$f(x^1)<f(x^2)$，则对于任意实数 c，只要 $f(x^1)<c<f(x^2)$，就存在 $x^0\in D$，使得 $f(x^0)=c$.

证　反设 $f(x)\neq c, \forall x\in D$. 令

$$A=\{x\in D\mid f(x)<c\},$$
$$B=\{x\in D\mid f(x)>c\}.$$

显然 A, B 非空，$A\cap B=\varnothing$，$A\cup B=D$. 由于 $f(x)$在 D 上连续，则对任意 $x\in A$，则存在 x 的开邻域U_x，使得当 $y\in U_x\cap D$ 时，有 $f(y)<c$，即

$$U_x\cap D\subseteq A. \tag{12.3.1}$$

同理对任意 $x\in B$，存在 x 的开邻域U_x，使得

$$U_x\cap D\subseteq B. \tag{12.3.2}$$

令

$$O_1=\bigcup_{x\in A}U_x,\ O_2=\bigcup_{x\in B}U_x.$$

显然 O_1 和 O_2 都是开集且 $D=A\cup B\subseteq O_1\cup O_2$. 由于 A,B 都非空,从而

$$O_1\cap D=A\neq\varnothing, O_2\cap D=B\neq\varnothing.$$

再由(12.3.1)式,(12.3.2)式和 $A\cap B=\varnothing$,所以

$$D\cap O_1\cap O_2=\varnothing.$$

于是 D 不连通,矛盾!

注 如果 D 不是连通集,则存在 D 上的连续函数,使得**介值定理**不成立. 事实上,由于 D 不连通,所以存在开集 O_1 和 O_2,使得 $D\subseteq O_1\cup O_2$,且 $D\cap O_1\neq\varnothing, D\cap O_2\neq\varnothing, D\cap O_1\cap O_2=\varnothing$. 定义

$$f(x)=\begin{cases}1, & x\in O_1\cap D,\\ 0, & x\in O_2\cap D.\end{cases}$$

易证 $f(x)$ 在 D 上连续,显然**介值定理**不成立.

例 12.3.1 $\mathbf{R}^n$ 上范数的等价性. 对于每一个 $x\in\mathbf{R}^n$,我们已定义了它的欧氏范数

$$|x|=\left(\sum_{i=1}^{n}|x_i|^2\right)^{\frac{1}{2}}.$$

其中 $x=(x_1,x_2,\cdots,x_n)$. 一般来说,如果对于每一个 $x\in\mathbf{R}^n$,能指定实数 $N(x)$ 与之对应,使得下列所谓范数公理成立:

(i) $\forall x\in\mathbf{R}^n, N(x)\geqslant 0$ 且 $N(x)=0\Leftrightarrow x=0$;

(ii) $N(\lambda x)=|\lambda|N(x), \forall x\in\mathbf{R}^n, \lambda\in\mathbf{R}$;

(iii) $N(x+y)\leqslant N(x)+N(y), \forall x,y\in\mathbf{R}^n$;

则称 $N(x)$ 为 $\mathbf{R}^n$ 上的范数. 对于一般的线性空间,如果它还有范数,则称其为线性赋范空间. 一个向量 x 的范数,通常记为 $\|x\|$. 下面证明 $\mathbf{R}^n$ 的一个重要性质:$\mathbf{R}^n$ 上的任意两个范数 $N_1(\cdot)$ 和 $N_2(\cdot)$ 是等价的,即存在常数 $C>0$,使得

$$C^{-1}N_2(x)\leqslant N_1(x)\leqslant CN_2(x), \forall x\in\mathbf{R}^n. \tag{12.3.3}$$

为此只需证 $\mathbf{R}^n$ 上的任一范数 $N(\cdot)$ 与欧氏范数 $|\cdot|$ 等价,即存在常数 $M>0$,使得

$$M^{-1}|x|\leqslant N(x)\leqslant M|x|, \forall x\in\mathbf{R}^n. \tag{12.3.4}$$

证 记

$$e_1=(1,0,\cdots,0),$$
$$e_2=(0,1,0,\cdots,0),$$
$$\cdots\cdots\cdots\cdots$$

$$e_n = (0,\cdots,0,1),$$

对于任意 $x=(x_1,x_2,\cdots,x_n)\in\mathbf{R}^n$，则

$$x = x_1e_1 + x_2e_2 + \cdots + x_ne_n.$$

由范数公理可得

$$N(x)\leqslant |x_1|N(e_1)+|x_2|N(e_2)+\cdots+|x_n|N(e_n).$$

记

$$M_1 = \left(\sum_{i=1}^{n}N^2(e_i)\right)^{\frac{1}{2}},$$

由柯西不等式得

$$N(x)\leqslant M_1|x|,\forall x\in\mathbf{R}^n. \tag{12.3.5}$$

任取 $\mathbf{R}^n$ 中的收敛点列 $\{x^m\}$，设 $x^0=\lim\limits_{m\to\infty}x^m$. 由范数公理(iii)和(12.3.5)式可得

$$|N(x^m)-N(x^0)|\leqslant N(x^m-x^0)\leqslant M_1|x^m-x^0|.$$

从而 $\lim\limits_{m\to\infty}N(x^m)=N(x^0)$. 由 x^0 的任意性可知，$N(x)$ 在 $\mathbf{R}^n$ 上连续. 由定理 12.3.2 可知存在 $x^0\in\mathbf{R}^n$ 满足

$$|x^0|=1 \text{ 且 } N(x^0)=\inf_{|x|=1}N(x).$$

记 $M_2=N(x^0)$，由范数公理(i)可知 $M_2>0$. 对于任何 $x\in\mathbf{R}^n$ 且 $x\neq0$，记 $y=\frac{x}{|x|}$，则 $|y|=1$，从而

$$N(y)=\frac{1}{|x|}N(x)\geqslant M_2,$$

即

$$M_2|x|\leqslant N(x). \tag{12.3.6}$$

显然当 $x=0$ 时，(12.3.6)式也成立. 取 $M=\max(M_1,M_2^{-1})$，则从(12.3.5)式和(12.3.6)式得(12.3.4)式成立.

例 12.3.2　设 $f(x,y)$ 在 $\mathbf{R}^2$ 上连续，则对于任意 $r\geqslant0$，存在 $(x,y)\in\mathbf{R}^2$ 使得 $x^2+y^2=r^2$，且

$$f(x,y)=f(-x,-y). \tag{12.3.7}$$

证　若 $r=0$ 显然要证的结论成立. 设 $r>0$，令

$$g(x,y)=f(x,y)-f(-x,-y),$$

则 $g(r,0)=-g(-r,0)$. 如果 $g(r,0)=0$，显然 $(r,0)$ 使得(12.3.7)式成立. 若 $g(r,0)\neq0$，不妨设 $g(r,0)>0$. 则 $g(-r,0)<0$. 在 $\mathbf{R}^2$ 上考虑半圆周

$$S=\{(x,y)\in\mathbf{R}^2\mid x^2+y^2=r^2,y\geqslant 0\}.$$

显然 S 是 $\mathbf{R}^2$ 上的连通集. 由 g 的连续性和定理 12.3.4 可知存在 $(x,y)\in S$ 使得 $g(x,y)=0$, 即

$$f(x,y)=f(-x,-y).$$

例 12.3.3(Arzela-Ascoli 定理) 设 K 是 $\mathbf{R}^n$ 的紧子集, $\{f_m(x)\}$ 为定义于 K 上的连续函数列. $\{f_m(x)\}$ 称为在 K 上一致有界, 如果存在 $M>0$ 使得

$$|f_m(x)|\leqslant M,\ \forall x\in K, m\in N.$$

$\{f_m(x)\}$ 称为在 K 上等度一致连续, 如果对任意给定的 $\varepsilon>0$, 存在 $\delta>0$, 使得当 $x^1,x^2\in K$, 且 $|x^1-x^2|<\delta$, 就有

$$|f_m(x^1)-f_m(x^2)|<\varepsilon,\ \forall m\in N.$$

如果 $\{f_m(x)\}$ 在 K 上一致收敛, 则 $\{f_m(x)\}$ 在 K 上一致有界且等度一致连续. 反之, 如果 $\{f_m(x)\}$ 在 K 上一致有界且等度一致连续, 则 $\{f_m(x)\}$ 必有在 K 上一致收敛的子序列.

证 设连续函数列 $\{f_m(x)\}$ 在 K 上一致收敛, 记其极限函数为 $g(x)$. 与一元函数情况类似, 易知 $g(x)$ 在 K 上连续. 由于 K 为 $\mathbf{R}^n$ 的紧子集, 由定理 12.3.1 可知, $g(x)$ 在 K 上有界. 从而存在 $M_1>0$ 使得

$$|g(x)|\leqslant M_1,\ \forall x\in K.$$

由于 $\{f_m(x)\}$ 在 K 上一致收敛于 $g(x)$, 所以存在自然数 m_0, 使得当 $m>m_0$ 时,

$$|f_m(x)-g(x)|<M_1,\ \forall x\in K.$$

于是当 $m>m_0$ 时,

$$|f_m(x)|\leqslant 2M_1,\ \forall x\in K.$$

再用定理 12.3.1 可知 $f_1(x),\cdots,f_{m_0}(x)$ 都在 K 上有界, 所以存在 $M_2>0$ 使得

$$|f_m(x)|\leqslant M_2,\ \forall x\in K, m=1,\cdots,m_0.$$

取 $M=\max\{2M_1,M_2\}$, 则

$$|f_m(x)|\leqslant M,\ \forall x\in K, m\in N,$$

即 $\{f_m(x)\}$ 在 K 上一致有界. 以下证 $\{f_m(x)\}$ 在 K 上等度一致连续. 任给 $\varepsilon>0$, 由于 $g(x)$ 在 K 上连续, 由定理 12.3.3 可知它在 K 上一致连续. 从而 $\exists\,\delta_1>0$, 使得当 $x^1,x^2\in K$, 且 $|x^1-x^2|<\delta_1$ 时

$$|g(x^1)-g(x^2)|<\frac{\varepsilon}{3}.$$

由于$\{f_m(x)\}$在K上一致收敛于$g(x)$,所以存在自然数m_0,使得当$m>m_0$时

$$|f_m(x)-g(x)|<\frac{\varepsilon}{3},\forall x\in K.$$

于是任取$x^1,x^2\in K$,$|x^1-x^2|<\delta_1$,则对于$m>m_0$有

$$\begin{aligned}&|f_m(x^1)-f_m(x^2)|\\ \leqslant&|f_m(x^1)-g(x^1)|+|g(x^1)-g(x^2)|+|g(x^2)-f_m(x^2)|\\ <&\frac{\varepsilon}{3}+\frac{\varepsilon}{3}+\frac{\varepsilon}{3}=\varepsilon.\end{aligned}$$

若$m\leqslant m_0$,由于$f_m(x)$在K上连续,从而一致连续,所以存在$\delta_2>0$使得当$x^1,x^2\in K$,且$|x^1-x^2|<\delta_2$时有

$$|f_m(x^1)-f_m(x^2)|<\varepsilon,m=1,2,\cdots,m_0.$$

取$\delta=\min(\delta_1,\delta_2)$,则当$x^1,x^2\in K$且$|x^1-x^2|<\delta$时有

$$|f_m(x^1)-f_m(x^2)|<\varepsilon,\forall m\in N,$$

即$\{f_m(x)\}$在K上等度一致连续.

反之,设$\{f_m(x)\}$在K上一致有界,且等度一致连续.由于K是紧集,任给$\delta>0$,根据Borel定理可知存在K上的有限个点$y^1,y^2,\cdots,y^l$,使得

$$K\subseteq\bigcup_{i=1}^{l}B_\delta(y^i)\tag{12.3.8}$$

其中$B_\delta(y)=\{x\in\mathbf{R}^n\,|\,|x-y|<\delta\}$.于是可在$K$上取无穷点列$y^1,y^2,\cdots,y^l,\cdots$,使得对任给的$\delta>0$,存在自然数$l=l(\delta)$,使得(12.3.8)式成立.由于$\{f_m(x)\}$在$K$上一致有界,所以$\{f_m(y^1)\}$是有界数列.由Bolzano-Weierstrass引理可知它有收敛的子序列$\{f_{m_j}(y^1)\}$.记$f_{m_j}(x)=f_{1j}(x)$,则$\{f_{1j}(y^2)\}$也是有界数列,从而也有收敛的子序列$\{f_{1j_l}(y^2)\}$.记$f_{2l}(x)=f_{1j_l}(x)$,则$\{f_{2l}(x)\}$是$\{f_{1j}(x)\}$的子序列且$\{f_{2l}(y^i)\}$收敛,其中$i=1,2$.依此类推,用归纳法可得

$$\{f_{lj}(x)\}_{j=1,2,\cdots},\quad l=1,2,\cdots$$

使得$\{f_{lj}(x)\}_{j=1,2,\cdots}$是$\{f_{l-1j}(x)\}_{j=1,2,\cdots}$的子序列,其中$l=2,3\cdots$,且

$$\{f_{lj}(y^i)\}_{j=1,2,\cdots}$$

收敛,其中$i=1,2,\cdots,l$.记$h_l(x)=f_{ll}(x)$,则$\{h_l(x)\}$是$\{f_m(x)\}$的子序列且$\{h_l(y^i)\}_{l=1,2,\cdots}$收敛,　$i=1,2,\cdots$任给$\varepsilon>0$,由于$\{f_m(x)\}$等度一致连续,从而$\{h_l(x)\}$等度一致连续,因此存在$\delta>0$,使得当$x^1,x^2\in K$且$|x^1-x^2|$

$<\delta$ 时,

$$|h_l(x^1)-h_l(x^2)|<\frac{\varepsilon}{3},l=1,2,\cdots \tag{12.3.9}$$

对于 δ 存在自然数 m_0,使得

$$K\subseteq\bigcup_{i=1}^{m_0}B_\delta(y^i). \tag{12.3.10}$$

由于 $\{h_l(y^i)\}_{l=1,2,\cdots}$ 收敛,从而存在自然数 l_0,使得当 $l,m>l_0$ 时

$$|h_l(y^i)-h_m(y^i)|<\frac{\varepsilon}{3},\quad i=1,2,\cdots,m_0. \tag{12.3.11}$$

任取 $x\in K$,由(12.3.10)式可知存在 $y^i,i\in\{1,2,\cdots,m_0\}$,使得

$$|y^i-x|<\delta.$$

再由(12.3.9)式和(12.3.11)式,当 $l,m>l_0$ 时有

$$\begin{aligned}&|h_l(x)-h_m(x)|\\ \leqslant&|h_l(x)-h_l(y^i)|+|h_l(y^i)-h_m(y^i)|+|h_m(y^i)-h_m(x)|\\ <&\frac{\varepsilon}{3}+\frac{\varepsilon}{3}+\frac{\varepsilon}{3}=\varepsilon,\end{aligned} \tag{12.3.12}$$

即 $\{h_l(x)\}$ 是实数的柯西序列. 于是 $\{h_l(x)\}$ 在 K 上逐点收敛,记它的极限函数为 $g(x)$. 任给 $\varepsilon>0$,当 $l,m>l_0$ 时,由于(12.3.12)式成立,令 $m\to+\infty$,可得

$$|h_l(x)-g(x)|\leqslant\varepsilon,\forall x\in K,$$

即 $\{h_l(x)\}$ 在 K 上一致收敛于 $g(x)$.

习 题 12

1. 设

$$A=\begin{pmatrix}a_{11}&\cdots&a_{1n}\\ \vdots&&\vdots\\ a_{n1}&\cdots&a_{nn}\end{pmatrix}$$

是 n 阶实方阵,记

$$|A|=\left(\sum_{i,j=1}^{n}|a_{ij}|^2\right)^{\frac{1}{2}},$$

求证对任意

$$x\in\begin{pmatrix}x_1\\ \vdots\\ x_n\end{pmatrix}\in\mathbf{R}^n,$$

有

$$|Ax|\leqslant|A||x|.$$

2. 设 G_n 是一切 n 阶实方阵组成的集合，$p\geqslant 1, q\geqslant 1$，对于 G_n 中任意两个元素 $A=(a_{ij}), B=(b_{ij})$，定义

$$\rho(A,B)=\left[\sum_{i=1}^{n}\left(\sum_{j=1}^{n}|a_{ij}-b_{ij}|^{q}\right)^{\frac{p}{q}}\right]^{\frac{1}{p}}.$$

求证 G_n 连同上述之 $\rho(A,B)$ 成为一个距离空间.

3. 在 $\mathbf{R}^n$ 中举出以下例子：

(i) 无穷个开集之交不为开集；

(ii) 无穷个闭集之并不为闭集.

4. 设 A 是 $\mathbf{R}^n$ 的子集，x^0 是 A 的聚点，求证存在点列 $\{x^m\}\subseteq A$ 使得 $x^m\neq x^0$，且

$$\lim_{m\to\infty}x^m=x^0.$$

5. 对下列 $\mathbf{R}^2$ 中的集合 A，求 $A^0, \partial A, A', \overline{A}$.

(i) $A=\{(x,y)\mid x>0, y\geqslant 0\}$；

(ii) $A=\left\{(x,y)\mid y=\begin{cases}\sin\dfrac{1}{x}, & x\neq 0,\\ 0, & x=0,\end{cases} x \text{ 为实数}\right\}$；

(iii) $A=\left\{\left(\dfrac{1}{n},\dfrac{m+1}{m}\right)\mid m,n \text{ 为正整数}\right\}$.

6. 设 A,B 是 $\mathbf{R}^n$ 的非空子集，对于 $x\in\mathbf{R}^n$，令

$$d(x,A)=\inf_{y\in A}|x-y|,$$

求证 $D=\{x\in\mathbf{R}^n\mid d(x,A)<d(x,B)\}$ 是开集.

7. 在 $\mathbf{R}^n$ 中举出以下例子：

(i) 有界集但不是紧集；

(ii) 闭集但不是紧集.

8. 设 A,B 是 $\mathbf{R}^n$ 中两个不交的闭集，且其中一个是紧集，求证它们之间的距离满足

$$d(A,B)=\inf_{x\in A, y\in B}|x-y|>0,$$

并举例说明两个不交闭集的距离可能是 0.

9. 设 $F_1\supseteq F_2\supseteq\cdots\supseteq F_m\supseteq\cdots$，且每一个 F_m 均是 $\mathbf{R}^n$ 中非空有界闭集，求证

$$\bigcap_{m=1}^{\infty}F_m\neq\varnothing,$$

并问如果仅假定每一个 F_m 都是非空闭集，结论是否仍然成立？

10. 设 $A\subseteq\mathbf{R}^n$，称 $\{F_i\}_{i\in I}$ 是关于 A 具有有限交性质的 $\mathbf{R}^n$ 的子集族，即 $F_i\subseteq\mathbf{R}^n$，$\forall i\in I$，且对于 I 的任何有限子集 J 均有

$$A\cap\left(\bigcap_{i\in J}F_i\right)\neq\varnothing.$$

求证：A 是紧集的充分必要条件是任何关于 A 具有有限交性质的闭集族 $\{F_i\}_{i\in I}$ 均满足

$$A\cap\left(\bigcap_{i\in I}F_i\right)\neq\varnothing.$$

11. 设$\{x^m\}$为 $\mathbf{R}^n$ 中的点列.

(i) 如果$\{x^m\}$的任何子序列均在 $\mathbf{R}^n$ 中收敛,求证$\{x^m\}$在 $\mathbf{R}^n$ 中收敛.

(ii) 如果$\{x^m\}$的任何子序列均在 $\mathbf{R}^n$ 中不收敛,求证 $\lim\limits_{m\to\infty}|x^m|=+\infty$.

12. 设 $A=\{(x,y)\in\mathbf{R}^2\,|\,x,y$ 中至少有一个是无理数$\}$,求证 A 在 $\mathbf{R}^2$ 上是道路连通的.

13. 求证 $\mathbf{R}^n$ 中的连通开集必是道路连通集.

14. 设 $A\subseteq\mathbf{R}^n$,如果对于 $\mathbf{R}^n$ 的任何非空开子集 U,$A\cap U\neq\varnothing$,则称 A 是 $\mathbf{R}^n$ 的稠密子集.设 A_m 是 $\mathbf{R}^n$ 的稠密开子集,$m=1,2,\cdots$.令

$$A=\bigcap_{m=1}^{\infty}A_m,$$

求证 A 在 $\mathbf{R}^n$ 中稠密.

15. 设 A,B 是 $\mathbf{R}^n$ 中的两个不交闭集,求证存在 $\mathbf{R}^n$ 中的开集 U 和 V,使得

$$A\subseteq U,B\subseteq V,\text{且 } U\cap V=\varnothing.$$

16. 设 $D_{n-1}=\{(x_1,\cdots,x_n)\in\mathbf{R}^n;x_n=0,x_1^2+\cdots+x_{n-1}^2\leqslant 1\}$.对于 $\delta>0$ 令

$$D_{n-1}^{\delta}=\{(x_1,\cdots,x_n)\in\mathbf{R}^n\,||\,x_n\,|<\delta,x_1^2,+\cdots+x_{n-1}^2\leqslant 1\}.$$

如果$\{O_i\}_{i\in I}$是D_{n-1}的开覆盖,求证存在 $O_{i_1},\cdots,O_{i_l}$ 和 $\delta>0$,使得

$$D_{n-1}^{\delta}\subseteq\bigcup_{k=1}^{l}O_{i_k}.$$

17. 用极限定义证明:

(i) $\lim\limits_{(x,y)\to(4,-1)}(3x-2y)=14$;

(ii) $\lim\limits_{(x,y)\to(2,3)}\dfrac{3xy-y^2}{2x+5y}=\dfrac{9}{19}$;

(iii) $\lim\limits_{(x,y)\to(0,0)}(x^2+y^2)^{x^2y^2}=1$.

18. 判断下列极限是否存在,如果存在并求其值.

(i) $\lim\limits_{(x,y)\to(0,0)}\dfrac{3x-2y}{2x-3y}$;

(ii) $\lim\limits_{(x,y)\to(0,0)}\dfrac{y\sin(x^2+y^2)}{x^2+y^2}$;

(iii) $\lim\limits_{(x,y)\to(0,0)}\dfrac{\ln(x+\mathrm{e}^y)}{\sqrt{x^2+y^2}}$;

(iv) $\lim\limits_{(x,y)\to(0,0)}(x+y)\ln(x+y)$;

(v) $\lim\limits_{(x,y)\to(0,0)}\dfrac{x^2+y^4}{x^4+y^2}$;

(vi) $\lim\limits_{(x,y)\to(0,1)}\mathrm{e}^{-\frac{1}{x^2(y-1)^2}}$;

(vii) $\lim\limits_{(x,y)\to(0,0)}\dfrac{2x-y}{x^2+y^2}$;

(viii) $\lim\limits_{(x,y)\to(2,1)}\dfrac{\arcsin(xy-2)}{\arctan(3xy-6)}$;

(ix) $\lim\limits_{\substack{x\to+\infty\\y\to2}}\left(\dfrac{x+y}{x}\right)^{\frac{x^2}{x+y}}$;

(x) $\lim\limits_{(x,y,z)\to(0,0,0)}\dfrac{xyz}{x^2+y^2+z^2}$.

19. 设 $f(x,y)=\dfrac{x^2y^2}{x^2y^2+(x-y)^2}$.

(i) 求$\lim\limits_{x\to0}\lim\limits_{y\to0}f(x,y)$和$\lim\limits_{y\to0}\lim\limits_{x\to0}f(x,y)$;

(ii) 问 $\lim\limits_{(x,y)\to(0,0)}f(x,y)$是否存在.

20. 设 $f(x,y)=x^y(x>0,y>0)$.

(i) 在第一象限求当(x,y)沿任一确定方向趋于0时求 $f(x,y)$的方向极限;

(ii) 在第一象限当(x,y)沿曲线为 $y=x^p$(p 为正常数)趋于0时,求 $f(x,y)$的极限;

(iii) 问 $\lim\limits_{\substack{(x,y)\to(0,0)\\x>0,y>0}}f(x,y)$是否存在?

21. 设

$$f(x,y)=\begin{cases}\dfrac{xy}{x^2+y^2}, & x^2+y^2\neq0,\\ 0, & x^2+y^2=0,\end{cases}$$

求证 $f(x,y)$分别对 x,y 连续,但 $f(x,y)$在$(0,0)$点不连续.

22. 设 $f(x,y,z)$定义在 $\mathbf{R}^3$ 上且关于 x,y,z 分别是单增的,如果对任意实数 z 和 x 有

$$\lim_{\substack{x\to+\infty\\y\to+\infty}}f(x,y,z)=g(z),$$

$$\lim_{\substack{y\to+\infty\\z\to+\infty}}f(x,y,z)=h(x),$$

且 $\lim\limits_{z\to+\infty}g(z)=a$,求证 $\lim\limits_{x\to+\infty}h(x)=a$.

23. 设二元函数 $f(x,y)$定义在

$$[a,b]\times[c,d]=\{(x,y)\mid a\leqslant x\leqslant b,c\leqslant y\leqslant d\}$$

上,$f(x,y)$关于 x 在$[a,b]$上连续,且关于 y 单调上升.如果

$$\lim_{y\to d-0}f(x,y)=f(x,d),$$

求证这一收敛关于 $x\in[a,b]$是一致的,即任给 $\varepsilon>0$,存在 $\delta>0$,当 $y\in[c,d]$且 $0<d-y<\delta$ 时,对所有 $x\in[a,b]$有

$$|f(x,y)-f(x,d)|<\varepsilon.$$

24. 设$(x_0,y_0)\in\mathbf{R}^2$,$f(x,y)$定义在(x_0,y_0)的一个开邻域 $U=\{(x,y)\mid|x-x_0|<\eta,|y-y_0|<\eta\}$内且关于 x,y 分别连续.

(i) 如果 $f(x,y)$关于 x,y 中的一个是单调的.求证 $f(x,y)$作为二元函数在(x_0,y_0)连续;

(ii) 如果 $f(x,y)$关于一个变量的连续性对另一个变量是一致的,例如关于 x 的连续性对于y 一致,即对于任何 $\tilde{x}\in(x_0-\eta,x_0+\eta)$和任给的 $\varepsilon>0$,存在 $\delta>0$,使得当 $x\in(x_0-\eta,x_0+\eta)$且$|x-\tilde{x}|<\delta$ 时,对所有的 $y\in(y_0-\eta,y_0+\eta)$有

$$|f(x,y)-f(\tilde{x},y)|<\varepsilon.$$

求证 $f(x,y)$作为二元函数在(x_0,y_0)连续.

25. 设 $f(x)$是定义在 $\mathbf{R}^n$ 上的函数,求证 $f(x)$连续的充要条件是:对于任意实数 c, $\{x\in\mathbf{R}^n \mid f(x)>c\}$和$\{x\in\mathbf{R}^n \mid f(x)<c\}$都是 $\mathbf{R}^n$ 的开子集.

26. 设 D 是 $\mathbf{R}^n$ 的紧子集,$f(x)$为定义在 D 上的函数,求证 $f(x)$在 D 上连续的充要条件是

$$\{(x_1,\cdots,x_n,x_{n+1})\in\mathbf{R}^{n+1} \mid x_{n+1}=f(x_1,\cdots,x_n),\\ (x_1,\cdots,x_n)\in D\}$$

是 $\mathbf{R}^{n+1}$中的紧集.

27. 设 $f(x,y)$在$[a,b]\times[c,d]$上连续,函数列 $\varphi_n(x)$在$[a,b]$上一致收敛且 $c\leqslant\varphi_n(x)\leqslant d$,求证函数列

$$F_n(x)=f(x,\varphi_n(x))$$

也在$[a,b]$上一致收敛.

28. 求证:

(i)

$$f(x,y)=\begin{cases}\dfrac{y\sin(x^2+y^2)}{x^2+y^2}, & (x,y)\neq(0,0),\\ 0, & (x,y)=(0,0)\end{cases}$$

在 $\mathbf{R}^2$ 上一致连续;

(ii) $f(x,y)=\sin(xy)$在 $\mathbf{R}^2$ 上不一致连续.

29. 设 n 为自然数,求证存在 n 阶多项式$p(x)$使得

$$\max_{-1\leqslant x\leqslant 1}|p(x)|=\inf_{(a_1,\cdots,a_n)\in\mathbf{R}^n}\{\max_{-1\leqslant x\leqslant 1}|x^n+a_1x^{n-1}+\cdots\\ +a_{n-1}x+a_n|\}.$$

30. 设 $p(z)=a_0+a_1z+\cdots+a_kz^k$ 是复系数k 阶多项式,$k\geqslant1$,$z=x+\mathrm{i}y$ 为复数.若复数 z_0 使得

$$|p(z_0)|\neq 0,$$

求证存在复数列 z_n 使得$|z_n-z_0|\to0$,且

$$|p(z_n)|<|p(z_0)|.$$

31. 利用 30 题的结果证明代数基本定理:任意 k 次复系数多项式($k\geqslant1$)必有复根.

32. 设 Ω 是 $\mathbf{R}^n$ 中的区域,$f(x)$定义在 Ω 上.对于 $x^0\in\Omega$,如果对于任给的 $\varepsilon>0$,存在 $\delta>0$,使得当 $x\in\Omega$,且$|x-x^0|<\delta$时,

$$f(x)<f(x^0)+\varepsilon,$$

则称 $f(x)$在 x^0 上半连续.如果对任给的 $\varepsilon>0$,存在 $\delta>0$,使得当 $x\in\Omega$ 且$|x-x^0|<\delta$时

$$f(x)>f(x^0)-\varepsilon,$$

则称 $f(x)$在 x^0 下半连续.设 x^0 是 Ω 的聚点,求证:

(i) $f(x)$在 x^0 上半连续的充要条件是 $f(x)$在 x^0 的邻近有上界且

$$\varlimsup_{\Omega \ni x \to x^0} f(x) \leqslant f(x^0);$$

(ii) $f(x)$在 x^0 下半连续的充要条件是 $f(x)$在 x^0 的邻近有下界且

$$\varliminf_{\Omega \ni x \to x^0} f(x) \geqslant f(x^0).$$

33. 设 $f(x)$是定义在 $\mathbf{R}^n$ 上的函数,求证 $f(x)$处处上半连续的充要条件是:对任意实数 c,集合$\{x \in \mathbf{R}^n \mid f(x) < c\}$是开集.

34. 设 $f(x)$定义在 $\mathbf{R}^n$ 上,求证 $f(x)$处处下半连续的充要条件是:对任意实数 c,$\{x \in \mathbf{R}^n \mid f(x) > c\}$是开集.

35. 设 Ω 是 $\mathbf{R}^n$ 中的紧集,$f(x)$是 Ω 上的上半连续函数,求证 $f(x)$在 Ω 上有上界并达到最大值.

36. 设 $f(x)$是 $\mathbf{R}^n$ 的紧子集 Ω 上的下半连续函数,求证 $f(x)$在 Ω 上有下界并达到最小值.

37. 设 $f_m(x)$, $m=1,2,\cdots$,是 $\mathbf{R}^n$ 中紧集 Ω 上的连续函数列,如果对任意 $x \in \Omega$ 有

$$\sup_m f_m(x) < +\infty,$$

求证函数

$$f(x) = \sup_m f_m(x)$$

在 Ω 上达到最小值.

第十三章　多元函数的微分学

与一元情况类似，本章讨论偏导数、全微分及其对于多元函数研究的应用.

§13.1　偏　导　数

一、偏导数概念

已给一个 n 元函数 $u=f(x_1,\cdots,x_n)$ $(n\geqslant 2)$. 如果我们将其 $n-1$ 个自变量暂时固定，例如固定 $x_1,\cdots,x_{n-1}$，则 u 就是自变量 x_n 的一元函数，u 关于 x_n 的导数就称为 n 元函数 $u=f(x_1,\cdots,x_n)$ 关于 x_n 的偏导数. 下面以二元函数为例给出偏导数的精确定义. 设 $z=f(x,y)$ 在 (x_0,y_0) 点的某个邻域内有定义. 如果一元函数 $f(x,y_0)$ 在 x_0 点的导数存在，即

$$\lim_{\Delta x\to 0}\frac{f(x_0+\Delta x,y_0)-f(x_0,y_0)}{\Delta x}$$

收敛，则称二元函数 $z=f(x,y)$ 在 (x_0,y_0) 点关于 x 的偏导数存在，并把 $f(x,y_0)$ 在 x_0 的导数值称为二元函数 $z=f(x,y)$ 在 (x_0,y_0) 点关于 x 的偏导数值，记为 $z_x(x_0,y_0)(f_x(x_0,y_0))$ 或者 $\frac{\partial z}{\partial x}(x_0,y_0)\left(\frac{\partial f}{\partial x}(x_0,y_0)\right)$. 完全类似可以定义关于 y 的偏导数 $z_y(f_y)$ 或者 $\frac{\partial z}{\partial y}\left(\frac{\partial f}{\partial y}\right)$.

从上述定义可以看出偏导数不是新概念，它不过是一个多元函数关于某一个自变量的导数. 因此，一元函数的求导法则与导数的性质许多可以直接应用于偏导数. 但是由于多元函数的复杂性，某些一元函数导数性质的应用要增加一些条件. 例如导数存在与函数连续的关系，在一元情况是很简单的. 只要一元函数 $y=f(x)$ 在 x_0 处导数存在，则它必在该处连续. 对于二元函数 $z=f(x,y)$ 来说，即使它关于 x 和 y 的偏导数均在一点 (x_0,y_0) 存在，由此一般来说也得不到它在 (x_0,y_0) 连续的结论. 请看以下例子：

例 13.1.1

$$f(x,y)=\begin{cases}\dfrac{xy}{x^2+y^2}, & x^2+y^2\neq 0,\\ 0, & x^2+y^2=0.\end{cases}$$

虽然 $f_x(0,0)=f_y(0,0)=0$，但 $\lim\limits_{\substack{x\to0\\y\to0}}f(x,y)$ 不存在.

关于多元函数偏导数与连续性的关系我们有以下定理.

定理 13.1.1　设 $f(x,y)$ 定义于 (x_0,y_0) 的一个邻域 N 内. 如果 $f(x,y_0)$ 作为 x 的函数在 x_0 连续，f_y 在 N 内处处存在且有界(或者 $f(x_0,y)$ 作为 y 的函数在 y_0 连续，f_x 在 N 内处处存在且有界)，则 $f(x,y)$ 在 (x_0,y_0) 连续.

证　不妨设 $N=\{(x,y)\in\mathbf{R}^2\mid |x-x_0|<r,|y-y_0|<r\}$，其中 $r>0$. 考虑差分

$$\begin{aligned}I&=f(x_0+\Delta x,y_0+\Delta y)-f(x_0,y_0)\\&=f(x_0+\Delta x,y_0+\Delta y)-f(x_0+\Delta x,y_0)\\&\quad+f(x_0+\Delta x,y_0)-f(x_0,y_0),\end{aligned}$$

其中 $|\Delta x|<r,|\Delta y|<r$. 由假设存在 $M>0$ 使得

$$|f_y(x,y)|\leqslant M,\ \forall(x,y)\in N.$$

从而由一元函数的中值定理可得

$$\begin{aligned}&|f(x_0+\Delta x,y_0+\Delta y)-f(x_0+\Delta x,y_0)|\\=&|f_y(x_0+\Delta x,y_0+\theta\Delta y)\Delta y|\leqslant M|\Delta y|,\end{aligned}$$

其中 $0<\theta<1$. $\forall\varepsilon>0$，由于 $f(x,y_0)$ 在 x_0 连续，所以存在 $0<\delta_1<r$ 使得，当 $|\Delta x|<\delta_1$ 时有

$$|f(x_0+\Delta x,y_0)-f(x_0,y_0)|<\frac{\varepsilon}{2}.$$

令 $\delta=\min\left\{\delta_1,\dfrac{\varepsilon}{2M}\right\}$，则当 $|\Delta x|<\delta,|\Delta y|<\delta$ 时，

$$|I|=|f(x_0+\Delta x,y_0+\Delta y)-f(x_0,y_0)|<\varepsilon,$$

于是 $f(x,y)$ 在 (x_0,y_0) 点连续.

推论　如果 $f(x,y)$ 在 (x_0,y_0) 的一个邻域内所有偏导数处处都存在且有界，则 $f(x,y)$ 在 (x_0,y_0) 连续.

定理 13.1.1 及推论很容易推广到 n 元函数的情况. 记 $x=(x_1,\cdots,x_n)\in R^n$，$x^0=(x_1^0,\cdots,x_n^0)$，若 n 元函数 $f(x)$ 在 x^0 的一个邻域内所有偏导数都存在且有界，则 $f(x)$ 在 x^0 连续.

二、复合函数的偏导数及链式法则

定理 13.1.2　设 $f(u,v)$ 定义在 (u_0,v_0) 的一个邻域 N_1 内，$u=u(x,y)$，$v=v(x,y)$ 定义在 (x_0,y_0) 的一个邻域 N_2 内，且 $u_0=u(x_0,y_0)$，$v_0=$

$v(x_0,y_0)$,

$$\{(u,v) \mid u = u(x,y), v = v(x,y), (x,y) \in N_2\} \subseteq N_1.$$

记 $g(x,y)=f(u(x,y),v(x,y)),(x,y)\in N_2$. 如果 $f(u,v)$在 N_1 内所有偏导数存在且都在(u_0,v_0)连续, $u(x,y),v(x,y)$所有在(x_0,y_0)的偏导数都存在,则 $g(x,y)$在(x_0,y_0)的偏导数存在且

$$g_x(x_0,y_0) = f_u(u_0,v_0)u_x(x_0,y_0) + f_v(u_0,v_0)v_x(x_0,y_0), \tag{13.1.1}$$

$$g_y(x_0,y_0) = f_u(u_0,v_0)u_y(x_0,y_0) + f_v(u_0,v_0)v_y(x_0,y_0). \tag{13.1.2}$$

证 不妨设 $N_1 = \{(u,v) \mid |u-u_0| < r_1, |v-v_0| < r_1\}$, $N_2 = \{(x,y) \mid |x-x_0| < r_2, |y-y_0| < r_2\}$,其中 $r_1,r_2>0$. 任取 Δx 使得 $0<|\Delta x|<r_2$,则差商

$$\begin{aligned}
Q &= \frac{1}{\Delta x}[g(x_0+\Delta x,y_0) - g(x_0,y_0)] \\
&= \frac{1}{\Delta x}[f(u(x_0+\Delta x,y_0),v(x_0+\Delta x,y_0)) - f(u_0,v_0)] \\
&= \frac{1}{\Delta x}[f(u(x_0+\Delta x,y_0),v(x_0+\Delta x,y_0)) \\
&\quad - f(u(x_0+\Delta x,y_0),v_0)] + \frac{1}{\Delta x}[f(u(x_0+\Delta x,y_0),v_0) \\
&\quad - f(u_0,v_0)].
\end{aligned}$$

由一元函数的中值定理可得

$$\begin{aligned}
Q_1 &= \frac{1}{\Delta x}[f(u(x_0+\Delta x,y_0),v(x_0+\Delta x,y_0)) \\
&\quad - f(u(x_0+\Delta x,y_0),v_0)] \\
&= f_v(u(x_0+\Delta x,y_0),\xi_1)\frac{v(x_0+\Delta x,y_0)-v_0}{\Delta x} \\
&= f_v(u(x_0+\Delta x,y_0),\xi_1)\frac{v(x_0+\Delta x,y_0)-v(x_0,y_0)}{\Delta x}
\end{aligned}$$

其中 ξ_1 是介于 $v(x_0+\Delta x,y_0)$和 v_0 之间的值.

$$Q_2 = \frac{1}{\Delta x}[f(u(x_0+\Delta x,y_0),v_0) - f(u_0,v_0)]$$

$$= f_u(\xi_2, v_0)\frac{u(x_0+\Delta x, y_0) - u(x_0, y_0)}{\Delta x}.$$

其中 ξ_2 是介于 $u(x_0+\Delta x, y_0)$和 u_0 之间的值. 由于 $u(x, y_0), v(x, y_0)$在 x_0 导数存在,从而 $u(x, y_0), v(x, y_0)$在 x_0 连续,即

$$\lim_{\Delta x \to 0} u(x_0+\Delta x, y_0) = u(x_0, y_0) = u_0,$$

$$\lim_{\Delta x \to 0} v(x_0+\Delta x, y_0) = v(x_0, y_0) = v_0.$$

再由 f_u, f_v 在(u_0, v_0)的连续性可得

$$\lim_{\Delta x \to 0} Q_1 = f_v(u_0, v_0)v_x(x_0, y_0),$$

$$\lim_{\Delta x \to 0} Q_2 = f_u(u_0, v_0)u_x(x_0, y_0).$$

由此立即可知 $g_x(x_0, y_0)$存在且(13.1.1)式成立. 同理可证 $g_y(x_0, y_0)$存在且(13.1.2)式成立.

显然定理 13.1.2 可推广到一般情况:记

$$u = (u_1, \cdots, u_n) \in \mathbf{R}^n, x = (x_1, \cdots, x_m) \in \mathbf{R}^m.$$

设 n 元函数 $f(u)$定义在 $u^0 = (u_1^0, \cdots, u_n^0) \in \mathbf{R}^n$ 的一个邻域N_1 内, $u_i = u_i(x)(i=1,2,\cdots,n)$均是定义于 $x^0 = (x_1^0, \cdots, x_m^0) \in \mathbf{R}^m$ 的一个邻域N_2 内的函数,满足 $u_i^0 = u_i(x^0), i=1,2,\cdots,n$,且$\{u=(u_1,\cdots,u_n) \mid u_i = u_i(x), i=1,\cdots,n, x\in N_2\} \subseteq N_1$. 如果 $f(u)$在 N_1 的所有偏导数处处存在且在 u^0 处连续, $u_i(x), i=1,2,\cdots,n$,在 x^0 的所有偏导数都存在,则复合函数 $g(x) = f(u_1(x), \cdots, u_n(x))$在 x^0 的所有偏导数都存在且

$$\frac{\partial g}{\partial x_j}(x^0) = \sum_{i=1}^{n}\frac{\partial f}{\partial u_i}(u^0)\frac{\partial u_i}{\partial x_j}(x^0), j = 1,2,\cdots,m. \tag{13.1.3}$$

一般称(13.1.3)式为复合函数求导的链式法则.

三、高阶偏导数

设 Ω 是 $\mathbf{R}^n$ 中的开区域, $f(x)$为定义于 Ω 内的函数,如果 f_{x_i} 在Ω 内处处存在,则 $f_{x_i}(x)$也是定义于 Ω 内的函数. 若 f_{x_i} 关于x_j 的偏导数$(f_{x_i})_{x_j}$ 存在,则称其为 f 的二阶偏导数,记为

$$(f_{x_i})_{x_j} = f_{x_i x_j} \text{ 或者} (f_{x_i})_{x_j} = \frac{\partial^2 f}{\partial x_i \partial x_j}.$$

以此类推可以定义 f 的任意阶偏导数. 一个重要的问题是高阶偏导数的值是否与求导次序有关. 一般来说是有关的.

例 13.1.2

$$f(x,y)=\begin{cases}xy\dfrac{x^2-y^2}{x^2+y^2}, & x^2+y^2\neq 0,\\ 0, & x^2+y^2=0.\end{cases}$$

易知

$$f_x(x,y)=\begin{cases}y\dfrac{x^2-y^2}{x^2+y^2}+\dfrac{2x^2y}{x^2+y^2}-\dfrac{2x^2y(x^2-y^2)}{(x^2+y^2)^2}, & x^2+y^2\neq 0,\\ 0, & x^2+y^2=0.\end{cases}$$

$$f_y(x,y)=\begin{cases}x\dfrac{x^2-y^2}{x^2+y^2}-\dfrac{2xy^2}{x^2+y^2}-\dfrac{2xy^2(x^2-y^2)}{(x^2+y^2)^2}, & x^2+y^2\neq 0\\ 0, & x^2+y^2=0.\end{cases}$$

从而

$$f_{xy}(0,0)=\lim_{y\to 0}\frac{f_x(0,y)}{y}=-1,$$

$$f_{yx}(0,0)=\lim_{x\to 0}\frac{f_y(x,0)}{x}=1.$$

在一定条件下高阶偏导数与求导次序无关. 事实上,我们有:

定理 13.1.3 设 $f(x,y)$在(x_0,y_0)的一个邻域 N 内偏导数f_x,f_y 处处存在,若 f_{xy}和f_{yx}有一个在N 内处处存在且在(x_0,y_0)连续,则另一个必在(x_0,y_0)存在,且

$$f_{xy}(x_0,y_0)=f_{yx}(x_0,y_0).$$

证 不妨设 f_{xy} 在N 内处处存在且在(x_0,y_0)连续,设 $\Delta x\neq 0,\Delta y\neq 0$, $(x_0+\Delta x,y_0+\Delta y),(x_0+\Delta x,y_0),(x_0,y_0+\Delta y)$均属于 N. 记

$$\begin{aligned}\varphi=\frac{1}{\Delta x\Delta y}[&f(x_0+\Delta x,y_0+\Delta y)-f(x_0+\Delta x,y_0)\\&-f(x_0,y_0+\Delta y)+f(x_0,y_0)].\end{aligned}$$

设 $\psi(x)=f(x,y_0+\Delta y)-f(x,y_0)$,则 $\psi'(x)=f_x(x,y_0+\Delta y)-f_x(x,y_0)$,且

$$\begin{aligned}\varphi&=\frac{1}{\Delta x\Delta y}[\psi(x_0+\Delta x)-\psi(x_0)]\\&=\frac{1}{\Delta y}\psi'(x_0+\theta_1\Delta x)\\&=\frac{1}{\Delta y}[f_x(x_0+\theta_1\Delta x,y_0+\Delta y)-f_x(x_0+\theta_1\Delta x,y_0)]\end{aligned}$$

$$= f_{xy}(x_0 + \theta_1 \Delta x, y_0 + \theta_2 \Delta y).$$

其中 $0<\theta_1<1, 0<\theta_2<1$. 由 f_{xy} 在 (x_0, y_0) 的连续性可得

$$\lim_{\substack{\Delta x \to 0 \\ \Delta y \to 0}} \varphi = f_{xy}(x_0, y_0).$$

另一方面，由于在 N 内 f_y 处处存在，从而对于 $\Delta x \neq 0$ 有

$$\lim_{\Delta y \to 0} \varphi = \frac{1}{\Delta x}[f_y(x_0 + \Delta x, y_0) - f_y(x_0, y_0)].$$

根据§12.2的定理可得 $\lim\limits_{\Delta x \to 0} \lim\limits_{\Delta y \to 0} \varphi$ 存在且等于 $\lim\limits_{\substack{\Delta x \to 0 \\ \Delta y \to 0}} \varphi$，即 $f_{yx}(x_0, y_0)$ 存在且

$$f_{yx}(x_0, y_0) = f_{xy}(x_0, y_0).$$

推论　设 Ω 是 $\mathbf{R}^n$ 中的开区域，n 元函数 $f(x)$ 的所有直到 m 阶偏导数都在 Ω 内存在且连续，则在 Ω 内 f 的任何 $k(k \leqslant m)$ 阶偏导数的值与其对自变量的求导次序无关.

四、例题

例 13.1.3　设 $z = x + \sqrt{x^2 + y}$，求 z_{xx}, z_{xy}, z_{yy}，并证明

$$z_y^2 z_{xx} - 2 z_x z_y z_{xy} + z_x^2 z_{yy} = 0.$$

解　显然 $z_x = 1 + \dfrac{x}{\sqrt{x^2 + y}}, z_y = \dfrac{1}{2\sqrt{x^2 + y}}$，从而

$$z_{xx} = \frac{1}{\sqrt{x^2 + y}} - \frac{x^2}{(\sqrt{x^2 + y})^3}, z_{xy} = -\frac{1}{2} \frac{x}{(\sqrt{x^2 + y})^3},$$

$$z_{yy} = -\frac{1}{4} \frac{1}{(\sqrt{x^2 + y})^3}.$$

易知 $z_x = 2 z z_y$，由此可得

$$z_{xx} = 2 z_x z_y + 2 z z_{xy}, z_{xy} = 2 z_y^2 + 2 z z_{yy}.$$

于是

$$\begin{aligned} z_y^2 z_{xx} - 2 z_x z_y z_{xy} &= z_y^2 z_{xx} - 4 z z_y^2 z_{xy} \\ &= z_y^2 (z_{xx} - 4 z z_{xy}) \\ &= z_y^2 (2 z_x z_y - 2 z z_{xy}) \\ &= z_y^2 (2 z_x z_y - 4 z z_y^2 - 4 z^2 z_{yy}) \\ &= -4 z^2 z_y^2 z_{yy} = -z_x^2 z_{yy}. \end{aligned}$$

即

$$z_y^2 z_{xx} - 2z_x z_y z_{xy} + z_x^2 z_{yy} = 0.$$

例 13.1.4 设 n 元函数

$$u(x) = \begin{cases} -\ln r, & n = 2, \\ \dfrac{1}{n-2} r^{-(n-2)}, & n > 2. \end{cases}$$

其中 $r = |x| = \left(\sum\limits_{i=1}^{n} x_i^2\right)^{\frac{1}{2}}, x = (x_1, \cdots, x_n)$. 求

$$\Delta u = \sum_{i=1}^{n} \frac{\partial^2 u}{\partial x_i^2},$$

此处的 Δ 称为 Laplace 算子.

解 显然

$$\frac{\partial u}{\partial x_i} = -\frac{x_i}{r^n},$$

$$\frac{\partial^2 u}{\partial x_i^2} = -\frac{1}{r^n} + \frac{n x_i^2}{r^{n+2}}.$$

从而

$$\Delta u = \frac{\partial^2 u}{\partial x_1^2} + \cdots + \frac{\partial^2 u}{\partial x_n^2} = -\frac{n}{r^n} + \frac{n}{r^{n+2}}(x_1^2 + \cdots + x_n^2) = 0.$$

例 13.1.5 设二阶偏导数连续的函数 $z = z(x, y)$ 满足方程

$$z_{xx} + z_{xy} + z_x = z.$$

令 $u = \frac{1}{2}(x+y), v = \frac{1}{2}(x-y), w = z(x,y)e^y$, 求 $w = w(u, v)$ 所满足的方程.

解 由于

$$\begin{cases} x = u + v, \\ y = u - v, \end{cases} \quad z = we^{-y},$$

所以

$$z_x = e^{-y}\frac{\partial w}{\partial x} = \frac{1}{2}e^{-y}(w_u + w_v),$$

$$z_{xx} = \frac{1}{4}e^{-y}(w_{uu} + 2w_{uv} + w_{vv}),$$

$$\begin{aligned} z_{xy} &= -\frac{1}{2}e^{-y}(w_u + w_v) + \frac{1}{4}e^{-y}(w_{uu} - w_{uv} + w_{vu} - w_{vv}) \\ &= -\frac{1}{2}e^{-y}(w_u + w_v) + \frac{1}{4}e^{-y}(w_{uu} - w_{vv}). \end{aligned}$$

由 $z_{xx}+z_{xy}+z_x=z$ 可得

$$\frac{1}{4}(w_{uu}+2w_{uv}+w_{vv})+\frac{1}{4}(w_{uu}-w_{vv})=w,$$

即

$$w_{uu}+w_{uv}=2w.$$

§13.2 全 微 分

一、函数的可微性

先从二元函数讲起.设 D 是 $\mathbf{R}^2$ 上的开区域,$f(x,y)$为定义于 D 内的函数,如果存在实数 a 和 b 使得

$$\lim_{\rho\to 0}\frac{1}{\rho}[f(x_0+\Delta x,y_0+\Delta y)-f(x_0,y_0)-a\Delta x-b\Delta y]=0,$$

其中 $\rho=\sqrt{\Delta x^2+\Delta y^2}$,即

$$f(x_0+\Delta x,y_0+\Delta y)-f(x_0,y_0)=a\Delta x+b\Delta y+o(\rho)(\rho\to 0),\tag{13.2.1}$$

则称 f 在(x_0,y_0)可微.定义中的 a 和 b 与函数$f(x,y)$及点(x_0,y_0)有关,与 $\Delta x,\Delta y$ 无关.易证满足(13.2.1)式的有序数对(a,b)若存在必惟一.(a,b)也可视为 $\mathbf{R}^2$ 中的一个向量,由它自然可惟一确定 $\mathbf{R}^2$ 上的一个线性函数,即从 $\mathbf{R}^2$ 到 $\mathbf{R}^1$ 的线性映射 L:

$$L(h)=ax+by,\ \forall h=(x,y)\in\mathbf{R}^2,\tag{13.2.2}$$

经常将 $L(h)$记为$\langle L,h\rangle$.线性映射 L 称为函数f 在(x_0,y_0)的 Fréchet 导数(简称 F 导数),记作

$$\mathrm{d}f(x_0,y_0)=f'(x_0,y_0)=L.$$

$\langle \mathrm{d}f(x_0,y_0),(\Delta x,\Delta y)\rangle=a\Delta x+b\Delta y$ 通常称之为f 在(x_0,y_0)的全微分.

取二元函数 $f(x,y)=x$,显然对任何$(x_0,y_0)\in\mathbf{R}^2$,$f(x,y)$在(x_0,y_0)的 F 导数为

$$\langle \mathrm{d}f(x_0,y_0),h\rangle=x,\forall h=(x,y)\in\mathbf{R}^2.$$

记这里的 $\mathrm{d}f(x_0,y_0)=\mathrm{d}x$.同样,取二元函数 $f(x,y)=y$,则

$$\langle \mathrm{d}y,h\rangle=y,\forall h=(x,y)\in\mathbf{R}^2,$$

从 $\mathbf{R}^2\to\mathbf{R}^1$ 的所有线性映射,按普通意义下的加法和数乘组成一个线性空间.这个线性空间和 $\mathbf{R}^2$ 同构,显然$(\mathrm{d}x,\mathrm{d}y)$就是它的一个基底.如果二元函数

$f(x,y)$在(x_0,y_0)的 F 导数 $\mathrm{d}f(x_0,y_0)=L$ 满足(13.2.2)式,则

$$\mathrm{d}f(x_0,y_0) = a\mathrm{d}x + b\mathrm{d}y.$$

上述讨论可以完全推广到 n 元函数.设 D 是 $\mathbf{R}^n$ 中的开区域,$f(x)$为定义于 D 内的函数,$x^0=(x_1^0,\cdots,x_n^0)\in D$.如果存在 $\mathbf{R}^n\to\mathbf{R}^1$ 的线性映射 L 使得

$$f(x^0+h)-f(x^0)=\langle L,h\rangle+o(|h|)(|h|\to 0),$$

其中 $h\in\mathbf{R}^n$,$x^0+h\in D$,则称 f 在 x^0 可微,L 称为f 在 x^0 的 F 导数,记为 $\mathrm{d}f(x^0)$或 $f'(x^0)$.L 显然惟一对应向量$a=(a_1,\cdots,a_n)\in\mathbf{R}^n$ 使得

$$\langle L,h\rangle=\sum_{i=1}^{n}a_i\Delta x_i,\ \forall\, h=(\Delta x_1,\cdots,\Delta x_n)\in\mathbf{R}^n.$$

通常称

$$\sum_{i=1}^{n}a_i\Delta x_i$$

为 $f(x)$在 x^0 的全微分.与二元函数相同记第 i 个坐标函数$f_i(x)=x_i$ 的 F 导数为 $\mathrm{d}x_i(i=1,2,\cdots,n)$,则

$$L=\mathrm{d}f(x^0)=\sum_{i=1}^{n}a_i\mathrm{d}x_i.$$

二、可微函数的性质

设 D 是 $\mathbf{R}^n$ 中的开区域,$f(x)$是定义于 D 的函数,$x^0\in D$.

(i) 如果 $f(x)$在 x^0 可微,则 f 在x^0 连续;

(ii) 如果 $f(x)$在 x^0 可微,则 f 在x^0 的所有偏导数都存在且对于 $h=(\Delta x_1,\cdots,\Delta x_n)$有

$$f(x^0+h)-f(x^0)=\sum_{i=1}^{n}\frac{\partial f}{\partial x_i}(x^0)\Delta x_i+o(|h|).\qquad(13.2.3)$$

证 (i)显然.下证(ii).由于 $f(x)$在 x^0 可微,从而存在 $a_1,\cdots,a_n$ 使得

$$f(x^0+h)-f(x^0)=\sum_{i=1}^{n}a_i\Delta x_i+o(|h|),\qquad(13.2.4)$$

其中 $h=(\Delta x_1,\cdots,\Delta x_n)$.对于固定的 i 在(13.2.4)式中令 $\Delta x_j=0,j\neq i,\Delta x_i\to 0$,则$\dfrac{\partial f}{\partial x_i}(x^0)$存在且等于 a_i.于是(14.2.3)式成立.

偏导数存在甚至偏导数有界一般也推不出可微.

例 13.2.1

$$f(x,y)=\begin{cases}\dfrac{xy}{\sqrt{x^2+y^2}}, & x^2+y^2\neq 0,\\ 0, & x^2+y^2=0.\end{cases}$$

显然有

$$f_x(x,y)=\begin{cases}\dfrac{y}{\sqrt{x^2+y^2}}-\dfrac{x^2y}{(\sqrt{x^2+y^2})^3}, & x^2+y^2\neq 0,\\ 0, & x^2+y^2=0.\end{cases}$$

$$f_y(x,y)=\begin{cases}\dfrac{x}{\sqrt{x^2+y^2}}-\dfrac{xy^2}{(\sqrt{x^2+y^2})^3}, & x^2+y^2\neq 0,\\ 0, & x^2+y^2=0.\end{cases}$$

由于当 $x^2+y^2\neq 0$ 时，

$$|f_x(x,y)|=\frac{|y|^3}{(\sqrt{x^2+y^2})^3}\leqslant 1,$$

$$|f_y(x,y)|=\frac{|x|^3}{(\sqrt{x^2+y^2})^3}\leqslant 1,$$

所以 $f(x,y)$的所有偏导数在 $\mathbf{R}^2$ 上处处存在且有界.但可以证明 $f(x,y)$在(0,0)点不可微.事实上,如果 $f(x,y)$在(0,0)可微,由于 $f_x(0,0)=f_y(0,0)=0$,从而应有$\dfrac{xy}{\sqrt{x^2+y^2}}=o\left(\sqrt{x^2+y^2}\right)$,即

$$\lim_{x^2+y^2\to 0}\frac{xy}{x^2+y^2}=0,$$

但易知 $\lim\limits_{x^2+y^2\to 0}\dfrac{xy}{x^2+y^2}$不存在,这就引出矛盾!

下面给出可微性的一个充分条件.

定理 13.2.1　设 n 元函数$f(x)$在 $x^0\in\mathbf{R}^n$ 的一个邻域内所有偏导数存在且都在x^0 连续,则 $f(x)$在 x^0 可微.

证　以二元函数为例,一般情况的证明完全类似.自变量记为 x,y.设 $f(x,y)$在(x_0,y_0)的一个邻域内所有偏导数存在且都在(x_0,y_0)连续,则

$$\begin{aligned}\Delta f&=f(x_0+\Delta x,y_0+\Delta y)-f(x_0,y_0)\\&=f(x_0+\Delta x,y_0+\Delta y)-f(x_0,y_0+\Delta y)\\&\quad+f(x_0,y_0+\Delta y)-f(x_0,y_0)\\&=f_x(x_0+\theta_1\Delta x,y_0+\Delta y)\Delta x+f_y(x_0,y_0+\theta_2\Delta y)\Delta y.\end{aligned}$$

其中 $0<\theta_1<1,0<\theta<1$.从而

$$\Delta f = f_x(x_0,y_0)\Delta x + f_y(x_0,y_0)\Delta y + \varepsilon,$$

其中

$$\begin{aligned}\varepsilon =&[f_x(x_0+\theta_1\Delta x, y_0+\Delta y) - f_x(x_0,y_0)]\Delta x\\ &+[f_y(x_0,y_0+\theta_2\Delta y) - f_y(x_0,y_0)]\Delta y.\end{aligned}$$

由柯西不等式得

$$\begin{aligned}|\varepsilon|\leqslant&[(f_x(x_0+\theta_1\Delta x, y_0+\Delta y) - f_x(x_0,y_0))^2\\ &+(f_y(x_0,y_0+\theta_2\Delta y) - f_y(x_0,y_0))^2]^{\frac{1}{2}}\sqrt{\Delta x^2+\Delta y^2}.\end{aligned}$$

由于 $f_x(x,y),f_y(x,y)$在(x_0,y_0)连续,所以

$$\lim_{\Delta x^2+\Delta y^2\to 0}\frac{\varepsilon}{\sqrt{\Delta x^2+\Delta y^2}} = 0.$$

于是 $f(x,y)$在(x_0,y_0)可微.

偏导数连续是可微的充分条件,但并不必要.

例 13.2.2

$$f(x,y)=\begin{cases}(x^2+y^2)\sin\dfrac{1}{x^2+y^2}, & x^2+y^2\neq 0,\\ 0, & x^2+y^2=0.\end{cases}$$

作为练习,请读者证明 $f(x,y)$在$(0,0)$点邻近偏导数无界,但 $f(x,y)$在$(0,0)$点可微.

综上可得

$$偏导数连续\Rightarrow 可微\begin{cases}\Rightarrow 偏导数存在,\\ \Rightarrow 连续.\end{cases}$$

三、一阶微分表示的不变性

设 Ω 是 $\mathbf{R}^n$ 中的开区域,$f(x)$在 Ω 内处处可微,由以上讨论可知

$$\mathrm{d}f(x) = \sum_{i=1}^{n}\frac{\partial f}{\partial x_i}(x)\mathrm{d}x_i, x\in\Omega. \tag{13.2.5}$$

如果 $f(x)$中的 $x=(x_1,\cdots,x_n)$不是自变量,而是自变量 $t=(t_1,\cdots,t_k)$的函数,即设

$$x_i = x_i(t_1,\cdots,t_k), i=1,2,\cdots,n,$$

其中 $x_i(t_1,\cdots,t_k)$是定义于 $\mathbf{R}^k$ 中的开区域D 内的函数且

$$\{x=(x_1,\cdots,x_n)\mid x_i=x_i(t), i=1,2,\cdots,n, t\in D\}\subseteq\Omega.$$

记 $g(t)=f(x(t))$,它是通过中间变量 x 依赖于 t 的复合函数. 如果 $x_i=x_i(t)$, $i=1,2,\cdots,n$ 都在 D 内可微,可以证明 $g(t)$ 在 D 内可微,且复合函数求导的链式法则成立(证明留作习题). 从而

$$\mathrm{d}g(t)=\sum_{j=1}^{k}\frac{\partial g}{\partial t_j}(t)\mathrm{d}t_j,\ t\in D.$$

由于

$$\frac{\partial g}{\partial t_j}(t)=\sum_{i=1}^{n}\frac{\partial f}{\partial x_i}(x(t))\frac{\partial x_i}{\partial t_j}(t),\ j=1,\cdots,k.$$

所以得

$$\begin{aligned}\mathrm{d}g(t)&=\sum_{j=1}^{k}\sum_{i=1}^{n}\frac{\partial f}{\partial x_i}(x(t))\frac{\partial x_i}{\partial t_j}(t)\mathrm{d}t_j\\&=\sum_{i=1}^{n}\frac{\partial f}{\partial x_i}(x(t))\sum_{j=1}^{k}\frac{\partial x_i}{\partial t_j}(t)\mathrm{d}t_j.\end{aligned}$$

显然

$$\mathrm{d}x_i(t)=\sum_{j=1}^{k}\frac{\partial x_i}{\partial t_j}(t)\mathrm{d}t_j\quad i=1,2,\cdots,n.$$

由此可得

$$\mathrm{d}g(t)=\mathrm{d}f(x(t))=\sum_{i=1}^{n}\frac{\partial f}{\partial x_i}(x(t))\mathrm{d}x_i(t).\tag{13.2.6}$$

从(13.2.5)式和(13.2.6)式可以看出,不论 $x=(x_1,x_2,\cdots,x_n)$ 是自变量,或者是另外变元的可微函数,函数 $f(x)$ 的 F 导数都可统一表示为(13.2.5)式. 这一重要事实通常称之为一阶微分表示的不变性.

应用微分表示的不变性,易证微分的运算法则. 设 $u(x)$, $v(x)$ 是可微函数,λ 为常数,则:

(i) $\mathrm{d}(u(x)\pm v(x))=\mathrm{d}u(x)\pm\mathrm{d}v(x)$;

(ii) $\mathrm{d}(\lambda u(x))=\lambda\mathrm{d}u(x)$;

(iii) $\mathrm{d}(u(x)v(x))=u(x)\mathrm{d}v(x)+v(x)\mathrm{d}u(x)$;

(iv) $\mathrm{d}\left(\dfrac{u(x)}{v(x)}\right)=\dfrac{v(x)\mathrm{d}u(x)-u(x)\mathrm{d}v(x)}{v^2(x)}\ (v(x)\neq 0)$.

证明留作练习.

四、映射的可微性

设 D 是 $\mathbf{R}^n$ 上的开区域,f 为从 D 到 $\mathbf{R}^m$ 的映射,记为 $f:D\to\mathbf{R}^m$. 用分量表示可写为

$$f:\begin{cases} y_1 = f_1(x_1,\cdots,x_n), \\ \cdots\cdots\cdots\cdots \\ y_m = f_m(x_1,\cdots,x_n), \end{cases} \quad (x_1,\cdots,x_n)\in D\subseteq \mathbf{R}^n \qquad (13.2.7)$$

设 $x^0\in D$ 如果存在从 $\mathbf{R}^n$ 到 $\mathbf{R}^m$ 的线性映射 L 使得

$$\lim_{|h|\to 0}\frac{1}{|h|}|f(x^0+h)-f(x^0)-L(h)|=0, \qquad (13.2.8)$$

则称 f 在 x^0 可微,(13.2.8)式也可写为

$$f(x^0+h)-f(x^0)=L(h)+o(|h|). \qquad (13.2.9)$$

L 仅依赖于 f 及 x^0,不依赖于 $h\in\mathbf{R}^n$,如果存在必惟一,与函数情况相同,称 L 为映射 f 在 x^0 的 Fréchet 导数,记为

$$\mathrm{d}f(x^0)=f'(x^0)=L.$$

定理 13.2.2 设 D 是 $\mathbf{R}^n$ 中的开区域,$f:D\to\mathbf{R}^m$ 且有分量表示(13.2.7)式. f 在 $x^0=(x_1^0,\cdots,x_n^0)\in D$ 可微的充要条件是函数 $f_1(x),\cdots,f_m(x)$都在 x^0 可微,且当 f 在 x^0 可微时有

$$\mathrm{d}f(x^0)(h)=J(x^0)h,\ \forall\, h=\begin{pmatrix} h_1\\ \vdots \\ h_n\end{pmatrix}\in\mathbf{R}^n.$$

其中 $J(x)$为 $n\times m$ 的函数矩阵

$$\begin{pmatrix} \dfrac{\partial f_1}{\partial x_1}(x) & \cdots & \dfrac{\partial f_1}{\partial x_n}(x) \\ \vdots & & \vdots \\ \dfrac{\partial f_m}{\partial x_1}(x) & \cdots & \dfrac{\partial f_m}{\partial x_n}(x) \end{pmatrix}$$

通常称 $J(x)$为函数 $f_1,\cdots,f_m$ 关于 $x_1,\cdots,x_n$ 的 Jacobi 矩阵,记为$\dfrac{\partial(f_1,\cdots,f_m)}{\partial(x_1,\cdots,x_n)}$.定义及定理中的 h 是 n 维向量,既可视为行向量,也可视为列向量.

证 设 f 在 x^0 可微,由于 $\mathrm{d}f(x^0)$是从 $\mathbf{R}^n\to\mathbf{R}^m$ 的线性映射,从而存在惟一的 $n\times m$ 矩阵

$$A=\begin{pmatrix} a_{11} & \cdots & a_{1n} \\ \vdots & & \vdots \\ a_{m1} & \cdots & a_{mn}\end{pmatrix}$$

使得

$$\mathrm{d}f(x^0)(h)=Ah,\forall h=\begin{pmatrix}h_1\\ \vdots\\ h_n\end{pmatrix}\in\mathbf{R}^n.$$

由(13.2.7)式和(13.2.8)式可得

$$\lim_{|h|\to0}\frac{1}{|h|}\Big[f_i(x^0+h)-f_i(x^0)-\sum_{j=1}^{n}a_{ij}h_j\Big]=0,i=1,2,\cdots,m.$$

由此可知函数 $f_i,i=1,2,\cdots,m$,在 x^0 可微,且 $a_{ij}=\frac{\partial f_i}{\partial x_j}(x^0)$,即

$$A=J(x^0).$$

反之,设 $f_1,\cdots,f_m$ 都是在 x^0 可微的函数,则

$$\lim_{|h|\to0}\frac{1}{|h|}\Big[f_i(x^0+h)-f_i(x^0)-\sum_{j=1}^{n}\frac{\partial f_i}{\partial x_j}(x^0)h_j\Big]=0$$

$$i=1,2,\cdots,m.$$

由此可得

$$\lim_{|h|\to0}\frac{1}{|h|}|f(x^0+h)-f(x^0)-J(x^0)h|=0.$$

于是 f 在 x^0 可微且

$$\mathrm{d}f(x^0)(h)=J(x^0)h,\forall h=\begin{pmatrix}h_1\\ \vdots\\ h_n\end{pmatrix}\in\mathbf{R}^n.$$

关于映射的微分同样有链式法则.

定理 13.2.3　设 D 是 $\mathbf{R}^n$ 中的开区域 $f:D\to\mathbf{R}^m$,Ω 为 $\mathbf{R}^l$ 中的开区域,$g:\Omega\to\mathbf{R}^n$,且

$$\{y\in\mathbf{R}^n\mid y=g(x),x\in\Omega\}\subseteq D.$$

记 $u=f\circ g$,即 $u(x)=f(g(x))$,$\forall x\in\Omega$.对于 $x^0\in\Omega$,$y^0=g(x^0)\in D$,如果 f 在 y^0 可微,g 在 x^0 可微,则 u 在 x^0 可微且

$$\mathrm{d}u(x^0)=\mathrm{d}f(y^0)\circ\mathrm{d}g(x^0).\tag{13.2.10}$$

证　记 $\Delta g=g(x^0+h)-g(x^0)$,由于 g 在 x^0 可微,则

$$\Delta g=\mathrm{d}g(x^0)(h)+\rho_1,$$

其中 $\rho_1=\rho_1(x^0,h)$ 且 $\lim\limits_{|h|\to0}\frac{|\rho_1|}{|h|}=0$.由于 $\mathrm{d}g(x^0)$ 是 $\mathbf{R}^l$ 到 $\mathbf{R}^n$ 的线性映射.从而存在 $M>0$ 使得

$$|\mathrm{d}g(x^0)(h)|\leqslant M|h|,\forall h\in\mathbf{R}^l.$$

于是由 $\lim\limits_{|h|\to 0}\dfrac{|\rho_1|}{|h|}=0$,可知存在 $\delta>0$,使得当 $|h|<\delta$ 时,

$$|\Delta g|\leqslant 2M|h|. \tag{13.2.11}$$

由于

$$\begin{aligned}\Delta u &= u(x^0+h)-u(x^0)=f(g(x^0+h))-f(g(x^0))\\ &= f(y^0+\Delta g)-f(y^0),\end{aligned}$$

又 f 在 y^0 可微,所以

$$\begin{aligned}\Delta u &= \mathrm{d}f(y^0)(\Delta g)+\rho_2\\ &= \mathrm{d}f(y^0)\circ \mathrm{d}g(x^0)(h)+\mathrm{d}f(y^0)(\rho_1)+\rho_2,\end{aligned}$$

其中 $\rho_2=\rho_2(y^0,\Delta g)$,且 $\lim\limits_{|\Delta g|\to 0}\dfrac{|\rho_2|}{|\Delta g|}=0$. 由于 $\mathrm{d}f(y^0)$ 是从 $\mathbf{R}^n$ 到 $\mathbf{R}^m$ 的线性映射,从而存在 $N>0$,使得

$$|\mathrm{d}f(y^0)(y)|\leqslant N|y|,\ \forall y\in\mathbf{R}^n.$$

由此可得

$$|\mathrm{d}f(y^0)(\rho_1)|\leqslant N|\rho_1|,$$

从而 $\lim\limits_{|h|\to 0}\dfrac{|\mathrm{d}f(y^0)(\rho_1)|}{|h|}=0$. 由(13.2.11)式可得

$$\frac{|\rho_2|}{|h|}=\frac{|\rho_2|}{|\Delta g|}\frac{|\Delta g|}{|h|}\leqslant 2M\frac{|\rho_2|}{|\Delta g|},$$

又当 $|h|\to 0$ 时,$|\Delta g|\to 0$,所以 $\lim\limits_{|h|\to 0}\dfrac{|\rho_2|}{|h|}=0$. 于是

$$\mathrm{d}f(y^0)(\rho_1)+\rho_2=o(|h|)(|h|\to 0).$$

这就证明了 u 在 x^0 可微且(13.2.10)式成立.

注 取 $m=1$,设 g 的分量表示为

$$g:\begin{cases}y_1=y_1(x_1,\cdots,x_l),\\ \cdots\cdots\cdots\cdots\\ y_n=y_n(x_1,\cdots,x_l),\end{cases}\quad (x_1,\cdots,x_l)\in\Omega.$$

由定理 13.2.2 及(13.2.10)式可得

$$\frac{\partial u}{\partial x_i}(x^0)=\sum_{j=1}^{n}\frac{\partial f}{\partial y_j}(y^0)\frac{\partial y_j}{\partial x_i}(x^0),i=1,\cdots,l,$$

即复合函数求导的链式法则成立.

五、高阶微分

在本段我们利用映射的可微性来讨论函数高阶微分的概念与性质. 为方

便起见首先介绍 $\mathbf{R}^n$ 上的所谓 k 线性函数. 设 L 是定义在

$$\underbrace{\mathbf{R}^n \times \mathbf{R}^n \times \cdots \times \mathbf{R}^n}_{k\text{个}}$$

上取值为实数的函数,记为

$$L = L(h^1, \cdots, h^k), h^1, \cdots, h^k \in \mathbf{R}^n$$

对每一个 $i \in \{1, \cdots, k\}$,固定 $h^1, \cdots, h^{i-1}, h^{i+1}, \cdots, h^k$,$L$ 作为 $h^i \in \mathbf{R}^n$ 的函数是线性的,则称 L 是 $\mathbf{R}^n$ 上的 k 线性函数. $\mathbf{R}^n$ 上所有 k 线性函数所组成的集合记为 $L^k(\mathbf{R}^n)$,易知在函数加法与数乘下 $L^k(\mathbf{R}^n)$ 成为一个线性空间. 若 $L \in L^k(\mathbf{R}^n)$ 且对于 $\{1, \cdots, k\}$ 的任一排列 $\{i_1, \cdots, i_k\}$ 均有

$$L(h^1, \cdots, h^k) = L(h^{i_1}, \cdots, h^{i_k}), \forall h^1, \cdots, h^k \in \mathbf{R}^n,$$

则称 L 是 $\mathbf{R}^n$ 上对称 k 线性函数. 以后补充定义 $\mathbf{R}^1 = L^0(\mathbf{R}^n)$.

从 $\mathbf{R}^n$ 到 $L^k(\mathbf{R}^n)$ 的所有线性映射所组成的集合在映射的加法与数乘下也组成一个线性空间,记为 $\mathscr{L}(\mathbf{R}^n; L^k(\mathbf{R}^n))$. 容易证明

$$L^k(\mathbf{R}^n) = \mathscr{L}(\mathbf{R}^n; L^{k-1}(\mathbf{R}^n)), k = 1, 2, \cdots \tag{13.2.12}$$

利用(13.2.12)式用归纳法容易证明, $\forall L \in L^k(\mathbf{R}^n)$,存在惟一由 n^k 个实数组成的有序实数组

$$\{a_{i_1 \cdots i_k} \mid i_1, \cdots, i_k = 1, 2, \cdots, n\}$$

使得对任意 $h^1, \cdots, h^k \in \mathbf{R}^n$ 有

$$L(h^1, \cdots, h^k) = \sum_{i_1, \cdots, i_k = 1}^{n} a_{i_1, \cdots, i_k} h^1_{i_1} \cdots h^k_{i_k}, \tag{13.2.13}$$

其中 $h^1 = (h^1_1, \cdots, h^1_n), \cdots, h^k = (h^k_1, \cdots, h^k_n)$. 由此不仅给出了 $\mathbf{R}^n$ 上 k 线性函数的表示而且进一步很容易证明 $L^k(\mathbf{R}^n)$ 与 $\mathbf{R}^{n^k}$ 线性同构. 利用(13.2.13)式定义 $L^k(\mathbf{R}^n)$ 上的长度或范数

$$|L| = \Big(\sum_{i_1, \cdots, i_k = 1}^{n} a^2_{i_1 \cdots i_k}\Big)^{\frac{1}{2}}.$$

于是 $L^k(\mathbf{R}^n)$ 与 $\mathbf{R}^{n^k}$ 之间的上述对应不仅保持线性关系不变而且保持长度和距离不变. 利用柯西不等式容易证明

$$|L(h^1, \cdots, h^k)| \leqslant |L| |h^1| \cdots\cdots |h^k|, \forall h^1, \cdots, h^k \in \mathbf{R}^n, \tag{13.2.14}$$

从(13.2.13)式还容易看出 $L(h^1, \cdots, h^k)$ 是对称的充分必要条件是任取一组 $(i_1, \cdots, i_k)$ 只要 $(j_1, \cdots, j_k)$ 是它的排列就有

$$a_{i_1 \cdots i_k} = a_{j_1 \cdots j_k}. \tag{13.2.15}$$

设 D 是 $\mathbf{R}^n$ 中的开区域，$f(x)$是定义在 D 内的函数. $\forall x^0\in D, f(x^0)\in L^0(\mathbf{R}^n)=\mathbf{R}^1$. 若$f(x)$在 x^0 可微，则 f 在x^0 的 F 导数 $\mathrm{d}f(x^0)\in L^1(\mathbf{R}^n)$，若$f(x)$在 D 内处处可微，则 $\mathrm{d}f$ 为从D 到 $\mathscr{L}(\mathbf{R}^n;\mathbf{R}^1)=L^1(\mathbf{R}^n)$的映射. 如果这个映射在 $x^0\in D$ 可微，则称 f 在x^0 二阶可微，$\mathrm{d}f$ 在x^0 的 F 导数，称为 f 在 x^0 的二阶 F 导数，记为 $\mathrm{d}^2f(x^0)$. 由映射可微性的概念可知 $\mathrm{d}^2f(x^0)\in\mathscr{L}(\mathbf{R}^n;L^1(\mathbf{R}^n))=L^2(\mathbf{R}^n)$. 一般若 $f(x)$在 D 内处处$k-1$ 阶可微，则 $\mathrm{d}^{k-1}f$ 是从D 到$L^{k-1}(\mathbf{R}^n)$的映射. 进一步如果这个映射在 $x^0\in D$ 可微，则称 f 在x^0 k 阶可微，$\mathrm{d}^{k-1}f$ 在x^0 的 F 导数，称为 f 在x^0 的 k 阶 F 导数，记为 $\mathrm{d}^kf(x^0)$. 易知

$$\mathrm{d}^kf(x^0)\in L^k(\mathbf{R}^n).$$

由映射 F 导数的定义可知 $\mathrm{d}^kf(x^0)\in L^k(\mathbf{R}^n)=\mathscr{L}(\mathbf{R}^n;L^{k-1}(\mathbf{R}^n))$，即对任意 $h\in\mathbf{R}^n$，$\mathrm{d}^kf(x^0)(h)\in L^{k-1}(\mathbf{R}^n)$，关于 h 线性且满足

$$\mathrm{d}^{k-1}f(x^0+h)-\mathrm{d}^{k-1}f(x^0)=\mathrm{d}^kf(x^0)(h)+o(|h|).$$

由此可知对任意 $h^1,h^2,\cdots,h^k\in R^n$ 有

$$\mathrm{d}^kf(x^0)(h^1,h^2,\cdots,h^k)=\mathrm{d}^kf(x^0)(h^1)(h^2,\cdots,h^k),$$

且

$$\mathrm{d}^kf(x^0)(h)=\lim_{t\to0}\frac{1}{t}[\mathrm{d}^{k-1}f(x^0+th)-\mathrm{d}^{k-1}f(x^0)]. \quad (13.2.16)$$

对于函数的 k 阶可微性有以下两个重要性质.

(i) $\mathrm{d}^kf(x^0)$是对称的，即对于任意 $h^1,h^2,\cdots,h^k\in\mathbf{R}^n$ 和$\{1,2,\cdots,k\}$的任一排列$\{i_1,i_2,\cdots,i_k\}$有

$$\mathrm{d}^kf(x^0)(h^1,h^2,\cdots,h^k)=\mathrm{d}^kf(x^0)(h^{i_1},h^{i_2},\cdots,h^{i_k}) \quad (13.2.17)$$

证 用归纳法. 当 $k=1$ 时(13.2.17)式显然成立. 设对于 $k-1$ (13.2.17)式成立，由(13.2.16)式可知

$$\begin{aligned}\mathrm{d}^kf(x^0)(h^1,h^2,\cdots,h^k)=\lim_{t\to0}\frac{1}{t}[&\mathrm{d}^{k-1}f(x^0+th^1)(h^2,\cdots,h^k)\\&-\mathrm{d}^{k-1}f(x^0)(h^2,\cdots,h^k)].\end{aligned}$$

由归纳假设可知只需证

$$\mathrm{d}^kf(x^0)(h^1,h^2,\cdots,h^k)=\mathrm{d}^kf(x^0)(h^2,h^1,h^3,\cdots,h^k). \quad (13.2.18)$$

由归纳假设可知此时 $k\geqslant2$，令

$$\begin{aligned}\varphi(t)=(&\mathrm{d}^{k-2}f(x^0+th^1+th^2)-\mathrm{d}^{k-2}f(x^0+th^1)\\&-\mathrm{d}^{k-2}f(x^0+th^2)+\mathrm{d}^{k-2}f(x^0))(h^3,\cdots,h^k),\end{aligned}$$

$$\psi(s)=(\mathrm{d}^{k-2}f(x^0+th^1+sth^2)-\mathrm{d}^{k-2}f(x^0+sth^2))(h^3,\cdots,h^k).$$

显然

$$\varphi(t) = \psi(1) - \psi(0) = \psi'(\theta),$$

其中 θ 是(0,1)内的某个值.由(13.2.16)式可得

$$\begin{aligned}\psi'(\theta) &= (\mathrm{d}^{k-1}f(x^0 + th^1 + \theta th^2) - \mathrm{d}^{k-1}f(x^0 + \theta th^2))(th^2)(h^3,\cdots,h^k) \\ &= t(\mathrm{d}^{k-1}f(x^0 + th^1 + \theta th^2) - \mathrm{d}^{k-1}f(x^0 + \theta th^2))(h^2,h^3,\cdots,h^k).\end{aligned}$$

由于 f 在 x^0 k 阶可微,则

$$\mathrm{d}^{k-1}f(x^0 + th^1 + \theta th^2) = \mathrm{d}^{k-1}f(x^0) + t\mathrm{d}^k f(x^0)(h^1 + \theta h^2) + \rho(th^1 + \theta th^2),$$

$$\mathrm{d}^{k-1}f(x^0 + \theta th^2) = \mathrm{d}^{k-1}f(x^0) + t\mathrm{d}^k f(x^0)(\theta h^2) + \rho(\theta th^2),$$

其中 $\rho:\mathbf{R}^n \to L^{k-1}(\mathbf{R}^n)$且满足

$$\lim_{|h|\to 0}\frac{|\rho(h)|}{|h|} = 0. \tag{13.2.19}$$

由于 $\mathrm{d}^k f(x^0)(h)$关于 h 线性,从而

$$\psi'(\theta) = (t^2\mathrm{d}^k f(x^0)(h^1) + t\rho(th^1 + \theta th^2) - t\rho(\theta th^2))(h^2,h^3,\cdots,h^k).$$

于是

$$\frac{1}{t^2}\varphi(t) = \mathrm{d}^k f(x^0)(h^1)(h^2,h^3,\cdots,h^k) + \frac{1}{t}[\rho(th^1 + \theta th^2) - \rho(\theta th^2)](h^2,h^3,\cdots,h^k).$$

由(13.2.14)和(13.2.19)式易知

$$\lim_{t\to 0}\frac{1}{t}[\rho(th^1 + \theta th^2) - \rho(\theta th^2)](h^2,h^3,\cdots,h^k) = 0.$$

于是

$$\mathrm{d}^k f(x^0)(h^1)(h^2,h^3,\cdots,h^k) = \lim_{t\to 0}\frac{1}{t^2}\varphi(t).$$

由于在 $\varphi(t)$的表达式中 h^1 和 h^2 的对称性可得

$$\mathrm{d}^k f(x^0)(h^2)(h^1,h^3,\cdots,h^k) = \lim_{t\to 0}\frac{1}{t^2}\varphi(t).$$

由此可得(13.2.18)式成立,这就完成了归纳证明.

(ii) 设 $f(x)$在 D 内处处 $k-1$ 阶可微,在 $x^0\in D$ k 阶可微,则

$$f(x^0 + h) = f(x^0) + \mathrm{d}f(x^0)(h) + \frac{1}{2!}\mathrm{d}^2 f(x^0)(h,h) + \cdots + \frac{1}{k!}\mathrm{d}^k f(x^0)(h,\cdots,h) + r_k(x^0,h),$$

其中 $\lim\limits_{|h|\to 0}\dfrac{1}{|h|^k}r_k(x^0,h) = 0$.

证 令

$$\varphi(t)=f(x^0+th)-t\mathrm{d}f(x^0)(h)-\frac{t^2}{2!}\mathrm{d}^2f(x^0)(h,h)-\cdots-\frac{t^k}{k!}\mathrm{d}^kf(x^0)(h,\cdots,h),$$

则

$$\varphi(1)-\varphi(0)=f(x^0+h)-f(x^0)-\mathrm{d}f(x^0)(h)-\frac{1}{2!}\mathrm{d}^2f(x^0)(h,h)-\cdots-\frac{1}{k!}\mathrm{d}^kf(x^0)(h,\cdots,h).$$

由中值定理可知存 $\theta_1\in(0,1)$使得

$$\varphi'(\theta_1)=\varphi(1)-\varphi(0),$$

即

$$\varphi(1)-\varphi(0)=\mathrm{d}f(x^0+\theta_1h)(h)-\mathrm{d}f(x^0)(h)-\theta_1\mathrm{d}^2f(x^0)(h,h)-\cdots-\frac{\theta_1{}^{k-1}}{(k-1)!}\mathrm{d}^kf(x^0)(h,\cdots,h).$$

由于 $\varphi'(0)=0$,再用中值定理可知存在 $\theta_2\in(0,\theta_1)$使得

$$\varphi''(\theta_2)=\varphi(1)-\varphi(0),$$

即

$$\varphi(1)-\varphi(0)=\mathrm{d}^2f(x^0+\theta_2h)(h,h)-\mathrm{d}^2f(x^0)(h,h)-\cdots-\frac{\theta_2{}^{k-2}}{(k-2)!}\mathrm{d}^kf(x^0)(h,\cdots,h).$$

依此类推易知存在 $\theta_{k-1}\in(0,1)$使得

$$\varphi(1)-\varphi(0)=\mathrm{d}^{k-1}f(x^0+\theta_{k-1}h)(h,\cdots,h)-\mathrm{d}^{k-1}f(x^0)(h,\cdots,h)-\theta_{k-1}\mathrm{d}^kf(x^0)(h,\cdots,h).$$

由于 $f(x)$在 x^0 k 阶可微,从而

$$\mathrm{d}^{k-1}f(x^0+\theta_{k-1}h)=\mathrm{d}^{k-1}f(x^0)+\theta_{k-1}\mathrm{d}^kf(x^0)(h)+\rho(x^0,\theta_{k-1}h),$$

其 $\rho(x^0,h):D\times\mathbf{R}^n\to L^{k-1}(\mathbf{R}^n)$满足

$$\lim_{|h|\to0}\frac{|\rho(x^0,h)|}{|h|}=0.\qquad(13.2.20)$$

于是

$$\varphi(1)-\varphi(0)=\rho(x^0,\theta_{k-1}h)(h,\cdots,h),$$

即

$$r_k(x^0,h) = \rho(x^0,\theta_{k-1}h)(h,\cdots,h).$$

由(13.2.14)式可得

$$|r_k(x^0,h)| \leqslant |\rho(x^0,\theta_{k-1}h)||h|^{k-1},$$

再用(13.2.20)式立即可得

$$\lim_{|h|\to 0}\frac{r_k(x^0,h)}{|h|^k} = 0.$$

利用定理 13.2.2 不难得到高阶微分的分量表示. 当 $k=1$ 时,由于

$$\mathrm{d}f(x) = \sum_{j=1}^{n}\frac{\partial f}{\partial x_j}(x)\mathrm{d}x_j,$$

从而 $\forall h=(h_1,\cdots,h_n)\in\mathbf{R}^n$ 有

$$\mathrm{d}f(x)(h) = \sum_{j=1}^{n}\frac{\partial f}{\partial x_j}(x)h_j.$$

由此可知 $\mathrm{d}f(x)$ 作为从 D 到 $L^1(\mathbf{R}^n)=\mathbf{R}^n$ 的映射有分量表示

$$\mathrm{d}f(x):\begin{cases} y_1 = \dfrac{\partial f}{\partial x_1}(x_1,\cdots,x_n), \\ \cdots\cdots\cdots\cdots \\ y_n = \dfrac{\partial f}{\partial x_n}(x_1,\cdots,x_n), \end{cases} \qquad (x_1,\cdots,x_n)\in D,$$

当 $k=2$ 时,即假设 f 在 $x^0\in D$ 二阶可微,由(13.2.16)式可知

$$\mathrm{d}^2 f(x^0)(h) = \left(\frac{\partial}{\partial t}\mathrm{d}f(x^0+th)\right)\bigg|_{t=0}.$$

于是

$$\mathrm{d}^2 f(x^0)(h) = \begin{bmatrix} \displaystyle\sum_{j=1}^{n}\frac{\partial^2 f}{\partial x_1\partial x_j}(x^0)h_j \\ \vdots \\ \displaystyle\sum_{j=1}^{n}\frac{\partial^2 f}{\partial x_n\partial x_j}(x^0)h_j \end{bmatrix}.$$

对于任意 $h^1=(h_1^1,\cdots,h_n^1),h^2=(h_1^2,\cdots,h_n^2)\in\mathbf{R}^n$ 有

$$\begin{aligned}\mathrm{d}^2 f(x^0)(h^1,h^2) &= \mathrm{d}^2 f(x^0)(h^1)(h^2) \\ &= \sum_{i,j=1}^{n}\frac{\partial^2 f}{\partial x_i\partial x_j}(x^0)h_j^1h_i^2.\end{aligned}$$

由 $\mathrm{d}^2 f(x^0)\in L^2(\mathbf{R}^n)$ 的对称性从(13.2.15)式可得

$$\frac{\partial^2 f}{\partial x_i\partial x_j}(x^0) = \frac{\partial^2 f}{\partial x_j\partial x_i}(x^0),$$

所以

$$d^2 f(x^0)(h^1,h^2) = \sum_{i,j=1}^{n} \frac{\partial^2 f}{\partial x_i \partial x_j}(x^0) h_i^1 h_j^2.$$

记 n 阶方阵

$$H_f(x^0) = \begin{pmatrix} \frac{\partial^2 f}{\partial x_1^2}(x^0) & \frac{\partial^2 f}{\partial x_1 \partial x_2}(x^0) & \cdots & \frac{\partial^2 f}{\partial x_1 \partial x_n}(x^0) \\ \frac{\partial^2 f}{\partial x_2 \partial x_1}(x^0) & \frac{\partial^2 f}{\partial x_2^{\ 2}}(x^0) & \cdots & \frac{\partial^2 f}{\partial x_2 \partial x_n}(x^0) \\ \vdots & \vdots & & \vdots \\ \frac{\partial^2 f}{\partial x_n \partial x_1}(x^0) & \frac{\partial^2 f}{\partial x_n \partial x_2}(x^0) & \cdots & \frac{\partial^2 f}{\partial x_n^2}(x^0) \end{pmatrix}.$$

$H_f(x^0)$称为函数 $f(x)$在 x^0 的 Hessian 矩阵.当 f 在 x^0 点二阶可微时,$H_f(x^0)$是对称矩阵.用 Hessian 矩阵二阶微分可表示为

$$d^2 f(x^0)(h) = H_f(x^0)h,$$

$$d^2 f(x^0)(h^1,h^2) = (H_f(x^0)h^1,h^2).$$

利用偏微分算子的复合运算还可写为

$$d^2 f(x^0)(h^1,h^2) = \left(h_1^1 \frac{\partial}{\partial x_1} + \cdots + h_n^1 \frac{\partial}{\partial x_n}\right)\left(h_1^2 \frac{\partial}{\partial x_1} + \cdots + h_n^2 \frac{\partial}{\partial x_n}\right)f\bigg|_{x=x^0}.$$

一般情况用归纳法可以证明:

定理 13.2.4 设 D 是 $\mathbf{R}^n$ 中的开区域,$f(x)$是定义于 D 内的函数,k 为正整数.若 $f(x)$在 D 内处处$k-1$ 阶可微,在 $x^0 \in D k$ 阶可微,则 $f(x)$在 x^0 的所有 k 阶偏导数都存在,其值与求导次序无关且

$$d^k f(x^0)(h^1,\cdots,h^k) = \sum_{i_1,\cdots,i_k=1}^{n} \frac{\partial^k f}{\partial x_{i_1} \cdots \partial x_{i_k}} h_{i_1}^1 \cdots h_{i_k}^k,$$

其中 $h^1=(h_1^1,\cdots,h_n^1),\cdots,h^k=(h_1^k,\cdots,h_n^k)\in\mathbf{R}^n$.

证明留作练习.利用偏微分算子的复合运算,高阶微分还可表示为

$$\begin{aligned} & d^k f(x^0)(h^1,\cdots,h^k) \\ & = \left(h_1^1 \frac{\partial}{\partial x_1} + \cdots + h_n^1 \frac{\partial}{\partial x_n}\right)\cdots\left(h_1^k \frac{\partial}{\partial x_1} + \cdots + h_n^k \frac{\partial}{\partial x_n}\right)f\bigg|_{x=x^0}. \end{aligned}$$

以上讨论很容易推广到映射的高阶微分.设 $f:D\to\mathbf{R}^m$.f 有分量表示

$$f:\begin{cases} y_1 = f_1(x_1,\cdots,x_n) \\ \cdots\cdots\cdots\cdots \\ y_m = f_m(x_1,\cdots,x_n) \end{cases} \tag{13.2.21}$$

易知 $d^k f(x^0)$是从 $\mathbf{R}^n$ 到 $\mathbf{R}^m$ 的 k 线性映射,记为

$$d^k f(x^0) \in L^k(\mathbf{R}^n;\mathbf{R}^m),$$

即 $d^k f(x^0)$是定义在

$$\underbrace{\mathbf{R}^n \times \cdots \times \mathbf{R}^n}_{k个}$$

取值于 $\mathbf{R}^m$ 的映射,而且 $d^k f(x^0)(h^1,\cdots,h^k)$关于每一向量 $h^i \in \mathbf{R}^n (i=1,\cdots,k)$单独是线性的. 在 f 的分量表示(13.2.21)式下易知

$$d^k f(x^0) = \begin{pmatrix} d^k f_1(x^0) \\ \vdots \\ d^k f_m(x^0) \end{pmatrix}.$$

所有从 D 到 $\mathbf{R}^m$ 的连续映射所组成的集合记为$C^0(D;\mathbf{R}^m)$. 设 k 为正整数,若 $f, df, \cdots, d^k f$ 均属于$C^0(D;\mathbf{R}^m)$,则称 f 为从D 到 $\mathbf{R}^m$ 的k 阶连续可微映射,记为 $f \in C^k(D;\mathbf{R}^m)$. 当 $m=1$ 时, $C^0(D,\mathbf{R}^1)$, $C^k(D,\mathbf{R}^1)$分别简记为 $C^0(D)$, $C^k(D)$. 由可微函数的连续性可知如果 f 是从D 到 $\mathbf{R}^m$ 的映射且在D 内处处 k 阶可微,则 $f \in C^{k-1}(D;\mathbf{R}^m)$,设 f 有分量表示(13.2.21)式,由定理 13.2.2 可得 $f \in C^k(D;\mathbf{R}^m)$等价于其分量函数 $f_1, \cdots, f_m$ 均属于$C^k(D)$. $f_i \in C^k(D)(i=1,\cdots,m)$等价于 f_i 及其不超过k 阶的所有偏导数都在D 内连续.

* 高阶 F 导数的表示.

首先介绍 $\mathbf{R}^n$ 上两个多重线性函数的直积. 设 $L_1 \in L^k(\mathbf{R}^n)$, $L_2 \in {}^m(\mathbf{R}^n)$ 定义 L_1 与 L_2 的直积

$$L_1 \otimes L_2 \in L^{k+m}(\mathbf{R}^n),$$

使得对任意 $h^1,\cdots,h^k,h^{k+1},\cdots,h^{k+m} \in \mathbf{R}^n$ 有

$$L_1 \otimes L_2(h^1,\cdots,h^k,h^{k+1},\cdots,h^{k+m}) = L_1(h^1,\cdots,h^k)L_2(h^{k+1},\cdots,h^{k+m}).$$

很容易证明定义的合理性,即证明由上述定义所确定的函数确实是 $\mathbf{R}^n$ 上的 $k+m$线性函数. 显然直积一般是不可交换. 所有从 $\mathbf{R}^n$ 中开区域D 到$L^k(\mathbf{R}^n)$ 的映射所组成的集合记为 $M(D;L^k(R^n))$. 设 $f \in M(D;L^k(\mathbf{R}^n))$且在 D 内处处可微,则

$$df \in M(D;L^{k+1}(\mathbf{R}^n)).$$

Leibniz 公式. 设 $f \in M(D;L^k(\mathbf{R}^n))$, $g \in M(D;L^m(\mathbf{R}^n))$且 f,g 均在D 内处处可微,则

$$d(f \otimes g) = df \otimes g + f \otimes dg \tag{13.2.22}$$

证明留作练习.

设 $f \in M(D;L^0(\mathbf{R}^n))$,即 f 是定义在D 内的函数. 对于 $f=f(x)$有两种

情况,$x=(x_1,\cdots,x_n)$或者是 D 内的独立自变量,或者 x 是中间变量,即 $x_1,\cdots,x_n$ 均是定义于D 内另一些自变量的函数. 当 x 是独立变量时,$x_1,\cdots,x_n$ 是x 的欧氏分量或者是其某个直角系下的坐标分量. 当 x 是中间变量时,$f(x)$是复合函数. 无论何种情况,$x_i(i=1,\cdots,n)$均称为分量函数. 由一阶微分表示的不变性总有

$$\mathrm{d}f(x) = \sum_{i=1}^{n}\frac{\partial f}{\partial x_i}(x)\mathrm{d}x_i,$$

其中 $\mathrm{d}x_i$ 是分量函数x_i 的 F 导数,显然 $\mathrm{d}x_i\in M(D;L^1(\mathbf{R}^n))$. 当 $x=(x_1,\cdots,x_n)$是独立变量时 $\mathrm{d}x_i$ 是从D 到 $L^1(\mathbf{R}^n)$的常值映射. 事实上,

$$\mathrm{d}x_i(x)(h) = h_i, \forall x\in D, h=(h_1,\cdots,h_n)\in\mathbf{R}^n.$$

由此立即可得

$$\mathrm{d}^2x_i = 0, i=1,\cdots,n. \tag{13.2.23}$$

但是当 x 是中间变量时,$\mathrm{d}x_i$ 未必是常值映射,从而(13.2.23)式一般不成立. 由此可知用(13.2.22)式计算二阶 F 导数时就出现两种情况:

当 x 是中间变量时

$$\begin{aligned}\mathrm{d}^2f(x) &= \mathrm{d}\Big(\mathrm{d}f(x)\Big) = \mathrm{d}\left(\sum_{i=1}^{n}\frac{\partial f}{\partial x_i}\right)(x)\mathrm{d}x_i\Big)\\ &= \sum_{i,j=1}^{n}\frac{\partial^2 f}{\partial x_i\partial x_j}(x)\mathrm{d}x_j\otimes\mathrm{d}x_i + \sum_{i=1}^{n}\frac{\partial f}{\partial x_i}(x)\mathrm{d}^2x_i.\end{aligned}$$

当 x 是独立变量时,由(13.2.23)式可得

$$\mathrm{d}^2f(x) = \sum_{i,j=1}^{n}\frac{\partial^2 f}{\partial x_i\partial x_j}(x)\mathrm{d}x_j\otimes\mathrm{d}x_i.$$

一般情况当 x 是独立变量时,用(13.2.22)式和(13.2.23)式可得

$$\mathrm{d}^kf(x) = \sum_{i_1,\cdots,i_k=1}^{n}\frac{\partial^k f}{\partial x_{i_1}\cdots\partial x_{i_k}}(x)\mathrm{d}x_{i_k}\otimes\cdots\otimes\mathrm{d}x_{i_1}.$$

由于当 f 是k 阶可微时,f 的k 阶导数与求导次序无关,从而

$$\mathrm{d}^kf(x) = \sum_{i_1,\cdots,i_k=1}^{n}\frac{\partial^k f}{\partial x_{i_1}\cdots\partial_{x_{i_k}}}(x)\mathrm{d}x_{i_1}\otimes\cdots\otimes\mathrm{d}x_{i_k},$$

于是

$$\mathrm{d}^kf(x)(h^1,\cdots,h^k) = \sum_{i_1,\cdots,i_k=1}^{n}\frac{\partial^k f}{\partial x_{i_1}\cdots\partial x_{i_k}}(x)h^1_{i_1}\cdots h^k_{i_k},$$

其中 $h^1=(h^1_1,\cdots,h^1_n),\cdots,h^k=(h^k_1,\cdots,h^k_n)\in\mathbf{R}^n$. 当 x 是中间变量时,由于(13.2.23)式一般不成立,从而高阶 F 导数的表示比较复杂,不在此赘述.

§13.3　方向导数与梯度

一、方向导数

设 n 元函数 $f(x)$ 定义在 $x^0=(x_1^0,\cdots,x_n^0)\in\mathbf{R}^n$ 的一个邻域内.我们知道 $\frac{\partial f}{\partial x_i}(x^0)$ 是 $f(x)$ 在 x^0 沿 x_i 轴正向的变化率,许多问题需要研究沿其他方向的变化率,这就引出方向导数的概念.设 $\boldsymbol{l}\in\mathbf{R}^n$,且 $\boldsymbol{l}\neq 0$.过 x^0 引一条射线 l 使得其方向(包括指向)与 $\boldsymbol{l}$ 相同.如果

$$\lim_{l\ni x\to x^0}\frac{f(x)-f(x^0)}{|x-x^0|}$$

收敛,则称其极限值为 $f(x)$ 在 x^0 沿 $\boldsymbol{l}$ 的方向导数,记为 $\frac{\partial f}{\partial l}(x^0)$.不妨设 $|\boldsymbol{l}|=1$,记 $\boldsymbol{l}$ 在 x_i 轴的投影为 $\cos\alpha_i$,则 $\boldsymbol{l}=(\cos\alpha_1,\cdots,\cos\alpha_n)$. $\cos^2\alpha_1+\cdots+\cos^2\alpha_n=1$.显然有

$$\begin{aligned}\frac{\partial f}{\partial l}(x^0)&=\lim_{t\to 0^+}\frac{f(x^0+t\boldsymbol{l})-f(x^0)}{t}\\&=\lim_{t\to 0^+}\frac{f(x_1^0+t\cos\alpha_1,\cdots,x_n^0+t\cos\alpha_n)-f(x_1^0,\cdots,x_n^0)}{t}.\end{aligned}$$

$f(x)$ 在 x^0 沿 x_i 轴正向和负向的方向导数分别记为 $\frac{\partial f}{\partial x_i^+}(x^0)$ 和 $\frac{\partial f}{\partial x_i^-}(x^0)$,显然 $\frac{\partial f}{\partial x_i}(x^0)$ 存在的充要条件是 $\frac{\partial f}{\partial x_i^+}(x^0)$ 和 $\frac{\partial f}{\partial x_i^-}(x^0)$ 都存在,且

$$\frac{\partial f}{\partial x_i^+}(x^0)=-\frac{\partial f}{\partial x_i^-}(x^0).$$

若 $\frac{\partial f}{\partial x_i}(x^0)$ 存在,则

$$\frac{\partial f}{\partial x_i}(x^0)=\frac{\partial f}{\partial x_i^+}(x^0).$$

例 13.3.1　$f(x)=|x|=\sqrt{x_1^2+\cdots+x_n^2}$,对于任一方向 $\boldsymbol{l}$,$|\boldsymbol{l}|=1$,则

$$\frac{\partial f}{\partial l}(0)=\lim_{t\to 0^+}\frac{f(t\boldsymbol{l})-f(0)}{t}=1.$$

故 $f(x)$ 在 0 点沿任意方向的方向导数均为 1,从而 $\frac{\partial f}{\partial x_i}(0)$ 不存在.

例 13.3.2 设二元函数

$$f(x,y)=\begin{cases}\dfrac{|x|^{\frac{1}{2}}|y|^{\frac{1}{2}}}{\sqrt{x^2+y^2}}, & x^2+y^2\neq 0,\\ 0, & x^2+y^2=0.\end{cases}$$

显然$\dfrac{\partial f}{\partial x}(0,0)=\dfrac{\partial f}{\partial y}(0,0)=0$,但取 $\boldsymbol{l}=\left(\dfrac{\sqrt{2}}{2},\dfrac{\sqrt{2}}{2}\right)$,由于

$$\lim_{t\to 0^+}\frac{f\left(\frac{\sqrt{2}}{2}t,\frac{\sqrt{2}}{2}t\right)-f(0,0)}{t}=\lim_{t\to 0^+}\frac{\sqrt{2}}{2}\frac{1}{t}=+\infty,$$

从而$\dfrac{\partial f}{\partial l}(0,0)$不存在.

定理 13.3.1 设 $f(x)$在 $x^0\in\mathbf{R}^n$ 可微,则对于任意方向 $\boldsymbol{l}=(\cos\alpha_1,\cdots,\cos\alpha_n)$,$\cos^2\alpha_1+\cdots+\cos^2\alpha_n=1$,$\dfrac{\partial f}{\partial l}(x^0)$存在,且

$$\frac{\partial f}{\partial l}(x^0)=\sum_{i=1}^n\frac{\partial f}{\partial x_i}(x^0)\cos\alpha_i. \tag{13.3.1}$$

证 由于 $f(x)$在 x^0 点可微,从而

$$f(x^0+t\boldsymbol{l})-f(x^0)=t\sum_{i=1}^n\frac{\partial f}{\partial x_i}(x^0)\cos\alpha_i+o(|t|).$$

由此可得

$$\begin{aligned}\lim_{t\to 0^+}\frac{f(x^0+t\boldsymbol{l})-f(x^0)}{t}&=\lim_{t\to 0^+}\left[\sum_{i=1}^n\frac{\partial f}{\partial x_i}(x^0)\cos\alpha_i+\frac{o(|t|)}{t}\right]\\&=\sum_{i=1}^n\frac{\partial f}{\partial x_i}(x^0)\cos\alpha_i,\end{aligned}$$

即$\dfrac{\partial f}{\partial l}(x^0)$存在,且(13.3.1)式成立.

设 $f(x)$在 x^0 沿任意方向的方向导数都存在,定义从 $\mathbf{R}^n$ 到 $\mathbf{R}^1$ 的映射 D 为

$$D(\boldsymbol{l})=\begin{cases}|\boldsymbol{l}|\dfrac{\partial f}{\partial l}(x^0), & \boldsymbol{l}\in\mathbf{R}^n,\text{且 }\boldsymbol{l}\neq 0,\\ 0, & \boldsymbol{l}=0.\end{cases}$$

由定理 13.3.1 可知,当 $f(x)$在 x^0 可微时,D 为从 $\mathbf{R}^n$ 到 $\mathbf{R}^1$ 的线性映射.反之当 $D(\boldsymbol{l})$为线性映射时,$f(x)$未必可微,甚至未必连续.

例 13.3.3　设

$$f(x,y)=\begin{cases}\dfrac{x^3y}{x^8+y^2}, & (x,y)\neq(0,0),\\ 0, & (x,y)=(0,0).\end{cases}$$

易知沿任何方向 $\boldsymbol{l}$ 均有 $\frac{\partial f}{\partial l}((0,0))=0$，所以 $D(\boldsymbol{l})=0,\ \forall\,\boldsymbol{l}\in\mathbf{R}^n$. 但是沿曲线 $\Gamma: y=x^4, x>0$ 有

$$\lim_{\Gamma\ni(x,y)\to(0,0)} f(x,y)=\lim_{x\to0^+}\frac{1}{2x}=+\infty,$$

从而 $f(x,y)$ 在 $(0,0)$ 点不连续.

二、梯度

设 $f(x)$ 在 $x^0\in\mathbf{R}^n$ 可微，由(13.3.1)式可知存在两种情况：

(i) $\frac{\partial f}{\partial x_i}(x^0)=0, i=1,\cdots,n$，则对任意方向 $\boldsymbol{l}$ 均有

$$\frac{\partial f}{\partial l}(x^0)=0;$$

(ii) $\frac{\partial f}{\partial x_1}(x^0),\cdots,\frac{\partial f}{\partial x_n}(x^0)$ 不全为 0，则由(13.3.1)式与柯西不等式可知存在惟一的向量 $\boldsymbol{l}=\left(\frac{\partial f}{\partial x_1}(x^0),\cdots,\frac{\partial f}{\partial x_n}(x^0)\right)$，使得 $f(x)$ 在 x^0 沿该方向的方向导数取值最大.

由此可得梯度的概念. 设 D 是 $\mathbf{R}^n$ 上的开域，$f(x)$ 在 D 内可微. $f(x)$ 在一点 $x^0\in D$ 的梯度是一个向量 $\boldsymbol{l}$，如果 $f(x)$ 在 x^0 任意方向的方向导数均为 0，则 $\boldsymbol{l}=0$. 否则 $\boldsymbol{l}\neq0$，使得 $\frac{\partial f}{\partial l}(x^0)$ 取值最大，且 $|\boldsymbol{l}|=\frac{\partial f}{\partial l}(x^0)$. 记 $\boldsymbol{l}$ 为 $\mathrm{grad}f(x^0)$ 或 $\nabla f(x^0)$.

由于函数的概念与坐标系的选取无关. 方向导数按其定义仅与该函数的取值及空间中的距离有关，所以也是与坐标无关的量. 由此可知梯度与空间 $\mathbf{R}^n$ 中坐标的选取无关. 当 $(x_1,\cdots,x_n)$ 为直角坐标系时有

$$\mathrm{grad}f(x^0)=\nabla f(x^0)=\left(\frac{\partial f}{\partial x_1}(x^0),\cdots,\frac{\partial f}{\partial x_n}(x^0)\right). \qquad (13.3.2)$$

关于梯度的性质主要有：

定理 13.3.2　设 $F(u_1,\cdots,u_m)$ 在 $u^0=(u_1^0,\cdots,u_m^0)\in\mathbf{R}^m$ 的一个邻域 D 内有定义，且在 u^0 可微. $u_i=u_i(x_1,\cdots,x_n), i=1,2,\cdots,m$，在 $x^0=(x_1^0,\cdots,$

$x_n^0)\in\mathbf{R}^n$ 的一个邻域Ω 内有定义，$u_i(x^0)=u_i^0$，且均在 x^0 可微，记 $g(x)=F(u_1(x),\cdots,u_m(x))$，则 g 在x^0 可微，且

$$\nabla g(x^0)=\sum_{i=1}^m\frac{\partial F}{\partial u_i}(u^0)\nabla u_i(x^0).$$

证 由微分的链式法则可知 g 在x^0 可微. 且

$$\frac{\partial g}{\partial x_j}(x^0)=\sum_{i=1}^m\frac{\partial F}{\partial u_i}(u^0)\frac{\partial u_i}{\partial x_j}(x^0).$$

从而

$$\begin{aligned}\nabla g(x^0)&=\left(\frac{\partial g}{\partial x_1}(x^0),\cdots,\frac{\partial g}{\partial x_n}(x^0)\right)\\&=\left(\sum_{i=1}^m\frac{\partial F}{\partial u_i}(u^0)\frac{\partial u_i}{\partial x_1}(x^0),\cdots,\sum_{i=1}^m\frac{\partial F}{\partial u_i}(u^0)\frac{\partial u_i}{\partial x_n}(x^0)\right)\\&=\sum_{i=1}^m\frac{\partial F}{\partial u_i}(u^0)\left(\frac{\partial u_i}{\partial x_1}(x^0),\cdots,\frac{\partial u_i}{\partial x_n}(x^0)\right)\\&=\sum_{i=1}^m\frac{\partial F}{\partial u_i}(u^0)\nabla u_i(x^0).\end{aligned}$$

由定理立即可得梯度的四则运算法则：

(i) $\nabla(u\pm v)=\nabla u\pm\nabla v$;

(ii) $\nabla(uv)=u\nabla v+v\nabla u$;

(iii) $\nabla\left(\frac{u}{v}\right)=\frac{v\nabla u-u\nabla v}{v^2}(v\neq 0)$.

由(13.3.1)式和(13.3.2)式可知，如果 $f(x)$在 $x^0\in\mathbf{R}^n$ 可微，则对于任何非零向量 $\boldsymbol{l}$ 有

$$\frac{\partial f}{\partial l}(x^0)=\frac{1}{|\boldsymbol{l}|}(\nabla f(x^0),\boldsymbol{l}),\qquad(13.3.3)$$

即 f 在x^0 沿方向 $\boldsymbol{l}$ 的导数等于f 在x^0 的梯度在 $\boldsymbol{l}$ 的投影.

例 13.3.4 设 $u=u(x,y,z)\in C^1$ 且满足方程

$$\frac{x^2}{a^2+u}+\frac{y^2}{b^2+u}+\frac{z^2}{c^2+u}=1,$$

求证

$$|\nabla u|^2=2(xu_x+yu_y+zu_z).$$

证 由复合函数求导法则可得

$$u_x=\frac{2x}{a^2+u}H^{-1},u_y=\frac{2y}{b^2+u}H^{-1},u_z=\frac{2z}{c^2+u}H^{-1},$$

其中 $H=\frac{x^2}{(a^2+u)^2}+\frac{y^2}{(b^2+u)^2}+\frac{z^2}{(c^2+u)^2}$. 从而

$$\begin{aligned}|\nabla u|^2 &= u_x^2+u_y^2+u_z^2\\ &= 4\left(\frac{x^2}{(a^2+u)^2}+\frac{y^2}{(b^2+u)^2}+\frac{z^2}{(c^2+u)^2}\right)H^{-2}\\ &= 4H^{-1}.\end{aligned}$$

又

$$xu_x+yu_y+zu_z=2\left(\frac{x^2}{a^2+u}+\frac{y^2}{b^2+u}+\frac{z^2}{c^2+u}\right)H^{-1}=2H^{-1}.$$

于是可得

$$|\nabla u|^2=2(xu_x+yu_y+zu_z).$$

例 13.3.5 设 $f(x,y)$ 在 (x_0,y_0) 可微，l_1 和 l_2 为自 (x_0,y_0) 出发夹角为 $\theta(0<\theta<\pi)$ 的两条射线，求证

$$\begin{aligned}|\nabla f(x_0,y_0)|^2=\frac{1}{\sin^2\theta}\Big[&\left(\frac{\partial f}{\partial l_1}(x_0,y_0)\right)^2+\left(\frac{\partial f}{\partial l_2}(x_0,y_0)\right)^2\\ &-2\frac{\partial f}{\partial l_1}(x_0,y_0)\frac{\partial f}{\partial l_2}(x_0,y_0)\cos\theta\Big].\end{aligned}$$

证 由于梯度和方向导数都是与坐标系无关的向量，从而不妨设射线 l_1 的方向为平面上 x 轴的正向，x 轴到 l_2 方向的角为 θ. 由(13.3.1)式可得

$$\begin{aligned}\frac{\partial f}{\partial l_1}(x_0,y_0)&=\frac{\partial f}{\partial x}(x_0,y_0),\\ \frac{\partial f}{\partial l_2}(x_0,y_0)&=\frac{\partial f}{\partial x}(x_0,y_0)\cos\theta+\frac{\partial f}{\partial y}(x_0,y_0)\sin\theta.\end{aligned}$$

由此可知

$$\begin{aligned}|\nabla f(x_0,y_0)|^2 &= \left(\frac{\partial f}{\partial x}(x_0,y_0)\right)^2+\left(\frac{\partial f}{\partial y}(x_0,y_0)\right)^2\\ &= \left(\frac{\partial f}{\partial l_1}(x_0,y_0)\right)^2+\frac{1}{\sin^2\theta}\left(\frac{\partial f}{\partial l_2}(x_0,y_0)-\frac{\partial f}{\partial l_1}(x_0,y_0)\cos\theta\right)^2\\ &= \frac{1}{\sin^2\theta}\Big[\left(\frac{\partial f}{\partial l_1}(x_0,y_0)\right)^2+\left(\frac{\partial f}{\partial l_2}(x_0,y_0)\right)^2\\ &\quad -2\frac{\partial f}{\partial l_1}(x_0,y_0)\frac{\partial f}{\partial l_2}(x_0,y_0)\cos\theta\Big].\end{aligned}$$

三、凸函数的某些微分性质

设 $f(x)$ 是 $\mathbf{R}^n$ 上的凸函数，我们已经知道 $f(x)\in C^0(\mathbf{R}^n)$，现给出它的

一些微分性质：

1. 任取 $x^0\in\mathbf{R}^n$ 和方向向量 $\boldsymbol{l}$，则 $\frac{\partial f}{\partial l}(x^0)$ 存在，若记 $\frac{\partial f}{\partial l^-}(x^0)$ 表示 f 在 x^0 沿 $-\boldsymbol{l}$ 的方向导数，则

$$\frac{\partial f}{\partial l}(x^0)\geqslant -\frac{\partial f}{\partial l^-}(x^0).$$

证 任取 $0<s\leqslant t$，则

$$x^0+s\boldsymbol{l}=\lambda x^0+(1-\lambda)(x^0+t\boldsymbol{l}),$$

其中 $\lambda=1-\frac{s}{t}$. 显然 $0\leqslant\lambda<1$. 由于 $f(x)$ 是凸函数，所以

$$f(x^0+s\boldsymbol{l})\leqslant \lambda f(x^0)+(1-\lambda)f(x^0+t\boldsymbol{l})$$
$$=f(x^0)-\frac{s}{t}f(x^0)+\frac{s}{t}f(x^0+t\boldsymbol{l}).$$

从而

$$\frac{f(x^0+s\boldsymbol{l})-f(x^0)}{s}\leqslant\frac{f(x^0+t\boldsymbol{l})-f(x^0)}{t},\ \forall\, 0<s\leqslant t.$$

即差商 $\frac{f(x^0+t\boldsymbol{l})-f(x^0)}{t}$ 当 $t>0$ 时关于 t 不减. 又取 $t_0>0$，则对任意 $t>0$ 有

$$x^0=\bar{\lambda}(x^0-t_0\boldsymbol{l})+(1-\bar{\lambda})(x^0+t\boldsymbol{l}),$$

其中 $\bar{\lambda}=\frac{t}{t+t_0}$，显然 $0<\bar{\lambda}<1$. 由 $f(x)$ 的凸性可得

$$f(x^0)\leqslant\frac{t}{t+t_0}f(x^0-t_0\boldsymbol{l})+\frac{t_0}{t+t_0}f(x^0+t\boldsymbol{l}).$$

从而 $\forall\, t>0$ 有

$$\frac{f(x^0+t\boldsymbol{l})-f(x^0)}{t}\geqslant\frac{f(x^0)-f(x^0-t_0\boldsymbol{l})}{t_0},\tag{13.3.4}$$

于是差商 $\frac{f(x^0+t\boldsymbol{l})-f(x^0)}{t}$ 当 $t>0$ 时有下界. 由方向导数定义可得

$$\frac{\partial f}{\partial l}(x^0)=\lim_{t\to 0^+}\frac{f(x^0+t\boldsymbol{l})-f(x^0)}{t\,|\,\boldsymbol{l}\,|}$$

存在. 再由(13.3.4)式可得 $\frac{\partial f}{\partial l}(x^0)\geqslant-\frac{\partial f}{\partial l^-}(x^0)$.

2. 设 $f(x)$ 是 $\mathbf{R}^n$ 上的凸函数，对于 $x^0\in\mathbf{R}^n$，$\frac{\partial f}{\partial x_i}(x^0)$，$i=1,2,\cdots,n$，存在，则 $f(x)$ 在 x^0 可微.

证　不妨设 $x^0=0$. 对任意 $x=(x_1,\cdots,x_n)\in\mathbf{R}^n$, $0<t\leqslant 1$, 由 f 之凸性可得

$$f(tx)\leqslant tf(x)+(1-t)f(0),$$

所以

$$f(x)-f(0)\geqslant\frac{f(tx)-f(0)}{t}\tag{13.3.5}$$

再由 $f(0)\leqslant\frac{1}{2}f(tx)+\frac{1}{2}f(-tx)$, 可知

$$\frac{f(tx)-f(0)}{t}\geqslant-\frac{f(-tx)-f(0)}{t}.\tag{13.3.6}$$

令

$$\begin{aligned}P_{1t}&=(ntx_1,0,\cdots,0),\\P_{2t}&=(0,ntx_2,0,\cdots,0),\\&\cdots\cdots\cdots\cdots\\P_{nt}&=(0,\cdots,0,ntx_n).\end{aligned}$$

由于

$$-tx=\frac{1}{n}\sum_{i=1}^{n}-P_{it},$$

从而

$$f(-tx)-f(0)\leqslant\frac{1}{n}\sum_{i=1}^{n}f(-P_{it})-f(0),$$

所以

$$-\frac{f(-tx)-f(0)}{t}\geqslant-\frac{1}{n}\sum_{i=1}^{n}\frac{f(-P_{it})-f(0)}{t}.$$

再利用(13.3.5)式和(13.3.6)式得

$$f(x)-f(0)\geqslant\sum_{i=1}^{n}\frac{f(-P_{it})-f(0)}{-nt}.$$

因为偏导数 $\frac{\partial f}{\partial x_i}(0)$, $i=1,2,\cdots,n$, 都存在, 所以令 $t\to 0^+$ 可得

$$f(x)-f(0)\geqslant\sum_{i=1}^{n}\frac{\partial f}{\partial x_i}(0)x_i,\ \forall\, x=(x_1,\cdots,x_n)\in\mathbf{R}^n.\tag{13.3.7}$$

另一方面, 由 f 的凸性可得

$$f(x)-f(0)\leqslant \frac{1}{n}\sum_{i=1}^{n}\left[f\left(\frac{1}{t}P_{it}\right)-f(0)\right]$$

$$=\sum_{i=1}^{n}\frac{1}{n}[f(0,\cdots,0,nx_i,0,\cdots,0)-f(0,\cdots,0)]$$

$$=\sum_{i=1}^{n}\frac{\partial f}{\partial x_i}(0)x_i+\sum_{i=1}^{n}\frac{1}{n}h_i(x_i),\tag{13.3.8}$$

其中$|h_i(x_i)|=o(|x_i|)$,即 $h_i(x_i)=\varepsilon_i(x_i)|x_i|$且满足

$$\lim_{x_i\to 0}\varepsilon_i(x_i)=0,i=1,2,\cdots,n.$$

由柯西不等式可得

$$\left|\sum_{i=1}^{n}\frac{1}{n}h_i(x_i)\right|\leqslant\frac{1}{n}\sqrt{\varepsilon_1^2(x_1)+\cdots+\varepsilon_n^2(x_n)}\;|x|,$$

所以

$$\sum_{i=1}^{n}\frac{1}{n}h_i(x_i)=o(|x|).$$

(13.3.7)式和(13.3.8)式给出

$$f(x)-f(0)=\sum_{i=1}^{n}\frac{\partial f}{\partial x_i}(0)x_i+o(|x|),$$

即 $f(x)$在 0 点可微.

§13.4 多元函数的泰勒展开

一、泰勒公式

首先让我们回顾一元函数的泰勒公式.设函数 $F(t)$在 t_0 的邻域 m 阶导数存在,则

$$F(t_0+h)=F(t_0)+F'(t_0)h+\cdots+\frac{1}{m!}F^{(m)}(t_0)h^m+r_m(t_0,h),$$

其中 $r_m(t_0,h)$是 F 在 t_0 点,增量为 h 的 m 阶余项.固定 t_0,一般有

$$r_m(t_0,h)=o(|h|^m)(h\to 0),$$

如此表示的 $r_m(t_0,h)$称之为皮亚诺(Peano)余项.进一步,如果 $F(t)$在 t_0 的邻域 $m+1$ 阶导数存在,则余项可表示为

$$r_m(t_0,h)=\frac{h^{m+1}}{(m+1)!}F^{(m+1)}(t_0+\theta h),$$

其中$0<\theta<1$,如此表示的 $r_m(t_0,h)$称为拉格朗日(Lagrange)余项.或者可表示为

$$r_m(t_0,h) = \frac{h^{m+1}}{m!}F^{(m+1)}(t_0+\theta h)(1-\theta)^m,$$

其中$0<\theta<1$,此时称为柯西余项.如果$m+1$阶导数在t_0邻域连续,则余项可写为积分形式,称为积分形式余项,即

$$r_m(t_0,h) = \frac{h^{m+1}}{m!}\int_0^1 F^{(m+1)}(t_0+sh)(1-s)^m \mathrm{d}s,$$

以上是余项的几种常见形式,其他形式不必在此一一叙述,一元函数的泰勒公式容易推广到多元函数情形.

设$f(x_1,\cdots,x_n)$在$(x_1^0,\cdots,x_n^0)$邻近有m阶连续偏导数,令$F(t)=f(x_1^0+th_1,\cdots,x_n^0+th_n)$.由复合函数的连续性可知,$F(t)$在$t=0$的一个邻域内有$m$阶连续导数.于是当$(h_1^2+\cdots+h_n^2)^{\frac{1}{2}}$适当小时,利用一元函数的泰勒公式可得

$$F(1) = F(0)+F'(0)+\frac{1}{2!}F''(0)+\cdots+\frac{1}{(m-1)!}F^{(m-1)}(0)+r_{m-1}.$$

显然$F(1)=f(x_1^0+h_1,\cdots,x_n^0+h_n)$,$F(0)=f(x_1^0,\cdots,x_n^0)$.由复合函数求导的链式法则可知

$$F'(0) = \sum_{l=1}^{n}\frac{\partial f}{\partial x_l}(x_1^0,\cdots,x_n^0)h_l,$$

$$F''(0) = \sum_{l,k=1}^{n}\frac{\partial^2 f}{\partial x_l\partial x_k}(x_1^0,\cdots,x_n^0)h_lh_k.$$

一般地,

$$F^{(k)}(0) = \sum_{l_1,\cdots,l_k=1}^{n}\frac{\partial^k f}{\partial x_{l_1}\cdots\partial x_{l_k}}(x_1^0,\cdots,x_n^0)h_{l_1},\cdots,h_{l_k}.$$

经简单计算可知$F^{(k)}(0)$也可表示为

$$F^{(k)}(0) = \sum_{l_1+\cdots+l_n=k}\frac{k!}{l_1!\cdots l_n!}\frac{\partial^k f}{\partial x_1^{l_1}\cdots\partial x_n^{l_n}}(x_1^0,\cdots,x_n^0)h_1^{l_1}\cdots h_n^{l_n},$$

求和式中的$l_1,\cdots,l_n$均为非负整数.余项r_{m-1}同样可有多种表示形式.常用的有拉格朗日余项,即

$$\begin{aligned}r_{m-1} &= \frac{1}{m!}F^{(m)}(\theta)\\ &= \sum_{l_1+\cdots+l_n=m}\frac{1}{l_1!\cdots l_n!}\frac{\partial^m f}{\partial x_1^{l_1}\cdots\partial x_n^{l_n}}(x_1^0+\theta h_1,\cdots,x_n^0+\theta h_n)h_1^{l_1}\cdots h_n^{l_n},\end{aligned}$$

其中$0<\theta<1$,$l_1,\cdots,l_n$仍为非负整数.还有积分形式余项,即

$$r_{m-1} = \frac{1}{(m-1)!}\int_0^1 F^{(m)}(s)(1-s)^{m-1}\mathrm{d}s$$
$$= \frac{1}{(m-1)!}\sum_{l_1+\cdots+l_n=m}\frac{m!}{l_1!\cdots l_n!}h_1^{l_1}\cdots h_n^{l_n}\cdot$$
$$\int_0^1 \frac{\partial^m f}{\partial x_1^{l_1}\cdots\partial x_n^{l_n}}(x_1^0+sh_1,\cdots,x_n^0+sh_n)(1-s)^{m-1}\mathrm{d}s,$$

综上所述即得多元泰勒公式.为记述简单,引进以下常用的记号. $x=(x_1,\cdots,x_n)\in\mathbf{R}^n$, $x^0=(x_1^0,\cdots,x_n^0)\in\mathbf{R}^n$, $\alpha=(\alpha_1,\cdots,\alpha_n)$,其中 $\alpha_1,\cdots,\alpha_n$ 均为非负整数,称之为 n 重指标. 记 $|\alpha|=\alpha_1+\cdots+\alpha_n$, $\alpha!=\alpha_1!\cdots\alpha_n!$. 对于 $x=(x_1,\cdots,x_n)\in\mathbf{R}^n$, n 重指标 $\alpha=(\alpha_1,\cdots,\alpha_n)$,记

$$x^\alpha = x_1^{\alpha_1}\cdots x_n^{\alpha_n}.$$

设 $f(x_1,\cdots,x_n)$为 n 元函数,记

$$\partial^\alpha f = \frac{\partial^{|\alpha|}f}{\partial x_1^{\alpha_1}\cdots\partial x_n^{\alpha_n}}.$$

于是多元函数的泰勒公式可写为

$$f(x^0+h) = f(x^0) + \sum_{|\alpha|=1}^{m}\frac{1}{\alpha!}\partial^\alpha f(x^0)h^\alpha + r_m(x^0,h),$$

其中 $\alpha=(\alpha_1,\cdots,\alpha_n)$为 n 重指标.

当 $n=2$ 时,泰勒公式详细地写为

$$f(x+h_1,y+h_2) = \sum_{k=0}^{m}\sum_{l=0}^{k}\frac{1}{l!(k-l)!}h_1^l h_2^{k-l}\frac{\partial^k f}{\partial x^l\partial y^{k-l}}(x_0,y_0) + r_m.$$

对于 $m=0$ 可得两种常用的有限增量公式

$$f(x_1^0+h_1,\cdots,x_n^0+h_n)$$
$$= f(x_1^0,\cdots,x_n^0) + \sum_{l=1}^{n}\frac{\partial f}{\partial x_l}(x_1^0+\theta h_1,\cdots,x_n^0+\theta h_n)h_l,$$

其中 $0<\theta<1$. 另一个为

$$f(x_1^0+h_1,\cdots,x_n^0+h_n)$$
$$= f(x_1^0,\cdots,x_n^0) + \sum_{l=1}^{n}h_l\int_0^1\frac{\partial f}{\partial x_l}(x_1^0+sh_1,\cdots,x_n^0+sh_n)\mathrm{d}s.$$

二、多元(实)解析函数

设 $f(x)$定义在 $\mathbf{R}^n$ 的开子集Ω 内. $f\in C^\infty(\Omega)$表示 f 在Ω 内有任意阶连续偏导数,或者称为无穷次可微. 设 $f\in C^\infty(\Omega)$. 对于 $x^0\in\Omega$,当 $h\in\mathbf{R}^n$ 且

$|h|$足够小时，对任意非负整数 m 有泰勒展开

$$f(x^0+h)=f(x_0)+\sum_{|\alpha|=1}^{m}\frac{1}{\alpha!}\partial^\alpha f(x^0)h^\alpha+r_m(x^0,h).$$

如果存在 $\delta>0$，使得当$|h|<\delta$ 时总有

$$\lim_{m\to+\infty} r_m(x^0,h)=0,$$

即 f 在x^0 邻近可展成泰勒级数

$$f(x^0+h)=\sum_{|\alpha|=0}^{\infty}\frac{1}{\alpha!}\partial^\alpha f(x^0)h^\alpha.$$

此时称 f 在x^0 邻近解析. 如果 f 在Ω 内每一点邻近都解析，则称 f 在Ω 内解析. $f\in C^\infty(\Omega)$不能保证 f 在Ω 内解析. 例如

$$f(x_1,\cdots,x_n)=\begin{cases}e^{-\frac{1}{x_1^2+\cdots+x_n^2}}, & (x_1,\cdots,x_n)\neq(0,\cdots,0),\\ 0, & (x_1,\cdots,x_n)=(0,\cdots,0).\end{cases}$$

对于任意正整数 m 和n 重指标α，容易证明

$$\lim_{x\to 0}|x|^{-m}\partial^\alpha f(x)=0.$$

(证明留作练习). 由此易知 $f\in C^\infty(\mathbf{R}^n)$且对任意多重指标 α 均有

$$\partial^\alpha f(0)=0.$$

但是 f 在 0 点邻近不解析. 如若不然. f 在 0 点邻近能展成泰勒级数，从而 f 在 0 点邻近恒等于 0，引出矛盾！

$f\in C^\infty(\Omega)$在什么条件下它在 Ω 内解析，有下面的定理.

定理 13.4.1　设 Ω 是 $\mathbf{R}^n$ 中的开集，$f\in C^\infty(\Omega)$. 如果对于 Ω 的任何紧子集k，存在常数 $A_K>0$，使得对任何 n 重指标$\alpha=(\alpha_1,\alpha_2,\cdots,\alpha_n)$有

$$|\partial^\alpha f(x)|\leqslant A_K^{|\alpha|}\alpha!,\ \forall x\in K, \tag{13.4.1}$$

则 f 在Ω 内解析.

证　任取 $x^0\in\Omega$，由于 Ω 是开集，从而存在 $r>0$，使得 $K=\{x\in\mathbf{R}^n; |x-x^0|\leqslant r\}\subseteq\Omega$. 当 $h\in\mathbf{R}^n$ 且$|h|<r$ 时，由泰勒公式可得

$$f(x^0+h)=\sum_{|\alpha|=0}^{m}\frac{1}{\alpha!}\partial^\alpha f(x^0)h^\alpha+R_m(x^0,h),$$

其中

$$R_m(x^0,h)=\sum_{|\alpha|=m+1}\frac{1}{\alpha!}\partial^\alpha f(x^0+\theta h)h^\alpha, 0<\theta<1.$$

由假设可知存在 $A_K>0$，使得

$$|R_m(x^0,h)|\leqslant A_K^{m+1}\sum_{|\alpha|=m+1}|h|^{m+1}\leqslant n^{m+1}A_K^{m+1}|h|^{m+1}.$$

取 $\delta=\min\left\{r,\dfrac{1}{nA_K}\right\}$,则当 $|h|<\delta$ 时,

$$\lim_{m\to\infty}R_m(x^0,h)=0.$$

于是 f 在 x^0 邻近解析,由 x^0 的任意性可知 f 在 Ω 内解析.

注 进一步可以证明:若 $f\in C^\infty(\Omega)$,则 f 在 Ω 内解析的充分必要条件是(13.4.1)式成立.条件(13.4.1)式必要性的证明不作为本课程的要求.

§13.5 隐函数定理

由一个方程或一个方程组所确定的函数,称之为隐函数.例如在 R^2 上的方程

$$x^2+y^2=1 \tag{13.5.1}$$

确定函数

$$y=\sqrt{1-x^2},\ -1\leqslant x\leqslant 1.$$

也确定函数

$$y=-\sqrt{1-x^2},\ -1\leqslant x\leqslant 1.$$

当然也确定函数

$$y=\begin{cases}\sqrt{1-x^2}, & x\in[0,1]\text{ 且 }x\text{ 为有理数},\\ -\sqrt{1-x^2}, & x\in[0,1]\text{ 且 }x\text{ 为无理数}.\end{cases}$$

由此看来,易知由(13.5.1)式可以确定出无穷多个函数,但是在实数范围内(13.5.1)式既不能确定出定义于$[-1,1]$取值在$(1,+\infty)$的函数,也不能确定出定义于$(1,+\infty)$取值在$[-1,1]$的函数.因此,我们在讨论隐函数时,既要考虑它的定义域,又要考虑它的值域.本节我们得到隐函数的局部存在性、惟一性、光滑性定理,同时也得到隐函数求导法则.这里所说的局部的意思是所讨论的隐函数定义在某点的邻域取值在另一点的邻域.本节所得的结果在多元函数微分学中占有十分重要的位置,而且有非常广泛的应用.

一、单个方程情形

定理 13.5.1 设二元函数 $F(x,y)$满足:

(i) $F(x_0,y_0)=0$;

(ii) $F(x,y),F_y(x,y)$在(x_0,y_0)的一个邻域内连续;

(iii) $F_y(x_0,y_0)\neq 0$.

则存在 $\delta,\eta>0$ 和惟一地定义于$(x_0-\delta,x_0+\delta)$取值于$(y_0-\eta,y_0+\eta)$的函数 $y=y(x)$,使得

$$y_0=y(x_0),F(x,y(x))\equiv 0,\forall x\in(x_0-\delta,x_0+\delta),$$

且 $y(x)$在$(x_0-\delta,x_0+\delta)$内连续,简言之,在(x_0,y_0)的一个邻域内方程 $F(x,y)=0$ 惟一确定函数 $y=y(x)$,使得 $y(x)$连续且 $y(x_0)=y_0$.

进一步,若(iv)$F_x(x,y)$在(x_0,y_0)的一个邻域内也连续,则上述的 $y=y(x)$在 x_0 的一个邻域内一阶导数连续,且

$$y'(x)=-\frac{F_x(x,y(x))}{F_y(x,y(x))}.$$

证　不妨设 $F_y(x_0,y_0)>0$. 由假设可知,存在 $\eta>0$,使得 $F(x,y)$, $F_y(x,y)$在

$$D=\{(x,y)\in\mathbf{R}^2,|x-x_0|\leqslant\eta,|y-y_0|\leqslant\eta\}$$

上连续,而且

$$F_y(x,y)>0,\forall(x,y)\in D,$$
$$F(x_0,y_0-\eta)<0,$$
$$F(x_0,y_0+\eta)>0.$$

从而存在 $0<\delta\leqslant\eta$,使得当 $x\in(x_0-\delta,x_0+\delta)$时,

$$F(x,y_0-\eta)<0,F(x,y_0+\eta)>0.$$

再由 $F(x,y)$关于 y 连续且严格单增,从而存在惟一的 $y(x)\in(y_0-\eta,y_0+\eta)$,使得

$$F(x,y(x))=0.$$

显然 $y(x_0)=y_0$. 这样我们就证明了函数 $y=y(x)$的存在惟一性,以下证其连续性,任取 $\bar{x}\in(x_0-\delta,x_0+\delta)$记 $\bar{y}=y(\bar{x})$,则$|\bar{y}-y_0|<\eta$. 任给 $\varepsilon>0$,不妨设 $\varepsilon<\min\{y_0+\eta-\bar{y},\bar{y}-y_0+\eta\}$. 由于 $F(\bar{x},y)$是 y 的严格单增函数,从而由 $F(\bar{x},\bar{y})=0$ 可得

$$F(\bar{x},\bar{y}-\varepsilon)<0,F(\bar{x},\bar{y}+\varepsilon)>0.$$

再由 F 的连续性可知,存在 $0<r<\min\{x_0+\delta-\bar{x},\bar{x}-x_0+\delta\}$,使得当$|x-\bar{x}|<r$ 时有

$$F(x,\bar{y}-\varepsilon)<0,F(x,\bar{y}+\varepsilon)>0.$$

于是当$|x-\bar{x}|<r$ 时,

$$|y(x)-\bar{y}|=|y(x)-y(\bar{x})|<\varepsilon,$$

即 $y(x)$在 $\bar{x}$ 连续,由 $\bar{x}$ 的任意性可知$y=y(x)$在$(x_0-\delta,x_0+\delta)$连续.

最后证明在附加条件(iv)下,$y=y(x)$在 x_0 的一个邻域内一阶导数连续.事实上,任取 $x\in(x_0+\delta,x_0-\delta)$,当$0<|\Delta x|<\min\{x_0+\delta-x,x-x_0+\delta\}$时,

$$\begin{aligned}0&=F(x+\Delta x,y(x+\Delta x))-F(x,y(x))\\&=F(x+\Delta x,y(x+\Delta x))-F(x,y(x+\Delta x))\\&\quad+F(x,y(x+\Delta x))-F(x,y(x)).\end{aligned}$$

由一元函数的中值定理可得

$$0=F_x(x+\theta_1\Delta x,y(x+\Delta x))\Delta x+F_y(x,y(x)+\theta_2\Delta y)\Delta y,$$

其中$\Delta y=y(x+\Delta x)-y(x)$,$0<\theta_1<1$,$0<\theta_2<1$,由于在 D 上$F_y(x,y)\neq 0$,从而

$$\frac{\Delta y}{\Delta x}=-\frac{F_x(x+\theta_1\Delta x,y(x+\Delta x))}{F_y(x,y(x)+\theta_2\Delta y)}.$$

由 $F_x(x,y)$和 $F_y(x,y)$的连续性可得

$$\lim_{\Delta x\to 0}\frac{\Delta y}{\Delta x}=-\frac{F_x(x,y(x))}{F_y(x,y(x))},$$

即

$$y'(x)=-\frac{F_x(x,y(x))}{F_y(x,y(x))}.$$

推论 1 在定理 13.5.1 的条件下,进一步如果 $F(x,y)$在(x_0,y_0)邻近 k 阶偏导数连续,则定理 13.5.1 结论中的 $y=y(x)$在 x_0 邻近 k 阶导数连续.

证 用归纳法,当 $k=1$ 时,由定理 13.5.1 可知结论成立.设当 $k=m$ 时,结论成立.当 $k=m+1$ 时,由归纳假设 $y(x)$在 x_0 邻近 m 阶导数连续.又由定理 13.5.1 可知

$$y'(x)=-\frac{F_x(x,y(x))}{F_y(x,y(x))}.$$

由于 $F(x,y)$在(x_0,y_0)邻近 $m+1$ 阶偏导数连续.从而 $y'(x)$在 x_0 邻近 m 阶导数连续,即 $y(x)$的 $m+1$ 阶导数连续,这就完成了归纳证明.

注 在定理 13.5.1 的条件下,进一步若 $F(x,y)$在(x_0,y_0)的一个邻域内解析,则定理 13.5.1 结论中的函数 $y=y(x)$在 x_0 邻近解析.这一结论的证明本课程不作要求.

定理 13.5.1 的一般形式为:

定理 13.5.1′　假设:

(i) $F(x_1^0,\cdots,x_n^0,y_0)=0$;

(ii) $F(x_1,\cdots,x_n,y)$, $F_y(x_1,\cdots,x_n,y)$在$(x_1^0,\cdots,x_n^0,y_0)$的一个邻域内连续;

(iii) $F_y(x_1^0,\cdots,x_n^0,y_0)\neq 0$.

则在$(x_1^0,\cdots,x_n^0,y_0)$的一个邻域内,方程 $F(x_1,\cdots,x_n,y)=0$ 惟一决定函数 $y=y(x_1,\cdots,x_n)$,即存在$(x_1^0,\cdots,x_n^0)$的邻域 U 及 y_0 的邻域 V 以及惟一的定义于 U 取值于 V 的函数 $y=y(x_1,\cdots,x_n)$使得

$$F(x_1,\cdots,x_n,y(x_1,\cdots,x_n)) = 0, \forall (x_1,\cdots,x_n) \in U.$$

进一步,$y(x_1,\cdots,x_n)$连续且

$$y_0 = y(x_1^0,\cdots,x_n^0).$$

除上述条件若还有(iv) $F_{x_i}(x_1,\cdots,x_n,y)$在$(x_1^0,\cdots,x_n^0,y_0)$的一个邻域内连续,则$\dfrac{\partial y}{\partial x_i}$在$(x_1^0,\cdots,x_n^0)$的一个邻域内连续,且

$$\frac{\partial y}{\partial x_i}(x_1,\cdots,x_n) = -\frac{F_{x_i}(x_1,\cdots,x_n,y(x_1,\cdots,x_n))}{F_y(x_1,\cdots,x_n,y(x_1,\cdots,x_n))}.$$

定理 13.5.1′的证明与定理 13.5.1 的证明相同,故留给读者.

推论 1′　在定理 13.5.1′的条件下,如果附加上 $F(x_1,\cdots,x_n,y)$在$(x_1^0,\cdots,x_n^0,y_0)$的一个邻域内 k 阶偏导数连续的条件,则 $y(x_1,\cdots,x_n)$在$(x_1^0,\cdots,x_n^0)$的一个邻域内 k 阶偏导数连续.

推论 1′的证明与推论 1 的证明相同.

注　在定理 13.5.1′的条件下,进一步若 F 在点$(x_1^0,\cdots,x_n^0,y_0)$的一个邻域解析,则可以证明所得的隐函数 $y(x_1,\cdots,x_n)$在$(x_1^0,\cdots,x_n^0)$的一个邻域内也解析.

例 13.5.1　设 $f(x,y)\in C^2$ 且 $f_x\neq 0$,从 $z=f(x,y)$中解出函数 $x=g(y,z)$,如果 $f_{xx}\cdot f_{yy}-f_{xy}^2=0$,求证

$$\frac{\partial^2 g}{\partial y^2}\cdot\frac{\partial^2 g}{\partial z^2}-\left(\frac{\partial^2 g}{\partial y\partial z}\right)^2 = 0.$$

证　由 $z=f(x,y)$,将 x 视为 y,z 的函数,则

$$\begin{cases} 0 = f_x\dfrac{\partial g}{\partial y}+f_y, \\ 1 = f_x\dfrac{\partial g}{\partial z}. \end{cases}$$

由此可得

$$0=f_{xx}\left(\frac{\partial g}{\partial y}\right)^2+2f_{xy}\frac{\partial g}{\partial y}+f_{yy}+f_x\frac{\partial^2 g}{\partial y^2},$$

$$0=f_{xx}\frac{\partial g}{\partial y}\frac{\partial g}{\partial z}+f_x\frac{\partial^2 g}{\partial y\partial z}+f_{xy}\frac{\partial g}{\partial z},$$

$$0=f_{xx}\left(\frac{\partial g}{\partial z}\right)^2+f_x\frac{\partial^2 g}{\partial z^2}.$$

从而

$$\begin{aligned}&f_x^2\frac{\partial^2 g}{\partial y^2}\cdot\frac{\partial^2 g}{\partial z^2}-f_x^2\left(\frac{\partial^2 g}{\partial y\partial z}\right)^2\\=&f_{xx}\left(\frac{\partial g}{\partial z}\right)^2\left(f_{xx}\left(\frac{\partial g}{\partial y}\right)^2+2f_{xy}\frac{\partial g}{\partial y}+f_{yy}\right)-\left(f_{xx}\frac{\partial g}{\partial z}\cdot\frac{\partial g}{\partial y}+f_{xy}\frac{\partial g}{\partial z}\right)^2\\=&\left(\frac{\partial g}{\partial z}\right)^2(f_{xx}\cdot f_{yy}-f_{xy}^2)=0.\end{aligned}$$

于是

$$\frac{\partial^2 g}{\partial y^2}\cdot\frac{\partial^2 g}{\partial z^2}-\left(\frac{\partial^2 g}{\partial y\partial z}\right)^2=0.$$

二、方程组情况

对于方程组

$$\begin{cases}F_1(x_1,\cdots,x_n,u_1,\cdots,u_m)=0,\\\cdots\cdots\cdots\cdots\\F_m(x_1,\cdots,x_n,u_1,\cdots,u_m)=0,\end{cases}\tag{13.5.2}$$

有以下定理:

定理 13.5.2 假设:

(i) $(x_1^0,\cdots,x_n^0,u_1^0,\cdots,u_m^0)$满足方程组(13.5.2)式;

(ii) F_i 及$\dfrac{\partial F_i}{\partial u_k}$,$1\leqslant i,k\leqslant m$,均在$(x_1^0,\cdots,x_n^0,u_1^0,\cdots,u_m^0)$的一个邻域内连续;

(iii) $F_1,\cdots,F_m$ 关于$u_1,\cdots,u_n$ 的 Jacobi 行列式

$$\frac{D(F_1,\cdots,F_m)}{D(u_1,\cdots,u_m)}=\begin{vmatrix}\dfrac{\partial F_1}{\partial u_1}&\cdots&\dfrac{\partial F_1}{\partial u_m}\\\vdots&&\vdots\\\dfrac{\partial F_m}{\partial u_1}&\cdots&\dfrac{\partial F_m}{\partial u_m}\end{vmatrix}$$

在$(x_1^0,\cdots,x_n^0,u_1^0,\cdots,u_m^0)\neq 0$.

则在$(x_1^0,\cdots,x_n^0,u_1^0,\cdots,u_m^0)$的一个邻域内,方程组(13.5.2)式惟一确定函数组

$$u_i = u_i(x_1,\cdots,x_n), i = 1,2,\cdots,m.$$

而且 $u_i(x_1,\cdots,x_n)(i=1,2,\cdots,m)$都在$(x_1^0,\cdots,x_n^0)$的一个邻域内连续,同时满足

$$u_i^0 = u_i(x_1^0,\cdots,x_n^0).$$

进一步,$F_1,\cdots,F_m$ 若在$(x_1^0,\cdots,x_n^0,u_1^0,\cdots,u_m^0)$的一个邻域内关于 $x_i(1\leqslant i\leqslant m)$的偏导数连续,则 $u_1,\cdots,u_m$ 在$(x_1^0,\cdots,x_n^0)$的一个邻域内关于 x_i 的偏导数存在,连续且

$$\begin{pmatrix} \dfrac{\partial u_1}{\partial x_i} \\ \vdots \\ \dfrac{\partial u_m}{\partial x_i} \end{pmatrix} = -\begin{pmatrix} \dfrac{\partial F_1}{\partial u_1} & \cdots & \dfrac{\partial F_1}{\partial u_m} \\ \vdots & & \vdots \\ \dfrac{\partial F_m}{\partial u_1} & \cdots & \dfrac{\partial F_m}{\partial u_m} \end{pmatrix}^{-1} \begin{pmatrix} \dfrac{\partial F_1}{\partial x_i} \\ \vdots \\ \dfrac{\partial F_m}{\partial x_i} \end{pmatrix}. \tag{13.5.3}$$

证 用归纳法.当 $m=1$ 时,由单个方程的情况可知定理 13.5.2 成立.设定理 13.5.2 对于 $m-1$ 个方程的情况成立($m\geqslant 2$).现证 m 个方程的情况.记 $x=(x_1,\cdots,x_n)$, $u=(u_1,\cdots,u_m)$.由假设$\dfrac{D(F_1,\cdots,F_m)}{D(u_1,\cdots,u_m)}(x^0,u^0)\neq 0$,不妨设$\dfrac{D(F_1,\cdots,F_{m-1})}{D(u_1,\cdots,u_{m-1})}(x^0,u^0)\neq 0$.用归纳假设在(13.5.2)式中从前 $m-1$ 个方程可惟一解出

$$u_i = u_i(x,u_m), i = 1,2,\cdots,m-1, \tag{13.5.4}$$

满足

$$u_i^0 = u_i(x^0,u_m^0), i = 1,2,\cdots,m-1,$$

且

$$\begin{pmatrix} \dfrac{\partial u_1}{\partial u_m} \\ \vdots \\ \dfrac{\partial u_{m-1}}{\partial u_m} \end{pmatrix} = -\begin{pmatrix} \dfrac{\partial F_1}{\partial u_1} & \cdots & \dfrac{\partial F_1}{\partial u_{m-1}} \\ \vdots & & \vdots \\ \dfrac{\partial F_{m-1}}{\partial u_1} & \cdots & \dfrac{\partial F_{m-1}}{\partial u_{m-1}} \end{pmatrix}^{-1} \begin{pmatrix} \dfrac{\partial F_1}{\partial u_m} \\ \vdots \\ \dfrac{\partial F_{m-1}}{\partial u_m} \end{pmatrix}.$$

对于矩阵

$$\begin{pmatrix} \dfrac{\partial F_1}{\partial u_1} & \cdots & \dfrac{\partial F_1}{\partial u_{m-1}} \\ \vdots & & \vdots \\ \dfrac{\partial F_{m-1}}{\partial u_1} & \cdots & \dfrac{\partial F_{m-1}}{\partial u_{m-1}} \end{pmatrix},$$

令 A 表示其行列式$\dfrac{D(F_1,\cdots,F_{m-1})}{D(u_1,\cdots,u_{m-1})}$的值，用 r_{ij} 表示$\dfrac{\partial F_i}{\partial u_j}$的代数余子式($i,j=1,2,\cdots,m-1$)，则

$$\begin{pmatrix} \dfrac{\partial u_1}{\partial u_m} \\ \vdots \\ \dfrac{\partial u_{m-1}}{\partial u_m} \end{pmatrix} = -A^{-1}\begin{pmatrix} r_{11} & \cdots & r_{m-1,1} \\ \vdots & & \vdots \\ r_{1,m-1} & \cdots & r_{m-1,m-1} \end{pmatrix}\begin{pmatrix} \dfrac{\partial F_1}{\partial u_m} \\ \vdots \\ \dfrac{\partial F_{m-1}}{\partial u_m} \end{pmatrix}.$$

由此可得

$$\begin{cases} \dfrac{\partial u_1}{\partial u_m} = -A^{-1}(-1)^m \dfrac{D(F_1,\cdots,F_{m-1})}{D(u_2,\cdots,u_m)}, \\ \dfrac{\partial u_2}{\partial u_m} = -A^{-1}(-1)^{m+1} \dfrac{D(F_1,\cdots,F_{m-1})}{D(u_1,u_3,\cdots,u_m)}, \\ \cdots\cdots\cdots\cdots \\ \dfrac{\partial u_{m-1}}{\partial u_m} = -A^{-1}(-1)^{2m-2} \dfrac{D(F_1,\cdots,F_{m-1})}{D(u_1,\cdots,u_{m-2},u_m)}. \end{cases} \tag{13.5.5}$$

将(13.5.4)式代入最后一个方程得

$$H(x,u_m) = F_m(x,u_1(x,u_m),\cdots,u_{m-1}(x,u_m),u_m) = 0 \tag{13.5.6}$$

由于

$$\frac{\partial H}{\partial u_m}(x^0,u_m^0) = \sum_{i=1}^{m-1} \frac{\partial F_m}{\partial u_i}(x^0,u^0)\frac{\partial u_i}{\partial u_m}(x^0,u_m^0) + \frac{\partial F_m}{\partial u_m}(x_0,u_0),$$

利用(13.5.5)式可得

$$\begin{aligned} \frac{\partial H}{\partial u_m}(x^0,u_m^0) &= A^{-1}(x^0,u^0)\sum_{i=1}^{m}(-1)^{m+i}\frac{\partial F_m}{\partial u_i}(x^0,u^0) \\ &\quad \cdot \frac{D(F_1,\cdots,F_{m-1})}{D(u_1,\cdots,u_{i-1},u_{i+1},\cdots,u_m)}(x_0,u_0) \\ &= A^{-1}(x^0,u^0)\frac{D(F_1,\cdots,F_m)}{D(u_1,\cdots,u_m)}(x^0,u^0) \neq 0. \end{aligned}$$

由定理 13.5.1′可知在$(x^0,u_m^0)=(x_1^0,\cdots,x_n^0,u_m^0)$的一个邻域内,方程(13.5.6)式惟一确定的函数

$$u_m=u_m(x)=u_m(x_1,\cdots,x_n) \tag{13.5.7}$$

满足 $u_m^0=u_m(x^0)$.将(13.5.7)式代入(13.5.4)式得

$$\begin{cases}u_i=u_i(x_1,\cdots,x_n,u_m(x_1,\cdots,x_n)),i=1,\cdots,m-1,\\ u_m=u_m(x_1,\cdots,x_n).\end{cases} \tag{13.5.8}$$

显然(13.5.8)式是方程组(13.5.2)式在$(x^0,u^0)=(x_1^0,\cdots,x_n^0,u_1^0,\cdots,u_m^0)$的一个邻域惟一确定的隐函数组,同时满足

$$\begin{cases}u_i^0=u_i(x^0,u_m(x^0))=u_i(x^0,u_m^0),i=1,2,\cdots,m-1,\\ u_m^0=u_m(x^0).\end{cases}$$

由归纳假设及定理 13.5.1′,可知(13.5.8)式中的函数都在 x^0 的一个邻域连续.

进一步关于隐函数可微性的结论及(13.5.3)式,从归纳假设和定理13.5.1′容易得证.这就完成了归纳证明.

定理 13.5.2 有与定理 13.5.1 类似的推论及注,不在此赘述.

三、逆映射定理

考虑函数组

$$\begin{cases}y_1=f_1(x_1,\cdots,x_n),\\ \cdots\cdots\cdots\cdots\\ y_n=f_n(x_1,\cdots,x_n),\end{cases} \tag{13.5.9}$$

有以下定理:

定理 13.5.3 设:

(i) $y_i^0=f_i(x_1^0,\cdots,x_n^0),i=1,2,\cdots,n$;

(ii) $f_1,\cdots,f_n$ 都在$(x_1^0,\cdots,x_n^0)$的一个邻域 D 内一阶偏导数连续;

(iii) $f_1,\cdots,f_n$ 关于$x_1,\cdots,x_n$ 的 Jacobi 行列式

$$\frac{D(f_1,\cdots,f_n)}{D(x_1,\cdots,x_n)}=\begin{vmatrix}\frac{\partial f_1}{\partial x_1} & \cdots & \frac{\partial f_1}{\partial x_n}\\ \vdots & & \vdots\\ \frac{\partial f_n}{\partial x_1} & \cdots & \frac{\partial f_n}{\partial x_n}\end{vmatrix}$$

在$(x_1^0,\cdots,x_n^0)\neq0$.

则存在$(x_1^0,\cdots,x_n^0)$的邻域 $U\subseteq D$ 和$(y_1^0,\cdots,y_n^0)$的邻域 V，以及惟一定义于 V 的函数组

$$\begin{cases} x_1 = g_1(y_1,\cdots,y_n), \\ \cdots\cdots\cdots\cdots \\ x_n = g_n(y_1,\cdots,y_n) \end{cases} \tag{13.5.10}$$

使得$(x_1,\cdots,x_n)\in U$，且

$$f_i(g_1(y_1,\cdots,y_n),\cdots,g_n(y_1,\cdots,y_n)) = y_i, i = 1,2,\cdots,n,$$

$$g_i(f_1(x_1,\cdots,x_n),\cdots,f_n(x_1,\cdots,x_n)) = x_i, i = 1,2,\cdots,n,$$

其中$(x_1,\cdots,x_n)\in U$，$(f_1(x_1,\cdots,x_n),\cdots,f_n(x_1,\cdots,x_n))\in V$. 进一步，$g_1,\cdots,g_n$ 在 V 内一阶偏导数连续.

证　令

$$F_i(x_1,\cdots,x_n,y_1,\cdots,y_n) = f_i(x_1,\cdots,x_n) - y_i, i = 1,2,\cdots,n.$$

关于 $F_1,\cdots,F_n$ 用定理 13.5.2 立即可知定理 13.5.3 成立.

函数组(13.5.9)式可以看做一个映射

$$f:D \to \mathbf{R}^n$$

的分量表示，其中 D 是 $x^0=(x_1^0,\cdots,x_n^0)\in\mathbf{R}^n$ 的一个邻域. 假设条件(i)和(ii)即是 $f\in C^1(D;\mathbf{R}^n)$且 $y^0=f(x^0)$，其中 $y^0=(y_1^0,\cdots,y_n^0)$. 条件(iii)等价于 $\mathrm{d}f(x^0)$非奇. 定理的结论即是存在惟一的定义于 V 取值于U 的映射g，其分量表示为函数组(13.5.10)式，使得

$$f(g(y)) = y, \forall y \in V,$$

$$g(f(x)) = x, \forall x \in U, f(x) \in V,$$

且 $g\in C^1(V;U)$. 由于 $f\in C^1(U;\mathbf{R}^n)$，从而存在 x^0 的开邻域 $\widetilde{U}\subseteq U$，使得 $\widetilde{U}$ 在映射f 下的像集$f(\widetilde{U})\subseteq V$ 且 $\mathrm{d}f(x)$在内 $\widetilde{U}$ 内处处非奇，记 $\widetilde{V}=f(\widetilde{U})$，显然 $y^0=f(x^0)\in\widetilde{V}$，而且可以证明 $\widetilde{V}$ 也是开集，事实上，若 $\tilde{y}\in\widetilde{V}$，则存在 $\tilde{x}\in\widetilde{U}$，使得 $f(\tilde{x})=\tilde{y}$. 由于 $\mathrm{d}f(\tilde{x})$非奇，由定理 13.5.3 可知存在 $\tilde{y}$ 的邻域 N_1 和 $\tilde{x}$ 的邻域N_2，以及惟一定义于 N_1 取值于 N_2 的 C^1 映射 h，使得

$$f(h(y)) = y, \forall y \in N_1.$$

显然 $h(\tilde{y})=\tilde{x}\in\widetilde{U}$. 由 $\widetilde{U}$ 为开集和h 的连续性可知存在$\tilde{y}$ 的邻域$\widetilde{N}\subseteq N_1$，使得 $h(\widetilde{N})\subseteq\widetilde{U}$. 于是

$$\widetilde{N} \subseteq f(\widetilde{U}) = \widetilde{V}.$$

以上说明 $\widetilde{U}$ 和 $\widetilde{V}$ 分别是x^0 和 y^0 的开邻域，且

$$f(g(y)) = y, \quad \forall y \in \widetilde{V},$$

$$g(f(x)) = x, \quad \forall x \in \widetilde{U}.$$

将 f 视为从 $\widetilde{U}$ 到 $\widetilde{V}$ 的映射，则 g 为 f 的逆映射，从而定理 13.5.3 也称为逆映射定理.

一般地设 G 和 H 是两个集，f 是从 G 到 H 的一个映射，如果

$$f(x_1) = f(x_2) \Rightarrow x_1 = x_2,$$

则称 f 是从 G 到 H 的单射. 如果 $\forall y \in H$，存在 $x \in G$，使得 $f(x) = y$，即 G 在映射 f 下的像集 $f(G) = H$，则称 f 是从 G 到 H 的满射. 若 f 既是单射又是满射，则存在惟一的 $g: H \to G$，使得

$$f(g(y)) = y, \quad \forall y \in H,$$
$$g(f(x)) = x, \quad \forall x \in G,$$

称 g 是 f 的逆映射.

设 G 和 H 都是 $\mathbf{R}^n$ 中的开集，如果 $f: G \to H$ 有逆映射 $g: H \to G$，且 f 和 g 都是 C^r 映射，则称 f 是从 G 到 H 的 C^r 同胚. 当 $r = 0$ 时，f 和 g 都是 C^0 映射，即连续映射，我们简单称 f 是从 G 到 H 的同胚，当 $r \geqslant 1$，则称 f 是 C^r 微分同胚. 对于 $r = 1$，通常也简单地称 f 是微分同胚. 设 Ω 是 $\mathbf{R}^n$ 中的开集，$f \in C^r(\Omega; \mathbf{R}^n)$，对于 $x \in \Omega$，如果存在 x 的开邻域 U 和 $y = f(x)$ 的开邻域 V，使得 f 限制在 U 内是从 U 到 V 的 C^r 同胚，则称 f 在 x 点为局部 C^r 同胚. 同样 $r = 0$ 时，简单地称为局部同胚，$r = 1$ 时称为局部微分同胚. 由映射微分运算的链式法则可知，若 $f \in C^1(\Omega; \mathbf{R}^n)$ 且在 $x \in \Omega$ 是局部微分同胚，则 $\mathrm{d}f(x)$ 非奇. 反之，由定理 13.5.3 可知，若 $\mathrm{d}f(x)$ 非奇，则 f 在 x 点是局部微分同胚.

设 Ω 是 $\mathbf{R}^n$ 中的开集，$f \in C^1(\Omega; \mathbf{R}^n)$ 且 $\mathrm{d}f$ 在 Ω 内处处非奇，根据逆映射定理易知 $D = f(\Omega)$ 也是 $\mathbf{R}^n$ 中的开集. 一般来说，不能由此得到 f 是从 Ω 到 D 的微分同胚的结论. 这是因为不能保证 f 是单射，例如

$$f: \begin{cases} u = \mathrm{e}^x \cos y, \\ v = \mathrm{e}^x \sin y, \end{cases} (x, y) \in \mathbf{R}^2.$$

由于 $\dfrac{D(u, v)}{D(x, y)} = \mathrm{e}^{2x} > 0$，从而 $\mathrm{d}f$ 在 $\mathbf{R}^2$ 上处处非奇且 $f(\mathbf{R}^2) = \mathbf{R}^2 \setminus \{0\}$，显然 f 不是从 $\mathbf{R}^2$ 到 $\mathbf{R}^2 \setminus \{0\}$ 的单射.

综上所述可得：

定理 13.5.4　设 Ω 是 $\mathbf{R}^n$ 中的开集，$f \in C^r(\Omega; \mathbf{R}^n)(r \geqslant 1)$. 如果 $\mathrm{d}f(x)$ 在 Ω 内处处非奇，则 f 把 Ω 的任何开子集映成 $\mathbf{R}^n$ 中的开集，且 f 在 Ω 内任一点为局部 C^r 微分同胚. 进一步若 f 是单射，则 f 为从 Ω 到 $f(\Omega)$ 的一个 C^r 微分同胚.

四、用迭代法证明逆映射定理

以上我们利用函数的单调性证明了单个方程情况的隐函数定理,然后将它推广到方程组情况得到一般的隐函数定理,逆映射定理作为隐函数定理的推论.下面我们用迭代法直接证明逆映射定理,隐函数定理作为它的推论.这一方法可把隐函数定理推广到更一般的空间.

证 记 $\mathrm{d}f(x)=A(x)$,由假设可知 $A(x)$可视为在 D 内的 n 阶函数方阵,且 $A(x^0)$非奇.从而

$$\lim_{x\to x_0}A(x_0)^{-1}A(x)=I,$$

其中 I 表示 n 阶单位方阵.于是存在 $r>0$ 使得 $\forall x\in U=\{x\in\mathbf{R}^n \mid |x-x^0|<r\}$有

$$|y-A(x^0)^{-1}A(x)y|\leqslant\frac{1}{2}|y|,\forall y\in\mathbf{R}^n. \qquad (13.5.11)$$

对任何 $x^1,x^2\in U$,由于

$$f(x^1)-f(x^2)=\int_0^1 A(x^2+t(x^1-x^2))(x^1-x^2)\mathrm{d}t,$$

所以

$$\begin{aligned}&(x^1-x^2)-A(x^0)^{-1}(f(x^1)-f(x^2))\\=&\int_0^1[(x^1-x^2)-A(x^0)^{-1}A(x^2+t(x^1-x^2))(x^1-x^2)]\mathrm{d}t.\end{aligned}$$

$$x^1,x^2\in U\Rightarrow x^2+t(x^1-x^2)\in U,\forall t\in[0,1].$$

于是由(13.5.11)式可得

$$|(x^1-x^2)-A(x^0)^{-1}(f(x^1)-f(x^2))|\leqslant\frac{1}{2}|x^1-x^2|,\forall x^1,x^2\in U. \qquad (13.5.12)$$

g 的惟一性.只需证 $x^1,x^2\in U$,且 $f(x^1)=f(x^2)$,则 $x^1=x^2$,即 f 局限于 U 内为单射.事实上由(13.5.12)式可得

$$|x^1-x^2|=|x^1-x^2-A(x^0)^{-1}(f(x^1)-f(x^2))|\leqslant\frac{1}{2}|x^1-x^2|.$$

所以$|x^1-x^2|=0$,即 $x^1=x^2$.

g 存在性.令 $V=\{y\in\mathbf{R}^n \mid |A(x_0)^{-1}(y-y_0)|<\frac{r}{2}\}$.任取 $y\in V$,不妨设 $y\neq y^0$.令

$$\psi(x)=x+A(x^0)^{-1}(y-f(x)).$$

显然存在 $x \in U$ 使得 $f(x)=y$ 等价于存在 $x \in U$ 使得 $x=\psi(x)$,即映射 ψ 有不动点.记

$$\overline{U}' = \{x \in \mathbf{R}^n \mid |x - x^0| \leqslant 2|A(x^0)^{-1}(y - y^0)|\},$$

显然 $\overline{U}' \subseteq U$. ψ 有以下性质:

(i) ψ 是从 $\overline{U}'$ 到 $\overline{U}'$ 的连续映射.

证　连续性显然.任取 $x \in \overline{U}'$,注意到 $y^0 = f(x^0)$,则

$$\begin{aligned}|\psi(x) - x^0| &= |(x - x^0) + A(x^0)^{-1}(y - y^0) - A(x^0)^{-1}(f(x) - f(x^0))| \\ &\leqslant |A(x^0)^{-1}(y - y^0)| + |(x - x^0) - A(x^0)^{-1}(f(x) - f(x^0))|.\end{aligned}$$

由(13.5.12)式和 $x \in \overline{U}'$ 可得

$$\begin{aligned}|\psi(x) - x^0| &\leqslant |A(x^0)^{-1}(y - y^0)| + \frac{1}{2}|(x - x^0)| \\ &\leqslant 2|A(x^0)^{-1}(y - y^0)|,\end{aligned}$$

即 $\psi(x) \in \overline{U}'$.

(ii) ψ 有压缩性,即存在 $0 \leqslant \rho < 1$ 使得

$$|\psi(x^1) - \psi(x^2)| \leqslant \rho |x^1 - x^2|, \forall x^1, x^2 \in \overline{U}'.$$

由 ψ 的定义和(13.5.12)式立即可知上述不等式对于 $\rho = \frac{1}{2}$ 成立.

由 ψ 的性质利用迭代可得 ψ 在 $\overline{U}'$ 上的不动点.事实上,令

$$x^{n+1} = \psi(x^n), n = 0,1,2,\cdots \tag{13.5.13}$$

由(i)可知 $x^n \in \overline{U}', n = 0,1,2,\cdots$,再由(ii)得

$$|x^{n+1} - x^n| = |\psi(x^n) - \psi(x^{n-1})| \leqslant \frac{1}{2}|x^n - x^{n-1}|, \forall n \geqslant 1.$$

由此对任意非负整数有

$$|x^{n+1} - x^n| \leqslant \left(\frac{1}{2}\right)^n |x^1 - x^0| = \left(\frac{1}{2}\right)^n |\psi(x^0) - x^0|.$$

由于 $\psi(x^0) = x^0 + A(x^0)^{-1}(y - f(x^0)) = x^0 + A(x^0)^{-1}(y - y^0)$,又 $y \in V$,从而 $|\psi(x^0) - x^0| = |A(x^0)^{-1}(y - y^0)| < \frac{1}{2}r$.于是

$$|x^{n+1} - x^n| < \left(\frac{1}{2}\right)^{n+1} r, n = 0,1,2,\cdots$$

对任何非负整数 $0 \leqslant n < m$ 有

$$\begin{aligned}|x^m - x^n| &= |(x^m - x^{m-1}) + \cdots + (x^{n+1} - x^n)| \\ &< r(2^{-(n+1)} + \cdots + 2^{-m}) < 2^{-n} r \to 0 (n \to \infty),\end{aligned}$$

所以$\{x^n\}$为$\mathbf{R}^n$中的柯西序列.由$\mathbf{R}^n$的完备性可知存在$x\in\mathbf{R}^n$,使得

$$\lim_{n\to\infty}x^n = x.$$

再由$\overline{U}'$是闭集可知$x\in\overline{U}'$,由ψ的连续性,在(13.5.13)式中令$n\to\infty$得

$$x = \psi(x),$$

即$f(x)=y$.这样就证明存在惟一定义于V取值于U的映射g使得

$$f(g(y)) = y, \forall y \in V.$$

如果$x\in U, f(x)\in V$,记$\bar{x}=g(f(x))$.由$\bar{x}\in U, f(\bar{x})=f(x)$,由惟一性得$x=\bar{x}$,即

$$x = g(f(x)), \forall x \in U, f(x) \in V.$$

g的连续可微性.由(13.5.11)式可知$\forall x\in U$有

$$|A(x^0)^{-1}A(x)y| \geqslant \frac{1}{2}|y|, \forall y \in \mathbf{R}^n,$$

所以$A(x)$在U内非奇.由$A(x)$的连续性可知$A(x)^{-1}$在U内连续.任取$y\in V$.对$y+\Delta y\in V$,记

$$x = g(y), x + \Delta x = g(y + \Delta y),$$

即$f(x)=y, f(x+\Delta x)=y+\Delta y$.由$f$之可微性得

$$\Delta y = f(x + \Delta x) - f(x) = A(x)\Delta x + \varepsilon(x,\Delta x),$$

其中$\varepsilon(x,\Delta x)$满足

$$\lim_{|\Delta x|\to 0}\frac{|\varepsilon(x,\Delta x)|}{|\Delta x|} = 0.$$

用$A(x)^{-1}$乘等式两端得

$$\Delta x = g(y + \Delta y) - g(y) = A(g(y))^{-1}\Delta y - A(g(y))^{-1}\varepsilon(g(y),\Delta x).$$

由(13.5.12)式得

$$|(x + \Delta x) - x - A(x^0)^{-1}(f(x + \Delta x) - f(x))| \leqslant \frac{1}{2}|\Delta x|,$$

所以

$$|\Delta x| \leqslant 2|A(x^0)^{-1}\Delta y|.$$

从而存在常数$M>0$使得

$$|\Delta x| \leqslant M|\Delta y|.$$

于是

$$\lim_{|\Delta y|\to 0}\frac{|A(g(y))^{-1}\varepsilon(g(y),\Delta x)|}{|\Delta y|}$$

$$= \lim_{|\Delta y|\to 0} \frac{|A(g(y))^{-1}\varepsilon(g(y),\Delta x)|}{|\Delta x|} \frac{|\Delta x|}{|\Delta y|} = 0.$$

从而

$$g(y+\Delta y) - g(y) = A(g(y))^{-1}\Delta y + o(|\Delta y|),$$

即 g 在 y 可微且 $\mathrm{d}g(y) = A(g(y))^{-1} = \mathrm{d}f(g(y))^{-1}$，由于 $A(x)^{-1}$ 在 U 内连续，从而 $\mathrm{d}g(y)$ 在 V 内连续.

注　显然 $V\subseteq f(U)$. 由于 $A(x)$ 在 U 内处处非奇，从而 $f(U)$ 是 $\mathbf{R}^n$ 中的开区域. 由逆映射定理和 f 局限在 U 内为单射的性质，可将 g 的定义域开拓到 $f(U)$，于是

$$f\circ g = I_{f(U)}, \quad g\circ f = I_U,$$

其中 $I_{f(U)}$ 和 I_U 分别是 $f(U)$ 和 U 内的恒等映射.

由逆映射定理不难推出隐函数定理，具体证明留给读者.

隐函数定理和逆映射定理在多元函数微分学中占有中心地位. 读者不仅要熟练掌握隐函数的求导计算，而且要能运用这些定理解决某些存在惟一性问题.

例 13.5.2　考虑 $\mathbf{R}^n$ 中的球坐标

$$\begin{cases} x_1 = r\cos\theta_1, \\ x_2 = r\sin\theta_1\cos\theta_2 \\ x_3 = r\sin\theta_1\sin\theta_2\cos\theta_3, \\ \cdots\cdots\cdots\cdots \\ x_{n-1} = r\sin\theta_1\cdots\sin\theta_{n-2}\cos\theta_{n-1}, \\ x_n = r\sin\theta_1\cdots\sin\theta_{n-2}\sin\theta_{n-1}, \end{cases} \tag{13.5.14}$$

其中 $r\geqslant 0, 0\leqslant\theta_i\leqslant\pi, i=1,\cdots,n-2, 0\leqslant\theta_{n-1}<2\pi$. 求 Jacobi 行列式 $\dfrac{D(x_1,\cdots,x_n)}{D(r,\theta_1,\cdots,\theta_{n-1})}$.

解　令

$$F_1(r,\theta_1,\cdots,\theta_{n-1},x_1,\cdots,x_n) = r^2 - (x_1^2+\cdots+x_n^2),$$

$$F_2(r,\theta_1,\cdots,\theta_{n-1},x_1,\cdots,x_n) = r^2\sin^2\theta_1 - (x_2^2+\cdots+x_n^2),$$

$$\cdots\cdots\cdots\cdots$$

$$F_n(r,\theta_1,\cdots,\theta_{n-1},x_1,\cdots,x_n) = r^2\sin^2\theta_1\cdots\sin^2\theta_{n-1} - x_n^2.$$

显然(13.5.14)式满足

$$F_i(r,\theta_1,\cdots,\theta_{n-1},x_1,\cdots,x_n) = 0, i=1,\cdots,n.$$

从而有以下 Jacobi 矩阵之间的关系:

$$\frac{\partial(F_1,\cdots,F_n)}{\partial(r,\theta_1,\cdots,\theta_{n-1})}+\frac{\partial(F_1,\cdots,F_n)}{\partial(x_1,\cdots,x_n)}\cdot\frac{\partial(x_1,\cdots,x_n)}{\partial(r,\theta_1,\cdots,\theta_{n-1})}=0.$$

由此可得

$$\frac{D(x_1,\cdots,x_n)}{D(r,\theta_1,\cdots,\theta_{n-1})}=(-1)^n\left[\frac{D(F_1,\cdots,F_n)}{D(x_1,\cdots,x_n)}\right]^{-1}\frac{D(F_1,\cdots,F_n)}{D(r,\theta_1,\cdots,\theta_{n-1})}. \qquad (13.5.15)$$

由于

$$\begin{aligned}\frac{D(F_1,\cdots,F_n)}{D(x_1,\cdots,x_n)}&=\begin{vmatrix}-2x_1 & -2x_2 & \cdots & -2x_n\\ 0 & -2x_2 & \cdots & -2x_n\\ \vdots & \vdots & & \vdots\\ 0 & \cdots & 0 & -2x_n\end{vmatrix}\\ &=(-1)^n2^nx_1\cdots x_n\\ &=(-1)^n2^nr^n\sin^{n-1}\theta_1\sin^{n-2}\theta_2\cdots\sin\theta_{n-1}\cos\theta_1\cdots\cos\theta_{n-1},\end{aligned}$$

又容易算出

$$\begin{aligned}\frac{D(F_1,\cdots,F_n)}{D(r,\theta_1,\cdots,\theta_{n-1})}&=2^nr^{2n-1}\sin^{2n-3}\theta_1\sin^{2n-5}\theta_2\cdots\\ &\quad\times\sin^3\theta_{n-2}\sin\theta_{n-1}\cos\theta_1\cdots\cos\theta_{n-1}.\end{aligned}$$

由(13.5.15)式可得

$$\frac{D(x_1,\cdots,x_n)}{D(r,\theta_1,\cdots,\theta_{n-1})}=r^{n-1}\sin^{n-2}\theta_1\sin^{n-3}\theta_2\cdots\sin\theta_{n-2}$$

当 $n=2$ 时为极坐标 $\begin{cases}x=r\cos\theta,\\ y=r\sin\theta,\end{cases}$ 则 $\dfrac{D(x,y)}{D(r,\theta)}=r$. 当 $n=3$ 时为空间球坐标

$$\begin{cases}x=r\sin\theta\cos\varphi,\\ y=r\sin\theta\sin\varphi,\\ z=r\cos\theta,\end{cases}$$

其中 $r\geqslant0,0\leqslant\theta\leqslant\pi,0\leqslant\varphi<2\pi$,则

$$\frac{D(x,y,z)}{D(r,\theta,\varphi)}=r^2\sin\theta.$$

例 13.5.3 设 $a_k=a_k(t),k=0,1,2,\cdots,n$,为定义于$(-1,1)$一阶导数连续的复值函数,记

$$P(t,z)=a_n(t)z^n+a_{n-1}(t)z^{n-1}+\cdots+a_1(t)z+a_0(t).$$

设 z_0 是多项式 $P(0,z)$ 的复单根,求证:存在 $\delta>0$ 和 $\eta>0$,使得对于任何 $t\in(-\delta,\delta)$,存在惟一的复数 $z=z(t)$ 满足 $|z-z_0|<\eta$ 和

$$P(t,z(t))=0,$$

且 $z=z(t)\in C^1((-\delta,\delta))$, $z(0)=z_0$.

证　记复数 $z=x+\mathrm{i}y$,其中 $\mathrm{i}=\sqrt{-1}$, x,y 均为实数. 令

$$f(x,y,t)=\mathrm{Re}P(t,z),$$
$$g(x,y,t)=\mathrm{Im}P(t,z),$$

其中 $\mathrm{Re}P(t,z)$ 和 $\mathrm{Im}P(t,z)$ 分别表示 $P(t,z)$ 的实部和虚部. 设 $z_0=x_0+\mathrm{i}y_0$,则

$$\begin{cases}f(x_0,y_0,0)=0,\\ g(x_0,y_0,0)=0.\end{cases}\tag{13.5.16}$$

用 $\bar{z}$ 表示 z 的共轭复数,则

$$\overline{P(t,z)}=Q(t,\bar{z}),$$
$$\overline{P_z(t,z)}=Q_z(t,\bar{z}),$$

其中 $Q(t,z)=\overline{a_n(t)}z^n+\overline{a_{n-1}(t)}z^{n-1}+\cdots+\overline{a_1(t)}z+\overline{a_0(t)}$. 于是

$$f(x,y,t)=\frac{1}{2}(P(t,z)+Q(t,\bar{z})),$$

$$g(x,y,t)=\frac{1}{2\mathrm{i}}(P(t,z)-Q(t,\bar{z})).$$

由 $z=x+\mathrm{i}y$, $\bar{z}=x-\mathrm{i}y$,所以

$$f(x,y,t)\in C^1,g(x,y,t)\in C^1,\forall(x,y)\in\mathbf{R}^2,t\in(-1,1),$$

且

$$\begin{aligned}\frac{D(f,g)}{D(x,y)}&=\begin{vmatrix}f_x & f_y\\ g_x & g_y\end{vmatrix}\\
&=\begin{vmatrix}\frac{1}{2}[P_z(t,z)+Q_z(t,\bar{z})] & \frac{\mathrm{i}}{2}[P_z(t,z)-Q_z(t,\bar{z})]\\ \frac{1}{2\mathrm{i}}[P_z(t,z)-Q_z(t,\bar{z})] & \frac{1}{2}[P_z(t,z)+Q_z(t,\bar{z})]\end{vmatrix}\\
&=\frac{1}{4}[P_z(t,z)+Q_z(t,\bar{z})]^2-\frac{1}{4}[P_z(t,z)-Q_z(t,\bar{z})]^2\\
&=P_z(t,z)Q_z(t,\bar{z})=|P_z(t,z)|^2.\end{aligned}$$

由于 z_0 是 $P(0,z)$的单根,所以

$$\frac{D(f,g)}{D(x,y)}(x_0,y_0,0) = |P_z(0,z_0)|^2 \neq 0.$$

由(13.5.16)式利用隐函数定理立即可得本题的结论.

§13.6 Jacobi 矩阵的性质、函数相关

一、Jacobi 矩阵与 Jacobi 行列式

在讨论映射微分和隐函数定理时,我们多次提到 Jacobi 矩阵和 Jacobi 行列式.在这一段我们对这两个概念再予以系统的阐述.一组函数 $f_1,\cdots,f_m$ 关于变量 $x_1,\cdots x_n$ 的 Jacobi 矩阵定义为

$$\begin{pmatrix} \dfrac{\partial f_1}{\partial x_1} & \cdots & \dfrac{\partial f_1}{\partial x_n} \\ \vdots & & \vdots \\ \dfrac{\partial f_m}{\partial x_1} & \cdots & \dfrac{\partial f_m}{\partial x_n} \end{pmatrix},$$

我们把它记为

$$\frac{\partial(f_1,\cdots,f_m)}{\partial(x_1,\cdots,x_n)}.$$

当 $m=n$ 时,$f_1,\cdots,f_n$ 关于变量 $x_1,\cdots,x_n$ 的 Jacobi 矩阵的行列式称为其 Jacobi行列式,为区别起见,我们记它为

$$\frac{D(f_1,\cdots,f_n)}{D(x_1,\cdots,x_n)}.$$

我们在讨论映射微分时已经知道,一个从 $\mathbf{R}^n$ 到 $\mathbf{R}^m$ 的可微映射 f 在一点 x^0 的 Fréchet 导数 $\mathrm{d}f(x^0)$是从 $\mathbf{R}^n$ 到 $\mathbf{R}^m$ 的线性映射,其表示就是 f 的分量关于其自变量在 x^0 点的 Jacobi 矩阵.由于映射微分有所谓链式法则,从而 Jacobi矩阵的一个重要性质就是所谓链式法则成立,即:

定理 13.6.1 设 D 是 $\mathbf{R}^m$ 中的区域,$z_i=z_i(y_1,\cdots,y_m)\in C^1(D)$,$i=1,\cdots,l$,$\Omega$ 是 $\mathbf{R}^n$ 中的区域$y_j=y_j(x_1,\cdots,x_n)\in C^1(\Omega)$,$j=1,\cdots,n$.设 $\{(y_1,\cdots,y_m)\mid y_j = y_j(x_1,\cdots,x_n),j = 1,\cdots,m,(x_1,\cdots,x_n)\in\Omega\}\subseteq D$,则对于 $z_i=z_i(y_1(x_1,\cdots,x_n),\cdots,y_m(x_1,\cdots,x_n))$,$i=1,\cdots,l$ 有

$$\frac{\partial(z_1,\cdots,z_l)}{\partial(x_1,\cdots,x_n)}(x) = \frac{\partial(z_1,\cdots,z_l)}{\partial(y_1,\cdots,y_m)}(y)\frac{\partial(y_1,\cdots,y_m)}{\partial(x_1,\cdots,x_n)}(x),$$

其中 $x=(x_1,\cdots,x_n)\in\Omega, y=(y_1,\cdots,y_m), y_j=y_j(x_1,\cdots,x_n), j=1,\cdots,m$.

证 由复合函数求导法则可得

$$\frac{\partial z_i}{\partial x_k}(x)=\sum_{j=1}^{m}\frac{\partial z_i}{\partial y_j}(y)\frac{\partial y_j}{\partial x_k}(x), \forall x\in\Omega, k=1,\cdots,n.$$

由此和 Jacobi 矩阵的定义立即可知定理 13.6.1 的结论成立.

推论 1 在定理 13.6.1 的条件下,若 $m=n=l$,则 Jacobi 行列式满足

$$\frac{D(z_1,\cdots,z_n)}{D(x_1,\cdots,x_n)}(x)=\frac{D(z_1,\cdots,z_n)}{D(y_1,\cdots,y_n)}(y)\cdot\frac{D(y_1,\cdots,y_n)}{D(x_1,\cdots,x_n)}(x).$$

推论 2 设 Ω 和 D 都是 $\mathbf{R}^n$ 中的区域,

$$y_i=f_i(x_1,\cdots,x_n)\in C^1(\Omega), i=1,\cdots,n,$$
$$x_i=g_i(y_1,\cdots,y_n)\in C^1(D), i=1,\cdots,n,$$

且满足

$$y_i=f_i(g_1(y_1,\cdots,y_n),\cdots,g_n(y_1,\cdots,y_n)), i=1,\cdots,n,(y_1,\cdots,y_n)\in D.$$

则

$$\frac{D(y_1,\cdots,y_n)}{D(x_1,\cdots,x_n)}(x)=\left[\frac{D(x_1,\cdots,x_n)}{D(y_1,\cdots,y_n)}(y)\right]^{-1}, \forall y=(y_1,\cdots,y_n)\in D,$$

其中 $x=(x_1,\cdots,x_n), x_i=g_i(y_1,\cdots,y_n), i=1,\cdots,n$.

证 由定理 13.6.1 可得

$$I_n=\frac{\partial(y_1,\cdots,y_n)}{\partial(x_1,\cdots,x_n)}(x)\frac{\partial(x_1,\cdots,x_n)}{\partial(y_1,\cdots,y_n)}(y), \forall y\in D.$$

其中 I_n 是 n 阶单位方阵.从而

$$\frac{D(y_1,\cdots,y_n)}{D(x_1,\cdots,x_n)}(x)\cdot\frac{D(x_1,\cdots,x_n)}{D(y_1,\cdots,y_n)}(y)=1, \forall y\in D.$$

即推论 2 的结论成立.

例 13.6.1 考虑 $\mathbf{R}^3$ 中的球坐标:$x=r\sin\theta\cos\varphi, y=r\sin\theta\sin\varphi, z=r\cos\theta$,其中 $r\geqslant 0, 0\leqslant\theta\leqslant\pi, 0\leqslant\varphi<2\pi$.我们已经知道

$$\frac{D(x,y,z)}{D(r,\theta,\varphi)}=r^2\sin\theta.$$

由于除去 z 轴球坐标变换的逆变换存在,从而由推论 2 可得

$$\frac{D(r,\theta,\varphi)}{D(x,y,z)}=\frac{1}{r^2\sin\theta}=\frac{1}{\sqrt{(x^2+y^2)(x^2+y^2+z^2)}}, x^2+y^2\neq 0.$$

二、函数相关

作为隐函数定理的一个应用,我们在这一段讨论一组函数是否相关的问

题. 设 D 是 $\mathbf{R}^n$ 上的一个开区域和定义于 D 内的一组函数

$$y_i = y_i(x_1,\cdots,x_n), i = 1,\cdots,m.$$

将 $(y_1,\cdots,y_m)$ 视为 $\mathbf{R}^m$ 中的点. 这一组函数就定义了一个从 D 到 $\mathbf{R}^m$ 的映射 f, 其值域为

$$f(D) = \{(y_1,\cdots,y_n) \in \mathbf{R}^m \mid y_i = y_i(x_1,\cdots,x_n),$$
$$i = 1,\cdots,m, (x_1,\cdots,x_n) \in D\}.$$

如果存在 $\mathbf{R}^m$ 中的开区域 Ω 和函数 $\varphi \in C^1(\Omega)$ 且 $\nabla\varphi \neq 0$. 使得 $f(D) \subseteq \Omega$ 且

$$\varphi(y_1(x_1,\cdots,x_n),\cdots,y_m(x_1,\cdots,x_n)) = 0, \forall (x_1,\cdots,x_n) \in D,$$

则称 $y_1(x_1,\cdots,x_n),\cdots,y_m(x_1,\cdots,x_n)$ 在 D 内函数相关. 如果这组函数在 D 的任何子区域都不相关, 则称它们在 D 内函数独立. 从几何上看 $y_1,\cdots,y_m$ 在 D 内函数相关, 则 $f(D)$ 在 $\mathbf{R}^m$ 中的一张光滑曲面上.

例 13.6.2 设函数组 $y_i = y_i(x_1,\cdots,x_n) \in C^1(\mathbf{R}^n), i = 1,\cdots,n$ 且 Jacobi 行列式 $\dfrac{D(y_1,\cdots,y_n)}{D(x_1,\cdots,x_n)}$ 在 $\mathbf{R}^n$ 上处处不等于 0. 由这组函数定义的映射记为 f, 则 $f \in C^1(\mathbf{R}^n;\mathbf{R}^n)$. 利用逆映射定理可知 f 把 $\mathbf{R}^n$ 的任何开子集映射成 $\mathbf{R}^n$ 的开子集, 从而根据函数相关的几何意义易知这组函数在 $\mathbf{R}^n$ 内函数独立.

例 13.6.3 设

$$y_1 = x_1 + x_2 + x_3 + x_4 - 1,$$
$$y_2 = x_1^2 + x_2^2 + x_3^2 + x_4^2 + x_1 + x_2 + x_3 + x_4,$$
$$y_3 = x_1x_2 + x_1x_3 + x_1x_4 + x_2x_3 + x_2x_4 + x_3x_4.$$

显然

$$(y_1 + 1)^2 + y_1 - y_2 - 2y_3 = -1.$$

从而函数组 y_1, y_2, y_3 在 $\mathbf{R}^4$ 内函数相关.

下面给出判断一组函数相关或独立的条件.

定理 13.6.2 设 $y_i = y_i(x_1,\cdots,x_n) \in C^1(\mathbf{R}^n), i = 1,\cdots,m$. 如果 $y_1, \cdots, y_m$ 在 D 内函数相关, 则 Jacobi 矩阵 $\dfrac{\partial(y_1,\cdots,y_m)}{\partial(x_1,\cdots,x_n)}$ 的秩在 D 内处处小于 m.

证 由假设存在 $\varphi \in C^1$ 使得 $\nabla\varphi \neq 0$, 且

$$\varphi(y_1(x_1,\cdots,x_n),\cdots,y_m(x_1,\cdots,x_n)) = 0, \forall (x_1,\cdots,x_n) \in D,$$

从而

$$\sum_{k=1}^{m} \frac{\partial\varphi}{\partial y_k}\frac{\partial y_k}{\partial x_i} = 0, i = 1,\cdots,n,$$

即

$$\nabla\varphi\cdot\frac{\partial(y_1,\cdots,y_m)}{\partial(x_1,\cdots,x_n)}=0.$$

由于$\nabla\varphi\neq 0$,所以$\frac{\partial(y_1,\cdots,y_m)}{\partial(x_1,\cdots,x_n)}$的秩小于 m.

推论 若$\frac{\partial(y_1,\cdots,y_m)}{\partial(x_1,\cdots,x_n)}$的秩在 D 内处处为 m,则 $y_1,\cdots,y_m$ 在 D 内函数独立.

定理 13.6.3 设 $y_i=y_i(x_1,\cdots,x_n)\in C^1(\mathbf{R}^n)$, $i=1,\cdots,m$. 若有 $1\leqslant r<m$ 使得$\frac{\partial(y_1,\cdots,y_m)}{\partial(x_1,\cdots,x_n)}$在 D 内的秩处处不大于 r,而且存在 $x^0=(x_1^0,\cdots,x_n^0)\in D$ 使得$\frac{\partial(y_1,\cdots,y_m)}{\partial(x_1,\cdots,x_n)}(x^0)$的秩等于 r,则存在 x^0 的开邻域 $U\subseteq D$,使得 $y_1,\cdots,y_m$ 在 U 内函数相关.

证 显然 $1\leqslant r<m$ 且 $r\leqslant n$. 不妨设 Jacobi 行列式

$$\frac{D(y_1,\cdots,y_r)}{D(x_1,\cdots,x_r)}(x^0)\neq 0.$$

记 $y_i^0=y_i(x_1^0,\cdots,x_n^0)$. 由隐函数定理可知存在$(x_1^0,\cdots,x_r^0)\in\mathbf{R}^r$ 的开邻域 U_1,$(x_{r+1}^0,\cdots,x_n^0)\in\mathbf{R}^{n-r}$的开邻域$U_2$ 以及$(y_1^0,\cdots,y_r^0)\in\mathbf{R}^r$ 的开邻域V_1,和惟一的函数

$$x_i=\varphi_i(y_1,\cdots,y_r,x_{r+1},\cdots,x_n)\in C^1(V_1\times U_2),i=1,\cdots,r,$$

使得

$$(\varphi_1(y_1,\cdots,y_r,x_{r+1},\cdots,x_n),\cdots,\varphi_r(y_1,\cdots,y_r,x_{r+1},\cdots,x_n))\in U_1,$$

$$x_i^0=\varphi_i(y_1^0,\cdots,y_r^0,x_{r+1}^0,\cdots,x_n^0),i=1,\cdots,r,$$

且

$$y_i\equiv y_i(\varphi_1(y_1,\cdots,y_r,x_{r+1},\cdots,x_n),\cdots,\\ \varphi_r(y_1,\cdots,y_r,x_{r+1},\cdots,x_n),x_{r+1},\cdots,x_n),\qquad(13.6.1)$$

其中 $i=1,\cdots,r$. 对于 $k=r+1,\cdots,m$,令

$$\psi_k(y_1,\cdots,y_r,x_{r+1},\cdots,x_n)=y_k(\varphi_1(y_1,\cdots,y_r,x_{r+1},\cdots,x_n),\\ \cdots,\varphi_r(y_1,\cdots y_r,x_{r+1},\cdots,x_n),x_{r+1},\cdots,x_n),$$

则当 $r<n$ 时有

$$\frac{\partial\psi_k}{\partial x_j}=\sum_{i=1}^{r}\frac{\partial y_k}{\partial x_i}\frac{\partial\varphi_i}{\partial x_j}+\frac{\partial y_k}{\partial x_j},j=r+1,\cdots,n.\qquad(13.6.2)$$

由(13.6.1)式可得

$$0=\sum_{i=1}^{n}\frac{\partial y_l}{\partial x_i}\frac{\partial \varphi_i}{\partial x_j}+\frac{\partial y_l}{\partial x_j},l=1,\cdots,r,j=r+1,\cdots,n.\quad(13.6.3)$$

由于 $\frac{\partial(y_1,\cdots,y_m)}{\partial(x_1,\cdots,x_n)}$ 的秩在 D 内处处不大于 r，从而 Jacobi 行列式 $\frac{D(y_1,\cdots,y_r,y_k)}{D(x_1,\cdots,x_r,x_j)}\equiv 0$. 由于 $\frac{D(y_1,\cdots,y_r)}{D(x_1,\cdots,x_r)}(x^0)\neq 0$，设 $\frac{D(y_1,\cdots,y_r)}{D(x_1,\cdots,x_r)}\neq 0$，$\forall x\in U_1\times U_2$. 于是存在 $\lambda_i=\lambda_i(x)\in\mathbf{R}^1$，$i=1,\cdots,r$，使得

$$\frac{\partial y_k}{\partial x_i}(x)=\sum_{l=1}^{r}\lambda_l(x)\frac{\partial y_l}{\partial x_i}(x),i=1,\cdots,r,j,x\in U_1\times U_2.\quad(13.6.4)$$

综合(13.6.2)，(13.6.3)，(13.6.4)式可得

$$\begin{aligned}\frac{\partial \psi_k}{\partial x_j}(y_1,\cdots,y_r,x_{r+1},\cdots,x_n)&=\sum_{i=1}^{r}\frac{\partial\varphi_i}{\partial x_j}\sum_{l=1}^{r}\lambda_l\frac{\partial y_l}{\partial x_i}+\sum_{l=1}^{r}\lambda_l\frac{\partial y_l}{\partial x_j}\\&=\sum_{l=1}^{r}\lambda_l\left(\sum_{i=1}^{r}\frac{\partial y_l}{\partial x_i}\frac{\partial\varphi_i}{\partial x_j}+\frac{\partial y_l}{\partial x_j}\right)=0,\end{aligned}$$

其中 $(y_1,\cdots,y_r,x_{r+1},\cdots,x_n)\in V_1\times U_2$，$j=r+1,\cdots,n$. 从而 ψ_k 不依赖于 $x_{r+1},\cdots,x_n$. 于是存在 x^0 的邻域 U，使得 $x=(x_1,\cdots,x_n)\in U\Rightarrow(x_1,\cdots,x_r)\in U_1$，$(x_{r+1},\cdots,x_n)\in U_2$，且 $(y_1,\cdots,y_r)\in V_1$，其中 $y_i=y_i(x_1,\cdots,x_n)$，$i=1,2,\cdots,r$. 由隐函数的惟一性可知

$$x_i=\varphi_i(y_1,\cdots,y_r,x_{r+1},\cdots,x_n),i=1,\cdots,r.$$

于是可得 $\forall(x_1,\cdots,x_n)\in U$ 有

$$y_k(x_1,\cdots,x_n)=\psi_k(y_1(x_1,\cdots,x_n),\cdots,y_r(x_1,\cdots,x_n)).$$

令

$$\varphi(y_1,\cdots,y_m)=-\psi_{r+1}(y_1,\cdots,y_r)+y_{r+1},$$

则

$$\varphi(y_1(x_1,\cdots,x_n),\cdots,y_m(x_1,\cdots,x_n))=0,$$

$\forall(x_1,\cdots,x_n)\in U$，即 $y_1,\cdots,y_m$ 在 U 内函数相关.

$r=n$ 的情况证明类似.

推论 设 $y_i=y_i(x_1,\cdots,x_n)\in C^1(D)$，$i=1,\cdots,m$，且 Jacobi 矩阵 $\frac{\partial(y_1,\cdots,y_m)}{\partial(x_1,\cdots,x_n)}$ 的秩在 D 内处处小于 m，则 $y_1,\cdots,y_m$ 在 D 的任何子区域上函数都不独立.

§13.7　曲线的切线与曲面的切平面

一、曲线的切线与法平面

直观上看 $\mathbf{R}^n$ 上一条闭的连续、没有重点的曲线 Γ 称为简单曲线.此处所说的“闭”是指 Γ 包括始点和终点.当始点与终点是同一点时,Γ 就是封闭简单曲线,否则是不封闭曲线(如图 13.7.1).精确地说,Γ 称为 $\mathbf{R}^n$ 中的一个简单曲线,如果

$$\Gamma = \{x \mid x = x(t), a \leqslant t \leqslant b\},$$

其中 $x(t) \in C^0([a,b];\mathbf{R}^n)$,且满足对任意 $a \leqslant t_1 < t_2 \leqslant b$ 且 $t_1 = a, t_2 = b$ 至多有一个成立,就有 $x(t_1) \neq x(t_2)$.如果 $x(a) = x(b)$,则 Γ 为封闭曲线.如果 $x(a) \neq x(b)$,则 Γ 是不封闭的简单曲线.若 $x(t) \in C^1([a,b];\mathbf{R}^n)$ 且 $x'(t) \neq 0, \forall t \in [a,b]$,对于封闭曲线的情形,还要假设 $x'(a) = x'(b)$,则称 Γ 为光滑简单曲线.

图 13.7.1

以下我们针对光滑简单曲线 Γ(简称光滑曲线)进行讨论.任取 $P_0 \in \Gamma$,则存在 $t_0 \in [a,b]$使得 $P_0 = x(t_0)$,对于 Γ 上任一点 $P \neq P_0$,线段 P_0P 所在的直线为 Γ 过 P_0 的一条割线,当 P 沿 Γ 趋于 P_0 时,如果过 P_0 与 P 的割线趋于一条固定直线,则称该直线为 Γ 在 P_0 的切线.显然 Γ 在一点的切线若存在,则只能有一条.可以证明光滑曲线 Γ 在任一点 $P_0 = x(t_0)$ 的切线存在.事实上,设 $P = x(t) \neq x(t_0)$,则过 P_0 与 P 的割线 l 的方程为

$$\frac{x_1 - x_1(t_0)}{x_1(t) - x_1(t_0)} = \frac{x_2 - x_2(t_0)}{x_2(t) - x_2(t_0)} = \cdots = \frac{x_n - x_n(t_0)}{x_n(t) - x_n(t_0)}, \tag{13.7.1}$$

其中

$$P_0 = x(t_0) = (x_1(t_0), x_2(t_0), \cdots, x_n(t_0)),$$
$$P = x(t) = (x_1(t), x_2(t), \cdots, x_n(t)),$$

$$x=(x_1,x_2,\cdots,x_n)\in l.$$

有以下两种情况:

(i) Γ 不是封闭曲线或者 $t_0\neq a,b$,则易知沿 Γ,$P\to P_0$ 等价于 $t\to t_0$.此时(13.7.1)式中的 n 个比例式同乘以 $t-t_0$,由于 $x_1'(t_0),x_2'(t_0),\cdots,x_n'(t_0)$不同时为0,所以当 $P\to P_0$ 时,同乘$(t-t_0)$之后的(13.7.1)式趋于

$$\frac{x_1-x_1(t_0)}{x_1'(t_0)}=\frac{x_2-x_2(t_0)}{x_2'(t_0)}=\cdots=\frac{x_n-x_n(t_0)}{x_n'(t_0)},\quad(13.7.2)$$

(13.7.2)式是一条过 P_0 的直线的方程,这条直线是当 $P\to P_0$ 时割线 l 的极限位置,从而它是 Γ 在 P_0 的切线.

(ii) Γ 是封闭曲线且 $t_0=a$ 或 b.不妨设 $t_0=a$.由于 $x(t_0)=x(a)=x(b)$,从而当 $P\to P_0$ 时,$t\to a$ 或者 $t\to b$.再由 $x'(t_0)=x'(a)=x'(b)$可知,当 $P\to P_0$ 时,割线 l 同样趋于一条以(13.7.2)式为方程的直线.

综上可得 Γ 在 P_0 的切线存在,其方程为(13.7.2)式,切线的方向向量为

$$x'(t_0)=(x_1'(t_0),\cdots,x_n'(t_0)).$$

过 P_0 且与 Γ 在 P_0 的切线垂直的平面称为 Γ 在 P_0 的法平面,由(13.7.2)式可知,Γ 在 P_0 的法平面方程为

$$x_1'(t_0)(x_1-x_1(t_0))+x_2'(t_0)(x_2-x_2(t_0))+\cdots$$
$$+x_n'(t_0)(x_n-x_n(t_0))=0.$$

二、曲面的切平面与法线

为简单起见讨论 $\mathbf{R}^3$ 中的曲面,以下得到的所有结果都可直接推广到 $\mathbf{R}^n$ 中的曲面.空间曲面通常有两种表示方法,一种是方程表示,另一种是参数表示.首先讲方程表示,即曲面 S 的方程为

$$S:F(x,y,z)=0,\quad(13.7.3)$$

设 $F(x,y,z)$在 S 的一个邻域内一阶偏导数连续且$\nabla F(x,y,z)$在该邻域内处处不为0,此时 S 为光滑曲面.

设 S 为光滑曲面,任取 $P_0=(x_0,y_0,z_0)\in S$. S 上过 P_0 的光滑曲线在 P_0 的切线,也称为曲面 S 在 P_0 的切线.可以证明存在过 P_0 的平面 π,使得 S 在 P_0 的所有切线都在 π 上.事实上,任取 S 上过 P_0 的一条光滑曲线 Γ:

$$x=x(t),y=y(t),z=z(t),t\in[a,b],$$
$$P_0=(x_0,y_0,z_0)=(x(t_0),y(t_0),z(t_0)),t_0\in(a,b).$$

由于 Γ 在 S 上,从而

$$F(x(t),y(t),z(t))\equiv 0,\forall t\in[a,b].$$

由复合函数求导的链式法则可得

$$F_x(x_0,y_0,z_0)x'(t_0)+F_y(x_0,y_0,z_0)y'(t_0)$$
$$+F_z(x_0,y_0,z_0)z'(t_0)=0. \qquad (13.7.4)$$

由于$\nabla F(x_0,y_0,z_0)=(F_x(x_0,y_0,z_0),F_y(x_0,y_0,z_0),F_z(x_0,y_0,z_0))\neq 0$，从而(13.7.4)式表示 Γ 在P_0 的切向量$(x'(t_0),y'(t_0),z'(t_0))$垂直于固定的非零向量$\nabla F(x_0,y_0,z_0)$. 由此可知 Γ 在 P_0 的切线必在一固定的平面 π 上，其方程为

$$\pi:F_x(x_0,y_0,z_0)(x-x_0)+F_y(x_0,y_0,z_0)(y-y_0)$$
$$+F_z(x_0,y_0,z_0)(z-z_0)=0. \qquad (13.7.5)$$

π 称为S 在P_0 的切平面. 过 P_0 垂直于切平面的直线称为 S 在P_0 的法线. 由(13.7.5)式可知 S 在P_0 的法线方程为

$$\frac{x-x_0}{F_x(x_0,y_0,z_0)}=\frac{y-y_0}{F_y(x_0,y_0,z_0)}=\frac{z-z_0}{F_z(x_0,y_0,z_0)}. \qquad (13.7.6)$$

S 在P_0 的法线的方向向量，称为 S 在P_0 的法向量. 由(13.7.6)式可得 S 在 P_0 的法向量为$\nabla F(x_0,y_0,z_0)$.

反之，可以证明 π 上任一条过P_0 的直线都是 S 在P_0 的切线. 为证明这一事实，先假设 S 有显式表示：

$$S:z=f(x,y),(x,y)\in D, \qquad (13.7.7)$$

其中 D 是 $\mathbf{R}^2$ 上的开区域，$f(x,y)\in C^1(D)$. $P_0=(x_0,y_0,z_0)\in S\Leftrightarrow z_0=f(x_0,y_0),(x_0,y_0)\in D$. 则 S 过P_0 的切平面为

$$\pi:z-z_0=f_x(x_0,y_0)(x-x_0)+f_y(x_0,y_0)(y-y_0). \qquad (13.7.8)$$

在 π 上任取一条过P_0 的直线 l，设 l 的方程为

$$l:x=x_0+\alpha t,y=y_0+\beta t,z=z_0+\gamma t,\forall t\in\mathbf{R},$$

其中 α,β,γ 不全为 0. 由于 l 在π 上，由(13.7.8)式可得

$$\gamma=f_x(x_0,y_0)\alpha+f_y(x_0,y_0)\beta.$$

由于$(x_0,y_0)\in D$，D 为开区域，从而存在 $\delta>0$ 使得

$$\{(x,y)\mid x=x_0+\alpha t,y=y_0+\beta t,t\in[-\delta,\delta]\}\subseteq D,$$

且

$$\Gamma:x=x_0+\alpha t,y=y_0+\beta t,$$
$$z=f(x_0+\alpha t,y_0+\beta t),t\in[-\delta,\delta]$$

为 S 上过 P_0 的一条光滑曲线. 显然 Γ 在 P_0 的切向量为 $(\alpha,\beta,f_x(x_0,y_0)\alpha+f_y(x_0,y_0)\beta)=(\alpha,\beta,\gamma)$, 于是 Γ 在 P_0 的切线就是 l.

如果 S 有隐式表示(13.7.3)式. 由于 $F(x_0,y_0,z_0)=0,\nabla F(x_0,y_0,z_0)\neq 0$, 不妨设 $F_z(x_0,y_0,z_0)\neq 0$, 由隐函数定理, 存在 (x_0,y_0) 的开邻域 D, 使得 S 在 (x_0,y_0,z_0) 的一个邻域内有显式表示(13.7.7)式, 且 $f(x,y)\in C^1(D)$. 利用显式表示情形的结果可知要证的事实成立.

综上可知, S 在 P_0 的切平面是由 S 在 P_0 的所有切线织成的.

$\mathbf{R}^3$ 中的曲面 S 还可用参数表示, 即

$$S:\begin{cases} x = x(u,v), \\ y = y(u,v), \quad (u,v)\in D, \\ z = z(u,v), \end{cases} \tag{13.7.9}$$

其中 D 是 u,v 平面上的开区域. 设 $x(u,v),y(u,v),z(u,v)$ 都属于 $C^1(D)$, 且

$$\frac{\partial(x,y,z)}{\partial(u,v)} = \begin{pmatrix} x_u(u,v) & x_v(u,v) \\ y_u(u,v) & y_v(u,v) \\ z_u(u,v) & z_v(u,v) \end{pmatrix}$$

的秩在 D 内处处为 2, 此时 S 是光滑曲面. 参数表示(13.7.9)式可以写成向量形式

$$\boldsymbol{r} = \boldsymbol{r}(u,v) = \begin{pmatrix} x(u,v) \\ y(u,v) \\ z(u,v) \end{pmatrix}, \quad (u,v)\in D,$$

$\dfrac{\partial(x,y,z)}{\partial(u,v)}$ 的秩为 2 等价于 $\boldsymbol{r}_u\times\boldsymbol{r}_v\neq 0$. 任取 $P_0=(x_0,y_0,z_0)\in S$, 即存在 $(u_0,v_0)\in D$ 使得

$$x_0 = x(u_0,v_0), y_0 = y(u_0,v_0), z_0 = z(u_0,v_0).$$

由于 $\dfrac{\partial(x,y,z)}{\partial(u,v)}(u_0,v_0)$ 的秩为 2, 不妨设

$$J = \begin{vmatrix} x_u(u_0,v_0) & x_v(u_0,v_0) \\ y_u(u_0,v_0) & y_v(u_0,v_0) \end{vmatrix} \neq 0,$$

由隐函数存在定理可知存在 (x_0,y_0) 在 $\mathbf{R}^2$ 中的开邻域 Ω 和函数 $u=u(x,y),v=v(x,y)\in C^1(\Omega)$ 使得 $u_0=u(x_0,y_0),v_0=v(x_0,y_0)$, 且

$$x\equiv x(u(x,y),v(x,y)), y\equiv y(u(x,y),v(x,y)), \forall (x,y)\in\Omega.$$

于是 S 在 P_0 的一个邻域内有显式表示

$$S: z = z(u(x,y), v(x,y)), (x,y) \in \Omega.$$

由上面的结果可知 S 在 P_0 的法向量

$$\boldsymbol{n}(P_0) = (A', B', C'),$$

其中

$$\begin{aligned} A' &= z_u(u_0, v_0) u_x(x_0, y_0) + z_v(u_0, v_0) v_x(x_0, y_0), \\ B' &= z_u(u_0, v_0) u_y(x_0, y_0) + z_v(u_0, v_0) v_y(x_0, y_0), \\ C' &= -1. \end{aligned}$$

由于

$$\begin{cases} 1 = x_u(u_0, v_0) u_x(x_0, y_0) + x_v(u_0, v_0) v_x(x_0, y_0), \\ 0 = y_u(u_0, v_0) u_x(x_0, y_0) + y_v(u_0, v_0) v_x(x_0, y_0), \end{cases}$$

所以

$$u_x(x_0, y_0) = \frac{y_v(u_0, v_0)}{J}, \quad v_x(x_0, y_0) = \frac{-y_u(u_0, v_0)}{J}.$$

又

$$\begin{cases} 0 = x_u(u_0, v_0) u_y(x_0, y_0) + x_v(u_0, v_0) v_y(x_0, y_0), \\ 1 = y_u(u_0, v_0) u_y(x_0, y_0) + y_v(u_0, v_0) v_y(x_0, y_0), \end{cases}$$

从而

$$u_y(x_0, y_0) = \frac{-x_v(u_0, v_0)}{J}, \quad v_y(x_0, y_0) = \frac{x_u(u_0, v_0)}{J}.$$

于是可得

$$\begin{aligned} A' &= \frac{1}{J}(z_u(u_0, v_0) y_v(u_0, v_0) - z_v(u_0, v_0) y_u(u_0, v_0)) \\ &= \frac{-1}{J} \begin{vmatrix} y_u(u_0, v_0) & z_u(u_0, v_0) \\ y_v(u_0, v_0) & z_v(u_0, v_0) \end{vmatrix}, \end{aligned}$$

$$\begin{aligned} B' &= \frac{1}{J}(-z_u(u_0, v_0) x_v(u_0, v_0) + z_v(u_0, v_0) x_u(u_0, v_0)) \\ &= \frac{-1}{J} \begin{vmatrix} z_u(u_0, v_0) & x_u(u_0, v_0) \\ z_v(u_0, v_0) & x_v(u_0, v_0) \end{vmatrix}. \end{aligned}$$

显然 $-J\boldsymbol{n}(P_0) = (A, B, C)$ 也是 S 在 P_0 的法向量，其中 A, B, C 分别是 $\frac{D(y,z)}{D(u,v)}(u_0, v_0), \frac{D(z,x)}{D(u,v)}(u_0, v_0), \frac{D(x,y)}{D(u,v)}(u_0, v_0)$，用向量表示可得

$$-J\boldsymbol{n}(P_0)=(A,B,C)=\boldsymbol{r}_u\times\boldsymbol{r}_v(u_0,v_0).$$

由此可得 S 在 P_0 的切平面方程为

$$A(x-x_0)+B(y-y_0)+C(z-z_0)=0.$$

$\mathbf{R}^3$ 中的光滑曲线 Γ 有时表示为两张光滑曲面的交线,即

$$\Gamma:\begin{cases}F(x,y,z)=0,\\G(x,y,z)=0,\end{cases}$$

$F(x,y,z),G(x,y,z)\in C^1$ 且 $\nabla F\times\nabla G$ 沿 Γ 处处不为 0. 任取 $P_0=(x_0,y_0,z_0)\in\Gamma$,即 $F(x_0,y_0,z_0)=0,G(x_0,y_0,z_0)=0$. 设 $\boldsymbol{T}$ 为 Γ 在 P_0 的切向量,$F(x,y,z)=0$ 和 $G(x,y,z)=0$ 分别表示光滑曲面 S_1 和 S_2. 由于 Γ 在 P_0 的切线既在 S_1 过 P_0 的切平面上,又在 S_2 过 P_0 的切平面上,又 $\nabla F(x_0,y_0,z_0)$, $\nabla G(x_0,y_0,z_0)$ 分别是 S_1,S_2 在 P_0 的法向量,从而 $\boldsymbol{T}$ 平行于 $\nabla F(x_0,y_0,z_0)\times\nabla G(x_0,y_0,z_0)$,即 $\nabla F\times\nabla G$ 在 (x_0,y_0,z_0) 的取值是 Γ 在 P_0 的切向量.

设 $\mathbf{R}^n$ 中的曲面 S 用方程表示可写为

$$S:F(x_1,\cdots,x_n)=0,$$

若 $F(x_1,\cdots,x_n)$ 在 S 的一个开邻域内属于 C^1,且 $\nabla F=(F_{x_1},\cdots,F_{x_n})$ 处处不为 0,则 S 为光滑的. 易知 S 在其上任一点 $P_0=x^0=(x_1^0,\cdots,x_n^0)$ 的法向量为 $\nabla F(x^0)$. 设 S 用参数表示可写为

$$S:\begin{cases}x_1=x_1(u_1,\cdots,u_{n-1}),\\ \cdots\cdots\cdots\cdots\\ x_n=x_n(u_1,\cdots,u_{n-1}),\end{cases}\qquad (u_1,\cdots,u_{n-1})\in D,$$

其中 D 是 $\mathbf{R}^{n-1}$ 中的开区域. 若 $x_i(u_1,\cdots,u_{n-1})\in C^1(D)$, $i=1,\cdots,n$ 且 Jacobi矩阵$\dfrac{\partial(x_1,\cdots,x_n)}{\partial(u_1,\cdots,u_{n-1})}$的秩在 D 内处处为 $n-1$,则 S 为光滑曲面. 易知 S 在其上任一点 x^0 的法向量

$$\nu(x^0)=\begin{vmatrix}\boldsymbol{e}_1 & \boldsymbol{e}_2 & \cdots & \boldsymbol{e}_n\\ \dfrac{\partial x_1}{\partial u_1}(u^0) & \dfrac{\partial x_2}{\partial u_1}(u^0) & \cdots & \dfrac{\partial x_n}{\partial u_1}(u^0)\\ \vdots & \vdots & & \vdots\\ \dfrac{\partial x_1}{\partial u_{n-1}}(u^0) & \dfrac{\partial x_2}{\partial u_{n-1}}(u^0) & \cdots & \dfrac{\partial x_n}{\partial u_{n-1}}(u^0)\end{vmatrix}$$

其中 $\boldsymbol{e}_1=(1,0,\cdots,0),\boldsymbol{e}_2=(0,1,0,\cdots,0),\cdots,\boldsymbol{e}_n=(0,\cdots,0,1)$ 为 $\mathbf{R}^n$ 中一组

基本单位向量，$u^0=(u_1^0,\cdots,u_{n-1}^0)\in D$，使得

$$x^0 = (x_1(u^0),x_2(u^0),\cdots,x_n(u^0)).$$

记

$$\boldsymbol{r} = \boldsymbol{r}(u_1,\cdots,u_{n-1}) = \begin{pmatrix} x_1(u_1,\cdots,u_{n-1}) \\ x_2(u_1,\cdots,u_{n-1}) \\ \vdots \\ x_n(u_1,\cdots,u_{n-1}) \end{pmatrix},$$

法向量 $\boldsymbol{v}(\boldsymbol{x}_0)$是 $\mathbf{R}^n$ 中 $n-1$ 个向量 $\boldsymbol{r}_{u_1}(u^0),\cdots,\boldsymbol{r}_{u_{n-1}}(u^0)$的外积，记为

$$\boldsymbol{v}(x^0) = \boldsymbol{r}_{u_1}(u^0)\times\boldsymbol{r}_{u_2}(u^0)\times\cdots\times\boldsymbol{r}_{u_{n-1}}(u^0).$$

三、切线与切平面的另一种定义

我们可以用分析的方法定义曲线的切线和曲面的切平面. 设 Γ 是 $\mathbf{R}^n$ 中的简单曲线，对于 $P_0\in\Gamma$，如果存在过 P_0 的直线 l_T，使得

$$\lim_{\Gamma\ni P\to P_0}\frac{\operatorname{dis}(P,l_T)}{|P-P_0|} = 0, \tag{13.7.10}$$

则称 l_T 为Γ 为P_0 的切线，其中 $\operatorname{dis}(P,l_T)$为点 P 到直线l_T 的距离，即

$$\operatorname{dis}(P,l_T) = \inf_{Q\in l_T}|P-Q|.$$

首先可以证明过 P_0 满足(13.7.10)式的直线 l_T 至多有一条. 事实上，设 l_T^1：$x=x^0+\boldsymbol{\alpha}s,s\in\mathbf{R}$，$l_T^2$：$x=x^0+\boldsymbol{\beta}s,s\in\mathbf{R}$，均满足(13.7.10)式，其中 $P_0=x^0$，$\boldsymbol{\alpha},\boldsymbol{\beta}$ 分别是直线l_T^1,l_T 的方向向量，不妨设$|\boldsymbol{\alpha}|=|\boldsymbol{\beta}|=1$. 任取 $P=x\in\Gamma$，$x\neq x^0$，记 $\Delta x=x-x^0$，则

$$\begin{aligned}\inf_{Q\in l_T^1}|P-Q|^2 &= \inf_{s\in\mathbf{R}}{}^2|\Delta x-\boldsymbol{\alpha}s|^2\\ &= \inf_{s\in\mathbf{R}}[s^2-2(\boldsymbol{\alpha},\Delta x)s+|\Delta x|^2]\\ &= |\Delta x|^2-(\boldsymbol{\alpha},\Delta x)^2,\end{aligned}$$

其中$(\boldsymbol{\alpha},\Delta x)$表示向量 $\boldsymbol{\alpha},\Delta x\in\mathbf{R}^n$ 的内积. 于是

$$\operatorname{dis}(P,l_T^1) = \sqrt{|\Delta x|^2-(\boldsymbol{\alpha},\Delta x)^2}.$$

由(13.7.10)式可得

$$\lim_{\Gamma\in P\to P_0}\frac{(\boldsymbol{\alpha},\Delta x)^2}{|\Delta x|^2} = 1,$$

同理得

$$\lim_{\Gamma \in P \to P_0} \frac{(\boldsymbol{\beta}, \Delta x)^2}{|\Delta x|^2} = 1.$$

由于$\left|\frac{\Delta x}{|\Delta x|}\right|=1$和$\mathbf{R}^n$中单位球面的列紧性可知存在$x^m \in \Gamma$和单位向量$\boldsymbol{\gamma}$，使得

$$\lim_{m\to\infty} x^m = x^0,$$

且

$$\lim_{m\to\infty} \frac{x^m - x^0}{|x^m - x^0|} = \boldsymbol{\gamma}.$$

由此可得$(\boldsymbol{\alpha},\boldsymbol{\gamma})=1$. 又$|\boldsymbol{\alpha}|=|\boldsymbol{\gamma}|=1$，利用柯西不等式中等号成立的条件得$\boldsymbol{\alpha}/\!/\boldsymbol{\gamma}$. 同理$\boldsymbol{\beta}/\!/\boldsymbol{\gamma}$. 于是$\boldsymbol{\alpha}/\!/\boldsymbol{\beta}$，即$l_T^1$和$l_T^2$是同一条过$P_0$的直线.

当Γ是光滑曲线时，易证过Γ上任一点P_0，满足(13.7.10)式的直线l_T存在，且l_T就是在第一段中所定义的Γ在P_0的切线.

曲面情形类似. 设S是$\mathbf{R}^n$中的曲面，$P_0\in S$，如果存在过P_0的平面$\pi(P_0)$使得

$$\lim_{S\ni P\to P_0} \frac{\operatorname{dis}(P,\pi(P_0))}{|P-P_0|} = 0, \tag{13.7.11}$$

则称平面$\pi(P_0)$为S在P_0的切平面，其中$\operatorname{dis}(P,\pi(P_0))$同样表示点$P$到平面$\pi(P_0)$的距离，即

$$\operatorname{dis}(P,\pi(P_0)) = \inf_{Q\in\pi(P_0)} |P-Q|.$$

下面给出一个定理说明可微的几何意义.

定理 13.7.1 在$\mathbf{R}^{n+1}$中设曲面

$$S: u = f(x), x = (x_1,\cdots,x_n) \in D,$$

其中D是$\mathbf{R}^n$中的开区域. 任取$P_0=(x^0,u^0)\in S$，即$x^0\in D$，$u^0=f(x^0)$. 则S在P_0存在不平行于u轴的切平面$\pi(P_0)$的充要条件是$f(x)$在x^0可微.

证 充分性. 设$f(x)$在x^0可微，取$\mathbf{R}^{n+1}$中过P_0的平面

$$\pi(P_0): u = u^0 + \sum_{i=1}^n \frac{\partial f}{\partial x_i}(x^0)(x_i - x_i^0),$$

其中$(x_1^0,\cdots,x_n^0)=x^0$，$(x_1,\cdots,x_n,u)=(x,u)$是$\pi(P_0)$上的点. 任取$P=(y,v)\in S$，即$y\in D$，$v=f(y)$，

$$\operatorname{dis}(P,\pi(P_0)) = \frac{1}{A}\left| v - u^0 - \sum_{i=1}^n \frac{\partial f}{\partial x_i}(x^0)(y_i - x_i^0)\right|,$$

其中$(y_1,\cdots,y_n)=y$，$A=\sqrt{1+\left(\frac{\partial f}{\partial x_1}(x^0)\right)^2+\cdots+\left(\frac{\partial f}{\partial x_n}(x^0)\right)^2}$. 由于 $f(x)$ 在 x^0 可微，从而

$$\begin{aligned}\operatorname{dis}(P,\pi(P_0))&=\frac{1}{A}\mid f(y)-f(x^0)-\langle \mathrm{d}f(x^0),y-x^0\rangle\mid\\&=o(\mid y-x^0\mid).\end{aligned}\tag{13.7.12}$$

又$|P-P_0|^2=|y-x^0|^2+(v-u^0)^2\geqslant|y-x^0|^2$，所以

$$\frac{\operatorname{dis}(P,\pi(P_0))}{\mid P-P_0\mid}\leqslant\frac{\operatorname{dis}(P,\pi(P_0))}{\mid y-x^0\mid}.$$

显然当 $P\to P_0$ 时，$|y-x^0|\to0$，于是由(13.7.12)式可知(13.7.11)式成立，即 $\pi(P_0)$是 S 在P_0 不平行于 u 轴的切平面.

必要性. 设存在过 $P_0=(x^0,u^0)$不平行于 u 轴的平面

$$\pi(P_0):u=u^0+\sum_{i=1}^{n}a_i(x_i-x_i^0),$$

使得(13.7.11)式成立. 任取 $P=(x,u)\in S$ 即$x\in D$，$u=f(x)$. 设$P\neq P_0$. 记$\Delta x=x-x^0\in\mathbf{R}^n$，$\Delta u=u-u^0$，则

$$\operatorname{dis}(P,\pi(P_0))=\frac{1}{\sqrt{1+\mid a\mid^2}}\mid\Delta u-(a,\Delta x)\mid,$$

其中 $a=(a_1,\cdots,a_n)\in\mathbf{R}^n$，$(a,\Delta x)$是 a 与 Δx 在 $\mathbf{R}^n$ 的内积. 又$|P-P_0|=\sqrt{|\Delta x|^2+\Delta u^2}$，由(13.7.11)式可知存在 $\delta>0$ 使得

$$\mid\Delta u-(a,\Delta x)\mid\leqslant\frac{1}{2}\sqrt{\Delta u^2+\mid\Delta x\mid^2}\leqslant\frac{1}{2}(\mid\Delta u\mid+\mid\Delta x\mid),$$

$\forall P\in S$，且$|P-P_0|<\delta$. 所以当 $P\in S$，$|P-P_0|<\delta$ 时有

$$\mid\Delta u\mid\leqslant(1+2\mid a\mid)\mid\Delta x\mid.$$

由此可得$|\Delta x|\to0$ 时，$S\ni P\to P_0$ 且

$$\begin{aligned}\frac{\mid\Delta u-(a,\Delta x)\mid}{\mid\Delta x\mid}&=\frac{\mid f(x)-f(x^0)-\sum\limits_{i=1}^{n}a_i(x_i-x_i^0)\mid}{\mid x-x^0\mid}\\&\leqslant\sqrt{1+\mid a\mid^2}\sqrt{1+(1+2\mid a\mid)^2}\frac{\operatorname{dis}(P,\pi(P_0))}{\mid P-P_0\mid}.\end{aligned}$$

由(13.7.11)式可得

$$\lim_{|\Delta x|\to0}\frac{\mid\Delta u-(a,\Delta x)\mid}{\mid\Delta x\mid}=0,$$

即 f 在 x^0 可微.

§13.8　极值理论

极值是数学理论与应用研究的重要课题.我们在这一节主要讨论微分学在多元函数极值理论中的应用.

一、极值

我们这里所说的极值也称为无条件极值,其定义和定理与一元函数情况类似.设 $f(x)$是定义在 $\mathbf{R}^n$ 中区域Ω 上的函数,x^0 是 Ω 的内点.如果存在 x^0 的邻域 $U\subseteq\Omega$,使得

$$f(x)\leqslant f(x^0),\forall x\in U,$$

则称 x^0 是 $f(x)$的极大点,$f(x^0)$称为 $f(x)$的极大值.相反,如果

$$f(x)\geqslant f(x^0),\forall x\in U,$$

则称 x^0 是 $f(x)$的极小点,$f(x^0)$称为 $f(x)$的极小值.

定理 13.8.1(必要条件)　设 x^0 是 $f(x)$的极值点.如果$\frac{\partial f}{\partial x_i}(x^0)$存在,则

$$\frac{\partial f}{\partial x_i}(x^0)=0.$$

进一步设 $f(x)$在 x^0 的一个邻域内所有二阶偏导数连续,记其在 x^0 的 Hessian 矩阵为 H,则:

(i) x^0 是 $f(x)$的极小点$\Rightarrow H\geqslant 0$,即 H 的特征根均为非负;

(ii) x^0 是 $f(x)$的极大点$\Rightarrow H\leqslant 0$,即 H 的特征根均为非正.

证　由一元函数极值的必要条件,显然有

$$\frac{\partial f}{\partial x_i}(x_0)=0.$$

设 $f(x)$在 x^0 的一个邻域内所有二阶偏导数连续,由于 x^0 是 $f(x)$的极点,则首先有

$$\frac{\partial f}{\partial x_i}(x^0)=0,i=1,\cdots,n.$$

进一步利用泰勒展开可知存在 $\delta>0$,使得

$$\begin{aligned}f(x^0+h)&=f(x^0)+(\nabla f(x^0),h)+\frac{1}{2}(Hh,h)+o(|h|^2)\\&=f(x^0)+\frac{1}{2}(Hh,h)+o(|h|^2),\end{aligned}$$

其中 $h\in\mathbf{R}^n,|h|<\delta$.

若 x^0 是 $f(x)$ 的极小点,则存在 $0<\eta_1\leqslant\delta$,使得

$$f(x^0+h)-f(x^0)=\frac{1}{2}(Hh,h)+o(|h|^2)\geqslant 0, \quad (13.8.1)$$

其中 $h\in\mathbf{R}^n,|h|<\eta_1$.由于

$$H=\begin{pmatrix}\frac{\partial^2 f}{\partial x_1^2}(x^0) & \cdots & \frac{\partial^2 f}{\partial x_1\partial x_n}(x^0)\\ \vdots & & \vdots\\ \frac{\partial^2 f}{\partial x_n\partial x_1}(x^0) & \cdots & \frac{\partial^2 f}{\partial x_n^2}(x^0)\end{pmatrix}$$

为对称矩阵,从而它的特征根均为实数.反设 H 有特征根 $-\lambda$,其中 $\lambda>0$,则存在 $h^0\in\mathbf{R}^n$ 使得

$$Hh^0=-\lambda h^0,\ |h^0|=1.$$

$\forall\,0<\varepsilon<\eta_1$.记 $h_\varepsilon=\varepsilon h^0$,则

$$\frac{1}{2}(Hh_\varepsilon,h_\varepsilon)+o(|h_\varepsilon|^2)=-\frac{1}{2}\lambda\varepsilon^2+o(\varepsilon^2),$$

由于

$$\lim_{\varepsilon\to 0^+}\frac{o(\varepsilon^2)}{\varepsilon^2}=0,$$

从而存在 $0<\eta_2\leqslant\eta_1$,使得当 $0<\varepsilon<\eta_2$ 时,

$$\frac{1}{2}(Hh_\varepsilon,h_\varepsilon)+o(|h_\varepsilon|^2)=-\frac{1}{2}\lambda\varepsilon^2+o(\varepsilon^2)<0,$$

与(13.8.1)式矛盾.于是 H 所有的特征根均为非负.

同理可证 x^0 是 $f(x)$ 的极大点的情况.

设 $f(x)$ 在 x^0 的一个邻域内所有一阶偏导数连续,如果 $\frac{\partial f}{\partial x_i}(x^0)=0,i=1,\cdots,n$,即

$$\nabla f(x^0)=0,$$

则称 x^0 是 f 的临界点,$f(x^0)$ 为临界值.由定理 13.8.1 可知极值点必为临界点,但临界点未必是极值点.进一步我们有:

定理 13.8.2(充分条件)　设 $f(x)$ 在 x^0 的一个邻域所有二阶偏导数连续,且 x^0 是 $f(x)$ 的临界点,即

$$\nabla f(x^0)=0.$$

记 H 为 $f(x)$ 在 x^0 的 Hessian 矩阵,则:

(i) $H>0$ 即 H 为正定矩阵$\Rightarrow x^0$ 是 $f(x)$的极小点;

(ii) $H<0$ 即 H 为负定矩阵$\Rightarrow x^0$ 是 $f(x)$的极大点;

(iii) H 的特征根有正有负$\Rightarrow x^0$ 不是 $f(x)$的极值点;

(iv) 其余情况,则不能判定 x^0 是或者不是 $f(x)$的极值点.

证 由于 x^0 是 $f(x)$的临界点,则存在 $\delta>0$,使得

$$f(x^0+h)=f(x^0)+\frac{1}{2}(Hh,h)+o(|h|^2),$$

其中 $h\in\mathbf{R}^n$, $|h|<\delta$.

如果 $H>0$,则存在 $\lambda>0$ 使得

$$(Hh,h)\geqslant\lambda|h|^2,\forall h\in\mathbf{R}^n.$$

由于

$$\lim_{|h|\to0}\frac{o(|h|^2)}{|h|^2}=0,$$

从而存在 $0<\eta\leqslant\delta$,使得

$$|o(|h|^2)|\leqslant\frac{1}{4}\lambda|h|^2,h\in\mathbf{R}^n,|h|<\eta.$$

从而当 $h\in\mathbf{R}^n$ 且 $0<|h|<\eta$ 时

$$f(x^0+h)-f(x^0)=\frac{1}{2}(Hh,h)+o(|h|^2)\geqslant\frac{1}{4}\lambda|h|^2>0,$$

即 $f(x)$在 x^0 达到严格极小.

同理可证其他情况.

当 $n=2$ 时,自变量记为 x,y. 设 $f(x,y)$在(x_0,y_0)的一个邻域内所有二阶偏导数连续,且

$$\frac{\partial f}{\partial x}(x_0,y_0)=0,\frac{\partial f}{\partial y}(x_0,y_0)=0.$$

记 $A=\frac{\partial^2 f}{\partial x^2}(x_0,y_0)$,$B=\frac{\partial^2 f}{\partial x\partial y}(x_0,y_0)$,$C=\frac{\partial^2 f}{\partial y^2}(x_0,y_0)$,则

$$H=\begin{pmatrix}A&B\\B&C\end{pmatrix}.$$

由定理 13.8.2 可得:

(i) $A>0$,$\det H=AC-B^2>0$,则 $H>0$,从而(x_0,y_0)是 $f(x,y)$的极小点;

(ii) $A<0$,$\det H=AC-B^2>0$,则 $H<0$,从而(x_0,y_0)是 $f(x,y)$的极大点;

(iii) $\det H = AC - B^2 < 0$，则 H 的一个特征根为正，另一个为负，从而 (x_0, y_0) 既不是 $f(x,y)$ 的极小点，也不是 $f(x,y)$ 的极大点；

(iv) $\det H = AC - B^2 = 0$，则不能判定 (x_0, y_0) 是否为 $f(x,y)$ 的极值点.

下面给出几个例子说明定理 13.8.1 和定理 13.8.2 的应用.

例 13.8.1　求函数

$$f(x,y) = 2\sin x + 2\sin y + \sin(x+y)$$

的临界点，临界值和极值点，极值.

解　首先临界点应满足的方程为

$$\begin{cases} f_x = 2\cos x + \cos(x+y) = 0, \\ f_y = 2\cos y + \cos(x+y) = 0. \end{cases} \tag{13.8.2}$$

由(13.8.2)式可得 $\cos x = \cos y$，从而

$$y = 2k\pi \pm x, k \in \mathbf{Z}$$

分两种情况讨论：(i) $y = 2k\pi + x$. 由(13.8.2)式得

$$2\cos x + \cos 2x = 2\cos^2 x + 2\cos x - 1 = 0,$$

解之得 $\cos x = \dfrac{\sqrt{3}-1}{2}$. 由此得两组临界点：

$$\left(2m\pi + \arccos\frac{\sqrt{3}-1}{2}, 2k\pi + \arccos\frac{\sqrt{3}-1}{2}\right),$$

$$\left(2m\pi - \arccos\frac{\sqrt{3}-1}{2}, 2k\pi - \arccos\frac{\sqrt{3}-1}{2}\right),$$

其中 m, k 是任意整数，相应之临界值分别为

$$\frac{1}{2}(3+\sqrt{3})\sqrt[4]{12} \text{ 和 } -\frac{1}{2}(3+\sqrt{3})\sqrt[4]{12}.$$

(ii) $y = 2k\pi - x$. 由(13.8.2)式得 $2\cos x + 1 = 0$，即

$$\cos x = -\frac{1}{2}.$$

由此也得两组临界点：

$$\left(2m\pi + \frac{2}{3}\pi, 2k\pi - \frac{2}{3}\pi\right) \text{和} \left(2m\pi - \frac{2}{3}\pi, 2k\pi + \frac{2}{3}\pi\right).$$

其中 m, k 是任意整数，相应的临界值为 0.

由于 $f_{xx}(x,y) = -2\sin x - \sin(x+y)$，$f_{xy}(x,y) = -\sin(x+y)$，$f_{yy}(x,y) = -2\sin y - \sin(x+y)$，所以当 $y = 2k\pi - x$，$\cos x = -\dfrac{1}{2}$ 时，$f_{xx}(x,y)f_{yy}(x,y) - f_{xy}^2(x,y) = -4\sin^2 x = -3 < 0$，于是

$$\left(2m\pi+\frac{2}{3}\pi,2k\pi-\frac{2}{3}\pi\right)\text{和}\left(2m\pi-\frac{2}{3}\pi,2k\pi+\frac{2}{3}\pi\right)$$

都不是函数 $f(x,y)$ 的极值点，故 0 不是极值. 如果

$$x=2m\pi+\arccos\frac{\sqrt{3}-1}{2},y=2k\pi+\arccos\frac{\sqrt{3}-1}{2},$$

则 $\sin x=\frac{\sqrt[4]{12}}{2}$，从而

$$f_{xx}(x,y)=-2\sin x-\sin 2x=-\frac{1}{2}\sqrt[4]{12}(\sqrt{3}+1)<0,$$

$$\begin{aligned}&f_{xx}(x,y)f_{yy}(x,y)-f_{xy}^2(x,y)\\&=\frac{1}{4}\sqrt{12}(\sqrt{3}+1)^2-\frac{1}{4}\sqrt{12}(\sqrt{3}-1)^2=6>0.\end{aligned}$$

由此可知 $\left(2m\pi+\arccos\frac{\sqrt{3}-1}{2},2k\pi+\arccos\frac{\sqrt{3}-1}{2}\right)$ 是 $f(x,y)$ 的极大点，从而 $\frac{1}{2}(3+\sqrt{3})\sqrt[4]{12}$ 是极大值. 如果 $x=2m\pi-\arccos\frac{\sqrt{3}-1}{2}$，则 $\sin x=-\frac{\sqrt[4]{12}}{2}$. 同理可知

$$\left(2m\pi-\arccos\frac{\sqrt{3}-1}{2},2k\pi-\arccos\frac{\sqrt{3}-1}{2}\right)$$

是极小点，从而 $-\frac{1}{2}(3+\sqrt{3})\sqrt[4]{12}$ 是极小值.

如果例 13.8.1 改为求函数 $f(x,y)=2\sin x+2\sin y+\sin(x+y)$ 的最大值和最小值，那么可以完全不用定理 13.8.2. 由于 $f(x,y)$ 只有三个临界值 $-\frac{1}{2}(3+\sqrt{3})\sqrt[4]{12},0,\frac{1}{2}(3+\sqrt{3})\sqrt[4]{12}$，如果能证明 $f(x,y)$ 的最大值与最小值存在，由定理 13.8.1 可知最大值和最小值都是临界值，从而 $\frac{1}{2}(3+\sqrt{3})\sqrt[4]{12}$ 和 $-\frac{1}{2}(3+\sqrt{3})\sqrt[4]{12}$ 便是要求的最大值和最小值. 利用连续函数的性质不难证明 $f(x,y)$ 的最大值和最小值存在. 事实上，设区域

$$D=\{(x,y)\mid 0\leqslant x\leqslant 2\pi,0\leqslant y\leqslant 2\pi\}.$$

在 D 内 $f(x,y)$ 有上述三个临界值. 在 D 的边界上，显然 $f(x,y)$ 的最大值和最小值分别是 3 和 -3. 由于 $3<\frac{1}{2}(3+\sqrt{3})\sqrt[4]{12}$，又 $f(x,y)$ 在紧集 D 上必有最大值和最小值，所以 $f(x,y)$ 在 D 上的最大值和最小值分别是 $\frac{1}{2}(3+\sqrt{3})\sqrt[4]{12}$

和 $-\frac{1}{2}(3+\sqrt{3})\sqrt[4]{12}$. 再由 $f(x,y)$ 的周期性可知 $f(x,y)$ 在 D 上的最大值和最小值就是它在全平面上的最大值和最小值.

例 13.8.2 设 Ω 是 $\mathbf{R}^n$ 中的开区域, $u(x)\in C^2(\Omega)$. 若

$$Lu(x)\equiv\sum_{i,j=1}^{n}a_{ij}\frac{\partial^2 u}{\partial x_i\partial x_j}(x)+\sum_{i=1}^{n}b_i\frac{\partial u}{\partial x_i}>0, \forall x\in\Omega,$$

其中 $a_{ij}=a_{ji}, b_i, i,j=1,\cdots,n$, 均为实数, 且

$$A=\begin{pmatrix}a_{11} & \cdots & a_{1n}\\ \vdots & & \vdots\\ a_{n1} & \cdots & a_{nn}\end{pmatrix}$$

为非负对称方阵. 求证函数 $u(x)$ 不能在 Ω 内达到极大值.

证 用反证法. 设 $x^0\in\Omega$ 是 $u(x)$ 的极大点, 则由定理 13.8.1 可知 $\frac{\partial u}{\partial x_i}(x^0)=0, i=1,\cdots,n$, 且

$$H=\begin{pmatrix}\frac{\partial^2 u}{\partial x_1^2}(x^0) & \cdots & \frac{\partial^2 u}{\partial x_1\partial x_n}(x^0)\\ \vdots & & \vdots\\ \frac{\partial^2 u}{\partial x_n\partial x_1}(x^0) & \cdots & \frac{\partial^2 u}{\partial x_n^2}(x^0)\end{pmatrix}$$

为非正对称方阵. 显然

$$\sum_{i,j=1}^{n}a_{ij}\frac{\partial^2 u}{\partial x_i\partial x_j}(x^0)=\mathrm{Trace}AH,$$

其中 $\mathrm{Trace}AH$ 表示矩阵 AH 的迹. 由于 A 为非负对称方阵, 所以存在正交矩阵 P, 使得

$$P^{\mathrm{T}}AP=\begin{pmatrix}\lambda_1 & 0 & \cdots & 0 & 0\\ 0 & \lambda_2 & \cdots & 0 & 0\\ \vdots & \vdots & & \vdots & \vdots\\ 0 & 0 & \cdots & 0 & \lambda_n\end{pmatrix}$$

其中 $\lambda_i\geqslant 0, i=1,\cdots,n, P^{\mathrm{T}}$ 为 P 的转置. 易知

$$\mathrm{Trace}AH=\mathrm{Trace}P^{\mathrm{T}}AP\,P^{\mathrm{T}}HP.$$

记

$$P^{\mathrm{T}}HP=\begin{pmatrix}b_{11} & \cdots & b_{1n}\\ \vdots & & \vdots\\ b_{n1} & \cdots & b_{nn}\end{pmatrix}$$

从 H 为非正对称方阵可推出 $P^{\mathrm{T}}HP$ 也是非正对称方阵，由此可知

$$b_{ii}\leqslant 0, i=1,2,\cdots,n.$$

于是有

$$\mathrm{Trace}AH=\sum_{i=1}^{n}\lambda_i b_{ii}\leqslant 0.$$

这样就得到

$$\begin{aligned}Lu(x^0)&=\sum_{i,j=1}^{n}a_{ij}\frac{\partial^2 u}{\partial x_i\partial x_j}(x^0)+\sum_{i=1}^{n}b_i\frac{\partial u}{\partial x_i}(x^0)\\&=\sum_{i,j=1}^{n}a_{ij}\frac{\partial^2 u}{\partial x_i\partial x_j}(x^0)\leqslant 0.\end{aligned}$$

此式与假设矛盾！

例 13.8.3 设 $f_i(x)\in C^1(\mathbf{R}^n), i=1,2,\cdots,n$，且

$$\lim_{|x|\to+\infty}\sum_{i=1}^{n}|f_i(x)|^2=+\infty. \qquad (13.8.3)$$

对于任给的 $y^0\in\mathbf{R}^n$，求证存在 $x^0\in\mathbf{R}^n$ 满足

$$\sum_{i=1}^{n}\frac{\partial f_i}{\partial x_k}(x^0)(f_i(x^0)-y_i^0)=0, k=1,\cdots,n, \qquad (13.8.4)$$

其中 $(y_1^0,\cdots,y_n^0)=y^0$.

证 考虑函数

$$g(x)=\sum_{i=1}^{n}(f_i(x)-y_i^0)^2, \forall x\in\mathbf{R}^n$$

显然 $g(x)\in C^1(\mathbf{R}^n)$. 由(13.8.3)式易知

$$\lim_{|x|\to+\infty}g(x)=+\infty.$$

由此不难证明存在 $x^0\in\mathbf{R}^n$，使得

$$g(x^0)=\inf_{\mathbf{R}^n}g(x).$$

由于

$$\frac{\partial g}{\partial x_k}(x^0)=2\sum_{i=1}^{n}\frac{\partial f_i}{\partial x_k}(x^0)(f_i(x_0)-y_i^0), k=1,\cdots,n,$$

由定理 13.8.1 可知(13.8.4)式成立.

二、条件极值

设 D 是 $\mathbf{R}^n$ 中的开区域，$f(x),g_1(x),\cdots,g_k(x)$ 都定义在 D 内. 考虑条

件:

$$S:\begin{cases} g_1(x)=0, \\ \cdots\cdots\cdots\cdots \\ g_k(x)=0. \end{cases} \tag{13.8.5}$$

设 $x^0\in D$ 满足(13.8.5)式,即 $g_i(x^0)=0, i=1,\cdots,k$.如果存在 x^0 在 $\mathbf{R}^n$ 中的邻域 $U\subseteq D$,使得对任何满足条件(13.8.5)式且在 U 内的 x 都有

$$f(x)\leqslant f(x^0),$$

则称 x^0 是 $f(x)$ 在条件(13.8.5)式下的条件极大点,$f(x^0)$ 称为条件极大值.类似可定义条件极小点与条件极小值.在实际求极值的问题中,$f(x)$ 一般称为目标函数,(13.8.5)式称为约束条件.

对于约束条件,我们总假设 $g_i(x)\in C^1(D), i=1,\cdots,k$,且 $g_1,\cdots,g_k$ 关于其自变量 $x=(x_1,\cdots,x_n)$ 的 Jacobi 矩阵

$$\frac{\partial(g_1,\cdots,g_k)}{\partial(x_1,\cdots,x_n)}=\begin{pmatrix} \frac{\partial g_1}{\partial x_1} & \cdots & \frac{\partial g_1}{\partial x_n} \\ \vdots & & \vdots \\ \frac{\partial g_k}{\partial x_1} & \cdots & \frac{\partial g_k}{\partial x_n} \end{pmatrix}$$

的秩在 D 内处处为 k,这就保证(13.8.5)式确实是 k 个独立的条件.由此可得 $k\leqslant n$.如果 $k=n$,由逆映射定理可知,若 x^0 满足(13.8.5)式,则存在 x^0 在 $\mathbf{R}^n$ 中的邻域 U,使得 x^0 是 U 内惟一满足(13.8.5)式的点,从而对任意的 $f(x)$,x^0 既是 $f(x)$ 的条件极大点,又是 $f(x)$ 的条件极小点.在这种情况下所谓条件极值就没有什么意义.因此以下总假定 $k<n$.满足条件(13.8.5)式的点所组成的集合记为 S:若 $k=1$,则 S 表示 D 内的一张光滑曲面.若 $k=n-1$,则 S 表示 D 内的一条光滑曲线.一般称 S 为 D 内的 $n-k$ 维光滑超曲面或流形.对任意 $y\in S$,S 上过 y 的光滑曲线在 y 的切向量称为 S 在 y 的切向量.S 在 y 的所有切向量连同零向量组成的集合称为 S 在 y 点的切空间,记为 $T_S(y)$,对此有以下引理.

引理 1　对任何 $y\in S$,

$$T_S(y)=\{\nabla g_1(y),\cdots,\nabla g_k(y)\}^{\perp},$$

其中 $\nabla g_i(y)$ 表示函数 $g_i(x)$ 在 y 的梯度,$\{\nabla g_1(y),\cdots,\nabla g_k(y)\}^{\perp}$ 表示由 $\nabla g_1(y),\cdots,\nabla g_k(y)$ 所张成的线性空间 $\{\nabla g_1(y),\cdots,\nabla g_k(y)\}$ 在 n 维欧氏空间 $\mathbf{R}^n$ 中的正交补空间.

证　任取 S 上过 y 的光滑曲线

$$\Gamma: x = x(t), t \in (a, b),$$

$y = x(t_0), t_0 \in (a, b)$. Γ 在 S 上 $\Longleftrightarrow g_i(x(t)) = 0, \forall t \in (a, b), i = 1, \cdots, k$. 由此可得

$$(\nabla g_i(y), x'(t_0)) = 0, \quad i = 1, \cdots, k,$$

其中(,)表示 $\mathbf{R}^n$ 中的内积. 从而 Γ 在 y 的切向量 $x'(t_0) \in \{\nabla g_1(y), \cdots, \nabla g_k(y)\}^{\perp}$. 由 Γ 的任意性得

$$T_S(y) \subseteq \{\nabla g_1(y), \cdots, \nabla g_k(y)\}^{\perp}.$$

反之，任取非零向量

$$l = (l_1, \cdots, l_n) \in \{\nabla g_1(y), \cdots, \nabla g_k(y)\}^{\perp},$$

即

$$(\nabla g_i(y), l) = 0, \quad i = 1, \cdots, k. \tag{13.8.6}$$

由于 $\dfrac{\partial(g_1, \cdots, g_k)}{\partial(x_1, \cdots, x_k)}(y)$ 的秩为 k，不妨设

$$\frac{D(g_1, \cdots, g_k)}{D(x_1, \cdots, x_k)}(y) = \begin{vmatrix} \dfrac{\partial g_1}{\partial x_1}(y) & \cdots & \dfrac{\partial g_1}{\partial x_k}(y) \\ \vdots & & \vdots \\ \dfrac{\partial g_k}{\partial x_1}(y) & \cdots & \dfrac{\partial g_k}{\partial x_k}(y) \end{vmatrix} \neq 0. \tag{13.8.7}$$

由于(13.8.6)式可写为

$$\frac{\partial(g_1, \cdots, g_k)}{\partial(x_1, \cdots, x_k)}(y) \begin{pmatrix} l_1 \\ \vdots \\ l_k \end{pmatrix} + \frac{\partial(g_1, \cdots, g_k)}{\partial(x_{k+1}, \cdots, x_n)}(y) \begin{pmatrix} l_{k+1} \\ \vdots \\ l_n \end{pmatrix} = 0,$$

所以由(13.8.7)式可得

$$\begin{pmatrix} l_1 \\ \vdots \\ l_k \end{pmatrix} = -\left[\frac{\partial(g_1, \cdots, g_k)}{\partial(x_1, \cdots, x_k)}(y)\right]^{-1} \frac{\partial(g_1, \cdots, g_k)}{\partial(x_{k+1}, \cdots, x_n)}(y) \begin{pmatrix} l_{k+1} \\ \vdots \\ l_n \end{pmatrix}. \tag{13.8.8}$$

由于 $g_i(y) = 0, i = 1, \cdots, k$ 和(13.8.7)式，从隐函数定理可知存在函数组

$$\begin{cases} x_1 = h_1(x_{k+1}, \cdots, x_n), \\ \cdots\cdots\cdots\cdots \\ x_k = h_k(x_{k+1}, \cdots, x_n), \end{cases}$$

使得 $h_i \in C^1(V), i = 1, \cdots, k$，其中 V 是 $(y_{k+1}, \cdots, y_n)$ 在 $\mathbf{R}^{n-k}$ 中的一个开邻

域,满足

$$g_i(h_1(x_{k+1},\cdots,x_n),\cdots,h_k(x_{k+1},\cdots,x_n),x_{k+1},\cdots,x_n)=0,\quad i=1,\cdots,k,\tag{13.8.9}$$

其中$(x_{k+1},\cdots,x_n)\in V$,且

$$y_i=h_i(y_{k+1},\cdots,y_n),i=1,\cdots,k.\tag{13.8.10}$$

于是在 $y=(y_1,\cdots,y_n)$邻近 S 可表为

$$x_i=h_i(x_{k+1},\cdots,x_n),i=1,\cdots,k,(x_{k+1},\cdots,x_n)\in V.\tag{13.8.11}$$

由于 $\boldsymbol{l}\neq 0$,从(13.8.8)式可知$(l_{k+1},\cdots,l_n)$不全为 0. 以下证明 $\boldsymbol{l}$ 是S 在y 点的一个切向量. 事实上,由(13.8.10),(13.8.11)式可知存在 $\delta>0$ 使得

$$\Gamma:\begin{cases}x_1=h_1(y_{k+1}+l_{k+1}t,\cdots,y_n+l_nt),\\ \cdots\cdots\cdots\cdots\\ x_k=h_k(y_{k+1}+l_{k+1}t,\cdots,y_n+l_nt),\quad t\in(-\delta,\delta)\\ x_{k+1}=y_{k+1}+l_{k+1}t,\\ \cdots\cdots\cdots\cdots\\ x_n=y_n+l_nt\end{cases}$$

是 S 上过y 点的光滑曲线. 记 $\boldsymbol{a}=\begin{pmatrix}a_1\\ \vdots\\ a_n\end{pmatrix}$为$\Gamma$ 在y 点的切向量,显然 $a_j=l_j$, $j=k+1,\cdots,n$,且

$$\begin{pmatrix}a_1\\ \vdots\\ a_k\end{pmatrix}=\frac{\partial(h_1,\cdots,h_k)}{\partial(x_{k+1},\cdots,x_n)}(y_{k+1},\cdots,y_n)\begin{pmatrix}l_{k+1}\\ \vdots\\ l_n\end{pmatrix}.\tag{13.8.12}$$

由(13.8.9),(13.8.10)式可得

$$\frac{\partial(g_1,\cdots,g_k)}{\partial(x_1,\cdots,x_k)}(y)\frac{\partial(h_1,\cdots,h_k)}{\partial(x_{k+1},\cdots,x_n)}(y_{k+1},\cdots,y_n)+\frac{\partial(g_1,\cdots,g_k)}{\partial(x_{k+1},\cdots,x_n)}(y)=0,$$

即

$$\frac{\partial(h_1,\cdots,h_k)}{\partial(x_{k+1},\cdots,x_n)}(y_{k+1},\cdots,y_n)$$

$$= -\left[\frac{\partial(g_1,\cdots,g_k)}{\partial(x_1,\cdots,x_k)}(y)\right]^{-1}\frac{\partial(g_1,\cdots,g_k)}{\partial(x_{k+1},\cdots,x_n)}(y).$$

从而比较(13.8.8)式与(13.8.12)式得

$$a_i = l_i, i = 1,\cdots,k,$$

于是有

$$\boldsymbol{l} = \boldsymbol{a} \in T_S(y).$$

由 $\boldsymbol{l}$ 的任意性可知

$$\{\nabla g_1(y),\cdots,\nabla g_k(y)\}^{\perp} \subseteq T_S(y).$$

综合上述两个方面可得引理的结论.

定理 13.8.3 设 D 是 $\mathbf{R}^n$ 中的开区域，f 及 $g_1,\cdots,g_k$ 均属于 $C^1(D)$，$\dfrac{\partial(g_1,\cdots,g_k)}{\partial(x_1,\cdots,x_n)}$的秩在 D 内处处为k. 如果 x^0 是 $f(x)$在条件(13.8.5)式下的极值点，则存在实数 $\lambda_1,\cdots,\lambda_k$，使得

$$\nabla f(x^0) + \lambda_1 \nabla g_1(x^0) + \cdots + \lambda_k g_k(x^0) = 0, \qquad (13.8.13)$$

即

$$\frac{\partial f}{\partial x_i}(x^0) + \lambda_1 \frac{\partial g_1}{\partial x_i}(x^0) + \cdots + \lambda_k \frac{\partial g_k}{\partial x_i}(x^0) = 0, i = 1,\cdots,n.$$

证 在 S 上任取通过x^0 的光滑曲线

$$\Gamma: x = x(t), t \in (a,b),$$
$$x^0 = x(t_0), t_0 \in (a,b).$$

由于 x^0 是 $f(x)$在条件(13.8.5)式下的极值点，所以 t_0 是 $f(x(t))$在(a,b)内的极值点，从而

$$\sum_{i=1}^{n} \frac{\partial f}{\partial x_i}(x^0) x_i'(t_0) = 0,$$

即

$$(\nabla f(x^0), x'(t_0)) = 0.$$

由 Γ 的任意性可得

$$\nabla f(x^0) \perp T_S(x^0).$$

再由引理可知$\nabla f(x^0) \in \{\nabla g_1(x^0),\cdots,\nabla g_k(x^0)\}$，即存在 $\lambda_1,\cdots,\lambda_k$ 使得(13.8.13)式成立.

对于 $x = (x_1,\cdots,x_n) \in D$，如果存在 $\lambda_1,\cdots,\lambda_k$ 使得(13.8.5)和(13.8.13)式成立，则称 x 是函数 f 在条件(13.8.5)式下的临界点. 由定理

13.8.3可知条件极值点必是条件临界点.为求条件极值点先求条件临界点,即解(13.8.5)和(13.8.13)式:

$$\begin{cases}\dfrac{\partial f}{\partial x_i}(x_1,\cdots,x_n)+\lambda_1\dfrac{\partial g_1}{\partial x_i}(x_1,\cdots,x_n)\\ \qquad +\cdots+\lambda_k\dfrac{\partial g_k}{\partial x_i}(x_1,\cdots,x_n)=0, i=1,\cdots,n,\\ g_j(x_1,\cdots,x_n)=0, j=1,\cdots,k.\end{cases}$$

这是 $n+k$ 个未知数 $x_1,\cdots,x_n$ 和 $\lambda_1,\cdots,\lambda_k$, $n+k$ 个方程的方程组.解出的 $(x_1,\cdots,x_n)$ 是条件临界点. $\lambda_1,\cdots,\lambda_k$ 称为拉格朗日乘子.至于 $(x_1,\cdots,x_n)$ 是否为条件极值点需要进一步分析与判断.这种求条件极值的方法通常称之为拉格朗日乘子法.

例 13.8.4 求函数 $f(x,y)=2x^2+12xy+y^2$ 在有界闭区域

$$\bar{D}=\{(x,y)\in\mathbf{R}^2 \mid x^2+4y^2\leqslant 25\}$$

上的最大值与最小值.

解 首先求 $f(x,y)$ 在 $D=\{(x,y)\in\mathbf{R}^2 \mid x^2+4y^2<25\}$ 内的临界值.令

$$\begin{cases}\dfrac{\partial f}{\partial x}=4x+12y=0,\\ \dfrac{\partial f}{\partial y}=12x+2y=0,\end{cases}$$

解之得 $x=y=0$,所以 $f(x,y)$ 在 D 内惟一的临界值为0.

其次求 $f(x,y)$ 在 D 的边界上的临界值,即在条件 $x^2+4y^2=25$ 下的临界值.用拉格朗日乘子法得方程组:

$$\begin{cases}4x+12y-2\lambda x=0,\\ 12x+2y-8\lambda y=0,\\ x^2+4y^2-25=0,\end{cases}\tag{13.8.14}$$

从(13.8.14)式的第三个方程可知 x,y 不全为0,所以从前两个方程可得

$$\begin{vmatrix}4-2\lambda & 12\\ 12 & 2-8\lambda\end{vmatrix}=16\lambda^2-36\lambda-136=0.$$

解之得 $\lambda=\dfrac{17}{4}$ 或 -2.若 $\lambda=\dfrac{17}{4}$,从前两个方程得

$$12x-32y=0,$$

即 $x=\dfrac{8}{3}y$.再由 $x^2+4y^2=25$ 可得两个条件临界点 $\left(4,\dfrac{3}{2}\right)$ 和 $\left(-4,-\dfrac{3}{2}\right)$,相应之条件临界值为

$$f(x,y)=32+72+\frac{9}{4}=\frac{425}{4}.$$

若 $\lambda=-2$，则从前两个方程可得 $x=-\frac{3}{2}y$. 再由 $x^2+4y^2=25$ 可得另外两个条件临界点 $(3,-2)$ 和 $(-3,2)$，相应之条件临界值为

$$f(x,y)=18-72+4=-50.$$

由于 $f(x,y)$ 在 $\bar{D}$ 上必有最大值和最小值，且它们或者是在 D 内的临界值，或者是在边界上的临界值，所以 $f(x,y)$ 在 $\bar{D}$ 上的最大值是 $\frac{425}{4}$，最小值是 -50.

例 13.8.5 设 A 为 n 阶实对称方阵，则 A 的特征值均为实数，记为

$$\lambda_1<\cdots<\lambda_k.$$

设 l_i 为 λ_i 的重数，则

$$l_1+\cdots+l_k=n.$$

定义 $\mathbf{R}^n$ 上的齐二次函数

$$h(x)=(Ax,x),\ \forall\, x\in\mathbf{R}^n,$$

则 A 的最小特征值 λ_1 是函数 $h(x)$ 在条件 $|x|=1$ 下的最小值.

证 由连续函数的性质可知 $h(x)$ 在条件 $|x|=1$ 下的最小值存在. 设 $x^0=(x_1^0,\cdots,x_n^0)\in\mathbf{R}^n$ 使得 $|x^0|=1$，而且

$$h(x^0)=\inf_{|x|=1}h(x). \tag{13.8.15}$$

由定理 13.8.3 可知存在实数 λ 使得

$$\frac{\partial h}{\partial x_i}(x_0)-2\lambda x_i^0=0,\quad i=1,\cdots,n,$$

即

$$2Ax^0-2\lambda x^0=0.$$

从而 λ 是 A 的特征值，且

$$h(x^0)=(Ax^0,x^0)=\lambda(x^0,x^0)=\lambda\,|\,x^0\,|^2=\lambda.$$

对于 A 的任一特征值 λ_i，由于存在 $\tilde{x}\in\mathbf{R}^n$ 使得 $|\tilde{x}|=1$，且 $A\tilde{x}=\lambda_i\tilde{x}$，则 $\lambda_i=h(\tilde{x})$. 由 (13.8.15) 式得 $\lambda_i\geqslant\lambda$，所以 $\lambda=\lambda_1$.

进一步若 $l_1<n$，则对应 λ_1 的线性无关的特征向量最多有 l_1 个，设为 $y^1,\cdots,y^{l_1}$. 不妨设它们均为单位向量且两两相互正交，即

$$(y^i,y^j)=\begin{cases}1, & i=j,\\ 0, & i\neq j.\end{cases} \tag{13.8.16}$$

令 $Y=\{y^1,\cdots,y^{l_1}\}^{\perp}$，$S^{n-1}=\{x\in\mathbf{R}^n \mid |x|=1\}$. 同样由连续函数的性质可知 $h(x)$ 在 $Y\cap S^{n-1}$ 上有最小值. 设 $x^0\in Y\cap S^{n-1}$，使得

$$h(x^0)=\inf_{x\in Y\cap S^{n-1}} h(x). \tag{13.8.17}$$

由定理 13.8.3 得实数 λ 和 $\delta_1,\cdots,\delta_{l_1}$，使得

$$\frac{\partial h}{\partial x_i}(x^0)-2\lambda x_i^0-2\delta_1 y_i^1-\cdots-2\delta_{l_1} y_i^{l_1}=0, i=1,\cdots,n,$$

其中 $(y_1^k,\cdots,y_n^k)=y^k$，$k=1,\cdots,l_1$. 由此立即可得

$$Ax^0-\lambda x^0-\delta_1 y^1-\cdots-\delta_{l_1} y^{l_1}=0.$$

由于 $x^0\in Y$，所以 $(x^0,y^k)=0$，$k=1,\cdots,l_1$. 又 $Ay^k=\lambda_1 y^k$，从而由 A 的对称性可得

$$(Ax^0,y^k)=(x^0,Ay^k)=\lambda_1(x^0,y^k)=0, k=1,\cdots,l_1.$$

再由(13.8.16)式易知 $\delta_1=\cdots=\delta_{l_1}=0$，于是 $Ax^0-\lambda x^0=0$. 由此可知 λ 是 A 的特征值且由 $|x^0|=1$ 得 $h(x^0)=\lambda$. 可以证明 $\lambda=h(x^0)=\lambda_2$. 事实上，任取 A 的特征值 λ_i，其中 $i\geqslant 2$，则存在 $\tilde{x}\in\mathbf{R}^n$ 使得 $|\tilde{x}|=1$，且 $A\tilde{x}=\lambda_i\tilde{x}$，即 $\lambda_i=h(\tilde{x})$. 由于对不同特征值的特征向量相互正交，所以 $\tilde{x}\in Y\cap S^{n-1}$. 由(13.8.17)式可得

$$\lambda_i=h(\tilde{x})\geqslant h(x^0)=\lambda, i\geqslant 2.$$

于是 $\lambda=\lambda_2$.

关于条件极值点进一步的必要条件和充分条件有以下两个定理.

定理 13.8.4　设 D 是 $\mathbf{R}^n$ 中的开区域. f 及 $g_1,\cdots,g_k$ 均属于 $C^2(D)$，$\dfrac{\partial(g_1,\cdots,g_k)}{\partial(x_1,\cdots,x_n)}$ 的秩在 D 内处处为 k. 设 $x^0\in D$ 是 $f(x)$ 在条件(13.8.5)下的极值点，由定理 13.8.3 可得实数 $\lambda_1,\cdots,\lambda_k$ 使得(13.8.13)式成立，记

$$F(x)=f(x)+\lambda_1 g_1(x)+\cdots+\lambda_k g_k(x),$$

则

(i) x^0 是 $f(x)$ 在条件(13.8.5)式下的极小点 $\Rightarrow F(x)$ 在 x^0 的 Hessian 矩阵 $H_F(x^0)$ 在 $T_S(x^0)$ 上非负，即

$$(H_F(x^0)a,a)\geqslant 0, \forall a\in T_S(x^0);$$

(ii) x^0 是 $f(x)$ 在条件(13.8.5)式下的极大点 $\Rightarrow H_F(x^0)$ 在 $T_S(x^0)$ 上非正，即

$$(H_F(x^0)a,a)\leqslant 0, \forall a\in T_S(x^0).$$

证 在 S 上任取通过 x^0 的光滑曲线

$$\Gamma: x = x(t), t \in (a,b),$$

$x^0 = x(t_0), t_0 \in (a,b)$. 记 $\delta = x(t) - x(t_0)$, 由条件(13.8.5)式和泰勒展开对于 $i=1,\cdots,k$ 有

$$0 = g_i(x(t)) - g_i(x^0) = (\nabla g_i(x^0), \delta) + \frac{1}{2}(H_{g_i}(x^0)\delta, \delta) + o(|\delta|^2).$$

又

$$f(x(t)) - f(x^0) = (\nabla f(x^0), \delta) + \frac{1}{2}(H_f(x^0)\delta, \delta) + o(|\delta|^2),$$

由(13.8.13)式, 即 $\nabla f(x^0) + \lambda_1 \nabla g_1(x^0) + \cdots + \lambda_k \nabla g_k(x^0) = 0$ 可得

$$f(x(t)) - f(x^0) = \frac{1}{2}(H_F(x^0)\delta, \delta) + o(|\delta|^2).$$

由于 $\delta = x(t) - x(t_0) = x'(t_0)(t - t_0) + o(|t - t_0|)$, 所以

$$f(x(t)) - f(x^0) = \frac{1}{2}(H_F(x^0)x'(t_0), x'(t_0))(t - t_0)^2 + o(|t - t_0|^2). \tag{13.8.18}$$

若 x^0 是 $f(x)$ 在条件(13.8.5)式下的极小点, 则存在 $\eta > 0$, 使得

$$f(x(t)) - f(x^0) \geqslant 0, \forall t \in (t_0 - \eta, t_0 + \eta).$$

由(13.8.18)式可得

$$(H_F(x^0)x'(t_0), x'(t_0)) \geqslant 0$$

由 Γ 的任意性及引理得

$$(H_F(x^0)a, a) \geqslant 0, \forall a \in T_S(x^0),$$

即(i)成立. 同理可证(ii).

定理 13.8.5 设 D 是 $\mathbf{R}^n$ 上的开区域, f 及 $g_1, \cdots, g_k$ 均属于 $C^2(D)$, $\dfrac{\partial(g_1, \cdots, g_k)}{\partial(x_1, \cdots, x_n)}$ 的秩在 D 内处处为 k. 设 $x^0 \in D$ 满足(13.8.5)式且存在实数 $\lambda_1, \cdots, \lambda_k$ 使得(13.8.13)式成立, 即

$$\nabla f(x^0) + \lambda_1 \nabla g(x^0) + \cdots + \lambda_k \nabla g_k(x^0) = 0.$$

记 $F(x) = f(x) + \lambda_1 g_1(x) + \cdots + \lambda_k g_k(x)$.

(i) 若 $H_F(x^0)$ 在 $T_S(x^0)$ 上正定, 即

$$(H_F(x^0)a, a) > 0, \forall a \in T_S(x^0) \setminus \{0\},$$

则 x^0 是 $f(x)$ 在条件(13.8.5)式下的极小点;

(ii) 若 $H_F(x^0)$ 在 $T_S(x^0)$ 上负定, 即

$$(H_F(x^0)a,a)<0,\forall a\in T_S(x^0)\setminus\{0\},$$

则 x^0 是 $f(x)$在条件(13.8.5)式下的极大点；

(iii) 若存在 $a,b\in T_S(x^0)$使得

$$(H_F(x^0)a,a)>0,(H_F(x^0)b,b)<0,$$

则 x^0 不是 $f(x)$在条件(13.8.5)式下的极值点；

(iv) 其余情况不能判定 x^0 是否为 $f(x)$在条件(13.8.5)式下的极值点.

证　类似于定理 13.8.4 的证明可得

$$f(x^0+y)-f(x^0)=\frac{1}{2}(H_F(x^0)y,y)+o(|y|^2),\forall x^0+y\in S. \tag{13.8.19}$$

由条件(13.8.5)式可知当 $x^0+y\in S$ 时有

$$0=g_i(x^0+y)-g_i(x^0)=(\nabla g_i(x^0),y)+\varepsilon_i(y),i=1,\cdots,k.$$

其中 $\varepsilon_i(y)$满足

$$\lim_{|y|\to 0}\frac{\varepsilon_i(y)}{|y|}=0.$$

不妨设

$$\frac{D(g_1,\cdots,g_k)}{D(x_1,\cdots,x_k)}(x^0)\neq 0.$$

设 $y=\begin{pmatrix}y_1\\ \vdots\\ y_n\end{pmatrix}$,记 $y'=\begin{pmatrix}y_1\\ \vdots\\ y_k\end{pmatrix}$,$y''=\begin{pmatrix}y_{k+1}\\ \vdots\\ y_n\end{pmatrix}$,则

$$y'=-\left(\frac{\partial(g_1,\cdots,g_k)}{\partial(x_1,\cdots,x_k)}(x^0)\right)^{-1}\frac{\partial(g_1,\cdots,g_k)}{\partial(x_{k+1},\cdots,x_n)}(x^0)y''+o(|y|),\forall x^0+y\in S.$$

对于 $x^0+y\in S$,令 $z=Ty$,其中

$$\begin{cases}z'=-\left(\dfrac{\partial(g_1,\cdots,g_k)}{\partial(x_1,\cdots,x_k)}(x^0)\right)^{-1}\dfrac{\partial(g_1,\cdots,g_k)}{\partial(x_{k+1},\cdots,x_n)}(x^0)y'',\\ z''=y''.\end{cases}$$

易知 $Ty\in\{\nabla g_1(x^0),\cdots,\nabla g_k(x^0)\}^\perp=T_S(x^0)$,且

$$|y-Ty|=o(|y|),\forall x^0+y\in S.$$

由此可得 $\eta>0,M>0$ 使得

$$M^{-1}|Ty|\leqslant|y|\leqslant M|Ty|,\forall x^0+y\in S,|y|<\eta. \tag{13.8.20}$$

从而由(13.8.19)式可得

$$f(x^0+y)-f(x^0)=\frac{1}{2}(H_F(x^0)Ty,Ty)+o(|y|^2). \tag{13.8.21}$$

(i)若 $H_F(x^0)$在 $T_S(x^0)$上正定,则易知存在正数 $H>0$ 使得

$$(H_F(x^0)a,a)\geqslant H|a|^2,\forall a\in T_S(x^0).$$

由(13.8.20)和(13.8.21)式可得 $0<\delta\leqslant\eta$ 使得

$$f(x^0+y)-f(x^0)\geqslant\frac{1}{4}|Ty|^2,\forall x^0+y\in S,|y|<\delta.$$

于是当 $x^0+y\in S,0<|y|<\delta$ 时

$$f(x^0+y)-f(x^0)>0,$$

即 x^0 是 $f(x)$在条件(13.8.5)式下的严格极小点.

同理可证(ii),(iii)和(iv).

例 13.8.6 考虑函数 $f(x,y,z)=x^2+y^2-z^2$ 在条件

$$S:g(x,y,z)=z-1=0 \tag{13.8.22}$$

下的极值问题.易知方程组

$$\begin{cases}\dfrac{\partial f}{\partial x}+\lambda\dfrac{\partial g}{\partial x}=0,\\ \dfrac{\partial f}{\partial y}+\lambda\dfrac{\partial g}{\partial y}=0,\\ \dfrac{\partial f}{\partial z}+\lambda\dfrac{\partial g}{\partial z}=0,\\ g=0\end{cases}$$

有惟一解 $x=0,y=0,z=1,\lambda=2$,即 $P=(0,0,1)$是问题惟一的临界点,且相应的拉格朗日乘子 $\lambda=2$. 显然 P 是$f(x,y,z)$在条件(13.8.22)式下的最小点.设

$$F(x,y,z)=f(x,y,z)+\lambda g(x,y,z)=x^2+y^2-z^2+2z-2,$$

则

$$H_F=\begin{pmatrix}F_{xx}&F_{xy}&F_{xz}\\F_{yx}&F_{yy}&F_{yz}\\F_{zx}&F_{zy}&F_{zz}\end{pmatrix}=\begin{pmatrix}2&0&0\\0&2&0\\0&0&-2\end{pmatrix}$$

显然

$$T_S(P)=\{(x,y,0)\in\mathbf{R}^3\mid(x,y)\in\mathbf{R}^2\}.$$

H_F 在 $T_S(P)$上正定,但 H_F 不是 3 阶正定方阵.

习　题　13

1. 求下列函数的偏导数：

(i) $z=x^2\ln(x+y^2)$；

(ii) $z=e^{xy}+\frac{x}{y^2}$；

(iii) $z=\arctan\frac{y}{x}+\frac{\cos x^2}{y}$；

(iv) $z=\left(\frac{x}{y}\right)^x+x^{\frac{y}{x}}$；

(v) $u=x^2+y^2+z^2+2xy+2yz$；

(vi) $u=\frac{1}{\sqrt{x^2+y^2+z^2}}$；

(vii) $u=\arcsin\frac{z}{\sqrt{x^2+y^2}}$；

(viii) $u=e^{-(x^2+y^2+z^2)}\sin(ax+by+cz)$；

(ix) $u=x^y y^z z^x$；

(x) $u=\log_x(y+z)$.

2. 设

$$f(x,y)=\begin{cases}\frac{x^3-xy}{x^2+y^2}, & x^2+y^2\neq 0,\\ 0, & x^2+y^2=0,\end{cases}$$

求 $f_x(x,y)$和 $f_y(x,y)$.

3. 设 $u=\ln(\sqrt{x}+\sqrt{y})$，求证

$$x\frac{\partial u}{\partial x}+y\frac{\partial u}{\partial y}=\frac{1}{2}.$$

4. 设 $u=\arctan\frac{x^2+y^2}{x-y}$，求证

$$x\frac{\partial u}{\partial x}+y\frac{\partial u}{\partial y}=\frac{\sin 2u}{2}.$$

5. 设 $f(x,y)$在凸开区域 D 内所有偏导数有界，求证 $f(x,y)$在 D 内一致连续.

6. 举例说明在开区域内所有偏导数有界的函数未必一致连续.

7. 设 D 是 $\mathbf{R}^n$ 中的开区域，$f(x)$为定义在 D 的函数且满足对任意 $x\in D$ 有

$$\frac{\partial f}{\partial x_i}(x)=0,\quad i=1,\cdots,n,$$

求证 $f(x)$在 D 内为常数.

8. 求下列复合函数的偏导数或导数：

(i) $u=2x^2-yz+xz^2$，$x=2\sin t$，$y=t^2-t+1$，$z=3e^{-t}$，求$\frac{\mathrm{d}u}{\mathrm{d}t}$；

(ii) $u=z\sin\dfrac{y}{x}, x=3r^2+2s, y=4r-2s^2, z=2r^2-3s^2$，求$\dfrac{\partial u}{\partial r},\dfrac{\partial u}{\partial s}$；

(iii) $u=x^3-xy+y^3, x=r\cos\theta, y=r\sin\theta$，求$\dfrac{\partial u}{\partial r},\dfrac{\partial u}{\partial \theta}$；

(iv) $u=\sqrt{x^2+y^2+z^2}+\arctan\dfrac{\sqrt{x^2+y^2}}{z}, x=r\sin\varphi\cos\theta, y=r\sin\varphi\sin\theta, z=r\cos\varphi$，求$\dfrac{\partial u}{\partial r},\dfrac{\partial u}{\partial \varphi},\dfrac{\partial u}{\partial \theta}$.

9. 设 $f(t)$是导数连续的一元函数，求证：

(i) $z=f(ax+by)$满足 $bz_x=az_y$；

(ii) $z=x^nf\left(\dfrac{y}{x}\right)$满足 $xz_x+yz_y=nz$；

(iii) $z=f\left(\ln x+\dfrac{1}{y}\right)$满足 $xz_x+y^2z_y=0$；

(iv) $z=f(x^2+y^2)$满足 $yz_x-xz_y=0$；

(v) $z=yf(x^2-2y)$满足 $yz_x+xz_y=\dfrac{xz}{y}$；

(vi) $z=xy+xf(\dfrac{y}{x})$满足 $xz_x+yz_y=xy+z$.

10. 设 $f(x,y)$偏导数连续，求证：

(i) $u=f(x-y,y-x)$满足$\dfrac{\partial u}{\partial x}+\dfrac{\partial u}{\partial y}=0$；

(ii) $u=f\left(\dfrac{y-x}{xy},\dfrac{z-x}{xz}\right)$满足

$$x^2\frac{\partial u}{\partial x}+y^2\frac{\partial u}{\partial y}+z^2\frac{\partial u}{\partial z}=0.$$

11. 设 $u(x,y), v(x,y)$在开区域 D 内处处满足

$$\frac{\partial u}{\partial x}=\frac{\partial v}{\partial y},\frac{\partial u}{\partial y}=-\frac{\partial v}{\partial x},$$
$$u^2+v^2=1,$$

求证 $u(x,y), v(x,y)$在 D 内为常数.

12. 设 $F(x,y)=f(x)+g(y)$，其中 f,g 为导数连续的一元函数，如果存在导数连续的一元函数 $s(r)$使得 $F(r\cos\theta, r\sin\theta)=s(r)$，求 $F(x,y)$.

13. 设 $F(x,y)=f(x)g(y)$，其中 f,g 为导数连续的一元函数.

(i) 如果存在导数连续的一元函数 $s(r)$使得

$$F(r\cos\theta, r\sin\theta)=s(r),$$

求 $F(x,y)$；

(ii) 如果存在导数连续的一元函数 $\varphi(\theta)$使得

$$F(r\cos\theta, r\sin\theta)=\varphi(\theta),$$

求 $F(x,y)$.

14. $f(x_1,\cdots,x_n)$称为定义于 $\mathbf{R}^n\setminus\{(0,\cdots,0)\}$内的 λ 次正齐次函数（λ 为实常数），

如果对任何$(x_1,\cdots,x_n)\in\mathbf{R}^n$，$x_1^2+\cdots+x_n^2\neq0$，和正实数$\alpha$均有

$$f(\alpha x_1,\cdots,\alpha x_n)=\alpha^{\lambda}f(x_1,\cdots,x_n).$$

求证 Euler 定理：$\mathbf{R}^n\setminus\{(0,\cdots,0)\}$内一阶偏导数连续的函数$f(x_1,\cdots,x_n)$是$\lambda$次正齐次函数的充分必要条件是

$$\sum_{i=1}^{n}x_i\frac{\partial f}{\partial x_i}(x_1,\cdots,x_n)=\lambda f(x_1,\cdots,x_n).$$

15. 求下列函数指定的高阶偏导数：

(i) $z=x\sin(x+y)+y\cos(x+y)$，所有二阶偏导数；

(ii) $z=x\ln(xy)$，$\dfrac{\partial^3 z}{\partial x^2\partial y}$；

(iii) $u=\ln(ax+by+cz)$，$\dfrac{\partial^4 u}{\partial x^4}$，$\dfrac{\partial^4 u}{\partial x^2\partial y^2}$；

(iv) $z=(x-x_0)^p(y-y_0)^q$，$\dfrac{\partial^{p+q}z}{\partial x^p\partial y^q}$；

(v) $u=xyz\mathrm{e}^{x+y+z}$，$\dfrac{\partial^{p+q+r}u}{\partial x^p\partial y^q\partial z^r}$.

16. 设$f(r)$是二阶导数连续的一元函数，记$u=f(r)$，$r=(x_1^2+\cdots+x_n^2)^{\frac{1}{2}}$，求证：

$$\Delta u=\sum_{i=1}^{n}\frac{\partial^2 u}{\partial x_i^2}=f''(r)+\frac{n-1}{r}f'(r).$$

17. 设$u=f(x,y)$，其中是$f(x,y)$二阶偏导数连续的函数，引进极坐标$x=r\cos\theta$，$y=r\sin\theta$，求证：

(i) $\left(\dfrac{\partial u}{\partial x}\right)^2+\left(\dfrac{\partial u}{\partial y}\right)^2=\left(\dfrac{\partial u}{\partial r}\right)^2+\dfrac{1}{r^2}\left(\dfrac{\partial u}{\partial\theta}\right)^2$；

(ii) $\dfrac{\partial^2 u}{\partial x^2}+\dfrac{\partial^2 u}{\partial y^2}=\dfrac{\partial^2 u}{\partial r^2}+\dfrac{1}{r^2}\dfrac{\partial^2 u}{\partial\theta^2}+\dfrac{1}{r}\dfrac{\partial u}{\partial r}$.

18. 设$u=f(x+g(y))$，其中f是二阶导数连续，g是一阶导数连续的一元函数，求证

$$\frac{\partial u}{\partial x}\cdot\frac{\partial^2 u}{\partial x\partial y}=\frac{\partial u}{\partial y}\cdot\frac{\partial^2 u}{\partial x^2}.$$

19. 设$u=u(x,y)$二阶偏导数连续，$x=\mathrm{e}^S$，$y=\mathrm{e}^t$，求证

$$x^2\frac{\partial^2 u}{\partial x^2}+y^2\frac{\partial^2 u}{\partial y^2}+x\frac{\partial u}{\partial x}+y\frac{\partial u}{\partial y}=\frac{\partial^2 u}{\partial s^2}+\frac{\partial^2 u}{\partial t^2}.$$

20. 设$D=\{(x,y)\in\mathbf{R}^2\mid x^2+y^2<1\}$，$f(x,y)$在$D$内调和，即在$D$内$f(x,y)$的二阶偏导数连续且满足 Laplace 方程$\dfrac{\partial^2 f}{\partial x^2}+\dfrac{\partial^2 f}{\partial y^2}=0$，令

$$u(x,y)=f\left(\frac{x}{x^2+y^2},\frac{y}{x^2+y^2}\right),$$

求证$u(x,y)$在区域$\{(x,y)\in\mathbf{R}^2\mid x^2+y^2>1\}$内也是调和函数.

21. 设$f(x_1,\cdots,x_n)$在区域$\Omega=\{(x_1,\cdots,x_n)\in\mathbf{R}^n\mid x_1^2+\cdots+x_n^2>1\}$内调和，即$f(x_1,\cdots,x_n)$在$\Omega$内二阶偏导数连续且满足 Laplace 方程$\dfrac{\partial^2 f}{\partial x_1^2}+\cdots+\dfrac{\partial^2 f}{\partial x_n^2}=0$. 令

$$u(x_1,\cdots,x_n)=r^{2-n}f\left(\frac{x_1}{r^2},\cdots,\frac{x_n}{r^2}\right),$$

求证 $u(x_1,\cdots,x_n)$在区域$\{(x_1,\cdots,x_n)\in\mathbf{R}^n \mid 0<x_1^2+\cdots+x_n^2<1\}$内也调和,其中 $r=\sqrt{x_1^2+\cdots+x_n^2}$.

22. 设 φ 和 ψ 二阶导数连续,$z=x\varphi\left(\frac{y}{x}\right)+\psi\left(\frac{y}{x}\right)$,求证

$$x^2\frac{\partial^2 z}{\partial x^2}+2xy\frac{\partial^2 z}{\partial x\partial y}+y^2\frac{\partial^2 z}{\partial y^2}=0.$$

23. 设函数 φ 的 n 阶导数连续,$u=\varphi(z)$,其中 $z=\frac{x}{1-y}$,求证

$$\frac{\partial^n u}{\partial y^n}=\frac{\partial^{n-1}}{\partial x^{n-1}}\left(z^n\frac{\partial u}{\partial x}\right).$$

24. 已给二阶方程 $A\frac{\partial^2 u}{\partial x^2}+2B\frac{\partial^2 u}{\partial x\partial y}+C\frac{\partial^2 u}{\partial y^2}=0$,其中 A,B,C 为实常数,$C\neq0$ 且 $B^2-AC>0$,求实数 λ_1 和 λ_2 使得在自变量变换 $\xi=x+\lambda_1 y,\eta=x+\lambda_2 y$ 下,上述方程变换为$\frac{\partial^2 u}{\partial\xi\partial\eta}=0$.

25. 在自变量和因变量的变换下,将 $z=z(x,y)$的方程,变换为 $w=w(u,v)$的方程:

(i) $u=x^2+y^2,v=\frac{1}{x}+\frac{1}{y},w=\ln z-(x+y)$,方程为

$$y\frac{\partial z}{\partial x}-x\frac{\partial z}{\partial y}=(y-x)z;$$

(ii) $u=x+y,v=\frac{y}{x},w=\frac{z}{x}$,方程为

$$\frac{\partial^2 z}{\partial x^2}-2\frac{\partial^2 z}{\partial x\partial y}+\frac{\partial^2 z}{\partial y^2}=0;$$

(iii) $u=\frac{x+y}{2},v=\frac{x-y}{2},w=ze^y$,方程为

$$\frac{\partial^2 z}{\partial x^2}+\frac{\partial^2 z}{\partial x\partial y}+\frac{\partial^2 z}{\partial y^2}=0;$$

(iv) $x=u,y=\frac{u}{1+uv},z=\frac{u}{1+uw}$,方程为

$$x^2\frac{\partial z}{\partial x}+y^2\frac{\partial z}{\partial y}=z^2;$$

(v) $x=uy,v=x,w=xz-y$,方程为

$$y\frac{\partial^2 z}{\partial y^2}+2\frac{\partial z}{\partial y}=\frac{2}{x}.$$

26. 求下列函数的全微分:

(i) $u=xyz$;

(ii) $u=y\sin xz$;

(iii) $u = xe^y$;

(iv) $u = x + \arctan\frac{y}{z-x}$;

(v) $u = x^y y^z z^x$;

(vi) $u = \frac{\cos x^2}{y}$;

(vii) $u = \sqrt{x^2 + y^2 + z^2}$;

(viii) $u = \ln(1 + \sqrt{x^2 + y^2 + z^2})$.

27. 设

$$f(x,y) = \begin{cases} |x|^\alpha |y|^\beta \sin\frac{1}{x^2+y^2}, & x^2+y^2 \neq 0, \\ 0, & x^2+y^2 = 0, \end{cases}$$

其中 $\alpha \geqslant 0, \beta \geqslant 0$. 讨论 $f(x,y)$在$(0,0)$点的连续性,可微性及偏导数的存在性与连续性.

28. 设 $f(x,y)$定义在(x_0,y_0)的一个邻域内,求证 $f(x,y)$在(x_0,y_0)可微的充分必要条件是

$$\lim_{t\to 0^+}\frac{1}{t}[f(x_0 + t\cos\alpha, y_0 + t\sin\alpha) - f(x_0,y_0)]$$
$$= f_x(x_0,y_0)\cos\alpha + f_y(x_0,y_0)\sin\alpha,$$

且关于 $\alpha \in [0,2\pi]$一致收敛.

29. 设 $f(x,y)$定义在(x_0,y_0)的一个邻域 U 内,$f_x(x,y)$,$f_y(x,y)$在 U 内处处存在且都在(x_0,y_0)可微,求证

$$\frac{\partial^2 f}{\partial x\partial y}(x_0,y_0) = \frac{\partial^2 f}{\partial y\partial x}(x_0,y_0).$$

30. 设 $f(u,v)$在(u_0,v_0)的一个邻域 U 内有定义,$u(x,y)$和 $v(x,y)$定义在(x_0,y_0)的一个邻域 V 内满足$u_0 = u(x_0,y_0)$,$v_0 = v(x_0,y_0)$且

$$\{(u,v) \mid u = u(x,y), v = v(x,y), (x,y) \in V\} \subseteq U.$$

记 $g(x,y) = f(u(x,y),v(x,y))$. 如果 f 在(u_0,v_0)可微,$u(x,y)$和 $v(x,y)$在(x_0,y_0)的偏导数都存在,求证 $g(x,y)$在(x_0,y_0)的偏导数也都存在且链式法则成立,即

$$g_x(x_0,y_0) = f_u(u_0,v_0)u_x(x_0,y_0) + f_v(u_0,v_0)v_x(x_0,y_0),$$
$$g_y(x_0,y_0) = f_u(u_0,v_0)u_y(x_0,y_0) + f_v(u_0,v_0)v_y(x_0,y_0),$$

31. 求下列复合函数的全微分:

(i) $u = f(t), t = \frac{y}{x}$;

(ii) $u = f(t), t = \sqrt{x^2 + y^2}$;

(iii) $w = f(u,v), u = x + y, v = x - y$;

(iv) $s = f(u,v,w), u = \frac{x}{y}, v = \frac{y}{x}, w = x^2 - y^2$;

(v) $w = f(u,v), u = x + y + z, v = x^2 + y^2 + z^2$.

32. 求下列映射在所示点的 Fréchet 导数:

(i) $f(t)=\begin{pmatrix}\sin t\\ \cos t\end{pmatrix}$在点 $t=\dfrac{\pi}{4}$;

(ii) $f(x,y)=\begin{pmatrix}x+y\\ x-y\end{pmatrix}$在点$(x,y)=(1,2)$;

(iii) $f(u,v)=\begin{pmatrix}u\cos v\\ u\sin v\\ v\end{pmatrix}$在点$(u,v)=(1,\pi)$;

(iv) $f(u,v,w)=\begin{pmatrix}u^2-2v+w\\ 3u^2v-2vw\end{pmatrix}$在点$(3,-2,1)$.

33. 设 G 是 $\mathbf{R}^n$ 中的一个开集,$f:G\to\mathbf{R}^m$ 是一个映射,对于 $x^0\in G$,如果 f 在 x^0 可微,求证存在 x^0 的邻域 U 和正数 λ,使得

$$|f(x)-f(x^0)|\leqslant\lambda|x-x^0|,\forall x\in U.$$

34. 设 $f\in C^1(\mathbf{R}^n;\mathbf{R}^m)$,求证对于 $x,h\in\mathbf{R}^n$,存在 $\theta\in(0,1)$使得

$$|f(x+h)-f(x)|\leqslant|\mathrm{d}f(x+\theta h)(h)|.$$

35. 求函数 $f(x,y)=x^2-y^2$ 在点$(1,1)$沿方向 l 的方向导数,其中从 x 轴正向到方向 l 的夹角为 $60°$.

36. 设 $f(x,y)=x^2-xy+y^2$,试问它在$(1,1)$点:

(i) 哪个方向的方向导数最大;

(ii) 哪个方向的方向导数最小;

(iii) 哪个方向的方向导数为 0.

37. 求下列函数在指定点的梯度及其长度:

(i) $u=xyz$,在$(1,1,1)$点;

(ii) $u=x^2+y^2+3z^2-xy+6z$,在$(1,2,3)$点.

38. 设 $u=f(x,y,z)$的二阶偏导数连续,l 的方向余弦为$(\cos\alpha,\cos\beta,\cos\gamma)$,试求 u 沿 l 的二阶方向导数$\dfrac{\partial^2 u}{\partial l^2}\left(注意\dfrac{\partial^2 u}{\partial l^2}=\dfrac{\partial}{\partial l}\left(\dfrac{\partial u}{\partial l}\right)\right)$.

39. 设 $r=\sqrt{x^2+y^2+z^2}$,$\boldsymbol{r}=x\boldsymbol{i}+y\boldsymbol{j}+z\boldsymbol{k}$,其中 $\boldsymbol{i},\boldsymbol{j},\boldsymbol{k}$ 是 $\mathbf{R}^3$ 中的基本单位向量.求证

$$\nabla\frac{1}{r}=-\frac{1}{r^3}\boldsymbol{r}.$$

40. 设 $u=-\ln\sqrt{(x-a)^2+(y-b)^2+(z-c)^2}$.试问在空间哪些点成立$|\mathrm{grad}u|=1$.

41. 试确定常数 a,b,c,使得函数

$$f(x,y,z)=axy^2+byz+cz^2x^3.$$

在$(1,2,-1)$点沿 z 轴正向的方向导数取最大值 64.

42. $\mathbf{R}^3$ 中的球坐标

$$\begin{cases}x=r\sin\varphi\cos\theta,\\ y=r\sin\varphi\cos\theta,r\geqslant0,0\leqslant\varphi\leqslant\pi,0\leqslant\theta<2\pi.\\ z=r\cos\varphi,\end{cases}$$

设 $r_0\geqslant 0, 0<\varphi_0<\pi, 0\leqslant\theta_0<2\pi$，在$(r_0,\varphi_0,\theta_0)$点求$|\nabla r|,|\nabla\varphi|,|\nabla\theta|$.

43. 在 $\mathbf{R}^n$ 中已给一组两两相互正交的单位向量 $\boldsymbol{\tau}_1,\cdots,\boldsymbol{\tau}_n$，设 $f(x)$在 $\mathbf{R}^n$ 中可微，求证：

(i) 若 $\boldsymbol{l}$ 为 $\mathbf{R}^n$ 中任意单位向量，则 $\forall x\in\mathbf{R}^n$ 有

$$\frac{\partial f}{\partial l}(x)=\sum_{i=1}^{n}\frac{\partial f}{\partial\tau_i}(x)(\boldsymbol{l},\boldsymbol{\tau}_i),$$

其中$\frac{\partial f}{\partial l}(x),\frac{\partial f}{\partial\tau_i}(x)$分别表示 $f(x)$在 x 点沿方向 $\boldsymbol{l}$ 与 $\boldsymbol{\tau}_i$ 的方向导数，$(\boldsymbol{l},\boldsymbol{\tau}_i)$表示 $\boldsymbol{l}$ 与 $\boldsymbol{\tau}_i$ 在 $\mathbf{R}^n$ 中的内积；

(ii) $\sum_{i=1}^{n}\left(\frac{\partial f}{\partial x_i}\right)^2=\sum_{i=1}^{n}\left(\frac{\partial f}{\partial\tau_i}\right)^2$；

(iii) $\nabla f(x)=\sum_{i=1}^{n}\frac{\partial f}{\partial\tau_i}(x)\boldsymbol{\tau}_i,\ \forall x\in\mathbf{R}^n$.

44. 设 $f(x)$为 $\mathbf{R}^n$ 上的可微函数，求证 $f(x)$为凸函数的充分必要条件是

$$f(x)-f(y)\geqslant(\nabla f(y),x-y),\ \forall x,y\in\mathbf{R}^n.$$

45. 写出下列函数在指定点邻近的二阶泰勒展开式：

(i) $f(x,y)=\sin x\sin y$，在$(0,0)$点；

(ii) $f(x,y)=\cos x\cos y$，在$(0,0)$点；

(iii) $f(x,y)=2x^2-xy+y^2-6x-3y+5$，在$(1,-2)$点.

46. 写出 $f(x,y)=\mathrm{e}^x\ln(1+y)$在$(0,0)$点的 n 阶泰勒展开式.

47. 设 $f(x,y)$在$(0,0)$点的二阶偏导数连续，求证

$$f_{xx}(0,0)=\lim_{h\to 0^+}\frac{f(2h,\mathrm{e}^{-\frac{1}{2h}})-2f(h,\mathrm{e}^{-\frac{1}{h}})+f(0,0)}{h^2}.$$

48. 将 $f(x,y)=\frac{1}{x}\cos y$ 在$(1,0)$点 n 阶泰勒展开，并证明对于 $x\in(0,2),y\in(-\infty,+\infty)$，当 $n\to+\infty$时展开式的余项趋于 0.

49. 设 $f(x_1,\cdots,x_n)=\ln(1+x_1+\cdots+x_n)$，将 f 在$(0,\cdots,0)$点 m 阶 Tayler 展开，并证明对于$|x_1+\cdots+x_n|<1$，当 $m\to+\infty$时展开式余项趋于 0.

50. 设 $f(x)\in C^2(\mathbf{R}^n)$，求证 $f(x)$为 $\mathbf{R}^n$ 上之凸函数的充分必要条件是 f 的 Hessian 矩阵 H_f 在 $\mathbf{R}^n$ 处处非负.

51. 问由方程

$$\sqrt{x^2+y^2+z^2}-\cos z=0$$

在$(0,1,0)$点的某邻域内能惟一确定 y 为 x,z 的隐函数吗？能惟一确定 z 为 x,y 的隐函数吗？

52. 设 $x=y+\varphi(y)$，其中 $\varphi(0)=0$ 且当 $-a<y<a$ 时，$\varphi'(y)$连续，$|\varphi'(0)|<1$.求证存在 $\delta<0$，使得当 $-\delta<x<\delta$ 时有惟一的可微函数 $y=y(x)$满足

$$x=y(x)+\varphi(y(x)),\text{且 }y(0)=0.$$

53. 设函数 $f(x,y)$定义在 $D=\{(x,y)\mid x^2+y^2<1\}$内且满足 $f(0,0)=0,|f(x,y)|$

$\leqslant 1, \forall (x,y)\in D$. 又函数

$$F(x,y,z) = z^3 + z(x^2 + y^2) + f(x,y)$$

定义在 $G=\{(x,y,z) \mid x^2+y^2<1, |z|\leqslant 1\}$ 上,求证:

(i) 在 D 上存在惟一的函数 $z=\varphi(x,y)$ 满足方程 $F(x,y,z)=0$,且 $|\varphi(x,y)|<1$, $\forall (x,y)\in D$;

(ii) 若 $f(x,y)$ 在 D 内连续,则 $\varphi(x,y)$ 也在 D 内连续.

54. 设 y 为由下列方程确定的 x 的隐函数,求 $\frac{\mathrm{d}y}{\mathrm{d}x}, \frac{\mathrm{d}^2 y}{\mathrm{d}x^2}$:

(i) $x^y = y^x$;

(ii) $y - \varepsilon \sin y = x (0<\varepsilon<1)$;

(iii) $y = 2x \arctan \frac{y}{x}$.

55. 设 z 为由下列方程确定的 x, y 的隐函数,求 $z_x, z_y, z_{xx}, z_{xy}, z_{yy}$:

(i) $x+y+z = \mathrm{e}^{-(x+y+z)}$;

(ii) $xyz = x+y+z$;

(iii) $\sin(x+y)+\sin(y+z)=1$;

(iv) $x+z+(y+z)^2=6$.

56. 设 z 为由下列方程确定的 x, y 的隐函数,求指定的全微分或偏导数:

(i) $F(x-y, y-z, z-x)=0$,求 $\frac{\partial z}{\partial x}, \frac{\partial z}{\partial y}$;

(ii) $f(x+y+z, x^2+y^2+z^2)=0$,求 $\frac{\partial^2 z}{\partial x \partial y}$;

(iii) $z=f(xz, z-y)$,求 $\mathrm{d}z$;

(iv) $f(xy, yz)=0$,求 $\frac{\partial^2 z}{\partial x^2}$.

57. 设由方程 $F(x,y,z)=0$ 可以确定其中每一个变量都是另两个变量的隐函数,求证

$$\frac{\partial x}{\partial y} \cdot \frac{\partial y}{\partial z} \cdot \frac{\partial z}{\partial x} = -1.$$

58. 试问在哪些点的邻域内,由方程组

$$z^2 + xy - a = 0, z^2 + x^2 - y^2 - b = 0$$

可惟一地确定:

(i) x, y 为 z 的隐函数 $x=f(z), y=g(z)$;

(ii) x, z 为 y 的隐函数 $x=f(y), z=g(y)$.

59. 求下列方程组所确定的函数的导数或偏导数或全微分:

(i) $\begin{cases} x+y+z=0, \\ xyz=1, \end{cases}$ 求 $\frac{\mathrm{d}z}{\mathrm{d}x}, \frac{\mathrm{d}z}{\mathrm{d}x}, \frac{\mathrm{d}^2 y}{\mathrm{d}x^2}$;

(ii) $\begin{cases} u^2 - v = 3x+y, \\ u^2 - 2v^2 = x-2y, \end{cases}$ 求 $\frac{\partial u}{\partial x}, \frac{\partial u}{\partial y}, \frac{\partial v}{\partial x}, \frac{\partial v}{\partial y}$;

(iii) $\begin{cases} x+y=u+v, \\ \dfrac{x}{y}=\dfrac{\sin u}{\sin v}, \end{cases}$ 求 $\mathrm{d}u, \mathrm{d}v$;

(iv) $\begin{cases} x=\cos\varphi\cos\theta, \\ y=\cos\varphi\sin\theta, \\ z=\sin\theta, \end{cases}$ 求$\dfrac{\partial z}{\partial x}, \dfrac{\partial z}{\partial y}$;

(v) $\begin{cases} u=f(u,x,v+y), \\ v=g(u-x,v^2y), \end{cases}$ 求$\dfrac{\partial u}{\partial x}, \dfrac{\partial v}{\partial x}$.

60. 设 x,y,z 为由下列方程组

$$\begin{cases} x^2-y\cos(uv)+z^2=0, \\ x^2+y^2-\sin(uv)+2z^2=2, \\ xy-\sin u\cos v+z=0 \end{cases}$$

确定的 u,v 的函数,试在 $x=y=1, z=0, u=\dfrac{\pi}{2}, v=0$ 点计算$\dfrac{\partial x}{\partial u}, \dfrac{\partial x}{\partial v}$.

61. 设极坐标 $x=r\cos\theta, y=r\sin\theta$,变换常微分方程组

$$\begin{cases} \dfrac{\mathrm{d}x}{\mathrm{d}t}=y+kx(x^2+y^2), \\ \dfrac{\mathrm{d}y}{\mathrm{d}t}=-x+ky(x^2+y^2). \end{cases}$$

为极坐标常微分方程组.

62. 设 $u=\dfrac{x+z}{y+z}$,其中 z 为由方程

$$ze^z=xe^x+ye^y$$

确定的 x,y 的隐函数,求$\dfrac{\partial u}{\partial x}, \dfrac{\partial u}{\partial y}$.

63. 设 u,v,w 是由方程组

$$\begin{cases} x=f(u,v,w), \\ y=g(u,v,w), \\ z=h(u,v,w) \end{cases}$$

确定的 x,y 和 z 的函数,求$\dfrac{\partial u}{\partial x}, \dfrac{\partial u}{\partial y}, \dfrac{\partial u}{\partial z}$.

64. 设 $u=u(x)$为由方程组

$$\begin{cases} u=f(x,y,z), \\ g(x,y,z)=0, \\ h(x,y,z)=0 \end{cases}$$

确定的隐函数,求$\dfrac{\mathrm{d}u}{\mathrm{d}x}, \dfrac{\mathrm{d}^2u}{\mathrm{d}x^2}$.

65. 设 $u=f(z)$,其中 z 为由方程 $z=x+y\varphi(z)$所确定的 x,y 的隐函数,求证

$$\frac{\partial^n u}{\partial y^n}=\frac{\partial^{n-1}}{\partial x^{n-1}}\left[\varphi^n(z)\frac{\partial u}{\partial x}\right].$$

66. 求证由方程$(x^2+y^2)^2=3x^2y-y^3$在(0,0)点的邻域内可确定三个连续可微函数$y=y(x)$,使得$y(0)=0$.

67. 设$v(x,y)$满足:

(i) 在(0,0)点的某个邻域内二阶偏导数连续;

(ii) $v(0,y)=0,\dfrac{\partial v}{\partial x}(0,0)=0,\dfrac{\partial^2 v}{\partial x\partial y}(0,0)\neq 0$.

问由方程$v(x,y)=0$在原点的某个邻域内是否能确定隐函数$y=y(x)$满足$y(0)=0$.

68. 设$F(x,y)\in C^2(\mathbf{R}^2)$,且满足:

(i) $F(0,0)=0,F_x(0,0)=0,F_y(0,0)=0,F_{yy}(0,0)\neq 0$;

(ii) $H=F_{xx}(0,0)F_{yy}(0,0)-F_{xy}^2(0,0)<0$.

求证:存在$\delta>0$和$\eta>0$使得对任意$x\in(-\delta,\delta)$且$x\neq 0$,存在$y_1(x)<y_2(x)$使得$y_1(x),y_2(x)\in(-\eta,\eta)$,且

$$F(x,y_1(x))=F(x,y_2(x))=0.$$

69. 设$z=z(x,y)$由方程组

$$\begin{cases} z=\alpha x+\varphi(\alpha)y+\psi(\alpha),\\ 0=x+\varphi'(\alpha)y+\psi'(\alpha)\end{cases}$$

所确定,求证$z_{xx}z_{yy}-z_{xy}^2=0$.

70. 设$F(x,y,u,p,q)\in C^2$,$F_p\neq 0$.从方程组

$$\begin{cases} s=\dfrac{F_q}{F_p},\\ t=\dfrac{pF_p+qF_q}{F_p}\end{cases}$$

中解出$p=p(x,y,u,s,t)$,$q=q(x,y,u,s,t)$,记

$$M(x,y,u,s,t)=F(x,y,u,p(x,y,u,s,t),q(x,y,u,s,t)).$$

求证

$$\begin{cases} p=\dfrac{sM_s+tM_t}{M_t},\\ q=-\dfrac{M_s}{M_t}.\end{cases}$$

71. 设$z(x,y)\in C^2$,且$z_{xx}z_{yy}-z_{xy}^2\neq 0$.从方程组

$$\begin{cases} p=z_x(x,y),\\ q=z_y(x,y)\end{cases}$$

中解出$x=x(p,q)$,$y=y(p,q)$.记

$$w(p,q)=px(p,q)+qy(p,q)-z(x(p,q),y(p,q)).$$

求证$w_p(p,q)=x(p,q)$,$w_q(p,q)=y(p,q)$,且

$$\begin{pmatrix} z_{xx}(x,y) & z_{xy}(x,y)\\ z_{xy}(x,y) & z_{yy}(x,y)\end{pmatrix}\begin{pmatrix} w_{pp}(p,q) & w_{pq}(p,q)\\ w_{pq}(p,q) & w_{qq}(p,q)\end{pmatrix}=\begin{pmatrix}1 & 0\\ 0 & 1\end{pmatrix},$$

其中 $x=x(p,q),y=y(p,q)$.

72. 设 $\varphi\in C^2(\mathbf{R}^n\setminus\{0\})$且正齐二次,即

$$\varphi(tx)=t^2\varphi(x),\forall x\in\mathbf{R}^n\setminus\{0\},t>0.$$

如果 φ 的 Hessian 矩阵处处非奇,对任意 $x^0\in\mathbf{R}^n\setminus\{0\}$求证:

(i) $\xi^0=\nabla\varphi(x^0)\in\mathbf{R}^n\setminus\{0\}$;

(ii) 存在 $\delta>0$ 和定义在

$$\Gamma=\left\{\xi\in\mathbf{R}^n\setminus\{0\}\ \middle|\ \left|\frac{\xi}{|\xi|}-\frac{\xi^0}{|\xi^0|}\right|<\delta\right\}$$

内取值在 $\mathbf{R}^n\setminus\{0\}$的 C^1 类映射 $x(\xi)$满足 $x^0=x(\xi^0),\xi=\nabla\varphi(x(\xi))$,且 $x(\xi)=\nabla\psi(\xi)$,其中 $\psi(\xi)=\varphi(x(\xi))$.

73. 设 $f(x,y,z),g(x,y,z)\in C^2(\mathbf{R}^3)$且对任意 $y\in\mathbf{R}^1,z\in\mathbf{R}^1$ 都有

$$f(0,0,z)=f_x(0,0,z)=f_y(0,0,z)=g(0,y,z)=0.$$

求证存在 $x=0$ 的邻域和定义在此邻域内的一元函数 $y=y(x)$和 $z=z(x)$满足方程组

$$\begin{cases}xz+f(x,y,z)=0.\\ x+(1-z)y+g(x,y,z)=0\end{cases}$$

和 $y(0)=z(0)=0$.

74. 设 A_0 是 n 阶实方阵,λ_0 是 A_0 的实单特征根,x^0 是 A_0 对应 λ_0 的单位特征向量.求证存在 $\delta>0$ 和定义在

$$D=\{A\text{ 为实 }n\text{ 阶方阵}\mid |A-A_0|<\delta\}$$

内的连续可微函数 $\lambda(A)$和取值在 $\mathbf{R}^n$ 的映射$X(A)$,使得 $\lambda(A)$是 A 的实特征根,$X(A)$是 A 对应$\lambda(A)$的单位特征向量,且 $\lambda_0=\lambda(A_0),X^0=X(A_0)$.若

$$A=(a_{ij})_{i,j=1,\cdots,n},$$
$$A_0=(a_{ij}^0)_{i,j=1,\cdots,n},$$

则上述之$|A-A_0|$定义为

$$\left(\sum_{i,j=1}^n(a_{ij}-a_{ij}^0)^2\right)^{\frac{1}{2}}.$$

75. 设 $f:\mathbf{R}^n\to\mathbf{R}^n$ 为C^1 映射且存在 $\lambda>0$ 使得

$$|f(x)-f(y)|\geqslant\lambda|x-y|,\forall x,y\in\mathbf{R}^n.$$

任给 $y^0\in\mathbf{R}^n$,求证存在惟一的 $x^0\in\mathbf{R}^n$ 使得

$$f(x^0)=y^0.$$

76. 设 $f:\mathbf{R}^n\to\mathbf{R}^n$ 为C^1 映射,$\mathrm{d}f(x)$处处非奇且

$$\lim_{|x|\to+\infty}|f(x)|=+\infty,$$

求证:对任意 $y^0\in\mathbf{R}^n$,存在 $x^0\in\mathbf{R}^n$ 使得$f(x^0)=y^0$ 且这样的 x^0 仅有有限多个.

77. 设 $f:\mathbf{R}^n\to\mathbf{R}^m$ 为C^1 映射,$x^0\in\mathbf{R}^n,y^0=f(x^0)$且 $\mathrm{d}f(x^0)$是从 $\mathbf{R}^n$ 到 $\mathbf{R}^m$ 的线性单射,但不是满射,求证:$n<m$,且存在 x^0 的邻域 U 和y^0 的邻域 V,以及从 V 到 $\mathbf{R}^m$ 中某开区域W 的C^1 微分同胚 h,使得映射 $h\circ f:U\to W$ 满足

$$h\circ f(x)=(x_1,\cdots,x_n,0,\cdots,0)\in W\subseteq\mathbf{R}^m,$$

$$\forall x=(x_1,\cdots,x_n)\in U.$$

78. 设 $f:\mathbf{R}^n\to\mathbf{R}^m$ 为 C^1 映射，$x^0\in\mathbf{R}^n$，$y^0=f(x^0)$ 且 $\mathrm{d}f(x^0)$ 是从 $\mathbf{R}^n$ 到 $\mathbf{R}^m$ 的线性满射，但不是单射，求证：$n>m$，且存在 x^0 的邻域 U 和从 $\mathbf{R}^n$ 中的开区域 W 到 U 的 C^1 微分同胚 h，使得

$$f\circ h(z)=(z_1,\cdots,z_m),\ \forall z=(z_1,\cdots,z_m,z_{m+1},\cdots,z_n)\in W.$$

79. 判断下列函数组是否函数相关：

(i)
$$y_1=x_1+x_2+x_3+x_4,$$
$$y_2=x_1^2+x_2^2+x_3^2+x_4^2,$$
$$y_3=x_1^3+x_2^3+x_3^3+x_4^3.$$

(ii) $y_1=\dfrac{x_1-x_2}{x_1-x_3},y_2=\dfrac{x_2-x_3}{x_2-x_1},y_3=\dfrac{x_3-x_1}{x_3-x_2}.$

(iii) $u=\dfrac{x}{1-x-y-z},v=\dfrac{y}{1-x-y-z},w=\dfrac{z}{1-x-y-z}.$

80. 设

$$x=(a+b\cos\varphi)\cos\theta,$$
$$y=(a+b\cos\varphi)\sin\theta,$$
$$z=b\sin\varphi,$$

其中 $a>b$ 均为正常数，φ,θ 为自变量．求证上述三个函数相关，并写出其函数关系式．

81. 求下列曲线在指定点的切线和法平面：

(i) $x=a\sin^2t,y=b\sin t\cos t,z=c\cos^2t$，在 $t=\dfrac{\pi}{4}$ 点；

(ii) $x=\mathrm{e}^{\sin t},y=t-\cos t,z=t^2$，在 $t=\dfrac{\pi}{2}$ 点；

(iii) $\begin{cases}3x^2y+yz=-4,\\2xz-x^2y=3,\end{cases}$ 在 $(1,-1,1)$ 点；

(iv) $\begin{cases}x+y+z=3,\\x^2-y^2+2z^2=2,\end{cases}$ 在 $(1,1,1)$ 点；

(v) $\begin{cases}x^2+z^2=10,\\y^2+z^2=10,\end{cases}$ 在 $(1,1,3)$ 点；

82. 设 Γ 是曲线 $\begin{cases}x+y+z=1,\\z-xy=0,\end{cases}$ 在 x,y 平面上的投影，求 Γ 在其上一点 (x_0,y_0) 的切线方程．

83. 在曲线 $x=t,y=t^2,z=t^3$ 上求一点，使得该曲线在此点的切线平行于平面 $x+2y+z=4$．

84. 求证在螺旋线 $x=a\cos t,y=a\sin t,z=bt$ 上任一点的切线和 z 轴的夹角都相同．

85. 求证曲线 $x=a\mathrm{e}^t\cos t,y=a\mathrm{e}^t\sin t,z=a\mathrm{e}^t$ 与锥面 $x^2+y^2=z^2$ 各母线的夹角都相同．

86. 求下列曲面在指定点的切平面和法线：

(i) $2^{\frac{x}{z}}+2^{\frac{y}{z}}=8$，在 $(2,2,1)$ 点；

(ii) $x^2+y^2=4z$,在$(2,-4,5)$点;

(iii) $z=\arctan\frac{y}{x}$,在$\left(1,1,\frac{\pi}{4}\right)$点;

(iv) $z=e^{-x}\sin y$,在$(0,\frac{\pi}{2},1)$点;

(v) $x=r\cos\varphi, y=r\sin\varphi, z=r\cot\alpha$($\alpha$ 为常数),在(r_0,φ_0)点;

(vi) $x=u\cos v, y=u\sin v, z=av$($a$ 为常数),在(u_0,v_0)点.

87. 在曲面 $z=xy$ 上求一点,使得该曲面在此点的法线垂直于平面 $x+3y+z+9=0$.

88. 曲面 $z=x^2+y^2-1$ 上哪些点的法线通过原点?

89. 求证在曲面 $xyz=a^3(a>0)$上任一点的切平面与坐标平面所围成的四面体的体积都相同.

90. 求证曲面$\sqrt{x}+\sqrt{y}+\sqrt{z}=\sqrt{a}(a>0)$上任一点的切平面在各坐标轴上的截距之和等于 a.

91. 求证:球面 $x^2+y^2+z^2=16$ 和 $x^2+(y-5)^2+z^2=9$ 正交(即在任一交点两球面的法向量垂直).

92. 求曲面 $x^2+y^2=a^2$ 和 $z=xy$ 在任一交点处法向量之间的夹角.

93. 求证下列以 λ 为参数的曲面族

$$\frac{x^2}{a^2-\lambda}+\frac{y^2}{b^2-\lambda}+\frac{z^2}{c^2-\lambda}=1$$

两两正交.

94. 已给实数 a,b,c,求证存在一定点使得任一具有如下形式的光滑曲面

$$f\left(\frac{x-a}{z-c},\frac{y-b}{z-c}\right)=0$$

的所有切平面均过该定点.

95. 从地球上每一点(南、北极除外)出发,试求与经线总交于 45°的曲线的方程.

96. 设曲面 $S:x^2+y^2+z^2=1$,对于任何 $P\in S$,用 $\boldsymbol{n}_P$ 表示S 在P 点指向S 外的单位法向量.对于任何 $P,Q\in S$,记 $\varphi(P,Q)$为 $\boldsymbol{n}_P$ 与$\boldsymbol{n}_Q$ 之间的夹角,$0\leqslant\varphi(P,Q)\leqslant\pi$.求

$$\inf_{P,Q\in S,P\neq Q}\frac{\varphi(P,Q)}{|P-Q|} \text{ 和 } \sup_{P,Q\in S,P\neq Q}\frac{\varphi(P,Q)}{|P-Q|}.$$

97. 求下列函数的极值:

(i) $f(x,y)=3x^2+xy+4y^2+6x-2y$;

(ii) $f(x,y)=xy(x^2+y^2-4)$;

(iii) $f(x,y)=\sin x+\cos x+\cos(x-y)$;

(iv) $f(x,y)=xy\sqrt{1-\frac{x^2}{a^2}-\frac{y^2}{b^2}}(a,b>0)$.

98. 设 $f(x,y)=\sin x\cos y\sin(x+y)$,求 $f(x,y)$的临界点、极大点和极小点.

99. 求证函数 $f(x,y)=(1+e^y)\cos x-ye^y$ 有无穷多个极大点,但无极小点.

100. (最小二乘法)已知 x,y 平面上n 个点(x_i,y_i),$i=1,\cdots,n$,求实数 a,b 使得直

线 $y=ax+b$ 与 n 个已给点的"偏差平方和"

$$\sigma(a,b)=\sum_{i=1}^{n}(ax_i+b-y_i)^2$$

达到最小.

101. 确定实数 a,b 使积分

$$\int_0^1[ax+b-f(x)]^2\mathrm{d}x$$

最小,其中:

(i) $f(x)=x^2$;

(ii) $f(x)=\dfrac{1}{1+x^2}$.

102. 已给一组数据 (x_i,y_i),$i=1,2,\cdots,n$.问实数 a,b,c 满足什么条件使得误差

$$\sum_{i=1}^{n}(ax_i^2+bx_i+c-y_i)^2$$

达到最小.

103. 设 $f(x,y)=ax^2+2bxy+cy^2+2dx+2ey+f$.求证:如果 $f(x,y)$ 在 (x_0,y_0) 达到极大(小)值,则它必在 (x_0,y_0) 达到最大(小)值.

104. 求下列函数在所给条件下的极值:

(i) $f(x,y)=x+y$,若 $x^2+y^2=1$;

(ii) $f(x,y,z)=x-2y+2z$,若 $x^2+y^2+z^2=1$;

(iii) $f(x,y,z)=xyz$,若 $\dfrac{1}{x}+\dfrac{1}{y}+\dfrac{1}{z}=\dfrac{1}{a}$ $(x>0,y>0,z>0,a>0)$;

(iv) $f(x,y)=\dfrac{1}{x}+\dfrac{1}{y}$,若 $x+y=2$;

(v) $f(x,y,z)=xyz$,若 $x^2+y^2+z^2=1,x+y+z=0$.

105. 求下列函数在指定区域 D 上的最大值和最小值:

(i) $f(x,y)=x^2+y^2-2x,D=\{(x,y)\mid x^2+y^2\leqslant 4\}$;

(ii) $f(x,y)=12y-6xy-4y^2-9x^2,D=\{(x,y)\mid \dfrac{x^2}{4}+\dfrac{y^2}{9}\leqslant 1\}$.

(iii) $f(x,y,z)=x^2y^2z^2,D=\{(x,y,z)\mid x^2+y^2+z^2\leqslant 1\}$;

(iv) $f(x,y,z)=x+y+z,D=\{(x,y,z)\mid x^2+y^2\leqslant z\leqslant 1\}$;

(v) $f(x,y)=\sin x\sin y\sin(x+y),D=\{(x,y)\mid 0\leqslant x\leqslant\pi,0\leqslant y\leqslant\pi\}$;

(vi) $f(x,y)=ax+by+\sqrt{1-x^2-y^2},D=\{(x,y)\mid x^2+y^2\leqslant 1\}$.

106. 在曲面 $17x^2+12xy+8y^2=100$ 上求到原点距离最近的点和最远的点.

107. 求点 $(0,0,c)$ 到锥面 $z^2=\dfrac{x^2}{a^2}+\dfrac{y^2}{b^2}$ 的距离,其中 $c>0,0<b<a$.

108. 求 $x_1^2+\cdots+x_n^2$ 在条件 $a_1x_1+\cdots+a_nx_n=1$ 下的极值,其中实数 $a_1,\cdots,a_n$ 不全为 0.

109. 求函数 $u=x_1^2\cdots x_n^2$ 在条件 $x_1^2+\cdots+x_n^2=r^2$ 下的最大值,并由此导出均值不等式:

$$\sqrt[n]{a_1\cdots a_n} \leqslant \frac{a_1+\cdots+a_n}{n},$$

其中 $a_i \geqslant 0, i=1,\cdots,n$.

110. 求原点到直线 $\begin{cases} a_1x+b_1y+c_1z=1, \\ a_2x+b_2y+c_2z=1 \end{cases}$ 的距离,其中 $a_1^2+b_1^2+c_1^2>0, a_2^2+b_2^2+c_2^2>0$.

111. 椭球面 $\frac{x^2}{a^2}+\frac{y^2}{b^2}+\frac{z^2}{c^2}=1$ 在第一象限中点的切平面与坐标平面围成一个四面体,在这些四面体中体积的最小值为多少?

112. 设 Ω 是 $\mathbf{R}^n$ 中的有界开区域,$(a_{ij})_{i,j=1,\cdots,n}$ 为 n 阶实对称非负方阵,且存在 $1\leqslant i\leqslant n$,使得 $a_{ii}>0, b_1,\cdots,b_n$ 为任意实数.若 $u\in C^2(\Omega)\cap C^0(\overline{\Omega})$,即 u 在开区域 Ω 内二阶偏导数连续,在 Ω 的闭包 $\overline{\Omega}$ 上连续,且在 Ω 内处处满足

$$\sum_{i,j=1}^n a_{ij}\frac{\partial^2 u}{\partial x_i\partial x_j}(x)+\sum_{i=1}^n b_i\frac{\partial u}{\partial x_i}(x)\geqslant 0.$$

求证

$$\sup_{\Omega} u = \sup_{\partial\Omega} u,$$

其中 $\partial\Omega$ 表示 Ω 的边界点所组成的集合.

113. 设 $f(x)\in C^1(\mathbf{R}^n)$ 且在 $\mathbf{R}^n$ 上是凸函数,如果 $x^0\in\mathbf{R}^n$ 且 x^0 是 $f(x)$ 的临界点,求证 x^0 是 $f(x)$ 的最小点.

114. 设 $A=(a_{ij})$ 为三阶实对称正定方阵,$\beta=(\beta_1,\beta_2,\beta_3)\in\mathbf{R}^3$ 且 $|\beta|=1$,求曲面

$$S:\sum_{i,j=1}^3 a_{ij}x_ix_j = 1$$

被平面 $\pi:\beta_1x_1+\beta_2x_2+\beta_3x_3=0$ 所截之封闭曲线在 π 上所围区域(截面)的面积.

115. 设 $f\in C^2(\mathbf{R}^n)$,$\nabla f(0)=0$,f 的 Hessian 矩阵

$$H(x) = \left(\frac{\partial^2 f}{\partial x_i\partial x_j}(x)\right)$$

在 $\mathbf{R}^n$ 上处处对称正定.若 $x^0\in\mathbf{R}^n$ 是 $f(x)$ 在条件

$$\sum_{i=1}^n x_i\frac{\partial f}{\partial x_i}(x) = 0$$

下的极值点,求证 x^0 是 $f(x)$ 的极值点.

116. 利用条件极值证明赫尔德不等式:

$$\sum_{i=1}^n a_ib_i \leqslant \left(\sum_{i=1}^n a_i^p\right)^{\frac{1}{p}}\left(\sum_{i=1}^n b_i^q\right)^{\frac{1}{q}},$$

其中 $a_i, b_i\geqslant 0, p>1$ 且 $\frac{1}{p}+\frac{1}{q}=1$.

117. 利用条件极值证明 Hadamard 不等式:

$$A^2 \leqslant \prod_{i=1}^n\sum_{j=1}^n a_{ij}^2,$$

其中 $A=|a_{ij}|$ 为 n 阶实行列式.

118. 设

$$f(a,b)=\sup_{1\leqslant x\leqslant 3}|x^2-ax-b|,$$

问当 a,b 取何值时,$f(a,b)$达到最小.

119. Steiner 问题:平面上已给 n 个不同的点 $P_1,\cdots,P_n$,求平面上一点 M 使得 $|P_1M|+\cdots+|P_nM|$最小,其中$|P_iM|$表示点 P_i 与M之间的距离.

(i) 设平面上一点 M 与$P_1,\cdots,P_n$ 都不相同,且

$$\sum_{i=1}^{n}\frac{\boldsymbol{MP}_i}{|MP_i|}=0,$$

求证 M 是 Steiner 问题的一个解;

(ii) 若存在 P_k 使得

$$\left|\sum_{i\neq k}\frac{\boldsymbol{P}_k\boldsymbol{P}_i}{|P_kP_i|}\right|\leqslant 1,$$

求证 P_k 是 Steiner 问题的一个解.

第十四章　含参变量的积分

本章讨论由含参变量的积分所定义的函数,在这一章里我们不仅给出这些函数的一般性质,而且还要通过例子说明如何运用含参量积分的理论计算一些特殊的定积分.本章最后一节介绍 Beta 函数与 Γ 函数,它们均可用含参量积分定义,在理论与应用上都有重要意义.

§14.1　含参变量的正常积分

设 $D\subseteq\mathbf{R}$,二元函数 $f(x,t)$定义在$[a,b]\times D$ 上,对任意 $t\in D$,$f(x,t)$作为 x 的函数在$[a,b]$上正常 Riemann 可积,即通常所说的有界可积.记

$$\varphi(t)=\int_a^b f(x,t)\mathrm{d}x,$$

则 $\varphi(t)$为定义在 D 上的函数.为了研究 $\varphi(t)$的性质,主要用到积分号下取极限的定理.这一定理在函数项级数那一章已经讲过,即若$[a,b]$上有界可积的函数列 $f_n(x)$在$[a,b]$上一致收敛于函数 $f(x)$,则 $f(x)$在$[a,b]$上有界可积且

$$\lim_{n\to\infty}\int_a^b f_n(x)\mathrm{d}x=\int_a^b f(x)\mathrm{d}x.$$

由这一定理立即可得:

定理 14.1.1　设 $f(x,t)$如上所述,t_0 是 D 的聚点.如果$\lim\limits_{t\to t_0}f(x,t)=\psi(x)$,$\forall x\in[a,b]$,且收敛关于 $x\in[a,b]$一致,则 $\psi(x)$在$[a,b]$上有界可积,且

$$\lim_{t\to t_0}\varphi(t)=\lim_{t\to t_0}\int_a^b f(x,t)\mathrm{d}x=\int_a^b\psi(x)\mathrm{d}x.$$

从定理 14.1.1 出发易得关于 $\varphi(t)$性质的一系列结果.

定理 14.1.2　设 $f(x,t)$在$[a,b]\times[c,d]$上连续,则

$$\varphi(t)=\int_a^b f(x,t)\mathrm{d}x$$

在$[c,d]$上连续.

证　任取 $t_0\in[c,d]$,由于 $f(x,t)$在$[a,b]\times[c,d]$上连续,从而一致连

续,所以任给 $\varepsilon>0$,存在 $\delta>0$,对任何 (x_1,t_1) 和 $(x_1,t_2)\in[a,b]\times[c,d]$,只要 $|x_1-x_2|<\delta$, $|t_1-t_2|<\delta$,就有

$$|f(x_1,t_1)-f(x_2,t_2)|<\varepsilon.$$

特别,当 $t\in[c,d]$ 且 $|t-t_0|<\delta$ 时,对任意 $x\in[a,b]$ 均有

$$|f(x,t)-f(x,t_0)|<\varepsilon.$$

即 $\lim\limits_{t\to t_0}f(x,t)=f(x,t_0)$ 且收敛关于 $x\in[a,b]$ 一致,根据定理 14.1.1 可得

$$\lim_{t\to t_0}\varphi(t)=\lim_{t\to t_0}\int_a^b f(x,t)\mathrm{d}x=\int_a^b f(x,t_0)\mathrm{d}x=\varphi(t_0),$$

即 $\varphi(t)$ 在 t_0 连续.由 t_0 之任意性可知 $\varphi(t)$ 在 $[c,d]$ 上连续.

定理 14.1.3 设 $f(x,t)$, $f_t(x,t)$ 都在 $[a,b]\times[c,d]$ 上连续,则 $\varphi(t)=\int_a^b f(x,t)\mathrm{d}x$ 在 $[c,d]$ 上可导,且

$$\varphi'(t)=\int_a^b f_t(x,t)\mathrm{d}x.$$

证 对于 $t,t+\Delta t\in[c,d]$,利用中值定理可得

$$\frac{1}{\Delta t}[f(x,t+\Delta t)-f(x,t)]=f_t(x,t+\theta\Delta t),$$

其中 $0<\theta<1$.尽管 θ 可能依赖于 x,但由 $f_t(x,t)$ 在 $[a,b]\times[c,d]$ 上的一致连续性可得

$$\lim_{\Delta t\to 0}f_t(x,t+\theta\Delta t)=f_t(x,t)$$

且收敛关于 $x\in[a,b]$ 一致.再由

$$\frac{1}{\Delta t}[\varphi(t+\Delta t)-\varphi(t)]=\int_a^b\frac{1}{\Delta t}[f(x,t+\Delta t)-f(x,t)]\mathrm{d}x$$

和定理 14.1.1 可知 $\varphi'(t)$ 在 $[c,d]$ 上处处存在,且

$$\varphi'(t)=\int_a^b f_t(x,t)\mathrm{d}x.$$

定理 14.1.4 设 $f(x,t)$ 在 $[a,b]\times[c,d]$ 上连续,则

$$\int_c^d\mathrm{d}t\int_a^b f(x,t)\mathrm{d}x=\int_a^b\mathrm{d}x\int_c^d f(x,t)\mathrm{d}t$$

证 令 $h(u)=\int_c^u\mathrm{d}t\int_a^b f(x,t)\mathrm{d}x$.由假设和定理 14.1.2 可知 $\int_a^b f(x,t)\mathrm{d}x$ 关于 $t\in[c,d]$ 连续,从而

$$h'(u)=\int_a^b f(x,u)\mathrm{d}x,\quad h(c)=0.$$

令 $I(u)=\int_a^b \mathrm{d}x\int_c^u f(x,t)\mathrm{d}t$. 由于 $f(x,t)$ 在 $[a,b]\times[c,d]$ 上连续,所以 $g(x,u)=\int_c^u f(x,t)\mathrm{d}t$ 和 $g_u(x,u)=f(x,u)$ 均在 $[a,b]\times[c,d]$ 上连续,由定理 14.1.3 可得

$$I'(u)=\int_a^b f(x,u)\mathrm{d}x,\quad I(c)=0.$$

于是 $I'(u)=h'(u)$, $\forall u\in[c,d]$ 且 $I(c)=h(c)$,所以

$$I(u)=h(u),\quad \forall u\in[c,d].$$

特别 $I(d)=h(d)$,即

$$\int_a^b \mathrm{d}x\int_c^d f(x,t)\mathrm{d}t=\int_c^d \mathrm{d}t\int_a^b f(x,t)\mathrm{d}x.$$

以上讨论的含参变量积分,其积分上、下限均为常数.实际上还常常遇到上、下限依赖于参变量的情形,即下列形式的含参变量积分

$$\varphi(t)=\int_{\alpha(t)}^{\beta(t)} f(x,t)\mathrm{d}x.$$

对此不难推广定理 14.1.2 与定理 14.1.3 的结果.

定理 14.1.5　设 $f(x,t)$ 在 $[a,b]\times[c,d]$ 上连续, $\alpha(t)$ 和 $\beta(t)$ 都在 $[c,d]$ 上连续且

$$a\leqslant\alpha(t)\leqslant b,\quad a\leqslant\beta(t)\leqslant b,\quad \forall t\in[c,d],$$

则 $\varphi(t)=\int_{\alpha(t)}^{\beta(t)} f(x,t)\mathrm{d}x$ 在 $[c,d]$ 上连续.进一步,若 $f_t(x,t)$ 也在 $[a,b]\times[c,d]$ 上连续, $\alpha(t)$ 和 $\beta(t)$ 都在 $[c,d]$ 上可导,则 $\varphi(t)$ 也在 $[c,d]$ 上可导且

$$\varphi'(t)=\beta'(t)f(\beta(t),t)-\alpha'(t)f(\alpha(t),t)+\int_{\alpha(t)}^{\beta(t)} f_t(x,t)\mathrm{d}x.$$

证　对于 $t,t+\Delta t\in[c,d]$,则

$$\begin{aligned}\varphi(t+\Delta t)-\varphi(t)&=\int_{\alpha(t+\Delta t)}^{\beta(t+\Delta t)} f(x,t+\Delta t)\mathrm{d}x-\int_{\alpha(t)}^{\beta(t)} f(x,t)\mathrm{d}x\\&=\int_{\alpha(t)}^{\beta(t)}[f(x,t+\Delta t)-f(x,t)]\mathrm{d}x\\&\quad+\int_{\alpha(t+\Delta t)}^{\beta(t+\Delta t)} f(x,t+\Delta t)\mathrm{d}x\\&\quad-\int_{\alpha(t)}^{\beta(t)} f(x,t+\Delta t)\mathrm{d}x\\&=\int_{\beta(t)}^{\beta(t+\Delta t)} f(x,t+\Delta t)\mathrm{d}x-\int_{\alpha(t)}^{\alpha(t+\Delta t)} f(x,t+\Delta t)\mathrm{d}x\end{aligned}$$

$$+\int_{\alpha(t)}^{\beta(t)}[f(x,t+\Delta t)-f(x,t)]\mathrm{d}x$$

再由积分第一中值定理和函数 $f(x,t)$的连续性可知

$$\int_{\beta(t)}^{\beta(t+\Delta t)} f(x,t+\Delta t)\mathrm{d}x = f(\xi_1,t+\Delta t)[\beta(t+\Delta t)-\beta(t)],$$

$$\int_{\alpha(t)}^{\alpha(t+\Delta t)} f(x,t+\Delta t)\mathrm{d}x = f(\xi_2,t+\Delta t)[\alpha(t+\Delta t)-\alpha(t)],$$

其中 ξ_1 介于 $\beta(t)$与 $\beta(t+\Delta t)$之间,ξ_2 介于 $\alpha(t)$与 $\alpha(t+\Delta t)$之间.由此不难证明定理的结论成立.

例 14.1.1 设 $\varphi(t)=\int_0^1 \arctan\frac{x}{t}\mathrm{d}x, t\in(0,+\infty)$.求证 $\varphi(t)$ 连续并求 $\lim\limits_{t\to 0^+}\varphi(t)$.

解 $\varphi(t)$连续性可直接用定理 14.1.2 推出,事实上任取 $t_0>0$,显然 $f(x,t)=\arctan\frac{x}{t}$在$[0,1]\times\left[\frac{1}{2}t_0,2t_0\right]$上连续,由定理 14.1.2 可知 $\varphi(t)$在 $t_0\in\left[\frac{1}{2}t_0,2t_0\right]$连续.不过我们不能直接用定理 14.1.1 来求 $\lim\limits_{t\to 0^+}\varphi(t)$,这是因为

$$\lim_{t\to 0^+}\arctan\frac{x}{t}=\begin{cases}\dfrac{\pi}{2} & x>0,\\ 0, & x=0,\end{cases}$$

但收敛关于 $x\in[0,1]$不一致,从而定理 14.1.1 的条件不满足.注意到 $\arctan\frac{x}{t}$ 的有界性,我们仍然可以证明积分号下取极限的定理也成立,即 $\lim\limits_{t\to 0^+}\varphi(t)=\frac{\pi}{2}$.事实上,任取 $\varepsilon>0$,不妨设 $0<\varepsilon<1$,则

$$\begin{aligned}\left|\varphi(t)-\frac{\pi}{2}\right| &= \left|\int_0^1\arctan\frac{x}{t}\mathrm{d}x-\frac{\pi}{2}\right|\\ &\leqslant \left|\int_0^{\frac{\varepsilon}{2\pi}}\arctan\frac{x}{t}\mathrm{d}x\right|+\left|\int_{\frac{\varepsilon}{2\pi}}^1\left(\arctan\frac{x}{t}-\frac{\pi}{2}\right)\mathrm{d}x\right|+\frac{\varepsilon}{4}.\end{aligned}$$

由于 $\left|\arctan\frac{x}{t}\right|<\frac{\pi}{2}$,所以

$$\left|\int_0^{\frac{\varepsilon}{2\pi}}\arctan\frac{x}{t}\mathrm{d}x\right|<\frac{\varepsilon}{4}.$$

对于任意 $t>0$

$$\arctan\frac{\varepsilon}{2\pi t}\leqslant\arctan\frac{x}{t}\leqslant\arctan\frac{1}{t},\quad\forall x\in\left[\frac{\varepsilon}{2\pi},1\right],$$

所以对于固定的 $\varepsilon\in(0,1)$, $\lim\limits_{t\to0^+}\arctan\frac{x}{t}=\frac{\pi}{2}$且关于 $x\in\left[\frac{\varepsilon}{2\pi},1\right]$一致. 由定理 14.1.1 可得

$$\lim_{t\to0^+}\int_{\frac{\varepsilon}{2\pi}}^{1}\left(\arctan\frac{x}{t}-\frac{\pi}{2}\right)dx=0.$$

从而存在 $\delta>0$ 使得当 $0<t<\delta$ 时有

$$\left|\int_{\frac{\varepsilon}{2\pi}}^{1}\left(\arctan\frac{x}{t}-\frac{\pi}{2}\right)dx\right|<\frac{\varepsilon}{2}.$$

由此可得当 $0<t<\delta$ 时

$$\left|\varphi(t)-\frac{\pi}{2}\right|<\varepsilon,$$

于是 $\lim\limits_{t\to0^+}\varphi(t)=\frac{\pi}{2}$.

例 14.1.2　求 $I=\int_0^1\frac{\arctan x}{x\sqrt{1-x^2}}dx$.

解法 1　考虑含参变量积分

$$\varphi(t)=\int_0^1 f(x,t)g(x)dx$$

其中 $f(x,t)=\begin{cases}\frac{\arctan xt}{x}, & x\neq0,\\ t, & x=0,\end{cases}$ $g(x)=\frac{1}{\sqrt{1-x^2}}$, 容易验证 $f(x,t)$和 $f_t(x,t)=\frac{1}{1+x^2t^2}$在$[0,1]\times[0,1]$上连续, 又 $g(x)$在$[0,1]$绝对可积, 不难证明定理 14.1.2 及定理 14.1.3 的结论成立, 即 $\varphi(t)$在$[0,1]$上连续可微且

$$\varphi'(t)=\int_0^1 f_t(x,t)g(x)dx=\int_0^1\frac{1}{(1+x^2t^2)\sqrt{1-x^2}}dx$$

令 $x=\cos\theta$, 则

$$\varphi'(t)=\int_0^{\frac{\pi}{2}}\frac{1}{1+t^2\cos^2\theta}d\theta.$$

再令 $y=\tan\theta$, 则

$$\varphi'(t)=\int_0^{+\infty}\frac{1}{1+t^2+y^2}dy=\frac{1}{1+t^2}\int_0^{+\infty}\frac{1}{1+\frac{y^2}{1+t^2}}dy$$

$$= \frac{\pi}{2\sqrt{1+t^2}}.$$

显然 $\varphi(0)=0$,所以

$$\varphi(t) = \frac{\pi}{2}\int_0^t \frac{1}{\sqrt{1+s^2}}\mathrm{d}s = \frac{\pi}{2}\ln\left(t+\sqrt{1+t^2}\right).$$

于是 $I=\varphi(1)=\frac{\pi}{2}\ln(1+\sqrt{2})$.

解法 2 由于当 $x\neq 0$ 时,

$$\frac{\arctan x}{x} = \int_0^1 \frac{\mathrm{d}t}{1+x^2t^2}$$

从而 $I=\int_0^1 \frac{\arctan x}{x\sqrt{1-x^2}}\mathrm{d}x = \int_0^1 \mathrm{d}x\int_0^1 \frac{\mathrm{d}t}{(1+x^2t^2)\sqrt{1-x^2}}$.这样就把要计算的 I 写成一个累次积分,记

$$f(x,t) = \frac{1}{1+x^2t^2}, \quad g(x) = \frac{1}{\sqrt{1-x^2}}.$$

由于 $f(x,t)$在$[0,1]\times[0,1]$上连续,所以满足定理 14.1.4 的条件,又 $g(x)$ 在$[0,1]$绝对可积,不难证明定理 14.1.4 的结论也成立,即

$$\int_0^1 \mathrm{d}x\int_0^1 f(x,t)g(x)\mathrm{d}t = \int_0^1 \mathrm{d}t\int_0^1 f(x,t)g(x)\mathrm{d}x,$$

于是可得

$$I = \int_0^1 \mathrm{d}t\int_0^1 \frac{1}{(1+x^2t^2)\sqrt{1-x^2}}\mathrm{d}x$$

$$= \frac{\pi}{2}\int_0^1 \frac{1}{\sqrt{1+t^2}}\mathrm{d}t = \frac{\pi}{2}\ln(1+\sqrt{2}).$$

以上我们给出含参变量正常积分的一些主要定理,即积分号下求极限和求导数的定理,累次积分次序交换的定理.更一般地说,它们都是极限次序交换的定理.在例 14.1.1 和例 14.1.2 中,我们在运用这些定理时发现它们要求的条件都比较强,都需要在较弱的条件下得到相应的结果,这就是说我们给出的定理应该予以改进.由于这些定理都是基于积分号下求极限的定理,从而只须改进定理 14.1.1,下面我们来研究一下这个问题.

* 关于积分(正常 Riemann 积分)号下求极限定理的改进.

引理 1 设 D_k 是闭区间$[a,b]$的有限个两两无相交内部的闭子区间的并集,这些闭子区间称为 D_k 的组成区间,其中 $k=1,2,3,\cdots$.若存在 $\delta>0$ 使得每一个 D_k 的组成区间长度之和都不小于δ,则存在 $x_0\in[a,b]$,使得 x_0 属

于无穷多个 D_k,即存在序列 $D_{k_1},D_{k_2},D_{k_3},\cdots$使得

$$x_0 \in \bigcap_{i=1}^{\infty} D_{k_i}.$$

证 对于 $k>1$,如果 D_k 的某个组成区间与$D_1,\cdots,D_{k-1}$的若干个组成区间相互覆盖即被这些组成区间的端点分割成几个两两无相交内部的小闭区间,则我们将这些小闭区间视为 D_k 的组成区间,以此代替 D_k 原来的那个组成区间.因此不妨假设 $D_k(k>1)$的每一个组成区间或者整个包含于 $D_1,\cdots,D_{k-1}$的某个组成区间,或者与 $D_1,\cdots,D_{k-1}$的所有组成区间均无相交内部.对于每一个自然数 k,令

$$\Delta_k = \bigcup_{i=k}^{\infty} D_i,$$

则 $\Delta_1 \supseteq \Delta_2 \supseteq \Delta_3 \supseteq \cdots$. D_k 的组成区间,以及任何 $m>k$,D_m 的与$D_k,\cdots,D_{m-1}$所有组成区间均无相交内部的组成区间都视为 Δ_k 的组成区间.于是 Δ_k 是至多可数个两两无相交内部的组成区间的并集,每一个组成区间都是区间$[a,b]$的闭子区间.显然每一个 Δ_k 所有组成区间长度之和不小于δ.从 Δ_1 中取掉长度之和小于$\frac{\delta}{2}$的部分组成区间,使得所余的组成区间为有限个,所余部分的并集记为 Δ'_1.易知对任意 $k\geqslant 1$,Δ_k 的组成区间包含于集合 Δ'_1中的长度之和大于$\frac{\delta}{2}$.在包含于集合 Δ'_1所有 Δ_2 的组成区间中取掉一些,使得取掉部分长度之和小于$\frac{\delta}{4}$且余下部分为有限个,所余部分组成区间的并集记为 Δ'_2.同理对任意 $k\geqslant 2$,Δ_k 的组成区间包含于 Δ'_2中的长度之和大于$\frac{\delta}{4}$.在包含于集合 Δ'_2所有 Δ_3 的组成区间取掉一些,使得取掉部分的长度之和小于$\frac{\delta}{8}$且余下部分为有限个,所余部分组成区间的并集记为 Δ'_3.依次类推用归纳法可得

$$\Delta'_1 \supseteq \Delta'_2 \supseteq \Delta'_3 \supseteq \cdots \supseteq \Delta'_k \supseteq \cdots$$

每一个 Δ'_k都是有限个$[a,b]$的两两无相交内部的闭子区间的并集,从而是有界闭集.所有 Δ'_k的组成区间长度之和大于$\frac{\delta}{2^k}$.取序列

$$x_k \in \Delta'_k, \quad k=1,2,\cdots$$

由 Bolzano-Weierstrass 定理可知存在子序列 x_{k_i}使得

$$\lim_{i\to\infty} x_{k_i} = x_0.$$

显然 $x_0 \in \bigcap\limits_{k=1}^{\infty} \Delta'_k$. 由于 $x_0 \in \Delta'_1 \subseteq \bigcup\limits_{i=1}^{\infty} D_i$,所以存在自然数 k_1 使得 $x_0 \in D_{k_1}$. 又 $x_0 \in \Delta'_{k_1+1}$,从而存在自然数 $k_2 \geqslant k_1+1$ 使得 $x_0 \in D_{k_2}$. 以此类推用归纳法得

$$k_1 < k_2 < \cdots < k_i < \cdots$$

满足 $x_0 \in D_{k_i}$, $i=1,2,\cdots$,即

$$x_0 \in \bigcap_{i=1}^{\infty} D_{k_i}.$$

我们称一个函数在区间 $[a,b]$ 可积是指或者这个函数在 $[a,b]$ 上有界且正常的 Riemann 积分存在,或者这个函数在 $[a,b]$ 上无界,但仅有有限个奇点且广义积分收敛. 对于在 $[a,b]$ 上非负可积的函数可以证明以下性质.

引理 2 设 $g(x)$ 在 $[a,b]$ 上非负可积,则对于任给的 $\varepsilon>0$,存在 $\delta>0$,使得对于 $[a,b]$ 的任意有限个两两无相交内部的闭子区间的并集 σ,只要这些闭子区间长度之和小于 δ,就有

$$\int_{\sigma} g(x)\mathrm{d}x < \varepsilon.$$

证 若 $g(x)$ 在 $[a,b]$ 上有界,则引理结论显然成立. 设 $g(x)$ 在 $[a,b]$ 上无界且广义积分收敛. 不妨设 b 是 $g(x)$ 的惟一奇点. 任给 $\varepsilon>0$,由于 $g(x)$ 在 $[a,b]$ 上广义积分收敛,从而存在 $\eta \in (0,b-a)$ 使得

$$\int_{b-\eta}^{b} g(x)\mathrm{d}x < \frac{\varepsilon}{2}.$$

记 $M=\sup\limits_{a \leqslant x \leqslant b-\eta} g(x)$,取 $0<\delta<\dfrac{\varepsilon}{2M}$,设 σ 是 $[a,b]$ 的有限个两两无相交内部的闭子区间的并集,且组成 σ 的所有闭子区间长度之和小于 δ. 令

$$\sigma_1 = \sigma \cap [a, b-\eta], \quad \sigma_2 = \sigma \cap [b-\eta, b].$$

显然 σ_1 和 σ_2 都是 $[a,b]$ 的有限个两两无相交内部闭子区间的并集,且组成它们的所有闭子区间长度之和小于 δ. 由于 $g(x)$ 非负,从而

$$\int_{\sigma_1} g(x)\mathrm{d}x < M\delta < \frac{\varepsilon}{2},$$

$$\int_{\sigma_2} g(x)\mathrm{d}x \leqslant \int_{b-\eta}^{b} g(x)\mathrm{d}x < \frac{\varepsilon}{2},$$

于是可得

$$\int_{\sigma} g(x)\mathrm{d}x = \int_{\sigma_1} g(x)\mathrm{d}x + \int_{\sigma_2} g(x)\mathrm{d}x < \varepsilon.$$

引理 3　设 $f_n(x)$在$[a,b]$上非负有界可积，$n=1,2,3,\cdots$. 如果

$$\lim_{n\to\infty} f_n(x) = 0, \quad \forall x \in [a,b],$$

且存在$[a,b]$上非负可积函数 $g(x)$使得

$$f_n(x) \leqslant g(x), \quad \forall x \in [a,b], \quad n = 1,2,3,\cdots$$

则 $\lim\limits_{n\to\infty}\int_a^b f_n(x)\mathrm{d}x = 0$.

证　用反证法. 若引理结论不成立，由于 $f_n(x)\geqslant 0$，从而存在 $\varepsilon_0>0$ 和自然数列的子序列，为简单起见不妨假设为自然数列使得

$$\int_a^b f_n(x)\mathrm{d}x > \varepsilon_0(b-a), \quad n = 1,2,\cdots$$

由于 $f_n(x)$在$[a,b]$上有界，所以存在$[a,b]$的分割 $\Delta_n: a = x_0^n < x_1^n < \cdots < x_{k_n}^n = b$，使得相应之小和满足

$$S_n = \sum_{n=1}^{k_n} m_i^{(n)}(x_i^n - x_{i-1}^n) > \varepsilon_0(b-a),$$

其中

$$m_i^{(n)} = \inf_{x_{i-1}^n \leqslant x \leqslant x_i^n} f_n(x).$$

由于 $g(x)$在$[a,b]$上非负可积，从引理 2 可知存在 $\delta>0$，使得对于$[a,b]$的任意有限个两两无相交内部的闭子区间的并集 σ，只要组成 σ 的所有闭子区间长度之和小于δ，就有

$$\int_\sigma g(x)\mathrm{d}x < \frac{\varepsilon_0}{2}(b-a).$$

由于 $0\leqslant f_n(x)\leqslant g(x)$，从而在 Δ_n 中所有对应满足

$$m_i^n > \frac{\varepsilon_0}{2}$$

的闭子区间$[x_{i-1}^n, x_i^n]$的长度之和必不小于δ，记这些闭区间的并集为 Δ_n'. 由引理 1 可知存在 $x_0\in[a,b]$和子列 $n_1, n_2, \cdots$ 使得

$$x_0 \in \bigcap_{k=1}^{\infty} \Delta_{n_k}'.$$

由此可得

$$f_{n_k}(x_0) > \frac{\varepsilon_0}{2}, \quad k = 1,2,\cdots$$

这与 $\lim\limits_{n\to\infty} f_n(x_0)=0$ 矛盾！于是引理 3 成立.

定理 14.1.6　设 $f_n(x)$在$[a,b]$上有界可积，$n=1,2,\cdots$，且存在$[a,b]$

上非负可积函数 $g(x)$使得

$$|f_n(x)| \leqslant g(x), \quad \forall x \in [a,b], \quad n = 1,2,\cdots$$

如果 $\lim\limits_{n\to\infty} f_n(x) = f(x), \forall x \in [a,b]$，则 $\lim\limits_{n\to\infty}\int_a^b f_n(x)\mathrm{d}x$ 收敛，进一步若 $f(x)$ 在$[a,b]$上可积，则

$$\lim_{n\to\infty}\int_a^b f_n(x)\mathrm{d}x = \int_a^b f(x)\mathrm{d}x.$$

证　用反证法. 设 $\lim\limits_{n\to\infty}\int_a^b f_n(x)\mathrm{d}x$ 不收敛，则存在 $\varepsilon_0 > 0$ 和自然数列的两个子序列 n_k, m_k，其中 $k = 1,2,\cdots$ 使得 $n_k, m_k \to +\infty (k\to\infty)$ 且

$$\left|\int_a^b f_{n_k}(x)\mathrm{d}x - \int_a^b f_{m_k}(x)\mathrm{d}x\right| > \varepsilon_0, \quad k = 1,2,\cdots$$

由此可得

$$\int_a^b \left| f_{n_k}(x) - f_{m_k}(x)\right| \mathrm{d}x > \varepsilon_0, \quad k = 1,2,\cdots$$

由 $\lim\limits_{n\to\infty} f_n(x)$收敛可推出 $\lim\limits_{k\to\infty}\left| f_{n_k}(x) - f_{m_k}(x)\right| = 0$，又

$$\left| f_{n_k}(x) - f_{m_k}(x)\right| \leqslant 2g(x),$$

从引理 3 可得

$$\lim_{k\to\infty}\int_a^b \left| f_{n_k}(x) - f_{m_k}(x)\right| \mathrm{d}x = 0,$$

这就引出矛盾！所以 $\lim\limits_{n\to\infty}\int_a^b f_n(x)\mathrm{d}x$ 收敛.

进一步，若 $f(x)$在$[a,b]$上可积，如果 $f(x)$在$[a,b]$上有界，则对于 $|f_n(x) - f(x)|, n = 1,2,\cdots$，用引理 3 可知

$$\lim_{n\to\infty}\int_a^b |f_n(x) - f(x)| \mathrm{d}x = 0,$$

从而

$$\lim_{n\to\infty}\int_a^b f_n(x)\mathrm{d}x = \int_a^b f(x)\mathrm{d}x.$$

如果 $f(x)$在$[a,b]$上无界但广义积分收敛，不妨设 b 是$f(x)$的惟一奇点. 任给 $\varepsilon > 0$，由于$|f_n(x)| \leqslant g(x)$，$\lim\limits_{n\to\infty} f_n(x) = f(x)$，所以

$$|f(x)| \leqslant g(x), \quad \forall x \in [a,b].$$

再由 $g(x)$在$[a,b]$上的非负可积性，则存在 $0 < \delta < b - a$ 使得

$$\left|\int_{b-\delta}^b f_n(x)\mathrm{d}x\right| + \left|\int_{b-\delta}^b f(x)\mathrm{d}x\right| \leqslant 2\int_{b-\delta}^b g(x)\mathrm{d}x < \frac{\varepsilon}{2}.$$

固定 δ,由 $f_n(x)$和 $f(x)$都在$[a,b-\delta]$上有界可积,从已证出的结果可知

$$\lim_{n\to\infty}\int_a^{b-\delta}f_n(x)\mathrm{d}x=\int_a^{b-\delta}f(x)\mathrm{d}x.$$

于是存在 N 使得当$n>N$ 时有

$$\left|\int_a^{b-\delta}f_n(x)\mathrm{d}x-\int_a^{b-\delta}f(x)\mathrm{d}x\right|<\frac{\varepsilon}{2}.$$

从而当 $n>N$ 时有

$$\begin{aligned}&\left|\int_a^b f_n(x)\mathrm{d}x-\int_a^b f(x)\mathrm{d}x\right|\\ \leqslant&\left|\int_a^{b-\delta}f_n(x)\mathrm{d}x-\int_a^{b-\delta}f(x)\mathrm{d}x\right|+\left|\int_{b-\delta}^b f_n(x)\mathrm{d}x\right|+\left|\int_{b-\delta}^b f(x)\mathrm{d}x\right|\\ <&\ \varepsilon,\end{aligned}$$

即 $\lim\limits_{n\to\infty}\int_a^b f_n(x)\mathrm{d}x=\int_a^b f(x)\mathrm{d}x.$

定理 14.1.6 改进了定理 14.1.1,由此出发可改进定理 14.1.2,14.1.3,14.1.4,14.1.5,具体不在此详述,作为练习留给读者.为了得到积分号下取极限的结论,定理 14.1.6 要求函数的极限函数在$[a,b]$上可积,这一点在应用中是很不方便的.不难举出例子说明$[a,b]$上一致有界 Riemann 可积函数列逐点收敛的极限函数未必在$[a,b]$上 Riemann 可积,因此定理 14.1.6 中 $f(x)$可积的假设不能取掉.这一事实反映出 Riemann 积分在概念上的缺陷,也是以后引进 Lebesgue 积分的原因之一.

§14.2　含参变量的广义积分

我们以无穷区间上的广义积分为例讨论含参变量广义积分的性质.设 $D\subseteq\mathbf{R}$,函数 $f(x,t)$ 定义在$[a,+\infty)\times D$ 上.对任意 $t\in D$,广义积分 $\int_a^{+\infty}f(x,t)\mathrm{d}x$ 收敛.于是定义了一个 D 上的函数:

$$\varphi(t)=\int_a^{+\infty}f(x,t)\mathrm{d}x.$$

为了研究 $\varphi(t)$的性质,类似于函数项级数的理论,需要引进含参变量广义积分一致收敛的概念.

一、含参变量的广义积分的一致收敛性

设 $f(x,t)$如上所述,对任意 $u\in[a,+\infty)$,令

$$F(u,t)=\int_a^u f(x,t)\mathrm{d}x.$$

如果 $\lim\limits_{u\to+\infty}F(u,t)=\varphi(t)$ 且关于 $t\in D$ 一致,则称含参变量广义积分 $\varphi(t)=\int_a^{+\infty}f(x,t)\mathrm{d}x$ 关于 $t\in D$ 一致收敛.更精确地说,若对于任给的 $\varepsilon>0$,存在 $M\geqslant a$ 使得当 $u>M$ 时,对任何 $t\in D$ 均有

$$\left|\int_a^u f(x,t)\mathrm{d}x-\int_a^{+\infty}f(x,t)\mathrm{d}x\right|=\left|\int_u^{+\infty}f(x,t)\mathrm{d}x\right|<\varepsilon,$$

则称 $\int_a^{+\infty}f(x,t)\mathrm{d}x$ 关于 $t\in D$ 一致收敛.

对于含参变量广义积分的一致收敛同样有所谓柯西收敛原理.

定理 14.2.1 $\int_a^{+\infty}f(x,t)\mathrm{d}x$ 关于 $t\in D$ 一致收敛的充分必要条件是任给 $\varepsilon>0$,存在 $M\geqslant a$ 使得当 $b,b'>M$ 时,对任何 $t\in D$ 有

$$\left|\int_b^{b'}f(x,t)\mathrm{d}x\right|<\varepsilon.$$

证 必要性.若 $\int_a^{+\infty}f(x,t)\mathrm{d}x$ 关于 $t\in D$ 一致收敛,任给 $\varepsilon>0$,由一致收敛的定义可知存在 $M\geqslant a$ 使得当 $u>M$ 时,对任何 $t\in D$ 均有

$$\left|\int_u^{+\infty}f(x,t)\mathrm{d}x\right|<\frac{\varepsilon}{2}.$$

从而当 $b,b'>M$ 时

$$\left|\int_b^{b'}f(x,t)\mathrm{d}x\right|=\left|\int_b^{+\infty}f(x,t)\mathrm{d}x-\int_{b'}^{+\infty}f(x,t)\mathrm{d}x\right|<\varepsilon.$$

充分性.首先,由充分性假设和广义积分的柯西收敛原理可知,对任意 $t\in D$,广义积分 $\int_a^{+\infty}f(x,t)\mathrm{d}x$ 收敛.任给 $\varepsilon>0$,由充分性假设可知存在 $M\geqslant a$,使得当 $b,b'>M$ 时,对任何 $t\in D$ 有

$$\left|\int_b^{b'}f(x,t)\mathrm{d}x\right|<\frac{\varepsilon}{2}.$$

由广义积分 $\int_a^{+\infty}f(x,t)\mathrm{d}x$ 的收敛性,令 $b'\to+\infty$ 可知当 $b>M$ 时,

$$\left|\int_b^{+\infty}f(x,t)\mathrm{d}x\right|\leqslant\frac{\varepsilon}{2}<\varepsilon,$$

对任意 $t\in D$ 成立,即 $\int_a^{+\infty}f(x,t)\mathrm{d}x$ 关于 $t\in D$ 一致收敛.

柯西收敛原理在理论上是很重要的,但在具体应用中并不方便,需要以它

为基础推出一些判别法,它们与函数项级数理论中相应的判别法十分类似.

定理 14.2.2(Weierstrass 判别法)　若存在定义于$[a,+\infty)$的非负函数$F(x)$使得对任意$(x,t)\in[a,+\infty)\times D$有

$$|f(x,t)|\leqslant F(x),$$

且$\int_a^{+\infty}F(x)\mathrm{d}x$收敛,则$\int_a^{+\infty}f(x,t)\mathrm{d}x$关于$t\in D$一致收敛.

证　任给$\varepsilon>0$,由于$\int_a^{+\infty}F(x)\mathrm{d}x$关于$t\in D$收敛,由广义积分的柯西收敛原理可知存在$M\geqslant a$,使得当$b,b'>M$时

$$\left|\int_b^{b'}F(x)\mathrm{d}x\right|<\varepsilon.$$

不妨设$b'\geqslant b$,再由定理假设可得

$$\left|\int_b^{b'}f(x,t)\mathrm{d}x\right|\leqslant\int_b^{b'}|f(x,t)|\mathrm{d}x\leqslant\int_b^{b'}F(x)\mathrm{d}x<\varepsilon.$$

由定理 14.2.1 可知$\int_a^{+\infty}f(x,t)\mathrm{d}x$关于$t\in D$一致收敛.

由定理 14.2.2 的假设不仅能推出$\int_a^{+\infty}f(x,t)\mathrm{d}x$关于$t\in D$一致收敛,而且能推出$\int_a^{+\infty}|f(x,t)|\mathrm{d}x$关于$t\in D$一致收敛,因此它是判断绝对一致收敛的判别法.下面给两个判断条件一致收敛的判别法.

定理 14.2.3(Dirichlet 判别法)　设:

(i) $\int_a^b f(x,t)\mathrm{d}x$关于$b\geqslant a$和$t\in D$有界,即存在$K>0$使得

$$\left|\int_a^b f(x,t)\mathrm{d}x\right|\leqslant K,\quad\forall b\geqslant a,t\in D;$$

(ii) 对于每一个$t\in D$,$g(x,t)$作为x的函数在$[a,+\infty)$上单调;

(iii) $\lim\limits_{x\to+\infty}g(x,t)=0$且关于$t\in D$一致,即对于任给的$\varepsilon>0$,存在$M\geqslant a$使得当$x>M$时,对任意$t\in D$均有$|g(x,t)|<\varepsilon$.则$\int_a^{+\infty}f(x,t)g(x,t)\mathrm{d}x$关于$t\in D$一致收敛.

证　对任意$b,b'\geqslant a$,不妨设$b'\geqslant b$,由(ii)和积分第二中值定理可得

$$\int_b^{b'}f(x,t)g(x,t)\mathrm{d}x=g(b,t)\int_b^{\xi}f(x,t)\mathrm{d}x+g(b',t)\int_{\xi}^{b'}f(x,t)\mathrm{d}x,$$

其中$\xi\in[b,b']$,ξ可能依赖于t.由(i)可得

$$\left|\int_b^{\xi}f(x,t)\mathrm{d}x\right|\leqslant 2K,\quad\left|\int_{\xi}^{b'}f(x,t)\mathrm{d}x\right|\leqslant 2K.$$

任给 $\varepsilon>0$,由(iii)可知存在 $M\geqslant a$,当 $b,b'>M$ 时,对任何 $t\in D$ 有

$$|g(b,t)|<\frac{\varepsilon}{4K},\quad |g(b',t)|<\frac{\varepsilon}{4K}.$$

于是当 $b,b'>M$ 时

$$\left|\int_b^{b'}f(x,t)g(x,t)\mathrm{d}x\right|<\varepsilon.$$

由定理 14.2.1 可知 $\int_a^{+\infty}f(x,t)g(x,t)\mathrm{d}x$ 关于 $t\in D$ 一致收敛.

定理 14.2.4(Abel 判别法) 设:

(i) $\int_a^{+\infty}f(x,t)\mathrm{d}x$ 关于 $t\in D$ 一致收敛;

(ii) 对于每一个 $t\in D$,$g(x,t)$ 作为 x 的函数在 $[a,+\infty)$ 上单调;

(iii) $g(x,t)$ 在 $[a,+\infty)\times D$ 上有界,即存在 $K>0$ 使得

$$|g(x,t)|\leqslant K,\quad \forall x\in[a,+\infty),t\in D.$$

则 $\int_a^{+\infty}f(x,t)g(x,t)\mathrm{d}x$ 关于 $t\in D$ 一致收敛.

证明与定理 14.2.3 类似,留作练习.

例 14.2.1 求证 $\int_a^{+\infty}\frac{\sin\alpha x}{1+x^2}\mathrm{d}x$ 关于 $\alpha\in(-\infty,+\infty)$ 一致收敛.

证 显然有

$$\left|\frac{\sin\alpha x}{1+x^2}\right|\leqslant\frac{1}{1+x^2},\quad \forall x,\alpha\in(-\infty,+\infty),$$

又 $\int_0^{+\infty}\frac{1}{1+x^2}\mathrm{d}x$ 收敛,从而由定理 14.2.2 可知 $\int_0^{+\infty}\frac{\sin\alpha x}{1+x^2}\mathrm{d}x$ 关于 $\alpha\in(-\infty,+\infty)$ 一致收敛.

例 14.2.2 记 $I(\alpha)=\int_0^{+\infty}\frac{\sin\alpha x}{x}\mathrm{d}x$.求证:对任意 $\alpha_0>0$,$I(\alpha)$ 关于 $\alpha\geqslant\alpha_0$ 一致收敛,但关于 $\alpha>0$ 不一致收敛.

证 设 $f(x,\alpha)=\sin\alpha x$,$g(x,\alpha)=\frac{1}{x}$.对任意 $b\geqslant0$ 和 $\alpha\geqslant\alpha_0$,

$$\left|\int_0^b f(x,\alpha)\mathrm{d}x\right|=\left|\int_0^b\sin\alpha x\mathrm{d}x\right|=\left|\frac{1}{\alpha}(1-\cos\alpha b)\right|\leqslant\frac{2}{\alpha_0},$$

又 $g(x,\alpha)=\frac{1}{x}$ 在 $(0,+\infty)$ 上关于 x 单减,且当 $x\to+\infty$ 时 $g(x,\alpha)$ 关于 $\alpha\geqslant\alpha_0$ 一致收敛于 0.由于 $\lim\limits_{x\to0^+}\frac{\sin\alpha x}{x}=\alpha$,从而由 Dirichlet 判别法可知 $I(\alpha)$ 关于 $\alpha\geqslant\alpha_0$ 一致收敛.

易知对任意 $\alpha>0$, $I(\alpha)$收敛,且

$$I(\alpha)=\int_0^{+\infty}\frac{\sin\alpha x}{x}\mathrm{d}x=\int_0^{+\infty}\frac{\sin x}{x}\mathrm{d}x.$$

显然存在 $\delta_0>0$ 使得

$$\int_{\delta_0}^{+\infty}\frac{\sin x}{x}\mathrm{d}x\neq 0.$$

对任意 $b>0$,取 $\alpha=\frac{\delta_0}{b}$,则

$$\int_b^{+\infty}\frac{\sin\alpha x}{x}\mathrm{d}x=\int_{b\alpha}^{+\infty}\frac{\sin x}{x}\mathrm{d}x=\int_{\delta_0}^{+\infty}\frac{\sin x}{x}\mathrm{d}x,$$

由此可知当 $b\to+\infty$时,$\int_b^{+\infty}\frac{\sin\alpha x}{x}\mathrm{d}x$ 关于$\alpha>0$不一致收敛于0,即 $I(\alpha)$ 关于 $\alpha>0$ 不一致收敛.

例 14.2.3　设$\int_0^{+\infty}f(x)\mathrm{d}x$ 收敛,求证

$$\int_0^{+\infty}\mathrm{e}^{-\alpha x}f(x)\mathrm{d}x$$

关于 $\alpha\geqslant 0$ 一致收敛.

证　由于$\int_0^{+\infty}f(x)\mathrm{d}x$ 收敛,当 $\alpha\geqslant 0$ 时,$\mathrm{e}^{-\alpha x}$ 作为x 的函数单减且

$$|\mathrm{e}^{-\alpha x}|\leqslant 1,\quad \forall x\geqslant 0,\alpha\geqslant 0.$$

由 Abel 判别法可知$\int_0^{+\infty}\mathrm{e}^{-\alpha x}f(x)\mathrm{d}x$ 关于$\alpha\geqslant 0$ 一致收敛.

二、含参变量的广义积分的性质

首先我们给出积分号下取极限的定理.

定理 14.2.5　设 $D\subseteq\mathbf{R}$, $f(x,t)$定义在$[a,+\infty)\times D$ 上,$\varphi(x)$定义在$[a,+\infty)$上,t_0 是 D 的聚点.如果

(i) 对任意 $b\geqslant a$, $t\in D$, $f(x,t)$作为 x 的函数和$\varphi(x)$均在$[a,b]$上可积且

$$\lim_{D\ni t\to t_0}\int_a^b f(x,t)\mathrm{d}x=\int_a^b\varphi(x)\mathrm{d}x;$$

(ii) $\int_a^{+\infty}f(x,t)\mathrm{d}x$ 关于$t\in D$ 一致收敛.

则$\int_a^{+\infty}\varphi(x)\mathrm{d}x$ 收敛且

$$\lim_{D\ni t\to t_0}\int_a^{+\infty} f(x,t)\mathrm{d}x = \int_a^{+\infty}\varphi(x)\mathrm{d}x.$$

证 首先证 $\int_a^{+\infty}\varphi(x)\mathrm{d}x$ 收敛. 任给 $\varepsilon>0$, 由(ii)和柯西收敛原理可知存在 $M\geqslant a$ 使得当 $b, b'>M$ 时,

$$\left|\int_b^{b'} f(x,t)\mathrm{d}x\right| < \frac{\varepsilon}{2}$$

对所有 $t\in D$ 成立. 再由(i)可知

$$\lim_{D\ni t\to t_0}\int_b^{b'} f(x,t)\mathrm{d}x = \int_b^{b'}\varphi(x)\mathrm{d}x,$$

从而当 $b, b'>M$ 时,

$$\left|\int_b^{b'}\varphi(x)\mathrm{d}x\right| \leqslant \frac{\varepsilon}{2} < \varepsilon.$$

由广义积分的柯西收敛原理可知 $\int_a^{+\infty}\varphi(x)\mathrm{d}x$ 收敛.

任给 $\varepsilon>0$, 由(ii)和 $\int_a^{+\infty}\varphi(x)\mathrm{d}x$ 的收敛性可知存在 $b>a$ 使得

$$\left|\int_b^{+\infty} f(x,t)\mathrm{d}x\right| < \frac{\varepsilon}{4}, \quad \forall t\in D,$$

$$\left|\int_b^{+\infty}\varphi(x)\mathrm{d}x\right| < \frac{\varepsilon}{4}.$$

由(i)可知 $\lim\limits_{D\ni t\to t_0}\int_a^b f(x,t)\mathrm{d}x = \int_a^b\varphi(x)\mathrm{d}x$, 所以存在 $\delta>0$, 当 $t\in D$ 且 $|t-t_0|<\delta$ 时

$$\left|\int_a^b f(x,t)\mathrm{d}x - \int_a^b\varphi(x)\mathrm{d}x\right| < \frac{\varepsilon}{2}.$$

于是当 $t\in D$ 且 $|t-t_0|<\delta$ 时

$$\begin{aligned}&\left|\int_a^{+\infty} f(x,t)\mathrm{d}x - \int_a^{+\infty}\varphi(x)\mathrm{d}x\right|\\ \leqslant &\left|\int_b^{+\infty} f(x,t)\mathrm{d}x\right| + \left|\int_b^{+\infty}\varphi(x)\mathrm{d}x\right|\\ &+ \left|\int_a^b f(x,t)\mathrm{d}x - \int_a^b\varphi(x)\mathrm{d}x\right|\\ <\ &\varepsilon,\end{aligned}$$

即 $\lim\limits_{D\ni t\to t_0}\int_a^{+\infty} f(x,t)\mathrm{d}x = \int_a^{+\infty}\varphi(x)\mathrm{d}x$.

推论 1 设 $D\subseteq\mathbf{R}$, $f(x,t)$ 定义在 $[a,+\infty)\times D$ 上, 且对任何 $b\geqslant a$, 作为 x 的函数 $f(x,t)$ 在 $[a,b]$ 上可积, t_0 是 D 的聚点, 如果:

(i) $\lim\limits_{D\ni t\to t_0} f(x,t)=\varphi(x)$且关于$[a,+\infty)$任何有界子区间一致；

(ii) $\int_a^{+\infty} f(x,t)\mathrm{d}x$ 关于 $t\in D$ 一致收敛.

则 $\int_a^{+\infty}\varphi(x)\mathrm{d}x$ 收敛,且

$$\lim_{D\ni t\to t_0}\int_a^{+\infty} f(x,t)\mathrm{d}x=\int_a^{+\infty}\varphi(x)\mathrm{d}x.$$

组合上一节的定理 14.1.1 和本节定理 14.2.5 立即可知此推论成立.

推论 2　设 $D\subseteq\mathbf{R}$, $f(x,t)$定义在$[a,+\infty)\times D$ 上,且对任何 $b\geqslant a$,作为 x 的函数$f(x,t)$在$[a,b]$上可积,t_0 是 D 的聚点. 如果:

(i) $\lim\limits_{D\ni t\to t_0} f(x,t)=\varphi(x)$, $\forall x\in[a,+\infty)$且 $\varphi(x)$在$[a,+\infty)$的任何有界子区间可积;

(ii) 存在$[a,+\infty)$上的非负可积函数 $g(x)$使得

$$|f(x,t)|\leqslant g(x),\quad \forall x\geqslant a, t\in D.$$

则 $\int_a^{+\infty}\varphi(x)\mathrm{d}x$ 收敛且

$$\lim_{D\ni t\to t_0}\int_a^{+\infty} f(x,t)\mathrm{d}x=\int_a^{+\infty}\varphi(x)\mathrm{d}x.$$

组合上一节的定理 14.1.6, Weierstrass 判别法以及本节定理 14.2.5 立即可得此推论的证明.

对应上一节的定理 14.1.2, 14.1.3, 14.1.4, 我们有以下定理.

定理 14.2.6　设 $f(x,t)$在$[a,+\infty)\times[\alpha,\beta]$上连续且 $\varphi(t)=\int_a^{+\infty} f(x,t)\mathrm{d}x$ 关于 $t\in[\alpha,\beta]$ 一致收敛,则 $\varphi(t)$ 在$[\alpha,\beta]$ 上连续.

证　任取 $t_0\in[\alpha,\beta]$,容易验证推论 1 的假设满足,所以

$$\lim_{t\to t_0}\varphi(t)=\lim_{t\to t_0}\int_a^{+\infty} f(x,t)\mathrm{d}x=\int_a^{+\infty} f(x,t_0)\mathrm{d}x=\varphi(t_0),$$

即 $\varphi(t)$在 t_0 连续. 由 t_0 的任意性可知 $\varphi(t)$在$[\alpha,\beta]$上连续.

定理 14.2.7　设 $f(x,t)$, $f_t(x,t)$都在$[a,+\infty)\times[\alpha,\beta]$上连续,存在 $t_0\in[\alpha,\beta]$使得$\int_a^{+\infty} f(x,t_0)\mathrm{d}x$ 收敛,如果$\int_a^{+\infty} f_t(x,t)\mathrm{d}x$ 关于$t\in[\alpha,\beta]$一致收敛,则 $\varphi(t)=\int_a^{+\infty} f(x,t)\mathrm{d}x$ 关于$t\in[\alpha,\beta]$一致收敛,且 $\varphi(t)$ 在$[\alpha,\beta]$上可导并满足

$$\varphi'(t)=\int_a^{+\infty} f_t(x,t)\mathrm{d}x.$$

证　任取 $b'\geqslant b\geqslant a$，令

$$\varphi_{b,b'}(t)=\int_b^{b'}f(x,t)\mathrm{d}x.$$

由上一节定理 14.1.3 可知 $\varphi_{b,b'}(t)$在$[\alpha,\beta]$上可导，且

$$\varphi'_{b,b'}(t)=\int_b^{b'}f_t(x,t)\mathrm{d}x.$$

由中值定理可知对任意 $t\in[\alpha,\beta]$

$$\varphi_{b,b'}(t)-\varphi_{b,b'}(t_0)=\varphi'_{b,b'}(\xi_1)(t-t_0),$$

其中 $\xi_1=t_0+\theta_1(t-t_0)$，$0<\theta_1<1$，$\theta_1$ 依赖于 b,b',t 和 t_0 但不依赖 x 从而

$$\int_b^{b'}f(x,t)\mathrm{d}x=\int_b^{b'}f(x,t_0)\mathrm{d}x+(t-t_0)\int_b^{b'}f_t(x,\xi_1)\mathrm{d}x.$$

任给 $\varepsilon>0$，由于$\int_a^{+\infty}f(x,t_0)\mathrm{d}x$ 收敛，$\int_a^{+\infty}f_t(x,t)\mathrm{d}x$ 关于$t\in[\alpha,\beta]$一致收敛，所以存在 $M\geqslant a$ 使得当$b'\geqslant b>M$ 时，

$$\left|\int_b^{b'}f(x,t_0)\mathrm{d}x\right|<\frac{\varepsilon}{2},\quad\left|\int_b^{b'}f_t(x,t)\mathrm{d}x\right|<\frac{\varepsilon}{2(\beta-\alpha)},\quad\forall t\in[\alpha,\beta].$$

于是当 $b'\geqslant b>M$ 时

$$\left|\int_b^{b'}f(x,t)\mathrm{d}x\right|<\varepsilon,$$

即 $\varphi(t)=\int_a^{+\infty}f(x,t)\mathrm{d}x$ 关于$t\in[\alpha,\beta]$一致收敛.

任意取定 $t\in[\alpha,\beta]$，记

$$\psi(\delta)=\frac{\varphi(t+\delta)-\varphi(t)}{\delta}=\int_a^{+\infty}g(x,\delta)\mathrm{d}x,$$

其中 $\delta\neq0$ 且 $\delta\in[\alpha-t,\beta-t]$，

$$g(x,\delta)=\frac{1}{\delta}[f(x,t+\delta)-f(x,t)].$$

由中值定理可得

$$g(x,\delta)=f_t(x,t+\theta_2\delta),$$

其中 $0<\theta_2<1$，再由 $f_t(x,t)$在$[a,+\infty)\times[\alpha,\beta]$上的连续性可知$\lim\limits_{\delta\to0}g(x,\delta)=f_t(x,t)$且关于 $x\in[a,+\infty)$的任何有界子区间一致. 对于任何 $b'\geqslant b\geqslant a$，我们有

$$\int_b^{b'}g(x,\delta)\mathrm{d}x=\frac{1}{\delta}[\varphi_{b,b'}(t+\delta)-\varphi_{b,b'}(t)]=\varphi'_{b,b'}(\xi_3)$$

$$= \int_b^{b'} f_t(x, \xi_3) \mathrm{d}x,$$

其中 $\xi_3 = t + \theta_3 \delta, 0 < \theta_3 < 1, \theta_3$ 依赖于 b, b', t 和 δ，但不依赖积分变量 x. 任给 $\varepsilon > 0$，由 $\int_a^{+\infty} f_t(x,t)\mathrm{d}x$ 关于 $t \in [\alpha, \beta]$ 的一致收敛性可知存在 $M \geqslant a$，使得当 $b' \geqslant b \geqslant M$ 时，对任意 $\delta \neq 0, \delta \in [\alpha - t, \beta - t]$ 均有

$$\left| \int_b^{b'} g(x, \delta) \mathrm{d}x \right| = \left| \int_b^{b'} f_t(x, \xi) \mathrm{d}x \right| < \varepsilon.$$

由柯西收敛原理可知 $\int_a^{+\infty} g(x,\delta)\mathrm{d}x$ 关于 $\delta \neq 0, \delta \in [\alpha - t, \beta - t]$ 一致收敛. 至此，对于 $\psi(\delta)$ 来说推论 1 的两个条件均满足，从而 $\lim\limits_{\delta \to 0} \psi(\delta)$ 存在且

$$\lim_{\delta \to 0} \psi(\delta) = \int_a^{+\infty} f_t(x,t) \mathrm{d}x,$$

即 $\varphi'(t) = \int_a^{+\infty} f_t(x,t)\mathrm{d}x$.

定理 14.2.8　设 $f(x,t)$ 在 $[a, +\infty) \times [\alpha, \beta]$ 上连续且 $\int_a^{+\infty} f(x,t)\mathrm{d}x$ 关于 $t \in [\alpha, \beta]$ 一致收敛，则累次积分

$$\int_\alpha^\beta \mathrm{d}t \int_a^{+\infty} f(x,t) \mathrm{d}x \text{ 和} \int_a^{+\infty} \mathrm{d}x \int_\alpha^\beta f(x,t) \mathrm{d}t$$

都存在且相等.

证　任取 $b \geqslant a$，由上一节的定理 14.1.4 可知

$$\int_\alpha^\beta \mathrm{d}t \int_a^b f(x,t) \mathrm{d}x = \int_a^b \mathrm{d}x \int_\alpha^\beta f(x,t) \mathrm{d}t. \tag{14.2.1}$$

由假设可知当 $b \to +\infty$ 时 $\int_a^b f(x,t)\mathrm{d}x \to \int_a^{+\infty} f(x,t)\mathrm{d}x$，且关于 $t \in [\alpha, \beta]$ 一致. 在 (14.2.1) 式左端用正常 Riemann 积分号下取极限的定理可知 $\int_a^{+\infty} f(x,t)\mathrm{d}x$ 在 $[\alpha, \beta]$ 上可积，且

$$\lim_{b \to +\infty} \int_\alpha^\beta \mathrm{d}t \int_a^b f(x,t) \mathrm{d}x = \int_\alpha^\beta \mathrm{d}t \int_a^{+\infty} f(x,t) \mathrm{d}x.$$

从而当 $b \to +\infty$ 时 (14.2.1) 式的右端也收敛，由广义积分的定义即为 $\int_a^{+\infty} \mathrm{d}x \int_\alpha^\beta f(x,t)\mathrm{d}t$ 收敛，且

$$\int_\alpha^\beta \mathrm{d}t \int_a^{+\infty} f(x,t) \mathrm{d}x = \int_a^{+\infty} \mathrm{d}x \int_\alpha^\beta f(x,t) \mathrm{d}t.$$

在定理 14.2.8 中，我们讨论了一个有界区间上的积分与一个无界区间上

的广义积分交换积分次序的问题. 下面进一步讨论两个无界区间上广义积分次序交换的问题.

定理 14.2.9 设 $f(x,t)$ 在 $[a,+\infty)\times[\alpha,+\infty)$ 上非负连续. 如果 $\varphi(t)=\int_a^{+\infty}f(x,t)\mathrm{d}x$ 对任意 $t\in[\alpha,+\infty)$ 收敛, 且在 $[\alpha,+\infty)$ 的任何有界子区间上可积, $\psi(x)=\int_\alpha^{+\infty}f(x,t)\mathrm{d}t$ 对任意 $x\in[a,+\infty)$ 收敛且在 $[a,+\infty)$ 的任何有界子区间上可积, 则

$$\int_a^{+\infty}\mathrm{d}x\int_\alpha^{+\infty}f(x,t)\mathrm{d}t=\int_\alpha^{+\infty}\mathrm{d}t\int_a^{+\infty}f(x,t)\mathrm{d}x. \tag{14.2.2}$$

(14.2.2) 式的意义是: 等式一端的积分收敛, 则另一端也收敛, 且两端相等.

证 不妨设 $I=\int_\alpha^{+\infty}\mathrm{d}t\int_a^{+\infty}f(x,t)\mathrm{d}x$ 收敛. 对任何 $b\geqslant a,\beta\geqslant\alpha$, 由上一节定理 14.1.4 和 $f(x,t)$ 非负连续可得

$$\int_a^b\mathrm{d}x\int_\alpha^\beta f(x,t)\mathrm{d}t=\int_\alpha^\beta\mathrm{d}t\int_a^b f(x,t)\mathrm{d}x\leqslant I.$$

由于 $\int_\alpha^\beta f(x,t)\mathrm{d}t\leqslant\psi(x)=\int_\alpha^{+\infty}f(x,t)\mathrm{d}t$, 且 $\psi(x)$ 在 $[a,b]$ 上可积, 由上一节的定理 14.1.6 可知

$$\lim_{\beta\to+\infty}\int_a^b\mathrm{d}x\int_\alpha^\beta f(x,t)\mathrm{d}t=\int_a^b\mathrm{d}x\int_\alpha^{+\infty}f(x,t)\mathrm{d}t\leqslant I.$$

再令 $b\to+\infty$ 得 $\int_a^{+\infty}\mathrm{d}x\int_\alpha^{+\infty}f(x,t)\mathrm{d}t$ 收敛, 且

$$\int_a^{+\infty}\mathrm{d}x\int_\alpha^{+\infty}f(x,t)\mathrm{d}t\leqslant I=\int_\alpha^{+\infty}\mathrm{d}t\int_a^{+\infty}f(x,t)\mathrm{d}x.$$

记 $J=\int_a^{+\infty}\mathrm{d}x\int_\alpha^{+\infty}f(x,t)\mathrm{d}t$, 重复上述证明可得

$$I\leqslant J.$$

于是 $I=J$, 即 (14.2.2) 式成立.

推论 3 设 $f(x,t)$ 在 $[a,+\infty)\times[\alpha,+\infty)$ 上非负连续. 如果 $\int_a^{+\infty}f(x,t)\mathrm{d}x$ 关于 $t\in[\alpha,+\infty)$ 的任何有界子区间一致收敛, $\int_\alpha^{+\infty}f(x,t)\mathrm{d}t$ 关于 $x\in[a,+\infty)$ 的任何有界子区间一致收敛, 则定理 14.2.9 的结论成立.

证明留作练习.

定理 14.2.9 要求被积函数 $f(x,t)$ 非负, 下面我们考虑更一般的情形.

定理 14.2.10 设 $f(x,t)$ 在 $[a,+\infty)\times[\alpha,+\infty)$ 上连续. 且 $\int_a^{+\infty}f(x,t)\mathrm{d}x$

关于 $t \in [\alpha, +\infty)$ 的任何有界子区间一致收敛，$\int_a^{+\infty} f(x,t)\mathrm{d}t$ 关于 $x \in [\alpha, +\infty)$ 的任何有界子区间一致收敛. 进一步若 $\int_a^{+\infty}\mathrm{d}x\int_a^{+\infty}|f(x,t)|\mathrm{d}t$ 和 $\int_a^{+\infty}\mathrm{d}t\int_a^{+\infty}|f(x,t)|\mathrm{d}x$ 中有一个收敛，则以下等式两端都收敛，且

$$\int_a^{+\infty}\mathrm{d}x\int_a^{+\infty} f(x,t)\mathrm{d}t = \int_a^{+\infty}\mathrm{d}t\int_a^{+\infty} f(x,t)\mathrm{d}x \tag{14.2.3}$$

成立

证　不妨设 $\int_a^{+\infty}\mathrm{d}t\int_a^{+\infty}|f(x,t)|\mathrm{d}x$ 收敛. 由于对任意 $b \geqslant a$，$\int_a^{+\infty} f(x,t)\mathrm{d}t$ 关于 $x \in [a,b]$ 一致收敛，所以

$$\int_a^{b}\mathrm{d}x\int_a^{+\infty} f(x,t)\mathrm{d}t = \int_a^{+\infty}\mathrm{d}t\int_a^{b} f(x,t)\mathrm{d}x. \tag{14.2.4}$$

记 $F(b,t) = \int_a^b f(x,t)\mathrm{d}x$，$\varphi(t) = \int_a^{+\infty}|f(x,t)|\mathrm{d}x$. 显然 $\lim\limits_{b\to+\infty} F(b,t) = \int_a^{+\infty} f(x,t)\mathrm{d}x$，且关于 $t \in [\alpha, +\infty)$ 的任何有界子区间一致. 由于

$$|F(b,t)| \leqslant \varphi(t), \quad \forall b \geqslant a.$$

且 $\int_a^{+\infty}\varphi(t)\mathrm{d}t = \int_a^{+\infty}\mathrm{d}t\int_a^{+\infty}|f(x,t)|\mathrm{d}x$ 收敛，所以

$$\int_a^{+\infty}\mathrm{d}t\int_a^{b} f(x,t)\mathrm{d}x = \int_a^{+\infty} F(b,t)\mathrm{d}t$$

关于 $b \geqslant a$ 一致收敛. 由定理 14.2.5(该定理中的 t_0 改为 $+\infty$，证明稍做修改)可得

$$\begin{aligned}\lim_{b\to+\infty}\int_a^{+\infty} F(b,t)\mathrm{d}t &= \lim_{b\to+\infty}\int_a^{+\infty}\mathrm{d}t\int_a^{b} f(x,t)\mathrm{d}x \\ &= \int_a^{+\infty}\mathrm{d}t\int_a^{+\infty} f(x,t)\mathrm{d}x.\end{aligned}$$

再由(14.2.4)式和广义积分收敛的定义可知 $\int_a^{+\infty}\mathrm{d}x\int_a^{+\infty} f(x,t)\mathrm{d}t$ 也收敛且与 $\int_a^{+\infty}\mathrm{d}t\int_a^{+\infty} f(x,t)\mathrm{d}x$ 相等，即定理 14.2.10 成立.

三、计算广义积分的例题

例 14.2.4　Dirichlet 积分

$$I=\int_0^{+\infty}\frac{\sin x}{x}\mathrm{d}x$$

是一个重要的广义积分,可以用很多方法计算,下面我们用含参变量积分的理论求它的值.令 $\varphi(\alpha)=\int_0^{+\infty}\mathrm{e}^{-\alpha x}\frac{\sin x}{x}\mathrm{d}x$,由例 14.2.3 可知 $\varphi(\alpha)$ 关于 $\alpha\geqslant 0$ 一致收敛,从而 $\varphi(\alpha)$ 在 $[0,+\infty)$ 上连续.又对任意 $\delta>0$,显然积分

$$-\int_0^{+\infty}\mathrm{e}^{-\alpha x}\sin x\mathrm{d}x$$

关于 $\alpha\geqslant\delta$ 一致收敛.由定理 14.2.7 可知 $\varphi(\alpha)$在$(0+\infty)$内可导且

$$\varphi'(\alpha)=-\int_0^{+\infty}\mathrm{e}^{-\alpha x}\sin x\mathrm{d}x.$$

由于

$$\begin{aligned}-\int_0^{+\infty}\mathrm{e}^{-\alpha x}\sin x\mathrm{d}x&=\mathrm{e}^{-\alpha x}\cos x\Big|_0^{+\infty}+\alpha\int_0^{+\infty}\mathrm{e}^{-\alpha x}\cos x\mathrm{d}x\\&=-1+\alpha\mathrm{e}^{-\alpha x}\sin x\Big|_0^{+\infty}\\&\quad+\alpha^2\int_0^{+\infty}\mathrm{e}^{-\alpha x}\sin x\mathrm{d}x,\end{aligned}$$

所以

$$-\int_0^{+\infty}\mathrm{e}^{-\alpha x}\sin x\mathrm{d}x=-\frac{1}{1+\alpha^2}.$$

由此可得

$$\varphi(\alpha)=-\arctan\alpha+C,\quad\alpha\geqslant 0.$$

由于

$$|\varphi(\alpha)|\leqslant\int_0^{+\infty}\mathrm{e}^{-\alpha x}\mathrm{d}x=\frac{1}{\alpha},$$

所以

$$\lim_{\alpha\to+\infty}\varphi(\alpha)=0,$$

从而

$$C=\lim_{\alpha\to+\infty}\arctan\alpha=\frac{\pi}{2}.$$

于是

$$I=\varphi(0)=\frac{\pi}{2}.$$

在上述计算中,被积函数所乘的 $\mathrm{e}^{-\alpha x}$ 起着关键的作用.$\mathrm{e}^{-\alpha x}$ 的引进是为了

增强积分的收敛性,通常称它为收敛因子.

例 14.2.5 求 $I(\alpha)=\int_0^{+\infty} e^{-x^2}\cos\alpha x\,dx$.

解 由于积分 $\int_0^{+\infty} e^{-x^2}dx$ 和 $\int_0^{+\infty} xe^{-x^2}dx$ 都收敛,由 Weierstrass 判别法易知 $\int_0^{+\infty} e^{-x^2}\cos\alpha x\,dx$ 和 $-\int_0^{+\infty} xe^{-x^2}\sin\alpha x\,dx$ 都关于 $\alpha\in(-\infty,+\infty)$ 一致收敛.由定理 14.2.6 和定理 14.2.7 可知在 $(-\infty,+\infty)$ 内 $I(\alpha)$ 连续可微,且

$$I'(\alpha)=-\int_0^{+\infty} xe^{-x^2}\sin\alpha x\,dx.$$

由于

$$-\int_0^{+\infty} xe^{-x^2}\sin\alpha x\,dx=\frac{1}{2}e^{-x^2}\sin\alpha x\Big|_0^{+\infty}-\frac{\alpha}{2}\int_0^{+\infty} e^{-x^2}\cos\alpha x\,dx,$$

从而 $I'(\alpha)=-\frac{\alpha}{2}I(\alpha)$.由此可得

$$I(\alpha)=I(0)e^{-\frac{\alpha^2}{4}},$$

其中 $I(0)=\int_0^{+\infty} e^{-x^2}dx$. $I(0)$ 是有名的 Euler-Poisson 积分,我们用交换积分次序的方法计算它.由于

$$\begin{aligned}I^2(0)&=\int_0^{+\infty} e^{-x^2}dx\int_0^{+\infty} e^{-y^2}dy\\&=\int_0^{+\infty} e^{-x^2}dx\int_0^{+\infty} xe^{-x^2y^2}dy\\&=\int_0^{+\infty} dx\int_0^{+\infty} xe^{-(1+y^2)x^2}dy.\end{aligned}$$

由定理 14.2.9 可知

$$\begin{aligned}I^2(0)&=\int_0^{+\infty} dy\int_0^{+\infty} xe^{-(1+y^2)x^2}dx\\&=\frac{1}{2}\int_0^{+\infty}\frac{1}{1+y^2}dy=\frac{\pi}{4}.\end{aligned}$$

从而 $I(0)=\frac{\sqrt{\pi}}{2}$.于是

$$I(\alpha)=\frac{\sqrt{\pi}}{2}e^{-\frac{\alpha^2}{4}}.$$

例 14.2.6 计算 Fresnel 积分

$$\int_0^{+\infty}\sin x^2\mathrm{d}x \quad 和 \quad \int_0^{+\infty}\cos x^2\mathrm{d}x.$$

解 令 $t=x^2$ 可得

$$I=\int_0^{+\infty}\sin x^2\mathrm{d}x=\frac{1}{2}\int_0^{+\infty}\frac{\sin t}{\sqrt{t}}\mathrm{d}t.$$

由 Dirichlet 判别法易知 $\int_0^{+\infty}\frac{\sin t}{\sqrt{t}}\mathrm{d}t$ 收敛,从而 $\int_0^{+\infty}\sin x^2\mathrm{d}x$ 也收敛且两者相等.为了计算 I 引进收敛因子,令

$$\varphi(\alpha)=\frac{1}{2}\int_0^{+\infty}\mathrm{e}^{-\alpha t}\frac{\sin t}{\sqrt{t}}\mathrm{d}t,$$

由例 14.2.4 的讨论可知 $\varphi(\alpha)$在$[0,+\infty)$上连续且

$$I=\varphi(0).$$

由于 $\frac{1}{\sqrt{t}}=\frac{2}{\sqrt{\pi}}\int_0^{+\infty}\mathrm{e}^{-tu^2}\mathrm{d}u$,所以

$$\varphi(\alpha)=\frac{1}{\sqrt{\pi}}\int_0^{+\infty}\mathrm{d}t\int_0^{+\infty}\mathrm{e}^{-(\alpha+u^2)t}\sin t\mathrm{d}u.$$

首先证明当 $\alpha>0$ 时上述累次积分次序可交换.记

$$f(t,u)=\mathrm{e}^{-(\alpha+u^2)t}\sin t.$$

对任何固定的 $\alpha>0$,由于 $|f(t,u)|\leqslant\mathrm{e}^{-\alpha t}$,而且 $\int_0^{+\infty}\mathrm{e}^{-\alpha t}\mathrm{d}t$ 收敛,所以 $\int_0^{+\infty}f(t,u)\mathrm{d}t$ 关于 $u\in(-\infty,+\infty)$ 一致收敛.另一方面

$$|f(t,u)|\leqslant t\mathrm{e}^{-tu^2}, \tag{14.2.5}$$

对任意 $A>B\geqslant 0$,有

$$\int_B^A t\mathrm{e}^{-tu^2}\mathrm{d}u=\sqrt{t}\int_{B\sqrt{t}}^{A\sqrt{t}}\mathrm{e}^{-v^2}\mathrm{d}v. \tag{14.2.6}$$

可以证明 $\int_0^{+\infty}t\mathrm{e}^{-tu^2}\mathrm{d}u$ 关于 $t\in[0,+\infty)$ 的任何有界子区间一致收敛.事实上,对于任何正数 M,任给 $\varepsilon>0$,若 $0\leqslant t<\left(\frac{2\varepsilon}{\sqrt{\pi}}\right)^2$ 时,对任意 $A>B\geqslant 0$,由(14.2.6)式可得

$$\left|\int_B^A t\mathrm{e}^{-tu^2}\mathrm{d}u\right|<\frac{2\varepsilon}{\sqrt{\pi}}\int_0^{+\infty}\mathrm{e}^{-v^2}\mathrm{d}v=\varepsilon.$$

若$\left(\frac{2\varepsilon}{\sqrt{\pi}}\right)^2 \leqslant t \leqslant M$. 由于$\int_0^{+\infty} e^{-v^2} dv$ 收敛,由柯西收敛原理可知存在 $N>0$ 使得当 $A'>B'>N$ 时

$$\int_{B'}^{A'} e^{-v^2} dv < \frac{\varepsilon}{\sqrt{M}}.$$

从而当 $A>B>\left(\frac{\sqrt{\pi}}{2\varepsilon}\right)N$ 时,由(14.2.6)式可得

$$\left|\int_B^A t e^{-tu^2} du\right| \leqslant \sqrt{M}\int_{B\sqrt{t}}^{A\sqrt{t}} e^{-v^2} dv < \varepsilon.$$

综上可得$\int_0^{+\infty} t e^{-tu^2} du$ 关于$t\in[0,M]$一致收敛. 由 M 的任意性和(14.2.5)式可知$\int_0^{+\infty} f(t,u) du$ 关于$t\in[0,+\infty)$ 的任何有界子区间一致收敛. 由于$\int_0^{+\infty} |f(t,u)| dt$ 关于$u\in(-\infty,+\infty)$一致收敛,所以$\int_0^{+\infty} |f(t,u)| dt$ 关于 u 连续且

$$\int_0^{+\infty} |f(t,u)| dt \leqslant \int_0^{+\infty} e^{-(\alpha+u^2)t} dt = \frac{1}{\alpha+u^2}.$$

又$\int_0^{+\infty} \frac{du}{\alpha+u^2}$ 收敛,从而$\int_0^{+\infty} du \int_0^{+\infty} |f(t,u)| dt$ 收敛. 于是从定理 14.2.10 可知,累次积分 $\varphi(\alpha)$ 的积分次序可换,即

$$\varphi(\alpha) = \frac{1}{\sqrt{\pi}}\int_0^{+\infty} du \int_0^{+\infty} e^{-(\alpha+u^2)t} \sin t dt$$

$$= \frac{1}{\sqrt{\pi}}\int_0^{+\infty} \frac{1}{1+(\alpha+u^2)^2} du.$$

当 $\alpha \geqslant 0$ 时 $\frac{1}{1+(\alpha+u^2)^2} \leqslant \frac{1}{1+u^4}$, 又$\int_0^{+\infty} \frac{du}{1+u^4}$ 收敛, 所以$\int_0^{+\infty} \frac{1}{1+(\alpha+u^2)^2} du$ 关于$\alpha \geqslant 0$一致收敛,由此可得

$$I = \varphi(0) = \lim_{\alpha\to 0^+} \frac{1}{\sqrt{\pi}}\int_0^{+\infty} \frac{1}{1+(\alpha+u^2)^2} du$$

$$= \frac{1}{\sqrt{\pi}}\int_0^{+\infty} \frac{du}{1+u^4}.$$

因为

$$\int_0^{+\infty} \frac{du}{1+u^4}$$

$$
\begin{aligned}
&= \frac{\sqrt{2}}{4}\int_0^{+\infty}\left[\frac{u+\sqrt{2}}{u^2+\sqrt{2}u+1}-\frac{u-\sqrt{2}}{u^2-\sqrt{2}u+1}\right]du \\
&= \frac{\sqrt{2}}{8}\int_0^{+\infty}\left[\frac{2u+\sqrt{2}}{u^2+\sqrt{2}u+1}-\frac{2u-\sqrt{2}}{u^2-\sqrt{2}u+1}\right]du \\
&\quad + \frac{1}{4}\int_0^{+\infty}\left[\frac{1}{u^2+\sqrt{2}u+1}+\frac{1}{u^2-\sqrt{2}u+1}\right]du \\
&= \frac{\sqrt{2}}{8}\ln\frac{u^2+\sqrt{2}u+1}{u^2-\sqrt{2}u+1}\Bigg|_0^{+\infty} \\
&\quad + \frac{1}{4}\int_0^{+\infty}\left[\frac{2}{1+2\left(u+\frac{\sqrt{2}}{2}\right)^2}+\frac{2}{1+2\left(u-\frac{\sqrt{2}}{2}\right)^2}\right]du \\
&= \frac{\sqrt{2}}{4}\left[\arctan\sqrt{2}\left(u+\frac{\sqrt{2}}{2}\right)+\arctan\sqrt{2}\left(u-\frac{\sqrt{2}}{2}\right)\right]\Bigg|_0^{+\infty} \\
&= \frac{\sqrt{2}}{4}\pi.
\end{aligned}
$$

所以 $I=\frac{\sqrt{2\pi}}{4}$.类似可得

$$\int_0^{+\infty}\cos x^2\,dx = \frac{\sqrt{2\pi}}{4}.$$

例 14.2.7 求 Laplace 积分

$$\int_0^{+\infty}\frac{\cos\alpha x}{1+x^2}dx,\quad \int_0^{+\infty}\frac{x\sin\alpha x}{1+x^2}dx.$$

解 令 $I=\int_0^{+\infty}\frac{\cos\alpha x}{1+x^2}dx$.由于

$$\frac{1}{1+x^2}=\int_0^{+\infty}e^{-t(1+x^2)}dt$$

所以

$$I=\int_0^{+\infty}dx\int_0^{+\infty}e^{-t(1+x^2)}\cos\alpha x\,dt$$

可以证明上述累次积分次序可交换即

$$
\begin{aligned}
&\int_0^{+\infty}dx\int_0^{+\infty}e^{-t(1+x^2)}\cos\alpha x\,dt \\
&= \int_0^{+\infty}dt\int_0^{+\infty}e^{-t(1+x^2)}\cos\alpha x\,dx. \qquad (14.2.7)
\end{aligned}
$$

(14.2.7)式的证明留在最后.从例 14.2.5 可知对于 $t>0$ 有

$$\int_0^{+\infty} e^{-tx^2}\cos\alpha x\,dx = \frac{1}{2}\sqrt{\frac{\pi}{t}}e^{-\frac{\alpha^2}{4t}},$$

所以

$$I = \frac{\sqrt{\pi}}{2}\int_0^{+\infty}\frac{1}{\sqrt{t}}e^{-\left(t+\frac{\alpha^2}{4t}\right)}dt$$

$$= \sqrt{\pi}\int_0^{+\infty} e^{-\left(s^2+\frac{\alpha^2}{4s^2}\right)}ds$$

记 $c=\frac{|\alpha|}{2}, u=\frac{c}{s}$,则

$$\int_0^{+\infty} e^{-s^2-\frac{\alpha^2}{4s^2}}ds = \int_0^{+\infty} e^{-s^2-\frac{c^2}{s^2}}ds = \int_0^{+\infty}\frac{c}{u^2}e^{-u^2-\frac{c^2}{u^2}}du,$$

从而

$$\int_0^{+\infty} e^{-s^2-\frac{c^2}{s^2}}ds = \frac{1}{2}\int_0^{+\infty}\left(1+\frac{c}{s^2}\right)e^{-s^2-\frac{c^2}{s^2}}ds$$

$$= \frac{1}{2}\int_0^{+\infty}\left(1+\frac{c}{s^2}\right)e^{-\left(s-\frac{c}{s}\right)^2-2c}ds.$$

令 $v=s-\frac{c}{s}$,则

$$\int_0^{+\infty} e^{-s^2-\frac{c^2}{s^2}}ds = \frac{1}{2}e^{-2c}\int_{-\infty}^{+\infty} e^{-v^2}dv = \frac{\sqrt{\pi}}{2}e^{-2c}.$$

于是 $I=\frac{\pi}{2}e^{-|\alpha|}$. 记 $J(\alpha)=\int_0^{+\infty}\frac{x\sin\alpha x}{1+x^2}dx$,由于 $\frac{d}{dx}\left(\frac{x}{1+x^2}\right)=\frac{1-x^2}{(1+x^2)^2}$,所以当 $x\geqslant 1$ 时 $\frac{x}{1+x^2}$ 单调下降,显然有 $\lim\limits_{x\to+\infty}\frac{x}{1+x^2}=0$,又对于任意 $\delta>0$,当 $|\alpha|\geqslant\delta$ 时,对任何 $A>0$ 有

$$\left|\int_0^A \sin\alpha x\,dx\right| \leqslant \frac{2}{\delta}.$$

从 Dirichlet 判别法可知 $\int_0^{+\infty}\frac{x\sin\alpha x}{1+x^2}dx$ 关于 $|\alpha|\geqslant\delta$ 一致收敛. 由定理 14.2.7 和 δ 的任意性可得

$$\frac{dI}{d\alpha} = -J(\alpha),\quad \alpha\neq 0.$$

于是

$$J(\alpha)=\begin{cases}\dfrac{\pi}{2}e^{-|\alpha|}, & \alpha>0,\\ 0, & \alpha=0,\\ -\dfrac{\pi}{2}e^{-|\alpha|}, & \alpha<0.\end{cases}$$

(14.2.7)式之证明.记 $f(x,t)=e^{-t(1+x^2)}\cos\alpha x$.因为

$$|f(x,t)|\leqslant e^{-t},$$

又 $\int_0^{+\infty}e^{-t}dt$ 收敛,所以$\int_0^{+\infty}f(x,t)dt$ 关于 $x\in(-\infty,+\infty)$ 一致收敛.任取 $\delta>0$,则当 $t\geqslant\delta$ 时

$$|f(x,t)|\leqslant e^{-\delta x^2},$$

又 $\int_0^{+\infty}e^{-\delta x^2}dx$ 收敛,从而$\int_0^{+\infty}f(x,t)dx$ 关于 $t\geqslant\delta$ 一致收敛.由定理 14.2.6 可知$\int_0^{+\infty}|f(x,t)|dt$ 是 x 的连续函数,且

$$\int_0^{+\infty}|f(x,t)|dt\leqslant\int_0^{+\infty}e^{-t(1+x^2)}dt=\frac{1}{1+x^2},$$

又 $\int_0^{+\infty}\frac{dx}{1+x^2}$ 收敛,所以$\int_0^{+\infty}dx\int_0^{+\infty}|f(x,t)|dt$ 收敛.运用定理 14.2.10 可知,对任何 $\delta>0$ 均有

$$\int_\delta^{+\infty}dt\int_0^{+\infty}e^{-t(1+x^2)}\cos\alpha x\,dx=\int_0^{+\infty}dx\int_\delta^{+\infty}e^{-t(1+x^2)}\cos\alpha x\,dt. \tag{14.2.8}$$

因为

$$\left|\int_0^{\delta}dt\int_0^{+\infty}e^{-t(1+x^2)}\cos\alpha x\,dx\right|\leqslant\int_0^{\delta}e^{-t}dt\int_0^{+\infty}e^{-tx^2}dx=\frac{\sqrt{\pi}}{2}\int_0^{\delta}\frac{e^{-t}}{\sqrt{t}}dt,$$

又 $\int_0^1\frac{e^{-t}}{\sqrt{t}}dt$ 收敛,所以

$$\lim_{\delta\to0^+}\int_0^{\delta}dt\int_0^{+\infty}e^{-t(1+x^2)}\cos\alpha x\,dx=0. \tag{14.2.9}$$

另一方面,显然

$$\left|\int_0^{+\infty}\mathrm{d}x\int_0^{\delta}\mathrm{e}^{-t(1+x^2)}\cos\alpha x\,\mathrm{d}t\right|\leqslant\int_0^{+\infty}\frac{1-\mathrm{e}^{-\delta(1+x^2)}}{1+x^2}\mathrm{d}x.\quad(14.2.10)$$

由 $\left|\frac{1-\mathrm{e}^{-\delta(1+x^2)}}{1+x^2}\right|\leqslant\frac{1}{1+x^2}$ 可知 $\int_0^{+\infty}\frac{1-\mathrm{e}^{-\delta(1+x^2)}}{1+x^2}\mathrm{d}x$ 关于 $\delta\geqslant 0$ 一致收敛. 因为对于 $\delta\geqslant 0$ 有

$$|1-\mathrm{e}^{-\delta(1+x^2)}|\leqslant\delta(1+x^2),$$

所以 $\lim\limits_{\delta\to 0^+}\frac{1-\mathrm{e}^{-\delta(1+x^2)}}{1+x^2}=0$ 且关于 x 一致. 由定理 14.2.5 和(14.2.10)式可得

$$\begin{aligned}&\lim_{\delta\to 0^+}\int_0^{+\infty}\mathrm{d}x\int_0^{\delta}\mathrm{e}^{-t(1+x^2)}\cos\alpha x\,\mathrm{d}t\\&=\lim_{\delta\to 0^+}\int_0^{+\infty}\frac{1-\mathrm{e}^{-\delta(1+x^2)}}{1+x^2}\mathrm{d}x=0.\end{aligned}\quad(14.2.11)$$

由(14.2.9)和(14.2.11)式在(14.2.8)式中令 $\delta\to 0^+$ 即得(14.2.7)式.

例 14.2.8 设 $a>1$,求

$$I(a)=\int_0^{+\infty}\frac{1}{1+x^a}\mathrm{d}x.$$

解 首先设 $a=\frac{2n}{2m+1}$,其中 n,m 均为正整数且 $n>m$. 令 $x=y^{2m+1}$,则

$$\begin{aligned}I(a)&=(2m+1)\int_0^{+\infty}\frac{y^{2m}}{1+y^{2n}}\mathrm{d}y\\&=\frac{2m+1}{2}\int_{-\infty}^{+\infty}\frac{y^{2m}}{1+y^{2n}}\mathrm{d}y.\end{aligned}\quad(14.2.12)$$

为了计算 $I(a)$,考虑比较简单的情况. 设 $\alpha,\beta,\gamma,\delta$ 为实数,且 $\beta-\alpha^2>0$,则

$$\begin{aligned}\lim_{N\to+\infty}\int_{-N}^{N}\frac{\gamma y+\delta}{y^2+2\alpha y+\beta}\mathrm{d}y&=\lim_{N\to+\infty}\int_{-N}^{N}\frac{\gamma(y+\alpha)}{y^2+2\alpha y+\beta}\mathrm{d}y\\&\quad+\int_{-\infty}^{+\infty}\frac{\delta-\gamma\alpha}{y^2+2\alpha y+\beta}\mathrm{d}y\\&=\lim_{N\to+\infty}\frac{1}{2}\gamma\ln(y^2+2\alpha y+\beta)\Big|_{-N}^{N}\\&\quad+\frac{\delta-\gamma\alpha}{\sqrt{\beta-\alpha^2}}\pi.\end{aligned}$$

从而

$$\lim_{N\to+\infty}\int_{-N}^{N}\frac{\gamma y+\delta}{y^2+2\alpha y+\beta}\mathrm{d}y=\frac{\delta-\gamma\alpha}{\sqrt{\beta-\alpha^2}}\pi.\quad(14.2.13)$$

设 $z_k=\mathrm{e}^{\frac{2k-1}{2n}\pi\mathrm{i}}, k=1,2,\cdots,n, \mathrm{i}=\sqrt{-1}$,则 $z_1,z_2,\cdots,z_n$ 和 $\bar{z}_1,\bar{z}_2,\cdots,\bar{z}_n$ 是 $1+y^{2n}$ 的 $2n$ 个不同实根,其中 $\bar{z}_k$ 表示 z_k 的共轭复数.由于 $m<n$,根据有理分式的分解可知存在复数 $A_1,A_2,\cdots,A_k$ 和 $B_1,B_2,\cdots,B_k$ 使得

$$\frac{y^{2m}}{1+y^{2n}}=\sum_{k=1}^{n}\left[\frac{A_k}{y-z_k}+\frac{B_k}{y-\bar{z}_k}\right].$$

由于 z_k 是 $1+y^{2n}$ 的单根,所以

$$\lim_{y\to z_k}\frac{1+y^{2n}}{y-z_k}=2nz_k^{2n-1}=-2nz_k^{-1}.$$

由此可得

$$A_k=-\frac{1}{2n}z_k^{2m+1},\quad k=1,2,\cdots,n.$$

同理

$$B_k=-\frac{1}{2n}\bar{z}_k^{2m+1}=\bar{A}_k,\quad k=1,2,\cdots,n.$$

令

$$\frac{A_k}{y-z_k}+\frac{B_k}{y-\bar{z}_k}=\frac{\gamma ky+\delta_k}{y^2+2\alpha_k y+\beta_k},$$

其中

$$\alpha_k=-\frac{1}{2}(z_k+\bar{z}_k),$$

$$\beta_k=z_k\bar{z}_k=|z_k|^2=1,$$

$$\gamma_k=-\frac{1}{2n}(z_k^{2m+1}+\bar{z}_k^{2m+1}),$$

$$\delta_k=-A_k\bar{z}_k-B_kz_k=\frac{1}{2n}(z_k^{2m}+\bar{z}_k^{2m}).$$

于是

$$\sqrt{\beta_k-\alpha_k^2}=\sqrt{1-\frac{(z_k+\bar{z}_k)^2}{4}}=\frac{1}{2\mathrm{i}}(z_k-\bar{z}_k),$$

$$\begin{aligned}\delta_k-\gamma_k\alpha_k&=\frac{1}{2n}(z_k^{2m}+\bar{z}_k^{2m})-\frac{1}{4n}(z_k^{2m+1}+\bar{z}_k^{2m+1})(z_k+\bar{z}_k)\\&=\frac{1}{4n}(2z_k^{2m}+2\bar{z}_k^{2m}-z_k^{2m+2}-\bar{z}_k^{2m}-z_k^{2m}-\bar{z}_k^{2m+2})\\&=\frac{1}{4n}(z_k^{2m}+\bar{z}_k^{2m}-z_k^{2m+2}-\bar{z}_k^{2m+2})\end{aligned}$$

$$= -\frac{1}{4n}(z_k^{2m+1} - \bar{z}_k^{2m+1})(z_k - \bar{z}_k).$$

由(14.2.13)式可得

$$\lim_{N\to+\infty}\int_{-N}^{N}\left(\frac{A_k}{y - z_k} + \frac{B_k}{y - \bar{z}_k}\right)\mathrm{d}y$$

$$= -\frac{\pi\mathrm{i}}{2n}(z_k^{2m+1} - \bar{z}_k^{2m+1}) = \frac{\pi}{n}\mathrm{Im}z_k^{2m+1},$$

其中 $\mathrm{Im}z$ 表示复数 z 的虚部. 由(14.2.11)式可知当 $a=\dfrac{2n}{2m+1}$时,

$$\begin{aligned} I(a) &= \frac{2m+1}{2}\int_{-\infty}^{+\infty}\frac{y^{2m}}{1+y^{2n}}\mathrm{d}y \\ &= \frac{2m+1}{2}\sum_{k=1}^{n}\lim_{N\to+\infty}\int_{-N}^{N}\left(\frac{A_k}{y - z_k} + \frac{B_k}{y - \bar{z}_k}\right)\mathrm{d}y \\ &= \frac{2m+1}{2n}\sum_{k=1}^{n}(\mathrm{Im}z_k^{2m+1})\pi. \end{aligned}$$

记 $\theta=\dfrac{2m+1}{2n}\pi=\dfrac{\pi}{a}$,则

$$z_k^{2m+1} = \mathrm{e}^{\frac{(2m+1)(2k-1)}{2n}\pi\mathrm{i}} = \mathrm{e}^{(2k-1)\theta\mathrm{i}}.$$

从而当 $a=\dfrac{2n}{2m+1}$时,

$$I(a) = \frac{\pi}{a}\sum_{k=1}^{n}\sin(2k-1)\theta = \frac{\pi}{a}\,\frac{1-\cos 2n\theta}{2\sin\theta}.$$

由于 $\cos 2n\theta=\cos(2m+1)\pi=-1$,所以

$$I(a) = \frac{\pi}{a\sin\theta} = \frac{\pi}{a\sin\dfrac{\pi}{a}},\quad a = \frac{2n}{2m+1}. \tag{14.2.14}$$

容易证对任何 $\delta>1$, $\displaystyle\int_0^{+\infty}\frac{\mathrm{d}x}{1+x^a}$ 关于 $a\geqslant\delta$ 一致收敛, 所以 $I(a)=\displaystyle\int_0^{+\infty}\frac{\mathrm{d}x}{1+x^a}$ 当$a>1$时连续. 任取实数 $a>1$,容易选取数列$\{a_n\}$使得 $\lim\limits_{n\to+\infty}a_n = a$ 且

$$a_n = \frac{2p_n}{2q_n+1},$$

其中 p_n,q_n 均为正整数且 $p_n>q_n$. 从(14.2.14)式可知

$$I(a) = \frac{\pi}{a\sin\dfrac{\pi}{a}}.$$

§14.3 Beta 函数与 Γ 函数

在计算积分或者解微分方程时常常遇到其解不能表示为初等函数的问题.解决这个问题的方法之一是引进一些新的函数,研究它们的性质,甚至做出函数值表.用这些函数去表示某些常用微分方程的解或者定积分的值.这类函数一般称为特殊函数.这一节介绍的 Beta 函数与 Γ 函数就是最简单的特殊函数,我们可以用它们来表示某些重要定积分的值.

一、Beta 函数

Beta 函数简称 B 函数,也称为第一类型 Euler 积分. B 函数是一个二元函数定义为

$$B(p,q)=\int_0^1 x^{p-1}(1-x)^{q-1}\mathrm{d}x. \tag{14.3.1}$$

显然当 $p>0$ 和 $q>0$ 时积分 $B(p,q)$ 收敛,因此 $B(p,q)$ 的定义域为 $\{(p,q)\in\mathbf{R}^2 \mid p>0,q>0\}$. B 函数还有一些等价的积分表示.令 $x=\frac{y}{1+y}$,则 $\mathrm{d}x=\frac{1}{(1+y)^2}\mathrm{d}y$,且

$$\begin{aligned}B(p,q)&=\int_0^{+\infty}\left(\frac{y}{1+y}\right)^{p-1}\left(\frac{1}{1+y}\right)^{q-1}\left(\frac{1}{1+y}\right)^2\mathrm{d}y\\&=\int_0^{+\infty}\frac{y^{p-1}}{(1+y)^{p+q}}\mathrm{d}y.\end{aligned} \tag{14.3.2}$$

或者令 $x=\frac{1}{1+y}$,则

$$\begin{aligned}B(p,q)&=\int_0^{+\infty}\left(\frac{1}{1+y}\right)^{p-1}\left(\frac{y}{1+y}\right)^{q-1}\left(\frac{1}{1+y}\right)^2\mathrm{d}y\\&=\int_0^{+\infty}\frac{y^{q-1}}{(1+y)^{p+q}}\mathrm{d}y.\end{aligned} \tag{14.3.3}$$

由(14.3.2)和(14.3.3)式可得

$$B(p,q)=\frac{1}{2}\int_0^{+\infty}\frac{y^{p-1}+y^{q-1}}{(1+y)^{p+q}}\mathrm{d}y. \tag{14.3.4}$$

Beta 函数的主要性质:

1. 对称性 $B(p,q)=B(q,p)$.

我们可以从(14.3.4)式或者直接由(14.3.1)式得到 B 函数的对称性.事实上在(14.3.1)式中令 $x=1-y$,则

$$B(p,q)=\int_0^1 x^{p-1}(1-x)^{q-1}\mathrm{d}x=\int_0^1(1-y)^{p-1}y^{q-1}\mathrm{d}y=B(q,p).$$

2. $B(p,q)$在其定义域内连续且有任意阶连续偏导数,同时可以在积分号下求任意阶导数.证明留在下一段讨论 Γ 函数性质时给出.

3. 递推公式,设 $p>0,q>0$,则

$$\begin{aligned}B(p,q+1)&=\int_0^1 x^{p-1}(1-x)^q\mathrm{d}x\\&=\int_0^1 x^{p-1}(1-x)^{q-1}\mathrm{d}x-\int_0^1 x^p(1-x)^{q-1}\mathrm{d}x\\&=B(p,q)+\frac{1}{q}x^p(1-x)^q\Big|_0^1-\frac{p}{q}\int_0^1 x^{p-1}(1-x)^q\mathrm{d}x\\&=B(p,q)-\frac{p}{q}B(p,q+1).\end{aligned}$$

由此可得

$$B(p,q+1)=\frac{q}{p+q}B(p,q).$$

利用对称性则当 $p>0,q>0$ 时

$$B(p+1,q)=\frac{p}{p+q}B(p,q).$$

设 $q=n$ 为正整数,若 $n=1$,显然有

$$B(p,1)=\int_0^1 x^{p-1}\mathrm{d}x=\frac{1}{p}\qquad(p>0).$$

若 $n\geqslant 2$,则由递推公式可得

$$\begin{aligned}B(p,n)&=B(p,n-1+1)=\frac{(n-1)}{p+n-1}B(p,n-1)=\cdots\\&=\frac{(n-1)!}{(p+n-1)\cdots(p+1)}B(p,1).\end{aligned}$$

从而

$$B(p,n)=\frac{(n-1)!}{p(p+1)\cdots(p+n-1)}\quad(p>0).$$

由对称性,则

$$B(n,q)=\frac{(n-1)!}{q(q+1)\cdots(q+n-1)}\quad(q>0).$$

如果 m,n 均为自然数,则

$$B(m,n)=\frac{(n-1)!}{m(m+1)\cdots(m+n-1)}=\frac{(m-1)!(n-1)!}{(m+n-1)!}.$$

以上利用递推公式当 p,q 之一为正整数时计算出 $B(p,q)$ 的值. 下面我们给出 $B(p,q)$ 可用初等函数表示的另一种情况, 即 $p+q$ 为正整数. 由递推公式可化为 $0<p<1, 0<q<1$ 且 $p+q=1$ 的情况.

4.

$$B(p,1-p)=\frac{\pi}{\sin p\pi},\quad (0<p<1).$$

证 由(14.3.2)式可知当 $0<p<1$ 时

$$B(p,1-p)=\int_0^{+\infty}\frac{x^{p-1}}{1+x}\mathrm{d}x.$$

令 $t=x^p$, 则

$$B(p,1-p)=\frac{1}{p}\int_0^{+\infty}\frac{\mathrm{d}x}{1+x^{\frac{1}{p}}}.$$

由上一节的例 14.2.8 可得

$$B(p,1-p)=\frac{1}{p}\frac{p\pi}{\sin p\pi}=\frac{\pi}{\sin p\pi}$$

特别 $B\left(\frac{1}{2},\frac{1}{2}\right)=\pi$.

二、Γ 函数

Γ 函数(Gamma 函数)也称为第二类型 Euler 积分, 它是一元函数, 其定义为

$$\Gamma(s)=\int_0^{+\infty}t^{s-1}\mathrm{e}^{-t}\mathrm{d}t. \tag{14.3.5}$$

显然当 $s>0$ 时 $\Gamma(s)$ 收敛, 因此 $\Gamma(s)$ 的定义域暂定为 $\{s\in\mathbf{R}^1\mid s>0\}$, 且 $\Gamma(s)>0, \forall s>0$, 以后我们可开拓其定义域到除去负整数和 0 的一切实数.

注 Γ 函数还有别的定义方法, 例如所谓 Euler-Gauss 定义:

$$\Gamma(s)=\lim_{n\to+\infty}n^s\frac{(n-1)!}{s(s+1)\cdots(s+n-1)}, \tag{14.3.6}$$

其中 s 不为负整数和 0. 可以证明当 $s>0$ 时, (14.3.5)和(14.3.6)式两种定义等价. 事实上, 当 $s>0$ 时有

$$\begin{aligned}\lim_{n\to+\infty}n^s\frac{(n-1)!}{s(s+1)\cdots(s+n-1)}&=\lim_{n\to+\infty}n^sB(n,s)\\&=\lim_{n\to+\infty}n^s\int_0^1x^{n-1}(1-x)^{s-1}\mathrm{d}x.\end{aligned}$$

令 $y=x^n$, 则

$$\lim_{n\to+\infty}n^s\int_0^1x^{n-1}(1-x)^{s-1}\mathrm{d}x$$

$$= \lim_{n\to+\infty} n^{s-1}\int_0^1 \left(1 - y^{\frac{1}{n}}\right)^{s-1} \mathrm{d}y$$

$$= \lim_{n\to+\infty}\int_0^1 [n(1 - y^{\frac{1}{n}})]^{s-1}\mathrm{d}y.$$

对任意 $0<y\leqslant1$,由洛必达(L'Hospital)法则可知

$$\lim_{\lambda\to0^+} \frac{1 - y^\lambda}{\lambda} = \lim_{\lambda\to0^+} - y^\lambda \ln y = \ln\frac{1}{y},$$

所以

$$\lim_{n\to+\infty} n(1 - y^{\frac{1}{n}}) = \ln\frac{1}{y} \quad (0 < y \leqslant 1).$$

记 $a_n = n(1-y^{\frac{1}{n}})$,则当 $0<y\leqslant1$ 时 $a_n\geqslant0$,且

$$a_{n+1} - a_n = 1 - (n+1)y^{\frac{1}{n+1}} + ny^{\frac{1}{n}}.$$

由均值不等式可得

$$1 + ny^{\frac{1}{n}} \geqslant (n+1)y^{\frac{1}{n+1}},$$

从而

$$a_{n+1} - a_n \geqslant 0,$$

即 $n(1-y^{\frac{1}{n}})$关于 n 单增. 由于 $\ln\frac{1}{y}$在$(0,1]$上连续,根据 Dini 定理可知对任何 $0<\delta<1$,

$$\lim_{n\to+\infty} n(1 - y^{\frac{1}{n}}) = \ln\frac{1}{y}$$

关于 $y\in[\delta,1]$一致. 记

$$f_s(y) = \begin{cases} (1-y)^{s-1}, & 0 < s \leqslant 1, \\ \left(\ln\frac{1}{y}\right)^{s-1}, & s > 1, \end{cases} \qquad 0 < y < 1.$$

则由 $n(1-y^{\frac{1}{n}})$的单增性可知对任何正整数 n,正数 s 和 $0<y<1$ 有

$$0 < [n(1 - y^{\frac{1}{n}})]^{s-1} \leqslant f_s(y). \tag{14.3.7}$$

由于对于任意固定的 $s>0$,积分 $\int_0^1 f_s(y)\mathrm{d}y$ 收敛,所以任给 $\varepsilon>0$,存在 $0<\delta<\frac{1}{2}$,使得

$$\int_0^\delta f_s(y)\mathrm{d}y + \int_{1-\delta}^1 f_s(y)\mathrm{d}y < \frac{1}{4}\varepsilon. \tag{14.3.8}$$

因为 $\lim\limits_{n\to+\infty}[n(1-y^{\frac{1}{n}})]^{s-1}=\left(\ln\frac{1}{y}\right)^{s-1}$ 关于 $y\in[\delta,1-\delta]$ 一致，所以存在正整数 N，使得当 $n>N$ 时

$$\int_{\delta}^{1-\delta}\left|[n(1-y^{\frac{1}{n}})]^{s-1}-\left(\ln\frac{1}{y}\right)^{s-1}\right|\mathrm{d}s<\frac{\varepsilon}{2}. \qquad (14.3.9)$$

综合(14.3.7)，(14.3.8)，(14.3.9)式可知当 $n>N$ 时

$$\left|\int_0^1[n(1-y^{\frac{1}{n}})]^{s-1}\mathrm{d}s-\int_0^1\left(\ln\frac{1}{y}\right)^{s-1}\mathrm{d}y\right|<\varepsilon,\quad s>0,$$

即

$$\lim_{n\to+\infty}\int_0^1[n(1-y^{\frac{1}{n}})]^{s-1}\mathrm{d}y=\int_0^1\left(\ln\frac{1}{y}\right)^{s-1}\mathrm{d}y.$$

令 $t=\ln\frac{1}{y}$，则

$$\int_0^1\left(\ln\frac{1}{y}\right)^{s-1}\mathrm{d}y=\int_0^{+\infty}t^{s-1}\mathrm{e}^{-t}\mathrm{d}t.$$

于是当 $s>0$ 时

$$\lim_{n\to+\infty}n^s\frac{(n-1)!}{s(s+1)\cdots(s+n-1)}=\int_0^{+\infty}t^{s-1}\mathrm{e}^{-t}\mathrm{d}t.$$

Γ 函数的主要性质：

1. Γ 函数与 B 函数有以下关系

$$B(p,q)=\frac{\Gamma(p)\Gamma(q)}{\Gamma(p+q)},\quad p>0,q>0. \qquad (14.3.10)$$

证

$$\Gamma(p)\Gamma(q)=\int_0^{+\infty}x^{p-1}\mathrm{e}^{-x}\mathrm{d}x\int_0^{+\infty}y^{q-1}\mathrm{e}^{-y}\mathrm{d}y$$

令 $y=tx$，则

$$\begin{aligned}\Gamma(p)\Gamma(q)&=\int_0^{+\infty}x^{p-1}\mathrm{e}^{-x}\mathrm{d}x\int_0^{+\infty}t^{q-1}x^q\mathrm{e}^{-xt}\mathrm{d}t\\&=\int_0^{+\infty}\mathrm{d}x\int_0^{+\infty}x^{p+q-1}t^{q-1}\mathrm{e}^{-(1+t)x}\mathrm{d}t.\end{aligned}$$

由于被积函数非负根据上一节的定理 14.2.9 容易证明上面的累次积分次序可交换，所以

$$\Gamma(p)\Gamma(q)=\int_0^{+\infty}\mathrm{d}t\int_0^{+\infty}x^{p+q-1}t^{q-1}\mathrm{e}^{-(1+t)x}\mathrm{d}x.$$

令 $u=(1+t)x$，则

$$\begin{aligned}\Gamma(p)\Gamma(q) &= \int_0^{+\infty} t^{q-1}\mathrm{d}t\int_0^{+\infty} \frac{u^{p+q-1}}{(1+t)^{p+q}}\mathrm{e}^{-u}\mathrm{d}u \\ &= \int_0^{+\infty} \frac{t^{q-1}}{(1+t)^{p+q}}\mathrm{d}t\int_0^{+\infty} u^{p+q-1}\mathrm{e}^{-u}\mathrm{d}u \\ &= \Gamma(p+q)\int_0^{+\infty} \frac{t^{q-1}}{(1+t)^{p+q}}\mathrm{d}t.\end{aligned}$$

由(14.3.3)式可得

$$\Gamma(p)\Gamma(q) = \Gamma(p+q)B(p,q),$$

即(14.3.10)式成立.

2. $\Gamma(s)(s>0)$及其任意阶导数都连续且

$$\Gamma^{(n)}(s) = \int_0^{+\infty} t^{s-1}(\ln t)^n\mathrm{e}^{-t}\mathrm{d}t, \tag{14.3.11}$$

其中 $\Gamma^{(0)}(s)=\Gamma(s)$，$\Gamma^{(n)}(s)$表示 $\Gamma(s)$的 n 阶导数.

证　显然当 $s>0,t>0$ 时，$f_n(s,t)=t^{s-1}(\ln t)^n\mathrm{e}^{-t}$ 连续，$n=0,1,2,\cdots$. 对任意 $0<\delta<M$，记

$$F_n(t) = \begin{cases} t^{\delta-1}\,|\ln t|^n\mathrm{e}^{-t}, & 0<t\leqslant 1 \\ t^{M-1}\,|\ln t|^n\mathrm{e}^{-t}, & t>1, \end{cases}$$

则对任何非负整数 n 都有

$$|f_n(s,t)|\leqslant F_n(t),\quad \delta\leqslant s\leqslant M,\quad 0<t<+\infty$$

由于$\int_0^{+\infty} F_n(t)\mathrm{d}t$ 收敛，从而$\int_0^{+\infty} t^{s-1}(\ln t)^n\mathrm{e}^{-t}\mathrm{d}t$ 关于$s\in[\delta,M]$一致收敛. 由上一节的定理(14.2.6)和(14.2.7)式可知$\Gamma(s)$及其任意阶导数在$[\delta,M]$上连续且(14.2.11)式成立. 再由 δ 和M 的任意性即得 $\Gamma(s)$ 及其任意阶导数当 $s>0$ 时连续且(14.2.11)式成立.

由于 $\Gamma(s)>0$，$\forall s>0$，从(14.2.10)式可推出 B 函数 $B(p,q)$在定义域内有连续的任意阶偏导数. 类似(14.2.11)式的证明也可证明对于 B 函数能在积分号下求任意阶导数.

3. 递推公式

$$\Gamma(s+1) = s\Gamma(s),\quad \forall s>0.$$

证

$$\begin{aligned}\Gamma(s+1) &= \int_0^{+\infty} t^s\mathrm{e}^{-t}\mathrm{d}t \\ &= -\,t^s\mathrm{e}^{-t}\Big|_0^{+\infty} + s\int_0^{+\infty} t^{s-1}\mathrm{e}^{-t}\mathrm{d}t\end{aligned}$$

$$= s\Gamma(s).$$

设 n 为正整数,由递推公式和 $\Gamma(1)=\int_0^{+\infty}e^{-t}dt=1$ 可得

$$\Gamma(n)=(n-1)!$$

4. $\ln\Gamma(s)$是凸函数.

证　对任意 $s,t>0$ 和 $0\leqslant\lambda\leqslant1$

$$\begin{aligned}&\Gamma(\lambda s+(1-\lambda)t)\\&=\int_0^{+\infty}x^{\lambda s+(1-\lambda)t-1}e^{-x}dx\\&=\int_0^{+\infty}[x^{\lambda(s-1)}e^{-\lambda x}][x^{(1-\lambda)(t-1)}e^{-(1-\lambda)x}]dx.\end{aligned}$$

利用赫尔德不等式可得

$$\begin{aligned}&\Gamma(\lambda s+(1-\lambda)t)\\&\leqslant\left(\int_0^{+\infty}x^{s-1}e^{-x}dx\right)^{\lambda}\left(\int_0^{+\infty}x^{t-1}e^{-x}dx\right)^{1-\lambda}\\&=(\Gamma(s))^{\lambda}(\Gamma(t))^{1-\lambda},\end{aligned}$$

所以

$$\ln\Gamma(\lambda s+(1-\lambda)t)\leqslant\lambda\ln\Gamma(s)+(1-\lambda)\ln\Gamma(t).$$

5. 余元公式.对于 $0<s<1$ 有

$$\Gamma(s)\Gamma(1-s)=\frac{\pi}{\sin s\pi}. \tag{14.3.12}$$

证　由 B 函数的性质 4 和(14.3.10)式可得

$$\frac{\pi}{\sin s\pi}=B(s,1-s)=\frac{\Gamma(s)\Gamma(1-s)}{\Gamma(1)}.$$

又 $\Gamma(1)=1$,所以(14.3.12)式成立.特别 $\Gamma\left(\frac{1}{2}\right)=\sqrt{\pi}$,即

$$\Gamma\left(\frac{1}{2}\right)=\int_0^{+\infty}x^{-\frac{1}{2}}e^{-x}dx=2\int_0^{+\infty}e^{-t^2}dt=\sqrt{\pi}.$$

由此可得 $\int_0^{+\infty}e^{-t^2}dt=\frac{\sqrt{\pi}}{2}$.

6. Legendre 公式

$$\Gamma(s)\Gamma\left(s+\frac{1}{2}\right)=\frac{\sqrt{\pi}}{2^{2s-1}}\Gamma(2s). \tag{14.3.13}$$

证　由于

$$\begin{aligned} B(s,s) &= \int_0^1 x^{s-1}(1-x)^{s-1}\mathrm{d}x \\ &= \int_0^1 \left[\frac{1}{4}-\left(\frac{1}{2}-x\right)^2\right]^{s-1}\mathrm{d}x \\ &= 2\int_0^{\frac{1}{2}} \left[\frac{1}{4}-\left(\frac{1}{2}-x\right)^2\right]^{s-1}\mathrm{d}x, \end{aligned}$$

令$\frac{1}{2}-x=\frac{1}{2}\sqrt{t}$,可得

$$\begin{aligned} B(s,s) &= \frac{1}{2}\int_0^1 t^{-\frac{1}{2}}\left(\frac{1}{4}-\frac{1}{4}t\right)^{s-1}\mathrm{d}t \\ &= \frac{1}{2^{2s-1}}\int_0^1 t^{-\frac{1}{2}}(1-t)^{s-1}\mathrm{d}t \\ &= \frac{1}{2^{2s-1}}B\left(\frac{1}{2},s\right). \end{aligned}$$

再由 $B(s,s)=\frac{\Gamma^2(s)}{\Gamma(2s)}$,$B\left(\frac{1}{2},s\right)=\frac{\Gamma\left(\frac{1}{2}\right)\Gamma(s)}{\Gamma\left(s+\frac{1}{2}\right)}$,又 $\Gamma\left(\frac{1}{2}\right)=\sqrt{\pi}$,从而(14.3.13)式成立.

波尔(H. Bohr)和莫勒儒普(J. Mollerup)发现取正值且 $\Gamma(1)=1$,递推公式与 $\ln\Gamma(s)$的凸性完全决定了 Γ 函数.

定理 14.3.1(Bohr-Mollerup)　设存在定义于$(0,+\infty)$内的函数 $f(x)$使得

(i) $f(x)>0$, $\forall x\in(0,+\infty)$且 $f(1)=1$;

(ii) $f(x+1)=xf(x)$, $\forall x\in(0,+\infty)$;

(iii) $\ln f(x)$在$(0,+\infty)$内是凸函数.

则对任意 $x>0$, $\lim\limits_{n\to+\infty} n^x\frac{n!}{x(x+1)\cdots(x+n)}$收敛,且其极限值为 $f(x)$.

证　记 $\varphi(x)=\ln f(x)$. 由于 $f(1)=1$ 和(ii),则

$$f(n)=(n-1)!,$$

其中 n 为正整数. 由 $\varphi(x)$是凸函数可知对任意 $x\in(0,1]$和正整数 n 有

$$\begin{aligned} \frac{\varphi(n+1)-\varphi(n)}{(n+1)-n} &\leqslant \frac{\varphi(x+n+1)-\varphi(n+1)}{(x+n+1)-(n+1)} \\ &\leqslant \frac{\varphi(n+2)-\varphi(n+1)}{(n+2)-(n+1)}, \end{aligned}$$

即

$$x\ln n+\ln n!\leqslant\varphi(x+n+1)\leqslant x\ln(n+1)+\ln n!$$

由于(ii),则

$$\begin{aligned}\varphi(x+n+1)&=\ln f(x+n+1)=\ln f(x+n)+\ln(x+n)\\&=\cdots\\&=\ln f(x)+\ln(x+n)+\cdots+\ln(x+1)+\ln x\\&=\varphi(x)+\ln(x+n)\cdots(x+1)x.\end{aligned}$$

从而

$$\ln\frac{n^x n!}{x(x+1)\cdots(x+n)}$$
$$\leqslant\varphi(x)\leqslant\ln\frac{(n+1)^x n!}{x(x+1)\cdots(x+n)}.$$

由此可得

$$0\leqslant\varphi(x)-\ln\frac{n^x n!}{x(x+1)\cdots(x+n)}\leqslant x\ln\left(1+\frac{1}{n}\right).$$

因为 $\lim\limits_{n\to+\infty}x\ln\left(1+\dfrac{1}{n}\right)=0$,所以

$$\lim_{n\to+\infty}\ln\frac{n^x n!}{x(x+1)\cdots(x+n)}$$

收敛且其极限值为 $\varphi(x)=\ln f(x)$.

对任意 $x>1$,取正整数 k 和 $y\in(0,1]$ 使得 $x=k+y$,由于(ii)则

$$\begin{aligned}\varphi(x)&=\varphi(k+y)=\varphi(y)+\ln y(y+1)\cdots(y+k-1)\\&=\lim_{n\to+\infty}\left[\ln\frac{n^y n!}{y(y+1)\cdots(y+n)}+\ln y(y+1)\cdots(y+k-1)\right]\\&=\lim_{n\to+\infty}\left[\ln\frac{n^x n!}{x(x+1)\cdots(x+n)}\right.\\&\qquad\left.+\ln\frac{(x+n-k+1)(x+n-k+2)\cdots(x+n)}{n^k}\right].\end{aligned}$$

因为

$$\lim_{n\to+\infty}\ln\frac{(x+n-k+1)(x+n-k+2)\cdots(x+n)}{n^k}=0,$$

所以当 $x>1$ 时 $\lim\limits_{n\to+\infty}\ln\dfrac{n^x n!}{x(x+1)\cdots(x+n)}$ 也收敛且其极限值也是 $\varphi(x)$.

综合上述两种情况,利用对数函数及其反函数的连续性可知定理的结论成立.

注 由于 Γ 函数满足(i),(ii)和(iii),从而定理中的 $f(x)$ 满足

$$f(x) = \Gamma(x) = \lim_{n\to+\infty} n^x \frac{n!}{x(x+1)\cdots(x+n)}.$$

这是 $\Gamma(x)$的 Euler-Gauss 定义.

利用递推公式我们可以把 Γ 函数的定义域开拓到除去负整数和 0 的一切实数.设

$$x = -n + s,$$

其中 n 为正整数,$0<s<1$,定义

$$\Gamma(x) = \frac{\Gamma(s)}{(s-1)(s-2)\cdots(s-n)}$$
$$= (-1)^n \frac{\Gamma(s)}{(1-s)(2-s)\cdots(n-s)}.$$

由于

$$\Gamma(s) = \int_0^{+\infty} t^{s-1}\mathrm{e}^{-t}\mathrm{d}t = \int_0^{+\infty} t^{n+x-1}\mathrm{e}^{-t}\mathrm{d}t$$
$$= -\int_0^{+\infty} t^{n+x-1}\mathrm{d}(\mathrm{e}^{-t}-1)$$
$$= -t^{n+x-1}(\mathrm{e}^{-t}-1)\Big|_0^{+\infty}$$
$$+ (n+x-1)\int_0^{+\infty} t^{n+x-2}(\mathrm{e}^{-t}-1)\mathrm{d}t$$
$$= (n+x-1)\int_0^{+\infty} t^{n+x-2}(\mathrm{e}^{-t}-1)\mathrm{d}t.$$

若 $n\geqslant 2$,则

$$\Gamma(s) = -(n+x-1)\int_0^{+\infty} t^{n+x-2}\mathrm{d}(\mathrm{e}^{-t}-1+t)$$
$$= (n+x-1)(n+x-2)\int_0^{+\infty} t^{n+x-3}(\mathrm{e}^{-t}-1+t)\mathrm{d}t.$$

依次类推可得

$$\Gamma(s) = (-1)^n(1-s)\cdots(n-s)\int_0^{+\infty} t^{x-1}\left[\mathrm{e}^{-t} - \sum_{k=0}^{n-1}(-1)^k\frac{t^k}{k!}\right]\mathrm{d}t,$$

从而当 $-n<x<-(n-1)$时(n 为正整数)

$$\Gamma(x) = \int_0^1 t^{x-1}\left[\mathrm{e}^{-t} - \sum_{k=0}^{n-1}(-1)^k\frac{t^k}{k!}\right]\mathrm{d}t.$$

作为练习请读者证明开拓定义后的 Γ 函数仍具有以下性质:

当 x 是不为负整数和 0 的实数时,递推公式和余元公式均成立,即

$$\Gamma(x+1)=x\Gamma(x),\quad \Gamma(x)\Gamma(1-x)=\frac{\pi}{\sin\pi x}.$$

当 x 和 $2x$ 都是不为负整数和0的实数时,Legendre公式也成立,即

$$\Gamma(x)\Gamma\left(x+\frac{1}{2}\right)=\frac{\sqrt{\pi}}{2^{2x-1}}\Gamma(2x).$$

三、例题

例 14.3.1 设 $a>0$,求 $\lim\limits_{b\to+\infty}\int_0^{+\infty}x^{a-1}e^{-x^b}dx$.

解 令 $t=x^b$,则

$$\begin{aligned}\int_0^{+\infty}x^{a-1}e^{-x^b}dx&=\frac{1}{b}\int_0^{+\infty}t^{\frac{a}{b}-\frac{1}{b}}t^{\frac{1}{b}-1}e^{-t}dt\\&=\frac{1}{b}\int_0^{+\infty}t^{\frac{a}{b}-1}e^{-t}dt\\&=\frac{1}{b}\Gamma\left(\frac{a}{b}\right)=\frac{1}{a}\Gamma\left(\frac{a}{b}+1\right).\end{aligned}$$

由Γ函数的连续性可得

$$\lim_{b\to+\infty}\int_0^{+\infty}x^{a-1}e^{-x^b}dx=\lim_{b\to+\infty}\frac{1}{a}\Gamma\left(\frac{a}{b}+1\right)=\frac{1}{a}\Gamma(1)=\frac{1}{a}.$$

例 14.3.2 求 $I=\int_0^{+\infty}\frac{x^{r-1}}{(1+x^p)^q}dx$,其中 p,q,r 均为正数且 $pq>r$.

解 令 $y=x^p$,则

$$I=\frac{1}{p}\int_0^{+\infty}\frac{y^{\frac{r}{p}-\frac{1}{p}}y^{\frac{1}{p}-1}}{(1+y)^q}dy=\frac{1}{p}\int_0^{+\infty}\frac{y^{\frac{r}{p}-1}}{(1+y)^q}dy.$$

由于 p,q,r 均为正数且 $q>\frac{r}{p}$,则由(14.3.2)式可得

$$I=\frac{1}{p}B\left(\frac{r}{p},q-\frac{r}{p}\right)=\frac{1}{p}\frac{\Gamma\left(\frac{r}{p}\right)\Gamma\left(q-\frac{r}{p}\right)}{\Gamma(q)}.\tag{14.3.14}$$

例 14.3.3 设 m,n 都是大于 -1 的实数,求

$$I=\int_0^{\frac{\pi}{2}}\sin^m x\cos^n x\,dx.$$

解 令 $t=\sin x$,则

$$I=\int_0^1 t^m(1-t^2)^{\frac{n-1}{2}}dt=\frac{1}{2}\int_0^1 s^{\frac{m-1}{2}}(1-s)^{\frac{n-1}{2}}ds,$$

从而

$$I=\frac{1}{2}B\left(\frac{m+1}{2},\frac{n+1}{2}\right)=\frac{1}{2}\frac{\Gamma\left(\frac{m+1}{2}\right)\Gamma\left(\frac{n+1}{2}\right)}{\Gamma\left(\frac{m+n}{2}+1\right)}. \quad (14.3.15)$$

例 14.3.4　求$\int_0^{\frac{\pi}{2}}\sqrt[3]{\sin x}\,\mathrm{d}x\cdot\int_0^{\frac{\pi}{2}}\frac{1}{\sqrt[3]{\sin x}}\mathrm{d}x$.

解　由(14.3.15)式可得

$$\int_0^{\frac{\pi}{2}}\sqrt[3]{\sin x}\,\mathrm{d}x=\frac{1}{2}\frac{\Gamma\left(\frac{2}{3}\right)\Gamma\left(\frac{1}{2}\right)}{\Gamma\left(\frac{7}{6}\right)}=3\frac{\Gamma\left(\frac{2}{3}\right)\Gamma\left(\frac{1}{2}\right)}{\Gamma\left(\frac{1}{6}\right)},$$

$$\int_0^{\frac{\pi}{2}}\frac{1}{\sqrt[3]{\sin x}}\mathrm{d}x=\frac{1}{2}\frac{\Gamma\left(\frac{1}{3}\right)\Gamma\left(\frac{1}{2}\right)}{\Gamma\left(\frac{5}{6}\right)}.$$

由余元公式可知

$$\Gamma\left(\frac{2}{3}\right)\Gamma\left(\frac{1}{3}\right)=\frac{\pi}{\sin\frac{\pi}{3}}=\frac{2}{\sqrt{3}}\pi,\quad\Gamma\left(\frac{1}{6}\right)\Gamma\left(\frac{5}{6}\right)=\frac{\pi}{\sin\frac{\pi}{6}}=2\pi,$$

又$\Gamma\left(\frac{1}{2}\right)=\sqrt{\pi}$,所以

$$\int_0^{\frac{\pi}{2}}\sqrt[3]{\sin x}\,\mathrm{d}x\cdot\int_0^{\frac{\pi}{2}}\frac{1}{\sqrt[3]{\sin x}}\mathrm{d}x=\frac{3}{2}\frac{\Gamma\left(\frac{2}{3}\right)\Gamma\left(\frac{1}{3}\right)\Gamma^2\left(\frac{1}{2}\right)}{\Gamma\left(\frac{1}{6}\right)\Gamma\left(\frac{5}{6}\right)}=\frac{\sqrt{3}}{2}\pi.$$

例 14.3.5　求$I=\int_0^{+\infty}\cos x^p\,\mathrm{d}x$,其中$p>1$.

解　令$x^p=y$,则

$$I=\frac{1}{p}\int_0^{+\infty}\frac{\cos y}{y^{1-\frac{1}{p}}}\mathrm{d}y.$$

由于

$$\frac{1}{y^{1-\frac{1}{p}}}=\frac{1}{\Gamma\left(1-\frac{1}{p}\right)}\int_0^{+\infty}t^{-\frac{1}{p}}\mathrm{e}^{-yt}\mathrm{d}t\quad(y>0),$$

从而

$$I=\frac{1}{p\Gamma\left(1-\frac{1}{p}\right)}\int_0^{+\infty}\mathrm{d}y\int_0^{+\infty}t^{-\frac{1}{p}}\mathrm{e}^{-yt}\cos y\,\mathrm{d}t.$$

可以证明上面的累次积分次序可交换(具体证明留给读者),则

$$I=\frac{1}{p\Gamma\left(1-\frac{1}{p}\right)}\int_0^{+\infty}t^{-\frac{1}{p}}\mathrm{d}t\int_0^{+\infty}\mathrm{e}^{-yt}\cos y\mathrm{d}y.$$

由当 $t>0$ 时,

$$\begin{aligned}\int_0^{+\infty}\mathrm{e}^{-yt}\cos y\mathrm{d}y&=\mathrm{e}^{-yt}\sin y\Big|_0^{+\infty}+t\int_0^{+\infty}\mathrm{e}^{-yt}\sin y\mathrm{d}y\\&=t\int_0^{+\infty}\mathrm{e}^{-yt}\sin y\mathrm{d}y\\&=-t\mathrm{e}^{-yt}\cos y\Big|_0^{+\infty}-t^2\int_0^{+\infty}\mathrm{e}^{-yt}\cos y\mathrm{d}y\\&=t-t^2\int_0^{+\infty}\mathrm{e}^{-yt}\cos y\mathrm{d}y,\end{aligned}$$

所以

$$\int_0^{+\infty}\mathrm{e}^{-yt}\cos y\mathrm{d}y=\frac{t}{1+t^2}.$$

于是

$$I=\frac{1}{p\Gamma\left(1-\frac{1}{p}\right)}\int_0^{+\infty}\frac{t^{1-\frac{1}{p}}}{1+t^2}\mathrm{d}t.$$

由(14.3.14)式可得

$$\begin{aligned}I&=\frac{1}{2p\Gamma\left(1-\frac{1}{p}\right)}\Gamma\left(1-\frac{1}{2p}\right)\Gamma\left(\frac{1}{2p}\right)=\frac{\pi}{2p\Gamma\left(1-\frac{1}{p}\right)\sin\frac{\pi}{2p}}\\&=\frac{\pi\Gamma\left(\frac{1}{p}\right)}{2p\Gamma\left(1-\frac{1}{p}\right)\Gamma\left(\frac{1}{p}\right)\sin\frac{\pi}{2p}}=\frac{1}{p}\Gamma\left(\frac{1}{p}\right)\cos\frac{\pi}{2p}.\end{aligned}$$

习 题 14

1. 求下列极限:

(i) $\lim\limits_{\alpha\to0}\int_\alpha^{1+\alpha}\frac{\mathrm{d}x}{1+x^2+\alpha}$;　　(ii) $\lim\limits_{\alpha\to0}\int_0^1 x^2\cos\alpha x\mathrm{d}x$;

(iii) $\lim\limits_{n\to+\infty}\int_0^1\frac{\mathrm{d}x}{\left(1+\frac{x}{n}\right)^n}$;　　(iv) $\lim\limits_{\alpha\to+\infty}\int_0^1 x\mathrm{e}^{-x^\alpha}\mathrm{d}x$.

2. 设 $f(x)$在$[0,1]$上连续,求证

$$\lim_{t\to 0}\int_0^1 \frac{t}{t^2+x^2}f(x)\mathrm{d}x = \frac{\pi}{2}f(0).$$

3. 求下列函数的导数：

(i) $F(x) = \int_x^{x^2} \mathrm{e}^{-xy^2}\mathrm{d}y$；

(ii) $F(x) = \int_0^x \frac{\ln(1+xy)}{y}\mathrm{d}y$；

(iii) $F(x) = \int_x^{\frac{\pi}{2}} \frac{\cos(x+y)}{x+y}\mathrm{d}y \quad (x>0)$；

(iv) $F(x) = \int_0^x f(x+y)\mathrm{d}y$，其中 $f(x)$ 连续.

4. 设 $f(x,t)$，$f_x(x,t)$连续，记

$$u(x,t) = \frac{1}{2a}\int_0^t \mathrm{d}\tau\int_{x-a(t-\tau)}^{x+a(t-\tau)} f(\xi,\tau)\mathrm{d}\xi,$$

其中 a 为正常数，求证 $u(x,t)$满足

$$\frac{\partial^2 u}{\partial t^2} = a^2\frac{\partial^2 u}{\partial x^2} + f(x,t).$$

5. 设 n 为整数，记

$$J_n(x) = \frac{1}{\pi}\int_0^\pi \cos(n\varphi - x\sin\varphi)\mathrm{d}\varphi,$$

求证 $J_n(x)$满足 Bessel 方程

$$x^2J_n''(x) + xJ_n'(x) + (x^2-n^2)J_n(x) = 0.$$

6. 已给椭圆积分

$$E(k) = \int_0^{\frac{\pi}{2}} \sqrt{1-k^2\sin^2\varphi}\,\mathrm{d}\varphi,\quad F(k) = \int_0^{\frac{\pi}{2}} \frac{1}{\sqrt{1-k^2\sin^2\varphi}}\mathrm{d}\varphi.$$

其中$|k|<1$，求证：

(i) $kF'(k)+F(k)=\frac{E(k)}{1-k^2}$；

(ii) $E''(k)+\frac{1}{k}E'(k)+\frac{1}{1-k^2}E(k)=0 \quad (k\neq 0)$.

7. 求下列定积分：

(i) $\int_0^{\frac{\pi}{2}} \ln\frac{1+a\sin x}{1-a\sin x}\mathrm{d}x \quad (|a|<1)$；

(ii) $\int_0^{\frac{\pi}{2}} \ln(a^2-\sin^2 x)\mathrm{d}x \quad (|a|>1)$；

(iii) $\int_0^\pi \ln(1-2r\cos\theta+r^2)\mathrm{d}\theta \quad (|r|<1)$；

(iv) $\int_0^1 \cos\left(\ln\frac{1}{x}\right)\frac{x^b-x^a}{\ln x}\mathrm{d}x \quad (a,b>0)$.

8. 设 $I(a) = \int_0^\pi \ln(1+a\cos\theta)\mathrm{d}\theta$，其中 $|a|<1$，求证

$$\lim_{a\to 1} I(a) = \int_0^{\pi} \ln(1+\cos\theta)\mathrm{d}\theta.$$

9. 求 $I = \int_0^1 \frac{x-1}{\ln x}\mathrm{d}x$.

10. 设 $f(x)$在$[0,1]$上一阶导数连续且 $f(0)=0$,令

$$\varphi(x) = \int_0^x \frac{f(t)}{\sqrt{x-t}}\mathrm{d}t, \quad 0 < x \leqslant 1,$$

$$\varphi(0) = 0.$$

求证:

(i) $\varphi(x)$在$[0,1]$上一阶导数连续且

$$\varphi'(x) = \int_0^x \frac{f'(t)}{\sqrt{x-t}}\mathrm{d}t, \quad 0 < x \leqslant 1,$$

$$\varphi'(0) = 0.$$

(ii) $f(x) = \frac{1}{\pi}\int_0^x \frac{\varphi'(t)}{\sqrt{x-t}}\mathrm{d}t, \quad 0 < x \leqslant 1.$

11. 设 $f(x,t)$在$[a,b]\times[c,d]$上有界,对任意 $t\in[c,d]$,$f(x,t)$作为 x 的函数在$[a,b]$上可积,对任意 $x\in[a,b]$,$f(x,t)$作为 t 的函数在$[c,d]$上连续,求证 $\varphi(t) = \int_a^b f(x,t)\mathrm{d}x$ 在$[c,d]$上连续.

12. 设 $f(x,t)$在$[a,b]\times[c,d]$上有定义,且对任意 $t\in[c,d]$,$f(x,t)$作为 x 的函数在$[a,b]$上可积,若 $f_t(x,t)$在$[a,b]\times[c,d]$上存在有界,对于任意 $t\in[c,d]$,$f_t(x,t)$作为 x 的函数在$[a,b]$上可积,则 $\varphi(t) = \int_a^b f(x,t)\mathrm{d}x$ 在$[c,d]$上导数存在且

$$\varphi'(t) = \int_a^b f_t(x,t)\mathrm{d}x.$$

13. 设 $f(x,t)$ 在$[a,b]\times[c,d]$上有界,对任意 $t\in[c,d]$,$\int_a^b f(x,t)\mathrm{d}x$ 存在,对任意 $x\in[a,b]$,$\int_c^d f(x,t)\mathrm{d}t$ 存在,求证以下两个累次积分中一个存在则另一个必存在且相等,即

$$\int_c^d \mathrm{d}t\int_a^b f(x,t)\mathrm{d}x = \int_a^b \mathrm{d}x\int_c^d f(x,t)\mathrm{d}t.$$

14. 研究下列积分关于 α 在指定区间的一致收敛性:

(i) $\int_0^{+\infty} x\mathrm{e}^{-x}\sin\alpha x\mathrm{d}x \quad (-\infty < \alpha < +\infty)$;

(ii) $\int_0^{+\infty} \frac{x\sin\alpha x}{1+x^2}\mathrm{d}x \quad (-\infty < \alpha < +\infty)$;

(iii) $\int_0^{+\infty} \sqrt{\alpha}\mathrm{e}^{-\alpha x^2}\mathrm{d}x \quad (0 \leqslant \alpha < +\infty)$;

(iv) $\int_0^{+\infty} \mathrm{e}^{-(x-\alpha)^2}\mathrm{d}x \quad (a \leqslant \alpha \leqslant b)$;

(v) $\int_0^{+\infty} \frac{\sin x^2}{1+x^\alpha}dx \quad (0 \leqslant \alpha < +\infty)$.

15. 求证$\int_a^{+\infty} f(x,t)dx$ 关于 $t \in I$ 一致收敛的充分必要条件是对于任何数列 $a = a_0 < a_1 < a_2 < \cdots$, $\lim_{n\to\infty} a_n = +\infty$,级数 $\sum_{n=0}^{\infty}\int_{an}^{an+1} f(x,t)dx$ 在 I 上一致收敛.

16. 设 $\alpha \geqslant 0, \beta \geqslant 0$,讨论积分

$$\int_0^{+\infty} \frac{1}{1+x^\alpha |\sin x|^\beta}dx$$

的收敛性和关于 α,β 的一致收敛性.

17. 研究下列函数在指定区间的连续性:

(i) $F(\alpha) = \int_0^{+\infty} \frac{x}{1+x^\alpha}dx \quad (\alpha > 2)$;

(ii) $F(\alpha) = \int_1^{+\infty} \frac{\cos x}{x^\alpha}dx \quad (\alpha > 0)$;

(iii) $F(\alpha) = \int_0^{+\infty} \alpha e^{-\alpha^2 x^2}dx \quad (-\infty < \alpha < +\infty)$.

18. 求证 $F(\alpha) = \int_0^{+\infty} \frac{e^{-x}}{|\sin x|^\alpha}dx$ 在$(0,1)$内连续.

19. 求证

$$I(\lambda) = \int_0^{+\infty} x\sin(x^3 - \lambda x)dx$$

在$(-\infty,+\infty)$内存在连续.

20. 求证

$$\lim_{n\to\infty}\int_0^{+\infty}\left(1+\frac{x^2}{n}\right)^{-n}dx = \int_0^{+\infty} e^{-x^2}dx.$$

21. 设 $f(x)$在$[0,+\infty)$上连续且存在 $t_0>0$,使得积分

$$\int_0^{+\infty}\frac{f(x)}{t_0+x}dx$$

收敛.求证对任意 $t>0$,$\int_0^{+\infty}\frac{f(x)}{t+x}dx$ 收敛且函数

$$\varphi(t) = \int_0^{+\infty}\frac{f(x)}{t+x}dx.$$

当 $t>0$ 时任意次连续可微.进一步求证对任意 $t>0 \quad \varepsilon>0$,积分

$$\int_0^{+\infty}\frac{f(x)}{(x-t)^2+\varepsilon^2}dx$$

收敛且

$$\lim_{\varepsilon\to 0^+}\int_0^{+\infty}\frac{\varepsilon f(x)}{(x-t)^2+\varepsilon^2}dx = \pi f(t).$$

22. 设 $x \geqslant 0$,求

$$F(x) = \int_0^{+\infty}\frac{1-e^{-xt^2}}{t^2}dt.$$

23. 求 $I=\int_0^{+\infty}\frac{e^{-a^2x^2}-e^{-b^2x^2}}{x^2}dx$,

其中 a,b 均为正数.

24. 设 $a,b>0$,求

$$I=\int_0^{+\infty}\frac{\sin ax\sin bx}{x^2}dx.$$

25. 求

$$I=\int_0^{+\infty}\frac{1-e^{-t}}{t}\cos t\,dt.$$

26. 求

$$I=\int_0^{+\infty}\frac{\sin^3x}{x}dx.$$

27. 求

$$I=\int_0^{+\infty}\frac{\ln^2(1+x^2)}{x^4}dx.$$

28. 求

$$I=\int_0^{+\infty}\left(\frac{\sin x}{x}\right)^4dx.$$

29. 求

$$I=\int_0^{+\infty}\frac{\cos ax}{(1+x^2)^2}dx.$$

30. 设 $p,q>0,c<a<b$,求

$$I=\int_a^b\frac{(x-a)^{p-1}(b-x)^{q-1}}{(x-c)^{p+q}}dx.$$

31. 利用不等式

$$\int_0^{\frac{\pi}{2}}\sin^{2k+2}x\,dx<\int_0^{\frac{\pi}{2}}\sin^{2k+1}x\,dx<\int_0^{\frac{\pi}{2}}\sin^{2k}x\,dx,$$

其中 k 为正整数,证明

$$\frac{\pi}{2}\cdot\frac{1\cdot3\cdots2k+1}{2\cdot4\cdots2k+2}<\frac{2\cdot4\cdots2k}{1\cdot3\cdots2k-1}\cdot\frac{1}{2k+1}<\frac{\pi}{2}\cdot\frac{1\cdot3\cdots2k-1}{2\cdot4\cdots2k}.$$

进一步证明 Wallis 公式

$$\lim_{k\to\infty}\frac{1}{2k+1}\left(\frac{2\cdot4\cdots2k}{1\cdot3\cdots2k-1}\right)^2=\frac{\pi}{2}.$$

32. 求证

$$\prod_{m=1}^{n}\int_0^{+\infty}x^{m-1}e^{-x^n}dx=\left(\frac{1}{n}\right)^{n+\frac{1}{2}}(2\pi)^{\frac{n-1}{2}}.$$

33. 设 $p>1$,求证

$$\int_0^{+\infty}dy\int_0^{+\infty}t^{-\frac{1}{p}}e^{-yt}\cos y\,dt=\int_0^{+\infty}dt\int_0^{+\infty}t^{-\frac{1}{p}}e^{-yt}\cos y\,dy.$$

34. 设 $a\geqslant0$,求

$$I = \int_a^{a+1} \ln\Gamma(x)\mathrm{d}x.$$

35. 求

$$I = \int_0^1 (\ln\Gamma(x))\cos 2n\pi x\mathrm{d}x,$$

其中 n 为正整数.

36. 设 $0<\alpha<\beta$,求

$$I = \int_0^{+\infty} \frac{\mathrm{e}^{\alpha x} - \mathrm{e}^{-\alpha x}}{\mathrm{e}^{\beta x} - \mathrm{e}^{-\beta x}}\mathrm{d}x.$$

37. 求证 Euler 公式

$$\int_0^{+\infty} t^{x-1}\mathrm{e}^{-\lambda t\cos\alpha}\cos(\lambda t\sin\alpha)\mathrm{d}t = \frac{\Gamma(x)}{\lambda^x}\cos\alpha x,$$

$$\int_0^{+\infty} t^{x-1}\mathrm{e}^{-\lambda t\cos\alpha}\sin(\lambda t\sin\alpha)\mathrm{d}t = \frac{\Gamma(x)}{\lambda^x}\sin\alpha x,$$

其中 $\lambda>0, x>0, -\frac{\pi}{2}<\alpha<\frac{\pi}{2}$.

38. 设 $\lambda>0, k>0$,求

$$I = \int_0^{+\infty} x^{\lambda-1}\mathrm{e}^{-kx}\cos x\mathrm{d}x,$$

$$J = \int_0^{+\infty} x^{\lambda-1}\mathrm{e}^{-kx}\sin x\mathrm{d}x.$$

39. 设 $0<\lambda<1, k>0$,求

$$J = \int_0^{+\infty} \frac{y^{-\lambda}}{1+(y+k)^2}\mathrm{d}y.$$

40. 设 $s>0$,求证

$$\frac{\Gamma'(s)}{\Gamma(s)} = \lim_{a\to 0^+}[\Gamma(a) - B(a,s)].$$

41. 设 $s>0$,求证

$$\frac{\Gamma'(s)}{\Gamma(s)} = \int_0^{+\infty}\left[\mathrm{e}^{-x} - \frac{1}{(1+x)^s}\right]\frac{\mathrm{d}x}{x}.$$

42. 求证

$$\Gamma'(1) = -c,$$

其中 c 为 Euler 常数,即

$$c = \lim_{n\to+\infty}\left(1 + \frac{1}{2} + \cdots + \frac{1}{n} - \ln n\right).$$

第十五章　重　积　分

仿照一元函数定积分的思想,本章我们讨论二元函数在 $\mathbf{R}^2$ 中有界闭区域上的积分,三元函数在 $\mathbf{R}^3$ 中有界闭区域上的积分,以及 n 元函数在 $\mathbf{R}^n$ 中有界闭区域上的积分,分别称它们为二重积分,三重积分和 n 重积分. 重积分的实际背景与定积分类似,请看以下简单的例子.

设 $D=[a,b]\times[c,d]=\{(x,y)\in\mathbf{R}^2\mid a\leqslant x\leqslant b,c\leqslant y\leqslant d\}$ 是 $\mathbf{R}^2$ 中的闭矩形区域,$f(x,y)$为定义在 D 上的非负函数. 记

$$V=\{(x,y,z)\in\mathbf{R}^3\mid(x,y)\in D,0\leqslant z\leqslant f(x,y)\},$$

V 是 $\mathbf{R}^3$ 中的一个曲顶柱体,下面来研究这个曲顶柱体的体积(如图 15.0). 为简单起见,我们既用 V 表示这个曲顶柱体,又用 V 表示其体积. 类似于讲定积分时计算曲边梯形的面积,首先将矩形 D 分割为若干个小区域,例如 $T=\{\Delta\sigma_{ij}\}$,其中 $i=1,\cdots,m,j=1,\cdots,l$,且

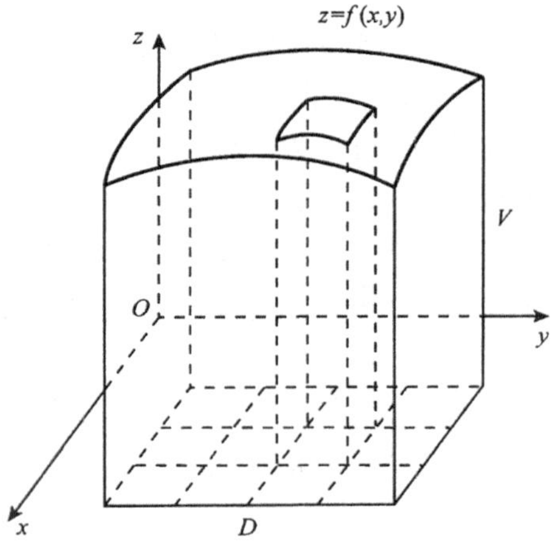

图 15.0

$$\Delta\sigma_{ij}=\{(x,y)\in\mathbf{R}^2\mid x_{i-1}\leqslant x\leqslant x_i,y_{j-1}\leqslant y\leqslant y_j\},$$
$$a=x_0<x_1<\cdots<x_m=b,$$
$$c=y_0<y_1<\cdots<y_l=d.$$

这里用 $\Delta\sigma_{ij}$ 既表示小矩形这个集合又表示它的面积 $\Delta x_i\Delta y_j$,其中 $\Delta x_i=x_i-$

x_{i-1}, $\Delta y_j = y_j - y_{j-1}$. 在每一个 $\Delta\sigma_{ij}$ 中任取一点 $(\xi_{ij}, \eta_{ij}) \in \Delta\sigma_{ij}$, 则 $f(\xi_{ij}, \eta_{ij})\Delta\sigma_{ij}$ 近似于小曲顶柱体

$$\Delta V_{ij} = \{(x, y, z) \in \mathbf{R}^3 \mid (x, y) \in \Delta\sigma_{ij}, 0 \leqslant z \leqslant f(x, y)\}$$

的体积 ΔV_{ij}, 故

$$V = \sum_{j=1}^{l}\sum_{i=1}^{m}\Delta V_{ij} \approx \sum_{j=1}^{l}\sum_{i=1}^{m} f(\xi_{ij}, \eta_{ij})\Delta\sigma_{ij}$$

记 $\mathrm{d}(T) = \max\limits_{i,j}\mathrm{d}(\Delta\sigma_{ij})$, 其中

$$\mathrm{d}(\Delta\sigma_{ij}) = \sup_{x, y \in \Delta\sigma_{ij}} |x - y|,$$

在一定条件下, 例如 $f(x, y)$ 在 D 上连续, 可以证明当 $\mathrm{d}(T) \to 0$ 时, 和数 $\sum\limits_{j=1}^{l}\sum\limits_{i=1}^{m} f(\xi_{ij}, \eta_{ij})\Delta\sigma_{ij}$ 收敛, 且极限值与 D 的分割方法及 (ξ_{ij}, η_{ij}) 的选取无关. 这个极限值应是所求曲顶柱体的体积 V. 这样的和数极限就是下面我们要定义的二重 Riemann 积分, 简称二重积分, D 是积分区域, $f(x, y)$ 是被积函数.

大家知道讨论在一个闭区间上的定积分, 对于一元的积分实际问题就基本够用了, 但多元情形却不然. 例如上述曲顶柱体的体积问题, 一般来说 D 未必是矩形区域, 它可以是各种各样的有界闭区域. 对 D 分割所得的小区域也未必全是小矩形区域. 这样一来, 为了定义二重积分, 首先要研究 $\mathbf{R}^2$ 中有界闭区域的面积是否存在的问题. 同样为了定义三重积分就必须先定义 $\mathbf{R}^3$ 中有界闭区域的体积. 一般为了定义 n 重积分就要先定义 $\mathbf{R}^n$ 中有界闭区域的所谓"体积", 在数学上统称为测度. 对于 $\mathbf{R}^n$ 中有界集可以有不同的测度概念. 在我们这个课程里所讨论的积分都是 Riemann 积分, 相应的测度就是所谓的 Jordan 测度.

本章首先介绍 $\mathbf{R}^n$ 中的 Jordan 测度, 然后讨论重积分的概念和性质. 接下来很大的篇幅是讨论重积分的计算与应用.

§15.1　$\mathbf{R}^n$ 中的 Jordan 测度

首先由直观定义 $\mathbf{R}^n$ 中标准长方体

$$H = \{x = (x_1, \cdots, x_n) \in \mathbf{R}^n \mid a_i \leqslant x_i \leqslant b_i, i = 1, \cdots, n\}$$

的体积(或测度)为 $V(H) = \prod\limits_{i=1}^{n}(b_i - a_i)$. 设 $Q \subseteq \mathbf{R}^n$, 如果 Q 是 $\mathbf{R}^n$ 中的有限个标准长方体的并集, 则称 Q 为 $\mathbf{R}^n$ 中的简单集. 易知, 若 Q 是 $\mathbf{R}^n$ 中的简单

集,则存在 $\mathbf{R}^n$ 中有限个标准长方体 $H_1,\cdots,H_m$,使得

$$H_i^0 \cap H_j^0 = \phi, i \neq j, Q = \bigcup_{i=1}^{m} H_i,$$

其中 H_i^0 表示集合 H_i 的内部.可以证明 $\sum_{i=1}^{m} V(H_i)$ 与 Q 的上述表示方法无关.从而可定义 $\sum_{i=1}^{m} V(H_i)$ 为 Q 的体积(或测度).约定空集为简单集,其测度为 0.

设 Ω 是 $\mathbf{R}^n$ 中的有界集,定义

$$V^-(\Omega) = \sup\{V(Q) \mid Q \text{ 为简单集且 } Q \subseteq \Omega\},$$
$$V^+(\Omega) = \inf\{V(Q) \mid Q \text{ 为简单集且 } Q \supseteq \Omega\}.$$

分别称 $V^-(\Omega)$ 和 $V^+(\Omega)$ 为 Ω 的 Jordan 内测度和外测度,显然 $V^-(\Omega) \leqslant V^+(\Omega)$.若 $V^-(\Omega) = V^+(\Omega)$,则称 Ω 在 $\mathbf{R}^n$ 中 Jordan 可测,且称 $V^-(\Omega) = V^+(\Omega)$ 为 Ω 在 $\mathbf{R}^n$ 中的 Jordan 测度,记为 $V(\Omega)$.显然简单集 Jordan 可测且它的 Jordan 测度就是由直观定义的体积.以下简称 Jordan 可测为 J 可测,Jordan 测度为 J 测度.J 可测有以下性质.

(i) 若 Ω J 可测,则 Ω^0,$\bar{\Omega}$ 都 J 可测,且

$$V(\Omega^0) = V(\Omega) = V(\bar{\Omega});$$

证 记 $V = V(\Omega)$.由于 $\Omega^0 \subseteq \Omega$,所以由定义易知

$$V^-(\Omega^0) \leqslant V^-(\Omega) = V(\Omega) = V,$$
$$V^+(\Omega^0) \leqslant V^+(\Omega) = V(\Omega) = V.$$

任给 $\varepsilon > 0$,存在简单集 Q_1 使得 $Q_1 \subseteq \Omega$,且

$$V(Q_1) > V^-(\Omega) - \frac{\varepsilon}{2} = V - \frac{\varepsilon}{2}.$$

由简单集的定义易知对于 Q_1 存在简单集 Q_2 使得 $Q_2 \subseteq Q_1^0$,且

$$V(Q_2) > V(Q_1) - \frac{\varepsilon}{2}.$$

由于 $Q_2 \subseteq Q_1^0 \subseteq \Omega^0$,从而

$$V^-(\Omega^0) \geqslant V(Q_2) > V(Q_1) - \frac{\varepsilon}{2} > V - \varepsilon.$$

于是有

$$V - \varepsilon < V^-(\Omega^0) \leqslant V.$$

由 ε 之任意性得 $V^-(\Omega^0) = V$.再由

$$V = V^-(\Omega^0) \leqslant V^+(\Omega^0) \leqslant V$$

可得

$$V^{-}(\Omega^{0})=V^{+}(\Omega^{0})=V,$$

即 Ω^0J 可测且其 J 测度为 V. 同理可证

$$V^{-}(\bar{\Omega})=V^{+}(\bar{\Omega})=V.$$

注　此性质的逆不真，即 Ω^0J 可测，$\bar{\Omega}$J 可测，Ω 未必 J 可测. 例如在 $\mathbf{R}^1$ 中记[0,1]中的所有有理数组成的集合为 M，则易知 $V^{-}(M)=0, V^{+}(M)=1$，从而 M 在 $\mathbf{R}^1$ 中不是 J 可测. 但 $M^0=\phi, \bar{M}=[0,1]$，显然均在 $\mathbf{R}^1$ 中 J 可测.

(ii) 若 Ω_1 和 Ω_2 都 J 可测，则 $\Omega_1\cup\Omega_2, \Omega_1\cap\Omega_2$ 和 $\Omega_1\setminus\Omega_2$ 也都 J 可测，且

$$V(\Omega_1\cup\Omega_2)\leqslant V(\Omega_1)+V(\Omega_2),$$

其中等号成立的充要条件是 $V(\Omega_1\cap\Omega_2)=0$.

证　首先容易证明当 Ω_1 和 Ω_2 都是简单集时，此性质成立，且

$$V(\Omega_1\cup\Omega_2)=V(\Omega_1)+V(\Omega_2)-V(\Omega_1\cap\Omega_2).\quad(15.1.1)$$

设 Ω_1 和 Ω_2 都是 J 可测集. 任给 $\varepsilon>0$，存在简单集 Q_1 和 Q_2，使得 $Q_1\supseteq\Omega_1, Q_2\supseteq\Omega_2$，且

$$V(Q_1)<V(\Omega_1)+\frac{\varepsilon}{2},\quad V(Q_2)<V(\Omega_2)+\frac{\varepsilon}{2}.$$

由于 $\Omega_1\cup\Omega_2\subseteq Q_1\cup Q_2$，从而由(15.1.1)式得

$$\begin{aligned}V^{+}(\Omega_1\cup\Omega_2)&\leqslant V(Q_1\cup Q_2)=V(Q_1)+V(Q_2)-V(Q_1\cap Q_2)\\&<V(\Omega_1)+V(\Omega_2)+\varepsilon-V(Q_1\cap Q_2).\end{aligned}$$

再由 $Q_1\cap Q_2\supseteq\Omega_1\cap\Omega_2$，可知 $V(Q_1\cap Q_2)\geqslant V^{+}(\Omega_1\cap\Omega_2)$，于是有

$$V^{+}(\Omega_1\cup\Omega_2)<V(\Omega_1)+V(\Omega_2)-V^{+}(\Omega_1\cap\Omega_2)+\varepsilon.$$

由 ε 的任意性可得

$$V^{+}(\Omega_1\cup\Omega_2)\leqslant V(\Omega_1)+V(\Omega_2)-V^{+}(\Omega_1\cap\Omega_2).\quad(15.1.2)$$

另一方面，对于任给的 $\varepsilon>0$，存在简单集 Q_3 和 Q_4，使得 $Q_3\subseteq\Omega_1, Q_4\subseteq\Omega_2$ 且

$$V(Q_3)>V(\Omega_1)-\frac{\varepsilon}{2},\quad V(Q_4)>V(\Omega_2)-\frac{\varepsilon}{2}.$$

由于 $Q_3\cup Q_4\subseteq\Omega_1\cup\Omega_2$，从而由(15.1.1)式得

$$\begin{aligned}V^{-}(\Omega_1\cup\Omega_2)&\geqslant V(Q_3\cup Q_4)=V(Q_3)+V(Q_4)-V(Q_3\cap Q_4)\\&>V(\Omega_1)+V(\Omega_2)-\varepsilon-V(Q_3\cap Q_4).\end{aligned}$$

显然 $Q_3\cap Q_4\subseteq\Omega_1\cap\Omega_2$，所以

$$V(Q_3\cap Q_4)\leqslant V^-(\Omega_1\cap\Omega_2).$$

于是可得

$$V^-(\Omega_1\cup\Omega_2)>V(\Omega_1)+V(\Omega_2)-V^-(\Omega_1\cap\Omega_2)-\varepsilon.$$

由 ε 的任意性，则

$$V^-(\Omega_1\cup\Omega_2)\geqslant V(\Omega_1)+V(\Omega_2)-V^-(\Omega_1\cap\Omega_2). \quad (15.1.3)$$

比较(15.1.2)和(15.1.3)式，再由 $V^-(\Omega_1\cup\Omega_2)\leqslant V^+(\Omega_1\cup\Omega_2)$，$V^-(\Omega_1\cap\Omega_2)\leqslant V^+(\Omega_1\cap\Omega_2)$，立即可得

$$V^-(\Omega_1\cup\Omega_2)=V^+(\Omega_1\cup\Omega_2),$$

$$V^-(\Omega_1\cap\Omega_2)=V^+(\Omega_1\cap\Omega_2).$$

由此可知 $\Omega_1\cup\Omega_2$ 和 $\Omega_1\cap\Omega_2$ 都 J 可测，且(15.1.1)式对任何 J 可测集 Ω_1 和 Ω_2 都成立.

余下来证明 $\Omega_1\setminus\Omega_2$ 的 J 可测性. 任给 $\varepsilon>0$，存在简单集 Q_1 和 Q_2，使得 $Q_1\supseteq\Omega_1$，$Q_2\subseteq\Omega_1\cap\Omega_2$，且

$$V(Q_1)<V(\Omega_1)+\frac{\varepsilon}{2},\quad V(Q_2)>V(\Omega_1\cap\Omega_2)-\frac{\varepsilon}{2}.$$

显然 $Q_1\setminus Q_2\supseteq\Omega_1\setminus\Omega_2$. 易知性质(ii)对于简单集成立，所以 $Q_1\setminus Q_2$ J 可测. 再由

$$Q_1=(Q_1\setminus Q_2)\cup(Q_1\cap Q_2),$$

且 $(Q_1\setminus Q_2)\cap(Q_1\cap Q_2)=\phi$，从而由(15.1.1)式得

$$V(Q_1)=V(Q_1\setminus Q_2)+V(Q_1\cap Q_2).$$

于是

$$V^+(\Omega_1\setminus\Omega_2)\leqslant V(Q_1\setminus Q_2)=V(Q_1)-V(Q_1\cap Q_2).$$

由于 $Q_1\cap Q_2=Q_2$，则

$$V^+(\Omega_1\setminus\Omega_2)\leqslant V(Q_1)-V(Q_2)<V(\Omega_1)-V(\Omega_1\cap\Omega_2)+\varepsilon.$$

由 ε 之任意性可得

$$V^+(\Omega_1\setminus\Omega_2)\leqslant V(\Omega_1)-V(\Omega_1\cap\Omega_2). \quad (15.1.4)$$

另一方面，对任给的 $\varepsilon>0$，存在简单集 Q_3 和 Q_4 使得 $Q_3\subseteq\Omega_1$，$Q_4\supseteq\Omega_1\cap\Omega_2$，且

$$V(Q_3)>V(\Omega_1)-\frac{\varepsilon}{2},\quad V(Q_4)<V(\Omega_1\cap\Omega_2)+\frac{\varepsilon}{2}.$$

显然 $Q_3 \setminus Q_4 \subseteq \Omega_1 \setminus \Omega_2$,则

$$V^-(\Omega_1 \setminus \Omega_2) \geqslant V(Q_3 \setminus Q_4) = V(Q_3) - V(Q_3 \cap Q_4)$$
$$\geqslant V(Q_3) - V(Q_4) > V(\Omega_1) - V(\Omega_1 \cap \Omega_2) + \varepsilon.$$

由 ε 之任意性可得

$$V^-(\Omega_1 \setminus \Omega_2) \geqslant V(\Omega_1) - V(\Omega_1 \cap \Omega_2), \tag{15.1.5}$$

比较(15.1.4)和(15.1.5)式可知 $\Omega_1 \setminus \Omega_2$J 可测,且

$$V(\Omega_1 \setminus \Omega_2) = V(\Omega_1) - V(\Omega_1 \cap \Omega_2).$$

由性质(ii)可知任意有限多个 J 可测集 $\Omega_1, \cdots, \Omega_m$ 其并集和交集都 J 可测,且 $V(\bigcup_{i=1}^{m}\Omega_i) \leqslant \sum_{i=1}^{m} V(\Omega_i)$,其中等号成立的充要条件是 $V(\Omega_i \cap \Omega_j) = 0$, $i, j = 1, \cdots, m, i \neq j$. 上述性质一般称为 Jordan 测度的有限可加性. Jordan 测度没有所谓完全可加性,即可数无穷多个 J 可测集其并集和交集都未必 J 可测. 例如在 $\mathbf{R}^1$ 中$[0,1]$上的所有有理数有可数无穷多个,即它们可排为 r_1, $r_2, \cdots, r_n, \cdots$. 显然 $\mathbf{R}^1$ 中任意单点集都 J 可测且其 J 测度为 0,但 $M = \bigcup_{i=1}^{\infty}\{r_i\}$ 不 J 可测.

$\mathbf{R}^n$ 中的一个 J 可测集,如果它的 J 测度为 0,则称其为 $\mathbf{R}^n$ 中的 Jordan 零测集,简称为 $\mathbf{R}^n$ 中的 J 零集. 显然 $\mathbf{R}^n$ 中的有界集 A 是 J 零集$\Leftrightarrow V^+(A) = 0$,即任给 $\varepsilon > 0$,存在 $\mathbf{R}^n$ 中的有限个标准长方体 $H_1, \cdots, H_m$,使得 $A \subseteq \bigcup_{i=1}^{m} H_i$ 且

$$\sum_{i=1}^{m} V(H_i) < \varepsilon.$$

例 15.1.1　设 $f(x)$在闭区间$[a,b]$上有界,令

$$A = \{(x,y) \in \mathbf{R}^2 \mid a \leqslant x \leqslant b, y = f(x)\},$$

则 A 是 $\mathbf{R}^2$ 中的 J 零集的充分条件是 $f(x)$在$[a,b]$上可积.

证　设 $f(x)$在$[a,b]$上可积. 任给 $\varepsilon > 0$,则存在$[a,b]$的分割

$$T: a = x_0 < x_1 < \cdots < x_m = b,$$

使得 $f(x)$相应的 T 的大和$S(T)$与小和 $s(T)$满足

$$0 \leqslant S(T) - s(T) < \frac{\varepsilon}{2}. \tag{15.1.6}$$

令 $M_i = \sup\limits_{x_{i-1} \leqslant x \leqslant x_i} f(x)$, $m_i = \inf\limits_{x_{i-1} \leqslant x \leqslant x_i} f(x)$,则

$$S(T) - s(T) = \sum_{i=1}^{m} (M_i - m_i)\Delta x_i,$$

其中 $\Delta x_i = x_i - x_{i-1}$. 设

$$H_i = \{(x,y) \in \mathbf{R}^2 \mid x_{i-1} \leqslant x \leqslant x_i, m_i - \delta \leqslant y \leqslant M_i\},$$

其中 $0 < \delta < \frac{\varepsilon}{2(b-a)}$，则 H_i 为 $\mathbf{R}^2$ 中的标准长方形. 显然 $A \subseteq \bigcup_{i=1}^{m} H_i$ 且由 (15.1.6) 式可知

$$\sum_{i=1}^{m} V(H_i) = \sum_{i=1}^{m} (M_i - m_i + \delta)\Delta x_i < \varepsilon.$$

从而 A 是 $\mathbf{R}^2$ 中的 J 零集.

注 $f(x)$在闭区间$[a,b]$上有界可积不是 A 为 $\mathbf{R}^2$ 中 J 零集的必要条件. 例如考虑函数

$$f(x) = \begin{cases} 0, & x \in [a,b] \text{ 且为有理数}, \\ 1, & x \in [a,b] \text{ 且为无理数}. \end{cases} \tag{15.1.7}$$

众所周知 $f(x)$在$[a,b]$上不 Riemann 可积. 但是 $f(x)$的图像 $A = \{(x,y) \mid a \leqslant x \leqslant b, y = f(x)\}$是直线段 l_1 与直线段 l_2 并的子集，其中

$$l_1 = \{(x,y) \mid a \leqslant x \leqslant b, y = 0\},$$
$$l_2 = \{(x,y) \mid a \leqslant x \leqslant b, y = 1\}.$$

显然 l_1 和 l_2 都是 $\mathbf{R}^2$ 中的 J 零集，从而 A 也是 $\mathbf{R}^2$ 中的 J 零集. 进一步，不妨设 $f(x)$在$[a,b]$上非负，记

$$D = \{(x,y) \mid a \leqslant x \leqslant b, 0 \leqslant y \leqslant f(x)\}.$$

若 $f(x)$还在$[a,b]$上有界可积，类似于这个例子的证明，易知 D 为 $\mathbf{R}^2$ 中的 J 可测集且满足

$$V(D) = \int_a^b f(x)\mathrm{d}x. \tag{15.1.8}$$

但是对于由(15.1.7)式所定义的 $f(x)$来说，可以证明相应的 D 不是 $\mathbf{R}^2$ 中的 J 可测集. 事实上，若 D 在 $\mathbf{R}^2$ 中 J 可测，由于 D 没有内点，从而 $V(D) = 0$. 另一方面由性质(i)可知，$\bar{D}$ 也是 J 可测集且 $V(\bar{D}) = V(D) = 0$. 由于 $\bar{D} = \{(x,y) \mid a \leqslant x \leqslant b, 0 \leqslant y \leqslant 1\}$，显然 $V(\bar{D}) = b - a > 0$. 矛盾!

例 15.1.2 设 D 是 $\mathbf{R}^n$ 中的有界闭集，$f(x_1,\cdots,x_n)$在D上连续，则

$$A = \big\{ (x_1,\cdots,x_n,x_{n+1}) \in \mathbf{R}^{n+1} \mid (x_1,\cdots,x_n) \in D, x_{n+1} = f(x_1,\cdots,x_n) \big\}$$

是 $\mathbf{R}^{n+1}$中的 J 零集.

证明留作练习.

为了后面的需要，我们顺便介绍 Lebesgue 零测集（简称 L 零集）的概念. 设 A 是 $\mathbf{R}^n$ 中的有界集，A 称为 $\mathbf{R}^n$ 中的 Lebesque 零测集，如果任给 $\varepsilon>0$，存在至多可数多个 $\mathbf{R}^n$ 中的标准长方体 $H_1,H_2,\cdots$，使得 $A\subseteq\bigcup_{i=1}^{\infty}H_i$，且

$$\sum_{i=1}^{m}V(H_i)<\varepsilon$$

显然若 A 是 $\mathbf{R}^n$ 中的 J 零集，则 A 必是 $\mathbf{R}^n$ 中的 L 零集. 反之，若 A 是 $\mathbf{R}^n$ 中的 L 零集，则 A 未必是 $\mathbf{R}^n$ 中的 J 零集，请读者给出例子说明.

对于判断 $\mathbf{R}^n$ 中的有界集是否 J 可测的问题，我们有以下结果.

定理 15.1.1　设 Ω 是 $\mathbf{R}^n$ 中的有界集，则 ΩJ 可测的充要条件是 Ω 的边界点集 $\partial\Omega$ 是 J 零集.

证　必要性. 设 ΩJ 可测，记 $V(\Omega)=V^+(\Omega)=V^-(\Omega)$. 任给 $\varepsilon>0$，则存在简单集 Q'_1 和 Q_2 使得 $Q'_1\subseteq\Omega,Q_2\supseteq\Omega$，且

$$V(Q_2\setminus Q'_1)<\frac{\varepsilon}{2}.$$

适当缩小组成 Q'_1 的每个标准长方体得简单集 Q_1 使得 $Q_1\subseteq(Q'_1)^0\subseteq\Omega^0$，且

$$V(Q_2\setminus Q_1)<\varepsilon. \tag{15.1.9}$$

由于简单集均为闭集，所以 $Q_2\supseteq\bar{\Omega}$. 于是有

$$\partial\Omega\subseteq\bar{\Omega}\setminus\Omega^0\subseteq Q_2\setminus Q_1.$$

由(15.1.9)式可得

$$V^+(\partial\Omega)\leqslant V^+(Q_2\setminus Q_1)=V(Q_2\setminus Q_1)<\varepsilon.$$

由 ε 的任意性得 $V^+(\partial\Omega)=0$，即 $\partial\Omega$ 是 J 零集.

充分性. 设 $\partial\Omega$ 是 J 零集. 任给 $\varepsilon>0$，存在简单集 Q'_2 使得 $\partial\Omega\subseteq Q'_2$，且 $V(Q'_2)<\frac{\varepsilon}{2}$. 适当扩大组成 Q'_2 的每一个标准长方体可得简单集 Q 满足 $\partial\Omega\subseteq Q^0$，且 $V(Q)<\varepsilon$. 由于 $\partial\Omega$ 是有界闭集，从而存在 $\delta>0$ 使得

$$\operatorname{dis}(\partial\Omega,\partial Q)=\inf_{x\in\partial\Omega,y\in\partial Q}|x-y|=2\delta. \tag{15.1.10}$$

记

$$\Omega_\delta=\{x\in\Omega\mid\operatorname{dis}(x,\partial\Omega)\geqslant\delta\},$$

其中 $\operatorname{dis}(x,\partial\Omega)=\inf_{y\in\partial\Omega}|x-y|$. 若 $\Omega_\delta=\phi$，则 $\Omega\subseteq Q$，从而可得

$$V^+(\Omega)-V^-(\Omega)\leqslant V(Q)<\varepsilon. \tag{15.1.11}$$

若 $\Omega_\delta\neq\phi$，则 $\Omega_\delta\subseteq\Omega^0$ 且 Ω_δ 是有界闭集. 任取 $x\in\Omega_\delta$，以 x 为中心做标准长

方体$H(x)$使得

$$d_x = \sup_{y,z\in H(x)} |y-z| = \delta.$$

显然

$$|y-x| \leqslant \frac{\delta}{2}, \quad \forall y \in H(x).$$

由于 $x\in\Omega$，$\mathrm{dis}(x,\partial\Omega)\geqslant\delta$，从而 $H(x)\subseteq\Omega^\circ$. 因为

$$\Omega_\delta \subseteq \bigcup_{x\in\Omega_\delta}(H(x))^\circ,$$

由 Borel 定理可知存在有限个点 $P_1,\cdots,P_m\in\Omega_\delta$ 使得

$$\Omega_\delta \subseteq \bigcup_{i=1}^m (H(P_i))^\circ \subseteq \bigcup_{i=1}^m H(P_i) \subseteq \Omega^\circ.$$

记 $Q' = \bigcup_{i=1}^m H(P_i)$，则 $V(Q')\leqslant V^-(\Omega)$. 如果 $x\in\Omega\setminus\Omega_\delta$，则 $x\in\Omega$，$\mathrm{dis}(x,\partial\Omega)<\delta$ 由(15.1.10)式得 $x\in Q$，于是 $\Omega\subseteq Q\cup Q'$. 由此可得

$$V^+(\Omega)\leqslant V(Q\cup Q')\leqslant V(Q)+V(Q')<V^-(\Omega)+\varepsilon,$$

即(15.1.11)式也成立. 由 ε 之任意性得 $V^+(\Omega)=V^-(\Omega)$，即 ΩJ 可测.

从这一定理与前面的例 15.1.1 和例 15.1.2 可知通常遇到的有界区域一般是 J 可测的. 以后本课程所提到的有界区域均假设为 J 可测.

§15.2 重积分的概念与性质

一、重积分的定义

设 D 是 $\mathbf{R}^n$ 中的有界闭区域，$f(x)$为定义在 D 上的函数，有限集 $T=\{\Delta\sigma_1,\cdots,\Delta\sigma_l\}$称为$D$ 的一个分割，如果

(i) 每一个 $\Delta\sigma_i(i=1,\cdots,l)$均是 D 的闭 J 可测子集；

(ii) $\Delta\sigma_1,\cdots,\Delta\sigma_l$ 两两无相交内部，即

$$(\Delta\sigma_i)^\circ \cap (\Delta\sigma_j)^\circ = \phi, \quad i\neq j;$$

(iii) $D=\bigcup_{i=1}^l \Delta\sigma_i$.

有时称 T 为分布在D 上的一个网，每一个 $\Delta\sigma_i$ 为一个网眼. 以后我们用 $\Delta\sigma_i$ 既表示这个点集又表示它的J测度. 称 $d(T)=\max\limits_{1\leqslant i\leqslant l} d(\Delta\sigma_i)$为分割$T$的直径，其中 $d(\Delta\sigma_i)=\sup\limits_{x,y\in\Delta\sigma_i}|x-y|$ 为 $\Delta\sigma_i$ 的直径. 任取 $\xi^i\in\Delta\sigma_i$，则 $\sum\limits_{\Delta\sigma_i\in T} f(\xi^i)\Delta\sigma_i$ 称为$f(x)$ 在 D 上关于 T 的一个积分和.

定义 15.2.1 设 $f(x)$定义在 $\mathbf{R}^n$ 上的有界闭区域D 上，如果存在实数

I,使得对任给的 $\varepsilon>0$,存在 $\delta>0$,只要 D 的分割 T 满足 $d(T)<\delta$,则 $f(x)$ 在 D 上关于 T 的每一个积分和都满足

$$\left|\sum_{\Delta\sigma_i\in T} f(\xi^i)\Delta\sigma_i - I\right| < \varepsilon,$$

即

$$\lim_{d(T)\to 0}\sum_{\Delta\sigma_i\in T} f(\xi^i)\Delta\sigma_i = I,$$

则称 $f(x)$在 D 上可积,I 称为$f(x)$在 D 上的重积分. 当 $n=2$ 或 3,上述积分称为二重积分或三重积分,一般情况称为 n 重积分. 通常二重积分表示为

$$I=\iint_D f(x)\mathrm{d}\sigma,$$

三重积分表示为

$$I=\iiint_D f(x)\mathrm{d}V,$$

一般 n 重积分表示为

$$I=\iint_D\cdots\int f(x)\mathrm{d}V,$$

以后为了书写简单起见,重积分统一记为

$$I=\int_D f(x)\mathrm{d}V,$$

至于是几重积分,从上下文交待中自然可以明白.

由于有界闭区域是有界连通开集的闭包,从而类似于定积分情况容易证明,如果 $f(x)$在 D 上可积,则 $f(x)$在 D 上有界(具体证明留给读者).

注　重积分与定积分在概念上有一点明显不同. 定积分是在有向区间上的积分,从而有

$$\int_a^b f(x)\mathrm{d}x=-\int_b^a f(x)\mathrm{d}x.$$

这主要是因为定积分的积分和 $\sum f(x_i)\Delta x_i$ 中,$\Delta x_i=x_i-x_{i-1}$ 表示有向线段$[x_{i-1},x_i]$的长度. 对于积分$\int_a^b f(x)\mathrm{d}x$ 来说,若 $b>a$,则 $\Delta x_i>0$,若 $b<a$,则 $\Delta x_i<0$. 但在重积分的积分和$\sum f(\xi^i)\Delta\sigma_i$ 中,$\Delta\sigma_i$ 是小网眼 $\Delta\sigma_i$ 的 J 测度,从而 $\Delta\sigma_i\geqslant 0$. 因此在重积分的定义中不考虑积分区域 D 的方向.

二、函数的可积性理论

重积分的可积性理论与定积分的可积性理论完全类似. 设 D 是 $\mathbf{R}^n$ 中的

有界闭区域，$f(x)$在 D 上有界. 设 $T=\{\Delta\sigma_1,\cdots,\Delta\sigma_l\}$是$D$ 的一个分割，令

$$M_i=\sup_{x\in\Delta\sigma_i}f(x),\quad m_i=\inf_{x\in\Delta\sigma_i}f(x).$$

与定积分一样分别称 $S(T)=\sum\limits_{\Delta\sigma_i\in T}M_i\Delta\sigma_i$ 与$s(T)=\sum\limits_{\Delta\sigma_i\in T}m_i\Delta\sigma_i$ 为$f(x)$在 D 上关于 T 的大和与小和. 显然对 T 的任意积分和有

$$s(T)\leqslant\sum_{\Delta\sigma_i\in T}f(\xi^i)\Delta\sigma_i\leqslant S(T).$$

设 T_1 和 T_2 是 d 的两个分割，称 T_2 比 T_1 细，如果对于任给 $\Delta\sigma_i^{(2)}\in T_2$，存在 $\Delta\sigma_j^{(1)}\in T_1$ 使得

$$\Delta\sigma_i^{(2)}\subseteq\Delta\sigma_j^{(1)},$$

即 T_2 的网眼都是 T_1 的网眼的闭 J 可测子集，记为 $T_1\subseteq T_2$. 对于固定的函数 $f(x)$，类似于定积分的情况可以证明(具体证明从略).

引理 1 设 T_1 和 T_2 是 D 的两个分割且 $T_1\subseteq T_2$，则

$$S(T_1)\geqslant S(T_2),$$
$$s(T_1)\leqslant s(T_2).$$

引理 2 设 T_1 和 T_2 是 D 的两个任意分割，则

$$s(T_1)\leqslant S(T_2).$$

记 W 是D 的一切分割组成的集合，由于 D 有界 J 可测，$f(x)$在 D 上有界，从而$\{s(T)\mid T\in W\}$和$\{S(T)\mid T\in W\}$都是有界集，令

$$I_*=\sup_{T\in W}s(T),$$
$$I^*=\inf_{T\in W}S(T),$$

分别称 I_*和 I^* 为 $f(x)$在 D 的下积分和上积分. 显然

$$I_*\leqslant I^*.$$

定理 15.2.1(Darboux) 设 D 是 $\mathbf{R}^n$ 上的有界闭区域，$f(x)$在 D 上有界，则

$$\lim_{d(T)\to 0}s(T)=I_*,$$
$$\lim_{d(T)\to 0}S(T)=I^*.$$

定理 15.2.1 是 Riemann 积分的可积性理论中的基本定理，其证明类似于定积分中相应定理的证明，但是由于高维情形区域的复杂性，定理 15.2.1 的证明也不是很显然的.

证 任给 $\varepsilon>0$，由下积分和上积分的定义及引理 1 可知存在 D 的分割

T_0,使得

$$I_* - \frac{\varepsilon}{2} < s(T_0) \leqslant I_*,$$

$$I^* \leqslant S(T_0) < I^* + \frac{\varepsilon}{2}. \tag{15.2.1}$$

令 $\Gamma(T_0)$表示 D 的边界以及 T_0 中所有网眼边界之并.由于 D 和 T_0 中的所有网眼都在 $\mathbf{R}^n$ 中 J 可测,从定理 15.1.1 和 Jordan 测度的有限可加性可知 $\Gamma(T_0)$是 J 零集.由此易知存在 $\mathbf{R}^n$ 中的简单集 Q,使得 $\Gamma(T_0)\subseteq Q^\circ$ 且 $V(Q)<\frac{\varepsilon}{4M}$,其中 $M=\sup\limits_D|f|$.记 $\delta=\mathrm{dis}(\Gamma(T_0),\partial Q)=\inf\limits_{x\in\Gamma(T_0),y\in\partial Q}|x-y|$,由于 $\Gamma(T_0)$是有界闭集,从而 $\delta>0$.

设 T 是D 的分割且$d(T)<\delta$,令

$$T_1 = \{\Delta\sigma \in T \mid 存在\ \Delta\sigma' \in T_0\ 使得\ \Delta\sigma \subseteq (\Delta\sigma')^\circ\},$$

$$T_2 = T \setminus T_1.$$

显然若 $\Delta\sigma\in T_2$,则 $\Delta\sigma\subseteq Q^\circ$.令

$$s_1(T) = \sum_{\Delta\sigma_i \in T_1} m_i \Delta\sigma_i,$$

$$s_2(T) = \sum_{\Delta\sigma_i \in T_2} m_i \Delta\sigma_i,$$

其中

$$m_i = \inf_{x\in\Delta\sigma_i} f(x).$$

显然 $s(T)=s_1(T)+s_2(T)$.由于 $\Delta\sigma\in T_2\Rightarrow\Delta\sigma\subseteq Q^\circ$,且 $V(Q)<\frac{\varepsilon}{4M}$,所以

$$|s_2(T)| < \frac{\varepsilon}{4}.$$

令 $\widetilde{T}$ 是D 的一个分割,使得 $\Gamma(\widetilde{T})=\Gamma(T)\cup\Gamma(T_0)$.显然 $T\subseteq\widetilde{T}$,$T_0\subseteq\widetilde{T}$ 且

$$\Delta\sigma \in T_1 \Rightarrow \Delta\sigma \in \widetilde{T}$$

$$\Delta\sigma \in \widetilde{T} \setminus T_1 \Rightarrow \Delta\sigma \subseteq Q^\circ.$$

设 $s(\widetilde{T})=s_1(\widetilde{T})+s_2(\widetilde{T})$,其中

$$s_1(\widetilde{T}) = \sum_{\Delta\sigma_i \in T_1} m_i \Delta\sigma_i,$$

$$s_2(\widetilde{T}) = \sum_{\Delta\sigma_i \in \widetilde{T} \setminus T_1} m_i \Delta\sigma_i,$$

则 $s_1(\widetilde{T})=s_1(T)$，$|s_2(\widetilde{T})|<\frac{\varepsilon}{4}$. 由此可得

$$|s(T)-s(\widetilde{T})|<\frac{\varepsilon}{2}.$$

由引理 1 可知 $s(\widetilde{T})\geqslant s(T_0)$，所以 $s(T)>s(T_0)-\frac{\varepsilon}{2}$. 再由(15.2.1)式可知当 $d(T)<\delta$ 时

$$I_*-\varepsilon<s(T)\leqslant I_*.$$

同理可证当 $d(T)<\delta$ 时，

$$I^*\leqslant S(T)<I^*+\varepsilon.$$

于是定理 15.2.1 的结论得证.

定理 15.2.2 设 D 是 $\mathbf{R}^n$ 中的有界闭区域，$f(x)$在 D 上有界，则下列条件相互等价：

(i) $f(x)$在 D 上可积；

(ii) $\lim\limits_{d(T)\to 0}(S(T)-s(T))=0$；

(iii) 任给 $\varepsilon>0$，存在 D 的分割 T 使得

$$0\leqslant S(T)-s(T)<\varepsilon;$$

(iv) $I^*=I_*$.

证 由 $f(x)$在 D 上可积之定义显然有(i)⇒(ii). 由(ii)立即可得(iii). 由上积分下积分的定义，则(iii)⇒(iv). 现证(iv)⇒(i). 设

$$I=I_*=I^*.$$

任给 $\varepsilon>0$，由定理 15.2.1 可知存在 $\delta>0$. 使得对于 D 的任意分割 T，只要 $d(T)<\delta$就有

$$I-\varepsilon<s(T)\leqslant S(T)<I+\varepsilon.$$

从而对任取 $\xi^i\in\Delta\sigma_i$，相应的积分和满足

$$I-\varepsilon<s(T)\leqslant\sum_{\Delta\sigma_i\in T}f(\xi^i)\Delta\sigma_i\leqslant S(T)<I+\varepsilon,$$

即

$$\left|\sum_{\Delta\sigma_i\in T}f(\xi^i)\Delta\sigma_i-I\right|<\varepsilon,$$

于是 $f(x)$在 D 上可积.

注 $f(x)$在 D 上可积且积分为 I，即

$$\lim_{d(T)\to 0}\sum_{\Delta\sigma_i\in T}f(\xi^i)\Delta\sigma_i=I,$$

其中极限 I 要既不依赖于具体的分割方法，又不依赖于 $\xi^i\in\Delta\sigma_i$ 的具体选择，但是从定理 15.2.2 可知，在 Riemann 积分的定义中 $\xi^i\in\Delta\sigma_i$ 的任意性是本质的，分割的任意性是可以取掉的. 事实上，若存在 D 的分割序列 $\{T_m\}$ 满足 $\lim\limits_{m\to\infty}d(T_m)=0$，而且存在实数 I 使得任给 $\varepsilon>0$，存在自然数 M，只要 $m>M$，无论 $\xi^i\in\Delta\sigma_i\in T_m$ 如何选择，总有

$$\left|\sum_{\Delta\sigma_i\in T}f(\xi^i)\Delta\sigma_i-I\right|<\varepsilon,$$

即

$$\lim_{m\to\infty}\sum_{\Delta\sigma_i\in T_m}f(\xi^i)\Delta\sigma_i=I.$$

则定理 15.2.2 中的(iii)成立，从而 $f(x)$在 D 上可积，且其积分为 I.

三、可积函数类

设 D 是 $\mathbf{R}^n$ 中的有界闭区域，$f(x)$是 D 上的有界函数. 由定理 15.2.2 容易给出 $f(x)$在 D 上可积的一个充分条件.

定理 15.2.3 如果 $f(x)$在 D 上的间断点集 E 是 J 零集，则 $f(x)$在 D 上可积.

证 令 $M=\sup\limits_D|f|$. 任给 $\varepsilon>0$，由于 E 是 J 零集，从而存在简单集 Q 使得 $E\subseteq Q^\circ$，且

$$V(Q)<\frac{\varepsilon}{4M}.$$

不妨设 Q 是有限个两两无相交内部的标准长方体的并集，记为

$$Q=\bigcup_{i=1}^{l}H_i.$$

由于 D 是有界闭区域，从而 $D\setminus Q^\circ$ 为有界闭集. $f(x)$在 $D\setminus Q^\circ$ 上连续必一致连续，从而对上述之 ε，存在 $\delta>0$ 使得当 $P_1,P_2\in D\setminus Q^\circ$ 且 $|P_1-P_2|<\delta$ 时

$$|f(P_1)-f(P_2)|<\frac{\varepsilon}{2V(D)}.$$

取 $D\setminus Q^\circ$ 的一个分割 T' 使得 $d(T')<\delta$. 于是 T' 与 $H_1\cap D,\cdots,H_l\cap D$ 的并构成 D 的一个分割 T，则

$$S(T)-s(T)=\sum_{\Delta\sigma_i\in T'}w_i\Delta\sigma_i+\sum_{\Delta\sigma_i\in Q\cap D}w_i\Delta\sigma_i,$$

其中

$$w_i = \sup_{\Delta\sigma_i} f(x) - \inf_{\Delta\sigma_i} f(x),$$

称为 $f(x)$在 $\Delta\sigma_i$ 上的振幅. 由 Q 及 δ 的取法可知

$$S(T) - s(T) < \frac{\varepsilon}{2} + \frac{\varepsilon}{2} = \varepsilon,$$

从而 $f(x)$在 D 上可积.

***注** 进一步可以证明 $f(x)$在 D 上可积的充分必要条件是其间断点集是 L 零集,下面给出这一结果的证明. 对任意 $x\in D$,令

$$G(x) = \max\{\varlimsup_{D\ni y\to x} f(y), f(x)\},$$
$$g(x) = \min\{\varliminf_{D\ni y\to x} f(y), f(x)\},$$

分别称 $G(x)$和 $g(x)$为 $f(x)$在 D 上的上极限函数和下极限函数. $f(x)$在 D 上的振幅函数定义为

$$w(x) = G(x) - g(x), \quad \forall x \in D.$$

显然 $w(x)\geqslant 0$ 且 f 在 x 点连续的充要条件是

$$w(x) = 0.$$

振幅函数 $w(x)$的性质:

(i) $w(x)$在 D 上上半连续,即对任意 $x\in D$ 有

$$\varlimsup_{D\ni y\to x} w(y) \leqslant w(x).$$

证 可以证明上极限函数 $G(x)$在 D 上上半连续,下极限函数 $g(x)$在 D 上下半连续. 事实上,任取 $x\in D$ 存在D 上的点列$\{y^m\}$使得$\lim\limits_{m\to\infty} y^m = x$,且

$$\lim_{m\to\infty} G(y^m) = \varlimsup_{D\ni y\to x} G(y).$$

由上极限函数的定义可知,对 $y^m\in D$ 存在$z^m\in D$ 满足$|z^m - y^m| < \frac{1}{m}$,且

$$|f(z^m) - G(y^m)| < \frac{1}{m},$$

于是 $z^m\to x$,且

$$\varlimsup_{D\ni y\to x} G(y) = \lim_{m\to\infty} G(y^m) = \lim_{m\to\infty} f(z^m) \leqslant \varlimsup_{D\ni y\to x} f(y) \leqslant G(x).$$

即 G 在x 点上半连续. 由 x 的任意性可得$G(x)$在 D 上上半连续. 同理可证 $g(x)$在 D 上下半连续,即对任意 $x\in D$,有 $\varliminf\limits_{D\ni y\to x} g(y)\geqslant g(x)$.

对于任意 $x\in D$,则

$$\begin{aligned}\varlimsup_{D\ni y\to x} w(y) &= \varlimsup_{D\ni y\to x} (G(y) - g(y)) \\ &\leqslant \varlimsup_{D\ni y\to x} G(y) - \varliminf_{D\ni y\to x} g(y).\end{aligned}$$

由于

$$\overline{\lim_{D\ni y\to x}} G(y)\leqslant G(x),\quad \underline{\lim_{D\ni y\to x}} g(y)\geqslant g(x),$$

从而

$$\overline{\lim_{D\ni y\to x}} w(y)\leqslant G(x)-g(x)=w(x),\quad \forall\, x\in D,$$

即 $w(x)$在 D 上上半连续.

(ii) 对任意实数 c,则

$$E=\{x\in D\mid w(x)\geqslant c\}$$

为闭集.

证　取点列 $\{x^m\}_{m=1,2,\cdots}\subseteq E$ 使得 $\lim\limits_{m\to\infty} x^m=x^0\in\mathbf{R}^n$. 由于 D 是 $\mathbf{R}^n$ 中的有界闭区域,从而 $x_0\in D$. 再由 $w(x)$的上半连续性和 $w(x^m)\geqslant c$ 可得

$$w(x^0)\geqslant \overline{\lim_{D\ni y\to x^0}} w(y)\geqslant \overline{\lim_{m\to\infty}} w(x^m)\geqslant c,$$

即 $x^0\in E$. 于是 E 为闭集.

(iii) 设 A 是D 的闭子集且存在$\eta>0$ 使得

$$w(x)<\eta,\quad \forall\, x\in A,\tag{15.2.2}$$

则存在 $\delta>0$,使得当 $x^1,x^2\in A$ 且$|x^1-x^2|<\delta$ 时

$$|f(x^1)-f(x^2)|<\eta.$$

证　用反证法. 若不然,则存在 A 上的两个点列$\{P_1^m\}$和$\{P_2^m\}$使得

$$\lim_{m\to\infty}|P_1^m-P_2^m|=0,$$

且

$$|f(P_1^m)-f(P_2^m)|\geqslant\eta,\quad m=1,2,\cdots$$

不妨设

$$f(P_1^m)\geqslant f(P_2^m)+\eta,\quad m=1,2,\cdots\tag{15.2.3}$$

由于 A 为有界闭集,由 Bolzano-Weierstrass 定理可知存在自然数列的子序列$\{m_k\}_{k=1,2,\cdots}$使得

$$\lim_{k\to\infty}P_1^{m_k}=\lim_{k\to\infty}P_2^{m_k}=P_0\in A.$$

由于

$$G(P_0)\geqslant \overline{\lim_{D\ni P\to P_0}} f(P)\geqslant \overline{\lim_{k\to\infty}} f(P_1^{m_k}),$$

$$g(P_0)\leqslant \underline{\lim_{D\ni P\to P_0}} f(P)\leqslant \underline{\lim_{k\to\infty}} f(P_2^{m_k}),$$

从而由(15.2.3)式可得 $w(P_0)=G(P_0)-g(P_0)\geqslant\eta$,与(15.2.2)式矛盾!

(iv) 设 $A\subseteq D$ 且 A 为开集. 若存在 $x^0\in A$ 使得 $w(x^0)\geqslant\eta$, 则 $f(x)$ 在 A 上的振幅满足

$$w_A=\sup_A f(x)-\inf_A f(x)\geqslant\eta.$$

证 不妨设 $\eta>0$. 由 $w(x)$ 的定义可知 $w(x^0)$ 或者为 $\overline{\lim\limits_{D\ni y\to x^0}}f(y)-f(x^0)$, 或者为 $\overline{\lim\limits_{D\ni y\to x^0}}f(y)-\underline{\lim\limits_{D\ni y\to x^0}}f(y)$, 或者为 $f(x^0)-\underline{\lim\limits_{D\ni y\to x^0}}f(y)$. 由于 $x^0\in A\subseteq D$, 且 A 是开集, 任给 $\varepsilon>0$, 无论何种情况都易证明存在 $x^1,x^2\in A$, 使得 $f(x^1)-f(x^2)>\eta-\varepsilon$, 从而得 $w_A>\eta-\varepsilon$. 由 ε 的任意性可知 $w_A\geqslant\eta$.

引理 3 设 D 是 $\mathbf{R}^n$ 中的有界闭区域, $f(x)$ 在 D 上有界, 则 $f(x)$ 在 D 上可积的充要条件是任给 $\eta>0$, $E_\eta=\{x\in D\mid w(x)\geqslant\eta\}$ 是 J 零集, 其中 $w(x)$ 是 $f(x)$ 在 D 上的振幅函数.

证 必要性. 设 $f(x)$ 在 D 上可积, 但存在 $\eta>0$ 使得 $V^+(E_\eta)=\delta>0$. 对于 D 的任一分割

$$T=\{\Delta\sigma_1,\cdots,\Delta\sigma_l\},$$

由于 $\bigcup\limits_{j=1}^{l}\partial(\Delta\sigma_j)$ 为 J 零集, 易知

$$V^+\left(E_\eta\Big\backslash\bigcup_{j=1}^{l}\partial(\Delta\sigma_j)\right)=V^+(E_\eta)=\delta>0. \tag{15.2.4}$$

记

$$T'=\{\Delta\sigma_j\in T\mid(\Delta\sigma_j)^\circ\cap E_\eta\neq\phi\},$$

显然有

$$E_\eta\Big\backslash\bigcup_{j=1}^{l}\partial(\Delta\sigma_j)\subseteq\bigcup_{\Delta\sigma_j\in T'}\Delta\sigma_j.$$

由(15.2.4)式知

$$V\Big(\bigcup_{\Delta\sigma_j\in T'}\Delta\sigma_j\Big)\geqslant\delta. \tag{15.2.5}$$

若 $\Delta\sigma_j\in T'$, 由定义可知存在 $x^0\in(\Delta\sigma_j)^\circ$ 且 $w(x^0)\geqslant\eta$, 所以从性质(iv)可得

$$w_j=w_{\Delta\sigma_j}=\sup_{\Delta\sigma_j}f(x)-\inf_{\Delta\sigma_j}f(x)\geqslant\eta. \tag{15.2.6}$$

组合(15.2.5), (15.2.6)两式得

$$\sum_{\Delta\sigma_j\in T'}w_j\Delta\sigma_j\geqslant\eta\delta,$$

从而

$$S(T)-s(T)\geqslant\sum_{\Delta\sigma_j\in T'}w_j\Delta\sigma_j\geqslant\eta\delta,$$

与定理 15.2.2 矛盾！于是必要性得证.

充分性. 设对任何 $\eta>0$, E_η 为 J 零集. 任给 $\varepsilon>0$, 取 $\eta=\frac{\varepsilon}{2V(D)}$, 则存在简单集 Q 使得 $E_\eta\subseteq Q^\circ$ 且 $V(Q)<\frac{\varepsilon}{2M}$, 其中 $M=\sup\limits_D f(x)-\inf\limits_D f(x)+1$. 不妨设 Q 是有限个两两无相交内部标准长方体 $H_1,\cdots,H_l$ 的并集. 由于 $D\setminus Q^\circ$ 为 D 的闭子集且 $E_\eta\subseteq Q^\circ$, 所以

$$w(x)<\eta,\quad \forall x\in D\setminus Q^\circ.$$

由性质(iii)可知存在 $\delta>0$, 使得当 $x^1,x^2\in D\setminus Q^\circ$ 且 $|x^1-x^2|<\delta$ 时有

$$|f(x^1)-f(x^2)|<\eta.$$

设 T' 是 $D\setminus Q^\circ$ 一个分割, 使得每一个网眼的直径小于 δ, 令 $T=T'\cup\{D\cap H_1,\cdots,D\cap H_l\}$, 则 T 是 E 的一个分割, 且

$$\begin{aligned}S(T)-s(T)&\leqslant\eta V(D\setminus Q^\circ)+(M-1)V(Q\cap D)\\&<\frac{\varepsilon}{2V(D)}V(D\setminus Q^\circ)+\frac{(M-1)\varepsilon}{2M}<\varepsilon.\end{aligned}$$

由定理 15.2.2 可知 $f(x)$ 在 D 上可积.

定理 15.2.4　设 D 是 $\mathbf{R}^n$ 中的有界闭区域, $f(x)$ 在 D 上有界, 则 $f(x)$ 在 D 上可积的充要条件是 $f(x)$ 在 D 上的间断点集 E 是 $\mathbf{R}^n$ 中的 L 零集.

证　必要性. 设 $f(x)$ 在 D 上可积. 由于

$$E=\bigcup_{m=1}^{\infty}E_{\frac{1}{m}},$$

其中 $E_{\frac{1}{m}}=\left\{x\in D\,|\,w(x)\geqslant\frac{1}{m}\right\}$, $w(x)$ 是 $f(x)$ 在 D 上的振幅函数. 由引理 3 可知 $E_{\frac{1}{m}}$ 均为 J 零集. 任给 $\varepsilon>0$, 对于 $E_{\frac{1}{m}}$ 存在 $\mathbf{R}^n$ 中的有限个标准长方体 $H_1^m,\cdots,H_{k_m}^m$ 使得

$$E_{\frac{1}{m}}\subseteq\bigcup_{j=1}^{k_m}H_j^m,$$

且

$$\sum_{j=1}^{k_m}V(H_j^m)<\frac{\varepsilon}{2^m}.$$

于是

$$E\subseteq\bigcup_{m=1}^{\infty}\bigcup_{j=1}^{k_m}H_j^m,$$

且

$$\sum_{m=1}^{\infty}\sum_{j=1}^{k_m} V(H_j^m) < \varepsilon,$$

从而 E 是 L 零集.

充分性. 设 E 是 L 零集. 任给 $\varepsilon>0$,存在 $\mathbf{R}^n$ 中的标准长方体 $H'_1, H'_2, \cdots$,使得

$$E \subseteq \bigcup_{j=1}^{\infty} H'_j,$$

且

$$\sum_{j=1}^{\infty} V(H'_j) < \frac{\varepsilon}{2^n},$$

其中 n 是空间的维数. 对于每一个 H'_j,令其中心不动,将边长放大一倍所得标准长方体记为 H_j,则 $H'_j \subseteq H_j^\circ$,且 $V(H'_j)=\frac{1}{2^n}V(H_j)$,于是

$$E \subseteq \bigcup_{j=1}^{\infty} H_j^\circ,$$

且

$$\sum_{m=1}^{\infty} V(H_j) < \varepsilon.$$

对任意 $\eta>0$,则

$$E_\eta = \{x \in D; w(x) \geqslant \eta\} \subseteq E \subseteq \bigcup_{j=1}^{\infty} H_j^\circ.$$

由性质(ii)可知 E_η 是有界闭集,从 Borel 定理可得 $H_{j_1}, \cdots, H_{j_k}$ 使得

$$E_\eta \subseteq \bigcup_{l=1}^{k} H_{j_l}^\circ \subseteq \bigcup_{l=1}^{k} H_{j_l},$$

且

$$\sum_{l=1}^{k} V(H_{j_l}) < \sum_{m=1}^{\infty} V(H_j) < \varepsilon.$$

于是 E_η 为 J 零集. 由 $\eta>0$ 的任意性和引理 3 可推出 $f(x)$ 在 D 上可积.

四、重积分的性质

设 D 是 $\mathbf{R}^n$ 中的有界闭区域,类似于定积分,重积分有下列性质:

(i) 若 $f(x)$ 和 $g(x)$ 在 D 上有界可积,则对任意常数 a 和 b, $af(x)+bg(x)$ 也在 D 上可积,且

$$\int_D (af+bg)\mathrm{d}V = a\int_D f\mathrm{d}V + b\int_D g\mathrm{d}V;$$

(ii) 若 $f(x)$和 $g(x)$在 D 上有界可积,则$|f(x)|$,$f(x)g(x)$都在 D 上可积.进一步如果存在 $\delta>0$ 使得

$$f(x)\geqslant\delta\quad\forall x\in D,$$

则$\dfrac{1}{f(x)}$也在 D 上可积;

(iii) 若 $f(x)$和 $g(x)$都在 D 上可积,且

$$f(x)\leqslant g(x),\quad\forall x\in D,$$

则

$$\int_D f(x)\mathrm{d}V\leqslant\int_D g(x)\mathrm{d}V.$$

由此可得重积分的中值定理:设 $f(x)$在 D 上连续,则存在 $\xi\in D$ 使得

$$\int_D f(x)\mathrm{d}V=f(\xi)V(D);$$

(iv) 若 $f(x)$在 D 上有界可积,则 $f(x)$在 D 的任意闭子区域上也可积.反之,若 $D=D_1\cup D_2$,其中 D_1 和 D_2 都是 $\mathbf{R}^n$ 中的有界闭区域,则 $f(x)$在 D_1 和 D_2 上分别有界可积可推出 $f(x)$在 D 上也可积,且当 $D_1\cap D_2$ 是 J 零集时有

$$\int_D f(x)\mathrm{d}V=\int_{D_1}f(x)\mathrm{d}V+\int_{D_2}f(x)\mathrm{d}V;$$

(v) 若 $f(x)$在 D 上非负有界可积,则

$$\int_D f(x)\mathrm{d}V=0$$

的充要条件是存在 $\mathbf{R}^n$ 中的 L 零集 E 使得

$$f(x)=0,\quad\forall x\in D\setminus E;$$

(vi) 设 $f(x)$在 D 上有界可积,$g(x)$在 D 上有界,若存在 $\mathbf{R}^n$ 中的 J 零集 A 使得

$$f(x)=g(x),\quad\forall x\in D\setminus A,$$

则 $g(x)$也在 D 上可积且

$$\int_D g(x)\mathrm{d}V=\int_D f(x)\mathrm{d}V.$$

性质(i)至(v)的证明留给读者,下面我们用两种方法来证明(vi).

证法 1　令 $h(x)=g(x)-f(x)$,则 $h(x)$在 D 上有界,且

$$h(x)=0,\quad\forall x\in D\setminus A,$$

由于 A 是 J 零集,则 A 的闭包 $\overline{A}$ 也是 J 零集.取正常数 M 使得 $M>$

$\sup\limits_{D}|h(x)|$,任给 $\varepsilon>0$ 存在简单集 Q 使得 $\bar{A}\subseteq Q^{\circ}$ 且

$$V(Q)<\frac{\varepsilon}{M}.$$

由于 $\bar{A}$ 有界闭,从而 $\operatorname{dis}(\bar{A},\partial Q)=\delta>0$. 对于 D 的任意分割 $T=\{\Delta\sigma_1,\cdots,\Delta\sigma_l\}$,当 $d(T)<\delta$ 时,则

$$\Delta\sigma_j\cap A\neq\phi\Rightarrow\Delta\sigma_j\subseteq Q,$$

$$\Delta\sigma_j\cap A=\phi\Rightarrow h(x)=0,\quad\forall x\in\Delta\sigma_j.$$

由此可知 $h(x)$关于 T 的任意积分和都满足

$$\left|\sum_{\Delta\sigma_i\in T}h(\xi^i)\Delta\sigma_i\right|\leqslant MV(Q)<\varepsilon.$$

从而 $h(x)$在 D 上可积,且$\int_D h(x)\mathrm{d}V=0$. 再由性质(i)可知 $g(x)$在 D 上可积,且

$$\int_D g(x)\mathrm{d}V=\int_D f(x)\mathrm{d}V.$$

证法 2 分别记 E_f 和 E_g 为 $f(x)$和 $g(x)$在 D 上的间断点集. 由于 $f(x)=g(x)$,$x\in D\setminus A$,则

$$E_g\subseteq E_f\cup\bar{A}.$$

由于 $f(x)$在 D 上有界可积,从定理 15.2.4 可知 E_f 是 L 零集. 又 A 是 J 零集,所以 $\bar{A}$ 也是 J 零集. 于是 $E_f\cup\bar{A}$ 是 L 零集,由此易知 E_g 也是 L 零集. 再由定理 15.2.4 可知 $g(x)$在 D 上有界可积.

由性质(i)和(ii)可知$|f(x)-g(x)|$在 D 上有界可积. 由于对任何 $x\in D\setminus A$ 有$|f(x)-g(x)|=0$,所以从性质(v)可推出

$$\int_D|f(x)-g(x)|\mathrm{d}V=0.$$

再由性质(iii),则

$$\left|\int_\Omega[f(x)-g(x)]\mathrm{d}V\right|\leqslant\int_\Omega|f(x)-g(x)|\mathrm{d}V=0,$$

于是

$$\int_\Omega g(x)\mathrm{d}V=\int_\Omega f(x)\mathrm{d}V.$$

以上我们讨论的是 $\mathbf{R}^n$ 中有界闭区域上的积分,对于一般有界区域上甚至 J 可测集上的积分可以完全类似地定义和讨论,无须在此赘述.

§15.3　化重积分为累次积分

重积分的计算可以通过将它化成累次积分而归结为定积分的计算.

一、二重积分情况

定理 15.3.1　设 $f(x,y)$ 在 $D=\{(x,y)\in\mathbf{R}^2 \mid a\leqslant x\leqslant b, c\leqslant y\leqslant d\}$ 上有界可积,对任意 $y\in[c,d]$,$f(x,y)$ 做为 x 的函数在 $[a,b]$ 上可积,则 $\varphi(y)=\int_a^b f(x,y)\mathrm{d}x$ 在 $[c,d]$ 上可积,且

$$\iint_D f(x,y)\mathrm{d}\sigma=\int_c^d \varphi(y)\mathrm{d}y,$$

即

$$\iint_D f(x,y)\mathrm{d}\sigma=\int_c^d \mathrm{d}y\int_a^b f(x,y)\mathrm{d}x.$$

证　记 $I=\iint_D f(x,y)\mathrm{d}\sigma$. 任给 $\varepsilon>0$,存在 $\delta>0$,对于 D 的任意分割 T,只要 $d(T)<\delta$ 就有

$$I-\varepsilon<s(T)\leqslant S(T)<I+\varepsilon. \tag{15.3.1}$$

对于区间 $[c,d]$ 的任一分割 $c=y_0<y_1<\cdots<y_m=d$,设 $\max\limits_{1\leqslant j\leqslant m}(y_j-y_{j-1})<\frac{\sqrt{2}}{2}\delta$,对于这一分割关于 φ 做积分和

$$s=\sum_{j=1}^m \varphi(\eta_j)\Delta y_j,$$

其中 $\eta_j\in[y_{j-1},y_j]$,$\Delta y_j=y_j-y_{j-1}$. 再分割区间 $[a,b]$: $a=x_0<x_1<\cdots<x_k=b$,使得 $\max\limits_{1\leqslant i\leqslant k}(x_i-x_{i-1})<\frac{\sqrt{2}}{2}\delta$. 于是 D 有分割 $T=\{\Delta\sigma_{ij}; i=1,\cdots,k, j=1,\cdots,m\}$,其中

$$\Delta\sigma_{ij}=\{(x,y)\in R^2 \mid x_{i-1}\leqslant x\leqslant x_i, y_{j-1}\leqslant y\leqslant y_j\}.$$

显然 $d(T)<\delta$. 于是

$$s=\sum_{j=1}^m \Delta y_j\int_a^b f(x,\eta_j)\mathrm{d}x=\sum_{\substack{1\leqslant i\leqslant k\\1\leqslant j\leqslant m}}\Delta y_j\int_{x_{i-1}}^{x_i} f(x,\eta_j)\mathrm{d}x.$$

令 $M_{ij}=\sup\limits_{\Delta\sigma_{ij}} f(x,y)$, $m_{ij}=\inf\limits_{\Delta\sigma_{ij}} f(x,y)$ 则

$$s(T)=\sum_{i,j}m_{ij}\Delta x_i\Delta y_j\leqslant s\leqslant\sum_{i,j}M_{ij}\Delta x_i\Delta y_j=S(T).$$

由(15.3.1)式可得

$$|s-I|<\varepsilon.$$

从而 $\varphi(y)$在$[c,d]$上可积且 $\int_c^d\varphi(y)\mathrm{d}y=I$，即定理 15.3.1 的结论成立.

注 同理可证如果 $f(x,y)$在 D 上有界可积，且对任意 $x\in[a,b]$，$f(x,y)$做为 y 的函数在$[c,d]$上可积，则 $\phi(x)=\int_c^d f(x,y)\mathrm{d}y$ 在$[a,b]$上可积，且

$$\iint_D f(x,y)\mathrm{d}\sigma=\int_a^b\mathrm{d}x\int_c^d f(x,y)\mathrm{d}y.$$

在定理 15.3.1 中用标准矩形网眼 $\Delta\sigma_{ij}$ 分割D 将重积分化为累次积分，由于

$$V(\Delta\sigma_{ij})=\Delta x_i\Delta y_j,$$

因此当(x,y)是 $\mathbf{R}^2$ 中的直角坐标时，二重积分常记为

$$\iint_D f(x,y)\mathrm{d}\sigma=\iint_D f(x,y)\mathrm{d}x\mathrm{d}y.$$

对一般区域上的积分，讨论以下两种情况.

(Ⅰ) $D=\{(x,y)\in\mathbf{R}^2\mid a\leqslant x\leqslant b,y_1(x)\leqslant y\leqslant y_2(x)\}$，其中 $y_1(x)$和$y_2(x)$均在$[a,b]$上连续(如图 15.3.1).若 $f(x,y)$在 D 上有界可积，对任意 $x\in[a,b]$，$f(x,y)$ 作为 y 的函数在$[y_1(x),y_2(x)]$上可积，则 $\varphi(x)=\int_{y_1(x)}^{y_2(x)}f(x,y)\mathrm{d}y$ 在$[a,b]$上可积，且

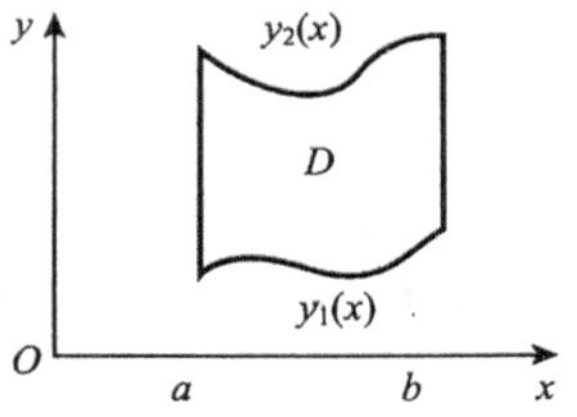

图 15.3.1

$$\iint_D f(x,y)\mathrm{d}x\mathrm{d}y=\int_a^b\mathrm{d}x\int_{y_1(x)}^{y_2(x)}f(x,y)\mathrm{d}y.\qquad(15.3.2)$$

证 令 $c<\inf\limits_{a\leqslant x\leqslant b}y_1(x),d>\sup\limits_{a\leqslant x\leqslant b}y_2(x)$，

$$\Omega=\{(x,y)\in\mathbf{R}^2\mid a\leqslant x\leqslant b,c\leqslant y\leqslant d\},$$

$$f^*(x,y)=\begin{cases}f(x,y), & (x,y)\in D,\\ 0, & (x,y)\in\Omega\setminus D.\end{cases}$$

由例 15.1.2 可知 $\Gamma_i=\{(x,y)\in\mathbf{R}^2\mid a\leqslant x\leqslant b,y=y_i(x)\},i=1,2$，都是 $\mathbf{R}^2$

中 J 零集,所以从§15.2 中重积分的性质(iv)可得 $f^*(x,y)$在 Ω 上可积,对任意 $x\in[a,b]$,$f^*(x,y)$作为 y 的函数在$[c,d]$上可积.于是由定理 15.3.1 则

$$\iint_D f^*(x,y)\mathrm{d}x\mathrm{d}y = \int_a^b \mathrm{d}x\int_c^d f^*(x,y)\mathrm{d}y.$$

再由 $f^*(x,y)$的定义和性质(iv)可知(15.3.2)式成立.

(II) $D=\{(x,y)\in\mathbf{R}^2 \mid c\leqslant y\leqslant d, x_1(y)\leqslant x\leqslant x_2(y)\}$,其中 $x_1(y)$和 $x_2(y)$均在$[c,d]$上连续(如图 15.3.2).若 $f(x,y)$在 D 上有界可积,对任意 $y\in[c,d]$,$f(x,y)$作为 x 的函数在$[x_1(y),x_2(y)]$上可积,类似于情况 **I** 可以证明

$$\iint_D f(x,y)\mathrm{d}x\mathrm{d}y = \int_c^d \mathrm{d}y\int_{x_1(y)}^{x_2(y)} f(x,y)\mathrm{d}x. \tag{15.3.3}$$

如果一个区域既可表示为类型 **I** 又可表示类型 **II**,则同一个二重积分可以化为两个积分次序不同的累次积分.

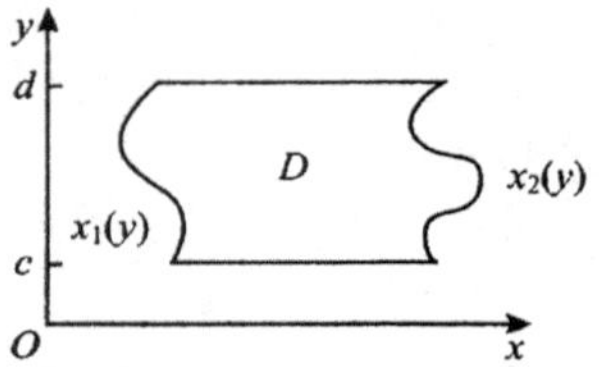

图 15.3.2

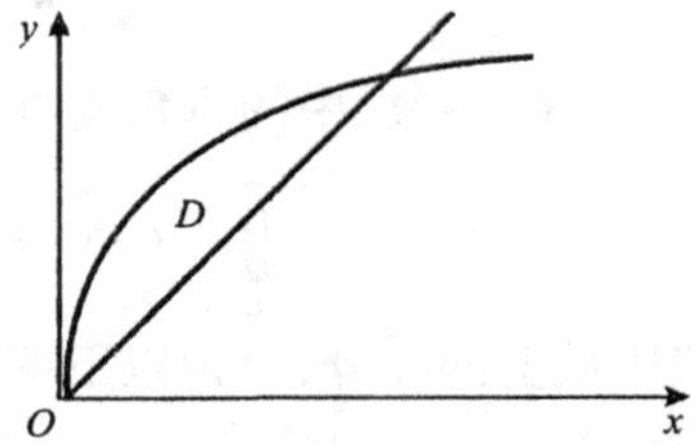

图 15.3.3

例 15.3.1　求 $I=\iint_D \frac{\sin y}{y}\mathrm{d}x\mathrm{d}y$,其中 D 为由直线$y=x$ 和抛物线$x=y^2$ 所围之区域.

解　如图 15.3.3,显然有

$$D=\{(x,y)\in\mathbf{R}^2 \mid 0\leqslant y\leqslant 1, y^2\leqslant x\leqslant y\},$$

$$I=\int_0^1 \mathrm{d}y\int_{y_2}^{y}\frac{\sin y}{y}\mathrm{d}x$$

$$=\int_0^1 \frac{\sin y}{y}(y-y^2)\mathrm{d}y$$

$$=\int_0^1 (\sin y - y\sin y)\mathrm{d}y$$

$$= (-\cos y + y\cos y - \sin y)\Big|_0^1$$
$$= 1 - \sin 1.$$

另一方面 $D=\{(x,y)\in\mathbf{R}^2 \mid 0\leqslant x\leqslant 1, x\leqslant y\leqslant\sqrt{x}\}$,则

$$I = \int_0^1 \mathrm{d}x\int_x^{\sqrt{x}} \frac{\sin y}{y}\mathrm{d}y$$

由于$\frac{\sin y}{y}$的原函数不是初等函数,这就给计算带来困难,这个例子说明积分次序的重要性.

例 15.3.2 将重积分 $I=\iint\limits_D f(x,y)\mathrm{d}x\mathrm{d}y$ 化为积分次序不同的两种累次积分,其中

$$D = \{(x,y)\in\mathbf{R}^2 \mid x^2-4y-4\leqslant 0, x+y-2\leqslant 0\},$$

$f(x,y)$在 D 上连续.

解 显然$(x,y)\in D$ 等价于

$$\frac{x^2-4}{4}\leqslant y\leqslant 2-x.$$

从而

$$x^2+4x-12\leqslant 0,$$

即$-6\leqslant x\leqslant 2$,且

$$D = \left\{(x,y)\in\mathbf{R}^2 \mid -6\leqslant x\leqslant 2, \frac{x^2-4}{4}\leqslant y\leqslant 2-x\right\},$$

于是

$$I = \int_{-6}^{2}\mathrm{d}x\int_{\frac{x^2-4}{4}}^{2-x} f(x,y)\mathrm{d}y.$$

另一方面,若$(x,y)\in D$,则$-6\leqslant x\leqslant 2$ 且$\frac{x^2-4}{4}\leqslant y\leqslant 2-x$,从而$-1\leqslant y\leqslant 8$.固定 $y\in[-1,8]$,由于$-\sqrt{4y+4}\leqslant 2-y$,所以$(x,y)\in D$ 等价于

$$-\sqrt{4y+4}\leqslant x\leqslant\min\{\sqrt{4y+4}, 2-y\}.$$

再由当$-1\leqslant y\leqslant 0$ 时$\sqrt{4y+4}\leqslant 2-y$,当 $0\leqslant y\leqslant 8$ 时$\sqrt{4y+4}\geqslant 2-y$,则 $D=D_1\cup D_2$,其中

$$D_1 = \{(x,y)\in\mathbf{R}^2 \mid -1\leqslant y\leqslant 0, -2\sqrt{y+1}\leqslant x\leqslant 2\sqrt{y+1}\},$$
$$D_2 = \{(x,y)\in\mathbf{R}^2 \mid 0\leqslant y\leqslant 8, -2\sqrt{y+1}\leqslant x\leqslant 2-y\}.$$

于是可得

$$I = \int_{-1}^{0} \mathrm{d}y \int_{-2\sqrt{y+1}}^{2\sqrt{y+1}} f(x,y)\mathrm{d}x + \int_{0}^{8} \mathrm{d}y \int_{-2\sqrt{y+1}}^{2-y} f(x,y)\mathrm{d}x.$$

二、一般情况

定理 15.3.1 可以推广到一般 n 重积分的情况.

定理 15.3.2 设

$$V = \{x = (x_1,\cdots,x_k) \in \mathbf{R}^k \mid a_i \leqslant x_i \leqslant b_i, i = 1,\cdots,k\},$$

$$W = \{y = (y_1,\cdots,y_l) \in \mathbf{R}^l \mid c_i \leqslant y_i \leqslant d_i, i = 1,\cdots,l\},$$

$\Omega = \{(x,y) \in \mathbf{R}^n \mid x \in V, y \in W\}$,其中 $n = k + l$,n 元函数 $f(x,y)$ 在 Ω 上有界可积.对于任意 $x \in V$,$f(x,y)$ 做为 y 的函数在 W 上的上、下积分分别记为 $h(x)$ 和 $g(x)$,则 $h(x)$ 和 $g(x)$ 都在 V 上可积且

$$\int_V h(x)\mathrm{d}V_x = \int_V g(x)\mathrm{d}V_x = \int_\Omega f(x,y)\mathrm{d}V_{x,y}, \tag{15.3.4}$$

其中,$\mathrm{d}V_x$ 可简记为 $\mathrm{d}x = \mathrm{d}x_1 \cdots \mathrm{d}x_k$,$\mathrm{d}V_{xy}$ 可简记为 $\mathrm{d}x\mathrm{d}y = \mathrm{d}x_1 \cdots \mathrm{d}x_k \mathrm{d}y_1 \cdots \mathrm{d}y_l$.

证 记 $I = \int_\Omega f(x,y)\mathrm{d}x\mathrm{d}y$.任给 $\varepsilon > 0$,则存在 $\delta > 0$,对于 Ω 的任何分割 T,只要 $d(T) < \delta$,就有

$$I - \varepsilon < s(T) \leqslant S(T) < I + \varepsilon, \tag{15.3.5}$$

其中 $S(T)$ 与 $s(T)$ 分别是 $f(x,y)$ 在 Ω 上关于分割 T 的大和与小和.

设 T_x 是 V 的分割使得 T_x 的网眼都是 $\mathbf{R}^k$ 中的标准长方体且 $d(T_x) < \frac{\sqrt{2}}{2}\delta$. $h(x)$ 在 V 上关于 T_x 任做一 Riemann 积分和

$$s = \sum_{\Delta\sigma_i \in T_x} h(\xi^i)\Delta\sigma_i,$$

设 T_y 是 W 的分割使得 T_y 的网眼都是 $\mathbf{R}^l$ 中的标准长方体且 $d(T_y) < \frac{\sqrt{2}}{2}\delta$,由于 $h(\xi^i)$ 是 $f(\xi^i, y)$ 做为 y 的函数在 W 上的上积分,则

$$\sum_{\Delta\sigma'_j \in T_y} m_{ij}(\xi^i)\Delta\sigma'_j \leqslant h(\xi^i) \leqslant \sum_{\Delta\sigma'_j \in T_y} M_{ij}(\xi^i)\Delta\sigma'_j,$$

其中 $m_{ij}(\xi^i) = \inf\limits_{y \in \Delta\sigma'_j} f(\xi^i, y)$,$M_{ij}(\xi^i) = \sup\limits_{y \in \Delta\sigma'_j} f(\xi^i, y)$ 记

$$\Delta\sigma_i \times \Delta\sigma'_j = \{(x,y) \in \mathbf{R}^n \mid x \in \Delta\sigma_i, y \in \Delta\sigma'_j\},$$

$$T = \{\Delta\sigma_i \times \Delta\sigma'_j \mid \Delta\sigma_i \in T_x, \Delta\sigma'_j \in T_y\},$$

则 T 是 Ω 的一个分割满足 $d(T)<\delta$，且

$$s(T)\leqslant\sum_{i,j}m_{ij}(\xi^i)\Delta\sigma_i\Delta\sigma'_j\leqslant s\leqslant\sum_{i,j}M_{ij}(\xi^i)\Delta\sigma_i\Delta\sigma'_j\leqslant S(T).$$

由(15.3.5)式可得 $|s-I|<\varepsilon$，所以 $h(x)$ 在 V 上可积且

$$\int_V h(x)\mathrm{d}x=I=\int_\Omega f(x,y)\mathrm{d}x\mathrm{d}y.$$

同理可证 $g(x)$ 也在 V 上可积，且

$$\int_V g(x)\mathrm{d}x=I=\int_\Omega f(x,y)\mathrm{d}x\mathrm{d}y.$$

注 在定理 15.3.2 条件下，对任意 $y\in W$，$f(x,y)$ 作为 x 的函数在 V 上的上，下积分分别记为 $p(y)$ 和 $q(y)$，同理可证 $p(y)$ 和 $q(y)$ 都在 W 上可积，且

$$\int_W p(y)\mathrm{d}y=\int_W q(y)\mathrm{d}y=\int_\Omega f(x,y)\mathrm{d}x\mathrm{d}y,\qquad(15.3.6)$$

其中 $\mathrm{d}y$ 是 $\mathrm{d}V_y=\mathrm{d}y_1\cdots\mathrm{d}y_l$ 简写.

推论 1 在定理 15.3.2 的条件下，存在 $\mathbf{R}^k$ 上的 L 零集 E_k 和 $\mathbf{R}^l$ 上的 L 零集 E_l，使得对任意 $x\in V\setminus E_k$，$f(x,y)$ 作为 y 的函数在 W 上可积，对任意 $y\in V\setminus E_l$，$f(x,y)$ 作为 x 的函数在 V 可积.

证 由(15.3.4)式和(15.3.6)式可得

$$\int_V[h(x)-g(x)]\mathrm{d}x=0,$$

$$\int_W[p(x)-q(x)]\mathrm{d}y=0.$$

由 $h(x)-g(x)\geqslant0$ 可知存在 $\mathbf{R}^k$ 上的 L 零集 E_k，使得对任意 $x\in V\setminus E_k$，$h(x)=g(x)$，等价于 $f(x,y)$ 作为 y 的函数在 W 上可积. 同样由 $p(y)-q(y)\geqslant0$ 可知存在 $\mathbf{R}^l$ 上 L 零集 E_l，使得对任意 $y\in W\setminus E_l$，$p(y)=q(y)$，等价于 $f(x,y)$ 作为 x 的函数在 V 上可积.

推论 2 设 $f(x,y)$ 在 Ω 上有界可积. 若对任意 $x\in V$，$f(x,y)$ 作为 y 的函数在 W 上可积，则 $\int_W f(x,y)\mathrm{d}y$ 在 V 上可积，且

$$\int_\Omega f(x,y)\mathrm{d}x\mathrm{d}y=\int_V\mathrm{d}x\int_W f(x,y)\mathrm{d}y.$$

若对任意 $y\in W$，$f(x,y)$ 作为 x 的函数在 V 上可积，则 $\int_V f(x,y)\mathrm{d}x$ 在 W 上可积，且

$$\int_{\Omega} f(x,y)\mathrm{d}x\mathrm{d}y = \int_{W}\mathrm{d}y\int_{V} f(x,y)\mathrm{d}x.$$

定理 15.3.2 是化重积分为累次积分的基本定理. 仿照二重积分中的讨论,我们可运用定理 15.3.2 解决比较一般区域上积分的计算问题. 例如三重积分,设 $\mathbf{R}^3$ 中的有界闭区域 Ω 可表示为

$$\Omega = \{(x,y,z)\in\mathbf{R}^3 \mid a\leqslant z\leqslant b,(x,y)\in D(z)\},$$

其中 $D(z)$是 x,y 平面上的随 z 连续变化的有界闭区域(如图 15.3.4). 如果 $f(x,y,z)$在 Ω 上有界可积,对任意 $z\in[a,b]$,$f(x,y,z)$作为 x,y 函数在 $D(z)$上可积,则利用定理 15.3.2 可得

$$\iiint\limits_{\Omega} f(x,y,z)\mathrm{d}x\mathrm{d}y\mathrm{d}z = \int_a^b \mathrm{d}z\iint\limits_{D(z)} f(x,y,z)\mathrm{d}x\mathrm{d}y. \tag{15.3.7}$$

另一种情况是 $\mathbf{R}^3$ 中的有界闭区域 Ω 表示为

$$\Omega = \{(x,y,z)\in\mathbf{R}^3 \mid (x,y)\in D, z_1(x,y)\leqslant z\leqslant z_2(x,y)\},$$

其中 D 是x,y 平面上固定的有界闭区域(如图 15.3.5),$z_1(x,y)$,$z_2(x,y)$ 在 D 上连续,如果 $f(x,y,z)$在 Ω 上有界可积,且对任意$(x,y)\in D$,$f(x,y,z)$作为 z 的函数在$[z_1(x,y),z_2(x,y)]$上可积,则

$$\iiint\limits_{\Omega} f(x,y,z)\mathrm{d}x\mathrm{d}y\mathrm{d}z = \iint\limits_{D}\mathrm{d}x\mathrm{d}y\int_{z_1(x,y)}^{z_2(x,y)} f(x,y,z)\mathrm{d}z. \tag{15.3.8}$$

其他类似的情况,以及 n 重积分的类似情况我们不必在此一一叙述. 总之为了计算一个 n 重积分就要将它化为n 个定积分的累次积分. 根据积分区域确定每个定积分的上限和下限的工作一般称为定限. 下面给出几个重积分计算的例子.

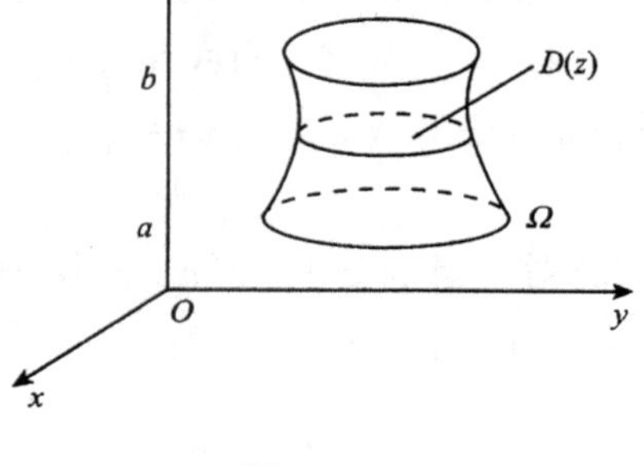

图 15.3.4

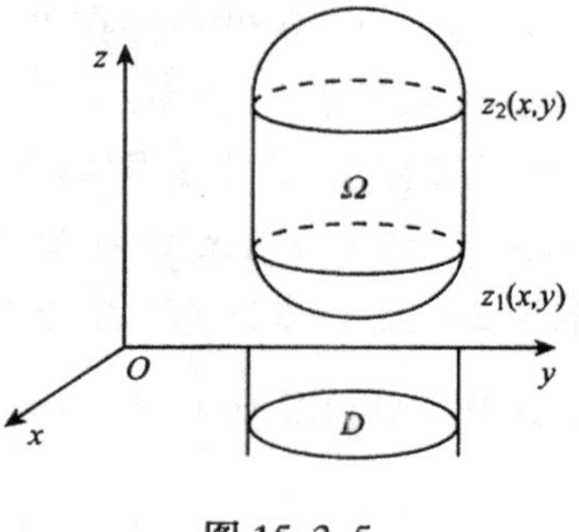

图 15.3.5

例 15.3.3　计算 $I = \iiint\limits_{\Omega}(x^2+y^2)\mathrm{d}x\mathrm{d}y\mathrm{d}z$,其中 Ω 为由曲面$x^2+y^2=$

$2z$ 和平面 $z = 2$ 所围的区域.

解法 1 易知

$$\Omega = \{(x,y,z) \in \mathbf{R}^3 \mid 0 \leqslant z \leqslant 2, x^2 + y^2 \leqslant 2z\},$$

由(15.3.7)式得

$$I = \int_0^2 dz \iint_{D(z)} (x^2 + y^2) dx dy,$$

其中 $D(z) = \{(x,y) \in \mathbf{R}^2 \mid x^2 + y^2 \leqslant 2z\}$. 显然对于 $z \in [0,2]$ 有

$$D(z) = \left\{(x,y) \in \mathbf{R}^2 \mid -\sqrt{2z} \leqslant y \leqslant \sqrt{2z}, \right.$$
$$\left. -\sqrt{2z - y^2} \leqslant x \leqslant \sqrt{2z - y^2}\right\}.$$

从而

$$I = \int_0^2 dz \int_{-\sqrt{2z}}^{\sqrt{2z}} dy \int_{-\sqrt{2z-y^2}}^{\sqrt{2z-y^2}} (x^2 + y^2) dx$$
$$= \int_0^2 dz \int_{-\sqrt{2z}}^{\sqrt{2z}} \frac{4}{3} \sqrt{2z - y^2} (z + y^2) dy.$$

令 $y = \sqrt{2z} \sin\theta$, 则

$$I = \frac{4}{3} \int_0^2 dz \int_{-\frac{\pi}{2}}^{\frac{\pi}{2}} [2z\cos^2\theta(z + 2z\sin^2\theta)] d\theta$$
$$= \frac{4}{3} \int_0^2 \frac{3}{2} \pi z^2 dz = \frac{16}{3} \pi.$$

解法 2 Ω 在 x, y 平面的投影为

$$D: x^2 + y^2 \leqslant 4,$$

所以

$$\Omega = \left\{(x,y,z) \in \mathbf{R}^3 \mid (x,y) \in D, \frac{x^2 + y^2}{2} \leqslant z \leqslant 2\right\}.$$

由(15.3.8)式得

$$I = \iint_D dx dy \int_{\frac{x^2+y^2}{2}}^{2} (x^2 + y^2) dz$$
$$= \iint_D (x^2 + y^2) \left(2 - \frac{x^2 + y^2}{2}\right) dx dy.$$

由于

$$D = \{(x,y) \in \mathbf{R}^2 \mid -2 \leqslant x \leqslant 2, -\sqrt{4 - x^2} \leqslant y \leqslant \sqrt{4 - x^2}\},$$

从而

$$I=\int_{-2}^{2}\mathrm{d}x\int_{-\sqrt{4-x^2}}^{\sqrt{4-x^2}}(x^2+y^2)\left(2-\frac{x^2+y^2}{2}\right)\mathrm{d}y$$

$$=\int_{-2}^{2}\left[2\left(2x^2-\frac{x^4}{2}\right)\sqrt{4-x^2}+\frac{2}{3}(2-x^2)(\sqrt{4-x^2})^3-\frac{1}{5}(\sqrt{4-x^2})^5\right]\mathrm{d}x$$

$$=\int_{-2}^{2}(4-x^2)^{\frac{3}{2}}\left(x^2+\frac{4}{3}-\frac{2}{3}x^2-\frac{4}{5}+\frac{1}{5}x^2\right)\mathrm{d}x$$

$$=\frac{8}{15}\int_{-2}^{2}(4-x^2)^{\frac{3}{2}}(x^2+1)\mathrm{d}x.$$

令 $x=2\sin\theta$，则

$$I=\frac{8}{15}\int_{-\frac{\pi}{2}}^{\frac{\pi}{2}}16\cos^4\theta(4\sin^2\theta+1)\mathrm{d}\theta$$

$$=\frac{8}{15}\int_{-\frac{\pi}{2}}^{\frac{\pi}{2}}[4(1+\cos2\theta)^2+16\sin^2 2\theta\cos^2\theta]\mathrm{d}\theta$$

$$=\frac{32}{15}\int_{-\frac{\pi}{2}}^{\frac{\pi}{2}}(1+2\cos2\theta+\cos^2 2\theta+2\sin^2 2\theta(1+\cos2\theta))\mathrm{d}\theta$$

$$=\frac{32}{15}\left(1+\frac{1}{2}+1\right)\pi=\frac{16}{3}\pi.$$

例 15.3.4　求曲面 $z=xy$，$x+y+z=1$，$z=0$ 所围之区域的体积 V(见图 15.3.6).

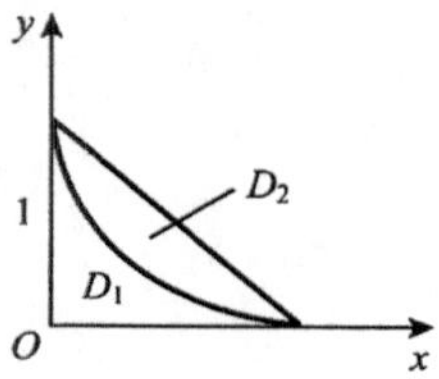

图 15.3.6

解　不难证明这三张曲面所围之区域为

$$\Omega=\{(x,y,z)\mid(x,y)\in D,0\leqslant z\leqslant\min\{xy,1-(x+y)\}\},$$

其中

$$D=\{(x,y)\mid x\geqslant0,y\geqslant0,x+y\leqslant1\}.$$

曲面 $z=xy$ 和 $x+y+z=1$ 的交线在 x,y 平面上的投影为曲线 $xy=1-(x+y)$. 从而 $D=D_1\cup D_2$，其中

$$D_1=\{(x,y)\mid x\geqslant0,y\geqslant0,xy\leqslant1-(x+y)\},$$

$$D_2=\{(x,y)\mid x\geqslant0,y\geqslant0,1-(x+y)\leqslant xy\leqslant y-y^2\}.$$

于是 $\Omega=\Omega_1\cup\Omega_2$，其中

$$\Omega_1=\{(x,y,z)\mid(x,y)\in D_1,0\leqslant z\leqslant xy\},$$

$$\Omega_2=\{(x,y,z)\mid(x,y)\in D_2,0\leqslant z\leqslant1-(x+y)\},$$

$$V(\Omega_1)=\iint_{D_1} xy\mathrm{d}x\mathrm{d}y=\int_0^1\mathrm{d}y\int_0^{\frac{1-y}{1+y}}xy\mathrm{d}x$$

$$=\frac{1}{2}\int_0^1 y\left(\frac{1-y}{1+y}\right)^2\mathrm{d}y$$

$$=-\frac{1}{2}\frac{y(1-y)^2}{1+y}\Big|_0^1+\frac{1}{2}\int_0^1\frac{3y^2-4y+1}{1+y}\mathrm{d}y$$

$$=\frac{1}{2}\int_0^1\left[3y-7+\frac{8}{1+y}\right]\mathrm{d}y=4\ln 2-\frac{11}{4}.$$

$$V(\Omega_2)=\iint_{D_2}[1-(x+y)]\mathrm{d}x\mathrm{d}y$$

$$=\int_0^1\mathrm{d}y\int_{\frac{1-y}{1+y}}^{1-y}[1-(x+y)]\mathrm{d}x$$

$$=\int_0^1(1-y)\left[(1-y)-\frac{1-y}{1+y}\right]\mathrm{d}y$$

$$-\frac{1}{2}\int_0^1\left[(1-y)^2-\left(\frac{1-y}{1+y}\right)^2\right]\mathrm{d}y$$

$$=\frac{1}{2}\int_0^1\left[(1-y)^2+\left(\frac{1-y}{1+y}\right)^2-2\frac{(1-y)^2}{1+y}\right]\mathrm{d}y$$

$$=\frac{1}{6}+\frac{1}{2}\int_1^2\left[\frac{(2-t)^2}{t^2}-2\frac{(2-t)^2}{t}\right]\mathrm{d}t$$

$$=\frac{1}{6}+\frac{1}{2}\int_1^2\left[1-\frac{4}{t}+\frac{4}{t^2}-2t+8-\frac{8}{t}\right]\mathrm{d}t$$

$$=\frac{1}{6}+\frac{1}{2}[1-4\ln 2+2-3+8-8\ln 2]$$

$$=\frac{25}{6}-6\ln 2.$$

所以 $V=V(\Omega_1)+V(\Omega_2)=\frac{17}{12}-2\ln 2.$

重积分的直接应用是计算 $\mathbf{R}^n$ 中有界 J 可测集的 n 维 Jordan 测度，若 $n=1$就是通常所说的长度，$n=2$ 为面积，$n=3$ 为体积，一般情况统称为体积. 设 Ω 是 $\mathbf{R}^n$ 中有界 J 可测集，则它的体积为

$$V(\Omega)=\int_\Omega\mathrm{d}V.$$

例 15.3.5 设 $\mathbf{R}^n$ 中的有界区域

$$\Omega=\{x=(x_1,\cdots,x_n)\in\mathbf{R}^n\,\big|\,x_1+\cdots+x_n\leqslant 1,$$

$$x_i \geqslant 0, i = 1,\cdots,n\},$$

求它的体积 V.

解　由于

$$x = (x_1,\cdots,x_n) \in \Omega \Leftrightarrow$$

$$0 \leqslant x_1 \leqslant 1, 0 \leqslant x_2 \leqslant 1 - x_1, 0 \leqslant x_3 \leqslant 1 - x_1 - x_2,$$

$$\cdots, 0 \leqslant x_n \leqslant 1 - x_1 - \cdots - x_{n-1},$$

所以

$$\begin{aligned}
V &= \int_\Omega \mathrm{d}x \\
&= \int_0^1 \mathrm{d}x_1 \int_0^{1-x_1} \mathrm{d}x_2 \int_0^{1-x_1-x_2} \mathrm{d}x_3 \cdots \int_0^{1-x_1-\cdots-x_{n-1}} \mathrm{d}x_n \\
&= \int_0^1 \mathrm{d}x_1 \int_0^{1-x_1} \mathrm{d}x_2 \int_0^{1-x_1-x_2} \mathrm{d}x_3 \\
&\quad \cdots \int_0^{1-x_1-\cdots-x_{n-2}} (1 - x_1 - \cdots - x_{n-1}) \mathrm{d}x_{n-1} \\
&= \int_0^1 \mathrm{d}x_1 \int_0^{1-x_1} \mathrm{d}x_2 \int_0^{1-x_1-x_2} \mathrm{d}x_3 \\
&\quad \cdots \int_0^{1-x_1-\cdots-x_{n-3}} \frac{1}{2} (1 - x_1 - \cdots - x_{n-2})^2 \mathrm{d}x_{n-2} \\
&= \cdots \\
&= \int_0^1 \mathrm{d}x_1 \int_0^{1-x_1} \mathrm{d}x_2 \int_0^{1-x_1-x_2} \frac{1}{(n-3)!} (1 - x_1 - x_2 - x_3)^{n-3} \mathrm{d}x_3 \\
&= \int_0^1 \mathrm{d}x_1 \int_0^{1-x_1} \frac{1}{(n-2)!} (1 - x_1 - x_2)^{n-2} \mathrm{d}x_2 \\
&= \int_0^1 \frac{1}{(n-1)!} (1 - x_1)^{n-1} \mathrm{d}x_1 = \frac{1}{n!}.
\end{aligned}$$

例 15.3.6　求 $\mathbf{R}^n$ 中半径为 r 的球

$$B_n(r) = \{x = (x_1,\cdots,x_n) \in \mathbf{R}^n \mid |x|^2 = x_1^2 + \cdots + x_n^2 \leqslant r^2\}$$

的体积 $V_n(r)$.

解　用归纳法证明存在仅依赖于 n 的常数 v_n 使得

$$V_n(r) = v_n r^n. \tag{15.3.9}$$

实事上,当 $n=1$ 时显然 $V_1(r)=2r$. 设(15.3.9)式对于 $n-1$ 成立,其中 $n \geqslant 2$为正整数,则

$$
\begin{aligned}
V_n(r) &= \int_{B_n(r)} \mathrm{d}x_1 \cdots \mathrm{d}x_n \\
&= \int_{-r}^{r} \mathrm{d}x_n \int_{x_1^2+\cdots+x_{n-1}^2 \leqslant r^2 - x_n^2} \mathrm{d}x_1 \cdots \mathrm{d}x_{n-1} \\
&= \int_{-r}^{r} v_{n-1}(r^2 - x_n^2)^{\frac{n-1}{2}} \mathrm{d}x_n \\
&= 2v_{n-1}\int_0^r (r^2 - x_n^2)^{\frac{n-1}{2}} \mathrm{d}x_n = 2v_{n-1} r^n \int_0^1 (1 - t^2)^{\frac{n-1}{2}} \mathrm{d}t \\
&= v_{n-1} r^n \int_0^1 s^{-\frac{1}{2}} (1 - s)^{\frac{n-1}{2}} \mathrm{d}s = \frac{\Gamma\left(\frac{n+1}{2}\right)\Gamma\left(\frac{1}{2}\right)}{\Gamma\left(\frac{n+2}{2}\right)} v_{n-1} r^n .
\end{aligned}
$$

从而(15.3.9)式对于 n 也成立,这就完成了(15.3.9)式的归纳证明,而且得到了关于 v_n 的递推公式

$$
v_n = \frac{\Gamma\left(\frac{n+1}{2}\right)\Gamma\left(\frac{1}{2}\right)}{\Gamma\left(\frac{n+2}{2}\right)} v_{n-1}, \quad n = 2,3,\cdots
$$

于是

$$
v_n = \frac{\Gamma\left(\frac{n+1}{2}\right)\Gamma\left(\frac{1}{2}\right)}{\Gamma\left(\frac{n+2}{2}\right)} \cdot \frac{\Gamma\left(\frac{n}{2}\right)\Gamma\left(\frac{1}{2}\right)}{\Gamma\left(\frac{n+1}{2}\right)} \cdots \frac{\Gamma\left(\frac{3}{2}\right)\Gamma\left(\frac{1}{2}\right)}{\Gamma\left(\frac{4}{2}\right)} v_1 ,
$$

又 $v_1 = 2, \Gamma\left(\frac{1}{2}\right) = \sqrt{\pi}$,所以

$$
v_n = \frac{2\Gamma\left(\frac{1}{2}\right)^{n-1}\Gamma\left(\frac{3}{2}\right)}{\Gamma\left(\frac{n}{2}+1\right)} = \frac{2\Gamma\left(\frac{1}{2}\right)^{n}}{n\Gamma\left(\frac{n}{2}\right)} = \frac{2\pi^{\frac{n}{2}}}{n\Gamma\left(\frac{n}{2}\right)},
$$

从而

$$
V_n(r) = \frac{2\pi^{\frac{n}{2}}}{n\Gamma\left(\frac{n}{2}\right)} r^n .
$$

显然 $V_1(r) = 2r, V_2(r) = \pi r^2, V_3(r) = \frac{4}{3}\pi r^3$,这与我们熟知的结果一致.

§15.4 重积分的变量替换

在定积分的理论与计算中,变量替换与分部积分占有十分重要的地位.对于重积分来说同样有变量替换与分部积分.重积分的分部积分公式可由下一章的 Gauss 公式直接推出,在这一节我们讨论重积分的变量替换的理论与应用.同一个重积分变量替换公式可以从两种不同的观点得到.一种是坐标变换观点,即对于一个重积分的积分区域可以用不同的坐标曲线进行分割,由于网眼的体积用相应的坐标表示,从而得到与坐标有关的重积分计算公式.从这一观点来看上一节的公式就是重积分在直角坐标系下的计算公式.另一种是点变换观点.设 Ω 是 $\mathbf{R}^n$ 中的有界闭区域,Ω 中的点用 $x=(x_1,\cdots,x_n)$表示,f 是定义在Ω 上的函数,现有一个 $\mathbf{R}^n$ 中点与点之间的一一变换 T 把Ω 变为 $\mathbf{R}^n$ 中的有界闭区域 D,D 中的点用 $u=(u_1,\cdots,u_n)$表示.设在变换 T^{-1}下 x 与 u 之间有变换公式

$$T^{-1}: x = x(u) \in \Omega, \quad \forall u \in D. \tag{15.4.1}$$

这样 f 对应D 上的函数$g=f\circ T^{-1}$,即

$$g(u) = f(x(u)), \quad \forall u \in D.$$

所谓从点变换的观点得到重积分的变量替换公式就是求 D 上的一个非负有界可积函数$J(u)$,使得对任意 $f\in C^0(\Omega)$有

$$\int_\Omega f(x)\mathrm{d}x = \int_D g(u)J(u)\mathrm{d}u. \tag{15.4.2}$$

以后可以知道上面的 $J(u)$就是 $x_1,\cdots,x_n$ 关于 $u_1,\cdots,u_n$Jacobi 行列式的绝对值,即

$$J(u) = \left|\frac{D(x_1,\cdots,x_n)}{D(u_1,\cdots,u_n)}(u)\right|.$$

一、二重积分的变量替换公式

在这一小段我们用坐标变换的观点推导二重积分的变量替换公式.设(x,y)是 $\mathbf{R}^2$ 的直角坐标,(u,v)是某种曲线坐标,它们之间有坐标变换公式

$$\begin{cases} x = x(u,v), \\ y = y(u,v). \end{cases}$$

$\mathbf{R}^2$ 上同一个有界闭区域用 x,y 表示记为D,用 u,v 表示记为H,则(15.4.2)式成为

$$\iint_D f(x,y)\mathrm{d}x\mathrm{d}y = \iint_H f(x(u,v),y(u,v))\left|\frac{D(x,y)}{D(u,v)}\right|\mathrm{d}u\mathrm{d}v. \tag{15.4.3}$$

首先考虑平面上的极坐标,如图 15.4.1.

$$\begin{cases} x = r\cos\theta, \\ y = r\sin\theta, \end{cases} r \geqslant 0, 0 \leqslant \theta < 2\pi.$$

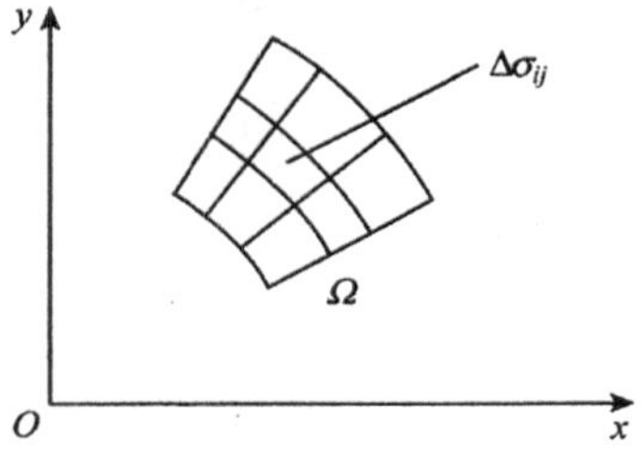

图 15.4.1

为简单起见设

$$\Omega = \left\{(x,y) \in \mathbf{R}^2 \mid 0 < a \leqslant x^2 + y^2 \leqslant b, \frac{\sqrt{3}}{3} \leqslant \frac{y}{x} \leqslant \sqrt{3}, x > 0, y > 0\right\}.$$

用极坐标曲线分割 Ω 得

$$T = \{\Delta\sigma_{ij} \mid i = 1,\cdots,m, j = 1,\cdots,l\},$$

其中

$$\Delta\sigma_{ij} = \{(r,\theta) \mid r_{i-1} \leqslant r \leqslant r_i, \theta_{j-1} \leqslant \theta \leqslant \theta_j\},$$

$$a = r_0 < r_1 < \cdots < r_m = b,$$

$$\frac{\pi}{6} = \theta_0 < \theta_1 < \cdots < \theta_l = \frac{\pi}{3}.$$

显然 $\Delta\sigma_{ij}$ 的面积

$$\Delta\sigma_{ij} = \frac{1}{2}(r_i^2 - r_{i-1}^2)(\theta_j - \theta_{j-1}).$$

记 $\Delta r_i = r_i - r_{i-1}, \Delta\theta_j = \theta_j - \theta_{j-1}$,则

$$\begin{aligned}\Delta\sigma_{ij} &= \frac{1}{2}[(r_{i-1} + \Delta r_i)^2 - r_{i-1}^2]\Delta\theta_j \\ &= r_{i-1}\Delta r_i\Delta\theta_j + \frac{1}{2}\Delta r_i^2\Delta\theta_j.\end{aligned}$$

设 $f(x,y)$在 Ω 上有界可积,则

$$\begin{aligned}&\iint_D f(x,y)\mathrm{d}x\mathrm{d}y \\ &= \lim_{d(T)\to 0}\sum_{i,j} f(r_{i-1}\cos\theta_j, r_{i-1}\sin\theta_j)\Delta\sigma_{ij} \\ &= \lim_{d(T)\to 0}\sum_{i,j} f(r_{i-1}\cos\theta_j, r_{i-1}\sin\theta_j)\left(r_{i-1}\Delta r_i\Delta\theta_j + \frac{1}{2}\Delta r_i^2\Delta\theta_j\right).\end{aligned}$$

记 $M = \sup_\Omega |f(x,y)|$,则

$$\left|\sum_{i,j} f(r_{i-1}\cos\theta_j, r_{i-1}\sin\theta_j)\Delta r_i^2 \Delta\theta_j\right|$$

$$\leqslant M(b-a)\left(\frac{\pi}{3}-\frac{\pi}{6}\right)\max_i |\Delta r_i|.$$

由于 $d(T)\to 0 \Leftrightarrow \max_i |\Delta r_i| \to 0, \max_j |\Delta\theta_j| \to 0$,所以

$$\lim_{d(T)\to 0}\sum_{i,j} f(r_{i-1}\cos\theta_j, r_{i-1}\sin\theta_j)\Delta r_i^2 \Delta\theta_j = 0,$$

由此可得

$$\begin{aligned}&\iint_D f(x,y)\mathrm{d}x\mathrm{d}y\\&= \lim_{d(T)\to 0}\sum_{i,j} f(r_{i-1}\cos\theta_j, r_{i-1}\sin\theta_j) r_{i-1}\Delta r_i \Delta\theta_j\\&= \iint_{a\leqslant r\leqslant b, \frac{\pi}{6}\leqslant\theta\leqslant\frac{\pi}{3}} f(r\cos\theta, r\sin\theta) r\mathrm{d}r\mathrm{d}\theta. \end{aligned}\tag{15.4.4}$$

显然 $\dfrac{D(x,y)}{D(r,\theta)} = \begin{vmatrix}\cos\theta & -r\sin\theta\\ \sin\theta & r\cos\theta\end{vmatrix} = r.$

对于 $\mathbf{R}^2$ 中的有界闭区域 Ω,如果它用直角坐标 x,y 表示记为 $\Omega_{x,y}$,它用极坐标 r,θ 表示记为 $\Omega_{r,\theta}$. 设 $f(x,y)$在 Ω 上有界可积,令

$$f^*(x,y) = \begin{cases} f(x,y), & (x,y)\in\Omega,\\ 0, & (x,y)\in\mathbf{R}^2\setminus\Omega.\end{cases}$$

取实数 $\lambda>0$ 使得 $\Omega\subseteq B_\lambda^0$,其中

$$B_\lambda = \{(x,y)\in\mathbf{R}^2 \mid x^2+y^2\leqslant\lambda^2\}$$

由重积分的性质可知 $f^*(x,y)$在 B_λ 上有界可积,且对 $0<\varepsilon<\lambda, 0<\theta_0<2\pi$ 有

$$\iint_{B_\lambda} f^*(x,y)\mathrm{d}x\mathrm{d}y = \iint_{D(\varepsilon,\theta_0)} f^*(x,y)\mathrm{d}x\mathrm{d}y + \iint_{B_\lambda\setminus D(\varepsilon,\theta_0)} f^*(x,y)\mathrm{d}x\mathrm{d}y,$$

其中 $D(\varepsilon,\theta_0)$在极坐标下表示为

$$D(\varepsilon,\theta_0) = \{(r,\theta)\in\mathbf{R}^2 \mid \varepsilon\leqslant r\leqslant\lambda, 0\leqslant\theta\leqslant\theta_0\}.$$

类似于(15.4.4)式可得

$$\begin{aligned}\iint_{B_\lambda} f^*(x,y)\mathrm{d}x\mathrm{d}y =& \iint_{\varepsilon\leqslant r\leqslant\lambda, 0\leqslant\theta\leqslant\theta_0} f^*(r\cos\theta, r\sin\theta) r\mathrm{d}r\mathrm{d}\theta\\&+ \iint_{B_\lambda\setminus D(\varepsilon,\theta_0)} f^*(x,y)\mathrm{d}x\mathrm{d}y,\end{aligned}$$

显然有

$$\left|\iint\limits_{B_\lambda \setminus D(\varepsilon,\theta_0)} f^*(x,y)\mathrm{d}x\mathrm{d}y\right| \leqslant M\left(\frac{\theta_0}{2}\varepsilon^2 + \frac{2\pi-\theta_0}{2}\lambda^2\right),$$

所以令 $\varepsilon\to 0,\theta_0\to 2\pi$,易得

$$\iint\limits_{B_\lambda} f^*(x,y)\mathrm{d}x\mathrm{d}y = \iint\limits_{r\leqslant\lambda} f^*(r\cos\theta, r\sin\theta)r\mathrm{d}r\mathrm{d}\theta,$$

即

$$\iint\limits_{\Omega_{x,y}} f(x,y)\mathrm{d}x\mathrm{d}y = \iint\limits_{\Omega_{r,\theta}} f(r\cos\theta, r\sin\theta)r\mathrm{d}r\mathrm{d}\theta. \qquad (15.4.5)$$

例 15.4.1 求曲线 $(x^2+y^2)^2 = a(x^3-3xy^2)(a>0)$ 所围区域的面积 S(见图 15.4.2).

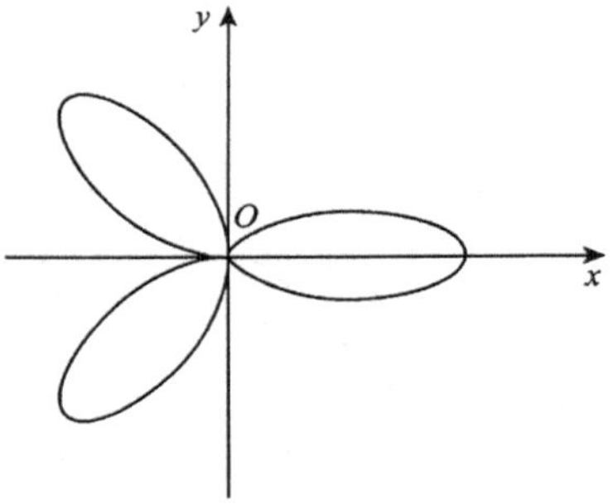

图 15.4.2

解 若用直角坐标 x,y 来计算,区域定限比较困难,考虑极坐标

$$\begin{cases} x = r\cos\theta, \\ y = r\sin\theta, \end{cases} r\geqslant 0,\ -\pi\leqslant\theta<\pi,$$

则 $(x^2+y^2)^2 = a(x^3-3xy^2) \Leftrightarrow r = a\cos\theta(1-4\sin^2\theta)$. 由于 $r\geqslant 0$,易知所讨论的曲线有三个分支(如图,通常称之为三叶线):

$$r = a\cos\theta(1-4\sin^2\theta), \quad -\frac{\pi}{6}\leqslant\theta\leqslant\frac{\pi}{6},$$

$$r = a\cos\theta(1-4\sin^2\theta), \quad \frac{\pi}{2}\leqslant\theta\leqslant\frac{5}{6}\pi,$$

$$r = a\cos\theta(1-4\sin^2\theta), \quad -\frac{5}{6}\pi\leqslant\theta\leqslant-\frac{\pi}{2}.$$

由(15.4.5)式和对称性,则

$$\begin{aligned} S &= 3\int_{-\frac{\pi}{6}}^{\frac{\pi}{6}}\mathrm{d}\theta\int_0^{a\cos\theta(1-4\sin^2\theta)} r\mathrm{d}r \\ &= \frac{3a^2}{2}\int_{-\frac{\pi}{6}}^{\frac{\pi}{6}}\cos^2\theta(1-4\sin^2\theta)^2\mathrm{d}\theta \\ &= \frac{3a^2}{2}\int_{-\frac{\pi}{6}}^{\frac{\pi}{6}}\left[\frac{1}{2}(1+\cos 2\theta) - 2\sin^2 2\theta + 16\cos^2\theta\sin^4\theta\right]\mathrm{d}\theta \end{aligned}$$

$$= \frac{\pi}{4}a^2 + \frac{3}{2}a^2\int_{-\frac{\pi}{6}}^{\frac{\pi}{6}}\left[\frac{1}{2}\cos 2\theta - 1 + \cos 4\theta + 4\sin^2 2\theta\sin^2\theta\right]\mathrm{d}\theta$$

$$= \frac{\pi}{4}a^2 + \frac{3}{2}a^2\int_{-\frac{\pi}{6}}^{\frac{\pi}{6}}\left[\frac{1}{2}\cos 2\theta - 1 + \cos 4\theta + (1-\cos 4\theta)(1-\cos 2\theta)\right]\mathrm{d}\theta$$

$$= \frac{\pi}{4}a^2 + \frac{3}{2}a^2\int_{-\frac{\pi}{6}}^{\frac{\pi}{6}}\left[\cos 4\theta\cos 2\theta - \frac{1}{2}\cos 2\theta\right]\mathrm{d}\theta$$

$$= \frac{\pi}{4}a^2 + \frac{3}{4}a^2\int_{-\frac{\pi}{6}}^{\frac{\pi}{6}}\cos 6\theta\,\mathrm{d}\theta = \frac{\pi}{4}a^2.$$

考虑平面上一般的曲线坐标.设 x,y 是平面上的直角坐标,Ω 是一个开区域.u,v 是 Ω 内的曲线坐标,它与 x,y 之间的变换关系为

$$\begin{cases} x = x(u,v), \\ y = y(u,v), \end{cases} (u,v)\in G, \tag{15.4.6}$$

其中 G 是 u,v 平面上的开区域,设 $x(u,v),y(u,v)\in C^1(G)$,(15.4.6)式建立了 G 内的点 (u,v) 与 Ω 内的点 (x,y) 的一一对应且

$$\frac{D(x,y)}{D(u,v)}(u,v)\neq 0,\quad \forall (u,v)\in G. \tag{15.4.7}$$

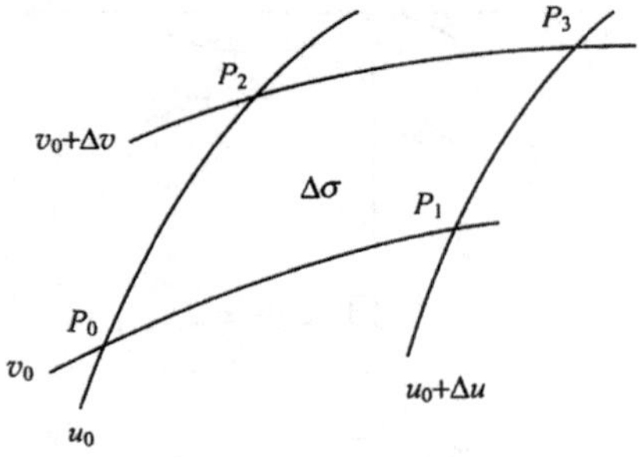

图 15.4.3

对于 Ω 内的有界闭区域 D,我们用 u,v 的坐标曲线来分割 D.为了得二重积分用曲线坐标 u,v 的计算公式,首先要研究 Ω 内由 4 条坐标曲线 $u=u_0$, $u=u_0+\Delta u$, $v=v_0$, $v=v_0+\Delta v$ 所围之曲边四边形 $\Delta\sigma$ 的面积(其面积也表示为 $\Delta\sigma$)(见图 15.4.3).不妨设 $\Delta u>0$,$\Delta v>0$.$\Delta\sigma$ 的四个顶点分别为

$$P_0 = (x_0,y_0) = (x(u_0,v_0),y(u_0,v_0)),$$

$$P_1 = (x_1,y_1) = (x(u_0+\Delta u,v_0),y(u_0+\Delta u,v_0)),$$

$$P_2 = (x_2,y_2) = (x(u_0,v_0+\Delta v),y(u_0,v_0+\Delta v)),$$

$$P_3 = (x_3,y_3) = (x(u_0+\Delta u,v_0+\Delta v),y(u_0+\Delta u,v_0+\Delta v)).$$

可以证明

$$\Delta\sigma = \iint\limits_{\substack{u_0\leqslant u\leqslant u_0+\Delta u\\ v_0\leqslant v\leqslant v_0+\Delta v}}\left|\frac{D(x,y)}{D(u,v)}\right|\mathrm{d}u\mathrm{d}v. \tag{15.4.8}$$

证　易证 $\left|\dfrac{D(x,y)}{D(u,v)}\right|$ 不依赖于 Ω 内直角坐标 x,y 的具体选取．由(15.4.7)式不妨设在 G 内处处满足

$$\frac{D(x,y)}{D(u,v)}=x_uy_v-x_vy_u>0. \tag{15.4.7$'$}$$

令
$$\boldsymbol{r}(u,v)=(x(u,v),y(u,v)).$$

任取 $(\bar u,\bar v)\in G$，记 θ 为从 $\boldsymbol{r}_u(\bar u,\bar v)=(x_u(\bar u,\bar v),y_u(\bar u,\bar v))$ 到 $\boldsymbol{r}_v(\bar u,\bar v)=\big(x_v(\bar u,\bar v),y_v(\bar u,\bar v)\big)$ 所成的角(见图 15.4.4)，则(15.4.7)$'$式 $\Leftrightarrow 0<\theta<\pi$．适当选取直角坐标 x,y 可以使得

$$x_u(\bar u,\bar v)>0,y_u(\bar u,\bar v)>0,$$
$$x_v(\bar u,\bar v)\neq 0,y_v(\bar u,\bar v)>0.$$

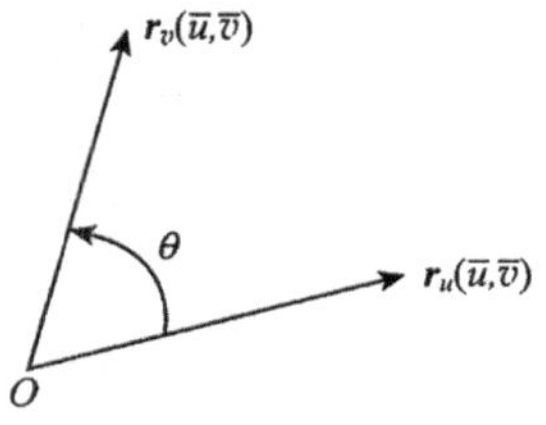

图 15.4.4

不妨设 $x_v(\bar u,\bar v)>0$．于是存在 $\rho=\rho(\bar u,\bar v)>0$ 使得当 $(u,v)\in B_\rho(\bar u,\bar v)=\left\{(u,v)\,\middle|\,\sqrt{(u-\bar u)^2+(v-\bar v)^2}<\rho\right\}\subseteq G$ 时总有

$$x_u(u,v)>0,y_u(u,v)>0,$$
$$x_v(u,v)>0,y_v(u,v)>0.$$

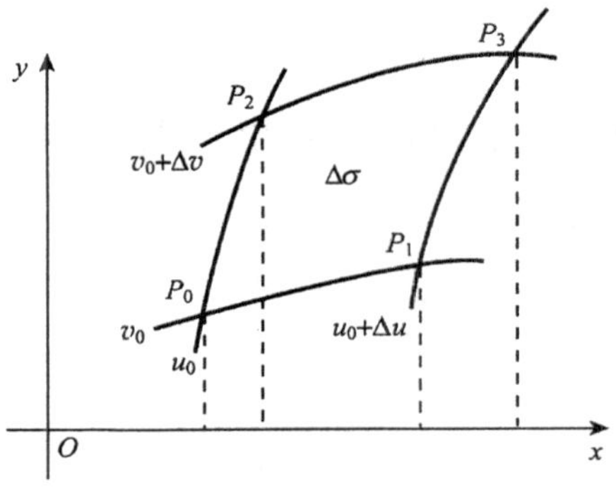

图 15.4.5

由此可知当 (u_0,v_0)，$(u_0+\Delta u,v_0)$，$(u_0,v_0+\Delta v)$，$(u_0+\Delta u,v_0+\Delta v)$ 均属于 $B_\rho(\bar u,\bar v)$ 时适当选取直径坐标 x，y 的原点可使得 4 条坐标曲线 $u=u_0$，$u=u_0+\Delta u$，$v=v_0$，$v=v_0+\Delta v$ 的位置由图 15.4.5 所示．曲线 $\overparen{P_0P_1}$ 的参数方程为

$$\begin{cases}x=x(u,v_0),\\ y=y(u,v_0),\end{cases}\quad u_0\leqslant u\leqslant u_0+\Delta u,$$

由于 $x=x(u,v_0)$ 关于 u 连续且严格单增，从而由 $x=x(u,v_0)$ 中可解出 $u=u(x,v_0)$．于是曲线 $\overparen{P_0P_1}$ 可表示为

$$y=y(u(x,v_0),v_0),x_0\leqslant x\leqslant x_1.$$

同理

$$\overparen{P_0P_2}:y=y(u_0,v(x,u_0)),x_0\leqslant x\leqslant x_2,$$
$$\overparen{P_1P_3}:y=y(u_0+\Delta u,v(x,u_0+\Delta u)),x_1\leqslant x\leqslant x_3,$$

$$\widehat{P_2P_3}: y = y(u(x, v_0+\Delta v), v_0+\Delta v), x_2 \leqslant x \leqslant x_3.$$

由图 15.4.5 容易得到

$$\Delta\sigma = \int_{x_0}^{x_2} y(u_0, v(x, u_0))\mathrm{d}x + \int_{x_2}^{x_3} y(u(x, v_0+\Delta v), v_0+\Delta v)\mathrm{d}x$$

$$-\int_{x_0}^{x_1} y(u(x, v_0), v_0)\mathrm{d}x - \int_{x_1}^{x_3} y(u_0+\Delta u, v(x, u_0+\Delta u))\mathrm{d}x.$$

利用定积分的变量替换可得

$$\Delta\sigma = \int_{u_0}^{u_0+\Delta u} [y(u, v_0+\Delta v)x_u(u, v_0+\Delta v) - y(u, v_0)x_u(u, v_0)]\mathrm{d}u$$

$$-\int_{v_0}^{v_0+\Delta v} [y(u_0+\Delta u, v)x_v(u_0+\Delta u, v) - y(u_0, v)x_v(u_0, v)]\mathrm{d}v.$$

进一步假设 $x(u,v), g(u,v) \in C^2(B_\rho(\bar{u}, \bar{v}))$,则

$$\Delta\sigma = \iint\limits_{\substack{u_0 \leqslant u \leqslant u_0+\Delta u \\ v_0 \leqslant v \leqslant v_0+\Delta v}} \left[\frac{\partial}{\partial v}(yx_u) - \frac{\partial}{\partial u}(yx_v)\right]\mathrm{d}u\mathrm{d}v$$

$$= \iint\limits_{\substack{u_0 \leqslant u \leqslant u_0+\Delta u \\ v_0 \leqslant v \leqslant v_0+\Delta v}} (x_u y_v - y_u x_v)\mathrm{d}u\mathrm{d}v,$$

由(15.4.7)′式可知(15.4.8)式成立.

注　上述证明 $x(u,v), y(u,v) \in C^2$ 的附加假设可利用光滑函数逼近去掉,具体不在此叙述.

一般情况,由于

$$H(u_0, v_0) = \{(u,v) \mid u_0 \leqslant u \leqslant u_0+\Delta u, v_0 \leqslant v \leqslant v_0+\Delta v\}$$

是 G 内的有界闭集,且

$$\bigcup_{(u,v)\in H(u_0,v_0)} B_{\frac{1}{2}\rho(u,v)}(u,v)$$

是 $H(u_0, v_0)$的开覆盖,利用 Borel 定理可知存在

$$(\xi_1, \eta_1), (\xi_2, \eta_2), \cdots, (\xi_l, \eta_l) \in H(u_0, v_0),$$

使得

$$\bigcup_{i=1}^{l} B_{\frac{1}{2}\rho(\xi_i, \eta_i)}(\xi_i, \eta_i)$$

也是 $H(u_0, v_0)$的开覆盖,取

$$u_0 < u_1 < u_2 < \cdots < u_m = u_0 + \Delta u,$$

$$v_0 < v_1 < v_2 < \cdots < v_k = v_0 + \Delta v,$$

使得$\sqrt{(u_i-u_{i-1})^2+(v_j-v_{j-1})^2}<\delta=\min\left(\frac{1}{2}\rho(\xi_1,\eta_1),\cdots,\frac{1}{2}\rho(\xi_l,\eta_l)\right)$，其中 $i=1,2,\cdots,m,j=1,2,\cdots,k$.令

$$\Delta\sigma_{ij}=\{(x(u,v),y(u,v))\mid u_{i-1}\leqslant u\leqslant u_i,v_{j-1}\leqslant v\leqslant v_j\}.$$

由于$[u_{i-1},u_i]\times[v_{j-1},v_j]\subseteq H(u_0,v_0)$，从而$\exists(\xi_n,\eta_n)(1\leqslant n\leqslant l)$使得$(u_i,v_j)\in B_{\frac{1}{2}\rho(\xi_n,\eta_n)}(\xi_n,\eta_n)$，即

$$\sqrt{(u_i-\xi_n)^2+(v_j-\eta_n)^2}<\frac{1}{2}\rho(\xi_n,\eta_n).$$

由于当$(u,v)\in[u_{i-1},u_i]\times[v_{j-1},v_j]$时

$$\begin{aligned}\sqrt{(u-\xi_n)^2+(v-\eta_n)^2}&\leqslant\sqrt{(u-u_i)^2+(v-v_j)^2}\\&\quad+\sqrt{(u_i-\xi_n)^2+(v_j-\eta_n)^2}\\&\leqslant\sqrt{(u_i-u_{i-1})^2+(v_j-v_{j-1})^2}+\frac{1}{2}\rho(\xi_n,\eta_n)\\&<\delta+\frac{1}{2}\rho(\xi_n,\eta_n)\leqslant\rho(\xi_n,\eta_n),\end{aligned}$$

所以$[u_{i-1},u_i]\times[v_{j-1},v_j]\subseteq B_{\rho(\xi_n,\eta_n)}(\xi_n,\eta_n)$.由上述证明可知对于$\Delta\sigma_{ij}$ (15.4.8)式成立，即其面积满足

$$\Delta\sigma_{ij}=\iint\limits_{\substack{u_{i-1}\leqslant u\leqslant u_i\\v_{j-1}\leqslant v\leqslant v_j}}\left|\frac{D(x,y)}{D(u,v)}\right|\mathrm{d}u\mathrm{d}v.$$

由 $\Delta\sigma=\sum\limits_{\substack{1\leqslant i\leqslant m\\1\leqslant j\leqslant k}}\Delta\sigma_{ij}$ 立即可得(15.4.8)式成立.

注 运用下一章的曲线积分和 Green 公式能够比较容易地证明(15.4.8)式.

由(15.4.8)式和重积分的中值定理可知存在$(\bar{u},\bar{v})\in[u_0,u_0+\Delta u]\times[v_0,v_0+\Delta v]$使得

$$\Delta\sigma=\left|\frac{D(x,y)}{D(u,v)}(\bar{u},\bar{v})\right|\Delta u\Delta v.$$

由此可得

$$\Delta\sigma=\left|\frac{D(x,y)}{D(u,v)}(u_0,v_0)\right|\Delta u\Delta v+\varepsilon\Delta u\Delta v,$$

其中

$$\varepsilon=\left|\frac{D(x,y)}{D(u,v)}(\bar{u},\bar{v})\right|-\left|\frac{D(x,y)}{D(u,v)}(u_0,v_0)\right|.$$

由于 $x(u,v),y(u,v)\in C^1(G)$,所以

$$\lim_{\Delta u^2+\Delta v^2\to 0}\varepsilon=0,$$

且收敛关于 (u_0,v_0) 在 G 的任意有界闭子集上一致. 从几何上看 $\left|\frac{D(x,y)}{D(u,v)}(u_0,v_0)\right|\Delta u\Delta v$ 是以过 P_0 的两条坐标曲线的切向量 $\boldsymbol{r}_u(u_0,v_0)\Delta u$ 和 $\boldsymbol{r}_v(u_0,v_0)\Delta v$ 为邻边的平行四边形面积. 以上结果说明以 4 条坐标曲线所围的曲边四边形的面积近似于以自一点出发的两个切向量为邻边的平行四边形的面积,其误差相对于 $\Delta u\Delta v$ 来说是高级无穷小. 从而在积分过程中可以忽略不计. 于是由此不难证明对于 D 上任意连续函 $f(x,y)$ 用曲线坐标 u,v 计算其二重积分的公式(15.4.3)式成立.

在实际应用中 Ω 与 G 一一对应且在 G 内(15.4.7)式处处成立的要求比较强. 但是以上述较强条件下的结果为基础可以得到以下结论. 设 $x(u,v)$, $y(u,v)\in C^1(G)$,其中 G 是 u,v 平面上的开区域. 存在 G 内的有界闭区域 H 使得

$$D=\{(x,y)\in R^2\mid x=x(u,v),y=y(u,v),(u,v)\in H\}$$

是 x,y 平面上的有闭区域,E 是 u,v 平面上的 J 零集,如果

$$\frac{D(x,y)}{D(u,v)}(u,v)\neq 0,\quad \forall(u,v)\in H\setminus(\partial H\cup\bar{E})$$

且 $H\setminus(\partial H\cup\bar{E})\ni(u,v)\to(x(u,v),y(u,v))$ 是一一对应的,则对任意 $f\in C^0(D)$,公式(15.4.3)成立,即

$$\iint_D f(x,y)\mathrm{d}x\mathrm{d}y=\iint_H f(x(u,v),y(u,v))\left|\frac{D(x,y)}{D(u,v)}\right|\mathrm{d}u\mathrm{d}v.$$

因为有了公式(15.4.8),从而二重积分变量替换公式(15.4.3)的证明没有大的困难,细节留作练习. 我们在本节第二段从点变换的观点给出一般 n 重积分的变量替换公式并在第三段给出了详细的证明,这也是不在此叙述(15.4.3)式证明细节的原因.

例 15.4.2　求 $I=\iint_D(x^2+y^2)\mathrm{d}x\mathrm{d}y$,其中 D 为由曲线 $a^2y=x^3,b^2y=x^3,p^2x=y^3,q^2x=y^3(0<a<b,0<p<q)$ 在第一象限所围的区域.

解　令 $u=\frac{x^3}{y},v=\frac{y^3}{x}$,则 D 用坐标 u,v 表示为

$$\{(u,v)\mid a^2\leqslant u\leqslant b^2,p^2\leqslant v\leqslant q^2\}.$$

由于 $u^3v=x^8,uv^3=y^8$,所以 $x=u^{\frac{3}{8}}v^{\frac{1}{8}},y=u^{\frac{1}{8}}v^{\frac{3}{8}}$. 由此可知 Jacobi 行列式

$$\frac{D(x,y)}{D(u,v)}=\begin{vmatrix}\frac{3}{8}u^{-\frac{5}{8}}v^{\frac{1}{8}} & \frac{1}{8}u^{-\frac{7}{8}}v^{\frac{3}{8}}\\ \frac{1}{8}u^{\frac{3}{8}}v^{-\frac{7}{8}} & \frac{3}{8}u^{\frac{1}{8}}v^{-\frac{5}{8}}\end{vmatrix}=\frac{1}{8}u^{-\frac{1}{2}}v^{-\frac{1}{2}}.$$

由(15.4.3)式得

$$\begin{aligned}I&=\int_{a^2}^{b^2}\mathrm{d}u\int_{p^2}^{q^2}\left(u^{\frac{3}{4}}v^{\frac{1}{4}}+u^{\frac{1}{4}}v^{\frac{3}{4}}\right)\cdot\frac{1}{8}u^{-\frac{1}{2}}v^{-\frac{1}{2}}\mathrm{d}v\\&=\frac{1}{8}\left(\int_{a^2}^{b^2}u^{\frac{1}{4}}\mathrm{d}u\right)\left(\int_{p^2}^{q^2}v^{-\frac{1}{4}}\mathrm{d}v\right)\\&\quad+\frac{1}{8}\left(\int_{a^2}^{b^2}u^{-\frac{1}{4}}\mathrm{d}u\right)\left(\int_{p^2}^{q^2}v^{\frac{1}{4}}\mathrm{d}v\right)\\&=\frac{2}{15}(b^{\frac{5}{2}}-a^{\frac{5}{2}})(q^{\frac{3}{2}}-p^{\frac{3}{2}})+\frac{2}{15}(b^{\frac{3}{2}}-a^{\frac{3}{2}})(q^{\frac{5}{2}}-p^{\frac{5}{2}}).\end{aligned}$$

例 15.4.3 化 $I=\iint\limits_{x^2+y^2\leqslant 1}f(ax+by)\mathrm{d}x\mathrm{d}y$ 为单积分，其中 a,b 是不全为 0 的实数.

解 考虑正交变换

$$\begin{cases}u=\dfrac{a}{\sqrt{a^2+b^2}}x+\dfrac{b}{\sqrt{a^2+b^2}}y,\\ v=-\dfrac{b}{\sqrt{a^2+b^2}}x+\dfrac{a}{\sqrt{a^2+b^2}}y,\end{cases}$$

则 Jacobi 行列式 $\dfrac{D(u,v)}{D(x,y)}=1$. 其逆变换也是正交变换，所以 $\dfrac{D(x,y)}{D(u,v)}=1$. 由于

$$u^2+v^2=x^2+y^2,$$

从而

$$\begin{aligned}I&=\iint\limits_{x^2+y^2\leqslant 1}f(ax+by)\mathrm{d}x\mathrm{d}y\\&=\iint\limits_{u^2+v^2\leqslant 1}f\left(\sqrt{a^2+b^2}\,u\right)\mathrm{d}u\mathrm{d}v\\&=\int_{-1}^{1}\mathrm{d}u\int_{-\sqrt{1-u^2}}^{\sqrt{1-u^2}}f\left(\sqrt{a^2+b^2}\,u\right)\mathrm{d}v\\&=2\int_{-1}^{1}\sqrt{1-u^2}\,f\left(\sqrt{a^2+b^2}\,u\right)\mathrm{d}u.\end{aligned}$$

二、n 重积分的变量替换及应用

首先介绍一般 n 重积分的变量替换公式,有以下两个定理.

定理 15.4.1 设 G 是 $\mathbf{R}^n$ 中的开集,T 是从 G 到 $TG\subseteq\mathbf{R}^n$ 的 C^1 微分同胚,对于 G 内任何 $\mathbf{R}^n$ 的有界闭 J 可测子集 Ω,则 $T\Omega$ 是 TG 内 $\mathbf{R}^n$ 的有界闭 J 可测子集,且对任意 $f\in C^0(T\Omega)$ 有

$$\int_{T\Omega} f\mathrm{d}V = \int_{\Omega}(f\circ T)\mid \det DT \mid \mathrm{d}V. \tag{15.4.9}$$

定理 15.4.1 中的(15.4.9)式是从点变换的观点叙述的变量替换公式.精确地说,若用 $u=(u_1,\cdots,u_n)$表示 G 内的点,$x=(x_1,\cdots,x_n)$表示 TG 的点. $G\to TG$ 的 C^1 微分同胚 T 用分量之间的关系可以表示为

$$T:\begin{cases}x_1 = x_1(u_1,\cdots,u_n),\\ \cdots\cdots\cdots\cdots & (u_1,\cdots,u_n)\in G.\\ x_n = x_n(u_1,\cdots,u_n),\end{cases}$$

(15.4.9)式中的 $f\circ T$ 表示函数 f 与映射 T 的复合,$\det DT$ 表示映射 T 的 Fréchet 导数的行列式,用分量表示就是 $x_1,\cdots,x_n$ 关于 $u_1,\cdots,u_n$ 的 Jacobi 行列式

$$\frac{D(x_1,\cdots,x_n)}{D(u_1,\cdots,u_n)}.$$

于是(15.4.9)式用分量写为

$$\begin{aligned}&\int_{T\Omega} f(x_1,\cdots,x_n)\mathrm{d}x_1\cdots\mathrm{d}x_n\\ &=\int_{\Omega} f(x_1(u_1,\cdots,u_n),\cdots,x_n(u_1,\cdots,u_n))\\ &\quad\times\left|\frac{D(x_1,\cdots,x_n)}{D(u_1,\cdots,u_n)}\right|\mathrm{d}u_1\cdots\mathrm{d}u_n.\end{aligned}$$

定理 15.4.1 是重积分变量替换的基本定理,但是由于要求 T 是从 G 到 TG 的 C^1 同胚这一较强的条件,所以直接应用不太方便.我们可以基于定理 15.4.1进一步得到假设条件较弱的结果.

定理 15.4.2 设 T 是从 $\mathbf{R}^n$ 中的开集 G 到 $TG\subseteq\mathbf{R}^n$ 的 C^1 映射,Ω 是 G 内 $\mathbf{R}^n$ 的有界闭 J 可测子集,E 是 $\mathbf{R}^n$ 中的 J 零集,T 为从 $\Omega\setminus(\partial\Omega\cup\bar{E})$ 到 $T(\Omega\setminus(\partial\Omega\cup\bar{E}))$的 C^1 同胚,则 $T\Omega$ 是 $\mathbf{R}^n$ 中有界闭 J 可测集且对任意 $f\in C^0(T\Omega)$,(15.4.9)式成立.

定理 15.4.1 和定理 15.4.2 的证明留到下一段介绍,我们现在给出一些

利用(15.4.9)式计算重积分的例子.对于比较常用的变换应该熟知相应的Jacobi行列式,例如:

(i) 非奇线性变换 $x=Au$,其中 $x=\begin{pmatrix}x_1\\ \vdots\\ x_n\end{pmatrix}$,$u=\begin{pmatrix}u_1\\ \vdots\\ u_n\end{pmatrix}\in\mathbf{R}^n$,$A$ 为 $n\times n$ 的非奇方阵,则

$$\frac{D(x_1,\cdots,x_n)}{D(u_1,\cdots,u_n)}=\det A,$$

其中 $\det A$ 表示 A 的行列式;

(ii) 平面上的极坐标 $\begin{cases}x=r\cos\theta,\\ y=r\sin\theta,\end{cases}$ $r\geqslant 0,0\leqslant\theta<2\pi$.则

$$\frac{D(x,y)}{D(r,\theta)}=r;$$

(iii) 空间柱坐标 $\begin{cases}x=r\cos\theta,\\ y=r\sin\theta,\\ z=z,\end{cases}$ $r\geqslant 0,0\leqslant\theta<2\pi,z\in\mathbf{R}$,则

$$\frac{D(x,y,z)}{D(r,\theta,z)}=r;$$

(iv) 空间球坐标 $\begin{cases}x=r\sin\varphi\cos\theta,\\ y=r\sin\varphi\sin\theta,\\ z=\cos\varphi,\end{cases}$ $r\geqslant 0,0\leqslant\theta<2\pi,0\leqslant\varphi\leqslant\pi$,则

$$\frac{D(x,y,z)}{D(r,\varphi,\theta)}=r^2\sin\varphi.$$

例 15.4.4 已给 r^3 中的二次齐次函数

$$H(x)=\sum_{i,j=1}^{3}a_{ij}x_ix_j,$$

其中 $A=(a_{ij})$ 是 3 阶正定对称方阵.求

$$I=\iiint\limits_{H(x)\leqslant 1}\mathrm{e}^{\sqrt{H(x)}}\mathrm{d}x_1\mathrm{d}x_2\mathrm{d}x_3.$$

解 存在 3 阶正交矩阵 P 使得

$$P^{\mathrm{T}}AP=\begin{pmatrix}\lambda_1&0&0\\0&\lambda_2&0\\0&0&\lambda_3\end{pmatrix},$$

其中 $\lambda_i>0, i=1,2,3$，令 $x=Py, x=\begin{pmatrix}x_1\\x_2\\x_3\end{pmatrix}, y=\begin{pmatrix}y_1\\y_2\\y_3\end{pmatrix}$，

则

$$H(x)=H(Py)=\lambda_1y_1^2+\lambda_2y_2^2+\lambda_3y_3^2.$$

从而

$$I=\iiint\limits_{\lambda_1y_1^2+\lambda_2y_2^2+\lambda_3y_3^2\leqslant 1}e^{\sqrt{\lambda_1y_1^2+\lambda_2y_2^2+\lambda_3y_3^2}}dy_1dy_2dy_3.$$

令 $y_i=\dfrac{z_i}{\sqrt{\lambda_i}}, i=1,2,3$，则

$$\frac{D(y_1,y_2,y_3)}{D(z_1,z_2,z_3)}=\frac{1}{\sqrt{\lambda_1\lambda_2\lambda_3}},$$

$$I=\frac{1}{\sqrt{\lambda_1\lambda_2\lambda_3}}\iiint\limits_{r\leqslant 1}e^r dz_1dz_2dz_3,\quad r=\sqrt{z_1^2+z_2^2+z_3^2}.$$

考虑球坐标 $\begin{cases}z_1=r\sin\varphi\cos\theta,\\ z_2=r\sin\varphi\sin\theta,\text{则}\\ z_3=r\cos\varphi,\end{cases}$

$$\begin{aligned}I&=\frac{1}{\sqrt{\lambda_1\lambda_2\lambda_3}}\int_0^{2\pi}d\theta\int_0^{\pi}d\varphi\int_0^1 r^2e^r\sin\varphi dr\\&=\frac{4\pi}{\sqrt{\lambda_1\lambda_2\lambda_3}}\int_0^1 r^2e^r dr\\&=\frac{4\pi}{\sqrt{\lambda_1\lambda_2\lambda_3}}(r^2e^r-2re^r+2e^r)\Big|_0^1\\&=\frac{4\pi}{\sqrt{\lambda_1\lambda_2\lambda_3}}(e-2).\end{aligned}$$

由于 A 的行列式 $\det A=\lambda_1\lambda_2\lambda_3$，所以

$$I=\frac{4\pi}{\sqrt{\det A}}(e-2).$$

例 15.4.5　求曲面

$$\left(\frac{x^2}{a^2}+\frac{y^2}{b^2}\right)^n+\frac{z^{2n}}{c^{2n}}=z\left(\frac{x^2}{a^2}+\frac{y^2}{b^2}\right)^{n-2}$$

所围区域 Ω 的体积，其中 $a,b,c>0, n\geqslant 2$.

解　显然 Ω 位于上半空间 $z\geqslant 0$ 且与 x,y 平面仅交于原点. 引进所谓椭

球坐标

$$\begin{cases} x = ar\sin\varphi\cos\theta, \\ y = br\sin\varphi\sin\theta, \quad r \geqslant 0, 0 \leqslant \theta < 2\pi, 0 \leqslant \varphi \leqslant \pi, \\ z = cr\cos\varphi, \end{cases}$$

则 x, y, z 关于 r, φ, θ 的 Jacobi 行列式

$$\frac{D(x, y, z)}{D(r, \varphi, \theta)} = abcr^2\sin\varphi.$$

在椭球坐标下曲面方程为

$$r^{2n}\sin^{2n}\varphi + r^{2n}\cos^{2n}\varphi = cr^{2n-3}\sin^{2n-4}\varphi\cos\varphi,$$

即

$$r = \left(\frac{c\sin^{2n-4}\varphi\cos\varphi}{\sin^{2n}\varphi + \cos^{2n}\varphi}\right)^{\frac{1}{3}}, 0 \leqslant \varphi \leqslant \frac{\pi}{2}.$$

由此可知在椭球坐标下

$$\Omega = \left\{(r, \varphi, \theta) \mid 0 \leqslant \theta < 2\pi, 0 \leqslant \varphi \leqslant \frac{\pi}{2},\right.$$

$$\left. 0 \leqslant r \leqslant \left(\frac{c\sin^{2n-4}\varphi\cos\varphi}{\sin^{2n}\varphi + \cos^{2n}\varphi}\right)^{\frac{1}{3}}\right\}.$$

于是 Ω 的体积

$$\begin{aligned} V &= \iiint_{\Omega} \mathrm{d}x\mathrm{d}y\mathrm{d}z \\ &= \int_0^{2\pi}\mathrm{d}\theta\int_0^{\frac{\pi}{2}}\mathrm{d}\varphi\int_0^{\left(\frac{c\sin^{2n-4}\varphi\cos\varphi}{\sin^{2n}\varphi+\cos^{2n}\varphi}\right)^{\frac{1}{3}}} abcr^2\sin\varphi\mathrm{d}r \\ &= \frac{2\pi abc^2}{3}\int_0^{\frac{\pi}{2}}\frac{\sin^{2n-3}\varphi\cos\varphi}{\sin^{2n}\varphi + \cos^{2n}\varphi}\mathrm{d}\varphi \\ &= \frac{2\pi abc^2}{3}\int_0^1\frac{t^{2n-3}}{t^{2n} + (1 - t^2)^n}\mathrm{d}t \\ &= \frac{\pi abc^2}{3}\int_0^1\frac{s^{n-2}}{s^n + (1 - s)^n}\mathrm{d}s. \end{aligned}$$

令 $u = \frac{1}{s}$，则

$$V = \frac{\pi abc^2}{3}\int_1^{\infty}\frac{\mathrm{d}u}{1 + (u - 1)^n} = \frac{\pi abc^2}{3}\int_0^{\infty}\frac{\mathrm{d}v}{1 + v^n}.$$

由于

$$\int_0^{\infty}\frac{\mathrm{d}v}{1+v^n}=\frac{1}{n}\int_0^{\infty}\frac{t^{\frac{1}{n}-1}}{1+t}\mathrm{d}t=\frac{1}{n}\Gamma\left(\frac{1}{n}\right)\Gamma\left(1-\frac{1}{n}\right),$$

又从余元公式可知

$$\Gamma\left(\frac{1}{n}\right)\Gamma\left(1-\frac{1}{n}\right)=\frac{\pi}{\sin\frac{\pi}{n}},$$

于是

$$V=\frac{\pi^2abc^2}{3n\sin\frac{\pi}{n}}.$$

例 15.4.6　求 $I=\iiint\limits_V(\sqrt{a^2-x^2-y^2})^p\mathrm{d}x\mathrm{d}y\mathrm{d}z$，其中 $a>0,p\geqslant 0,V$ 是球体 $x^2+y^2+z^2\leqslant a^2$ 被圆柱面 $x^2+y^2=ax$ 割下那部分区域.

解　考虑柱坐标 $\begin{cases}x=r\cos\theta,\\ y=r\sin\theta,\\ z=z,\end{cases}$ $r\geqslant 0,-\pi\leqslant\theta<\pi,z\in\mathbf{R}$，则 Jacobi 行列式 $\dfrac{D(x,y,z)}{D(r,\theta,z)}=r$ 且

$$V=\left\{(r,\theta,z)\mid -\frac{\pi}{2}\leqslant\theta\leqslant\frac{\pi}{2},0\leqslant r\leqslant a\cos\theta,\right.$$
$$\left.-\sqrt{a^2-r^2}\leqslant z\leqslant\sqrt{a^2-r^2}\right\}.$$

从而

$$\begin{aligned}I&=\int_{-\frac{\pi}{2}}^{\frac{\pi}{2}}\mathrm{d}\theta\int_0^{a\cos\theta}\mathrm{d}r\int_{-\sqrt{a^2-r^2}}^{\sqrt{a^2-r^2}}(\sqrt{a^2-r^2})^p r\mathrm{d}z\\&=\int_{-\frac{\pi}{2}}^{\frac{\pi}{2}}\mathrm{d}\theta\int_0^{a\cos\theta}2r(a^2-r^2)^{\frac{p+1}{2}}\mathrm{d}r\\&=\int_{-\frac{\pi}{2}}^{\frac{\pi}{2}}\frac{2}{p+3}[a^{p+3}-(a^2-a^2\cos^2\theta)^{\frac{p+3}{2}}]\mathrm{d}\theta\\&=\frac{4}{p+3}\int_0^{\frac{\pi}{2}}a^{p+3}(1-\sin^{p+3}\theta)\mathrm{d}\theta\\&=\frac{2\pi}{p+3}a^{p+3}-\frac{4a^{p+3}}{p+3}\int_0^{\frac{\pi}{2}}\sin^{p+3}\theta\mathrm{d}\theta\end{aligned}$$

$$= \frac{2\pi}{p+3}a^{p+3} - \frac{2a^{p+3}}{p+3}\frac{\Gamma\left(\frac{p+4}{2}\right)\Gamma\left(\frac{1}{2}\right)}{\Gamma\left(\frac{p+5}{2}\right)}.$$

特别当 $p=0$ 时,V 的体积为$\frac{2}{3}\pi a^3 - \frac{8}{9}a^3$.

例 15.4.7 求 $I = \int\limits_{x_1^2+\cdots+x_n^2\leqslant 1} x_1^{m_1}\cdots x_n^{m_n}\mathrm{d}x_1\cdots\mathrm{d}x_n$,其中 m_i 为非负整数,$i = 1,\cdots,n$.

解 若 $m_1,\cdots,m_n$ 中有一个为奇数,则 $I=0$. 事实上,不妨设 m_1 为奇数. 考虑变换

$$\begin{cases} y_1 = -x_1, \\ y_2 = x_2, \\ \cdots\cdots\cdots\cdots \\ y_n = x_n, \end{cases}$$

则

$$I = -\int_{y_1^2+\cdots+y_n^2\leqslant 1} y_1^{m_1}\cdots y_n^{m_n}\mathrm{d}y_1\cdots\mathrm{d}y_n = -I,$$

从而 $I=0$,

设 $m_1,\cdots,m_n$ 全为偶数,记 $I=I(n)$则

$$I(n) = \int_{-1}^{1} x_1^{m_1}\mathrm{d}x_1\int_{x_2^2+\cdots+x_n^2\leqslant 1-x_1^2} x_2^{m_2}\cdots x_n^{m_n}\mathrm{d}x_2\cdots\mathrm{d}x_n,$$

在内层积分中令

$$y_i = \frac{x_i}{\sqrt{1-x_1^2}}, i = 2,\cdots,n,$$

则

$$I(n) = I(n-1)\int_{-1}^{1} x_1^{m_1}(1-x_1^2)^{\frac{1}{2}(m_2+\cdots+m_n+n-1)}\mathrm{d}x_1,$$

其中 $I(n-1) = \int\limits_{y_2^2+\cdots+y_n^2\leqslant 1} y_2^{m_2}\cdots y_n^{m_n}\mathrm{d}y_2\cdots\mathrm{d}y_n$. 由于 m_1 为偶数,所以

$$I(n)= I(n-1)\cdot 2\int_{0}^{1} x_1^{m_1}(1-x_1^2)^{\frac{1}{2}(m_2+\cdots+m_n+n-1)}\mathrm{d}x_1$$

$$= I(n-1)\int_{0}^{1} t^{\frac{m_1-1}{2}}(1-t)^{\frac{1}{2}(m_2+\cdots+m_n+n-1)}\mathrm{d}t$$

$$=\frac{\Gamma\left(\frac{m_1+1}{2}\right)\cdot\Gamma\left(\frac{m_2+\cdots+m_n+n+1}{2}\right)}{\Gamma\left(\frac{m_1+\cdots+m_n+n+2}{2}\right)}\cdot I(n-1).$$

由此利用归纳法易得

$$I=\frac{\Gamma\left(\frac{m_1+1}{2}\right)\cdots\Gamma\left(\frac{m_n+1}{2}\right)}{\Gamma\left(\frac{m_1+\cdots+m_n+n+2}{2}\right)}.$$

当 $m_1=\cdots=m_n=0$ 时同样得 $\mathbf{R}^n$ 中单位球体的体积

$$V_n(1)=\frac{\pi^{\frac{n}{2}}}{\Gamma\left(\frac{n}{2}+1\right)}=\frac{2\pi^{\frac{n}{2}}}{n\Gamma\left(\frac{n}{2}\right)}.$$

例 15.4.8　设 $a_1,\cdots,a_n$ 和 $m_1,\cdots,m_n$ 均为正数,求

$$D=\left\{(x,\cdots,x_n)\in\mathbf{R}^n\ \middle|\ \sum_{i=1}^{n}\left(\frac{x_i}{a_i}\right)^{m_i}\leqslant 1,x_1,\cdots,x_n\geqslant 0\right\}$$

的体积 V.

解　令 $y_i=\left(\frac{x_i}{a_i}\right)^{\frac{m_i}{2}}$, $i=1,\cdots,n$,则

$$x_i=a_iy_i^{\frac{2}{m_i}},\quad i=1,\cdots,n,$$

且

$$\frac{D(x_1,\cdots,x_n)}{D(y_1,\cdots,y_n)}=\frac{2^na_1\cdots a_n}{m_1\cdots m_n}y_1^{\frac{2}{m_1}-1}\cdots y_n^{\frac{2}{m_n}-1},$$

从而

$$\begin{aligned}V&=\int_D\mathrm{d}x_1\cdots\mathrm{d}x_n\\&=\int\limits_{\substack{y_1^2+\cdots+y_n^2\leqslant 1\\ y_1,\cdots,y_n\geqslant 0}}\frac{2^na_1\cdots a_n}{m_1\cdots m_n}y_1^{\frac{2}{m_1}-1}\cdots y_n^{\frac{2}{m_n}-1}\mathrm{d}y_1\cdots\mathrm{d}y_n.\end{aligned}$$

考虑 $\mathbf{R}^n$ 中的球坐标

$$\begin{cases}y_1=r\cos\theta_1,\\ y_2=r\sin\theta_1\cos\theta_2,\\ \cdots\cdots\cdots\cdots\\ y_{n-1}=r\sin\theta_1\cdots\sin\theta_{n-2}\cos\theta_{n-1},\\ y_n=r\sin\theta_1\cdots\sin\theta_{n-2}\sin\theta_{n-1},\end{cases}$$

其中 $r\geqslant 0, 0\leqslant \theta_i\leqslant \pi, i=1,\cdots,n-2, 0\leqslant\theta_{n-1}<2\pi$. 在第十三章已经得到

$$\frac{D(y_1,\cdots,y_n)}{D(r,\theta_1,\cdots,\theta_{n-1})}=r^{n-1}\sin^{n-2}\theta_1\sin^{n-3}\theta_2\cdots\sin\theta_{n-2}.$$

在积分区域中，由于 $y_1,\cdots,y_n\geqslant 0, y_1^2+\cdots+y_n^2\leqslant 1$，所以

$$V=\int_0^{\frac{\pi}{2}}\mathrm{d}\theta_1\int_0^{\frac{\pi}{2}}\cdots\int_0^{\frac{\pi}{2}}\mathrm{d}\theta_{n-1}$$
$$\times\int_0^1\frac{2^n a_1\cdots a_n}{m_1\cdots m_n}f_1(\theta_1)\cdots f_{n-1}(\theta_{n-1})f_n(r)\mathrm{d}r,$$

其中

$$f_1(\theta_1)=(\sin\theta_1)^{2\left(\frac{1}{m_2}+\cdots+\frac{1}{m_n}\right)-1}(\cos\theta_1)^{\frac{2}{m_1}-1},$$
$$f_2(\theta_2)=(\sin\theta_2)^{2\left(\frac{1}{m_3}+\cdots+\frac{1}{m_n}\right)-1}(\cos\theta_2)^{\frac{2}{m_2}-1},$$
$$\cdots\cdots\cdots\cdots$$
$$f_{n-2}(\theta_{n-2})=(\sin\theta_{n-2})^{2\left(\frac{1}{m_{n-1}}+\frac{1}{m_n}\right)-1}(\cos\theta_{n-2})^{\frac{2}{m_{n-2}}-1},$$
$$f_{n-1}(\theta_{n-1})=(\sin\theta_{n-1})^{\frac{2}{m_n}-1}(\cos\theta_{n-1})^{\frac{2}{m_{n-1}}-1},$$
$$f_n(r)=r^{2\left(\frac{1}{m_1}+\cdots+\frac{1}{m_n}\right)-1}.$$

从而

$$V=\frac{2^{n-1}a_1\cdots a_n}{m_1\cdots m_n\left(\dfrac{1}{m_1}+\cdots+\dfrac{1}{m_n}\right)}\prod_{i=1}^{n-1}\int_0^{\frac{\pi}{2}}f_i(\theta_i)\mathrm{d}\theta_i,$$

由于

$$\int_0^{\frac{\pi}{2}}f(\theta_i)\mathrm{d}\theta_i=\frac{1}{2}\frac{\Gamma\left(\dfrac{1}{m_{i+1}}+\cdots+\dfrac{1}{m_n}\right)\Gamma\left(\dfrac{1}{m_i}\right)}{\Gamma\left(\dfrac{1}{m_i}+\cdots+\dfrac{1}{m_n}\right)},\quad i=1,\cdots,i-1,$$

于是得

$$V=\frac{a_1\cdots a_n}{m_1\cdots m_n\left(\dfrac{1}{m_1}+\cdots+\dfrac{1}{m_n}\right)}\frac{\Gamma\left(\dfrac{1}{m_1}\right)\cdots\Gamma\left(\dfrac{1}{m_n}\right)}{\Gamma\left(\dfrac{1}{m_1}+\cdots+\dfrac{1}{m_n}\right)}.$$

*三、重积分变量替换公式的证明

我们在这一段给出定理 15.4.1 与定理 15.4.2 的证明. 首先证明两个引

理.

引理 1　设 G 是 $\mathbf{R}^n$ 中的开集, T 为从 G 到 $TG\subseteq\mathbf{R}^n$ 的 C^1 映射,则:

(i) 对于 G 内任何 $\mathbf{R}^n$ 的有界闭子集 Ω,存在 $M=M(\Omega)>0$ 使得

$$|TP-TQ|\leqslant M|P-Q|,\quad \forall P,Q\in\Omega;$$

(ii) 若 E 是 $\mathbf{R}^n$ 中的 J 零集且 $E\subset\subset G$($\mathbf{R}^n$ 中的点集 A 和 B 若满足 $\bar{A}\subseteq B^\circ$,则记为 $A\subset\subset B$),则 TE 也是 $\mathbf{R}^n$ 中的 J 零集.

证　设 T 的分量表示为

$$T:\begin{cases}x_1=f_1(u_1,\cdots,u_n),\\ \cdots\cdots\cdots\cdots \\ x_n=f_n(u_1,\cdots,u_n),\end{cases}\qquad (u_1,\cdots,u_n)\in G,$$

由于 T 是从 G 到 $TG\subseteq\mathbf{R}^n$ 的 C^1 映射,从而 $f_i(u_1,\cdots,u_n)\in C^1(G)$, $i=1,\cdots,n$. 任取 $u_0=(u_1^0,\cdots,u_n^0)\in G$,由于 G 是开集,所以存在 $r_{u^0}>0$,使得

$$B(u^0)=\{u\in\mathbf{R}^n\,|\,|u-u^0|<r_{u^0}\}\subset\subset G.$$

在 $B(u^0)$ 内任取 $P=(p_1,\cdots,p_n)$, $Q=(q_1,\cdots,q_n)$,则

$$TP-TQ=\begin{pmatrix}f_1(p_1,\cdots,p_n)-f_1(q_1,\cdots,q_n)\\ \vdots\\ f_n(p_1,\cdots,p_n)-f_n(q_1,\cdots,q_n)\end{pmatrix},$$

由于对任何 $t\in[0,1]$, $tP+(1-t)Q\in B(u^0)$,从而

$$\begin{aligned}&f_i(p_1,\cdots,p_n)-f_i(q_1,\cdots,q_n)\\ &=\int_0^1\sum_{k=1}^n\frac{\partial f_i}{\partial u_k}(tP+(1-t)Q)(p_k-q_k)\mathrm{d}t,\end{aligned}\qquad(15.4.10)$$

其中 $i=1,\cdots,n$. 由于 $f_i\in C^1(G)$, $\overline{B(u^0)}\subseteq G$,所以

$$M(u^0)=\sqrt{n}\sup_{\substack{1\leqslant i\leqslant n\\ u\in B(u^0)}}\left[\sum_{k=1}^n\left|\frac{\partial f_i}{\partial u_k}(u)\right|^2\right]^{\frac12}<+\infty.$$

由(15.4.10)式和柯西不等式可得

$$|f_i(P)-f_i(Q)|^2\leqslant\frac1nM(u^0)^2|P-Q|^2,\quad i=1,\cdots,n,$$

所以

$$|TP-TQ|\leqslant M(u^0)|P-Q|,\quad\forall P,Q\in B(u^0).\qquad(15.4.11)$$

记

$$A(u^0)=\left\{u\in\mathbf{R}^n\,\middle|\,|u-u^0|<\frac{1}{2}r_{u^0}\right\}.$$

由于 $\Omega\subseteq G$,所以 $\Omega=\bigcup\limits_{u\in\Omega}A(u)$.又 Ω 是 $\mathbf{R}^n$ 中的有界闭集,由 Borel 定理可知存在 $u^1,\cdots,u^l\in\Omega$ 使得

$$\Omega\subseteq\bigcup_{i=1}^{l}A(u^i).$$

令 $\delta=\min\left\{\frac{1}{2}r_{u^1},\cdots,\frac{1}{2}r_{u^l}\right\}$, $M_1=\max\{M(u^1),\cdots,M(u^l)\}$, $M_2=\sup\limits_{x\in\Omega}\left(\sum\limits_{i=1}^{n}|f_i(u)|^2\right)^{\frac{1}{2}}=\sup\limits_{u\in\Omega}|Tu|$.任取 $P,Q\in\Omega$.若 $|P-Q|<\delta$,则存在 $i\in\{1,\cdots,l\}$ 使得 $P\in A(u^i)$,从而 $P,Q\in B(u^i)$.由(15.4.11)式得

$$|TP-TQ|\leqslant M_1|P-Q|.\tag{15.4.12}$$

若 $|P-Q|\geqslant\delta$,则

$$|TP-TQ|\leqslant 2M_2\leqslant 2\frac{M_2}{\delta}|P-Q|.\tag{15.4.13}$$

令 $M=\max\left\{M_1,\frac{2M_2}{\delta}\right\}$,由(15.4.12)式和(15.4.13)式可知对任意 $P,Q\in\Omega$ 均有

$$|TP-TQ|\leqslant M|P-Q|,\tag{15.4.14}$$

即(i)成立.

以下证(ii).由于 $\mathbf{R}^n$ 中 J 零集的闭包仍是 J 零集,不妨设 E 是 $\mathbf{R}^n$ 中的闭 J 零集且 $E\subseteq G$.由于 G 是开集,从而存在有界闭集 Ω 使得

$$E\subseteq\Omega^\circ\subseteq\Omega\subseteq G.$$

令 $\delta=\mathrm{dis}(E,\partial\Omega)$,即 E 到 $\partial\Omega$ 的距离为 δ,则 $\delta>0$.对于 Ω,由(i)存在 $M>0$ 使得(15.4.14)式对任意 $P,Q\in\Omega$ 成立.任给 $\varepsilon>0$,由 E 是 J 零集,所以有标准正方体 $H_1,\cdots,H_l$,使得 $E\subseteq\bigcup\limits_{i=1}^{l}H_i$,每一个 $H_i\subseteq\Omega$,其直径 $d_i=\sup\limits_{u,v\in H_i}|u-v|<\delta$,且

$$\sum_{i=1}^{l}V(H_i)<\frac{\varepsilon}{(\sqrt{n}M)^n}.$$

记 u^i 是 H^i 的中心,$x^i=Tu^i$,$i=1,\cdots,n$.由于

$$|u-u^i|\leqslant\frac{1}{2}d_i,\quad\forall\,u\in H_i,$$

从而由(15.4.14)式得

$$|Tu - x^i| \leqslant \frac{M}{2} d_i, \quad \forall u \in H_i, \tag{15.4.15}$$

$\mathbf{R}^n$ 中以 x^i 为中心，Md_i 为边长的标准正方体记为 $\widetilde{H}_i$. 由(15.4.15)式易知 $TH_i \subseteq \widetilde{H}_i$, $i=1,\cdots,l$，于是

$$TE \subseteq \bigcup_{i=1}^{l} \widetilde{H}_i.$$

因为 $V(H_i) = \left(\frac{d_i}{\sqrt{n}}\right)^n$, $V(\widetilde{H}_i) = M^n d_i^n$，所以

$$\sum_{i=1}^{l} V(\widetilde{H}_i) = M^n n^{\frac{n}{2}} \sum_{i=1}^{l} V(H_i) < \varepsilon.$$

由 ε 之任意性可知 TE 是 $\mathbf{R}^n$ 中的 J 零集.

引理 2　设 Ω 是 $\mathbf{R}^n$ 中有界闭 J 可测集，$f(x)$ 在 Ω 上有界，E 是 $\mathbf{R}^n$ 中的 J 零集. 对于 Ω 的任意分割 $N = \{\Delta\sigma_i\}$，记 $N_E \subseteq N$ 满足

$$\Delta\sigma_i \in N_E \Leftrightarrow \Delta\sigma_i \in N \text{ 且 } \Delta\sigma_i \cap \overline{E} \neq \phi,$$

则

$$\lim_{d(N)\to 0} S(N_E) = \lim_{d(N)\to 0} s(N_E) = 0,$$

其中

$$S(N_E) = \sum_{\Delta\sigma_i \in N_E} M_i \Delta\sigma_i, \quad M_i = \sup_{u\in\Delta\sigma_i} f(u),$$

$$s(N_E) = \sum_{\Delta\sigma_i \in N_E} m_i \Delta\sigma_i, \quad m_i = \inf_{u\in\Delta\sigma_i} f(u).$$

证　由于 E 是 $\mathbf{R}^n$ 中的 J 零集，从而 $\overline{E}$ 也是 $\mathbf{R}^n$ 中的 J 零集. 任给 $\varepsilon>0$，存在简单集 Q 使得 $\overline{E} \subseteq Q^\circ$，且

$$V(Q) < \frac{\varepsilon}{M},$$

其中 $M = \sup_{u\in\Omega} |f(u)|$. 记 $\delta = \mathrm{dis}(\overline{E}, \partial Q)$，则 $\delta > 0$. 对于 Ω 的任意分割 N，当 $d(N) < \delta$ 时，则

$$\Delta\sigma_i \in N_E \Rightarrow \Delta\sigma_i \in Q.$$

于是有

$$\sum_{\Delta\sigma_i \in N_E} V(\Delta\sigma_i) \leqslant V(Q) < \frac{\varepsilon}{M}.$$

从而

$$|S(N_E)| \leqslant \sum_{\Delta\sigma_i \in N_E} |M_i| \Delta\sigma_i \leqslant MV(Q) < \varepsilon,$$

$$|s(N_E)| \leqslant \sum_{\Delta\sigma_i \in N_E} |m_i| \Delta\sigma_i \leqslant MV(Q) < \varepsilon.$$

所以 $\lim\limits_{d(N)\to 0} S(N_E) = \lim\limits_{d(N)\to 0} s(N_E) = 0$.

在引理 1 的条件下,若 Ω 是 G 内有界闭 J 可测集,则 $\partial\Omega$ 是 G 内的闭 J 零集.由引理 1 的(ii)可知 $T(\partial\Omega)$ 也是 J 零集.但是由此不能直接推出 $T\Omega$ 是 J 可测集.这是因为对于 C^1 映射

$$\partial(T\Omega) \subseteq T(\partial\Omega).$$

一般未必成立.例如

$$T: \begin{cases} x = u^2, \\ y = v^2, \end{cases}$$

$\Omega = \{(u,v) \mid -1 \leqslant u \leqslant 2, -1 \leqslant v \leqslant 2\}$,显然 $T\Omega = \{(x,y) \mid 0 \leqslant x \leqslant 4, 0 \leqslant y \leqslant 4\}$, $(0,0) \in \partial(T\Omega)$,但 $(0,0) \notin T(\partial\Omega)$.

引理 3 设 G 是 $\mathbf{R}^n$ 中的开集,T 是从 G 到 $TG \subseteq \mathbf{R}^n$ 的 C^1 映射,E 是 $\mathbf{R}^n$ 中的 J 零集. 若 Ω 是 G 内 $\mathbf{R}^n$ 的有界闭 J 可测子集,使得 T 为从 $\Omega \setminus (\partial\Omega \cup \bar{E})$ 到 $T(\Omega \setminus (\partial\Omega \cup \bar{E}))$ 的 C^1 同胚,则 $T\Omega$ 是 $\mathbf{R}^n$ 中的有界闭 J 可测集.

证 由于 T 是从 G 到 TG 的 C^1 映射,易知由 Ω 有界闭可推出 $T\Omega$ 也有界闭.由于 Ω J 可测,所以 $\partial\Omega$ 为 J 零集,又 E 是 J 零集,所以 $\bar{E}$ 和 $\partial\Omega \cup \bar{E}$ 都是 J 零集.由引理 1 的(ii)可得 $T(\partial\Omega \cup \bar{E})$ 也是 J 零集.为了证 $T\Omega$ J 可测,只须证

$$\partial(T\Omega) \subseteq T(\partial\Omega \cup \bar{E}). \tag{15.4.16}$$

用反证法,若(15.4.16)式不成立,则存在 $x \in \partial(T\Omega)$ 但 $x \notin T(\partial\Omega \cup \bar{E})$.由于 $T\Omega$ 闭,所以 $\partial(T\Omega) \subseteq T\Omega$.从而存在 $u \in \Omega \setminus (\partial\Omega \cup \bar{E})$ 使得 $x = Tu$.显然 $\Omega \setminus (\partial\Omega \cup \bar{E})$ 为开集,由假设 T 为从 $\Omega \setminus (\partial\Omega \cup \bar{E})$ 到 $T(\Omega \setminus (\partial\Omega \cup \bar{E}))$ 的 C^1 同胚,从而存在 x 在 $\mathbf{R}^n$ 中的邻域 U 使得

$$U \subseteq T(\Omega \setminus (\partial\Omega \cup \bar{E})) \subseteq T\Omega,$$

即 $x \in (T\Omega)^\circ$,与 $x \in \partial(T\Omega)$ 矛盾! 于是(15.4.16)式成立.

定理 15.4.1 的证明:

定理 15.4.1 假设 G 是 $\mathbf{R}^n$ 中的开集,T 为从 G 到 TG 的 C^1 同胚.对于 G 内 $\mathbf{R}^n$ 的有界闭 J 可测子集 Ω,由引理 3 可知 $T\Omega$ 是 TG 内 $\mathbf{R}^n$ 的有界闭 J 可测子集.余下只要证对任意 $f \in C^0(T\Omega)$,(15.4.9)式成立,即

$$\int_{T\Omega} f \mathrm{d}V = \int_{\Omega} (f \circ T) \mid \det DT \mid \mathrm{d}V.$$

从简单情况入手来证明(15.4.9)式.

(i) 设 T 仅是变量次序的调换,即存在$(1,2,\cdots,n)$是一个排列$(i_1,i_2,\cdots,i_n)$使得

$$T:\begin{cases}x_1=u_{i_1},\\ x_2=u_{i_2},\\ \cdots\cdots\cdots\cdots\\ x_n=u_{i_n}.\end{cases}$$

显然$|\det DT|=\left|\dfrac{D(x_1,\cdots,x_n)}{D(u_1,\cdots,u_n)}\right|=1$,且(15.4.9)式成立.

(ii) 若在 T 的分量表示中有 $n-1$ 个自变量不变,即存在 $1\leqslant i\leqslant n$ 使得

$$T:\begin{cases}x_k=u_k, & k\neq i,\\ x_i=\varphi(u_1,\cdots,u_n),\end{cases}$$

此时称 T 为简单 C^1 同胚.显然

$$\det DT=\frac{D(x_1,\cdots,x_n)}{D(u_1,\cdots,u_n)}=\frac{\partial\varphi}{\partial u_i},$$

由(i)不妨设 $i=n$.首先假设 Ω 是 G 内 $\mathbf{R}^n$ 的标准长方体,即

$$\Omega=\{(u_1,\cdots,u_n)\mid a_i\leqslant u_i\leqslant b_i,i=1,\cdots,n\}.$$

由于 T 是 C^1 同胚,所以$\dfrac{\partial\varphi}{\partial u_n}\neq0$,不妨设在 Ω 上$\dfrac{\partial\varphi}{\partial u_n}>0$.于是

$$T\Omega=\{(x_1,\cdots,x_n)\mid a_i\leqslant x_i\leqslant b_i,i=1,\cdots,n-1,$$
$$\varphi(x_1,\cdots,x_{n-1},a_n)\leqslant x_n\leqslant\varphi(x_1,\cdots,x_{n-1},b_n)\}.$$

由于 $f(x)\in C^0(T\Omega)$,则

$$\int_{T\Omega}f(x)\mathrm{d}V=\int\limits_{\substack{a_i\leqslant x_i\leqslant b_i\\ i=1,\cdots,n-1}}\mathrm{d}x_1\cdots\mathrm{d}x_{n-1}$$
$$\times\int_{\varphi(x_1,\cdots,x_{n-1},a_n)}^{\varphi(x_1,\cdots,x_{n-1},b_n)}f(x_1,\cdots,x_{n-1},x_n)\mathrm{d}x_n,$$

在内层积分中令

$$x_n=\varphi(x_1,\cdots,x_{n-1},u_n),$$

由于 φ 关于 u_n 严格单调,从而

$$\int_{T\Omega}f(x)\mathrm{d}V=\int\limits_{\substack{a_i\leqslant u_i\leqslant b_i\\ i=1,\cdots,n-1}}\mathrm{d}u_1\cdots\mathrm{d}u_{n-1}$$

$$\times\int_{a_n}^{b_n} f(u_1,\cdots,u_{n-1},\varphi(u_1,\cdots,u_n))\frac{\partial\varphi}{\partial u_n}\mathrm{d}u_n$$

$$=\int_{\Omega}(f\circ T)\mid \det DT\mid \mathrm{d}V,$$

即(15.4.9)式成立.

其次设 Ω 是G 内 $\mathbf{R}^n$ 的有界闭 J 可测子集. 用平面 $u_i=$常数, $i=1,\cdots,n$, 分割 Ω, 记这种分割 $N=\{\Delta\sigma_i \mid i\in I, I$ 为有限个正整数的集合$\}$. 设 $N=N_1\cup N_2$, 其中

$$\Delta\sigma_i\in N_1\Leftrightarrow\Delta\sigma_i\subseteq\Omega^\circ, i\in I,$$

$$\Delta\sigma_i\in N_2\Leftrightarrow\Delta\sigma_i\cap\partial\Omega\neq\phi, i\in I.$$

令 $\widetilde{N}=\widetilde{N}_1\cup\widetilde{N}_2$, 其中

$$\widetilde{N}_1=\{T\Delta\sigma_i\mid\quad\Delta\sigma_i\in N_1\},$$

$$\widetilde{N}_2=\{T\Delta\sigma_i\mid\quad\Delta\sigma_i\in N_2\}.$$

由于 T 是从G 到 TG 的C^1 同胚, 从而对于 G 内任何 $\mathbf{R}^n$ 的有界闭 J 可测子集 D, 由引理 3 可知 TD 也是 $\mathbf{R}^n$ 中有界闭 J 可测子集, 由逆映射定理可知

$$T(D^\circ)=(TD)^\circ,\quad T(\partial D)=\partial(TD).$$

于是 $T\Delta\sigma_i$ 在 $\mathbf{R}^n$ 中有界闭 J 可测. 由 $(\Delta\sigma_i)^\circ\cap(\Delta\sigma_j)^\circ=\phi$, $\forall i\neq j$ 可得 $(T\Delta\sigma_i)^\circ\cap(\Delta\sigma_j)^\circ=\phi$. 显然 $T\Delta\sigma_i\subseteq T\Omega$, 且

$$T\Omega=\bigcup_{\Delta\sigma_i\in N}T\Delta\sigma_i,$$

由此可知 $\widetilde{N}$ 是 $T\Omega$ 的分割, 且

$$T\Delta\sigma_i\in\widetilde{N}_1\Leftrightarrow T\Delta\sigma_i\subseteq(T\Omega)^\circ,$$

$$T\Delta\sigma_i\in\widetilde{N}_2\Leftrightarrow T\Delta\sigma_i\cap\partial(T\Omega)\neq\phi.$$

再由引理 1 易知

$$d(N)\to 0\Leftrightarrow d(\widetilde{N})\to 0.$$

由于$\partial(T\Omega)$是 $\mathbf{R}^n$ 中的闭 J 零集, 利用引理 2 可得

$$\int_{T\Omega}f\mathrm{d}V=\sum_{T\Delta\sigma_i\in\widetilde{N}_1}\int_{T\Delta\sigma_i}f\mathrm{d}V+\sum_{T\Delta\sigma_i\in\widetilde{N}_2}\int_{T\Delta\sigma_i}f\mathrm{d}V$$

$$=\lim_{d(\widetilde{N})\to 0}\sum_{T\Delta\sigma_i\in\widetilde{N}_1}\int_{T\Delta\sigma_i}f\mathrm{d}V.$$

由于 $T\Delta\sigma_i\in\widetilde{N}_1\Leftrightarrow\Delta\sigma_i\in N_1$, 又 $\Delta\sigma_i\in N_1\Leftrightarrow\Delta\sigma_i\subseteq\Omega^\circ$, 所以 $\Delta\sigma_i$ 是 $\mathbf{R}^n$ 中的标准长方体. 由已证的结果和引理 2 则

$$\begin{aligned}\int_{T\Omega} f\mathrm{d}V &= \lim_{d(N)\to 0}\sum_{\Delta\sigma_i\in N_1}\int_{\Delta\sigma_i}(f\circ T)\mid \det DT\mid \mathrm{d}V\\ &= \lim_{d(N)\to 0}\Big(\sum_{\Delta\sigma_i\in N_1}\int_{\Delta\sigma_i}(f\circ T)\mid \det DT\mid \mathrm{d}V\\ &\quad + \sum_{\Delta\sigma_i\in N_2}\int_{\Delta\sigma_i}(f\circ T)\mid \det DT\mid \mathrm{d}V\Big)\\ &= \int_{\Omega}(f\circ T)\mid \det DT\mid \mathrm{d}V,\end{aligned}$$

即(15.4.9)式成立.

(iii) T 为一般 C^1 同胚情况. 设

$$T:\begin{cases}x_1 = \varphi_1(u_1,\cdots,u_n),\\ \cdots\cdots\cdots\cdots\\ x_n = \varphi_n(u_1,\cdots,u_n),\end{cases}\qquad (u_1,\cdots,u_n)\in G.$$

任取 $P_0\in\Omega$,由(i)不妨设$\dfrac{D(x_1,\cdots,x_n)}{D(u_1,\cdots,u_n)}(P_0)$的所有主子式都不为 0. 令

$$T_i:\begin{cases}x_k^i = \varphi_k(u_1,\cdots,u_n), 1\leqslant k\leqslant i,\\ x_k^i = u_k,\quad i+1\leqslant k\leqslant n,\end{cases}$$

其中 $i=1,\cdots,n-1$,记 $T_n=T, x_k^n=x_k, k=1,\cdots,n$. 由假设可知

$$\det DT_i(P_0)=\frac{D(x_1^i,\cdots,x_n^i)}{D(u_1,\cdots,u_n)}(P_0)\neq 0,\quad i=1,\cdots,n.$$

由逆映射定理可知存在 $r(P_0)>0$,使得

$$B(P_0)=\{u\in\mathbf{R}^n \mid |u-P_0|<r(P_0)\}\subset\subset G,$$

且 T_i 是从 $B(P_0)$ 到 $T_iB(P_0)$ 的 C^1 同胚,其中 $i=1,\cdots,n$. 显然当 $u\in B(P_0)$时

$$Tu = T_n\circ T_{n-1}^{-1}\circ T_{n-1}\circ\cdots\circ T_2^{-1}\circ T_2\circ T_1^{-1}\circ T_1(u),$$

其中 T_i^{-1} 表示映射 T_i 的逆,等式右端是 $2n-1$ 个映射的复合映射在 u 的取值. 显然 T_1 是从 $B(P_0)$ 到 $T_1B(P_0)$ 的简单 C^1 同胚. 对于 $2\leqslant i\leqslant n$,任取 $x^{i-1}=(x_1^{i-1},\cdots,x_n^{i-1})\in T_{i-1}B(P_0)$,则存在惟一的 $u=(u_1,\cdots,u_n)\in B(P_0)$使得 $x^{i-1}=T_{i-1}u$,且记 $x^i=(x_1^i,\cdots,x_n^i)=T_i\circ T_{i-1}^{-1}(x^{i-1})$,则

$$\begin{cases}x_k^i = x_k^{i-1} = \varphi_k(u_1,\cdots,u_n),\quad 1\leqslant k\leqslant i-1,\\ x_i^i = \varphi_i(T_{i-1}^{-1}x^{i-1}) = \varphi_i(u_1,\cdots,u_n),\\ x_k^i = x_k^{i-1} = u_k,\quad i+1\leqslant k\leqslant n.\end{cases}$$

即 $T_i \circ T_{i-1}^{-1}$是从 $T_{i-1}B(P_0)$到 $T_iB(P_0)$的简单 C^1 同胚.由(ii)中的结论可知对于 $B(P_0)$内任意 $\mathbf{R}^n$ 的有界闭 J 可测子集 D,若 $f\in C^0(TD)$,注意到 $T=T_n$,则对于 $2\leqslant i\leqslant n$,$(f\circ(T_n\circ T_i^{-1}))|\det D(T_n\circ T_i^{-1})|\in C^0(T_iD)$,且

$$\int_{T_iD}(f\circ(T_n\circ T_i^{-1}))|\det D(T_n\circ T_i^{-1})|\mathrm{d}V$$

$$=\int_{T_i\circ T_{i-1}^{-1}(T_{i-1}D)}(f\circ(T_n\circ T_i^{-1}))|\det D(T_n\circ T_i^{-1})|\mathrm{d}V$$

$$=\int_{T_{i-1}D}([(f\circ(T_n\circ T_i^{-1}))|\det D(T_n\circ T_i^{-1})|]\circ(T_i\circ T_{i-1}^{-1}))$$

$$\times|\det D(T_i\circ T_{i-1}^{-1})|\mathrm{d}V.$$

由复合映射的链式法则得

$$\int_{T_iD}(f\circ(T_n\circ T_i^{-1}))|\det D(T_n\circ T_i^{-1})|\mathrm{d}V$$

$$=\int_{T_{i-1}D}(f\circ(T_n\circ T_{i-1}^{-1}))|\det D(T_n\circ T_{i-1}^{-1})|\mathrm{d}V,$$

其中 $i=2,\cdots,n$.于是

$$\int_{TD}f\mathrm{d}V=\int_{T_1D}(f\circ(T\circ T_1^{-1}))|\det D(T\circ T_1^{-1})|\mathrm{d}V.$$

由于 T_1 是从 $B(P_0)$到 $T_1B(P_0)$的简单 C^1 同胚,再次用(ii)中的结果和复合映射的链式法则可得

$$\int_{TD}f\mathrm{d}V=\int_D(f\circ T)|\det DT|\mathrm{d}V, \tag{15.4.17}$$

即(15.4.9)式对于 $B(P_0)$内 $\mathbf{R}^n$ 的有界闭 J 可测子集 D 成立.

令 $A(P_0)=\left\{u\in\mathbf{R}^n\,\middle|\,|u-P_0|<\frac{1}{2}r(P_0)\right\}$,$\forall P_0\in\Omega$.由于 Ω 是有界闭集,利用 Borel 定理可知存在 $P_1,\cdots,P_m$ 使得 $\Omega\subseteq\bigcup_{i=1}^m A(P_i)$.令 $\delta=\min\left\{\frac{1}{2}r(P_1),\cdots,\frac{1}{2}r(P_m)\right\}>0$,则对于 Ω 内 $\mathbf{R}^n$ 的任意有界闭 J 可测子集 D,只要 $d(D)<\delta$,由于存在 $i\in\{1,\cdots,m\}$使得 $D\cap A(P_i)\neq\phi$,则 $D\subseteq B(P_i)$,从而对任意 $f\in C^0(TD)$,(15.4.17)式成立.设 $N=\{\Delta\sigma_1,\cdots,\Delta\sigma_l\}$是 Ω 的一个分割满足 $d(N)<\delta$,对任何 $f\in C^0(T\Omega)$,则

$$\int_{T\Omega}f\mathrm{d}V=\sum_{i=1}^l\int_{T\Delta\sigma_i}f\mathrm{d}V=\sum_{i=1}^l\int_{\Delta\sigma_i}(f\circ T)|\det DT|\mathrm{d}V$$

$$= \int_{\Omega} (f \circ T) \mid \det DT \mid \mathrm{d}V,$$

即(15.4.9)式成立.

定理 15.4.2 的证明.

在定理 15.4.2 中,假设 G 是 $\mathbf{R}^n$ 中的开集,T 为从 G 到 $TG \subseteq \mathbf{R}^n$ 的 C^1 映射,Ω 是 G 内 $\mathbf{R}^n$ 的有界闭 J 可测子集,E 是 $\mathbf{R}^n$ 中的 J 零集. 如果 T 为从 $\Omega \setminus (\partial\Omega \cup \bar{E})$ 到 $T(\Omega \setminus (\partial\Omega \cup \bar{E}))$ 的 C^1 同胚,由引理 3 可知 $T\Omega$ 是 $\mathbf{R}^n$ 中有界闭 J 可测集. 余下只须证对任意 $f \in C^0(T\Omega)$,(15.4.9)式成立.

设 $N = \{\Delta\sigma_i \mid i \in I, I$ 是有限个正整数的集合$\}$ 是 Ω 的一个分割,令 $N = N_1 \cup N_2$,其中

$$\Delta\sigma_i \in N_1 \Leftrightarrow \Delta\sigma_i \subseteq \Omega \setminus (\partial\Omega \cup \bar{E}), i \in I,$$

$$\Delta\sigma_i \in N_2 \Leftrightarrow (\Delta\sigma_i) \cap (\partial\Omega \cup \bar{E}) \neq \phi, i \in I.$$

由引理 3 可知 $T\Delta\sigma_i$ 是 $\mathbf{R}^n$ 中的有界闭 J 可测集,且 $T\Delta\sigma_i \subseteq T\Omega$, $T\Omega = \bigcup_{i \in I} T(\Delta\sigma_i)$. 任取 $i, j \in I$,若 $\Delta\sigma_i, \Delta\sigma_j \in N_1$,由于 T 是从 $\Omega \setminus (\partial\Omega \cup \bar{E})$ 到 $T(\Omega \setminus (\partial\Omega \cup \bar{E}))$ 的 C^1 同胚,从而

$$T(\Delta\sigma_i) \cap T(\Delta\sigma_j) = T(\Delta\sigma_i \cap \Delta\sigma_j).$$

若 $\Delta\sigma_i \in N_1, \Delta\sigma_j \in N_2$ 或者 $\Delta\sigma_i, \Delta\sigma_j \in N_2$,易知

$$T(\Delta\sigma_i) \cap T(\Delta\sigma_j) \subseteq T(\Delta\sigma_i \cap \Delta\sigma_j) \cup T(\partial\Omega \cup \bar{E}).$$

由于 N 为 Ω 的分割,所以当 $i \neq j$ 时 $\Delta\sigma_i \cap \Delta\sigma_j$ 为 $\mathbf{R}^n$ 中的 J 零集,又 $\partial\Omega \cup \bar{E}$ 也是 $\mathbf{R}^n$ 中的 J 零集,由引理 1 可知 $T(\Delta\sigma_i \cap \Delta\sigma_j)(i \neq j)$ 和 $T(\partial\Omega \cup \bar{E})$ 都是 $\mathbf{R}^n$ 中的 J 零集. 于是当 $i \neq j$ 时 $T(\Delta\sigma_i) \cap T(\Delta\sigma_j)$ 是 $\mathbf{R}^n$ 中的 J 零集. 以上证明了

$$\widetilde{N} = \{T\Delta\sigma_i \mid \Delta\sigma_i \in N\}$$

是 $T\Omega$ 的一个分割. 若 $\Delta\sigma_i \in N_1$,则 $\Delta\sigma_i \subseteq \Omega \setminus (\partial\Omega \cup \bar{E})$. 由于 $\Omega \setminus (\partial\Omega \cup \bar{E})$ 是 $\mathbf{R}^n$ 中的开集,T 是从 $\Omega \setminus (\partial\Omega \cup \bar{E})$ 到 $T(\Omega \setminus (\partial\Omega \cup \bar{E}))$ 的 C^1 同胚,从定理 15.4.1 可得

$$\int_{T\Delta\sigma_i} f \mathrm{d}V = \int_{\Delta\sigma_i} (f \circ T) \mid \det DT \mid \mathrm{d}V$$

对 $f \in C^0(T\Delta\sigma_i)$ 成立. 若 $f \in C^0(T\Omega)$,则

$$\int_{T\Omega} f \mathrm{d}V = \sum_{\Delta\sigma_i \in N_1} \int_{T\Delta\sigma_i} f \mathrm{d}V + \sum_{\Delta\sigma_i \in N_2} \int_{T\Delta\sigma_i} f \mathrm{d}V$$

$$= \sum_{\Delta\sigma_i \in N_1} \int_{\Delta\sigma_i} (f \circ T) \mid \det DT \mid \mathrm{d}V + \sum_{\Delta\sigma_i \in N_2} \int_{T\Delta\sigma_i} f \mathrm{d}V$$

$$= \int_{\Omega} (f \circ T) \mid \det DT \mid \mathrm{d}V$$

$$+ \sum_{\Delta\sigma_i \in N_2} \left(\int_{T\Delta\sigma_i} f \mathrm{d}V - \int_{\Delta\sigma_i} (f \circ T) \mid \det DT \mid \mathrm{d}V \right).$$

由于 $\Delta\sigma_i \in N_2$，则 $(\Delta\sigma_i) \cap (\partial\Omega \cup \bar{E}) \neq \phi$，所以 $(T\Delta\sigma_i) \cap T(\partial\Omega \cup \bar{E}) \neq \phi$. $\partial\Omega \cup \bar{E}$，$T(\partial\Omega \cup \bar{E})$ 都是 $\mathbf{R}^n$ 中的 J 零集，又从引理 1 可知 $d(N) \to 0 \Rightarrow d(\widetilde{N}) \to 0$，从而利用引理 2 可得

$$\lim_{d(N) \to 0} \sum_{\Delta\sigma_i \in N_2} \left[\int_{T\Delta\sigma_i} f \mathrm{d}V - \int_{\Delta\sigma_i} (f \circ T) \mid \det DT \mid \mathrm{d}V \right] = 0.$$

于是有

$$\int_{T\Omega} f \mathrm{d}V = \int_{\Omega} (f \circ T) \mid \det DT \mid \mathrm{d}V,$$

即(15.4.9)式成立. 定理 15.4.2 证完.

§15.5 广义重积分

本节讨论广义重积分. 类似于广义定积分，广义重积分也分为两类：一类是无界函数的广义积分，另一类是无界区域上的广义积分. 我们只对于无界函数在有界区域上的广义积分进行详细地讨论，其他情况可类似地研究. 为简单起见，下面所讨论的函数假设在一点邻近无界，所得结果不难推广到其他类型的广义积分.

设 Ω 是 $\mathbf{R}^n$ 上的有界区域，$P_0 \in \bar{\Omega}$. 函数 $f(x)$ 定义在 $\Omega \setminus \{P_0\}$ 上，且对于任何包含 P_0 的开区域 Δ，$f(x)$ 在 $\Omega \setminus \Delta$ 上有界可积，如果

$$\lim_{d(\Delta) \to 0} \int_{\Omega \setminus \Delta} f(x) \mathrm{d}V = I,$$

即任给 $\varepsilon > 0$，存在 $\delta > 0$，对于任何包含 P_0 的开区域 Δ，只要其直径 $d(\Delta) = \sup\limits_{x, y \in \Delta} |x - y| < \delta$，就有

$$\left| \int_{\Omega \setminus \Delta} f(x) \mathrm{d}V - I \right| < \varepsilon,$$

则称 $f(x)$ 在 Ω 上的广义积分收敛，或者称 $f(x)$ 在 Ω 上广义积分存在，I 称为 $f(x)$ 在 Ω 上的广义积分. 为了叙述简单，今后广义积分中的“广义”经常被省略.

注 定义中的 I 与 Δ 的具体形状无关，否则积分就不收敛. 例如 $f(x, y) = \dfrac{x}{r^3}$，$r = \sqrt{x^2 + y^2}$，$\Omega = \{(x, y) \mid x^2 + y^2 \leqslant 1\}$. 对于 $0 < \varepsilon < 1$，令

$$\Delta_\varepsilon^1 = \{(x,y) \mid x^2 + y^2 < \varepsilon\},$$

$$\Delta_\varepsilon^2 = \left\{(x,y) \mid \text{当 } x \geqslant 0, x^2 + y^2 < \varepsilon^4, \right. \quad \left. \text{当 } x < 0, x^2 + y^2 < \varepsilon^2\right\},$$

则

$$\lim_{\varepsilon\to 0^+}\iint\limits_{\Omega\setminus\Delta_\varepsilon^1} f(x,y)\mathrm{d}x\mathrm{d}y = \lim_{\varepsilon\to 0^+}\int_\varepsilon^1 \mathrm{d}r\int_0^{2\pi}\frac{r^2\cos\theta}{r^3}\mathrm{d}\theta = 0,$$

$$\lim_{\varepsilon\to 0^+}\iint\limits_{\Omega\setminus\Delta_\varepsilon^2} f(x,y)\mathrm{d}x\mathrm{d}y = \lim_{\varepsilon\to 0^+}\left[\int_{\varepsilon^2}^1\frac{1}{r}\mathrm{d}r\int_{-\frac{\pi}{2}}^{\frac{\pi}{2}}\cos\theta\mathrm{d}\theta + \int_\varepsilon^1\frac{1}{r}\mathrm{d}r\int_{\frac{\pi}{2}}^{\frac{3\pi}{2}}\cos\theta\mathrm{d}\theta\right]$$

$$= \lim_{\varepsilon\to 0^+}(-2\ln\varepsilon^2 + 2\ln\varepsilon) = +\infty.$$

从而 $f(x,y)$在 Ω 上积分不存在或者称$f(x,y)$在 Ω 上不可积.

对于无界区域上广义积分可类似地定义. 设 Ω 是 $\mathbf{R}^n$ 中的无界区域,函数 $f(x)$定义在 Ω 上且在 Ω 的任何有界子区域上可积. 如果存在常数 I,使得任给 $\varepsilon>0$,存在 $r>0$,对于 Ω 的任何有界子区域$\tilde{\Omega}$,只要 $\tilde{\Omega}\supseteq\Omega\cap B_r$,其中 $B_r=\{x\in\mathbf{R}^n \mid |x|\leqslant r\}$,就有

$$\left|\int\limits_{\tilde{\Omega}} f(x)\mathrm{d}V - I\right| < \varepsilon,$$

则称 $f(x)$在 Ω 上的积分收敛,或者称 $f(x)$在 Ω 上积分存在,I 称为$f(x)$在 Ω 上的积分.

无论何种情况,只要 $f(x)$在 Ω 上积分存在或者说$f(x)$在 Ω 上可积,其积分 I 表示为

$$I = \int_\Omega f(x)\mathrm{d}V.$$

当 $n=2$ 时常常表示为

$$I = \iint\limits_\Omega f(x)\mathrm{d}V,$$

$n=3$ 时常常表示为

$$I = \iiint\limits_\Omega f(x)\mathrm{d}V.$$

关于非负函数的可积性有以下结果.

定理 15.5.1 设 Ω 是 $\mathbf{R}^n$ 中的有界区域，$P_0\in\bar{\Omega}$. $f(x)$在 $\Omega\setminus\{P_0\}$上非负，且对于任何包含 P_0 的开区域 Δ 在 $\Omega\setminus\Delta$ 上有界可积，任意取定

$$\{\Delta m;m=1,2,\cdots\},$$

其中 Δm 是包含 P_0 的某个开区域，$m=1,2,\cdots$，且

$$\lim_{m\to\infty}\mathrm{d}(\Delta m)=0.$$

则 $f(x)$ 在 Ω 上可积的充要条件是 $\lim\limits_{m\to\infty}\int\limits_{\Omega\setminus\Delta m}f(x)\mathrm{d}x$ 收敛.

证 由广义积分可积性的定义显然可得必要性. 现证充分性. 设

$$\lim_{m\to\infty}\int\limits_{\Omega\setminus\Delta m}f(x)\mathrm{d}V=I.$$

任给 $\varepsilon>0$，存在 $M>0$ 使得当 $m>M$ 时

$$\left|\int\limits_{\Omega\setminus\Delta m}f(x)\mathrm{d}V-I\right|<\varepsilon \tag{15.5.1}$$

取定 $m_0>M$. 由于 Δm_0 是包含 P_0 的开区域，所以存在 $\delta>0$ 使得

$$B_\delta=\{x\in\mathbf{R}^n\mid|x-P_0|<\delta\}\subseteq\Delta m_0.$$

任取包含 P_0 的开区域 Δ，若 $d(\Delta)<\delta$，则

$$\Delta\subseteq B_\delta\subseteq\Delta m_0.$$

所以

$$\Omega\setminus\Delta\supseteq\Omega\setminus B_\delta\supseteq\Omega\setminus\Delta m_0.$$

由 $f(x)$在 $\Omega\setminus\Delta$ 上的非负可积性和(15.5.1)式可得

$$\int\limits_{\Omega\setminus\Delta}f(x)\mathrm{d}V\geqslant\int\limits_{\Omega\setminus\Delta m_0}f(x)\mathrm{d}V>I-\varepsilon.$$

另一方面，由于 $d(\Delta m)\to0$，所以存在 $m>M$ 使得 $\Delta m\subseteq\Delta$，从而

$$\int\limits_{\Omega\setminus\Delta}f(x)\mathrm{d}V\leqslant\int\limits_{\Omega\setminus\Delta m}f(x)\mathrm{d}V<I+\varepsilon.$$

于是当 $d(\Delta)<\delta$ 时

$$\left|\int\limits_{\Omega\setminus\Delta}f(x)\mathrm{d}V-I\right|<\varepsilon,$$

即 $f(x)$在 Ω 上可积且 $I=\int_\Omega f(x)\mathrm{d}V$.

由定理 15.5.1 可以证明相应的 Weierstrass 判别法.

定理 15.5.2 设 Ω 是 $\mathbf{R}^n$ 中的有界区域，$P_0\in\bar{\Omega}$. $f(x)$和 $F(x)$定义在 $\Omega\setminus\{P_0\}$上，对于包含 P_0 的任何开区域 Δ，$f(x)$和 $F(x)$均在 $\Omega\setminus\Delta$ 上有界

可积.进一步设 $F(x)$ 非负,且

$$|f(x)| \leqslant F(x), \quad \forall x \in \Omega \setminus \{P_0\}. \tag{15.5.2}$$

如果 $F(x)$ 在 Ω 上可积,则 $f(x)$ 也在 Ω 上可积,且

$$\left|\int_{\Omega} f(x)\mathrm{d}V\right| \leqslant \int_{\Omega} F(x)\mathrm{d}V. \tag{15.5.3}$$

证 令

$$f^+(x) = \begin{cases} f(x), & f(x) \geqslant 0, \\ 0, & f(x) < 0, \end{cases} \quad f^-(x) = \begin{cases} 0, & f(x) \geqslant 0, \\ -f(x), & f(x) < 0, \end{cases}$$

则 $f^+(x) \geqslant 0, f^-(x) \geqslant 0$ 都满足定理 15.5.1 的条件且

$$f(x) = f^+(x) - f^-(x), \forall x \in \Omega \setminus \{P_0\}.$$

令

$$\Delta m = \left\{x \in \mathbf{R}^n \,\middle|\, |x - P_0| < \frac{1}{m}\right\}.$$

由于 $F(x)$ 在 Ω 上非负可积,由定理 15.5.1 可得

$$\lim_{m\to\infty} \int_{\Omega \setminus \Delta m} F(x)\mathrm{d}V = \int_{\Omega} F(x)\mathrm{d}V < +\infty.$$

且 $\int_{\Omega \setminus \Delta m} F(x)\mathrm{d}V$ 关于 m 单增.因为 $|f(x)| = f^+(x) + f^-(x)$,则由(15.5.2)式可知对任意 $x \in \Omega \setminus \{P_0\}$ 有

$$f^+(x) \leqslant F(x), f^-(x) \leqslant F(x).$$

于是

$$\int_{\Omega \setminus \Delta m} f^+(x)\mathrm{d}V \leqslant \int_{\Omega \setminus \Delta m} F(x)\mathrm{d}V \leqslant \int_{\Omega} F(x)\mathrm{d}V,$$

$$\int_{\Omega \setminus \Delta m} f^-(x)\mathrm{d}V \leqslant \int_{\Omega \setminus \Delta m} F(x)\mathrm{d}V \leqslant \int_{\Omega} F(x)\mathrm{d}V.$$

又由 f^+ 和 f^- 的非负性可知 $\int_{\Omega \setminus \Delta m} f(x)\mathrm{d}V$, $\int_{\Omega \setminus \Delta m} f^-(x)\mathrm{d}V$ 都关于 m 单增,从而

$$\lim_{m\to\infty} \int_{\Omega \setminus \Delta m} f^+(x)\mathrm{d}V \quad 和 \quad \lim_{m\to\infty} \int_{\Omega \setminus \Delta m} f^-(x)\mathrm{d}V$$

都收敛.由定理 15.5.1 可知 $f^+(x)$ 和 $f^-(x)$ 均在 Ω 上可积,即 $\lim\limits_{d(\Delta)\to 0} \int_{\Omega \setminus \Delta} f^+(x)\mathrm{d}V$ 和 $\lim\limits_{d(\Delta)\to 0} \int_{\Omega \setminus \Delta} f^-(x)\mathrm{d}V$ 都收敛,其中 Δ 为任意包含 P_0 的开区域,由此可得

$$\lim_{d(\Delta)\to 0}\int_{\Omega\setminus\Delta} f(x)\mathrm{d}V = \lim_{d(\Delta)\to 0}\left[\int_{\Omega\setminus\Delta} f^{+}(x)\mathrm{d}V - \int_{\Omega\setminus\Delta} f^{-}(x)\mathrm{d}V\right]$$

收敛,即 $f(x)$ 在 Ω 上可积.

由(15.5.2)式和正常重积分的性质可知

$$\left|\int_{\Omega\setminus\Delta m} f(x)\mathrm{d}V\right| < \int_{\Omega\setminus\Delta m} F(x)\mathrm{d}V,$$

令 $m\to+\infty$ 得(15.5.3)式.

推论 如果 $|f(x)|$ 在 Ω 上的积分收敛,则 $f(x)$ 在 Ω 上的积分也收敛.

例 15.5.1 设 $f(x)=\dfrac{1}{r^{s}}$,其中 $r=|x|=\sqrt{x_1^2+\cdots+x_n^2}$,$s$ 为实数. 证明:

(i) 若 Ω 是 $\mathbf{R}^n$ 中的有界区域且原点为其内点,则当 $s<n$ 时,$f(x)$ 在 Ω 上可积,当 $s\geqslant n$ 时,$f(x)$ 在 Ω 上不可积或者说积分发散;

(ii) 存在 $r>0$,Ω 是 $\mathbf{R}^n$ 中包含以原点为中心,r 为半径的球的外部的区域,则当 $s>n$ 时 $f(x)$ 在 Ω 上可积,当 $s\leqslant n$ 时 $f(x)$ 在 Ω 上不可积.

具体证明留给读者.

以上的结果类似于广义定积分的情况. 对于广义定积分来说,如果 $f(x)$ 可积,一般 $|f(x)|$ 未必可积. 但是对于广义重积分(空间维数 $n\geqslant 2$) $f(x)$ 的可积性与 $|f(x)|$ 的可积性等价. 下面我们仍然针对有界区域上在一点邻近的无界的函数的广义积分给出并证明这一结果.

定理 15.5.3 设 Ω, P_0 和 $f(x)$ 满足定理 15.5.2 的条件,且 $n\geqslant 2$,则 $f(x)$ 在 Ω 上可积的充要条件是 $|f(x)|$ 在 Ω 上可积.

证 充分性就是定理 15.5.2 的推论. 下面证必要性. 设 $f(x)$ 在 Ω 上可积. 反设 $|f(x)|$ 在 Ω 上不可积. 令

$$B_k = \left\{x\in\mathbf{R}^n \,\middle|\, |x-P_0|<\frac{1}{k}\right\},$$

则

$$\lim_{k\to\infty}\int_{\Omega\setminus B_k} |f(x)|\mathrm{d}V = +\infty.$$

由于 $|f(x)|=f^{+}(x)+f^{-}(x)$,不妨设

$$\lim_{k\to\infty}\int_{\Omega\setminus B_k} f^{+}(x)\mathrm{d}V = +\infty. \tag{15.5.4}$$

由于 $f(x)$ 在 Ω 上可积,记 $I=\int_{\Omega} f(x)\mathrm{d}x$,则存在正整数 K_0 使得对于包含 P_0 的任意开区域 Δ,只要 $d(\Delta)\leqslant\dfrac{2}{K_0}$,就有

$$I-1<\int_{\Omega\setminus\Delta} f(x)\mathrm{d}V<I+1. \tag{15.5.5}$$

由(15.5.4)式可知存在 $K_1>K_0$ 使得

$$\int_{(B_{K_0}\setminus B_{K_1})\cap\Omega} f^+(x)\mathrm{d}V>|I|+2,$$

从而存在$(B_{K_0}\setminus B_{K_1})\cap\Omega$ 的一个分割$\{\Delta V_1,\cdots,\Delta V_l\}$使得

$$\sum_{i=1}^{l} m_i\Delta V_i>|I|+2, \tag{15.5.6}$$

其中 $m_i=\inf\limits_{x\in\Delta V_i} f^+(x)$. 显然 $m_i\geqslant 0$. 不妨设 $m_i>0, i=1,\cdots,s, m_i=0, i=s+1,\cdots,l$, 则(15.5.6)式成为

$$\sum_{i=1}^{s} m_i\Delta V_i>|I|+2.$$

记 $D=\bigcup\limits_{i=1}^{s}\Delta V_i$, 显然 $D\subseteq B_{K_0}\setminus B_{K_1}$, 且

$$\int_D f(x)\mathrm{d}V=\int_D f^+(x)\mathrm{d}V\geqslant\sum_{i=1}^{s} m_i\Delta V_i>|I|+2. \tag{15.5.7}$$

令 $\Delta=B_{K_0}\setminus\bar{D}$, 显然 Δ 是开集, $P_0\in B_{K_1}\subseteq\Delta, d(\Delta)\leqslant\frac{2}{K_0}$, 但由(15.5.5)式和(15.5.7)式可得

$$\begin{aligned}\int_{\Omega\setminus\Delta} f(x)\mathrm{d}V&=\int_{\Omega\setminus B_{K_0}} f(x)\mathrm{d}V+\int_D f(x)\mathrm{d}V\\&>I-1+|I|+2\geqslant I+1.\end{aligned} \tag{15.5.8}$$

如果 Δ 连通, 即 Δ 是包含 P_0 的开区域, 则(15.5.8)式与(15.5.5)式矛盾! 如果 Δ 不连通, 由于 f 在 $B_{K_0}\setminus B_{K_1}$ 上有界且 $n\geqslant 2$, 所以总可以从 $\bar{D}$ 上取掉 Jordan 测度适当小的集合 D', 使得 $\Delta'=B_{K_0}\setminus(D\setminus D')$为包含$P_0$ 的开区域, 且

$$\int_{D\setminus D'} f(x)\mathrm{d}V>|I|+2.$$

于是 $d(\Delta')\leqslant\frac{2}{K_0}$, 且

$$\begin{aligned}\int_{\Omega\setminus\Delta'} f(x)\mathrm{d}V&=\int_{\Omega\setminus B_{K_0}} f(x)\mathrm{d}V+\int_{D\setminus D'} f(x)\mathrm{d}V\\&>I-1+|I|+2\end{aligned}$$

$$\geqslant I + 1,$$

同样产生矛盾！从而 $|f(x)|$ 在 Ω 上可积.

对于无界区域上的广义积分以及在一个 J 零集邻近无界的函数的广义重积分，上述三个定理都成立，证明类似，广义重积分也可化为累次积分，也有变量替换公式，都与正常的重积分相同，无须在这里赘述.

例 15.5.2 设 $f(x,y)=\dfrac{1}{|x|^p+|y|^q}$，其中 $p>0,q>0$. 研究积分

$$I=\iint_{\Omega} f(x,y)\mathrm{d}x\mathrm{d}y$$

的收敛性，其中：

(i) $\Omega=\{(x,y)\in\mathbf{R}^2 \mid |x|+|y|\leqslant 1\}$；

(ii) $\Omega=\{(x,y)\in\mathbf{R}^2 \mid |x|+|y|\geqslant 1\}$.

解 (i) 令 $\Omega'=\{(x,y)\in\mathbf{R}^2 \mid |x|^p+|y|^q\leqslant 1\}$. 由于 $f(x,y)$ 仅在原点邻近无界，所以它在 Ω 上的可积性与在 Ω' 上的可积性相同. 对 $0<\varepsilon<1$，令

$$\Omega'(\varepsilon)=\{(x,y)\in\mathbf{R}^2 \mid \varepsilon<|x|^p+|y|^q\leqslant 1\},$$

$$I(\varepsilon)=\iint_{\Omega'(\varepsilon)} f(x,y)\mathrm{d}x\mathrm{d}y.$$

由对称性可知 $I(\varepsilon)=4\iint_{D(\varepsilon)} f(x,y)\mathrm{d}x\mathrm{d}y$，其中

$$D(\varepsilon)=\{(x,y)\in\Omega'(\varepsilon) \mid x\geqslant 0,y\geqslant 0\},$$

对于 $x,y\geqslant 0$，令 $\xi=x^{\frac{p}{2}}, \eta=y^{\frac{q}{2}}$，则 $x=\xi^{\frac{2}{p}}, y=\eta^{\frac{2}{q}}$，且

$$\frac{D(x,y)}{D(\xi,\eta)}=\frac{4}{pq}\xi^{\frac{2}{p}-1}\eta^{\frac{2}{q}-1},$$

$$\begin{aligned}
I(\varepsilon)&=\frac{16}{pq}\iint_{\substack{\varepsilon\leqslant\xi^2+\eta^2\leqslant 1\\ \xi,\eta\geqslant 0}}\xi^{\frac{2}{p}-1}\eta^{\frac{2}{q}-1}(\xi^2+\eta^2)^{-1}\mathrm{d}\xi\mathrm{d}\eta\\
&=\frac{16}{pq}\int_{\sqrt{\varepsilon}}^{1} r\mathrm{d}r\int_0^{\frac{\pi}{2}} r^{2\left(\frac{1}{p}+\frac{1}{q}\right)-4}(\cos\theta)^{\frac{2}{p}-1}\left|(\sin\theta)^{\frac{2}{q}-1}\right|\mathrm{d}\theta\\
&=\frac{8}{pq}\frac{\Gamma\left(\frac{1}{p}\right)\Gamma\left(\frac{1}{q}\right)}{\Gamma\left(\frac{1}{p}+\frac{1}{q}\right)}\int_{\sqrt{\varepsilon}}^{1} r^{2\left(\frac{1}{p}+\frac{1}{q}\right)-3}\mathrm{d}r.
\end{aligned}$$

显然 $\lim\limits_{\varepsilon\to 0^+} I(\varepsilon)$ 收敛的充要条件是 $2\left(\dfrac{1}{p}+\dfrac{1}{q}\right)-3>-1$，即 $\dfrac{1}{p}+\dfrac{1}{q}>1$，所以当且仅当 $\dfrac{1}{p}+\dfrac{1}{q}>1$ 时，$f(x,y)$ 在 Ω 上可积.

(ii)同(i)可证当且仅当$\frac{1}{p}+\frac{1}{q}<1$时，$f(x,y)$在$\Omega$上可积.

例 15.5.3　设$\Omega=\{(x,y,z)\in\mathbf{R}^3\mid 0\leqslant x\leqslant a,0\leqslant y\leqslant a,0\leqslant z\leqslant a\}$，$f(x,y,z)$在$\Omega$上连续，$\varphi(x),\psi(x)\in C^0([0,a])$，$p<1$，求证

$$I=\iiint_{\Omega}\frac{f(x,y,z)}{[(y-\varphi(x))^2+(z-\psi(x))^2]^p}\mathrm{d}x\mathrm{d}y\mathrm{d}z$$

存在.

证　记$\Gamma=\{(x,y,z)\in\mathbf{R}^3\mid 0\leqslant x\leqslant a,y=\varphi(x),z=\psi(x)\}$. 如果$\Gamma\cap\Omega=\phi$，则$I$是连续函数在$\Omega$上的正常积分，显然积分$I$存在. 若$\Gamma\cap\Omega\neq\phi$，则$I$是广义积分，其被积函数仅在$\Gamma\cap\Omega$的邻近无界. 令

$$I'=\iiint_{\tilde{\Omega}}\frac{1}{[(y-\varphi(x))^2+(z-\psi(x))^2]^p}\mathrm{d}x\mathrm{d}y\mathrm{d}z.$$

由于$f(x,y,z)$在Ω上连续，由定理 15.5.2 易知积分I'的存在性可推出I的存在性，设

$$\tilde{\Omega}=\{(x,y,z)\in\mathbf{R}^3\mid 0\leqslant x\leqslant a,\sqrt{(y-\varphi(x))^2+(z-\psi(x))^2}\leqslant M+\sqrt{2}a\},$$

其中$M=\sup\limits_{x\in[0,a]}\sqrt{\varphi^2(x)+\psi^2(x)}$，令

$$J=\iiint_{\tilde{\Omega}}\frac{1}{[(y-\varphi(x))^2+(z-\psi(x))^2]^p}\mathrm{d}x\mathrm{d}y\mathrm{d}z.$$

若$(x,y,z)\in\Omega$，则$0\leqslant x\leqslant a$，且

$$\begin{aligned}\sqrt{(y-\varphi(x))^2+(z-\psi(x))^2}&\leqslant\sqrt{y^2+z^2}+\sqrt{\varphi^2(x)+\psi^2(x)}\\&\leqslant\sqrt{2}a+M,\end{aligned}$$

即$(x,y,z)\in\tilde{\Omega}$，所以$\Omega\subseteq\tilde{\Omega}$. 由此易知，如果积分$J$存在，则积分$I'$存在. 记

$$\tilde{\varphi}(x)=\begin{cases}\varphi(0),\ -\infty<x<0,\\ \varphi(x),0\leqslant x\leqslant a,\\ \varphi(a),a<x<+\infty,\end{cases}$$

$$\tilde{\psi}(x)=\begin{cases}\psi(0),\ -\infty<x<0,\\ \psi(x),0\leqslant x\leqslant a,\\ \psi(a),0<x<+\infty,\end{cases}$$

$$\Delta m=\{(x,y,z)\mid -1<x<a+1,$$

$$\sqrt{(y-\tilde{\varphi}(x))^2+(z-\tilde{\psi}(x))^2}<\frac{1}{m}\Big\},$$

则 Δm 是包含 Γ 的开区域，且当$\dfrac{1}{m}<M+\sqrt{2}a$ 时，

$$\begin{aligned}J_m &= \int_{\tilde{\Omega}\setminus\Delta m}\frac{1}{[(y-\varphi(x))^2+(z-\psi(x))^2]^p}\mathrm{d}x\mathrm{d}y\mathrm{d}z \\ &= \int_0^a \mathrm{d}x \iint\limits_{\frac{1}{m}\leqslant g(x,y,z)\leqslant M+\sqrt{2}a}(g(x,y,z))^{-2p}\mathrm{d}y\mathrm{d}z,\end{aligned}$$

其中 $g(x,y,z)=\sqrt{(y-\varphi(x))^2+(z-\psi(x))^2}$，对于任何 $0\leqslant x\leqslant a$，令

$$\begin{cases}y=\varphi(x)+r\cos\theta,\\ z=\psi(x)+r\sin\theta,\end{cases}\quad r\geqslant 0, 0\leqslant\theta<2\pi,$$

则

$$J_m=\int_0^a\mathrm{d}x\int_{\frac{1}{m}}^{M+\sqrt{2}a}\mathrm{d}r\int_0^{2\pi}r^{1-2p}\mathrm{d}\theta.$$

由于 $p<1$，则

$$J_m=\frac{\pi a}{1-p}\left[(M+\sqrt{2}a)^{2-2p}-\left(\frac{1}{m}\right)^{2-2p}\right],$$

从而

$$\lim_{m\to\infty}J_m=\frac{\pi a}{1-p}(M+\sqrt{2}a)^{2-2p}.$$

于是积分 J 存在，由此推出积分 I 存在.

例 15.5.4　求 $I=\iint\limits_{R^2}\mathrm{e}^{-(x^2+y^2)}\mathrm{d}x\mathrm{d}y$.

解　积分 I 的收敛性显然. 由极坐标

$$\begin{cases}x=r\cos\theta,\\ y=r\sin\theta,\end{cases}\quad 0\leqslant\theta<2\pi, r\geqslant 0,$$

则

$$I=\int_0^{2\pi}\mathrm{d}\theta\int_0^{+\infty}r\mathrm{e}^{-r^2}\mathrm{d}r=\pi.$$

另一方面

$$\begin{aligned}I&=\int_{-\infty}^{+\infty}\mathrm{d}x\int_{-\infty}^{+\infty}\mathrm{e}^{-(x^2+y^2)}\mathrm{d}y\\ &=\int_{-\infty}^{+\infty}\mathrm{e}^{-x^2}\mathrm{d}x\int_{-\infty}^{+\infty}\mathrm{e}^{-y^2}\mathrm{d}y\end{aligned}$$

$$= \left(\int_{-\infty}^{+\infty} e^{-x^2}\,dx\right)^2,$$

由此可得

$$\int_{-\infty}^{+\infty} e^{-x^2}\,dx = \sqrt{\pi}.$$

这也是计算 Poisson 积分的一种方法.

例 15.5.5 求 $I = \dfrac{1}{2}\displaystyle\int\limits_{\substack{x_1^2+y_1^2+z_1^2\leqslant R^2\\ x_2^2+y_2^2+z_2^2\leqslant R^2}} \frac{dx_1dy_1dz_1dx_2dy_2dz_2}{r_{12}}$,

其中 $r_{12}=\sqrt{(x_1-x_2)^2+(y_1-y_2)^2+(z_1-z_2)^2}$. I 是一个 6 重广义积分,从物理上看,I 是一个半径为 R,密度为 1 的均匀球体对自己的引力位势.

解

$$I = \frac{1}{2}\iiint\limits_{x_1^2+y_1^2+z_1^2\leqslant R^2} dx_1dy_1dz_1 \iiint\limits_{x_2^2+y_2^2+z_2^2\leqslant R^2} \frac{dx_2dy_2dz_2}{\sqrt{(x_1-x_2)^2+(y_1-y_2)^2+(z_1-z_2)^2}}.$$

令 $t=\sqrt{x_1^2+y_1^2+z_1^2}$,则 $0\leqslant t\leqslant R$,且由对称性可得

$$\iiint\limits_{x_2^2+y_2^2+z_2^2\leqslant R^2} \frac{dx_2dy_2dz_2}{\sqrt{(x_1-x_2)^2+(y_1-y_2)^2+(z_1-z_2)^2}} = \iiint\limits_{x_2^2+y_2^2+z_2^2\leqslant R^2} \frac{dx_2dy_2dz_2}{\sqrt{x_2^2+y_2^2+(z_2-t)^2}}.$$

令

$$\begin{cases} x_2 = r\sin\varphi\cos\theta, \\ y_2 = r\sin\varphi\sin\theta, \quad r\geqslant 0, 0\leqslant\varphi\leqslant\pi, 0\leqslant\theta\leqslant 2\pi, \\ z_2 = r\cos\varphi, \end{cases}$$

则

$$I = \frac{1}{2}\iiint\limits_{x_1^2+y_1^2+z_1^2\leqslant R^2} dx_1dy_1dz_1 \int_0^{2\pi} d\theta \int_0^R dr \int_0^{\pi} \frac{r^2\sin\varphi}{\sqrt{r^2+t^2-2rt\cos\varphi}}\,d\varphi,$$

不妨设 $t>0$,则

$$\begin{aligned} I &= \pi \iiint\limits_{x_1^2+y_1^2+z_1^2\leqslant R^2} dx_1dy_1dz_1 \int_0^R \frac{r}{t}\sqrt{r^2+t^2-2rt\cos\varphi}\,\Bigg|_{\varphi=0}^{\varphi=\pi} dr \\ &= \pi \iiint\limits_{x_1^2+y_1^2+z_1^2\leqslant R^2} dx_1dy_1dz_1 \int_0^R \frac{r}{t}[(r+t)-|r-t|]\,dr \end{aligned}$$

$$= \pi \iiint\limits_{x_1^2+y_1^2+z_1^2\leqslant R^2} \mathrm{d}x_1\mathrm{d}y_1\mathrm{d}z_1\left[\int_0^t \frac{2r^2}{t}\mathrm{d}r + \int_t^R 2r\mathrm{d}r\right]$$

$$= \pi \iiint\limits_{x_1^2+y_1^2+z_1^2\leqslant R^2} \left(\frac{2}{3}t^2 + R^2 - t^2\right)\mathrm{d}x_1\mathrm{d}y_1\mathrm{d}z_1.$$

注意到 $t=\sqrt{x_1^2+y_1^2+z_1^2}$,用球坐标可得

$$I = \frac{4}{3}\pi^2 R^5 - \frac{\pi}{3}\int_0^{2\pi}\mathrm{d}\theta\int_0^{\pi}\mathrm{d}\varphi\int_0^R t^4\sin\varphi\mathrm{d}t$$

$$= \frac{4}{3}\pi^2 R^5 - \frac{4}{15}\pi^2 R^5 = \frac{16}{15}\pi^2 R^5.$$

§15.6 重积分的应用

重积分的应用是非常广泛的,其中最直接的应用是计算体积.在这一节我们介绍运用重积分计算空间曲面的面积以及非均匀物体的质心、转动惯量、引力等物理量.

一、曲面面积

我们在这一段主要用二重积分来计算 $\mathbf{R}^3$ 中曲面的面积,为此首先需要给出曲面面积的确切定义.大家知道一条可求长曲线的弧长定义为其内接折线长度的上确界,但是应当记住我们不能把曲面面积也定义为其内接折面面积的上确界.19 世纪末德国数学家 H. A. Schwarty 举出一个反例,说明有限直圆柱面可以具有面积任意大的内接折面,从而其内接折面面积的上确界是 $+\infty$!这个著名例子说明用内接折面面积的上确界定义曲面面积是不科学的.

Schwarz 反例的思想并不复杂,我们针对一个比较简单的情况予以说明.已给一个直圆柱体(如图 15.6.1),用垂直于其底面的平面切下该直圆柱体的一片侧面 $P: ACBB_1DA_1$,其中 C 和 D 分别是圆弧 AB 和 A_1B_1 的中点.记线段 AB 的长度为 a,母线 CD 到矩形 ABB_1A_1 所在平面的距离为 h,设 E 是母线 CD 的中点,连接 AE, BE, A_1E, B_1E,则 $\triangle AEB$, $\triangle BEB_1$, $\triangle B_1EA_1$ 与 $\triangle A_1EA$ 组成 P 的一个内接折面 Q_1,显然 Q_1 的面积 S_1 大于 $\triangle AEB$ 和 $\triangle B_1EA_1$ 面积之和,由于 $\triangle AEB$ 和 $\triangle B_1EA_1$ 的面积都大于 $\frac{1}{2}ah$,所以

$$S_1 > ah.$$

记 AA_1 和 BB_1 的中点分别为 A_2 和 B_2, CE 和 ED 的中点分别为 F_1 和 F_2,

则 $\triangle AF_1B$，$\triangle BF_1B_2$，$\triangle B_2F_1A_2$，$\triangle B_2F_2A_2$，$\triangle B_2F_2B_1$，$\triangle B_1F_2A_1$，$\triangle A_1F_2A_2$ 和$\triangle A_2F_1A$ 组成P 的一个内接折面Q_2(见图 15.6.2).显然 Q_2 的面积 S_2 大于四个具有与 AB 平行边的三角形面积之和,所以

$$S_2 > 2ah.$$

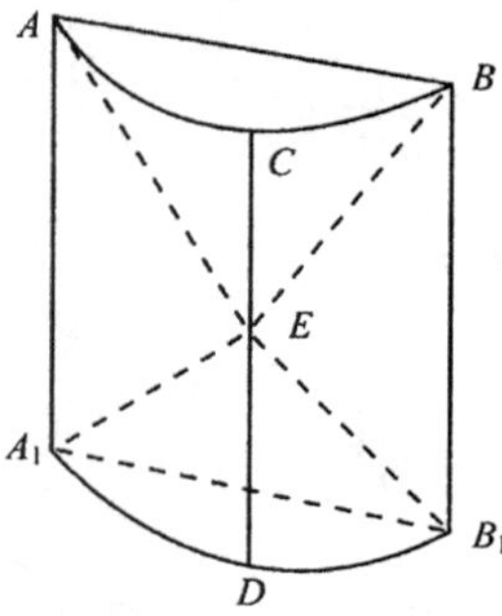

图 15.6.1

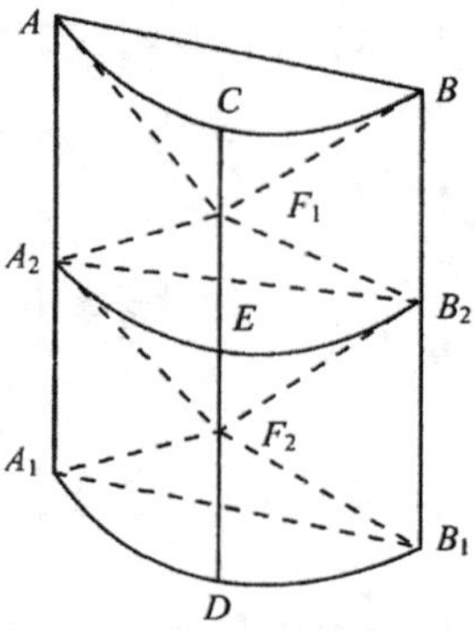

图 15.6.2

依此类推,我们将 AA_1 和 BB_1 m 等分就可以得到P 的一个内接折面Q_m,它的面积 S_m 满足

$$S_m > mah.$$

任给底面半径为 R,高为 H 的直圆柱体 V,对于任意的正整数 m 和l.首先作内接于 V 的正l 棱柱(不妨设 $l\geqslant 3$).这个棱柱切下 V 较小的一片侧面记为P,则经简单计算易知相应之

$$a = 2R\sin\frac{\pi}{l}, h = R\left(1-\cos\frac{\pi}{l}\right) = 2R\sin^2\frac{\pi}{2l}.$$

我们将 V 的母线m 等分,利用上面的讨论可以作出 V 的内接折面,其面积满足

$$S_{m,l} > lmah = 4lmR^2\sin\frac{\pi}{l}\sin^2\frac{\pi}{2l}.$$

取 $m=l^3$,显然

$$\lim_{l\to+\infty} S_{m,l} = +\infty.$$

从以上讨论可以看出 Schwarz 反例的关键是对任何一片圆柱侧面 P：$ACBB_1DA_1$,通过 m 等分母线AA_1 和 BB_1 得到由 $4m$ 个三角形组成的P 的内接折面,其中有 $2m$ 个三角形具有与AB 平行的边,这些三角形的每一个面

积都大于$\triangle ACB$的面积$\frac{1}{2}ah$.之所以出现这种现象的原因在于随着m增大,所作折面中具有与AB平行的边的三角形与P过CE切平面的夹角越来越大,越来越趋于垂直于P过CE切平面的位置.由此得到启发,下面研究空间曲面的面积.

首先我们讨论$\mathbf{R}^3$中光滑曲面面积的定义及计算.设S是$\mathbf{R}^3$中具有参数形式表示的光滑曲面,即

$$S:\begin{cases}x = x(u,v),\\ y = y(u,v), \quad (u,v)\in G,\\ z = z(u,v),\end{cases}$$

其中G是uv平面上的开区域,且

(i) $x(u,v),y(u,v),z(u,v)\in C^1(G)$;

(ii) $$\frac{\partial(x,y,z)}{\partial(u,v)}=\begin{pmatrix}x_u & x_v\\ y_u & y_v\\ z_u & z_v\end{pmatrix}$$

的秩在G内处处为2.此外假设S上没有重点即

(iii) $G\ni(u,v)\leftrightarrow\begin{pmatrix}x(u,v)\\ y(u,v)\\ z(u,v)\end{pmatrix}\in S$为一一对应.

引述以下记号:

$$\boldsymbol{r}=\boldsymbol{r}(u,v)=\begin{pmatrix}x(u,v)\\ y(u,v)\\ z(u,v)\end{pmatrix},(u,v)\in G,$$

$$A=A(u,v)=\begin{vmatrix}y_u(u,v) & z_u(u,v)\\ y_v(u,v) & z_v(u,v)\end{vmatrix},$$

$$B=B(u,v)=\begin{vmatrix}z_u(u,v) & x_u(u,v)\\ z_v(u,v) & x_v(u,v)\end{vmatrix},$$

$$C=C(u,v)=\begin{vmatrix}x_u(u,v) & y_u(u,v)\\ x_v(u,v) & y_v(u,v)\end{vmatrix}.$$

显然

(ii) $\Leftrightarrow \boldsymbol{r}_u(u,v)\times\boldsymbol{r}_v(u,v)\neq 0,\ \forall(u,v)\in G.$

$\Leftrightarrow A^2(u,v)+B^2(u,v)+C^2(u,v)\neq 0,\ \forall(u,v)\in G.$

设D是G内的有界闭区域,

$$S_D:\begin{cases}x=x(u,v),\\ y=y(u,v), & (u,v)\in D,\\ z=z(u,v),\end{cases}$$

称 S_D 为光滑简单曲面. 设 $T=\{\Delta D_i\}$是D 的一个分割,任取$(u_i,v_i)\in\Delta D_i$,将

$$\Delta S_i:\begin{cases}x=x(u,v),\\ y=y(u,v), & (u,v)\in \Delta D_i,\\ z=z(u,v),\end{cases}$$

垂直投影到 S 过$P_i(x(u_i,v_i),y(u_i,v_i),z(u_i,v_i))$的切平面 π_i 上所得区域的面积记为 $\Delta\sigma_i$,可以证明

$$\lim_{d(T)\to 0}\sum_{\Delta D_i\in T}\Delta\sigma_i$$

收敛,当然其极限值不依赖于具体的分割方法,不依赖于$(u_i,v_i)\in\Delta D_i$ 的具体选择,也不依赖于直角坐标 x,y,z 及曲面参数u,v 的具体选取.

下面我们来证明上述结论. 首先来计算 $\Delta\sigma_i$. 记 $x_i=x(u_i,v_i)$, $y_i=y(u_i,v_i)$, $z_i=z(u_i,v_i)$, $A_i=A(u_i,v_i)$, $B_i=B(u_i,v_i)$, $C_i=C(u_i,v_i)$. 由于 $\boldsymbol{v}_i=(A_i,B_i,C_i)$为切平面 π_i 的法向量,从而过 ΔS_i 上一点且垂直于 π_i 的直线方程为

$$\begin{cases}x=x(u,v)+A_it,\\ y=y(u,v)+B_it, & (u,v)\in\Delta D_i,\\ z=z(u,v)+C_it,\end{cases}$$

其中 t 为直线上的参数. 将直线方程代入切平面 π_i 的方程

$$A_i(x-x_i)+B_i(y-y_i)+C(z-z_i)=0,$$

可得

$$t=\frac{-1}{A_i^2+B_i^2+C_i^2}[A_ix(u,v)+B_iy(u,v)+C_iz(u,v)-D_i],$$

其中 $D_i=A_ix_i+B_iy_i+C_iz_i$. 由此可得 ΔS_i 在 π_i 上垂直投影的参数方程为

$$\begin{cases}x=\dfrac{1}{A_i^2+B_i^2+C_i^2}[(B_i^2+C_i^2)x(u,v)-A_iB_iy(u,v)-A_iC_iz(u,v)+A_iD_i],\\ y=\dfrac{1}{A_i^2+B_i^2+C_i^2}[-B_iA_ix(u,v)+(A_i^2+C_i^2)y(u,v)-B_iC_iz(u,v)+B_iD_i],\\ z=\dfrac{1}{A_i^2+B_i^2+C_i^2}[-C_iA_ix(u,v)-C_iB_iy(u,v)+(A_i^2+B_i^2)z(u,v)+C_iD_i],\end{cases}$$

其中$(u,v)\in\Delta D_i$. 利用计算平面上区域的面积容易得到

$$\Delta\sigma_i=\frac{1}{\sqrt{A_i^2+B_i^2+C_i^2}}\iint\limits_{\Delta D_i}|A_iA(u,v)+B_iB(u,v)+C_iC(u,v)|\,\mathrm{d}u\mathrm{d}v.$$

于是

$$\Delta\sigma_i=\sqrt{A_i^2+B_i^2+C_i^2}\,|\Delta D_i|+p_i|\Delta D_i|,$$

其中$|\Delta D_i|$表示ΔD_i的面积，p_i满足

$$\lim_{d(T)\to 0}p_i=0$$

且关于ΔD_i一致，即任给$\varepsilon>0$存在$\delta>0$，只要$d(T)<\varepsilon$，对任意$\Delta D_i\in T$均有

$$|p_i|<\varepsilon.$$

利用二重积的概念可知

$$\lim_{d(T)\to 0}\sum_{\Delta D_i\in T}\sqrt{A_i^2+B_i^2+C_i^2}\,|\Delta D_i|=\iint\limits_{D}\sqrt{A^2+B^2+C^2}\,\mathrm{d}u\mathrm{d}v,$$

又

$$\lim_{d(T)\to 0}\sum_{\Delta D_i\in T}p_i|\Delta D_i|=0,$$

从而

$$\lim_{d(T)\to 0}\sum_{\Delta D_i\in T}\Delta\sigma_i=\iint\limits_{D}\sqrt{A^2+B^2+C^2}\,\mathrm{d}u\mathrm{d}v.$$

由于

$$\begin{aligned}\sqrt{A^2+B^2+C^2}&=|\boldsymbol{r}_u\times\boldsymbol{r}_v|\\&=\sqrt{|\boldsymbol{r}_u|^2|\boldsymbol{r}_v|^2-(\boldsymbol{r}_u,\boldsymbol{r}_v)^2},\end{aligned}$$

而且$\boldsymbol{r}_u,\boldsymbol{r}_v$不依赖于直角坐标$x,y,z$的选取，所以$\sqrt{A^2+B^2+C^2}$也不依赖于$x,y,z$的选取. 设曲面$S$还有以$t,\omega$为参数的表示. 设参数$u,v$和参数$t,\omega$之间有$C^1$类的变换关系：

$$\begin{cases}u=u(t,\omega),\\v=v(t,\omega),\end{cases}$$

则

$$\begin{cases}\boldsymbol{r}_t=\boldsymbol{r}_uu_t+\boldsymbol{r}_vv_t,\\\boldsymbol{r}_\omega=\boldsymbol{r}_uu_\omega+\boldsymbol{r}_vv_\omega.\end{cases}$$

由此可得

$$|\boldsymbol{r}_t \times \boldsymbol{r}_\omega| = |\boldsymbol{r}_u \times \boldsymbol{r}_v| \left| \frac{D(u,v)}{D(s,t)} \right|.$$

由二重积分的变量替换公式可得

$$\iint |\boldsymbol{r}_u \times \boldsymbol{r}_v| \mathrm{d}u\mathrm{d}v = \iint |\boldsymbol{r}_u \times \boldsymbol{r}_v| \left| \frac{D(u,v)}{D(t,\omega)} \right| \mathrm{d}t\mathrm{d}\omega$$

$$= \iint |\boldsymbol{r}_t \times \boldsymbol{r}_\omega| \mathrm{d}t\mathrm{d}\omega.$$

这就说明

$$\lim_{d(T)\to 0} \sum_{\Delta D_i \in T} \Delta\sigma_i$$

也不依赖于曲面参数 u,v 的选取.定义该极限值为曲面 S_D 的面积(面积的值仍用 S_D 表示),则

$$S_D = \iint_D \sqrt{A^2 + B^2 + C^2}\mathrm{d}u\mathrm{d}v = \iint_D |\boldsymbol{r}_u \times \boldsymbol{r}_v| \mathrm{d}u\mathrm{d}v. \tag{15.6.1}$$

记

$$E = |\boldsymbol{r}_u|^2 = x_u^2 + y_u^2 + z_u^2,$$

$$G = |\boldsymbol{r}_v|^2 = x_v^2 + y_v^2 + z_v^2,$$

$$F = (\boldsymbol{r}_u, \boldsymbol{r}_v) = x_u x_v + y_u y_v + z_u z_v,$$

则

$$S_D = \iint_D \sqrt{EG - F^2}\mathrm{d}u\mathrm{d}v. \tag{15.6.2}$$

特别当 S_D 有显式表示时,不妨设

$$S_D: z = z(x,y), (x,y) \in D,$$

由(15.6.1)式可得

$$S_D = \iint_D \sqrt{1 + z_x^2 + z_y^2}\mathrm{d}x\mathrm{d}y. \tag{15.6.3}$$

以上我们给出光滑简单曲面的面积定义及计算公式.但是许多常见的曲面不是光滑简单曲面.例如球面显然是光滑曲面,而且它的面积为大家熟知,易证球面不是光滑简单曲面.又如正方体的表面也不是光滑简单曲面,实际上它是由六片平面拼接成的逐片光滑曲面.容易证明球面也可以表示为由有限片光滑简单曲面拼接成的曲面.对于由有限片光滑简单曲面拼接而成的光滑曲面和逐片光滑曲面来说,可以运用上述的讨论给出其面积的定义和计算方法.问题是当这些曲面有统一的参数表示时面积计算公式(15.6.1),(15.6.2)和(15.6.3)是否仍成立.事实上,我们可以证明以下结果.设

$$S:\begin{cases}x = x(u,v)\\ y = y(u,v), \quad (u,v)\in D,\\ z = z(u,v),\end{cases}$$

其中 D 是 uv 平面上的有界闭区域. 进一步设存在 uv 平面上的开区域 G,使得 $D\subseteq G$ 且 $x(u,v),y(u,v),z(u,v)$ 均属于 $C^1(G)$. 又存在 uv 平面上的 J 零集 E,使得

$$\boldsymbol{r}_u\times\boldsymbol{r}_v\neq 0, \forall (u,v)\in D\setminus(\partial D\cup\bar{E})$$

且当 $(u,v)\in D\setminus(\partial D\cup\bar{E})$ 时,

$$(u,v)\to\boldsymbol{r}(u,v)=\begin{pmatrix}x(u,v)\\ y(u,v)\\ z(u,v)\end{pmatrix}$$

是单射,则我们可以运用处理光滑简单曲面的方法定义 S 的面积且公式(15.6.1),(15.6.2)和(15.6.3)都成立. 具体证明留给读者. 这一结果还解决了某些有奇点的曲面的面积计算问题. 例如圆锥面

$$S: x^2+y^2=z^2, 0\leqslant z\leqslant 1,$$

显然原点 O 是 S 的奇点,但是在柱坐标下 S 有参数表示

$$S:\begin{cases}x = r\cos\theta,\\ y = r\sin\theta, \quad (r,\theta)\in[0,1]\times[0,2\pi].\\ z = r,\end{cases}$$

容易验证假设条件都满足,从而其面积可用(15.6.2)计算. 由于 $E=x_r^2+y_r^2+z_r^2=2, G=x_\theta^2+y_\theta^2+z_\theta^2=r^2, F=x_rx_\theta+y_ry_\theta+z_rz_\theta=0$,所以

$$S=\iint\limits_{\substack{0\leqslant r\leqslant 1\\ 0\leqslant\theta\leqslant 2\pi}}\sqrt{EG-F^2}\,\mathrm{d}r\mathrm{d}\theta=\int_0^1\mathrm{d}r\int_0^{2\pi}\sqrt{2}r\,\mathrm{d}\theta=\sqrt{2}\pi,$$

这一结论也是众所周知的.

类似可以定义 $\mathbf{R}^n$ 中曲面的面积. 同样若 $\mathbf{R}^n$ 的逐片光滑曲面 S 有参数表示:

$$S:\begin{cases}x_1 = x_1(u_1,\cdots,u_{n-1}),\\ x_2 = x_2(u_1,\cdots,u_{n-1}),\\ \cdots\cdots\cdots\cdots\\ x_n = x_n(u_1,\cdots,u_{n-1}),\end{cases}\quad (u_1,\cdots,u_{n-1})\in D.$$

记 $\boldsymbol{r}=\begin{pmatrix}x_1\\x_2\\\vdots\\x_n\end{pmatrix}\in\mathbf{R}^n$,定义

$$\boldsymbol{r}_{u_1}\times\cdots\times\boldsymbol{r}_{u_{n-1}}=\begin{vmatrix}\boldsymbol{i}_1 & \boldsymbol{i}_2 & \cdots & \boldsymbol{i}_n\\ \dfrac{\partial x_1}{\partial u_1} & \dfrac{\partial x_2}{\partial u_1} & \cdots & \dfrac{\partial x_n}{\partial u_1}\\ \vdots & \vdots & & \vdots\\ \dfrac{\partial x_1}{\partial u_{n-1}} & \dfrac{\partial x_2}{\partial u_{n-1}} & \cdots & \dfrac{\partial x_n}{\partial u_{n-1}}\end{vmatrix},$$

其中$(\boldsymbol{i}_1,\cdots,\boldsymbol{i}_n)$为 $\mathbf{R}^n$ 中直角坐标$(x_1,\cdots,x_n)$的基本单位向量组. 在与 $\mathbf{R}^3$ 情况相同的条件下,则

$$|S|=\int_D\left|\boldsymbol{r}_{u_1}\times\cdots\times\boldsymbol{r}_{u_{n-1}}\right|\mathrm{d}u_1\cdots\mathrm{d}u_{n-1}. \qquad (15.6.4)$$

若 S 有显示表示

$$S: x_n=x_n(x_1,\cdots,x_{n-1}),(x_1,\cdots,x_{n-1})\in D,$$

则

$$|S|=\int_D\sqrt{1+\left(\frac{\partial x_n}{\partial x_1}\right)^2+\cdots+\left(\frac{\partial x_n}{\partial x_1}\right)^2}\,\mathrm{d}x_1\cdots\mathrm{d}x_{n-1}. \qquad (15.6.5)$$

例 15.6.1　求曲面 $S:(x^2+y^2+z^2)^2=x^2-y^2$ 的面积.

解　考虑球坐标$\begin{cases}x=r\sin\varphi\cos\theta,\\ y=r\sin\varphi\sin\theta,\\ z=r\cos\varphi,\end{cases}$ $r\geqslant0,0\leqslant\varphi\leqslant\pi,0\leqslant\theta<2\pi$,则 $S:r^2=\sin^2\varphi\cos2\theta$,即 $r=\sin\varphi\sqrt{\cos2\theta}$. 由此可得 S 的参数方程为

$$S:\begin{cases}x=\sin\varphi\sqrt{\cos2\theta}\sin\varphi\cos\theta,\\ y=\sin\varphi\sqrt{\cos2\theta}\sin\varphi\sin\theta,\\ z=\sin\varphi\sqrt{\cos2\theta}\cos\varphi,\end{cases}$$

其中 $0\leqslant\varphi\leqslant\pi,0\leqslant\theta\leqslant\frac{\pi}{4},\frac{3}{4}\pi\leqslant\theta\leqslant\pi,\pi\leqslant\theta\leqslant\frac{5}{4}\pi,\frac{7}{4}\pi\leqslant\theta\leqslant2\pi$.

易知

$$x_\varphi=2\sin\varphi\cos\varphi\cos\theta\sqrt{\cos2\theta}=\sin2\varphi\cos\theta\sqrt{\cos2\theta},$$

$$y_\varphi=2\sin\varphi\cos\varphi\sin\theta\sqrt{\cos2\theta}=\sin2\varphi\sin\theta\sqrt{\cos2\theta},$$

$$z_\varphi = \cos 2\varphi\sqrt{\cos 2\theta},$$

$$x_\theta = \sin^2\varphi\left(-\sin\theta\sqrt{\cos 2\theta} - \frac{\sin 2\theta\cos\theta}{\sqrt{\cos 2\theta}}\right),$$

$$y_\theta = \sin^2\varphi\left(\cos\theta\sqrt{\cos 2\theta} - \frac{\sin 2\theta\sin\theta}{\sqrt{\cos 2\theta}}\right),$$

$$z_\theta = -\frac{1}{2}\sin 2\varphi\frac{\sin 2\theta}{\sqrt{\cos 2\theta}}.$$

由此可得

$$E = x_\varphi^2 + y_\varphi^2 + z_\varphi^2 = \sin^2 2\varphi\cos 2\theta + \cos^2 2\varphi\cos 2\theta = \cos 2\theta,$$

$$\begin{aligned} G &= x_\theta^2 + y_\theta^2 + z_\theta^2 \\ &= \sin^4\varphi\left(\cos 2\theta + \frac{\sin^2 2\theta}{\cos 2\theta}\right) + \frac{1}{4}\frac{\sin^2 2\varphi\sin^2 2\theta}{\cos 2\theta} \\ &= \frac{\sin^2\varphi}{\cos 2\theta}(\sin^2\varphi + \cos^2\varphi\sin^2 2\theta). \end{aligned}$$

又

$$x_\varphi x_\theta = -\sin 2\varphi\sin^2\varphi(\sin\theta\cos\theta\cos 2\theta + \sin 2\theta\cos^2\theta),$$

$$y_\varphi y_\theta = -\sin 2\varphi\sin^2\varphi(-\sin\theta\cos\theta\cos 2\theta + \sin 2\theta\sin^2\theta),$$

$$z_\varphi z_\theta = -\frac{1}{2}\sin 2\varphi\cos 2\varphi\sin 2\theta.$$

从而

$$\begin{aligned} F &= -\sin 2\varphi\sin^2\varphi\sin 2\theta - \frac{1}{2}\sin 2\varphi\cos 2\varphi\sin 2\theta \\ &= -\sin\varphi\cos\varphi\sin 2\theta, \end{aligned}$$

$$\begin{aligned} \sqrt{EG - F^2} &= \sqrt{\sin^4\varphi + \sin^2\varphi\cos^2\varphi\sin^2 2\theta - \sin^2\varphi\cos^2\varphi\sin^2 2\theta} \\ &= \sin^2\varphi. \end{aligned}$$

由对称性

$$|S| = 4\int_0^{\frac{\pi}{4}} d\theta\int_0^{\pi}\sin^2\varphi d\varphi = \frac{\pi^2}{2}.$$

例 15.6.2 设 $0 < b < a$，求圆周 $\begin{cases}(y-a)^2 + z^2 = b^2\\ x = 0\end{cases}$ 绕 z 轴旋转一周所得圆环面 S 的面积.

解 易知 S 的方程为

$$\left(\sqrt{x^2 + y^2} - a\right)^2 + z^2 = b^2,$$

由对称性可得

$$|S| = 2\iint_D \sqrt{1+z_x^2+z_y^2}\,dxdy,$$

其中

$$z = \sqrt{b^2-\left(\sqrt{x^2+y^2}-a\right)^2},$$

$$D = \left\{(x,y)\in \mathbf{R}^2 \mid a-b \leqslant \sqrt{x^2+y^2} \leqslant a+b\right\}.$$

由于

$$z_x = \frac{-\left(\sqrt{x^2+y^2}-a\right)}{\sqrt{b^2-\left(\sqrt{x^2+y^2}-a\right)^2}}\frac{x}{\sqrt{x^2+y^2}},$$

$$z_y = \frac{-\left(\sqrt{x^2+y^2}-a\right)}{\sqrt{b^2-\left(\sqrt{x^2+y^2}-a\right)^2}}\frac{y}{\sqrt{x^2+y^2}},$$

所以

$$\sqrt{1+z_x^2+z_y^2} = \frac{b}{\sqrt{b^2-\left(\sqrt{x^2+y^2}-a\right)^2}},$$

$$\begin{aligned}|S| &= 2\iint_D \frac{b}{\sqrt{b^2-\left(\sqrt{x^2+y^2}-a\right)^2}}dxdy \\ &= 2b\int_0^{2\pi}d\theta\int_{a-b}^{a+b}\frac{rdr}{\sqrt{b^2-(r-a)^2}} \\ &= 4\pi b\int_{a-b}^{a+b}\frac{rdr}{\sqrt{b^2-(r-a)^2}}.\end{aligned}$$

令 $r-a=bt$,则

$$|S| = 4\pi b\int_{-1}^{1}\frac{a+bt}{\sqrt{1-t^2}}dt = 8\pi ab\int_0^1\frac{dt}{\sqrt{1-t^2}} = 4\pi^2 ab.$$

例 15.6.3　求由曲面 $x^2+y^2=az$ 和 $z=2a-\sqrt{x^2+y^2}$ $(a>0)$所围立体的表面积.

解　两曲面的交线为$\begin{cases}x^2+y^2=az,\\ z=2a-\sqrt{x^2+y^2},\end{cases}$ 由此可知交线在平面 $z=a$ 上. 记立体的表面积为 S,则 $S=S_1\cup S_2$,其中

$$S_1: x^2+y^2=az,\quad 0\leqslant z\leqslant a,$$

$$S_2: z=2a-\sqrt{x^2+y^2}, a\leqslant z\leqslant 2a,$$

用柱坐标$\begin{cases}x=r\cos\theta,\\y=r\sin\theta,\\z=z,\end{cases}$ $r\geqslant0,0\leqslant\theta<2\pi,-\infty<z<+\infty$,则 S_1 有参数表示

$$S_1:\begin{cases}x = r\cos\theta,\\y = r\sin\theta,\\z = \dfrac{r^2}{a},\end{cases}\quad 0\leqslant\theta<2\pi,0\leqslant r\leqslant a,$$

由于

$$x_r = \cos\theta, y_r = \sin\theta, z_r = \frac{2}{a}r,$$

$$x_\theta = -r\sin\theta, y_\theta = r\cos\theta, z_\theta = 0.$$

所以 $E=1+\dfrac{4}{a^2}r^2, G=r^2, F=0$.从而

$$|S_1| = \int_0^{2\pi}\mathrm{d}\theta\int_0^a r\sqrt{1+\frac{4}{a^2}r^2}\,\mathrm{d}r = 2\pi\frac{a^2}{12}\left(1+\frac{4}{a^2}r^2\right)^{\frac{3}{2}}\Big|_0^a$$

$$= \frac{5\sqrt{5}}{6}\pi a^2 - \frac{1}{6}\pi a^2 = \frac{1}{6}(5\sqrt{5}-1)\pi a^2.$$

同理

$$S_2:\begin{cases}x = r\cos\theta,\\y = r\sin\theta,\\z = 2a-r,\end{cases}\quad 0\leqslant\theta<2\pi,0\leqslant r\leqslant a.$$

由于

$$x_r = \cos\theta, y_r = \sin\theta, z_r = -1,$$

$$x_\theta = -r\sin\theta, y_\theta = r\cos\theta, z_\theta = 0.$$

所以 $E=2, G=r^2, F=0$,从而

$$|S_2| = \int_0^{2\pi}\mathrm{d}\theta\int_0^a\sqrt{2}r\,\mathrm{d}r = \sqrt{2}\pi r^2\Big|_0^a = \sqrt{2}\pi a^2,$$

于是 $|S| = |S_1| + |S_2| = \left(\dfrac{5\sqrt{5}}{6}+\sqrt{2}-\dfrac{1}{6}\right)\pi a^2.$

例 15.6.4 求 $\mathbf{R}^n$ 中半径为 R 的球面

$$S:\quad x_1^2+\cdots+x_n^2 = R^2$$

的面积 $\omega_n(R)$.

解 首先推导一个积分公式,设 $f(t)$是一元连续函数,将

$$I=\int\limits_{x_1^2+\cdots+x_n^2\leqslant R^2} f(r)\mathrm{d}x_1\cdots\mathrm{d}x_n$$

化为定积分,其中 $r=\sqrt{x_1^2+\cdots+x_n^2}$.考虑 $\mathbf{R}^n$ 中的球坐标:

$$\begin{cases}x_1 = r\cos\theta_1, & r\geqslant 0,\\ x_2 = r\sin\theta_1\cos\theta_2, & 0\leqslant\theta_i\leqslant\pi,\\ \cdots\cdots\cdots\cdots & i=1,\cdots,n-2,\\ x_{n-1} = r\sin\theta_1\sin\theta_2\cdots\sin\theta_{n-2}\cos\theta_{n-1}, & 0\leqslant\theta_{n-1}<2\pi,\\ x_n = r\sin\theta_1\sin\theta_2\cdots\sin\theta_{n-2}\sin\theta_{n-1}, & \end{cases}$$

由于 $\dfrac{D(x_1,\cdots,x_n)}{D(r,\theta_1,\cdots,\theta_{n-1})}=r^{n-1}\sin^{n-2}\theta_1\sin^{n-3}\theta_2\cdots\sin\theta_{n-2}$,所以

$$\begin{aligned}I&=2\pi\left(\int_0^\pi\sin^{n-2}\theta_1\mathrm{d}\theta_1\right)\left(\int_0^\pi\sin^{n-3}\theta_2\mathrm{d}\theta_2\right)\cdots\\&\quad\left(\int_0^\pi\sin\theta_{n-2}\mathrm{d}\theta_{n-2}\right)\left(\int_0^R r^{n-1}f(r)\mathrm{d}r\right)\\&=2\pi\frac{\Gamma\left(\frac{n-1}{2}\right)\Gamma\left(\frac{1}{2}\right)}{\Gamma\left(\frac{n}{2}\right)}\frac{\Gamma\left(\frac{n-2}{2}\right)\Gamma\left(\frac{1}{2}\right)}{\Gamma\left(\frac{n-1}{2}\right)}\cdots\\&\quad\times\frac{\Gamma(1)\Gamma\left(\frac{1}{2}\right)}{\Gamma\left(\frac{3}{2}\right)}\int_0^1 r^{n-1}f(r)\mathrm{d}r.\end{aligned}$$

于是

$$\int\limits_{x_1^2+\cdots+x_{n-1}^2\leqslant R^2} f(r)\mathrm{d}r=\frac{2\pi^{\frac{n}{2}}}{\Gamma\left(\frac{n}{2}\right)}\int_0^R r^{n-1}f(r)\mathrm{d}r, \tag{15.6.6}$$

其中 $r=\sqrt{x_1^2+\cdots+x_n^2}$.

回到原来的问题,由于

$$S:x_n=\pm\sqrt{R^2-t^2},\ |t|\leqslant R,$$

其中 $t=\sqrt{x_1^2+\cdots+x_{n-1}^2}$.由对称性可得

$$\omega_n(R)=2\int\limits_{t^2\leqslant R^2}\sqrt{1+\left(\frac{\partial x_n}{\partial x_1}\right)^2+\cdots+\left(\frac{\partial x_n}{\partial x_{n-1}}\right)^2}\mathrm{d}x_1\cdots\mathrm{d}x_{n-1}$$

$$= 2R \int\limits_{t^2 \leqslant R^2} \frac{1}{\sqrt{R^2 - t^2}} \mathrm{d}x_1 \cdots \mathrm{d}x_{n-1},$$

由(15.6.6)式,则

$$\omega_n(R) = \frac{4\pi^{\frac{n-1}{2}} R}{\Gamma\left(\frac{n-1}{2}\right)} \int_0^R \frac{t^{n-2}}{\sqrt{R^2 - t^2}} \mathrm{d}t$$

$$= \frac{4\pi^{\frac{n-1}{2}}}{\Gamma\left(\frac{n-1}{2}\right)} R^{n-1} \int_0^1 \frac{r^{n-2}}{\sqrt{1 - r^2}} \mathrm{d}r$$

$$= \frac{2\pi^{\frac{n-1}{2}}}{\Gamma\left(\frac{n-1}{2}\right)} R^{n-1} \frac{\Gamma\left(\frac{n-1}{2}\right)\Gamma\left(\frac{1}{2}\right)}{\Gamma\left(\frac{n}{2}\right)} = \frac{2\pi^{\frac{n}{2}}}{\Gamma\left(\frac{n}{2}\right)} R^{n-1},$$

特别 $\mathbf{R}^n$ 中单位球面的面积

$$\omega_n = \omega_n(1) = \frac{2\pi^{\frac{n}{2}}}{\Gamma\left(\frac{n}{2}\right)}.$$

(15.6.6)式可写为

$$\int\limits_{x_1^2 + \cdots + x_{n-1}^2 \leqslant R^2} f(r) \mathrm{d}x_1 \cdots \mathrm{d}x_n = \omega_n \int_0^R r^{n-1} f(r) \mathrm{d}r.$$

二、重积分的某些物理应用

设一物体占据 $\mathbf{R}^3$ 中有界区域 D,其密度为 $\rho(x,y,z)$. 为简单起见,下面我们略去具体推导过程,直接给出一些物理量的计算公式.

设该物体的质心坐标为$(\bar{x},\bar{y},\bar{z})$,则

$$\bar{x} = \frac{\iiint\limits_D x\rho(x,y,z)\mathrm{d}x\mathrm{d}y\mathrm{d}z}{\iiint\limits_D \rho(x,y,z)\mathrm{d}x\mathrm{d}y\mathrm{d}z},$$

$$\bar{y} = \frac{\iiint\limits_D y\rho(x,y,z)\mathrm{d}x\mathrm{d}y\mathrm{d}z}{\iiint\limits_D \rho(x,y,z)\mathrm{d}x\mathrm{d}y\mathrm{d}z},$$

$$\bar{z}=\frac{\iiint_D z\rho(x,y,z)\mathrm{d}x\mathrm{d}y\mathrm{d}z}{\iiint_D \rho(x,y,z)\mathrm{d}x\mathrm{d}y\mathrm{d}z}.$$

该物体关于 z 轴, x 轴和 y 轴的转动惯量分别为 J_z, J_x, J_y,则

$$J_z=\iiint_D (x^2+y^2)\rho(x,y,z)\mathrm{d}x\mathrm{d}y\mathrm{d}z,$$

$$J_x=\iiint_D (y^2+z^2)\rho(x,y,z)\mathrm{d}x\mathrm{d}y\mathrm{d}z,$$

$$J_z=\iiint_D (z^2+x^2)\rho(x,y,z)\mathrm{d}x\mathrm{d}y\mathrm{d}z.$$

一般设 l 为一空间直线,该物体上任一点 (x,y,z) 到 l 的距离为 $r(x,y,z)$ 则该物体关于 l 的转动惯量

$$J_l=\iiint_D r^2(x,y,z)\rho(x,y,z)\mathrm{d}x\mathrm{d}y\mathrm{d}z,$$

设 $P=(x_0,y_0,z_0)$ 为空间任一点,在 P 点有一具有单位质量的质点 M. 记该物体对 M 点引力在 x 轴, y 轴和 z 轴上的分量分别为 F_x, F_y 和 F_z,则

$$F_x=K\iiint_D \frac{(x-x_0)\rho(x,y,z)}{r^3}\mathrm{d}x\mathrm{d}y\mathrm{d}z,$$

$$F_y=K\iiint_D \frac{(y-y_0)\rho(x,y,z)}{r^3}\mathrm{d}x\mathrm{d}y\mathrm{d}z,$$

$$F_z=K\iiint_D \frac{(z-z_0)\rho(x,y,z)}{r^3}\mathrm{d}x\mathrm{d}y\mathrm{d}z,$$

其中 $r=\sqrt{(x-x_0)^2+(y-y_0)^2+(z-z_0)^2}$, K 为引力常数.

如果该物体在 z 轴方向的厚度很小,可以忽略不计,则 D 可视为 x,y 平面上的有界区域. 上述物理量都可用相应的二重积分表示,具体公式不在此一一列出.

例 15.6.5　密度为常数 ρ 的均匀物体占有空间的有界区域 D,其中 D 为球面 $x^2+y^2+z^2=a^2(a>0)$ 和锥面 $z=\sqrt{x^2+y^2}$ 所围,求该物体的质心坐标.

解　记该物体的质心坐标为 $(\bar{x},\bar{y},\bar{z})$. 显然该物体关于 z 轴对称,从而 $\bar{x}=\bar{y}=0$. 考虑球坐标

$$\begin{cases} x = r\sin\varphi\cos\theta, \\ y = r\sin\varphi\sin\theta, \quad r \geqslant 0, 0 \leqslant \varphi \leqslant \pi, 0 \leqslant \theta < 2\pi, \\ z = r\cos\varphi, \end{cases}$$

则 $\dfrac{D(x,y,z)}{D(r,\varphi,\theta)} = r^2\sin\varphi$，且易知

$$D = \left\{(r,\varphi,\theta) \mid 0 \leqslant r \leqslant a, 0 \leqslant \varphi \leqslant \frac{\pi}{4}, 0 \leqslant \theta < 2\pi\right\}.$$

从而

$$\iiint\limits_D z\mathrm{d}x\mathrm{d}y\mathrm{d}z = \int_0^a \mathrm{d}r\int_0^{\frac{\pi}{4}}\mathrm{d}\varphi\int_0^{2\pi} r\cos\varphi r^2\sin\varphi\mathrm{d}\theta = \frac{1}{8}\pi a^4,$$

$$\iiint\limits_D \mathrm{d}x\mathrm{d}y\mathrm{d}z = \int_0^a \mathrm{d}r\int_0^{\frac{\pi}{4}}\mathrm{d}\varphi\int_0^{2\pi} r^2\sin\varphi\mathrm{d}\theta = \frac{2}{3}\pi a^3\left(1 - \frac{\sqrt{2}}{2}\right),$$

于是

$$\bar{z} = \frac{3}{8}\left(1 + \frac{\sqrt{2}}{2}\right)a.$$

例 15.6.6 已给 x,y 平面上的非均匀薄片 D，其面密度为 $\rho(x,y)$，P_0 是 D 的质心. l 是 x,y,z 空间的一条直线，l_0 是过 P_0 且平行于 l 的直线，分别用 J_l 和 J_{l_0} 记薄片 D 关于 l 和 l_0 的转动惯量，求证

$$J_l = J_{l_0} + Md^2,$$

其中 M 是 D 的质量，d 为 l_0 和 l 之间的距离.

证 不妨设 $P_0 = (0,0,0)$，则

$$\iint\limits_D x\rho(x,y)\mathrm{d}x\mathrm{d}y = \iint\limits_D y\rho(x,y)\mathrm{d}x\mathrm{d}y = 0. \tag{15.6.7}$$

设 l_0 与 l 分别有参数方程

$$l_0: \begin{cases} x = \alpha t, \\ y = \beta t, \\ z = \gamma t, \end{cases} \quad l: \begin{cases} x = x_0 + \alpha t, \\ y = y_0 + \beta t, \\ z = z_0 + \gamma t, \end{cases}$$

其中 $\alpha^2 + \beta^2 + \gamma^2 = 1$，$-\infty < t < +\infty$. 由于 l_0 与 l 之间的距离为 d，所以

$$\begin{aligned} d^2 &= \inf_{t,s\in R^1}\left[(x_0 + \alpha(t-s))^2 + (y_0 + \beta(t-s))^2 + (z_0 + \gamma(t-s))^2\right] \\ &= x_0^2 + y_0^2 + z_0^2 - (\alpha x_0 + \beta y_0 + \gamma z_0)^2, \end{aligned}$$

任取 $(x,y) \in D$，分别记 (x,y) 到 l_0 和 l 的距离为 $r_0(x,y)$ 和 $r(x,y)$，则

$$r_0^2(x,y)=\inf_{t\in R^1}[(x-\alpha t)^2+(y-\beta t)^2+\gamma^2t^2]$$
$$=x^2+y^2-(\alpha x+\beta y)^2,$$
$$r^2(x,y)=\inf_{t\in R^1}[((x-x_0)-\alpha t)^2$$
$$+((y-y_0)-\beta t)^2+(z_0+\gamma t)^2]$$
$$=(x-x_0)^2+(y-y_0)^2+z_0^2$$
$$-(\alpha(x-x_0)+\beta(y-y_0)-\gamma z_0)^2$$
$$=r_0^2+d^2-2x_0x-2yy_0+2(\alpha x+\beta y)(\alpha x_0+\beta y_0+\gamma z_0).$$

由(15.6.7)式可得

$$J_l=\iint_D r^2(x,y)\rho(x,y)\mathrm{d}x\mathrm{d}y$$
$$=\iint_D r_0^2(x,y)\rho(x,y)\mathrm{d}x\mathrm{d}y+d^2\iint_D\rho(x,y)\mathrm{d}x\mathrm{d}y,$$

由于

$$J_{l_0}=\iint_D r_0^2(x,y)\rho(x,y)\mathrm{d}x\mathrm{d}y,\quad M=\iint_D\rho(x,y)\mathrm{d}x\mathrm{d}y,$$

所以

$$J_l=J_{l_0}+Md^2.$$

习　题　15

1. 设 D 是 $\mathbf{R}^n$ 中的有界闭集，$f(x_1,\cdots,x_n)$ 在 D 上连续，令
$$A=\{(x_1,\cdots,x_n,x_{n+1})\in\mathbf{R}^{n+1}\mid(x_1,\cdots,x_n)\in D,x_{n+1}=f(x_1,\cdots,x_n)\},$$
求证 A 是 $\mathbf{R}^{n+1}$ 中的 J 零集.

2. 试举例说明 $\mathbf{R}^n$ 中的 L 零集未必是 $\mathbf{R}^n$ 中的 J 零集.

3. 设 Ω 是 $\mathbf{R}^n$ 中的有界闭区域，$f(x)$ 在 Ω 上非负有界可积，令
$$A=\{(x_1,\cdots,x_n,x_{n+1})\in\mathbf{R}^{n+1}\mid(x_1,\cdots,x_n)\in\Omega,0\leqslant x_{n+1}\leqslant f(x_1,\cdots,x_n)\},$$
求证 A 是 $\mathbf{R}^{n+1}$ 中的 J 可测集且它的 J 测度为
$$\int_\Omega f(x)\mathrm{d}V.$$

4. 设 Ω 是 $\mathbf{R}^n$ 中的有界闭区域，$f(x)$ 在 Ω 上有界可积，$g(x)$ 在 Ω 上有界且 $\{x\in\Omega\mid g(x)\neq f(x)\}$ 是 $\mathbf{R}^n$ 中的 L 零集，问 $g(x)$ 是否在 Ω 上可积?

5. 试证明本章§15.2第四段重积分的性质(i)至(v).

6. 设 Ω 是 $\mathbf{R}^n$ 中的有界集，任取标准长方体 H 使得 $\bar{\Omega}\subseteq H^0$，令

$$f(x)=\begin{cases}1, & x\in\Omega,\\ 0, & x\in H\setminus\Omega,\end{cases}$$

求证 Ω 是 $\mathbf{R}^n$ 中 J 可测集的充要条件是 $f(x)$ 在 H 上可积.

7. 设 Ω 是 $\mathbf{R}^n$ 中的有界闭区域,E 是 $\mathbf{R}^n$ 中的 J 零集,$f(x)$ 在 Ω 上有界可积. 对于 Ω 的任意分割 T,令 $T=T_1\cup T_2$,其中

$$\Delta\sigma\in T_1\Leftrightarrow\Delta\sigma\in T\text{ 且 }\Delta\sigma\cap\bar{E}=\varnothing,\quad T_2=T\setminus T_1,$$

求证

$$\int_\Omega f(x)\mathrm{d}x=\lim_{d(T)\to 0}\sum_{\Delta\sigma_i\in T_1}f(\xi^i)\Delta\sigma_i,$$

其中 $\xi^i\in\Delta\sigma_i$.

8. 试举例说明在 $\mathbf{R}^n$ 中有界闭 J 可测集上正常可积的函数未必有界.

9. 设 $f(x,y)$ 在 (x_0,y_0) 点的某邻域内连续,

$$B_r=\{(x,y)\in R^2\mid(x-x_0)^2+(y-y_0)^2\leqslant r^2\},$$

求证 $\lim\limits_{r\to 0}\dfrac{1}{\pi r^2}\iint\limits_{B_r}f(x,y)\mathrm{d}x\mathrm{d}y=f(x_0,y_0)$.

10. 设 Ω 是 $\mathbf{R}^n$ 中的有界闭区域,$f(x)$ 在 Ω 上连续,求证

$$\lim_{|\xi|\to+\infty}\int_\Omega f(x)\ln|x-\xi|\mathrm{d}x=0$$

的充要条件是 $\int_\Omega f(x)\mathrm{d}x=0$,其中 $x,\xi\in\mathbf{R}^n$,$\mathrm{d}x=\mathrm{d}x_1\cdots\mathrm{d}x_n$.

11. 设

$$I=\iiint\limits_{x^2+y^2+z^2\leqslant R^2}\frac{\mathrm{d}x\mathrm{d}y\mathrm{d}z}{\sqrt{(x-a)^2+(y-b)^2+(z-c)^2}},$$

其中 $|A|=\sqrt{a^2+b^2+c^2}>R>0$,求证

$$\frac{4\pi}{3}\frac{R^3}{|A|+R}\leqslant I\leqslant\frac{4\pi}{3}\frac{R^3}{|A|-R}.$$

12. 等式

$$\int_0^1\mathrm{d}x\int_0^1\frac{x^2-y^2}{(x^2+y^2)^2}\mathrm{d}y=\int_0^1\mathrm{d}y\int_0^1\frac{x^2-y^2}{(x^2+y^2)^2}\mathrm{d}x$$

是否成立?

13. 将 $\iint\limits_\Omega f(x,y)\mathrm{d}x\mathrm{d}y$ 化为两种积分次序不同的累次积分,其中:

(i) D:$y\leqslant 2x$,$x\leqslant 2y$,$x+y\leqslant 3$;

(ii) D:$1\leqslant x\leqslant 2$,$\dfrac{1}{x}\leqslant y\leqslant 2$;

(iii) D:$y\leqslant x-2$,$x^2+y^2\leqslant 4$;

(iv) D:$x^2+y^2\leqslant 2ay\,(a>0)$;

(v) D:$1\leqslant x^2+y^2\leqslant 4$.

14. 设 $f(t)$ 是一元连续函数,求证

$$\int_0^x \mathrm{d}u\int_0^u f(t)\mathrm{d}t = \int_0^x (x-t)f(t)\mathrm{d}t.$$

15. 交换下列累次积分的次序:

(i) $\int_1^{\frac{1}{2}} \mathrm{d}x\int_0^{\ln x} f(x,y)\mathrm{d}y$;

(ii) $\int_{-1}^1 \mathrm{d}x\int_{-\sqrt{1-x^2}}^{1-x^2} f(x,y)\mathrm{d}y$;

(iii) $\int_0^1 \mathrm{d}x\int_0^{x^2} f(x,y)\mathrm{d}y + \int_1^2 \mathrm{d}x\int_0^{\sqrt{1-(x-1)^2}} f(x,y)\mathrm{d}y$;

(iv) $\int_0^a \mathrm{d}x\int_{\sqrt{a^2-x^2}}^{x+2a} f(x,y)\mathrm{d}y$.

16. 设 $p(x)$ 在 $[a,b]$ 上非负连续, $f(x),g(x)$ 在 $[a,b]$ 上连续单增,求证

$$\left(\int_a^b p(x)f(x)\mathrm{d}x\right)\left(\int_a^b p(x)g(x)\mathrm{d}x\right) \leqslant \left(\int_a^b p(x)\mathrm{d}x\right)\left(\int_a^b p(x)f(x)g(x)\mathrm{d}x\right).$$

17. 设 $f(x)$ 在 $[a,b]$ 上连续,单减且恒取正值,求证

$$\frac{\int_a^b xf^2(x)\mathrm{d}x}{\int_a^b xf(x)\mathrm{d}x} \leqslant \frac{\int_a^b f^2(x)\mathrm{d}x}{\int_a^b f(x)\mathrm{d}x},$$

其中 $0<a<b$.

18. 计算下列积分:

(i) $\iint\limits_D (x^2-3xy)\mathrm{d}x\mathrm{d}y, D:1\leqslant x\leqslant 2, \frac{1}{x}\leqslant y\leqslant 2$;

(ii) $\iint\limits_D (x^2+y^2)\mathrm{d}x\mathrm{d}y$, (a) $D:x\geqslant 0, y\geqslant 0, x+y\leqslant 1$, (b) $D:\frac{x^2}{a^2}+\frac{y^2}{b^2}\leqslant 1$;

(iii) $\iint\limits_D (2xy+x^2)\mathrm{d}x\mathrm{d}y, D:y=x, y=2x, y=2$ 所围的区域;

(iv) $\iint\limits_D y^2\mathrm{d}x\mathrm{d}y, D$:旋轮线 $\begin{cases} x=a(t-\sin t), \\ y=a(1-\cos t) \end{cases}$ $(a>0)$ 的第一拱 $(0\leqslant t\leqslant 2\pi)$ 与 $y=0$ 所围的区域;

(v) $\iint\limits_D (x+y)\mathrm{Sgn}(x-y)\mathrm{d}x\mathrm{d}y, D:0\leqslant x\leqslant 1, 0\leqslant y\leqslant 1$,

$$\mathrm{Sgn}(x-y)=\begin{cases} 1, & x>y, \\ 0, & x=y, \\ -1, & x<y; \end{cases}$$

(vi) $\iint\limits_D x^2y\mathrm{d}x\mathrm{d}y, D: |x|+|y|\leqslant 1$;

(vii) $\iint\limits_D (x-y)^2\sin^2(x+y)\mathrm{d}x\mathrm{d}y$, D 为以 $(\pi,0),(2\pi,\pi),(\pi,2\pi),(0,\pi)$ 为顶点的四边形.

(viii) $\iint\limits_D (x^2+y^2)\mathrm{d}x\mathrm{d}y, D: x^2-y^2=1, x^2-y^2=9, xy=2, xy=4$ 在第一象限所围的区域；

(ix) $\iint\limits_D \sqrt{x^2+y^2}\mathrm{d}x\mathrm{d}y, D: 4\leqslant x^2+y^2\leqslant 9$；

(x) $\iint\limits_D \sqrt{x^2+y^2}\mathrm{d}x\mathrm{d}y, D: x\geqslant 0, y\geqslant 0, x^2+y^2\leqslant a^2, x^2+y^2\geqslant ax(a>0)$；

(xi) $\iint\limits_D \sqrt{\dfrac{1-x^2-y^2}{1+x^2+y^2}}\mathrm{d}x\mathrm{d}y, D: x^2+y^2\leqslant 1$；

(xii) $\iint\limits_D \cos\dfrac{x-y}{x+y}\mathrm{d}x\mathrm{d}y, D: x+y=1, x=0, y=0$ 所围的区域.

19. 求证

$$\iint\limits_{|x|+|y|\leqslant 1} f(x+y)\mathrm{d}x\mathrm{d}y = \int_{-1}^{1} f(u)\mathrm{d}u.$$

20. 求证

$$\iint\limits_D f(xy)\mathrm{d}x\mathrm{d}y = \ln 2\int_1^2 f(u)\mathrm{d}u,$$

其中 D 为 $xy=1, xy=2, y=x, y=4x$ 在第一象限所围的范围.

21. 设 $f(x)$在$[a,b]$上连续且 $f(x)>0$,求证

$$\left(\int_a^b f(x)\mathrm{d}x\right)\left(\int_a^b \frac{\mathrm{d}x}{f(x)}\right)\geqslant (b-a)^2.$$

22. 设 D 是x,y 平面上的有界闭区域,D 在 x 轴和 y 轴上投影的长度分别记为 u 和 v,求证:

(i) $\left|\iint\limits_D (x-a)(y-b)\mathrm{d}x\mathrm{d}y\right|\leqslant uv\,|D|$;

(ii) $\left|\iint\limits_D (x-a)(y-b)\mathrm{d}x\mathrm{d}y\right|\leqslant \dfrac{1}{4}u^2v^2$.

其中(a,b)是 D 内任意一点,$|D|$表示 D 的面积.

23. 计算下列累次积分:

(i) $\int_0^a \mathrm{d}z\int_0^a \mathrm{d}y\int_0^a (x^2+y^2+z^2)\mathrm{d}x$;

(ii) $\int_0^2 \mathrm{d}x\int_0^{2-\frac{x}{2}} \mathrm{d}y\int_x^2 (x+y+z)\mathrm{d}z$;

(iii) $\int_0^{2\pi} \mathrm{d}\theta\int_0^{\frac{\pi}{4}} \mathrm{d}\varphi\int_0^{2a\cos\varphi} r^2\sin\varphi(1+\cos\theta)\mathrm{d}r$.

24. 计算下列三重积分:

(i) $\iiint\limits_\Omega \dfrac{\mathrm{d}x\mathrm{d}y\mathrm{d}z}{(x+y+z+1)^3}, \Omega: x+y+z\leqslant 1, x,y,z\geqslant 0$;

(ii) $\iiint\limits_\Omega xy^2z^3\mathrm{d}x\mathrm{d}y\mathrm{d}z, \Omega: z=xy, y=x, x=1, z=0$ 所围的区域.

25. 将下列累次积分改为先 y 后 z 再 x 的累次积分:

(i) $\int_0^1 dx\int_0^{1-x} dy\int_0^{x+y} f(x,y,z)dz$;

(ii) $\int_0^1 dx\int_0^1 dy\int_0^{x^2+y^2} f(x,y,z)dz$.

26. 设 $f(t)$ 是一元连续函数,求证

$$\int_0^x dv\int_0^v du\int_0^u f(t)dt = \frac{1}{2}\int_0^x (x-t)^2 f(t)dt.$$

27. 计算下列 n 重积分:

(i) $\int_D (x_1^2+\cdots+x_n^2)dx_1\cdots dx_n$,

$D: 0\leqslant x_i\leqslant 1, i=1,\cdots,n$;

(ii) $\int_D x_1x_2\cdots x_n dx_1\cdots dx_n$,

$D: 0\leqslant x_n\leqslant x_{n-1}\leqslant\cdots\leqslant x_2\leqslant x_1\leqslant 1$;

(iii) $\int_D \sqrt{x_1+x_2+\cdots+x_n}\,dx_1\cdots dx_n$,

$D: x_1+x_2+\cdots+x_n\leqslant 1, x_i\geqslant 0, i=1,\cdots,n$.

28. 将积分 $\iint_D f(x,y)dxdy$ 化为对极坐标的累次积分:

(i) $D: (x-a)^2+y^2\leqslant a^2$;

(ii) $D: 0\leqslant x\leqslant 1, 0\leqslant y\leqslant 1$;

(iii) $D: x\geqslant 0, y\geqslant 0, x+y\leqslant 1$.

29. 计算下列积分:

(i) $\iint_D (x^2-y^2)dxdy$, D:曲线 $(x^2+y^2)^2=2a^2xy\,(a>0)$ 所围的区域;

(ii) $\iiint_D (x^2+y^2)dxdydz$, $D: x^2+y^2=2z, z=2x$ 所围的区域;

(iii) $\iiint_D \frac{b-x}{[(b-x)^2+y^2+z^2]^{\frac{3}{2}}}dxdydz$, $D: x^2+y^2+z^2\leqslant a^2\,(0<a<b)$;

(iv) $\iiint_D z\,dxdydz$, $D: x^2+y^2+z^2\leqslant a^2, x^2+y^2\leqslant ax, z\geqslant 0$;

(v) $\iiint_D \sqrt{1-\frac{x^2}{a^2}-\frac{y^2}{b^2}-\frac{z^2}{c^2}}\,dxdydz$, $D: \frac{x^2}{a^2}+\frac{y^2}{b^2}+\frac{z^2}{c^2}\leqslant 1$;

(vi) $\int_D \sqrt{\frac{1-x^2-y^2-z^2-u^2}{1+x^2+y^2+z^2+u^2}}\,dxdydzdu$, $D: x^2+y^2+z^2+u^2\leqslant 1, x,y,z,u\geqslant 0$.

30. 求 $I=\iiint_D xyz\,dxdydz$,其中 D 位于第一象限且由曲面 $z=\frac{x^2+y^2}{m}$, $z=\frac{x^2+y^2}{n}$, $xy=a^2, xy=b^2, y=\alpha x, y=\beta x$, $(0<m<n, 0<a<b, 0<\alpha<\beta)$ 所围.

31. 求下列曲线所围区域的面积:

(i) $y^2=mx, y^2=nx(0<n<m), y=x, y=2x$;

(ii) $xy=4, xy=8, xy^3=5, xy^3=15$(在第一象限);

(iii) $\left(\frac{x^2}{a^2}+\frac{y^2}{b^2}\right)^2=\frac{xy}{c^2}$;

(iv) $(a_1x+b_1y+c_1)^2+(a_2x+b_2y+c_2)^2=h^2, a_1b_2-a_2b_1\neq 0$.

32. 求下列曲面所围立体的体积:

(i) 两个圆柱面 $x^2+y^2=a^2, x^2+z^2=a^2$;

(ii) 三个圆柱面 $x^2+y^2=a^2, x^2+z^2=a^2, y^2+z^2=a^2$;

(iii) $x^2+y^2=a^2, z=0, a^2z=h(x^2+y^2)(h>0)$;

(iv) $c^2(z-h)^2=h^2(x^2+y^2), z=0$;

(v) $z=x^2+y^2, z=x$;

(vi) $z=a-\sqrt{x^2+y^2}, z=x, x=0(a>0)$;

(vii) 圆柱面 $x^2+y^2=a^2$ 内部且夹于平面 $z=0$ 和 $z=x(x\geqslant 0)$之间;

(viii) $z=\arctan\frac{y}{x}, x^2+y^2=a^2, z=0, x=0$ 在第一象限部分;

(ix) 圆锥面 $z^2=2xy$,柱面$\sqrt{x}+\sqrt{y}=1$;

(x) $(x^2+y^2)^2+z^4=z$.

33. 求由曲面$\frac{x}{a}+\frac{y}{b}+\frac{z}{c}=\ln\frac{\frac{x}{a}+\frac{y}{b}+\frac{z}{c}}{\frac{x}{a}+\frac{y}{b}}, x=0, z=0, \frac{y}{b}+\frac{z}{c}=0, \frac{x}{a}+\frac{y}{b}+\frac{z}{c}=1(a,b,c>0)$,所围立体的体积.

34. 求由曲面 $x^2+y^2+az=4a^2$ 将球体 $x^2+y^2+z^2\leqslant 4az$ 分成两部分的体积之比 $(a>0)$.

35. 求由 $\mathbf{R}^n$ 中的曲面$\frac{x_1^2}{a_1^2}+\frac{x_2^2}{a_2^2}+\cdots+\frac{x_{n-1}^2}{a_{n-1}^2}=\frac{x_n^2}{a_n^2}$和 $x_n=a_n(a_1,a_2,\cdots,a_n>0)$所围 $\mathbf{R}^n$ 中锥体的体积.

36. 设 $f(x)$是一元连续函数,求证

$$\int_{\Omega}f(x_1+x_2+\cdots+x_n)x_1^{p_1-1}x_2^{p_2-1}\cdots x_n^{p_n-1}\mathrm{d}x_1\mathrm{d}x_2\cdots\mathrm{d}x_n$$

$$=\frac{\Gamma(p_1)\Gamma(p_2)\cdots\Gamma(p_n)}{\Gamma(p_1+p_2+\cdots+p_n)}\int_0^1 f(t)t^{p_1+\cdots+p_n-1}\mathrm{d}t,$$

其中 $\Omega: x_1+x_2+\cdots+x_n\leqslant 1, x_i\geqslant 0, p_i>0, i=1,2,\cdots,n$.

37. 设 $f(t)$是一元连续函数,求 $F'(t)$,其中

(i) $F(t)=\iiint\limits_{D}f(xyz)\mathrm{d}x\mathrm{d}y\mathrm{d}z$,

$D: 0\leqslant x\leqslant t, 0\leqslant y\leqslant t, 0\leqslant z\leqslant t$;

(ii) $F(t)=\iiint\limits_{x^2+y^2+z^2\leqslant t^2}f(x^2+y^2+z^2)\mathrm{d}x\mathrm{d}y\mathrm{d}z$.

38. 研究下列广义积分的敛散性:

(i) $\iint\limits_D \frac{\mathrm{d}x\mathrm{d}y}{x^2+y^2}, D: |y| \leqslant x^2, x^2+y^2 \leqslant 1$;

(ii) $\iint\limits_D \frac{\mathrm{d}x\mathrm{d}y}{(1-x^2-y^2)^\alpha}, D: x^2+y^2 \leqslant 1$;

(iii) $\iint\limits_D \frac{x^3}{(x^2+y^2)^\alpha}\mathrm{d}x\mathrm{d}y, D: x^2+y^2 \leqslant 1$;

(iv) $\iiint\limits_\Omega \frac{1}{(x^2+y^2)^\alpha}\mathrm{d}x\mathrm{d}y\mathrm{d}z, \Omega: x^2+y^2+z^2 \leqslant 1$;

(v) $\int\limits_\Omega \frac{1}{\sum\limits_{i=1}^n |x_i|^{p_i}}\mathrm{d}x_1\cdots\mathrm{d}x_n, p_i > 0, i = 1,2,\cdots,n$,其中:

(a) $\Omega: \sum\limits_{i=1}^n |x_i| \leqslant 1$,

(b) $\Omega: \sum\limits_{i=1}^n |x_i| > 1$.

39. 计算下列广义积分:

(i) $\iint\limits_D \ln\frac{1}{\sqrt{x^2+y^2}}\mathrm{d}x\mathrm{d}y, D: x^2+y^2 \leqslant 1$;

(ii) $\iint\limits_D \frac{1}{\sqrt{x^2+y^2}}\mathrm{d}x\mathrm{d}y, D: 0 \leqslant x \leqslant y \leqslant 1$;

(iii) $\iiint\limits_D \frac{\mathrm{d}x\mathrm{d}y\mathrm{d}z}{(1+x+y+z)^4}$, D:第一象限.

40. 设 $A = (a_{ij})$ 是 n 阶实对称正定方阵, $b_1,\cdots,b_n$ 和 c 均为实数,求

$$I = \int\limits_{\mathbf{R}^n} \exp\Big(-\sum_{i,j=1}^n a_{ij}x_ix_j + 2\sum_{i=1}^n b_ix_i + c\Big)\mathrm{d}x_1\cdots\mathrm{d}x_n,$$

其中 $\exp u$ 表示 e^u.

41. 设 B 是 n 阶实对称非奇方阵, $\mathrm{i} = \sqrt{-1}$,求

$$\lim_{\varepsilon\to 0^+}\int\limits_{\mathbf{R}^n} \exp(-\varepsilon|x|^2 + \mathrm{i}(Bx,x))\mathrm{d}x_1\cdots\mathrm{d}x_n,$$

其中 $x = \begin{pmatrix} x_1 \\ \vdots \\ x_n \end{pmatrix} \in \mathbf{R}^n$, (Bx,x) 表示 $\mathbf{R}^n$ 中的向量 Bx 和 x 的欧氏内积.

42. 设 Ω 是 $\mathbf{R}^n$ 中的有界区域($n \geqslant 2$), $P_0 \in \bar{\Omega}$. $f(x)$ 定义在 $\Omega \setminus \{P_0\}$ 上且对任何包含 P_0 的开区域 Δ, $f(x)$ 在 $\Omega \setminus \Delta$ 上有界可积. 求证: $\int\limits_\Omega f(x)\mathrm{d}V$ 收敛的充分必要条件是任给 $\varepsilon > 0$,存在 $\delta > 0$ 使得对于任何 $\Omega \setminus \{P_0\}$ 的闭子域 D,只要 $|D| < \delta$,就有

$$\Big|\int\limits_D f(x)\mathrm{d}V\Big| < \varepsilon,$$

其中 $|D|$ 表示 D 的 J 测度.

43. 设 $f(x,y)$ 定义在 $D \setminus \{0,0\}$ 上,其中

$$D = \{(x,y)\in \mathbf{R}^2 \mid 0\leqslant x\leqslant 1, 0\leqslant y\leqslant 1\},$$

对任何包含(0,0)的开区域 Δ, $f(x,y)$在 $D\setminus\Delta$ 上有界可积,若

(i) $f(x,y)$在 D 上的积分收敛;

(ii) 对任何 $x\in(0,1]$, $f(x,y)$作为 y 的函数在[0,1]上可积. 则 $\varphi(x)=\int_0^1 f(x,y)\mathrm{d}y$ 在[0,1]上广义积分收敛且

$$\iint_{\Omega} f(x,y)\mathrm{d}x\mathrm{d}y=\int_0^1\mathrm{d}x\int_0^1 f(x,y)\mathrm{d}y.$$

44. 求三个圆柱面 $x^2+y^2=a^2$, $x^2+z^2=z^2$, $y^2+z^2=a^2$ 所围立体的表面积.

45. 求下列曲面被柱面截下部分的面积:

(i) 球面 $x^2+y^2+z^2=a^2$, 柱面 $x^2+y^2=ax(a>0)$;

(ii) 曲面 $z=\sqrt{x^2-y^2}$, 柱面 $(x^2+y^2)^2=a^2(x^2-y^2)$;

(iii) 曲面 $z^2=4ax$, 柱面 $x^2+y^2=ax$;

(iv) 曲面 $z=xy$, 柱面 $x^2+y^2=a^2$;

(v) 曲面 $z=\dfrac{x^2}{2a}+\dfrac{y^2}{2b}$, 柱面 $\dfrac{x^2}{a}+\dfrac{y^2}{b}=1$, $(a,b>0)$.

46. 求曲面 $x^2=y^2+z^2$ 位于第一象限内被柱面 $(x^2+y^2)^2=2a^2xy$ 所割下部分的面积.

47. 求下列曲线所围均匀薄片的质心:

(i) $ay=x^2$, $x+y=2a(a>0)$;

(ii) $x^{\frac{2}{3}}+y^{\frac{2}{3}}=a^{\frac{2}{3}}(x\geqslant 0, y\geqslant 0)$;

(iii) 旋轮线一拱 $x=a(t-\sin t)$, $y=a(1-\cos t)(0\leqslant t\leqslant 2\pi)$和 $y=0$, 其中 $a>0$;

(iv) $\sqrt{x}+\sqrt{y}=\sqrt{a}$, $x^2+y^2=a^2$.

48. 求下列曲面所围均匀物体的质心:

(i) $\dfrac{x^2}{a^2}+\dfrac{y^2}{b^2}+\dfrac{z^2}{c^2}=1$, $x\geqslant 0, y\geqslant 0, z\geqslant 0$;

(ii) $z=x^2+y^2$, $x+y=a$, $x=0$, $y=0$, $z=0$.

49. 求均匀分布在 x,y 平面由 $y=x^2$ 与 $y=1$ 所围成的物质薄片关于直线 $\begin{cases} y=-1, \\ z=0 \end{cases}$ 的转动惯量.

50. 求下列曲面所界均匀物体对于所示轴的转动惯量:

(i) $z=x^2+y^2$, $x+y=\pm 1$, $x-y=\pm 1$, $z=0$ 关于 z 轴;

(ii) $\dfrac{x}{a}+\dfrac{y}{b}+\dfrac{z}{c}=1(a,b,c>0)$, $x=0$, $y=0$, $z=0$ 关于 x 轴.

51. 求均匀薄片 $x^2+y^2\leqslant R^2$, $z=0$ 对于 z 轴上一点$(0,0,c)(c>0)$处单位质量的引力.

52. 求均匀柱体 $x^2+y^2\leqslant a^2$, $0\leqslant z\leqslant h$ 对于点$(0,0,c)(0<c<h)$处单位质量的引力.

第十六章　线积分与面积分

以上定义的积分都是在 $\mathbf{R}^n$ 中一个区域上的积分. 理论发展和实际需要均提出在一条曲线或者一张曲面上积分的问题,这就是本章所要讨论的曲线积分和曲面积分.

§16.1　曲 线 积 分

一、第一类型曲线积分

大家知道在 $\mathbf{R}^n$ 中以点 A 为始点,点 B 为终点的连续、不自交的曲线段 $\Gamma=\widehat{AB}$ 称为 $\mathbf{R}^n$ 中的一条简单曲线. 如果始点和终点为同一点,则称 Γ 为封闭曲线,否则为不封闭曲线. 精确地说,设 Γ 是从实数轴上的区间 $[a,b]$ 到 $\mathbf{R}^n$ 的连续映射,即

$$\Gamma: x = x(t) \in \mathbf{R}^n, t \in [a,b],$$

如果对任何 $t_1,t_2\in[a,b]$,只要 $0<|t_1-t_2|<b-a$,就有

$$x(t_1) \neq x(t_2),$$

则称 Γ 是 $\mathbf{R}^n$ 中的简单曲线,$A=x(a)$ 和 $B=x(b)$ 分别称为 Γ 的始点和终点. 在 Γ 上从 A 到 B 依次取有限个点 $A=A_0,A_1,A_2,\cdots,A_k=B$,它们确定 Γ 的一个分割 T,记 $A_i=x(t_i),i=1,2,\cdots,k$,则

$$a = t_0 < t_1 < t_2 < \cdots < t_k = b$$

对应 $[a,b]$ 的一个分割 T'. 依次连结 $A_0,A_1,A_2,\cdots,A_k$ 的线段组成一条折线,称为 Γ 的内接折线,其长度记为 $l(\Gamma,T)$,显然

$$l(\Gamma,T) = \sum_{i=1}^{k} | x(t_i) - x(t_{i-1}) |.$$

大家知道,如果

$$\sup_T l(\Gamma,T) < +\infty,$$

则称 Γ 是可求长曲线,而且 $l(\Gamma)=\sup\limits_T l(\Gamma,T)$ 称为 Γ 的弧长.

下面我们定义在简单可求长曲线上的第一类型曲线积分(如图 16.1.1). 设 $\Gamma=\widehat{AB}$ 是 $\mathbf{R}^n$ 中的简单可求长曲线,$f(x)$ 是定义在 Γ 上的函数. 对于 Γ 的任一分割 $T:A=A_0,A_1,A_2,\cdots,A_k=B$,记 Δs_i 为 Γ 上依分割点的次序从

A_{i-1}到 A_i 的曲线段$\overset{\frown}{A_{i-1}A_i}$的弧长，$d(T)=\max\limits_{1\leqslant i\leqslant k}\Delta s_i$. 任取 $\xi^i\in\overset{\frown}{A_{i-1}A_i}$，作和$\sum\limits_i f(\xi^i)\Delta s_i$，如果

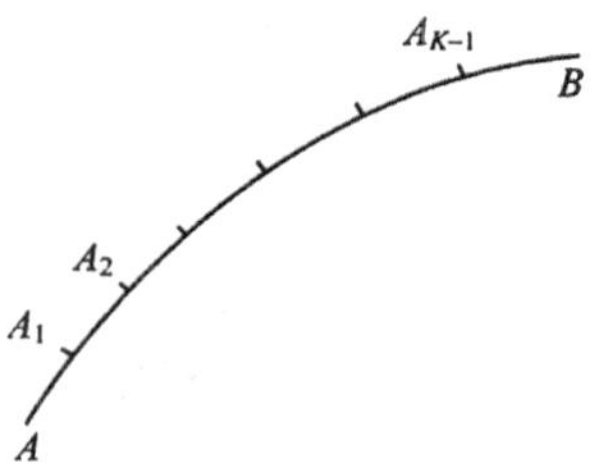

$$\lim_{d(T)\to 0}\sum_i f(\xi^i)\Delta s_i$$

收敛，且极限与 Γ 的具体分割方法和$\xi^i\in\overset{\frown}{A_{i-1}A_i}$的具体取法无关，则称 $f(x)$沿 Γ 的第一类型曲线积分存在，其极限值 I 称为$f(x)$沿 Γ 的第一类型曲线积分，记为

图 16.1.1

$$I=\int_\Gamma f(x)\mathrm{d}s=\int_{\widehat{AB}}f(x)\mathrm{d}s.$$

第一类曲线积分也称按弧长的积分，它与曲线的方向选取无关. 对于同一条简单可求长曲线 $\Gamma=\widehat{AB}$，也可选定 B 为始点，A 为终点，记为 $\Gamma=\widehat{BA}$，则

$$\int_{\widehat{AB}}f(x)\mathrm{d}s=\int_{\widehat{BA}}f(x)\mathrm{d}s.$$

设 Γ 是 $\mathbf{R}^n$ 中的一条曲线，$f(x)$为定义在 Γ 上的函数. 如果 Γ 可以表示为有限条两两至多有有限个交点的简单可求长曲线 $\Gamma_1,\cdots,\Gamma_l$ 之并，则定义

$$\int_\Gamma f(x)\mathrm{d}s=\sum_{i=1}^{l}\int_{\Gamma_i}f(x)\mathrm{d}s.$$

一条简单封闭曲线 Γ 总可以通过在曲线上任意选定一点把Γ 表示为两条不封闭简单曲线之并. 因此，今后如无声明我们提到的简单曲线都是不封闭简单曲线，所得结论对封闭简单曲线也成立.

定理 16.1.1 设 $\Gamma=\widehat{AB}$ 是 $\mathbf{R}^n$ 中的简单可求长曲线，Γ 的弧长记为L，$f(x)$是定义在 Γ 上的函数. 对每一个 $s\in[0,L]$，则存在惟一的 $x\in\Gamma$，使得 Γ 上从 A 到 x 的曲线段$\widehat{Ax}$ 的弧长等于 s. 由此定义一个$[0,L]$上的函数 $h(s)$满足 $h(s)=f(x)$，而且 $f(x)$沿 Γ 第一类型曲线积分存在的充要条件是$h(s)$在$[0,L]$上可积同时有

$$\int_\Gamma f(x)\mathrm{d}s=\int_0^L h(s)\mathrm{d}s.\qquad(16.1.1)$$

证 设 $\Gamma=\widehat{AB}$ 有参数表示

$$x=x(t)\in\mathbf{R}^n,\ t\in[a,b].$$

由于 Γ 是简单曲线，所以$[a,b]\ni t\to x(t)\in\Gamma$ 为一一对应. 对任意 $t\in[a,b]$，记 Γ 上从 A 到 $x(t)$曲线段的弧长为 $s(t)$，则 $s=s(t)$定义一个

$[a,b]$上的函数. 显然 $s(a)=0$, $s(b)=L$ 且 $s(t)$严格单增. 任取 $a\leqslant t_0<b$, 取 $0<\delta_0<b-t_0$,记 $P=x(t_0)$, $Q=x(t_0+\delta_0)$,Γ 上从P 到Q 的曲线段的弧长记为l. 显然 $l>0$ 且由弧长的可加性可知

$$s(t_0+\delta_0)-s(t_0)=l. \tag{16.1.2}$$

任给 $\varepsilon>0$,由弧长的定义可知存在曲线$\widehat{PQ}$ 的分割 $P=P_0,P_1,P_2,\cdots,P_m=Q$,使得

$$\sum_{i=1}^{m}|P_i-P_{i-1}|>l-\frac{\varepsilon}{2}. \tag{16.1.3}$$

设 $P_i=x(t_i)$, $i=0,1,\cdots,m$,则

$$t_0<t_1<t_2<\cdots<t_m=t_0+\delta_0.$$

由于 $x(t)$连续,所以存在 $0<\delta<t_1-t_0$,使得当 $t_0<t<t_0+\delta$ 时

$$|x(t)-x(t_0)|<\frac{\varepsilon}{2}. \tag{16.1.4}$$

当 $t_0<t<t_0+\delta$ 时,由(16.1.3)式可得

$$|x(t)-P_0|+|P_1-x(t)|+\sum_{i=2}^{m}|P_i-P_{i-1}|>l-\frac{\varepsilon}{2},$$

再由(16.1.4)式得

$$|P_1-x(t)|+\sum_{i=2}^{m}|P_i-P_{i-1}|>l-\varepsilon.$$

由此根据弧长定义可知 Γ 上从$x(t)$到 $Q=x(t_0+\delta_0)$的曲线段之弧长$>l-\varepsilon$,即

$$s(t_0+\delta_0)-s(t)>l-\varepsilon.$$

由(16.1.2)式和 $s(t)$的严格单增性可知当 $t_0<t<t_0+\delta$ 时

$$0<s(t)-s(t_0)<\varepsilon.$$

于是 $s(t)$在 t_0 点右连续. 由 t_0 的任意性可知 $s(t)$在$[a,b)$上右连续. 同理可证 $s(t)$在$(a,b]$上左连续,从而 $s(t)$在$[a,b]$上连续. 根据反函数定理,对任意 $s\in[0,l]$存在惟一 $t\in[a,b]$使得 $s=s(t)$,即存在惟一的 $x=x(t)\in\Gamma$,使得 Γ 从A 到x 的曲线段之弧长为s.

由定义显然可知 $f(x)$在 Γ 上第一类曲线积分的存在性等价于$h(s)$在$[0,L]$上的可积性,而且(16.1.1)式成立.

从定理 16.1.1 我们可以把定积分的许多理论与性质推广到第一类型曲线积分,不在此一一罗列.

定理 16.1.2　设 $\Gamma=\widehat{AB}$ 是 $\mathbf{R}^n$ 中简单可求长曲线,$f(x)$在 $\mathbf{R}^n$ 中包含Γ

的一个开区域 Ω 内连续,则 $f(x)$在 Γ 上的第一类曲线积分存在,且对任意 $\varepsilon>0$,存在 $\delta>0$,使得 Γ 的任意分割

$$T: A=A_0, A_1, \cdots, A_m=B,$$

只要 $d(T)<\delta$,就有

$$\left|\int_\Gamma f(x)\mathrm{d}s-\sum_{i=1}^m \int_{\overline{A_{i-1}A_i}} f(x)\mathrm{d}s\right|<\varepsilon,$$

其中$\overline{A_{i-1}A_i}$为连结A_{i-1}和 A_i 的直线段,即

$$\int_\Gamma f(x)\mathrm{d}s=\lim_{d(T)\to 0}\sum_i \int_{\overline{A_{i-1}A_i}} f(x)\mathrm{d}s, \tag{16.1.5}$$

(16.1.5)式表示当 $d(T)\to 0$ 时,$f(x)$在 Γ 内接折线上的积分收敛于$f(x)$在 Γ 上的积分.

证 不妨设 Ω 有界且$f(x)\in C^{\circ}(\overline{\Omega})$. 由定理 16.1.1 易知 $f(x)$在 Γ 上的第一类曲线积分存在,记

$$I=\int_\Gamma f(x)\mathrm{d}s.$$

由于 Γ 在 $\mathbf{R}^n$ 中有界闭,Ω 是 $\mathbf{R}^n$ 中的开集且 $\Gamma\subseteq\Omega$,则 $\delta_1=\mathrm{dis}(\Gamma,\partial\Omega)>0$. 任给 $\varepsilon>0$,首先由 $f(x)$的可积性可知存在 $\delta_2>0$,使得对于 Γ 的任意分割 $T: A=A_0, A_1, \cdots, A_k=B$,只要 $d(T)<\delta_2$,对于任意 $\xi^i\in\widehat{A_{i-1}A_i}$, $i=1,\cdots,k$,总有

$$\left|\sum_{i=1}^k f(\xi^i)\Delta s_i-I\right|<\frac{\varepsilon}{3}, \tag{16.1.6}$$

其中 Δs_i 表示 Γ 上从 A_{i-1} 到 A_i 的曲线段$\widehat{A_{i-1}A_i}$之弧长. 由于 $f(x)$在 $\overline{\Omega}$ 上连续,从而一致连续,所以存在 δ_3 使得对任意 $P,Q\in\overline{\Omega}$ 且 $|P-Q|<\delta_3$,有

$$|f(P)-f(Q)|<\frac{\varepsilon}{3L}, \tag{16.1.7}$$

其中 $L>0$ 是 Γ 的弧长. 由于 Γ 可求长,可以证明存在 $\delta_4>0$ 使得当 $d(T)<\delta_4$ 时有

$$0\leqslant L-\sum_{i=1}^k |A_i-A_{i-1}|<\frac{\varepsilon}{3M}, \tag{16.1.8}$$

其中 $M=\sup\limits_{\Omega}|f(x)|$. (16.1.8)式留待后面证明.

令 $\delta=\min(\delta_1,\delta_2,\delta_3,\delta_4)$,对于 Γ 的分割 $T: A=A_0, A_1, \cdots, A_k=B$,设 $d(T)<\delta$,则由(16.1.6)式可得

$$\left|\int_{\Gamma} f(x)\mathrm{d}s - \sum_{i=1}^{k} f(A_{i-1})\Delta s_i\right| < \frac{\varepsilon}{3}.$$

$$\left|\sum_{i=1}^{k} f(A_{i-1})\Delta s_i - \sum_{i=1}^{k} f(A_{i-1}) | A_i - A_{i-1} |\right|$$

$$\leqslant M\sum_{i=1}^{k} | \Delta s_i - | A_i - A_{i-1} ||.$$

由于$|A_i - A_{i-1}| \leqslant \Delta s_i$,所以

$$\sum_{i=1}^{k} | \Delta s_i - | A_i - A_{i-1} || = \sum_{i=1}^{k}\Delta s_i - \sum_{i=1}^{k} | A_i - A_{i-1} |$$

$$= L - \sum_{i=1}^{k} | A_i - A_{i-1} |,$$

从而由(16.1.8)式可得

$$\left|\sum_{i=1}^{k} f(A_{i-1})\Delta s_i - \sum_{i=1}^{k} f(A_{i-1}) | A_i - A_{i-1} |\right| < \frac{\varepsilon}{3}.$$

由于

$$\left|\sum_{i=1}^{k} f(A_{i-1}) | A_i - A_{i-1} | - \sum_{i=1}^{k}\int_{\overline{A_{i-1}A_i}} f(x)\mathrm{d}s\right|$$

$$= \left|\sum_{i=1}^{k}\int_{\overline{A_{i-1}A_i}} [f(A_{i-1}) - f(x)]\mathrm{d}s\right|,$$

又当 $x\in\overline{A_{i-1}A_i}$时,$|x - A_{i-1}| \leqslant |A_i - A_{i-1}| \leqslant \Delta s_i \leqslant d(T) < \delta$,所以 $x\in\Omega$ 且由(16.1.7)式可得

$$| f(A_{i-1}) - f(x) | < \frac{\varepsilon}{3L},$$

从而有

$$\left|\sum_{i=1}^{k} f(A_{i-1}) | A_i - A_{i-1} | - \sum_{i=1}^{k}\int_{\overline{A_{i-1}A_i}} f(x)\mathrm{d}s\right|$$

$$< \frac{\varepsilon}{3L}\sum_{i=1}^{k} | A_i - A_{i-1} | \leqslant \frac{\varepsilon}{3}.$$

综上可得当 $d(T) < \delta$ 时,

$$\left|\int_{\Gamma} f(x)\mathrm{d}s - \sum_{i=1}^{k}\int_{\overline{A_{i-1}A_i}} f(x)\mathrm{d}s\right| < \varepsilon,$$

即(16.1.5)式成立.

(16.1.8)式之证明　由弧长的定义则存在 Γ 的一个分割 $T_0: A = P_0$,

$P_1,\cdots,P_m=B$ 使得

$$0\leqslant L-\sum_{j=1}^{m}|P_j-P_{j-1}|<\frac{\varepsilon}{6M}. \tag{16.1.9}$$

记 η_i 是 Γ 上的曲线段$\overset{\frown}{P_{j-1}P_j}$的弧长，$j=1,\cdots,m$，令

$$\delta_4=\min\left\{\eta_1,\eta_2,\cdots,\eta_m,\frac{\varepsilon}{6mM}\right\},$$

则 $\delta_4>0$. 设 Γ 的分割 $T:A=A_0,A_1,\cdots,A_k=B$ 满足 $d(T)<\delta_4$. 令 N_1 是 $\{1,2,\cdots,k\}$的子集，使得 $i\in N_1\Leftrightarrow$存在 $j\in\{1,2,\cdots,m\}$满足

$$\overset{\frown}{A_{i-1}A_i}\subseteq\overset{\frown}{P_{j-1}P_j},$$

$N_2=\{1,2,\cdots,k\}\setminus N_1$. 由于 $d(T)<\min\{\eta_1,\eta_2,\cdots,\eta_m\}$，所以若 $i\in N_2$，则存在惟一的 $P_{j_i}\in\{1,2,\cdots,m-1\}$使得

$$P_{j_i}\in\overset{\frown}{A_{i-1}A_i}.$$

由此可知 N_2 中元素的个数至多是 $m-1$. 显然

$$\begin{aligned}\sum_{i=1}^{k}|A_i-A_{i-1}|&=\sum_{i\in N_1}|A_i-A_{i-1}|+\sum_{i\in N_2}|A_i-A_{i-1}|\\&=\sigma_1+\sigma_2,\end{aligned}$$

其中

$$\begin{aligned}\sigma_1&=\sum_{i\in N_1}|A_i-A_{i-1}|+\sum_{i\in N_2}|P_{j_i}-A_{i-1}|+|A_i-P_{j_i}|,\\ \sigma_2&=\sum_{i\in N_2}[|A_i-A_{i-1}|-(|P_{j_i}-A_{i-1}|+|A_i-P_{j_i}|)].\end{aligned}$$

易知

$$\sum_{j=1}^{m}|P_j-P_{j-1}|\leqslant\sigma_1\leqslant L,$$

由(16.1.9)式得

$$0\leqslant L-\sigma_1<\frac{\varepsilon}{6M}.$$

令 Γ 上曲线段$\overset{\frown}{A_{i-1}A_i}$的弧长为 Δs_i，则

$$|A_i-A_{i-1}|\leqslant\Delta s_i,$$

$$|P_{j_i}-A_{i-1}|+|A_i-P_{j_i}|\leqslant\Delta s_i.$$

由于 $\Delta s_i\leqslant d(T)<\dfrac{\varepsilon}{6mM}$，则

$$|\sigma_2| = \sum_{i\in N_2}(|P_{j_i} - A_{i-1}| + |A_i - P_{j_i}| - |A_i - A_{i-1}|)$$

$$\leqslant \sum_{i\in N_2}\Delta s_i < \frac{(m-1)\varepsilon}{6mM} < \frac{\varepsilon}{6M}.$$

于是可得

$$L \geqslant \sum_{i=1}^{k}|A_i - A_{i-1}| = \sigma_1 + \sigma_2 > L - \frac{\varepsilon}{6M} - \frac{\varepsilon}{6M} = L - \frac{\varepsilon}{3M},$$

即(16.1.8)式成立.

注　(16.1.8)式的证明完全类似于可积性理论中 Darboux 定理的证明.

定理 16.1.1 和定理 16.1.2 在曲线积分理论中有重要意义,但是对曲线积分的具体计算运用(16.1.1)式一般来说并不方便,这主要是因为通常曲线不容易得到以弧长为参数的表示,下面我们给出在曲线任意参数表示下的积分计算公式.

定理 16.1.3　设 Γ 是 $\mathbf{R}^n$ 中逐段光滑的简单曲线且有参数表示

$$\Gamma: x = x(t) \in \mathbf{R}^n,\ a \leqslant t \leqslant b.$$

$f(x)$在 $\mathbf{R}^n$ 中包含Γ 的一个开区域内连续,则

$$\int_\Gamma f(x)\mathrm{d}s = \int_a^b f(x(t))\,|x'(t)|\,\mathrm{d}t. \tag{16.1.10}$$

证　只须对 Γ 是光滑简单曲线的情形予以证明. 设 Γ 的弧长为L. 对任意 $x\in[a,b]$,Γ 上从$x(a)$到 $x(t)$曲线段的弧长

$$s(t) = \int_a^t |x'(s)|\,\mathrm{d}s,$$

其中$|x'(s)|$在$[a,b]$上连续且恒取正值. $s=s(t)$是定义于$[a,b]$取值在$[0,L]$上的导数连续且严格单增函数. 显然

$$s'(t) = |x'(t)|,\ \forall t \in [a,b].$$

由反函数定理可知 $s=s(t)$的反函数 $t=t(s)$是定义在$[0,L]$取值在$[a,b]$上的导数连续且严格单增函数. 显然

$$t(s(t)) = t,\ \forall t \in [a,b].$$

记

$$h(s) = f(x(t(s))),\ \forall s \in [a,b].$$

由定理 16.1.1 可得

$$\int_\Gamma f(x)\mathrm{d}s = \int_0^L h(s)\mathrm{d}s.$$

在上式右端的定积分中令 $s=s(t)$,由于 $h(s(t))=f(x(t))$,从而

$$\int_0^L h(s)\mathrm{d}s = \int_a^b f(x(t))s'(t)\mathrm{d}t = \int_a^b f(x(t)) \mid x'(t) \mid \mathrm{d}t,$$

于是

$$\int_\Gamma f(x)\mathrm{d}s = \int_a^b f(x(t)) \mid x'(t) \mid \mathrm{d}t,$$

即(16.1.10)式成立.

记 $x=(x_1,\cdots,x_n)\in\mathbf{R}^n$,则 Γ 的分量表示为

$$\Gamma: x_i = x_i(t),\ i=1,\cdots,n,\ a\leqslant t\leqslant b.$$

由于

$$\mid x'(t) \mid = \sqrt{\mid x'_1(t)\mid^2+\cdots+\mid x'_n(t)\mid^2},$$

所以(16.1.10)式写为

$$\begin{aligned}\int_\Gamma f(x)\mathrm{d}s &= \int_\Gamma f(x_1,\cdots,x_n)\mathrm{d}s\\ &= \int_a^b f(x_1(t),\cdots,x_n(t))\sqrt{\mid x'_1(t)\mid^2+\cdots+\mid x'_n(t)\mid^2}\mathrm{d}t.\end{aligned}$$

当 $n=3$ 时,记$(x,y,z)\in\mathbf{R}^3$,则(16.1.10)式可写为

$$\begin{aligned}&\int_\Gamma f(x,y,z)\mathrm{d}s\\ =&\int_a^b f(x(t),y(t),z(t))\sqrt{\mid x'(t)\mid^2+\mid y'(t)\mid^2+\mid z'(t)\mid^2}\mathrm{d}t.\end{aligned}$$

当 $n=2$ 时,如果 Γ 有显式表示

$$\Gamma: y = y(x),\ a\leqslant x\leqslant b,$$

则(16.1.10)式写为

$$\int_\Gamma f(x,y)\mathrm{d}s = \int_a^b f(x,y(x))\sqrt{1+\mid y'(x)\mid^2}\mathrm{d}x.$$

第一类型曲线积分的直接物理背景是计算线密度不均匀金属细丝的质量. 设金属细丝的位置是 $\mathbf{R}^3$ 中的简单可求长曲线 Γ,其线密度为 $\rho(x,y,z)$,则由第一类型曲线积分的定义可知该金属丝的质量 m 可表示为

$$m = \int_\Gamma \rho(x,y,z)\mathrm{d}s.$$

例 16.1.1 计算 $I=\int_\Gamma\sqrt{x^2+y^2}\mathrm{d}s$,其中 Γ 为圆 $x^2+y^2=ax\,(a>0)$ 的上半部.

解法 1 $\Gamma:\left(x^2-\dfrac{a}{2}\right)^2+y^2=\left(\dfrac{a}{2}\right)^2$, $y\geqslant0$,则 Γ 有参数表示

$$\Gamma:\begin{cases} x = \dfrac{a}{2} + \dfrac{a}{2}\cos\theta, \\ y = \dfrac{a}{2}\sin\theta, \end{cases} \quad 0 \leqslant \theta \leqslant \pi.$$

由于$\sqrt{|x'(\theta)|^2 + |y'(\theta)|^2} = \dfrac{a}{2}$,则

$$I = \int_0^{\pi} \sqrt{\frac{a^2}{4}(1+\cos\theta)^2 + \frac{a^2}{4}\sin^2\theta} \cdot \frac{a}{2}\mathrm{d}\theta$$
$$= \frac{a^2}{4}\int_0^{\pi} \sqrt{2(1+\cos\theta)}\,\mathrm{d}\theta = \frac{a^2}{2}\int_0^{\pi} \cos\frac{\theta}{2}\mathrm{d}\theta = a^2.$$

解法 2　显然 Γ 有显式表示:

$$y = \sqrt{ax - x^2},\ 0 \leqslant x \leqslant a.$$

由于$\sqrt{1+|y'(x)|^2} = \left[1 + \left(\dfrac{\dfrac{a}{2} - x}{\sqrt{ax - x^2}}\right)^2\right]^{\frac{1}{2}} = \dfrac{a}{2}\dfrac{1}{\sqrt{ax - x^2}}$,所以

$$I = \int_0^a \sqrt{ax}\,\frac{a}{2}\,\frac{1}{\sqrt{ax - x^2}}\mathrm{d}x = \frac{1}{2}a^{\frac{3}{2}}\int_0^a \frac{\mathrm{d}x}{\sqrt{a - x}}$$
$$= -a^{\frac{3}{2}}\sqrt{a - x}\,\Big|_0^a = a^2.$$

例 16.1.2　求 $I = \int_{\Gamma} y^2 \mathrm{d}s$, 其中 $\Gamma: \begin{cases} x^2 + y^2 + z^2 = a^2, \\ x + z = a, \end{cases} (a > 0)$.

解　Γ 在 x, y 平面的投影为: $x^2 + y^2 + (a - x)^2 = a^2$, 即 $2x^2 + y^2 - 2ax = 0$,从而

$$2\left(x - \frac{a}{2}\right)^2 + y^2 = \frac{a^2}{2}.$$

利用椭圆柱坐标得 Γ 的参数表示为

$$\Gamma:\begin{cases} x = \dfrac{a}{2} + \dfrac{a}{2}\cos\theta, \\ y = \dfrac{a}{\sqrt{2}}\sin\theta, \\ z = a - x = \dfrac{a}{2} - \dfrac{a}{2}\cos\theta, \end{cases} \quad 0 \leqslant \theta \leqslant 2\pi.$$

由于

$$\sqrt{|x'(\theta)|^2 + |y'(\theta)|^2 + |z'(\theta)|^2}$$

$$=\sqrt{\frac{a^2}{4}\sin^2\theta+\frac{a^2}{2}\cos^2\theta+\frac{a^2}{4}\sin^2\theta}=\frac{a}{\sqrt{2}},$$

则

$$I=\int_0^{2\pi}\frac{a^2}{2}\sin^2\theta\cdot\frac{a}{\sqrt{2}}\mathrm{d}\theta=\frac{a^3}{2\sqrt{2}}\int_0^{2\pi}\sin^2\theta\mathrm{d}\theta=\frac{a^3\pi}{2\sqrt{2}}.$$

二、第二类型曲线积分

首先讨论曲线的定向问题. 设 $\Gamma=\widehat{AB}$ 是 $\mathbf{R}^n$ 中的简单曲线(如图 16.1.2). 如果 Γ 不封闭,则从 A 沿 Γ 到 B 和从 B 沿 Γ 到 A 就确定 Γ 的两个不同方向,若 Γ 是封闭曲线,则 $A=B$. 在 Γ 上另外再取两个不同点 C,D,则从 A 沿 Γ 经 C,D,回到 A 与从 A 沿 Γ 经 D,C 回到 A 确定 Γ 的两个不同方向. 若 $\Gamma=\widehat{AB}$ 有参数表示

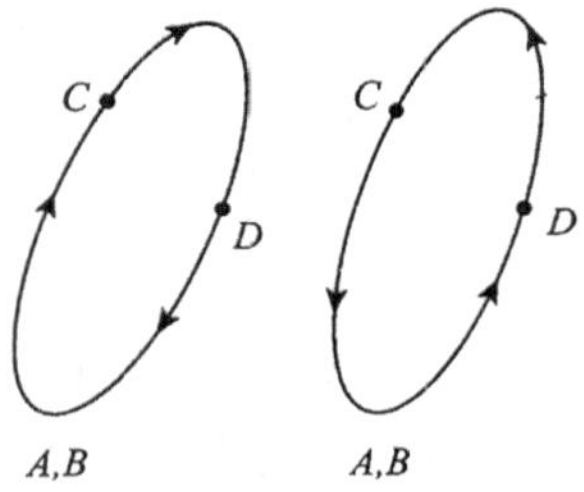

图 16.1.2

$$\Gamma: x=x(t),\ a\leqslant t\leqslant b.$$

显然 Γ 的从 A 到 B 的方向对应于参数 t 的增大,从 B 到 A 的方向对应于参数 t 的减小. 总之可以断言:任意简单曲线有且仅有两个不同的方向. 一条简单曲线连同指定的方向称为一条定向曲线.

设 Γ 是简单定向光滑曲线,显然 Γ 上任一点的切线有且仅有一个指向与 Γ 的方向一致,同时不难证明 Γ 上所有与其方向一致的单位切向量组成 Γ 上的连续单位切向量场 $\boldsymbol{T}(x)$, $\forall x\in\Gamma$. $-\boldsymbol{T}(x)$, $\forall x\in\Gamma$,是 Γ 上另一个连续单位切向量场,它在 Γ 上每一点取值的指向与 Γ 的方向相反. 易知 Γ 上有且仅有上述两个连续单位切向量场. 总之当 Γ 是简单光滑曲线时,Γ 上有且仅有两个连续单位切向量场,它们分别与 Γ 的两个方向一致. 因此指定 Γ 的一个方向等价于指定 Γ 上的一个连续单位切向量场. 例如 Γ 是 $\mathbf{R}^3$ 中的光滑曲线,它有参数表示

$$\Gamma:\begin{cases}x=x(t),\\ y=y(t),\quad a\leqslant t\leqslant b.\\ z=z(t),\end{cases}$$

Γ 上的两个连续单位切向量场是 $\boldsymbol{T}$ 和 $-\boldsymbol{T}$,其中

$$\boldsymbol{T}=\boldsymbol{T}(x(t),y(t),z(t))=\frac{(x'(t),y'(t),z'(t))}{\sqrt{|x'(t)|^2+|y'(t)|^2+|z'(t)|^2}},$$

$$\forall t \in [a,b].$$

$\boldsymbol{T}$ 对应 Γ 上与参数 t 增大一致的方向，$-\boldsymbol{T}$ 对应 Γ 与参数 t 减小一致的方向. 若 Γ 是简单逐段光滑曲线，则类似可知 Γ 上有两个逐段连续的单位切向量场，它们分别与 Γ 的两个方向一致.

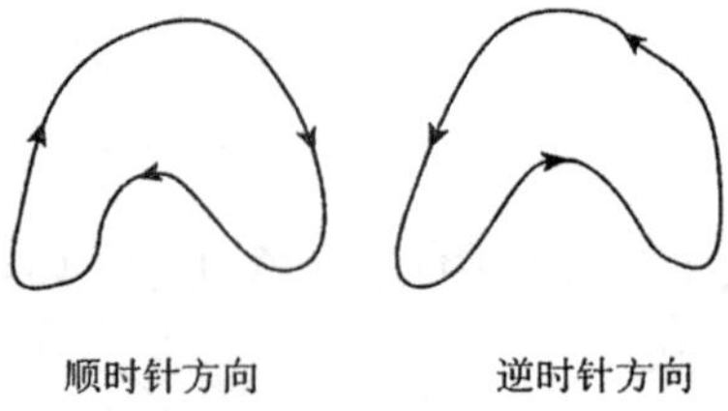

图 16.1.3

对于 $\mathbf{R}^3$ 中平面上的简单封闭曲线 Γ，通常用逆时针和顺时针来称呼它的两个方向. 所谓逆时针和顺时针与观察者处于平面哪一侧有关，同时与平面上 Γ 所关联的两个区域（一是 Γ 所围的区域即它的内部，另一是它的外部）有关（见图 16.1.3）. 假设 Γ 所在的平面是 x,y,z 空间中的 x,y 平面，x 轴，y 轴与 z 轴的基本单位向量 $\boldsymbol{i},\boldsymbol{j},\boldsymbol{k}$ 成右手系，称 Γ 的一个方向关于 z 轴正向和 Γ 内部是逆时针方向. 如果观察者站在 x,y 平面上侧（即观察者从脚到头的方向与 z 轴正向一致）沿 Γ 顺着该方向运动，Γ 的内部邻近观察者部分总在他的左侧，否则称该方向为关于 z 轴正向和 Γ 内部是顺时针方向. 若 Γ 是 x,y 平面上的简单光滑封闭曲线，已给 Γ 的一个方向，任取 $P\in\Gamma$，则在 P 点有与 Γ 方向一致的单位切向量 $\boldsymbol{T}(p)$，同时也有相对于 Γ 内部的单位外法向量 $\boldsymbol{\nu}(P)$. 由于 $\boldsymbol{T}(P)$ 沿 Γ 连续，从而易知 $\boldsymbol{\nu}(P)$ 沿 Γ 也连续. $\boldsymbol{T}(P)$ 和 $\boldsymbol{\nu}(P)$ 都是 x,y 平面上的向量，设它们的分量表示为

$$\boldsymbol{T}(P) = (\alpha(P),\beta(P)),$$
$$\boldsymbol{\nu}(P) = (\gamma(P),\delta(P)).$$

记

$$A(P) = \begin{vmatrix} \gamma(P) & \delta(P) \\ \alpha(P) & \beta(P) \end{vmatrix},$$

则 $A(P)=\pm 1$. 由于 $A(P)$ 在 Γ 上连续，所以或者在 Γ 上 $A(P)\equiv 1$ 或者 $A(P)\equiv -1$. 前一种情况称该方向关于 z 轴正向和 Γ 内部为逆时针方向，后一种情况称该方向关于 z 轴正向和 Γ 内部为顺时针方向. 从直观上看，$A(P)=1$ 等价于 $\boldsymbol{\nu}(P)\times\boldsymbol{T}(P)=\boldsymbol{k}$，即 $\boldsymbol{\nu}(P),\boldsymbol{T}(P)$ 和 z 轴的正向 $\boldsymbol{k}$ 成右手系. $A(P)=-1$ 等价于 $\boldsymbol{\nu}(P)\times\boldsymbol{T}(P)=-\boldsymbol{k}$，即 $\boldsymbol{\nu}(P),\boldsymbol{T}(P)$ 和 $\boldsymbol{k}$ 成左手系. 为简单起见，以后如无特别声明对于 x,y 平面上的封闭简单曲线所说的逆时针和顺时针总是关于 z 轴正向和曲线的内部.

在给出第二类曲线积分定义之前先讨论一个例子（见图 16.1.4）. 设空间某区域 Ω 中有一力场

$$\boldsymbol{F} = \boldsymbol{F}(x,y,z),\ (x,y,z) \in \Omega.$$

若有一质点在 Ω 内沿一曲线 Γ 从点 A 移动到点 B,我们来研究如何计算力 $\boldsymbol{F}$ 对该质点所做的功 W. 众所周知,当力是不变的即 $\boldsymbol{F}$ 是常向量,Γ 是直线段时 $W=\boldsymbol{F}\cdot\boldsymbol{AB}$. 对于 $\boldsymbol{F}$ 是变力 Γ 为曲线的情况,可以用积分的思想来计算 W. 首先注意 Γ 做为质点的位移曲线是从 A 到 B 的定向曲线. 设 $T:A=A_0,A_1,A_2,\cdots,A_m=B$ 是 Γ 的一个分割,从 $A=A_0$ 依次经 $A_1,A_2,\cdots$ 到 $A_m=B$ 的方向与 Γ 的方向一致,称 T 为与 Γ 方向一致的分割.

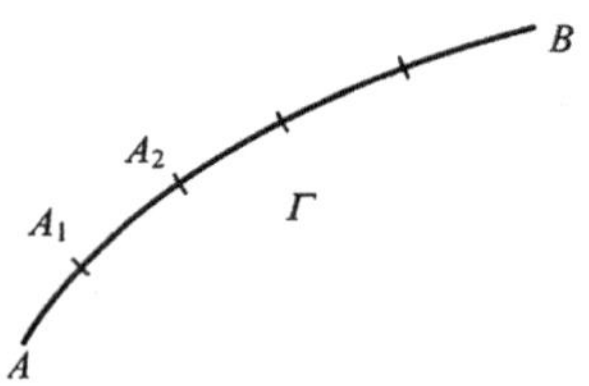

图 16.1.4

任取 $(\xi_i,\eta_i,\zeta_i)\in \overset{\frown}{A_{i-1}A_i}$,力 $\boldsymbol{F}$ 对质点从 A_{i-1} 沿 Γ 运动到 A_i 所做的功可近似地表示为

$$\Delta W_i = \boldsymbol{F}(\xi_i,\eta_i,\zeta_i)\cdot\overrightarrow{\Delta r_i},$$

其中 $\overrightarrow{\Delta r_i}=\overrightarrow{A_{i-1}A_i}$. 由功的可加性易知

$$\sum_{i=1}^{m}\boldsymbol{F}(\xi_i,\ \eta_i,\ \zeta_i)\cdot\overrightarrow{\Delta r_i}$$

为 W 的近似值. 于是应有

$$W = \lim_{d(T)\to 0}\sum_i \boldsymbol{F}\cdot\overrightarrow{\Delta r_i}.$$

由这个典型例子容易引出第二类型曲线积分的定义.

设 $\Gamma=\overset{\frown}{AB}$ 是 $\mathbf{R}^n$ 中一条简单可求长定向曲线,$\boldsymbol{F}$ 为定义在 Γ 上向量值函数. 对于与 Γ 方向一致的任意分割 $T:A=A_0,A_1,A_2,\cdots,A_m=B$,记 $\overrightarrow{\Delta r_i}=\overrightarrow{A_{i-1}A_i}$, $i=1,\cdots,m$,任取 $V_i\in\overset{\frown}{A_{i-1}A_i}$,如果

$$\lim_{d(T)\to 0}\sum_i \boldsymbol{F}(V_i)\cdot\overrightarrow{\Delta r_i}$$

收敛且极限与 Γ 的具体分法和 $V_i\in\overset{\frown}{A_{i-1}A_i}$ 的具体取法无关,则称 $\boldsymbol{F}$ 沿 Γ 的第二类型曲线积分存在,极限值称为 $\boldsymbol{F}$ 沿 Γ 的第二类型曲线积分,记为

$$\int_{\Gamma}\boldsymbol{F}\cdot\mathrm{d}\boldsymbol{r}.$$

特别当 $n=3$ 时,设 (x,y,z) 是 $\mathbf{R}^3$ 中直角坐标分量,$\boldsymbol{i},\boldsymbol{j},\boldsymbol{k}$ 为其基本单位向量,设

$$\boldsymbol{F} = \boldsymbol{F}(x,y,z) = P(x,y,z)\boldsymbol{i} + Q(x,y,z)\boldsymbol{j} + R(x,y,z)\boldsymbol{k}$$

记 $A=(x_A,y_A,z_A)$,$B=(x_B,y_B,z_B)$,$A_i=(x_i,y_i,z_i)$,$V_i=(\xi_i,\eta_i,\zeta_i)$,则 $\Delta\boldsymbol{r}_i=\Delta x_i\boldsymbol{i}+\Delta y_i\boldsymbol{j}+\Delta z_i\boldsymbol{k}$,其中 $\Delta x_i=x_i-x_{i-1}$,$\Delta y_i=y_i-y_{i-1}$,$\Delta z_i=z_i-$

z_{i-1},且

$$\boldsymbol{F}(V_i)\cdot\overrightarrow{\Delta r_i} = P(\xi_i,\eta_i,\zeta_i)\Delta x_i + Q(\xi_i,\eta_i,\zeta_i)\Delta y_i + R(\xi_i,\eta_i,\zeta_i)\Delta z_i .$$

于是

$$\int_\Gamma \boldsymbol{F}\cdot \mathrm{d}\boldsymbol{r}$$

$$= \lim_{d(T)\to 0}\sum_i [P(\xi_i,\eta_i,\zeta_i)\Delta x_i + Q(\xi_i,\eta_i,\zeta_i)\Delta y_i + R(\xi_i,\eta_i,\zeta_i)\Delta z_i],$$

从而 $\boldsymbol{F}$ 沿 Γ 的第二类型曲线积分在直角坐标(x,y,z)下也可写为

$$\int_\Gamma \boldsymbol{F}\cdot \mathrm{d}\boldsymbol{r} = \int_\Gamma P(x,y,z)\mathrm{d}x + Q(x,y,z)\mathrm{d}y + R(x,y,z)\mathrm{d}z.$$

由于 $P(x,y,z)$,$Q(x,y,z)$,$R(x,y,z)$都是定义在 Γ 的函数,所以我们可以分别定义它们沿 Γ 的第二类型曲线积分

$$\int_\Gamma P(x,y,z)\mathrm{d}x = \lim_{d(T)\to 0}\sum_i P(\xi_i,\eta_i,\zeta_i)\Delta x_i ,$$

$$\int_\Gamma Q(x,y,z)\mathrm{d}y = \lim_{d(T)\to 0}\sum_i Q(\xi_i,\eta_i,\zeta_i)\Delta y_i ,$$

$$\int_\Gamma R(x,y,z)\mathrm{d}y = \lim_{d(T)\to 0}\sum_i R(\xi_i,\eta_i,\zeta_i)\Delta z_i .$$

第二类型曲线积分是定积分的推广,有关定积分可积性理论,可积函数类和积分的性质均可推广到第二类曲线积分. 例如对于简单可求长曲线,如果 $\boldsymbol{F}$ 在 Γ 邻近连续,则 $\boldsymbol{F}$ 沿 Γ 的第二类型曲线积分存在. 在这里特别需要指出的是积分的有向性. 设 $\Gamma=\widehat{AB}$ 是简单可求长定向曲线, $-\Gamma=\widehat{BA}$ 表示同一条曲线但带有相反的方向,则

$$\int_\Gamma \boldsymbol{F}\cdot \mathrm{d}\boldsymbol{r} = -\int_{-\Gamma}\boldsymbol{F}\cdot \mathrm{d}\boldsymbol{r}.$$

下面给出 $\mathbf{R}^3$ 中第二类型曲线积分的计算公式以及两类曲线积分的关系,所得结论均可推广到 $\mathbf{R}^n$.

定理 16.1.4 设 $\mathbf{R}^3$ 中简单逐段光滑定向曲线 $\Gamma=\widehat{AB}$ 有参数表示:

$$\begin{cases} x = x(t), \\ y = y(t), \quad t\in[a,b], \\ z = z(t), \end{cases}$$

其中$[a,b]$是实轴上的有向区间,参数 t 从 a 到 b 的变化与 Γ 的定向一致,即若 $b>a$,则 t 增大与 Γ 的方向一致,若 $b<a$,则 t 减小与 Γ 的方向一致. 设 $P(x,y,z)$,$Q(x,y,z)$,$R(x,y,z)$在 Γ 邻近连续,则

$$\int_\Gamma P(x,y,z)\mathrm{d}x = \int_a^b P(x(t),y(t),z(t))x'(t)\mathrm{d}t,$$

$$\int_\Gamma Q(x,y,z)\mathrm{d}y = \int_a^b Q(x(t),y(t),z(t))y'(t)\mathrm{d}t,$$

$$\int_\Gamma R(x,y,z)\mathrm{d}z = \int_a^b R(x(t),y(t),z(t))z'(t)\mathrm{d}t.$$

证 不妨设 Γ 光滑且 $b>a$. 任取与 Γ 方向一致的分割 $T: A=A_0, A_1, A_2, \cdots, A_m=B$,设

$$A_i = (x(t_i), y(t_i), z(t_i)),\ i=0,1,\cdots,m,$$

则 $a=t_0<t_1<t_2<\cdots<t_m=b$ 对应 $[a,b]$ 的一个分割 T'. 记 $\Delta t_i = t_i - t_{i-1}$, $i=1,2,\cdots,m$, $d(T')=\max\limits_{1\leqslant i\leqslant m}\Delta t_i$. 任取 $V_i\in \overset{\frown}{A_{i-1}A_i}$,则存在惟一的 $\tau_i \in [t_{i-1}, t_i]$使得

$$V_i = (x(\tau_i), y(\tau_i), z(\tau_i)).$$

令

$$S = \sum_{i=1}^m P(x(\tau_i), y(\tau_i), z(\tau_i))\Delta x_i,$$

其中 $\Delta x_i = x(t_i) - x(t_{i-1})$. 由于 Γ 光滑,所以 $x(t)\in C^1([a,b])$,由中值定理可知存在 $\theta_i\in(t_{i-1}, t_i)$使得

$$\Delta x_i = x'(\theta_i)\Delta t_i.$$

于是 $S=S_1+S_2$,其中

$$S_1 = \sum_{i=1}^m P(x(\tau_i), y(\tau_i), z(\tau_i))x'(\tau_i)\Delta t_i,$$

$$S_2 = \sum_{i=1}^m P(x(\tau_i), y(\tau_i), z(\tau_i))(x'(\theta_i) - x'(\tau_i))\Delta t_i.$$

任给 $\varepsilon>0$,由于 $x'(t)$在$[a,b]$上连续,从而一致连续,所以存在 $\delta>0$ 使得当 $\eta_1, \eta_2\in[a,b]$且$|\eta_1-\eta_2|<\delta$ 时,

$$|x'(\eta_1) - x'(\eta_2)| < \frac{\varepsilon}{M(b-a)},$$

其中 $M=\sup\limits_{a\leqslant t\leqslant b}|P(x(t),y(t),z(t))|$. 于是当 $d(T')<\delta$ 时有

$$|S_2| \leqslant M\sum_{i=1}^m |x'(\theta_i) - x'(\tau_i)|\Delta t_i < \varepsilon,$$

即

$$\lim_{d(T')\to 0} S_2 = 0, \tag{16.1.11}$$

由于 $P(x,y,z)$在 Γ 邻近连续,从而 $P(x(t),\ y(t),\ z(t))$在$[a,b]$上连续,于是

$$\lim_{d(T')\to 0} S_1 = \int_a^b P(x(t),\ y(t),\ z(t))x'(t)\mathrm{d}t. \qquad (16.1.12)$$

可以证明

$$d(T)\to 0 \Rightarrow d(T')\to 0. \qquad (16.1.13)$$

事实若不然则存在 ε_0 和与 Γ 方向一致的分割序列$\{T_l\}$,使得$\lim\limits_{l\to\infty} d(T_l)=0$ 但 $d(T_l')\geqslant\varepsilon_0$. 由 $d(T_l')$的定义可知存在 $a\leqslant t_{i-1}^l<t_i^l\leqslant b$ 使得

$$t_i^l - t_{i-1}^l \geqslant \varepsilon_0,\ l = 1,2,\cdots \qquad (16.1.14)$$

再由 $d(T_l)$的定义可知

$$\sqrt{|x(t)-x(s)|^2+|y(t)-y(s)|^2+|z(t)-z(s)|^2}\leqslant d(T_l), \qquad (16.1.15)$$

其中 $t,s\in[t_{i-1}^l,t_i^l]$. 由 Bolzano-Weierstrass 定理不妨设

$$\lim_{l\to\infty} t_{i-1}^l = c,\ \lim_{l\to\infty} t_i^l = d.$$

由(16.1.14)式可知 $c-d\geqslant\varepsilon_0$,所以 $a\leqslant c<d\leqslant b$. 由(16.1.15)式和 $d(T_l)\to 0$ 以及 $x(t),y(t),z(t)$在$[a,b]$的连续性可得

$$x(c) = x(d),\ y(c) = y(d),\ z(c) = z(d).$$

由于 Γ 是简单曲线,所以 $c=a,\ d=b$. 任取 $s\in(a,b)$,存在 L 当 $l>L$ 时 $s\in[t_{i-1}^l,\ t_i^l]$,则同样由(16.1.15)式和 $d(T_l)\to 0$ 以及 $x(t),\ y(t),\ z(t)$在$[a,b]$的连续性可得

$$x(s) = x(a) = x(b),$$
$$y(s) = y(a) = y(b),$$
$$z(s) = z(a) = z(b),$$

即 Γ 退化为一个点,这与 Γ 为简单曲线矛盾! 于是(16.1.13)式得证.

综合(16.1.11),(16.1.12)和(16.1.13)式得

$$\lim_{d(T)\to 0} S = \int_a^b P(x(t),\ y(t),\ z(t))x'(t)\mathrm{d}t,$$

即 $\int_\Gamma P(x,y,z)\mathrm{d}x$ 存在,且

$$\int_\Gamma P(x,y,z)\mathrm{d}x = \int_a^b P(x(t),y(t),z(t))x'(t)\mathrm{d}t.$$

同理可证

$$\int_{\Gamma} Q(x,y,z)\mathrm{d}x = \int_a^b Q(x(t),y(t),z(t))y'(t)\mathrm{d}t,$$

$$\int_{\Gamma} R(x,y,z)\mathrm{d}x = \int_a^b R(x(t),y(t),z(t))z'(t)\mathrm{d}t.$$

在定理16.1.4的假设下,第二类型曲线积分可以表示为第一类型曲线积分.事实上,不妨设 $b>a$,则 Γ 上与其方向一致的单位切向量为 $\boldsymbol{T}=\frac{1}{\sqrt{|x'(t)|^2+|y'(t)|^2+|z'(t)|^2}}(x'(t),y'(t),z'(t)),t\in[a,b]$. $\boldsymbol{T}$ 的方向余弦为

$$\cos\alpha = \frac{x'(t)}{\sqrt{|x'(t)|^2+|y'(t)|^2+|z'(t)|^2}},$$

$$\cos\beta = \frac{y'(t)}{\sqrt{|x'(t)|^2+|y'(t)|^2+|z'(t)|^2}},$$

$$\cos\gamma = \frac{z'(t)}{\sqrt{|x'(t)|^2+|y'(t)|^2+|z'(t)|^2}},$$

于是由定理16.1.4可得

$$\begin{aligned}&\int_{\Gamma} P(x,y,z)\mathrm{d}x\\ &= \int_a^b P(x(t),y(t),z(t))x'(t)\mathrm{d}t\\ &= \int_a^b P(x(t),y(t),z(t))\cos\alpha\sqrt{|x'(t)|^2+|y'(t)|^2+|z'(t)|^2}\mathrm{d}t.\end{aligned}$$

再由定理16.1.3,则

$$\int_{\Gamma} P(x,y,z)\mathrm{d}x = \int_{\Gamma} P(x,y,z)\cos\alpha\mathrm{d}s, \tag{16.1.16}$$

同理可证

$$\int_{\Gamma} Q(x,y,z)\mathrm{d}x = \int_{\Gamma} Q(x,y,z)\cos\beta\mathrm{d}s,$$

$$\int_{\Gamma} R(x,y,z)\mathrm{d}x = \int_{\Gamma} R(x,y,z)\cos\gamma\mathrm{d}s.$$

若记 $\boldsymbol{F}=P\boldsymbol{i}+Q\boldsymbol{j}+R\boldsymbol{k}$,则

$$\int_{\Gamma} \boldsymbol{F}\cdot\mathrm{d}\boldsymbol{r} = \int_{\Gamma} (\boldsymbol{F}\cdot\boldsymbol{T})\mathrm{d}s, \tag{16.1.17}$$

其中 $\boldsymbol{T}$ 是 Γ 上与其方向一致的单位切向量场.(16.1.17)式是两类曲线积分之间的关系.(16.1.17)式左端是第二类型曲线积分,它与曲线的方向有关.

(16.1.17)式右端是第一类型曲线积分. 虽然第一类曲线积分与曲线的方向无关,但(16.1.17)式右端被积函数中的 $\boldsymbol{T}$ 是曲线上的逐段连续单位切向量场,它与曲线的方向一致. 这就是可以用第一类型曲线积分表示第二类型曲线积分的原因.

例 16.1.3　求 $I=\int_\Gamma \frac{y}{x^2+y^2}\mathrm{d}x$,其中 Γ 为 x,y 平面上的椭圆 $x^2+4y^2-2\sqrt{3}x-1=0$,方向为逆时针.

解　$\Gamma:\frac{(x-\sqrt{3})^2}{4}+y^2=1$,即

$$\begin{cases} x=\sqrt{3}+2\cos\theta, \\ y=\sin\theta. \end{cases}$$

由于 Γ 取逆时针方向,从而 $0\leqslant\theta\leqslant 2\pi$,即 θ 增大与 Γ 的方向一致,于是

$$\begin{aligned} I &= -2\int_0^{2\pi}\frac{\sin^2\theta}{(\sqrt{3}+2\cos\theta)^2+\sin^2\theta}\mathrm{d}\theta \\ &= -2\int_0^{2\pi}\frac{\sin^2\theta}{3\cos^2\theta+4\sqrt{3}\cos\theta+4}\mathrm{d}\theta \\ &= -2\int_0^{2\pi}\frac{\sin^2\theta}{(2+\sqrt{3}\cos\theta)^2}\mathrm{d}\theta \\ &= -4\int_0^{\pi}\frac{\sin^2\theta}{(2+\sqrt{3}\cos\theta)^2}\mathrm{d}\theta \\ &= -\frac{4}{\sqrt{3}}\frac{\sin\theta}{2+\sqrt{3}\cos\theta}\Big|_0^{\pi}+\frac{4}{\sqrt{3}}\int_0^{\pi}\frac{\cos\theta}{2+\sqrt{3}\cos\theta}\mathrm{d}\theta \\ &= \frac{4}{\sqrt{3}}\int_0^{\pi}\frac{\cos\theta}{2+\sqrt{3}\cos\theta}\mathrm{d}\theta \\ &= \frac{4\pi}{3}-\frac{8}{3}\int_0^{\pi}\frac{1}{2+\sqrt{3}\cos\theta}\mathrm{d}\theta. \end{aligned}$$

令 $\theta=2\arctan t$,则 $\mathrm{d}\theta=\frac{2}{1+t^2}\mathrm{d}t$, $\cos\theta=\frac{1-t^2}{1+t^2}$. 从而

$$\begin{aligned} \int_0^{\pi}\frac{1}{2+\sqrt{3}\cos\theta}\mathrm{d}\theta &= 2\int_0^{+\infty}\frac{1}{2(1+t^2)+\sqrt{3}(1-t^2)}\mathrm{d}t \\ &= 2\int_0^{+\infty}\frac{1}{(2+\sqrt{3})+(2-\sqrt{3})t^2}\mathrm{d}t \\ &= \frac{2}{2+\sqrt{3}}\int_0^{+\infty}\frac{\mathrm{d}t}{1+(2-\sqrt{3})^2t^2}=\pi. \end{aligned}$$

于是

$$I=\frac{4}{3}\pi-\frac{8}{3}\pi=\frac{4}{3}\pi.$$

例 16.1.4 求 $I=\int_{\Gamma}(y-z)\mathrm{d}x+(z-x)\mathrm{d}y+(x-y)\mathrm{d}z$，其中 Γ 为曲线 $\begin{cases}x^2+y^2=1,\\x+z=1,\end{cases}$ 从 $A(1,0,0)$ 经 $B(0,-1,1)$ 到 $C(-1,0,2)$ 最短的有向弧段.

解 显然 $\Gamma:\begin{cases}y=-\sqrt{1-x^2},\\z=1-x,\end{cases}$ 其中 x 由 1 减小为 -1 与 Γ 的方向一致.
于是

$$\begin{aligned}I&=\int_1^{-1}\left[-\sqrt{1-x^2}-1+x+(1-2x)\frac{x}{\sqrt{1-x^2}}-(x+\sqrt{1-x^2})\right]\mathrm{d}x\\&=\int_{-1}^{1}\left[2\sqrt{1-x^2}-(1-2x)\frac{x}{\sqrt{1-x^2}}+1\right]\mathrm{d}x\\&=\int_{-1}^{1}\frac{2(1-x^2)-x(1-2x)}{\sqrt{1-x^2}}\mathrm{d}x+2\\&=2+\int_{-1}^{1}\frac{2-x}{\sqrt{1-x^2}}\mathrm{d}x\\&=2+\int_{-\frac{\pi}{2}}^{\frac{\pi}{2}}(2-\sin\theta)\mathrm{d}\theta\\&=2+2\pi.\end{aligned}$$

例 16.1.5 求 $I=\int_{\Gamma}y^2\mathrm{d}x+z^2\mathrm{d}y+x^2\mathrm{d}z$，其中

$$\Gamma:\begin{cases}x^2+y^2+z^2=a^2,\\x^2+y^2=ax,\end{cases}\quad a>0,z\geqslant 0,$$

从 $x>a$ 处看 Γ 是顺时针方向.

解 引进柱坐标 $\begin{cases}x=r\cos\theta,\\y=r\sin\theta,\ r\geqslant 0,\ -\pi\leqslant\theta<\pi.\\z=z,\end{cases}$ 由于 Γ 在 x,y 平面的投影为圆周 $x^2+y^2=ax$，它在极坐标下的方程为 $r=a\cos\theta\left(-\frac{\pi}{2}\leqslant\theta\leqslant\frac{\pi}{2}\right)$，从而 Γ 有参数表示：

$$\begin{cases} x = a\cos^2\theta, \\ y = a\cos\theta\sin\theta, \\ z = a\sqrt{1-\cos^2\theta} = a\mid\sin\theta\mid, \end{cases}$$

且 θ 从$\frac{\pi}{2}$减小到$-\frac{\pi}{2}$的方向与 Γ 的方向一致,于是 $I = I_1 + I_2$,其中

$$\begin{aligned} I_1 &= \int_{\frac{\pi}{2}}^{0} [-2a^3\cos^3\theta\sin^3\theta + a^3\sin^2\theta(-\sin^2\theta+\cos^2\theta) + a^3\cos^5\theta]\mathrm{d}\theta \\ &= a^3\int_0^{\frac{\pi}{2}} [2\cos^3\theta\sin^3\theta + \sin^4\theta - \sin^2\theta\cos^2\theta - \cos^5\theta]\mathrm{d}\theta, \\ I_2 &= \int_0^{-\frac{\pi}{2}} [-2a^3\cos^3\theta\sin^3\theta + a^3\sin^2\theta(-\sin^2\theta+\cos^2\theta) - a^3\cos^5\theta]\mathrm{d}\theta \\ &= a^3\int_0^{\frac{\pi}{2}} [-2\cos^3\theta\sin^3\theta + \sin^4\theta - \sin^2\theta\cos^2\theta + \cos^5\theta]\mathrm{d}\theta. \end{aligned}$$

由此可得

$$\begin{aligned} I &= 2a^3\int_0^{\frac{\pi}{2}} [\sin^4\theta - \sin^2\theta\cos^2\theta]\mathrm{d}\theta \\ &= \frac{a^3}{2}\int_0^{\frac{\pi}{2}} [(1-\cos 2\theta)^2 - \sin^2 2\theta]\mathrm{d}\theta \\ &= \frac{\pi}{4}a^3. \end{aligned}$$

§16.2　曲 面 积 分

曲面积分与曲线积分一样也有两类,第一类与曲面的方向无关,第二类与曲面方向有关. 本节讨论 $\mathbf{R}^3$ 中的两类曲面积分,所有概念和结果容易推广到 $\mathbf{R}^n$ 的情况.

一、第一类型曲面积分

设 S 是 $\mathbf{R}^3$ 中的可求面积的曲面,$f(x,y,z)$定义在 S 上,对于 S 的任一分割 $T:\{\Delta S_1,\cdots,\Delta S_m\}$,类似重积分的定义,我们用 ΔS_i 既表示一片小曲面,又表示它的面积,视具体情况而定. 任取 $P_i(\xi_i,\eta_i,\zeta_i)\in\Delta S_i$,如果当 $d(T)\to 0$时,和数

$$\sum_i f(\xi_i,\eta_i,\zeta_i)\Delta S_i$$

收敛且极限不依赖于 S 的具体分割和$P_i(\xi_i,\eta_i,\zeta_i)\in\Delta S_i$ 的具体选择，则称 $f(x,y,z)$在 S 上的第一类型曲面积分存在，该极限称为 $f(x,y,z)$在 S 上的第一类型曲面积分，记为

$$\iint_S f(x,y,z)\mathrm{d}S=\lim_{d(T)\to 0}\sum_i f(\xi_i,\eta_i,\zeta_i)\Delta S_i.$$

第一类型曲面积分的理论和性质与重积分类似，例如若 $f(x,y,z)$在 S 邻近连续，则它在 S 上的第一类型曲面积分存在，其他不在此一一叙述．第一类型曲面积分也称按面积积分，它与曲面的方向无关．

下面给出第一类型曲面积分的计算公式．首先考虑 S 是简单光滑曲面的情况，即

$$S:\begin{cases}x=x(u,v),\\ y=y(u,v),\\ z=z(u,v),\end{cases}\quad (u,v)\in D.$$

其中 D 是 u,v 平面上的有界闭区域且存在 u,v 平面上的开集 G 使得 $D\subseteq G$，$x(u,v)$，$y(u,v)$，$z(u,v)\in C^1(G)$，$G\ni(u,v)\to(x(u,v),y(u,v),z(u,v))$一一对应，同时

$$\sqrt{EG-F^2}(u,v)\neq 0,\ \forall(u,v)\in G,$$

其中 $E=x_u^2+y_u^2+z_u^2$，$G=x_v^2+y_v^2+z_v^2$，$F=x_ux_v+y_uy_v+z_uz_v$．设 $T=\{\Delta S_1,\cdots,\Delta S_m\}$是 S 的一个分割，对于 ΔS_i，则存在 $\Delta\sigma_i\subseteq D$ 使得

$$\Delta S_i:\begin{cases}x=x(u,v),\\ y=y(u,v),\\ z=z(u,v),\end{cases}\quad (u,v)\in\Delta\sigma_i.$$

易知 $T'=\{\Delta\sigma_1,\cdots,\Delta\sigma_m\}$也是 D 的一个分割，而且

$$d(T)\to 0\Leftrightarrow d(T')\to 0. \tag{16.2.1}$$

任取$(\xi_i,\eta_i,\zeta_i)\in\Delta S_i$，则存在惟一的$(u_i,v_i)\in\Delta\sigma_i$ 使得

$$\begin{cases}\xi_i=x(u_i,v_i),\\ \eta_i=y(u_i,v_i),\\ \zeta_i=z(u_i,v_i),\end{cases}$$

由曲面面积的计算公式可知

$$\begin{aligned}I&=\sum_i f(\xi_i,\eta_i,\zeta_i)\Delta S_i\\&=\sum_i f(\xi_i,\eta_i,\zeta_i)\Big(\iint_{\Delta\sigma_i}\sqrt{EG-F^2}\,\mathrm{d}u\mathrm{d}v\Big).\end{aligned}$$

任给 $\varepsilon>0$,由于$\sqrt{EG-F^2}$在 D 上连续,从而存在 $\delta>0$ 使得当 $d(T')<\delta$ 时有

$$\left|\iint_{\Delta\sigma_i}\sqrt{EG-F^2}\,\mathrm{d}u\mathrm{d}v-\sqrt{EG-F^2}(u_i,\ v_i)\Delta\sigma_i\right|$$

$$\leqslant\iint_{\Delta\sigma_i}\left|\sqrt{EG-F^2}(u,v)-\sqrt{EG-F^2}(u_i,\ v_i)\right|\mathrm{d}u\mathrm{d}v$$

$$<\frac{\Delta\sigma_i}{M\mid D\mid}\varepsilon,$$

其中$|D|$为 $\mathbf{R}^2$ 中有界闭区域 D 的面积,

$$M=\sup_S\mid f(x,\ y,\ z)\mid+1.$$

于是当 $d(T')<\delta$ 时

$$\left|\sum_i f(\xi_i,\eta_i,\ \zeta_i)\left[\iint_{\Delta\sigma_i}\sqrt{EG-F^2}\,\mathrm{d}u\mathrm{d}v-\sqrt{EG-F^2}(u_i,\ v_i)\Delta\sigma_i\right]\right|<\varepsilon.$$

由此及(16.2.1)式可知

$$\lim_{d(T)\to0}I$$

$$=\lim_{d(T')\to0}\sum f(x(u_i,\ v_i),y(u_i,\ v_i),z(u_i,\ v_i))\sqrt{EG-F^2}(u_i,\ v_i)\Delta\sigma_i$$

$$=\iint_D f(x(u,v),y(u,v),z(u,v))\sqrt{EG-F^2}\,\mathrm{d}u\mathrm{d}v,$$

即

$$\iint_S f(x,y,z)\mathrm{d}S$$

$$=\iint_D f(x(u,v),y(u,v),z(u,v))\sqrt{EG-F^2}\,\mathrm{d}u\mathrm{d}v.\quad(16.2.2)$$

如果 S 是由有限片简单光滑曲面拼成的逐片光滑曲面,则可根据积分的可加性定义 f 在 S 上的积分. 特别若 S 有统一的参数表示

$$S:\begin{cases}x=x(u,v),\\ y=y(u,v),\ (u,v)\in D.\\ z=z(u,v),\end{cases}$$

其中 D 是(u,v)平面上有界区域,使得存在 u,v 平面上的开集 G 满足 $\overline{D}\subseteq G$,$x(u,v),y(u,v),z(u,v)\in C^1(G)$,且存在 $\mathbf{R}^2$ 的 J 零集 H 使得

$$D\setminus(\overline{H}\cup\partial D)\ni(u,v)\to(x(u,v),y(u,v),z(u,v))$$

为一一对应,$\sqrt{EG-F^2}(u,v)\neq 0,\forall(u,v)\in D\setminus(H\cup\partial D)$. 如果 $f(x,y,z)$在 S 邻近连续,则可以证明(16.2.2)式也成立. 若记

$$\boldsymbol{r}(u,v)=\begin{pmatrix}x(u,v)\\y(u,v)\\z(u,v)\end{pmatrix},$$

则$\sqrt{EG-F^2}=|\boldsymbol{r}_u\times\boldsymbol{r}_v|$,从而(16.2.2)式也可写为

$$\iint\limits_S f(x,y,z)\mathrm{d}S=\iint\limits_D f(x(u,v),y(u,v),z(u,v))\mid\boldsymbol{r}_u\times\boldsymbol{r}_v\mid\mathrm{d}u\mathrm{d}v.$$

特别若 S 有显示表示 $z=z(x,y),(x,y)\in D$,则

$$\iint\limits_S f(x,y,z)\mathrm{d}S=\iint\limits_D f(x,y,z(x,y))\sqrt{1+z_x^2+z_y^2}\mathrm{d}x\mathrm{d}y.\tag{16.2.3}$$

例 16.2.1 求 $I=\iint\limits_S(y^2z^2+z^2x^2+x^2y^2)\mathrm{d}S$,其中 S 是锥面 $z^2=k^2(x^2+y^2)$被柱面 $x^2+y^2-2ax=0$ 在 $z\geqslant 0$ 截下的部分$(a,k>0)$.

解 显然 $S:z=k\sqrt{x^2+y^2}$, $(x,y)\in D$,其中

$$D=\{(x,y)\in\mathbf{R}^2\mid x^2+y^2\leqslant 2ax\}.$$

于是

$$\begin{aligned}I&=\iint\limits_D[k^2(x^2+y^2)^2+x^2y^2]\sqrt{1+z_x^2+z_y^2}\mathrm{d}x\mathrm{d}y\\&=\iint\limits_D[k^2(x^2+y^2)^2+x^2y^2]\sqrt{1+k^2}\mathrm{d}x\mathrm{d}y,\end{aligned}$$

利用极坐标$\begin{cases}x=r\cos\theta,\\y=r\sin\theta,\end{cases}$ $r\geqslant 0,-\pi\leqslant\theta<\pi$ 可得

$$\begin{aligned}I&=\int_{-\frac{\pi}{2}}^{\frac{\pi}{2}}\mathrm{d}\theta\int_0^{2a\cos\theta}\sqrt{1+k^2}(k^2r^4+r^4\sin^2\theta\cos^2\theta)r\mathrm{d}r\\&=\frac{64}{6}a^6\sqrt{1+k^2}\int_{-\frac{\pi}{2}}^{\frac{\pi}{2}}[k^2\cos^6\theta+\sin^2\theta\cos^8\theta]\mathrm{d}\theta\\&=\frac{32}{3}a^6\sqrt{1+k^2}\left[\frac{\Gamma\left(\frac{7}{2}\right)\Gamma\left(\frac{1}{2}\right)}{\Gamma(4)}k^2+\frac{\Gamma\left(\frac{3}{2}\right)\Gamma\left(\frac{9}{2}\right)}{\Gamma(6)}\right]\\&=\frac{32}{3}a^6\sqrt{1+k^2}\left[\frac{5}{16}\pi k^2+\frac{7\pi}{256}\right]\end{aligned}$$

$$= \frac{\pi a^6 \sqrt{1+k^2}}{24}(80k^2+7).$$

例 16.2.2　求 $I = \iint\limits_S (x^2+y^2+z^2)^{-\frac{3}{2}}\left(\frac{x^2}{a^4}+\frac{y^2}{b^4}+\frac{z^2}{c^4}\right)^{-\frac{1}{2}}\mathrm{d}S$，其中 S：$\frac{x^2}{a^2}+\frac{y^2}{b^2}+\frac{z^2}{c^2}=1(a\geqslant b\geqslant c>0)$.

解

$$S:\begin{cases} x = a\sin\varphi\cos\theta, \\ y = b\sin\varphi\sin\theta, \quad 0\leqslant\varphi\leqslant\pi,\ 0\leqslant\theta\leqslant 2\pi, \\ z = c\cos\varphi, \end{cases}$$

则

$$x_\varphi = a\cos\varphi\cos\theta, y_\varphi = b\cos\varphi\sin\theta, z_\varphi = -c\sin\varphi,$$
$$x_\theta = -a\sin\varphi\sin\theta, y_\theta = b\sin\varphi\cos\theta, z_\theta = 0.$$

从而

$$E = \cos^2\varphi(a^2\cos^2\theta + b^2\sin^2\theta) + c^2\sin^2\varphi,$$
$$G = \sin^2\varphi(a^2\sin^2\theta + b^2\cos^2\theta),$$
$$F = (b^2-a^2)\sin\varphi\cos\varphi\sin\theta\cos\theta,$$
$$\sqrt{EG-F^2}$$
$$= \sin\varphi\sqrt{a^2b^2\cos^2\varphi + b^2c^2\sin^2\varphi\cos^2\theta + a^2c^2\sin^2\varphi\sin^2\theta}$$
$$= abc\sin\varphi\sqrt{\frac{x^2}{a^4}+\frac{y^2}{b^4}+\frac{z^2}{c^4}}.$$

于是

$$I = \iint\limits_{\substack{0\leqslant\varphi\leqslant\pi\\0\leqslant\theta\leqslant2\pi}} abc(a^2\sin^2\varphi\cos^2\theta + b^2\sin^2\varphi\sin^2\theta$$
$$+ c^2\cos^2\varphi)^{-\frac{3}{2}}\sin\varphi\mathrm{d}\varphi\mathrm{d}\theta.$$

由于

$$J = \int_0^\pi (a^2\sin^2\varphi\cos^2\theta + b^2\sin^2\varphi\sin^2\theta + c^2\cos^2\varphi)^{-\frac{3}{2}}\sin\varphi\mathrm{d}\varphi$$
$$= \int_{-1}^1 [(a^2\cos^2\theta + b^2\sin^2\theta)(1-t^2) + c^2t^2]^{-\frac{3}{2}}\mathrm{d}t$$
$$= \frac{2}{A^3}\int_0^1\left[1-\left(\frac{A^2-c^2}{A^2}\right)t^2\right]^{-\frac{3}{2}}\mathrm{d}t,$$

其中 $A=\sqrt{a^2\cos^2\theta+b^2\sin^2\theta}$. 由于 $a\geqslant b\geqslant c$,所以

$$A^2=a^2\cos^2\theta+b^2\sin^2\theta=b^2+(a^2-b^2)\cos^2\theta\geqslant c^2.$$

若 $A=c$,则 $a=b=c$,由此显然可得 $I=4\pi$. 若 $A>c$,则

$$\begin{aligned}J&=\frac{2}{A^2\sqrt{A^2-c^2}}\int_0^{\frac{\sqrt{A^2-c^2}}{A}}(1-s^2)^{-\frac{3}{2}}\mathrm{d}s\\&=\frac{2}{A^2\sqrt{A^2-c^2}}\frac{s}{\sqrt{1-s^2}}\Bigg|_0^{\frac{\sqrt{A^2-c^2}}{A}}\\&=\frac{2}{A^2c}.\end{aligned}$$

于是

$$\begin{aligned}I&=2ab\int_0^{2\pi}\frac{1}{a^2\cos^2\theta+b^2\sin^2\theta}\mathrm{d}\theta\\&=8ab\int_0^{\frac{\pi}{2}}\frac{\mathrm{d}\theta}{a^2\cos^2\theta+b^2\sin^2\theta}.\end{aligned}$$

令 $\tan\theta=t$,则

$$\begin{aligned}I&=8ab\int_0^{+\infty}\frac{\mathrm{d}t}{(a^2-b^2)+b^2(1+t^2)}=8ab\int_0^{+\infty}\frac{\mathrm{d}t}{a^2+b^2t^2}\\&=8\arctan\frac{b}{a}t\Bigg|_0^{+\infty}=4\pi.\end{aligned}$$

无论何种情况均有 $I=4\pi$.

例 16.2.3 将 $\mathbf{R}^n$ 中球面 $S:|x|=\sqrt{x_1^2+\cdots+x_n^2}=r(r>0,n\geqslant 2)$上的积分

$$I=\int_S f(a_1x_1+\cdots+a_nx_n)\mathrm{d}S,$$

化为定积分,其 $f(t)$是一元连续函数.

解 不妨设$|a|=\sqrt{a_1^2+\cdots+a_n^2}\neq 0$. 考虑 $\mathbf{R}^n$ 中的正交线性变换:

$$\begin{cases}y_1=\dfrac{1}{|a|}(a_1x_1+\cdots+a_nx_n),\\y_2=a_{21}x_1+\cdots+a_{2n}x_n,\\\cdots\cdots\cdots\cdots\\y_n=a_{n1}x_1+\cdots+a_{nn}x_n.\end{cases}$$

显然 $S:|y|=\sqrt{y_1^2+\cdots+y_n^2}=r$,且

$$I=\int_{|y|=r}f(|a|y_1)\mathrm{d}S.$$

由于

$$S:y_n=\pm\sqrt{r^2-y_1^2-\cdots-y_{n-1}^2},$$

所以

$$\sqrt{1+\left(\frac{\partial y_n}{\partial y_1}\right)^2+\cdots+\left(\frac{\partial y_n}{\partial y_{n-1}}\right)^2}=\frac{r}{\sqrt{r^2-y_1^2-\cdots-y_{n-1}^2}},$$

且由(16.2.3)式得

$$I=2r\int\limits_{y_1^2+\cdots+y_{n-1}^2\leqslant r^2}\frac{f(|a|y_1)}{\sqrt{r^2-y_1^2-\cdots-y_{n-1}^2}}\mathrm{d}y_1\cdots\mathrm{d}y_{n-1}.\quad(16.2.4)$$

当 $n=2$ 时,(16.2.4)式为

$$I=2r\int_{-r}^{r}f(|a|y_1)(r^2-y_1^2)^{-\frac{1}{2}}\mathrm{d}y_1.\quad(16.2.5)$$

当 $n>2$ 时,则

$$\begin{aligned}I&=2r\int_{-r}^{r}f(|a|y_1)\mathrm{d}y_1\int\limits_{y_2^2+\cdots+y_{n-1}^2\leqslant r^2-y_1^2}\frac{\mathrm{d}y_2\cdots\mathrm{d}y_{n-1}}{\sqrt{r^2-y_1^2-\cdots-y_{n-1}^2}}\\&=2r\int_{-r}^{r}f(|a|y_1)(r^2-y_1^2)^{\frac{n-3}{2}}\mathrm{d}y_1\int\limits_{z_1^2+\cdots+z_{n-2}^2\leqslant 1}\frac{\mathrm{d}z_1\cdots\mathrm{d}z_{n-2}}{\sqrt{1-z_1^2-\cdots-z_{n-2}^2}}\end{aligned}$$

已知 $\mathbf{R}^{n-1}$ 中单位球面的面积

$$w_{n-1}=\frac{2\pi^{\frac{n-1}{2}}}{\Gamma\left(\frac{n-1}{2}\right)}=2\int\limits_{z_1^2+\cdots+z_{n-2}^2\leqslant 1}\frac{\mathrm{d}z_1\cdots\mathrm{d}z_{n-2}}{\sqrt{1-z_1^2-\cdots-z_{n-2}^2}},$$

所以

$$I=w_{n-1}r\int_{-r}^{r}f(|a|y_1)(r^2-y_1^2)^{\frac{n-3}{2}}\mathrm{d}y_1.\quad(16.2.6)$$

由于 $w_1=2$,所以对于 $n\geqslant 2$,(16.2.6)式成立.(16.2.6)式通常称为 Poisson 公式.

例 16.2.4 求 $I=\iint\limits_S \mathrm{e}^{x-y}\mathrm{d}S$,其中 $S:x^2+y^2+z^2=1$.

解 利用 Poisson 公式可得

$$I=2\pi\int_{-1}^{1}\mathrm{e}^{\sqrt{2}t}\mathrm{d}t=\sqrt{2}\pi(\mathrm{e}^{\sqrt{2}}-\mathrm{e}^{-\sqrt{2}}).$$

二、曲面的定向

在讨论第二类型曲面积分之前,需要对曲面的定向加以说明. 称 S 是 $\mathbf{R}^3$ 中的光滑曲面,如果对任何 $P\in S$,存在 P 在 $\mathbf{R}^3$ 中的一个邻域 $U=U(P)$使得 $U\cap S$ 是简单光滑曲面,即 $U\cap S$ 有参数表示

$$U\cap S:\begin{cases}x=x(u,v),\\ y=y(u,v),\ (u,v)\in D,\\ z=z(u,v),\end{cases}$$

其中 D 是 u,v 平面上的有界闭区域且存在 u,v 平面上的开集 G 使得 $D\subset G$, $x(u,v)$, $y(u,v)$, $z(u,v)\in C^1(G)$, $G\ni(u,v)\to(x(u,v),y(u,v),z(u,v))$一一对应,同时

$$\boldsymbol{r}_u\times\boldsymbol{r}_v(u,v)\neq 0,\ \forall(u,v)\in G,$$

其中

$$\boldsymbol{r}(u,v)=\begin{pmatrix}x(u,v)\\ y(u,v)\\ z(u,v)\end{pmatrix}.$$

若 P 是 $U\cap S$ 的内点,即存在$(u,v)\in D^\circ$使得

$$P=(x(u,v),y(u,v),z(u,v)),$$

则称 P 是 S 的内点. 若 P 是 $U\cap S$ 的边界点,即存在$(u,v)\in\partial D$ 使得

$$P=(x(u,v),y(u,v),z(u,v)),$$

则称 P 是 S 的边界点,记为 $P\in\partial S$. 一个光滑曲面若$\partial S=\varnothing$,则称 S 是无边的;若$\partial S\neq\varnothing$,则称 S 是带边的. 例如球面,环面都是无边的光滑曲面. 半球面,一个有界圆柱体的侧面都是带边的光滑曲面.

设 S 是一个光滑曲面,如果 S 上存在连续单位法向量场 $\boldsymbol{\nu}(P)$,则称 S 是可定向的,$\boldsymbol{\nu}(P)$称为 S 的一个方向. S 连同其一个方向称为定向曲面. 显然若 $\boldsymbol{\nu}(P)$是 S 的一个方向,则 $-\boldsymbol{\nu}(P)$也是 S 的一个方向. 容易证明若 S 是可定向的、连通的光滑曲面,则 S 有且仅有两个方向.

设

$$\tilde{S}:\boldsymbol{r}=\boldsymbol{r}(u,v)=\begin{pmatrix}x(u,v)\\ y(u,v)\\ z(u,v)\end{pmatrix},\ (u,v)\in D,$$

是光滑简单曲面,显然 $\tilde{S}$ 是连通且

$$\boldsymbol{\nu}(u,v)=\frac{\boldsymbol{r}_u\times\boldsymbol{r}_v}{|\boldsymbol{r}_u\times\boldsymbol{r}_v|}(u,v),\ (u,v)\in D$$

是 $\tilde{S}$ 上连续单位法向量场,从而 $\tilde{S}$ 是可定向的, $\pm\boldsymbol{\nu}(P)$ 是 $\tilde{S}$ 上两个仅有的方向. 由此可知任何光滑曲面 S 都是局部可定向的,即对任意 $P\in S$,存在 P 的邻域 U 使得 $S_U=S\cap U$ 是可定向的. 为了进一步说明可定向光滑曲面的特征,首先给出以下命题.

命题 16.2.1　设 S 是光滑曲面,

$$\Gamma=\widehat{AB}:P(t),\ a\leqslant t\leqslant b$$

是 S 上的简单曲线, $\boldsymbol{\nu}_0$ 是 S 在 $A=P(a)$ 点的一个单位法向量,则存在惟一定义在 $[a,b]$ 的向量值函数 $\boldsymbol{\tau}(t)$ 使得

(i) $\boldsymbol{\tau}(t)$ 是 S 在 $P(t)\in\Gamma$ 点的单位法向量;

(ii) $\boldsymbol{\tau}(t)$ 在 $[a,b]$ 上连续;

(iii) $\boldsymbol{\tau}(a)=\boldsymbol{\nu}_0$.

命题证明留给读者. 由此命题可知一般说来 $\boldsymbol{\tau}(b)$ 依赖于 $\boldsymbol{\nu}_0$ 和 Γ 的具体选择.

若对任意 $A,B\in S$ 和 S 上以 A 为始点, B 为终点的任意简单曲线 $\Gamma=\widehat{AB}:P(t),\ a\leqslant t\leqslant b$,上述由命题确定的 $\boldsymbol{\tau}(b)$ 不依赖于 Γ 的具体选择,则称 S 具有性质(*).

定理 16.2.1　假设 S 是光滑曲面,则 S 可定向的充分必要条件是 S 具有性质(*).

证　不妨设 S 是道路连通的. 若 S 可定向,则 S 上有连续单位法向量场 $\boldsymbol{\nu}(P)$ 和 $-\boldsymbol{\nu}(P)$. 任取 $A,B\in S$ 和 S 上的简单曲线

$$\Gamma=\widehat{AB}:P(t),\ a\leqslant t\leqslant b.$$

如果 $\boldsymbol{\nu}_0=\boldsymbol{\nu}(A)$,则由命题中的惟一性结论可知其中的 $\boldsymbol{\tau}(t)=\boldsymbol{\nu}(P(t))$. 由此可知

$$\boldsymbol{\tau}(b)=\boldsymbol{\nu}(B).$$

同理若 $\boldsymbol{\nu}_0=-\boldsymbol{\nu}(A)$,则

$$\boldsymbol{\tau}(b)=-\boldsymbol{\nu}(B).$$

于是 S 具有性质(*).

反之,若 S 有性质(*). 取定 $A\in S$ 和 S 在 A 的单位法向量 $\boldsymbol{\nu}_0$. 由 S 的连通性和命题可定义 $\boldsymbol{\nu}(A)=\boldsymbol{\nu}_0$ 且

$$\boldsymbol{\nu}(P)=\boldsymbol{\tau}(P,\boldsymbol{\nu}_0),\ \forall P\in S\setminus\{A\},$$

易知 $\boldsymbol{\nu}(P)$ 在 S 上连续,从而 S 可定向.

显然光滑曲面 S 具有性质(*)等价于始点在 S 上的任意单位法向量,从 S 上任一点 A 出发沿 S 上任意简单封闭曲线连续变化回到 A 时仍然与出发时的指向相同. 更为直观地把连通、光滑可定向曲面称为双侧曲面,一个观察者在曲面一侧运动,只要不从边界翻过去就不可能到另一侧. 例如单位球面

$$S: x^2 + y^2 + z^2 = 1$$

上的单位外法向量

$$\boldsymbol{\nu}(x,y,z) = \begin{pmatrix} x \\ y \\ z \end{pmatrix}$$

组成 S 上的连续单位外法向量场,从而确定 S 的一个方向,S 连同这个方向称为 S 的外侧. 同样 S 连同由其单位内法向量 $-\boldsymbol{\nu}(x,y,z)$ 确定的方向称为 S 的内侧. 一般来说连通、封闭、可定向的光滑曲面有内侧与外侧之分. 又如有显式表示的光滑面

$$S: z = z(x,y),(x,y) \in D,$$

其中 D 是 x,y 平面上的有界闭区域,$z(x,y) \in C^1(D)$. 显然

$$\boldsymbol{\nu}(x,y) = \frac{1}{\sqrt{1 + z_x^2(x,y) + z_y^2(x,y)}} \begin{pmatrix} -z_x(x,y) \\ -z_y(x,y) \\ 1 \end{pmatrix}$$

确定 S 上的一个方向. S 连同这个方向称为 S 的上侧. S 连同由 $-\boldsymbol{\nu}(x,y)$ 所确定的方向称为 S 的下侧.

不可定向的光滑曲面是存在的,一个非常有名的例子就是 Möbius 带(见图 16.2.1). 考察一条细长的矩形带 $AA'B'B$,C 与 C' 分别是 AB 与 $A'B'$ 的中点. 我们弯曲这条纸带将 $A'B'$ 与 AB 粘合起来,考虑以下两种粘合的方法:

(i) $A'B'$ 与 AB 按同一方向粘合,即 A' 与 A 粘合,B' 与 B 粘合. 这样就得一个圆柱体的侧面,显然它是可定向的.

(ii) 纸带 $AA'B'B$ 在整个弯曲过程中 $A'B'$ 同时扭转 180°使得 $A'B'$ 与 AB 按相反方向粘合,即 A' 与 B 粘合,B' 与 A 粘合,这样就得到所谓 Möbius 带. 显然 C' 与 C 粘合,原来小纸带上的中位线 CC' 在 Möbius 带上就成为一个封闭曲线. 如果沿这条封闭曲线绕行一周,在绕行过程中保持单位法向量连续变化,那么不论出发时指定哪一个单位法向量,当我们绕行一周回到原来的出发点时,连续变化的单位法向量必指向出发时的相反方向. 由此可知 Möbius 带是不可定向的. 不可定向的曲面通常也称为单侧曲面. 读者可亲自做一个 Möbius 带,很容易看出它是一个单侧曲面.

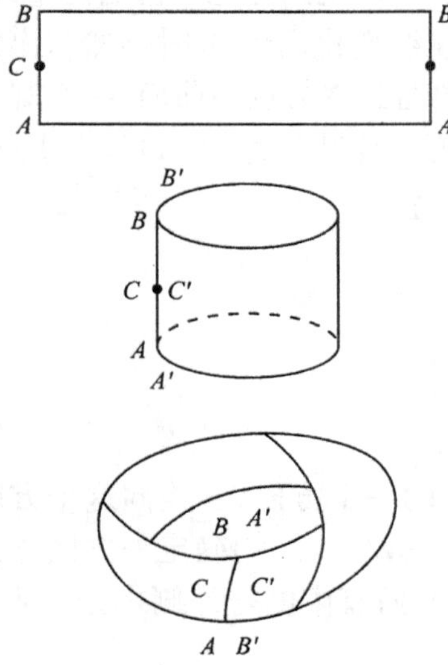

图 16.2.1

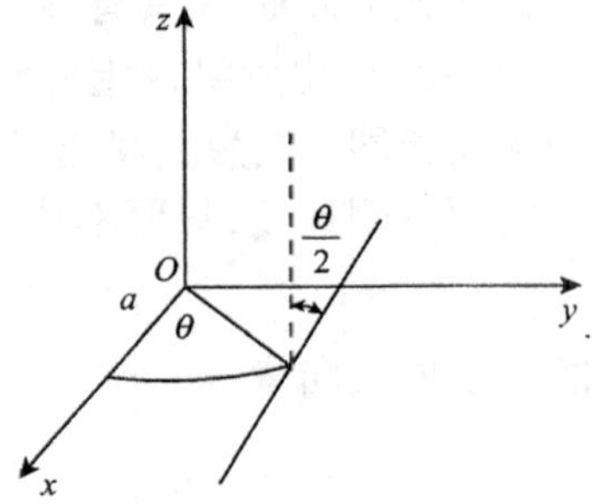

图 16.2.2

下面我们给出 Möbius 带的参数方程，通过计算可知它是单侧曲面．假设 $AA'=2\pi a, AB=2b$，且 $a>b$．开始时小细杆 l 占有 $\{(a,0,u)\mid -b\leqslant u\leqslant b\}$ 的位置．小细杆的中点 C 沿 x,y 平面上的圆周 $x^2+y^2=a^2$ 逆时针旋转，同时整个细杆绕 C 点自转，使得在任何时刻 z 轴与 l 在与 x,y 平面垂直的同一个平面内，而且当 C 点旋转 θ 角时，细杆 l 绕 C 点顺时针旋转 $\dfrac{\theta}{2}$ 角．这样当 C 点旋转一周时，细杆 l 所生成的曲面就是 Möbius 带 S（如图 16.2.2）．由此易得

$$S:\begin{cases} x=\left(a+u\sin\dfrac{\theta}{2}\right)\cos\theta, \\ y=\left(a+u\sin\dfrac{\theta}{2}\right)\sin\theta, \\ z=u\cos\dfrac{\theta}{2}, \end{cases}\quad \begin{array}{l} -b\leqslant u\leqslant b, \\ 0\leqslant\theta\leqslant 2\pi. \end{array}$$

显然

$$x_u=\sin\frac{\theta}{2}\cos\theta,\ y_u=\sin\frac{\theta}{2}\sin\theta, z_u=\cos\frac{\theta}{2},$$

$$x_\theta=-\left(a+u\sin\frac{\theta}{2}\right)\sin\theta+\frac{u}{2}\cos\frac{\theta}{2}\cos\theta,$$

$$y_\theta=\left(a+u\sin\frac{\theta}{2}\right)\cos\theta+\frac{u}{2}\cos\frac{\theta}{2}\sin\theta,$$

$$z_\theta=-\frac{u}{2}\sin\frac{\theta}{2}.$$

于是

$$\boldsymbol{r}_u \times \boldsymbol{r}_\theta(u,0) = \begin{pmatrix} -a \\ \dfrac{u}{2} \\ 0 \end{pmatrix}, \boldsymbol{r}_u \times \boldsymbol{r}_\theta(-u,2\pi) = \begin{pmatrix} a \\ -\dfrac{u}{2} \\ 0 \end{pmatrix}.$$

即 $\boldsymbol{r}_u \times \boldsymbol{r}_\theta(u,0) = -\boldsymbol{r}_u \times \boldsymbol{r}_\theta(-u,2\pi)$.

实际应用中经常遇到逐片光滑曲面的定向问题,为讨论这一问题首先说明定向曲面的边界定向.(见图 16.2.3)设 S 是带边的光滑定向曲面,其边界∂S 为简单曲线. S 的方向诱导∂S 的一个方向,或者称∂S 的一个方向与 S 的方向一致,即与 S 方向一致的单位法向量在∂S 上沿这个方向前进,S 邻近此向量的部分总在该向量的左侧. 两个带边的光滑定向曲面,若有一段简单曲线是它们的公共边界,如果它们在公共边界上诱导的方向是相反的,则它们的定向是协调的.

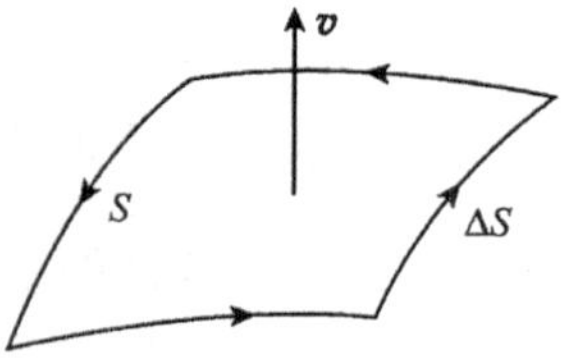

图 16.2.3

设 S 是有限片光滑可定向的曲面 $S_1,\cdots,S_l$ 按规则相处原则拼接在一起的逐片光滑曲面. 所谓规则相处是指任意两片曲面至多沿一段公共边界曲线相交,任意三片(或更多片)曲面至多交于一个公共边界点. 如果每一个 S_i 可选定一个方向使得任意两片相邻曲面的定向是协调的,则称 S 是可定向的. 按协调原则选择的每一个 S_i 的定向称为S 的一定向,不难证明任何连通可定向逐片光滑曲面的定向也只有两个. 显然任何一个光滑曲面也可以视为按规则相处原则拼接的逐片光滑曲面,容易证明对于光滑曲面上述两种可定向的定义是等价的. 今后提到的曲面如无声明总是可定向的.

例 16.2.5 设 S 是立方体的表面,如果选择拼成 S 的六个正方形面片的外法线方向为正向,显然任意两个相邻面片的正向是协调的,从而 S 可定向且外法线方向就是S 的一个定向. S 连同外法线方向的选择称为S 的外侧(见图 16.2.4).

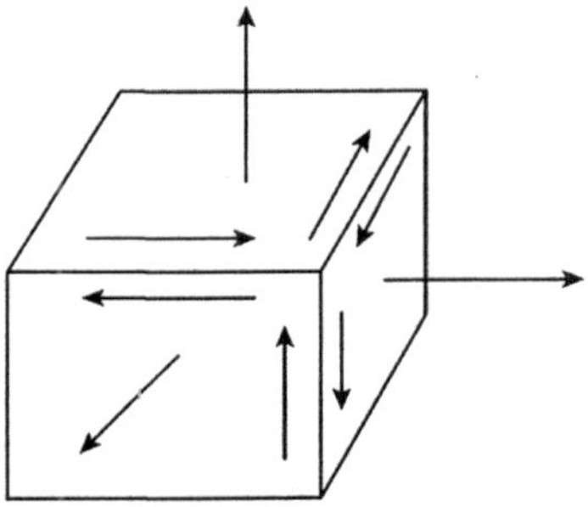

图 16.2.4

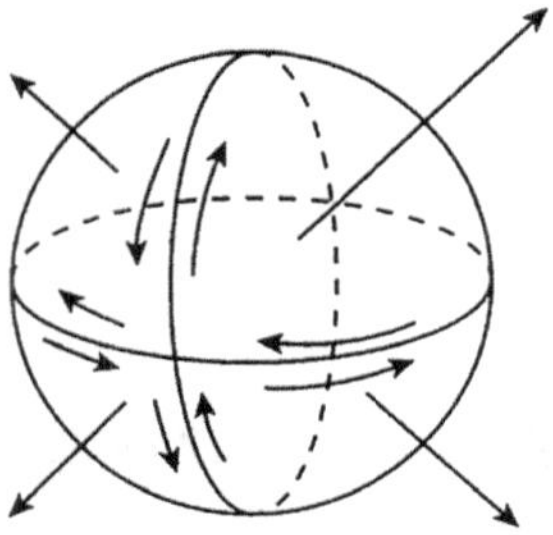

图 16.2.5

例 16.2.6　设 S 是球面(见图 16.2.5),显然 S 可定向且外法向就是它的一个方向. 另一方面 S 可以视为由有限片带边光滑可定向曲面按规则相处原则拼接而成的曲面. 尽管拼接的方法有很多种,只要每片被拼接的曲面都选外法向为正向,容易看出任意两片相邻曲面的正向是协调的. 从而外法向对于将 S 视为拼接而成的曲面来说也是它的一个方向.

例 16.2.6′　Möbius 带 M 也可以看成由有限片光滑可定向曲面拼接成的. 但是对任意一种拼法,任意选取每片被拼接曲面的一个方向为正向,总可以找到两片相邻曲面的正向是不协调的.

三、第二类型曲面积分

从物理学中的计算流量或通量的问题可以引出第二类型曲面积分(见图 16.2.6). 设 Ω 是 $\mathbf{R}^3$ 中的一个区域,Ω 内有一稳定流,即每一点的流速不依赖于时间 t. 记流速

$$\boldsymbol{v}(x,y,z)=P(x,y,z)\boldsymbol{i}+Q(x,y,z)\boldsymbol{j}+R(x,y,z)\boldsymbol{k}.$$

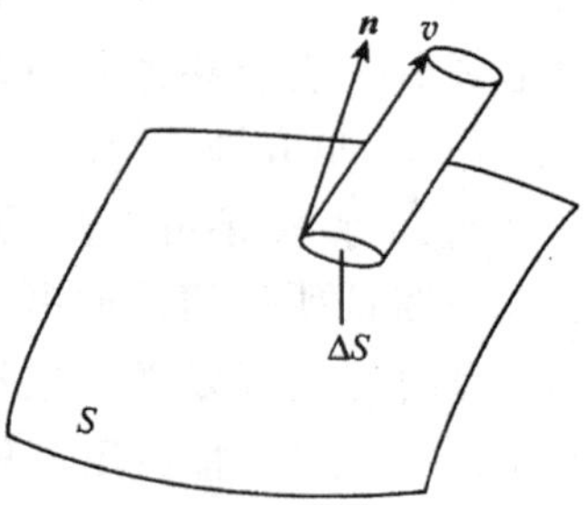

图 16.2.6

已给 Ω 内一光滑可定向曲面 S. 选取 S 的一侧为正侧,其相应的单位法向量记为

$$\boldsymbol{n}=\cos\alpha\boldsymbol{i}+\cos\beta\boldsymbol{j}+\cos\gamma\boldsymbol{k}.$$

$\cos\alpha,\cos\beta,\cos\gamma$ 称为 $\boldsymbol{n}$ 的方向余弦. 我们的问题是求单位时间内流体穿过 S 从负侧到正侧的流量 Q. 在 S 上任取一小片曲面 ΔS, 其面积也记为 ΔS. 任取$(\xi,\eta,\zeta)\in\Delta S$,$\Delta S$ 近似地视为 S 过(ξ,η,ζ)的切平面上的小区域,所以单位时间内穿过 ΔS 从负侧到正侧的流量 ΔQ 近似于以 ΔS 为底面 $\boldsymbol{v}(\xi,\eta,\zeta)$为母线的斜柱体的体积,于是

$$\Delta Q\approx(\boldsymbol{v}(\xi,\eta,\zeta)\cdot\boldsymbol{n}(\xi,\eta,\zeta))\Delta S.$$

利用分割、求和、取极限的过程易知

$$Q=\iint\limits_S\boldsymbol{v}(\xi,\eta,\zeta)\cdot\boldsymbol{n}(\xi,\eta,\zeta)\mathrm{d}S,$$

或者

$$Q=\iint\limits_S(P\cos\alpha+Q\cos\beta+R\cos\gamma)\mathrm{d}S.$$

上式右端是第一类型曲面积分,但被积式线性依赖于确定 S 方向的单位法向量,从而积分与 S 的方向有关,且 S 取相反的方向,积分被改变符号.

基于以上讨论,我们定义如下. 设 S 是逐片光滑的定向曲面,S 上确定其

方向的单位法向量记为

$$\boldsymbol{n}(x,y,z)=\cos\alpha\boldsymbol{i}+\cos\beta\boldsymbol{j}+\cos\gamma\boldsymbol{k},\ (x,y,z)\in S.$$

显然 $\alpha(x,y,z),\beta(x,y,z),\gamma(x,y,z)$在 S 上逐片连续. 设

$$\boldsymbol{F}(x,y,z)=P(x,y,z)\boldsymbol{i}+Q(x,y,z)\boldsymbol{j}+R(x,y,z)\boldsymbol{k}$$

是定义在 S 上的向量值函数,定义 $\boldsymbol{F}$ 沿 S 的第二类型曲面积分为

$$\iint_S \boldsymbol{F}(x,y,z)\cdot\boldsymbol{n}(x,y,z)\mathrm{d}S,$$

有时也记为

$$\iint_S \boldsymbol{F}\cdot\mathrm{d}\boldsymbol{S}=\iint_S \boldsymbol{F}\cdot\boldsymbol{n}\mathrm{d}S,$$

用分量表示则

$$\iint_S \boldsymbol{F}\cdot\mathrm{d}\boldsymbol{S}=\iint_S (P\cos\alpha+Q\cos\beta+R\cos\gamma)\mathrm{d}S.$$

我们可以独立定义

$$\iint_S P(x,y,z)\cos\alpha(x,y,z)\mathrm{d}S$$

$$=\lim_{d(T)\to 0}\sum_i P(\xi_i,\eta_i,\zeta_i)\cos\alpha(\xi_i,\eta_i,\zeta_i)\Delta S_i$$

为 $P(x,y,z)$沿定向曲面 S 关于坐标 y,z 的积分,记为

$$\iint_S P(x,y,z)\mathrm{d}y\mathrm{d}z=\iint_S P(x,y,z)\cos\alpha\mathrm{d}S.$$

同样定义 $Q(x,y,z)$沿 S 关于坐标 z,x 的积分为

$$\iint_S Q(x,y,z)\mathrm{d}z\mathrm{d}x=\iint_S Q(x,y,z)\cos\beta\mathrm{d}S,$$

$R(x,y,z)$沿 S 关于坐标 x,y 的积分为

$$\iint_S R(x,y,z)\mathrm{d}x\mathrm{d}y=\iint_S R(x,y,z)\cos\gamma\mathrm{d}S.$$

于是

$$\iint_S \boldsymbol{F}\cdot\mathrm{d}\boldsymbol{S}=\iint_S P\mathrm{d}y\mathrm{d}z+Q\mathrm{d}z\mathrm{d}x+R\mathrm{d}x\mathrm{d}y.$$

第二类型曲面积分可用第一类型曲面积分定义,从而第一类型曲面积分的许多性质对于第二类型曲面积分也成立,我们不在此详述. 特别值得指出的是与第一类型曲面不同,第二类型曲面积分与曲面的方向有关,通常称 S 带有某一方向为正侧,则 S 带有相反方向为负侧,记为 $-S$,于是

$$\iint_S P(x,y,z)\mathrm{d}y\mathrm{d}z = -\iint_{-S} P(x,y,z)\mathrm{d}y\mathrm{d}z,$$

$$\iint_S Q(x,y,z)\mathrm{d}z\mathrm{d}x = -\iint_{-S} Q(x,y,z)\mathrm{d}z\mathrm{d}x,$$

$$\iint_S R(x,y,z)\mathrm{d}x\mathrm{d}y = -\iint_{-S} R(x,y,z)\mathrm{d}x\mathrm{d}y.$$

运用第一类型曲面积分的计算公式立即可得第二类型曲面积分的计算公式. 设 S 是逐片光滑的定向曲面且有参数表示

$$S:\begin{cases} x = x(u,v), \\ y = y(u,v), \quad (u,v) \in D. \\ z = z(u,v), \end{cases}$$

记

$$A = \frac{D(y,z)}{D(u,v)} = \begin{vmatrix} y_u & z_u \\ y_v & z_v \end{vmatrix},$$

$$B = \frac{D(z,x)}{D(u,v)} = \begin{vmatrix} z_u & x_u \\ z_v & x_v \end{vmatrix},$$

$$C = \frac{D(x,y)}{D(u,v)} = \begin{vmatrix} x_u & y_u \\ x_v & y_v \end{vmatrix},$$

由于 S 连通,所以与 S 定向一致的单位法向量或者是 $\boldsymbol{n}$ 或者是 $-\boldsymbol{n}$,假设为 $\boldsymbol{n}$ 且它的方向余弦为

$$\cos\alpha = \frac{A}{\sqrt{A^2+B^2+C^2}},$$

$$\cos\beta = \frac{B}{\sqrt{A^2+B^2+C^2}},$$

$$\cos\gamma = \frac{C}{\sqrt{A^2+B^2+C^2}}.$$

于是

$$\begin{aligned} &\iint_S P(x,y,z)\mathrm{d}y\mathrm{d}z \\ =& \iint_S P(x,y,z)\cos\alpha\,\mathrm{d}S \\ =& \iint_D P(x(u,v),y(u,v),z(u,v))A(u,v)\mathrm{d}u\mathrm{d}v. \end{aligned}$$

同理

$$\iint\limits_S Q(x,y,z)\mathrm{d}z\mathrm{d}x = \iint\limits_D Q(x(u,v),y(u,v),z(u,v))B(u,v)\mathrm{d}u\mathrm{d}v,$$

$$\iint\limits_S R(x,y,z)\mathrm{d}x\mathrm{d}y = \iint\limits_D R(x(u,v),y(u,v),z(u,v))C(u,v)\mathrm{d}u\mathrm{d}v.$$

以上公式也可统一写为

$$\iint\limits_S P\mathrm{d}y\mathrm{d}z + Q\mathrm{d}z\mathrm{d}x + R\mathrm{d}x\mathrm{d}y = \iint\limits_D (PA + QB + RC)\mathrm{d}u\mathrm{d}v. \tag{16.2.7}$$

特别若

$$S: z = z(x,y),\ (x,y) \in D,$$

方向为 S 的上侧,显然与 S 方向一致的单位法向量

$$\boldsymbol{n} = \frac{1}{\sqrt{1 + z_x^2 + z_y^2}}(-z_x,\ -z_y,\ 1).$$

由(16.2.7)式可得

$$\iint\limits_S P(x,y,z)\mathrm{d}y\mathrm{d}z = \iint\limits_D -z_x(x,y)P(x,y,z(x,y))\mathrm{d}x\mathrm{d}y,$$

$$\iint\limits_S Q(x,y,z)\mathrm{d}z\mathrm{d}x = \iint\limits_D -z_y(x,y)Q(x,y,z(x,y))\mathrm{d}x\mathrm{d}y,$$

$$\iint\limits_S R(x,y,z)\mathrm{d}x\mathrm{d}y = \iint\limits_D R(x,y,z(x,y))\mathrm{d}x\mathrm{d}y.$$

例 16.2.7 求 $I = \iint\limits_S x^2\mathrm{d}y\mathrm{d}z + y^2\mathrm{d}z\mathrm{d}x + z^2\mathrm{d}x\mathrm{d}y$, 其中 S 为球面 $(x-a)^2+(y-b)^2+(z-c)^2=R^2$ 的外侧.

解 S 有参数表示

$$\begin{cases} x = a + R\sin\varphi\cos\theta, \\ y = b + R\sin\varphi\sin\theta, \\ z = c + R\cos\varphi, \end{cases} \quad \begin{aligned} &0 \leqslant \varphi \leqslant \pi, \\ &0 \leqslant \theta \leqslant 2\pi. \end{aligned}$$

$$x_\varphi = R\cos\varphi\cos\theta, \quad x_\theta = -R\sin\varphi\sin\theta,$$

$$y_\varphi = R\cos\varphi\sin\theta, \quad y_\theta = R\sin\varphi\cos\theta,$$

$$z_\varphi = -R\sin\varphi, \quad z_\theta = 0.$$

从而

$$A = \begin{vmatrix} y_\varphi & z_\varphi \\ y_\theta & z_\theta \end{vmatrix} = R^2\sin^2\varphi\cos\theta,$$

$$B = \begin{vmatrix} z_\varphi & x_\varphi \\ z_\theta & x_\theta \end{vmatrix} = R^2\sin^2\varphi\sin\theta,$$

$$C = \begin{vmatrix} x_\varphi & y_\varphi \\ x_\theta & y_\theta \end{vmatrix} = R^2\sin\varphi\cos\varphi.$$

容易验证 S 的单位外法向量 $\boldsymbol{n} = \frac{1}{\sqrt{A^2+B^2+C^2}}(A,B,C)$,所以

$$\begin{aligned} I = {} & R^2 \iint\limits_{\substack{0\leqslant\varphi\leqslant\pi \\ 0\leqslant\theta\leqslant 2\pi}} [(a + R\sin\varphi\cos\theta)^2\sin^2\varphi\cos\theta \\ & + (b + R\sin\varphi\sin\theta)^2\sin^2\varphi\sin\theta \\ & + (c + R\cos\varphi)^2\sin\varphi\cos\varphi]\mathrm{d}\varphi\mathrm{d}\theta \\ = {} & 2R^3\int_0^\pi \mathrm{d}\varphi\int_0^{2\pi}[a\sin^3\varphi\cos^2\theta \\ & + b\sin^3\varphi\sin^2\theta + c\sin\varphi\cos^2\varphi]\mathrm{d}\theta \\ = {} & 2R^3(a+b)\pi\int_0^\pi \sin^3\varphi\mathrm{d}\varphi + 4R^3c\pi\int_0^\pi \sin\varphi\cos^2\varphi\mathrm{d}\varphi \\ = {} & \frac{8}{3}\pi R^3(a+b+c). \end{aligned}$$

例 16.2.8 求

$$I = \iint\limits_S x\mathrm{d}y\mathrm{d}z + y\mathrm{d}z\mathrm{d}x + z\mathrm{d}x\mathrm{d}y,$$

其中 S 是锥面 $z=\sqrt{x^2+y^2}$ 和平面 $x+y+2z=2$ 所围立体的外表面.

解 锥面与平面的交线 $\begin{cases} z=\sqrt{x^2+y^2}, \\ x+y+2z=2 \end{cases}$ 在 x,y 平面的投影为曲线 Γ:
$\sqrt{x^2+y^2}=1-\frac{1}{2}(x+y)$,即

$$\frac{1}{4}(x+y)^2 + (x+y) + \frac{1}{2}(x-y)^2 = 1.$$

显然 Γ 是 x,y 平面上的椭圆,记它所围区域为 D. 于是 $S=S_1\cup S_2$,其中

$$S_1: z = \sqrt{x^2+y^2},\ (x,y)\in D,$$

$$S_2: z = 1 - \frac{1}{2}(x + y),\ (x, y) \in D.$$

由于 S 是锥体的外侧,所以 S_1 为下侧,S_2 为上侧. 记 $\boldsymbol{r} = x\boldsymbol{i} + y\boldsymbol{j} + z\boldsymbol{k}$,则

$$I = \iint_S \boldsymbol{r} \cdot \mathrm{d}\boldsymbol{S} = \iint_{S_1} \boldsymbol{r} \cdot \mathrm{d}\boldsymbol{S} + \iint_{S_2} \boldsymbol{r} \cdot \mathrm{d}\boldsymbol{S}.$$

在 S_1 上单位向量 $\boldsymbol{n}_1 = \frac{1}{\sqrt{2}}\left(\frac{x}{\sqrt{x^2+y^2}}, \frac{y}{\sqrt{x^2+y^2}}, -1\right)$,显然有 $\boldsymbol{r}\cdot\boldsymbol{n}_1 = 0$. 在 S_2 上单位法向量 $\boldsymbol{n}_2 = \frac{1}{\sqrt{6}}(1,1,2)$,所以

$$\boldsymbol{r} \cdot \boldsymbol{n} = \frac{1}{\sqrt{6}}(x + y + 2z) = \frac{2}{\sqrt{6}} = \frac{1}{3}\sqrt{6}.$$

于是 $I = \frac{\sqrt{6}}{3}|S_2|$,其中 $|S_2|$ 表示 S_2 的面积. 由于平面 $x + y + 2z = 2$ 与 x, y 平面夹角的余弦为 $\frac{\sqrt{6}}{3}$,所以 I 等于 S_2 在 x, y 平面投影 D 的面积. 因为

$$D = \left\{(x, y) \,\middle|\, \frac{1}{4}(x + y)^2 + (x + y) + \frac{1}{2}(x - y)^2 \leqslant 1\right\},$$

令 $x = \frac{1}{2}(\xi + \eta), y = \frac{1}{2}(\xi - \eta)$,则

$$|D| = \iint_D \mathrm{d}x\mathrm{d}y = \frac{1}{2}\iint_{D'} \mathrm{d}\xi\mathrm{d}\eta = \frac{1}{2}|D'|,$$

其中

$$D': \frac{1}{4}\xi^2 + \xi + \frac{1}{2}\eta^2 \leqslant 1,$$

即

$$\frac{(\xi + 2)^2}{8} + \frac{\eta^2}{4} \leqslant 1.$$

由椭圆面积公式可知 $|D'| = 4\sqrt{2}\pi$,从而

$$I = |D| = \frac{1}{2}|D'| = 2\sqrt{2}\pi.$$

§16.3 各种积分之间的联系

本节应用 Newton-Leibniz 公式得到揭示各种积分之间联系的 Green 公式、Gauss 公式和 Stokes 公式,并讨论这些重要公式的应用.

一、Green 公式

定理 16.3.1　设 D 是 $\mathbf{R}^2$ 上的有界闭区域，其边界 ∂D 逐段光滑，$P(x,y),Q(x,y),\frac{\partial P}{\partial y}(x,y),\frac{\partial Q}{\partial x}(x,y)$ 都在 D 上连续，则

$$\int_{\partial D} P\mathrm{d}x + Q\mathrm{d}y = \iint_D \left(\frac{\partial Q}{\partial x} - \frac{\partial P}{\partial y}\right)\mathrm{d}x\mathrm{d}y, \tag{16.3.1}$$

其中 ∂D 取正向，即关于区域 D 的逆时针方向.

(16.3.1)式称为 Green 公式，它的右端是区域 D 上的二重积分，左端是沿 ∂D 正向的第二类型曲线积分. 所谓 D 上关于区域 D 的逆时针方向是指把 $\mathbf{R}^2$ 视为空间中的 x,y 平面，观察者站在该平面上侧沿 ∂D 的这个方向运动，区域 D 邻近观察者的部分总在他的左侧. 图 16.3.1 中 ∂D 上箭头所指的方向就是它的正向. 其中一个 ∂D 是一条简单封闭曲线，另一个的 ∂D 是由两条互不相交的简单封闭曲线所组成.

首先我们针对一些比较特殊的区域来证明 Green 公式.

(i) 设

$$D = \{(x,y) \in \mathbf{R}^2 \mid a \leqslant x \leqslant b,\ y_1(x) \leqslant y \leqslant y_2(x)\}, \tag{16.3.2}$$

其中 $y_1(x)$ 和 $y_2(x)$ 都在 $[a,b]$ 上逐段光滑，且

$$y_1(x) \leqslant y_2(x),\ \forall x \in [a,b].$$

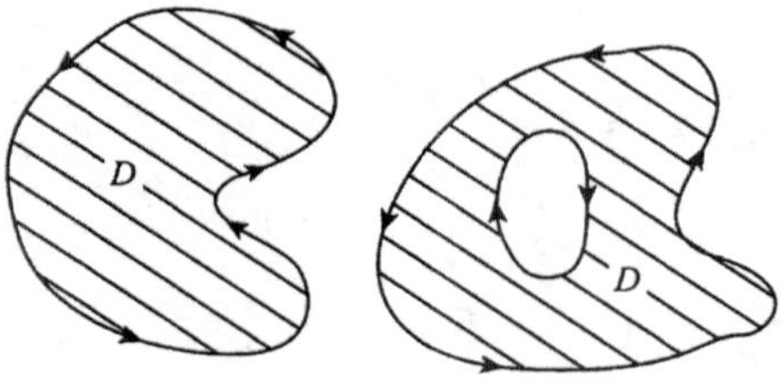

图 16.3.1

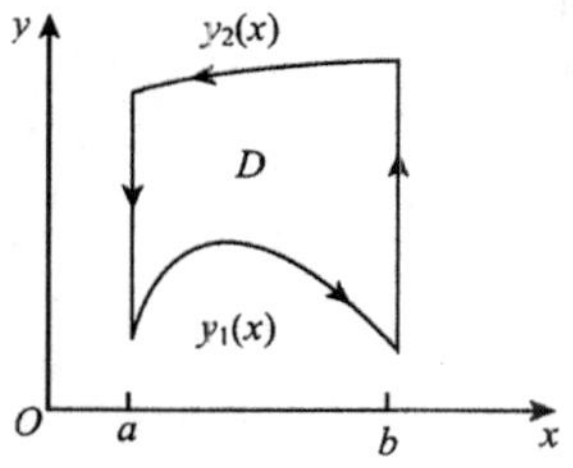

图 16.3.2

图 ∂D 上箭头所指的方向就是 ∂D 上关于 D 的逆时针方向(见图16.3.2). 显然有

$$\iint_D \frac{\partial P}{\partial y}\mathrm{d}x\mathrm{d}y = \int_a^b \mathrm{d}x\int_{y_1(x)}^{y_2(x)} \frac{\partial P}{\partial y}(x,y)\mathrm{d}y$$

$$= \int_a^b [P(x,y_2(x)) - P(x,y_1(x))]\mathrm{d}x.$$

记

$$\Gamma_1=\{(x,y)\mid y=y_1(x),\ a\leqslant x\leqslant b\},$$
$$\Gamma_2=\{(x,y)\mid y=y_2(x),\ a\leqslant x\leqslant b\},$$
$$\Gamma_3=\{(x,y)\mid x=a,y_1(a)\leqslant y\leqslant y_2(a)\},$$
$$\Gamma_4=\{(x,y)\mid x=b,y_1(b)\leqslant y\leqslant y_2(b)\}.$$

设 Γ_1 和 Γ_2 的方向与 x 增大一致,Γ_3 和 Γ_4 的方向与 y 增大的方向一致,则

$$\partial D=\Gamma_1\cup\Gamma_4\cup(-\Gamma_2)\cup(-\Gamma_3).$$

由于

$$\int_{\Gamma_1}P(x,y)\mathrm{d}x=\int_a^b P(x,y_1(x))\mathrm{d}x,$$
$$\int_{-\Gamma_2}P(x,y)\mathrm{d}x=-\int_a^b P(x,y_2(x))\mathrm{d}x,$$
$$\int_{-\Gamma_3}P(x,y)\mathrm{d}x=\int_{\Gamma_4}P(x,y)\mathrm{d}x=0,$$

所以

$$\int_{\partial D}P(x,y)\mathrm{d}x=-\iint_D\frac{\partial P}{\partial y}\mathrm{d}x\mathrm{d}y.$$

(ii) 设

$$D=\{(x,y)\in\mathbf{R}^2\mid c\leqslant y\leqslant d,\ x_1(y)\leqslant x\leqslant x_2(y)\},\tag{16.3.3}$$

其中 $x_1(y)$和 $x_2(y)$都在$[c,d]$上逐段光滑且

$$x_1(y)\leqslant x_2(y),\forall y\in[c,d],$$

图∂D 上箭头所指的方向就是∂D 上关于D 的逆时针方向(见图 16.3.3). 同(i)可证

$$\int_{\partial D}Q(x,y)\mathrm{d}y=\iint_D\frac{\partial Q}{\partial x}\mathrm{d}x\mathrm{d}y.$$

如果区域 D 既能表示为(16.3.2)式又能表示为(16.3.3)式,则

$$\int_{\partial D}P\mathrm{d}x+Q\mathrm{d}y=\iint_D\left(\frac{\partial Q}{\partial x}-\frac{\partial P}{\partial y}\right)\mathrm{d}x\mathrm{d}y,$$

即 Green 公式(16.3.1)成立.

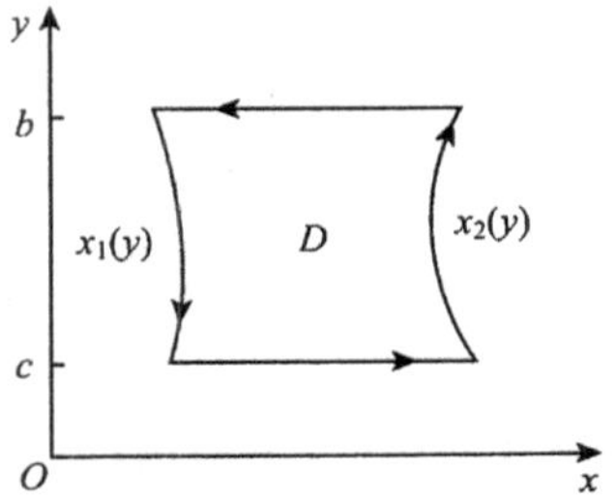

图 16.3.3

进一步设闭区域 D 可以表示为有限个两两无公共内点满足(16.3.2)式

的区域的并，即

$$D=\bigcup_{i=1}^{l}D_i,$$

则

$$-\iint_D\frac{\partial P}{\partial y}\mathrm{d}x\mathrm{d}y=\sum_{i=1}^{l}-\iint_{D_i}\frac{\partial P}{\partial y}\mathrm{d}x\mathrm{d}y$$

$$=\sum_{i=1}^{l}\int_{\partial D_i}P(x,y)\mathrm{d}x,$$

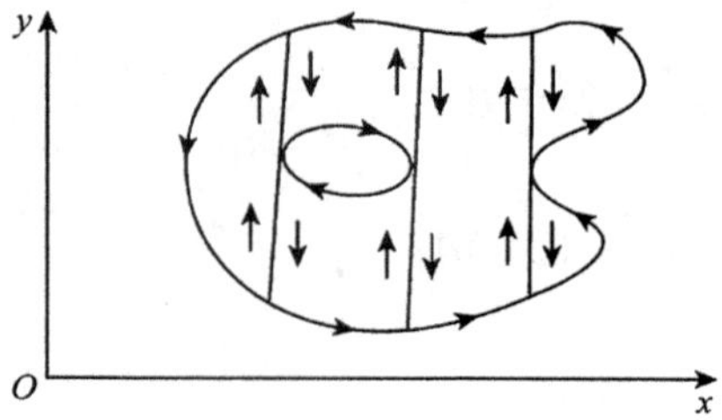

图 16.3.4

其中∂D_i的方向为关于区域D_i的正向（见图 16.3.4）. 显然相邻的D_i与D_j在其公共边界上诱导的方向相反，所以

$$-\iint_D\frac{\partial P}{\partial y}\mathrm{d}x\mathrm{d}y=\int_{\partial D}P(x,y)\mathrm{d}x.$$

同理如果D能表示为有限个两两无公共内点满足(16.3.3)式的区域的并，则

$$\iint_D\frac{\partial Q}{\partial x}\mathrm{d}x\mathrm{d}y=\int_{\partial D}Q(x,y)\mathrm{d}y.$$

相当广泛的一类区域D既能表示为有限个两两无公共内点满足(16.3.2)式的区域的并，又能表示为有限个两两无公共内点满足(16.3.3)式的区域的并，从而对于这种区域 Green 公式(16.3.1)式成立. 例如容易证明若∂D是由有限条两两不相交的封闭折线所组成，则D就满足这种条件.

现在考虑更一般的情况. 设∂D是由有限条两两不相交简单、封闭的逐段光滑曲线所组成，且存在$\mathbf{R}^2$上的包含D的开集G使得$P(x,y),Q(x,y),\dfrac{\partial P}{\partial y},\dfrac{\partial Q}{\partial x}\in C^1(G)$. 取$\mathbf{R}^2$上简单集合序列$\{H_n\}$和$\{F_n\}$，即每一个$H_n$和$F_n$都是有限个$\mathbf{R}^2$上标准矩形的并，使得

$$F_n\subseteq D^\circ\subseteq D\subseteq H_n^\circ\subseteq H_n\subseteq G,\ n=1,2,\cdots$$

且

$$\lim_{n\to\infty}|H_n\setminus F_n|=0,\tag{16.3.4}$$

其中$|H_n\setminus F_n|$表示集合$H_n\setminus F_n$的面积. 取与∂D方向一致的分割序列$\{T_n\}$，使得每一个T_n将∂D分割成有限个两两不相交的封闭折线Γ_n满足

$$\Gamma_n\subseteq H^\circ{}_n\setminus F_n,$$

且$\lim\limits_{n\to\infty}d(T_n)=0$. 由本章§16.1的定理 16.1.2 和两种类型曲线积分的关系

易知

$$\lim_{n\to\infty}\int_{\Gamma_n} P\mathrm{d}x + Q\mathrm{d}y = \int_{\partial D} P\mathrm{d}x + Q\mathrm{d}y.$$

由(16.3.4)式易知

$$\lim_{n\to\infty}\iint\limits_{D_n}\left(\frac{\partial Q}{\partial x} - \frac{\partial P}{\partial y}\right)\mathrm{d}x\mathrm{d}y = \iint\limits_{D}\left(\frac{\partial Q}{\partial x} - \frac{\partial P}{\partial y}\right)\mathrm{d}x\mathrm{d}y.$$

其中 D_n 是以 Γ_n 为边界的有界闭区域. 利用已证得的结果可知

$$\int_{\Gamma_n} P\mathrm{d}x + Q\mathrm{d}y = \iint\limits_{D_n}\left(\frac{\partial Q}{\partial x} - \frac{\partial P}{\partial y}\right)\mathrm{d}x\mathrm{d}y.$$

令 $n \to\infty$,则 Green 公式(16.3.1)对于区域 D 成立.

于是,我们对相当一般的情形证明了 Green 公式. 以此为基础,我们可以证明定理 16.3.1 成立,但细节不在此详述.

设 $\boldsymbol{T}$ 是 ∂D 上与其正向一致的单位切向量场,令 $\boldsymbol{T}$ 在 x 轴正向和 y 轴正向上的投影分别记为 $\cos(T,x)$ 和 $\cos(T,y)$,则由两种类型曲线积分之间的关系可知

$$\int_{\partial D} P\mathrm{d}x + Q\mathrm{d}y = \int_{\partial D}[P\cos(T,x) + Q\cos(T,y)]\mathrm{d}s.$$

设 $\boldsymbol{\nu}$ 为 ∂D 上关于区域 D 的单位外法向量,$\boldsymbol{\nu}$ 在 x 轴正向和 y 轴正向上的投影分别记为 $\cos(\nu,x)$ 和 $\cos(\nu,y)$,则有

$$\cos(T,x) = -\cos(\nu,y),$$
$$\cos(T,y) = \cos(\nu,x).$$

设 $P(x,y),Q(x,y),\dfrac{\partial P}{\partial x},\dfrac{\partial Q}{\partial y}$ 在 D 上连续,则

$$\int_{\partial D}[P\cos(\nu,x) + Q\cos(\nu,y)]\mathrm{d}s = \int_{\partial D}[-Q\cos(T,x) + P\cos(T,y)]\mathrm{d}s.$$

于是 Green 公式也可写为

$$\int_{\partial D}[P\cos(\nu,x) + Q\cos(\nu,y)]\mathrm{d}s = \iint\limits_{D}\left(\frac{\partial P}{\partial x} + \frac{\partial Q}{\partial y}\right)\mathrm{d}x\mathrm{d}y, \quad (16.3.5)$$

例 16.3.1 求由曲线 $\left(\dfrac{x}{a}\right)^n + \left(\dfrac{y}{b}\right)^n = 1(a,b,n>0)$ 在第一象限与坐标轴所围区域的面积 σ(见图 16.3.5).

解 设 D 是 $\mathbf{R}^2$ 中的有界闭区域,其边界 ∂D 逐段光滑,则由 Green 公式可得 D 的面积为

$$|D| = \int_{\partial D} -y\mathrm{d}x = \int_{\partial D} x\mathrm{d}y$$

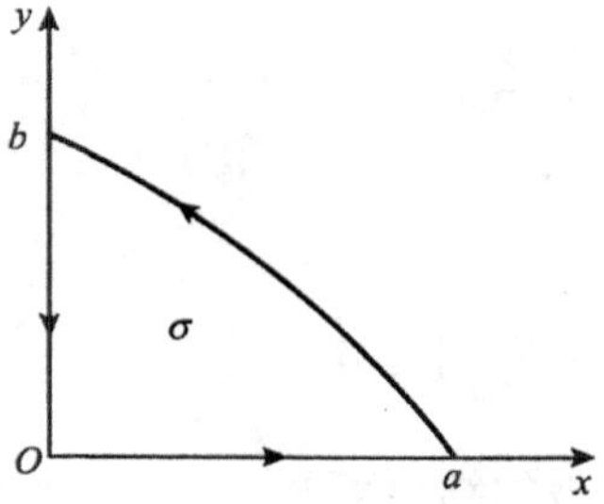

图 16.3.5

$$= \frac{1}{2}\int_{\partial D} -y\mathrm{d}x + x\mathrm{d}y. \quad (16.3.6)$$

利用面积公式(16.3.6)计算 σ. 记

$$\Gamma_1 : y = 0, 0 \leqslant x \leqslant a,$$

$$\Gamma_2 : \begin{cases} x = a\cos^{\frac{2}{n}}\theta, \\ y = b\sin^{\frac{2}{n}}\theta, \end{cases} \quad 0 \leqslant \theta \leqslant \frac{\pi}{2},$$

$$\Gamma_3 : x = 0, 0 \leqslant y \leqslant b.$$

记 $\Gamma = \Gamma_1 \cup \Gamma_2 \cup (-\Gamma_3)$,则由(16.3.6)式可得

$$\sigma = \int_{\Gamma} x\mathrm{d}y.$$

显然

$$\int_{\Gamma_1} x\mathrm{d}y = \int_{-\Gamma_3} x\mathrm{d}y = 0,$$

所以

$$\sigma = \int_{\Gamma_2} x\mathrm{d}y = ab\int_0^{\frac{\pi}{2}} \cos^{\frac{2}{n}}\theta \cdot \frac{2}{n}\sin^{\frac{2}{n}-1}\theta\cos\theta\mathrm{d}\theta$$

$$= \frac{2ab}{n}\int_0^{\frac{\pi}{2}} \cos^{\frac{2}{n}+1}\theta\sin^{\frac{2}{n}-1}\theta\mathrm{d}\theta$$

$$= \frac{ab}{n}\frac{\Gamma\left(\frac{1}{n}+1\right)\Gamma\left(\frac{1}{n}\right)}{\Gamma\left(\frac{2}{n}+1\right)} = \frac{ab}{2n}\frac{\left(\Gamma\left(\frac{1}{n}\right)\right)^2}{\Gamma\left(\frac{2}{n}\right)}.$$

例 16.3.2　利用 Green 公式计算线积分

$$I = \int_{\widehat{AO}} (\mathrm{e}^x\sin y - my)\mathrm{d}x + (\mathrm{e}^x\cos y - m)\mathrm{d}y,$$

其中 $\widehat{AO}$ 为自 $A(a,0)$ 到 $O(0,0)$ 的上半圆周($a>0$).

解　令 $P(x,y) = \mathrm{e}^x\sin y - my$, $Q(x,y) = \mathrm{e}^x\cos y - m$,则

$$\frac{\partial Q}{\partial x} - \frac{\partial P}{\partial y} = m.$$

记 $\widehat{AO}$ 与 x 轴上的线段 $\overline{OA}$ 所围的区域为 D,则 D 为半径为 $\frac{a}{2}$ 的半圆形区域,所以其面积为 $\frac{1}{8}\pi a^2$. 由 Green 公式可得

$$I + \int_{\overline{OA}} P\mathrm{d}x + Q\mathrm{d}y = \int_{\partial D} P\mathrm{d}x + Q\mathrm{d}y$$

$$= \iint_D \left[\frac{\partial Q}{\partial x} - \frac{\partial P}{\partial y}\right] \mathrm{d}x\mathrm{d}y$$

$$= \iint_D m \,\mathrm{d}x\mathrm{d}y$$

$$= \frac{1}{8} m\pi a^2.$$

由于

$$\int_{\overline{OA}} P\mathrm{d}x + Q\mathrm{d}y = \int_{\overline{OA}} (\mathrm{e}^x \sin y - my)\mathrm{d}x + (\mathrm{e}^x \cos y - m)\mathrm{d}y = 0,$$

所以

$$I = \frac{1}{8} m\pi a^2.$$

例 16.3.3　如图 16.3.6 所示,设 Γ 是 $\mathbf{R}^2$ 上简单逐段光滑的封闭曲线,$\boldsymbol{\nu}$ 为 Γ 上关于所围区域 D 的单位外法向量,A 为 $\mathbf{R}^2 \setminus \Gamma$ 上一定点,求

$$I = \int_\Gamma \frac{\cos(\overrightarrow{AB},\ \boldsymbol{\nu})}{r} \mathrm{d}s,$$

其中 $r = |A - B|$, B 为 Γ 上的积分变点. I 一般称为二维 Gauss 积分.

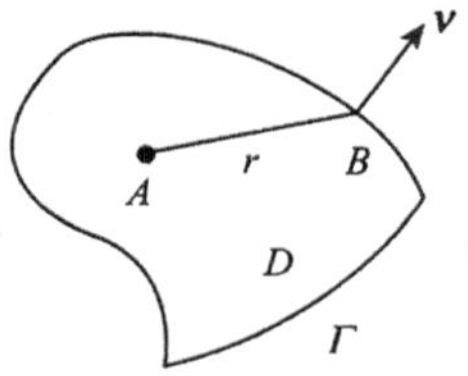

图 16.3.6

解　设 $A = (\xi, \eta)$, $B = (x, y)$,则

$$r = \sqrt{(x-\xi)^2 + (y-\eta)^2},$$

$$\cos(\overrightarrow{AB}, \boldsymbol{\nu}) = \frac{1}{r}((x-\xi)\cos(\nu, x) + (y-\eta)\cos(\nu, y)).$$

于是

$$I = \int_\Gamma \frac{1}{r^2}[(x-\xi)\cos(\nu, x) + (y-\eta)\cos(\nu, y)]\mathrm{d}S.$$

记 $P(x, y) = \dfrac{x-\xi}{r^2}$, $Q(x, y) = \dfrac{y-\eta}{r^2}$,则

$$\frac{\partial P}{\partial x} = \frac{1}{r^2} - \frac{2(x-\xi)^2}{r^4}$$

$$= \frac{r^2 - 2(x-\xi)^2}{r^4} = \frac{(y-\eta)^2 - (x-\xi)^2}{r^4},$$

$$\frac{\partial Q}{\partial y} = \frac{1}{r^2} - \frac{2(y-\eta)^2}{r^4}$$

$$= \frac{r^2 - 2(y-\eta)^2}{r^4} = \frac{(x-\xi)^2 - (y-\eta)^2}{r^4}.$$

考虑以下两种情况:

(i) $A=(\xi,\eta)$是 D 的外点,由 Green 公式(16.3.5)可得

$$I = \iint_D \left(\frac{\partial P}{\partial x} + \frac{\partial Q}{\partial y}\right) \mathrm{d}x\mathrm{d}y = 0.$$

(ii) $A=(\xi,\eta)$是 D 的内点(见图 16.3.7). 取 $\varepsilon>0$ 使得

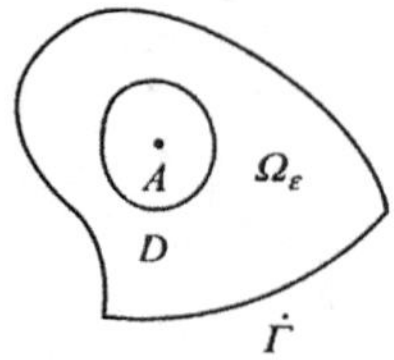

图 16.3.7

$$\Omega_\varepsilon = \{(x,y) \mid (x-\xi)^2 + (y-\eta)^2 < \varepsilon^2\} \subset\subset D.$$

对于区域 $D \setminus \Omega_\varepsilon$ 应用 Green 公式(16.3.5)可得

$$0 = \iint_{D\setminus\Omega_\varepsilon} \left(\frac{\partial P}{\partial x} + \frac{\partial Q}{\partial y}\right) \mathrm{d}x\mathrm{d}y$$

$$= \int_{\partial(D\setminus\Omega_\varepsilon)} [P\cos(\nu,x) + Q\cos(\nu,y)]\mathrm{d}S, \tag{16.3.7}$$

其中 $\boldsymbol{\nu}$ 是关于区域$D \setminus \Omega_\varepsilon$ 的单位外法向量. 由于在$\partial\Omega_\varepsilon$ 上关于$D\setminus\Omega_\varepsilon$ 的单位外法向量等于关于Ω_ε 的单位内法向量,从而由(16.3.7)式得

$$I = \int_\Gamma [P\cos(\nu,x) + Q\cos(\nu,y)]\mathrm{d}S$$

$$= \int_{\partial\Omega_\varepsilon} [P\cos(\nu,x) + Q\cos(\nu,y)]\mathrm{d}S, \tag{16.3.8}$$

其中(16.3.8)式两端中的 $\boldsymbol{\nu}$ 都是关于其所围区域的单位外法向量. 显然在$\partial\Omega_\varepsilon$上

$$\cos(\nu,x) = \frac{x-\xi}{r} = \frac{x-\xi}{\varepsilon},\ \cos(\nu,y) = \frac{y-\eta}{r} = \frac{y-\eta}{\varepsilon},$$

所以

$$\int_{\partial\Omega_\varepsilon} [P\cos(\nu,x) + Q\cos(\nu,y)]\mathrm{d}S$$

$$= \int_{\partial\Omega_\varepsilon} \frac{(x-\xi)^2 + (y-\eta)^2}{\varepsilon^3}\mathrm{d}S = 2\pi.$$

于是

$$I = \int_\Gamma [P\cos(\nu,x) + Q\cos(\nu,y)]\mathrm{d}S$$

$$= \int_\Gamma \frac{-(y-\eta)\mathrm{d}x + (x-\xi)\mathrm{d}y}{r^2} = 2\pi.$$

二、Gauss 公式

Green 公式(16.3.5)不难推广到 $\mathbf{R}^3$ 中，这就是所谓的 Gauss 公式.

定理 16.3.2　设 Ω 是 $\mathbf{R}^3$ 中带有逐片光滑边界的有界闭区域，$P(x,y)$，$Q(x,y)$，$R(x,y,z)$，$\dfrac{\partial P}{\partial x}(x,y,z)$，$\dfrac{\partial Q}{\partial y}(x,y,z)$，$\dfrac{\partial R}{\partial z}(x,y,z)$在 Ω 上连续，则

$$\iiint\limits_{\Omega}\left(\frac{\partial P}{\partial x}+\frac{\partial Q}{\partial y}+\frac{\partial R}{\partial z}\right)\mathrm{d}x\mathrm{d}y\mathrm{d}z$$
$$=\iiint\limits_{\partial\Omega}(P\cos(\nu,x)+Q\cos(\nu,y)+R\cos(\nu,z))\mathrm{d}S,\qquad(16.3.9)$$

其中 $\boldsymbol{\nu}$ 为$\partial\Omega$ 上关于Ω 的单位外法向量，它在 x 轴，y 轴和 z 轴的投影分别为 $\cos(\nu,x)$，$\cos(\nu,y)$和 $\cos(\nu,z)$. (16.3.9)式也可写为

$$\iiint\limits_{\Omega}\left(\frac{\partial P}{\partial x}+\frac{\partial Q}{\partial y}+\frac{\partial R}{\partial z}\right)\mathrm{d}x\mathrm{d}y\mathrm{d}z$$
$$=\iint\limits_{\partial\Omega}P\mathrm{d}y\mathrm{d}z+Q\mathrm{d}z\mathrm{d}x+R\mathrm{d}x\mathrm{d}y,\qquad(16.3.10)$$

(16.3.10)式右端的积分在$\partial\Omega$ 关于Ω 的外侧.

(16.3.9)式或(16.3.10)式称为 Gauss 公式，我们仅对于相当广泛的一类区域予以证明.

(i) 如图 16.3.8 所示，设

$$\Omega=\{(x,y,z)\mid(y,z)\in D,\ x_1(y,z)\leqslant x\leqslant x_2(y,z)\},\qquad(16.3.11)$$

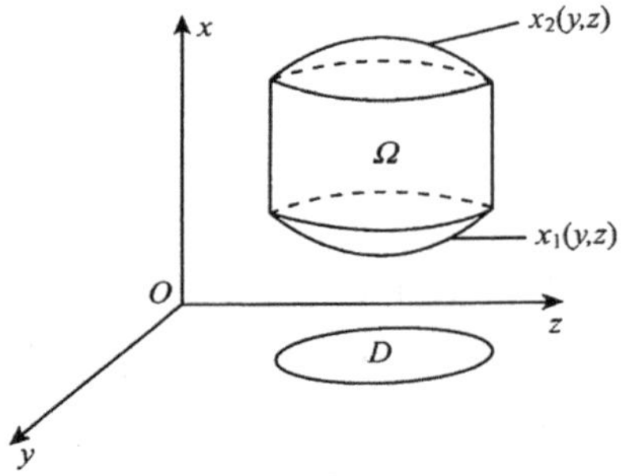

图 16.3.8

其中 D 是y，z 平面上的有界闭区域，$x_1(y,z)$，$x_2(y,z)$为 D 上连续且偏导数分片连续的函数，满足

$$x_1(y,z)\leqslant x_2(y,z),\ \forall(y,z)\in D.$$

显然

$$\iiint\limits_{\Omega}\frac{\partial P}{\partial x}\mathrm{d}x\mathrm{d}y\mathrm{d}z$$
$$=\iint\limits_{D}\mathrm{d}y\mathrm{d}z\int_{x_1(y,z)}^{x_2(y,z)}\frac{\partial P}{\partial x}\mathrm{d}x$$

$$= \iint_{D} [P(x_2(y,z),y,z) - P(x_1(y,z),y,z)]\mathrm{d}y\mathrm{d}z.$$

由于$\partial\Omega$ 的外侧由下底 $S_1 : x = x_1(y,\ z),(y,z)\in D$ 之下侧,上底 $S_2 : x = x_2(y,\ z),(y,\ z)\in D$ 之上侧及$\partial\Omega$ 中的柱面部分 S_3 的外侧组成,又 $\iint_{S_3} P(x,y,z)\mathrm{d}y\mathrm{d}z = 0$. 从而

$$\iiint_{\Omega} \frac{\partial P}{\partial x}\mathrm{d}x\mathrm{d}y\mathrm{d}z = \iint_{\partial\Omega} P(x,y,z)\mathrm{d}y\mathrm{d}z.$$

(ii) 设

$$\Omega = \{(x,y,z) \mid (z,x) \in D, y_1(z,x) \leqslant y \leqslant y_2(z,x)\}, \tag{16.3.12}$$

同理可得

$$\iiint_{\Omega} \frac{\partial Q}{\partial y}\mathrm{d}x\mathrm{d}y\mathrm{d}z = \iint_{\partial\Omega} Q(x,y,z)\mathrm{d}z\mathrm{d}x.$$

(iii) 设

$$\Omega = \{(x,y,z) \mid (x,y) \in D, z_1(x,y) \leqslant z \leqslant z_2(x,y)\}, \tag{16.3.13}$$

则

$$\iiint_{\Omega} \frac{\partial R}{\partial z}\mathrm{d}x\mathrm{d}y\mathrm{d}z = \iint_{\partial\Omega} R(x,y,z)\mathrm{d}x\mathrm{d}y.$$

若 Ω 既可以表示为有限个两两无公共内点满足(16.3.11)式的区域的并,又可表示为有限个两两无公共内点满足(16.3.12)式的区域的并,也可表示有限个两两无公共内点满足(16.3.13)式的区域的并,类似于证明 Green 公式易知 Gauss 公式(16.3.9)式或者(16.3.10)式成立.

不难推广 Gauss 公式到 $\mathbf{R}^n$. 设 Ω 是 $\mathbf{R}^n$ 中的有界闭区域,其边界$\partial\Omega$ 逐片光滑,若 $P_1,\cdots,P_n\in C^1(\Omega)$,则

$$\int_{\Omega} \sum_{i=1}^{n} \frac{\partial P_i}{\partial x_i}\mathrm{d}x_1\cdots\mathrm{d}x_n = \int_{\partial\Omega} \sum_{i=1}^{n} P_i \cos(\nu,x_i)\mathrm{d}S, \tag{16.3.14}$$

其中 ν 是$\partial\Omega$ 上关于Ω 的单位外法向量,它在 x_i 轴上的投影为 $\cos(\nu,x_i)$.

利用 Gauss 公式可用曲面积分表示 $\mathbf{R}^3$ 中带逐片光滑边界的有界闭区域 Ω 的体积公式

$$|\Omega| = \iint_{\partial\Omega} x\mathrm{d}y\mathrm{d}z = \iint_{\partial\Omega} y\mathrm{d}z\mathrm{d}x = \iint_{\partial\Omega} z\mathrm{d}x\mathrm{d}y$$

$$= \frac{1}{3}\iint\limits_{\partial\Omega} x\mathrm{d}y\mathrm{d}z + y\mathrm{d}z\mathrm{d}x + z\mathrm{d}x\mathrm{d}y, \qquad (16.3.15)$$

其中$\partial\Omega$ 取关于Ω 的外侧.

例 16.3.4 求曲面 $S: x^{2n} + y^{2n} + z^{2n} = 1$ 所围区域的体积 V,其中 n 为正整数.

解 记 S 在第一卦限部分为S_1,则 S_1 有参数表示:

$$\begin{cases} x = \sin^{\frac{1}{n}}\varphi\cos^{\frac{1}{n}}\theta, & 0 \leqslant \varphi \leqslant \dfrac{\pi}{2}, \\ y = \sin^{\frac{1}{n}}\varphi\sin^{\frac{1}{n}}\theta, & \\ z = \cos^{\frac{1}{n}}\varphi, & 0 \leqslant \theta \leqslant \dfrac{\pi}{2}. \end{cases}$$

由于

$$C = \begin{vmatrix} x_\varphi, & y_\varphi \\ x_\theta, & y_\theta \end{vmatrix}$$

$$= \frac{1}{n^2}\begin{vmatrix} \sin^{\frac{1}{n}-1}\varphi\cos\varphi\cos^{\frac{1}{n}}\theta & \sin^{\frac{1}{n}-1}\varphi\cos\varphi\sin^{\frac{1}{n}}\theta \\ -\sin^{\frac{1}{n}}\varphi\cos^{\frac{1}{n}-1}\theta\sin\theta & \sin^{\frac{1}{n}}\varphi\sin^{\frac{1}{n}-1}\theta\cos\theta \end{vmatrix}$$

$$= \frac{1}{n^2}\sin^{\frac{2}{n}-1}\varphi\cos\varphi(\sin^{\frac{1}{n}-1}\theta\cos^{\frac{1}{n}+1}\theta + \sin^{\frac{1}{n}+1}\theta\cos^{\frac{1}{n}-1}\theta),$$

利用(16.3.15)式及对称性可得

$$V = 8\left|\iint\limits_{S_1} z\mathrm{d}y\mathrm{d}z\right| = 8\left|\int_0^{\frac{\pi}{2}}\mathrm{d}\varphi\int_0^{\frac{\pi}{2}}\cos^{\frac{1}{n}}\varphi C\mathrm{d}\theta\right|$$

$$= \frac{8}{n^2}\int_0^{\frac{\pi}{2}}\sin^{\frac{2}{n}-1}\varphi\cos^{\frac{1}{n}+1}\varphi\mathrm{d}\varphi$$

$$\cdot\int_0^{\frac{\pi}{2}}(\sin^{\frac{1}{n}-1}\theta\cos^{\frac{1}{n}+1}\theta + \sin^{\frac{1}{n}+1}\theta\cos^{\frac{1}{n}-1}\theta)\mathrm{d}\theta$$

$$= \frac{4}{n^2}\frac{\Gamma\left(\frac{1}{n}\right)\Gamma\left(\frac{1}{2n}+1\right)}{\Gamma\left(\frac{3}{2n}+1\right)}\cdot\frac{\Gamma\left(\frac{1}{2n}\right)\Gamma\left(\frac{1}{2n}+1\right)}{\Gamma\left(\frac{1}{n}+1\right)}$$

$$= \frac{2}{3n^2}\frac{\Gamma^3\left(\frac{1}{2n}\right)}{\Gamma\left(\frac{3}{2n}\right)}.$$

例 16.3.5 求三维 Gauss 积分

$$I=\iint_{S}\frac{\cos(\overrightarrow{AB},\ \boldsymbol{\nu})}{r^2}\mathrm{d}S,$$

其中 S 是逐片光滑封闭曲面，$\boldsymbol{\nu}$ 为 S 上关于所围区域 Ω 的单位外法向量，A 为 $\mathbf{R}^3\setminus S$ 上的一定点，B 是 S 上的积分变点，$r=|A-B|$.

解　令 $A=(\xi,\eta,\zeta)$，$B=(x,y,z)$，则

$$r=\sqrt{(x-\xi)^2+(y-\eta)^2+(z-\zeta)^2}$$

且

$$\cos(\overrightarrow{AB},\ \boldsymbol{\nu})=\frac{x-\xi}{r}\cos(\nu,x)+\frac{y-\eta}{r}\cos(\nu,y)+\frac{z-\zeta}{r}\cos(\nu,z).$$

从而

$$I=\iint_{S}[P\cos(\nu,x)+Q\cos(\nu,y)+R\cos(\nu,z)]\mathrm{d}S,$$

其中 $P=\dfrac{x-\xi}{r^3}$，$Q=\dfrac{y-\eta}{r^3}$，$R=\dfrac{z-\zeta}{r^3}$，易知

$$\frac{\partial P}{\partial x}+\frac{\partial Q}{\partial y}+\frac{\partial R}{\partial z}=0.$$

考虑两种情况.

(i) A 是 Ω 的外点，由 Gauss 公式得

$$I=\iiint_{\Omega}\left(\frac{\partial P}{\partial x}+\frac{\partial Q}{\partial y}+\frac{\partial R}{\partial z}\right)\mathrm{d}x\mathrm{d}y\mathrm{d}z=0;$$

(ii) A 是 Ω 的内点，则存在 $\varepsilon>0$ 使得

$$B_\varepsilon(A)=\{(x,y,z)\mid(x-\xi)^2+(y-\eta)^2+(z-\zeta)^2<\varepsilon^2\}\subset\subset\Omega.$$

对于 $\Omega\setminus B_\varepsilon(A)$ 运用 Gauss 公式可得

$$\iint_{\partial(\Omega\setminus B_\varepsilon(A))}[P(\cos(\nu,x)+Q\cos(\nu,y)+R\cos(\nu,z)]\mathrm{d}S=0,$$

其中 $\boldsymbol{\nu}$ 是关于区域 $\Omega\setminus B_\varepsilon(A)$ 的单位外法向量，由此可得

$$I=\iint_{\partial B_\varepsilon(A)}[P\cos(\nu,x)+Q\cos(\nu,y)+R\cos(\nu,z)]\mathrm{d}S,\tag{16.3.16}$$

(16.3.16)式右端之 $\boldsymbol{\nu}$ 是 $\partial B_\varepsilon(A)$ 上关于 $B_\varepsilon(A)$ 的单位外法向量. 在 $\partial B_\varepsilon(A)$ 上显然有

$$\cos(\nu,x)=\frac{x-\xi}{r},\cos(\nu,x)=\frac{y-\eta}{r},\cos(\nu,z)=\frac{z-\zeta}{r},$$

从而由(16.3.16)式可得

$$I=\iint\limits_{\partial B_\varepsilon(A)}\frac{(x-\xi)^2+(y-\eta)^2+(z-\zeta)^2}{r^4}\mathrm{d}S=\frac{1}{\varepsilon^2}\iint\limits_{\partial B_\varepsilon(A)}\mathrm{d}S=4\pi.$$

取 S 为椭圆球面：$\frac{x^2}{a^2}+\frac{y^2}{b^2}+\frac{z^2}{c^2}=1$，$A$ 为原点，则 $r=\sqrt{x^2+y^2+z^2}$，$\overrightarrow{AB}=\boldsymbol{r}=(x,y,z)$，又

$$\boldsymbol{\nu}=\left(\frac{x^2}{a^4}+\frac{y^2}{b^4}+\frac{z^2}{c^4}\right)^{-\frac{1}{2}}\left(\frac{x}{a^2},\frac{y}{b^2},\frac{z}{c^2}\right),$$

所以

$$I=\iint\limits_S(x^2+y^2+z^2)^{-\frac{3}{2}}\left(\frac{x^2}{a^4}+\frac{y^2}{b^4}+\frac{z^2}{c^4}\right)^{-\frac{1}{2}}\mathrm{d}S=4\pi.$$

这是本章§16.2 例 16.2.2 的结论.

三、Stokes 公式

定理 16.3.3 设 S 是 $\mathbf{R}^3$ 中带边的逐片光滑定向曲面，其边界 ∂S 的定向与 S 的定向一致. 若 $P(x,y,z)$，$Q(x,y,z)$，$R(x,y,z)$ 在 S 的一个邻域内一阶偏导数连续，则

$$\int_{\partial S}P\mathrm{d}x+Q\mathrm{d}y+R\mathrm{d}z$$
$$=\iint\limits_S\left(\frac{\partial R}{\partial y}-\frac{\partial Q}{\partial z}\right)\mathrm{d}y\mathrm{d}z+\left(\frac{\partial P}{\partial z}-\frac{\partial R}{\partial x}\right)\mathrm{d}z\mathrm{d}x+\left(\frac{\partial Q}{\partial x}-\frac{\partial P}{\partial y}\right)\mathrm{d}x\mathrm{d}y. \quad (16.3.17)$$

为了方便读者记忆，Stokes 公式(16.3.17)可写为

$$\int_{\partial S}P\mathrm{d}x+Q\mathrm{d}y+R\mathrm{d}z$$
$$=\iint\limits_S\begin{vmatrix}\mathrm{d}y\mathrm{d}z & \mathrm{d}z\mathrm{d}x & \mathrm{d}x\mathrm{d}y\\ \frac{\partial}{\partial x} & \frac{\partial}{\partial y} & \frac{\partial}{\partial z}\\ P & Q & R\end{vmatrix}$$
$$=\iint\limits_S\begin{vmatrix}\cos(\nu,x) & \cos(\nu,y) & \cos(\nu,z)\\ \frac{\partial}{\partial x} & \frac{\partial}{\partial y} & \frac{\partial}{\partial z}\\ P & Q & R\end{vmatrix}\mathrm{d}S,$$

其中 $\boldsymbol{\nu}$ 是与 S 定向一致的单位法向量.

由于 S 可视为由有限片简单光滑曲面 $S_1,\cdots,S_l$ 按规则相处原则拼接而成，且 S 的方向在任意两片相邻的 S_i 与 S_j 的公共边界上诱导的方向相反，所

以只要对每个 S_i 证明 Stokes 公式成立，然后将所有对 S_i 的等式两端相加就得到关于 S 的 Stokes 公式. 因此，我们仅对 S 是光滑简单曲面的情形来证明(16.3.17)式.

设 S 有参数表示

$$\begin{cases} x = x(u,v), \\ y = y(u,v), \quad (u,v) \in D, \\ z = z(u,v), \end{cases}$$

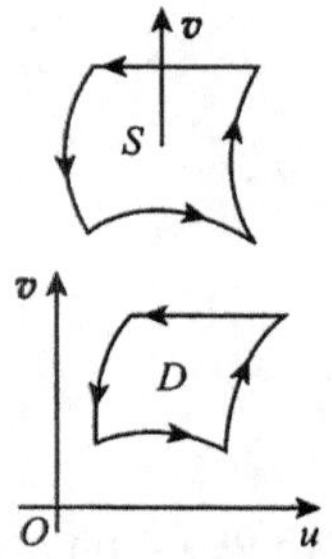

图 16.3.9

其中 D 是 u,v 平面的有界闭区域(见图 16.3.9)，不妨设其边界逐段光滑. 设 S 上与其方向一致的单位法向量为

$$\boldsymbol{\nu} = \frac{1}{\sqrt{A^2 + B^2 + C^2}}(A,B,C),$$

其中

$$A = \begin{vmatrix} y_u & z_u \\ y_v & z_v \end{vmatrix}, \ B = \begin{vmatrix} z_u & x_u \\ z_v & x_v \end{vmatrix}, \ C = \begin{vmatrix} x_u & y_u \\ x_v & y_v \end{vmatrix}.$$

由于∂S 上的方向与 S 的方向一致，从而∂D 上与∂S 方向一致的方向必是 u,v 平面上关于区域 D 的逆时针方向. 设

$$\partial D: \begin{cases} u = u(t), \\ v = v(t), \end{cases} \quad a \leqslant t \leqslant b,$$

t 增大的方向与∂D 的正向一致. 于是有

$$\partial S: \begin{cases} x = x(u(t),v(t)), \\ y = y(u(t),v(t)), \quad a \leqslant t \leqslant b, \\ z = z(u(t),v(t)), \end{cases}$$

且 t 增大的方向与∂S 的方向一致. 进一步设在 D 的某邻域内 $x(u,v)$, $y(u,v)$, $z(u,v)$二阶导数连续，则

$$\begin{aligned} & \int_{\partial S} P(x,y,z)\mathrm{d}x \\ = & \int_a^b P(x(u(t),v(t)),y(u(t),v(t)),z(u(t),v(t))) \\ & \cdot (x_u u'(t) + x_v v'(t))\mathrm{d}t \\ = & \int_{\partial D} P(x(u,v),y(u,v),z(u,v))x_u \mathrm{d}u \\ & + P(x(u,v),y(u,v),z(u,v))x_v \mathrm{d}v. \end{aligned}$$

在 u,v 平面上关于区域 D 用 Green 公式可得

$$\int_{\partial S}P(x,y,z)\mathrm{d}x$$
$$=\iint_D\left[(y_ux_v-y_vx_u)\frac{\partial P}{\partial y}+(z_ux_v-z_vx_u)\frac{\partial P}{\partial z}\right]\mathrm{d}u\mathrm{d}v$$
$$=\iint_D\left(\frac{\partial P}{\partial z}B-\frac{\partial P}{\partial y}C\right)\mathrm{d}u\mathrm{d}v$$
$$=\iint_D\frac{\partial P}{\partial z}\mathrm{d}z\mathrm{d}x-\frac{\partial P}{\partial y}\mathrm{d}x\mathrm{d}y.$$

同理可证

$$\int_{\partial S}Q(x,y,z)\mathrm{d}y=\iint_S\frac{\partial Q}{\partial x}\mathrm{d}x\mathrm{d}y-\frac{\partial Q}{\partial z}\mathrm{d}y\mathrm{d}z,$$
$$\int_{\partial S}R(x,y,z)\mathrm{d}z=\iint_S\frac{\partial R}{\partial y}\mathrm{d}y\mathrm{d}z-\frac{\partial R}{\partial x}\mathrm{d}z\mathrm{d}x.$$

将以上三个式子相加即得 Stokes 公式(16.3.17).

注 上述证明中附加的 $x(u,v),y(u,v),z(u,v)$二阶偏导数连续的假设可利用光滑函数逼近去掉,具体证明就不在此叙述了.

例 16.3.6 求 $I=\int_\Gamma(y^2-z^2)\mathrm{d}x+(z^2-x^2)\mathrm{d}y+(x^2-y^2)\mathrm{d}z$,其中 Γ 为用平面 $x+y+z=\frac{3}{2}a$ 切立方体:$0\leqslant x\leqslant a$, $0\leqslant y\leqslant a$, $0\leqslant z\leqslant a$ 的表面所得之切痕,站在第一象限 $x+y+z>\frac{3}{2}a$ 处看 Γ 为逆时针方向(见图 16.3.10).

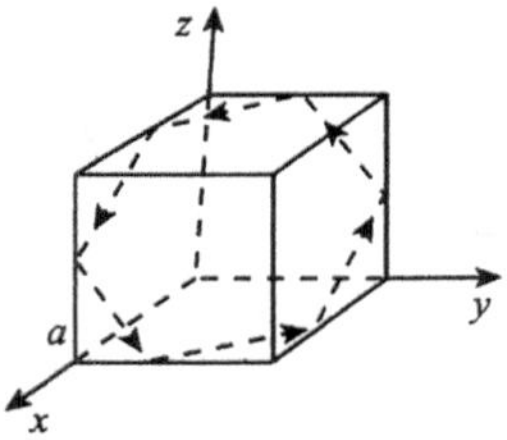

图 16.3.10

解 记 $P=y^2-z^2$, $Q=z^2-x^2$, $R=x^2-y^2$,则

$$\frac{\partial R}{\partial y}-\frac{\partial Q}{\partial z}=-2(y+z),$$
$$\frac{\partial P}{\partial z}-\frac{\partial R}{\partial x}=-2(z+x),$$
$$\frac{\partial Q}{\partial x}-\frac{\partial P}{\partial y}=-2(x+y).$$

记 S 是平面 $x+y+z=\frac{3}{2}a$ 上被 Γ 所围的区域. 显然 S 的上侧与 Γ 的方向一致. 由 Stokes 公式可得

$$I=-2\iint_S (y+z)\mathrm{d}y\mathrm{d}z+(z+x)\mathrm{d}z\mathrm{d}x+(x+y)\mathrm{d}x\mathrm{d}y$$

$$=-2\iint_S [(y+z)\cos(\nu,x)+(z+x)\cos(\nu,y)+(x+y)\cos(\nu,z)]\mathrm{d}S,$$

其中 $\cos(\nu,x),\cos(\nu,y),\cos(\nu,z)$ 分别是 S 上侧的单位法向量 $\boldsymbol{\nu}$ 在 x 轴，y 轴，z 轴的投影，显然

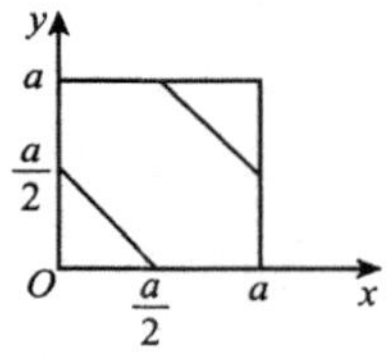

图 16.3.11

$$\cos(\nu,x)=\frac{\sqrt{3}}{3},\cos(\nu,y)=\frac{\sqrt{3}}{3},\cos(\nu,z)=\frac{\sqrt{3}}{3},$$

所以

$$I=-\frac{4\sqrt{3}}{3}\iint_S (x+y+z)\mathrm{d}S=-2\sqrt{3}a\mid S\mid,$$

其中 $|S|$ 表示 S 的面积. 记 S 在 x,y 平面的投影为 D（如图 16.3.11），易知

$$D=\left\{(x,y)\mid 0\leqslant x\leqslant a,\ 0\leqslant y\leqslant a,\ \frac{a}{2}\leqslant x+y\leqslant\frac{3}{2}a\right\},$$

所以 D 的面积为 $|D|=\frac{3}{4}a^2$. 由于

$$\mid D\mid=\mid\cos(\nu,z)\mid\cdot\mid S\mid==\frac{\sqrt{3}}{3}\mid S\mid,$$

从而

$$I=-2\sqrt{3}a\mid S\mid=-\frac{9}{2}a^3.$$

*四、微分形式

微分形式（又称外微分形式）是一种重要的现代数学工具，它被广泛地应用许多领域. 我们在这里不打算也不可能对微分形式进行深入地讨论，只是想形式地借助它给出 Green 公式、Gauss 公式和 Stokes 公式的统一表达形式.

设 G 是 $\mathbf{R}^3$ 中的开集. 在 G 内讨论第二类型曲线积分与曲面积分，以及三重积分时，我们遇到过三种被积式：

$$w=P(x,y,z)\mathrm{d}x+Q(x,y,z)\mathrm{d}y+R(x,y,z)\mathrm{d}z,$$

$$w=P(x,y,z)\mathrm{d}y\mathrm{d}z+Q(x,y,z)\mathrm{d}z\mathrm{d}x+R(x,y,z)\mathrm{d}x\mathrm{d}y,$$

$$w=P(x,y,z)\mathrm{d}x\mathrm{d}y\mathrm{d}z.$$

形式地引进外乘记号“Λ”，设 $P(x,y,z),Q(x,y,z),R(x,y,z)$ 为 G 内 r 次连续可微的函数，分别称

$$w = P\mathrm{d}x + Q\mathrm{d}y + R\mathrm{d}z, \tag{16.3.18}$$

$$w = P\mathrm{d}y\Lambda\mathrm{d}z + Q\mathrm{d}z\Lambda\mathrm{d}x + R\mathrm{d}x\Lambda\mathrm{d}y, \tag{16.3.19}$$

$$w = P\mathrm{d}x\Lambda\mathrm{d}y\Lambda\mathrm{d}z, \tag{16.3.20}$$

为 G 内 1 阶,2 阶,3 阶 C^r 微分形式,补充定义 G 内 r 次连续可微的函数 $f(x,y,z)$为 G 内 0 阶 C^r 微分形式.

首先类似于向量的加法与数乘来定义两个同阶微分形式的相加和定义于 G 内的函数与微分形式相乘. 例如若 $w_1=P_1\mathrm{d}x+Q_1\mathrm{d}y+R_1\mathrm{d}z$, $w_2=P_2\mathrm{d}x+Q_2\mathrm{d}y+R_2\mathrm{d}z$,则定义 $w_1+w_2=(P_1+P_2)\mathrm{d}x+(Q_1+Q_2)\mathrm{d}y+(R_1+R_2)\mathrm{d}z$. 若 $f(x,y,z)$ 为 G 内的函数,则定义 $fw_1=fP_1\mathrm{d}x+fQ_1\mathrm{d}y+fR_1\mathrm{d}z$,其他情况相同. 于是易知对任意固定的$(x,y,z)\in G$,所有 k 阶微分形式在(x,y,z)的取值组成 m_k 维的线性空间,其中

$$m_k=\begin{cases}1, & k=0,\\ 3, & k=1,2,\\ 1, & k=3.\end{cases}$$

系数函数恒等于 0 的微分形式称为零微分形式,任意阶零微分形式都记为 0.

其次我们定义微分形式的外乘把各阶微分形式联系起来. p 阶微分形式 w 与 q 阶微分形式 θ 的外乘为 $p+q$ 阶微分形式,记为 $w\Lambda\theta$,满足以下规则:

(i) 若 f 是 0 阶形式即 f 是定义在 G 内的函数,w 是任意 p 阶形式,则定义

$$f\Lambda w = fw;$$

(ii) 设 f_1,f_2 是 G 内的函数,w_1,w_2 是 p 阶形式,θ 为 q 阶形式,则

$$(f_1w_1+f_2w_2)\Lambda\theta = f_1w_1\Lambda\theta+f_2w_2\Lambda\theta;$$

(iii) 反对称性. 设 w 和 θ 分别是 G 内的 p 阶形式和 q 阶形式,则

$$w\Lambda\theta = (-1)^{pq}\theta\Lambda w;$$

(iv) 满足结合律. 设 w,θ,η 是三个 G 内微分形式,则

$$(w\Lambda\theta)\Lambda\eta = w\Lambda(\theta\Lambda\eta),$$

从而记$(w\Lambda\theta)\Lambda\eta=w\Lambda(\theta\Lambda\eta)$为 $w\Lambda\theta\Lambda\eta$.

由(ii)和(iii)可推出

$$\begin{aligned}\theta\Lambda(f_1w_1+f_2w_2) &= (-1)^{pq}(f_1w_1+f_2w_2)\Lambda\theta\\ &= (-1)^{pq}[f_1w_1\Lambda\theta+f_2w_2\Lambda\theta]\\ &= f_1\theta\Lambda w_1+f_2\theta\Lambda w_2,\end{aligned}$$

即外乘关于加法满足分配律. 由此可知零微分形式与任何微分形式外乘都为

零形式．由(iii)可知应有以下关系：

$$dz\Lambda dy = -dy\Lambda dz,\ dx\Lambda dz = -dz\Lambda dx,\ dy\Lambda dx = -dx\Lambda dy, \tag{16.3.21}$$

$$dx\Lambda dx = 0,\ dy\Lambda dy = 0, dz\Lambda dz = 0. \tag{16.3.22}$$

G 内所有的 C^r 微分形式是 G 内所有的 C^r 函数，dx，dy，dz 三个一阶微分形式通过加法、函数乘法和外乘而生成．由此易知在 $\mathbf{R}^3$ 中，当 $k\geqslant 4$ 时所有 k 阶形式都是 0．这样一来 G 内所有的 C^r 函数，以及由(16.3.18)式，(16.3.19)式，(16.3.20)式定义的 3 种 C^r 形式就是 G 内所有的 C^r 形式．设 G 是 $\mathbf{R}^n$ 上的开集，类似可用 G 内的 C^r 函数和 $dx_1,\cdots,dx_n$ 通过加法，函数乘和外乘定义在 G 内所有的 C^r 微分形式，即从 0 阶，1 阶直到 n 阶 C^r 形式．

例 16.3.7　设

$$w_1 = \alpha_1 dx + \beta_1 dy + \gamma_1 dz,$$

$$w_2 = \alpha_2 dx + \beta_2 dy + \gamma_2 dz,$$

$$w_3 = \alpha_3 dx + \beta_3 dy + \gamma_3 dz.$$

求 $w_1\Lambda w_2\Lambda w_3$．

解　由(16.3.21)式和(16.3.22)式可得

$$\begin{aligned} w_1\Lambda w_2 &= (\beta_1\gamma_2 - \gamma_1\beta_2)dy\Lambda dz + (\gamma_1\alpha_2 - \alpha_1\gamma_2)dz\Lambda dx \\ &\quad + (\alpha_1\beta_2 - \beta_1\alpha_2)dx\Lambda dy \\ &= \begin{vmatrix} \beta_1 & \gamma_1 \\ \beta_2 & \gamma_2 \end{vmatrix} dy\Lambda dz + \begin{vmatrix} \gamma_1 & \alpha_1 \\ \gamma_2 & \alpha_2 \end{vmatrix} dz\Lambda dx + \begin{vmatrix} \alpha_1 & \beta_1 \\ \alpha_2 & \beta_2 \end{vmatrix} dx\Lambda dy. \end{aligned}$$

于是用外乘的性质(iii)可得

$$\begin{aligned} &w_1\Lambda w_2\Lambda w_3 \\ &= \alpha_3 \begin{vmatrix} \beta_1 & \gamma_1 \\ \beta_2 & \gamma_2 \end{vmatrix} dy\Lambda dz\Lambda dx + \beta_3 \begin{vmatrix} \gamma_1 & \alpha_1 \\ \gamma_2 & \alpha_2 \end{vmatrix} dz\Lambda dx\Lambda dy + \gamma_3 \begin{vmatrix} \alpha_1 & \beta_1 \\ \alpha_2 & \beta_2 \end{vmatrix} dx\Lambda dy\Lambda dz \\ &= \left\{ \alpha_3 \begin{vmatrix} \beta_1 & \gamma_1 \\ \beta_2 & \gamma_2 \end{vmatrix} + \beta_3 \begin{vmatrix} \gamma_1 & \alpha_1 \\ \gamma_2 & \alpha_2 \end{vmatrix} + \gamma_3 \begin{vmatrix} \alpha_1 & \beta_1 \\ \alpha_2 & \beta_2 \end{vmatrix} \right\} dx\Lambda dy\Lambda dz \\ &= \begin{vmatrix} \alpha_1 & \beta_1 & \gamma_1 \\ \alpha_2 & \beta_2 & \gamma_2 \\ \alpha_3 & \beta_3 & \gamma_3 \end{vmatrix} dx\Lambda dy\Lambda dz. \end{aligned}$$

设 G 是 $\mathbf{R}^n$ 中的开集，r 为正整数，定义一种运算 d，使得对任意非负整数 k，d 作用于一个 k 阶 C^r 形式，产生一个 $k+1$ 阶 C^{r-1} 形式且具有以下性质：

(i) 若 f 是 0 阶 C^r 形式，则 $\mathrm{d}f$ 就是函数 f 普通的微分，即

$$\mathrm{d}f = \frac{\partial f}{\partial x_1}\mathrm{d}x_1 + \cdots + \frac{\partial f}{\partial x_n}\mathrm{d}x_n.$$

一阶微分形式 $\mathrm{d}x_1,\cdots,\mathrm{d}x_n$ 也可分别视为运算 d 作用坐标函数 $f_1 = x_1,\cdots,f_n = x_n$ 所得之结果；

(ii) $\mathrm{d}(w_1 + w_2) = \mathrm{d}w_1 + \mathrm{d}w_2$；

(iii) 设 w 是 p 阶 C^r 形式，则

$$\mathrm{d}(w\Lambda\theta) = \mathrm{d}w\Lambda\theta + (-1)^p w\Lambda\mathrm{d}\theta;$$

(iv) $\mathrm{d}^2 w = \mathrm{d}(\mathrm{d}w) = 0$.

可以证明存在惟一的运算 d 满足上述的 4 个性质. 运算 d 称为外微分运算.

例 16.3.8 设 $f(x,y)$ 是 $\mathbf{R}^2$ 的 C^2 函数，则

$$\mathrm{d}f = \frac{\partial f}{\partial x}\mathrm{d}x + \frac{\partial f}{\partial y}\mathrm{d}y,$$

$$\mathrm{d}^2 f = \mathrm{d}\left(\frac{\partial f}{\partial x}\right)\Lambda\mathrm{d}x + \left(\frac{\partial f}{\partial x}\right)\Lambda\mathrm{d}^2 x + \mathrm{d}\left(\frac{\partial f}{\partial y}\right)\Lambda\mathrm{d}y + \left(\frac{\partial f}{\partial y}\right)\Lambda\mathrm{d}^2 y.$$

由于 $\mathrm{d}^2 x = \mathrm{d}^2 y = 0$. 从而

$$\begin{aligned}\mathrm{d}^2 f &= \left(\frac{\partial^2 f}{\partial x^2}\mathrm{d}x + \frac{\partial^2 f}{\partial x\partial y}\mathrm{d}y\right)\Lambda\mathrm{d}x + \left(\frac{\partial^2 f}{\partial y\partial x}\mathrm{d}x + \frac{\partial^2 f}{\partial y^2}\mathrm{d}y\right)\Lambda\mathrm{d}y\\ &= \left(\frac{\partial^2 f}{\partial y\partial x} - \frac{\partial^2 f}{\partial x\partial y}\right)\mathrm{d}x\Lambda\mathrm{d}y.\end{aligned}$$

于是

$$\mathrm{d}^2 f = 0 \Leftrightarrow \frac{\partial^2 f}{\partial y\partial x} = \frac{\partial^2 f}{\partial x\partial y}.$$

例 16.3.9 设 $w = P(x,y)\mathrm{d}x + Q(x,y)\mathrm{d}y$ 是 $\mathbf{R}^2$ 上的一阶 C^1 形式，$\theta = P(x,y,z)\mathrm{d}x + Q(x,y,z)\mathrm{d}y + R(x,y,z)\mathrm{d}z$ 和 $\eta = P(x,y,z)\mathrm{d}y\Lambda\mathrm{d}z + Q(x,y,z)\mathrm{d}z\Lambda\mathrm{d}x + R(x,y,z)\mathrm{d}x\Lambda\mathrm{d}y$ 分别是 $\mathbf{R}^3$ 上的 1 阶和 2 阶 C^1 形式，求 $\mathrm{d}w,\mathrm{d}\theta,\mathrm{d}\eta$.

解 易知

$$\mathrm{d}w = \left(\frac{\partial Q}{\partial x} - \frac{\partial P}{\partial y}\right)\mathrm{d}x\Lambda\mathrm{d}y,$$

$$\begin{aligned}\mathrm{d}\theta = &\left(\frac{\partial R}{\partial y} - \frac{\partial Q}{\partial z}\right)\mathrm{d}y\Lambda\mathrm{d}z + \left(\frac{\partial P}{\partial z} - \frac{\partial R}{\partial x}\right)\mathrm{d}z\Lambda\mathrm{d}x\\ &+ \left(\frac{\partial Q}{\partial x} - \frac{\partial P}{\partial y}\right)\mathrm{d}x\Lambda\mathrm{d}y,\end{aligned}$$

$$d\eta = \left(\frac{\partial P}{\partial x} + \frac{\partial Q}{\partial y} + \frac{\partial R}{\partial z}\right) dx \wedge dy \wedge dz.$$

从例 16.3.9 容易看出 Green 公式,Gauss 公式和 Stokes 公式可统一写为

$$\int_D dw = \int_{\partial D} w, \tag{16.3.23}$$

其中 D 是某个几何形体,∂D 为其边界. ∂D 的方向与 D 的一致,或者 ∂D 关于 D 取正向, w 是相应的微分形式, dw 是 w 的外微分形式. 可归入(16.3.23)式的还有 Newton-Leibniz 公式

$$\int_a^b df = f(b) - f(a). \tag{16.3.24}$$

(16.3.24)式的左端是 df 在有向线段 $I = [a, b]$ 上的积分,右端可视为 f 在 ∂I 上的"积分". (16.3.23)式统称为 Stokes 型公式,它可以推广到 $\mathbf{R}^n$ 甚至更广的空间. Stokes 型公式是微积分的基本公式,它们都可以看作 Newton-Leibniz 公式的推广. 在这些公式的证明中关键步骤都用到 Newton-Leibniz 公式,因此人们把 Newton-Leibniz 公式称为微积分学的基本定理.

§ 16.4　曲线积分与路径无关的条件

在力学上一种非常重要的力场就是保守场. 质点在保守场中移动,保守场所作的功只与质点的起点和终点的位置有关,与移动的具体路径无关. 什么样的力场是保守场的问题从数学上看就是在什么条件下第二类型曲线积分与路径无关. 这个问题不仅具有明显的实际背景,而且在理论中也有很重要的意义. 本节在 $\mathbf{R}^2$ 和 $\mathbf{R}^3$ 中讨论这个问题.

一、$\mathbf{R}^2$ 中区域的情形

设 D 是 $\mathbf{R}^2$ 中的开区域, $P(x, y), Q(x, y) \in C^0(D)$, 记 $w = Pdx + Qdy$. 任取 $A, B \in D$, D 内从 A 到 B 的一条简单逐段光滑定向曲线称为 D 内从 A 到 B 的一条路径,对于 D 内从 A 到 B 的任意路径 L,如果第二类型曲线积分

$$\int_L w = \int_L Pdx + Qdy$$

只与 A, B 有关,与 L 的具体选取无关,则称一阶微分形式 w 在 D 内的积分与路径无关.

定理 16.4.1　下列条件等价:

(i) $w = Pdx + Qdy$ 在 D 内积分与路径无关;

(ii) 存在 $u(x,y)\in C^1(D)$使得 $w=\mathrm{d}u$,即

$$\frac{\partial u}{\partial x}=P,\frac{\partial u}{\partial y}=Q.$$

此时称 w 在D 内是全微分,$u(x,y)$称为 w 的原函数(或者势函数);

(iii) 对于 D 内任何封闭路径L,即 D 内简单逐段光滑封闭定向曲线,则

$$\int_L w=\int_L P\mathrm{d}x+Q\mathrm{d}y=0.$$

证 (i)⇒(ii). 取$(x_0,y_0)\in D$,对任意$(x,y)\in D$,由于 D 是开区域,从而存在 D 内从(x_0,y_0)到(x,y)的路径 L,令

$$u(x,y)=\int_L P\mathrm{d}x+Q\mathrm{d}y, \tag{16.4.1}$$

由(i)可知(16.4.1)式定义了 D 的一个函数$u(x,y)$. 任意固定$(x,y)\in D$,由于 D 是开区域,所以存在 $\delta>0$ 使得

$$\{(x+\Delta x,y+\Delta y)\mid |\Delta x|<\delta,\ |\Delta y|<\delta\}\subseteq D.$$

取 $0<|\Delta x|<\delta$,记从(x,y)到$(x+\Delta x,y)$的有向线段为 l,则

$$u(x+\Delta x,y)-u(x,y)=\int_l P\mathrm{d}x+Q\mathrm{d}y=\int_x^{x+\Delta x}P(\xi,y)\mathrm{d}\xi.$$

由 $P(x,y)$在 D 内连续,从而

$$\begin{aligned}\frac{\partial u}{\partial x}(x,y)&=\lim_{\Delta x\to 0}\frac{1}{\Delta x}[u(x+\Delta x,y)-u(x,y)]\\&=\lim_{\Delta x\to 0}\frac{1}{\Delta x}\int_x^{x+\Delta x}P(\xi,y)\mathrm{d}\xi=P(x,y).\end{aligned}$$

同理可证$\frac{\partial u}{\partial x}(x,y)=Q(x,y)$.

(ii)⇒(iii). 设 L 是D 内的封闭路径,取 $A\in L$ 对于从A 出发与其方向一致的L 的分割

$$T:A=A_0,A_1,A_2,\cdots,A_m=A.$$

显然存在 $\delta>0$,当 $d(T)<\delta$ 时,则从 A_{i-1}到 A_i 的有向线段$\overline{A_{i-1}A_i}\subseteq D$,其中 $i=1,2,\cdots,m$,由(ii),设 $u(x,y)$是 $w=P\mathrm{d}x+Q\mathrm{d}y$ 的原函数. 记 $A_i=(x_i,y_i)$, $i=0,1,2,\cdots,m$. 由于

$$\overline{A_{i-1}A_i}:\begin{cases}x=x_{i-1}+t(x_i-x_{i-1}),\\y=y_{i-1}+t(y_i-y_{i-1}),\end{cases}\ 0\leqslant t\leqslant 1, \tag{16.4.2}$$

所以

$$\int_{\overline{A_{i-1}A_i}} w = \int_0^1 \left[\frac{\partial u}{\partial x}(x,y)(x_i - x_{i-1}) + \frac{\partial u}{\partial x}(x,y)(y_i - y_{i-1})\right]\mathrm{d}t,$$

其中等式右端被积式的 x,y 满足(16.4.2)式,于是

$$\int_{\overline{A_{i-1}A_i}} w = \int_0^1 \frac{\mathrm{d}}{\mathrm{d}t}u(x_{i-1} + t(x_i - x_{i-1}),\ y_{i-1} + t(y_i - y_{i-1}))\mathrm{d}t$$

$$= u(x_i,\ y_i) - u(x_{i-1}, y_{i-1}).$$

由于 $A = (x_0, y_0) = (x_m, y_m)$,从而

$$\sum_{i=1}^{m} \int_{\overline{A_{i-1}A_i}} w = 0.$$

从本章§16.1 的定理 16.1.2 和两类曲线积分的关系易知

$$\lim_{d(T)\to 0} \sum_i \int_{\overline{A_{i-1}A_i}} w = \int_L w,$$

于是可得 $\int_L w = 0$.

(iii)⇒(i). 任取 $A,B \in D$,设 L_1 和 L_2 是 D 内从 A 到 B 的两条不同路径. 如果 L_1 和 L_2 仅有 A,B 两公共点,则 $L = L_1 \cup (-L_2)$是 D 内的封闭路径. 由(iii)可得

$$0 = \int_L w = \int_{L_1} w + \int_{-L_2} w = \int_{L_1} w - \int_{L_2} w,$$

即

$$\int_{L_1} w = \int_{L_2} w. \tag{16.4.3}$$

若 L_1 与 L_2 仅有有限个公共点,同样由(iii)易证(16.4.3)式成立. 对于一般情况,任取 $\varepsilon > 0$,存在 D 内从 A 到 B 的定向折线 Γ_1 和 Γ_2 使得

$$\left|\int_{\Gamma_i} w - \int_{L_i} w\right| < \frac{\varepsilon}{2},\ i = 1,2.$$

对于 Γ_1 和 Γ_2 由(16.4.3)式的证明易得

$$\int_{\Gamma_1} w = \int_{\Gamma_2} w,$$

于是有

$$\left|\int_{L_1} w - \int_{L_2} w\right| \leqslant \left|\int_{\Gamma_1} w - \int_{L_1} w\right| + \left|\int_{\Gamma_2} w - \int_{L_2} w\right| < \varepsilon.$$

由 ε 之任意性可得(16.4.3)式对于任意 D 内从 A 到 B 的路径 L_1 和 L_2 成

立.

为了更深入地刻画 $w=P\mathrm{d}x+Q\mathrm{d}y$ 在 D 内积分与路径的无关性，进一步设 $\frac{\partial P}{\partial y},\frac{\partial Q}{\partial x}$ 都在 D 内连续. 如果 w 在 D 内积分路径无关，则由定理 16.4.1 中(ii)可知，存在 $u(x,y)\in C^1(D)$ 使得

$$\frac{\partial u}{\partial x}=P,\ \frac{\partial u}{\partial y}=Q.$$

再由 $\frac{\partial P}{\partial y}$ 和 $\frac{\partial Q}{\partial x}$ 的连续性可得

$$\frac{\partial P}{\partial y}=\frac{\partial Q}{\partial x}. \tag{16.4.4}$$

于是(16.4.4)式就是 w 在 D 内积分与路径无关的必要条件. 但一般来说(16.4.4)式不是充分的. 本章§16.3 中例 16.3.3 所介绍的二维 Gauss 积分就说明这一问题. 设 $P(x,y)=\frac{-y}{x^2+y^2}$, $Q(x,y)=\frac{x}{x^2+y^2}$, $D=B\setminus\{O\}$，其中

$$B=\{(x,y)\mid x^2+y^2<1\},\ O=(0,0).$$

显然 D 是 $\mathbf{R}^2$ 中的开区域，P,Q 满足(16.4.4)式. 在 D 内取 $M=\left(\frac{1}{2},0\right)$, $N=\left(0,\frac{1}{2}\right)$. 设 L_1 是沿半径为 $\frac{1}{2}$ 的圆周逆时针从 M 到 N 的定向最短圆弧，L_2 是沿半径为 $\frac{1}{2}$ 的圆周顺时针从 M 到 N 的定向最短圆弧(见图 16.4.1)，则

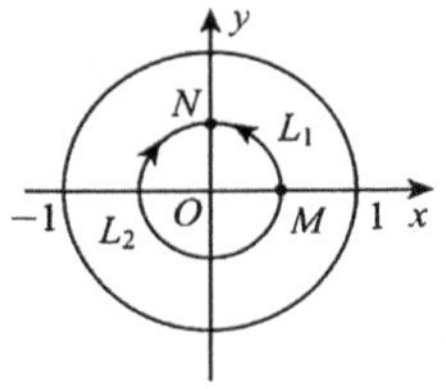

图 16.4.1

$$\int_{L_1}P\mathrm{d}x+Q\mathrm{d}y=\int_0^{\frac{\pi}{2}}\mathrm{d}\theta=\frac{\pi}{2},$$

$$\int_{L_2}P\mathrm{d}x+Q\mathrm{d}y=\int_{2\pi}^{\frac{\pi}{2}}\mathrm{d}\theta=-\frac{3}{2}\pi.$$

于是 $w=P\mathrm{d}x+Q\mathrm{d}y$ 在 D 内积分与路径有关.

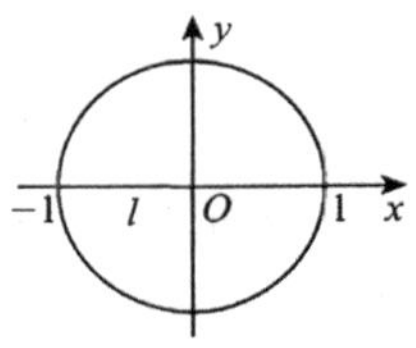

图 16.4.2

设 D 是 $\mathbf{R}^2$ 中的开区域，如果 D 内任何简单封闭曲线所围的有界区域，总是整个包含在 D 内，则称 D 是 $\mathbf{R}^2$ 中的单连通区域，否则就称 D 为 $\mathbf{R}^2$ 中的多连通区域. 用直观语言描述，平面上的单连通区域就是没有洞(包括点洞)的区域. 由于上述之 $B\setminus\{O\}$ 有一个点洞 O，从而它不是单连通区域，一般称这种有一个洞的区域为二连通区域. 设 $l=\{(x,0)\mid -1<x\leqslant 0\}$，则易知 $B\setminus l$ 是单连

通区域(见图 16.4.2).

设 D 是 $\mathbf{R}^2$ 中的单连通开区域, $P(x,y)$, $Q(x,y)$, $\frac{\partial P}{\partial y}(x,y)$, $\frac{\partial Q}{\partial x}(x,y)$ 均在 D 内连续,如果在 D 内(16.4.4)式成立,即

$$\frac{\partial P}{\partial y}(x,y)=\frac{\partial Q}{\partial x}(x,y),$$
$$\forall (x,y)\in D,$$

对于 D 内任何封闭路径 L,由 Green 公式可得

$$\int_L P\mathrm{d}x+Q\mathrm{d}y=0.$$

再由定理 16.4.1 可知 $w=P\mathrm{d}x+Q\mathrm{d}y$ 在 D 内积分与路径无关.

综上所述,我们证明了以下结果.

定理 16.4.2 设 D 是 $\mathbf{R}^2$ 中的开区域, $P(x,y)$, $Q(x,y)$, $\frac{\partial P}{\partial y}(x,y)$, $\frac{\partial Q}{\partial x}(x,y)$ 都在 D 内连续,则:

(i) 如果 $w=P\mathrm{d}x+Q\mathrm{d}y$ 在 D 内积分与路径无关,则在 D 内 $\frac{\partial P}{\partial y}=\frac{\partial Q}{\partial x}$;

(ii) 如果在 D 内满足 $\frac{\partial P}{\partial y}=\frac{\partial Q}{\partial x}$,且进一步假设 D 是 $\mathbf{R}^2$ 中的单连通区域,则 $w=P\mathrm{d}x+Q\mathrm{d}y$ 在 D 内积分与路径无关.

考虑 D 内一阶 C^1 微分形式 $w=P\mathrm{d}x+Q\mathrm{d}y$. 由于 $\mathrm{d}w=\left(\frac{\partial Q}{\partial x}-\frac{\partial P}{\partial y}\right)\mathrm{d}x\Lambda\mathrm{d}y$,从而由(16.4.4)式可知 w 在 D 内积分与路径无关的必要条件可写为

$$\mathrm{d}w=0. \tag{16.4.5}$$

满足(16.4.5)式的 D 内一阶 C^1 形式称为 D 内一阶 C^1 闭微分形式. 所有 D 内一阶 C^1 闭形式按普通的加法与数乘显然组成一个线性空间,记为 $e_1(D)$. 如果 w 在 D 内积分与路径无关,由定理 16.4.1 可知存在 $u(x,y)\in C^1(D)$ 使得

$$w=\mathrm{d}u \tag{16.4.6}$$

满足(16.4.6)式的一阶微分形式称一阶恰当微分形式. 所有 D 内一阶 C^1 恰当微分形式按普通加法与数乘显然也组成一个线性空间,记为 $\varepsilon_1(D)$. 因为从 $w=\mathrm{d}u$ 可推出 $\mathrm{d}w=\mathrm{d}^2u=0$,所以 $\varepsilon_1(D)$ 是 $e_1(D)$ 的子空间,记它们的商空间为

$$H_1(D)=e_1(D)/\varepsilon_1(D),$$

线性空间 $H_1(D)$的维数有限或者无穷,记为 $\dim H_1$. 由定理 16.4.2 可知当 D是单连通区域时, $\dim H_1(D)=0$. 反之设 D 是 $\mathbf{R}^2$ 中的开区域且 $\dim H_1(D)=0$,可以证明 D 是单连通区域. 一般若 $\dim H_1(D)<+\infty$,则称 $\dim H_1(D)+1$ 为 D 的连通数.

现在讨论多连通区域内一阶闭微分形式的特征. 为简单起见,设 D 是 $\mathbf{R}^2$ 中单连通开区域,A 是D 内一点,考虑 $\mathbf{R}^2$ 中的二连通区域

$$G = D\setminus\{A\}.$$

设 $w=P\mathrm{d}x+Q\mathrm{d}y$ 是G 内一阶 C^1 闭微分形式,即 $P(x,y),Q(x,y)\in C^1(G)$且在 G 内满足

$$\frac{\partial P}{\partial y}=\frac{\partial Q}{\partial x}.$$

任取 G 内封闭路径L. 若 A 点不在L 所围的有界区域内,简称为 L 不绕A,由 Green 公式可得

$$\int_L P\mathrm{d}x+Q\mathrm{d}y=0.$$

若 A 点在L 所围的有界区域内,简称 L 绕A. 设 L 的方向为其正向,即关于 L 所围区域为逆时针方向,记

$$\lambda=\int_L P\mathrm{d}x+Q\mathrm{d}y.$$

可以证明 λ 不依赖于L 的具体选择,即任取 G 内两条绕A 的封闭路径L_1 和 L_2,L_1 和 L_2 的方向都是正向(见图 16.4.3),则

$$\int_{L_1} P\mathrm{d}x+Q\mathrm{d}y=\int_{L_2} P\mathrm{d}x+Q\mathrm{d}y.$$

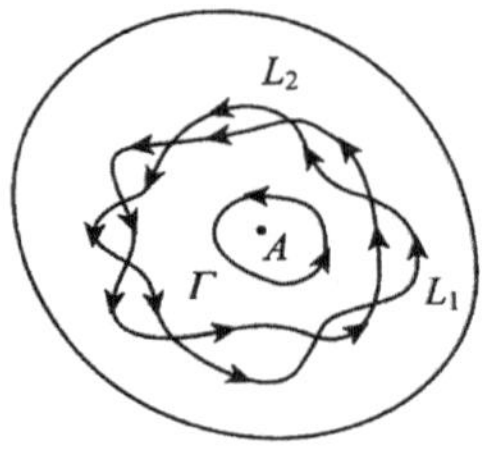

图 16.4.3

事实上,取 Γ 为G 内绕A 的封闭路径,使得 Γ 既在L_1 所围的区域内,又在 L_2 所围的区域内,取 Γ 的方向也是正向. 由于 $w=P\mathrm{d}x+Q\mathrm{d}y$ 是G 内的闭形式,关于 L_1 和 Γ 所围的区域运用 Green 公式可得

$$\int_{L_1} P\mathrm{d}x+Q\mathrm{d}y-\int_\Gamma P\mathrm{d}x+Q\mathrm{d}y=0.$$

同理可证

$$\int_{L_2} P\mathrm{d}x+Q\mathrm{d}y-\int_\Gamma P\mathrm{d}x+Q\mathrm{d}y=0.$$

于是有

$$\int_{L_1} P\mathrm{d}x + Q\mathrm{d}y = \int_{L_2} P\mathrm{d}x + Q\mathrm{d}y.$$

λ 称为 w 在点 A 的循环数(如图 16.4.4). 设 G 内封闭逐段光滑的定向曲线 l 可最多分解为 G 内 n_1 条绕 A 的封闭正向路径, n_2 条绕 A 的封闭负向路径, n_3 条不绕 A 的封闭路径,则称 $n = n_1 - n_2$ 为 l 绕 A 的圈数,易知

$$\int_l P\mathrm{d}x + Q\mathrm{d}y = n\lambda.$$

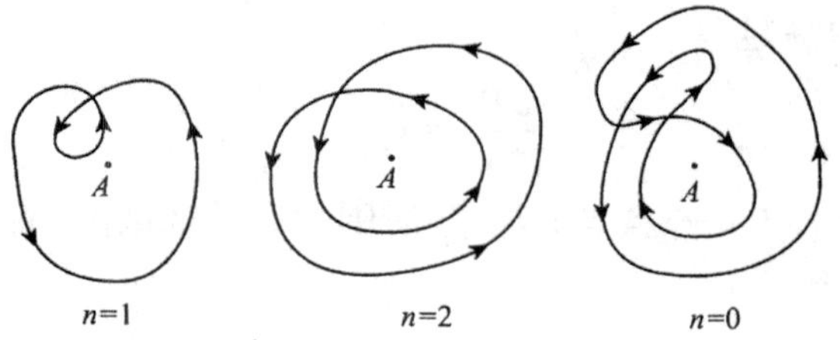

图 16.4.4

不妨设 $A = (0,0)$,记 $w_0 = \dfrac{-y\mathrm{d}x + x\mathrm{d}y}{x^2 + y^2}$,则 w_0 是 G 内一阶 C^1 闭形式. 由二维 Gauss 积分的结果可知 w_0 绕 A 的循环数为 2π. 对于 G 内任意一阶 C^1 闭形式 $w = P\mathrm{d}x + Q\mathrm{d}y$,记 w 绕 A 的循环数为 λ. 令

$$\widetilde{w} = w - \frac{\lambda}{2\pi} w_0,$$

则 $\widetilde{w}$ 也是 G 内一阶 C^1 闭形式且 $\widetilde{w}$ 绕 A 的循环数为 0,从而 $\widetilde{w}$ 沿 G 内任意封闭路径的积分为 0. 由定理 16.4.1 可知存在 $u(x,y) \in C^2(G)$ 使得 $\widetilde{w} = \mathrm{d}u$,即

$$w = \frac{\lambda}{2\pi} w_0 + \mathrm{d}u.$$

二、$\mathbf{R}^3$ 中区域的情形

设 G 是 $\mathbf{R}^3$ 中的开区域, $P(x,y,z)$, $Q(x,y,z)$, $R(x,y,z)$ 均在 G 内连续,记 $w = P\mathrm{d}x + Q\mathrm{d}y + R\mathrm{d}z$. 任取 $A, B \in G$,同样定义 G 内从 A 到 B 的一条路径. 显然定理 16.4.1 可推广到 $\mathbf{R}^3$ 中区域的情形.

定理 16.4.3　下列条件等价:

(i) $w = P\mathrm{d}x + Q\mathrm{d}y + R\mathrm{d}z$ 在 G 内积分与路径无关;

(ii) 存在 $u(x,y,z) \in C^1(G)$ 使得 $w = \mathrm{d}u$,即

$$\frac{\partial u}{\partial x}=P,\frac{\partial u}{\partial y}=Q,\frac{\partial u}{\partial z}=R.$$

此时称 w 在 G 内为全微分或者一阶恰当微分形式，$u(x,y,z)$ 为 w 的原函数或势函数；

(iii) 对于 G 内任意封闭路径 L 有

$$\int_L w=0.$$

定理 16.4.3 的证明与定理 16.4.1 相同，故略去. 现在要把定理 16.4.2 推广到 $\mathbf{R}^3$. 设 $w=P\mathrm{d}x+Q\mathrm{d}y+R\mathrm{d}z$ 在 G 内积分与路径无关，且进一步设 P,Q,R 都在 G 内一次连续可微. 由于存在 $u(x,y,z)\in C^1(G)$ 使得 $w=\mathrm{d}u$，则 $u\in C^2(G)$，且

$$\mathrm{d}w=0 \tag{16.4.7}$$

即在 G 内满足

$$\begin{cases}\dfrac{\partial R}{\partial y}=\dfrac{\partial Q}{\partial z},\\ \dfrac{\partial P}{\partial z}=\dfrac{\partial R}{\partial x},\\ \dfrac{\partial Q}{\partial x}=\dfrac{\partial P}{\partial y}.\end{cases} \tag{16.4.8}$$

由此可得 G 内一阶 C^1 微分形式 w 在 G 内积分与路径无关的必要条件是 w 是闭形式，即(16.4.7)式或者(16.4.8)式成立.

为了证明(16.4.7)式或者(16.4.8)式的充分性，与 $\mathbf{R}^2$ 情形类似需要对 $\mathbf{R}^3$ 中的区域引进单连通的概念，下面我们用直观的语言进行描述. 对于 $\mathbf{R}^3$ 中的开区域 G，如果 G 内任何分片光滑的封闭曲面所围的区域总是整个属于 G，则称 G 是空间单连通区域. 如果 G 内任何分段光滑简单封闭曲线总是 G 内分片光滑可定向曲面的边界，则称 G 是曲面单连通区域. 例如整个 $\mathbf{R}^3$，$\mathbf{R}^3$ 中的开球体都既是空间单连通，又是曲面单连通区域. 空心球

$$B_1\setminus\{O\}=\{(x,y,z)\mid 0<x^2+y^2+z^2<1\}$$

或者

$$B_1\setminus\overline{B}_{\frac{1}{2}}=\left\{(x,y,z)\mid \frac{1}{2}<x^2+y^2+z^2<1\right\}$$

都是曲面单连通区域，但不是空间单连通区域. 一个开球打了一个贯通的柱形孔洞后剩下的部分如

$$\Omega=\left\{(x,y,z)\mid x^2+y^2+z^2<1,x^2+y^2>\frac{1}{2}\right\}$$

是空间单连通区域，但不是曲面单连通区域．$\mathbf{R}^3$ 中的圆环面

$$T^2:(\sqrt{x^2+y^2}-a^2)^2+z^2=b^2(0<b<a)$$

所围的区域也是空间单通但不是曲面单连通区域．如果 G 是 $\mathbf{R}^3$ 中的曲面单连通开区域，$w=P\mathrm{d}x+Q\mathrm{d}y+R\mathrm{d}z$ 是 G 内一阶 C^1 闭形式，即(16.4.8)式成立，则对于 G 内任何分段光滑简单封闭曲线 L，由 Stokes 公式可知对于 L 的任意定向都有

$$\int_L w=0.$$

由定理 16.4.3 可知 w 在 G 内积分与路径无关．

综上可得以下定理．

定理 16.4.4 设 G 是 $\mathbf{R}^3$ 中的开区域，$w=P\mathrm{d}x+Q\mathrm{d}y+R\mathrm{d}z$ 是 G 内一阶 C^1 微分形式，则：

(i) 如果 w 在 G 内积分与路径无关，则 $\mathrm{d}w=0$，即在 G 内满足

$$\frac{\partial R}{\partial y}=\frac{\partial Q}{\partial z},\ \frac{\partial P}{\partial z}=\frac{\partial R}{\partial x},\ \frac{\partial Q}{\partial x}=\frac{\partial P}{\partial y};$$

(ii) 如果 $\mathrm{d}w=0$ 即(16.4.8)式成立，进一步假设 G 是 $\mathbf{R}^3$ 中的曲面单连通区域，则 w 在 G 内积分与路径无关．

上述引进的曲面单连通的条件实际上是很难验证的．空间一条光滑简单的封闭曲线其形状可能是非常复杂的，这一点与平面光滑简单曲线有很大的不同．因此如何判断任意一条这样的曲线是否为分片光滑定向曲面的边界是相当困难的问题．在定理 16.4.4 中之所以有曲面单连通的假设是因为要应用 Stokes 公式．针对某些特殊区域，我们可以回避 Stokes 公式，用直接构造原函数的方法来证明条件(16.4.8)式的充分性．

设 G 是 $\mathbf{R}^3$ 中的开区域，$A\in G$．如果对任意 $P\in G$，直线段 $\overline{AP}$ 完全包含在 G 内，则称 G 关于 A 为星形区域．

定理 16.4.5 设 G 是 $\mathbf{R}^3$ 中关于其内一点 A 的星形开区域，如果 $P(x,y,z)$，$Q(x,y,z)$，$R(x,y,z)$ 均属于 $C^1(G)$ 且满足(16.4.8)式，即在 G 内满足

$$\frac{\partial R}{\partial y}=\frac{\partial Q}{\partial z},\ \frac{\partial P}{\partial z}=\frac{\partial R}{\partial x},\ \frac{\partial Q}{\partial x}=\frac{\partial P}{\partial y}.$$

则 $w=P\mathrm{d}x+Q\mathrm{d}y+R\mathrm{d}z$ 在 G 内积分与路径无关．

证 不妨设 A 为原点，由于 G 关于 A 是星形区域，所以可令

$$u(x,y,z)=\int_0^1(xP(xt,yt,zt)+yQ(xt,yt,zt)+zR(xt,yt,zt))\mathrm{d}t,$$

其中 $(x,y,z)\in G$，易知

$$\frac{\partial u}{\partial x}(x,y,z)=\int_0^1\Big[P(xt,yt,zt)+tx\frac{\partial P}{\partial x}(xt,yt,zt)$$
$$+ty\frac{\partial Q}{\partial x}(xt,yt,zt)+tz\frac{\partial R}{\partial x}(xt,yt,zt)\Big]\mathrm{d}t,$$

由(16.4.8)式可得

$$\begin{aligned}\frac{\partial u}{\partial x}(x,y,z)&=\int_0^1\Big[P(xt,yt,zt)+tx\frac{\partial P}{\partial x}(xt,yt,zt)\\&\quad+ty\frac{\partial P}{\partial y}(xt,yt,zt)+tz\frac{\partial P}{\partial z}(xt,yt,zt)\Big]\mathrm{d}t\\&=\int_0^1\frac{\mathrm{d}}{\mathrm{d}t}(tP(xt,yt,zt))\mathrm{d}t\\&=P(x,y,z).\end{aligned}$$

同理可证

$$\frac{\partial u}{\partial y}(x,y,z)=Q(x,y,z),\frac{\partial u}{\partial z}(x,y,z)=R(x,y,z).$$

于是 $w=\mathrm{d}u$. 由定理 16.4.3 可知 w 在G 内积分与路径无关.

三、原函数计算的例题

设 G 是开区域,w 是G 内一阶C^0 微分形式. 如果 w 在G 内积分与路径无关,则在 G 内w 存在原函数u. 若 v 是w 在G 内的另一个原函数,则由 $\mathrm{d}u=\mathrm{d}v=w$ 可知在G 内满足

$$d(u-v)=0.$$

由 G 的连通性从而存在常数C 使得

$$v(x)=u(x)+C,\ \forall\, x\in G.$$

于是 $u+C$,其中 C 为任意常数,就是 w 在G 内所有的原函数.

例 16.4.1　确定常数 λ 使得$w=P(x,y)\mathrm{d}x+Q(x,y)\mathrm{d}y$ 在$D=\{(x,y)\mid y>0\}$内为全微分,并求其原函数,其中

$$P(x,y)=\frac{x}{y}(x^2+y^2)^\lambda,Q(x,y)=\frac{-x^2}{y^2}(x^2+y^2)^\lambda.$$

解

$$\frac{\partial Q}{\partial x}=\frac{-2x}{y^2}(x^2+y^2)^\lambda-2\lambda\frac{x^3}{y^2}(x^2+y^2)^{\lambda-1},$$
$$\frac{\partial P}{\partial y}=\frac{-x}{y^2}(x^2+y^2)^\lambda+2\lambda x(x^2+y^2)^{\lambda-1}.$$

令$\dfrac{\partial Q}{\partial x}=\dfrac{\partial P}{\partial y}$可得

$$\frac{x}{y^2}(x^2+y^2)^{\lambda}+2\lambda x(x^2+y^2)^{\lambda-1}\left(1+\frac{x^2}{y^2}\right)=0,$$

即

$$\frac{x}{y^2}(x^2+y^2)^{\lambda}(1+2\lambda)=0.$$

于是在 D 内$\dfrac{\partial Q}{\partial x}=\dfrac{\partial P}{\partial y}\Leftrightarrow\lambda=-\dfrac{1}{2}$. 由于 D 是 $\mathbf{R}^2$ 中单连通区域,所以 w 在D 内为全微分的充分必要条件是$\lambda=-\dfrac{1}{2}$. 取 $\lambda=-\dfrac{1}{2}$,下面我们用两种方法求 w 的原函数.

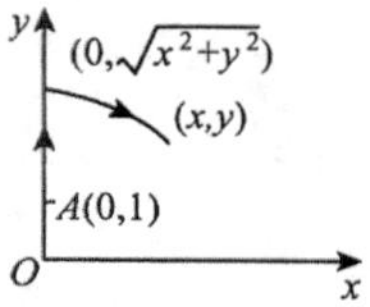

图 16.4.5

(i) 用曲线积分. 取定 $A=(0,1)$,对任何$(x,y)\in D$,选取从$(0,1)$到(x,y)的适当路径来计算原函数 u 在(x,y)的值(见图16.4.5).例如

$$\begin{aligned}u(x,y)&=\int_{(0,1)}^{(x,y)}P\mathrm{d}x+Q\mathrm{d}y\\&=\int_{(0,1)}^{(0,\sqrt{x^2+y^2})}P\mathrm{d}x+Q\mathrm{d}y\\&\quad+\int_{(0,\sqrt{x^2+y^2})}^{(x,y)}P\mathrm{d}x+Q\mathrm{d}y,\end{aligned}$$

其中积分路径为从$(0,1)$沿 y 轴到$(0,\sqrt{x^2+y^2})$,然后再沿以 O 为中心,$\sqrt{x^2+y^2}$为半径的圆弧到(x,y). 由于 $P(0,y)=Q(0,y)=0$,所以

$$u(x,y)=\int_{(0,\sqrt{x^2+y^2})}^{(x,y)}\frac{x}{y\sqrt{x^2+y^2}}\mathrm{d}x-\frac{x^2}{y^2\sqrt{x^2+y^2}}\mathrm{d}y,$$

利用极坐标 $x=r\cos\theta$, $y=r\sin\theta$, $r=\sqrt{x^2+y^2}>0,0<\theta<\pi$,则

$$\begin{aligned}u(x,y)&=\int_{\frac{\pi}{2}}^{\theta}\left[-\frac{\cos\varphi}{\sin\varphi}\sin\varphi-\frac{\cos^2\varphi}{\sin^2\varphi}\cos\varphi\right]\mathrm{d}\varphi\\&=-\int_{\frac{\pi}{2}}^{\theta}\frac{\cos\varphi}{\sin^2\varphi}\mathrm{d}\varphi=\frac{1}{\sin\varphi}\Bigg|_{\frac{\pi}{2}}^{\theta}\\&=\frac{1}{\sin\theta}-1.\end{aligned}$$

由于 $\sin\theta=\dfrac{y}{r}=-\dfrac{y}{\sqrt{x^2+y^2}}$,从而 $u(x,y)=\dfrac{\sqrt{x^2+y^2}}{y}-1$. 于是 $u(x,y)=$

$\dfrac{\sqrt{x^2+y^2}}{y}+C$ 为 w 所有的原函数,其中 C 为任意常数.

(ii) 通过不定积分计算 w 在 D 内的原函数. 令

$$\begin{aligned}u(x,y)&=\int P(x,y)\mathrm{d}x+\varphi(y)\\&=\int\frac{x}{y\sqrt{x^2+y^2}}\mathrm{d}x+\varphi(y)\\&=\frac{\sqrt{x^2+y^2}}{y}+\varphi(y).\end{aligned}$$

显然有

$$\frac{\partial u}{\partial x}(x,y)=P(x,y)=\frac{x}{y\sqrt{x^2+y^2}},$$

$$\begin{aligned}\frac{\partial u}{\partial y}(x,y)&=-\frac{1}{y^2}\sqrt{x^2+y^2}+\frac{y}{y\sqrt{x^2+y^2}}+\varphi'(y)\\&=-\frac{x^2}{y^2\sqrt{x^2+y^2}}+\varphi'(y).\end{aligned}$$

令 $\dfrac{\partial u}{\partial x}(x,y)=Q(x,y)=-\dfrac{x^2}{y^2\sqrt{x^2+y^2}}$,则 $\varphi'(y)=0$,从而 w 的原函数为

$$u(x,y)=\frac{\sqrt{x^2+y^2}}{y}+C,$$

其中 C 为任意常数.

例 16.4.2 求函数 $u(x,y,z)$ 使得

$$\begin{aligned}\mathrm{d}u=&\left(\frac{x}{(x^2-y^2)^2}-\frac{1}{x}+2x^2\right)\mathrm{d}x\\&+\left(\frac{1}{y}-\frac{y}{(x^2-y^2)^2}+3y^3\right)\mathrm{d}y+5z^3\mathrm{d}z.\end{aligned}$$

解 令 $u(x,y,z)=v(x,y)+\dfrac{5}{4}z^4$,则

$$\mathrm{d}v=\left(\frac{x}{(x^2-y^2)^2}-\frac{1}{x}+2x^2\right)\mathrm{d}x+\left(\frac{1}{y}-\frac{y}{(x^2-y^2)^2}+3y^3\right)\mathrm{d}y.$$

令

$$v(x,y)=v_1(x,y)-\ln|x|+\frac{2}{3}x^3+\ln|y|+\frac{3}{4}y^4,$$

则

$$\begin{aligned} dv_1(x,y) &= \frac{x}{(x^2-y^2)^2}dx - \frac{y}{(x^2-y^2)^2}dy \\ &= \frac{1}{2}d\left(\frac{1}{x^2-y^2}\right). \end{aligned}$$

从而

$$v_1(x,y) = \frac{1}{2}\frac{1}{x^2-y^2} + C.$$

于是

$$u(x,y,z) = \frac{2}{3}x^3 - \ln|x| + \frac{3}{4}y^4 + \ln|y| + \frac{5}{4}z^5 + \frac{1}{2}\frac{1}{x^2-y^2} + C.$$

其中 C 为任意常数.

例 16.4.3　设 Γ 是 $\mathbf{R}^3$ 中逐段光滑简单封闭定向曲线,对于 $(x,y,z)\notin\Gamma$,令

$$P(x,y,z) = \int_\Gamma \frac{(\zeta-z)d\eta - (\eta-y)d\zeta}{r^3},$$

$$Q(x,y,z) = \int_\Gamma \frac{(\xi-x)d\zeta - (\zeta-z)d\xi}{r^3},$$

$$R(x,y,z) = \int_\Gamma \frac{(\eta-y)d\xi - (\xi-x)d\eta}{r^3},$$

其中 $(\xi,\eta,\zeta)\in\Gamma$ 是积分变点,

$$r = \sqrt{(\xi-x)^2 + (\eta-y)^2 + (\zeta-z)^2}.$$

求函数 $u(x,y,z)$ 使得 $du = Pdx + Qdy + Rdz$.

解　任取 $(x,y,z)\notin\Gamma$,在 $\mathbf{R}^3$ 中取逐片光滑定向曲面 S,使得 $\partial S=\Gamma$,S 的定向与 Γ 的方向一致且 $(x,y,z)\notin S$. 由于

$$\frac{\zeta-z}{r^3} = -\frac{\partial}{\partial\zeta}\left(\frac{1}{r}\right),\ -\frac{\eta-y}{r^3} = \frac{\partial}{\partial\eta}\left(\frac{1}{r}\right),$$

由 Stokes 公式可得

$$\begin{aligned} P(x,y,z) = \iint_S \Bigg[& \left(\frac{\partial^2 \frac{1}{r}}{\partial\zeta^2} + \frac{\partial^2 \frac{1}{r}}{\partial\eta^2}\right)\cos(\nu,\xi) \\ & - \frac{\partial^2 \frac{1}{r}}{\partial\zeta\partial\eta}\cos(\nu,\eta) - \frac{\partial^2 \frac{1}{r}}{\partial\xi\partial\zeta}\cos(\nu,\zeta)\Bigg] dS, \end{aligned}$$

其中 $\boldsymbol{\nu}$ 是 S 上与其方向一致的单位法向量, $\cos(\nu,\xi)$, $\cos(\nu,\eta)$, $\cos(\nu,\zeta)$ 分

别是 $\boldsymbol{\nu}$ 在 ξ 轴, η 轴, ζ 轴上的投影. 由于

$$\left(\frac{\partial^2}{\partial\xi^2}+\frac{\partial^2}{\partial\eta^2}+\frac{\partial^2}{\partial\zeta^2}\right)\left(\frac{1}{r}\right)=0,$$

所以

$$P(x,y,z)=-\iint_S\left[\frac{\partial^2\frac{1}{r}}{\partial\xi^2}\cos(\nu,\xi)+\frac{\partial^2\frac{1}{r}}{\partial\xi\partial\eta}\cos(\nu,\eta)+\frac{\partial^2\frac{1}{r}}{\partial\xi\partial\zeta}\cos(\nu,\zeta)\right]\mathrm{d}S.$$

同理可得

$$Q(x,y,z)=-\iint_S\left[\frac{\partial^2\frac{1}{r}}{\partial\eta\partial\xi}\cos(\nu,\xi)+\frac{\partial^2\frac{1}{r}}{\partial\eta^2}\cos(\nu,\eta)+\frac{\partial^2\frac{1}{r}}{\partial\eta\partial\zeta}\cos(\nu,\zeta)\right]\mathrm{d}S,$$

$$R(x,y,z)=-\iint_S\left[\frac{\partial^2\frac{1}{r}}{\partial\zeta\partial\xi}\cos(\nu,\xi)+\frac{\partial^2\frac{1}{r}}{\partial\zeta\partial\eta}\cos(\nu,\eta)+\frac{\partial^2\frac{1}{r}}{\partial\zeta^2}\cos(\nu,\zeta)\right]\mathrm{d}S.$$

由于

$$\frac{\partial^2\frac{1}{r}}{\partial\xi^2}=-\frac{\partial}{\partial x}\left(\frac{\partial\frac{1}{r}}{\partial\xi}\right),\ \frac{\partial^2\frac{1}{r}}{\partial\xi\partial\eta}=-\frac{\partial}{\partial x}\left(\frac{\partial\frac{1}{r}}{\partial\eta}\right),\ \frac{\partial^2\frac{1}{r}}{\partial\xi\partial\zeta}=-\frac{\partial}{\partial x}\left(\frac{\partial\frac{1}{r}}{\partial\zeta}\right),$$

从而

$$P(x,y,z)$$

$$= \frac{\partial}{\partial x}\iint\limits_S \left[\frac{\partial \frac{1}{r}}{\partial \xi}\cos(\nu,\xi) + \frac{\partial \frac{1}{r}}{\partial \eta}\cos(\nu,\eta) + \frac{\partial \frac{1}{r}}{\partial \zeta}\cos(\nu,\zeta)\right]\mathrm{d}S$$

$$= \frac{\partial}{\partial x}\iint\limits_S \Big[-\frac{(\xi - x)\cos(\nu,\xi)}{r^3} - \frac{(\eta - y)\cos(\nu,\eta)}{r^3}$$

$$- \frac{(\zeta - z)\cos(\nu,\zeta)}{r^3}\Big]\mathrm{d}S.$$

记 $\boldsymbol{r} = (\xi - x,\ \eta - y,\ \zeta - z)$,则

$$P(x,y,z) = \frac{\partial}{\partial x}\iint\limits_S - \frac{\cos(\boldsymbol{r},\ \boldsymbol{\nu})}{r^2}\mathrm{d}S.$$

同理可得

$$Q(x,y,z) = \frac{\partial}{\partial y}\iint\limits_S - \frac{\cos(\boldsymbol{r},\ \boldsymbol{\nu})}{r^2}\mathrm{d}S,$$

$$R(x,y,z) = \frac{\partial}{\partial z}\iint\limits_S - \frac{\cos(\boldsymbol{r},\ \boldsymbol{\nu})}{r^2}\mathrm{d}S,$$

记

$$u(x,y,z) = -\iint\limits_S \frac{\cos(\boldsymbol{r},\ \boldsymbol{\nu})}{r^2}\mathrm{d}S,$$

其中(ξ,η,ζ)是 S 上的积分变点,$\boldsymbol{\nu}$ 是 S 上与其方向一致的单位法向量,$(x,y,z)\notin S$,则

$$\mathrm{d}u = P\mathrm{d}x + Q\mathrm{d}y + R\mathrm{d}z.$$

§16.5　场论介绍

物理学中把某个物理量在空间一个区域内的分布称为场,例温度场、密度场、引力场、电场等. 如果形成场的物理量不仅随位置变化,而且也随时间变化,这样的场称为不定常的,一般的场都是不定常场. 但通常为研究方便,把在一段很短时间内同一位置上变化很小的物理量近似地认为不随时间变化,不随时间变化的物理量所形成的场称为定常场. 数学上的场论就是对各种物理场作抽象概括,研究共同的数量变化规律. 首先就各种场的取值来看有两大类,一类是每一点对应一个数量,这种场统称为数量场,例如上述之温度场和密度场. 另一类是每一点对应一个向量,这种场统称为向量场,例如上述之引力场和电场. 所谓数量场和向量场不过是数值函数和向量值函数的另一种说法,在适当的坐标系(例如直角坐标、柱坐标、球坐标等)下可以进行分析和

计算,但应当指出的是场本身的性质与坐标系的选择无关. 因此读者在学习过程中既要了解场论中有关概念不依赖于坐标的固有含义,理解其本质,又要掌握它们在不同坐标系下的具体表示,能够具体地推理和运算. 为简单起见,如无特别声明本节所提到的数量场与向量场都是定常的.

一、数量场的梯度

设 u 是 $\mathbf{R}^3$ 中开区域 G 内的数量场,关于它的梯度概念我们在多元函数微分学中已经讲过,这里再简单回顾一下. 设 $u\in C^1(G)$,我们定义 u 的梯度是 G 内的一个向量场,记为 $\mathrm{grad}u$ 或用 Hamilton 算子 ∇(读为 nabla)记为 ∇u. 对于任何 $P_0\in G$,若 u 在 P_0 沿各个方向的方向导数相同,则由 $u\in C^1(G)$ 可知 u 在 P_0 沿任意方向的方向导数为 0,此时定义

$$\mathrm{grad}u(P_0)=\nabla u(P_0)=0.$$

若 u 在 P_0 的方向导数不全相同,同样由 $u\in C^1(G)$ 可知存在惟一的单位向量 $\boldsymbol{l}$,使得 u 在 P_0 沿 $\boldsymbol{l}$ 的方向导数 $\frac{\partial u}{\partial l}(P_0)$ 取值严格最大,从而 $\frac{\partial u}{\partial l}(P_0)>0$. 此时定义

$$\mathrm{grad}u(P_0)=\nabla u(P_0)=\frac{\partial u}{\partial l}(P_0)\boldsymbol{l}.$$

由此定义可以看出数量场的梯度与坐标系的选择无关.

设 (x,y,z) 是 $\mathbf{R}^3$ 中的直角坐标系,$\boldsymbol{i},\boldsymbol{j},\boldsymbol{k}$ 为其基本单位向量,即分别是 x 轴,y 轴和 z 轴上的单位切向量. 数量场 u 就表示为三元函数 $u=u(x,y,z)$. 对于 $P_0=(x_0,y_0,z_0)\in G$,已知

$$\nabla u(P_0)=\frac{\partial u}{\partial x}(x_0,y_0,z_0)\boldsymbol{i}+\frac{\partial u}{\partial y}(x_0,y_0,z_0)\boldsymbol{j}+\frac{\partial u}{\partial z}(x_0,y_0,z_0)\boldsymbol{k}. \tag{16.5.1}$$

(16.5.1)式就是梯度在直角坐标系 (x,y,z) 下的表示. 若把 $\boldsymbol{i},\boldsymbol{j},\boldsymbol{k}$ 视为 $\mathbf{R}^3$ 中取常值的向量场,由(16.5.1)式可知它们分别是直角坐标函数 x,y,z 的梯度,即

$$\boldsymbol{i}=\nabla x,\boldsymbol{j}=\nabla y,\boldsymbol{k}=\nabla z.$$

梯度有以下简单性质. 设 $u,v\in C^1(G)$,则

$$\nabla(u+v)=\nabla u+\nabla v,$$

$$\nabla(uv)=u\nabla v+v\nabla u,$$

$$\nabla\left(\frac{u}{v}\right)=\frac{v\nabla u-u\nabla v}{v^2}\ (v\neq 0).$$

一般有以下命题：设 $f(y_1,\cdots,y_n)\in C^1(\mathbf{R}^n)$，$u_1,\cdots,u_n$ 都是 G 内的 C^1 数量场，记

$$\omega = f(u_1,\cdots,u_n),$$

则 ω 是 G 内的 C^1 数量场且对任何 $P_0\in G$ 有

$$\nabla\omega(P_0) = \sum_{i=1}^{n}\frac{\partial f}{\partial u_i}(u_i^0,\cdots,u_n^0)\nabla u_i(P_0), \tag{16.5.2}$$

其中 $u_i^0=u_i(P_0)$.

二、向量场的流量与散度

设 G 是 $\mathbf{R}^3$ 中的开区域，$\boldsymbol{F}$ 为定义在 G 内的连续向量场. 对于 G 内逐片光滑定向曲面 S(称为 S 的正侧)，则称

$$Q = \iint_S(\boldsymbol{F}\cdot\boldsymbol{\nu})\mathrm{d}S$$

为向量场 $\boldsymbol{F}$ 从曲面 S 的负侧到正侧的流量，其中 $\boldsymbol{\nu}$ 是与 S 正侧一致的单位法向量. 若 $\boldsymbol{F}$ 是定常流体(也称稳定流体)的速度，则 $|Q|$ 表示单位时间内穿过 S 流体的体积. 如果 $Q>0$，则表示流体从负侧穿过 S 到正侧，如果 $Q<0$，则表示流体从正侧穿过 S 到负侧.

进一步假设 $\boldsymbol{F}$ 是 G 内一次连续可微的向量场. 任取 $M_0\in G$，令 V 是 G 内包含 M_0 且有逐片光滑边界的有界闭区域，可以证明

$$\lim_{d(V)\to 0}\frac{1}{|V|}\iint_{\partial V}(\boldsymbol{F}\cdot\boldsymbol{\nu})\mathrm{d}S$$

收敛，其中 $\boldsymbol{\nu}$ 是 ∂V 上关于 V 的单位外法向量，$|V|$ 表示 V 的体积，$d(V)=\sup\limits_{P,Q\in V}|P-Q|$ 是 V 的直径. 事实上，设 (x,y,z) 是 $\mathbf{R}^3$ 中的直角坐标，则

$$\boldsymbol{F}(x,y,z) = P(x,y,z)\boldsymbol{i} + Q(x,y,z)\boldsymbol{j} + R(x,y,z)\boldsymbol{k}.$$

由于 $\boldsymbol{F}$ 在 G 内一次连续可微，所以 $P(x,y,z)$，$Q(x,y,z)$，$R(x,y,z)$ 均属于 $C^1(G)$. 由 Gauss 定理可得

$$\frac{1}{|V|}\iint_{\partial V}(\boldsymbol{F}\cdot\boldsymbol{\nu})\mathrm{d}S = \frac{1}{|V|}\iiint_V\left(\frac{\partial P}{\partial x}+\frac{\partial Q}{\partial y}+\frac{\partial R}{\partial z}\right)\mathrm{d}x\mathrm{d}y\mathrm{d}z.$$

由于 $\frac{\partial P}{\partial x}+\frac{\partial Q}{\partial y}+\frac{\partial R}{\partial z}$ 在 G 内连续，$V\in G$ 且 V 总含点 $M_0=(x_0,y_0,z_0)$，从而

$$\begin{aligned}&\lim_{d(V)\to 0}\frac{1}{|V|}\iint_{\partial V}(\boldsymbol{F}\cdot\boldsymbol{\nu})\mathrm{d}S\\ &= \frac{\partial P}{\partial x}(x_0,y_0,z_0) + \frac{\partial Q}{\partial y}(x_0,y_0,z_0) + \frac{\partial R}{\partial z}(x_0,y_0,z_0).\end{aligned}$$

由此定义 G 内 C^1 向量场 $\boldsymbol{F}$ 的散度(或发散量)是 G 内的数量场,记为 div$\boldsymbol{F}$ 或者$\nabla\cdot\boldsymbol{F}$. 对任意 $M\in G$,有

$$\nabla\cdot\boldsymbol{F}(M)=\lim_{d(V)\to 0}\frac{1}{|V|}\iint_{\partial V}(\boldsymbol{F}\cdot\boldsymbol{v})\mathrm{d}\boldsymbol{S}$$

其中 V 是 G 内的有界闭区域,∂V 逐片光滑,$M\in V$,$\boldsymbol{v}$ 是∂V 上关于 V 的单位外法向量. 以上证明可知在直角坐标(x,y,z)下,若 $\boldsymbol{F}=P\boldsymbol{i}+Q\boldsymbol{j}+R\boldsymbol{k}$,则

$$\nabla\cdot\boldsymbol{F}=\frac{\partial P}{\partial x}+\frac{\partial Q}{\partial y}+\frac{\partial R}{\partial z}.\tag{16.5.3}$$

由(16.5.3)式易证散度有以下性质:

(i) 若 $\boldsymbol{F},\boldsymbol{G}$ 都是 G 内 C^1 向量场,则

$$\nabla\cdot(\boldsymbol{F}+\boldsymbol{G})=\nabla\cdot\boldsymbol{F}+\nabla\cdot\boldsymbol{G};$$

(ii) 若 $\boldsymbol{F}$ 是 G 内 C^1 向量场,u 是 G 内 C^1 数量场,则 $u\boldsymbol{F}$ 是 G 内 C^1 向量场且

$$\nabla\cdot(u\boldsymbol{F})=u\nabla\cdot\boldsymbol{F}+\nabla u\cdot\boldsymbol{F},$$

其中$\nabla u\cdot\boldsymbol{F}$ 表示∇u 与 $\boldsymbol{F}$ 的内积.

由于通量和体积不依赖于坐标系的选择,从而向量场的散度与坐标系的选取无关. 于是 Gauss 公式可写为

$$\iint_{\partial V}(\boldsymbol{F}\cdot\boldsymbol{v})\mathrm{d}S=\iiint_{V}(\nabla\cdot\boldsymbol{F})\mathrm{d}V,\tag{16.5.4}$$

(16.5.4)式说明 Gauss 公式本身与坐标的选取无关.

设 u 是 G 内的 C^2 数量场,则其梯度∇u 就是 G 内的 C^1 向量场,∇u 的散度是 G 内的连续数量场,记为

$$\nabla\cdot\nabla u=\nabla^2 u.$$

在直角坐标(x,y,z)下,设 $u=u(x,y,z)\in C^2(G)$,则

$$\nabla u=\frac{\partial u}{\partial x}\boldsymbol{i}+\frac{\partial u}{\partial y}\boldsymbol{j}+\frac{\partial u}{\partial z}\boldsymbol{k}.$$

于是

$$\nabla^2 u=\nabla\cdot\nabla u=\frac{\partial^2 u}{\partial x^2}+\frac{\partial^2 u}{\partial y^2}+\frac{\partial^2 u}{\partial z^2}.$$

通常记 $\Delta=\dfrac{\partial^2}{\partial x^2}+\dfrac{\partial^2}{\partial y^2}+\dfrac{\partial^2}{\partial z^2}$,称 Δ 是 $\mathbf{R}^3$ 中的 Laplace 算子. 由以上讨论可认为 Laplace 算子与坐标无关的定义是

$$\Delta=\nabla^2=\nabla\cdot\nabla.\tag{16.5.5}$$

例 16.5.1 已给 $\mathbf{R}^3$ 中的物体 G,设密度 ρ,比热容 c,内部传热系数 k,

内部热源强度 f 已知,求 G 内温度分布 u 所满足的方程.

解　温度 u 一般来说是 G 内不定常数量场. 由于物体内部存在温度差,因此引起内部的热量流动. 物理实验表明:在一定条件下,热流向量 $\boldsymbol{q}$ 满足

$$\boldsymbol{q} = - k\nabla u, \tag{16.5.6}$$

其中负号表示热量由高温处向低温处流动. (16.5.6)式称为傅里叶定律.

在 G 内任取一块 D. 对于任意时刻$[t_1, t_2]$,从时刻 t_1 到时刻 t_2 由于 D 内的温度变化所需的热量为

$$Q_1 = \iiint_D c\rho(u|_{t=t_2} - u|_{t=t_1})\mathrm{d}V.$$

从时刻 t_1 到 t_2 通过∂D 传入 D 的热量为

$$Q_2 = -\int_{t_1}^{t_2}\mathrm{d}t\iint_{\partial D}(\boldsymbol{q}, \boldsymbol{\nu})\mathrm{d}S = \int_{t_1}^{t_2}\mathrm{d}t\iint_{\partial D}(k\nabla u \cdot \boldsymbol{\nu})\mathrm{d}S,$$

其中 $\boldsymbol{\nu}$ 是∂D 上关于 D 的单位外法向量. 在这段时间由于 D 的内部热源所放出的热量为

$$Q_3 = \int_{t_1}^{t_2}\mathrm{d}t\iiint_D \rho f\mathrm{d}V.$$

根据热力学第一定律可得 $Q_1 = Q_2 + Q_3$,即

$$\begin{aligned}&\iiint_D c\rho(u|_{t=t_2} - u|_{t=t_1})\mathrm{d}V\\ &= \int_{t_1}^{t_2}\mathrm{d}t\iint_{\partial D}(k\nabla u \cdot \boldsymbol{\nu})\mathrm{d}S + \int_{t_1}^{t_2}\mathrm{d}t\iiint_d \rho f\mathrm{d}V.\end{aligned}$$

设在 G 内和 $0<t<+\infty$时,u 二次连续可微,k 一阶连续可微,c,ρ,f 都连续,则由 Gauss 公式可得

$$\int_{t_1}^{t_2}\mathrm{d}t\iiint_D c\rho\frac{\partial u}{\partial t}\mathrm{d}V = \int_{t_1}^{t_2}\mathrm{d}t\iiint_D(\nabla\cdot(k\nabla u) + \rho f)\mathrm{d}V.$$

由 t_1, t_2 和 D 的任意性可知在 G 内和 $0<t<+\infty$时满足

$$\begin{aligned}c\rho\frac{\partial u}{\partial t} &= \nabla\cdot(k\nabla u) + \rho f\\ &= k\Delta u + \nabla k\cdot\nabla u + \rho f.\end{aligned}$$

设 c,ρ,k 为常数,记 $a^2 = \dfrac{k}{c\rho}$,则

$$\frac{\partial u}{\partial t}=a^2\Delta u+\frac{1}{c}f. \tag{16.5.7}$$

在直角坐标(x,y,z)下，$u=u(x,y,z,t)$且(16.5.7)式成为

$$\frac{\partial u}{\partial t}=a^2\left(\frac{\partial^2 u}{\partial x^2}+\frac{\partial^2 u}{\partial y^2}+\frac{\partial^2 u}{\partial z^2}\right)+\frac{1}{c}f,$$

其中 u 与 f 的自变量$(x,y,z,t)\in G^0\times(0,+\infty)$，$G^0$ 表示 G 的内部. 当然要完全确定 u，除方程(16.5.7)式还要有一些附加条件. 一种是初始条件，即已知当 $t=0$ 时的温度分布，另一种条件是边界条件，例如已知当$(x,y,z)\in\partial G$，$0\leqslant t<+\infty$时的温度.

三、向量场的环量与旋度

设 $\boldsymbol{F}$ 是 $\mathbf{R}^3$ 中开区域 G 内的C^1 向量场. 任取 $M_0\in G$ 和单位向量$\boldsymbol{\nu}_0$. 过 M_0 任作光滑定向曲面 S 使得S 在M_0 与其方向一致的单位法向量为 $\boldsymbol{\nu}_0$. 在 S 上任取逐段光滑简单定向封闭曲线Γ，使得 Γ 的方向与 S 的方向一致，且 M_0 属于 Γ 在S 上所围的部分曲面D，可以证明当 D 在S 上收缩于$\{M_0\}$时

$$\frac{1}{|D|}\int_\Gamma \boldsymbol{F}\cdot\boldsymbol{T}\mathrm{d}s$$

收敛，且极限值不依赖于曲面 S 的具体选择，其中 $\boldsymbol{T}$ 为Γ 上与其方向一致的单位切向量，$|D|$为曲面 D 的面积. 事实上，在直角坐标(x,y,z)下设 $M_0=(x_0,y_0,z_0)$，且

$$\boldsymbol{F}=P(x,y,z)\boldsymbol{i}+Q(x,y,z)\boldsymbol{j}+R(x,y,z)\boldsymbol{k},$$
$$\boldsymbol{\nu}_0=\cos\alpha\boldsymbol{i}+\cos\beta\boldsymbol{j}+\cos\gamma\boldsymbol{k}.$$

由 Stokes 公式可得

$$\int_\Gamma \boldsymbol{F}\cdot\boldsymbol{T}\mathrm{d}s=\iint_D\left[\left(\frac{\partial R}{\partial y}-\frac{\partial Q}{\partial z}\right)\cos(\nu,x)+\left(\frac{\partial P}{\partial z}-\frac{\partial R}{\partial x}\right)\cos(\nu,y)\right.$$
$$\left.+\left(\frac{\partial Q}{\partial x}-\frac{\partial P}{\partial y}\right)\cos(\nu,z)\right]\mathrm{d}S,$$

由此易知当 D 在S 上收缩于$\{M_0\}$时

$$\lim_{D\to\{M_0\}}\frac{1}{|D|}\int_\Gamma \boldsymbol{F}\cdot\boldsymbol{T}\mathrm{d}s=A\cos\alpha+B\cos\beta+C\cos\gamma, \tag{16.5.8}$$

其中

$$A=\frac{\partial R}{\partial y}(x_0,y_0,z_0)-\frac{\partial Q}{\partial z}(x_0,y_0,z_0),$$

$$B=\frac{\partial P}{\partial z}(x_0,y_0,z_0)-\frac{\partial R}{\partial x}(x_0,y_0,z_0),$$

$$C=\frac{\partial Q}{\partial x}(x_0,y_0,z_0)-\frac{\partial P}{\partial y}(x_0,y_0,z_0).$$

称 $\lim\limits_{D\to\{M_0\}}\frac{1}{|D|}\int_\Gamma \boldsymbol{F}\cdot\boldsymbol{T}\mathrm{d}s$ 为向量场 $\boldsymbol{F}$ 在 M_0 点绕方向 $\boldsymbol{v}_0$ 的环量. 显然由定义可知该环量与坐标的选取无关且从(16.5.8)式可以看出存在一个只依赖于 $\boldsymbol{F}$ 和 M_0 的向量使得该环量等于这个向量在 $\boldsymbol{v}_0$ 上的投影. 由此我们可以给出旋度的定义.

G 内 C^1 向量场 $\boldsymbol{F}$ 的旋度是 G 内的一个向量场,记为 rot$\boldsymbol{F}$ 或者 curl$\boldsymbol{F}$ 或者用 Hamilton 算子 ∇ 记为 $\nabla\times\boldsymbol{F}$,使得对任意 $M\in G$ 和单位向量 $\boldsymbol{v}$,$\boldsymbol{F}$ 在 M 点绕 $\boldsymbol{v}$ 的环量等于 $\nabla\times\boldsymbol{F}(M)\cdot\boldsymbol{v}$.

显然向量场的 $\boldsymbol{F}$ 的旋度 $\nabla\times\boldsymbol{F}$ 不依赖于坐标系的选择. 在直角坐标 (x,y,z) 下,若 $\boldsymbol{F}=P\boldsymbol{i}+Q\boldsymbol{j}+R\boldsymbol{k}$,则

$$\nabla\times\boldsymbol{F}=\left(\frac{\partial R}{\partial y}-\frac{\partial Q}{\partial z}\right)\boldsymbol{i}+\left(\frac{\partial P}{\partial z}-\frac{\partial R}{\partial x}\right)\boldsymbol{j}+\left(\frac{\partial Q}{\partial x}-\frac{\partial P}{\partial y}\right)\boldsymbol{k},\tag{16.5.9}$$

或者写为

$$\nabla\times\boldsymbol{F}=\begin{vmatrix}\boldsymbol{i}&\boldsymbol{j}&\boldsymbol{k}\\ \frac{\partial}{\partial x}&\frac{\partial}{\partial y}&\frac{\partial}{\partial z}\\ P&Q&R\end{vmatrix}.$$

利用旋度概念可以得到与坐标系无关的 Stokes 公式. 设 S 是 $\mathbf{R}^3$ 中逐片光滑定向曲面,则

$$\int_{\partial S}(\boldsymbol{F}\cdot\boldsymbol{T})\mathrm{d}s=\iint_S(\nabla\times\boldsymbol{F})\cdot\boldsymbol{v}\mathrm{d}S,$$

其中 ∂S 上的定向与 S 的方向一致,$\boldsymbol{T}$ 是 ∂S 上与其方向一致的单位切向量,$\boldsymbol{v}$ 是 S 上与其方向一致的单位法向量. 由(16.5.9)式容易证明旋度的简单性质:

(i) $\nabla\times(\boldsymbol{F}_1+\boldsymbol{F}_2)=\nabla\times\boldsymbol{F}_1+\nabla\times\boldsymbol{F}_2$;

(ii) 若 $\boldsymbol{F}$ 和 u 分别是 G 内的 C^1 向量场和数量场,则

$$\nabla\times(u\boldsymbol{F})=u\nabla\times\boldsymbol{F}+\nabla u\times\boldsymbol{F};$$

(iii) 若 $\boldsymbol{F}$ 是 G 内的 C^2 向量场,则

$$\nabla\cdot(\nabla\times\boldsymbol{F})=0;$$

(iv) 若 u 是 G 内的 C^2 数量场,则

$$\nabla\times\nabla u=0.$$

以上性质证明留给读者. 一个向量场若是一个数量场的梯度,则称它为

梯度场，在力学上称为保守场，该数量场对应的函数称为这个保守场的势函数. 若一个向量场的旋度为 0，则称它为无旋场. 性质(iv)说明保守场是无旋场. 反之，由上一节的定理 16.4.4 可知当 G 是曲面单连通时无旋场必是保守场，而且上一节定理 16.4.5 还对于星形区域内的无旋场给出一种构造其势函数的具体方法.

设 $\boldsymbol{F}$ 是 G 内的向量场. 若存在 G 内 C^1 向量场 $\boldsymbol{A}$ 使得 $\boldsymbol{F}=\nabla\times\boldsymbol{A}$，则称 $\boldsymbol{F}$ 为旋度场. 一个散度为 0 的向量场称为无源场，性质(iii)表明 C^1 旋度场必是无源场. 反之，无源场未必是旋度场. 例如取 $G=\mathbf{R}^3\setminus\{0\}$，$\boldsymbol{F}=\frac{1}{r^3}(x\boldsymbol{i}+y\boldsymbol{j}+z\boldsymbol{k})$，$r=\sqrt{x^2+y^2+z^2}$. 易知

$$\nabla\cdot\boldsymbol{F}=\frac{\partial}{\partial x}\left(\frac{x}{r^3}\right)+\frac{\partial}{\partial y}\left(\frac{y}{r^3}\right)+\frac{\partial}{\partial z}\left(\frac{z}{r^3}\right)=0,$$

从而 $\boldsymbol{F}$ 在 G 内为无源场. 若 $\boldsymbol{F}$ 是旋度场，即存在 G 内的 C^1 向量场 $\boldsymbol{A}$，使得 $\boldsymbol{F}=\nabla\times\boldsymbol{A}$. 设 S 为单位球面 $\{(x,y,z)\mid x^2+y^2+z^2=1\}$ 的外侧，则 $S=S_1\cup S_2$，其中 S_1 是上半球面 $\{(x,y,z)\mid x^2+y^2+z^2=1,z\geqslant 0\}$ 的上侧，S_2 是下半球面 $\{(x,y,z)\mid x^2+y^2+z^2=1,z\leqslant 0\}$ 的下侧. 显然

$$\partial S_1=\partial S_2=\{(x,y,z)\mid x^2+y^2=1,\ z=0\},$$

而且若 ∂S_1 和 ∂S_2 分别与 S_1 和 S_2 的方向一致，则 ∂S_1 与 ∂S_2 的方向相反. 由 Stokes 公式可得

$$\begin{aligned}\iint_S\boldsymbol{F}\cdot\boldsymbol{v}\mathrm{d}S&=\iint_S(\nabla\times\boldsymbol{A})\cdot\boldsymbol{v}\mathrm{d}S\\&=\iint_{S_1}(\nabla\times\boldsymbol{A})\cdot\boldsymbol{v}\mathrm{d}S+\iint_{S_2}(\nabla\times\boldsymbol{A})\cdot\boldsymbol{v}\mathrm{d}S\\&=\int_{\partial S_1}\boldsymbol{A}\cdot\boldsymbol{T}\mathrm{d}s+\int_{\partial S_2}\boldsymbol{A}\cdot\boldsymbol{T}\mathrm{d}s=0.\end{aligned}\tag{16.5.10}$$

另一方面，因为 S 上的单位外法向量

$$\boldsymbol{v}=x\boldsymbol{i}+y\boldsymbol{j}+z\boldsymbol{k},$$

从而

$$\iint_S\boldsymbol{F}\cdot\boldsymbol{v}\mathrm{d}S=4\pi.$$

于是 $\boldsymbol{F}$ 不是旋度场. 可以证明当 G 满足一定条件时无源场必是旋度场. 类似于上一节的定理 16.4.5 对于星形区域，我们证明这一结果.

定理 16.5.1　设 G 是 $\mathbf{R}^3$ 中关于其内一点 M 的星形区域，$\boldsymbol{F}$ 是 G 内的

C^1 无源场,则 $\boldsymbol{F}$ 是 G 内的旋度场,即存在 G 内的 C^1 向量场 $\boldsymbol{A}$ 使得

$$\boldsymbol{F} = \nabla \times \boldsymbol{A}. \tag{16.5.11}$$

证　用直角坐标 (x, y, z),设

$$\boldsymbol{F} = P(x,y,z)\boldsymbol{i} + Q(x,y,z)\boldsymbol{j} + R(x,y,z)\boldsymbol{k},$$

则 $\boldsymbol{F}$ 是无源场 $\Leftrightarrow$

$$\frac{\partial P}{\partial x} + \frac{\partial Q}{\partial y} + \frac{\partial R}{\partial z} = 0. \tag{16.5.12}$$

不妨设 M 为原点 O. 由于 G 关于 O 为星形区域,则对任何 $(x,y,z) \in G$ 有

$$\begin{aligned} P(x,y,z) &= \int_0^1 \frac{\partial}{\partial t}[t^2 P(xt,yt,zt)]\mathrm{d}t \\ &= 2\int_0^1 tP(xt,yt,zt)\mathrm{d}t + \int_0^1 t^2 \frac{\partial}{\partial t}P(xt,yt,zt)\mathrm{d}t. \end{aligned}$$

由(16.5.12)式可得

$$\begin{aligned} P(x,y,z) &= 2\int_0^1 tP(xt,yt,zt)\mathrm{d}t \\ &\quad - \int_0^1 xt^2 \left[\frac{\partial Q}{\partial y}(xt,yt,zt) + \frac{\partial R}{\partial z}(xt,yt,zt)\right]\mathrm{d}t \\ &\quad + \int_0^1 yt^2 \frac{\partial P}{\partial y}(xt,yt,zt)\mathrm{d}t + \int_0^1 zt^2 \frac{\partial P}{\partial z}(xt,yt,zt)\mathrm{d}t \\ &= \frac{\partial}{\partial y}\left[y\int_0^1 tP(xt,yt,zt)\mathrm{d}t - x\int_0^1 tQ(xt,yt,zt)\mathrm{d}t\right] \\ &\quad - \frac{\partial}{\partial z}\left[x\int_0^1 tR(xt,yt,zt)\mathrm{d}t - z\int_0^1 tP(xt,yt,zt)\mathrm{d}t\right]. \end{aligned}$$

同理可证

$$\begin{aligned} Q(x,y,z) &= \frac{\partial}{\partial z}\left[z\int_0^1 tQ(xt,yt,zt) - y\int_0^1 tR(xt,yt,zt)\mathrm{d}t\right] \\ &\quad - \frac{\partial}{\partial x}\left[y\int_0^1 tP(xt,yt,zt)\mathrm{d}t - x\int_0^1 tQ(xt,yt,zt)\mathrm{d}t\right], \\ R(x,y,z) &= \frac{\partial}{\partial x}\left[x\int_0^1 tR(xt,yt,zt)\mathrm{d}t - z\int_0^1 tP(xt,yt,zt)\mathrm{d}t\right] \\ &\quad - \frac{\partial}{\partial y}\left[z\int_0^1 tQ(xt,yt,zt)\mathrm{d}t - y\int_0^1 tR(xt,yt,zt)\mathrm{d}t\right]. \end{aligned}$$

记

$$A_1(x,y,z) = z\int_0^1 tQ(xt,yt,zt)\mathrm{d}t - y\int_0^1 tR(xt,yt,zt)\mathrm{d}t,$$

$$A_2(x,y,z) = x\int_0^1 tR(xt,yt,zt)\mathrm{d}t - z\int_0^1 tP(xt,yt,zt)\mathrm{d}t,$$

$$A_3(x,y,z) = y\int_0^1 tP(xt,yt,zt)\mathrm{d}t - x\int_0^1 tQ(xt,yt,zt)\mathrm{d}t,$$

$$\boldsymbol{A} = A_1(x,y,z)\boldsymbol{i} + A_2(x,y,z)\boldsymbol{j} + A_3(x,y,z)\boldsymbol{k}.$$

综上可得 $\boldsymbol{F}=\nabla\times\boldsymbol{A}$.

注 当 $M=0$ 时,上述之 $\boldsymbol{A}$ 可写为

$$\begin{vmatrix} \boldsymbol{i} & \boldsymbol{j} & \boldsymbol{k} \\ \int_0^1 tP(xt,yt,zt)\mathrm{d}t & \int_0^1 tQ(xt,yt,zt)\mathrm{d}t & \int_0^1 tR(xt,yt,zt)\mathrm{d}t \\ x & y & z \end{vmatrix},$$

从而

$$\boldsymbol{A}(x,y,z) = \int_0^1 [t\boldsymbol{F}(xt,yt,zt)\times\boldsymbol{r}]\mathrm{d}t,$$

其中 $\boldsymbol{r}=x\boldsymbol{i}+y\boldsymbol{j}+z\boldsymbol{k}$.

四、关于算子∇

以上我们介绍了场论中的梯度、散度和旋度三个重要概念,并且引用 Hamilton 算子∇表示这些概念及其性质. ∇既有微分运算的性质又有向量运算的特性,在直角坐标(x,y,z)下

$$\nabla = \boldsymbol{i}\frac{\partial}{\partial x} + \boldsymbol{j}\frac{\partial}{\partial y} + \boldsymbol{k}\frac{\partial}{\partial z}. \tag{16.5.13}$$

作为例子下面我们再用∇表示场论中的一些公式.

例 16.5.2 设 $\boldsymbol{A}$ 和 $\boldsymbol{B}$ 均为 $\mathbf{R}^3$ 中的开区域 G 内的 C^1 向量场,则

$$\nabla\cdot(\boldsymbol{A}\times\boldsymbol{B}) = (\nabla\times\boldsymbol{A})\cdot\boldsymbol{B} - (\nabla\times\boldsymbol{B})\cdot\boldsymbol{A}. \tag{16.5.14}$$

设 $\boldsymbol{c},\boldsymbol{a},\boldsymbol{b}$ 是 $\mathbf{R}^3$ 中的三个向量,众所周知

$$\boldsymbol{c}\cdot(\boldsymbol{a}\times\boldsymbol{b}) = (\boldsymbol{c}\times\boldsymbol{a})\cdot\boldsymbol{b} = -(\boldsymbol{c}\times\boldsymbol{b})\cdot\boldsymbol{a}.$$

由此再由∇的微分运算特性不难猜到(16.5.14)式,下面我们用(16.5.13)式给出证明. 事实上,在直角坐标下设

$$\boldsymbol{A} = A_1\boldsymbol{i} + A_2\boldsymbol{j} + A_3\boldsymbol{k},\ \boldsymbol{B} = B_1\boldsymbol{i} + B_2\boldsymbol{j} + B_3\boldsymbol{k},$$

则

$$\boldsymbol{A}\times\boldsymbol{B} = (A_2B_3 - A_3B_2)\boldsymbol{i} + (A_3B_1 - A_1B_3)\boldsymbol{j} + (A_1B_2 - A_2B_1)\boldsymbol{k}.$$

于是

$$\nabla\cdot(\boldsymbol{A}\times\boldsymbol{B})$$

$$= \frac{\partial(A_2B_3 - A_3B_2)}{\partial x} + \frac{\partial(A_3B_1 - A_1B_3)}{\partial y} + \frac{\partial(A_1B_2 - A_2B_1)}{\partial z}$$

$$= \left(\frac{\partial A_3}{\partial y} - \frac{\partial A_2}{\partial z}\right)B_1 + \left(\frac{\partial A_1}{\partial z} - \frac{\partial A_3}{\partial x}\right)B_2 + \left(\frac{\partial A_2}{\partial x} - \frac{\partial A_1}{\partial y}\right)B_3$$

$$- \left[\left(\frac{\partial B_3}{\partial y} - \frac{\partial B_2}{\partial z}\right)A_1 + \left(\frac{\partial B_1}{\partial z} - \frac{\partial B_3}{\partial x}\right)A_2 + \left(\frac{\partial B_2}{\partial x} - \frac{\partial B_1}{\partial y}\right)A_3\right]$$

$$= (\nabla \times \boldsymbol{A}) \cdot \boldsymbol{B} - (\nabla \times \boldsymbol{B}) \cdot \boldsymbol{A}.$$

例 16.5.3　设 $\boldsymbol{F}$ 是 G 内的 C^2 向量场，则

$$\nabla \times (\nabla \times \boldsymbol{F}) = \nabla(\nabla \cdot \boldsymbol{F}) - \Delta \boldsymbol{F}, \tag{16.5.15}$$

其中 Δ 是 Laplace 算子，它作用于 C^2 向量场产生 C^0 向量场. 在直角坐标(x, y, z)下，若 $\boldsymbol{F} = P\boldsymbol{i} + Q\boldsymbol{j} + R\boldsymbol{k}$，则

$$\Delta \boldsymbol{F} = \Delta P\boldsymbol{i} + \Delta Q\boldsymbol{j} + \Delta R\boldsymbol{k}.$$

对照大家熟知的公式 $\boldsymbol{a} \times (\boldsymbol{b} \times \boldsymbol{c}) = (\boldsymbol{a} \cdot \boldsymbol{c})\boldsymbol{b} - (\boldsymbol{a} \cdot \boldsymbol{b})\boldsymbol{c}$，可猜想(16.5.15)式成立，现给出具体证明. 在直角坐标(x, y, z)下，设 $\boldsymbol{F} = P(x, y, z)\boldsymbol{i} + Q(x, y, z)\boldsymbol{j} + R(x, y, z)\boldsymbol{k}$，则

$$\nabla \times \boldsymbol{F} = \left(\frac{\partial R}{\partial y} - \frac{\partial Q}{\partial z}\right)\boldsymbol{i} + \left(\frac{\partial P}{\partial z} - \frac{\partial R}{\partial x}\right)\boldsymbol{j} + \left(\frac{\partial Q}{\partial x} - \frac{\partial P}{\partial y}\right)\boldsymbol{k}.$$

由于 $\boldsymbol{F}$ 是 C^2 向量场，所以

$$\nabla \times (\nabla \times \boldsymbol{F}) = \left(\frac{\partial^2 Q}{\partial x \partial y} - \frac{\partial^2 P}{\partial y^2} - \frac{\partial^2 P}{\partial z^2} + \frac{\partial^2 R}{\partial x \partial z}\right)\boldsymbol{i}$$

$$+ \left(\frac{\partial^2 R}{\partial y \partial z} - \frac{\partial^2 Q}{\partial z^2} - \frac{\partial^2 Q}{\partial x^2} + \frac{\partial^2 P}{\partial y \partial x}\right)\boldsymbol{j}$$

$$+ \left(\frac{\partial^2 P}{\partial z \partial x} - \frac{\partial^2 R}{\partial x^2} - \frac{\partial^2 R}{\partial y^2} + \frac{\partial^2 Q}{\partial z \partial y}\right)\boldsymbol{k}$$

$$= \left[\frac{\partial}{\partial x}\left(\frac{\partial P}{\partial x} + \frac{\partial Q}{\partial y} + \frac{\partial R}{\partial z}\right) - \Delta P\right]\boldsymbol{i}$$

$$+ \left[\frac{\partial}{\partial y}\left(\frac{\partial P}{\partial x} + \frac{\partial Q}{\partial y} + \frac{\partial R}{\partial z}\right) - \Delta Q\right]\boldsymbol{j}$$

$$+ \left[\frac{\partial}{\partial z}\left(\frac{\partial P}{\partial x} + \frac{\partial Q}{\partial y} + \frac{\partial R}{\partial z}\right) - \Delta R\right]\boldsymbol{k}$$

$$= \nabla(\nabla \cdot \boldsymbol{F}) - \Delta \boldsymbol{F}.$$

由此可得 Δ 作用于 C^2 向量场且与坐标无关的定义：

$$\Delta \boldsymbol{F} = \nabla(\nabla \cdot \boldsymbol{F}) - \nabla \times (\nabla \times \boldsymbol{F}).$$

五、正交曲线坐标系下的场论计算

大家知道场论中的概念都是与坐标无关的，从而 Hamilton 算子∇ 也与坐标的选择无关. 上面我们给出∇ 在直角坐标(x,y,z)下的表示，但是在实际计算中有时用曲线坐标更为方便. 因此就需要推出∇ 在曲线坐标下的表示. 曲线坐标中比较简单的就是正交曲线坐标，例如常用的柱坐标和球坐标. 下面我们给出在正交曲线坐标系下梯度、散度和旋度的表示.

设 G 是 $\mathbf{R}^3$ 中的开区域，(x,y,z)是 G 内的直角坐标，(u,v,w)为 G 内的曲线坐标. 通常给出它们之间的坐标变换关系

$$\begin{cases} x = x(u,v,w), \\ y = y(u,v,w), \\ z = z(u,v,w). \end{cases} \tag{16.5.16}$$

假设(u,v,w)与(x,y,z)一一对应，$x(u,v,w)$，$y(u,v,w)$，$z(u,v,w)$均属于 C^1 且 Jacobi 行列式$\dfrac{D(x,y,z)}{D(u,v,w)}$处处不为 0. 记

$$\boldsymbol{r}(u,v,w) = x(u,v,w)\boldsymbol{i} + y(u,v,w)\boldsymbol{j} + z(u,v,w)\boldsymbol{k}.$$

$\boldsymbol{r}(u,v,w)$是 G 内点的位置向量，只与直角坐标(x,y,z)的原点选取有关. 从而$\dfrac{\partial \boldsymbol{r}}{\partial u}(u,v,w)$，$\dfrac{\partial \boldsymbol{r}}{\partial v}(u,v,w)$，$\dfrac{\partial \boldsymbol{r}}{\partial w}(u,v,w)$只与曲线坐标$(u,v,w)$有关，与直角坐标$(x,y,z)$的选取无关. 如果三族坐标曲线在 G 内任一点(u,v,w)的三个非零切向量

$$\boldsymbol{r}_u(u,v,w) = \frac{\partial \boldsymbol{r}}{\partial u}(u,v,w),$$

$$\boldsymbol{r}_v(u,v,w) = \frac{\partial \boldsymbol{r}}{\partial v}(u,v,w),$$

$$\boldsymbol{r}_w(u,v,w) = \frac{\partial \boldsymbol{r}}{\partial w}(u,v,w)$$

两两相互正交，则称(u,v,w)为 G 内的正交曲线坐标. 记

$$\boldsymbol{e}_u = \frac{1}{\sqrt{\hbar_1}}\boldsymbol{r}_u,\ \boldsymbol{e}_v = \frac{1}{\sqrt{\hbar_2}}\boldsymbol{r}_v,\ \boldsymbol{e}_w = \frac{1}{\sqrt{\hbar_3}}\boldsymbol{r}_w,$$

其中

$$\hbar_1 = |\boldsymbol{r}_u|^2 = x_u^2 + y_u^2 + z_u^2,$$
$$\hbar_2 = |\boldsymbol{r}_v|^2 = x_v^2 + y_v^2 + z_v^2,$$
$$\hbar_3 = |\boldsymbol{r}_w|^2 = x_w^2 + y_w^2 + z_w^2.$$

称 $\boldsymbol{e}_u,\boldsymbol{e}_v,\boldsymbol{e}_w$ 为曲线坐标的三个基本单位向量,它们是 G 内三个处处相互正交的连续单位向量场. 不妨设(u,v,w)成右手系,即在 G 内处处满足

$$\boldsymbol{e}_u = \boldsymbol{e}_v \times \boldsymbol{e}_w,$$

从而

$$\boldsymbol{e}_v = \boldsymbol{e}_w \times \boldsymbol{e}_u,$$
$$\boldsymbol{e}_w = \boldsymbol{e}_u \times \boldsymbol{e}_v.$$

由于我们总选定直角坐标(x,y,z)为右手系,所以(u,v,w)成右手系的充要条件是在 G 内处处有

$$\frac{D(x,y,z)}{D(u,v,w)} > 0.$$

定理 16.5.2　设(u,v,w)是 G 内正交曲线坐标,则

$$\boldsymbol{e}_u = \sqrt{\hbar_1}\,\nabla u,\quad \boldsymbol{e}_v = \sqrt{\hbar_2}\,\nabla v,\quad \boldsymbol{e}_w = \sqrt{\hbar_3}\,\nabla w. \tag{16.5.17}$$

证　由(16.5.16)式和复合函数求梯度的法则(16.5.2)式可得

$$\nabla x = x_u\nabla u + x_v\nabla v + x_w\nabla w,$$
$$\nabla y = y_u\nabla u + y_v\nabla v + y_w\nabla w,$$
$$\nabla z = z_u\nabla u + z_v\nabla v + z_w\nabla w.$$

由于 $\boldsymbol{i}=\nabla x$, $\boldsymbol{j}=\nabla y$, $\boldsymbol{k}=\nabla z$ 又

$$\boldsymbol{r}_u = x_u\boldsymbol{i} + y_u\boldsymbol{j} + z_u\boldsymbol{k},$$
$$\boldsymbol{r}_v = x_v\boldsymbol{i} + y_v\boldsymbol{j} + z_v\boldsymbol{k},$$
$$\boldsymbol{r}_w = x_w\boldsymbol{i} + y_w\boldsymbol{j} + z_w\boldsymbol{k},$$

两两相互正交,从而

$$(x_u^2 + y_u^2 + z_u^2)\nabla u = x_u\boldsymbol{i} + y_u\boldsymbol{j} + z_u\boldsymbol{k} = \boldsymbol{r}_u = \sqrt{\hbar_1}\,\boldsymbol{e}_u.$$

于是 $\boldsymbol{e}_u=\sqrt{\hbar_1}\nabla u$. 同理可证

$$\boldsymbol{e}_v = \sqrt{\hbar_2}\,\nabla u,\ \boldsymbol{e}_w = \sqrt{\hbar_3}\,\nabla w.$$

设 f 是 G 内的 C^1 数量场,在正交曲线坐标(u,v,w)下,$f=f(u,v,w)$,则

$$\nabla f = \frac{\partial f}{\partial u}\nabla u + \frac{\partial f}{\partial v}\nabla v + \frac{\partial f}{\partial w}\nabla w.$$

由定理 16.5.2 可得

$$\nabla f = \frac{1}{\sqrt{\hbar_1}}\frac{\partial f}{\partial u}\boldsymbol{e}_u + \frac{1}{\sqrt{\hbar_2}}\frac{\partial f}{\partial v}\boldsymbol{e}_v + \frac{1}{\sqrt{\hbar_3}}\frac{\partial f}{\partial w}\boldsymbol{e}_w. \tag{16.5.18}$$

(16.5.18)式就是在正交曲线坐标(u,v,w)下梯度的表达式.

设(u,v,w)是 G 内二次连续可微的正交曲线坐标，首先利用定理16.5.2证明两个公式：

$$\text{(i)}\ \nabla\times\frac{\boldsymbol{e}_u}{\sqrt{\hbar_1}}=\nabla\times\frac{\boldsymbol{e}_v}{\sqrt{\hbar_2}}=\nabla\times\frac{\boldsymbol{e}_w}{\sqrt{\hbar_3}}=0; \tag{16.5.19}$$

$$\text{(ii)}\ \nabla\cdot\frac{1}{\sqrt{\hbar_2\hbar_3}}\boldsymbol{e}_u=\nabla\cdot\frac{1}{\sqrt{\hbar_3\hbar_1}}\boldsymbol{e}_v=\nabla\cdot\frac{1}{\sqrt{\hbar_1\hbar_2}}\boldsymbol{e}_w=0. \tag{16.5.20}$$

证　由定理16.5.2可知$\frac{\boldsymbol{e}_u}{\sqrt{\hbar_1}}=\nabla u$，从而

$$\nabla\times\frac{\boldsymbol{e}_u}{\sqrt{\hbar_1}}=\nabla\times\nabla u=0.$$

同理可证

$$\nabla\times\frac{\boldsymbol{e}_v}{\sqrt{\hbar_2}}=\nabla\times\frac{\boldsymbol{e}_w}{\sqrt{\hbar_3}}=0,$$

从而(16.5.19)式成立.

不妨设(u,v,w)成右手系，所以

$$\frac{1}{\sqrt{\hbar_2\hbar_3}}\boldsymbol{e}_u=\frac{1}{\sqrt{\hbar_2\hbar_3}}\boldsymbol{e}_v\times\boldsymbol{e}_w=\nabla v\times\nabla w.$$

由于$\nabla\times v\nabla u=\nabla v\times\nabla u+v\nabla\times\nabla u=\nabla v\times\nabla u$，从而

$$\nabla\cdot\frac{1}{\sqrt{\hbar_2\hbar_3}}\boldsymbol{e}_u=\nabla\cdot(\nabla\times v\nabla u)=0.$$

同理可证

$$\nabla\cdot\frac{1}{\sqrt{\hbar_3\hbar_1}}\boldsymbol{e}_v=\nabla\cdot\frac{1}{\sqrt{\hbar_1\hbar_2}}\boldsymbol{e}_w=0,$$

所以(16.5.20)式成立.

在(16.5.19)式和(16.5.20)式的基础上，进一步不难推出在上述(u,v,w)下散度和旋度的表达式. 设 $\boldsymbol{F}$ 是G 内的C^1 向量场，则

$$\boldsymbol{F}=F_1(u,v,w)\boldsymbol{e}_u+F_2(u,v,w)\boldsymbol{e}_v+F_3(u,v,w)\boldsymbol{e}_w.$$

由于$\nabla\cdot F_1\boldsymbol{e}_u=\nabla\cdot F_1\sqrt{\hbar_2\hbar_3}\frac{1}{\sqrt{\hbar_2\hbar_3}}\boldsymbol{e}_u$，利用(16.5.20)式和散度的性质可得

$$\begin{aligned}\nabla\cdot F_1\boldsymbol{e}_u&=\frac{1}{\sqrt{\hbar_2\hbar_3}}(\nabla F_1\sqrt{\hbar_2\hbar_3})\cdot\boldsymbol{e}_u+F_1\sqrt{\hbar_2\hbar_3}\,\nabla\cdot\frac{1}{\sqrt{\hbar_2\hbar_3}}\boldsymbol{e}_u\\&=\frac{1}{\sqrt{\hbar_2\hbar_3}}(\nabla F_1\sqrt{\hbar_2\hbar_3})\cdot\boldsymbol{e}_u.\end{aligned}$$

由(16.5.18)式

$$\nabla F_1\sqrt{\hbar_2\hbar_3}=\frac{1}{\sqrt{\hbar_1}}\frac{\partial F_1\sqrt{\hbar_2\hbar_3}}{\partial u}\boldsymbol{e}_u+\frac{1}{\sqrt{\hbar_2}}\frac{\partial F_1\sqrt{\hbar_2\hbar_3}}{\partial v}\boldsymbol{e}_v+\frac{1}{\sqrt{\hbar_3}}\frac{\partial F_1\sqrt{\hbar_2\hbar_3}}{\partial w}\boldsymbol{e}_w,$$

又 $\boldsymbol{e}_u,\boldsymbol{e}_v,\boldsymbol{e}_w$ 是两两相互正交的单位向量,从而

$$\nabla\cdot F_1\boldsymbol{e}_u=\frac{1}{\sqrt{\hbar_1\hbar_2\hbar_3}}\frac{\partial F_1\sqrt{\hbar_2\hbar_3}}{\partial u}.$$

同理

$$\nabla\cdot F_2\boldsymbol{e}_v=\frac{1}{\sqrt{\hbar_1\hbar_2\hbar_3}}\frac{\partial F_2\sqrt{\hbar_3\hbar_1}}{\partial v},$$

$$\nabla\cdot F_3\boldsymbol{e}_w=\frac{1}{\sqrt{\hbar_1\hbar_2\hbar_3}}\frac{\partial F_3\sqrt{\hbar_1\hbar_2}}{\partial w}.$$

综上可得

$$\nabla\cdot\boldsymbol{F}=\frac{1}{\sqrt{\hbar_1\hbar_2\hbar_3}}\left[\frac{\partial F_1\sqrt{\hbar_2\hbar_3}}{\partial u}+\frac{\partial F_2\sqrt{\hbar_3\hbar_1}}{\partial v}+\frac{\partial F_3\sqrt{\hbar_1\hbar_2}}{\partial w}\right].\tag{16.5.21}$$

(16.5.21)式就是在正交曲线坐标(u,v,w)下散度的表达式. 由(16.5.18)式和(16.5.21)式可得 Δ 的表达式:

$$\begin{aligned}\Delta f&=\nabla\cdot\nabla f\\&=\frac{1}{\sqrt{\hbar_1\hbar_2\hbar_3}}\left[\frac{\partial}{\partial u}\left(\sqrt{\frac{\hbar_2\hbar_3}{\hbar_1}}\frac{\partial f}{\partial u}\right)+\frac{\partial}{\partial v}\left(\sqrt{\frac{\hbar_3\hbar_1}{\hbar_2}}\frac{\partial f}{\partial v}\right)\right.\\&\quad\left.+\frac{\partial}{\partial w}\left(\sqrt{\frac{\hbar_1\hbar_2}{\hbar_3}}\frac{\partial f}{\partial w}\right)\right].\end{aligned}\tag{16.5.22}$$

进一步设(u,v,w)成右手系,由(16.5.19)式及旋度性质可得

$$\begin{aligned}\nabla\times F_1\boldsymbol{e}_u&=\nabla\times F_1\sqrt{\hbar_1}\frac{\boldsymbol{e}_u}{\sqrt{\hbar_1}}\\&=\nabla(F_1\sqrt{\hbar_1})\times\frac{\boldsymbol{e}_u}{\sqrt{\hbar_1}}+F_1\sqrt{\hbar_1}\,\nabla\times\frac{\boldsymbol{e}_u}{\sqrt{\hbar_1}}\\&=\frac{1}{\sqrt{\hbar_1}}\nabla(F_1\sqrt{\hbar_1})\times\boldsymbol{e}_u.\end{aligned}$$

由于(u,v,w)成右手系,则

$$e_u\times e_u=0,\ e_v\times e_u=-e_w,\ e_w\times e_u=e_v.$$

利用(16.5.18)式可得

$$\nabla\times F_1e_u=-\frac{1}{\sqrt{\hbar_1\hbar_2}}\frac{\partial F_1\sqrt{\hbar_1}}{\partial v}e_w+\frac{1}{\sqrt{\hbar_3\hbar_1}}\frac{\partial F_1\sqrt{\hbar_1}}{\partial w}e_v.$$

同理

$$\nabla\times F_2e_v=\frac{1}{\sqrt{\hbar_1\hbar_2}}\frac{\partial F_2\sqrt{\hbar_2}}{\partial u}e_w-\frac{1}{\sqrt{\hbar_2\hbar_3}}\frac{\partial F_2\sqrt{\hbar_2}}{\partial w}e_u.$$

$$\nabla\times F_3e_w=-\frac{1}{\sqrt{\hbar_3\hbar_1}}\frac{\partial F_3\sqrt{\hbar_3}}{\partial u}e_v+\frac{1}{\sqrt{\hbar_2\hbar_3}}\frac{\partial F_3\sqrt{\hbar_3}}{\partial v}e_u.$$

综上可得

$$\begin{aligned}\nabla\times\boldsymbol{F}=&\frac{1}{\sqrt{\hbar_2\hbar_3}}\left(\frac{\partial F_3\sqrt{\hbar_3}}{\partial v}-\frac{\partial F_2\sqrt{\hbar_2}}{\partial w}\right)e_u\\&+\frac{1}{\sqrt{\hbar_3\hbar_1}}\left(\frac{\partial F_1\sqrt{\hbar_1}}{\partial w}-\frac{\partial F_3\sqrt{\hbar_3}}{\partial u}\right)e_v\\&+\frac{1}{\sqrt{\hbar_1\hbar_2}}\left(\frac{\partial F_2\sqrt{\hbar_2}}{\partial u}-\frac{\partial F_1\sqrt{\hbar_1}}{\partial v}\right)e_w,\end{aligned}\tag{16.5.23}$$

或者写为

$$\nabla\times\boldsymbol{F}=\begin{vmatrix}\dfrac{1}{\sqrt{\hbar_2\hbar_3}}e_u & \dfrac{1}{\sqrt{\hbar_3\hbar_1}}e_v & \dfrac{1}{\sqrt{\hbar_1\hbar_2}}e_w\\ \dfrac{\partial}{\partial u} & \dfrac{\partial}{\partial v} & \dfrac{\partial}{\partial w}\\ F_1\sqrt{\hbar_1} & F_2\sqrt{\hbar_2} & F_3\sqrt{\hbar_3}\end{vmatrix}.$$

例 16.5.4 如图 16.5.1 所示,空间柱坐标

$$\begin{cases}x=r\cos\theta,\\y=r\sin\theta,\\z=z.\end{cases}$$

易知当 $r>0,0\leqslant\theta<2\pi,-\infty<z<+\infty$时$(r,\theta,z)$为成右手系的正交曲线坐标. 显然

$$\hbar_1=x_r^2+y_r^2+z_r^2=1,$$

$$\hbar_2=x_\theta^2+y_\theta^2+z_\theta^2=r^2,$$

$$\hbar_3 = x_z^2 + y_z^2 + z_z^2 = 1.$$

从而由(16.5.18)式和(16.5.22)式可得

$$\nabla f = \frac{\partial f}{\partial r}\boldsymbol{e}_r + \frac{1}{r}\frac{\partial f}{\partial \theta}\boldsymbol{e}_\theta + \frac{\partial f}{\partial z}\boldsymbol{e}_z,$$

$$\Delta f = \frac{1}{r}\frac{\partial}{\partial r}\left(r\frac{\partial f}{\partial r}\right) + \frac{1}{r^2}\frac{\partial^2 f}{\partial \theta^2} + \frac{\partial^2 f}{\partial z^2},$$

若 $\boldsymbol{F} = F_1\boldsymbol{e}_r + F_2\boldsymbol{e}_\theta + F_3\boldsymbol{e}_z$,则由(16.5.21)式和(16.5.23)式可得

$$\nabla \cdot \boldsymbol{F} = \frac{1}{r}\frac{\partial F_1}{\partial r} + \frac{1}{r}\frac{\partial F_2}{\partial \theta} + \frac{\partial F_3}{\partial z},$$

$$\nabla \times \boldsymbol{F} = \frac{1}{r}\left(\frac{\partial F_3}{\partial \theta} - \frac{\partial rF_2}{\partial z}\right)\boldsymbol{e}_r + \left(\frac{\partial F_1}{\partial z} - \frac{\partial F_3}{\partial r}\right)\boldsymbol{e}_\theta + \frac{1}{r}\left(\frac{\partial rF_2}{\partial r} - \frac{\partial F_1}{\partial \theta}\right)\boldsymbol{e}_z.$$

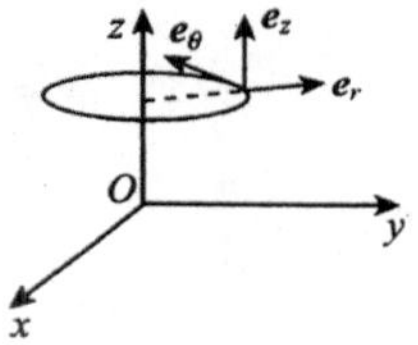

图 16.5.1

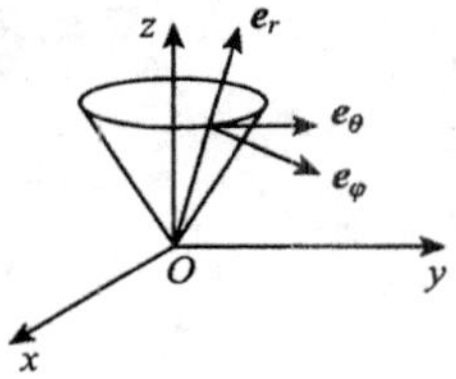

图 16.5.2

例 16.5.5　如图 16.5.2 所示,空间球坐标

$$\begin{cases} x = r\sin\varphi\cos\theta, \\ y = r\sin\varphi\sin\theta, \\ z = r\cos\varphi. \end{cases}$$

易知当 $r>0, 0<\varphi<\pi, 0\leqslant\theta<2\pi$ 时 (r,φ,θ) 成右手系的正交曲线坐标. 显然

$$\hbar_1 = x_r^2 + y_r^2 + z_r^2 = 1,$$

$$\hbar_2 = x_\varphi^2 + y_\varphi^2 + z_\varphi^2 = r^2,$$

$$\hbar_3^2 = x_\theta^2 + y_\theta^2 + z_\theta^2 = r^2\sin^2\varphi.$$

由(16.5.18)式和(16.5.22)式可得

$$\nabla f = \frac{\partial f}{\partial r}\boldsymbol{e}_r + \frac{1}{r}\frac{\partial f}{\partial \varphi}\boldsymbol{e}_\varphi + \frac{1}{r\sin\varphi}\frac{\partial f}{\partial \theta}\boldsymbol{e}_\theta.$$

$$\Delta f = \frac{1}{r^2}\frac{\partial}{\partial r}\left(r^2\frac{\partial f}{\partial r}\right)+\frac{1}{r^2\sin\varphi}\frac{\partial}{\partial\varphi}\left(\sin\varphi\frac{\partial f}{\partial\varphi}\right)+\frac{1}{r^2\sin^2\varphi}\frac{\partial^2 f}{\partial\theta^2}.$$

若 $\boldsymbol{F}=F_1\boldsymbol{e}_r+F_2\boldsymbol{e}_\varphi+F_3\boldsymbol{e}_\theta$,则由(16.5.21)式和(16.5.23)式可得

$$\nabla\cdot\boldsymbol{F}=\frac{1}{r^2}\frac{\partial r^2F_1}{\partial r}+\frac{1}{r\sin\varphi}\frac{\partial F_2\sin\varphi}{\partial\varphi}+\frac{1}{r\sin\varphi}\frac{\partial F_3}{\partial\theta},$$

$$\nabla\times\boldsymbol{F}=\frac{1}{r\sin\varphi}\left(\frac{\partial F_3\sin\varphi}{\partial\varphi}-\frac{\partial F_2}{\partial\theta}\right)\boldsymbol{e}_r+\frac{1}{r\sin\varphi}\left(\frac{\partial F_1}{\partial\theta}-\frac{\partial F_3 r\sin\varphi}{\partial r}\right)\boldsymbol{e}_\varphi+\frac{1}{r}\left(\frac{\partial rF_2}{\partial r}-\frac{\partial F_1}{\partial\varphi}\right)\boldsymbol{e}_\theta.$$

习 题 16

1. 计算下列第一类型曲线积分:

(i) $\int_L (x+y)\mathrm{d}s$, L 为以(0,0),(1,0),(0,1)为顶点的三角形;

(ii) $\int_L (x^2-y^2)\mathrm{d}s$, L 为圆 $x^2+y^2=4$;

(iii) $\int_L |y|\mathrm{d}s$, L 为双纽线 $(x^2+y^2)^2=a^2(x^2-y^2)$;

(iv) $\int_L y^2\mathrm{d}s$, L 为旋轮线一拱 $x=a(t-\sin t)$, $y=a(1-\cos t)(a>0)$,其中 $0\leqslant t\leqslant 2\pi$;

(v) $\int_L (x^{\frac{4}{3}}+y^{\frac{4}{3}})\mathrm{d}s$, $L: x^{\frac{2}{3}}+y^{\frac{2}{3}}=a^{\frac{2}{3}}(a>0)$;

(vi) $\int_L (x^2+y^2+z^2)\mathrm{d}s$, $L: x=a\cos t,\ y=a\sin t,\ z=bt(a,b>0)$,其中 $0\leqslant t\leqslant 2\pi$;

(vii) $\int_L z\mathrm{d}s$, $L: x=t\cos t,\ y=t\sin t,\ z=t(0\leqslant t\leqslant t_0)$;

(viii) $\int_L x^2\mathrm{d}s$, L 是球面 $x^2+y^2+z^2=a^2$ 与平面 $x+y+z=0$ 相交的圆周.

2. 设金属丝 L 在 x,y 平面具有椭圆

$$\frac{x^2}{a^2}+\frac{y^2}{b^2}=1\ (a,b>0)$$

的形状,已知在 $M(x,y)$ 点它的线密度 $\rho=|y|$,求 L 的质量.

3. 求密度均匀的曲线 $x=at,\ y=\frac{a}{2}t^2,\ z=\frac{a}{3}t^3(0\leqslant t\leqslant 1)$ 的质心.

4. 求半径为 R 的半圆形金属丝(密度均匀)对圆心处单位质量的引力.

5. 设 L 是平面上简单光滑封闭曲线, $w(x,y)$ 在 L 的一个邻域内连续,令

$$u(\xi,\eta)=\int_L w(x,y)\ln\sqrt{(\xi-x)^2+(\eta-y)^2}\,\mathrm{d}s_{x,y},$$

$\mathrm{d}s_{x,y}$ 表示在曲线积分中 x,y 是积分变量.

(i) 求证 $u(\xi,\eta)$在全平面连续；

(ii) 当 $\int_L w(x,y)\mathrm{d}s=0$ 时，求证

$$\lim_{\xi^2+\eta^2\to+\infty}u(\xi,\eta)=0;$$

(iii) 当 $w(x,y)\equiv1$ 且 $L:x^2+y^2=1$ 时，求 $u(\xi,\eta)$.

6. 计算下列第二类型曲线积分：

(i) $\int_L(x^2-2xy)\mathrm{d}x+(y^2-2xy)\mathrm{d}y$，$L$ 为 $y=x^2$ 从(1,1)到(−1,1)的有向曲线段；

(ii) $\int_L(x^2+y^2)\mathrm{d}x+(x^2-y^2)\mathrm{d}y$，$L$ 为以(1,0)，(2,0)，(2,1)，(1,1)为顶点的正方形周界的正向，即逆时针方向；

(iii) $\int_L x^2y\mathrm{d}x$，L 为圆周 $x^2+y^2=a^2$ 的负向，即顺时针方向；

(iv) $\int_L -3y\mathrm{d}x+2x\mathrm{d}y+4z\mathrm{d}z$，$L:\begin{cases}x^2+y^2=1\\z=1\end{cases}$且从 $z>1$ 处看为逆时针方向；

(v) $\int_L y\mathrm{d}x-x\mathrm{d}y+(x^2+y^2)\mathrm{d}z$，$L$ 为曲线 $x=\mathrm{e}^t$，$y=\mathrm{e}^{-t}$，$z=t$ 从(1,1,0)到$(\mathrm{e},\mathrm{e}^{-1},1)$的有向弧段；

(vi) $\int_L y\mathrm{d}x-y(x-1)\mathrm{d}y+y^2z\mathrm{d}z$，$L$ 为在第一卦限内从(2,0,0)到(0,0,2)沿曲线$\begin{cases}x^2+y^2+z^2=4\\(x-1)^2+y^2=1\end{cases}$的有向弧段.

7. 求 $I=\int_L\frac{x}{x^2+y^2}\mathrm{d}y$，其中 $\Gamma:x^2+4y^2-2\sqrt{3}x-1=0$，方向为顺时针.

8. 设 $f\in C^0(R^1)$，L 为简单光滑封闭定向曲线，求证

$$\int_L f(x^2+y^2)(x\mathrm{d}x+y\mathrm{d}y)=0.$$

9. 求证

$$\left|\int_L P\mathrm{d}x+Q\mathrm{d}y\right|\leqslant|L|M,$$

其中$|L|$表示曲线 L 的弧长，

$$M=\sup_{(x,y)\in L}\sqrt{P^2(x,y)+Q^2(x,y)}.$$

10. 设弹性力的方向指向坐标原点，力的大小与质点距原点的距离成正比. 设质点从$(a,0)$沿椭圆$\frac{x^2}{a^2}+\frac{y^2}{b^2}=1(a,b>0)$逆时针方向移动到$(0,b)$，求弹性力所作的功.

11. 设 G 是 $\mathbf{R}^2$ 中的开集，$L=\widehat{AB}$ 是 G 内简单可求长定向曲线，$P(x,y)$，$Q(x,y)\in C^0(G)$，对于 L 的与其方向一致的分割 $T:A=M_0,M_1,\cdots,M_l=B$，求证

$$\lim_{d(T)\to0}\sum_{i=1}^{l}\int_{\overrightarrow{M_{i-1}M_i}}P\mathrm{d}x+Q\mathrm{d}y=\int_L P\mathrm{d}x+Q\mathrm{d}y.$$

12. 求

$$I = \int_{\Gamma} -\frac{ayz + xz^2}{\sqrt{x^2 + y^2}}\mathrm{d}x + \frac{axz - yz^2}{\sqrt{x^2 + y^2}}\mathrm{d}y + z\sqrt{x^2 + y^2}\mathrm{d}z,$$

其中 Γ 为沿曲线 $\begin{cases} x^2 + y^2 + z^2 = a^2 \\ \sqrt{x^2 + y^2}\,\mathrm{ch}\left(\arctan\dfrac{y}{x}\right) = a \end{cases}$ $(a>0)$ 从点 $A=(a,0,0)$ 到点 B 的最短有向弧段,其中 B 在第一卦限,已知点 B 的 z 坐标为 z_0.

13. 设曲面 $S: x^2 + y^2 + z^2 = 4,\ z \geqslant 1$,求下列积分:

(i) $I = \iint\limits_S z(x^2 + y^2)\mathrm{d}S$;

(ii) $I = \iint\limits_S [x^2 + y^2 + (z-2)^2]\mathrm{d}S$.

14. 求

$$I = \iint\limits_S \frac{\mathrm{d}S}{\sqrt{2az - z^2}},$$

其中 S 为球面 $x^2 + y^2 + (z-a)^2 = a^2$ 被柱面 $x^2 + y^2 = ay$ 截下且在平面 $z = a$ 下面的部分 $(a>0)$.

15. 求

$$I = \iint\limits_S xyz\mathrm{d}S,$$

其中 S 为 $x^2 + z^2 = 4$ 在第一卦限内且在 $y=0$ 与 $y=1$ 之间的部分.

16. 求均匀球面 $x^2 + y^2 + z^2 = a^2$ 被锥面 $z\tan\beta = \sqrt{x^2 + y^2}$ $\left(0<\beta<\dfrac{\pi}{2}\right)$ 截下部分的质心.

17. 求半径为 R 高为 h 的均匀圆柱面对其底部中心点处单位质点的引力.

18. 求密度为 ρ 的均匀半球面 $x^2 + y^2 + z^2 = a^2, z \geqslant 0$ 关于 z 轴的转动惯量.

19. 求

$$I = \iint\limits_{\Sigma} \frac{R^2 - x\xi - y\eta - z\zeta}{[(x-\xi)^2 + (y-\eta)^2 + (z-\zeta)^2]^{\frac{3}{2}}}\mathrm{d}S,$$

其中 $\Sigma: x^2 + y^2 + z^2 = R^2$, (ξ,η,ζ) 为其内一点.

20. 计算二重积分

$$I = \iint\limits_{\substack{0\leqslant x\leqslant 2\pi \\ 0\leqslant y\leqslant \pi}} \sin y\, e^{\sin y(\cos x - \sin x)}\mathrm{d}x\mathrm{d}y.$$

21. 设 $S: (\sqrt{x^2 + y^2} - a)^2 + z^2 = b^2\ (0<b<a)$,

$$H = \frac{1}{2}\left(\frac{1}{b} + \frac{\sqrt{x^2 + y^2} - a}{b\sqrt{x^2 + y^2}}\right),$$

求证

$$\iint\limits_S H^2\mathrm{d}S \geqslant 2\pi^2.$$

22. 求

$$I=\iint_S (x+1)\mathrm{d}y\mathrm{d}z+y\mathrm{d}z\mathrm{d}x+\mathrm{d}x\mathrm{d}y,$$

其中 S 为以 $O(0,0,0),A(1,0,0),B(0,1,0),C(0,0,1)$ 为顶点的四面体的外表面.

23. 求

$$I=\iint_S f(x)\mathrm{d}y\mathrm{d}z+g(y)\mathrm{d}z\mathrm{d}x+h(z)\mathrm{d}x\mathrm{d}y,$$

其中 f,g,h 为连续函数,S 为立方体:$0\leqslant x\leqslant a,0\leqslant y\leqslant b,0\leqslant z\leqslant c$ 的内表面.

24. 求

$$I=\iint_S (y-z)\mathrm{d}y\mathrm{d}z+(z-x)\mathrm{d}z\mathrm{d}x+(x-y)\mathrm{d}x\mathrm{d}y,$$

其中 $S:z=\sqrt{x^2+y^2},x^2+y^2\leqslant h^2$ 的下侧.

25. 求

$$I=\iint_S \frac{\mathrm{d}y\mathrm{d}z}{x}+\frac{\mathrm{d}z\mathrm{d}x}{y}+\frac{\mathrm{d}x\mathrm{d}y}{z},$$

其中 S 为椭球面 $\frac{x^2}{a^2}+\frac{y^2}{b^2}+\frac{z^2}{c^2}=1$ 的外侧.

26. 设 S 是光滑曲面,$\Gamma=\widehat{AB}:P(t),a\leqslant t\leqslant b$,是 S 上的简单曲线,$\boldsymbol{v}_0$ 是 S 在 $A=P(a)$ 点的一个单位法向量,求证存在惟一定义在 $[a,b]$ 的向量值函数 $\boldsymbol{\tau}(t)$ 使得:

(i) $\boldsymbol{\tau}(t)$ 为 S 在 $P(t)$ 点的单位法向量;

(ii) $\boldsymbol{\tau}(t)$ 在 $[a,b]$ 上连续;

(iii) $\boldsymbol{\tau}(a)=\boldsymbol{v}_0$.

27. 设 S 是曲面 $\begin{cases}x=u\cos v,\\ y=u\sin v,\\ z=-u+a\cos v,\end{cases}$ $u\geqslant 0,-\infty<v<+\infty\ (a>0)$ 和平面 $z=0$ 所围区域的外表面,求

$$I=\iint_S x\mathrm{d}y\mathrm{d}z+y\mathrm{d}z\mathrm{d}x+z\mathrm{d}x\mathrm{d}y.$$

28. 利用 Green 公式计算下列曲线积分:

(i) $\int_L xy^2\mathrm{d}x+2x^2y\mathrm{d}y$,$L$ 为逆时针方向的椭圆 $4x^2+9y^2=36$;

(ii) $\int_L (x^2+2y^2)\mathrm{d}y$,$L$ 为逆时针方向的圆 $(x-2)^2+y^2=1$;

(iii) $\int_L x^2y\mathrm{d}x-y^2x\mathrm{d}y$,$L$ 为区域 $D:0\leqslant y\leqslant\sqrt{a^2-x^2}$ 的边界,顺时针方向;

(iv) $\int_L (x-y^2)\mathrm{d}x+x^2y\mathrm{d}y$,$L$ 为区域 $D:y^2\leqslant x,\ y\geqslant|2x-1|$ 的边界,逆时针方向.

29. 利用线积分求下列封闭曲线所围的面积:

(i) $x=a\cos^3t,\ y=a\sin^3t\,(0\leqslant t\leqslant 2\pi)$;

(ii) $x^3+y^3=3axy\,(a>0)$.

30. 设 D 是 $\mathbf{R}^2$ 上带有逐段光滑边界的有界闭区域，$\Delta=\dfrac{\partial^2}{\partial x^2}+\dfrac{\partial^2}{\partial y^2}$ 为 Laplace 算子

(i) 若 $u\in C^2(\bar{D})$，$v\in C^1(\bar{D})$，求证

$$\iint_S v\Delta u\mathrm{d}x\mathrm{d}y=-\iint_S\left(\frac{\partial v}{\partial x}\frac{\partial u}{\partial x}+\frac{\partial v}{\partial y}\frac{\partial u}{\partial y}\right)\mathrm{d}x\mathrm{d}y+\int_{\partial D}v\frac{\partial u}{\partial \nu}\mathrm{d}s,$$

其中$\dfrac{\partial u}{\partial \nu}$表示 u 沿∂D 关于区域D 的外法向导数；

(ii) 若 $u,v\in C^2(\bar{D})$，求证

$$\iint_D(v\Delta u-u\Delta v)\mathrm{d}x\mathrm{d}y=\int_{\partial D}\left(v\frac{\partial u}{\partial \nu}-u\frac{\partial v}{\partial \nu}\right)\mathrm{d}s.$$

31. 求

$$I=\int_L\frac{-y\mathrm{d}x+x\mathrm{d}y}{ax^2+2bxy+cy^2},$$

其中 L 为$x^2+y^2=1$ 的正向，常数 a,b,c 满足$a>0,ac-b^2>0$.

32. 求

$$I=\int_L\frac{\mathrm{e}^y}{x^2+y^2}[(x\sin x+y\cos x)\mathrm{d}x+(y\sin x-x\cos x)\mathrm{d}y],$$

其中 L 为$x^2+y^2=1$ 的正向.

33. 求

$$I=\int_L\frac{-Y\mathrm{d}X+X\mathrm{d}Y}{X^2+Y^2},$$

其中 $X=ax+by$，$Y=cx+ey$，$ae-bc\neq0$，L 为包围原点的逐段光滑简单封闭曲线的正向.

34. 求由曲线$\left(\dfrac{x}{a}\right)^n+\left(\dfrac{y}{b}\right)^n=\left(\dfrac{x}{a}\right)^{n-1}+\left(\dfrac{y}{b}\right)^{n-1}$($a,b>0$，$n$ 为自然数)在第一象限与坐标轴所围区域的面积.

35. 利用 Gauss 公式计算曲面积分：

(i) $\iint_S x^3\mathrm{d}y\mathrm{d}z+y^3\mathrm{d}z\mathrm{d}x+z^3\mathrm{d}x\mathrm{d}y$，$S$ 为球面$x^2+y^2+z^2=1$ 的外侧；

(ii) $\iint_S[xy\cos(\nu,x)+y^2\cos(\nu,y)+y^2\cos(\nu,z)]\mathrm{d}S$，$S$ 为立方体$0\leqslant x\leqslant1,0\leqslant y\leqslant1,0\leqslant z\leqslant1$的外侧 $\cos(\nu,x)$，$\cos(\nu,y)$，$\cos(\nu,z)$分别为 S 上关于所围立体的单位外法向量 $\boldsymbol{\nu}$ 在x 轴，y 轴，z 轴上的投影；

(iii) $\iint_S\dfrac{x^3+y^3-z^3}{z}\mathrm{d}S$，$S$：$x^2+y^2=z^2(0\leqslant z\leqslant1)$.

36. 设 $F(x,y,z)\in C^1(\mathbf{R}^3)$ 且 $F(x,y,z)=0$ 是一个以原点为顶点的锥面$\sum$，如果$\sum$ 与平面 $\pi:Ax+By+Cz=D$ 围成一个锥体，求证此锥体的体积

$$V=\frac{1}{3}SH,$$

其中 S 为平面π 上锥底部分的面积，H 为顶点到锥底的高.

37. 设 S 为 $\mathbf{R}^3$ 中光滑封闭曲面，$\boldsymbol{r}$ 为一固定的方向，$\boldsymbol{\nu}$ 为 S 上的单位外法向，求

$$\iint_S \cos(\boldsymbol{r},\boldsymbol{\nu})\mathrm{d}S.$$

38. 设 V 是 $\mathbf{R}^3$ 中带有逐片光滑边界的有界开区域，$(\xi,\eta,\zeta)\in V$，$\boldsymbol{r}=(x-\xi,y-\eta,z-\zeta)$，$r=|\boldsymbol{r}|$，$\boldsymbol{\nu}$ 为 ∂V 上关于 V 的单位外法向量，求证

$$\iiint_V \frac{\mathrm{d}x\mathrm{d}y\mathrm{d}z}{r}=\frac{1}{2}\iint_{\partial V}\cos(\boldsymbol{r},\ \boldsymbol{\nu})\mathrm{d}S.$$

39. 设 G 是 $\mathbf{R}^3$ 中带有逐片光滑边界的有界开区域，$\Delta=\frac{\partial^2}{\partial x^2}+\frac{\partial^2}{\partial y^2}+\frac{\partial^2}{\partial z^2}$ 为 $\mathbf{R}^3$ 中的 Laplace 算子.

(i) 对于 $u\in C^2(\overline{G})$，$v\in C^1(\overline{G})$，求证

$$\iiint_G v\Delta u\mathrm{d}x\mathrm{d}y\mathrm{d}z=-\iiint_G(\nabla u\cdot\nabla v)\mathrm{d}x\mathrm{d}y\mathrm{d}z+\iint_{\partial G}v\frac{\partial u}{\partial \nu}\mathrm{d}S,$$

其中 $\frac{\partial u}{\partial \nu}$ 表示 u 在 ∂G 上沿外法向的导数；

(ii) 若 $u,v\in C^2(\overline{G})$，求证

$$\iiint_G(v\Delta u-u\Delta v)\mathrm{d}x\mathrm{d}y\mathrm{d}z=\iint_{\partial G}\left(v\frac{\partial u}{\partial \nu}-u\frac{\partial v}{\partial \nu}\right)\mathrm{d}S;$$

(iii) 设 $u\in C^2(\overline{G})$，对任意固定的 $(\xi,\eta,\zeta)\in G$，求证

$$u(\xi,\eta,\zeta)=-\frac{1}{4\pi}\iiint_G\frac{\Delta u}{r}\mathrm{d}x\mathrm{d}y\mathrm{d}z+\frac{1}{4\pi}\iint_{\partial G}\left(\frac{1}{r}\frac{\partial u}{\partial \nu}-u\frac{\partial \frac{1}{r}}{\partial \nu}\right)\mathrm{d}S,$$

其中 $r=\sqrt{(x-\xi)^2+(y-\eta)^2+(z-\zeta)^2}$.

40. 设 $u\in C^2(\mathbf{R}^3)$，令

$$v(x,r)=\frac{1}{4\pi r^2}\int_{|y-x|=r}u(y)\mathrm{d}S_y,$$

其中 $x=(x_1,x_2,x_3)$，$y=(y_1,y_2,y_3)$，$r>0$，求证：

(i) $\lim\limits_{r\to0^+}v(x,r)=u(x)$，$\lim\limits_{r\to0^+}\frac{\partial v}{\partial r}(x,r)=0$；

(ii) $\frac{\partial^2 v}{\partial r^2}+\frac{2}{r}\frac{\partial v}{\partial r}=\frac{\partial^2 v}{\partial x_1^2}+\frac{\partial^2 v}{\partial x_2^2}+\frac{\partial^2 v}{\partial x_3^2}$.

41. 利用 Stokes 公式计算曲线积分：

(i) $\int_L 2xy^2z\mathrm{d}x+2x^2yz\mathrm{d}y+(x^2y^2-2z)\mathrm{d}z$，

$$L:\begin{cases}x=\cos t,\\ y=\sin t,\ 0\leqslant t\leqslant 2\pi,\\ z=\sin t,\end{cases}$$

t 增大对应 L 的方向；

(ii) $\int_L(y-z)\mathrm{d}x+(z-x)\mathrm{d}y+(x-y)\mathrm{d}z$，

$$L:\begin{cases}x^2+y^2+z^2=a^2,\\ x+y+z=0,\end{cases}$$

从 x 轴正向看 L 为逆时针方向;

(iii) $\int_L (x^2-yz)\mathrm{d}x+(y^2-xz)\mathrm{d}y+(z^2-xy)\mathrm{d}z$,L 为曲线

$$\begin{cases}x=a\cos\varphi,\\ y=a\sin\varphi,\\ z=\dfrac{h}{2\pi}\varphi,\end{cases}$$

从 $A(a,0,0)$到 $B(a,0,h)$的有向弧段.

42. 已给平面 $\pi:Ax+By+Cz=D$,对于 π 的任一定向,求 $w=P(x,y,z)\mathrm{d}x+Q(x,y,z)\mathrm{d}y+R(x,y,z)\mathrm{d}z$,使得沿 π 上任意逐段光滑简单封闭曲线 Γ(Γ 的定向与 π 的定向一致)恒有

$$\int_\Gamma w=S(\Gamma),$$

其中 $S(\Gamma)$为 Γ 在 π 上所围区域之面积.

43. 证明下列积分与路径无关,并计算之:

(i) $\int_{(1,1)}^{(x,y)} 2xy\mathrm{d}x+(x^2-y^2)\mathrm{d}y$;

(ii) $\int_{(0,0)}^{(x,y)} \sin y\mathrm{d}x+x\cos y\mathrm{d}y$.

44. 判断下列微分形式是否为全微分,如果是求出其原函数:

(i) $(2y^2-3x)\mathrm{d}x-4xy\mathrm{d}y$;

(ii) $(2xy+x^2)\mathrm{d}x+x^2\mathrm{d}y$;

(iii) $x\mathrm{e}^{xy}\sin y\mathrm{d}x+(\mathrm{e}^{xy}\cos y+y)\mathrm{d}y$.

45. 求出所有二阶偏导数连续的函数 $P(x,y)$和 $Q(x,y)$使得线积分

$$I=\int_L P(x+\alpha,y+\beta)\mathrm{d}x+Q(x+\alpha,y+\beta)\mathrm{d}y$$

对任何简单封闭逐段光滑定向曲线 L 都与 α,β 无关.

46. 求证 $w=\dfrac{x}{x^2+y^2}\mathrm{d}x+\dfrac{y}{x^2+y^2}\mathrm{d}y$ 在 $\mathbf{R}^n\setminus\{O\}$内积分与路径无关,其中 $O(0,0)$为坐标原点.

47. 判断下列微分形式是否为全微分,如果是,求出其原函数:

(i) $w=yz\mathrm{d}x+zx\mathrm{d}y+xy\mathrm{d}z$;

(ii) $w=\sin yz\mathrm{d}x+zx\cos yz\mathrm{d}y+xy\cos yz\mathrm{d}z$;

(iii) $w=y\mathrm{d}x+z\mathrm{d}y+x\mathrm{d}z$.

48. 设 n,m,k 为自然数,$r=\sqrt{x^2+y^2+z^2}$,令

$$P(x,y,z)=-\frac{\partial^{n+m+k}}{\partial x^{n+2}\partial y^{m-1}\partial z^{k-1}}\left(\frac{1}{r}\right),$$

$$Q(x,y,z)=\frac{\partial^{n+m+k}}{\partial x^{n-1}\partial y^{m+2}\partial z^{k-1}}\left(\frac{1}{r}\right)+\frac{\partial^{n+m+k}}{\partial x^{n-1}\partial y^{m}\partial z^{k+1}}\left(\frac{1}{r}\right),$$

$$R(x,y,z)=\frac{\partial^{n+m+k}}{\partial x^{n-1}\partial y^{m+1}\partial z^{k}}\left(\frac{1}{r}\right)+\frac{\partial^{n+m+k}}{\partial x^{n-1}\partial y^{m-1}\partial z^{k+2}}\left(\frac{1}{r}\right).$$

问 $w=P\mathrm{d}x+Q\mathrm{d}y+R\mathrm{d}z$ 在 $\mathbf{R}^3\setminus\{O\}$ 内是否为全微分,如果是求原函数.

49. 对于以下一阶微分形式 w,求函数 $M\neq0$ 使得在适当的区域 Mw 为全微分,并求其原函数:

(i) $w=\left[-y\sqrt{x^2+y^2+1}-x(x^2+y^2)\right]\mathrm{d}x+\left[x\sqrt{x^2+y^2+1}-y(x^2+y^2)\right]\mathrm{d}y$;

(ii) $w=x[(ay+bx)^3+ay^3]\mathrm{d}x+y[(ay+bx)^3+bx^3]\mathrm{d}y$.

50. 设 D 是 $\mathbf{R}^2$ 上的单连通开区域,$\varphi(x,y),\psi(x,y)\in C^2(D)$,且在 D 内处处 $\dfrac{D(\varphi,\psi)}{D(x,y)}\neq0$. 令 L 表示 D 内简单封闭光滑曲线的正向,$\varphi^2+\psi^2$ 在 L 上处处不为 0,求

$$I=\int_L\frac{-\psi\mathrm{d}\varphi+\varphi\mathrm{d}\psi}{\varphi^2+\psi^2}.$$

51. 设 $w=\dfrac{-y\mathrm{d}x+x\mathrm{d}y}{ax^2+2bxy+cy^2}$, $a>0,ac-b^2>0$,求常数 λ 和函数 u 使得

$$w=\lambda w_0+\mathrm{d}u,$$

其中 $w_0=\dfrac{-y\mathrm{d}x+x\mathrm{d}y}{x^2+y^2}$.

52. 证明场论中的下列公式:

(i) $\nabla\cdot(f\boldsymbol{F})=\nabla f\cdot\boldsymbol{F}+f\nabla\cdot\boldsymbol{F}$;

(ii) $\nabla\times(f\boldsymbol{F})=\nabla f\times\boldsymbol{F}+f\nabla\times\boldsymbol{F}$;

(iii) $\nabla\cdot(\nabla\times\boldsymbol{F})=0$;

(iv) $\nabla\times\nabla f=0$.

53. 以下各题均设 $\boldsymbol{r}=x\boldsymbol{i}+y\boldsymbol{j}+z\boldsymbol{k}$, $r=|\boldsymbol{r}|$. 求:

(i) $\nabla f(r)$; (ii) $\nabla\cdot\boldsymbol{r}$;

(iii) $\nabla\cdot\left(\dfrac{1}{r}\boldsymbol{r}\right)$; (iv) $\nabla\times(f(r)\boldsymbol{r})$.

54. 求函数 $f(r)$使得

$$\nabla\cdot(f(r)\boldsymbol{r})=0.$$

55. 设 $\boldsymbol{a}$ 为常向量,求

$$\nabla\times(\boldsymbol{a}\times\boldsymbol{r}).$$

56. 求证

$$\boldsymbol{F}=yz(2x+y+z)\boldsymbol{i}+zx(x+2y+z)\boldsymbol{j}+xy(x+y+2z)\boldsymbol{k}$$

为保守场,并求其势函数.

57. 设 $f(r)$连续可微,求证 $\boldsymbol{F}=f(r)\boldsymbol{r}$ 是保守场,并求其势函数.

58. 设 $\boldsymbol{A},\boldsymbol{B}$ 为C^1 向量场,在直角坐标系下证明:

(i) $\nabla(\boldsymbol{A}\cdot\boldsymbol{B})=\boldsymbol{A}\times(\nabla\times\boldsymbol{B})+\boldsymbol{B}\times(\nabla\times\boldsymbol{A})+(\boldsymbol{B}\cdot\nabla)\boldsymbol{A}+(\boldsymbol{A}\cdot\nabla)\boldsymbol{B}$;

(ii) $\nabla\times(\boldsymbol{A}\times\boldsymbol{B})=(\boldsymbol{B}\cdot\nabla)\boldsymbol{A}-(\boldsymbol{A}\cdot\nabla)\boldsymbol{B}+(\nabla\cdot\boldsymbol{B})\boldsymbol{A}-(\nabla\cdot\boldsymbol{A})\boldsymbol{B}$.

并给出 $\boldsymbol{A}\cdot\nabla$ 作用于数量场和向量场不依赖坐标系的定义.

59. 设 G 是 $\mathbf{R}^3$ 中关于原点 O 的星形区域,$\boldsymbol{F}(x,y,z)$为 G 内的C^1 无源场,令

$$\boldsymbol{A}(x,y,z)=\int_0^1[t\boldsymbol{F}(xt,yt,zt)\times\boldsymbol{r}]\mathrm{d}t,$$

利用上题(ii)直接证明

$$\nabla\times\boldsymbol{A}=\boldsymbol{F}.$$

60. 设 $f,g\in C^2(\mathbf{R}^3)$,令 $\boldsymbol{A}=\nabla f\times\nabla g$,求证 $\boldsymbol{A}$ 为旋度场,并求 $\boldsymbol{B}$ 使得

$$\boldsymbol{A}=\nabla\times B.$$

61. 求一个向量场 $\boldsymbol{A}$ 使得在适当区域内

$$\nabla\times\boldsymbol{A}=\frac{1}{r^3}\boldsymbol{r}.$$

62. 设 A 是 $\mathbf{R}^3$ 中的 C^1 向量场,如果存在 $\mathbf{R}^3$ 中的 C^2 向量场 $\boldsymbol{B}$,使得

$$\nabla\times\boldsymbol{B}=\frac{1}{r}(\nabla r\times\boldsymbol{A}),$$

求证

$$\int_L\boldsymbol{A}\cdot\boldsymbol{T}\mathrm{d}s=0,$$

其中 L 是以原点为中心的球面上的封闭光滑简单定向曲线,$\boldsymbol{T}$ 为 L 上与其方向一致的单位切向量.

63. 直接用散度和旋度的定义推导它们在正交曲线坐标下的表达式.

附录　下册部分习题解答

习题 12

14．任给 $\mathbf{R}^n$ 的非空开子集 U，由于每一个 A_m 都是 $\mathbf{R}^n$ 中的稠密开集，从而易证存在半径小于 $\frac{1}{m}$ 的开球 $B_m(m=1,2,\cdots)$，使得 $U\supseteq\overline{B}_1$ 且

$$B_1\supseteq B_2\supseteq\cdots\supseteq B_m\supseteq\cdots,$$
$$\overline{B}_m\subseteq A_m,m=1,2,\cdots.$$

记 B_m 的球心为 x^m，易证 $\{x^m\}$ 为 $\mathbf{R}^n$ 中的收敛序列

令 $x^0=\lim\limits_{m\to\infty}x^m$，易证 $x^0\in U\cap\left(\bigcap\limits_{m=1}^{\infty}A_m\right)$．

23．此题称之为 Dini 定理．用反证法．设结论不真，则存在常数 $\eta>0$ 和点列 $\{(x_n,y_n)\}$ 满足 $x_n\in[a,b]$，$y_n\in[c,d]$，$\lim\limits_{n\to\infty}y_n=d$ 且

$$f(x_n,d)-f(x_n,y_n)\geqslant\eta. \tag{1}$$

由 $[a,b]$ 的列紧性可知存在 $\{x_n\}$ 的子序列 $\{x_{n_k}\}$ 和 $x_0\in[a,b]$ 使得 $\lim\limits_{k\to\infty}x_{n_k}=x_0$．由于 $f(x,d)$ 在 $[a,b]$ 上连续，从而对于 $0<\varepsilon<\frac{1}{3}\eta$，存在 $\delta_1>0$ 使得当 $x\in[a,b]$ 且 $|x-x_0|<\delta_1$ 时

$$|f(x,d)-f(x_0,d)|<\varepsilon.$$

由假设 $\lim\limits_{y\to d}f(x_0,y)=f(x_0,d)$，从而存在 $y_0\in[c,d)$ 使得

$$0\leqslant f(x_0,d)-f(x_0,y_0)<\varepsilon.$$

由 $f(x,y_0)$ 在 $[a,b]$ 上的连续性可知存在 $\delta_2>0$，使得当 $x\in[a,b]$ 且 $|x-x_0|<\delta_2$ 时有

$$|f(x,y_0)-f(x_0,y_0)|<\varepsilon.$$

由于 $\lim\limits_{k\to\infty}(x_{n_k},y_{n_k})=(x_0,d)$，从而存在 k 使得

$$|x_{n_k}-x_0|<\min(\delta_1,\delta_2),y_0<y_{n_k}<d.$$

再由 $f(x,y)$ 关于 y 单调上升可知

$$0\leqslant f(x_{n_k},d)-f(x_{n_k},y_{n_k})\leqslant f(x_{n_k},d)-f(x_{n_k},y_0)$$
$$\leqslant|f(x_{n_k},d)-f(x_0,d)|+|f(x_0,d)-f(x_0,y_0)|$$

$$+| f(x_0, y_0) - f(x_{n_k}, y_0) | < 3\varepsilon < \eta,$$

与(1)式矛盾!

不用反证法,用有限覆盖定理可给出此题的另一证明.

29. 记 $a=(a_1,\cdots,a_n)\in\mathbf{R}^n$, $a'=(a_0,a_1,\cdots,a_n)\in\mathbf{R}^{n+1}$. 考虑函数

$$g(a') = \max_{-1\leqslant x\leqslant 1} | a_0 x^n + a_1 x^{n-1} + \cdots + a_{n-1}x + a_n |.$$

易证:

(i) $g(a')\geqslant 0$, $\forall a'\in\mathbf{R}^{n+1}$, 且 $g(a')=0\Leftrightarrow a'=0$.

(ii) $g(\lambda a')=|\lambda|g(a')$, $\forall \lambda\in R, a'\in\mathbf{R}^{n+1}$.

(iii) $g(a'+b')\leqslant g(a')+g(b')$, $\forall a',b'\in\mathbf{R}^{n+1}$.

由例 12.3.1 可知 $g(a')$在 $\mathbf{R}^{n+1}$ 上连续且存在常数 $c>0$ 使得

$$g(a') \geqslant c | a' |, \ \forall a' \in \mathbf{R}^{n+1}.$$

对于 $a=(a_1,\cdots,a_n)\in\mathbf{R}^n$, 记 $a'=(a_0,a)$, 其中 $a_0\in\mathbf{R}, a\in\mathbf{R}^n$. 令

$$f(a) = g((1,a)),$$

则 $f(a)$在 $\mathbf{R}^n$ 上连续且

$$f(a) \geqslant c\sqrt{1+| a |^2} > c | a | .$$

由此利用连续函数的重要性质易证存在 $b=(b_1,\cdots,b_n)\in\mathbf{R}^n$ 使得

$$f(b) = \inf_{a\in\mathbf{R}^n} f(a),$$

即 $p(x)=x^n+b_1x^{n-1}+\cdots+b_{n-1}x+b_n$ 为所求.

30. 设

$$p(z + z_0) = b_0 + b_1 z + \cdots + b_k z^k.$$

显然 $b_0=p(z_0)\neq 0$, $b_k=a_k\neq 0$. 从 b_1 依次数到 b_k、记第 1 个不为 0 的系数为 b_l, 令

$$\frac{b_l}{b_0} = r\mathrm{e}^{\mathrm{i}\theta},\ r > 0,\ \theta \in [0,2\pi), \mathrm{i} = \sqrt{-1},$$

则

$$\frac{p(z + z_0)}{p(z_0)} = 1 + r\mathrm{e}^{\mathrm{i}\theta}z^l + c_{l+1}z^{l+1} + \cdots + c_k z^k,$$

其中 $c_{l+1}=\dfrac{b_{l+1}}{b_0},\cdots,c_k=\dfrac{b_k}{b_0}$. 记

$$D = | c_{l+1} | + \cdots + | c_k |,$$

则当$|z|\leqslant 1$ 时有

$$\left|\frac{p(z_0+z)}{p(z_0)}\right| \leqslant |1+re^{i\theta}z^l| + D|z|^{l+1}.$$

令 $z=\rho e^{i\frac{\pi-\theta}{l}}$,其中 $0<\rho\leqslant 1$,则

$$\left|\frac{p(z_0+z)}{p(z_0)}\right| \leqslant |1-r\rho^l| + D\rho^{l+1}.$$

取 $\rho_n>0$, $\rho_n<\min\left\{1,\ \dfrac{1}{r},\dfrac{r}{D}\right\}$且$\lim\limits_{n\to\infty}\rho_n=0$,记

$$z_n = z_0 + \rho_n e^{i\frac{\pi-\theta}{l}},$$

则$|z_n-z_0|\to 0$,且

$$|p(z_n)| < |p(z_0)|.$$

37. 任取 $x^0\in\Omega$ 和 $\varepsilon>0$. 由于 $f(x^0)=\sup\limits_m f_m(x^0)$,从而存在 m_0 使得

$$f(x^0) < f_{m_0}(x^0) + \frac{\varepsilon}{2}.$$

又 $f_{m_0}(x)$在 Ω 上连续,所以存在 $\delta>0$,当 $x\in\Omega$ 且$|x-x^0|<\delta$ 时

$$f_{m_0}(x^0) < f_{m_0}(x) + \frac{\varepsilon}{2}.$$

于是当 $x\in\Omega$ 且$|x-x^0|<\delta$ 时

$$f(x^0) < f_{m_0}(x) + \varepsilon \leqslant f(x) + \varepsilon,$$

即 $f(x)$在 x^0 下半连续. 由于 Ω 是紧集,易证存在 $y\in\Omega$ 和Ω 上的点列$\{x^k\}$使得

$$\lim_{k\to\infty} x^k = y$$

且

$$\lim_{k\to\infty} f(x^k) = \inf_{\Omega} f(x).$$

再由 f 在Ω 上的下半连续性可得

$$f(y) = \inf_{\Omega} f(x),$$

即 y 是$f(x)$在 Ω 上的最小点.

习题 13

21. 显然 u 在$\Omega'=\{(x_1,\cdots,x_n)\in\mathbf{R}^n\,|\,0<x_1^2+\cdots+x_n^2<1\}$内属于 C^2. 令

$$y = \frac{1}{|x|^2}x,\ \forall\, x\in\mathbf{R}^n\setminus\{0\},$$

$$v(x)=f(y(x)),$$

则

$$\frac{\partial v}{\partial x_i}=\sum_{k=1}^{n}\frac{\partial f}{\partial y_k}\frac{\partial y_k}{\partial x_i},$$

$$\frac{\partial^2 v}{\partial x_i^2}=\sum_{k,j=1}^{n}\frac{\partial^2 f}{\partial y_k\partial y_j}\frac{\partial y_k}{\partial x_i}\frac{\partial y_j}{\partial x_i}+\sum_{k=1}^{n}\frac{\partial f}{\partial y_k}\frac{\partial^2 y_k}{\partial x_i^2}.$$

从而可得

$$\begin{aligned}\Delta v&=\sum_{i=1}^{n}\frac{\partial^2 v}{\partial x_i^2}\\&=\sum_{k,j=1}^{n}\left(\sum_{i=1}^{n}\frac{\partial y_k}{\partial x_i}\frac{\partial y_j}{\partial x_i}\right)\frac{\partial^2 f}{\partial y_k\partial y_j}+\sum_{k=1}^{n}\frac{\partial f}{\partial y_k}\Delta y_k.\end{aligned}$$

从 $y_k=\dfrac{1}{|x|^2}x_k$ 可得

$$\frac{\partial y_k}{\partial x_i}=\frac{1}{|x|^2}\delta_{ki}-\frac{2x_kx_i}{|x|^4},$$

其中

$$\delta_{ki}=\begin{cases}1, & k=i,\\0, & k\neq i.\end{cases}$$

于是易得

$$\sum_{i=1}^{n}\frac{\partial y_k}{\partial x_i}\frac{\partial y_j}{\partial x_i}=\frac{1}{|x|^4}\delta_{kj}.$$

由此可得

$$\sum_{k,j=1}^{n}\left(\sum_{i=1}^{n}\frac{\partial y_k}{\partial x_i}\frac{\partial y_j}{\partial x_i}\right)\frac{\partial^2 f}{\partial y_k\partial y_j}=\frac{1}{|x|^4}\Delta f(y(x)).$$

又

$$\frac{\partial^2 y_k}{\partial x_i^2}=-\frac{4x_i}{|x|^4}\delta_{ki}-\frac{2x_k}{|x|^4}+\frac{8x_kx_i^2}{|x|^6},$$

所以

$$\Delta y_k=\sum_{i=1}^{n}\frac{\partial^2 y_k}{\partial x_i^2}=-2(n-2)\frac{x_k}{|x|^4}.$$

于是有

$$\Delta v(x)=\frac{1}{|x|^4}\Delta f(y(x))-2(n-2)\frac{1}{|x|^4}\sum_{k=1}^{n}x_k\frac{\partial f}{\partial y_k}(y(x)).$$

当 $n=2$ 时,由 $v(x)=u(x)$ 可得

$$\Delta u(x) = \frac{1}{|x|^4}\Delta f(y(x)). \tag{1}$$

当 $n>2$ 时,由于 $u(x)=|x|^{2-n}v(x)$,从而

$$\Delta u(x) = |x|^{2-n}\Delta v(x) + 2\sum_{i=1}^{n}\frac{\partial |x|^{2-n}}{\partial x_i}\frac{\partial v}{\partial x_i} + v(x)\Delta |x|^{2-n}.$$

易证

$$\Delta |x|^{2-n} = 0,$$

$$\sum_{i=1}^{n}\frac{\partial |x|^{2-n}}{\partial x_i}\frac{\partial v}{\partial x_i} = (n-2)\frac{1}{|x|^{n+2}}\sum_{k=1}^{n}x_k\frac{\partial f}{\partial y_k}(y(x)),$$

所以

$$\Delta u(x) = \frac{1}{|x|^{n+2}}\Delta f(y(x)). \tag{2}$$

综合(1)式和(2)式可知 u 在 Ω' 内调和.

44. 必要性. 设 $f(x)$ 是 $\mathbf{R}^n$ 上的凸函数,则对任意 $x,y\in\mathbf{R}^n$ 和 $0<t\leqslant 1$ 有

$$f(tx+(1-t)y) \leqslant tf(x)+(1-t)f(y),$$

从而

$$f(x)-f(y) \geqslant \frac{1}{t}[f(tx+(1-t)y)-f(y)].$$

由 f 的可微性易证

$$\lim_{t\to 0}\frac{1}{t}[f(tx+(1-t)y)-f(y)] = (\nabla f(y),\ x-y),$$

所以

$$f(x)-f(y) \geqslant (\nabla f(y), x-y).$$

充分性. 对任意 $x,y\in\mathbf{R}^n$ 和 $t\in[0,1]$,由假设可得

$$f(x)-f(tx+(1-t)y) \geqslant (\nabla f(tx+(1-t)y),\ (1-t)(x-y)),$$

$$f(y)-f(tx+(1-t)y) \geqslant (\nabla f(tx+(1-t)y),\ t(y-x)).$$

由此可得

$$tf(x)+(1-t)f(y)-f(tx+(1-t)y) \geqslant 0,$$

即 f 为凸函数.

68. 不妨设 $F_{yy}(0,0)>0$,由 $F(x,y)\in C^2(\mathbf{R}^2)$ 可知存在 $a>0$ 使得当 $|x|<a,|y|<a$ 时

$$F_{yy}(x,y) > 0.$$

由于 $F_y(0,0)=0, F_{yy}(0,0)\neq 0$，利用隐函数定理可知存在 $\delta_1, \eta_1\in(0,a)$ 和定义于 $(-\delta_1,\delta_1)$ 取值于 $(-\eta_1,\eta_1)$ 的 C^1 类函数 $y=y(x)$ 使得 $y(0)=0$ 且

$$F_y(x,y(x)) = 0,\ \forall x\in(-\delta_1,\delta_1).$$

记 $h(x)=F(x,y(x))$，由于 $F(0,0)=0$，所以 $h(0)=0$. 显然当 $x\in(-\delta_1,\delta_1)$ 时

$$h'(x) = F_x(x,y(x)) + F_y(x,y(x))y'(x) = F_x(x,y(x)),$$
$$h''(x) = F_{xx}(x,y(x)) + F_{xy}(x,y(x))y'(x).$$

由于

$$y'(x) = \frac{-F_{yx}(x,y(x))}{F_{yy}(x,y(x))},$$

从而

$$h''(x) = F_{xx}(x,y(x)) - \frac{F_{xy}^2(x,y(x))}{F_{yy}(x,y(x))}.$$

由假设及 $y(0)=0$ 可得

$$h'(0) = 0,\ h''(0) < 0.$$

于是 $h(x)$ 在 $x=0$ 取严格极大值. 由此可知存在 $0<\delta_2<\delta_1$ 使得

$$h(x) = F(x,y(x)) < 0,\ \forall x\in(-\delta_2,\delta_2) \text{ 且 } x\neq 0$$

由于当 $|x|<a, |y|<a$ 时 $F_y(x,y)$ 关于 y 严格单增，所以

$$F_y(x,y) < 0, \text{当 } -\eta_1 < y < y(x),\ x\in(-\delta_2,\delta_2),$$
$$F_y(x,y) > 0, \text{当 } y(x) < y < \eta_1,\ x\in(-\delta_2,\delta_2).$$

由于 $F(0,0)=0, F_y(0,0)=0, F_{yy}(0,0)>0$，所以 $F(0,y)$ 在 $y=0$ 取严格极小值，于是存在 $0<\eta<\eta_1$ 使得

$$F(0,\eta) > 0,\ F(0,-\eta) > 0.$$

再由 $F(x,y)$ 和 $y(x)$ 的连续性可知存在 $0<\delta<\delta_2$ 使得

$$-\eta < y(x) < \eta,\ F(x,\eta) > 0,\ F(x,-\eta) > 0,\ \forall x\in(-\delta,\delta).$$

综上可得对任意 $x\in(-\delta,\delta)$，由于 $F(x,-\eta)>0, F(x,y(x))<0$，且当 $-\eta\leqslant y<y(x)$ 时 $F_y(x,y)<0$，从而存在惟一的 $y_1(x)\in(-\eta,y(x))$ 满足 $F(x,y_1(x))=0$. 同理存在惟一的 $y_2(x)\in(y(x),\eta)$ 使得 $F(x,y_2(x))=0$.

72. 由于 $\varphi\in C^2(\mathbf{R}^n\setminus\{0\})$ 且为正齐二次，显然 $\dfrac{\partial\varphi}{\partial x_i}\in C^1(\mathbf{R}^n\setminus\{0\})$，且

易证$\frac{\partial\varphi}{\partial x_i}$为正齐一次函数.

(i) 显然 $\xi^0=\nabla\varphi(x^0)\in\mathbf{R}^n$. 由于 φ 的 Hessian 矩阵 H_φ 处处非奇,由逆映射定理可知存在 x^0 的邻域 U 和 ξ^0 的邻域 V 使得$\nabla\varphi$ 为从 U 到 V 的 C^1 同胚,又 $t\xi^0=\nabla\varphi(tx^0)$, $\forall\, t>0$,所以 $\xi^0\neq 0$.

(ii) 不妨设(i)中的 $U\subseteq\mathbf{R}^n\setminus\{0\}$,

$$V=\{\xi\in\mathbf{R}^n\mid|\xi-\xi^0|<\eta\},$$

其中 $0<\eta<\frac{1}{2}|\xi^0|$,$\nabla\varphi$ 的逆映射为 $x=f(\xi)$. $f(\xi)\in C^1(V;U)$, $x^0=f(\xi^0)$ 且 $\xi=\nabla\varphi(f(\xi))$, $\forall\,\xi\in V$. 令 $\delta=\frac{\eta}{|\xi^0|}$,

$$\Gamma=\left\{\xi\in\mathbf{R}^n\setminus\{0\}\mid\left|\frac{\xi}{|\xi|}-\frac{\xi^0}{|\xi^0|}\right|<\delta\right\},$$

则当 $\xi\in\Gamma$ 时

$$\left|\frac{\xi}{|\xi|}|\xi^0|-\xi^0\right|=|\xi^0|\left|\frac{\xi}{|\xi|}-\frac{\xi^0}{|\xi^0|}\right|<|\xi^0|\delta=\eta,$$

即

$$\xi\in\Gamma\Rightarrow\frac{\xi}{|\xi|}|\xi^0|\in V.$$

记

$$x(\xi)=\frac{|\xi|}{|\xi^0|}f\left(\frac{\xi}{|\xi|}|\xi^0|\right),\quad\forall\,\xi\in\Gamma,$$

则 $x(\xi)\in C^1(\Gamma;\mathbf{R}^n\setminus\{0\})$, $x(\xi^0)=f(\xi^0)=x^0$ 且 $\forall\,\xi\in\Gamma$ 有

$$\nabla\varphi(x(\xi))=\nabla\varphi\left(\frac{|\xi|}{|\xi^0|}f\left(\frac{\xi}{|\xi|}|\xi^0|\right)\right)=\frac{|\xi|}{|\xi^0|}\nabla\varphi\left(f\left(\frac{\xi}{|\xi|}|\xi^0|\right)\right)=\xi.$$

由于 φ 为正齐二次函数,由 Euler 定理可知

$$\sum_{i=1}^n x_i\frac{\partial\varphi}{\partial x_i}(x)=2\varphi(x).$$

由此可得

$$\begin{aligned}\psi(\xi)=\varphi(x(\xi))&=\sum_{i=1}^n x_i(\xi)\frac{\partial\varphi}{\partial x_i}(x(\xi))-\varphi(x(\xi))\\&=\sum_{i=1}^n x_i(\xi)\xi_i-\varphi(x(\xi)).\end{aligned}$$

于是

$$\frac{\partial\psi}{\partial\xi_k}(\xi)=\sum_{i=1}^{n}\frac{\partial x_i}{\partial\xi_k}\xi_i+x_k(\xi)-\sum_{i=1}^{n}\frac{\partial\varphi}{\partial x_i}(x(\xi))\frac{\partial x_i}{\partial\xi_k}$$
$$=\sum_{i=1}^{n}\frac{\partial x_i}{\partial\xi_k}\xi_i+x_k(\xi)-\sum_{i=1}^{n}\xi_i\frac{\partial x_i}{\partial\xi_k}=x_k(\xi),$$

即

$$x(\xi)=\nabla\psi(\xi).$$

73. 由于 $f(x,y,z)\in C^2(\mathbf{R}^3)$且 $f(0,0,z)=0$,所以

$$f(x,y,z)=x\int_0^1 f_x(sx,sy,z)\mathrm{d}s+y\int_0^1 f_y(sx,sy,z)\mathrm{d}s,$$

令

$$F_1(x,y,z)=\int_0^1 f_x(sx,sy,z)\mathrm{d}s,F_2(x,y,z)=\int_0^1 f_y(sx,sy,z)\mathrm{d}s,$$

则原方程组为

$$\begin{cases}x(z+F_1(x,y,z))+yF_2(x,y,z)=0,\\ x+(1-z)y+g(x,y,z)=0,\end{cases}$$

从第二个方程可得

$$y=\frac{1}{z-1}[x+g(x,y,z)],$$

又 $g(x,y,z)\in C^2(\mathbf{R}^3)$且 $g(0,y,z)=0$,从而

$$g(x,y,z)=x\int_0^1 g_x(sx,y,z)\mathrm{d}s,$$

于是在(0,0,0)点邻近原方程组等价于

$$\begin{cases}xG_1(x,y,z)=0,\\ G_2(x,y,z)=0,\end{cases}$$

其中

$$G_1(x,y,z)=z+F_1(x,y,z)+\frac{1}{z-1}\left[1+\int_0^1 g_x(sx,y,z)\mathrm{d}s\right]F_2(x,y,z),$$
$$G_2(x,y,z)=x+(1-z)y+g(x,y,z).$$

由假设可知 $G_1(x,y,z),G_2(x,y,z)$在(0,0,0)点的一个邻域内属于 C^1 且

$$G_1(0,0,0)=f_x(0,0,0)-[1+g_x(0,0,0)]f_y(0,0,0),$$
$$G_2(0,0,0)=g(0,0,0).$$

由假设易知 $G_1(0,0,0)=G_2(0,0,0)=0$. 由于

$$\frac{\partial G_1}{\partial y}(0,0,0)=\frac{1}{2}f_{xy}(0,0,0)-g_{xy}(0,0,0)f_y(0,0,0)$$
$$-\frac{1}{2}[1+g_x(0,0,0)]f_{yy}(0,0,0)$$
$$=\frac{1}{2}f_{xy}(0,0,0)-\frac{1}{2}[1+g_x(0,0,0)]f_{yy}(0,0,0),$$
$$\frac{\partial G_1}{\partial z}(0,0,0)=1+f_{xz}(0,0,0)-[1+g_x(0,0,0)]f_y(0,0,0)$$
$$-[1+g_{xz}(0,0,0)]f_y(0,0,0)$$
$$-(1+g_x(0,0,0))f_{yz}(0,0,0)=1,$$
$$\frac{\partial G_2}{\partial y}(0,0,0)=1+g_y(0,0,0)=1,\ \frac{\partial G_2}{\partial z}(0,0,0)=g_z(0,0,0)=0.$$

由此可得

$$\frac{D(G_1,G_2)}{D(y,z)}(0,0,0)=-1,$$

直接运用隐函数定理易知所要结论成立.

74. 记 G_n 为一切 n 阶实方阵组成的集合,按普通加法与数乘成为一个线性空间.对于 $A\in G_n$ 且 $A=(a_{ij})_{i,j,=1,\cdots,n}$, 令

$$|A|=\left(\sum_{i,j=1}^{n}a_{ij}^2\right)^{\frac{1}{2}},$$

则 G_n 等距同构于 $\mathbf{R}^{n^2}$,考虑映射 $F:G_n\times\mathbf{R}^n\times\mathbf{R}^1\to\mathbf{R}^{n+1}$,其定义为

$$F(A,x,\lambda)=\begin{pmatrix}(A-\lambda E)x\\ |x|^2-1\end{pmatrix},\ \forall A\in G_n,\ x\in\mathbf{R}^n,\lambda\in\mathbf{R}^1,$$

其中 E 为 n 阶单位方阵.显然 $F\in C^1(G_n\times\mathbf{R}^n\times\mathbf{R}^1;\ \mathbf{R}^{n+1})$且 $F(A_0,x^0,\lambda_0)=0$.可以证明 F 关于 $x\in\mathbf{R}^n$, $\lambda\in\mathbf{R}^1$的 Jacobi 行列式在(A_0,x^0,λ_0)的取值不为 0.事实上,F 关于 x,λ 的 Jacobi 矩阵记为 $D_{x,\lambda}F$,显然 $D_{x,\lambda}F$ 是 $n+1$ 阶方阵,其表示为

$$D_{x,\lambda}F=\begin{pmatrix} & & -x_1\\ & A-\lambda E & \vdots\\ & & -x_n\\ 2x_1\cdots 2x_n & & 0\end{pmatrix}.$$

若 $y=\begin{pmatrix}y'\\ y_{n+1}\end{pmatrix}\in\mathbf{R}^{n+1}$,其中 $y'=\begin{pmatrix}y_1\\ \vdots\\ y_n\end{pmatrix}\in\mathbf{R}^n$,满足

$$D_{x,\lambda}F(A_0,x^0,\lambda_0)y=0,$$

则

$$\begin{cases}(A_0-\lambda_0E)y'=y_{n+1}x^0,\\(x^0,y')=0.\end{cases}$$

由于$(A_0-\lambda_0E)x^0=0$,所以$(A_0-\lambda_0E)^2y'=0$.再由 λ_0 是 A_0 的单特征根可知存在实数 μ 使得$y'=\mu x^0$.又$|x^0|=1$,$(x^0,y')=0$,所以 $\mu=0$,即 $y'=0$.由此可推出 $y_{n+1}=0$,于是 $y=0$,从而 $D_{x,\lambda}F(A_0,x^0,\lambda_0)$非奇,即 $\det D_{x,\lambda}F(A_0,x^0,\lambda_0)\neq 0$.直接用隐函数定理可得所要结论.

77. 设

$$f:\begin{cases}y_1=f_1(x_1,\cdots,x_n),\\ \cdots\cdots\cdots\cdots\\ y_m=f_m(x_1,\cdots,x_n),\end{cases}\quad (x_1,\cdots,x_n)\in\mathbf{R}^n.$$

$df(x^0)$是从 $\mathbf{R}^n$ 到 $\mathbf{R}^m$ 的线性映射,其表示为

$$df(x^0)(h)=\frac{\partial(y_1,\cdots,y_m)}{\partial(x_1,\cdots,x_n)}(x^0)\begin{pmatrix}h_1\\ \vdots\\ h_n\end{pmatrix},$$

其中 $h=\begin{pmatrix}h_1\\ \vdots\\ h_n\end{pmatrix}\in\mathbf{R}^n$,从而 $df(x^0)$为单射等价于$\dfrac{\partial(y_1,\cdots,y_m)}{\partial(x_1,\cdots,x_n)}(x^0)$的秩为 n,$df(x^0)$为满射等价于$\dfrac{\partial(y_1,\cdots,y_m)}{\partial(x_1,\cdots,x_n)}(x^0)$的秩为 m. 由 $df(x^0)$为单射但不是满射立即可得 $n<m$.不妨设

$$\frac{D(y_1,\cdots,y_n)}{D(x_1,\cdots,x_n)}(x^0)\neq 0.$$

记 $y^0=(y_1^0,\cdots,y_m^0)=f(x^0)$,$(y^0)'=(y_1^0,\cdots,y_n^0)\in\mathbf{R}^n$,$(y^0)''=(y_{n+1}^0,\cdots,y_m^0)\in\mathbf{R}^{m-n}$. 由反函数定理可知存在 x^0 在 $\mathbf{R}^n$ 中的邻域U 和$(y^0)'$在 $\mathbf{R}^n$ 中的邻域 V',使得 $\bar f$ 是从U 到 V'的C^1 同胚,其中

$$\bar f:\begin{cases}y_1=f_1(x_1,\cdots,x_n),\\ \cdots\cdots\cdots\cdots\\ y_n=f_n(x_1,\cdots,x_n).\end{cases}$$

记 $\bar g=\bar f^{-1}$,$V=V'\times\mathbf{R}^{m-n}=\{(y_1,\cdots,y_m)\in\mathbf{R}^m\mid(y_1,\cdots,y_n)\in V'\}$. 显然 $y^0\in V$.令 $h:\mathbf{R}^m\supseteq V\to\mathbf{R}^m$,其表示为

$$h:\begin{cases} z_1 = \bar{g}_1(y_1,\cdots,y_n) \\ \cdots\cdots\cdots\cdots \\ z_n = \bar{g}_n(y_1,\cdots,y_n) \\ z_{n+1} = y_{n+1} - f_{n+1}(\bar{g}(y_1,\cdots,y_n),\cdots,\bar{g}_n(y_1,\cdots,y_n)) \\ \cdots\cdots\cdots\cdots \\ z_m = y_m - f_m(\bar{g}_1(y_1,\cdots,y_n),\cdots,\bar{g}_n(y_1,\cdots,y_n)), \end{cases}$$

其中$(y_1,\cdots,y_m)\in V$.易知对于任意 $y=(y_1,\cdots,y_m)\in V$ 有

$$\frac{D(z_1,\cdots,z_m)}{D(y_1,\cdots,y_m)}(y) = \frac{D(\bar{g}_1,\cdots,\bar{g}_n)}{D(y_1,\cdots,y_n)}((y)') \neq 0,$$

其中$(y)'=(y_1,\cdots,y_n)\in V'$.令 $W=h(V)$,易证 h 为从 V 到 W 的双射,再由$\dfrac{D(z_1,\cdots,z_m)}{D(y_1,\cdots,y_m)}$在 V 内处处不等于 0 可知 h 为从 V 到 W 的 C^1 同胚.任取 $x=(x_1,\cdots,x_n)\in U$,易知

$$h\circ f(x) = (x_1,\cdots,x_n,0,\cdots,0).$$

117. 任意给定非负实数 $s_1,\cdots,s_n$,考虑实 n 阶行列式$A=|a_{ij}|$在条件

$$\sum_{j=1}^n a_{ij}^2 = s_i,\ i = 1,\cdots,n. \tag{1}$$

下的最大值.用 Lagrange 乘子法计算 A 在条件(1)下的临界值,可得

$$\frac{\partial A}{\partial a_{ij}} - 2\lambda_i a_{ij} = 0,\ i,j = 1,\cdots,n,$$

即

$$A_{ij} - 2\lambda_i a_{ij} = 0,\ i,j = 1,\cdots,n, \tag{2}$$

其中 A_{ij}为A 关于a_{ij}的代数余子式.再由(1)可得

$$A - 2\lambda_i s_i = 0,\ i = 1,\cdots,n. \tag{3}$$

若 $s_1,\cdots,s_n$ 中有一个为 0,则 $A=0$,显然要证的不等式成立,设 $s_1,\cdots,s_n$ 均为正数.由于在条件(1)下 A 有最大值和最小值,且显然其最大值为正,最小值为负,从而只需考虑在条件(1)下 A 的非零临界值.设 $A\neq 0$,由(3)式得 $\lambda_i\neq 0, i=1,\cdots,n$.再由(2)式对于 $k\neq i$ 有

$$0 = \sum_{j=1}^n a_{kj}A_{ij} = 2\lambda_i \sum_{j=1}^n a_{kj}a_{ij},$$

即

$$\sum_{j=1}^n a_{kj}a_{ij} = 0.$$

于是

$$|A| = \sqrt{s_1 \cdots s_n}.$$

由此可知在条件(1)下 A 的非零临界值仅有 $\sqrt{s_1 \cdots s_n}$ 和 $-\sqrt{s_1 \cdots s_n}$. 再由在条件(1)下 A 的最大值和最小值的存在性可知其最大值和最小值分别为 $\sqrt{s_1 \cdots s_n}$ 和 $-\sqrt{s_1 \cdots s_n}$. 于是要证的不等式成立.

119. 设 $P_i = (a_i, b_i)$, $i = 1, \cdots, n$, $M = (x, y)$,

$$f(x,y) = \sum_{i=1}^{n} |P_iM| = \sum_{i=1}^{n} \sqrt{(x-a_i)^2 + (y-b_i)^2}.$$

(i) 显然

$$\sum_{i=1}^{n} \frac{\overrightarrow{MP_i}}{|MP_i|} = 0$$

$$\Leftrightarrow \begin{cases} \displaystyle\sum_{i=1}^{n} \frac{x-a_i}{\sqrt{(x-a_i)^2+(y-b_i)^2}} = 0, \\ \displaystyle\sum_{i=1}^{n} \frac{y-b_i}{\sqrt{(x-a_i)^2+(y-b_i)^2}} = 0. \end{cases} \tag{1}$$

任取平面上一点 (ξ, η), 由 Cauchy 不等式可得

$$(\xi-a_i)(x-a_i) + (\eta-b_i)(y-b_i)$$
$$\leqslant \sqrt{(\xi-a_i)^2+(\eta-b_i)^2}\sqrt{(x-a_i)^2+(y-b_i)^2}.$$

由此可得

$$(\xi-x)(x-a_i) + (\eta-y)(y-b_i) + (x-a_i)^2 + (y-b_i)^2$$
$$\leqslant \sqrt{(\xi-a_i)^2+(\eta-b_i)^2}\sqrt{(x-a_i)^2+(y-b_i)^2}.$$

由于 $(x-a_i)^2+(y-b_i)^2>0$, 从而

$$\sqrt{(\xi-a_i)^2+(\eta-b_i)^2} - \sqrt{(x-a_i)^2+(y-b_i)^2}$$
$$\geqslant \frac{x-a_i}{\sqrt{(x-a_i)^2+(y-b_i)^2}}(\xi-x) + \frac{y-b_i}{\sqrt{(x-a_i)^2+(y-b_i)^2}}(\eta-y).$$

上式两端关于 i 从 1 到 n 相加, 再用(1)式可得

$$\sum_{i=1}^{n} \sqrt{(\xi-a_i)^2+(\eta-b_i)^2} - \sum_{i=1}^{n} \sqrt{(x-a_i)^2+(y-b_i)^2} \geqslant 0,$$

即

$$f(\xi,\eta) \geqslant f(x,y).$$

于是 $M = (x, y)$ 是 Stein 问题的一个解.

(ii) 记

$$\boldsymbol{l} = \sum_{i \neq k} \frac{\overrightarrow{P_k P_i}}{|P_k P_i|},$$

则$|\boldsymbol{l}| \leqslant 1$. 任取平面上一点$(\xi, \eta)$,由(i)中的结果可知当 $i \neq k$ 时有

$$\sqrt{(\xi - a_i)^2 + (\eta - b_i)^2} - \sqrt{(a_k - a_i)^2 + (b_k - b_i)^2}$$

$$\geqslant \frac{a_k - a_i}{\sqrt{(a_k - a_i)^2 + (b_k - b_i)^2}}(\xi - a_k) + \frac{b_k - b_i}{\sqrt{(a_k - a_i)^2 + (b_k - b_i)^2}}(\eta - b_k)$$

记 $\boldsymbol{l} = (l_1, l_2)$,则上式关于 i 相加可得

$$\sum_{i \neq k} \sqrt{(\xi - a_i)^2 + (\eta - b_i)^2} - \sum_{i \neq k} \sqrt{(a_k - a_i)^2 + (b_k - b_i)^2} \geqslant - l_1(\xi - a_k) - l_2(\eta - b_k).$$

由于$|\boldsymbol{l}| = \sqrt{l_1^2 + l_2^2} \leqslant 1$,由 Canchy 不等式可得

$$\sqrt{(\xi - a_k)^2 + (\eta - b_k)^2} \geqslant l_1(\xi - a_k) + l_2(\eta - b_k).$$

于是

$$\sum_{i=1}^{n} \sqrt{(\xi - a_i)^2 + (\eta - b_i)^2} - \sum_{i=1}^{n} \sqrt{(a_k - a_i)^2 + (b_k - b_i)^2} \geqslant 0,$$

即

$$f(\xi, \eta) \geqslant f(a_k, b_k),$$

从而 $P_k = (a_k, b_k)$是问题的一个解.

习题 14

10. (i) 当 $x \in (0,1]$时,令 $t = xs$,则

$$\varphi(x) = \sqrt{x}\int_0^1 \frac{f(xs)}{\sqrt{1-s}}\mathrm{d}s.$$

显然 $\varphi(x) \in C^1((0,1])$且 $\lim\limits_{x \to 0^+} \varphi(x) = 0$. 由于 $\varphi(0) = 0$,所以 $\varphi(x) \in C^0([0,1])$. 当 $x \in (0,1]$时

$$\begin{aligned}
\varphi'(x) &= \frac{1}{2\sqrt{x}}\int_0^1 \frac{f(xs)}{\sqrt{1-s}}\mathrm{d}s + \sqrt{x}\int_0^1 \frac{f'(xs)s}{\sqrt{1-s}}\mathrm{d}s \\
&= \frac{-\sqrt{1-s}}{\sqrt{x}}f(xs)\Big|_0^1 + \frac{1}{\sqrt{x}}\int_0^1 xf'(xs)\sqrt{1-s}\,\mathrm{d}s + \sqrt{x}\int_0^1 \frac{f'(xs)s}{\sqrt{1-s}}\mathrm{d}s \\
&= \sqrt{x}\int_0^1 \frac{f'(xs)}{\sqrt{1-s}}\mathrm{d}s,
\end{aligned}$$

从而 $\lim\limits_{x\to0^+}\varphi'(x)=0$ 且令 $s=\dfrac{t}{x}$ 可得

$$\varphi'(x)=\int_0^x\frac{f'(t)}{\sqrt{x-t}}\mathrm{d}t,\quad 0<x\leqslant1.$$

由于当 $0<x\leqslant1$ 时，

$$\frac{\varphi(x)}{x}=\frac{1}{\sqrt{x}}\int_0^1\frac{f(xs)}{\sqrt{1-s}}\mathrm{d}s=\frac{-2\sqrt{1-s}}{\sqrt{x}}f(xs)\Big|_0^1+\frac{2}{\sqrt{x}}\int_0^1 xf'(xs)\sqrt{1-s}\,\mathrm{d}s$$
$$=2\sqrt{x}\int_0^1 f'(xs)\sqrt{1-s}\,\mathrm{d}s,$$

所以

$$\varphi'(0)=\lim_{x\to0^+}\frac{\varphi(x)}{x}=0.$$

于是 $\varphi(x)\in C^1([0,1])$.

(ii) 对于 $0<x\leqslant1$，由(i)记

$$h(x)=\int_0^x\frac{\varphi'(t)}{\sqrt{x-t}}\mathrm{d}t=\int_0^x\mathrm{d}t\int_0^t\frac{f'(s)}{\sqrt{(x-t)(t-s)}}\mathrm{d}s.$$

再令

$$I(x)=\int_0^x\mathrm{d}s\int_s^x\frac{f'(s)}{\sqrt{(x-t)(t-s)}}\mathrm{d}t,\ 0<x\leqslant1.$$

可以证明

$$h(x)=I(x),\ \forall\,0<x\leqslant1. \tag{1}$$

(1)式之证明放在最后. 由(1)式可得

$$h(x)=\int_0^x f'(s)\mathrm{d}s\int_s^x\frac{\mathrm{d}t}{\sqrt{(x-t)(t-s)}}(令\ t=s+(x-s)u)$$
$$=\int_0^x f'(s)\mathrm{d}s\int_0^1\frac{(x-s)\mathrm{d}u}{(x-s)\sqrt{u(1-u)}}(令\ v=2(u-\frac{1}{2}))$$
$$=2\int_0^x f'(s)\mathrm{d}s\int_0^1\frac{\mathrm{d}v}{\sqrt{1-v^2}}$$
$$=\pi\int_0^x f'(s)\mathrm{d}s=\pi f(x).$$

从而

$$f(x)=\frac{1}{\pi}\int_0^x\frac{\varphi'(t)}{\sqrt{x-t}}\mathrm{d}t,\ 0<x\leqslant1.$$

(1)式之证明. 对任意固定的 $0<x\leqslant1$，令

$$\tilde{h}(\alpha)=\int_0^\alpha \frac{\varphi'(t)}{\sqrt{x-t}}\mathrm{d}t,\quad 0<\alpha<x,$$

$$\tilde{I}(\alpha)=\int_0^\alpha \mathrm{d}s\int_s^\alpha \frac{f'(s)}{\sqrt{(x-t)(t-s)}}\mathrm{d}t,\quad 0<\alpha<x.$$

由于 $\varphi,f\in C^1([0,1])$，易证

$$\begin{aligned}&\lim_{\alpha\to x}\tilde{h}(\alpha)=h(x),\ \lim_{\alpha\to 0}\tilde{h}(\alpha)=0,\\&\lim_{\alpha\to x}\tilde{I}(\alpha)=I(x),\ \lim_{\alpha\to 0}\tilde{I}(\alpha)=0.\end{aligned}\tag{2}$$

不难证明

$$\tilde{h}'(\alpha)=\frac{\varphi'(\alpha)}{\sqrt{x-\alpha}}$$

令

$$\tilde{I}(\alpha)=\int_0^\alpha g(s,\alpha)\mathrm{d}s,$$

则

$$\begin{aligned}g(s,\alpha)&=f'(s)\int_s^\alpha \frac{\mathrm{d}t}{\sqrt{(x-t)(t-s)}}\\&=f'(s)\left(\arcsin\frac{2\alpha-x-s}{x-s}+\frac{\pi}{2}\right).\end{aligned}$$

由于 $g(\alpha,\alpha)=0,\dfrac{\partial}{\partial\alpha}g(s,\alpha)=\dfrac{f'(s)}{\sqrt{(x-\alpha)(\alpha-s)}}$，从而

$$\tilde{I}'(\alpha)=\int_0^\alpha \frac{f'(s)}{\sqrt{(x-\alpha)(\alpha-s)}}\mathrm{d}s=\frac{\varphi'(\alpha)}{\sqrt{x-\alpha}}.$$

于是

$$\tilde{h}'(\alpha)=\tilde{I}'(\alpha).$$

再由(2)式可得

$$h(x)=I(x).$$

16．任取 $b'>b>\pi$，则存在整数 l,k 使得 $l>k\geqslant 1$ 且

$$\int_b^{b'}\frac{\mathrm{d}x}{1+x^\alpha|\sin x|^\beta}\leqslant\int_{k\pi}^{l\pi}\frac{\mathrm{d}x}{1+x^\alpha|\sin x|^\beta}.$$

对于任意正整数 m 则

$$\int_{m\pi}^{(m+1)\pi}\frac{\mathrm{d}x}{1+x^\alpha|\sin x|^\beta}=\int_0^\pi\frac{\mathrm{d}x}{1+(m\pi+y)^\alpha(\sin y)^\beta}.$$

当 $0\leqslant y\leqslant\dfrac{\pi}{2}$ 时，由于

$$(m\pi+y)^{\alpha}(\sin y)^{\beta}\geqslant(m\pi)^{\alpha}\left(\frac{2}{\pi}y\right)^{\beta},$$

从而

$$\int_0^{\frac{\pi}{2}}\frac{\mathrm{d}y}{1+(m\pi+y)^{\alpha}(\sin y)^{\beta}}\leqslant\int_0^{\frac{\pi}{2}}\frac{\mathrm{d}y}{1+(m\pi)^{\alpha}(\frac{2}{\pi}y)^{\beta}}$$

$$=\frac{\pi}{2}(m\pi)^{-\frac{\alpha}{\beta}}\int_0^{(m\pi)^{\frac{\alpha}{\beta}}}\frac{\mathrm{d}t}{1+t^{\beta}}.$$

当 $\beta>1$ 时，由于

$$\int_0^{(m\pi)^{\frac{\alpha}{\beta}}}\frac{\mathrm{d}t}{1+t^{\beta}}<\int_0^{+\infty}\frac{\mathrm{d}t}{1+t^{\beta}}<1+\frac{1}{\beta-1}=\frac{\beta}{\beta-1},$$

从而

$$\int_0^{\frac{\pi}{2}}\frac{\mathrm{d}y}{1+(m\pi+y)^{\alpha}(\sin y)^{\beta}}\leqslant\frac{\beta\pi}{2(\beta-1)}(m\pi)^{-\frac{\alpha}{\beta}}.$$

由于

$$\int_{\frac{\pi}{2}}^{\pi}\frac{\mathrm{d}y}{1+(m\pi+y)^{\alpha}(\sin y)^{\beta}}=\int_0^{\frac{\pi}{2}}\frac{\mathrm{d}z}{1+[(m+1)\pi-z]^{\alpha}(\sin z)^{\beta}},$$

再由 $[(m+1)\pi-z]^{\alpha}(\sin z)^{\beta}\geqslant[(m+\frac{1}{2})\pi]^{\alpha}(\frac{2}{\pi}z)^{\beta}$，同理当 $\beta>1$ 时有

$$\int_{\frac{\pi}{2}}^{\pi}\frac{\mathrm{d}y}{1+(m\pi+y)^{\alpha}(\sin y)^{\beta}}\leqslant\frac{\beta\pi}{2(\beta-1)}[(m+\frac{1}{2})\pi]^{-\frac{\alpha}{\beta}}.$$

于是当 $\beta>1$ 时，

$$\int_b^{b'}\frac{1}{1+x^{\alpha}\,|\sin x\,|^{\beta}}\leqslant\sum_{m=k}^{l-1}\int_{m\pi}^{(m+1)\pi}\frac{\mathrm{d}x}{1+x^{\alpha}\,|\sin x\,|^{\beta}}$$

$$\leqslant\frac{\beta\pi}{2(\beta-1)}\sum_{m=k}^{l-1}[(m\pi)^{-\frac{\alpha}{\beta}}+[(m+\frac{1}{2})\pi]^{-\frac{\alpha}{\beta}}].$$

由此易知当 $\beta>1,\alpha>\beta$ 时积分收敛，对任意 $\beta_0>1,r_0>1$，积分关于 $\beta\geqslant\beta_0$ 和 $\frac{\alpha}{\beta}\geqslant r_0$ 一致收敛.

28. $I=x\left(\frac{\sin x}{x}\right)^4\Big|_0^{+\infty}-4\int_0^{+\infty}\frac{\sin^3 x\cos x}{x^3}\mathrm{d}x+4\int_0^{+\infty}\left(\frac{\sin x}{x}\right)^4\mathrm{d}x,$

从而

$$I=\frac{4}{3}\int_0^{+\infty}\left(\frac{\sin x}{x}\right)^3\cos x\,\mathrm{d}x.$$

令

$$F(\lambda) = \int_0^{+\infty} \left(\frac{\sin x}{x}\right)^3 \cos\lambda x \, dx, \quad 0 \leqslant \lambda \leqslant 1.$$

易证

$$\begin{aligned} F'(\lambda) &= -\int_0^{+\infty} \left(\frac{\sin x}{x}\right)^2 \sin x \sin\lambda x \, dx \\ &= \frac{1}{2}\int_0^{+\infty} \left(\frac{\sin x}{x}\right)^2 [\cos(\lambda+1)x - \cos(\lambda-1)x] dx \\ &= \frac{1}{2}\int_0^{+\infty} \frac{\sin x}{x} \cdot \frac{1}{x}[\sin x\cos(\lambda+1)x - \sin x\cos(\lambda-1)x] dx. \end{aligned}$$

于是得

$$F'(\lambda) = \frac{1}{4}\int_0^{+\infty} \frac{\sin x}{x}\left(\frac{\sin(\lambda+2)x}{x} - 2\frac{\sin\lambda x}{x} + \frac{\sin(\lambda-2)x}{x}\right) dx.$$

对任意 $a, b \geqslant 0$,易知

$$f(a,b) = \int_0^{+\infty} \frac{\sin ax}{x} \cdot \frac{\sin bx}{x} dx$$

连续.若 $0 \leqslant a < b$, 易证

$$\begin{aligned} \frac{\partial f}{\partial a} &= \int_0^{+\infty} \frac{\sin bx \cos ax}{x} dx \\ &= \frac{1}{2}\int_0^{+\infty} \frac{\sin(b+a)x}{x} dx + \frac{1}{2}\int_0^{+\infty} \frac{\sin(b-a)x}{x} dx \\ &= \int_0^{+\infty} \frac{\sin x}{x} dx = \frac{\pi}{2}. \end{aligned}$$

又 $f(0,b)=0$,从而当 $0 \leqslant a < b$ 时,

$$f(a,b) = \frac{\pi}{2}a.$$

再由 $f(a,b)$的连续性可得

$$f(a,b) = \frac{\pi}{2}\min(a,b), \ \forall a,b \geqslant 0.$$

由此可知当 $0 \leqslant \lambda \leqslant 1$ 时有 $F'(\lambda) = -\frac{\pi}{4}\lambda$.

令

$$G(\lambda) = \int_0^{+\infty} \left(\frac{\sin x}{x}\right)^2 \frac{\sin\lambda x}{x} dx, \ 0 \leqslant \lambda \leqslant 1,$$

易证

$$G'(\lambda) = \int_0^{+\infty} \left(\frac{\sin x}{x}\right)^2 \cos\lambda x \, dx$$

$$= \frac{1}{2}\int_0^{+\infty} \frac{\sin x}{x}\left(\frac{\sin(\lambda+1)x}{x} - \frac{\sin(\lambda-1)x}{x}\right)\mathrm{d}x$$

$$= \frac{1}{2}\left(\frac{\pi}{2} + \frac{\pi}{2}(1-\lambda)\right) = \frac{\pi}{4}(2-\lambda).$$

又 $G(0)=0$,从而 $G(\lambda)=\frac{\pi}{4}(2\lambda-\frac{\lambda^2}{2})$.显然,

$$F(0) = G(1) = \int_0^{+\infty}\left(\frac{\sin x}{x}\right)^3\mathrm{d}x = \frac{3}{8}\pi,$$

由此可得 $F(\lambda)=\frac{3}{8}\pi-\frac{\pi}{8}\lambda^2$,于是

$$I = \frac{4}{3}F(1) = \frac{\pi}{3}.$$

36. 令 $t=\mathrm{e}^{-x}$,则

$$I = \int_0^1 \frac{t^{-\alpha}-t^{\alpha}}{t^{-\beta}-t^{\beta}}t^{-1}\mathrm{d}t = \int_0^1 \frac{t^{\beta-\alpha-1}-t^{\beta+\alpha-1}}{1-t^{2\beta}}\mathrm{d}t$$

$$= \frac{1}{2\beta}\int_0^1 \frac{u^{\frac{\beta-\alpha-1}{2\beta}}-u^{\frac{\beta+\alpha-1}{2\beta}}}{1-u}u^{\frac{1}{2\beta}-1}\mathrm{d}u$$

$$= \frac{1}{2\beta}\int_0^1 \frac{u^{p-1}-u^{-p}}{1-u}\mathrm{d}u,$$

其中 $p=\frac{\beta-\alpha}{2\beta}\in(0,\frac{1}{2})$.对于 $\varepsilon>0$,令

$$I(\varepsilon) = \frac{1}{2\beta}\int_0^1 [u^{p-1}(1-u)^{\varepsilon-1} - u^{-p}(1-u)^{\varepsilon-1}]\mathrm{d}u,$$

则

$$\begin{aligned}
I(\varepsilon) &= \frac{1}{2\beta}[B(p,\varepsilon) - B(1-p,\varepsilon)] \\
&= \frac{1}{2\beta}\left[\frac{\Gamma(p)\Gamma(\varepsilon)}{\Gamma(p+\varepsilon)} - \frac{\Gamma(1-p)\Gamma(\varepsilon)}{\Gamma(1-p+\varepsilon)}\right] \\
&= \frac{\Gamma(\varepsilon)}{2\beta\Gamma(p+\varepsilon)\Gamma(1-p+\varepsilon)}[\Gamma(p)\Gamma(1-p+\varepsilon) - \Gamma(1-p)\Gamma(p+\varepsilon)] \\
&= \frac{\varepsilon\Gamma(\varepsilon)}{2\beta\Gamma(p+\varepsilon)\Gamma(1-p+\varepsilon)}\cdot\frac{\Gamma(p)[\Gamma(1-p+\varepsilon)-\Gamma(1-p)]}{\varepsilon} \\
&\quad + \frac{\varepsilon\Gamma(\varepsilon)}{2\beta\Gamma(p+\varepsilon)\Gamma(1-p+\varepsilon)}\cdot\frac{\Gamma(1-p)[\Gamma(p)-\Gamma(p+\varepsilon)]}{\varepsilon}.
\end{aligned}$$

由于 $\lim\limits_{\varepsilon\to0^+}\varepsilon\Gamma(\varepsilon)=\lim\limits_{\varepsilon\to0^+}\Gamma(1+\varepsilon)=1$ 和 Γ 函数的连续可微性可得

$$I = \lim_{\varepsilon\to0^+} I(\varepsilon) = \frac{1}{2\beta\Gamma(p)\Gamma(1-p)}\left[-\Gamma(p)\frac{\mathrm{d}}{\mathrm{d}p}\Gamma(1-p) - \Gamma(1-p)\frac{\mathrm{d}}{\mathrm{d}p}\Gamma(p)\right]$$

$$= \frac{-1}{2\beta\Gamma(p)\Gamma(1-p)}(\Gamma(p)\Gamma(1-p))'_p.$$

由余元公式可知 $\Gamma(p)\Gamma(1-p)=\frac{\pi}{\sin p\pi}$,所以

$$I = \frac{-\sin p\pi}{2\beta\pi}\left(\frac{\pi}{\sin p\pi}\right)'_p = \frac{\pi}{2\beta}\frac{\cos p\pi}{\sin p\pi} = \frac{\pi}{2\beta}\cot\frac{\beta-\alpha}{2\beta}\pi,$$

即

$$I = \frac{\pi}{2\beta}\tan\frac{\alpha}{2\beta}\pi.$$

42. 由于 $\Gamma(1)=1$,利用第 41 题的结果可得

$$\Gamma'(1) = \int_0^{+\infty}\left[e^{-x} - \frac{1}{1+x}\right]\frac{dx}{x} = \lim_{\varepsilon\to 0^+}\int_\varepsilon^{+\infty}\left[e^{-x} - \frac{1}{1+x}\right]\frac{dx}{x}.$$

又

$$\int_\varepsilon^{+\infty}\frac{1}{x(1+x)}dx = \int_\varepsilon^1\frac{1}{x}dx - \int_\varepsilon^1\frac{1}{1+x}dx + \int_1^{+\infty}\frac{1}{x(1+x)}dx$$
$$= \int_\varepsilon^1\frac{1}{x}dx + \ln(1+\varepsilon),$$

从而

$$\Gamma'(1) = \lim_{\varepsilon\to 0^+}\int_\varepsilon^1(e^{-x}-1)\frac{dx}{x} + \int_1^{+\infty}e^{-x}\frac{dx}{x}$$
$$= \int_0^1(e^{-x}-1)\frac{dx}{x} + \int_1^{+\infty}e^{-x}\frac{dx}{x}. \quad (1)$$

可以证明

$$\lim_{n\to\infty}\int_0^1\left[1-\left(1-\frac{x}{n}\right)^n\right]\frac{dx}{x} = \int_0^1(1-e^{-x})\frac{dx}{x}, \quad (2)$$

$$\lim_{n\to\infty}\int_1^n\frac{1}{x}\left(1-\frac{x}{n}\right)^n dx = \int_1^{+\infty}e^{-x}\frac{dx}{x}, \quad (3)$$

其中 n 为正整数.(2)式和(3)式的证明留在最后.由(1),(2)和(3)式可得

$$\Gamma'(1) = -\lim_{n\to+\infty}\left[\int_0^1\left(1-\left(1-\frac{x}{n}\right)^n\right)\frac{dx}{x} - \int_1^n\left(1-\frac{x}{n}\right)^n\frac{dx}{x}\right]$$
$$= -\lim_{n\to\infty}\left[\int_0^n\left(1-\left(1-\frac{x}{n}\right)^n\right)\frac{dx}{x} - \int_1^n\frac{dx}{x}\right]$$
$$= -\lim_{n\to\infty}\left[\int_0^1\frac{1-(1-t)^n}{t}dt - \ln n\right]$$
$$= -\lim_{n\to\infty}\left[\int_0^1\frac{1-s^n}{1-s}ds - \ln n\right]$$

$$=-\lim_{n\to\infty}\left[\int_0^1(1+s+\cdots+s^{n-1})\mathrm{d}s-\ln n\right]$$

$$=-\lim_{n\to\infty}\left(1+\frac{1}{2}+\cdots+\frac{1}{n}-\ln n\right)=-c.$$

(2)式之证明. 易证当 $x\in[0,1]$时$\left(1-\frac{x}{n}\right)^n$ 关于n 单增,又$\lim\limits_{n\to\infty}\left(1-\frac{x}{n}\right)^n=\mathrm{e}^{-x}$,由 Dini 定理可知对任意给的$0<\delta<1$ 当 $n\to\infty$时$\frac{1}{x}\left[1-\left(1-\frac{x}{n}\right)^n\right]$关于 $x\in[\delta,1]$一致收敛于$\frac{1}{x}(1-\mathrm{e}^{-x})$. 对任意 $0<x\leqslant 1$, $\frac{1}{x}\left[1-\left(1-\frac{x}{n}\right)^n\right]$关于$n$ 单减,从而

$$0<\frac{1}{x}\left[1-\left(1-\frac{x}{n}\right)^n\right]\leqslant 1.$$

综上立即可得(2)式成立.

(3)式之证明. 任给 $\varepsilon>0$. 由于$\int_1^{+\infty}\frac{1}{x}\mathrm{e}^{-x}\mathrm{d}x$ 收敛,从而存在 $M\geqslant 1$ 使得当 $A>M$ 时

$$\int_A^{+\infty}\frac{1}{x}\mathrm{e}^{-x}\mathrm{d}x<\frac{\varepsilon}{3}.$$

设 $n>A\geqslant 1$,则

$$\int_A^n\left(1-\frac{x}{n}\right)^n\frac{\mathrm{d}x}{x}<\frac{1}{A}\int_A^n\left(1-\frac{x}{n}\right)^n\mathrm{d}x<\frac{n}{A}\int_0^1(1-t)^n\mathrm{d}t$$

$$=\frac{1}{A}\frac{n}{n+1}<\frac{1}{A}.$$

取定 $A>\max\left(1,M,\frac{3}{\varepsilon}\right)$. 由于当 $n\to\infty$时$\frac{1}{x}\left(1-\frac{x}{n}\right)^n$ 在$[1,A]$上一致收敛于$\frac{1}{x}\mathrm{e}^{-x}$,所以存在 $N\geqslant A$ 使得当$n>N$ 时有

$$\left|\int_1^A\left(1-\frac{x}{n}\right)^n\frac{\mathrm{d}x}{x}-\int_1^A\mathrm{e}^{-x}\frac{\mathrm{d}x}{x}\right|<\frac{\varepsilon}{3}.$$

于是当 $n>N$ 时有

$$\left|\int_1^n\left(1-\frac{x}{n}\right)^n\frac{\mathrm{d}x}{x}-\int_1^{+\infty}\mathrm{e}^{-x}\frac{\mathrm{d}x}{x}\right|\leqslant\left|\int_1^A\left(1-\frac{x}{n}\right)^n\frac{\mathrm{d}x}{x}-\int_1^A\mathrm{e}^{-x}\frac{\mathrm{d}x}{x}\right|$$

$$+\int_A^n\left(1-\frac{x}{n}\right)^n\frac{\mathrm{d}x}{x}+\int_A^{+\infty}\mathrm{e}^{-x}\frac{\mathrm{d}x}{x}<\varepsilon.$$

即(3)式成立.

习题 15

3. 不妨设 $M=\sup\limits_{\Omega}f(x)>0$. 任给 $\varepsilon>0$,由于 Ω 是 $\mathbf{R}^n$ 中的 J 可测集,所以 $\partial\Omega$ 是 $\mathbf{R}^n$ 中的 J 零集,从而存在 $\mathbf{R}^n$ 中的简单集 Q 使得 $\partial\Omega\subseteq Q^0$ 且

$$V_n(Q)<\frac{\varepsilon}{M},$$

其中 $V_n(Q)$表示 Q 在 $\mathbf{R}^n$ 中的 J 测度. 在整个 $\mathbf{R}^n$ 上布上体积相同、两两无相交内部的标准立方体网,使得每一个网眼的直径都小于 $\delta=\mathrm{dis}(\partial\Omega,\partial Q)$. 由于 $\partial\Omega$ 是有界闭集且 $\partial\Omega\subseteq Q^0$,则 $\delta>0$. 记与 Ω 有交的网眼为 $H_1,H_2,\cdots,H_l$. 不妨设

$$H_i\cap\partial\Omega\neq\phi,i=1,2,\cdots,m,$$
$$H_i\subseteq\Omega^0,\ i=m+1,\cdots,l,$$

其中 $1\leqslant m\leqslant l$. 显然当 $1\leqslant i\leqslant m$ 时 $H_i\subseteq Q^0$.

若 $m=l$,则

$$\Omega\subseteq\bigcup_{i=1}^{m}H_i\subseteq Q^0,$$

从而

$$V_n(\Omega)\leqslant V_n(Q)<\frac{\varepsilon}{M}.$$

令 $E_i=\{(x_1,\cdots,x_n,x_{n+1})\in\mathbf{R}^{n+1};\ (x_1,\cdots,x_n)\in H_i,\ 0\leqslant x_{n+1}\leqslant M\}$,则 E_i 是 $\mathbf{R}^{n+1}$ 中的标准长方体,且 $A\subseteq\bigcup\limits_{i=1}^{m}E_i$. 于是

$$V_{n+1}^{+}(A)-V_{n+1}^{-}(A)\leqslant V_{n+1}\Big(\bigcup_{i=1}^{m}E_i\Big)<\varepsilon,\tag{1}$$

其中 $V_{n+1}^{+}(A)$和 $V_{n+1}^{-}(A)$分别表示 A 在 $\mathbf{R}^{n+1}$ 中的 J 外测度和 J 内测度, $V_{n+1}\Big(\bigcup\limits_{i=1}^{m}E_i\Big)$表示$\bigcup\limits_{i=1}^{m}E_i$ 中 $\mathbf{R}^{n+1}$中的 J 测度.

若 $m<l$. 令

$$F_i=\{(x_1,\cdots,x_n,x_{n+1})\in\mathbf{R}^{n+1}\mid(x_1,\cdots,x_n)\in H_i,\ 0\leqslant x_{n+1}\leqslant m_i\},$$
$$G_i=\{(x_1,\cdots,x_n,x_{n+1})\in\mathbf{R}^{n+1}\mid(x_1,\cdots,x_n)\in H_i,\ 0\leqslant x_{n+1}\leqslant M_i\},$$

其中 $m_i=\inf\limits_{H_i\cap\Omega}f(x)$, $M_i=\sup\limits_{H_i\cap\Omega}f(x)$. 显然

$$\bigcup_{i=m+1}^{l}F_i\subseteq A\subseteq\bigcup_{i=1}^{l}G_i.$$

令 $T=\{\Omega\cap H_1,\cdots,\Omega\cap H_m,H_{m+1},\cdots,H_l\}$,易知 T 是 Ω 的一个分割且 $d(T)<\delta$. 分别记 f 关于 T 的大和与小和为 $S(T)$与 $s(T)$,则

$$S(T)=V_{n+1}(\bigcup_{i=m+1}^{l}G_i)+\sum_{i=1}^{m}M_iV_n(H_i\cap\Omega),$$
$$s(T)=V_{n+1}(\bigcup_{i=m+1}^{l}F_i)+\sum_{i=1}^{m}m_iV_n(H_i\cap\Omega).$$

显然

$$0\leqslant\sum_{i=1}^{m}M_iV_n(H_i\cap\Omega)\leqslant M\sum_{i=1}^{m}V_n(H_i)<\varepsilon,$$
$$0\leqslant\sum_{i=1}^{m}m_iV_n(H_i\cap\Omega)\leqslant M\sum_{i=1}^{m}V_n(H_i)<\varepsilon.$$

于是

$$V_{n+1}(\bigcup_{i=m+1}^{l}G_i)-V_{n+1}(\bigcup_{i=m+1}^{l}F_i)<S(T)-s(T)+\varepsilon.$$

又

$$V_{n+1}(\bigcup_{i=1}^{m}G_i)\leqslant MV_n(\bigcup_{i=1}^{m}H_i)<\varepsilon,$$

从而

$$V_{n+1}(\bigcup_{i=1}^{l}G_i)-V_{n+1}(\bigcup_{i=m+1}^{l}F_i)<S(T)-s(T)+2\varepsilon.$$

再由

$$V_{n+1}(\bigcup_{i=m+1}^{l}F_i)\leqslant V_{n+1}^{-}(A)\leqslant V_{n+1}^{+}(A)\leqslant V_{n+1}(\bigcup_{i=1}^{l}G_i)$$

可得

$$V_{n+1}^{+}(A)-V_{n+1}^{-}(A)<S(T)-s(T)+2\varepsilon.$$

由于 f 在 Ω 上可积,从而 $\lim\limits_{d(T)\to0}(S(T)-s(T))=0$,令 $d(T)\to0$ 可得

$$V_{n+1}^{+}(A)-V_{n+1}^{-}(A)\leqslant2\varepsilon. \tag{2}$$

综合(1)式和(2)式,由 ε 之任意性可知

$$V_{n+1}^{+}(A)=V_{n+1}^{-}(A),$$

即 A 在 $\mathbf{R}^{n+1}$ 中 J 可测.显然

$$S(T)>V_{n+1}(\bigcup_{i=1}^{l}G_i)-\varepsilon\geqslant V_{n+1}(A)-\varepsilon,$$
$$s(T)<V_{n+1}(\bigcup_{i=m+1}^{l}F_i)+\varepsilon\leqslant V_{n+1}(A)+\varepsilon.$$

由于

$$\lim_{d(T)\to0}S(T)=\lim_{d(T)\to0}s(T)=I=\int_{\Omega}f(x)\mathrm{d}V,$$

所以

$$| V_{n+1}(A) - I | \leqslant \varepsilon.$$

由 ε 之任意性可得

$$V_{n+1}(A) = I.$$

34. 考虑交线

$$\Gamma:\begin{cases} x^2 + y^2 + az = 4a^2, \\ x^2 + y^2 + z^2 = 4az. \end{cases}$$

若$(x,y,z)\in\Gamma$,则 $4a^2 - az = 4az - z^2$,即

$$z^2 - 5az + 4a^2 = 0,$$

从而 $z=a$ 或者 $z=4a$. 显然当 $z=4a$ 时,$x=y=0$,所以 Γ 仅有一点$(0,0,4a)$. 当 $z=a$ 时,

$$\Gamma:\begin{cases} x^2 + y^2 = 3a^2, \\ z = a. \end{cases}$$

令在球体 $x^2+y^2+z^2\leqslant 4az$ 内且满足 $x^2+y^2+az\leqslant 4a^2$ 部分的体积为 V_1,球内剩余部分的体积为 V_2. 由于 $x^2+y^2+z^2=4az \Leftrightarrow x^2+y^2+(z-2a)^2=4a^2$,所以该球的球心为$(0,0,2a)$,半径为 $2a$,从而其体积为$\frac{32}{3}\pi a^3$. 于是只须计算 V_1. 易知 $V_1 = V_1^1 + V_1^2$,其中 V_1^1 为球 $x^2+y^2+z^2\leqslant 4az$ 内介于平面 $z=0$ 和 $z=a$ 之间部分的体积,V_1^2 为平面 $z=a$ 与曲面 $x^2+y^2+az=4a^2$ 所围部分的体积. 易知.

$$\begin{aligned} V_1^1 &= \iint\limits_{x^2+y^2\leqslant 3a^2} [a - (2a - \sqrt{4a^2 - x^2 - y^2})]\mathrm{d}x\mathrm{d}y \\ &= \int_0^{2\pi}\mathrm{d}\theta\int_0^{\sqrt{3}a} \sqrt{4a^2 - r^2}\, r\mathrm{d}r - 3\pi a^3 = \frac{5}{3}\pi a^3, \\ V_1^2 &= \iint\limits_{x^2+y^2\leqslant 3a^2} \left[3a - \frac{1}{a}(x^2+y^2)\right]\mathrm{d}x\mathrm{d}y \\ &= \int_0^{2\pi}\mathrm{d}\theta\int_0^{\sqrt{3}a}\left(3a - \frac{1}{a}r^2\right) r\mathrm{d}y = \frac{9}{2}\pi a^3. \end{aligned}$$

于是

$$V_1 = \frac{5}{3}\pi a^3 + \frac{9}{2}\pi a^3 = \frac{37}{6}\pi a^3,\ V_2 = \frac{32}{3}\pi a^3 - \frac{37}{6}\pi a^3 = \frac{27}{6}\pi a^3.$$

由此可得 $V_1 : V_2 = 37:27$.

36. 关于 n 用归纳法. 当 $n=1$ 时要证之公式显然成立. 设当 $n=k-1(k\geqslant 2)$时公式成立,则当 $n=k$ 时有

$$I=\int\limits_{\Omega}f(x_1+\cdots+x_k)x_1^{p_1-1}x_2^{p_2-1}\cdots x_k^{p_k-1}\mathrm{d}x_1\mathrm{d}x_2\cdots\mathrm{d}x_k$$

$$=\int_0^1\mathrm{d}x_k\int\limits_{\Omega'}f(x_1+\cdots+x_{k-1}+x_k)x_1^{p_1-1}x_2^{p_2-1}\cdots x_k^{p_k-1}\mathrm{d}x_1\cdots\mathrm{d}x_{k-1},$$

其中 $\Omega':x_1,\cdots,x_{k-1}\geqslant 0,x_1+\cdots+x_{k-1}\leqslant 1-x_k$,令

$$y_i=\frac{x_i}{1-x_k},\ i=1,\cdots,k-1,$$

则 $I=\int_0^1 x_k^{p_k-1}(1-x_k)^{p_1+\cdots+p_{k-1}}g(x_k)\mathrm{d}x_k$,其中

$$g(x_k)=\int\limits_{\substack{y_1+\cdots+y_{k-1}\leqslant 1\\ y_1,\cdots,y_{k-1}\geqslant 0}}f((1-x_k)(y_1+\cdots+y_{k-1})+x_k)y_1^{p_1-1}\cdots y_{k-1}^{p_{k-1}-1}\mathrm{d}y_1\cdots\mathrm{d}y_{k-1}.$$

由归纳假设可得

$$g(x_k)=\frac{\Gamma(p_1)\cdots\Gamma(p_{k-1})}{\Gamma(p_1+\cdots+p_{k-1})}\int_0^1 f((1-x_k)u+x_k)u^{p_1+\cdots+p_{k-1}-1}\mathrm{d}u.$$

从而

$$I=\frac{\Gamma(p_1)\cdots\Gamma(p_{k-1})}{\Gamma(p_1+\cdots+p_{k-1})}\int_0^1 x_k^{p_k-1}\mathrm{d}x_k\int_{x_k}^1 f(v)(v-x_k)^{p_1+\cdots+p_{k-1}-1}\mathrm{d}v$$

$$=\frac{\Gamma(p_1)\cdots\Gamma(p_{k-1})}{\Gamma(p_1+\cdots+p_{k-1})}\int_0^1 f(v)\mathrm{d}v\int_0^v x_k^{p_k-1}(v-x_k)^{p_1+\cdots+p_{k-1}-1}\mathrm{d}x_k$$

$$=\frac{\Gamma(p_1)\cdots\Gamma(p_{k-1})}{\Gamma(p_1+\cdots+p_{k-1})}\int_0^1 v^{p_1+\cdots+p_k-1}f(v)\mathrm{d}v\int_0^1 t^{p_k-1}(1-t)^{p_1+\cdots+p_{k-1}-1}\mathrm{d}t$$

$$=\frac{\Gamma(p_1)\cdots\Gamma(p_{k-1})}{\Gamma(p_1+\cdots+p_{k-1})}\cdot\frac{\Gamma(p_k)\Gamma(p_1+\cdots+p_{k-1})}{\Gamma(p_1+\cdots+p_k)}\int_0^1 v^{p_1+\cdots+p_k-1}f(v)\mathrm{d}v,$$

即当 $n=k$ 时公式也成立.这就完成了归纳证明.

41. 设 B 的特征值为 $\eta_1,\cdots,\eta_l,\eta_{l+1},\cdots,\eta_n$,其中前 l 个为正,后 $n-l$ 个为负.经正交变换得

$$\int\limits_{\mathbf{R}^n}\exp(-\varepsilon|x|^2+\mathrm{i}(Bx,x))\mathrm{d}x_1\cdots\mathrm{d}x_n$$

$$=\int\limits_{\mathbf{R}^n}\exp(-\varepsilon(x_1^2+\cdots+x_n^2)+\mathrm{i}(\eta_1x_1^2+\cdots+\eta_nx_n^2))\mathrm{d}x_1\cdots\mathrm{d}x_n$$

$$=\prod_{k=1}^{l}\int_{-\infty}^{+\infty}\exp(-\varepsilon x_k^2+\mathrm{i}\eta_kx_k^2)\mathrm{d}x_k.$$

易证

$$\lim_{\varepsilon\to0^+}\int_{-\infty}^{+\infty}\exp(-\varepsilon x_k^2+\mathrm{i}\eta_k x_k^2)\mathrm{d}x_k=\int_{-\infty}^{+\infty}\exp(\mathrm{i}\eta_k x_k^2)\mathrm{d}x_k.$$

由 Fresnel 积分的结果可得：

当 $1\leqslant k\leqslant l$ 时，$\eta_k>0$，则

$$\int_{-\infty}^{+\infty}\exp(\mathrm{i}\eta_k x_k^2)\mathrm{d}x_k=\frac{1}{\sqrt{|\eta_k|}}\int_{-\infty}^{+\infty}\mathrm{e}^{\mathrm{i}t^2}\mathrm{d}t$$

$$=\frac{1}{\sqrt{|\eta_k|}}\left(\int_{-\infty}^{+\infty}\cos t^2\mathrm{d}t+\mathrm{i}\int_{-\infty}^{+\infty}\sin t^2\mathrm{d}t\right)=\frac{\sqrt{\pi}}{\sqrt{|\eta_k|}}\mathrm{e}^{\frac{\pi}{4}\mathrm{i}}.$$

当 $l+1\leqslant k\leqslant n$ 时，$\eta_k<0$，则

$$\int_{-\infty}^{+\infty}\exp(\mathrm{i}\eta_k x_k^2)\mathrm{d}x_k=\frac{1}{\sqrt{|\eta_k|}}\int_{-\infty}^{+\infty}\mathrm{e}^{-\mathrm{i}t^2}\mathrm{d}t=\frac{\sqrt{\pi}}{\sqrt{|\eta_k|}}\mathrm{e}^{-\frac{\pi}{4}\mathrm{i}}.$$

综上可知

$$\lim_{\varepsilon\to0^+}\int_{\mathbf{R}^n}\exp(-\varepsilon|x|^2+\mathrm{i}(Bx,x))\mathrm{d}x_1\cdots\mathrm{d}x_n=\frac{\pi^{\frac{n}{2}}}{\sqrt{|\eta_1\cdots\eta_n|}}\mathrm{e}^{(l-(n-l))\frac{\pi}{4}\mathrm{i}}$$

$$=\frac{\pi^{\frac{n}{2}}}{\sqrt{|\det B|}}\mathrm{e}^{(\mathrm{sgn}B)\frac{\pi}{4}\mathrm{i}},$$

其中 $\det B$ 表示 B 的行列式，$\mathrm{sgn}B$ 表示 B 的正特征根数减去 B 的负特征根数.

42. 必要性. 设 $I=\int_{\Omega}f(x)\mathrm{d}V$ 收敛，即

$$\lim_{d(\Delta)\to0}\int_{\Omega\setminus\Delta}f(x)\mathrm{d}V=I,$$

其中 Δ 为包含 P_0 的开区域，$d(\Delta)$ 是 Δ 的直径. 任给 $\varepsilon>0$，首先可以证明存在 $\delta'>0$，使得当 Δ' 是以 P_0 为内点的 J 可测集且 $d(\Delta')<\delta'$ 时必有

$$\left|\int_{\Omega\setminus\Delta'}f(x)\mathrm{d}V-I\right|<\frac{\varepsilon}{3}.\tag{1}$$

事实上，记 $f^+(x)=\begin{cases}f(x), & f(x)\geqslant0,\\ 0, & f(x)<0,\end{cases}$ $f^-(x)=\begin{cases}0, & f(x)>0,\\ -f(x), & f(x)\leqslant0.\end{cases}$ 由于 $n\geqslant2$，从而 $f(x)$ 在 Ω 上可积 $\Leftrightarrow|f(x)|$ 在 Ω 上可积 $\Leftrightarrow f^+(x)$，$f^-(x)$ 都在 Ω 上可积，且

$$I=I^+-I^-,$$

其中 $I^+=\int_{\Omega}f^+(x)\mathrm{d}x$，$I^-=\int_{\Omega}f^-(x)\mathrm{d}x$. 记

$$B_k=\left\{x\in\mathbf{R}^n \mid |x-P_0|<\frac{1}{k}\right\},$$

则

$$I^+=\lim_{k\to\infty}\int_{\Omega\setminus B_k}f^+(x)\mathrm{d}V,\ I^-=\lim_{k\to\infty}\int_{\Omega\setminus B_k}f^-(x)\mathrm{d}x.$$

从而存在正整数 k_0，使得当 $k\geqslant k_0$ 时

$$I^+-\frac{\varepsilon}{3}<\int_{\Omega\setminus B_k}f^+(x)\mathrm{d}x\leqslant I^+,I^--\frac{\varepsilon}{3}<\int_{\Omega\setminus B_k}f^-(x)\mathrm{d}x\leqslant I^-.$$

设 $\delta'=\frac{1}{k_0}$. 任取以 P_0 为内点的 J 可测集 Δ'，当 $d(\Delta')<\delta'$时，显然有 $\Delta'\subseteq B_{k_0}$. 从而

$$I^+-\frac{\varepsilon}{3}<\int_{\Omega\setminus B_{k_0}}f^+(x)\mathrm{d}V\leqslant\int_{\Omega\setminus\Delta'}f^+(x)\mathrm{d}V\leqslant I^+,$$

$$I^--\frac{\varepsilon}{3}<\int_{\Omega\setminus B_{k_0}}f^-(x)\mathrm{d}V\leqslant\int_{\Omega\setminus\Delta'}f^-(x)\mathrm{d}V\leqslant I^-.$$

由此可得

$$\begin{aligned}\left|\int_{\Omega\setminus\Delta'}f(x)\mathrm{d}V-I\right|&=\left|\int_{\Omega\setminus\Delta'}(f^+(x)-f^-(x))\mathrm{d}V-(I^+-I^-)\right|\\&=\left|\left(I^--\int_{\Omega\setminus\Delta'}f^-(x)\mathrm{d}V\right)-\left(I^+-\int_{\Omega\setminus\Delta'}f^+(x)\mathrm{d}V\right)\right|<\frac{\varepsilon}{3},\end{aligned}$$

即(1)式成立.

令 $\Delta=\{x\in\mathbf{R}^n;|x-P_0|<\frac{\delta'}{3}\}$，$M=\sup\limits_{\Omega\setminus\Delta}|f(x)|$. 取 $\delta=\frac{\varepsilon}{3M}$. 任取 $\Omega\setminus\{P_0\}$的闭子区域 D，设$|D|<\delta$. 若 $D\cap\Delta=\varnothing$，显然有

$$\left|\int_D f(x)\mathrm{d}V\right|\leqslant\int_D|f(x)|\mathrm{d}V\leqslant M|D|<\frac{\varepsilon}{3}.$$

若 $D\cap\Delta\neq\varnothing$，记 $\Delta'=\Delta\setminus D$. 由于 D 是$\Omega\setminus\{P_0\}$的闭子区域，从而 P_0 是 Δ' 的内点. 再由 $d(\Delta')\leqslant d(\Delta)=\frac{2}{3}\delta'<\delta'$利用(1)式可知

$$\left|\int_{\Omega\setminus\Delta}f(x)\mathrm{d}V-I\right|<\frac{\varepsilon}{3},$$

$$\left|\int_{\Omega\setminus\Delta'}f(x)\mathrm{d}V-I\right|<\frac{\varepsilon}{3}.$$

于是

$$\left|\int_{\Delta\cap D} f(x)\mathrm{d}V\right| = \left|\int_{\Omega\setminus\Delta'} f(x)\mathrm{d}V - \int_{\Omega\setminus\Delta} f(x)\mathrm{d}V\right| < \frac{2}{3}\varepsilon.$$

又因

$$\left|\int_{D\setminus\Delta} f(x)\mathrm{d}V\right| \leqslant \int_{D\setminus\Delta} |f(x)|\,\mathrm{d}V \leqslant M|D| < \frac{1}{3}\varepsilon,$$

所以

$$\left|\int_D f(x)\mathrm{d}V\right| < \varepsilon.$$

充分性. 取 $\varepsilon_k = \frac{1}{k}$, $k = 1, 2, \cdots$. 由假设存在 $\delta_k > 0$, 使得若 D 是 $\Omega\setminus\{P_0\}$ 的闭子区域且 $|D| < \delta_k$, 则

$$\left|\int_D f(x)\mathrm{d}V\right| < \frac{1}{2}\varepsilon_k. \tag{2}$$

取

$$B_k = \{x\in\mathbf{R}^n \mid |x - P_0| < r_k\},\ k = 1, 2, \cdots$$

其中 $r_k > 0$ 使得 B_k 的体积 $\dfrac{\pi^{\frac{n}{2}}}{\Gamma(\frac{n}{2}+1)} r_k^n < \delta_k$. 不妨设 $\delta_1 > \delta_2 > \cdots > \delta_k > \cdots$, $r_1 > r_2 > \cdots > r_k > \cdots$. 令

$$I_k = \int_{\Omega\setminus B_k} f(x)\mathrm{d}V,\ k = 1, 2, \cdots$$

则由(2)式可得

$$\begin{aligned} |I_{k+m} - I_k| &= \left|\int_{\Omega\setminus B_{k+m}} f(x)\mathrm{d}V - \int_{\Omega\setminus B_k} f(x)\mathrm{d}V\right| \\ &= \left|\int_{B_k\setminus B_{k+m}} f(x)\mathrm{d}x\right| < \frac{1}{2}\varepsilon_k, \end{aligned} \tag{3}$$

从而 $\{I_k\}$ 是 $\mathbf{R}$ 中的 Cauchy 数列. 由 Cauchy 收敛原理可知存在 I 使得 $\lim\limits_{k\to\infty} I_k = I$.

任取 $\varepsilon > 0$, 则存在 k_0, 使得 $\varepsilon_{k_0} < \varepsilon$. 令 $\delta = r_{k_0}$, 若 Δ 是包含 P_0 的开区域且 $d(\Delta) < \delta$, 则 $\Delta\subseteq B_{k_0}$. 于是

$$\left|\int_{\Omega\setminus\Delta} f(x)\mathrm{d}V - I\right| \leqslant \left|\int_{\Omega\setminus B_{k_0}} f(x)\mathrm{d}V - I\right| + \left|\int_{B_{k_0}\setminus\Delta} f(x)\mathrm{d}x\right|.$$

由(2)式得

$$\left|\int_{B_{k_0}\setminus\Delta} f(x)\mathrm{d}x\right| < \frac{1}{2}\varepsilon_{k_0} < \frac{1}{2}\varepsilon.$$

在(3)式中令 $m\to\infty$ 得

$$\left|\int_{\Omega\setminus B_{k_0}} f(x)\mathrm{d}V - I\right| \leqslant \frac{1}{2}\varepsilon_{k_0} < \frac{1}{2}\varepsilon.$$

综上可知

$$\left|\int_{\Omega\setminus\Delta} f(x)\mathrm{d}V - I\right| < \varepsilon,$$

即

$$\lim_{d(\Delta)\to 0}\int_{\Omega\setminus\Delta} f(x)\mathrm{d}V = I,$$

从而 $\int_{\Omega} f(x)\mathrm{d}x$ 收敛.

习题 16

5. (i)利用 L 的参数表示,当 $(\xi,\eta)\notin L$ 时可将 $u(\xi,\eta)$ 化为正常的定积分,当 $(\xi,\eta)\in L$ 时可将 $u(\xi,\eta)$ 化为广义定积分.由此易知 $u(\xi,\eta)$ 为定义于全平面上的函数.任取 $P_0=(\xi_0,\eta_0)\in\mathbf{R}^2$.若 P_0 不在 L 上,由含参变量正常积分的性质易知 $u(\xi,\eta)$ 在 P_0 连续.若 P_0 在 L 上,利用隐函数定理和 L 是简单光滑封闭曲线的性质,不妨设存在 $0<r<\frac{1}{2}$,使得 L 在 $\overline{B_r(P_0)}=\{P\in\mathbf{R}^2 \mid |P-P_0|\leqslant r\}$ 上有显式表示:$y=f(x)$,$\xi_0-r_1\leqslant x\leqslant \xi_0+r_2$,其中 $r_1,r_2>0$ 且 $r\geqslant\max\{r_1,r_2\}$.令

$$M=\sup_{[\xi_0-r_1,\,\xi_0+r_2]}\left|w(x,f(x))\sqrt{1+f'^2(x)}\right|.$$

任取 $0<\rho\leqslant r$,则

$$\overline{B_\rho(P_0)}\cap L: y=f(x),\ \xi_0-\rho_1\leqslant x\leqslant \xi_0+\rho_2,$$

其中 $0<\rho_1\leqslant r_1$, $0<\rho_2\leqslant r_2$,$\rho\geqslant\max\{\rho_1,\rho_2\}$,利用线积分的计算可知

$$\begin{aligned} v_\rho(\xi,\eta) &= \int_{\overline{B_\rho(P_0)}\cap L} w(x,y)\ln\sqrt{(\xi-x)^2+(\eta-y)}\,\mathrm{d}s_{x,y} \\ &= \int_{\xi_0-\rho_1}^{\xi_0+\rho_2} w(x,f(x))\ln\sqrt{(\xi-x)^2+(\eta-f(x))}\sqrt{1+f^{2\prime}(x)}\,\mathrm{d}x. \end{aligned}$$

当 $(\xi,\eta)\in B_\rho(P_0)$ 时,若 $(x,y)\in\overline{B_\rho(P_0)}\cap L$,则

$$1 > 2r \geqslant 2\rho > \sqrt{(\xi - x)^2 + (\eta - y)^2} \geqslant | \xi - x | .$$

从而

$$\begin{aligned} | v_\rho(\xi, \eta) | &\leqslant M\int_{\xi_0-\rho_1}^{\xi_0+\rho_2} | \ln | \xi - x | | \mathrm{d}x \\ &= M\int_{\xi_0-\xi-\rho_1}^{\xi_0-\xi+\rho_2} | \ln | s | | \mathrm{d}s \\ &\leqslant 2M\int_0^{2\rho} | \ln s | \mathrm{d}s = -2M\int_0^{2\rho} \ln s \mathrm{d}s . \end{aligned}$$

于是

$$| v_\rho(\xi, \eta) | \leqslant 4M\rho(1 - \ln(2\rho)), \forall (\xi, \eta) \in B_\rho(P_0).$$

任给 $\varepsilon > 0$,取 $0 < \rho < r$,使得

$$4M\rho(1 - \ln(2\rho)) < \frac{\varepsilon}{4}.$$

由于

$$u(\xi, \eta) = v_\rho(\xi, \eta) + u_\rho(\xi, \eta),$$

其中

$$u_\rho(\xi, \eta) = \int_{L \setminus B_\rho(P_0)} w(x, y) \ln \sqrt{(\xi - x)^2 + (\eta - y)^2} \mathrm{d}s_{x,y} .$$

显然 $u_\rho(\xi, \eta)$在 $B_{\frac{\rho}{2}}(P_0)$内连续,从而存在 $0 < \delta < \frac{\rho}{2}$使得当$(\xi, \eta) \in B_\delta(P_0)$时

$$| u_\rho(\xi, \eta) - u_\rho(\xi_0, \eta_0) | < \frac{\varepsilon}{2}.$$

于是当$(\xi, \eta) \in B_\delta(P_0)$时

$$\begin{aligned} | u(\xi, \eta) - u(\xi_0, \eta_0) | \leqslant & | u_\rho(\xi, \eta) - u_\rho(\xi_0, \eta_0) | \\ & + | v_\rho(\xi, \eta) | + | v_\rho(\xi_0, \eta_0) | < \frac{\varepsilon}{2} + \frac{\varepsilon}{4} + \frac{\varepsilon}{4} = \varepsilon, \end{aligned}$$

即 $u(\xi, \eta)$在(ξ_0, η_0)连续.

(ii) 取定$(x_0, y_0) \in \mathbf{R}^2$,由假设$\forall (\xi, \eta) \neq (x_0, y_0)$有

$$\int_L w(x, y) \ln \sqrt{(\xi - x_0)^2 + (\eta - y_0)^2} \mathrm{d}s_{x,y} = 0.$$

由于

$$| u(\xi, \eta) | = \left| \int_L w(x, y) \ln \sqrt{\frac{(\xi - x)^2 + (\eta - y)^2}{(\xi - x_0)^2 + (\eta - y_0)^2}} \mathrm{d}s_{x,y} \right|$$

$$\leqslant \frac{1}{2}\sup_{L}|w(x,y)|\int_{L}\left|\ln\frac{(\xi-x)^2+(\eta-y)^2}{(\xi-x_0)^2+(\eta-y_0)^2}\right|\mathrm{d}s_{x,y},$$

又 $\lim\limits_{\xi^2+\eta^2\to+\infty}\dfrac{(\xi-x)^2+(\eta-y)^2}{(\xi-x_0)^2+(\eta-y_0)^2}=1$ 且关于 $(x,y)\in L$ 一致,所以

$$\lim_{\xi^2+\eta^2\to+\infty}u(\xi,\eta)=0.$$

(iii) 令 $x=\cos\theta$, $y=\sin\theta$, $0\leqslant\theta<2\pi$, $\xi=\rho\cos\varphi$, $\eta=\rho\sin\varphi$, $\rho\geqslant 0$, $0\leqslant\varphi<2\pi$,则

$$\begin{aligned}u(\xi,\eta)&=\int_0^{2\pi}\ln\sqrt{(\xi-\cos\theta)^2+(\eta-\sin\theta)^2}\,\mathrm{d}\theta\\&=\int_0^{2\pi}\frac{1}{2}\ln(1+\rho^2-2\rho\cos(\theta-\varphi))\mathrm{d}\theta\\&=\frac{1}{2}\int_0^{2\pi}\ln(1+\rho^2-2\rho\cos\theta)\mathrm{d}\theta\\&=\pi\ln(1+\rho^2)+\int_0^{\pi}\ln(1-a\cos\theta)\mathrm{d}\theta,\end{aligned}$$

其中 $a=\dfrac{2\rho}{1+\rho^2}\in[0,1]$,运用含参变量积分不难得到

$$\begin{aligned}\int_0^{\pi}\ln(1-a\cos\theta)\mathrm{d}\theta&=\pi[\ln(1+\sqrt{1-a^2})-\ln 2]\\&=\pi\left[\ln\left(1+\sqrt{1-\frac{4\rho^2}{(1+\rho^2)^2}}\right)-\ln 2\right]\\&=\pi\ln\frac{1+\rho^2+|1-\rho^2|}{1+\rho^2}-\pi\ln 2.\end{aligned}$$

于是

$$u(\xi,\eta)=\begin{cases}0, & \rho\leqslant 1,\\ 2\pi\ln\rho, & \rho>1,\end{cases}\quad \rho=\sqrt{\xi^2+\eta^2}.$$

12. 考虑柱坐标 $x=r\cos\theta$, $y=r\sin\theta$, $z=z$,其中 $r\geqslant 0$, $0\leqslant\theta<2\pi$, $z\in\mathbf{R}$,则

$$\Gamma:\begin{cases}r^2+z^2=a^2,\\ r\operatorname{ch}(\theta)=a.\end{cases}$$

若 $(r,\theta,z)\in\Gamma$,则 $\operatorname{ch}(\theta)=\dfrac{a}{r}=\dfrac{a}{\sqrt{a^2-z^2}}$,即

$$\frac{\mathrm{e}^{\theta}+\mathrm{e}^{-\theta}}{2}=\frac{a}{\sqrt{a^2-z^2}}.$$

从而

$$e^{2\theta}-\frac{2a}{\sqrt{a^2-z^2}}e^{\theta}+1=0,$$

所以

$$e^{\theta}=\frac{a}{\sqrt{a^2-z^2}}\pm\sqrt{\frac{a^2}{a^2-z^2}-1}=\frac{a\pm z}{\sqrt{a^2-z^2}}.$$

由于 $\theta\geqslant 0$,所以 $e^{\theta}\geqslant 1$,于是

$$e^{\theta}=\frac{a+z}{\sqrt{a^2-z^2}}=\sqrt{\frac{a+z}{a-z}}.$$

由此可得

$$\theta=\frac{1}{2}[\ln(a+z)-\ln(a-z)],$$

$$\theta'_z=\frac{1}{2}\left[\frac{1}{a+z}+\frac{1}{a-z}\right]=\frac{a}{a^2-z^2}=\frac{a}{r^2}.$$

Γ 上用 z 做参数其表示为

$$\Gamma:\begin{cases}x=\sqrt{a^2-z^2}\cos\theta(z),\\ y=\sqrt{a^2-z^2}\sin\theta(z), & 0\leqslant z\leqslant z_0.\\ z=z,\end{cases}$$

由于在 Γ 上有

$$-\frac{ayz+xz^2}{\sqrt{x^2+y^2}}x'_z=-\frac{arz\sin\theta+rz^2\cos\theta}{r}\left(\frac{-z}{r}\cos\theta-r\theta'_z\sin\theta\right)$$

$$=\frac{rz}{r^2}(a\sin\theta+z\cos\theta)(z\cos\theta+a\sin\theta)$$

$$=\frac{z}{r}(a\sin\theta+z\cos\theta)^2,$$

$$\frac{axz-yz^2}{\sqrt{x^2+y^2}}y'_z=\frac{arz\cos\theta-rz^2\sin\theta}{r}\left(\frac{-z}{r}\sin\theta+r\theta'_z\cos\theta\right)$$

$$=\frac{z}{r}(a\cos\theta-z\sin\theta)^2,$$

从而

$$I=\int_0^{z_0}\left[\frac{z}{r}(a\sin\theta+z\cos\theta)^2+\frac{z}{r}(a\cos\theta-z\sin\theta)^2+rz\right]dz$$

$$=\int_0^{z_0}\frac{2a^2z}{\sqrt{a^2-z^2}}dz=2a^2(a-\sqrt{a^2-z_0^2}).$$

21. 易知 S 有参数表示

$$S:\begin{cases} x = (a + b\cos u)\cos v, \\ y = (a + b\cos u)\sin v, \quad 0 \leqslant u < 2\pi, 0 \leqslant v < 2\pi. \\ z = b\sin u, \end{cases}$$

由于

$$x_u = -b\sin u\cos v,\ y_u = -b\sin u\sin v,\ z_u = b\cos u,$$

$$x_v = -(a + b\cos u)\sin v,\ y_v = (a + b\cos u)\cos v,\ z_v = 0,$$

所以

$$E = x_u^2 + y_u^2 + z_u^2 = b^2,\ G = x_v^2 + y_v^2 + z_v^2 = (a + b\cos u)^2,$$

$F = 0$. 从而

$$\mathrm{d}S = \sqrt{EG - F^2}\mathrm{d}u\mathrm{d}v = b(a + b\cos u)\mathrm{d}u\mathrm{d}v.$$

又

$$H = \frac{1}{2}\left(\frac{1}{b} + \frac{\cos u}{a + b\cos u}\right),$$

于是可得

$$\begin{aligned}
\iint_S H^2\mathrm{d}S &= \frac{1}{4}\int_0^{2\pi}\mathrm{d}u\int_0^{2\pi}\left(\frac{1}{b} + \frac{\cos u}{a + b\cos u}\right)^2 b(a + b\cos u)\mathrm{d}v \\
&= \frac{\pi}{2}\int_0^{2\pi}\left(\frac{a + b\cos u}{b} + 2\cos u + \frac{b\cos^2 u}{a + b\cos u}\right)\mathrm{d}u \\
&= \frac{a}{b}\pi^2 + \frac{b\pi}{2}\int_0^{2\pi}\frac{\cos^2 u}{a + b\cos u}\mathrm{d}u \\
&= \frac{a}{b}\pi^2 + b\pi\int_0^{\frac{\pi}{2}}\left(\frac{\cos^2 u}{a + b\cos u} + \frac{\cos^2 u}{a - b\cos u}\right)\mathrm{d}u \\
&= \frac{a}{b}\pi^2 + 2ab\pi\int_0^{\frac{\pi}{2}}\frac{\cos^2 u}{a^2 - b^2\cos^2 u}\mathrm{d}u \\
&= \frac{a}{b}\pi^2 + 2ab\pi\int_0^{+\infty}\frac{\mathrm{d}t}{(1 + t^2)(a^2 - b^2 + a^2t^2)} \\
&= \frac{a}{b}\pi^2 + 2ab\pi\int_0^{+\infty}\frac{1}{b^2}\left[\frac{a^2}{a^2 - b^2 + a^2t^2} - \frac{1}{1 + t^2}\right]\mathrm{d}t \\
&= \frac{a}{b}\pi^2 + 2\frac{a}{b}\pi\left(\frac{a}{\sqrt{a^2 - b^2}}\frac{\pi}{2} - \frac{\pi}{2}\right) \\
&= \frac{\lambda^2\pi^2}{\sqrt{\lambda^2 - 1}},
\end{aligned}$$

其中 $\lambda=\frac{a}{b}>1$，显然$\frac{\lambda^2}{\sqrt{\lambda^2-1}}\geqslant 2$，所以

$$\iint_S H^2\mathrm{d}S\geqslant 2\pi^2.$$

27. 设

$$\Gamma:\begin{cases}x=u\cos v,\\ y=u\sin v,\\ z=-u+a\cos v,\end{cases}\qquad u\geqslant 0,\ -\infty<v<+\infty\quad (a>0).$$

显然$(x,y,z)\in\Gamma\Rightarrow z\leqslant a$，且 Γ 上仅有一点$(0,0,a)$的 z 坐标为 a. 易知 Γ 是自顶点$(0,0,a)$开口向下(相对 z 轴)无限延伸的曲面. 从而$(x,y,z)\in S\Rightarrow 0\leqslant z\leqslant a$. 由此可得 $0\leqslant u\leqslant a$ 且 $\cos v\geqslant\frac{u}{a}$. 再由$(x,y,0)\in\Gamma\Leftrightarrow x=a\cos^2 v,y=a\cos v\sin v,z=0\Leftrightarrow x^2+y^2=ax,z=0$ 可知 $S=S_1\cup S_2$，其中

$$S_1:\begin{cases}x=u\cos v,\\ y=u\sin v,\\ z=-u+a\cos v,\end{cases}\qquad 0\leqslant u\leqslant a,\ -\arccos\frac{u}{a}\leqslant v\leqslant\arccos\frac{u}{a},$$

$$S_2:\begin{cases}x^2+y^2\leqslant ax,\\ z=0,\end{cases}$$

且 S_1 取上侧，S_2 取下侧.

由 Gauss 公式易知

$$I=3\iint_S z\mathrm{d}x\mathrm{d}y=3\iint_{S_1}z\mathrm{d}x\mathrm{d}y+3\iint_{S_2}z\mathrm{d}x\mathrm{d}y$$
$$=3\iint_{S_1}z\mathrm{d}x\mathrm{d}y.$$

由于$\begin{vmatrix}x_u & y_u\\ x_v & y_v\end{vmatrix}=u\geqslant 0$，所以

$$I=3\int_0^a\mathrm{d}u\int_{-\arccos\frac{u}{a}}^{\arccos\frac{u}{a}}(-u+a\cos v)u\mathrm{d}v$$
$$=6\int_0^a -u^2\arccos\frac{u}{a}\mathrm{d}u+6a\int_0^a u\sqrt{1-\frac{u^2}{a^2}}\mathrm{d}u$$
$$=-6a^3\int_0^{\frac{\pi}{2}}x\sin x\cos^2 x\mathrm{d}x+6a^3\int_0^{\frac{\pi}{2}}\sin x\cos^2 x\mathrm{d}x$$

$$= 2a^3 x\cos^3 x\Big|_0^{\frac{\pi}{2}} - 2a^3\int_0^{\frac{\pi}{2}}\cos^3 x\,\mathrm{d}x + 2a^3$$

$$= -\frac{4}{3}a^3 + 2a^3 = \frac{2}{3}a^3.$$

40. 显然

$$v(x,r) = \frac{1}{4\pi}\int_{|y|=1} u(x+ry)\mathrm{dS}_y. \tag{1}$$

由此 $v(x,r)$的定义域可开拓到 $\mathbf{R}^3\times\mathbf{R}^1$ 且满足

$$v(x,r) = v(x,-r), \forall (x,r)\in\mathbf{R}^3\times\mathbf{R}^1.$$

(i) 显然有 $\lim\limits_{r\to0^+} v(x,r)=u(x)$. 由(1)式可得

$$\frac{\partial v}{\partial r}(x,r) = \frac{1}{4\pi}\int_{|y|=1}\sum_{i=1}^{3}\frac{\partial u}{\partial x_i}(x+ry)y_i\mathrm{dS}_y.$$

由 Gauss 公式可得

$$\frac{\partial v}{\partial r}(x,r) = \frac{r}{4\pi}\int_{|y|\leqslant1}\Delta u(x+ry)\mathrm{d}y, \tag{2}$$

其中 $\Delta u = \frac{\partial^2 u}{\partial x_1^2}+\frac{\partial^2 u}{\partial x_2^2}+\frac{\partial^2 u}{\partial x_3^2}$. 由(2)式可得

$$\lim_{r\to0^+}\frac{\partial v}{\partial r}(x,r) = 0.$$

(ii) 利用(2)式则

$$\frac{\partial^2 v}{\partial r^2} = \frac{1}{4\pi}\int_{|y|\leqslant1}\Delta u(x+ry)\mathrm{d}y + \frac{r}{4\pi}\frac{\partial}{\partial r}\Big(\int_{|y|\leqslant1}\Delta u(x+ry)\mathrm{d}y\Big)$$

$$= \frac{1}{r}\frac{\partial v}{\partial r} + \frac{r}{4\pi}\frac{\partial}{\partial r}\Big(\frac{1}{r^3}\int_{|y-x|\leqslant r}\Delta u(y)\mathrm{d}y\Big)$$

$$= \frac{1}{r}\frac{\partial v}{\partial r} - \frac{3}{4\pi}\frac{1}{r^3}\int_{|y-x|\leqslant r}\Delta u(y)\mathrm{d}y + \frac{1}{4\pi r^2}\frac{\partial}{\partial r}\Big(\int_{|y-x|\leqslant r}\Delta u(y)\mathrm{d}y\Big)$$

$$= -\frac{2}{r}\frac{\partial v}{\partial r} + \frac{1}{4\pi r^2}\frac{\partial}{\partial r}\Big(\int_{|y-x|\leqslant r}\Delta u(y)\mathrm{d}y\Big).$$

由于

$$\frac{\partial}{\partial r}\Big(\int_{|y-x|\leqslant r}\Delta u(y)\mathrm{d}y\Big) = \frac{\partial}{\partial r}\Big(\int_0^r\rho^2\mathrm{d}\rho\int_{|w|=1}\Delta u(x+\rho w)\mathrm{d}s_w\Big)$$

$$= r^2\int_{|w|=1}\Delta u(x+rw)\mathrm{dS}_w,$$

从而

$$\frac{\partial^2 v}{\partial r^2}=-\frac{2}{r}\frac{\partial v}{\partial r}+\frac{1}{4\pi}\int_{|w|=1}\Delta u(x+rw)\mathrm{d}S_w$$

$$=-\frac{2}{r}\frac{\partial v}{\partial r}+\left(\frac{\partial^2}{\partial x_1^2}+\frac{\partial^2}{\partial x_2^2}+\frac{\partial^2}{\partial x_3^2}\right)\left(\frac{1}{4\pi}\int_{|w|=1}u(x+rw)\mathrm{d}S_w\right).$$

再由(1)式可得

$$\frac{\partial^2 v}{\partial r^2}+\frac{2}{r}\frac{\partial v}{\partial r}=\frac{\partial^2 v}{\partial x_1^2}+\frac{\partial^2 v}{\partial x_2^2}+\frac{\partial^2 v}{\partial x_3^2}.$$

49. (i) 令 $P=-y\sqrt{x^2+y^2+1}-x(x^2+y^2)$，$Q=x\sqrt{x^2+y^2+1}-y(x^2+y^2)$,则$\frac{\partial Q}{\partial x}-\frac{\partial P}{\partial y}=2\sqrt{x^2+y^2+1}+\frac{x^2+y^2}{\sqrt{x^2+y^2+1}}$,设 $M=M(t)$,其中 $t=x^2+y^2$,则

$$\frac{\partial MQ}{\partial x}=\frac{\partial MP}{\partial y}$$

$$\Leftrightarrow\frac{M'(t)}{M(t)}=-\frac{1}{t}-\frac{1}{2}\frac{1}{t+1}.$$

取 $M(t)=\frac{1}{t\sqrt{t+1}}$ 即 $M=\left[(x^2+y^2)\sqrt{x^2+y^2+1}\right]^{-1}$ 就可满足本题的要求.事实上,

$$Mw=\left(-\frac{y}{x^2+y^2}-\frac{x}{\sqrt{x^2+y^2+1}}\right)\mathrm{d}x+\left(\frac{x}{x^2+y^2}-\frac{y}{\sqrt{x^2+y^2+1}}\right)\mathrm{d}y$$

$$=\mathrm{d}\left(\arctan\frac{y}{x}-\sqrt{x^2+y^2+1}\right).$$

于是 Mw 的原函数为

$$u=\arctan\frac{y}{x}-\sqrt{x^2+y^2+1}+C$$

(ii) 取 $M=M(t)$,其中 $t=ay+bx$. 易证

$$\frac{\partial MQ}{\partial x}=\frac{\partial MP}{\partial y}\Leftrightarrow\frac{M'(t)}{M(t)}=-\frac{3}{t},$$

其中 $P=x[(ay+bx)^3+ay^3]$，$Q=y[(ay+bx)^3+bx^3]$. 取 $M(t)=\frac{1}{t^3}$,即 $M=\frac{1}{(ay+bx)^3}$就满足本题的要求.事实上,

$$Mw=\left[x+\frac{axy^3}{(ay+bx)^3}\right]\mathrm{d}x+\left[y+\frac{bx^3y}{(ay+bx)^3}\right]\mathrm{d}y$$

$$= \mathrm{d}\left[\frac{1}{2}(x^2+y^2)+\frac{1}{2}\frac{x^2y^2}{(ay+bx)^2}\right],$$

从而 $M\omega$ 的原函数为

$$u=\frac{1}{2}(x^2+y^2)+\frac{1}{2}\frac{x^2y^2}{(ay+bx)^2}+C.$$

50. $I=\int_L P(x,y)\mathrm{d}x+Q(x,y)\mathrm{d}y$,其中

$$P(x,y)=\frac{1}{\varphi^2+\psi^2}[-\psi\varphi_x+\varphi\psi_x],$$

$$Q(x,y)=\frac{1}{\varphi^2+\psi^2}[-\psi\varphi_y+\varphi\psi_y],$$

不难验证

$$\frac{\partial Q}{\partial x}=\frac{\partial P}{\partial y}.$$

由于 D 是单连通区域,所以 L 所围的有界闭区域 $\Omega\subseteq D$. 由于 $\frac{D(\varphi,\psi)}{\partial(x,y)}$ 在 D 内处处不为 0,利用逆映射定理易证在 Ω 内至多存在有限个点使得 $\varphi^2+\psi^2=0$. 若 $\varphi^2+\psi^2$ 在 Ω 内没有零点,由 Green 公式和 D 的单连通性易知 $I=0$. 若 $\varphi^2+\psi^2$ 在 Ω 有 l 个零点 $P_1,\cdots,P_l$,则存在 $\delta_0>0$ 使得当 $0<\delta<\delta_0$ 时

$$\overline{B_\delta(P_k)}=\{P\in\mathbf{R}^2 \mid |P-P_k|\leqslant\delta\}\subseteq\Omega^0,k=1,2,\cdots,l,$$

$$\overline{B_\delta(P_k)}\cap\overline{B_\delta(P_j)}=\varnothing,\ k,j=1,\cdots,l,k\neq j.$$

考虑从 D 到 $\mathbf{R}^2$ 的映射

$$f:\begin{cases}\xi=\varphi(x,y),\\ \eta=\psi(x,y).\end{cases}$$

由于 $\frac{D(\varphi,\psi)}{D(x,y)}$ 在 D 内处处不为 0,利用逆映射定理易证存在 $0<\delta_1<\delta_0$,使得 f 为从 $B_{\delta_1}(P_k)$ 到 $f(B_{\delta_1}(P_k))$ 的 C^2 同胚,其中 $k=1,\cdots,l$. 记 $P_k=(x_k,y_k)$, $k=1,\cdots,l$,则 $\varphi(x_x,y_k)=\psi(x_k,y_k)=0$. 从而每一个 $f(B_{\delta_1}(P_k))$ 均为 (ξ,η) 平面上包含原点(0,0)的开集. 于是存在 $\varepsilon_0>0$ 使得

$$\{(\xi,\eta)\in\mathbf{R}^2 \mid \xi^2+\eta^2<\varepsilon_0^2\}\subseteq f(B_{\delta_1}(P_k)),\ k=1,\cdots,l.$$

任取 $0<\varepsilon<\varepsilon_0$,记 $\{(\xi,\eta)\in\mathbf{R}^2 \mid \xi^2+\eta^2=\varepsilon^2\}$ 在 $B_{\delta_1}(P_k)$ 中的原像为 L_ε^k,则 L_ε^k 为 $B_{\delta_1}(P_k)$ 内的简单光滑封闭曲线且 P_k 在 L_ε^k 的内部. 显然

$$L_\varepsilon^k=\{(x,y)\in B_{\delta_1}(P_k) \mid \varphi^2(x,y)+\psi^2(x,y)=\varepsilon^2\}.$$

由 Green 公式和 D 的单连通性易知当 L_ε^k 取正向时有

$$I=\sum_{k=1}^{l}\int_{L_\varepsilon^k}P(x,y)\mathrm{d}x+Q(x,y)\mathrm{d}y$$

$$=\sum_{k=1}^{l}\frac{1}{\varepsilon^2}\int_{L_\varepsilon^k}(-\psi\varphi_x+\varphi\psi_x)\mathrm{d}x+(-\psi\varphi_y+\varphi\psi_y)\mathrm{d}y$$

$$=\sum_{k=1}^{l}\frac{1}{\varepsilon^2}\iint_{\varphi^2+\psi^2\leqslant\varepsilon^2}2\frac{D(\varphi,\psi)}{D(x,y)}\mathrm{d}x\mathrm{d}y$$

$$=\sum_{k=1}^{l}\frac{2}{\varepsilon^2}\iint_{\varphi^2+\psi^2\leqslant\varepsilon^2}\frac{D(\varphi,\psi)}{D(x,y)}\left|\frac{D(x,y)}{D(\varphi,\psi)}\right|\mathrm{d}\varphi\mathrm{d}\psi.$$

由此易得

$$I=\begin{cases}2\pi l, & 当\dfrac{D(\varphi,\psi)}{D(x,y)}>0,\\ -2\pi l, & 当\dfrac{D(\varphi,\psi)}{D(x,y)}<0.\end{cases}$$

62. 由于

$$0=\nabla\cdot(\nabla\times\boldsymbol{B})=\nabla\cdot\left(\frac{1}{r}(\nabla r\times\boldsymbol{A})\right)$$

$$=\left(\nabla\frac{1}{r}\right)\cdot(\nabla r\times\boldsymbol{A})+\frac{1}{r}\nabla\cdot(\nabla r\times\boldsymbol{A}),$$

又 $\nabla\dfrac{1}{r}=-\dfrac{1}{r^2}\nabla r$，从而

$$\nabla\cdot(\nabla r\times\boldsymbol{A})=0.$$

再由 $\nabla\cdot(\nabla r\times\boldsymbol{A})=(\nabla\times\nabla r)\cdot\boldsymbol{A}-(\nabla\times\boldsymbol{A})\cdot\nabla r$ 和 $\nabla\times\nabla r=0$ 可得

$$(\nabla\times\boldsymbol{A})\cdot\nabla r=0.$$

由于在以原点为中心的球面上外单位法向量 $\boldsymbol{\nu}=\nabla r$，利用 Stokes 公式可得

$$\int_L\boldsymbol{A}\cdot\boldsymbol{T}\mathrm{d}s=0.$$

后　　记

数学分析是大学数学类各专业最重要的基础课，其内容就是微积分．微积分的创立是人类科学史上一件划时代的大事，它发展至今已有 300 多年历史，形成了完整而且严谨的科学体系．微积分广泛的应用取得了十分辉煌的成就，现在它已深深扎根于自然科学，工程技术的各个领域，甚至许多社会科学也离不开它．正因为如此，大学数学教育需要适应各个学科、水平不同的各种微积分教材．

我们编写的这部教材分上、下两册，可供数学类各专业三个学期教学所用．当然对于需要数学较多的专业例如物理类、计算机类等也有很大的参考价值．众所周知，数学分析是一门很成熟的课程，无论谁讲，其基本内容都不可能有较大的变化．另一方面这门课程是学生从中学进入大学所学的第一门课，从初等数学登上高等数学的第一个台阶，因此在教和学两个方面都有一定的难度．初学者既难以理解微积分基本概念的本质和理论基础，又难以掌握用分析思想解决具体问题的方法与技巧．这些困难产生的一个重要原因来自于微积分理论本身．微积分从 17 世纪建立到 18 世纪飞速发展的 100 多年时间内，虽然一座空前宏伟的大厦已经呈现在人们的眼前，但是这座大厦的理论基础在逻辑上却是令人难以理解的．为了弥补这个严重的缺陷，许多著名数学家先后又经历了将近 100 年的努力，到 19 世纪 70 年代才把微积分建立在严格的实数理论基础之上．尽管学生们在中学里都学过实数，但是他们并不了解严格的实数定义和基本性质，这种状况对于理解极限理论会产生很大的障碍．微积分作为最基础的分析课程很多概念和理论有待进一步的完善和发展，很多方法和技巧有待在后继课程中进一步阐明和应用．微积分理论的重要意义，其思想、方法的巨大作用通常是在以后进一步学习和应用中逐渐认识到的．我们编写这部教材在保持基本内容的原则下，力求讲清基本概念和理论的本质，指出进一步完善和发展的方向，通过例子深入地介绍分析方法和技巧．有些问题为了叙述得深入、透彻写得多了一些，实际讲课时可根据情况适当删减，尤其是带 * 号的段落．这部教材附有一定数量的习题，其中一些有一定难度并有较大意义．我们认为独立完成这些习题对于提高分析和解决问题的能力必有很大的帮助．以上是我们的一点想法，未必正确，实际也未必如愿．写出一本好教好学的书绝不是容易的事，我们写的这部教材的效果究竟如何，只好任使用它的老师和同学们去评说了．

在本教材编写的过程中得到了南开大学数学科学学院的领导和同事们的关心帮助，特别是学院办公室的薛锋同志及学院的一些学生对本教材打印成书付出很大精力，我们在此谨向他们表示深切的感谢．我们还特别感谢科学出版社的林鹏同志，他的积极热情、高度责任心与工作效率使得本教材早日出版．

由于水平所限，书中的错误和不妥之处在所难免，请读者批评指正．

编者